FORSCHUNGSBERICHTE DES LANDES NORDRHEIN-WESTFALEN

Nr. 1128

Herausgegeben

im Auftrage des Ministerpräsidenten Dr. Franz Meyers

von Staatssekretär Professor Dr. h. c. Dr. E. h. Leo Brandt

DK 621.45 (03)

*Prof. Dr.-Ing. Karl Leist †*

*Institut für Turbomaschinen an der*
*Rheinisch-Westfälischen Technischen Hochschule Aachen*

*Dipl.-Ing. Hans Georg Wiening*

*Institut für Luftstrahlantriebe*
*der Deutschen Versuchsanstalt für Luft- und Raumfahrt e. V.*

# Enzyklopädische Abhandlung
# über ausgeführte Strahltriebwerke

SPRINGER FACHMEDIEN WIESBADEN GMBH

ISBN 978-3-663-06288-2     ISBN 978-3-663-07201-0 (eBook)
DOI 10.1007/978-3-663-07201-0

Verlags-Nr. 011128

# Einführung

Der vorliegende Bericht, der sich zur Aufgabe macht, an Hand der Fachliteratur einen möglichst umfassenden Überblick über die bis Ende 1961* gebauten oder in Entwicklung befindlichen Strahltriebwerke zu geben, setzt sich aus vier Abschnitten zusammen.

Der erste Abschnitt enthält Angaben über die Entwicklungsgeschichte, die Daten und Konstruktionsmerkmale der bekanntesten Strahltriebwerke. Er ist nach Ländern und dann nach Firmen unterteilt. Den Beschreibungen der einzelnen Triebwerke ist jeweils ein kurzer Absatz über das Herstellerwerk und seine Arbeiten auf dem Strahltriebwerksgebiet vorangesetzt. Die aus der zur Verfügung stehenden Literatur ausgewählten Abbildungen sind auf gesonderten Seiten jeder Abhandlung angefügt. Die Ziffern in den eckigen Klammern im Text und unter den einzelnen Abbildungen weisen auf die entsprechende Quellenangabe des Literaturverzeichnisses im dritten Abschnitt der Arbeit hin. Die Angaben [I.A.L., Datum] nehmen auf Meldungen der Interavia-Luftpost, Interavia, Genf 11, Schweiz, Bezug.

Im zweiten Abschnitt sind die bisher bekannt gewordenen Strahltriebwerke tabellarisch zusammengestellt. In Anbetracht der zahlreichen voneinander abweichenden Angaben in der zur Verfügung stehenden Literatur, die zum Teil durch Verwechslungen der vielen Abarten in den Triebwerksserien entstanden sein können, wurde auf eine Untersuchung der Genauigkeit der Quelle verzichtet. Die unterschiedlichen Angaben wurden, wie auch im Beschreibungsteil, nebeneinander aufgeführt.

Das Literaturverzeichnis im dritten Abschnitt der Arbeit ist nicht als Dokumentation der gesamten Strahltriebwerksliteratur aufzufassen. Die zur Verfügung stehende Fachliteratur wurde im wesentlichen nur zur Auffindung von Triebwerksbeschreibungen und Betriebsdaten durchgesehen.

Im vierten Abschnitt sind wichtige technische Zeitschriften zusammengestellt, die Artikel über das Gebiet der Strahltriebwerke veröffentlichen. Weitere Einzelheiten sind aus dem Inhaltsverzeichnis zu ersehen.

* Nach Abschluß des Berichtes bis Anfang 1963 bekanntgewordene bedeutsame Neuentwicklungen wurden jedoch noch weitgehend berücksichtigt.

# Inhalt

# Abkürzungsverzeichnis

Im ersten Abschnitt des Berichtes und in der tabellarischen Zusammenstellung werden folgende Abkürzungen verwendet:

| | |
|---|---|
| A | Axial |
| R | Radial |
| D | Diagonal |
| o. N. | ohne Nachbrenner (Nachverbrennung) |
| m. N. | mit Nachbrenner (Nachverbrennung) |
| Einz.-K. | Einzelkammern, Rohrbrennkammer |
| Ring-K. | Ringbrennkammer (annular) |
| Ring-K. m. | Ringbrennkammer mit mehreren |
| Einzelflammr. | Einzelflammrohren (cannular) |
| tr. | trocken |
| n. | nach, naß |

Zusammengehörige Werte sind, wenn in der Spalte »Bemerkungen« nicht anders vermerkt, durch gleiche Zeichen erkenntlich gemacht, z. B.

| Startstandschub | Dauerschub | Spez. Kraftstoffverbr. |
|---|---|---|
| [kp] | [kp] | [kg/kph] |
| 1000* | 800** | 0,9* |
| | | 0,8** |

# Allison

The Allison Division of General Motors Corp.,
Indianapolis 6, Indiana, USA


Die Firma Allison erhielt im Juni 1944, bis dahin noch nicht auf dem Strahltriebwerksgebiet tätig, von der amerikanischen Luftwaffe den Auftrag zur Fertigung des zu dieser Zeit bei General Electric in Entwicklung stehenden Radialverdichtertriebwerkes I-40 (J33), 1700 kp Schub. Ebenso übernahm sie die Produktion des bei General Electric konstruierten Triebwerkes I-16 (J31). Im
November 1945 ging auch die Weiterentwicklung des J33 ganz in die Hände von
Allison über. Durch die guten Fortschritte dieses Entwicklungs- und Produk-
tionsprogrammes ermutigt, übernahm die Firma im September 1946 von der
Firma Chevrolet das ebenfalls bei General Electric entworfene Axialverdichtertriebwerk J35, dessen Weiterentwicklung schließlich zu dem Triebwerk J71
(6350 kp Schub m. N.) führte. Das für die US-Navy in Angriff genommene
Projekt eines Strahltriebwerkes von ca. 11 400 kp [712], das mit dem in [I.A.L.
23. 5. 57, 538] erwähnten Allison J89 identisch sein dürfte, scheint wieder aufgegeben worden zu sein [664].


## Allison J33

Das Triebwerk J33 war das einzige größere Radialverdichtertriebwerk rein
amerikanischer Konstruktion, das zum Einsatz kam. Das erste Modell wurde
Januar 1945 von Allison als J33-A-4 fertiggestellt. Es erzeugte einen Schub von
1700 kp. Im Mai 1948 erhielt ein Modell Allison J33-A-25 (Allison 400-C4) als
erstes amerikanisches TL-Triebwerk die offizielle Zulassung für zivile Verwendung. Größere Änderungen an diesem Triebwerk führten im Mai 1946 zu dem
Baumuster J33-A-17, das, zusammen mit einem weiteren Modell J33-A-21,
Anfang 1947 die offizielle Typenerprobung mit einem Schub von 1750 kp absolvierte. Im Zuge der Weiterentwicklung des J33-Triebwerkes folgten leistungsstärkere Triebwerke, wie die Baumuster J33-A-23 mit 2085 kp Schub, J33-A-16
mit 2650 kp Schub bei einem Luftdurchsatz von 52,1 kg/sec und einer Verdichterdrehzahl von 11 800 U/min, J33-A-29 mit 3720 kp Schub mit Nachver-
brennung und J33-A-16A mit 2880 kp Schub ohne Nachverbrennung. Ausführungen vom Typ J33-A-37 wurden als Verschleißtriebwerke mit billigeren
Werkstoffen hergestellt und in ferngelenkten Geschossen verwendet [686, 589].
J33-Triebwerke dienten als Antriebsaggregate der Flugzeugtypen: F9F Panther
(J33-A-16), XF-92A (J33-A-29), Cougar (J33-A-16A), Lockheed T-33, F-94A
(J33-A-35), B-Starfire (J33-A-33 mit Nachbrenner, 3175 kp Schub) [589] und
Lockheed T33-B (J33-A-16) [433]. Modelle der Baureihe J33-A-18A wurden in

Fernlenkgeschosse Chance Vought Regulus eingebaut. Von der USAF wurde das Triebwerk J33 für eine Betriebszeit von 1200 Stunden zwischen zwei Generalüberholungen an Orten mit geringen Reparaturmöglichkeiten zugelassen [428]. Ein Triebwerk vom Typ J33-A-35 absolvierte 1400 Betriebsstunden ohne Zwischenüberholung [456].

*Triebwerksdaten verschiedener Ausführungen des J33*

| Baumuster | J33-A-35 | | J-33A-16-A | | J33-A-33 | m. N. |
|---|---|---|---|---|---|---|
| Durchmesser .......... [mm] | 1 250 | [37, 589] | 1 283 | [37] | 1 254 | [37] |
| Länge ............... [mm] | 2 650 | [37, 589] | 2 520 | [37] | 5 345 | [37] |
| Stirnfläche ............ [m²] | 1,23 | [37] | 1,29 | [37] | 1,23 | [37] |
| Trockengewicht ......... [kg] | 826 | [37] | 871 | [37] | 1 118 | [37] |
| Kraftstoffverbrauch normal ............. [kg/kph] | 1,12 | [37, 589] | 1,00 | [37] | max. 2,0 | [37] |
| Schmierstoffverbrauch normal ............... [kg/h] | 0,8 | [37] | 0,4 | [37] | 0,8 | [37] |
| Startstandschub, trocken .. [kp] | 2 085 | [37] | 2 880 | [37] | 2 720 | m. N. |
| (Meereshöhe) | 2 360 | [589] | | | 2 085 | o. N. |
| Drehzahl .......... [U/min] | 11 750 | [37, 589] | 11 800 | [37] | 11 750 | |
| Startstandschub, naß ..... [kp] | 2 450 | [37] | 3 175 | [37] | – | |
| (Meereshöhe) | | | | | | |
| Drehzahl .......... [U/min] | 11 750 | | 11 800 | [37] | – | |

*Triebwerksbeschreibung der J33-Serien* [37]

Die Verdichter der Triebwerke sind einstufige, zweiflutige Radialverdichter; ihre Betriebsdaten lauten je nach Triebwerksserie folgendermaßen (bezogen auf Meereshöhe, Stand):

| Serie | Druckverhältnis | Durchsatz | | U/min |
|---|---|---|---|---|
| J33-A-16A | 4,8 : 1 | 50 kg/s | | 11 800 |
| J33-A-35 | 4,4 : 1 | 41 kg/s | [37, 35, 589] | 11 750 |
| J33-A-33 | 4,4 : 1 | 41 kg/s | | 11 750 |

Der prinzipielle Aufbau ist bei allen Modellen der gleiche: Das Verdichtergehäuse aus Magnesiumlegierung ist zweiteilig. Der Läufer ist aus Aluminiumlegierung gefertigt; er hat einen zweiflutigen Eintritt. Die Läuferwelle ist an ihrem vorderen Ende in einem Rollenlager, an ihrem hinteren Ende in einem Kugellager gelagert, das auch als Schublager dient. Über einen Diffusor mit 14 tangentialen Auslaßöffnungen und einer Anzahl von Krümmern mit Umlenkschaufeln gelangt die verdichtete Luft in die untereinander verbundenen 14 Brennkammern. Innerhalb

12

jeder Brennkammer befindet sich ein durchbrochenes Flammrohr, an dessen Stirnseite die Brennstoffeinspritzdüse angebracht ist. Die Einspritzung erfolgt in Strömungsrichtung.

Die Turbine ist eine einstufige Axialturbine mit einem Stahlgehäuse und einem Düsenboden aus Stahl. Die luftgekühlten, hohlen Leitschaufeln (die Angabe »luftgekühlt und hohl« bezieht sich hierbei auf das Modell J33-A-16A; über die Art der Leitschaufeln der anderen Modelle liegen keine Angaben vor) sind aus Stahl geschmiedet und werden in das Gehäuse eingeschoben. Die Laufschaufeln sind massiv. Bei Modell J33-A-16A ist der Wellenstumpf des Turbinenrades in einem luftgekühlten Rollenlager vor dem Turbinenrad gelagert. Die Welle der Turbine bei den Modellen J33-A-35 und J33-A-33 ist zusätzlich noch durch ein weiteres Kugellager gestützt; außerdem sind bei diesen beiden Modellen die Rotorscheiben durch Luft gekühlt. Läuferscheibe und Wellenstumpf sind ein Stück.

Die Schubdüse der Modelle J33-A-16A und J33-A-35 besteht aus einem Stahlmantel und einem feststehenden inneren Düsenkegel. Der Auslaßquerschnitt kann nicht verändert werden.

Bei Modell J33-A-33 ist der Turbine ein Nachbrenner nachgeschaltet. Der Ausströmteil am Ende des Nachbrenners hat veränderlichen Querschnitt – zwei muschelförmige Verschlüsse sind drehbar am Ende des Nachbrenners angebracht und können pneumatisch betätigt werden.


## Allison J35

Auch dieses Triebwerk stellt in seiner ursprünglichen Ausführung eine GEC-Konstruktion dar, nämlich die des Axialtriebwerkes GE-TG-180 von 1814 kp Schub, welches Allison im September 1946 übernahm. Die erste eigentliche »Allison«-Ausführung des J35 war das Modell J35-A-17 (Modell 450). Die von Allison weiterentwickelten Triebwerke wiesen einen größeren Luftdurchsatz auf und erzeugten je nach Bauart Schübe zwischen 2360 und 2540 kp. Diese Triebwerke wurden von der USAF an Plätzen mit geringen Reparaturmöglichkeiten für 800 Stunden Betriebszeit zwischen den Überholungen zugelassen [428]. Die Produktion der J35-Serie ist ausgelaufen [589, 482], nachdem mehr als 14 000 Triebwerke gebaut worden waren [755].

*Triebwerksdaten der Modelle J35-A-29 und J35-A-35 (mit Nachbrenner)*

| Baumuster | J35-A-29 [37, 589] | J35-A-35 [37, 589] | |
|---|---|---|---|
| Durchmesser .......... [mm] | 940 | 940 | |
| Länge ............... [mm] | 3710 | 4957 | |
| Stirnfläche ............. [m²] | 0,69 | 0,69 | |
| Trockengewicht .......... [kg] | 1046 | 1293 | |
| Kraftstoffverbrauch normal ............. [kg/kph] | 1,05 | max. 2,0 | |
| Schmierstoffverbrauch normal ............... [kg/h] | 0,8 | 0,8 | |
| Startstandschub trocken ................. [kp] | 2540 | 3400 | m. N. |
| | | 2540 | o. N. |
| Drehzahl ........... [U/min] | 7800 | 8000 | |

*Triebwerksbeschreibung*

Das Triebwerk J35 ist ein Axialverdichtertriebwerk. Der Verdichter hat elf Stufen, sein Verdichtungsverhältnis ist 5,5 : 1 (Modelle J35-A-29 und J35-A-35). Der Luftdurchsatz beträgt bei den beiden Modellen 43 kg/s, er wird jedoch bei Modell J35-A-29 bei einer Drehzahl von 7800 U/min in Meereshöhe, im Stand, erreicht, bei Modell J35-A-35 mit einer Drehzahl von 8000 U/min bei sonst gleichen Bedingungen. Bei der Ausführung mit Nachbrenner sind vor dem Kompressoreinlaß einziehbare Gitter eingebaut. Die Triebwerksnase wird durch Warmluft vor Vereisung geschützt.

Der Kompressor hat ein zweiteiliges Gehäuse aus Aluminiumlegierung, seine Leit- und Laufschaufeln sind aus Stahl gefertigt. Der Kompressorläufer setzt sich aus elf Einzelscheiben zusammen (zehn Scheiben aus Aluminiumlegierung, eine Scheibe aus Stahl), welche auf die hohle Läuferwelle aus Stahl aufgeschrumpft sind. Die Verdichterwelle ist in einem Rollenlager und einem Kugellager als Schublager gelagert; sie ist mit der Turbinenwelle gekuppelt.

Die acht zylindrischen Brennkammern sind durch Querrohre miteinander verbunden. Jede Kammer enthält ein perforiertes Flammrohr aus nichtrostendem Stahl, in welches ein Duplexbrenner eingebaut ist.

Die einstufige Axialturbine hat ein Gehäuse aus nichtrostendem Stahl. Die Leitschaufeln, welche ebenfalls aus Stahl gefertigt sind, werden in Nuten im Düsenboden eingesetzt. Läuferscheibe, Nabe und Welle sind aus einem Stück Stahl hergestellt. Der Radkranz aus Timken-16-25-6-Legierung, in welchen die massiven Stahllaufschaufeln eingesetzt sind, ist auf die Läuferscheibe aufgeschweißt. Die Lagerung erfolgt durch zwei Rollenlager.

Der Ausströmteil des J35-A-29 hat einen feststehenden inneren Düsenkegel; der Auslaßquerschnitt ist nicht veränderlich.

14

Der Turbine des Triebwerkes J35-A-35 ist ein »Solar«-Nachbrenner nachgeschaltet. Seine Auslaßöffnung hat veränderlichen Querschnitt (Konstruktion wie bei Triebwerk J33-A-33).


Allison J71

Das Triebwerk J71 wurde für die USAF aus dem Triebwerk J35 entwickelt und führte anfänglich die Bezeichnung J35-A-23. Im Jahre 1950 wurde mit dem Bau der ersten Modelle begonnen, von denen einige noch im April des gleichen Jahres liefen. 1955 legte das Triebwerk J71 den offiziellen 150-Stunden-Probelauf ab. Dabei wurde ein Schub von 4500 kp ohne Nachbrenner erzeugt. Das Triebwerk wurde für diesen Schub offiziell zugelassen [288, 488, 481, 701, 702, 754, 755, I.A.L. 9. 4. 55].
Für das Triebwerk J71 wurden zwei Nachbrenner entwickelt, ein kurzer Nachbrenner für die Schubvermehrung beim Start und beim Flug in geringen Höhen sowie ein längerer Nachbrenner für Jagdflugzeuge zur Schubvermehrung beim Flug in großen Höhen.
Das Baumuster J71-A-2 diente als Antriebsaggregat des Trägerflugzeuges F3H-2N Demon [288, 617, 589]. Es hat einen gegabelten Einlaß und ist mit dem langen Nachbrenner versehen, durch den der Schub auf 6300 kp erhöht werden kann [617]. Das Modell J71-A-11 wurde in den Aufklärungsbomber Douglas RB-66 und den Bomber Douglas B-66 eingebaut [617]. Nach [589] soll auch das Triebwerksmuster J71-A-9 in diesem Flugzeugtyp verwendet worden sein. Beide Baumuster sind ohne Nachbrenner. Die Ausführung J71-A-4 ist mit einem kurzen Nachbrenner ausgerüstet; sie wurde in den Flugboottyp Martin XP6M Sea Master eingebaut [617, 488] und erzeugte einen Höchstschub von 5900 kp [3]. Das Triebwerk J71-A-7 ist mit dem langen Nachbrenner ausgerüstet, der zur Schuberhöhung beim Flug in großen Höhen dient, und wurde in den Flugzeugtyp YF-105 eingebaut [589].

*Triebwerksdaten*

| Muster | J71-A-7 m. N. | | J71-A-9 | [37] |
|---|---|---|---|---|
| Durchmesser .............. [mm] | 940 | [589] | 940 | [37] |
| Länge .................... [mm] | 5334 | [589] | 4371 | [37] |
| Stirnfläche ............... [m²] | 0,69 | [589] | 0,69 | [37] |
| Trockengewicht ............ [kg] | 1995 | [37, 589] | 1860 | [37] |
| Kraftstoffverbrauch normal [kg/kph] | – | | 0,8 | [37] |
| Schmierstoffverbrauch normal [kg/h] | – | | 0,9 | |
| Startstandschub trocken, in Meereshöhe ........ [kp] | 6350 | [37] | 4400 | [37] |
| Drehzahl ............... [U/min] | 6100 | [589, 37] | 6100 | [37] |

In [589] wird demgegenüber ein Maximalschub von 6570 kp für die Ausführung mit Nachbrenner und von 4536 kp für die Ausführung ohne Nachbrenner angegeben bei einer Drehzahl von 6100 U/min und einem Verbrauch von 0,898 kg/kph ohne Nachverbrennung (5210 kp mit Wassereinspritzung).


*Triebwerksbeschreibung* (Modell J71-A-9) [37, 617, 288]

Der 16stufige Axialverdichter arbeitet mit einem Druckverhältnis von 8,0 : 1 beim Modell J71-A-9 und einem Druckverhältnis von 8,75 : 1 beim Modell J71-A-7 [37]. Der Luftdurchsatz beträgt bei der Ausführung A-7 ungefähr 77 kg/sec und beim Modell A-9 72 kg/sec bei 6100 U/min im Stand. Das Triebwerk J71-A-9 ist für Allwetterbetrieb gebaut; der Triebwerkseinlauf wird durch warme Verdichterluft gegen Vereisung geschützt. Vor dem Verdichtereinlaß ist ein zurückklappbares Einlaßgitter eingebaut, das hydraulisch betätigt wird und als Schutz gegen Fremdkörper bei Betrieb in Bodennähe dient.
Das Verdichtergehäuse ist vierteilig. Als Material wurde für das zweiteilige Niederdruckgehäuse Aluminiumlegierung verwendet; das Hochdruckgehäuse ist in Stahl ausgeführt. Die Beschaufelung des Verdichters ist ebenfalls aus Stahl. Der Läufer besteht aus 16 einzelnen Aluminiumscheiben, die auf eine hohle Stahlwelle aufgeschrumpft sind. Er ist an seinem vorderen Ende in einem zweireihigen Kugellager, an seinem auslaßseitigen Ende in einem Rollenlager gelagert. In die zweiteilige ringförmige Brennkammer sind zehn einzelne, untereinander verbundene, mit Duplexbrenner versehene Flammrohre eingebaut.
Die Leitschaufeln der dreistufigen Axialturbine sind hohl und werden durch Luft gekühlt. Gehäuse und Düsenboden der Turbine sind aus nichtrostendem Stahl hergestellt. Der Turbinenläufer setzt sich aus drei Scheiben und der Welle zusammen. Alle drei Scheiben sind luftgekühlt. Die erste Scheibe ist massiv aus Timken-16-25-6-Legierung, bei den beiden Scheiben der Stufen 2 und 3 ist jeweils ein Radkranz aus Timken-16-25-6-Legierung auf die Stahlnabe geschweißt. Gelagert ist die Turbine in zwei Rollenlagern.
Der Ausströmquerschnitt des Triebwerkes kann verändert werden.

# Continental

Continental Aviation and Engineering Corporation,
Detroit 15, Michigan, USA

Die Firma Continental nahm im Jahre 1947 den Bau von Gasturbinen auf und spezialisierte sich dabei auf die Herstellung und Entwicklung von Kleintriebwerken der Turboméca-Bauart in Lizenz. Die größte Bedeutung erlangte das Triebwerk Marboré, dessen amerikanisierte Ausführung als J69 1951 im Werk Toledo, Ohio, in Produktion ging.

## Continental J69

Triebwerke vom Typ J69 werden seit 1951 in großen Serien für den Trainer Cessna T-37 und für die Flugkörper Ryan Q-2c, Ryan Firebee hergestellt. Zu der ersten Herstellungsvariante zählte die Ausführung J69-T-9 (399 kp Schub), von der mehrere hundert Stück in den Trainer Cessna T-37A eingebaut wurden. Bei der Weiterentwicklung J69-T-25 (Modell 1025) erzielte man durch Erhöhung der Drehzahl von 20 700 auf 21 730 U/min einen größeren Luftdurchsatz und damit eine Schubsteigerung auf 465 kp. Triebwerke dieser Bauart befinden sich in großer Zahl in der Cessna T-37B im Einsatz.
Dem Beispiel von Turboméca folgend, setzte Continental 1956 zur weiteren Leistungssteigerung vor den Radialverdichter des J69 eine transsonische Axialstufe. Das erste Serienmodell dieser Bauart, J69-T-29 (770 kp Schub bei einer Drehzahl von 22 000 U/min) befindet sich in Massenproduktion für Zielflugkörper. Eine Nachbrennerversion des J69-T-29, J69-T-33, wird ebenfalls für die Verwendung in Flugkörpern entwickelt. Sie soll bei der Verwendung von Triethyl-aluminium-Kraftstoff im Nachbrenner einen Schub von 1000 kp erzeugen [43]. Für den Einbau in bemannte Flugzeuge, insbesondere für das Mehrzweckflugzeug Cessna 407, wurde eine leistungsmäßig gedrosselte Ausführung des J69-T-29 geschaffen, das Modell 1400. Es erzeugt bei einer Drehzahl von 21 000 U/min einen Schub von 635 kp. Die Abgastemperatur liegt nicht über 635°C (T-29: ca. 705°C), der spezifische Kraftstoffverbrauch ist nicht höher als 1,04 kg/kph (T-29: 1,1 kg/kph) [891].

*Triebwerksdaten*

| Baumuster | | J69-T-29 | | | |
|---|---|---|---|---|---|
| Durchmesser ............. [mm] | | 566 | [43] | 568 | [891] |
| Länge ................... [mm] | | 1 138 | [43] | 1 174 | [891] |
| Stirnfläche ................ [m²] | | 0,25 | [43] | | |
| Gewicht ................... [kg] | | 152 | [43, 891] | | |
| Spez. Kraftstoffverbrauch | | | | | |
| normal ................ [kg/kph] | | 1,08 | [43] | | |
| Ölverbrauch | | | | | |
| normal .................. [kg/h] | | 0,45 | [43] | | |
| Startstandschub | | | | | |
| trocken ................... [kp] | | 770 | [43, 891] | | |
| Drehzahl .............. [U/min] | | 22 000 | [43, 891] | | |
| Verdichtungsverhältnis .......... | | 5,5 | [43] | | |
| Luftdurchsatz .......... [kg/sec] | | 13 | [43, 891] | | |

Reiseleistung bei 13,7 km Flughöhe, 1 112 km/h Fluggeschwindigkeit:

| Reiseschub ................. [kp] | 149,6 | [891] |
|---|---|---|
| Drehzahl .............. [U/min] | 20 130 | [891] |
| Spez. Kraftstoffverbrauch . [kg/kph] | 1,315 | [891] |

| Baumuster | J69-1400 | [891] |
|---|---|---|
| Durchmesser ............. [mm] | 566 | |
| Länge ................... [mm] | 1 138 | |
| Gewicht ................... [kg] | 168 | |
| Höchstschub .............. [kp] | 635 | |
| Drehzahl .............. [U/min] | 21 000 | |
| Verdichtungsverhältnis .......... | 5,1 | |

Reiseleistung bei 7,62 km Flughöhe, 714 km/h Fluggeschwindigkeit:

| Reiseschub ................. [kp] | 183 | [891] |
|---|---|---|
| Drehzahl .............. [U/min] | 19 800 | [891] |
| Spez. Kraftstoffverbrauch . [kg/kph] | 1 128 | [891] |

In [I.A.L. 1. 10. 59] wurden zu einem Modell J69 (356-9), das mit dem in [891] zitierten J69-1400 identisch sein dürfte, folgende Leistungsdaten gegeben:

| Leistungsstufe | % | Drehzahl [U/min] | Schub [kp] | Spez. Kraftstoffverbrauch [kg/kph] |
|---|---|---|---|---|
| Maximum | 100 | 21 000 | 635 | 1,04 |
| Militärische Leistung | 100 | 21 000 | 635 | 1,04 |
| Nennleistung | 96,6 | 20 300 | 544 | 1,05 |
| Leerlauf | 40,5 | 8 500 | 45 | – |

18

Der Verdichter des Triebwerkes J69-T-9 ist ein einstufiger Radialverdichter mit einem zweiteiligen Verdichterrad aus Aluminiumlegierung. An der Vorderseite des eigentlichen Verdichterrades ist ein Vorläufer angeschraubt. Die ganze Anordnung ist auf das Vorderende der hohlen Antriebswelle aus Stahl aufgekeilt. Die Welle ist vor dem Verdichterlaufrad und nach dem Turbinenrad durch je ein Kugellager gelagert. Der Verdichter verdichtet die Luft im Verhältnis 4 : 1, sein Durchsatz beträgt 7,6 kg/sec. Das Verdichtergehäuse ist eine trommelartige Konstruktion aus einer Aluminiumlegierung. Die verdichtete Luft durchströmt nach dem Verdichter einen Diffusor aus Duraluminium, anschließend eine ringförmige Leitung um die Verdichterturbinenwelle, von wo aus sie in die Ringbrennkammer gelangt. Die durchlöcherte Flammenkammer der Brennkammer ist aus Nimonic 75 hergestellt und mit Prallplatten versehen. Der Kraftstoff wird durch die Verdichterturbinenwelle in eine hohle Schleuderscheibe gefördert, die durch Fliehkraftwirkung den Kraftstoff gegen den Primärluftstrom in die Brennkammer einsprüht.

Gehäuse und Düsenboden der einstufigen Axialturbine sind aus Stahl. Turbinenscheibe aus Nimonic-80-A-Legierung und Schaufeln sind ein Stück; die Scheibe ist an einem Flansch am Ende der Verdichterturbinenwelle angebracht.

Das Auslaßgehäuse setzt sich aus dem äußeren Stahlgehäuse und dem feststehenden inneren Kegel zusammen.

# Fairchild

Fairchild Engine and Airplane Corp.,
Hagerstown, Md., USA


Im Jahre 1947 begann die Firma Fairchild mit der Entwicklung des Leicht-
bautriebwerkes J44. 1950 fanden erste Versuche statt, bei denen das Triebwerk
als Antrieb eines ferngelenkten Geschosses der US-Marine diente und nach
deren erfolgreichem Verlauf es in großer Zahl in Zielflugzeuge vom Typ Ryan
Firebee und später in ein von Fairchild entwickeltes Geschoß eingebaut wurde.
Durch konstruktive Verbesserungen entwickelte man aus dem ersten J44-Modell
schließlich Ausführungen, die auch in bemannten Flugzeugen Verwendung finden und die eine längere Lebensdauer aufweisen. So dienten zwei Triebwerke
J44 als Antrieb des Bell-VTOL-Flugzeuges, das im November 1954 zum erstenmal startete [468].


## Fairchild J44

*Triebwerksbeschreibung*

Zu den Hauptmerkmalen des J44 zählen der einstufige Diagonalverdichter, eine
Ringbrennkammer sowie eine einstufige Axialturbine.
Das Verdichtungsverhältnis ist 3,8 : 1. Der Läufer setzt sich aus einem vorderen
Teil aus Aluminiumlegierung und einem hinteren Teil aus Magnesiumlegierung
zusammen und wird an die hohle Hauptwelle angeflanscht. Die beiden Läuferteile
werden vorgeschmiedet und durch Räumen fertigbearbeitet. Das Verdichtergehäuse ist ein Gußstück aus Leichtmetall. Die Ringbrennkammer ist zur Erzielung eines guten Ausbrenngrades sehr lang gehalten. Der Kraftstoff wird durch
einen Düsenkranz mit einem Druck von 2,1 atü eingespritzt. Die Verbrennungsgase strömen mit einer Temperatur von 815°C in die Turbinenstufe ein.
Das Laufrad der Turbine wird an die Hauptwelle angeflanscht. Die 46 geschmiedeten Laufschaufeln werden auf die Radscheibe aufgeschweißt [884].

*Triebwerksdaten* [832]

| Baumuster | J44-R-20 (kurzlebig) | J44-R-3 (langlebig, für bemannte (Flugkörper) |
|---|---|---|
| Durchmesser ........... [mm] | 559 | 559 |
| Länge* .............. [mm] | 2 246 | 2 428 |
| Gewicht ................. [kg] | 151,8 | 167,7 |
| Startstandschub .......... [kp] | 453 | 453 |
| Auslegungsleistung ........ [kp] | 453 | 408 |
| Ölverbrauch ........... [kg/h] | 0,136 | 0,136 |

In [3] werden folgende weitere Daten angegeben:

| | | |
|---|---|---|
| Gewicht mit Zubehör ...... [kg] | 178 | 189 |
| Drehzahl ............. [U/min] | 15 780 | 15 780 |
| Spez. Kraftstoffverbrauch [kg/kph] | 1,50 | 1,55 |

* Einschließlich verlängerter Düse und Hilfsgeräteverkleidung.


## Fairchild X J83

Das Triebwerk X J83 wurde zunächst als Verschleißtriebwerk für unbemannte Flugkörper gebaut; es soll sich aber auch eine langlebige Ausführung in Entwicklung befunden haben. Das Triebwerk leistet 907 kp Schub; das Verhältnis von Schub zu Gewicht soll besser als 10 sein.
Nach [660] sind die Arbeiten am Triebwerk J83 wieder eingestellt worden.

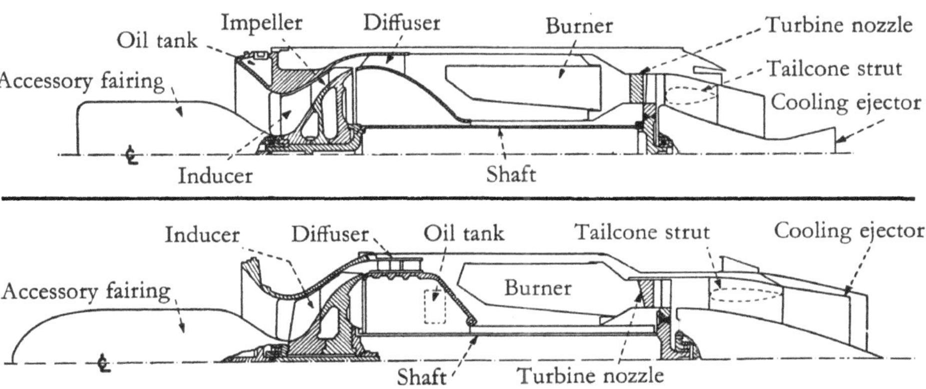


Abb. 1  Längsschnitt durch die Fairchild-Triebwerke J44-R-6 (oben) und J44-R-20 (unten) (Aviation Week)

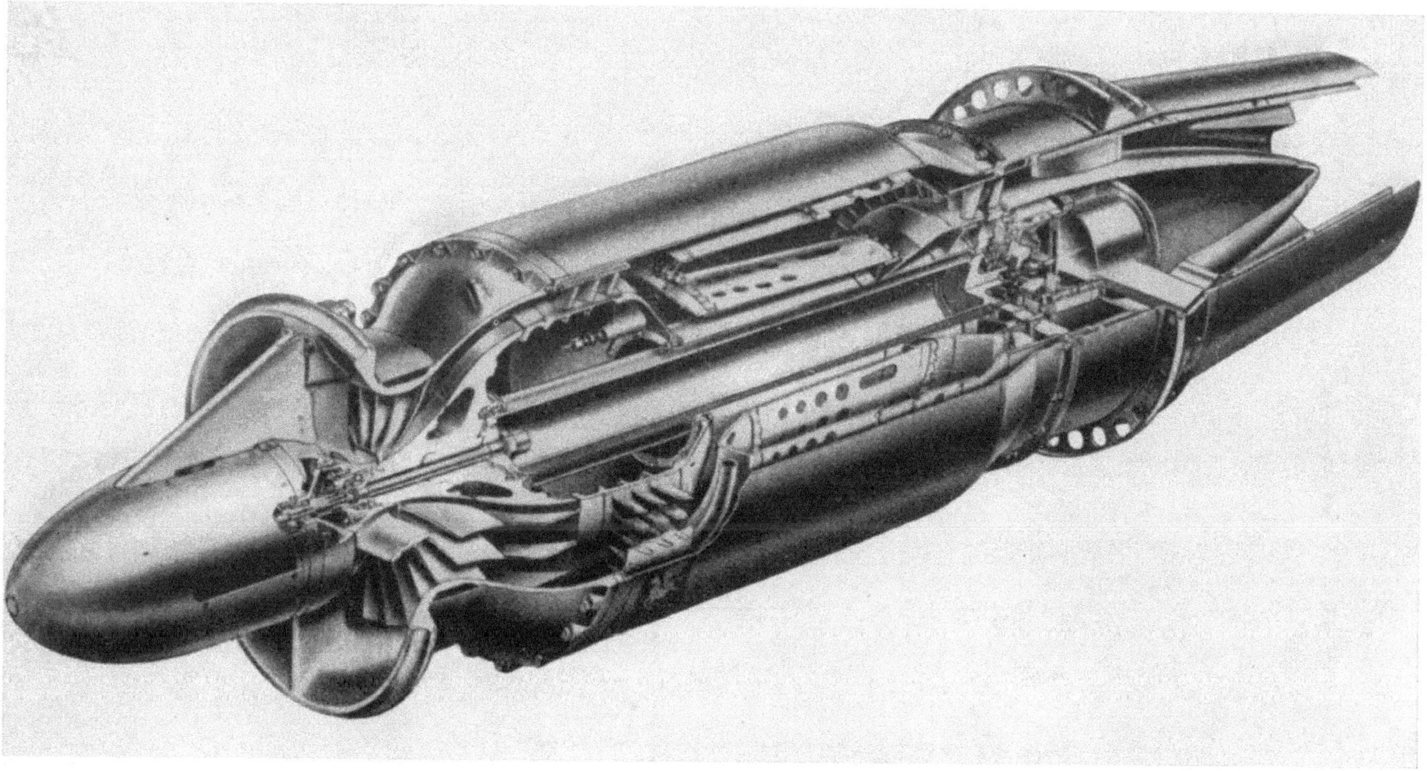

Abb. 2  Fairchild J44 [518] (Aviation Week)

# GEC

General Electric Company, Aircraft Gas Turbine Division,
Cincinnati 15, Ohio, USA

Als 1941 in Amerika eine Firma gesucht wurde, die das englische Whittle-TL-Triebwerk herstellen sollte, fiel die Wahl auf die General Electric Company. Diesen Auftrag übernahm die Turboladerabteilung der Gesellschaft, während die Dampfturbinenabteilung eine eigene Konstruktion, das PTL-Triebwerk TG-100, entwickelte.

Das erste in den USA gebaute Whittle-Triebwerk, GEC Type I, lief am 18. 3. 1942 auf dem Prüfstand. Ihm folgte das Modell I-A, das in den Flugzeugtyp Bell P-59A eingebaut und am 1. 10. 1942 flugerprobt wurde. Es war gleichzeitig der erste Flug mit Strahlantrieb in Amerika. Aus dem Whittle-Triebwerk ging nach verschiedenen Zwischenmodellen, wie z. B. dem Modell GE.I-16 (später mit J31-GE-3 bezeichnet), schließlich das Triebwerk GE.I-40 (J33) hervor, das einen Schub von 1810 kp erzeugte und am 13. 1. 1944 zum erstenmal auf dem Prüfstand lief. Es wurde am 10. 6. 1944 in einem Flugzeug vom Typ XP-80 A geflogen.

Die Dampfturbinenabteilung hatte in der Zwischenzeit die Arbeit an der Propellerturbine TG-100 (T31) fortgesetzt und 1943 mit der Konstruktion eines Axialverdichterstrahltriebwerkes begonnen, bei dem die wesentlichen Konstruktionsmerkmale des T31 verwendet wurden. Das neue Triebwerk erhielt die Bezeichnung TG-180 (J35).

Eine der erfolgreichsten Entwicklungen der General Electric Company ist das Triebwerk TG-190 mit der Luftwaffenbezeichnung J47, auf dessen Bau man sich konzentrierte, nachdem 1945 und 1946 die Weiterentwicklung und die Produktion der Triebwerke J33 und J35 an Allison übergeben worden waren.

1949 begann mit dem Entwurf eines neuen Axialverdichtertriebwerkes, des J53, das auf dem Prüfstand einen Schub von 10 750 kp bei Nachverbrennung erzeugte. Dieses Modell wurde jedoch später ersetzt durch das Triebwerk J79 (5443 kp Standschub, 7257 kp Schub mit Nachverbrennung).

Das Triebwerk CJ-805, als Zivilausführung des J79, diente als Grundlage für die Mantelstromtriebwerke CJ-805-21 (6800 kp Schub), CJ-805-23 (7300 kp Schub), CJ-805-41 (9070 kp Schub) und CJ-810 (3950 kp Schub).

Eine vergrößerte Version des J79 ist Grundlage für das Zweikreistriebwerk MF-239C (9525 kp Schub) [I.A.L. 24. 6. 60].

Als Kleintriebwerk in Ganzstahlausführung wurde von GE das Triebwerk J85 (900–1355 kp Schub) entwickelt, das Vorbild für das Mantelstromtriebwerk CF700 (1815 kp Schub) war. Für Reiseflugzeuge wird von General Electric eine Zivilausführung des J85 unter der Bezeichnung CJ610 angeboten, die einen maximalen Dauerschub von 1225 kp abgibt [I.A.L. 8. 6. 60].

Leistungsstärkstes Strahltriebwerk der Firma ist das J93 mit 10 000–14 000 kp
Schub. Die Triebwerke J79, CJ-805 und CJ-805-23 werden im »Large Jet Engine
Department«, Evendale (Cincinnati), die Triebwerke J85, CJ-610 und CF-700 im
»Small Aircraft Engine Department«, Lynn (Massachusetts) hergestellt.


General Electric J47

Das TL-Triebwerk J47 ist eine fortgeschrittene Weiterentwicklung des ersten
Axialverdichtertriebwerks J35 von General Electric und zählt zu den erfolg-
reichsten amerikanischen Strahltriebwerkskonstruktionen. Es wurden über 36 500
Triebwerke dieses Typs geliefert [3].
Die Entwicklung baut sich auf fünf verschiedenen Serien auf: Der Serie A mit
2200 kp Schub, der Serie B mit 2265 kp Schub, der Serie C mit 2360 kp Schub, der
Serie D mit Nachbrenner und etwa 3260 kp Schub und der Serie E mit 2630 kp
Trockenschub und 2945 kp Schub mit Wasser-Alkohol-Einspritzung. Triebwerke
der Baureihe C waren in die ersten Modelle des Abfangjägers Sabre und in den
Bomber Convair B-36 eingebaut. Die Produktion dieser Serie wurde eingestellt.
Die erste Produktionsausführung der D-Reihe J47-GE-17 wurde für den Ab-
fangjäger F-86D Sabre gebaut und wies gegenüber den vorhergehenden Modell-
len einen größeren Verdichter auf; der Verbrauch strategischer Werkstoffe war
weitgehend verringert worden. Durch zahlreiche Änderungen wurde aus dem
Triebwerk der D-Serie das Allwettertriebwerk der E-Reihe geschaffen. Das Haupt-
triebwerk dieser Serie J47-GE-23 wurde nach einiger Zeit durch das Modell
J47-GE-25 mit einem Trockenschub von 2720 kp und einem nassen Schub von
3180 kp ersetzt (Verwendung in Flugzeugtyp B-47). Verschiedene Typen der
Baureihe E gingen 1950 in Serienherstellung. Ein dem Baumuster J47-GE-23
ähnliches Triebwerk J47-25 wurde bei Packard (J47-PM-25) und Studebaker
(J47-ST-25) serienmäßig hergestellt. Auch bei diesen Ausführungen konnte der
Schub durch Wasser-Alkohol-Einspritzung um etwa 25% vermehrt werden
[823].
Neuere Flugzeuge vom Typ F-86D Sabre wurden mit dem Triebwerk J47-GE-33
ausgerüstet [608].
Sämtliche Triebwerke J47 mit Nachbrenner waren für eine Betriebszeit von
1200 h zwischen den Überholungen vorgesehen; nach [I.A.L. 10. 8. 56] legte man
die Zwischenüberholzeit für Triebwerke GE-J47 auf 1500 h fest.

*Triebwerksdaten* [37]

| Baumuster | J47-GE-15 | J47-GE-17 m. N. | J47-GE-25 | J47-GE-27 |
|---|---|---|---|---|
| Durchmesser .......... [mm] | 933 | 933 | 1004 | 1004 |
| Länge ............... [mm] | 3662 | 5742 | 3662 | 3912 |
| Stirnfläche ............. [m²] | 0,68 | 0,68 | 0,79 | 0,79 |
| Gewicht .............. [kg] | 1134 | 1450 | 1202 | 1135 |
| Kraftstoffverbrauch |  |  |  |  |
| normal ............. [kg/kph] | 1,03 | 2,0 m. N. | 1,0 | 0,9 |
| Schmierstoffverbrauch |  |  |  |  |
| normal .............. [kg/h] | 0,9 | 0,9 | 0,9 | 0,9 |
| Startstandschub |  |  |  |  |
| trocken, in Meereshöhe ... [kp] | 2360 | 3270 m. N. 2450 o. N. | 2720 | 2720 |
| Drehzahl .......... [U/min] | 7950 | 7950 | 7950 | 7950 |
| Startstandschub |  |  |  |  |
| naß ................... [kp] | 2720 | – | 3130 | 3130 |
| Drehzahl .......... [U/min] | 7950 | – | 7950 | 7950 |

*Triebwerksdaten* [I.A.L. 23. 7. 55]

| Baumuster | J47-GE-27 | J47-GE-33 |
|---|---|---|
| Durchmesser ............... [mm] | 933 | 933 |
| Länge .................... [mm] | 3770 | 5800 |
| Trockengewicht ............... [kg] | 1182 | 1450 |
| Luftdurchsatz ........... [kg/sec] | 46,9 | 46,9 |
| Verdichtungsverhältnis ............ | 5,35 : 1 | 5,35 : 1 |
| Max. Schub mit Nachbrenner ... [kp] | – | 3470 |
| bei spez. Kraftstoffverbrauch [kg/kph] | – | 2,3 |
| Milit. max. Leistung ........... [kp] | 2708 | 2520 |
| bei spez. Kraftstoffverbrauch [kg/kph] | 1,072 | 1,15 |
| Normalschub ................ [kp] | 2413 | 2313 |
| Spez. Kraftstoffverbrauch ... [kg/kph] | 1,035 | 1,13 |
| Wirtschaftlicher Reiseschub ..... [kp] | 1810 | 1692 |
| bei spez. Kraftstoffverbrauch [kg/kph] | 1,009 | 1,11 |

*Triebwerksbeschreibung*

Der Einströmteil des J47 besteht aus der verkleideten Triebwerksnase, in der
Hilfsantriebe und andere Zubehörteile untergebracht sind, der Einlaßöffnung mit
den hohlen Einlaßschaufeln und, bei den Modellen der Serien D und E, aus einem
Satz elektrisch zurückklappbarer Schutzgitter, die bei Betrieb in Bodennähe das
Eindringen von Fremdkörpern verhindern. Im Flug werden diese Gitter meist
zurückgeklappt. Bei den Triebwerken der Serien D und E wird der Lufteinlaßteil
durch Luft der letzten Verdichterstufe gegen Vereisung geschützt. Die Menge
der abgezapften Warmluft reguliert der Flugzeugführer.

Das Gehäuse des zwölfstufigen Axialverdichters ist ein zweiteiliges Gußstück aus
Aluminiumlegierung (Alu 355) mit horizontaler Teilfuge. Es wird an seinem vorderen Ende an den Verdichtervorderrahmen aus Dow-C-Magnesium und an seinem hinteren Ende an den Hinterrahmen aus Alu 355 montiert. Die beiden Rahmen, die die Hauptmontagestruktur des Triebwerkes bilden, sind nicht geteilt.
Der Vorderrahmen, der den Lufteinströmteil mit den hohlen Leitschaufeln umfaßt, beherbergt in seinem Mittelstück die Zubehörantriebe sowie das zwei-
reihige Schubkugellager für das vordere Ende der Verdichterwelle. Weitere
Hilfsgeräte sind auf dem Mittelstück des Rahmens angebracht. Sie werden über
Untersetzungsgetriebe von einer gemeinsamen Antriebswelle angetrieben, die
unmittelbar mit dem Verdichterläufer gekuppelt ist. Zu den Hilfsaggregaten
zählen: Anlassergenerator, Tachometergenerator, Kraftstoffregler, Kraftstoffpumpe, Schmier- und Spülölpumpe und Absperrventile. Im Vorderrahmen befindet sich ferner eine Art von Ausgleichskolbenkammer, zu der die Luft geleitet
wird, die als Vereisungsschutz die hohlen Leitschaufeln durchströmt hat. Durch
ihren Druck auf das vordere Verdichterwellenende gleicht sie einen Teil des
Achsschubes aus.
Der hintere Verdichterrahmen trägt die vorderen Enden der Brennkammern und
das Rollenlager des Verdichterwellenendes; ferner ist dort die zweite Ölpumpe
des Triebwerkes angebracht.
Der Verdichterläufer eines Triebwerkes der Baureihe C besteht aus zwölf einzelnen Scheiben, die auf eine gemeinsame Stahlwelle aufgeschrumpft sind. Die
Scheibe der ersten Stufe ist aus Stahl, die nächsten acht Scheiben sind aus Alu-
miniumlegierung, die letzten drei Scheiben sind wieder aus Stahl hergestellt. Die
Läuferbeschaufelung ist aus Stahl.
Bei der Baureihe D setzt sich der Läufer aus neun geschmiedeten Scheiben aus
14-S-Alu-Legierung und drei geschmiedeten Scheiben aus 410-Cr-Stahl zu-
sammen. Die Laufschaufeln sind Präzisionsschmiedestücke. Sie werden durch
Schwalbenschwanzfuß in den Radkränzen gehalten.
Die Radkränze werden zur besseren Übertragung des Drehmomentes durch
Zwischenringe miteinander verbunden, die an den Radkranzschultern mit Stiften
befestigt sind. Diese Zwischenringe bestehen beim Originalverdichter in den
Stufen 1–10 aus 14-S-Alu-Legierung, zwischen den Stufen 10–12 aus 405-Cr-
Stahl.
Für die neueren Modelle der Baureihe E (J47-GE-27) wurde ein verbesserter
Verdichterläufer ohne Mittelwelle konstruiert. Die Scheibe der ersten Stufe ist
aus Stahl gefertigt und besitzt einen Wellenstumpf, die mittleren acht Scheiben
sind aus Alu-Legierung, die letzten drei Stufen wieder aus Stahl hergestellt. Die
letzte Scheibe hat wiederum einen Wellenstumpf. Sämtliche Scheiben werden
durch axiale Ankerbolzen aneinander befestigt. Die sich berührenden Radseiten
tragen etwa auf einem Drittel des Durchmessers eine Stirnverzahnung, die eine
bessere Übertragung des Drehmomentes gewährleistet. Lauf- und Leitschaufeln
sind aus Stahl. (Bei Modell GE-27 werden die Laufschaufeln diagonal in jede
Scheibe eingesetzt.) Die Leitschaufeln des Verdichters werden nach verschiedenen Methoden hergestellt. Zum Teil werden geschmiedete Schaufeln von hoher

Präzision verwendet. Sie werden durch Schwalbenschwanzfuß in geteilten Ringen gehalten, welche in die Gehäusehälften eingesetzt werden. Neben geschmiedeten Leitschaufeln werden auch gesinterte oder gegossene Leitschaufeln eingebaut. Bei einem weiteren Schaufelherstellungsverfahren werden lange Streifen in Schaufelform gewalzt und dann die gewünschten Längen abgeschnitten. An das so entstehende Schaufelblatt wird sodann der Fuß geschweißt, der so geformt ist, daß er den gleichen Raum einnimmt wie die Schaufelbefestigungsringe bei den älteren Konstruktionen, die dann fortfallen können. Die nach diesen Verfahren hergestellten Schaufeln haben einen größeren Widerstand gegen Schwingungen und sind billiger in der Herstellung.

Die Kupplung zwischen Turbine und Verdichter erfolgt bei den Modellen der Baureihen C und D dadurch, daß das genutete Turbinenwellenende in die hülsenartig darübergeschobene hohle und innenverzahnte Verdichterwelle eingreift.

*Die Betriebsdaten der Verdichter* (Meereshöhe, Stand)

| Baumuster | J47-GE-15<br>(Baureihe C) | J47-GE-17<br>(Baureihe D) | J47GE-25, -GE-27<br>(Baureihe E) |
|---|---|---|---|
| Verdichtungsverhältnis | 5,0 : 1 | 5,5 : 1 | 5,5 : 1 |
| Luftdurchsatz | 42 kg/sec | 45 kg/sec | 45 kg/sec |
| U/min | 7950 | 7950 | 7950 |

Die acht zylindrischen Brennkammern werden an ihrem vorderen Ende von dem hinteren Verdichterrahmen, an ihrem Auslaßende vom Turbinenrahmen getragen. Jede einzelne Kammer setzt sich aus dem äußeren Brennkammermantel und dem inneren perforierten Flammrohr aus Inconel-Legierung zusammen. Die Verbindung zwischen Verdichterauslaß und Brennkammer wird durch einen Diffusor hergestellt, in den auch der Duplexbrenner für jede Kammer eingebaut ist. Die Kraftstoffeinspritzung in das Flammrohr erfolgt in Richtung der Luftströmung. In einigen der Brennkammern sind Zündkerzen angebracht. Da die Brennkammern bzw. die Flammrohre durch Querrohre miteinander verbunden sind, pflanzt sich die Flamme nach der Zündung von Kammer zu Kammer fort. Bei den Modellen J47-GE-15 (C-Reihe) und J47-GE-25 (E-Reihe) sind in der Mitte jeder Brennkammerwand Düsen zur Wasser-Alkohol-Einspritzung angebracht, bei der Baureihe C je eine, bei der Baureihe E je vier Düsen. Für die Flammrohre wurde ein Keramiküberzug entwickelt. Übergangsstücke aus Inconel-Legierung leiten die heißen Verbrennungsgase vom Ende jeder Brennkammer zur Turbine.

Das Strahltriebwerk hat eine einstufige Axialturbine mit einem Stahlgehäuse und einem Düsenboden aus nichtrostendem 321-Stahl.

Bei den Modellen J47-GE-25 und J47-GE-27 (Baureihe E) setzt sich der Düsenboden aus zwei konzentrischen Ringen zusammen, zwischen die die 64 luftgekühlten Düsenschaufeln geschweißt sind. Bei den Modellen J47-GE-15 (C-Reihe) und J47-GE-17 (D-Reihe) werden die hohlen, luftgekühlten Stahlleitschaufeln in den Düsenboden eingesetzt.

Welle und Nabe des Läufers sind aus einem Stück SAE-4340-Stahl. Der Radkranz aus »16-25-6«-Timken-Legierung ist auf die Nabe aufgeschweißt. Die Turbinenschaufeln sind aus S-816 geschmiedet; sie haben keine Deckbänder und werden durch Schwalbenschwanzfüße im Radkranz befestigt. Die vordere Fläche der Turbinenscheibe wird durch Verdichterluft der achten Stufe gekühlt, die Rückseite durch Luft von der zwölften Verdichterstufe. (Es ist nicht bekannt, ob diese Angaben aus [219] sich nur auf ein bestimmtes Muster des J47 beziehen oder ob sie allgemein gelten. Auch in [37] sind keine diesbezüglichen Hinweise zu finden.)
Die Turbinenwelle ist in ihrer Mitte in einem Kugellager und vor der Radscheibe in einem Rollenlager gelagert.
Der Auslaßteil der Modelle GE-15, GE-25, GE-27 besteht aus einem Stahlgehäuse und dem feststehenden inneren Konus. Der Auslaßquerschnitt ist unveränderlich.
Das elektrische System des J47 besteht aus dem Anlassergeneratorkreis und dem Zündungskreis. Der Anlassermotor (Generator) ist eine direktgekuppelte 24-V-Gleichstromanlage, die mit der Drehzahl der Maschine läuft. Während des Anlassens dient sie als Gleichstrommotor, um die Maschine bis zur Zünddrehzahl (es wird bei etwa 550 U/min gezündet) zu beschleunigen. Anschließend unterstützt der Anlasser die Beschleunigung der Maschine bis auf die Mindestdrehzahl für stabilen Leerlauf (2200 U/min).
Wenn die Maschine eine Drehzahl von etwa 3500 U/min erreicht, liefert der Anlassermotor als Generator eine Leistung von 300 A, 24 V. Zur Anlasserkontrolle ist ein Spannungsregulator eingebaut, der eine konstante Generatorspannung garantiert. Ein Rückstromrelais dient zur Umschaltung von Motorbetrieb auf Generatorbetrieb und zum Schutz gegen eine Stromumkehr von den Batterien zum Anlassermotor, wenn dieser als Generator arbeitet.


## General-Electric J53

Die Erfahrungen, die man mit diesem vorwiegend für Versuche gebauten Triebwerk seit 1951 sammelte, kamen den anderen Konstruktionen zugute. Bei einem Luftdurchsatz von etwa 118 kg/sec sollen einige J53 einen Schub von annähernd 9072 kp erzeugt haben [589], ein Modell mit Nachbrenner sogar 10 780 kp Schub. Die meisten J53-Triebwerke hatten einen 13stufigen Axialverdichter, der die Luft in einem Verhältnis von 7,7 : 1 verdichtete, eine Ringbrennkammer mit Einzelflammrohren von 1118 mm Durchmesser und eine zweistufige Turbine. Die Höchstdrehzahl des Triebwerkes betrug etwa 5800 U/min.
Eine ausführliche Beschreibung dieses für seine Zeit außergewöhnlich fortschrittlichen Hochleistungstriebwerkes erschien in [665] unter dem Titel »The First Supersonic Turbojet« von J. L. EDWARDS.

# General-Electric J73

Das Triebwerk J73 ist eine Weiterentwicklung des Modelles J47-GE-21 und erzeugt einen nahezu doppelt so großen Schub wie dieses, obwohl die äußeren Abmessungen nicht wesentlich voneinander abweichen. Die Einbaumaße sind die gleichen wie beim J47. Der wesentlich größere Luftdurchsatz des J73 gegenüber dem J47 wurde dadurch erreicht, daß man die ursprünglich in der Triebwerksnase untergebrachten Zubehörteile unter der Maschine anbrachte und so eine günstigere Einlaufform erreichte und daß man eine Ringbrennkammer mit zylindrischen Einzelflammrohren (»cannular«) einbaute. Alle Triebwerke J73 haben Vereisungsschutz, einige Modelle sind mit Nachbrenner ausgerüstet. Das Muster J73-GE-3 wurde für den Flugzeugtyp North American F-86 H Sabre hergestellt.

*Triebwerksdaten*

| Modell | J73-GE-3 | | J73-GE-5 m. N. | |
|---|---|---|---|---|
| Durchmesser .................. [mm] | 933 | [37, 219] | 1004 | [385] |
| Länge ...................... [mm] | 3706 | [219] | 5080 | [385] |
| Stirnfläche .................. [m²] | 0,68 | [37] | – | |
| Gewicht .................... [kg] | 1635 | [37, 219] | – | |
| Kraftstoffverbrauch | | | | |
| normal ................... [kg/kph] | 0,9 | [37, 219] | – | |
| Ölverbrauch | | | | |
| normal ................... [kg/h] | 0,9 | [37, 219] | – | |
| Startstandschub | | | | |
| trocken, in Meereshöhe .......... [kp] | 4080 | [37] | 5660 | [219] |
| | 4220 | [219] | 5440 | [37] |
| | | | 6350 | [589] |
| Drehzahl .................. [U/min] | 8000 | [37, 219] | – | |

J73-GE-5 ohne Nachbrenner: 4320 kp Schub bei 8000 U/min und einem spezifischen Kraftstoffverbrauch von 0,9 kg/kph [37]; J73-GE-9: 4080 kp Schub [287].

*Triebwerksbeschreibung* [37, 287]

Der Lufteinlaßteil des J73 wird durch Warmluft von der letzten Verdichterstufe gegen Vereisung geschützt. Elektrisch betätigte einziehbare Einlaßgitter verhindern das Eindringen von Fremdkörpern in das Triebwerk. Die Einlaßleitschaufeln sind verstellbar; der Einströmquerschnitt kann damit verändert werden. Der Verdichter ist zwölfstufig; sein Verdichtungsverhältnis beträgt 7,0 : 1, sein Luftdurchsatz 68 kg/sec im Stand bei einer Drehzahl von 8000 U/min. Das Verdichtergehäuse ist vierteilig; es setzt sich aus dem zweiteiligen Niederdruckgehäuse aus Magnesiumlegierung und dem zweiteiligen Hochdruckgehäuse aus Stahl zusammen. Die Leitschaufeln der zwölf Verdichterstufen und der Kranz Gleichrichterschaufeln sind aus Stahl hergestellt. Der Verdichterläufer ist zusammengesetzt aus einer Stahlscheibe, acht Scheiben aus Aluminiumlegierung und wieder drei Stahlscheiben, die an ihren Berührungsflächen durch Verzahnung miteinander gekuppelt und durch zwölf Ankerbolzen zusammengehalten werden. Die erste und die letzte Scheibe bestehen mit dem jeweiligen Wellenende aus einem Stück. Die Laufschaufeln aus Stahl werden mit ihren Schaufelfüßen diagonal in die Läuferscheiben eingesetzt. Das Wellenende auf der Einlaßseite des Verdichters ist in einem doppelseitigen Kugellager als Schublager, das hintere Wellenende in einem Rollenlager gelagert.

Die Verdichterwelle ist durch eine gezahnte Hülse mit der Turbinenläuferwelle verbunden.

Die Brennkammer besteht aus einer zweiteiligen Ringkammer, die zehn untereinander verbundene Flammrohre enthält. Zehn Duplexbrenner sind rund um den Diffusorteil des Triebwerkes vor der Brennkammer angebracht. Die Kraftstoffeinspritzung geschieht in Richtung des Luftstromes, die Zündung erfolgt durch zwei Zündkerzen.

Die Axialturbine des J73 ist zweistufig. Gehäuse und Düsenboden sind aus nichtrostendem Stahl hergestellt. Die hohlen, luftgekühlten Leitschaufeln werden in den Düsenboden eingesetzt. Die zwei Läuferscheiben der Turbine werden ebenfalls luftgekühlt. Sie bestehen jeweils aus einer Nabe aus SAE-4340-Stahl, auf die der Radkranz aus Timken-16-25-6-Legierung aufgeschweißt ist. Der Turbinenläufer ist in zwei Rollenlagern gelagert.

Der Ausströmteil des Triebwerkes besteht aus dem äußeren Stahlmantel und dem feststehenden, inneren Kegel. Der Querschnitt der Auslaßöffnung kann durch Verschlüsse, die am Ende der Düse drehbar angebracht sind und elektromagnetisch zu den Seiten hin geöffnet werden, verändert werden.


## General Electric J79

Bereits im Jahre 1952 nahm man die ersten Vorstudien zur Entwicklung eines Nachfolgemusters der Militärtriebwerke J47 und J73 auf. Gesichtspunkte für die Auslegung waren dabei: Hohe Leistung im Reiseflug bei Mach 0,9, genügend Schub für Fluggeschwindigkeiten über Mach 2, geringes spezifisches Gewicht und ein niedriger spezifischer Verbrauch. Die Forderung nach geringem spezifischem Kraftstoffverbrauch bei Reiseflug mit Unterschallgeschwindigkeit führte zu einem Einwellentriebwerk mit hohem Verdichtungsverhältnis, bei dem die ersten Verdichterleitschaufeln für Betriebszustände außerhalb der eigentlichen Auslegungswerte verstellt werden können, um den Luftdurchsatz zu regeln. Die Veränderung der Leitschaufelstellung erfolgt automatisch in Abhängigkeit von der Lufteinlaßtemperatur und der Triebwerksdrehzahl. Etwa zwei Jahre nach dem Beginn der ersten Arbeiten zu diesem Triebwerk wurde der erste J79-Prototyp fertiggestellt, ein Jahr später absolvierte ein J79-Triebwerk den ersten offiziellen 50-Stunden-Abnahmelauf. Im Dezember 1955 nahm man die Flugerprobung mit einer North American B-45 als Trägerflugzeug auf. Nach dem 150-Stunden-Qualifikations-Prüfstandslauf ging das Baumuster J79-GE-1 1957 in Produktion. Erste Produktionsvariante war das Modell J79-3A für die Lockheed F-104A und F-104B. Es folgten die Versionen:

J79-GE-2 zum Einbau in die Flugzeugtypen North American A3J Vigilante der US-Navy und McDonnell F4H-1;

J79-GE-5, J79-GE-5A, -5B für die Serienausführung des Überschallbombers Convair B-58A Hustler;

J79-GE-7 für Lockheed F-104 Starfighter;

J79-GE-9 für Weiterentwicklungen des Bombers B-58.

Die Ausführung J79-GE-11 wird in Kanada, Italien, Belgien, Japan und in der Bundesrepublik Deutschland für die Flugzeugtypen Lockheed F-104G, F-104J und CF-104 in Lizenz hergestellt. Ferner dienen J79-Triebwerke als Antrieb der Flugzeugtypen Grumman F11F-1F und Douglas XF4D sowie der Lenkwaffe Chance Vought Regulus II [3, 708, 710, 714, 720, 664, 41, 42, 43, 891].

*Triebwerksdaten*

| Baumuster | J79-2 [891] | J79-3A [41] | J79-11A [891] |
|---|---|---|---|
| Durchmesser ............. [mm] | 973 | 813 | 973 |
| Länge .................. [mm] | 5282 | 5182 | 5282 |
| Stirnfläche ................ [m²] | – | 0,53 | – |
| Gewicht .................. [kg] | 1632 | 1450 | 1581 |
| Spez. Kraftstoffverbrauch [kg/kph] | – | 2,0 m. N. | – |
| Schmierölverbrauch ....... [kg/h] | – | 0,9 | – |
| Startstandschub ........... [kp] | 7371* m. N. | 6800 m. N. | 7167* m. N. |
| Drehzahl .............. [U/min] | 7460 | 7460 | 7460 |
| Luftdurchsatz ......... [kg/sec] | 76 | 73,5 [664] | 76 |
| Verdichtungsverhältnis .......... | 13 | 12,5 [664] | 13 |

* In [891] als »Höchstschub« angegeben.

*Triebwerksbeschreibung*

Das ringförmige Einlaßgehäuse des 17stufigen Verdichters besteht aus einer Magnesiumlegierung [42]. Vier hohle Profilstreben im Lufteinlaß tragen den Nabenkörper, der die Getriebe zum Hilfsgeräteantrieb und das vordere Verdichterlager umschließt. Warme Verdichterluft zum Vereisungsschutz strömt durch zwei der hohlen Streben zum Nabenkörper. Der eine Teil der Luft gelangt von dort in die hohlen Eintrittsleitschaufeln, von wo sie durch Bohrungen in der Schaufelspitze in den Hauptluftstrom zum Verdichter abgeblasen wird, der andere Teil wird durch eine der übrigen zwei Profilstreben wieder nach außen geleitet. Das Verdichtergehäuse aus Stahl ist horizontal geteilt und setzt sich aus drei Abschnitten zusammen. Die Eintrittsleitschaufeln und die Schaufeln der folgenden sechs Leitkränze sind verstellbar. Ihr Anstellwinkel kann mit Hilfe eines Verstellrechens verändert werden, dessen kreisbogenförmige Segmente das Verdichtergehäuse allseitig umschließen. Die Segmente sind über Winkelhebel mit den Leit-

schaufeln der jeweiligen Verdichterstufe verbunden, so daß die Verschiebung
eines Kreisbogensegmentes eine Drehung aller mit diesem Element gekoppelten
Schaufeln zur Folge hat. Die tangentiale Verschiebung der einzelnen Segmente
wird durch horizontale Steuerschienen bewirkt, die ihrerseits über Winkelhebel
mit hydraulisch-mechanischen Betätigungszylindern verbunden sind. Die Leitkränze der übrigen Verdichterstufen sind nicht verstellbar. Die Leitschaufeln aller
Stufen werden aus Stahl hergestellt.
Der Verdichterläufer setzt sich aus 17 einzelnen Laufradscheiben aus »Timken
alloy«-Stahl [42] zusammen, die am Radkranz durch trommelartige Distanzringe
miteinander verbunden sind. An die erste Radscheibe ist der vordere Wellenstumpf angeflanscht, der in einem Rollenlager gelagert ist. Auf der Rückseite der
15. Radscheibe ist der hintere Wellenstumpf angeflanscht, der in einem Kugellager gelagert ist. Die 16. und 17. Radscheibe sitzen auf dem von Befestigungs-
flansch zum Wellenende hin konisch verlaufenden Wellenstück und werden von
der 15. Radscheibe her durch Zuganker in ihrer Position gehalten. Zur besseren
Drehmomentübertragung sind die Radscheiben 11–15 durch Zwischenringe miteinander verbunden. Die Ringe sind leicht konisch. Der erste Ring setzt am Radkranz der elften Scheibe an, der letzte endet auf der Vorderseite der 15. Scheibe
und hat den gleichen Durchmesser wie der Flansch, mit dem der Wellenstumpf
an der Rückseite der Scheibe befestigt ist. Die Radscheiben sind durchbohrt und
durch kurze Rohrstücke miteinander verbunden. Durch diese Rohrstücke wird
Luft von der siebten Verdichterstufe zu den einzelnen Radscheiben des Verdichters sowie durch die hohlkegelartige Zwischenwelle zwischen Verdichter und
Turbine zu den Radscheiben der Turbine geleitet. Der Verdichter des J79-GE-7
hat einen Luftdurchsatz von 82 kg/sec bei einem Verdichtungsverhältnis von
12 : 1 und einer Drehzahl von 7460 U/min.
Die Ringbrennkammer des Triebwerks J79 ist mit zehn zylindrischen Einzelflammrohren aus Incoloy »T«-Legierung ausgerüstet. Das äußere Brennkammergehäuse ist horizontal geteilt, der innere Mantel ist einteilig. Zehn Duplexbrenner
spritzen den Kraftstoff in Strömungsrichtung ein.
Die Turbine ist dreistufig. Die Leitschaufeln der ersten zwei Stufen sind hohl und
werden durch Verdichterluft gekühlt. Die mit dem Verdichterläufer gekuppelte
Turbinenwelle ist an den äußeren Durchmesser der Radscheibe der ersten Turbinenstufe angeflanscht. Die Radscheiben weisen Mittelbohrungen auf und sind
zur Übertragung des Drehmomentes am äußeren Umfang durch Zwischenringe
miteinander verbunden. Die Radscheibe der letzten Stufe und der hintere Wellenstumpf sind ein Stück. Der Wellenstumpf ist in einem Rollenlager gelagert.
Der Nachbrenner des J79 ist mit einer voll verstellbaren Schubdüse ausgerüstet
[I.A.L. 23. 5. 57; 42, 837].


## General Electric CJ-805


Das Triebwerk CJ-805 wurde für Verwendung im zivilen Luftverkehr aus dem
Militärtriebwerk J79 entwickelt. Im April 1958 wurden Flugversuche mit einem

der ersten CJ-805-Triebwerke (Flugzeugtyp XF4D) und mit zwei Triebwerken, eingebaut in einer RB-66, aufgenommen. Im September 1958 erhielt das Modell CJ-805-3 die offizielle Zulassung für die Verwendung im Flugverkehr, im Mai 1960 begann der planmäßige Flugdienst mit der Convair 880 mit CJ-805-Triebwerken. Ende 1960 war eine Betriebszeit von 1000 Stunden zwischen zwei Triebwerksüberholungen zugelassen [I.A.L. 30. 12. 60; 891].

Kleinere Abänderungen der Konstruktion führten zu dem verbesserten Typ CJ-805-3B, der bei niedrigerer Drehzahl den gleichen Luftdurchsatz hat wie das Vorgängermodell und mit höherer Turbineneinlaßtemperatur arbeitet. Diese Ausführung soll in die Convair 880-M eingebaut werden, die Ende 1962 im Linienverkehr eingesetzt wird [891]. Der Startstandschub beträgt 5285 kp und der maximale Reiseschub 4445 kp [I.A.L. 2. 12. 60]. Als weitere Ausführungen des CJ-805 werden genannt: CJ-805-1 mit 4760 kp Schub, CJ-805-2 (4080 kp Schub) und die Weiterentwicklungen CJ-805-11 (mit größerem Verdichter) und CJ-805-13 (höherer Schub durch höhere Turbineneinlaßtemperaturen).

In [I.A.L. 26. 7. 61] wird von einer Ausführung CJ-805-3A gesprochen, die sich von der Ausführung -3 durch Änderungen an den verstellbaren Leitschaufeln unterscheidet, wodurch ein größerer Luftdurchsatz ermöglicht wird.

*Triebwerksdaten* [I.A.L. 10. 12. 59; I.A.L. 2. 12. 60; 891]

| Baumuster | CJ-805-3 | CJ-805-3B |
|---|---|---|
| Max. Durchmesser (Verdichterstirnseite) ........... [mm] | 803 | 803 |
| Max. Länge ohne Schubumkehr und Schalldämpfer .. [mm] | 2780 | 2780 |
| Max. Länge mit Schubumkehr und Schalldämpfer .... [mm] | 4800 | – |
| Gewicht ohne Schubumkehr, Schalldämpfer .......... [kg] | 1270 | 1275 |
| Gewicht mit Schubumkehr, Schalldämpfer ........... [kg] | 1447 | – |
| Startleistung in Meereshöhe, Stand ................ [kp] | 5080 | 5280 |
| Drehzahl, Start ............................... [U/min] | 7684 | 7460 |
| Spez. Kraftstoffverbrauch, Start ................ [kg/kph] | 0,806 | – |
| Abgastemperatur bei Startleistung ................. [°C] | 630 | – |
| Verdichtungsverhältnis ..................................... | 13 | 13 |
| Luftdurchsatz ............................... [kg/sec] | 76,2 | 76,2 |
| Max. Dauerleistung ............................. [kp] | 4310 | – |
| Spez. Kraftstoffverbrauch bei max. Dauerleistung .. [kg/kph] | 0,738 | – |
| Max. Reiseleistung ............................. [kp] | 4015 | – |
| Spez. Kraftstoffverbrauch bei max. Reiseleistung ... [kg/kph] | 0,728 | – |

CJ-805-3B Reiseleistung bei 7,62 km Flughöhe und 971 km/h Fluggeschwindigkeit [891]:

| | |
|---|---|
| Reiseschub ................................. [kp] | 1950 |
| Drehzahl ................................. [U/min] | 7460 |
| Spez. Kraftstoffverbrauch ...................... [kg/kph] | 0,97 |

Der 17stufige Axialverdichter arbeitet mit einem Verdichtungsverhältnis von
12 : 1 bei einer Drehzahl von 7460 U/min und einem Luftdurchsatz von 82 kg/sec.
Sein ringförmiges Einlaufgehäuse ist aus Aluminium. Es beherbergt, durch acht
radiale Streben gestützt, das vordere Lager des Verdichterläufers und ein Kegel-
räderpaar, das eine durch die radialen Hohlstreben nach außen führende Welle für
die Hilfsantriebe antreibt. Der ganze Triebwerkseinlauf wird durch vom Verdichter abgezapfte Warmluft gegen Vereisung geschützt. Der Anstellwinkel der
Einlaufleitschaufeln sowie die Leitschaufeln der ersten sechs Verdichterstufen
können verstellt werden. Diese Verstellung erfolgt durch zwei vom Kraftstoffdurchsatz her gesteuerte Regler mit Hilfe einer besonderen Verstellringhebel-
konstruktion. Die Leitschaufeln werden aus Stahl hergestellt. Der Verdichterläufer ist eine trommelläuferartige Konstruktion, die sich aus einzelnen Scheiben
und Zwischenstücken zusammensetzt. Der vordere Wellenstumpf ist in einem
Rollenlager, der hintere in einem schubaufnehmenden Kugellager gelagert. Die
gesamte Läuferbeschaufelung ist aus Stahl, ebenso das vierteilige Verdichtergehäuse.
Die Ringbrennkammer mit zweiteiligem, äußerem Mantel hat zehn Einzelflammrohre mit je einem Duplexbrenner, der den Kraftstoff in Strömungsrichtung einspritzt.
Das Turbinengehäuse ist zweiteilig. Die Leitschaufeln der ersten Turbinenstufe
sind hohl, die Schaufeln der anderen beiden Leitkränze sind massiv [42]. Die
Laufradscheiben der drei Turbinenstufen sind an ihrem äußeren Umfang durch
angeflanschte Ringe miteinander verbunden. Der Spalt zwischen diesen Ringen
und den inneren Deckbändern der Leitkränze wird durch Labyrinthdichtungen
abgedichtet. Am äußeren Umfang der ersten Radscheibe der Turbine greift die
hohle Turbinenwelle an, die sich zum Verdichter hin kegelartig verjüngt und
durch eine Verzahnung mit dem Verdichter gekuppelt ist.
Die Schubdüse des CJ-805-3 hat einen unveränderlichen Querschnitt.


## General Electric CJ-805-21


Aus der Zivilausführung CJ-805-3 des J79 wurde nach umfangreichen Untersuchungen im Jahre 1957 das Zweistrom- (oder Mantelstrom-)Triebwerk
CJ-805-21 entwickelt. Triebwerke dieser Bauart sollen in Strahlverkehrsflugzeuge
vom Typ Convair CV600 eingebaut werden. Der Vorteil der Zweistromanord-
nung des CJ-805 gegenüber der Normalausführung liegt u. a. in einem verbesserten Vortriebswirkungsgrad – geringere mittlere Ausströmgeschwindigkeit bei
beträchtlich erhöhtem Gesamtluftdurchsatz. Der Startstandschub nimmt um 50%
zu, ohne daß sich der Kraftstoffverbrauch pro Zeiteinheit ändert. Die Schub-
erhöhungen in den anderen Laststufen betragen bei Steigflug 20–40%, bei Reiseflug 10–18% bei ebenfalls unveränderten absoluten Verbräuchen [835].

*Triebwerksdaten*

| Baumuster | CJ-805-21 | [42] | | | | |
|---|---|---|---|---|---|---|
| Durchmesser ........................ [mm] | 813 | und | 1346* | | | |
| Länge ............................. [mm] | 3658 | [770] | und | 3662 | [42] | |
| Stirnfläche ........................... [m²] | 0,53 | [42] | | | | |
| Gewicht ........................... [kg] | 1678 | | | | | |
| Spez. Kraftstoffverbrauch | | | | | | |
| normal ........................... [kg/kph] | 0,7 | | | | | |
| Schmierölverbrauch ................. [kg/h] | 0,9 | | | | | |
| Startstandschub | | | | | | |
| trocken, in Meereshöhe ................ [kp] | 6800 | | | | | |
| Drehzahl ........................ [U/min] | 7460 | | | | | |

* Durchmesser des Gebläserahmens.

*Triebwerksbeschreibung*

Der vordere Teil des Triebwerks CJ-805-21 mit Verdichter, Brennkammer und
Turbine entspricht genau der Konstruktion des Einkreismodelles CJ-805-3. Der
Mantelstromverdichter wird nach der dritten Turbinenstufe an das eigentliche
Triebwerk angesetzt. Er besteht aus einer einstufigen gegenläufigen Freiturbine,
die mit einer besonderen Beschaufelung ausgerüstet ist. Der innere Teil dieser Beschaufelung wird von dem Abgasstrom des Haupttriebwerkes durchströmt und
angetrieben, während der äußere Teil in einen Ringraum rund um den Auslaßteil
des Triebwerkes hineinragt und dort die Luft des Mantelstroms (113 kg Durchsatz
bei einem Verdichtungsverhältnis von 1,6 : 1) verdichtet.
Eine fortgeschrittenere Ausführung CJ-805-23 des Triebwerkes mit nachgesetztem Gebläseradzusatz zeichnet sich gegenüber dem Modell CJ-805-21 durch erhöhten Schub und verbesserten spezifischen Kraftstoffverbrauch bei nur 11,4 kg
Mehrgewicht aus [I.A.L. 15. 5. 59].

## General Electric CJ-805-23

Das Mantelstromtriebwerk CJ-805-23 entstand aus dem Triebwerk CJ-805 durch
Anfügen eines mechanisch unabhängigen Mantelstromgebläses. Die Radscheibe
des Gebläserades trägt 54 Doppelschaufeln, deren innerer Teil, wie bei der Ausführung CJ-805-21, als Turbinenbeschaufelung dient und deren äußerer Teil die
eigentliche Gebläsebeschaufelung enthält. Die Turbinenschaufeln werden mit
einem Gasstrom von etwa 485°C angeströmt, das Gebläserad mit einem Gasstrom von etwa 95°C. Bei einem Gebläsedurchmesser von 1240 mm und einer
Drehzahl von 5636 U/min beträgt die Umfangsgeschwindigkeit an der Schaufelspitze 363 m/sec. Das Triebwerk ist für die Flugzeugtypen Convair 990, Convair
CV-600 Coronado und Caravelle VII vorgesehen.
Die ersten Prüfstandsläufe mit dem Mantelstromgebläse begannen 1957. Zwei
CJ-805-3-Triebwerke, die bereits 1300 Stunden im Flugbetrieb gelaufen hatten,

wurden zu Mantelstromtriebwerken CJ-805-23 umgebaut und im Februar 1960 in einer RB-66 geflogen. Im Juni 1960 erteilte das amerikanische Bundesluftfahrtamt FAA die Typenzulassung für die Mantelstromtriebwerke CJ-805-23 (7190 kp Schub) und CJ-805-23A (7300 kp Schub). Erste Serientriebwerke wurden für den Einbau in die Convair 990 ausgeliefert [I.A.L. 10. 6. 60; 2. 7. 60; 891].
Am 30. 12. 60 startete in Kalifornien eine SE-210 Caravelle mit Triebwerken vom Typ CJ-805-23C zu ihrem Erstflug.

*Triebwerksdaten*

| Baumuster | | CJ-805-23 |
|---|---|---|
| Max. Durchmesser (Verdichterstirnseite) | [mm] | 803 |
| Max. Durchmesser (Mantelstromgebläsestirnseite) | [mm] | 1346 |
| Max. Länge | [mm] | 3658 |
| Gewicht | [kg] | 1735 |
| Startschub | [kp] | 7300 |
| Spez. Kraftstoffverbrauch bei Startschub | [kg/kph] | 0,541 |
| Dauerschub (max.) | [kp] | 6215 |
| Spez. Kraftstoffverbrauch bei max. Dauerschub | [kg/kph] | 0,505 |
| Reiseleistung | [kp] | 6030 |
| Spez. Kraftstoffverbrauch bei Reiseschub | [kg/kph] | 0,504 |
| Primärluftdurchsatz | [kg] | 75,8 |
| Luftdurchsatz durch Mantelstromgebläse | [kg] | 113,4 |
| Primärverdichtungsverhältnis | | 13 : 1 |
| Sekundärverdichtungsverhältnis | | 1,6 : 1 |

[I.A.L. 5. 1. 60]

| Baumuster | | CJ-805-23A [891] |
|---|---|---|
| Durchmesser | [mm] | 1346 |
| Länge | [mm] | 3320 |
| Gewicht | [kg] | 1692 |
| Höchstschub | [kp] | 7300 |
| Drehzahl | [U/min] | 7680 |
| Luftdurchsatz gesamt | [kg/sec] | 188,5 |
| Luftdurchsatz heiß | [kg/sec] | 76,1 |
| Verdichtungsverhältnis | | 13 |
| Reiseleistung bei 7,62 km Flughöhe und 971 km/h Fluggeschwindigkeit: | | |
| Reiseschub | [kp] | 2315 |
| Spez. Kraftstoffverbrauch | [kg/kph] | 0,83 |

## General Electric CJ-805-41

Für die Verwendung auf verschiedenen Frachtern und Kurzstreckentransportern entwickelte General Electric aus dem CJ-805-23 das Triebwerk CJ-805-41 mit 9070 kp Schub, das gegenüber dem CJ-805-23 außer höherem Schub auch günstigere Kraftstoffverbrauchswerte aufweist [I.A.L. 14. 5. 60].

General Electric J85 [I.A.L. 1. 10. 59; 891; I.A.L. 14. 12. 60; 892]

Mit der Entwicklung des Leichtgewichtstriebwerkes J85 (Firmenbezeichnung MX2273) wurde im Jahre 1955 begonnen. Von den verschiedenen Ausführungen des J85 wird die Nachbrennerausführung J85-5 vorwiegend für die Verwendung in Jagd- und Übungsflugzeugen, wie Northrop T-38 Talon (Trainer), Northrop N-156F (leichter Jäger), North American T-39 (Mehrzweckflugzeug) und Bell X-14 (NASA-Forschungsflugzeug), gebaut, während die Ausführung ohne Nachbrenner J85-7 Flugkörper wie Radioplane Q-4B und McDonnell GAM-72 Green Quail ausrüstet. Eine Ausführung J85-9 ist für den Einbau in leichtere Transporter gedacht. Unter dem Rumpf einer umgebauten Convair F-102 wurden J85-Triebwerke einer Erprobung bei Fluggeschwindigkeiten über Mach 1 und Flughöhen über 15 km unterzogen. Während das Verhältnis Schub/ Gewicht bei den älteren Modellen noch 7,5 betrug, konnte es bei 1961 auf dem Prüfstand laufenden Triebwerken vom Typ S J132 auf ca. 10,5 erhöht werden (ohne Nachverbrennung). Durch höhere Turbineneintrittstemperaturen und höhere Drehzahl wurde ein Schub von 1380 kp erzielt; das Gewicht wurde auf 134 kg (vorher 147 kg) gesenkt. Die Abmessungen entsprechen jenen des J85-7. Nach [892] führt diese Weiterentwicklung des J85-7 die Bezeichnung J85-20.

*Triebwerksdaten* [I.A.L. 21. 11. 60; 892, 891]

| Baumuster | J85-5 | | J85-7 | |
| --- | --- | --- | --- | --- |
| Durchmesser (max.) ............ [mm] | 513 | | 444 | |
| Durchmesser (Einlauf) ......... [mm] | 416 | [I.A.L. 21. 11. 60] | 416 | [I.A.L. 21. 11. 60] |
| Länge ...................... [mm] | 2 762 | | 998 | |
| Gewicht (trocken) .............. [kg] | 244 | | 148 | |
| Max. Schub m. N. .............. [kp] | 1 750 | | – | |
| Drehzahl .................. [U/min] | 16 500 | | – | |
| Max. Schub o. N. .............. [kp] | 1 135 | | 1 112 | |
| Spez. Kraftstoffverbrauch m. N. [kg/kph] | 2,20 | | – | |
| Spez. Kraftstoffverbrauch o. N. [kg/kph] | 1,01 | | 0,975 | |
| Dauerschub .................... [kp] | 930 | | 910 | |
| Spez. Kraftstoffverbrauch ..... [kg/kph] | 0,98 | | 0,99 | |
| Verdichtungsverhältnis .............. | 7 | | 7* | |
| Luftdurchsatz ............. [kg/sec] | 19,3 | | 19,3 | |

Reiseleistung nach [891] bei 10,7 km Flughöhe und 1081 km/h Fluggeschwindigkeit:

| | J85-5 | J85-7 |
| --- | --- | --- |
| Reiseschub ..................... [kp] | 535 | 263 |
| Drehzahl .................. [U/min] | 16 500 | 14 850 |
| Spez. Kraftstoffverbrauch ..... [kg/kph] | 1,54 | 1,17 |

* Nach [891] Verdichtungsverhältnis 6,5.

*Triebwerksbeschreibung*

Der Axialverdichter des Triebwerkes hat acht Stufen. Die Vorleitschaufeln sind verstellbar, und zwar sind die hohlen Vorderteile der 15 Einlaßleitschaufeln, die von Warmluft durchströmt und so gegen Vereisung geschützt werden, feststehend, während der hintere Abschnitt jeder dieser Schaufeln verstellbar ist [42]. Der Verdichterläufer setzt sich aus einzelnen Scheiben zusammen und ist zweifach gelagert. Das zweiteilige Verdichtergehäuse wird aus »Chromalloy« hergestellt [662]. Zur besseren Regelung des Verdichters beim Start und in Bodennähe kann über Ringleitungen und Ventile Luft von den Verdichterstufen 3, 4 und 5 abgeblasen werden [42]. Nach [I.A.L. 1. 10. 59] soll die Luft von den letzten drei oder vier Stufen abgeblasen werden können. Die Ringbrennkammer ist mit 18 [662] (12 [42]) Brennern ausgerüstet. Höchste Gastemperatur vor der zweistufigen Turbine [I.A.L. 1. 10. 59; 42] ist 927°C. Nach [662] ist das Turbinengehäuse horizontal geteilt und die Turbine nur einstufig. Das Triebwerk J85-GE-5 ist mit einem Nachbrenner mit verstellbarer Düse ausgerüstet.


General Electric CJ610

Das Triebwerk CJ610 wurde aus dem J85-GE-7 für die Verwendung im zivilen Flugverkehr entwickelt. Es wird zunächst in zwei Ausführungen hergestellt, der Ausführung CJ610-1, 1290 kp Schub, Preis $ 45 000, für Flugzeuge mit 5500 bis 6800 kg Gewicht, und der Ausführung CJ610-2B, 1090 kp Schub, Preis $ 40 000, für Flugzeuge niedrigeren Gewichts bis hinunter zu 3850 kg. Das Modell CJ610-1 soll in das Geschäftsreiseflugzeug Aero Commander 1121, das Modell CJ610-2B in die Geschäftsreiseflugzeuge SAAC-23 und Israeli B-101C eingebaut werden. Prototypausführungen für die Flugerprobung sind bereits hergestellt [891, 892].

*Triebwerksdaten* [891, 892]

| Baumuster | | CJ610-1 | CJ610-2B |
|---|---|---|---|
| Max. Durchmesser | [mm] | 450 | – |
| Länge | [mm] | 1 010 | – |
| Gewicht | [kg] | 161 | 161 |
| Max. Schub | [kp] | 1 290 | 1 090 |
| Drehzahl | [U/min] | 16 500 | – |
| Spez. Kraftstoffverbrauch bei | | | |
| Dauerschub | [kg/kph] | 0,99 | – |
| Verdichtungsverhältnis | | 7 : 1 | – |
| Luftdurchsatz | [kg/sec] | 19,95 | – |
| Schub/Gewicht | [kp/kg] | 8 : 1 | – |


General Electric CF700 [I.A.L. 1. 10. 59, 23. 3. 60; 661, 664, 891]

Aus dem Militärtriebwerk J58 bzw. seiner Zivilausführung CJ610 wurde das kleine Mantelstromtriebwerk CF700 für zivile Verwendung bei Fluggeschwindigkeiten von Mach 0,5 bis Mach 0,9 entwickelt. Es soll in leichte und mittelschwere

Reise- und Verkehrsflugzeuge, wie z. B. das Geschäftsreiseflugzeug McDonnell
220, eingebaut werden. Die Prüfstandsläufe wurden im Mai 1960 aufgenommen
[I.A.L. 7. 7. 60]. Die ersten amtlich für den Flugverkehr zugelassenen Produktionstriebwerke sollen im Frühjahr 1962 ausgeliefert werden, Preis $ 75 000. Eine
Schubumkehrvorrichtung kann mitgeliefert werden.

*Triebwerksdaten* [661, 664; I.A.L. 1. 10. 59; 892]

| Baumuster | | CF700-1 | | CF700-2B | [892] |
|---|---|---|---|---|---|
| Durchmesser ............... | [mm] | 838 | | 865 | |
| Länge ..................... | [mm] | 1750 | | | |
| | | 1778 | [664] | 1625 | |
| Gewicht ..................... | [kg] | 265 + 35 | Schubumkehr | 280 | |
| Max. Schub (trocken) .......... | [kp] | 1815 | ICAN | 1900 | |
| Spez. Kraftstoffverbrauch ... | [kg/kph] | 0,69 | | 0,688 | |
| Spez. Kraftstoffverbrauch | | | | | |
| bei Dauerschub ........... | [kg/kph] | – | | 0,686 | |
| Verdichtungsverhältnis ............ | | – | | 7 : 1 | |
| Luftdurchsatz ............ | [kg/sec] | – | | 19,95 | |
| Bypass-Verhältnis ................. | | – | | 2 : 1 | |
| Schub/Gewicht ........... | [kp/kg] | – | | 6,8 : 1 | |
| | | | | | |
| Reiseschub ICAN | | | | | |
| 927 km/h, 10 972 m Höhe ....... | [kp] | 462 | | | |
| Spez. Kraftstoffverbrauch ... | [kg/kph] | 0,97 | | | |
| Max. Reiseschub .............. | [kp] | 1485 | | | |
| Spez. Kraftstoffverbrauch ... | [kg/kph] | 0,68 | | | |
| Max. Dauerschub | | | | | |
| 894 km/h, 7620 m Höhe ........ | [kp] | 722 | | | |
| Spez. Kraftstoffverbrauch ... | [kg/kph] | 1,01 | | | |
| Max. Reiseschub | | | | | |
| 852 km/h, 11 000 m Höhe ....... | [kp] | 462 | | | |
| Spez. Kraftstoffverbrauch ... | [kg/kph] | 0,97 | | | |

*Errechnete Start- und Reiseleistungen* [I.A.L. 23. 3. 60]

| Flughöhe | | Wahre Flug-geschwindigkeit (Knoten) | | Schub | | Spez. Kraft-stoffverbrauch |
| m | (ft) | | | kp | (lb) | kg/kph (lb/lb/h) |
|---|---|---|---|---|---|---|
| Meereshöhe | | 0 | Start ............ | 1 815 | (4 000) | 0,69 |
| Meereshöhe | | 0 | Max. Dauerleistung | 1 710 | (3 770) | 0,69 |
| Meereshöhe | | 0 | Max. Reiseleistung | 1 550 | (3 420) | 0,68 |
| 1 830 | (6 000) | 0 | Start ............ | 1 260 | (2 780) | 0,70 |
| 1 830 | (6 000) | 0 | Max. Dauerleistung | 1 170 | (2 580) | 0,70 |
| 7 620 | (25 000) | 482 | Max. Dauerleistung | 690 | (1 530) | 1,00 |
| 9 150 | (30 000) | 472 | Max. Dauerleistung | 600 | (1 315) | 0,99 |
| 11 000 | (36 089) | 459 | Max. Reiseleistung | 460 | (1 020) | 0,96 |

*Triebwerksbeschreibung*

Das Triebwerk ist mit einem achtstufigen Verdichter, einer Ringbrennkammer und einer zweistufigen Turbine ausgerüstet. An diesen »Heißgaserzeugerteil«, der dem Triebwerk J85 bzw. seiner Zivilversion CJ610 entspricht, schließt sich das einstufige Mantelstromgebläse (Bypass-Verhältnis 2 : 1) an, das im wesentlichen aus dem Turbinenrad mit auf die Turbinenschaufeln aufgesetzten Gebläseschaufeln besteht.

## General Electric CJ-810

Das Triebwerk CJ-810 entspricht in seinem Aufbau dem Mantelstromtriebwerk CJ-805-23, ist jedoch in seinen Abmessungen wesentlich kleiner, um den Erfordernissen des Kurz- und Mittelstreckenverkehrs mit Düsenflugzeugen zu genügen. Im Sommer 1962 soll es die offizielle Zulassung zum Luftverkehr erhalten.

*Leistungsangaben*

| Baumuster CJ-810-1 | Schub [kp] | Spez. Kraftstoffverbrauch [kg/kph] |
| --- | --- | --- |
| Startstandschub in Meereshöhe ............... | 3990 | 0,53 |
| Max. Dauerschub in Meereshöhe .............. | 3715 | 0,52 |
| Max. Dauerschub in 4572 m Höhe bei 463 km/h Geschwindigkeit ............... | 1905 | 0,71 |
| Max. Dauerschub in 4572 m Höhe bei 797 km/h Geschwindigkeit ............... | 1860 | 0,82 |
| Max. Dauerschub in 10 668 m Höhe bei 927 km/h Geschwindigkeit ............... | 975 | 0,80 |
| Max. Dauerschub in 10 668 m Höhe bei 945 km/h Geschwindigkeit ............... | 906 | 0,82 |
| Minimaler Kraftstoffverbrauch in 10 668 m Höhe bei 927 km/h Geschwindigkeit ............... | 770 | 0,785 |

## General Electric MF-239C-3 (TF35)

Eine vergrößerte Ausführung des J79 diente als Grundlage zu der Entwicklung des Zweistromtriebwerkes MF-239C (9525–10 000 kp Schub). Es weist gegenüber den bisherigen Zweistromversionen des J79 eine zusätzliche Verdichterstufe auf; das Mantelstromgebläse wird durch eine zweistufige Turbine angetrieben. Das Triebwerk ist für große Unterschallbomber und -verkehrsflugzeuge bestimmt und soll Mitte 1963 lieferbar sein [891].

| Baumuster MF-239C | | |
|---|---|---|
| Max. Durchmesser .............. [mm] | | 1524 |
| Länge ........................ [mm] | | 4064 |
| Gewicht ........................ [kg] | | 2000 |
| Schub .......................... [kp] | | 9525 |

[I.A.L. 24. 6. 60]

# General Electric J93 [891]

Seit 1958 befindet sich bei General Electric das Hochleistungstriebwerk J93 in Entwicklung, das für den Interkontinentalbomber North American B-70 Valkyrie vorgesehen ist und für Fluggeschwindigkeiten von Mach 3 ausgelegt wurde. Eine beträchtliche Anzahl von Versuchstriebwerken wurde in Prüfstandsläufen von insgesamt 5000 Stunden (Stand Juli 1961) Dauer erprobt. Flugversuche wurden mit einer B-58A als Träger der J93-Gondel bis zu Fluggeschwindigkeiten von Mach 2,2 bei 21 km Flughöhe durchgeführt.
Das J93 ist ein Einwellenleichtgewichtstriebwerk mit sehr hohem Luftdurchsatz und hohem Schub bei Reiseflug mit Mach 3. Der Verdichter hat nur sehr wenige Stufen und verstellbare Leitschaufeln. Der spezifische Luftdurchsatz (Luftdurchsatz/Stirnfläche) ist außergewöhnlich hoch. An den Nachbrenner schließt sich eine konvergent-divergente Düse an. Die für das inzwischen wieder aufgegebene Projekt eines Abfangjägers F-108 Rapier vorgesehene Triebwerksausführung J93-GE-3 wog etwa 1815 kg mit Nachbrenner; als Kraftstoff war JP-6 vorgesehen; Höchstschub mit Nachverbrennung etwa 13 600 kp. Die für die B-70 vorgesehene Ausführung J93-GE-5 soll einen Luftdurchsatz von mehr als 135 kg/sec und ein Verdichtungsverhältnis von 8 haben. Sie soll 13 600 kp Schub erzeugen [891] und mit einem weiterentwickelten Nachbrenner für Borankraftstoffe ausgerüstet werden.

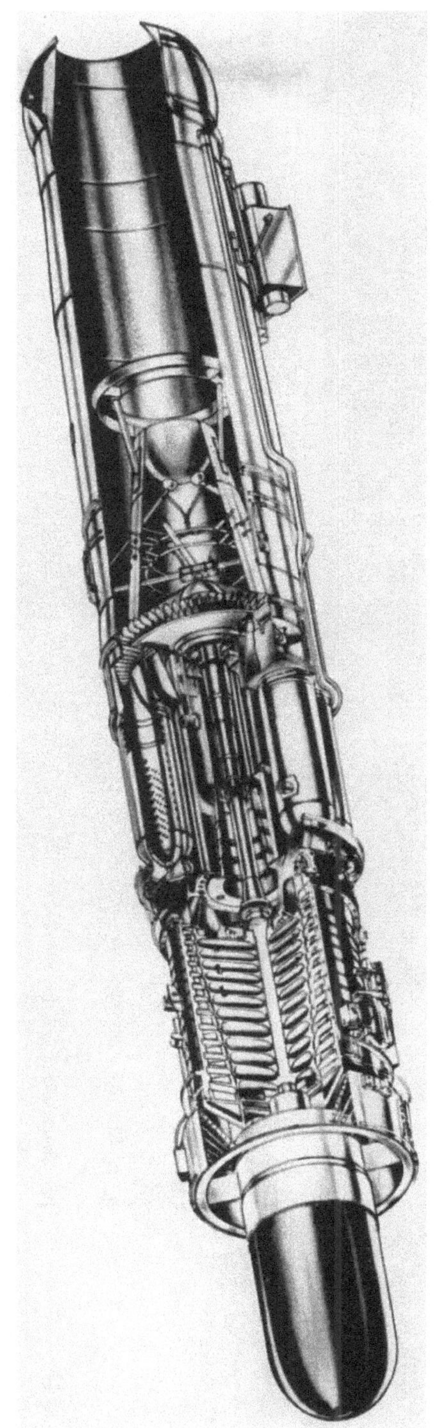

Abb. 3   General Electric J47 (Aero Digest)

45

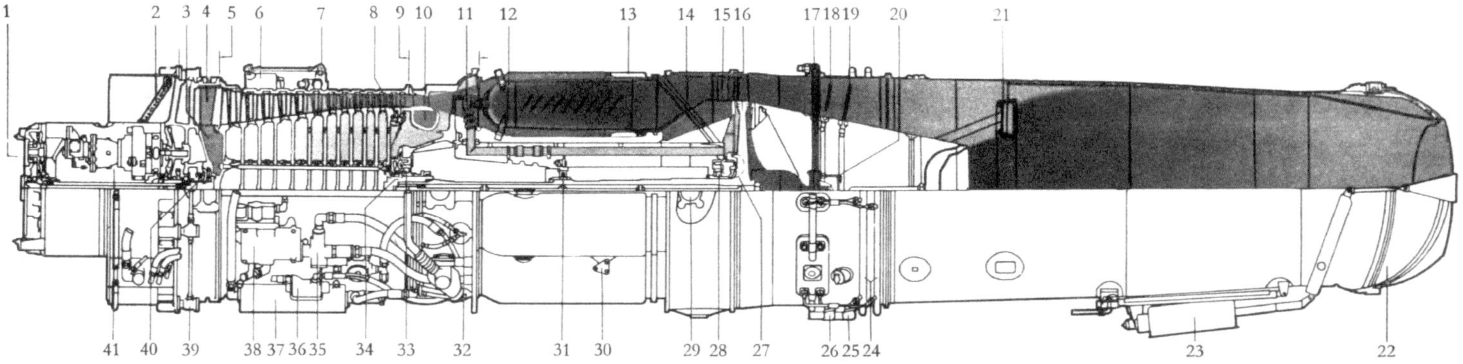

1. Auxiliary Accessory
2. Inlet Screens
3. Balance Chamber
4. Inlet Guide Vanes
5. Compressor Front Frame
6. Emergency Fuel Regulator
7. Stopcock
8. 12th Stage Air Seal
9. Compressor Rear Frame
10. Cabin Pressurization Manifold
11. 8th Stage Cooling Air
12. Opposite Polarity Ignition
13. Expansion Joint
14. Transition Liner
15. Nozzle Diaphragm
16. Turbine Wheel
17. 12th Stage Cooling Air
18. Spray Bar
19. Spray Bar
20. Cooling Air Line
21. Flame Holder
22. Variable Area Nozzle
23. Nozzle Actuator
24. Thermocouple Lines
25. Primary Manifold to Reheat Burner
26. Secondary Manifold to Reheat Burner
27. No. 4 Bearing Air and Oil Seal
28. No. 4 Bearing
29. Rear Mounting Trunnion
30. Turbine Frame Vent
31. No. 3 Bearing
32. Fuel Nozzle
33. No. 2 Bearing
34. No. 2 Bearing Air and Oil Seal
35. Reheat Fuel Flow Divider
36. Oil Thermal Control Valve
37. Oil Cooler
38. Reheat Fuel Control Valve
39. Inlet Screen Actuator
40. No. 1 Bearing
41. Accessory Section

Abb. 4   General Electric J47-GE-17 [834]

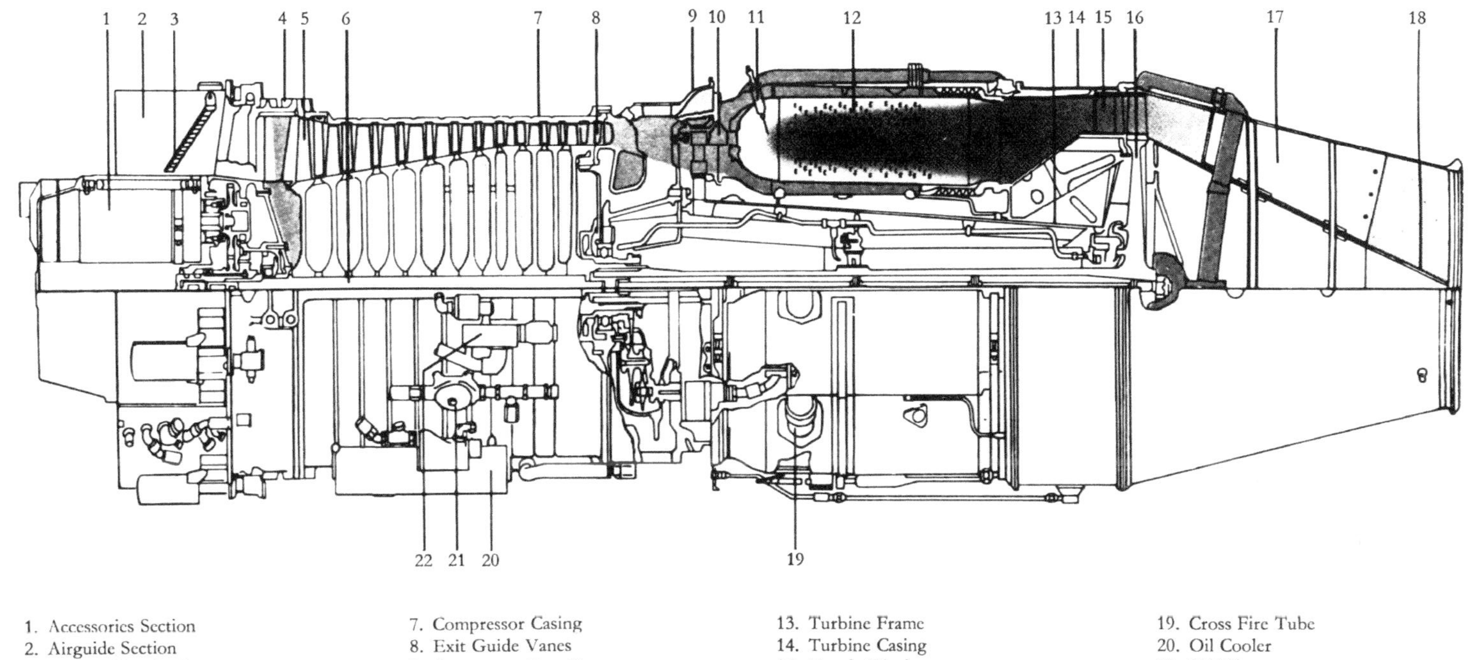


1. Accessories Section
2. Airguide Section
3. Retractable Inlet Screen
4. Compressor Front Frame
5. Compressor Rotor Blades
6. Compressor Rotor Shaft
7. Compressor Casing
8. Exit Guide Vanes
9. Compressor Rear Frame
10. Fuel Nozzle Location
11. Ignition Electrode
12. Combustion Chamber
13. Turbine Frame
14. Turbine Casing
15. Nozzle Diaphragm
16. Turbine Wheel
17. Exhaust Cone Strut
18. Exhaust Cone Inner Cone
19. Cross Fire Tube
20. Oil Cooler
21. Oil Filter
22. Anti-Icing Solenoid Valve

Abb. 5   General Electric J47-»E«

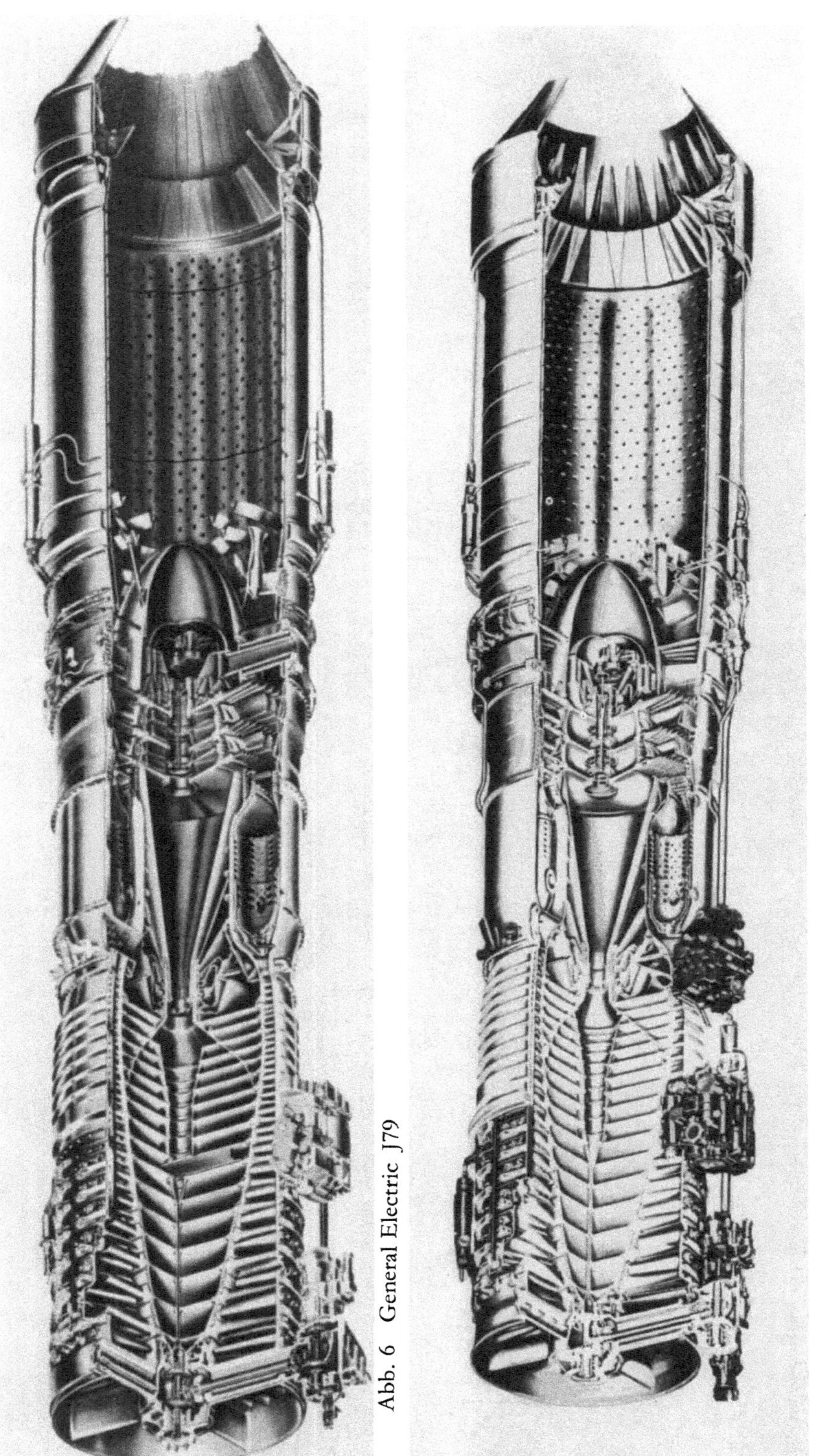

Abb. 6   General Electric J79

Abb. 7   General Electric J79-GE-7

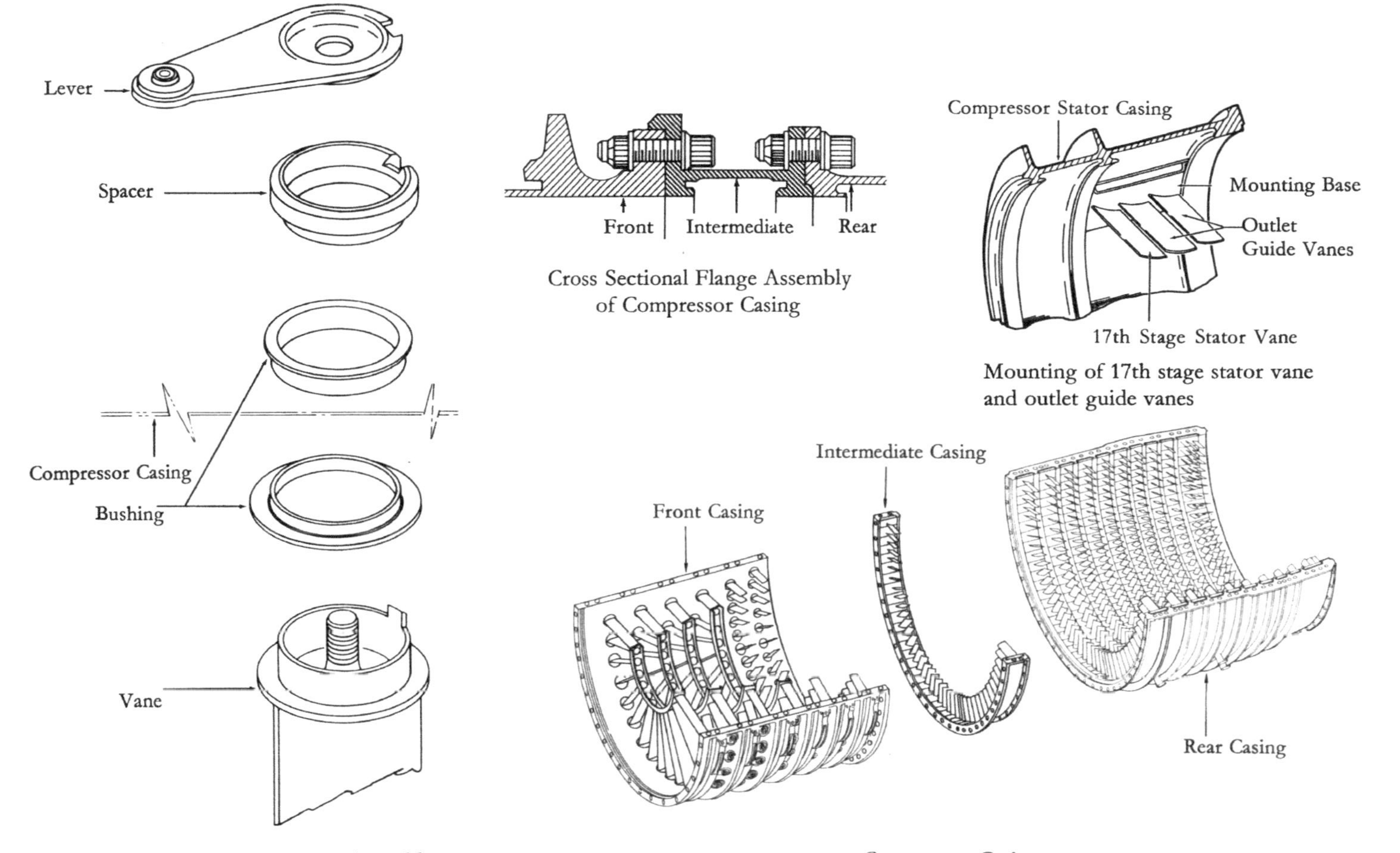


Abb. 8   General Electric J79: Anordnung der verstellbaren Verdichterleitschaufeln
im Verdichtergehäuse

49

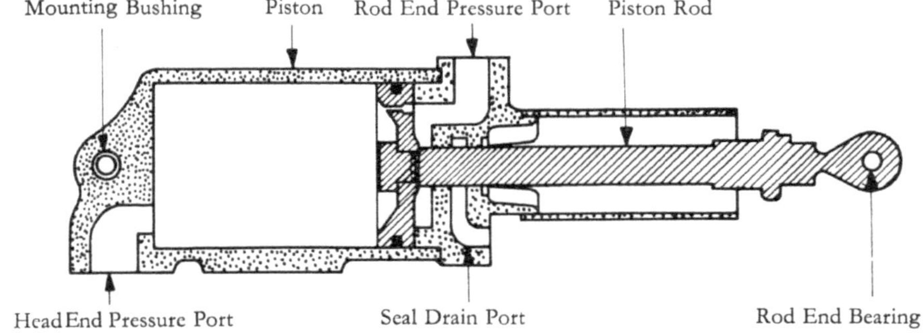



Abb. 9   General Electric J79: Betätigungszylinder zur Verstellung der Verdichter-leitschaufeln

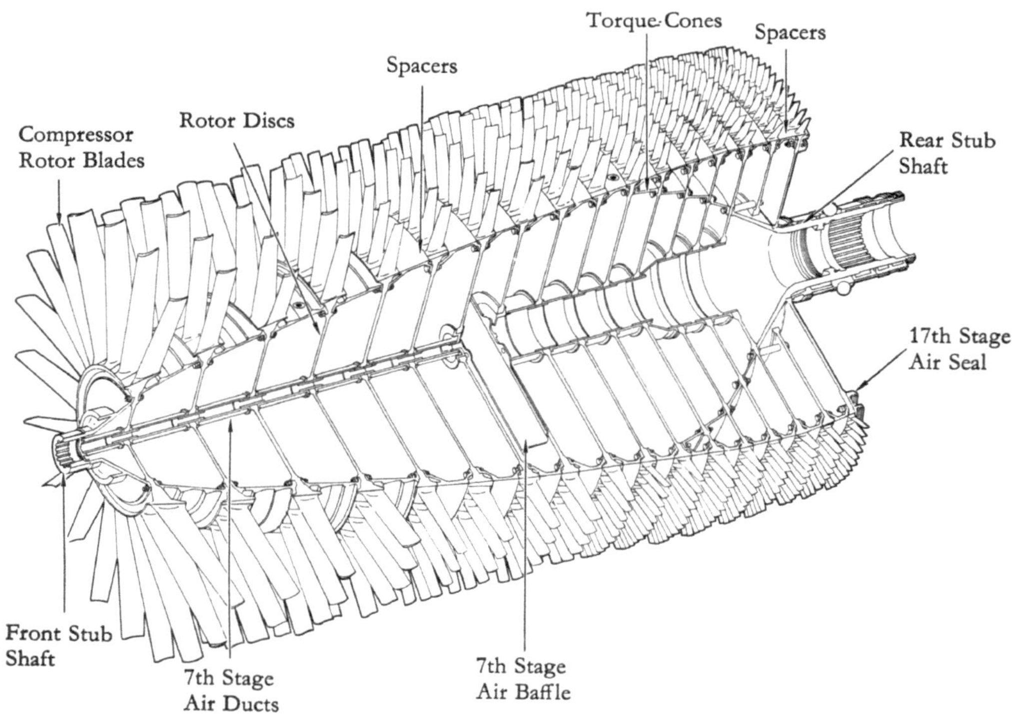



Abb. 10   General Electric J79: Verdichterläufer-Konstruktion

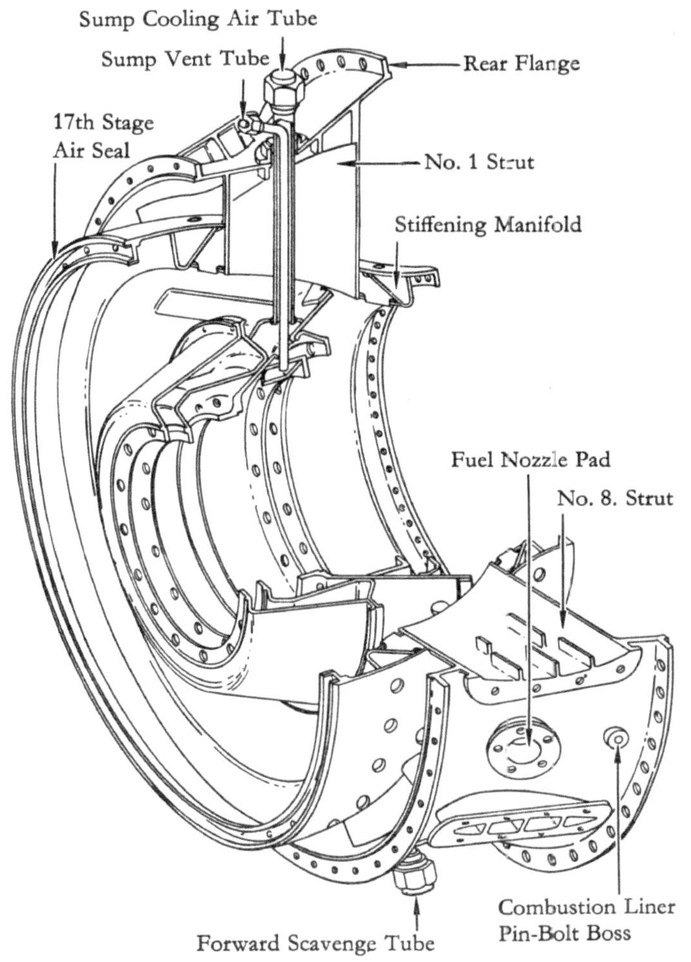


Abb. 11   General Electric J79: Endstück des Verdichtergehäuses

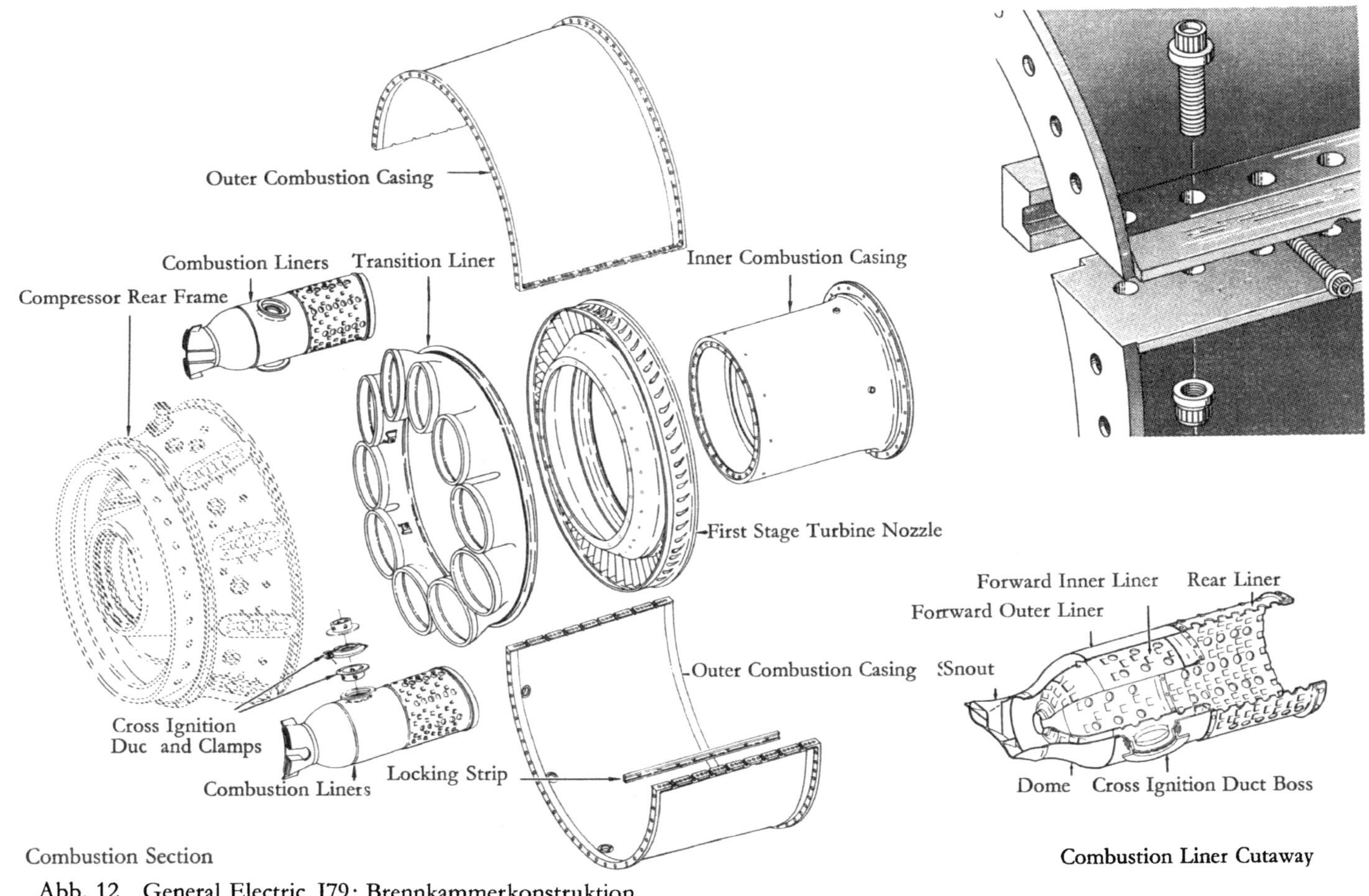


Abb. 12   General Electric J79: Brennkammerkonstruktion

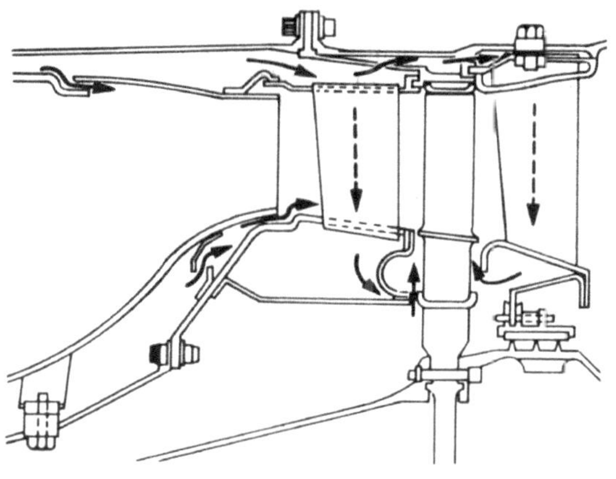

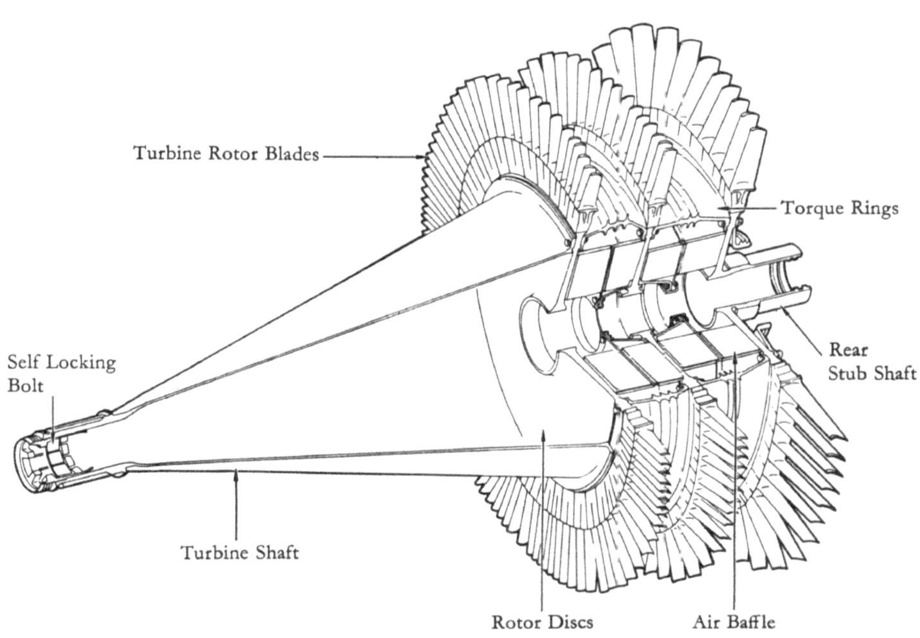



Abb. 13  General Electric J79: Turbinenkonstruktion und Kühlung der Turbinenleitschaufeln

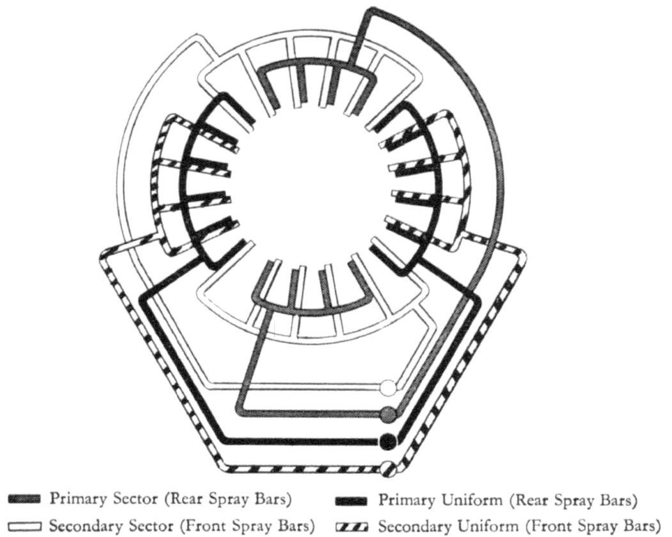



Abb. 14   General Electric J79: Schema der Kraftstoffeinspritzung des Nachbrenners

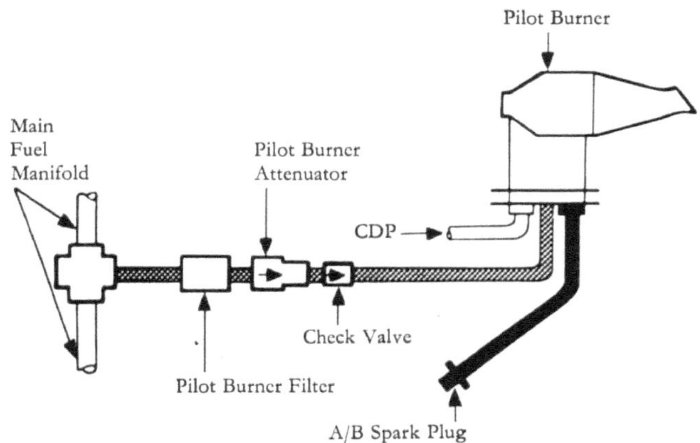



Abb. 15   General Electric J79: Schema des Kraftstoffzulaufs zur Zündbrennkammer
des Nachbrenners

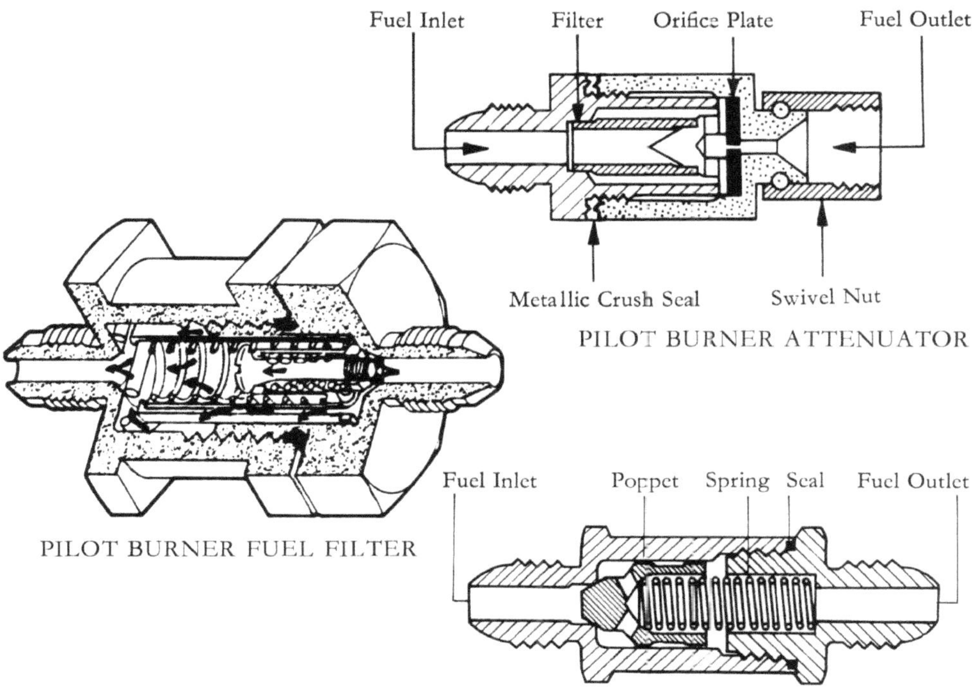


Abb. 16 General Electric J79: Einzelteile des Zündsystems für den Nachbrenner

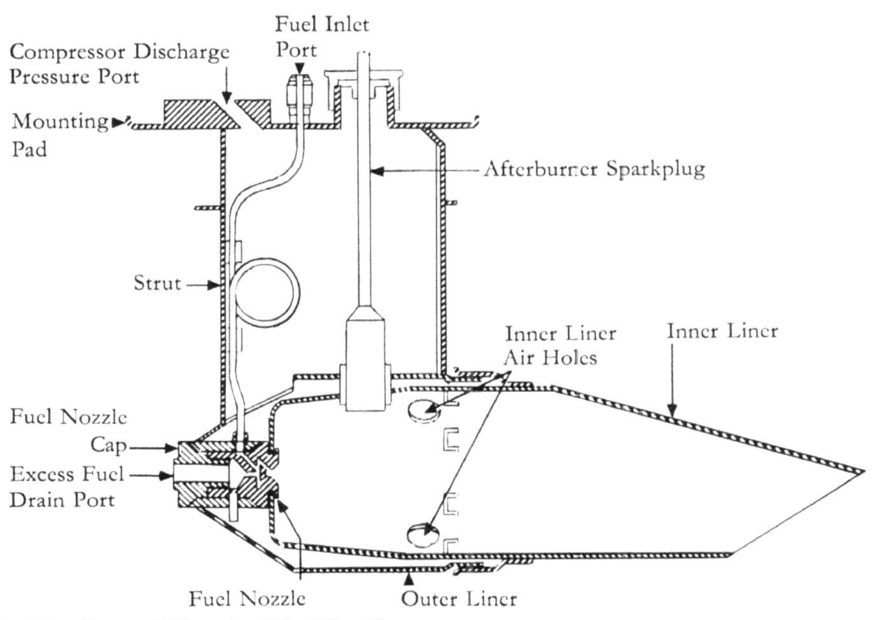


Abb. 17 General Electric J79: Pilot Burner

Abb. 18  General Electric J79: Verstellbare Schubdüse des Nachbrenners

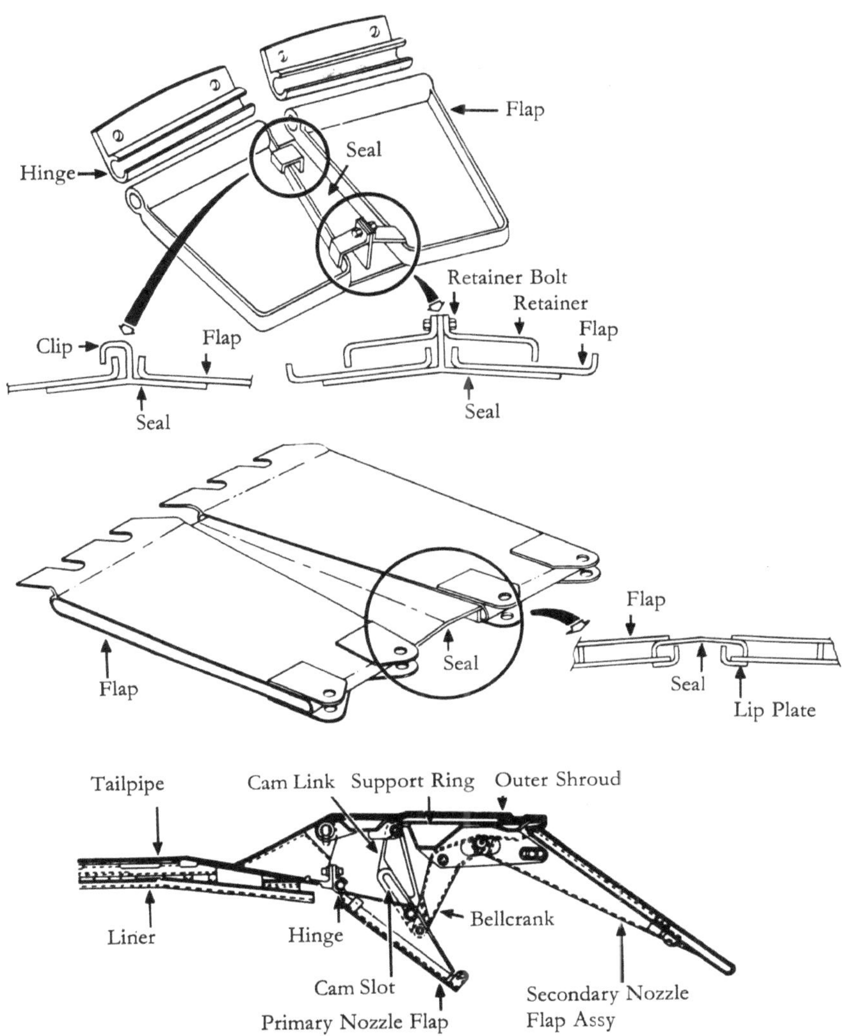


Abb. 19   General Electric J79: Schubdüsenverstellung

Abb. 20   General Electric CJ-805-3

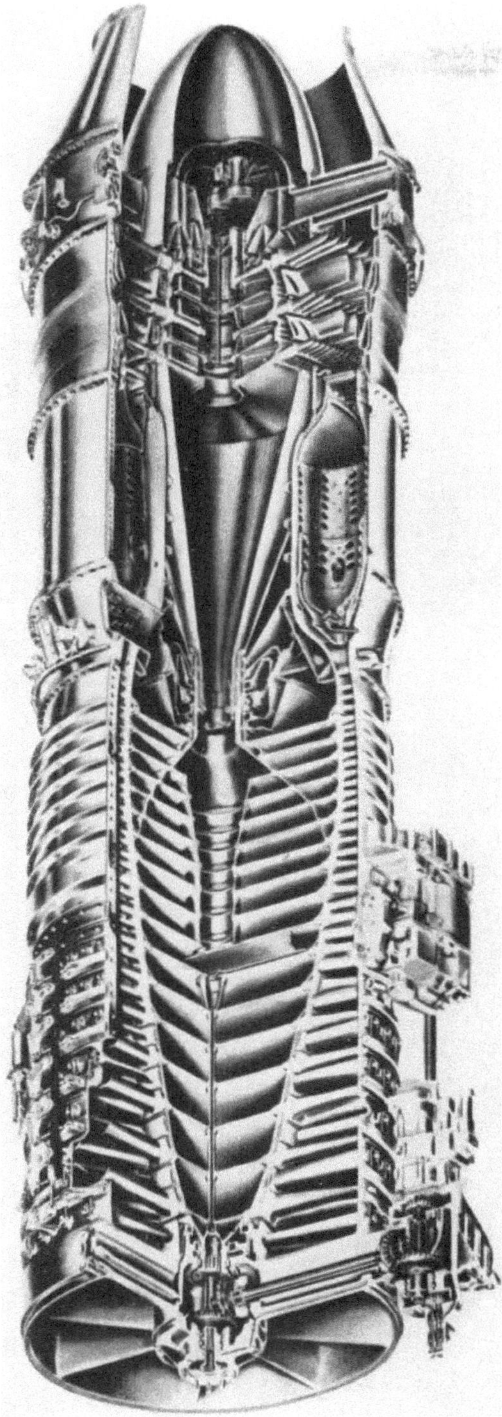

Abb. 21   General Electric CJ-805-3

Abb. 22   General Electric CJ-805-3 mit Schubumkehrvorrichtung und Schalldämpfer

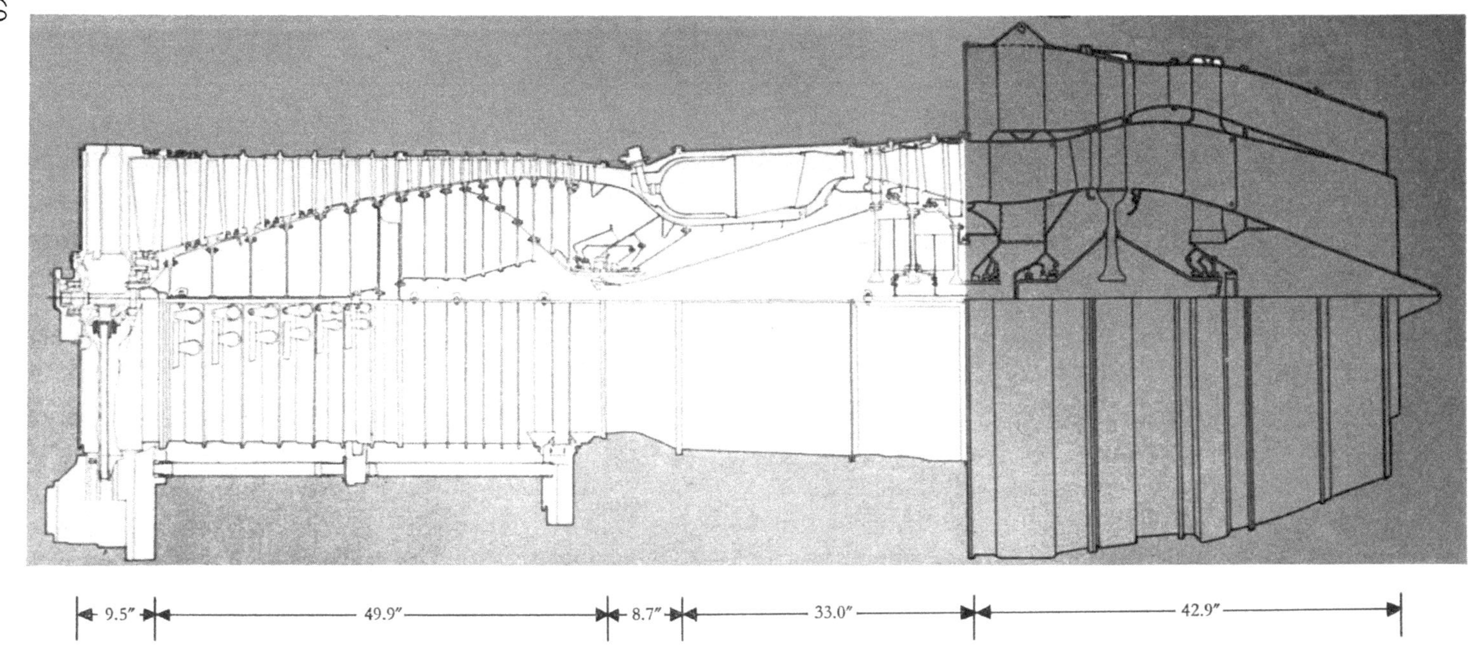



Abb. 23    General Electric CJ-805-21

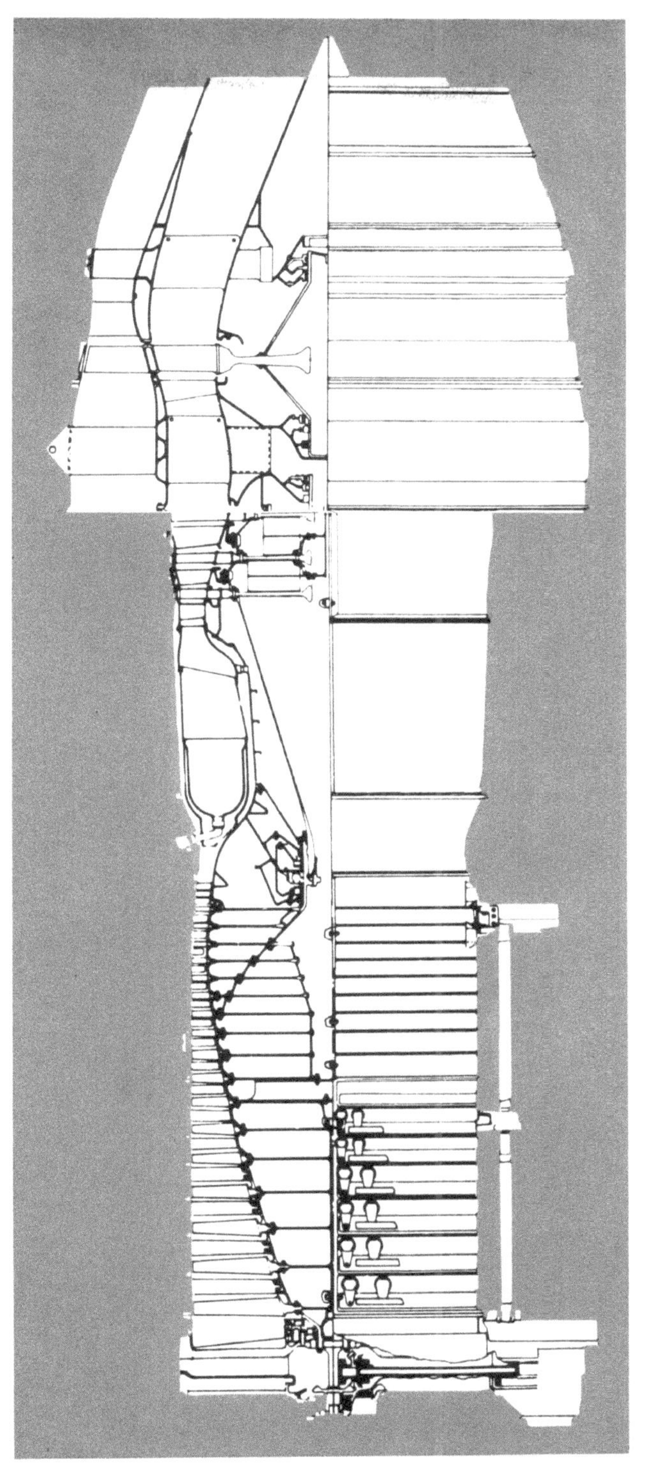

Abb. 24   General Electric CJ-805-21

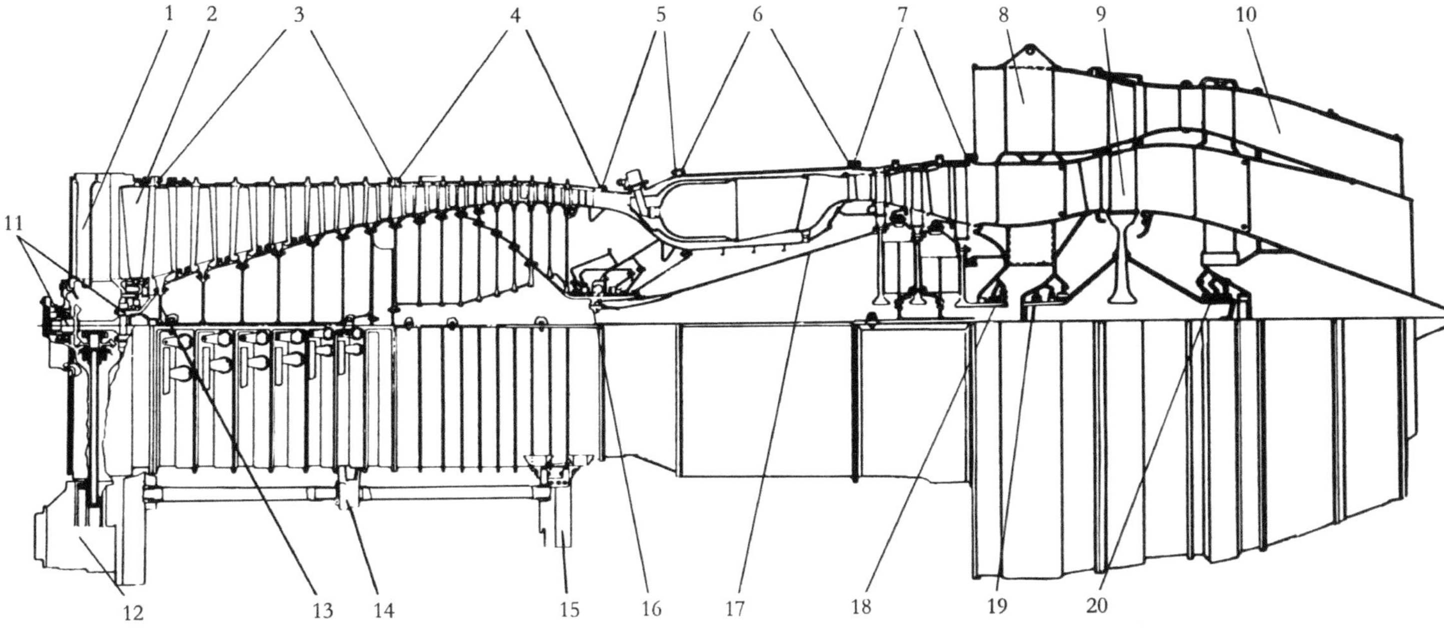



1. Vorderer Rahmen
2. verstellbare Leitschaufeln der Verdichter-Vorstufe (Eintrittsleitrad)
3. vorderes Verdichtergehäuse (zweigeteilt; mit sechs verstellbaren Leitkränzen und einem festen Leitkranz Nr. 7)
4. hinteres Verdichtergehäuse (zweigeteilt; mit den Leitkränzen der übrigen zehn Stufen)
5. mittlerer Rahmen
6. Brennkammergehäuse (zweigeteilt) und Brennkammer
7. Turbinenmantel und Turbinenleitschaufeln (zweigeteilt; drei Stufen)
8. Gebläse-Vorderrahmen
9. Gebläserotor
10. hintere Gehäuseteile des Gebläsezusatzes
11. vorderes Getriebe und Hauptlager Nr. 1
12. Zwischengetriebe
13. erste Stufe des 17stufigen Verdichterläufers
14. Nebenlager
15. hinteres Getriebe
16. Hauptlager Nr. 2
17. Turbinenläufer (dreistufig)
18. Hauptlager Nr. 3
19. Hauptlager Nr. 4 (für Gebläserotor)
20. Hauptlager Nr. 5 (für Gebläserotor)

*Abmessungen und Hauptdaten des CJ 805–21*

Startschub in Meereshöhe . . . . . . . ca.  6800 kp
Durchmesser des vorderen Rahmens (Ziffer 1) . . . . . . . . . . . . . . . . . . . . .  813 mm
Durchmesser des Gebläse-Vorderrahmens (Ziffer 8) . . . . . . . . . . . . . . . .  1346 mm
Gewicht . . . . . . . . . . . . . . . . . . . . . . . . .  1680 kg
Länge . . . . . . . . . . . . . . . . . . . . . . . . . .  3658 mm
Druckverhältnis des Hauptverdichters  12 : 1
Druckverhältnis des Gebläserades . . .  1,6 : 1

*Weitere Merkmale:* Einrotor-Grundtriebwerk; verstellbare Leitschaufeln in der Verdichter-Vorstufe und den ersten sechs folgenden Leitkränzen; fünf Hauptlager; Ringbrennkammer mit zehn Flammrohren

Abb. 25   General Electric CJ-805-21 [770] (Interavia)

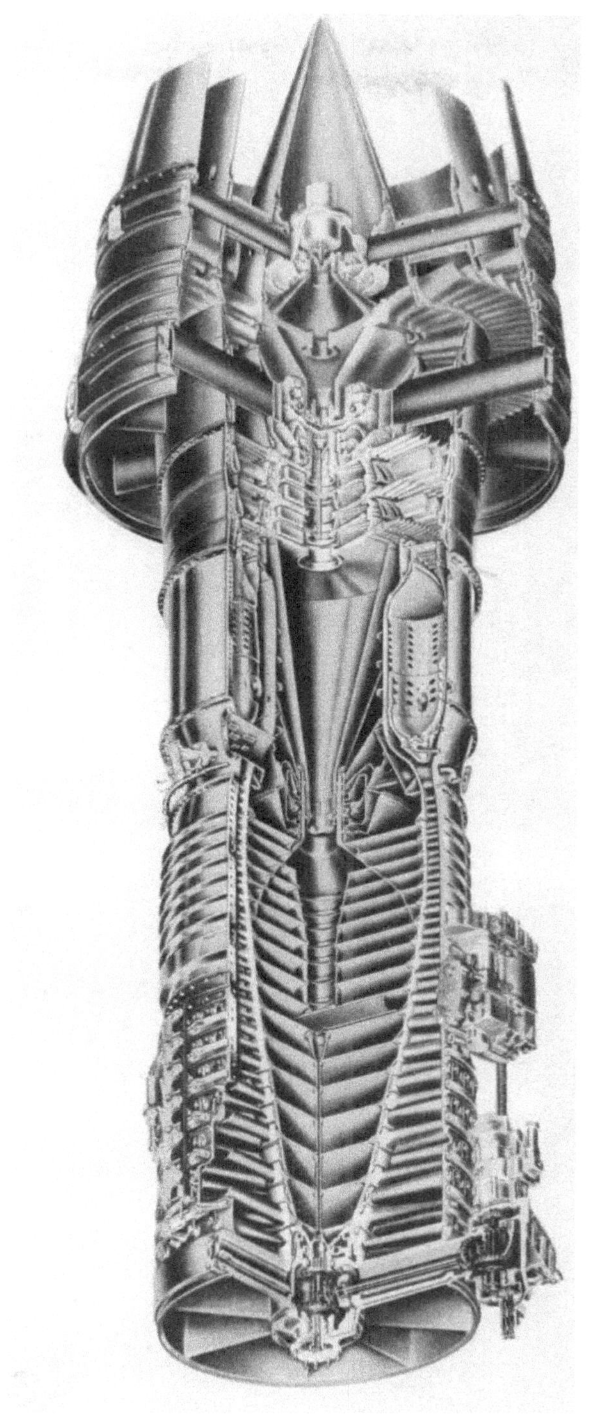

Abb. 26   General Electric CJ-805-23: Mantelstromtriebwerk

63

Abb. 27   General Electric CJ-805-23: Verstellmechanismus der Verdichterleitschaufeln

Abb. 28   General Electric CJ-805-23: Leitschaufelverstellmechanismus

Abb. 29   General Electric CJ-805-23 [728]: Gebläserad mit Doppelbe-
schaufelung des Triebwerks (Flugwelt)

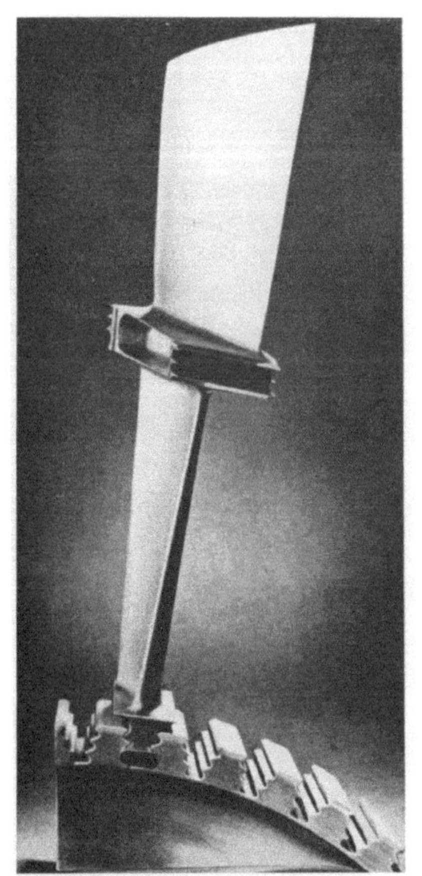

Abb. 30   General Electric CJ-805-21 [770]: Doppel-
schaufel des Triebwerks (Interavia)

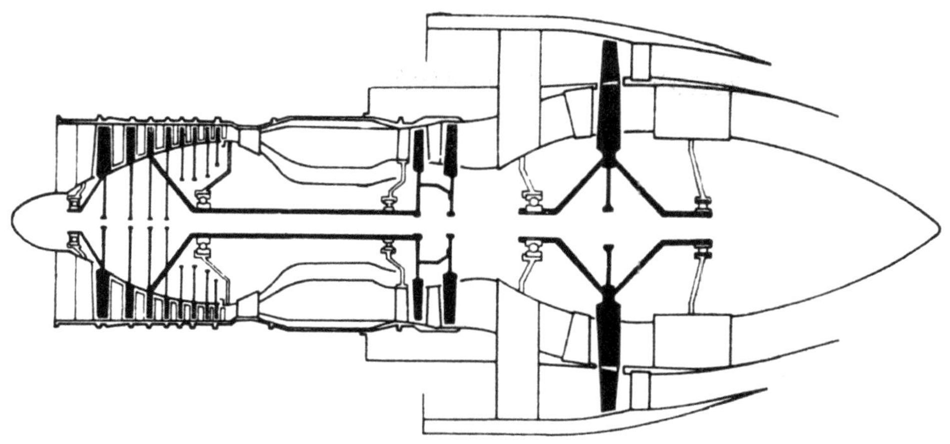

Abb. 31   General Electric CF700-1: Mantelstromtriebwerk (Flight)

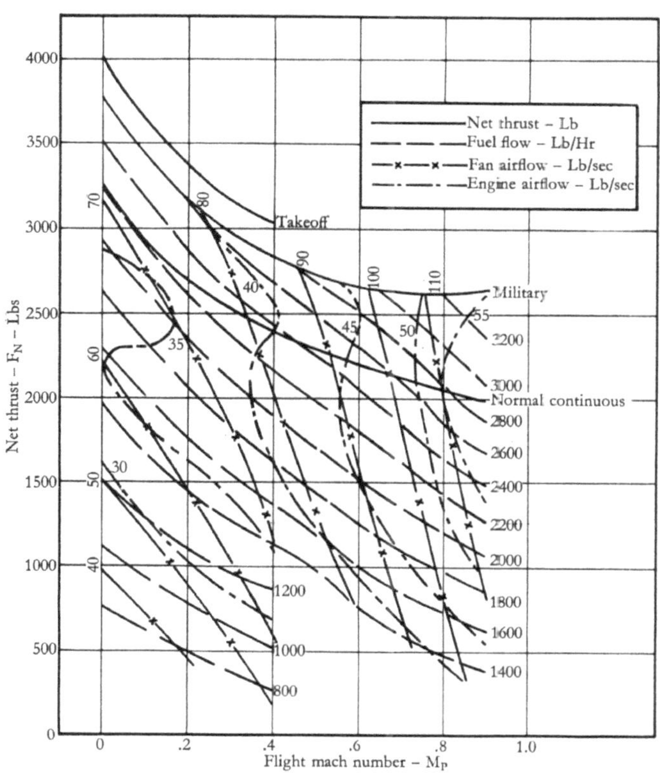


Abb. 32   General Electric CF700-1: Berechnete Durchschnittsflugleistung in Meereshöhe, Standard Day, ICAO-Standard-Atmosphäre

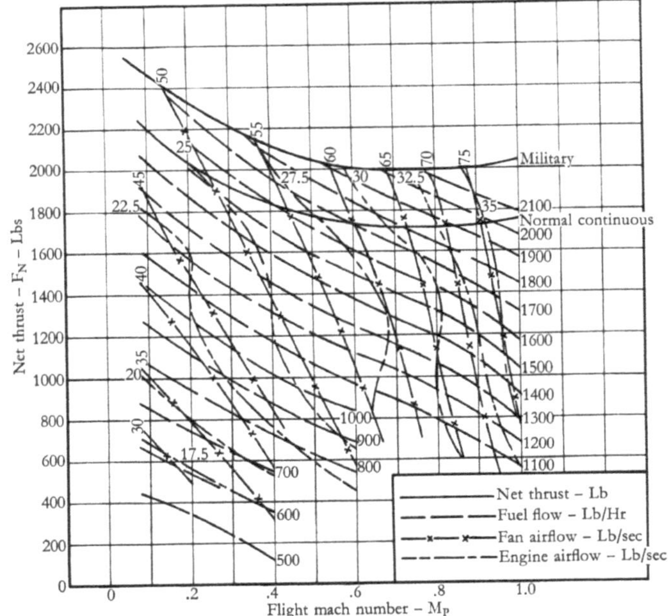


**Abb. 32a** General Electric CF700-1: Berechnete Durchschnitts-Flugleistung in 4,57 km Flughöhe

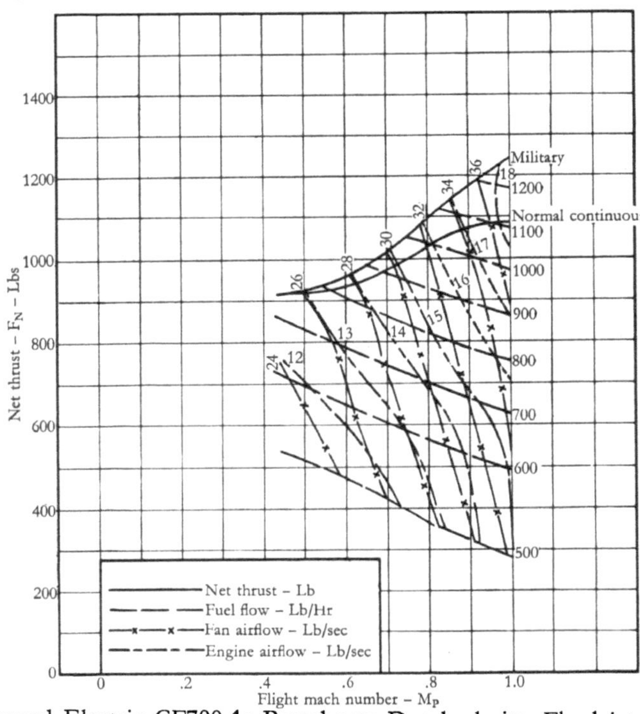


**Abb. 32b** General Electric CF700-1: Berechnete Durchschnitts-Flugleistung in 11 km Flughöhe

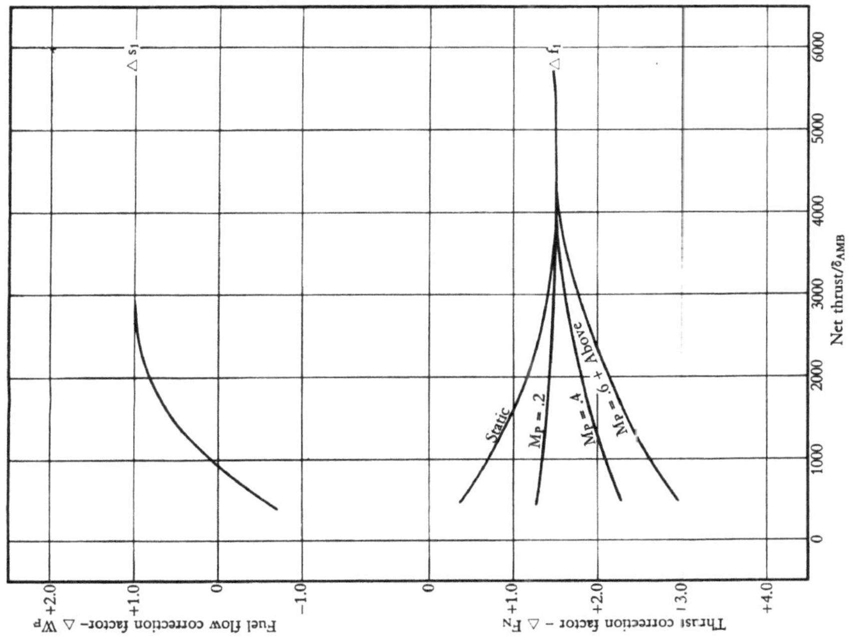

Abb. 32d   General Electric CF700-1: Stau-Rückgewinn-Faktoren Primär-Luftstrom für alle Höhen

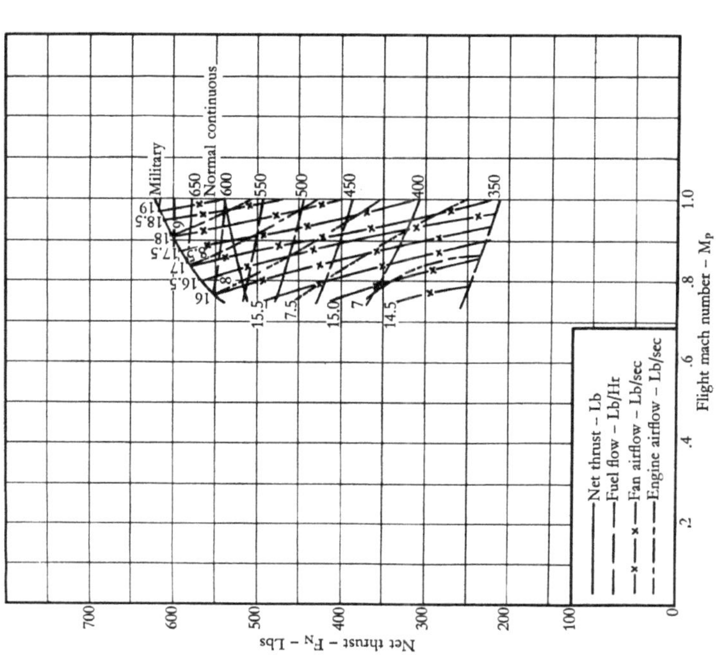

Abb. 32c   General Electric CF700-1: Berechnete Durchschnitts-Flugleistung in 15,2 km Flughöhe

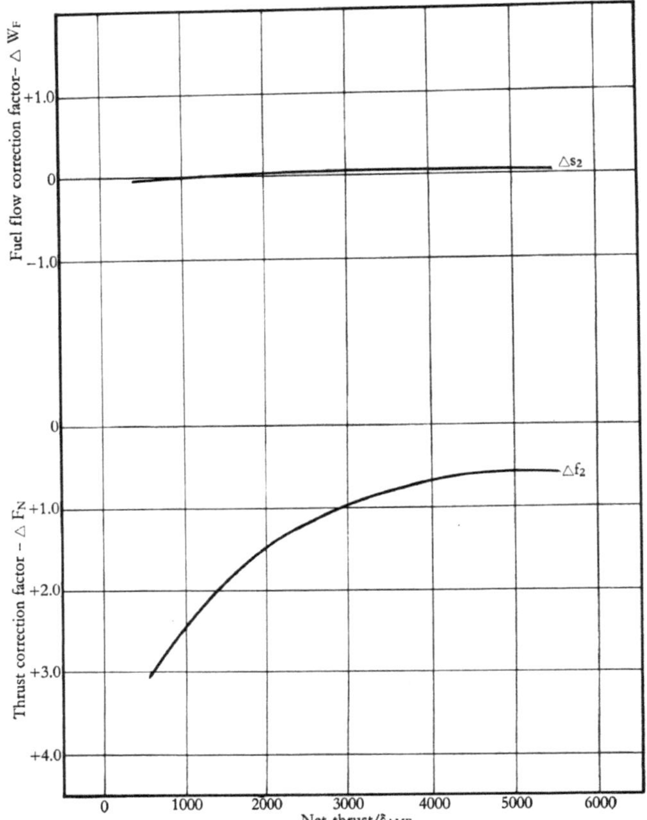


Abb. 32e   General Electric CF700-1: Stau-Rückgewinn-Faktoren, Gebläse-Luftstrom für alle Höhen

# Pratt and Whitney

Pratt and Whitney Aircraft Division of Aircraft Corporation,
East Hartford 8, Connecticut, USA

Die Firma Pratt and Whitney befaßte sich bereits während des zweiten Weltkrieges mit der Entwicklung eines Turbotriebwerkes, bei dem die Abgase eines Zweitaktdieselmotors ein Turbinenrad antrieben, das wiederum mit einer Propellerwelle gekuppelt war. Ihr entscheidender Schritt auf den Turbinentriebwerkssektor erfolgte jedoch Anfang 1945, als sie durch die amerikanische Marine den Auftrag zur Herstellung des Westinghouse TL-Triebwerkes J30 erhielt. Im gleichen Jahr begann man mit dem Entwurf eines eigenen Axialverdichtertriebwerkes, des J57 (JT3), für das im Herbst 1947 von der US-Luftwaffe ein Entwicklungsauftrag einging.

Im Mai 1947 hatte Pratt and Whitney mit der englischen Firma Rolls-Royce einen Vertrag über die Produktion und Weiterentwicklung der Rolls-Royce-Radialverdichtertriebwerke in den USA abgeschlossen, die parallel zu der Axialverdichtertriebwerksentwicklung durchgeführt wurde. Das erste Pratt-and-Whitney-Nene-Triebwerk J42 (JT6) gelangte im März 1948 auf den Prüfstand und absolvierte im Oktober des gleichen Jahres den offiziellen 150-Stunden-Abnahmelauf mit 2265 kp Trockenschub und 2605 kp Schub bei Wasser-Alkohol-Einspritzung. In Zusammenarbeit mit Rolls-Royce wurde schließlich aus dem Triebwerk Nene das Triebwerk J48 (JT7) entwickelt, das in England unter dem Namen Tay bekannt wurde.

Das Axialverdichtertriebwerk J57, dessen Serienfertigung 1953, sechs Jahre nach Beginn der ersten Vorarbeiten, aufgenommen wurde, diente als Grundlage für die Entwicklung des kleineren Doppelverdichtertriebwerkes J52 (3400 kp Schub) und seiner Zivilausführung JT8 [I.A.L. 3. 5. 56, 28. 12. 56, 24. 1. 57; 647, 520, 715, 716] sowie des Doppelverdichtertriebwerkes J75 (8160 kp o.N., 11 800 kp Schub m.N. [41]) und der entsprechenden Zivilausführung JT4A (7260 kp o.N.). Leistungsstärkstes Pratt-and-Whitney-Strahltriebwerk ist mit 13 600 kp Schub ohne Nachverbrennung das J58 (JT11). Für die Verwendung in Militär- und Zivilflugzeugen sowie für den Antrieb von Lenkwaffen und Zivilflugzeugen wurde eine kleine Strahlturbine mit der Bezeichnung JT12 (J60) fertiggestellt, die etwa 1315 kp Schub abgibt.

Neben den normalen Einkreistriebwerken existieren von fast allen Pratt-and-Whitney-Triebwerksmodellen sogenannte »Turbo-Fan«-Ausführungen bzw. Mantelstromtriebwerke. Aus dem J57 und seiner Zivilausführung entstanden die Mantelstromtriebwerke TF33 (Militär-) und JT3D (Zivilausführung), aus dem J75 und seiner Zivilausführung JT4A die Mantelstromtriebwerke TF75 und JT4D. Die Militärversion TF75-P-1 ist für einen neuen Militärtransporter von Douglas vorgesehen. Amerikanische Fachzeitschriften sollen von dem Entwurf einer Mantelstromausführung des JT12 (1810 kp Schub) sprechen [661].

Für die projektierte Douglas DC-9 vorgesehen ist das aus dem J52 entwickelte Mantelstromtriebwerk JTF10 [661]. Erste Prüfstandsläufe waren für Ende 1959 geplant. Das Mantelstromtriebwerk JT8D ist für die Boeing 727 vorgesehen [I.A.L. 6. 12. 60]. Neben Strahlturbinen werden von Pratt and Whitney Propellerturbinentriebwerke entwickelt und gebaut.


## Pratt and Whitney J48

Das Triebwerk J48 stellt eine Weiterentwicklung des Rolls-Royce-Triebwerkes Nene dar, die in Zusammenarbeit mit Rolls-Royce durchgeführt wurde. Das englische Gegenstück ist das TL-Triebwerk Tay. Die äußeren Abmessungen des J48 entsprechend dem Pratt-and-Whitney-Triebwerk J42, Schub und Luftdurchsatz sind jedoch größer trotz der geringeren Drehzahl. Das Grundmodell, welches in die Flugzeugtypen F9F-5 Panther und F9F-6 Cougar eingebaut ist, erzeugt einen Schub von 2830 kp bis 3170 kp trocken oder zusätzlich 453 kp mit Wassereinspritzung. Das Triebwerk mit Nachbrenner J48-P-5 fand im Flugzeugtyp F-94C Starfire Verwendung [589].
Die Produktion sollte im Sommer 1954 ausgelaufen sein.

*Triebwerksdaten*

| Baumuster | J48-P-5 m. N. | | J48-P-6 | |
|---|---|---|---|---|
| Durchmesser .................... [mm] | 1 270 | [36, 708] | 1 270 | [36] |
| Länge ........................ [mm] | 5 742 | [36, 708] | 2 700 | [36] |
| Stirnfläche ...................... [m²] | 1,27 | [36] | 1,27 | [36] |
| Gewicht ........................ [kg] | 1 270 | [36, 708] | 900 | [36] |
| Kraftstoffverbrauch normal ...................... [kg/kph] | – | | 1,00 | [36] |
| Schmierölverbrauch normal ........................ [kg/h] | 0,45 | [36] | 0,4 | [36] |
| Startstandschub trocken, in Meereshöhe ............. [kp] | 3 765 | [36] * | 2 835 | [36] |
| Drehzahl .................... [U/min] | 11 000 | | 11 000 | [36] |
| Startstandschub naß ........................... [kp] | – | | 3 175 | [36] |
| Drehzahl .................... [U/min] | – | | 11 000 | [36] |
| Max. Kraftstoffverbrauch ....... [kg/kph] | 2,2 | [36] | – | |

* In [589] wird als maximaler Schub angegeben:
  3870–4080 kp bei 2,3 kg/kph Kraftstoffverbrauch mit Nachverbrennung, Drehzahl 11 000 U/min.


Ein verbessertes Modell des J48-P-6 ist das Triebwerk J48-P-8, das neben größerem Luftdurchsatz (59 kg/sec bei 11 000 U/min, in Meereshöhe, Stand) und größerem Verdichtungsverhältnis des Verdichters (4,5 : 1) verschiedene Ände-

rungen aufweist. So sind zum Beispiel die Läuferscheiben der Turbine luftgekühlt [37].

*Triebwerksbeschreibung des Pratt and Whitney J48-P-6*

Der einstufige, zweiflutige Radialverdichter des J48-P-6 verdichtet die Luft im
Verhältnis 4,0 : 1, sein Luftdurchsatz beträgt 52 kg/sec bei 11 000 U/min, in
Meereshöhe und im Stand. Das Gehäuse des Verdichters aus Magnesiumlegierung ist zweiteilig.
Die Welle des zweiflutigen, aus Aluminiumlegierung hergestellten Verdichterrades ist am vorderen Ende in einem Rollenlager gelagert. Die Verdichterwelle ist
durch eine elastische Kupplung mit der Turbinenwelle verbunden. Hier ist sie in
einem als Schublager ausgebildeten Kugellager gelagert.
Hinter dem Verdichter strömt die Luft über einen Diffusor mit neun tangentialen
Auslaßöffnungen und durch Krümmer zu den neun kegelförmigen Brennkammern,
die untereinander verbunden sind. Die Vorderteile der Kammern aus Aluminiumlegierung mit je zwei Brennern werden an die Brennkammerenden aus Inconel
geschraubt, die Flammrohre sind aus Nimonic 75.
Die Turbine ist einstufig; sie hat ein Gehäuse und einen Düsenboden aus Stahl mit
48 Leitschaufeln aus Gußstahl. Der Wellenstumpf des Turbinenläufers ist mit der
Scheibe aus einem Stück gefertigt. Er ist vor dem Turbinenrad in einem luftgekühlten Rollenlager gelagert.
Das Auslaßgehäuse besteht aus einem Stahlmantel und dem feststehenden inneren Kegel. Der Ausströmquerschnitt kann nicht verändert werden.

## Pratt and Whitney J57 [582, 589, 664, 43]

Das TL-Triebwerk J57 ist die erste eigene Strahltriebwerksentwicklung der
Firma Pratt and Whitney. Die ersten Vorarbeiten hierzu begannen schon vor
1947, 1949 war die Konstruktion fertig. Nach eingehender Erprobung von Versuchstriebwerken auf dem Prüfstand und ab März 1951 im Fluge mit einer B-50
Superfortress und einer B-45 Tornado als fliegenden Prüfständen begann 1952 die
Flugerprobung mit dem Flugzeugtyp YB-52. 1953 wurde die Serienfertigung aufgenommen. Triebwerke J57 dienen als Antriebsaggregate der Flugzeugtypen
A3D, F4D, F8U, KC-135, B-52, F-101A, F-100, F-101 und F-102. Bis Anfang
1960 wurden über 17 300 Militärtriebwerke J57 hergestellt. Bei der B-52 er-
reichten Triebwerke Betriebszeiten bis zu 1400 Stunden zwischen zwei Überholungen. Jägertriebwerke mit Nachbrenner werden durchschnittlich alle 200
Stunden überholt. Hauptproduktionsmodelle sind (1961) die Ausführung J57-
43WB (JT3C-2) ohne Nachbrenner für die Boeing B-52G, J57-20 (JT3C-26),
mit langem Nachbrenner für die Chance Vought F8U-2N, J57-59W für die Flugzeugtypen KC-135A und C-135A.

*Triebwerksdaten* [43]

| Baumuster | | J57-P-43W | | J57-P-16 | |
|---|---|---|---|---|---|
| Durchmesser | [mm] | 991 | | 1006 | |
| Länge | [mm] | 4238 | | 6370 | |
| Stirnfläche | [m²] | 0,81 | | 0,79 | |
| Gewicht | [kg] | 1755 | | 2150 | |
| Kraftstoffverbrauch | [kg/kph] | 0,8 | | 2,3 | m. N. |
| Ölverbrauch | [kg/h] | 1,81 | | 1,179 | |
| Startstandschub (trocken) | [kp] | 5080 | | 4850 | o. N. |
| Drehzahl | [U/min] | 6350 | ND-Welle | 6350 | ND-Welle |
| Startstandschub (naß) | [kp] | 6240 | | – | |
| Drehzahl | [U/min] | 6350 | ND-Welle | – | |
| Startstandschub mit Nachbrenner | [kp] | – | | 7660 | |
| Drehzahl | [U/min] | – | | 6400 | ND-Welle |
| Verdichtungsverhältnis | | 12,5 : 1 | | 12,0 : 1 | |
| Luftdurchsatz | [kg/sec] | 82 | | 82 | |
| Drehzahl HD-Welle | [U/min] | 9500 | | 9500 | |

| Baumuster | | J-57-43-WB [891] (JT3C-2) | J-57-20 [891] (JT3C-26) |
|---|---|---|---|
| Durchmesser | [mm] | 988 | 988 |
| Länge | [mm] | 4238 | – |
| Gewicht | [kg] | 1740 | 2152 |
| Startstandschub (Meereshöhe) | [kp] | 6240 | 8165 m. N. |
| Drehzahl | [U/min] | 8000 | – |
| Luftdurchsatz | [kg/sec] | 81,6 | 81,6 |
| Verdichtungsverhältnis | | 12,5 : 1 | 12,5 : 1 |

*Triebwerksbeschreibung*

Der Einlaßgehäusemantel des Strahltriebwerkes J57 und das vordere Lagergehäuse des Verdichters bilden einen ringförmigen Lufteinlaß. Das Lagergehäuse, das einen sehr großen Durchmesser hat, wird durch sechs radiale, hohle
Streben getragen, die gleichzeitig als Leitprofile für die einströmende Luft dienen.
Lagergehäuse, Streben und Gehäusemantel bilden ein zusammenhängendes Gußstück aus Magnesiumlegierung. Die Triebwerksnase und das Einlaßgehäuse mit
den hohlen Streben werden durch Luft, die vom Verdichter abgezapft wird,
gegen Vereisung geschützt.
Der Doppelverdichter des Triebwerkes setzt sich aus einem neunstufigen Niederdruckteil und einem siebenstufigen Hochdruckteil zusammen. Der Hochdruckteil
des Verdichters ist mit der Hohlwelle des ersten Turbinenrades verbunden. Der
Niederdruckverdichter ist elastisch gekuppelt mit der Antriebswelle der zweiten
und dritten Turbinenstufe. Die Welle wird durch die Hohlwelle der ersten Turbinenstufe zum Niederdruckverdichter geführt. Das zweiteilige, trommelartige
Gehäuse des Niederdruckverdichters ist aus Stahl (J57-F-53W) bzw. aus Ti-

tan (J57-P-16), die Laufradscheiben und die gesamte Beschaufelung werden aus Titan gefertigt. Der vordere Verdichterwellenstumpf ist in einem Rollenlager gelagert. In gleicher Höhe wie der Diffusorteil zwischen den beiden Verdichtern befindet sich das hintere Lager des ND-Verdichters, ein zweireihiges Kugellager, und das vordere Lager des HD-Verdichters, ein Rollenlager. Die Lager werden in Ringgehäusen getragen, die von den großen Leitprofilen des Zwischendiffusors gestützt werden. Durch das vertikale Leitprofil wird die Antriebswelle für die Zubehörteile geführt. Das Stahlgehäuse des Hochdruckverdichters ist einteilig; Leitschaufeln, Laufschaufeln und Radscheiben sind aus Stahl. Der Hochdruckläufer ist auf der Austrittskante in einem zweireihigen Kugellager gelagert.

Das Verbrennungssystem ist außergewöhnlich gedrungen, weil Kompressor und Turbine nicht weit auseinander liegen durften. Die Verbindungswelle zwischen dem Niederdruckverdichter und der ihn antreibenden Turbine ist möglichst kurz gehalten. Zylindrische Brennkammern konnten wegen ihrer erforderlichen Mindestlänge diesen Anforderungen nicht genügen, eine reine Ringbrennkammer ließ sich aus Gründen der Festigkeit nicht verwenden. Als Lösung dieses Problems fand man eine ringartige Brennkammer, in der acht kurze, ringkammerartige Flammrohre angebracht wurden, die miteinander durch Querrohre verbunden sind. (Cannular-type-Brennkammer, Ringbrennkammer mit Einzelflammrohren.) Die Flammrohre setzen sich aus Ringen, die aus Inconellegierung gepreßt werden, und aus einem inneren, perforierten Rohr zusammen. Die Luft, die in den ringartigen Raum der Brennkammer einströmt, gelangt zum Teil durch große Öffnungen in die Flammrohre und kühlt die Flammgase ab, während die äußeren Schichten am Umfang des Flammrohres durch Schlitze zwischen den Ringen eindringen und so das Flammrohr selbst kühlen. In der Mitte des Flammrohres dringt Kühlluft durch das innere perforierte Rohr ein und verhindert so die Bildung eines Flammkernes. Auf der Stirnwand jedes Flammrohres sind sechs Einspritzdüsen angebracht, die einen feinen Brennstoffstrahl in Richtung der Luftströmung einspritzen. Prallplatten am entgegengesetzten Ende des Flammrohres bewirken eine örtliche Strömungsumkehr und dadurch eine gute Durchwirbelung. Mit dieser Brennkammerkonstruktion erreichte man einen Verbrennungswirkungsgrad von etwas über 98% in Meereshöhe (96% in 1000 m Höhe, 93% in 4572 m Höhe). Ein Nachteil der Konstruktion ist das starke Rauchen des Triebwerks in geringen Höhen bei Vollast.

Das Gehäuse der dreistufigen Axialturbine, die hohlen Leitschaufeln der ersten Stufe und die zwei weiteren Kränze massiver Leitschaufeln sind aus Stahl gefertigt. Die Läuferscheiben werden aus Timken-17-22-A(S)-Legierung hergestellt. Die massiven Laufschaufeln aus Stahl sind mit Deckbändern versehen, und zwar besteht jede Schaufel mit dem zugehörigen Deckbandabschnitt aus einem Stück. Die Deckbänder verhindern nicht nur größere Spaltverluste, sondern dämpfen gleichzeitig eventuell auftretende Schaufelschwingungen. Das Turbinenrad der ersten Stufe ist von den auf einer gemeinsamen Welle befestigten Scheiben der zweiten und dritten Stufe mechanisch unabhängig.

Die Lagerung der Turbinenwelle erfolgt durch Rollenlager und Kugellager. Die Kugellager nehmen den Achsschub auf.

Der Auslaßquerschnitt des J57 ist unveränderlich. Der Auslaßkegel wird durch
acht hohle Streben getragen.
Einige Ausführungen des J57 sind mit einem Pratt-and-Whitney-Nachbrenner
ausgerüstet. Da die Gastemperatur hinter der Turbine außergewöhnlich niedrig
ist (etwa 540°C), kann in der Nachbrennerausführung des J57 mehr Kraftstoff
verbrannt werden als im allgemeinen üblich ist, ohne daß die für das Material
des Nachbrenners zulässige Höchsttemperatur überschritten wird.
Der Ausströmquerschnitt des Nachbrenners kann durch augenlidartige Verschlüsse, die durch Verdichterluft pneumatisch betätigt werden, verändert
werden.
Der Anlaßmotor (pneumatisch) treibt den Hochdruckverdichter an, der mit der
Hochdruckturbine gekuppelt ist. Diese Einheit wird sehr schnell beschleunigt.
Sobald der Luftdurchsatz genügend groß ist, setzt die Verbrennung ein, und wenige
Sekunden später reicht der Gasdurchsatz durch die beiden Niederdruckstufen der
Turbine aus, um den Niederdruckverdichter anzutreiben.


## Pratt and Whitney JT3C (J57)

Die Zivilausführung JT3C des J57 ist für Mittel- und Langstreckenverkehrs-
flugzeuge und Transporter entwickelt worden und wird unter anderem in die
Flugzeugtypen Boeing 707 und Douglas DC-8 eingebaut. Der erste planmäßige
Einsatz auf einer Boeing 707 erfolgte am 26. 10. 1958. 1960 bereits verzeichnet das
Triebwerk JT3C (J57) [I.A.L. 5. 9. 60] als erstes Strahltriebwerk eine Million
Betriebsstunden im Luftverkehr. Bei den meisten im Luftliniendienst befindlichen
JT3C-Triebwerken handelt es sich um das Baumuster JT3C-6, das mit einem
Kraftstoff/Luftanlasser, Vereisungsschutz, Luftabzapfung zum Antrieb von
Turbokompressoren für den Kabinendruckausgleich, einer Schubumkehrvor-
richtung und einer Vorrichtung zur Aufteilung des Abgasstromes in mehrere
Einzelströme (Schalldämpfung) ausgerüstet ist [664].
Im ersten Betriebsjahr betrug der Durchschnitt der wegen Triebwerksdefekt
(während des Fluges) auszuwechselnden Triebwerke 0,21 je 1000 Stunden, der
wegen sekundärer Schäden auszuwechselnden Triebwerke 1,41 je 1000 Stunden.
In 92 264 Flugstunden mußten zwölf Triebwerke außerplanmäßig ausgewechselt
werden, nach 300 000 Stunden 40 [664]. Das amerikanische Bundesluftfahrtamt
FAA gewährte im Juni 1960 für die von American Airlines und TWA in TL-
Verkehrsflugzeugen verwendeten JT3C eine Zwischenüberholungszeit von
1200 Stunden. Für die in der Boeing 707 von Continental Airlines geflogenen
JT3C-6 wurde eine Zwischenüberholungszeit von 1600 Stunden gewährt
[I.A.L. 23. 12. 60]. In [891] wird eine Zwischenüberholungszeit von bis zu 1800 h
angegeben.
Eine hauptsächlich für den Mittelstreckenverkehr gedachte Ausführung des
JT3C ist das Baumuster JT3C-7, das seit September 1959 geliefert wird. Es ist
u. a. durch Verwendung von Titan für den ND-Verdichter ca. 350 kg leichter

als das JT3C-6 und hat keine Vorrichtung zur Wassereinspritzung. Dadurch erniedrigt sich bei sonst verbesserter Leistung der Startschub um etwa 450 kg. Seine Zwischenüberholungszeit beträgt 1200 Stunden. Die Ausführungen JT3C-10 und JT3C-12 entsprechen im wesentlichen dem Modell JT3C-7. Das Modell JT3C-10 ist jedoch mit Wassereinspritzung ausgerüstet, die Ausführung JT3C-12 arbeitet mit höheren Verbrennungstemperaturen. Als Auslieferungsbeginn wurde Sommer 1960 angegeben, der Preis soll zwischen 150 000 und 160 000 $ liegen.

Ende 1961 sollen JT3C-12-Triebwerke zum erstenmal im Linienluftverkehr eingesetzt werden in einer Boeing 720.

*Triebwerksdaten*

| Baumuster | JT3C-6 | | JT3C-7 | |
|---|---|---|---|---|
| Durchmesser .............. [mm] | 988 | [43, 891] | 980 | |
| Länge ................... [mm] | 3520 | [43, 891] | 3470 | |
| Stirnfläche ................. [m²] | 0,76 | [43] | – | |
| Gewicht ................... [kg] | 1945 | [43] | 1590 | [891] |
| | 1922 | [891] | | |
| Spez. Kraftstoffverbrauch | | | | |
| im Reiseflug ............ [kg/kph] | 0,76 | [43] | – | |
| Ölverbrauch ............. [kg/h] | 1,406 | [43] | – | |
| Startstandschub (trocken) ..... [kp] | 5080 | [43] | 5450 | [891] |
| Startstandschub | | | | |
| mit Wassereinspritzung ....... [kp] | 6120 | [43, 891] | – | |
| Luftdurchsatz .......... [kg/sec] | 84 | [43] | 81,6 | [891] |
| | 81,6 | [891] | | |
| Verdichtungsverhältnis .......... | 13,6 : 1 | [43] | 12,5 : 1 | [891] |
| | 12,5 : 1 | [891] | | |

| Baumuster | JT3C-10 | | JT3C-12 | [891] |
|---|---|---|---|---|
| Gewicht ................... [kg] | 1700 | | 1610 | |
| Startstandschub ............. [kp] | 5900 | (mit Wassereinspritzung) | 5900 | (Meereshöhe) |
| Durchmesser ............. [mm] | – | | 988 | |
| Länge ................... [mm] | – | | 3500 | |
| Drehzahl .............. [U/min] | – | | 8000 | |
| Luftdurchsatz .......... [kg/sec] | – | | 81,6 | |
| Verdichtungsverhältnis .......... | – | | 12,5 : 1 | |

*Triebwerksbeschreibung* [846, 43]

Die Konstruktionseinzelheiten des JT3C entsprechen weitgehend denen des J57. Das Einlaufgehäuse ist aus Aluminiumlegierung hergestellt; es beherbergt das vordere Verdichterlager, das durch sechs Profilstreben getragen wird. Die Einlaßleitschaufeln sind nicht verstellbar. Der neunstufige Niederdruckverdichter hat ein zweiteiliges Gehäuse. Die Radscheiben und die Läuferbeschaufelung sind aus Stahl. Die Lagerung erfolgt durch ein Rollenlager auf der Einlaßseite und durch ein zweireihiges Kugellager auf der Auslaßseite, wo er durch eine Antriebswelle mit den beiden Niederdruckturbinenstufen gekuppelt ist. Eine automatische Abblasevorrichtung im Zwischengehäuse zwischen Niederdruck- und Hochdruckverdichter erleichtert den Anlaßvorgang des Triebwerkes und verhindert den sogenannten »stall«-Effekt.

Der siebenstufige Hochdruckverdichter hat ein trommelartiges Gehäuse aus Stahl; Laufradscheiben und Läuferbeschaufelung sind ebenfalls aus Stahl. Der Läufer ist in einem Rollenlager auf der Eintrittsseite und einem zweireihigen Kugellager auf der Auslaßseite gelagert. Er ist mit der einstufigen Hochdruckturbine gekuppelt. An den Hochdruckverdichter schließt sich ein Diffusorgehäuse und dann die Ringbrennkammer an. Aus dem Diffusorgehäuse kann Verdichterluft abgezapft werden, die als Warmluft gegen Vereisung des Lufteinlasses und für andere Zwecke verwendet wird.

Das Modell JT3C-6 ist mit Wassereinspritzung am Triebwerkseinlaß und am Diffusorgehäuse ausgerüstet. Die Wassereinspritzdüsen am Diffusorgehäuse spritzen Wasser direkt in den Auslaßringraum des Hochdruckverdichters.

Die Ringbrennkammer enthält acht Einzelflammrohre, die durch Querrohre verbunden sind. In zwei Flammrohre sind Zündkerzen zum Anlassen eingebaut. In jedem Flammrohr befinden sich sechs Duplexdüsen, die den Brennstoff in Strömungsrichtung einspritzen.

Die Turbine hat ein Stahlgehäuse, die Leitschaufeln sind hohl. Die Laufschaufeln der ersten Turbinenstufe werden aus Waspalloy, die der zweiten und dritten Stufe aus Waspalloy und legiertem Stahl hergestellt [42].


## Pratt and Whitney JT3D (TF33)

Im Jahre 1958 wurde bei Pratt and Whitney mit der Detailkonstruktion des Mantelstromtriebwerkes JT3D (TF33) begonnen, das zum großen Teil auf der Konstruktion des JT3C (J57) basiert, durch das Mantelstromgebläse jedoch folgende Vorteile aufweist:

| JT3D-1 | JT3D-3 | | JT3C-7 |
|---|---|---|---|
| 42% | 50% | höherer Startstandschub | 5450 kp |
| 23% | 27% | höhere Steigleistung | 3900 kp |
| 13% | 20% | höhere Reiseleistung | 1585 kp |
| 13% | 13% | niedrigerer Verbrauch bei Reiseleistung | 0,9 kg/kph |

Die wesentlichsten konstruktiven Veränderungen gegenüber dem JT3C mußten am Verdichter und an der Turbine durchgeführt werden, wobei die ersten drei Niederdruckstufen durch das zweistufige Mantelstromgebläse ersetzt werden. Um den hierdurch erforderlichen höheren Leistungsbedarf zu decken, wurde die zweite Stufe der Niederdruckturbine vergrößert und eine dritte Stufe hinzugefügt.

Im Herbst 1958 konnten die Prüfstandsversuche aufgenommen werden, im Sommer 1959 wurde der erste Prototyp JT3D-1 flugerprobt. Triebwerke dieses Musters werden inzwischen im planmäßigen Flugliniendienst in der Boeing 707-120B eingesetzt. Die Ausführung JT3D-3 mit 8160 kp Schub befindet sich in Produktion, sie soll ab Oktober 1961 im Liniendienst eingesetzt werden. Der Preis des JT3D soll ca. 1 970 000 $ betragen. Als Weiterentwicklung wird das Ziviltriebwerk JT3D-5A genannt.

Die Militärausführung TF33-3 (JT3D-2) befindet sich in Serienproduktion für die Boeing B-52H. Sie ist, im Gegensatz zu den zivilen Ausführungen, nicht mit Schubumkehr und Schalldämpfer ausgerüstet. Flugversuche begannen 1959; 1960 wurden acht dieser Triebwerke in eine umgebaute B-52G eingebaut und geflogen. Inzwischen befinden sich eine Reihe B-52H-Produktionsmodelle in der Flugerprobung. Verbesserungen im heißen Teil des Triebwerkes führten zu dem Modell JT3D-4 (militärische Bezeichnung wahrscheinlich TF33-5). An der Weiterentwicklung des Modells JT3D-8A (TF33-7) wird gearbeitet; es ist für den Einbau in den Lockheed-Großfrachter C-141 vorgesehen. Eine der wesentlichsten konstruktiven Änderungen ist, daß die dritte Verdichterstufe des Originalverdichters wieder beibehalten wird. Sie folgt auf die zwei Gebläsestufen und soll in der nächsten Entwicklungsphase JT3D-14 zu einer dritten Gebläsestufe umkonstruiert werden. Dies erfordert eine Vergrößerung des Durchmessers der dreistufigen Niederdruckturbine. Die Triebwerke haben einen geschlossenen Mantelstromkanal zum Triebwerksende, um sowohl den Heißgas- als auch den kalten Mantelstrom zur Schubumkehr auszunutzen. Sie entsprechen in ihrer Anordnung also in wesentlichen Punkten einem Zweikreistriebwerk wie dem Rolls-Royce-Conway RCo. 42 [891].

*Triebwerksdaten*

| Baumuster | JT3D-1 [661] | JT3D-1 [891] |
|---|---|---|
| Durchmesser ................. [mm] | 1 346 | – |
| Länge ...................... [mm] | 3 680 | 3 465 |
| Gewicht ...................... [kg] | 1 732 | 1 847 |
| Max. Standschub in Meereshöhe ICAN ........... [kp] | 7 800 | 7 700 |
| Drehzahl ................... [U/min] | 8 200 | 8 000 |
| Reiseschub ICAN 927 km/h, 10 972 m Höhe ................. [kp] | 1 810 | – |
| Spez. Kraftstoffverbrauch bei Reiseschub ............. [kg/kph] | 0,79 | – |
| Bypass-Verhältnis .................... | 1,4 | 1,4 |
| Luftdurchsatz (gesamt/heiß) ... [kg/sec] | – | 217,5/90, 72 |
| Verdichtungsverhältnis .............. | – | 12,5 : 1 |

*Triebwerksdaten* [891]

| Baumuster | JT3D-2 (TF33-3) | JT3D-3, -4 (TF33-5) | JT3D-8A (TF33) | JT3D-14 (TF33) |
|---|---|---|---|---|
| Durchmesser ............ [mm] | 1 346 | 1 346 | 1 346 | – |
| Länge ................. [mm] | 3 490 | – | – | – |
| Gewicht .................. [kg] | 1 770 | 1 895 | 2 040 | – |
| Startstandschub ........... [kp] | 7 700 | 8 160 | 9 510 | 10 900 |
| Luftdurchsatz (gesamt/heiß) ......... [kg/sec] | 217,5/90, 72 | 217,5/90, 72 | – | – |
| Verdichtungsverhältnis ......... | 12,5 : 1 | 12,5 : 1 | – | – |
| Bypass-Verhältnis .............. | 1,4 | 1,4 | – | – |

*Triebwerksbeschreibung*

Die ersten drei Verdichterstufen des JT3C werden bei dem Mantelstromtriebwerk JT3D durch ein zweistufiges Gebläserad ersetzt, dessen Gehäuse in Höhe der vierten Niederdruckverdichterstufe angeflanscht ist. In dieses Gehäuse sind eingesetzt: Ein Kranz von 28 hohlen Leitschaufeln, die an ihrem inneren Durchmesser das vordere Lagergehäuse tragen und durch vom Verdichter abgezapfte Warmluft gegen Vereisung geschützt werden, ein Kranz Leitschaufeln für die zweite Gebläsestufe und ein Kranz Austrittsleitschaufeln (Gleichrichterschaufeln) für den Bypass-Luftstrom. Die Austrittsleitschaufeln sind an ihrem inneren Durchmesser in den keilförmigen Strömungsteiler eingesetzt, der den Bypass-Strom von dem Hauptluftstrom trennt und gleichzeitig den ersten Leitschaufelkranz für den Niederdruckverdichter trägt. Der trommelartige Gebläseläufer setzt sich aus zwei Radscheiben mit Mittelbohrung und je einem zylindrischen Teil zwischen den beiden Scheiben und hinter der zweiten Scheibe zusammen. Der kurze Wellenstumpf auf der Vorderseite der ersten Radscheibe ist in einem Rollenlager gelagert. Der zylindrische Teil des Läufers nach der zweiten Radscheibe ist mit einem Flansch an der Radscheibe der ehemals vierten Stufe des Niederdruckverdichters befestigt. Die Gebläseschaufeln aus Stahl sind etwa 41 cm lang und tragen auf etwa zwei Drittel ihrer Höhe deckbandähnliche Ansätze, deren Berührungsflächen aneinandergleiten können. Sie wirken somit schwingungsdämpfend. Das Verdichtungsverhältnis des Mantelstromgebläses ist 1,67 : 1.
Das Gehäuse des Niederdruckverdichters ist zweiteilig. Die Stahlleitschaufeln haben auf ihrem inneren Durchmesser Deckbänder mit sich radial zur Läufertrommel erstreckenden Stegen, die den Teil einer Dichtung zwischen den einzelnen Verdichterstufen bilden. Der Läufer selbst setzt sich aus einzelnen Scheiben mit Mittelbohrung und zylindrischen Zwischenstücken zusammen. Die Läuferbeschaufelung ist aus Stahl. An die vierte Radscheibe ist der hintere Wellenstumpf des Läufers geflanscht, der sich durch die Mittelbohrung der fünften und sechsten Radscheibe erstreckt und hinter diesen beiden Scheiben in einem zweiseitigen Kugellager gelagert ist. Der Niederdruckläufer ist mit den letzten drei Turbinenstufen des Triebwerks gekuppelt.

Der Aufbau des Läufers des siebenstufigen Hochdruckverdichters entspricht in etwa dem des Niederdruckverdichters. Der vordere Wellenstumpf des HD-Läufers ist an die Radscheibe der dritten Hochdruckstufe angeflanscht und erstreckt sich durch die Mittelbohrungen der ersten zwei Hochdruckradscheiben zum vorderen Lager, einem Rollenlager. Der hintere Wellenstumpf wird mit der letzten Radscheibe verschraubt und ist in einem zweireihigen Kugellager gelagert. Der HD-Verdichterläufer wird mit der ersten Turbinenstufe gekuppelt.

Zwei automatische Ventile auf dem Verdichtergehäuse ermöglichen das Abblasen von HD-Verdichterluft.

Der letzten Verdichterstufe folgt eine Gleichrichterstufe, ein Diffusorteil und dann die Ringbrennkammer. Im Diffusorgehäuse sind die Hilfsgeräteantriebe untergebracht. Die Ringbrennkammer hat acht Einzelflammrohre aus Inconellegierung, sechs Düsen auf der Stirnseite jedes Flammrohres spritzen den Kraftstoff in Strömungsrichtung ein.

Die Laufschaufeln der vierstufigen Turbine werden aus Waspalloy (Stufe 1) und Waspalloy und legiertem Stahl (Stufen 2–4) hergestellt und sind alle mit Deckbändern versehen. Die Radscheibe der ersten Stufe wird an die Antriebswelle, die mit dem Hochdruckverdichter gekuppelt ist, angeflanscht. Die drei Scheiben der Niederdruckstufen und ihre zylindrischen Zwischenstücke werden durch Zuganker fest miteinander verbunden. Die erste Niederdruckscheibe ist an die mit dem Niederdruckverdichter gekuppelte Antriebswelle angeflanscht.

Die Ziviltriebwerke JT3D sind mit einer Schubumkehrvorrichtung und einem Schalldämpfer ausgerüstet. Die Gebläseluft wird bei diesen Triebwerken kurz hinter der Gebläsestufe ausgeblasen, da infolge der Anordnung der Zubehörgeräte und Hilfsantriebe auf dem Gehäuse die Weiterführung des Mantelstromes und die vorteilhaftere Mischung von Kaltluft- und Heißgasstrom nicht möglich sind. Bei den Militärausführungen JT3D-2 wird die Bypass-Luft durch einen bananenförmigen Kanal auf der Außenseite der B-52H ausgeblasen. Die Militärtriebwerke sind von denen der Luftfahrtgesellschaften durch die großen Abblaseluftrohre, die hoch über das Mantelstromgebläse hinwegragen und warme Verdichterluft zum Enteisen des Einlaufes herbeiführen, gut zu unterscheiden [891].


## Pratt and Whitney JT3D-9

Dieses Mantelstromtriebwerk befindet sich noch im Entwurfsstadium. Es soll im Niederdruckteil vier Gebläseradstufen haben, für ein Bypass-Verhältnis von etwa 1,1 ausgelegt sein und 9520 kp Schub, trocken, abgeben. Durch Weiterentwicklung soll bis 1964 der Schub auf 10 880 kp, naß, gesteigert werden [664].


## Pratt and Whitney J75 (JT4)

Das Triebwerk J75 ist als Hochleistungstriebwerk für den Überschallflug ausgelegt. Mitte 1961 waren über 500 Militärtriebwerke ausgeliefert worden, die in

folgenden Flugzeugtypen geflogen werden: das Triebwerk J75-P-17 mit Nachbrenner in der Convair F-106, J75-P-19W (JT4A-2g), 12 000 kp Schub, mit
Nachbrenner und Wassereinspritzung in den Typen Republic F-105B, F-105D
und das Triebwerk J57-P-2 in der Martin P6M-2 Sea Master. Die USAF erprobte
J75-Triebwerke in Dauerversuchen, bei denen die Triebwerke in die Außenlast-
träger einer XB-52 eingebaut waren. Die Gesamtbetriebszeit aller J75-(JT4)-
Triebwerke im militärischen und im zivilen Flugverkehr liegt in der Größen-
ordnung von 1 500 000 Stunden, davon fallen etwa 80% auf Zivilausführungen
des J75 (JT4), von denen bis 1961 etwa 1000 Stück ausgeliefert worden waren.

Die ursprüngliche Produktionstype für zivile Verwendung war das Triebwerk
JT4A-3, das im März 1957 für den zivilen Flugverkehr zugelassen worden war
und in die Flugzeugtypen Boeing 707-320 und DC-8-20 eingebaut wurde. 1959
wurde dieser Triebwerkstyp in der Produktion durch die Ausführung JT4A-9
ersetzt, die infolge hitzebeständigerer Turbinenwerkstoffe und damit höherer
Turbineneinlaßtemperaturen einen um ca. 450 kp höheren Schub erzeugt (Einbau
in DC-8-30, DC-8-20; Boeing 707-320). Ein großer Teil der Triebwerke der
Serie JT4A-3 wurde inzwischen zu diesem Typ umgebaut. Die Zwischenüberholungszeit beträgt auch hier 1400 Stunden. Ende 1961 soll die Weiterentwicklung JT4A-11 lieferbar sein, die konstruktive Verbesserung im Turbinenteil aufweist. Durch Verwendung verbesserter Werkstoffe, insbesondere von Titan für
den Niederdruckverdichterläufer, konnte bei der Ausführung JT4A-12 das Gewicht um 93 kg gegenüber dem Vorgängermodell JT4A-11 reduziert werden.

*Triebwerksdaten*

| Baumuster | | JT4A-9 [891] | JT4A-11 [891] |
|---|---|---|---|
| Durchmesser | [mm] | 1 092 | 1 092 |
| Länge | [mm] | 3 664 | 3 664 |
| Stirnfläche | [m²] | 0,94 | – |
| Gewicht | [kg] | 2 290 | 2 310 |
| Spez. Kraftstoffverbrauch | | | |
| normal | [kg/kph] | 0,74 | – |
| Ölverbrauch | [kg/h] | 1,406 | – |
| Startstandschub | [kp] | 7 620 | 7 930 |
| Drehzahl | [U/min] | 6 400* | 8 000** |
| | | 8 000** | |
| Luftdurchsatz | [kg/sec] | 115 [43] | 136 |
| | | 136 [891] | |
| Verdichtungsverhältnis | | 12 : 1 | 12 : 1 |

 * ND-Verdichter [43].
** Ohne nähere Angaben [891].

*Triebwerksdaten* [42, 43, 664, 891]

| Baumuster | J75-P-19W<br>(JT4A-29) | |
|---|---|---|
| Durchmesser .................... [mm] | 1 092 | |
| Länge ........................ [mm] | 6 586 | |
| Stirnfläche ...................... [m²] | 0,94 | |
| Gewicht ......................... [kg] | 2 700 | |
| Kraftstoffverbrauch ........... [kg/kph] | 1,8 | m. N.* |
| Startstandschub ................. [kp] | 12 000 | m. N., naß |
| Höchstschub im Stand ............ [kp] | 11 100 | trocken |
| Standschub (militärisch) ........... [kp] | 7 300 | o. N. |
| Luftdurchsatz ................ [kg/sec] | 136 | |
| Verdichtungsverhältnis ............... | 12 : 1 | |

* Nach [664] 2,2 kg/kph.

*Triebwerksbeschreibung* [42]

Das Triebwerk JT4A-3 hat ein ringförmiges Lufteinlaßgehäuse aus Magnesium-legierung mit sechs radialen Profilstreben, die das Gehäuse des vorderen Verdichterlagers und den Anlasser tragen, und 18 feststehenden Leitschaufeln aus Stahl. Der Lufteinlaß ist durch vom Verdichter abgezapfte Warmluft gegen Vereisung geschützt. Der Doppelverdichter besteht aus einem achtstufigen Niederdruckteil und einem siebenstufigen Hochdruckteil. Das Stahlgehäuse des Niederdruckteils ist zweiteilig. Der Läufer setzt sich aus einzelnen Stahlradscheiben zusammen. Sein vorderer Wellenstumpf ist in einem Rollenlager gelagert, der hintere Wellenstumpf, der mit den beiden Niederdruckstufen der Turbine gekuppelt ist, in einem zweireihigen Kugellager. Die Beschaufelung des Niederdruckverdichters wird aus Stahl gefertigt.

Der Hochdruckverdichter hat ein einteiliges trommelartiges Gehäuse aus Stahl. Seine Läuferkonstruktion entspricht im Prinzip der des Niederdruckverdichters. Die Lagerung erfolgt in einem Rollenlager auf der Eintrittsseite und in einem zweireihigen Kugellager auf der Austrittsseite des Verdichters. Der Wellenstumpf auf der Austrittsseite ist mit der ersten Turbinenstufe gekuppelt. Für den Betrieb in Bodennähe und für den Anlaßvorgang ist der Hochdruckverdichter mit zwei automatischen Abblaseventilen ausgerüstet.

Die Ringbrennkammer des Triebwerks hat acht einzelne, zylindrische Flammrohre aus Inconel mit jeweils sechs Kraftstoffdüsen, die ringförmig auf der Stirnseite des Flammrohres angeordnet sind und in Strömungsrichtung einspritzen.

Die Turbine ist dreistufig. Die Radscheibe der Hochdruckstufe ist an die äußere Antriebswelle, die mit dem Hochdruckverdichter gekuppelt ist, angeflanscht. Die beiden Radscheiben des Niederdruckteiles sind mit der inneren, zur Hochdruckwelle konzentrischen Antriebswelle des Niederdruckverdichters verbunden. Die Radscheibe der letzten Turbinenstufe trägt auf ihrer Rückseite einen Wellenstumpf, der in einem Rollenlager gelagert ist. Die Leitschaufeln der Turbine sind hohl, die Laufschaufeln massiv. Das Gehäuse ist aus Stahl.

Die Austrittsdüse hat unveränderlichen Querschnitt.

Pratt and Whitney JT4D (TF75)

Durch die Erfolge der Mantelstromtriebwerksentwicklung ermutigt, wurden bei
Pratt and Whitney aus den Triebwerken JT4A und J75 ebenfalls Mantelstrom-
ausführungen entwickelt. Bei der Umwandlung des JT4A wurden zunächst zwei
Ausführungen geplant:
Das Modell JT4D-3 erhielt das gleiche Mantelstromgebläse wie das JT3D-
Triebwerk, das Modell JT4D-1 wurde mit einem größeren Gebläse versehen.
Bei der ersten Ausführung wird mit einem um 8% verbesserten spezifischen Brenn-
stoffverbrauch gegenüber dem entsprechenden Einkreismodell JT4A gerechnet,
während die Ausführung mit dem größeren Gebläse eine Verbesserung von 15%
erzielen soll [664].

*Triebwerksdaten* [664]

| Baumuster | JT4D-1 | JT4D-3 |
|---|---|---|
| Max. Durchmesser .................... [mm] | 1 585 | 1 343 |
| Länge ............................... [mm] | 3 710 | 3 580 |
| Gewicht ............................. [kg] | 2 585+ | 2 470 |
| Max. Standschub<br>in Meereshöhe ICAN ................... [kp] | 11 310* | 10 200 |
| Drehzahl ......................... [U/min] | 8 000 | 8 000 |
| Bypass-Verhältnis ........................... | 1,5 | 0,8 |

* Mit Einspritzung.


Pratt and Whitney JT8 (J52)

Das Triebwerk JT8, mit der militärischen Bezeichnung J52, war ursprünglich
von der US-Marine für den Flugzeugtyp Douglas A4D-3 Skyhawk vorgesehen
und wurde, nachdem dessen Entwicklung 1957 eingestellt wurde, als Antrieb des
Flugkörpers North American GAM-77 Hound Dog verwendet. Die Flugkörper-
triebwerke wurden für diesen besonderen Verwendungszweck eigens entwickelt
und wichen in ihrer Ausführung wesentlich von den Triebwerken für Flugzeugantrieb ab. Sie erzeugten einen Schub von 3400 kp. Die US-Marine wählte 1958
die Triebwerksausführung J52-6 als Antrieb für das Schlachtflugzeug Grumman
A2F-1 Intruder aus. Bemerkenswerte Konstruktionseinzelheit dieses Musters
ist, daß die Strahlrohre um 23° nach unten geschwenkt werden können, um die
STOL-Eigenschaften der A2F-1 zu verbessern. Inzwischen wurde die Entwicklung der Skyhawk wieder aufgegriffen. Die neue Allwetterausführung
A4D-5 ist mit Triebwerken J52-6 oder J52-8 mit normalen Strahlrohr ausgerüstet.
Baugruppen des JT8 fanden Verwendung bei der Konstruktion der Mantel-
stromtriebwerke JT8D und JTF10.

*Triebwerksdaten*

| Baumuster | | J52-6 [43] |
|---|---|---|
| Durchmesser .......................... [mm] | | 762 |
| Länge .............................. [mm] | | 3177 |
| Stirnfläche ............................ [m²] | | 0,45 |
| Gewicht ............................. [kg] | | 1000 |
| Spez. Kraftstoffverbrauch ............. [kg/kph] | | 0,8 |
| Ölverbrauch .......................... [kg/h] | | 0,45 |
| Startstandschub ........................ [kp] | | 3855 |

Das Triebwerk hat einen zwölfstufigen Doppelverdichter mit fünf ND-Stufen
und sieben HD-Stufen, eine Ringbrennkammer mit Einzelflammrohren und eine
zweistufige Turbine.

Die Schaufeln der ersten Gebläsestufe weisen bei 61% der Schaufelhöhe deck-
bandartige Seitenflügel auf, die sich an den Seitenflügeln der Nachbarschaufel jeweils abstützen, ähnlich wie dies auch bei den Gebläserädern der Triebwerke
JT3D der Fall ist.


## Pratt and Whitney JTF10

Dieses Zweikreistriebwerk wurde aus dem JT8 (J52) für Kurz- und Mittel-
streckentransporter und STOL-Flugzeuge entwickelt. Seine Weiterentwicklung
hat inzwischen die französische Firma SNECMA übernommen, die Pratt-and-
Whitney-Lizenzträger für Europa ist [664, 661, 891; I.A.L. 22. 11. 59].


## Pratt and Whitney JT11 (J58)

Die Konstruktionsarbeiten an diesem, ursprünglich von der US-Navy in Auftrag
gegebenen Triebwerk wurden 1957 abgeschlossen, die ersten Prototypen kamen
im Frühjahr 1958 auf den Prüfstand.

Das Triebwerk ist für sehr hohe Flug-Machzahlen über Mach 3 ausgelegt und
mußte daher ein Einwellentriebwerk mit niedrigem Verdichtungsverhältnis sein,
das in der Lage ist, einen großen Luftdurchsatz bei hohem Staudruck und hohen
Stautemperaturen zu verarbeiten. Es ist mit einem Luftabblasesystem zwischen
der dritten und vierten Verdichterstufe ausgerüstet. Zahlreiche Prüfstandsläufe
wurden bereits durchgeführt, teilweise mit Spezialkraftstoffen. In dem Hoch-
leistungsnachbrenner wurde vermutlich auf Boran basierender Treibstoff verwendet. Der Nachbrenner hat eine konvergent-divergente Düse, deren Durchmesser erheblich größer als der des übrigen Triebwerkes ist [664].

Die Angaben über den Schub mit Nachverbrennung schwanken zwischen 13 600
und 18 150 kp; es wird jedoch angenommen, daß die endgültige Ausführung
keinen Nachbrenner hat und einen Trockenschub von ca. 10 450 kp abgeben wird
[891].

In [43] werden folgende inoffiziellen Triebwerksdaten und Konstruktionseinzelheiten angegeben:

*Triebwerksdaten*

| Baumuster | | J58-P-2 | (mit kurzem Nachbrenner) |
|---|---|---|---|
| Durchmesser .................. [mm] | 1 372 | |
| Länge ...................... [mm] | 5 717 | |
| Stirnfläche ................... [m²] | 1,48 | |
| Gewicht ..................... [kg] | 3 175 | |
| Kraftstoffverbrauch m. N. .... [kg/kph] | 1,8 | |
| Ölverbrauch ................. [kg/h] | 1,80 | |
| Startstandschub ............... [kp] | 14 500 | m. N. |
| | 10 900 | o. N. |

Ein dem J58-P-2 ähnliches Modell mit einer zusätzlichen neunten Verdichterstufe und langem Nachbrenner erzeugt 15 900 kp Schub mit Nachverbrennung
und 10 900 kp ohne Nachverbrennung.

*Konstruktive Einzelheiten*

Das Einlaufgehäuse des achtstufigen Axialverdichters ist durch warme Verdichterluft gegen Vereisung geschützt. 20 radiale Streben tragen das vordere Lagergehäuse. Das Verdichtergehäuse besteht aus zwei trommelartigen Teilen. Der
vordere Teil hat vier Kränze feststehender Stahlleitschaufeln. Auf dem Gehäuse-
umfang befinden sich 20 Schlitze mit Ventilen, die zum Abblasen von Luft bei
Bodenbetrieb und beim Anlassen dienen; der hintere Teil enthält die restlichen
fünf Reihen feststehender Leitschaufeln.
Die Ringbrennkammer ist mit acht Duplexbrennern ausgerüstet.
Die Turbine ist zweistufig und hat hohle Leitschaufeln.
Das Triebwerk ist mit einem kurzen Nachbrenner mit konvergent-divergenter
Düse, die voll verstellbar ist, ausgerüstet.


Pratt and Whitney JT12 (J60)

Mit den ersten Konstruktionsstudien zu dem Triebwerk JT12 wurde im Juli 1957
in der kanadischen Niederlassung Canadian Pratt and Whitney begonnen. Am
16. 5. 1958 kam der erste Prototyp auf den Prüfstand, im August wurde ein
50-Stunden-Probelauf durchgeführt. Die Flugerprobung mit einer B-45 als
fliegendem Prüfstand begann Oktober 1959. Im Sommer 1960 wurde vom FAA
die Musterzulassung für das JT12 erteilt [I.A.L. 18. 8. 60]. Das Triebwerk kann
mit einem Nachbrenner ausgerüstet werden und wird in folgende Militär- und
Zivilflugzeuge eingebaut: Trainer-Transporter North American T-39 Sabre-
Liner, Transporter/Geschäftsflugzeug Lockheed Jet-Star und Trainer Canadair

CL-41. Ferner ist es als Antriebsaggregat von Überschallflugkörpern der Firmen Republic und Fairchild vorgesehen.

*Triebwerksdaten*

| Baumuster | JT12A-6 | | JT12A-21 | |
|---|---|---|---|---|
| Durchmesser .............. [mm] | 556 | [891] | 556 | [891] |
| Länge .................... [mm] | 1 885 | [844, 664, 891] | 3 200 | [891] |
| Gewicht ................... [kg] | 197 | [891] | 295 | [891] |
| Startstandschub ............ [kp] | 1 360 | [891] | 1 830 | m. N. [891] |
| Drehzahl .............. [U/min] | 16 000 | | – | |
| Spez. Kraftstoffverbrauch . [kg/kph] | 0,95 | | – | |
| Reiseschub ................ [kp] | 970 | | – | |
| Spez. Kraftstoffverbrauch . [kg/kph] | 0,89 | | – | |

*Triebwerksbeschreibung*

Das Triebwerk hat einen neunstufigen Axialverdichter, sein Luftdurchsatz beträgt 22 kg/sec im Stand bei einem Verdichtungsverhältnis von 7,0 : 1. Das Gehäuse des Verdichters besteht aus zwei Stahltrommeln. Der vordere Teil des Gehäuses umfaßt den Lufteinlaß mit 15 hohlen, feststehenden Einlaßleitschaufeln, die das vordere Verdichterlager tragen, und vier Leitschaufelkränzen aus Stahl. Der Lufteinlaß ist mit Vereisungsschutz versehen. Die zweite Gehäusehälfte beherbergt die restlichen fünf Leitkränze aus Stahl und den Diffusor vor dem Brennkammereintritt. Die neun Radscheiben des Verdichterläufers sind aus Stahl; als Schaufelmaterial fand für die ersten drei Stufen Titaniumlegierung, für die übrigen Stufen Stahl Verwendung. Der vordere Wellenstumpf des Läufers ist in einem Rollenlager gelagert, der hintere Wellenstumpf, der mit der Turbinenwelle gekuppelt ist, in einem Kugellager.
Auf dem vorderen Abschnitt der zweiten Verdichtergehäusehälfte befinden sich Ventile zum Abblasen von Verdichterluft bei Betrieb in Bodennähe und beim Anlassen.
Die Brennkammer ist eine Ringkammer mit acht Einzelflammrohren, die durch Querrohre miteinander verbunden sind. Die Turbine hat zwei Stufen.

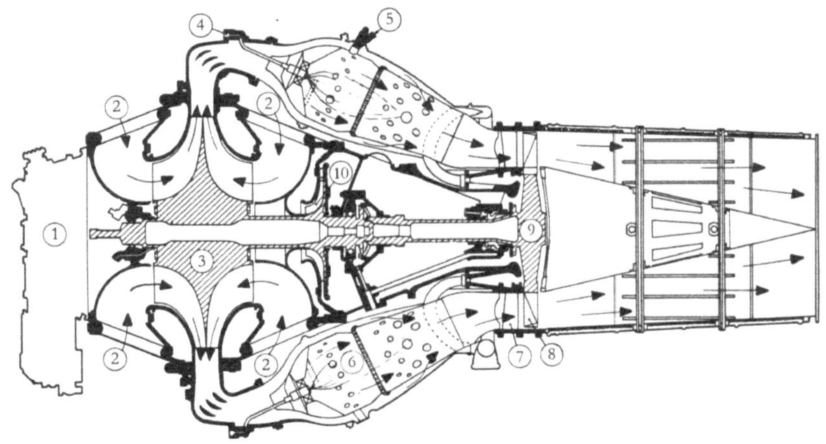

Abb. 33   Pratt and Whitney J42 (Rolls Royce Nene-Lizenz) [393] (Aviation Week)

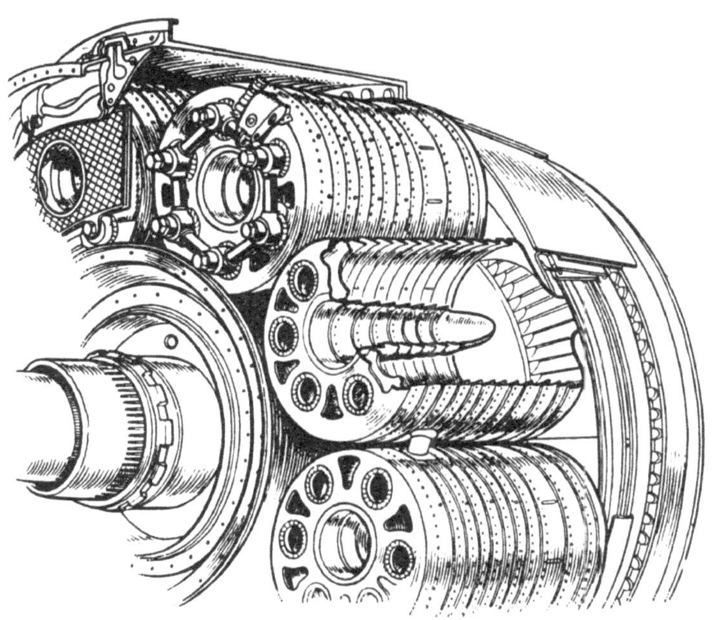

Abb. 34   Pratt and Whitney J57: Brennkammer mit Flammrohren

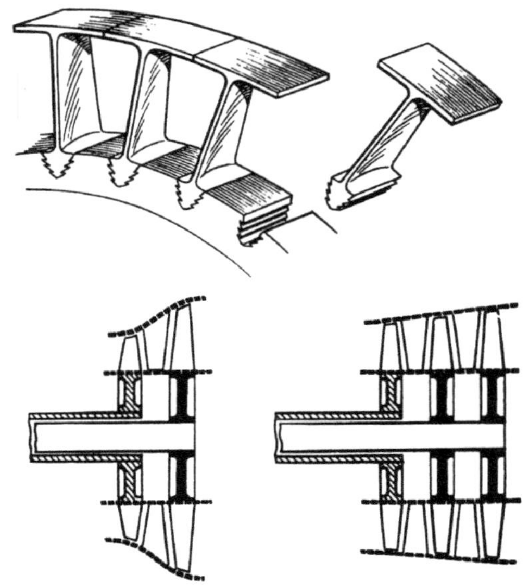

Abb. 35   Pratt and Whitney J57 [582]:
   Oben:  Turbinenschaufeln mit Deckbandabschnitten
   Unten: Die 2-stufige ND-Turbine hat eine günstigere Strömungsführung

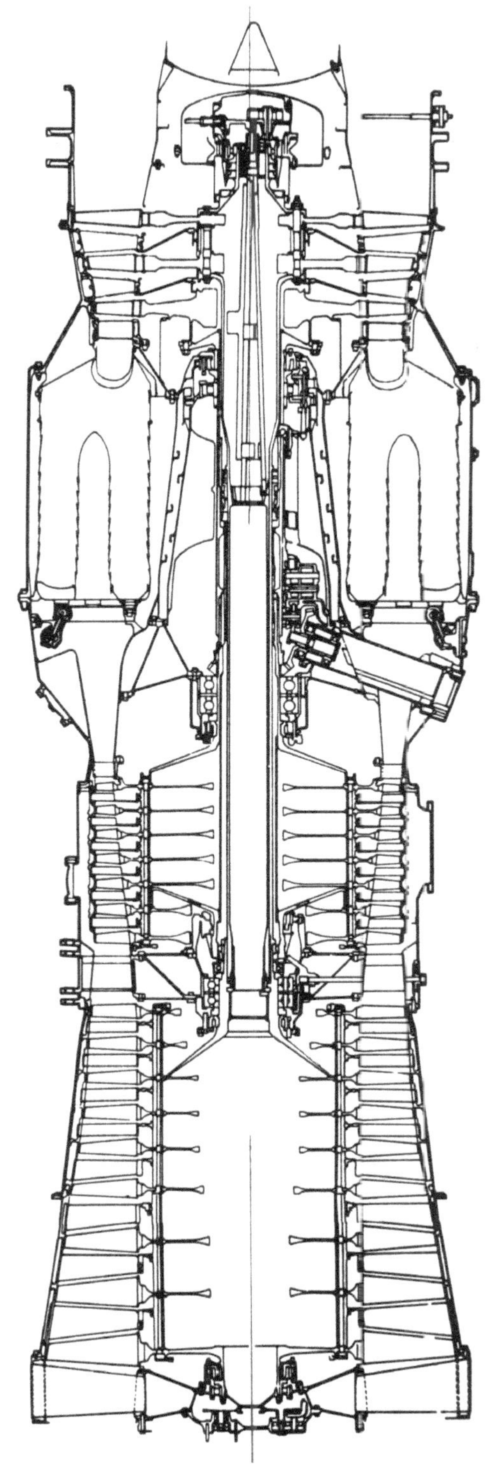

Abb. 36   Pratt and Whitney JT3C-7

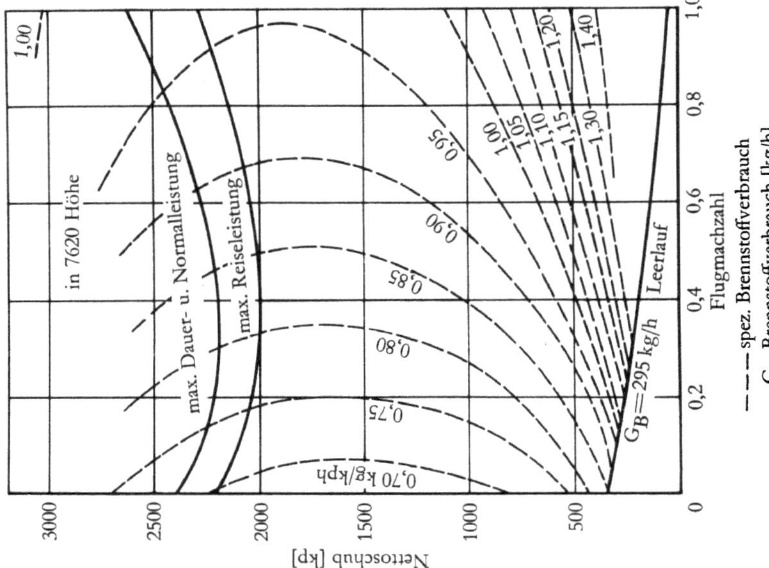


Abb. 37 a   Pratt and Whitney JT3C-7: Leistung und spezifischer Brennstoffverbrauch in 7620 m Höhe bei 100% Staurückgewinn

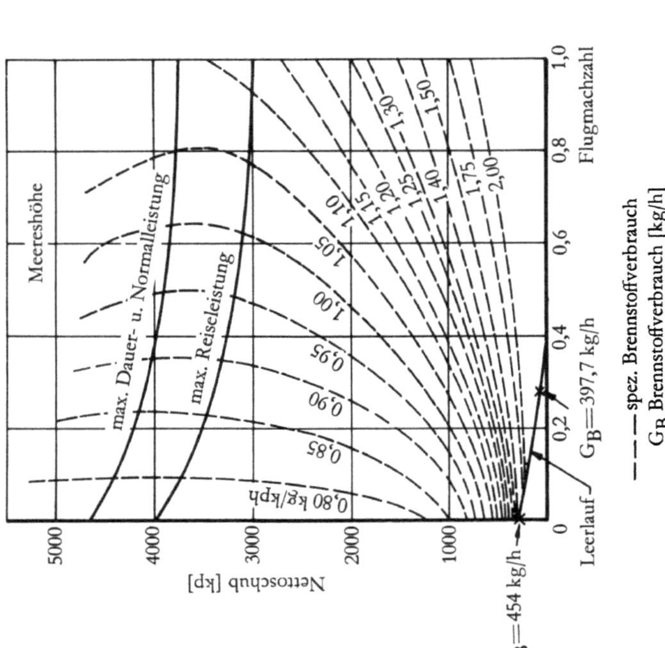


Abb. 37   Pratt and Whitney JT3C-7: Leistung und spezifischer Brennstoffverbrauch in Meereshöhe bei 100% Staurückgewinn

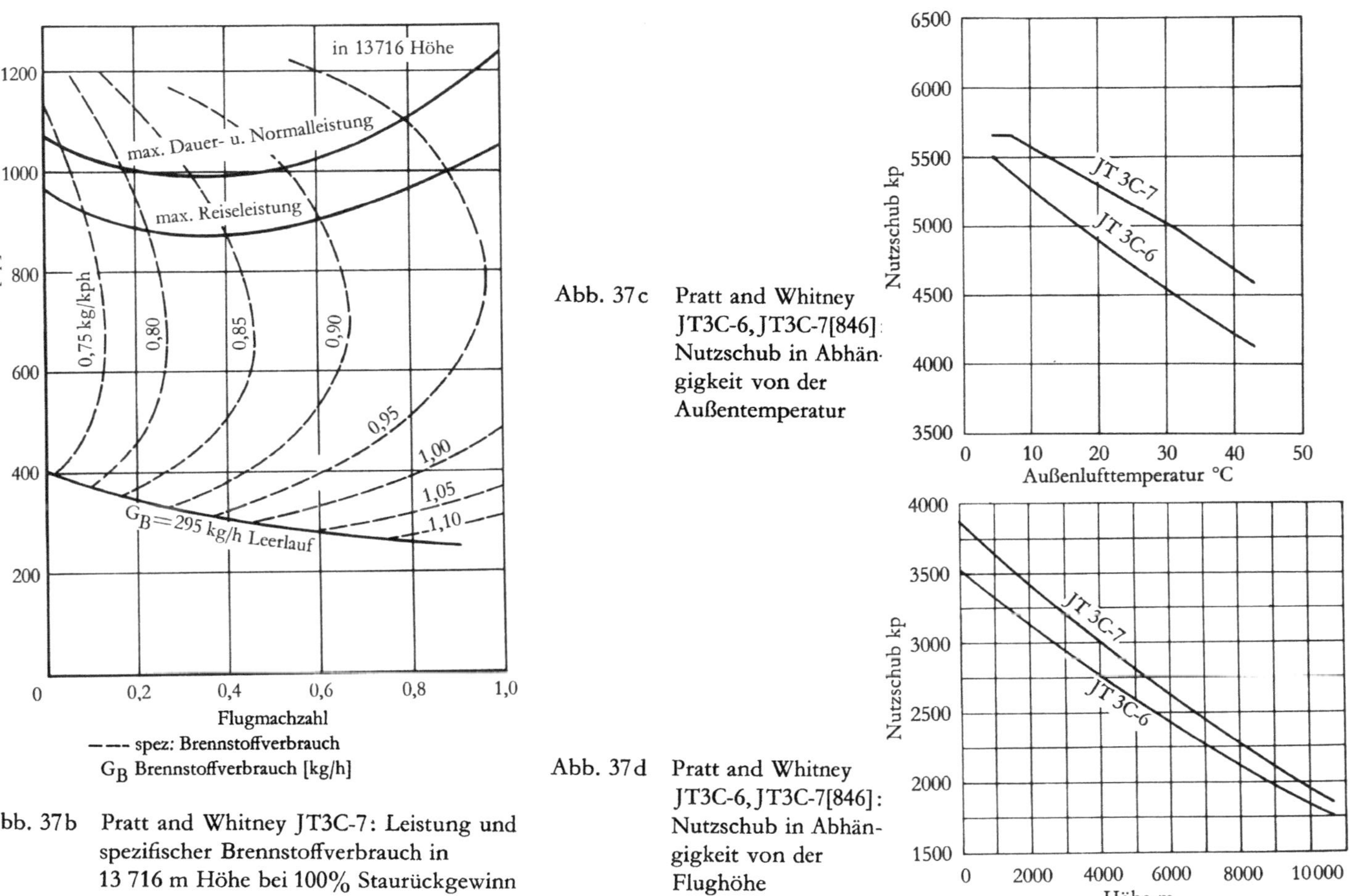


Abb. 37b   Pratt and Whitney JT3C-7: Leistung und spezifischer Brennstoffverbrauch in 13 716 m Höhe bei 100% Staurückgewinn

Abb. 37c   Pratt and Whitney JT3C-6, JT3C-7 [846]: Nutzschub in Abhängigkeit von der Außentemperatur

Abb. 37d   Pratt and Whitney JT3C-6, JT3C-7 [846]: Nutzschub in Abhängigkeit von der Flughöhe

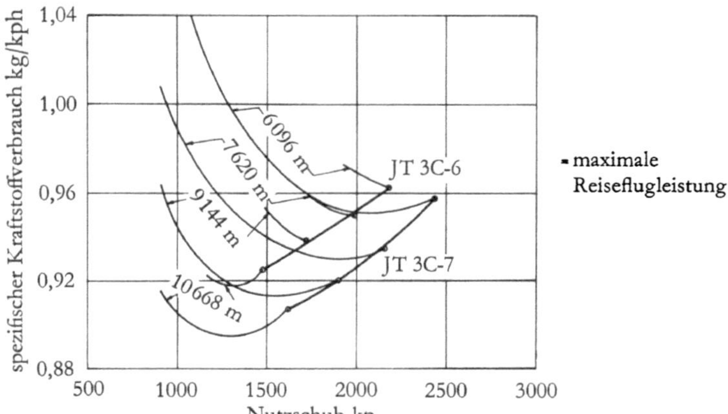



Abb. 37e    Pratt and Whitney JT3C-6, JT3C-7 [846]:
Spezifischer Kraftstoffverbrauch

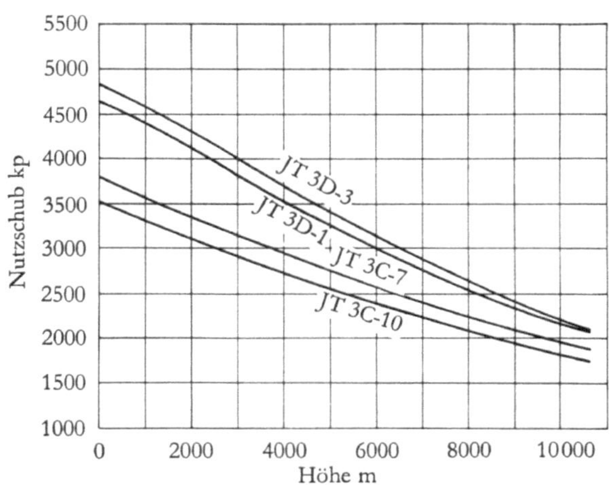



Abb. 37f    Pratt and Whitney JT3C, JT3D [845]:
Nutzschub in Abhängigkeit von der Flughöhe

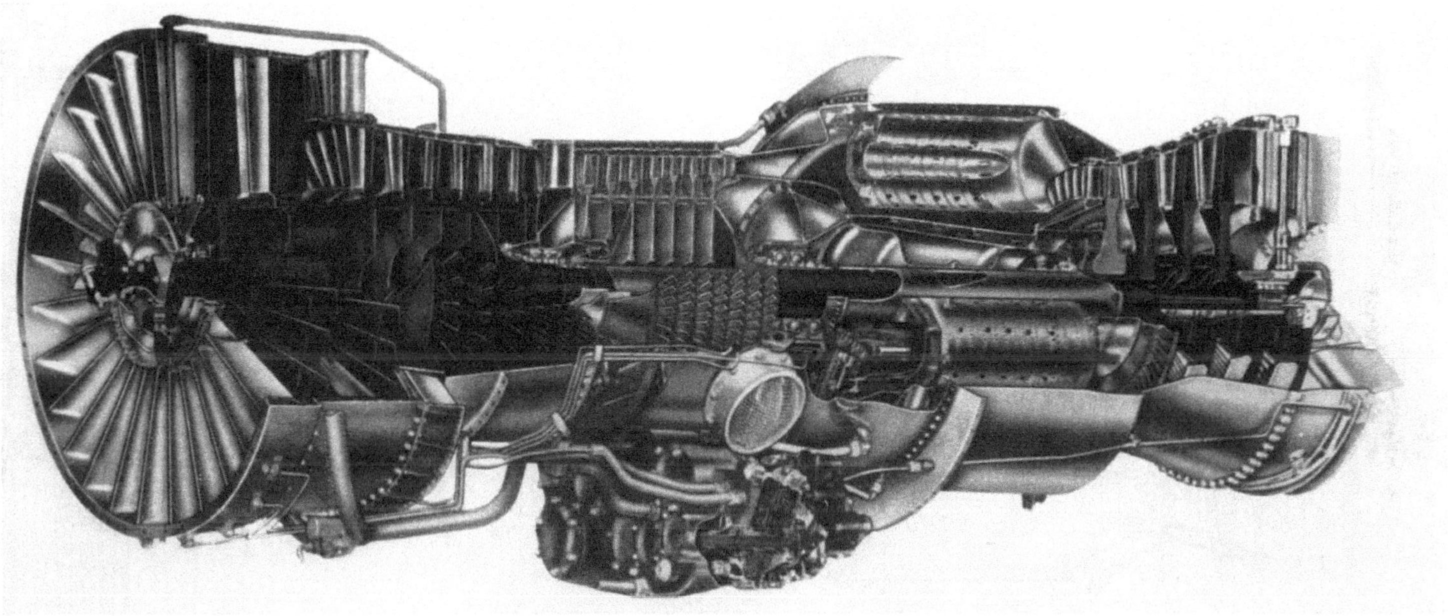

Abb. 38   Pratt and Whitney JT3D

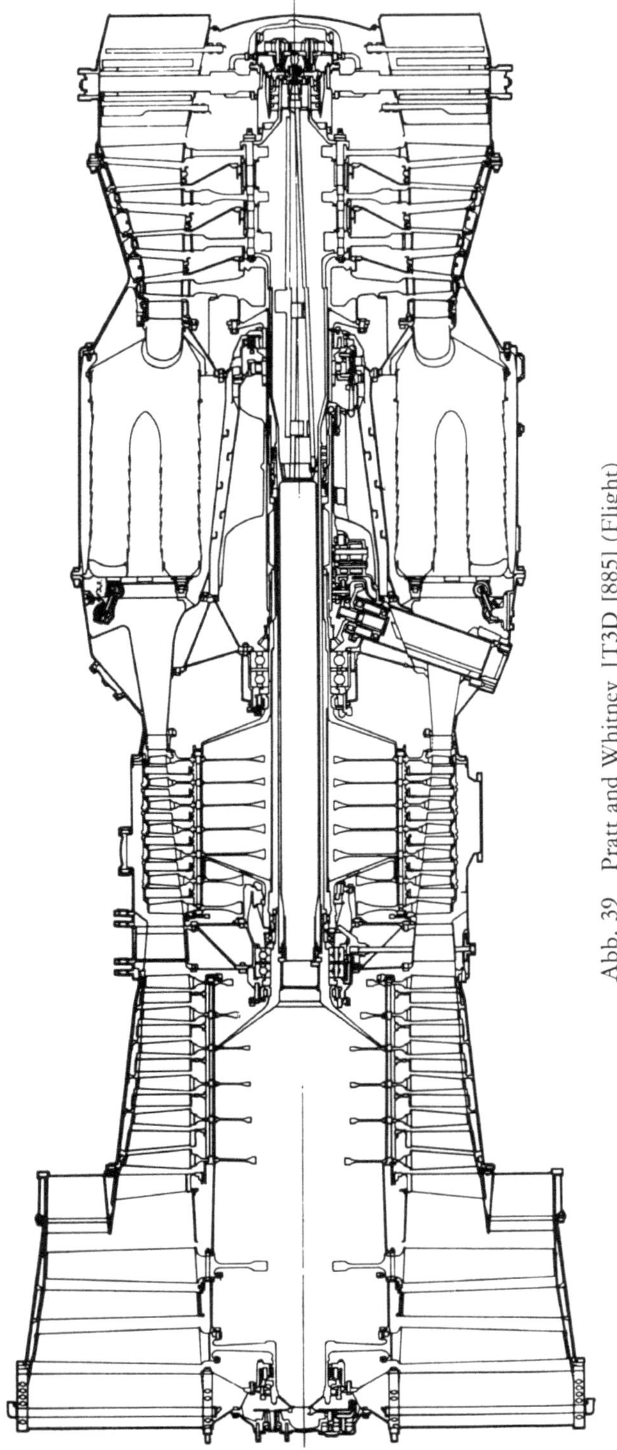

Abb. 39  Pratt and Whitney JT3D [885] (Flight)

Abb. 40   Pratt and Whitney JT3D: Blick auf Lufteinlaß mit Leitkranz und erster
Gebläsestufe

Abb. 41   Pratt and Whitney JT3D: Gebläsestufe

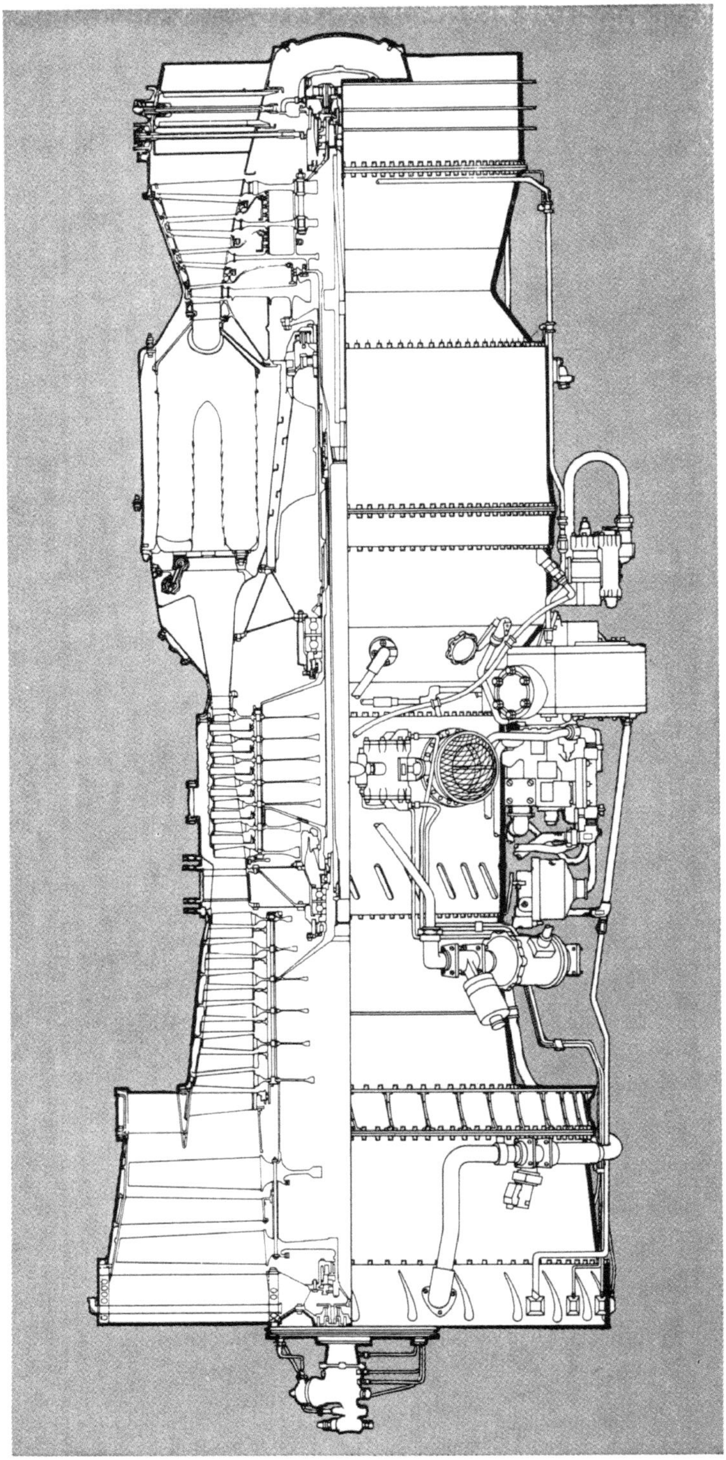

Abb. 42  Pratt and Whitney JT3D [845]

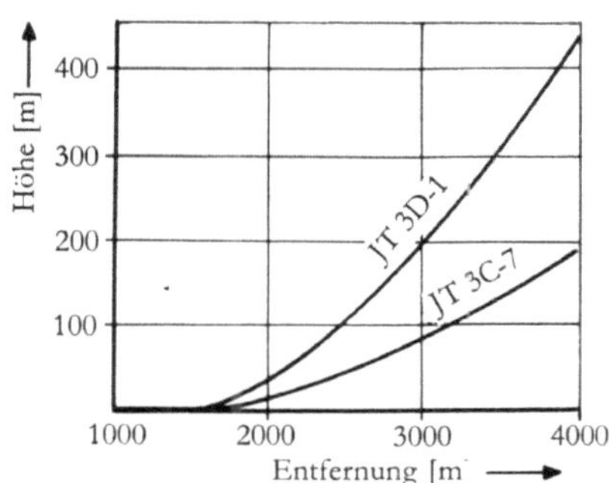

Abb. 43 Pratt and Whitney JT3C-7 und JT3D-1 [884]: Höhengewinn eines Mittelstrecken-Strahlverkehrsflugzeuges von 90 t Fluggewicht nach dem Start an einem Normaltag mit den Triebwerken (Flugwelt)



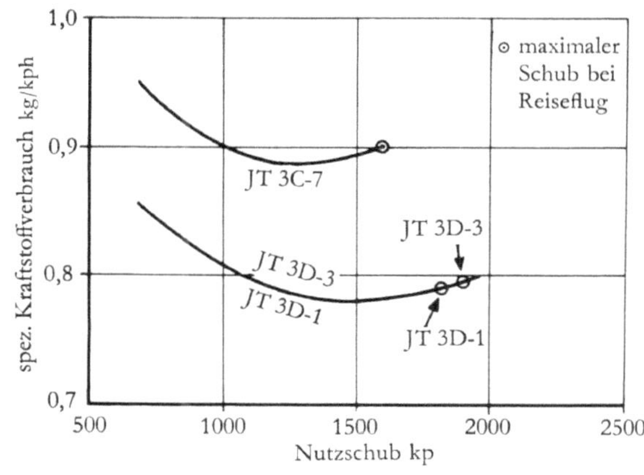

Abb. 44 Pratt and Whitney JT3C, JT3D [845]: Spezifischer Kraftstoffverbrauch



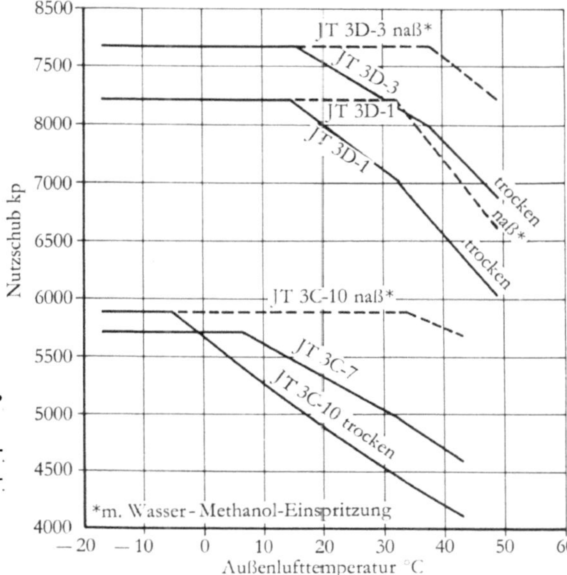

Abb. 45 Pratt and Whitney JT3C, JT3D [845]: Nutzschub in Abhängigkeit von der Außenlufttemperatur

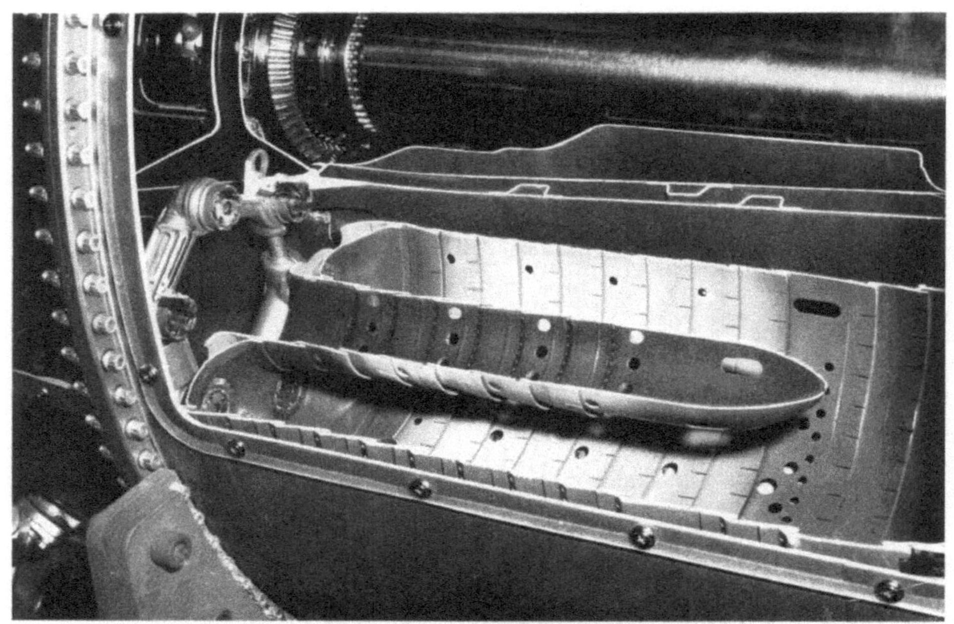

Abb. 46    Pratt and Whitney JT3D: Brennkammer

Abb. 47    Pratt and Whitney JT4A: Brennkammer

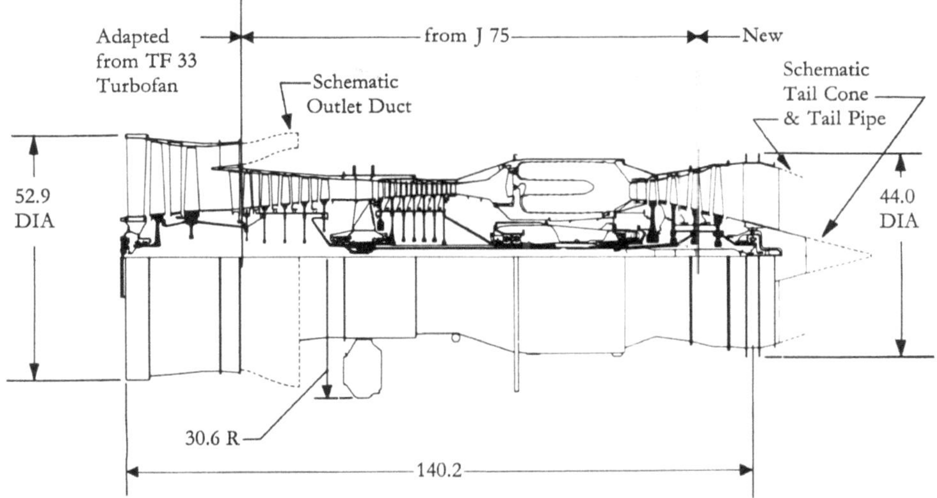



Abb. 48   Schema des Pratt and Whitney JT4D

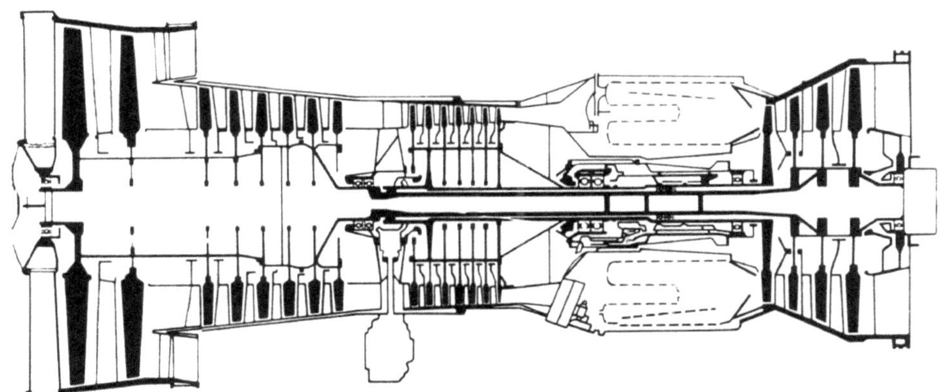

Abb. 49   Pratt and Whitney JT4D-1

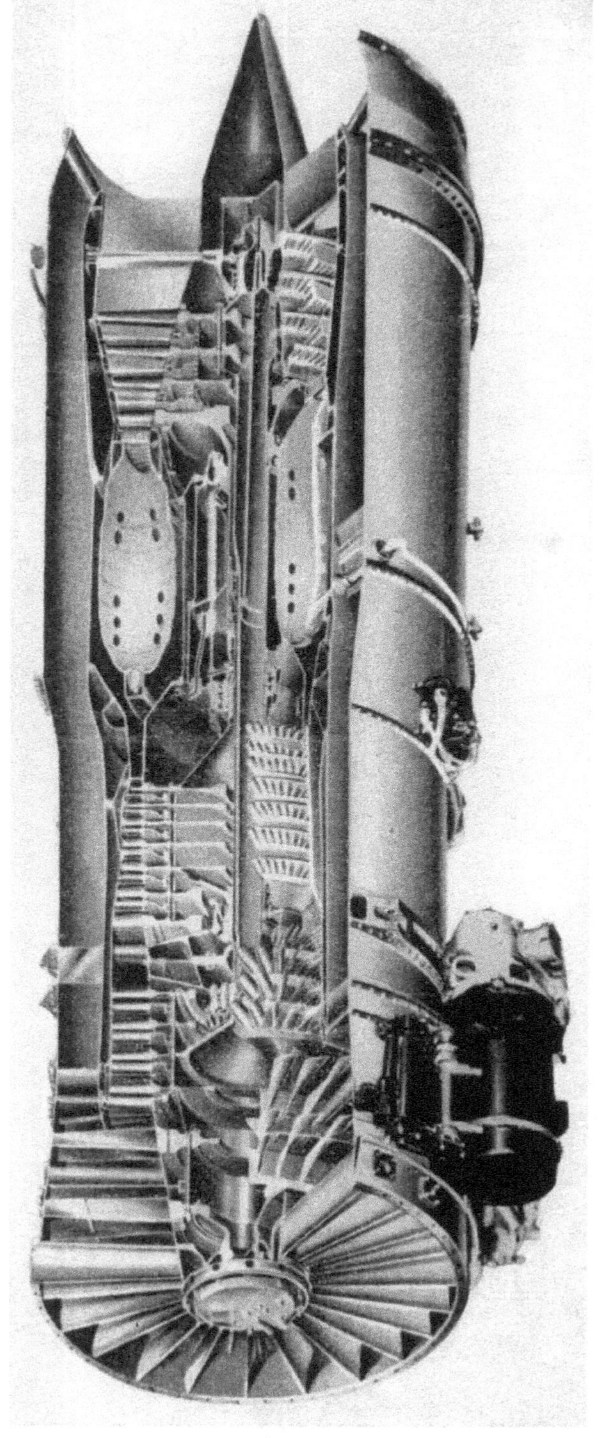

Abb. 50   Pratt and Whitney JT8D-1 [890] (Flight)

102

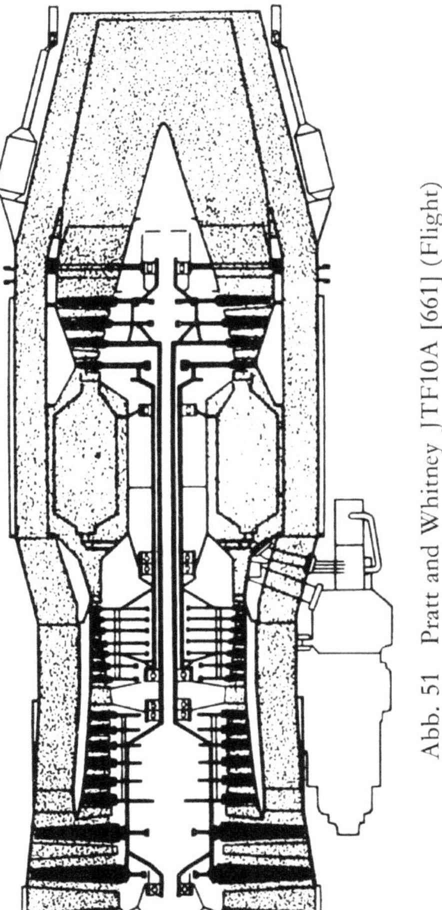

Abb. 51   Pratt and Whitney JTF10A [661] (Flight)

103

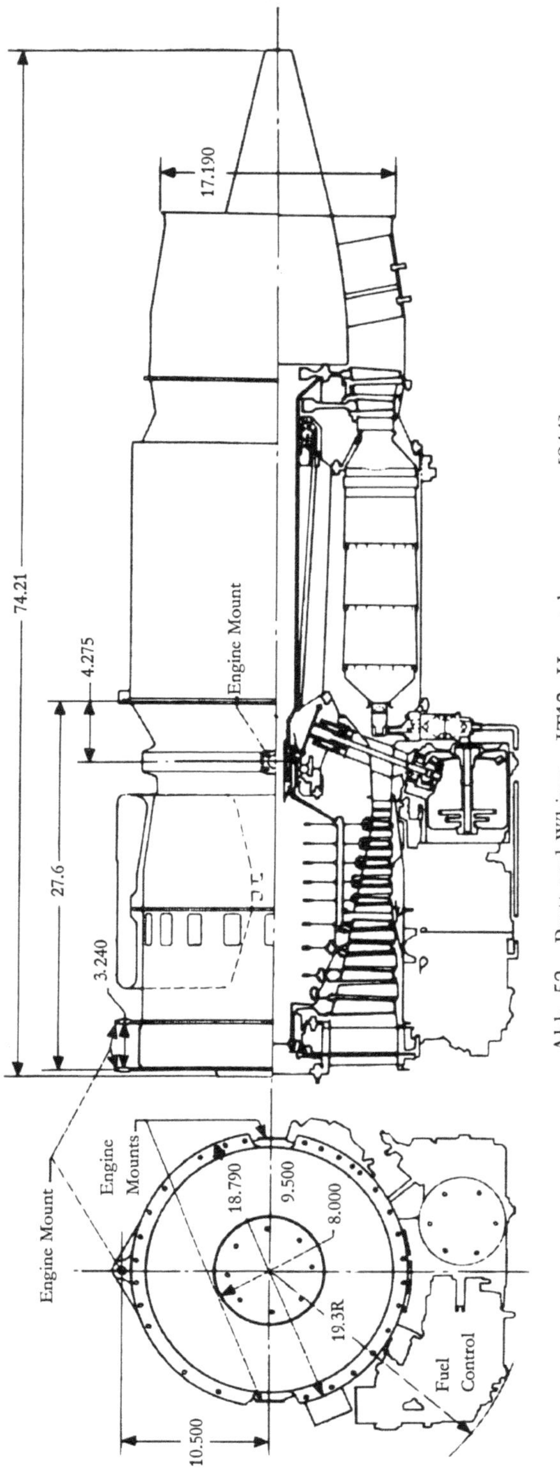


Abb. 52 Pratt and Whitney JT12: Hauptabmessungen [844]

104

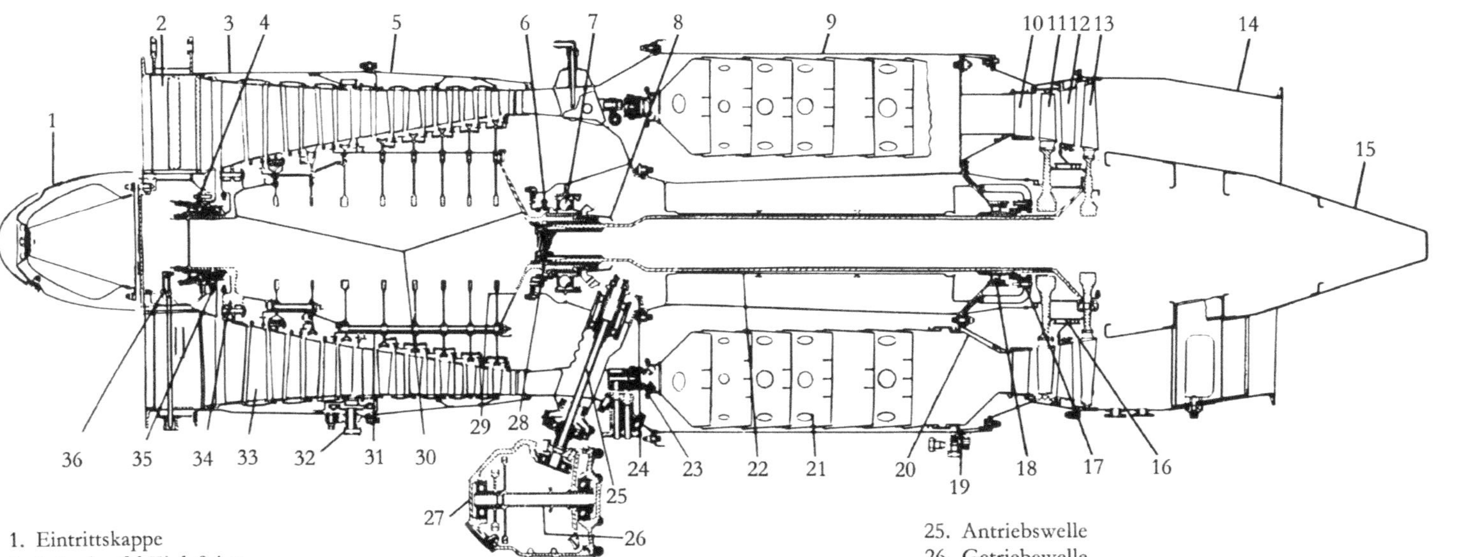



1. Eintrittskappe
2. Leitschaufel-Einlaßring
3. Kompressorgehäuse (vorderer Teil)
4. Vorderes Lager
5. Kompressorgehäuse
6. Abdichtung für mittleres Lager
7. Kugellager
8. Ölhutzen des mittleren Lagers
9. Brennkammergehäuse
10. Vorderer Leitschaufelring für Abgasturbine
11. 1. Abgasturbine (Hochdruck)
12. 2. Leitschaufelring für Abgasturbine
13. 2. Abgasturbine (Niederdruck)
14. Abgasgehäuse
15. Abgaskegel mit Haltestrebe
16. Innenabdichtung für Abgasturbinen
17. Abdichtung des hinteren Lagers
18. Rollenlager
19. Ablaßventil
20. Ablaßrohr für Brennkammer
21. Brennkammer
22. Wellentunnel im Brennkammerbereich
23. Brennkammerkopf (Kraftstoffverteiler)
24. Kegelradantrieb
25. Antriebswelle
26. Getriebewelle
27. Getriebegehäuse
28. Befestigungsmutter und Feder der Turbinenwelle am mittleren Lager
29. Rückwand des Kompressor-Rotors
30. Kompressor-Rotor
31. Verbindungsanker im Kompressor-Rotor-Gehäuse
32. Kompressor-Luftdruckventil
33. Kompressor-Leitschaufel
34. Vordere Nabe des Kompressor-Rotors
35. Abdichtung des vorderen Lagers
36. Öldüse für vordere Lagerung

Abb. 53   Pratt and Whitney JT12

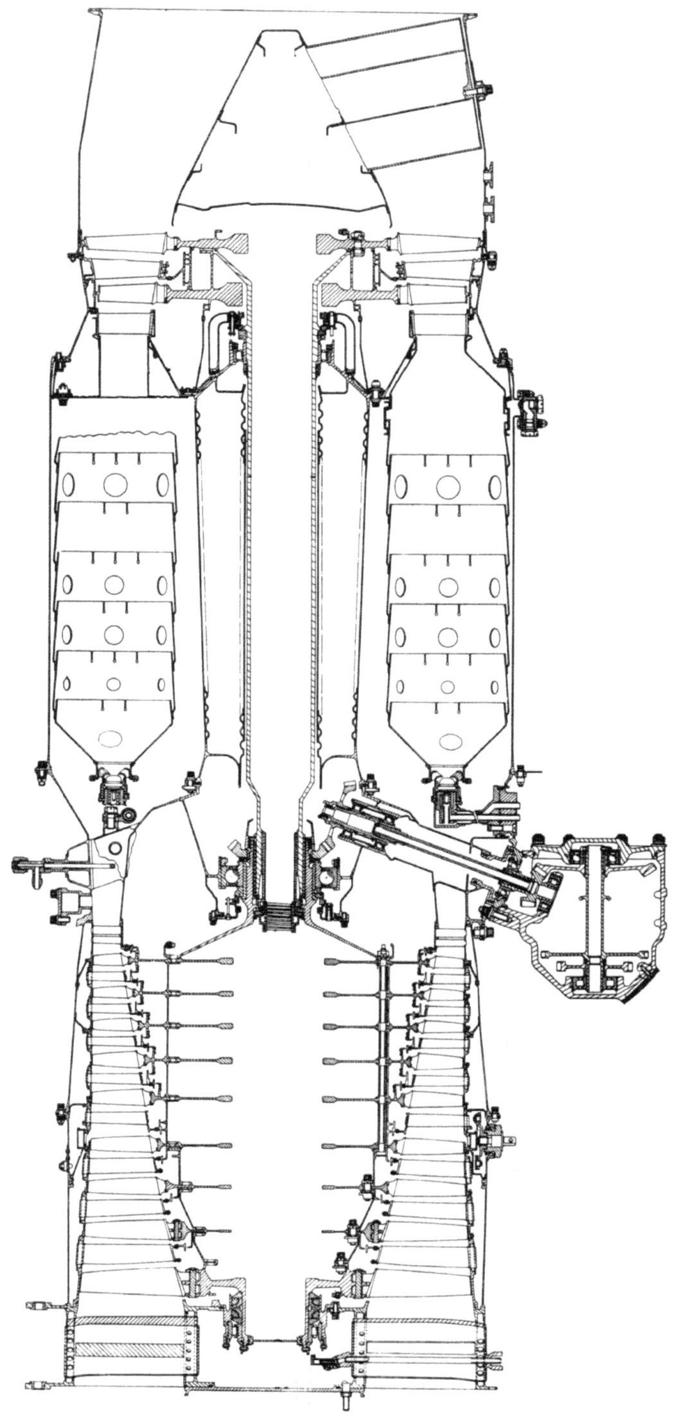

Abb. 54  Pratt and Whitney JT12

Abb. 55   Pratt and Whitney JT12: Brennerkonstruktion

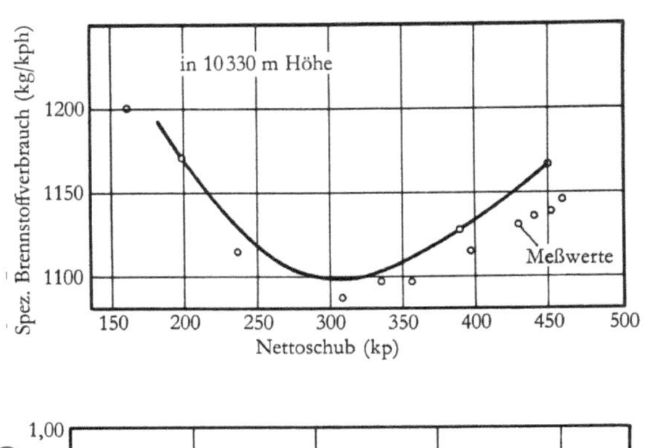


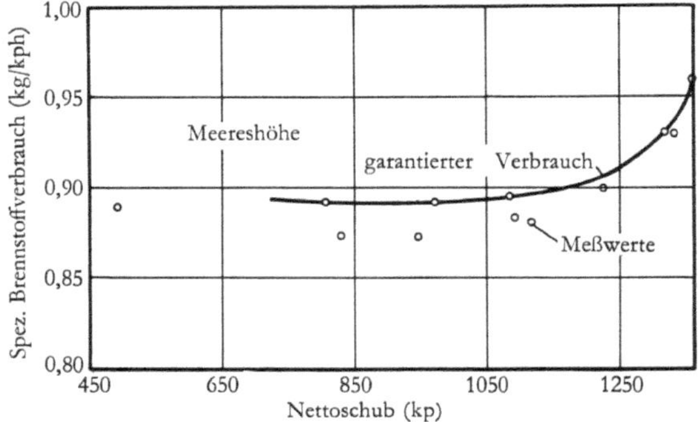


Abb. 56 Pratt and Whitney JT12 [844]: Spezifischer Kraftstoffverbrauch in verschiedenen Höhen

# Westinghouse

Westinghouse Electric Corporation,
Aviation Gas Turbine Division,
Lester Branch P. C., Philadelphia 13, Pennsylvania, USA

Die Firma Westinghouse begann die Entwicklung von Strahltriebwerken im Jahre 1941 mit einem kleinen TL-Triebwerk für die amerikanische Marine. Dieses kleine Triebwerk mit der Firmenbezeichnung X19A hatte einen sechsstufigen Axialverdichter und eine einstufige Turbine und lief am 19. 3. 1943 zum erstenmal auf dem Prüfstand. Es erzeugte einen Standschub von 544 kp und sollte lediglich als zusätzlicher Flugzeugantrieb dienen. Die ersten Probeflüge wurden mit einem zweiten Modell X19A am 21. 1. 1944 in einer Chance Vought F4U Corsair durchgeführt.

Für eine Verwendung als selbständiges Antriebsaggregat wurde aus dem Modell X19A das Triebwerk X19B mit 589 kp Schub entwickelt, das am 14. 3. 1944 die ersten Probeläufe absolvierte und für die amerikanische Marine als J30 in Produktion ging. Erstes Produktionsmodell war das Muster 19XB-2B (J30-WE-20), von dem 261 Einheiten (130 von Pratt and Whitney) für den Flugzeugtyp McDonnell-Phantom gebaut wurden. Im November 1946 absolvierte dieses Triebwerk die offizielle Typenerprobung in einem 150-Stunden-Prüfstandslauf [20, 581]. Aus dem Modell 19 wurde auch ein kleineres Triebwerk für den Einbau in ferngelenkte Geschosse entwickelt. Dieses Triebwerk erhielt die Bezeichnung J32 (X9B); es erzeugte einen Schub von 124,5 kp.

Ferner wurde aus dem Modell 19 das größere Modell 24C (J34) mit einem elfstufigen Axialverdichter und einer zweistufigen Turbine entwickelt. Zwei weitere Axialverdichtertriebwerke, das Modell 40E (J40) mit bis zu 5250 kp Schub bei Nachverbrennung und das aus dem J34 entwickelte Triebwerk J46 mit 2720 kp Schub bei Nachverbrennung wurden in begrenzter Anzahl hergestellt, später aber wegen Entwicklungsschwierigkeiten aufgegeben. Am 15. 6. 1953 schloß die Firma Westinghouse mit Rolls-Royce einen Vertrag über die technische Zusammenarbeit, der zu der Entwicklung neuer Triebwerke führte. Eine dieser Konstruktionen, das Axialverdichtertriebwerk PD-33, wurde auf dem Prüfstand erprobt und absolvierte einen 50-Stunden-Prüfstandlauf [497, 303, 493, 606, 707]. Das Triebwerk gehörte zu der 2950 kp-Schubklasse, hatte einen 16stufigen Verdichter mit einem Verdichtungsverhältnis von 9 : 1 und einem Luftdurchsatz von 45,3 kg/sec, eine Ringbrennkammer und eine zweistufige Turbine und soll eine Abwandlung des Rolls-Royce Avon 200 gewesen sein [332, 717].

Es erhielt die Militärbezeichnung J54 [I.A.L. 31. 12. 55; 12] (J74 nach [I.A.L. 22. 3. 56]). Ferner stand für die Verwendung bei der Luftwaffe das TL-Triebwerk J81 in Entwicklung [I.A.L. 22. 3. 56], das eine umkonstruierte Abart des Rolls-Royce Soar sein soll [331]. Die Arbeiten wurden jedoch wieder eingestellt. Im Jahre 1960 lief lediglich die Produktion einer verbesserten Ausführung des J34-WE-48 für den Trainer North American T2J-1 Buckeye [664].

## Westinghouse J34

Das Triebwerk J34 (24C) wurde 1944 aus dem Westinghouse Triebwerk Modell 19 entwickelt. Sein erstes Produktionsmuster J34-WE-22 wurde im Mai 1946 in die 1360-kp-Schubklasse eingestuft. Neuere Ausführungen des J34 erzeugen jedoch bis zu 1905 kp Standschub mit Nachbrenner. Unter der Bezeichnung 24C-4D erhielt das Triebwerk J34 die Zulassung für zivile Verwendung [12]. Eine große Anzahl J34 ist für die Flugzeugtypen Douglas F3D-2 Skynight, McDonnell XF-88 und F2H Banshee, Vought F7U-3 Cutlass und Lockheed XF-90 gebaut worden. Die Produktion sollte 1954 auslaufen, wurde 1956 aber wieder aufgenommen [I.A.L. 3. 7. 56] mit dem verbesserten Modell J34-WE-46 [664], das 1960 durch die Weiterentwicklung J34-WE-48 für den Trainer North American T2J-1 Buckeye ersetzt wurde [664].

*Triebwerksdaten*

| Baumuster | | J34-WE-34* | | J34-WE-36* | | J34-WE-42 m. N. | |
|---|---|---|---|---|---|---|---|
| Durchmesser | [mm] | 610 | [220] | 610 | [37, 220] | 610 | [37] |
| Länge | [mm] | 3 046 | [220] | 2 826 | [220] | 5 080 | [37] |
| Stirnfläche | [m²] | 0,297 | [220] | 0,29 | [37] | 0,29 | [37] |
| Gewicht | [kg] | 544 | [220] | 545 | [37] | 658 | [37] |
| | | | | 559 | [589] | | |
| Kraftstoffverbrauch normal | [kg/kph] | – | | 1,0 | [37] | | |
| | | | | 1,04 | [581] | 2,5 | [37] |
| | | | | 1,01 | [589] | | |
| Ölverbrauch normal | [kg/h] | – | | 0,45 | [37] | 0,45 | [37] |
| Startstandschub (trocken) | [kp] | 1 423 | [220] | 1 540 | [37, 589] | 1 905 | [37] |
| Drehzahl | [U/min] | 12 500 | | 12 500 | [37, 589] | 12 500 | [37] |

* Zweistufige Turbine.

| Baumuster | | J34-WE-46* | [42] | J34-WE-48** | [43] |
|---|---|---|---|---|---|
| Durchmesser | [mm] | 813 | | 813 | |
| Länge | [mm] | 2 828 | | 2 828 | |
| Stirnfläche | [m²] | 0,37 | | 0,37 | |
| Gewicht | [kg] | 549 | | 533 | |
| Spez. Kraftstoffverbrauch normal | [kg/kph] | 1,0 | | 1,05 | |
| Startstandschub | [kp] | 1 540 | | 1 540 | |
| Drehzahl | [U/min] | 12 500 | | 12 750 | |
| Verdichtungsverhältnis | | 4,1 : 1 | | 4,43 : 1 | |
| Luftdurchsatz | [kg/sec] | 27 | | 28 | |

* Zweistufige Turbine.
** Einstufige Turbine.

*Triebwerksbeschreibung*

Das vierteilige Gehäuse des elfstufigen Axialverdichters ist aus Aluminiumlegierung hergestellt; es enthält einen Kranz von Einlaßleitprofilen, elf Leitschaufelkränze für die einzelnen Verdichterstufen und einen Kranz Gleichrichterschaufeln hinter der letzten Verdichterstufe. Der zweiteilige Läufer besteht aus einem geschmiedeten Vorderteil aus Aluminiumlegierung mit zehn Laufschaufelkränzen aus Stahl. Die Laufradscheibe der elften Stufe und ihre Beschaufelung sind aus Stahl und mit dem Vorderteil des Verdichters verschraubt. Das vordere Verdichterwellenende, das mit dem Läuferteil aus einem Stück besteht, wird in einem Schubkugellager gelagert. Das hintere Verdichterwellenende wird durch ein Rollenlager gestützt. Das Verdichtungsverhältnis des Verdichters ist 4,35 : 1, sein Luftdurchsatz beträgt 25 kg/sec bei 12 500 U/min in Meereshöhe und im Stand.

Das Verbrennungssystem des J34 setzt sich aus einer Ringbrennkammer mit zwei konzentrischen ringartigen Flammrohren zusammen. Die Flammrohre sind aus durchlöcherten, kreisförmigen Abschnitten stufenartig zusammengebaut. Auf der Stirnwand des inneren Flammrohres sind 24, auf der Stirnwand des äußeren Flammrohres 36 Brenner angebracht. Die Kraftstoffeinspritzung erfolgt in Strömungsrichtung.

Die Leiträder der zweistufigen Axialturbine sind mit gegossenen Schaufeln versehen. Die zwei Läuferscheiben aus Stahllegierung werden miteinander verschraubt; sie sind luftgekühlt. Die erste Scheibe ist an den Flansch der hohlen Antriebswelle geschraubt, die mit der Verdichterwelle gekuppelt ist und unmittelbar vor der Turbinenscheibe in einem Rollenlager gelagert wird.

Der Auslaßquerschnitt des Triebwerkes ist unveränderlich. Bei dem Triebwerk J34-WE-42 ist der Turbine ein zylindrischer, abnehmbarer Nachbrenner nachgeschaltet. Der Ausströmquerschnitt kann durch zwei muschelartige Verschlüsse, die am Ende des Nachbrenners drehbar in Zapfen angebracht sind und seitwärts öffnen, verändert werden.


## Westinghouse J40

Die Konstruktion des J40 begann im Frühjahr 1947, das erste Versuchstriebwerk lief am 28. 10. 1948. Im Januar 1951 absolvierte das Triebwerk den 150-Stunden-Typenerprobungslauf. Das J40 war zu diesem Zeitpunkt das stärkste produktionsreife Triebwerk der USA.


*Triebwerksdaten*

| Baumuster | J40-WE-6 | J40-WE-8 | |
|---|---|---|---|
| Durchmesser ................. [mm] | 1016 | 1016 | |
| Länge ........................ [mm] | 4870 | 7620 | m. N. |
| Gewicht ...................... [kg] | 1590 | – | |

*Triebwerksbeschreibung*

Das Triebwerk J40 hat einen Y-förmigen Lufteinlaß, in der Gabel befinden sich die Hilfsantriebe. Ein einfacher gerader Einlaß kann jedoch für spezielle Fälle vorgesehen werden. Der Eintrittsteil ist durch Warmluft der letzten Verdichterstufe gegen Vereisung geschützt. Der Axialverdichter ist zehnstufig, die Radscheiben, die Lauf- und die Leitschaufeln sind aus Stahl. Der vordere Teil des Gehäuses besteht aus einer Aluminiumlegierung. Das Triebwerk hat eine Ringbrennkammer mit konzentrischen Führungsringen und 16 Duplexeinspritzdüsen. Die Einspritzung erfolgt in Strömungsrichtung. Die Turbine ist zweistufig, ihre Leitschaufeln sind hohl und luftgekühlt. Der Austrittsteil besteht aus rostfreiem Stahl, der innere Kegel ist feststehend. Beim Modell J40-WE-8 wird der Nachbrenner am hinteren Ende des Turbinenteils befestigt (elastische Verbindung) [3].

# Wright

Wright Aeronautical Division,
Curtiss-Wright Corp.,
Wood-Ridge, New Jersey, USA

Die Firma Wright nahm im Jahre 1945 die Produktion von Turbinentriebwerken mit dem PTL-Triebwerk T35 auf, von dem jedoch nur 17 Stück hergestellt wurden, da die USAF ihren Auftrag zurückzog. Von der Firma Menasco hatte Wright die Fertigstellung des Strahltriebwerkes Lockheed XJ37 übernommen, stellte diese Arbeiten aber im Jahre 1950 wieder ein. Nachdem auch die im Jahre 1949 geplanten eigenen Triebwerke J59 mit 5440 kp Standschub und J61 mit 5000 kp Schub zu keinem befriedigendem Erfolg geführt hatten und wieder aufgegeben worden waren, übernahm Wright von Armstrong Siddeley und Bristol die Herstellungsrechte der Triebwerke Sapphire, Mamba, Python und Olympus. Die amerikanische Ausführung des Sapphiretriebwerkes erhielt die Bezeichnung J65. Das Bristoltriebwerk Olympus wurde unter der Bezeichnung J67 (Wright JT-32-B) weiterentwickelt. Das Triebwerk J67 erzeugte etwa 5440–6800 kp Schub [430, 12]. In Zusammenarbeit mit der Bristol Aeroplane Company wurde eine neue Strahlturbine TJ38 mit rd. 5700 kp Standschub und extrem niedrigen Geräuschpegel entwickelt. Die Betriebstemperaturen waren verhältnismäßig niedrig, die Turbinentemperatur sollte etwa 200°C unter jener der heute bekannten Strahltriebwerke gleicher Schubklasse liegen. Das Triebwerk war für die Verwendung in Verkehrsflugzeugen entworfen worden. Die Arbeiten auf dem Strahltriebwerksgebiet sind inzwischen weitgehend eingestellt worden [664].

## Wright J65

Gegen Ende des Jahres 1950 erhielt die Firma Wright die Lizenz zum Bau und zur Weiterentwicklung des Armstrong-Siddeley-Triebwerkes Sapphire. Das Triebwerk wurde von Dezember 1950 bis März 1951 für die amerikanische Produktion und für den Einbau amerikanischer Zubehörteile geändert. Ein erstes Versuchsmodell, das noch einige englische Bauteile enthielt und die Bezeichnung YJ65-W-1 führte, wurde im Februar 1951 in einer Republic XF-84F flugerprobt.

Im Zuge der Weiterentwicklung des Triebwerkes entstanden zahlreiche verbesserte Ausführungen mit und ohne Nachbrenner, die u. a. in Flugzeugen vom Typ FJ-3, FJ-4, Grumman F9F-9 und Lockheed F-104 Verwendung fanden [478, 688, 293, 221, 589, 12]. Das neueste Modell des J65 ist eine verbesserte Ausführung des J65-W-18 und wird in dem Flugzeugtyp Douglas A4D-2N Skyhawk eingebaut [664]. Bis 1960 wurden etwa 13 000 Triebwerke vom Typ J65 hergestellt, ein Teil davon bei der Buick-Motor Division.

*Triebwerksdaten*

| Baumuster | | J65-W-18 | | | J65-W-3 | |
|---|---|---|---|---|---|---|
| Durchmesser ................ | [mm] | 953 | [43] | | 953 | [588, 37] |
| Länge ....................... | [mm] | 4606 | [43] | | 3172 | [588, 37] |
| Stirnfläche ................... | [m²] | 0,71 | [43] | | 0,71 | |
| Gewicht (trocken) ............ | [kg] | 1578 | [43] | | 1180 | |
| Kraftstoffverbrauch ......... | [kg/kph] | 2,0* | m. N. | [43] | – | |
| | | 0,93 | o. N. | | 0,91 | [37, 589] |
| Schmierölverbrauch | | | | | | |
| normal ...................... | [kg/h] | 0,9 | [43] | | 0,9 | [37] |
| Startstandschub ............... | [kp] | 4760 | m. N. | [43] | 3265 | [37] |
| | | 3380 | o. N. | | 3270 | [589] |
| Drehzahl ................. | [U/min] | 8300 | [43] | | 8200 | [37, 589] |
| Verdichtungsverhältnis .............. | | 7,0 : 1 | [43] | | 7 : 1 | |
| Luftdurchsatz .............. | [kg/sec] | 54 | [43] | | ca. 57 | |

* Nach [664]:  Spez. Kraftstoffverbrauch ................... [kg/kph]  m.N.  2,2
Bei Fluggeschwindigkeit Mach 0,9 in 11 km Höhe:
Schub (normal) ................................ [kp]  1066
Spez. Kraftstoffverbrauch .................. [kg/kph]  1,13

*Triebwerksbeschreibung*

Das vordere Hauptlagergehäuse bildet einen ringförmigen Einlaß zum Verdichter.
Der äußere Gehäusemantel wird durch vier hohle Streben gestützt. Die Streben
sind verkleidet und dienen gleichzeitig als Leitprofile für die einströmende Luft
[221].
Der Lufteinlaß des Triebwerkes J65-W-3 wird durch Luft, die von der letzten
Verdichterstufe abgezapft wird, gegen Vereisung geschützt. In den Beschreibungen [221] des J65-W-1, eines älteren Modells, werden hierüber keine Angaben
gemacht.
Das zweiteilige Gehäuse des 13stufigen Axialkompressors besteht aus Aluminiumlegierung. Die innere Oberfläche des Kompressorgehäuses ist mit Nuten versehen, die die Ringe aufnehmen, in welchen die Leitschaufeln (eine Reihe Einlaßleitschaufeln, 13 Reihen Leitschaufeln der einzelnen Kompressorstufen) gehalten
werden [221, 37]. Die Ringe sind geteilt, damit sie leichter in das Gehäuse eingebaut werden können. An jedes Ende eines Tragringsegmentes ist ein Keil ver-
nietet, der verhindert, daß sich die Leitschaufeln oder die gesamte Anordnung
drehen. Die Leitschaufeln werden mit ihren genuteten Füßen in die ebenfalls genuteten Ringe eingeschoben. Die Einlaßleitschaufeln und die ersten sieben Leit-
schaufelreihen sind wegen ihrer Länge an ihrem inneren Durchmesser mit Deckbändern versehen. Die Deckbänder werden mit rechteckigen Löchern über die
rechteckigen Nasen an den Leitschaufeln geschoben und dann mit den Schaufeln
hartverlötet [221].
Die Welle des Verdichters, Durchmesser 25,4 cm, ist ein hohles Schmiedestück
aus Aluminiumlegierung. Die zweiteiligen Radscheiben sind aus Stahl geschmie-

114

det; sie werden auf die Welle aufgeschrumpft. Die Laufschaufeln werden bei dem Baumuster J65-W-1 zwischen den beiden Scheiben durch je zwei Nieten gehalten [221].

Ursprünglich waren die Laufschaufeln der ersten sieben Stufen des Verdichters aus Aluminiumlegierung und die der restlichen sechs Stufen aus nichtrostendem Stahl. Bei den neueren Modellen ging man jedoch dazu über, zunächst auch bei den ersten drei Stufen Stahlschaufeln zu verwenden [426], später bei allen Stufen [37; I.A.L. 18. 11. 53]. Auch die Befestigung der Schaufeln in der Radscheibe wurde bei den neueren Modellen geändert; es werden jetzt Tannenzapfenfüße benützt [595]. Der vordere Wellenstumpf ist in einem Kugellager als Schublager gelagert; das hintere Wellenende, welches durch eine elastische Kupplung mit der Turbinenwelle verbunden ist, läuft in einem Rollenlager [37]. Die Wellenenden sind durch Bolzen an der Verdichtertrommel befestigt.

Der Luftdurchsatz des J65-W-3 beträgt annähernd 57 kg/sec bei 8200 U/min in Meereshöhe im Stand; das Verdichtungsverhältnis ist 7 : 1 [37, 589].

Von der letzten Verdichterstufe gelangt die Luft durch zwei Leitprofile, welche die Umfangskomponente der Strömung aufheben, in den Diffusor [221].

Das Diffusorgehäuse, in dem auch das zweite Verdichterwellenlager untergebracht ist, liegt etwa in der Mitte des Triebwerkes und ist der Schlüsselteil für den Aufbau des Triebwerkes. Zwei Zapfen, die an diesem Gehäuseteil angreifen, tragen fast das gesamte Gewicht der Maschine und nehmen alle Belastungen infolge von Flugmanövern auf [221].

Die Neukonstruktion dieses Triebwerkteiles war die Hauptaufgabe, vor die sich die Firma Wright gestellt sah, als sie das Triebwerk Sapphire für die Produktion nach amerikanischen Gesichtspunkten umänderte [426]. Bei der englischen Konstruktion wurde die Lageraufhängung aus einem flachen Aluminiumschmiedestück von etwa 965 mm Durchmesser und 279 mm Dicke hergestellt. Diese Art der Herstellung erwies sich für amerikanische Arbeitsverhältnisse als unrationell, außerdem hielt man das Material für nicht sehr geeignet, da man mit Temperaturen von 230 bis 260°C an diesem Teil des Triebwerkes bei Flug mit Höchstgeschwindigkeit in Meereshöhe rechnete. Die Konstruktion von Wright teilte diesen Maschinenteil in einen inneren und einen äußeren Ring aus sphärolitischem »Ni-Resist«-Guß. Die beiden Ringe wurden durch zehn angeschweißte Streben aus nichtrostendem Stahl miteinander verbunden. Dadurch wurden die Herstellungskosten der Lageraufhängung auf ein Fünftel der ursprünglichen Kosten gesenkt und die Serienherstellung ermöglicht [426].

Der Brennkammerabschnitt des Triebwerkes setzt sich zusammen aus dem Einlaßgehäuse, dem Brennkammergehäuse, dem äußeren Flammkammermantel, dem inneren Flammkammermantel, dem Strahlungsschutz, der Brennkammeraufhängung und dem Kegel für das Turbinenlager [221].

Die Platte zur Aufhängung der Brenner bildet die Stirnseite der Brennkammer. Auf ihrer Rückseite sind die 36 hakenförmigen Rohre für Kraftstoff und Primärluft angebracht. Weiter sind auf der Rückseite der Stirnwand 36 Sekundärluftverteiler angebracht, 18 am inneren Rand, 18 am äußeren Rand [426].

Der äußere Flammkammermantel ist ein Zylinder, der aus einzelnen Abschnitten, zwischen denen sich Wellblechgelenke befinden, zusammengeschweißt ist. Die dritten und vierten Abschnitte haben rechteckige Luftlöcher. Der innere Flammkammermantel ist kegelförmig; er setzt sich ebenfalls aus verschiedenen Abschnitten zusammen, zwischen denen sich Wellblechgelenke befinden. Der dritte und der vierte Abschnitt haben rechteckige Luftlöcher [426].
Innerhalb des inneren Mantels der Brennkammer ist ein Strahlungsschutz angebracht, der die Welle zwischen Turbine und Kompressor umgibt. Das vordere Ende dieser Verkleidung wird von der hinteren Stirnseite des Diffusorgehäuses getragen. Hier ist auch das vordere Ende des Stützkegels für das Turbinenlager, der sich auch innerhalb des Strahlungsschutzes befindet, befestigt.
Das Kraftstoffverdampfungssystem des J65 unterscheidet sich grundlegend von den sonst in den USA üblichen Konstruktionen, bei denen der Kraftstoff durch mechanische Zerstäubung mit der Luft gemischt wird. Beim J65 wird der Kraftstoff durch 36 Rohre, die auf dem Brennkammereinlaßgehäuse angebracht sind und von denen je eines in einem der 36 zugehörigen hakenförmigen Kraftstoff-Luft-Rohre endet, eingeführt und in diesen Rohren verdampft. Die Rohre weisen mit ihrer Öffnung gegen die Luftströmung. Der Kraftstoffdruck ist nur so hoch, daß er gerade ausreicht, eine ausreichende Zufuhr von Kraftstoff gegen den Druck im Verdampferrohr zu gewährleisten. Die Möglichkeit, bei relativ geringen Kraftstoffhöchstdrücken zu arbeiten, führt zu einem guten Verbrennungswirkungsgrad in großen Höhen, wo das der Brennkammer zugeführte sekundliche Luftgewicht relativ gering ist und eine entsprechend geringe Kraftstoffzufuhr verlangt wird, um die Brennkammertemperatur in den zulässigen Grenzen zu halten.
Die Verbrennung wird durch die Zündvorrichtung eingeleitet. Die Verdampferrohre werden von der Verbrennungsflamme erhitzt, so daß der in sie einströmende flüssige Kraftstoff bei Berührung mit den Innenwänden verdampft. Das angereicherte Gemisch strömt aus dem Verdampferrohr aus in ein Gebiet stark turbulenter Strömung und wird dort vollständig mit der Luft gemischt [426].
Sekundärluft, die durch die 36 Sekundärluftverteilerbüchsen in die Brennkammer einströmt, mischt sich in der Nähe der Verdampferrohre mit den Verbrennungsgasen und bewirkt einen hohen Verbrennungswirkungsgrad und große Stabilität der Verbrennung. Auch hier wird durch besondere Anordnung eine gute Mischung von Sekundärluft und Flammgasen erreicht [426].
Der innere und äußere Mantel der Flammkammer werden durch zusätzliche Luft, die durch die Löcher in jedem Mantel strömt, gekühlt [426].
Die Turbine des J65 ist eine zweistufige Axialturbine. Das Gehäuse ist aus nichtrostendem Stahl hergestellt. Die massiven Einlaßleitschaufeln sind mit ihrem äußeren Durchmesser durch Schrauben an einem Ring angebracht, der gleichzeitig zur Befestigung der Leitschaufeln der zweiten Turbinenstufe aus Nimonic-80-A-Legierung dient. Die Leitschaufeln der ersten Stufe werden an ihrem inneren Durchmesser in einem Ring gehalten, der an einer besonderen Stützvorrichtung angebracht ist, die am hinteren Flansch des Turbinentragkegels befestigt ist [221]. Die beiden Radscheiben der Turbine sind luftgekühlt. Die Radscheibe der ersten

116

Stufe ist mit konischen Stiften an dem Turbinenwellenstumpf befestigt. Auf das vordere Ende dieses Wellenstumpfes ist ein Kupplungsstück mit Keilen angebracht, das mittels einer hohlen Verbindungswelle mit der Verdichter-Turbinen-Kupplung verbunden ist [426].

Die beiden Radscheiben sind aus Molybdän-Vanadium-Stahl angefertigt. Die Schaufeln aus Nimonic-80-A-Legierung werden mit Tannenzapfenfuß in den Scheiben gehalten.

Das Triebwerk hat unveränderlichen Austrittsquerschnitt. Der Auslaßteil besteht aus dem äußeren Stahlmantel und dem feststehenden inneren Kegel.

Von der fünften Verdichterstufe wird Luft abgezapft und durch Leitungen außerhalb des Triebwerkgehäuses nach dem Gehäuseteil mit der Aufhängevorrichtung für das hintere Verdichterlager geleitet [426]. Von dort gelangt die Luft durch Leitungen innerhalb des Gehäuses zum hinteren Verdichter- und Turbinenlager. Sie umströmt beide Lager und bildet mit dem Öl, das aus dem Lager kommt, einen Luft-Öl-Nebel, der schließlich über Rohranschlüsse nach außen abgeleitet wird.

Die Kühlung der Turbine erfolgt teilweise durch die Luft, welche durch die Zwischenräume zwischen dem inneren und dem äußeren Brennkammermantel strömt, teilweise aber auch durch Luft, die von der achten Verdichterstufe entnommen wird. Diese Luft wird durch Bohrungen in die hohle Verdichterwelle geleitet, strömt von dort in die hohle Turbinenwelle, verläßt dann durch Bohrungen die Welle zwischen der ersten und zweiten Turbinenscheibe und hinter der zweiten Scheibe und kühlt so die Turbinenräder.

Von der 13. Verdichterstufe kann Luft zur Flugzeugkabinenbelüftung und für andere Zwecke abgezapft werden.

Der Öltank des Triebwerkes ist auf der Oberseite des Verdichtergehäuses angebracht [426]. Das Öl wird vom Tank durch Leitungen zu den Ölpumpen geführt, die auf der unteren Seite des vorderen Hauptlagergehäuses angebracht sind. Es sind dies eine Zahnraddruckpumpe, eine Zahnradspülpumpe und zwei Kolbenpumpen. Der Antrieb der Ölpumpen erfolgt durch Kegeltrieb vom Gehäuse mit den Zubehörantrieben, die im vorderen Hauptlagergehäuse untergebracht sind. Die Antriebswelle führt durch eine der vier Streben des Einlasses und ist mit der Spülpumpenwelle gekuppelt. Ein Zwischengetriebe auf der Spülpumpenwelle treibt eine Nockenwelle an, welche wiederum die Druckpumpengetriebe antreibt. Die Nockenwelle selbst betätigt die Ölkolbenpumpe.

## Curtiss-Wright TJ38 Zephir [840, 841, 842]

Das Triebwerk TJ38 Zephir wurde in Zusammenarbeit der Firmen Curtiss-Wright und Bristol entworfen und entwickelt. Es sollte hauptsächlich für den Antrieb von Flugzeugen in der zivilen Luftfahrt angewandt werden.

*Triebwerksdaten*

| Baumuster | | TJ38-A-1 | |
|---|---|---|---|
| Durchmesser ............... [mm] | | 1041 | |
| Länge ..................... [mm] | | 4015 | mit Schubumkehrvorrichtung, Vorrichtung zurückgezogen |
| Stirnfläche .................... [m²] | | – | |
| Gewicht (trocken) ............ [kg] | | 1787 | mit Schubumkehrvorrichtung |
| Startstandschub | | | |
| in Meereshöhe ............... [kp] | | 5660 | |
| Spez. Kraftstoffverbrauch ... [kg/kph] | | 0,706 | |
| Max. Dauerschub | | | |
| in Meereshöhe ............... [kp] | | 5660 | |
| Spez. Kraftstoffverbrauch ... [kg/kph] | | 0,706 | |
| Reiseschub | | | |
| in 11 000 m Höhe ............. [kp] | | 1360–1565 | Mach 0,8 |
| Spez. Kraftstoffverbrauch ... [kg/kph] | | 0,88–0,885 | |

*Garantierte Leistungsdaten*

| Laststufe | Höhe | Mach-Zahl | Schub [kp] | Drehzahl ND-Verdichter [U/min] | (Max.) spez. Kraftstoff-verbrauch [kg/kph] | Turbinenauslaß-* temperatur [°C] |
|---|---|---|---|---|---|---|
| Start (5min) | Meereshöhe | 0 | 5660 | 6375 | 0,718 | 452 |
| Max. Dauerschub | Meereshöhe | 0 | 5660 | 6375 | 0,718 | 452 |
| Reiseschub | Meereshöhe | 0 | 5660 | 6375 | 0,695 | 399 |

* Berechnet.

*Triebwerksbeschreibung*

Das Triebwerk J38 ist mit einem Doppelverdichter ausgerüstet, dessen fünfstufiger Niederdruckteil von der Niederdruckstufe der Turbine und dessen siebenstufiger Hochdruckteil von der Hochdruckstufe der Turbine angetrieben wird. Diese Anordnung ermöglicht das hohe Verdichtungsverhältnis von 10,5 : 1, ein besonders elastisches Betriebsverhalten und rasche Beschleunigung.
Das Einlaufgehäuse, die hohlen Stützstreben des Einlaufgehäuses sowie die Eintrittsleitschaufeln werden von warmer Luft, die vom Hochdruckverdichter abgezapft wird, durchströmt und so gegen Vereisung geschützt. Sowohl ND-Verdichterläufer als auch HD-Verdichterläufer sind aus einzelnen Scheiben zusammen-

118

gesetzt. Für die Scheiben und Laufschaufeln des Niederdruckverdichters wurde Aluminium verwendet, für Scheiben und Laufschaufeln des Hochdruckverdichters Stahl. Das Einlaufgehäuse ist ein Gußstück aus Aluminiumlegierung. Das horizontal geteilte ND-Verdichtergehäuse wurde aus Aluminiumlegierung, das Zwischengehäuse zwischen den beiden Verdichtern aus Magnesiumlegierung und das horizontal geteilte HD-Verdichtergehäuse aus Stahl hergestellt. Die ersten beiden Leitschaufelkränze des Niederdruckverdichters sind aus Aluminium, die restlichen Stufen aus Stahl; bei den Leitschaufeln des HD-Verdichters fand Stahl Verwendung.

An den Hochdruckverdichter schließt sich das stählerne Übergangsgehäuse zur Brennkammer, einer Ringkammerkonstruktion mit acht Einzelflammrohren, an. Die acht Flammrohre sind untereinander durch Querrohre verbunden. In die Austrittsöffnung der Flammrohre sind die hohlen Leitschaufeln der Turbine eingeschweißt. Jeder Flammrohraustritt bildet so ein Segment des Turbinenleitkranzes. Zwei der Flammrohre enthalten Zündkerzen. Das Stahlgehäuse der Ringbrennkammer ist horizontal geteilt.

Die Radscheiben der beiden mechanisch voneinander unabhängigen Turbinenstufen werden durch radial über sie hinwegströmende Luft gekühlt. Die Laufschaufeln der Turbine sind so konstruiert, daß Kühlluft über die Tannenbaumfußbefestigungen streichen kann. Für die gesamte Turbinenbeschaufelung wurden Nickel-Chrom-Legierungen verwendet.

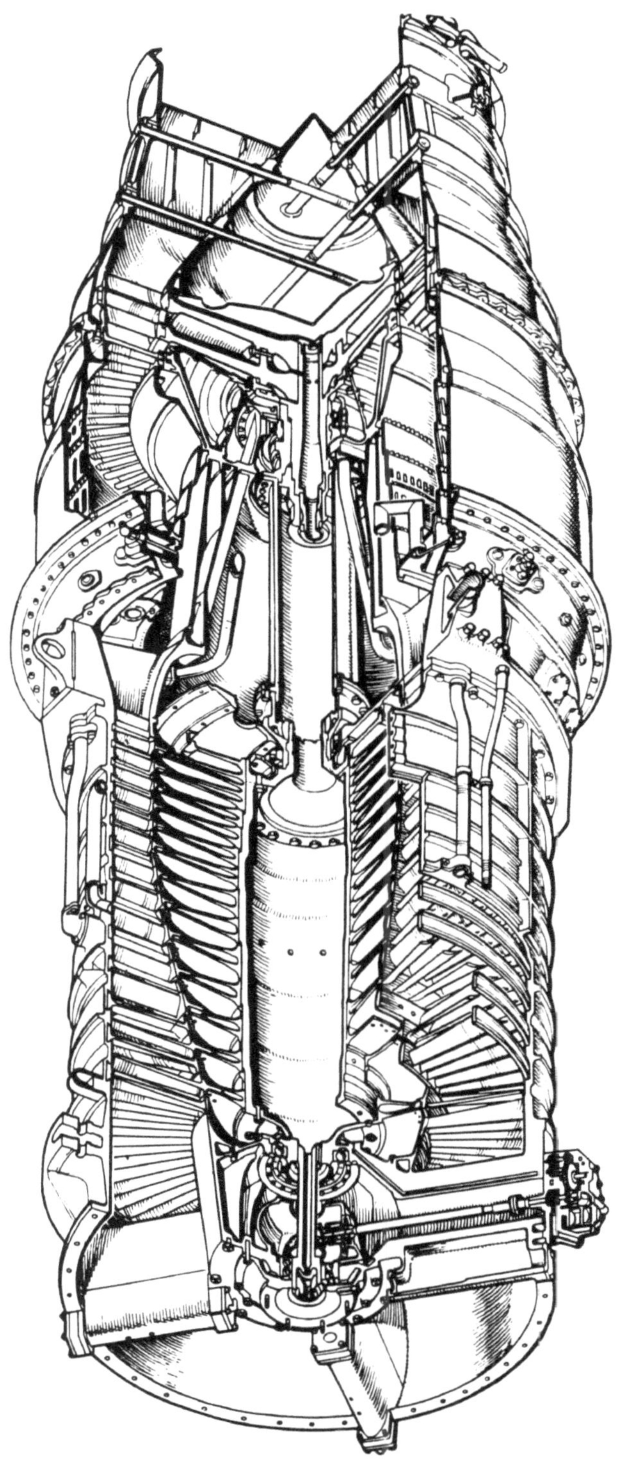

Abb. 57  Curtiss-Wright: Y J65-W-1 (Flight)

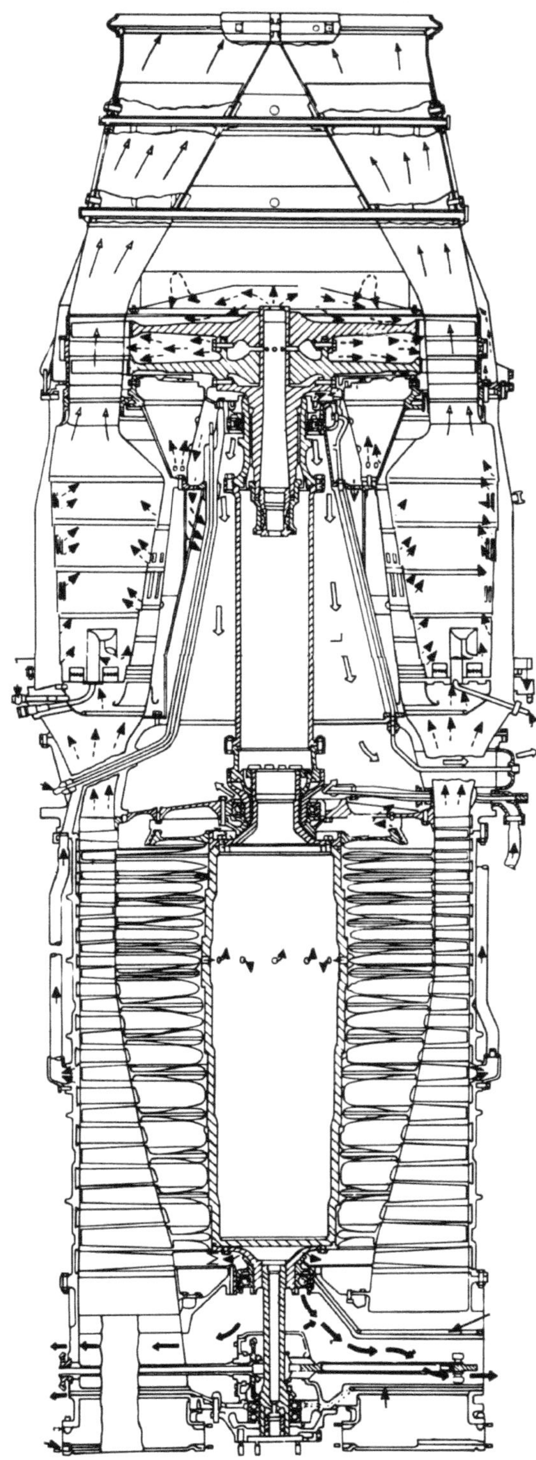

Abb. 58   Curtiss-Wright: Y J65-W-1 [595] (Flight)

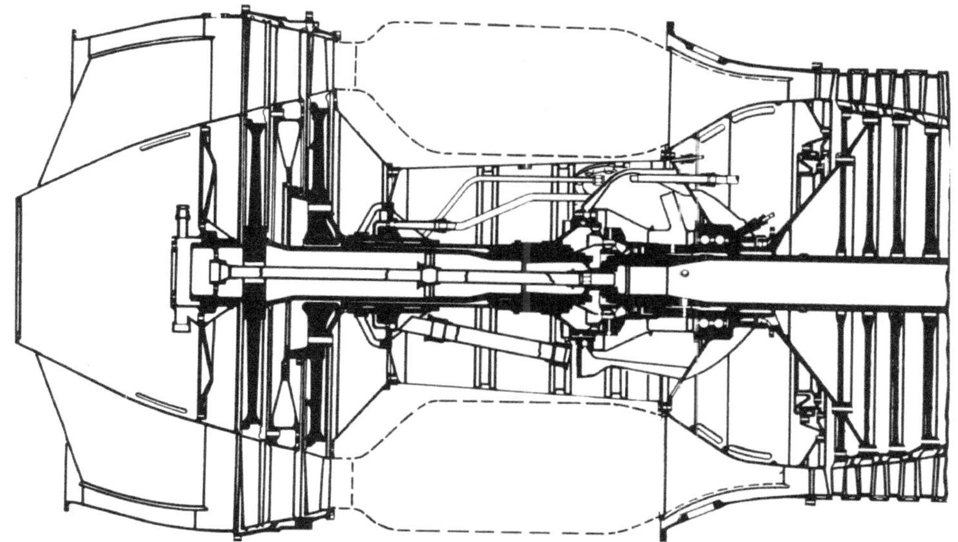

Abb. 59   Curtiss-Wright: TJ38 Zephir, Teil-Schnittbild [842]

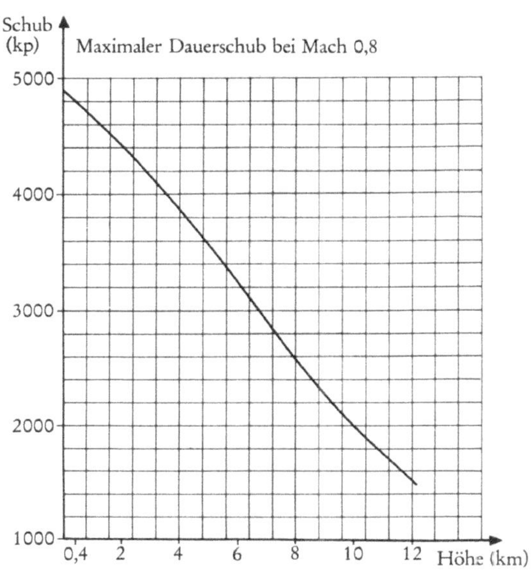


Abb. 60   Curtiss-Wright: TJ38 Zephir

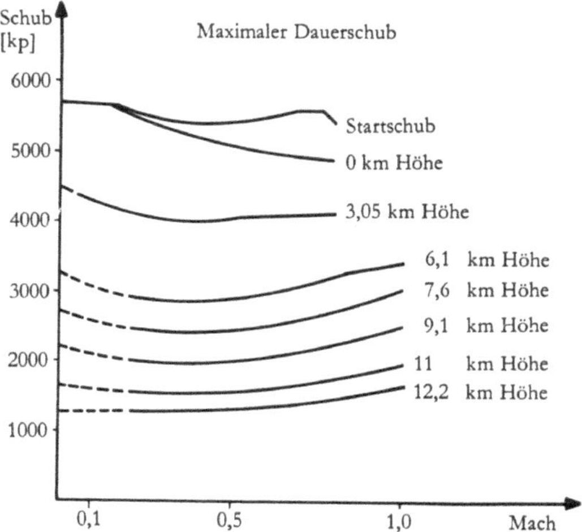



Abb. 61    Curtiss-Wright: TJ38 Zephir

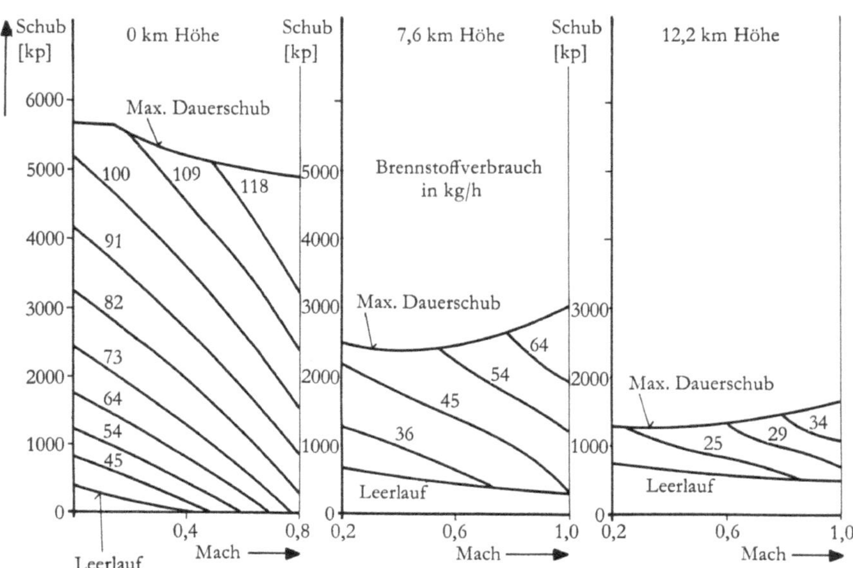



Abb. 62    Curtiss-Wright: TJ38 Zephir

124

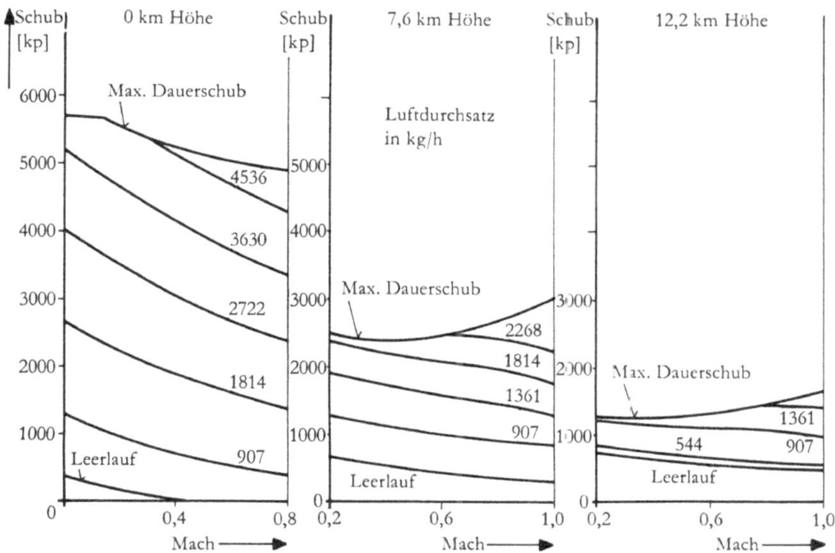


**Abb. 63   Curtiss-Wright: T J38 Zephir**

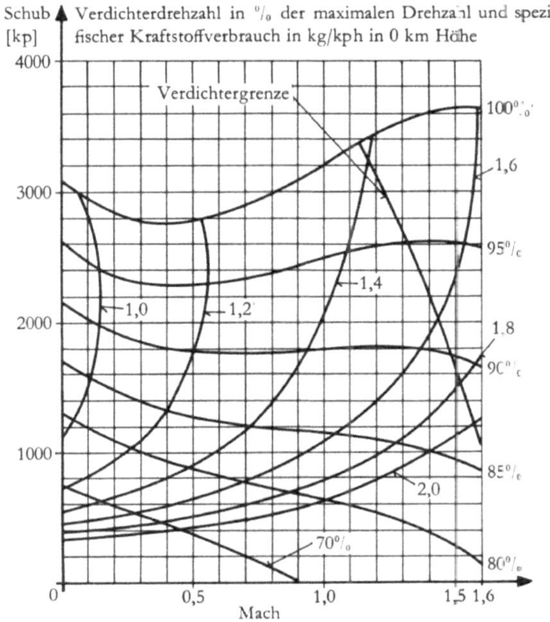


**Abb. 64   Curtiss-Wright: T J38 Zephir**

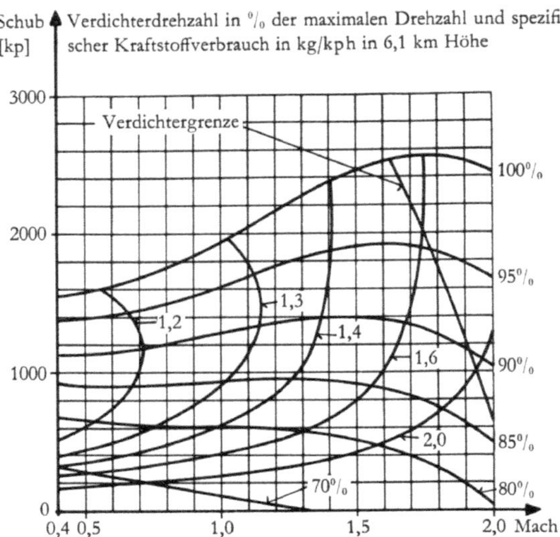


Abb. 65   Curtiss-Wright: TJ38 Zephir

126

# Bristol Siddeley

Bristol Siddeley Engines Ltd.,
Mercury House, 195 Knightsbridge, London S.W. 7

Die Firma Bristol Siddeley Engines entstand durch einen Zusammenschluß der
Firmen Armstrong-Siddeley Motors Ltd., Coventry, und Bristol Aero-Engines
Co., Ltd., Filton (1958/59).
Die Firma Armstrong-Siddeley hatte bereits 1942 die Entwicklung von Gasturbinentriebwerken aufgenommen mit dem Entwurf eines Axialverdichtertriebwerkes, das unter der Bezeichnung AS. X im März 1943 auf den Prüfstand kam und
im Juni 1945 zur Flugerprobung in eine Prüfstands-Lancaster eingebaut wurde.
Das Triebwerk lieferte 1134 kp Schub [3] und bildete die Grundlage zu der Konstruktion verschiedener PTL-Triebwerke. Aus dem kleinen PTL-Triebwerk
Mamba wurde das TL-Triebwerk Adder entwickelt. Am 8. 11. 1948 lief es zum
erstenmal auf dem Prüfstand; die erste Flugerprobung fand am 1. 11. 1950 in dem
australischen Flugzeugtyp DAP (A-93) Pika statt. Das Triebwerk war hauptsächlich für den Einbau in ferngelenkte Geschosse geplant und wurde später
durch das leistungsstärkere Triebwerk Viper ersetzt. Als 1948 die Firma Metro-
politan Vickers den Bau von Flugzeugtriebwerken einstellte, übernahm Armstrong-Siddeley die Produktion und Weiterentwicklung des TL-Triebwerkes
Sapphire dieser Firma [12, 589].
Die Firma Bristol begann während des zweiten Weltkrieges mit der Entwicklung
von Propellerturbinentriebwerken. Im Juli 1945 lief das erste Muster, Theseus genannt, auf dem Prüfstand. Aus einer zweiten PTL-Konstruktion, die im Februar
1947 auf den Prüfstand kam, entwickelte Bristol das Strahltriebwerk Phoebus,
1150 kp Standschub, das jedoch nur zu Flugversuchen in einem Lincoln-Bomber
diente. Die Entwicklung eines kleinen Strahltriebwerkes Janus mit Axialverdichter, 238 kp Standschub, wurde nach Erreichen des Prüfstandstadiums wieder
aufgegeben. Unter der Bezeichnung Saturn wurde ein TL-Triebwerk von
1720 kp Standschub entworfen, jedoch nicht gebaut. Statt dessen entwickelte
Bristol das Leichtgewichtsaxialverdichtertriebwerk BE. 26 Orpheus, das am
17. 12. 1954 zum erstenmal auf dem Prüfstand lief. 1946/47 war bereits mit den
ersten Vorarbeiten zur Entwicklung des Doppelverdichtertriebwerkes Olympus
begonnen worden, das 1950 auf den Prüfstand kam und in seiner letzten Entwicklungsstufe einen Schub von über 9500 kp erzeugt. Zu den Projekten der
Firma Bristol gehörte u. a. auch das Leichtgewichtstriebwerk BE. 47 (3630 kp
Schub) [I.A.L. 12. 6. 57], das in Anlehnung an die Konstruktion des Doppelver-
dichter-PTL-Triebwerkes BE. 25 Orion entworfen worden war.
1957 wurde mit der Entwicklung von Zweikreis- bzw. Mantelstromtriebwerken
begonnen. Das erste Triebwerk dieser Art, BE. 53 (68 kp Schub) wurde für militärische Verwendung entworfen [661, 730, 664], während ein Mantelstromtriebwerk BE. 58 (6520 kp Schub) für den zivilen Bedarf gedacht war. Das Transport-

flugzeug Hunting H. 107 sollte ein mittelgroßes Mantelstromtriebwerk BE. 61 mit ca. 3170 kp Schub erhalten.

Nach dem Zusammenschluß der Firmen Bristol und Armstrong-Siddeley erhielten die Triebwerke andere Bezeichnungen: BS. 53 Pegasus (vorher BE. 53) und BS. 58 (BE. 58). Während die Entwicklung des BS. 53 weitergetrieben wurde, kam das Triebwerk BS. 58 nicht über das Entwurfsstadium hinaus. Über das Projekt BE. 61 wurde nichts weiteres mehr bekannt. Zu dem Programm der Firma Bristol-Siddeley gehört jedoch jetzt ein Mantelstromtriebwerk der gleichen Schubklasse unter der Bezeichnung BS. 75. Als weitere Projekte werden die Mantelstromtriebwerke BS. 72 für die Verwendung im zivilen Luftverkehr (vermutlich nur Entwurfsstudie) und BS. 100 für militärische Verwendung genannt. Letzteres dient zur Schub- und Auftriebserzeugung und soll in Meereshöhe einen Schub von ca. 13 600 kp erzeugen [891]. Nach »Sunday Telegraph« vom 30. 7. 1961 soll das BS. 100 doppelt soviel Schub wie das BS. 53 Pegasus (8165 kp Schub geplant [I.A.L. 2. 8. 61]) haben [Flight, 31. 8. 61]. In [I.A.L. 2. 8. 61] wird ein Schub von 16 329 kp angegeben.


## Bristol Siddeley Viper

Das TL-Triebwerk Viper wurde ursprünglich als Verschleißtriebwerk Viper entworfen. Es sollte an Stelle des Triebwerkes Armstrong-Siddeley Adder als Antrieb des ferngelenkten Zieldarstellungsflugzeuges Jindivik dienen, das auf dem australischen Schießgelände Woomera zum Einsatz kam. Die erste Viper, ASV. 1, kam nicht über das Entwurfsstadium hinaus. Das zweite Muster, ASV. 2 (715 kp Schub) lief April 1951 erstmals auf dem Prüfstand. Die Weiterentwicklung Viper ASV. 3 absolvierte im November 1951 den ersten offiziellen Zehn-Stunden-Abnahmelauf, wurde ab November 1952 in einer Lancaster als fliegendem Prüfstand im Flug erprobt und startete im Dezember 1953 in dem von den australischen Government Aircraft Factories geschaffenen Zielflugkörper Jindivik zu ihrem ersten Flug. Das Triebwerk hatte eine Lebensdauer von zehn Stunden und wurde unter der Bezeichnung Viper Mk. 100 in Serie produziert. Im Zuge seiner Weiterentwicklung entstanden die leistungsstärkeren Viper-Typen ASV. 4 und ASV. 6.

Für den Einbau in einen bei Hunting entworfenen Strahltrainer entstand aus der Viper ASV. 3 ein langlebiges Triebwerk ASV. 5 (745 kp Schub). In seinem Aufbau – siebenstufiger Axialverdichter, Ringbrennkammer und einstufige Turbine – ähnelte dieses Modell der Viper ASV. 3; es war jedoch in einzelnen Bauteilen wesentlich verstärkt worden, teilweise durch Verwendung von Werkstoffen höherer Dauerfestigkeit. Dadurch erhöhte sich das Gewicht um ca. 200 kg. Das Triebwerk wurde in die Flugzeugtypen Percival P. 84 Jet-Provost und Folland Midge eingebaut. Eine Verkleinerung des Anstellwinkels der Eintrittsleitschaufeln um 5 Grad bei gleichzeitiger Drehzahlerhöhung um 400 U/min auf 13 800 U/min brachte eine Schubsteigerung um 50 kp auf 795 kp. Im August 1955 absolvierte ein Triebwerk dieser Bauart unter der Bezeichnung Viper ASV. 8 den offiziellen

150-Stunden-Abnahmelauf. Das Triebwerk ASV.8 war für den Einbau in die Flugzeugtypen Jet-Provost Mk.2, Jet-Provost T3, Jindivik Mk.2B, Macchi MB-326 (Prototyp), Saunders-Roe SR.53 (Prototyp) und Bell-X-14 (VTOL-Versuchsflugzeug) vorgesehen.

Fortschritte auf dem Werkstoffsektor führten zu einem Baumuster ASV.9, dessen Schub infolge der nun möglichen höheren Turbineneintrittstemperaturen auf 860 kp anstieg.

Eine weitere Schubsteigerung der für die Jet-Provost vorgesehenen Triebwerke konnte nun nur noch durch größeren Luftdurchsatz erzielt werden. Da der Triebwerksaußendurchmesser wegen der vorgeschriebenen Einbaumaße nicht verändert werden konnte, wurde die Verdichternabe verkleinert. Das dadurch entstandene Triebwerk Viper ASV.11 hat einen Luftdurchsatz von 20 kg/sec und erzeugt 1135 kp Schub.

Durch Vorsetzten einer Verdichternullstufe entstand aus der Viper ASV.11 die Viper BSV.20 mit einem Luftdurchsatz von 24 kg/sec und einem Schub von 1360 kp bei einer um 25°C niedrigeren Turbineneintrittstemperatur. Der spezifische Kraftstoffverbrauch konnte um 9% auf 0,985 kp/kph gesenkt werden [892; I.A.L. 28. 7. 61]. Die Entwicklung dieses Triebwerkes, mit dem u. a. das Geschäftsreiseflugzeug De Havilland DH.125 Jet Dragon und die Douglas Piaggio 808 ausgerüstet werden sollen, ist noch nicht abgeschlossen. Neben diesen Serientypen ergaben sich in der Viper-Entwicklung noch folgende Baumuster:
Ein langlebiges Modell Viper ASV.7 ohne und Viper ASV.7R mit Nachbrenner (1120 kp Schub m.N.), eine Version Viper ASV.10 (907 kp Schub), die sich von der Viper ASV.11 durch niedrigere Gastemperaturen unterschied [334, 637], und die Ausführung Viper ASV.12 mit 1225 kp Schub.
Die französische Firma Marcel Dassault stellte Viper-Triebwerke in Lizenz her.
In [I.A.L. 12. 2. 60] wird von der Weiterentwicklung P.209 der Viper gesprochen.

*Triebwerksdaten*

| Baumuster | ASV.8 | |
|---|---|---|
| Durchmesser ............ [mm] | 617 | [I.A.L. 12. 2. 60] |
| Länge ................. [mm] | 1 701 | [853] |
| Gewicht ................ [kg] | 220 | [853] |
| Standschub ............. [kp] | 795 | [853] |
| Drehzahl ............ [U/min] | 13 800 | [I.A.L. 12. 2. 60] |
| Spez. Kraftstoffverbrauch [kg/kph] | 1,07 | [I.A.L. 12. 2. 60] |
| Luftdurchsatz......... [kg/sec] | 14,5 | [I.A.L. 12. 2. 60] |
| Turbineneintritttemperatur......... [°K] | 1 085 | [I.A.L. 12. 2. 60] |
| Reiseschub ............... [kp] | – | |
| Flughöhe ............... [km] | – | |
| Fluggeschwindigkeit ..... [km/h] | – | |
| Drehzahl ............ [U/min] | – | |
| Spez. Kraftstoffverbrauch [kg/kph] | – | |

| Baumuster | | ASV. 11 | |
|---|---|---|---|
| Durchmesser ............ [mm] | 623 | [853, 891] | |
| Länge ................. [mm] | 1 629 | [853, 891] | |
| Gewicht .................. [kg] | 225 | [853, 891] | |
| Standschub ............... [kp] | 1 135 | [853, 891] | |
| Drehzahl ............. [U/min] | 13 800 | [I.A.L. 12. 2. 60; 891] | |
| Spez. Kraftstoffverbrauch [kp/kph] | 1,07 | [891] | |
| Luftdurchsatz .......... [kg/sec] | 20 | [I.A.L. 12. 2. 60; 891] | |
| Turbinen-<br>eintrittstemperatur ......... [°K] | – | | |
| Reiseschub ................ [kp] | 539 | [891] | |
| Flughöhe ............... [km] | 6,1 | [891] | |
| Fluggeschwindigkeit ..... [km/h] | 925 | [891] | |
| Drehzahl ............. [U/min] | 12 700 | [891] | |
| Spez. Kraftstoffverbrauch [kg/kph] | 1,25 | [891] | |

| Baumuster | | BSV. 20 | |
|---|---|---|---|
| Durchmesser ............ [mm] | 622 | [I.A.L. 12. 2. 60] | |
| | 812 | [891] | |
| Länge ................. [mm] | 1 693 | [I.A.L. 12. 2. 60] | |
| | 2 630 | [891] | |
| Gewicht .................. [kg] | 269 | [891] | |
| Standschub ............... [kp] | 1 360 | [891; I.A.L. 28. 7. 61; Flight 31. 8. 61] | |
| Drehzahl ............. [U/min] | 13 800 | [891] | |
| Spez. Kraftstoffverbrauch [kg/kph] | 0,985 | [891; I.A.L. 28. 7. 61] | |
| Luftdurchsatz .......... [kg/sec] | 23,9 | [891; I.A.L. 28. 7. 61] | |
| Turbinen-<br>eintrittstemperatur ......... [°K] | – | | |
| Reiseschub ................ [kp] | – | | |
| Flughöhe ............... [km] | – | | |
| Fluggeschwindigkeit ..... [km/h] | – | | |
| Drehzahl ............. [U/min] | – | | |
| Spez. Kraftstoffverbrauch [kg/kph] | – | | |

| Baumuster | Viper P. 209 [I.A.L. 12. 2. 60] | | |
|---|---|---|---|
| Durchmesser ..................... [mm] | 622 | | |
| Länge ........................ [mm] | 1 740 | | |
| Gewicht ....................... [kg] | 269 | | |
| Luftdurchsatz ................. [kg/sec] | 25 | | |

Kenndaten bei verschiedenen Turbineneintrittstemperaturen:

| | | | |
|---|---|---|---|
| Turbineneintrittstemperatur .......... [°K] | 1 200 | 1 115 | 995 |
| Standschub ..................... [kp] | 1 740 | 1 590 | 1 360 |
| Drehzahl ..................... [U/min] | 14 400 | 14 400 | 14 400 |
| Spez. Kraftstoffverbrauch ......... [kg/kph] | 0,975 | 0,93 | 0,845 |

Das Einlaßgehäuse mit dem ringförmigen Lufteinlaß ist ein Gußstück aus Magnesiumlegierung. Sein Mittelstück, auf dem die Triebwerksnase angebracht ist, wird durch drei Streben getragen, die gleichzeitig als Leitprofile dienen. In der Triebwerksnase ist der Generator untergebracht. Im hinteren Teil des Einlaßgehäuses sind die Eintrittsleitschaufeln für den Verdichter befestigt. Diese Leitschaufeln aus nichtrostendem Stahl werden aus gewalzten Profilstreifen hergestellt. Die Befestigung erfolgt durch zwei Ringe am inneren und äußeren Durchmesser der Leitschaufelprofile. Die Ringe sind mit Schlitzen versehen, in die die Schaufelenden eingeschoben werden. Das hintere Ende des Einlaßgehäuses ist an das Verdichtergehäuse geschraubt. Der Verdichter ist ein siebenstufiger Axialverdichter; sein Verdichtungsverhältnis ist 3,5 : 1, sein Luftdurchsatz beträgt 13,4 kg/sec beim Start. Der Verdichter arbeitet mit einem adiabatischen Wirkungsgrad von 87%. Sein Gehäuse ist ein zweiteiliges Gußstück aus L. 51-Aluminiumlegierung. Es hat eine horizontale Teilfuge.

Der Verdichterläufer ist eine Scheibenkonstruktion; die Scheiben der ersten sechs Stufen sind aus Aluminiumlegierung, die Scheibe der siebten Stufe ist aus Nickelchromstahl. An die Scheibe der ersten Stufe wird der vordere Verdichterwellenstumpf aus Stahl mit seinem Flansch angeschraubt; die letzte Radscheibe und der hintere Wellenstumpf bestehen aus einem Stück. Jede Scheibe wird mit ihrem Radkranz an der nächsten Scheibe durch mit Schultern versehene Stiftschrauben befestigt, ausgenommen die erste Scheibe, die an der zweiten mit normalen Schrauben befestigt wird. Die aneinanderliegenden Scheiben bilden in ihrer Teilfuge eine T-Nute, in welche die Laufschaufeln mit Hammerkopffuß eingesetzt werden. Aus jeder Scheibe ist annähernd die Hälfte der Nute herausgearbeitet außer bei den ersten beiden Laufschaufelkränzen. Hier wird eine besondere Zwischentrommel verwendet, in deren beiden Seiten sich wieder halbe T-Nuten befinden. Eine Bohrung von etwa 19 mm $\varnothing$ in der Mitte jeder Scheibe ermöglicht Druckausgleich. Eine dünne Auskleidung der Nuten mit »Marko-Resin« (Harzbelag) verhindert einen raschen Verschleiß durch losen Sitz der Schaufelfüße. Die Laufschaufeln sind Preßstücke aus Aluminiumlegierung.

Die Leitschaufeln werden aus Streifen von gewalztem nichtrostendem Stahl hergestellt, wie auch die Einlaßleitschaufeln. Bei dem Baumuster ASV. 3 werden sie an ihrem äußeren Durchmesser an Flußstahlringe gelötet, die horizontal geteilt sind und in entsprechende Vertiefungen der oberen und unteren Verdichterhälfte eingesetzt werden. Zwei Madenschrauben halten jeden Halbring im Gehäuse in seiner Lage. Der letzten Laufschaufelreihe folgt ein Kranz Leitprofile, die für axiale Abströmung sorgen sollen.

Der vordere Wellenstumpf ist in einem Schubkugellager gelagert; das hintere Wellenende ist mit der Turbinenwelle gekuppelt und wird durch ein Rollenlager gestützt.

Der Auslaßteil des Verdichters, durch den die Luft in die Ringbrennkammer strömt, ist eine stabile Schweißkonstruktion aus Flußstahl. Dieser Mittelteil des Triebwerkes besteht aus zwei konzentrischen ringartigen Gehäuseteilen sowie sechs Profilstreben. Der äußere Gehäuseteil ist an das Außengehäuse der Brennkammer geschweißt, sein vorderes Ende ist mit einem Flansch an das Verdichtergehäuse geschraubt. Innerhalb des Gehäuses sind an den Stützprofilen zwei Ringe aufgehängt, die eine Art von Ringkammer bilden, in deren brennkammerseitigem Ende der äußere und der innere Mantel des Flammrohres gleiten. Das Innengehäuse des mittleren Triebwerkabschnittes erstreckt sich zur Brennkammer und zum Verdichter hin. Auf der Verdichterseite dient das Gehäuse als Abdichtung, als Dichtband für den siebten Kranz Leitschaufeln und die Richtprofile. Auf der Brennkammerseite erstreckt es sich bis vor die Turbine und trägt dort das hintere Hauptlagergehäuse (Turbinenlagergehäuse). Gleichzeitig dient der innere Gehäusemantel als Innenmantel der Brennkammer. Als innere Rückwand der Brennkammer ist an diesem inneren Mantel ein weiteres konisches Gehäusestück angebracht, das sich bis in die Höhe der Turbinenbeschaufelung erstreckt und dort an den inneren Befestigungsring der Düsenschaufeln und an einen Zwischenboden geschraubt ist. Der Zwischenboden ist an seinem Innendurchmesser am Turbinenlagergehäuse befestigt.

Das Lagergehäuse für das mittlere Hauptlager wird von einem Zwischenboden und einem konischen Gehäuseteil getragen, die an das innere Gehäuse angeschweißt sind.

Die oben erwähnte ringkammerartige Konstruktion mit den sechs Profilstreben hat einen sich stetig erweiternden Durchströmquerschnitt und wirkt als Diffusor. Die Luftgeschwindigkeit wird hier verzögert und daher der Verdichterenddruck überschritten. Die Luft strömt dann mit diesem vergrößerten Druck in die Ringbrennkammer ein.

Die Brennkammer besteht aus dem äußeren und dem inneren Mantel sowie dem durchbrochenen Flammrohr aus Nimonic-75-Legierung. Die Flammrohre sind aus einzelnen Abschnitten durch Punktschweißung zusammengefügt.

Auf der Stirnseite der Kammer sind $2 \times 12$ hakenförmige Verdampferrohre angebracht, in die Primärluft und Kraftstoff einströmen. Um eine möglichst vollständige Mischung zu erreichen, hat man – etwa nach einem Drittel des Strömungsweges – einen Stift in jedes Rohr eingenietet, der Turbulenz erzeugt. Die 180°-Biegung des Verdampferrohres wurde aus zwei rechtwinkeligen Krümmern hergestellt. Dadurch wird verhindert, daß sich Kraftstofftropfen infolge der auf sie wirkenden Fliehkraft an der äußeren Rohrwand absetzen und hier Überhitzung eintritt, wie man es vorher bei kreisbogenartigen Krümmern feststellte.

Die Verdampfung des Kraftstoffes wird hauptsächlich durch den Heizeffekt der Verbrennungsflamme, die die Rohre umgibt, erreicht.

Der Kraftstoff entzündet sich, wenn er aus den Verdampferrohren ausströmt. Zur Verbrennung wird durch Öffnungen in der Brennkammervorderwand Sekundärluft zugeführt, die den Hauptteil des gesamten Luftdurchsatzes ausmacht. Durch rechteckige Schlitze in der zweiten Hälfte des Flammrohres strömt Tertiärluft ein, die die Flammgase von einer Temperatur von 2000 bis 2200°C auf die zulässige Temperatur von etwa 830°C abkühlt. Eine dünne Schicht kühler Luft tritt durch Öffnungen zwischen den Schweißstellen der vier Abschnitte des inneren und des äußeren Flammkammermantels ein und kühlt die innere Oberfläche des Flammrohres. Örtliche Überhitzung und Rußablagerungen werden hierdurch weitgehend vermieden. Der Verbrennungswirkungsgrad dieser Brennkammerkonstruktion liegt bei 98%.

Die Turbine des Triebwerkes ist eine einstufige Axialturbine. Das Gehäuse besteht aus nichtrostendem Stahl. Zwei Blechringe, ein innerer und ein äußerer, dienen zur Befestigung der Leitschaufeln. In die Ringe sind schaufelprofilförmige Schlitze gestanzt, in welche die Schaufeln mit ihren beiden Enden eingesetzt werden. An ihrem inneren Durchmesser werden die Schaufeln durch einen Flansch auf der Zwischenwand, die an dem hinteren Lagergehäuse befestigt ist, gegen jede Bewegung gesichert. Für den gleichen Zweck ist am äußeren Durchmesser ein Ring vorgesehen. Dieser Ring erstreckt sich bis über die Laufschaufeln und dient dort als Dichtband. Der Ring ist aus Rex-448 gefertigt, einer von der Firma Firth-Vickers gelieferten Nickel-Chrom-Legierung. Die 93 Leitschaufeln werden aus Streifen von Rex-467, einem hitzebeständigen Austenitstahl [258], (Crown-Max-Stahl bei ASV. 5) [37, 579], hergestellt. Für die Radscheibe der Turbine wird nach [258] Rex-461, ebenfalls ein austenitischer Stahl, verwendet, nach [579] E. N. 19 T-Stahl, beim Modell ASV. 5 Rex-448-Stahl [37].

Die Laufschaufeln aus Rex-467-Stahl [579, 258] (Nimonic-90-Legierung bei Modell ASV. 5 [37]) werden in Tannenzapfennuten am Radumfang eingesetzt. Die Schaufeln haben keine Deckbänder. Sie werden durch eine Vorrichtung, die aus zwei in der Mitte durch Punktschweißung verbundenen Stahlstreifen besteht und wie ein Splint angewandt wird, gegen Verschiebung in ihrer Nute gesichert.

Die Radscheibe der Turbine ist mit der Turbinenwelle, einem Schmiedestück aus E. N. 8-Kohlenstoffstahl, durch eine Art von Hirthkupplung verbunden. Eine große hohle Schraube wird von der Rückseite der Turbine durch die Radscheibenmitte geführt und in die Hauptwelle geschraubt. Sie hält die Hirthkupplung auf der Vorderseite des Turbinenrades in Eingriff. Das andere Ende der Hauptwelle ist mit Keilnuten versehen und paßt in eine entsprechende Bohrung im Wellenstumpf der hinteren Verdichterscheibe. Es wird dort durch einen geteilten Bund und eine Ringmutter gehalten. Die Turbinenwelle wird vor der Turbine durch ein luftgekühltes Rollenlager gestützt.

Die Turbine erzeugt bei der höchsten Drehzahl annähernd 3000 PS bei einem adiabatischen Wirkungsgrad von 88 bis 89%.

Die Kühlung der Lager, der Welle und der Turbinenscheibe geschieht durch vom Verdichter an zwei Stellen abgezapfte Luft. Die erste Anzapfung besteht aus fünf Bohrungen auf dem Umfang der fünften Verdichterscheibe gegenüber den Leitschaufeln der sechsten Stufe. Die Luft, welche hier bei der höchsten Drehzahl einen Druck von etwa 3,0 kg/cm$^2$ hat, strömt durch die hohle Hauptwelle und die hohle Schraube, die zur Befestigung des Turbinenrades an der Hauptwelle dient. Bei ihrem Austritt aus der Hohlschraube wird die Luft durch die Zwischenwand des Auslaßkegels radial nach außen umgelenkt. Sie strömt an der Rückseite der Scheibe entlang, kühlt diese und mischt sich am Umfang der Scheibe mit dem Abgasstrom.

Ein zweiter Kühlluftstrom wird durch eine ringförmige Öffnung der siebten Verdichterstufe entnommen. Ein Teil dieser Luft strömt durch das mittlere Haupt-

lager und längs der Außenseite der Hauptwelle und trifft mit der Luft zusammen,
die um das Lager herumgeleitet wurde. Der gesamte Luftstrom kühlt den Ringraum zwischen dem inneren Gehäuse der Brennkammer und der Hohlwelle. Am
hinteren Wellenende teilt sich der Luftstrom wieder. Eine Hälfte des Luftstromes
dient zur Kühlung des Raumes zwischen dem hinteren Ende des inneren Gehäuses und dem Zwischenboden, der das Turbinenlager trägt. Beide Luftströme
vereinigen sich und werden durch den Schlitz zwischen den Leit- und Laufschaufeln der Turbine abgeleitet, wobei sie den Radscheibenumfang kühlen.
Der Auslaßteil des Triebwerkes besteht aus dem äußeren Mantel und dem feststehenden inneren Kegel aus Nimonic-75-Stahl. Der innere Kegel wird durch drei
Profilstreben getragen.

*Triebwerksbeschreibung Viper 8 und Viper 11*

Der Lufteinlauf besteht aus einem äußeren Gehäuseteil aus Magnesiumlegierung
und einem durch drei radiale Profilstreben getragenen Zentralkörper, in dem das
vordere Verdichterlager und ein Kegelrädergetriebe untergebracht sind. Von dem
mit der Verdichterwelle gekuppelten Kegelrädergetriebe aus werden durch die
hohlen Profilstreben die auf dem Triebwerksmantel montierten Zubehörgeräte
angetrieben. Der Anlassergenerator sitzt in der Triebwerksnase. Durch eine der
drei Profilstreben werden die Entlüfterrohre des Öltanks und des Triebwerks-
inneren in den Triebwerkseinlaß geführt.
Der Anstellwinkel der Einlaßleitschaufeln des siebenstufigen Axialverdichters
kann nicht geregelt werden. Das Aluminiumgehäuse des Verdichters ist geteilt,
sechs seiner Leitschaufelkränze sind aus Stahl, ein Kranz Gleichrichterschaufeln
aus Aluminium hergestellt.
Der Verdichterläufer der Viper 8 setzt sich aus einzelnen, an ihrem Umfang miteinander verbundenen Scheiben zusammen; die Laufschaufeln haben Hammerkopffuß.
Der Läufer der Ausführung Viper 11 besteht aus einem hohlen Wellenstück
größeren Durchmessers aus Stahl, auf das die einzelnen Radscheiben aus Stahl
aufgeschoben sind. Die Beschaufelung ist teils aus Aluminiumlegierung, teils aus
Stahl.
Der mittlere Gehäuseteil des Triebwerks ist besonders steif ausgeführt, da er die
beiden Hauptaufhängungszapfen trägt. Er beherbergt den Diffusor, durch den die
Verdichterluft in die Brennkammer gelangt, und das mittlere Wellenlager. Zündkerzen, Kraftstoffverdampfer und Brenner sind auf dem Außenmantel des Mittel-
gehäuses montiert und ragen durch Öffnungen im Gehäuse in die Brennkammer.
Die Brennkammer ist eine echte Ringbrennkammer mit Bristol-Siddeley-Ver-
dampfungsbrennern. Innerhalb des Außen- und des Innenmantels der Kammer
sind konzentrisch die einen Ringraum bildenden beiden Flammrohre aus Immac-
5-Legierung angeordnet. Auf der Stirnseite der Brennkammer befindet sich eine
Wand, die die 24 hakenförmigen Verdampferrohre trägt. In diese Rohre, durch
die Primärluft strömt, wird der Kraftstoff eingespritzt und verdampft. Zur vollständigen Verbrennung wird durch Öffnungen in der Stirnwand noch Sekundär-

luft hinzugefügt. Tertiärluft zur Abkühlung der Brenngase gelangt durch Schlitze in den Flammrohren in den Brennraum.

Die Leitschaufeln der einstufigen Axialturbine sind massiv und werden aus G.39-Legierung, die Laufschaufeln aus Nimonic-100 hergestellt. Die Radscheibe aus Rex-448-Stahl ist an eine Antriebswelle geschraubt, die durch eine Art Hirthverzahnung mit der Verdichterwelle gekuppelt ist. Sie ist vor der Radscheibe in einem Rollenlager gelagert.

Der Querschnitt der Schubdüse ist nicht veränderlich. Der Schubdüsenkegel wird durch drei Streben getragen.

*Bristol Siddeley Viper* (Triebwerksleistungen im Stand, Meereshöhe, ohne Lufteinlaßverluste)

| Viper 8 | Drehzahl [%] | Temperatur (Düse) [°C] | Schub [kp] | Spez. Kraftstoffverbrauch [kg/kph] |
|---|---|---|---|---|
| Höchstlast (Start u. ä.) .............. Höchstdauer 20 min bei 725°C | 100 | 670 | 795 | 1,07 |
| Zwischenlast ...................... Höchstdauer 30 min bei 695°C | 98 | 640 | 740 | 1,07 |
| Max. Reiseleistung (ohne Beschränkung) bei 655°C | 95 | 605 | 670 | 1,075 |
| Anflug ........................... | 55 | 540 | 155 | 1,58 |
| **Viper 11** | | | | |
| Höchstlast (Start u. ä.) .............. Höchstdauer 20 min bei 735°C | 100 | 650 | 1130 | 1,04 |
| Zwischenlast ...................... Höchstdauer 30 min bei 700°C | 98 | 620 | 1075 | 1,025 |
| Max. Reiseleistung (ohne Beschränkung) bei 660°C | 95 | 580 | 985 | 1,10 |
| Anflug ........................... | 55 | 415 | 190 | 1,69 |

April 1959 – Bristol-Siddeley Prospekt [853].


## Bristol Siddeley Sapphire

Armstrong-Siddeley übernahm 1948 von der Firma Metropolitan-Vickers, die damals bereits ein den heutigen »Aft-fan«-Mantelstromtriebwerken ähnliches Zweikreistriebwerk »F3« gebaut und erprobt hatte, die Weiterentwicklung und Produktion des TL-Triebwerkes Sapphire. Am 1. 10. 1949 wurden bereits die ersten Prüfstandsläufe bei Armstrong-Siddeley durchgeführt. Am 19. 1. 1950

nahm man mit zwei Triebwerken ASSa. 1 die Flugerprobung in einer »Lancastrian« auf. Im Sommer des gleichen Jahres fand die Typenerprobung dieser Triebwerke statt. Der Schub betrug 3270 kp. Das Baumuster ASSa. 2 wurde am 14. 8. 1950 zum erstenmal in einem Flugzeug vom Typ Meteor 8 geprüft. Es erzeugte einen Schub von etwa 3290 kp und wurde in die Flugzeugtypen Meteor und Hastings eingebaut. Das erste Produktionsmodell des Sapphire, Sapphire 3, wies gegenüber den älteren Modellen verschiedene Neuerungen auf, wie zum Beispiel eine Brennkammer vom Armstrong-Siddeley-Typ. Die Typenerprobung fand im November 1951 mit einem Schub von 3400 kp statt. Nach [330] wurde im Januar 1952 ein offizieller Abnahmelauf mit 3440 kp Schub durchgeführt. Das Sapphire-Muster ASSa. 4 war für 4530 kp Schub ausgelegt und gelangte im Juli 1952 auf den Prüfstand. Eine etwas abgeänderte Ausführung mit höheren Drehzahlen bestand im Februar 1953 den Abnahmeversuch mit einem Schub von 4760 kp und erhielt die Bezeichnung Sapphire ASSa. 4/7. Im Verlauf der Versuche mit diesem Typ stellten sich Mängel an der Turbine heraus, die eine Umkonstruktion erforderlich machten. Das abgeänderte Triebwerk erhielt die Bezeichnung ASSa. 7 und lief im Frühjahr 1954 zum erstenmal auf dem Prüfstand. Es liefert in der Ausführung Mk. 202 einen Schub von 5000 kp. Durch höhere Temperaturen kann der Schub auf 5200 kp erhöht werden. Triebwerke vom Typ Sapphire 7LR (Mk. 205, 206) sind mit einem leichten Nachbrenner ausgerüstet und erzeugen einen Schub von 5550 kp mit Nachverbrennung. Der Nachbrenner kann jedoch nur bei Flughöhen über 6 km voll ausgenutzt werden und ist nicht für die Schuberhöhung beim Start vorgesehen. Zwei Versionen Sapphire 7R mit umkonstruiertem Nachbrenner geben einen Schub von 6200 und 6900 kp mit Nachverbrennung ab [43].
Neben diesen gebräuchlichsten Sapphire-Typen befanden sich Baumuster mit der Bezeichnung ASSa. 5, ASSa. 6, ASSa. 8, ASSa. 9 und ASSa. 12 in Entwicklung Das Modell ASSa. 6 absolvierte im März 1952 den offiziellen Musterabnahmelauf mit 3760 kp Schub [330, 646] und wurde anschließend in einer Canberra flugerprobt [I.A.L. 18. 6. 55].
Bei der Ausführung Sapphire 12 beträgt das Verdichtungsverhältnis infolge der höheren Verdichterstufenzahl 8,57: 1, der Luftdurchsatz 86 kg/sec [43].
Die Ausführung ASSa. 9 ähnelt dem Modell ASSa. 7, weist jedoch mit 14 Verdichterstufen eine zusätzliche Verdichterstufe auf und ist mit verstellbaren Eintrittsleitschaufeln ausgerüstet. Sie erzeugt einen Schub von 5800 kp. Es wurden bisher etwa 2000 Sapphire-Triebwerke von Brockworth Engineering, Gloucestershire [664], gebaut. In den USA wurde das Sapphire-Triebwerk von den Firmen Wright und Buick unter der Bezeichnung J65 in Lizenz hergestellt. Sapphire-Triebwerke wurden eingebaut in die Jäger und Schlachtflugzeuge Hawker Hunter F. 2 und F. 5; Gloster Javeline FAW.1, .2, .4 und .7 und T. 3; Republic F-84F Thunderstreak und RF-84F Thunderflash; North American FJ-3 und FJ-4 Fury; Douglas A4D-1 Skyhawk; Grumman F11F-1; Flug- und Fahrzeugwerk P. 16 in die Bomber Handley Page Victor B. 1; Martin B-57 sowie in die Flugzeugprototypen English Electric P. 1A, Avro Type 698 Vulcan, Hawker Hunter F. 6; Sud-Ouest Vautour SO. 4050-003; Lockheed XF-104 [330].

*Triebwerksdaten*

| Baumuster | ASSa. 6 | |
|---|---|---|
| Durchmesser ..................... [mm] | 950 | [37, 589; I.A.L. 18. 6. 55] |
| Länge .......................... [mm] | 3402 | [37, 589; I.A.L. 18. 6. 55] |
| Stirnfläche ........................ [m²] | 0,70 | [37] |
| Gewicht .......................... [kg] | 1157 | [37; I.A.L. 18. 6. 55; 589] |
| Kraftstoffverbrauch | | |
| normal ........................ [kg/kph] | 0,85 | [37]  ( 0,9 bei Nennschub) |
| | | (0,85 bei Reiseschub) |
| Schmierölverbrauch | | |
| normal .......................... [kg/h] | 0,9 | [37] |
| Startstandschub (trocken) ............ [kp] | 3760 | [589] |
| | 3600 | [37]  (3650 in Bodennähe) |
| | | [I.A.L. 18. 6. 55] |
| Drehzahl ....................... [U/min] | 8600 | [37, 589; I.A.L. 18. 6. 55] |

| Baumuster | ASSa. 7 (Mk. 202) | ASSa. 7LR (Mk. 205, 206) | |
|---|---|---|---|
| Durchmesser ..................... [mm] | 953 | 953 | [43] |
| Länge .......................... [mm] | 3315 | 3315 | |
| Stirnfläche ........................ [m²] | 0,71 | 0,71 | |
| Gewicht .......................... [kg] | 1410 | – | |
| Spez. Kraftstoffverbrauch | | | |
| normal ........................ [kg/kph] | 0,88 | 1,38 | |
| Startstandschub .................... [kp] | 5000 | 5550 | m. N. |
| | | 5000 | o. N. |
| Verdichtungsverhältnis .................. | 7,49 : 1 | 7,49 : 1 | |
| Luftdurchsatz .................. [kg/sec] | 76 | 76 | |
| Drehzahl ....................... [U/min] | 8600 | 8600 | |

*Triebwerksbeschreibung*

Das Triebwerk Sapphire ASSa. 6 hat einen ringförmigen Lufteinlaß, der mit einem automatischen Eisdetektor ausgerüstet ist und durch Luft von der letzten Verdichterstufe gegen Vereisung geschützt wird.

Der 13stufige Axialverdichter erreicht ein Verdichtungsverhältnis von 7,2 : 1 bei einem Luftdurchsatz von 63 kg/sec und einer Drehzahl von 8600 U/min im Stand. Das zweiteilige Verdichtergehäuse ist aus Aluminiumlegierung hergestellt. Es enthält einen Kranz Einlaßleitschaufeln und 13 Leiträder, deren Schaufeln in Ringen montiert sind. Das vordere Wellenende des Verdichterläufers ist in einem Kugellager (als Schublager) gelagert, das hintere Wellenende in einem Rollenlager. Die Läuferwelle ist durch eine elastische Kupplung mit der Turbinenläuferwelle verbunden. Die Ringbrennkammerkonstruktion ist ähnlich der des Triebwerkes Viper. Das Flammrohr ist aus Nimonic-75-Legierung hergestellt. Auf der

Vorderwand des Flammrohres sind 36 Verdampfungsbrenner angebracht, in denen der Kraftstoff verdampft. Die Auslaßenden der Verdampferrohre weisen gegen den Luftstrom.
Die Axialturbine des Sapphire ist zweistufig. Das Gehäuse ist aus nichtrostendem Stahl hergestellt. Die hohlen Leitschaufeln der ersten Stufe werden in das Gehäuse eingesetzt. Die Leitschaufeln der zweiten Turbinenstufe werden in Ringen im Gehäuse befestigt. Die zwei Läuferscheiben werden durch Luft gekühlt. Die Laufschaufeln sind massiv. Die Läuferwelle wird vor den Laufradscheiben durch ein Rollenlager gestützt.
Das Auslaßgehäuse setzt sich aus dem äußeren Stahlgehäuse und dem feststehenden inneren Kegel zusammen. Der Auslaßquerschnitt ist nicht veränderlich.
Konstruktionsbeschreibung des ähnlichen Modelles ASSa.7 s. [646, 330].


## Bristol Siddeley Olympus

Die konstruktiven Vorarbeiten zum Triebwerk Olympus begannen 1946/47 [589, 316]. Zum erstenmal wurde hier für ein TL-Triebwerk das System des Doppelverdichters in Anwendung gebracht: Niederdruck- und Hochdruckverdichterteil sind mechanisch voneinander unabhängig und werden durch konzentrische Wellen von je einer eigenen Turbine angetrieben. Am 13. 6. 1950 konnte der erste Prüfstandslauf eines Olympus-Triebwerkes, Olympus BOl. 1 (4140 kp Schub; spez. Kraftstoffverbrauch 0,83 kg/kph [316]) durchgeführt werden. Aus einer reinen Konstruktionsstudie einer Olympus-Ausführung mit größerer Turbine und einem Auslegungsschub von 4420 kp wurde das Modell Olympus BOl. 1/2 (4300 kp Schub) entwickelt, das im November 1950 auf den Prüfstand kam. Einen Monat zuvor hatte die Firma Bristol mit der Firma Wright (USA) einen langjährigen Vertrag über die Zusammenarbeit bei der Entwicklung und Produktion von Flugzeugtriebwerken abgeschlossen, der Wright die Lizenz zur Herstellung des Olympus in den USA gewährte. Im Rahmen dieses Vertrages wurden am Modell Olympus BOl. 1/2 den Anforderungen von Wright entsprechend verschiedene Änderungen durchgeführt. Das abgeänderte Triebwerk erhielt die Bezeichnung BOl. 1/2A und kam Anfang 1951 auf den Prüfstand. Es erzeugte einen Schub von 4420 kp und hatte, nach amerikanischen Quellen, einen Luftdurchsatz von 74,8 kg/sec, ein Verdichtungsverhältnis von 9 : 1 und einen spezifischen Kraftstoffverbrauch von 0,766 kg/kph [387]. In den USA wurde es unter der Bezeichnung J67 weiterentwickelt.
Ende Dezember 1951 kam bei Bristol die Olympus-Ausführung BOl. 1/2B auf den Prüfstand, die am 5. 8. 1952 als erstes Olympus-Triebwerk in einer English-Electric Canberra B. 2 flugerprobt wurde. Sie war zunächst für 4420 kp Schub ausgelegt, für die Flugerprobung wurde der Schub jedoch auf 3630 kp gedrosselt (BOl. Mk. 99).
Für den Einbau in Prototypen des Bombers Avro Vulcan wurde das Modell BOl. 1/2B durch Versetzung der Zubehöraggregate und Hilfsantriebe äußerlich abgeändert. Dieses veränderte Baumuster wurde unter der Bezeichnung Olympus

Mk. 100 (4190 kp Schub [282]) im Januar 1953 auf den Prüfstand genommen. Im September des gleichen Jahres fanden die ersten Versuchsflüge in einem Vulcan-Bomber statt.

Die nächste Entwicklungsstufe stellte das Baumuster BOl. 1/2C dar, das in seinem Aufbau sehr dem BOl. 1/2B ähnlich war, jedoch im Turbinengehäuseteil größere Durchmesser hatte und 4990 kp Schub bei einem spezifischen Kraftstoffverbrauch von 0,761 kg/kph erzeugte. Ein weiter verbessertes Triebwerk dieser Serie absolvierte im Dezember 1954 einen offiziellen 150-Stunden-Abnahmelauf mit einem Startstandschub von 4990 kp und einem Reiseschub von 4350 kp [I.A.L. 4. 2. 55; 283] und ging nach einigen kleinen Abänderungen unter der Bezeichnung Olympus Mk. 101 in Produktion. Die Flugerprobung war im Juni 1954 bereits in einer Canberra aufgenommen worden und wurde Anfang Februar 1955 in einer Avro Ashton als fliegendem Prüfstand fortgesetzt. Das Baumuster Mk. 101 wurde als erstes Olympus-Modell in dem Bomber Vulcan von der RAF planmäßig eingesetzt. Es wurde schließlich durch die Weiterentwicklungen Olympus Mk. 102 (BOl. 11) und Olympus Mk. 104 (BOl. 12) ersetzt. Mit dem Baumuster BOl. 11 (5440 kp Schub) wurde am 29. 8. 55 mit einer Canberra eine Flughöhe von 20 000 m erreicht. Die Ausführung BOl. 12 (Mk. 104) ist für einen maximalen Reiseschub von 5900 kp ausgelegt.

Nachdem im Dezember 1954 bereits Prüfstandsversuche begonnen hatten, gingen 1956/57 die ersten Triebwerke vom Typ Olympus Mk. 200 (BOl. 6) für den Bomber Vulcan B. 2 in Produktion. Sie unterschieden sich von den Modellen der »100«er-Serien durch größeren Luftdurchsatz, durch eine geringere Anzahl von Verdichterstufen bei annähernd gleichem Verdichtungsverhältnis und durch einen auf 7250 kp gesteigerten Schub, wurden jedoch bald durch den Typ Mk. 201 (BOl. 7) mit 7700 kp Schub ersetzt. Dieser Typ ging schließlich auch in Serienproduktion. Mit Nachbrenner ausgerüstet, erzeugt dieses Baumuster unter der Bezeichnung BOl. 7R einen Schub von 10 900 kp [42, 664].

Das Baumuster Olympus Mk. 551 (6140 kp Schub) ist eine leistungsmäßig gedrosselte Version des Olympus Mk. 200 (BOl. 6).

Eine Weiterentwicklung des Olympus Mk. 201 ist das Strahltriebwerk Olympus BOl. 21 mit 9070 kp Schub (ohne Nachverbrennung). Zu seinen konstruktiven Merkmalen gehören ein verkürzter Einlaufkanal und eine zusätzliche sogenannte »Null«-Stufe des Niederdruckverdichters (I.A.L. 19. 3. 60, 27. 12. 60; 664]. Nachdem bei Prüfstandsläufen von Olympus-Triebwerken, die mit einem Bristol-Siddeley-Solar-Nachbrenner ausgerüstet waren, Schübe von 13 600 kp erzielt worden waren, konnten bei Nachbrennerausführungen und Weiterentwicklungen des BOl. 21, BOl. 21R, BOl. 22 und BOl. 22R Schübe von 15 000 kp erzielt. werden [43, 664; I.A.L. 16. 9. 60, 27. 12. 60]. Die Nachbrennerausführungen dieser Entwicklungsreihe sind u. a. für den Überschalljäger Vickers/English Electric TSR. 2 vorgesehen [664]. Der Olympus BOl. 21 ging unter der RAF-Bezeichnung Olympus MK. 301 in Serienbau [I.A.L. 27. 12. 60].

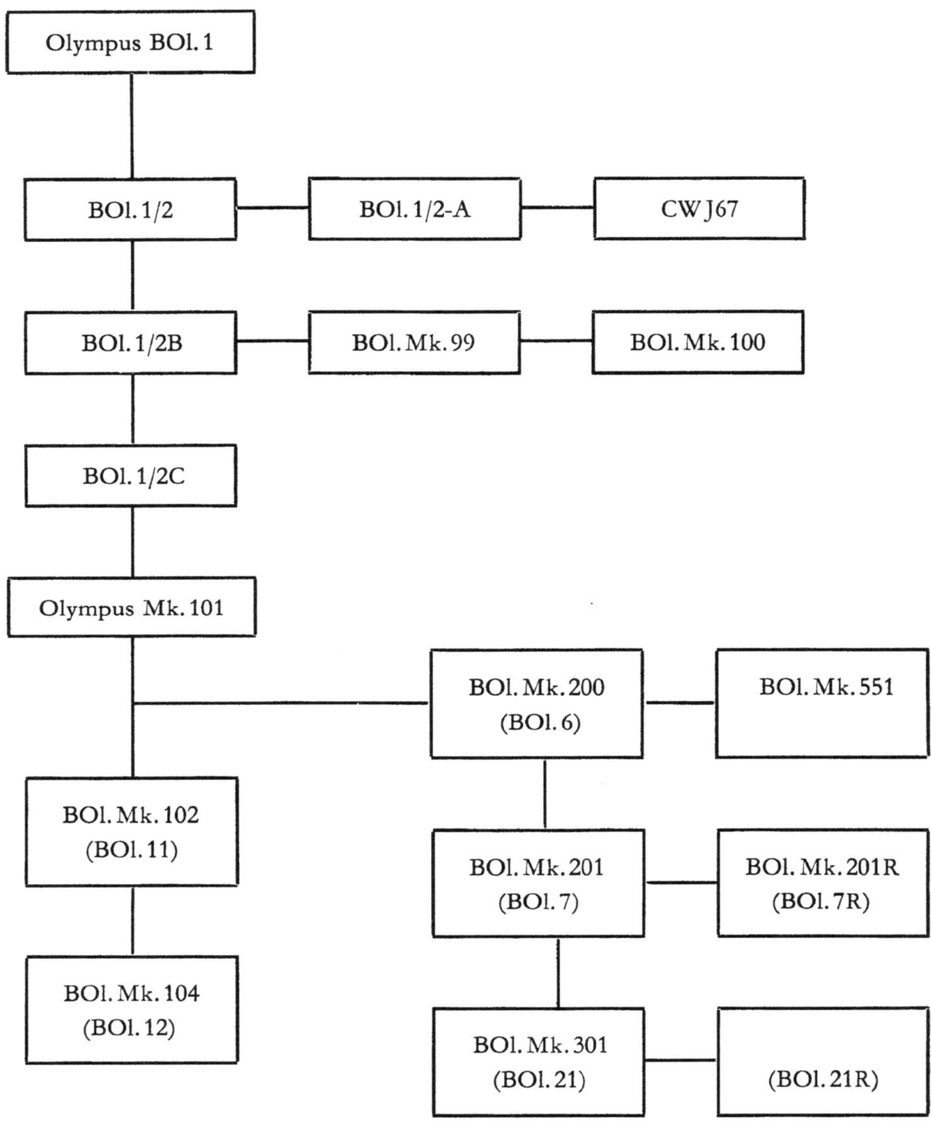

Olympus BOl. 1
BOl. 1/2
BOl. 1/2-A
CW J67
BOl. 1/2B
BOl. Mk. 99
BOl. Mk. 100
BOl. 1/2C
Olympus Mk. 101
BOl. Mk. 200
(BOl. 6)
BOl. Mk. 551
BOl. Mk. 102
(BOl. 11)
BOl. Mk. 201
(BOl. 7)
BOl. Mk. 201R
(BOl. 7R)
BOl. Mk. 104
(BOl. 12)
BOl. Mk. 301
(BOl. 21)
(BOl. 21R)

*Triebwerksdaten* [891, 43]

| Baumuster | | BOl. Mk. 201 (BOl. 7) | BOl. Mk. 201R (BOl. 7R) | BOl. Mk. 301 (BOl. 21) | |
|---|---|---|---|---|---|
| Durchmesser | [mm] | 1 059 | 1 059 | 1 132 [891]<br>1 067 [43] | |
| Länge | [mm] | 3 210 | 8 992 | 3 250 [891]<br>3 962 [43] | |
| Stirnfläche | [m²] | 0,85 | 0,85 | 0,89 | |
| Gewicht | [kg] | 1 655 | 2 064 | 1 724 | |
| Spez. Kraftstoffverbrauch | | | | | |
| normal | [kg/kph] | 0,8 | – | 0,75 | |
| mit Nachverbrennung | [kg/kph] | – | 1,8 | – | |
| Ölverbrauch | [kg/h] | 0,408 | 0,408 | 0,408 | |
| Startstandschub | [kp] | 7 700 | 10 900 m. N. | 9 000 | o. N.* |
| Drehzahl | [U/min] | 6 550 | 6 550 | 6 550 | |

* Ausführung BOl. 21R mit Bristol-Siddeley-Solar-Nachbrenner, Startstandschub mit Nachverbrennung 15 000 kp.

## *Triebwerksbeschreibung* (Bristol Olympus Mk. 201)

Das Einlaufgehäuse ist ein Gußstück aus Magnesium-Zirkonium-Legierung. Fünf radiale Streben tragen den Mittelkörper des Einlaufs, in den das vordere Wellenlager des Verdichters eingebaut ist. Vor dem Mittelkörper, in der Triebwerksnase, ist der Generator untergebracht. Die Eintrittsleitschaufeln des Triebwerkes haben einen unveränderlichen Anstellwinkel.

Der Läufer des Niederdruckverdichters setzt sich aus einer Stahlscheibe und sechs Leichtmetallscheiben zusammen, die durch Zuganker zusammengehalten werden. Die Laufschaufeln werden mit Tannenbaumfuß in die Laufscheiben eingesetzt.

Das Niederdruckgehäuse ist zweiteilig; es ist ein Gußstück aus Leichtmetalllegierung.

Die sieben Kränze Leitschaufeln aus Aluminiumlegierung sowie der Kranz Gleichrichterschaufeln am Austritt des Niederdruckverdichters werden mittels Schwalbenschwanzfuß im Gehäuse gehalten. Die Leitschaufeln werden in Gruppen durch Keile gegen Feststellbolzen gedrückt und in ihrer Lage gehalten. Der Gehäuseteil zwischen Niederdruck- und Hochdruckverdichter aus Magnesium-Zirkonium-Legierung enthält das hintere Lager des Niederdruckverdichters sowie das vordere Lager des Hochdruckverdichters. Außen auf dem Gehäuse sind in zwei Gruppen Zubehörgeräte montiert. Während die eine Gruppe vom Niederdruckverdichter angetrieben wird, erfolgt der Antrieb der Geräte der zweiten Gruppe durch den Hochdruckverdichter. Zu letzteren Geräten gehören die Kraftstoffpumpe, die Drucköl- und Spülölpumpen. Ebenfalls vom Hochdruckverdichter wird ein Radiallüfter innerhalb des Gehäuses angetrieben. Auf dem Zwischengehäuse ist weiterhin der Anlassermotor montiert, der den Hochdruckverdichter während des Anlaßvorganges hochfährt.

Die Konstruktion des Hochdruckverdichters ähnelt weitgehend der des Niederdruckverdichters, jedoch wurde wegen der höheren Lufttemperaturen an Stelle von Leichtmetall Stahl verwendet, so bei dem zweiteiligen Gehäuse, den Laufradscheiben und der gesamten Beschaufelung.

Die Laufradscheiben waren durch Hirthverzahnung miteinander verbunden und in ihrer radialen Lage gesichert, während ihre axiale Lage dadurch festgelegt wurde, daß eine Mutter auf der Antriebswelle das Scheibenpaket gegen einen Flansch auf der Welle drückte. Die Laufschaufeln, die Leitschaufeln und die zwei Kränze Auslaßleitschaufeln sind aus Stahl; sie sind in der gleichen Art montiert wie die Schaufeln des Niederdruckverdichters.

Der Gehäuseteil zwischen dem Verdichteraustritt und der Brennkammer setzt sich aus einem inneren und einem äußeren Stahlblechmantel zusammen. Der innere Mantel wird von dem äußeren Mantel durch zehn radiale Streben getragen und beherbergt das hintere Lager des Hochdruckverdichters. Auf dem äußeren Mantel sind die Hauptmontagezapfen des Triebwerkes angebracht.

Die Brennkammer ist eine Sammelbrennkammer, d. h. eine Ringbrennkammer mit einzelnen zylindrischen Flammrohren, die zwischen dem äußeren und dem inneren Mantel liegen. Der äußere Mantel besteht aus drei Teilen. Das zylindrische Mittelstück ist horizontal geteilt, so daß die Flammrohre leicht zugänglich sind. Der vordere Teil des Außenmantels trägt die Vorderenden der Flammrohre sowie die Duplexbrenner, während der hintere Teil die Leitschaufeln und das Laufrad der Hochdruckturbine umschließt. Die zehn Flammrohre setzen sich aus einem kegelartigen Kopfstück und einem zylindrischen Teil zusammen. Die Vorderenden des zylindrischen Flammrohrstückes werden zum Teil von den Flammrohrköpfen getragen und gegen axiale Verschiebung durch eine Befestigungsschraube gesichert. Die Ausströmenden der Flammrohre ragen in das Turbineneintrittsgehäuse, das im äußeren Brennkammermantel aufgehängt ist. Die einzelnen Flammrohre sind durch Rohre miteinander verbunden, um eine bessere Zündung zu gewährleisten.

Der Läufer der Hochdruckturbine ist zweifach gelagert und mittels Zahnkupplung mit der entsprechenden Verdichterwelle verbunden. Die Niederdruckturbine ist ebenfalls zweimal gelagert, davon einmal hinter dem Laufrad. Ihre Welle verläuft koaxial durch die Welle des Hochdruckläufers und treibt den Niederdruckverdichter an.

Die Hochdruck- und Niederdruckleitschaufeln aus Präzisionsguß sind in Segmenten von jeweils vier Schaufeln gegossen und werden an ihren äußeren Enden in den Turbinengehäusen befestigt. Die Niederdruckleitschaufeln tragen an ihrem inneren Durchmesser eine Labyrinthdichtung. Beide Läuferbeschaufelungen sind mit Deckbändern versehen. Die Schaufeln werden durch Tannenbaumfuß in den Radscheiben befestigt. Die Turbinengehäuseteile sind wärmeisoliert.

An die Niederdruckturbine schließt sich ein ringförmiger Ausströmteil an.

## Bristol Siddeley Orpheus

Mit den ersten Entwürfen zu dem Leichtgewichtstriebwerk Bristol BE. 26 Orpheus wurde 1953 begonnen. Im Dezember 1954 konnten die Prüfstandsversuche, im Juli 1955 die erste Flugerprobung in einem Prototyp Gnat aufgenommen werden. Die ersten Orpheus-Triebwerke erzeugten einen Schub von 1490 kp [446, 660]. Im Januar 1956 konnte jedoch bereits ein Abnahmelauf eines Orpheus BOr. 1 mit 1840 kp Schub, im November 1956 ein Typenerprobungslauf des Baumusters BOr. 2 (Mk. 701) mit 2050 kp Schub abgeschlossen werden. Triebwerke der Serie Mk. 701 werden in Jäger vom Typ Gnat Mk. 1 eingebaut. Ihre Betriebszeit im Staffeldienst wurde hierfür mit 200 Stunden angegeben. Das Modell Orpheus BOr. 3 der Serie Mk. 801 mit 2200 kp Schub unterscheidet sich nicht wesentlich von der Ausführung BOr. 2. Durch geringfügige Verbesserungen konnte sein Schub noch auf 2270 kp (Orpheus Mk. 803) erhöht werden. Die Modelle Orpheus Mk. 801 und Mk. 803 wurden als Standardausführung für die NATO-Luftstreitkräfte ausgewählt und in den leichten Jäger Fiat G-91 eingebaut. Eine Version Orpheus Mk. 805 gelangt in dem japanischen Trainer Fuji T1A zum Einbau. Für den Einsatz in Trainerflugzeugen Gnat T1, Fuji T1F-2, North American T2J-1 wurde die Ausführung BOr. 4 (Mk. 100) entwickelt, die einen Schub von 1918 kp erzeugt und bei niedrigeren Gastemperaturen und kleineren Drehzahlen eine höhere Lebensdauer sowie geringere Unterhaltungskosten aufweist. Die amtlichen Abnahmeversuche mit diesem Typ wurden im Januar 1960 abgeschlossen [I.A.L. 21. 9. 60]. Für den Einbau in Transport- und Verkehrsflugzeuge (Hunting H-107, Handley Page HP113, Bristol 205, Lockheed Jet Star) wurde der Typ Orpheus BOr. 3/5Mk. 810 mit 2310 kp Schub entwickelt, der, wie auch die Ausführung BOr. 4Mk. 100, mit Vereisungsschutz ausgerüstet ist.

Leistungsstärkste Version des Orpheus ist das Baumuster BOr. 12, das im Dezember 1958 auf den Prüfstand kam und im Oktober 1959 den offiziellen Typenabnahmelauf mit einem Auslegungsschub von 3090 kp absolvierte. Die Flugerprobung wurde in einer Sabre bis zu Höhen über 15 km durchgeführt. Eine Ausführung BOr. 12SR ist mit einem Bristol-Leichtbaunachbrenner ausgerüstet und erzeugt etwa 3700 kp Schub mit Nachverbrennung. Bei Standläufen konnten bereits 3920 kp Schub m. N. gemessen werden.

Für die Verwendung in Zivilflugzeugen wurde eine Version BOr. 12 mit einer Schubdüse mit verstellbarem Querschnitt entwickelt, deren Schub bei »geschlossener« Düse auf 3260 kp gesteigert wird, während im Reiseflug bei voll geöffneter Düse merklich niedrigere Kraftstoffverbräuche erzielt werden.

Folgende Firmen erhielten von Bristol-Siddeley Lizenzen zum Nachbau des Orpheus:

Fiat, Italien, SNECMA, Frankreich, Wright Aeronautical, USA, Hindustan Aircraft, Indien, und Klöckner-Humboldt, Deutz, BRD.

*Triebwerksdaten*

| Baumuster | Orpheus BOr. 4 | Orpheus Mk. 701 | Orpheus Mk. 803 |
|---|---|---|---|
| Durchmesser ..................... [mm] | 823 | 823 | 823 |
| Länge (gesamt) ................... [mm] | 2533 | 2290 | 2440 |
| Stirnfläche .......................... [m²] | – | – | – |
| Gewicht (trocken) ................. [kg] | 408 | 362 | 378 |
| Kraftstoffverbrauch bei Höchstdrehzahl, Meereshöhe ...... [kg/kph] | 0,964 | 1,057 | 1,08 |
| Kraftstoffverbrauch in Meereshöhe (max. Dauerdrehzahl) [kg/kph] | 0,943 | 1,042 | 1,05 |
| Höchstschub ........................ [kp] | 1918 | 2130 | 2270 |
| Max. Dauerschub ................... [kp] | 1633 | 1870 | 1905 |

| Baumuster | Orpheus BOr. 12 | BOr. 12SR |
|---|---|---|
| Durchmesser ..................... [mm] | 823 | – |
| Länge mit Startnachbrenner (Strahlrohr 1768 mm lang) ......... [mm] | 3830 | – |
| Länge mit All-Höhen-Nachbrenner (Strahlrohr 2540 mm lang) ......... [mm] | 4610 | – |
| Gewicht mit Strahlrohr, Verstelldüse und Nachbrenner | | |
| für Start ........................... [kg] | 670 | – |
| für alle Höhen ..................... [kg] | 710 | – |
| Spez. Kraftstoffverbrauch in Meereshöhe (max. Drehzahl) ...... [kg/kph] | 0,967 o. N. | 1,620 m. N. |
| Schub ............................. [kp] | 3090 | 3706 |

[Firmenprospekt 850, 852]

*Triebwerksbeschreibung*

Das Lufteinlaufgehäuse des Orpheus besteht aus zwei Teilen. Das vordere Teil
ist ein Ring aus Aluminium, der mit Hilfe von vier hohlen Profilstreben den
Nabenkörper mit der Triebwerksnase trägt. In dem Nabenkörper ist der Patronen-
anlasser oder, bei den Modellen der Baureihe Mk. 701, der Preßluftanlasser eingebaut. Der zweite Gehäuseteil des Einlaufs ist ein Gußstück aus Magnesium-
Zirkonium-Legierung, welches, ebenfalls durch vier Streben, das vordere Wellenlager trägt. Dieses Lager, ein Kugellager, nimmt den Achsschub auf. Auf der
unteren Seite des Gehäuses befindet sich ein Getriebekasten, auf dem die Hilfsantriebe und Zubehörgeräte des Triebwerks, wie Kraftstoffpumpe, Ölpumpe,
Hydraulikpumpe und Stromgenerator, montiert sind. Die Geräte werden über
Kegelräder und eine senkrechte Welle, die durch die untere der vier radialen
Streben geführt ist, angetrieben. Die 85 [41] Einlaßleitschaufeln des Verdichters,
ebenfalls im Einlaufgehäuse untergebracht, haben unveränderlichen Anstellwinkel.

Der siebenstufige Axialverdichter des Orpheus ist für ein Druckverhältnis von 4,8 und einen Luftdurchsatz von 36 kg/sec bei 10 000 Umdrehungen im Stand ausgelegt [42, 43]. Sein zweiteiliges Gehäuse aus Leichtmetallegierung hat eine horizontale Trennfuge und trägt in Schwalbenschwanznuten die sechs Leitschaufelkränze. Die Leitschaufeln werden durch T-Stücke und Federklammern an den Verbindungsflanschen in ihrer Lage gesichert. Der Läufer setzt sich aus sieben Radscheiben aus Aluminiumlegierung [42] zusammen, die durch Abstandshülsen voneinander getrennt sind. Die gesamte Läuferkonstruktion wird durch zwölf Zuganker zusammengehalten. An die erste Radscheibe ist ein Wellenstumpf angeflanscht, der in dem vorderen zweireihigen [42/41] Kugellager gelagert ist. Die hintere Radscheibe ist über eine angeflanschte Hohlwelle mit der Turbine verbunden.

Das Auslaßgehäuse des Verdichters, das die Triebwerksaufhängungszapfen trägt, beherbergt einen Kranz Auslaßleitschaufeln (Gleichrichterschaufeln) sowie die sieben Brennerkegel mit Duplexbrennern und zwei Zündkerzen. Die Ringbrennkammer hat sieben zylindrische Einzelflammrohre aus Nimonic-75 [43], deren Auslaßenden in Leitkranzsegmente für die Turbine übergehen. Der äußere Brennkammermantel besteht aus hitzebeständigem Stahl und ist durch einen Flansch mit dem Auslaßgehäuse des Verdichters verbunden. Das andere Ende des Brennkammermantels trägt durch einen nach innen gehenden Flansch den Abdeckring für das Turbinenlaufrad und den konischen äußeren Mantel des Triebwerksauslasses. Der innere Brennkammermantel ist ebenfalls an das Verdichterauslaßgehäuse angeflanscht; das zur Turbine hin gelegene Ende ist frei und kann sich in Achsrichtung ausdehnen und trägt einen Dichtungsring, der das Ausströmen von Verbrennungsgasen in die inneren Triebwerksteile verhindert. Jedes der Turbinenleitschaufelsegmente, die zusammen einen vollständigen Leitkranz bilden, hat neun eingeschweißte Hohlschaufeln aus Nimonic-90 [42] und ist mit den benachbarten Segmenten durch Schrauben verbunden.

Die Turbinenradscheibe ist aus H.46-Stahl hergestellt. Sie trägt auf ihrer Rückseite einen Wellenstumpf, der in dem hinteren Wellenlager gelagert ist. Dieses Lager, ein Rollenlager, ist in den Auslaßkegel eingebaut. Die 125 Turbinenlaufschaufeln aus Nimonic-90 [41] haben am Fuß ein Gleichdruckprofil und sind für zunehmende Reaktion zu den Schaufelspitzen hin ausgelegt. Sie werden mit ihrem Tannenbaumfuß in die Radscheibe eingesetzt und durch Dübelstifte gesichert.

Der innere Auslaßkegel wird von dem äußeren Mantel durch acht radiale Profilstreben getragen. Durch eine dieser Streben erfolgt die Zufuhr von Kühlluft und Öl für das hintere Wellenlager.


Bristol Siddeley BE.58 [730, 661; I.A.L. 17. 9. 59; 664]


Die Mantelstromturbine BE.58 wurde im Gegensatz zu den von Pratt & Whitney und General Electric gebauten Mantelstromtriebwerken, die jeweils Abänderungen bestehender Strahlturbinen darstellen, von vornherein als Mantelstromtriebwerk

entwickelt. Für die BE.58 wurde ein ausgesprochen hohes »Bypass«-Verhältnis
d. h. das Verhältnis der vom Niederdruckverdichter um das Triebwerk im
Mantel herumgeführten Kaltluftmenge zu der Luftmenge, die durch den Hochdruckverdichter, die Brennkammer und die Turbine strömt, gewählt, nämlich
1,5–2. Diese Auslegung ergibt im Reiseflug in 10 972 m Höhe einen Kraftstoffverbrauch von 0,8 kg/kph. In Meereshöhe sinkt der Verbrauch auf nur 0,572 kg/
kph. Bei einem Gewicht des Triebwerkes von 1179 kp und einem Bodenschub
von 6577 kp ergibt sich ein Verhältnis Schub/Gewicht von 5,61 oder Gewicht/
Schub 0,179. Das hohe Bypass-Verhältnis soll einen um 15 dB niedrigeren Geräuschpegel als bei normalen Strahltriebwerken der gleichen Schubklasse zur
Folge haben. Im Gegensatz zum BE.53 wird beim BE.58 der Kaltluftstrom wie
üblich durch einen Ringkanal dem Triebwerksende und der nicht schwenkbaren
Schubdüse zugeführt.

Das Triebwerk wird voraussichtlich nicht gebaut werden [891].


*Triebwerksdaten* (Bristol Siddeley BE.58)

| | | | | |
|---|---|---|---|---|
| Lufteinlaufdurchmesser ............ [mm] | ca. | 1200 | [730] | |
| | | 1180 | [661] | max. Durchmesser |
| Höhe ......................... [mm] | ca. | 1750 | [730] | |
| Länge ........................ [mm] | ca. | 3200 | [730] | |
| | | 3122 | [661] | |
| Gewicht ...................... [kg] | ca. | 1179 | [730, 661] | |
| Bodenschub .................... [kp] | | 6577 | [730, 661] | |
| Kraftstoffverbrauch ......... [kg/kph] | | 0,572 | [730; I.A.L. 17. 9. 59] | |
| Schub in 10 972 m ............. [kp] | | 2840 | [730] | |
| | | 1700* | [661] | |
| Kraftstoffverbrauch bei Reiseschub . [kg/kph] | | 0,800 | [661] | |
| Bypass-Verhältnis ................ | | 1,5–2 | [661] | |

* Reiseschub in 10 972 m Höhe bei 927 km/h Fluggeschwindigkeit.


# Bristol Siddeley BE.53 (BS.53) Pegasus [730, 664, 895]

Das Mantelstromtriebwerk BE.53 ist für militärische Verwendung gedacht und
soll u. a. in den VTOL-Jäger Hawker P.1127 eingebaut werden. Abweichend von
der bisher üblichen Anordnung bei Mantelstromtriebwerken wird hier der kalte
Mantelstrom durch seitliche Kanäle abgeführt und Schubdüsen zugeleitet, die so
geschwenkt werden können, daß der Strahl entweder Schub oder Auftrieb
liefert. In ähnlicher Art wird der Heißgasstrom durch gegabelte Kanäle schwenkbaren Düsen zugeführt. Ebenso kann der Strahl zur Schubumkehr herangezogen
werden.

Die Einzelteile des Triebwerkes sind weitgehend schon in anderen Triebwerken
erprobte Konstruktionen. So soll z. B. der Hochdruckteil von Verdichter und
Turbine der Läuferkonstruktion des Orpheus entsprechen, andere Teile wiederum

entsprechenden Triebwerkselementen des Olympus. Mantelstrom- und Hochdruckverdichter des BE. 53 haben entgegengesetzte Drehrichtung [I.A.L. 13. 8. 60]. Das ist für den besonderen Einsatz des Triebwerks in Vertikalstartgeräten wichtig, da hierdurch Kreiselkräfte vermieden werden, die beim Schweben äußerst unerwünscht sind. Zur Erhaltung des vollen Startschubes bzw. -hubes bis 40°C Außentemperatur oder in einer entsprechenden Abflughöhe ist Wassereinspritzung in die Brennkammern vorgesehen. Weiterentwicklungen des Pegasus sollen mit einer Zusatzverbrennung im Kaltstrom (plenum chamber combustion) hinter dem Niederdruckverdichter (im Ausströmrohrkrümmer vor den Schwenkdüsen) ausgerüstet werden. Es wird hierdurch ein Schubgewinn von 30 % beim Start und von 200 % und mehr beim Flug mit Mach 2 erwartet. Genaue Zahlenangaben über das Hub-Schub-Strahltriebwerk Pegasus sind noch nicht bekannt, sein Schub dürfte jedoch bei etwa 8000 kp liegen. Das Triebwerk soll ein hohes Verhältnis Kaltstrom zu Warmstrom, ein großes Druckverhältnis sowie eine niedrige Temperatur und niedrige Anströmgeschwindigkeit im Warmstrom aufweisen [Luftfahrttechnik 8 (1962), 10 (1962)].

*Triebwerksdaten* [895]

| | Pegasus 3 (BS. 53/5) | Pegasus 5 (BS. 53/15) |
| --- | --- | --- |
| Durchmesser ................. [mm] | 1219 | – |
| Länge ....................... [mm] | 2509 | – |
| Stirnfläche .................. [m²] | 1,17 | – |
| Gewicht ..................... [kg] | 975 | – |
| Spezif. Kraftstoffverbr. | | |
| normal ................... [kg/kph] | 0,6 | – |
| Ölverbrauch ................ [kg/h] | 0,9 | – |
| Startstandschub ............. [kp] | 7000 | 8350* |

* Schub mit zusätzlicher Aufheizung im Bypasskanal vor den vorderen Schwenkdüsen.

Die ersten Versuchsläufe wurden bereits August 1959 begonnen. Seit Mitte 1960 führt das Triebwerk die neue Bezeichnung Bristol-Siddeley BS. 53 Pegasus. Flugversuche mit dem Jäger P. 1127 werden seit März 1961 durchgeführt.

## Bristol Siddeley BS. 75

Dieses durch ein hohes Bypass-Verhältnis (1,72 : 1) charakterisierte Triebwerk steht seit September 1959 bei Bristol-Siddeley in Entwicklung. Es ist für die Verwendung in Kurz- und Mittelstreckenverkehrsflugzeugen, wie den zweistrahligen Flugzeugtypen BAC 107 und Avro 771, vorgesehen. Die Konstruktion des Triebwerkes entstand unter Verwertung der Erfahrungen mit bereits existierenden Triebwerken und ihren Bauelementen. Das dreistufige Mantelstromgebläse ähnelt z. B. den ersten drei Verdichterstufen des Olympus 301, die Verdampfungsringbrennkammer beruht auf der Sapphire-Brennkammerkonstruktion, die Turbine lehnt sich eng an die Turbinenkonstruktion des PTL-Triebwerkes Proteus an. Die Turbinenbeschaufelung wird nicht gekühlt, da das G.64-Gußmaterial bei der Proteus-Turbine, die in ähnlichen Temperaturbereichen arbeitet wie das BS.75, auch ohne Kühlung eine außergewöhnliche Betriebssicherheit gezeigt hatte.

Das erste Volltriebwerk soll im Januar 1962 auf den Prüfstand kommen; Prototypen für die Flugerprobung sollen Anfang 1963 zur Verfügung stehen, die Aufnahme der Serienproduktion ist für ein Jahr später geplant [I.A.L. 16. 9. 60, 31. 1. 61; 664, 891; Flight 31. 8. 61].

*Triebwerksdaten*

| Baumuster | | BS.75 | | | |
|---|---|---|---|---|---|
| Durchmesser .................... [mm] | | 902 | [891] | | |
| | | 848 | (Einlaß- ⌀) | | |
| | | | [Flight 31. 8. 61] | | |
| Länge ......................... [mm] | | 2345 | [891] | 2196,3 | [896] |
| Gewicht ....................... [kg] | | 691 | [891] | 703,0 | [896] |
| Höchstschub .................... [kp] | | 3425 | [891] | | |
| Drehzahl .................... [U/min] | | 8900 | [891] | | |
| Bypass-Verhältnis ..................... | | 1,72 | [Flight 31. 8. 61] | 1,75 | [896] |
| Luftdurchsatz (gesamt) ......... [kg/sec] | | 88,8 | [891] | 86,2 | [896] |
| Luftdurchsatz (heiß) ........... [kg/sec] | | 32,7 | [891] | 31,3 | [896] |
| Verdichtungsverhältnis (ges.) ............ | | 13 : 1 | [891] | | |

Reiseleistung im Flug bei 7,62 km Flughöhe und 850 km/h Fluggeschwindigkeit [891]:

| Reiseschub ........................ [kp] | 1147 |
|---|---|
| Drehzahl .................... [U/min] | – |
| Spez. Kraftstoffverbrauch ....... [kg/kph] | 0,783 |

*Auslegung des BS. 75* (Auf Basis der HD-Verdichterdrehzahl) [896]

| Leistung | HD-Verdichter-Drehzahl % | Turbineneintritts-temperatur °K |
|---|---|---|
| Max. Startleistung | 100 % | 1220 |
| Max. Dauerleistung | 98 % | 1180 |
| Reiseleistung | 96 % | 1140 |

*Leistung in Meereshöhe*

(Mittlere Leistungsdaten des BS. 75 in Meereshöhe ohne Einlaufverlust, Luftabblasung u. a.)

ISA Bedingungen (15°C)

| Leistung | Schub (kp) | Spezif. Kraftstoffverbr. (kg/kph) |
| --- | --- | --- |
| Max. Startleistung | 3426 | 0,508 |
| Max. Dauerleistung | 3169 | 0,495 |
| Max. Reiseleistung | 2936 | 0,491 |

ISA $+$ 30°C - Bedingungen (45°C)

| Leistung | Schub (kp) | Spezif. Kraftstoffverbr. (kg/kph) |
| --- | --- | --- |
| Max. Startleistung | 2827 | 0,517 |
| Max. Dauerleistung | 2570 | 0,515 |
| Max. Reiseleistung | 2320 | 0,514 |

Höhenleistung    Mittlere Leistung unter ISA - Bedingungen bei 7,62 km Flughöhe, Fluggeschwindigkeit $M = 0,75$, kein Einlaufverlust, keine Luftabblasung.

| Leistung: | Schub (hp) | Spezif. Kraftstoffverbr. (kg/kph) |
| --- | --- | --- |
| Max. Dauerleistung | 1224 | 0,790 |
| Max. Reiseleistung | 1145 | 0,783 |

*Triebwerksbeschreibung:*

Das einteilige Einlaufgehäuse des Triebwerks ist aus nichtrostendem Stahl. Es wird, ebenso wie die feststehenden Leitschaufeln und die Nasenhaube, durch vom Verdichter abgezapfte Warmluft gegen Vereisung geschützt. Ein Rollenlager im Einlaufgehäuse nimmt das vordere Wellenende des dreistufigen Gebläses auf, dessen anderes Wellenende im Zwischengehäuse in einem Schublager gelagert ist. Die Gebläsekonstruktion basiert auf Erfahrungen mit dem Gebläse des BS. 53 und den ersten Niederdruckstufen des Verdichters des Olympus Mk. 301. Der Antrieb des Gebläses erfolgt über eine Antriebwelle von der dritten und vierten Turbinenstufe. Das Verdichtungsverhältnis beträgt 1,85 : 1 bei einem Luftdurchsatz von 86 kg/sec. bei 8900 U/min. Im Zwischengehäuse aus Leichtmetall wird der Luftstrom im Verhältnis 1,75 : 1 aufgeteilt, etwa 55 kg/sec. Luft werden durch den Bypass-Kanal der Schubdüse zugeführt, während etwa 31 kg/sec. Luft dem HD-Verdichter zuströmen. Durch das Zwischengehäuse radial nach außen werden Antriebswellen für Triebwerks- und Flugzeughilfsgeräte zu den entsprechenden Getriebekästen auf der Unterseite des Triebwerksmantels geführt.
Das Gehäuse des 10-stufigen Verdichters besteht aus einem Teil aus Leichtmetall auf der Niederdruckseite und einem Stahlgehäuse auf der Hochdruckseite. Die ersten beiden Kränze Leitschaufeln sind verstellbar. Der Verdichterläufer setzt sich aus einzelnen Scheiben zusammen. Er ist im Zwischengehäuse in einem Kugellager und im Auslaßgehäuse in einem Rollenlager gelagert. Die Beschaufelung ist aus Stahl, lediglich für die ersten Stufen wurde Leichtmetall verwendet. Grundlage des Verdichterentwurfs bildete der Verdichter des Orpheus. Der Verdichter wird von den ersten beiden Turbinenstufen angetrieben. Das Endverdichtungsverhältnis ist 13,0 : 1 bei 14500 U/min. [895].

Das Auslaßgehäuse beherbergt das hintere Verdichtslager und ist mit Vorrichtungen zur Druckluftentnahme versehen.

Die Ringbrennkammer hat 16 in Gegenstromrichtung arbeitende Verdampfungsbrenner. Brennkammerende und Leitschaufeln der ersten Turbinenstufe bilden eine Einheit. Die Leitschaufeln sind hohl [895]. Die Turbine teilt sich in einen zweistufigen Hochdruckteil und einen zweistufigen Niederdruckteil auf, die auf koaxiale Wellen arbeiten. Die Turbinenkonstruktion wurde weitgehend der Turbine des PTL-Triebwerkes Proteus angeglichen. So sind unter anderem die Schaufeltemperaturen und Schaufelbelastungen genau die gleichen wie beim Proteus. Nach [895] beträgt die Heißgastemperatur beim Eintritt in die Turbine 947°C. Die Schubdüse hat unveränderlichen Querschnitt, die Verwendung einer Schubumkehrvorrichtung ist vorgesehen.

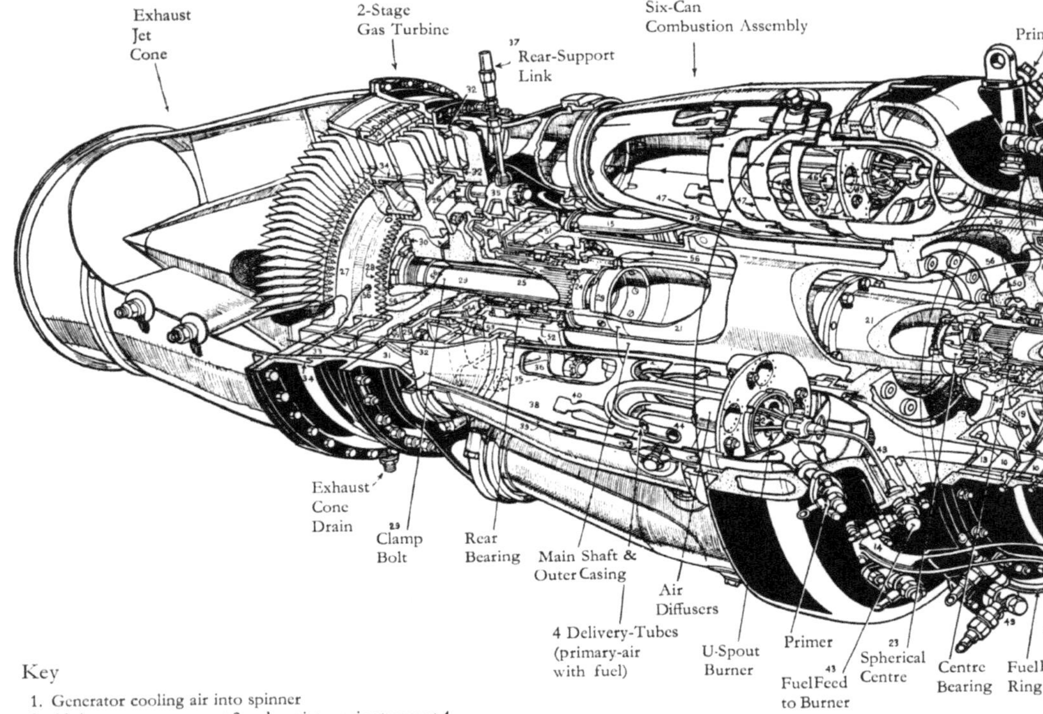


## Key

1. Generator cooling air into spinner
2. Air into generator, out at 3 and out into main stream at 4
5. Main shaft drives accessories through vertical shaft 6, and generator through extension 7
8. Gear train (in gearbox saddled on compressor)
9. Line of last gears (oil Pumps)

### 10-Stage Air Compressor

10. Stator blades
11. Stator blade-ring retainer-rings
12. Inlet guide vane
13. Straightener blade
14. Air tapped from compressor for centre bearing cooling
15. Same for rear bearing
16. Compressor rotor blades on rings riveted to double discs
17. First three blades are fir-treed to solid discs
18. Blade thrust plate
19. Thrust equalizer on rotor drum 20
21. Main shaft (gas turbine to compressor is coupled at 22 and aligned on 23

### 2-Stage Gas Turbine

24. Coupling (mainshaft 22 to turbine stub shaft 25)
25. Stub shaft bolted to 26
26. First rotor wheel
27. Second rotor wheel driven off 26 through 28
28. Hirth coupling
29. Turbine clamp bolt
30. Balance weights fixed to wheel 27
31. First stage stator blades with base-and-top rings 32
33. Second stage stator blades with base and top rings, 34
35. Three torque links (outer casing to turbine casing) with tangential anchorage 36
37. Rear support link ball-jointed off 35

Abb. 66  Armstrong Siddeley Adder [242] (Aeroplane)

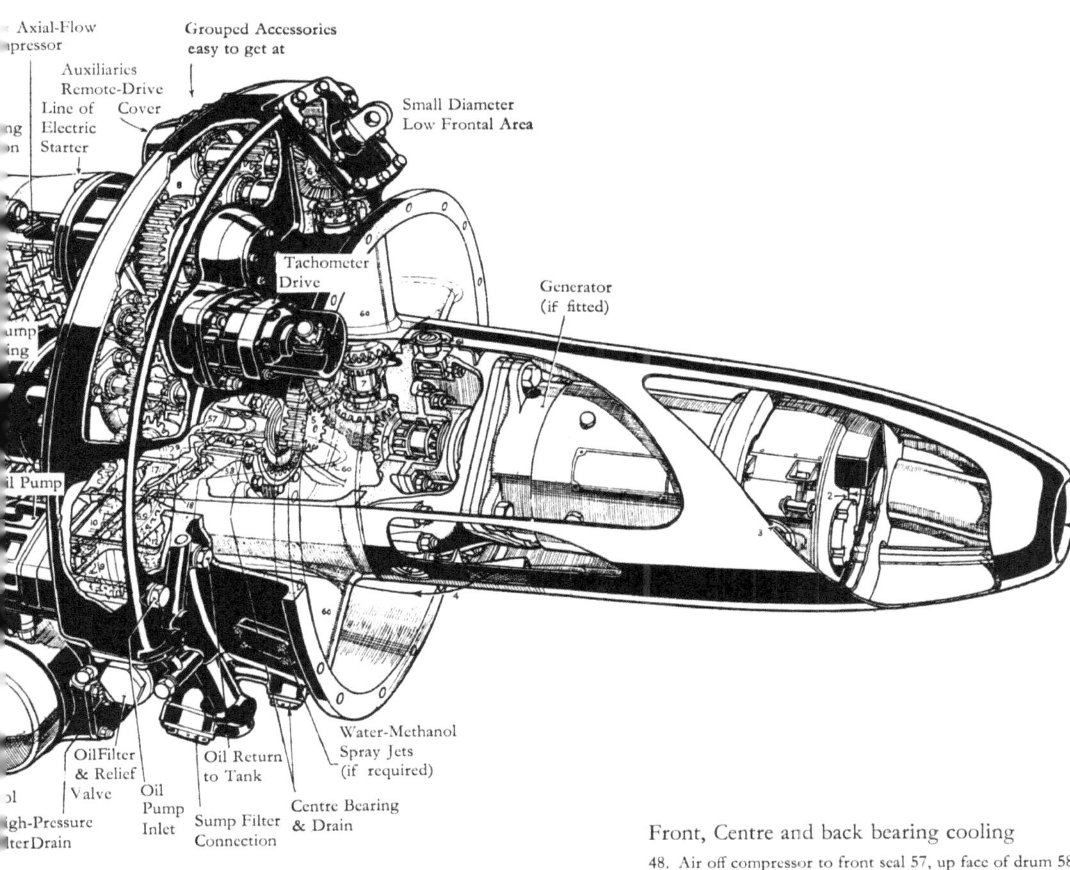


## Combustion Assembly

38. Flame chamber
39. Sleeve of protective cool air
40. Turbulence strips
41. Pressure air from compressor becomes 42 and 45
42. Primary air mixed with fuel 43, and out against the wind at 44
45. Secondary air through slot-ended diffuser out at 46 to burn with 42–43
47. Secondary air by degrees into flame (combustion) chamber with some parting off as protective sleeve 39

## Front, Centre and back bearing cooling

48. Air off compressor to front seal 57, up face of drum 58 and out into main air-stream at 59
49. Air from 14, around bearing and galleried out, 50, with bearing leakage-oil into combustion run
51. Air from 15 around back bearing and out from 52 with leakage oil
53. Air piped in to pressurize labyrinth seal 54, then out via 55, turbine and jet
56. Leak-off from compressor through seal 19, under stub-shaft 25, up to cool turbine wheels and out via jet
60. Radial supports cored for vertical drive shaft 6 and oil-galleried
61. Retaining screws (fairing cap)

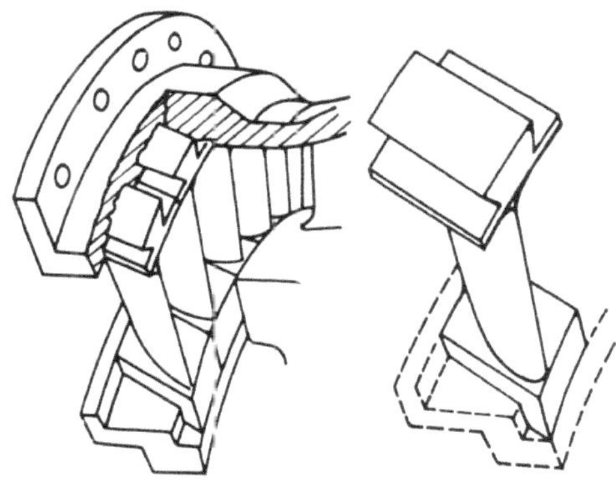

Abb. 68    Armstrong Siddeley Adder: [242]
(Aeroplane)

Leitschaufeln der ersten Turbinenstufe

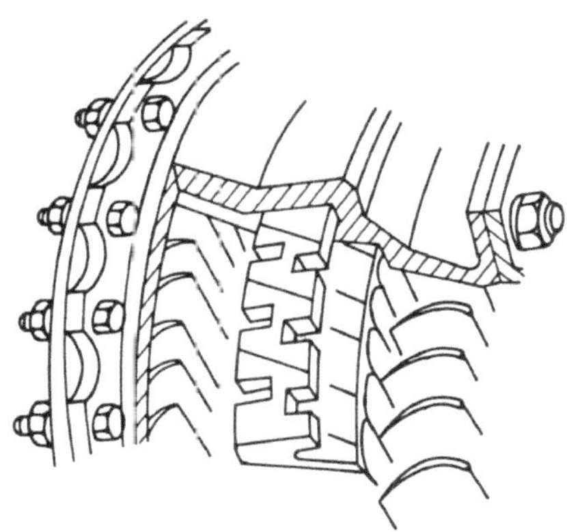

Leitschaufeln der zweiten Turbinenstufe

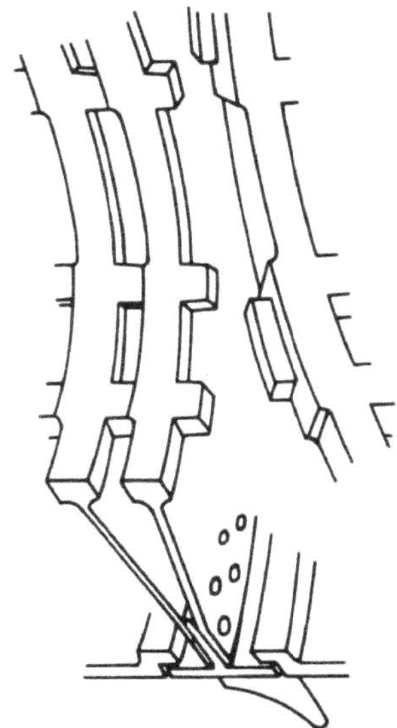

Abb. 67    Armstrong Siddeley Adder:
Zusammenbau des Verdich-
terläufers (oben)
Befestigung der Leitschaufeln
im Verdichtergehäuse (unten)
[242] (Aeroplane)

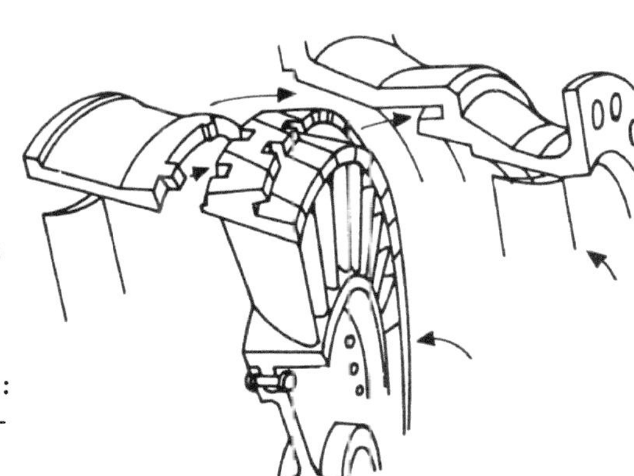

Befestigung des Turbinenleitschaufel-
kranzes im Gehäuse

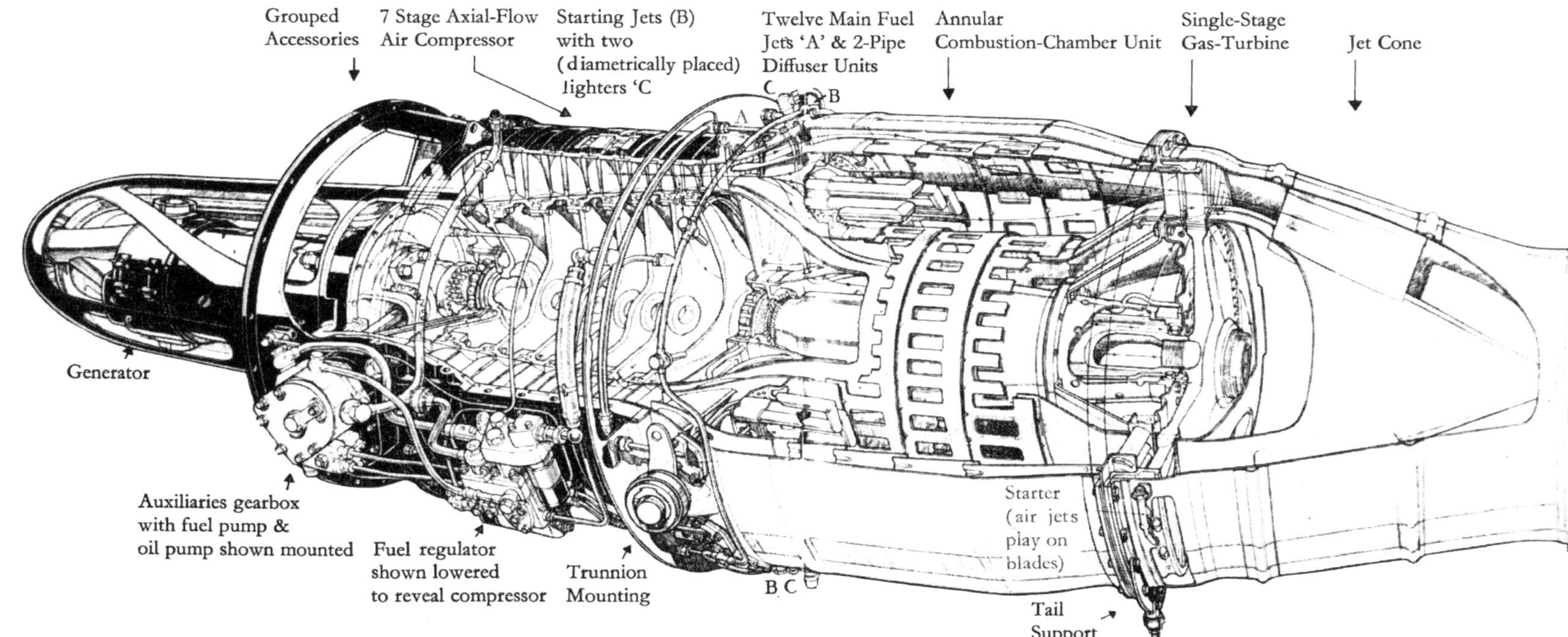


Abb. 69   Armstrong Siddeley Viper [258] (Aeroplane)

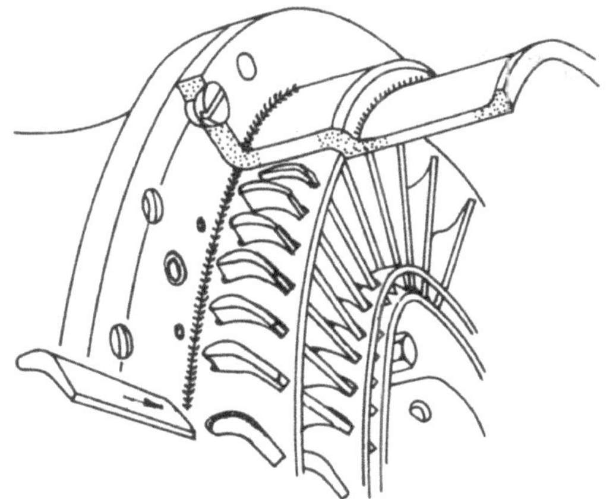

Oben: Leitschaufelkranz der einstufigen Turbine

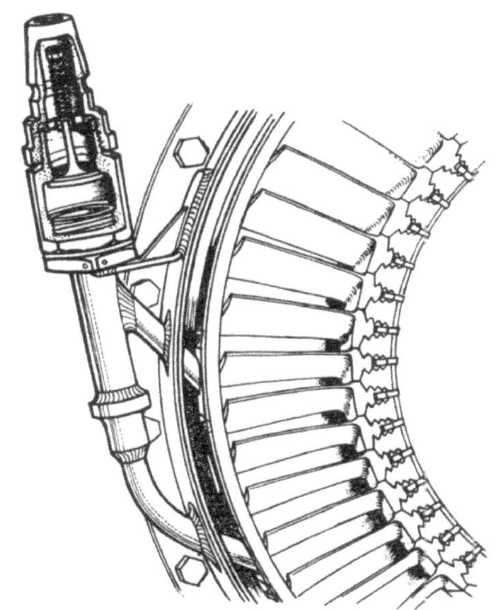

Unten: Anlaßdüse an der Turbine

Abb. 70   Armstrong Siddeley Viper [579] (Flight)

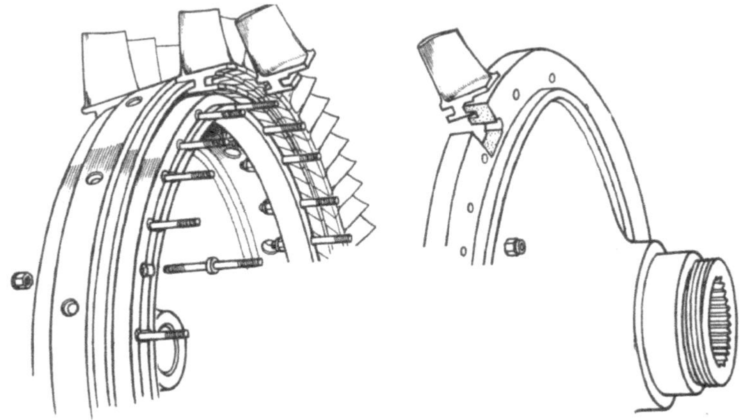

Abb. 71   Armstrong Siddeley Viper [579] (Flight): Zusammenbau des
Verdichterläufers

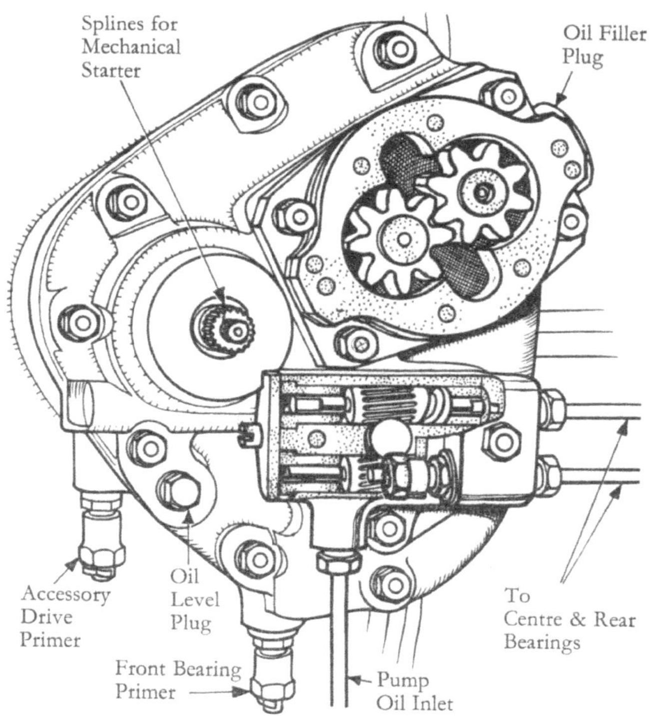


Abb. 72   Armstrong Siddeley Viper [579] (Flight): Öl- und Brennstoffpumpen

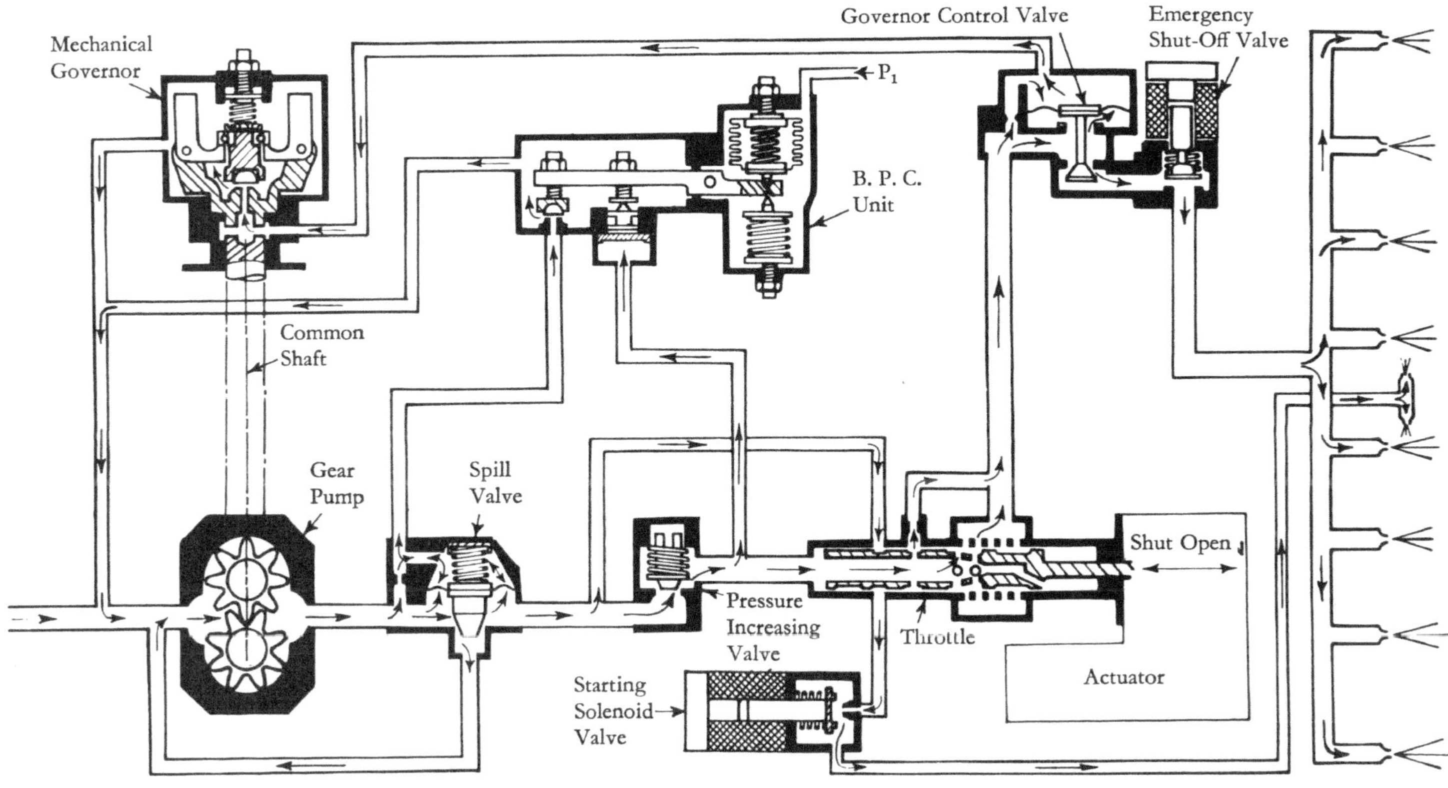


Abb. 73   Armstrong Siddeley Viper [579] (Flight): Kraftstoffsystem

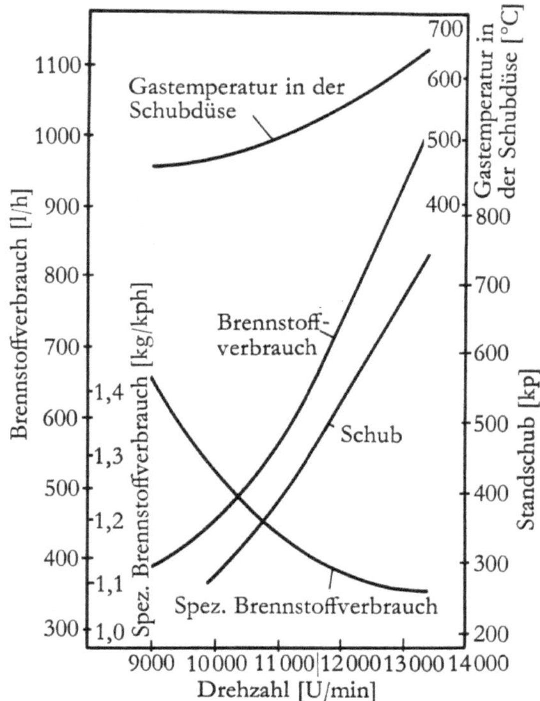



Abb. 74   Armstrong Siddeley Viper 3 [579] (Flight)

158

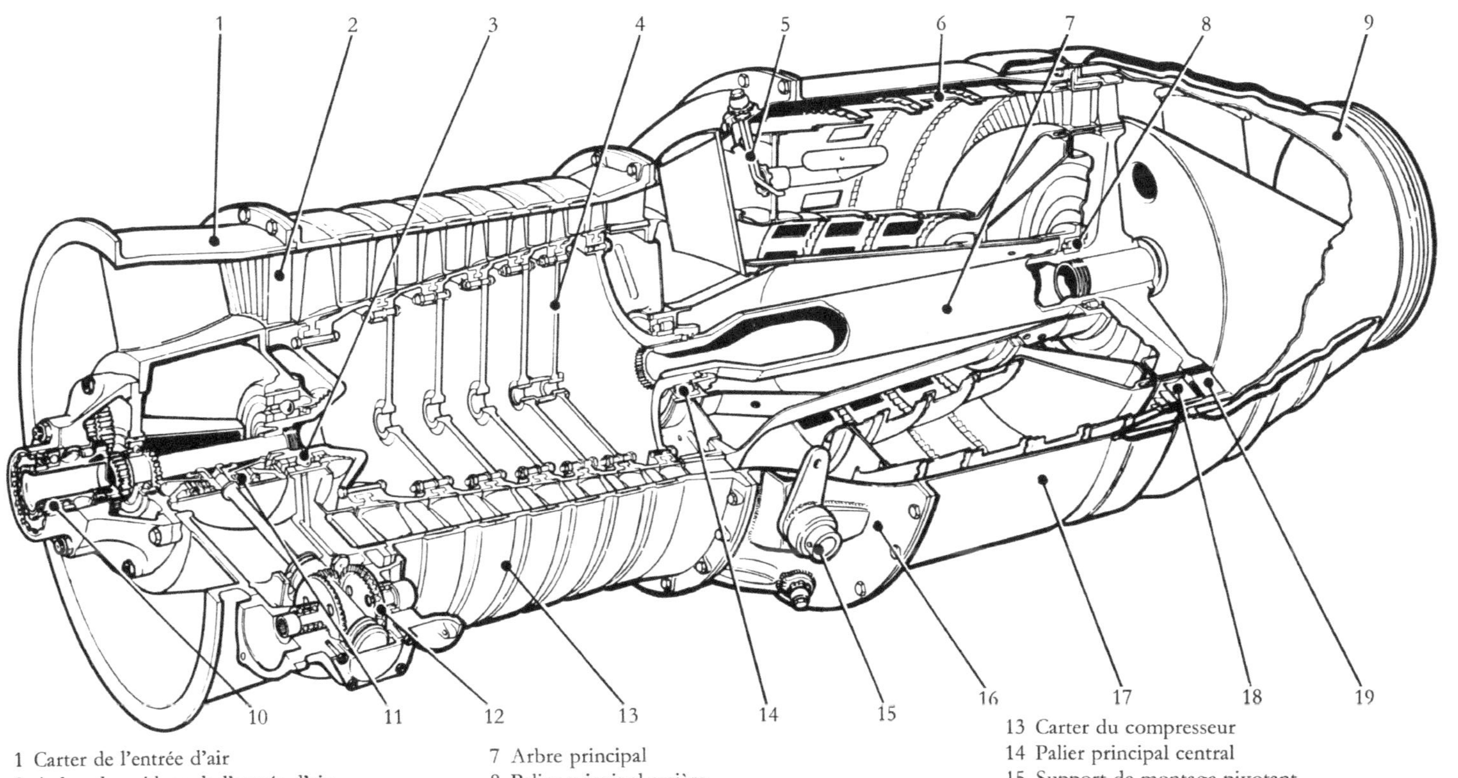


1 Carter de l'entrée d'air
2 Aubes de guidage de l'entrée d'air
3 Palier principal avant
4 Disques du rotor du compresseur
5 Tuyaux d'alimentation du combustible
6 Assemblage des tuyaux à flamme
7 Arbre principal
8 Palier principal arrière
9 Cône d'echappement de la tuyère
10 Prise de la transmission avant
11 Boite intérieure à engrenages coniques
12 Boite de commande des organes auxiliaires
13 Carter du compresseur
14 Palier principal central
15 Support de montage pivotant
16 Section centrale
17 Carter de la chambre de combustion
18 Aubes de guidage pour l'écoulement des gaz
19 Rotor de la turbine

Abb. 75   Armstrong Siddeley Viper 8

159

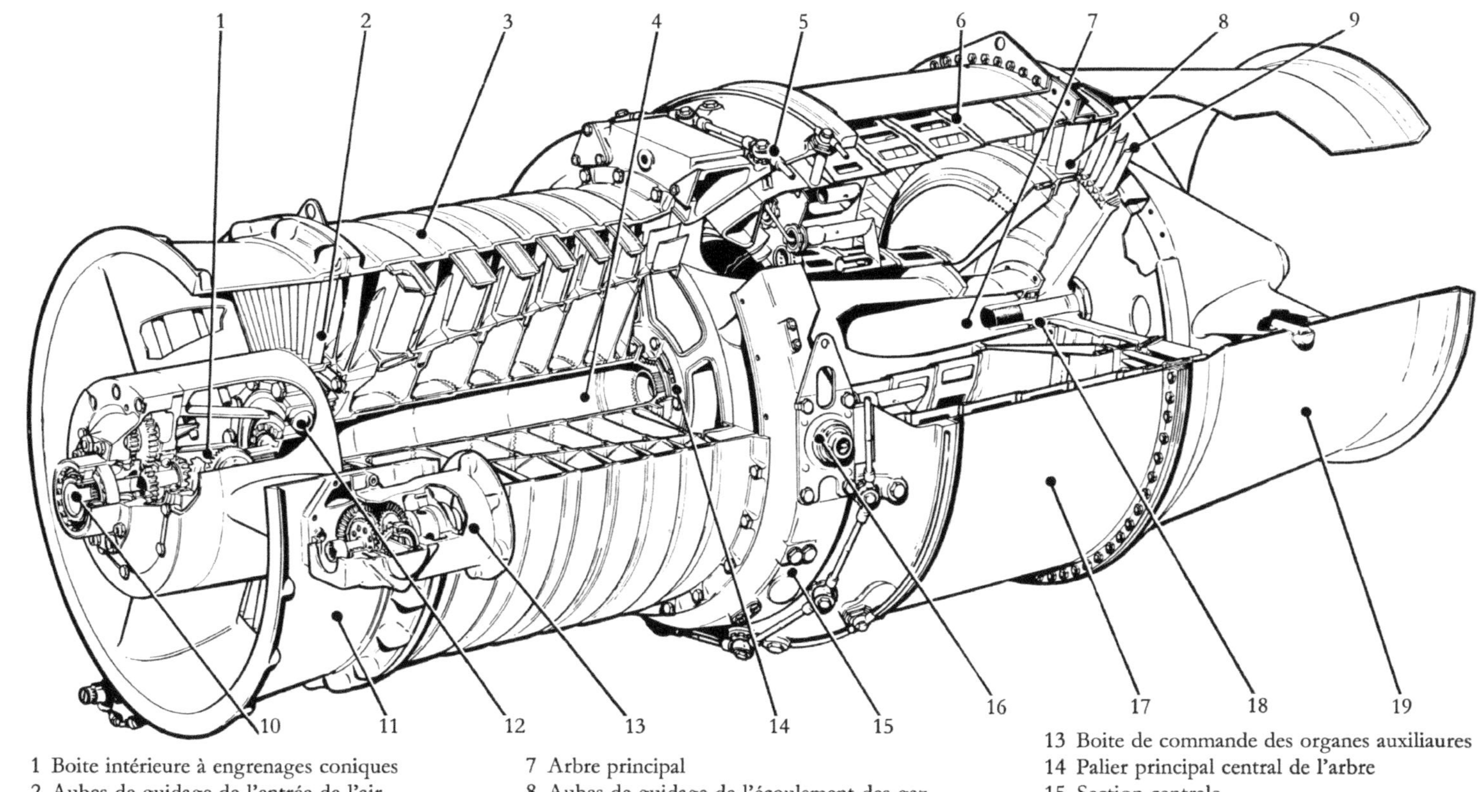



1 Boite intérieure à engrenages coniques
2 Aubes de guidage de l'entrée de l'air
3 Carter du compresseur
4 Tambour du rotor du compresseur
5 Tuyaux d'alimentation du combustible
6 Assemblage des tuyaux à flamme
7 Arbre principal
8 Aubes de guidage de l'écoulement des gaz
9 Rotor de la turbine
10 Prise de la transmission avant
11 Carter de l'entrée d'air
12 Palier principal avant de l'arbre
13 Boite de commande des organes auxiliaures
14 Palier principal central de l'arbre
15 Section centrale
16 Tourillons de montage
17 Carter de la chambre de combustion
18 Palier principal arrière de l'arbre
19 Cône d'echappement de la tuyère

Abb. 76   Armstrong Siddeley Viper 11

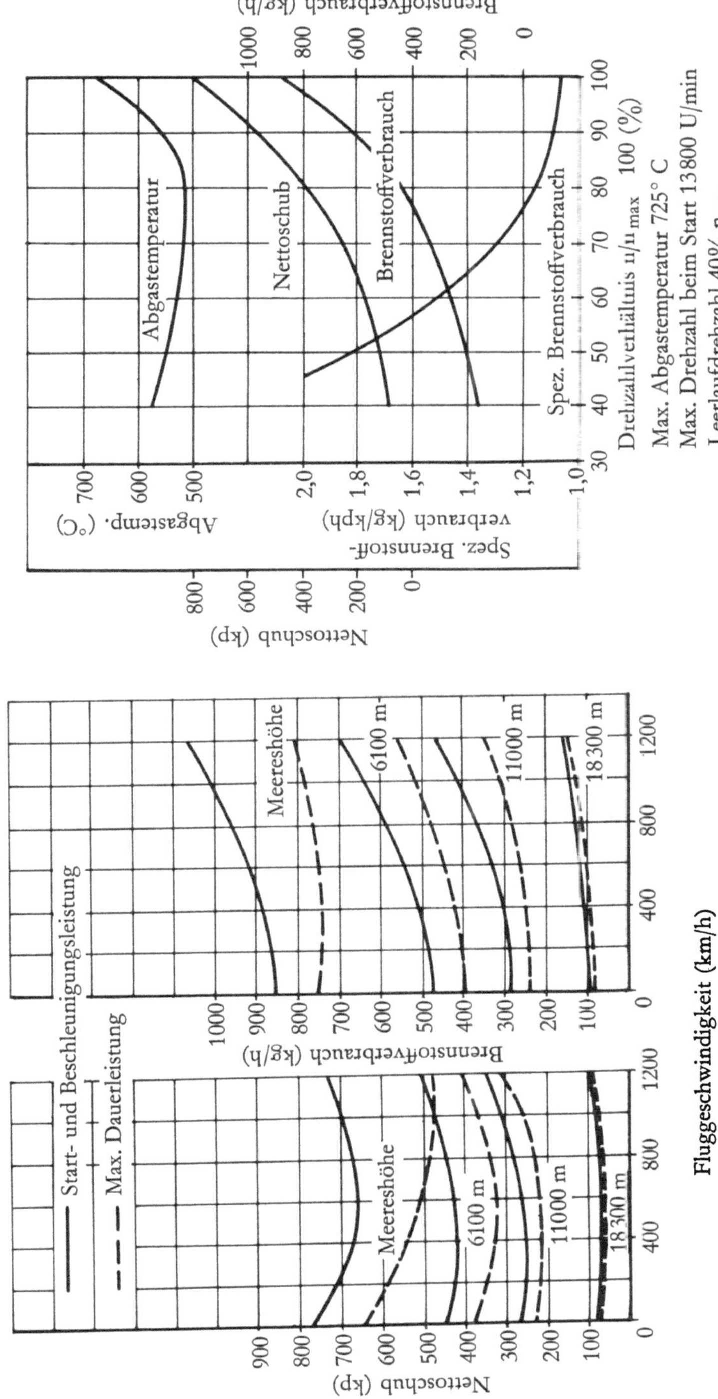


Abb. 77   Armstrong Siddeley Viper 8: Leistungsdiagramme

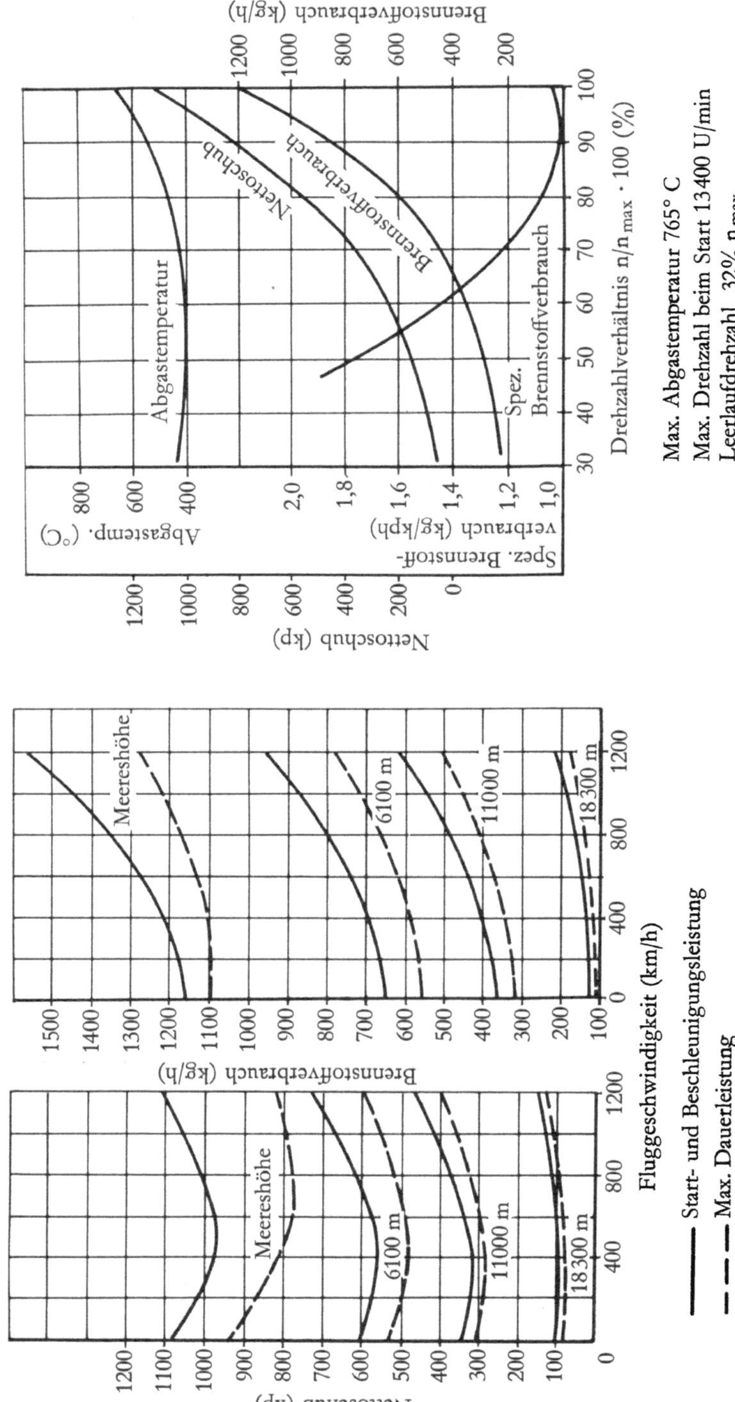


Abb. 78  Armstrong Siddeley Viper 11: Leistungsdiagramme

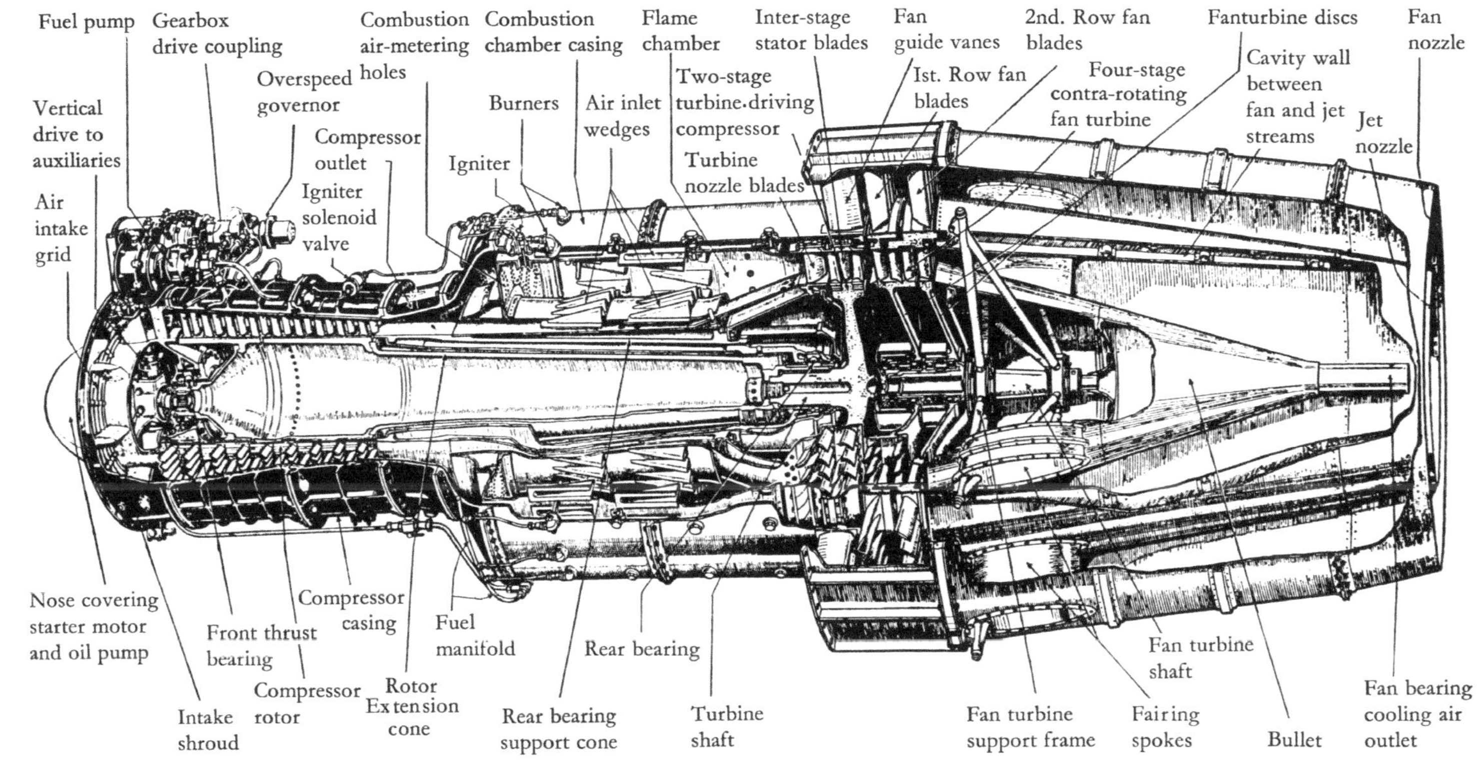


Abb. 79   Schnitt durch das Zweikreistriebwerk Metropolitan-Vickers F3

163

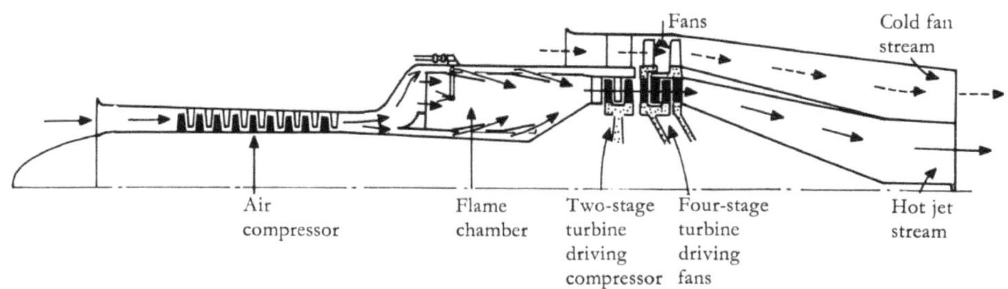


Abb. 80  Schema des Zweistromtriebwerks Metropolitan-Vickers F3

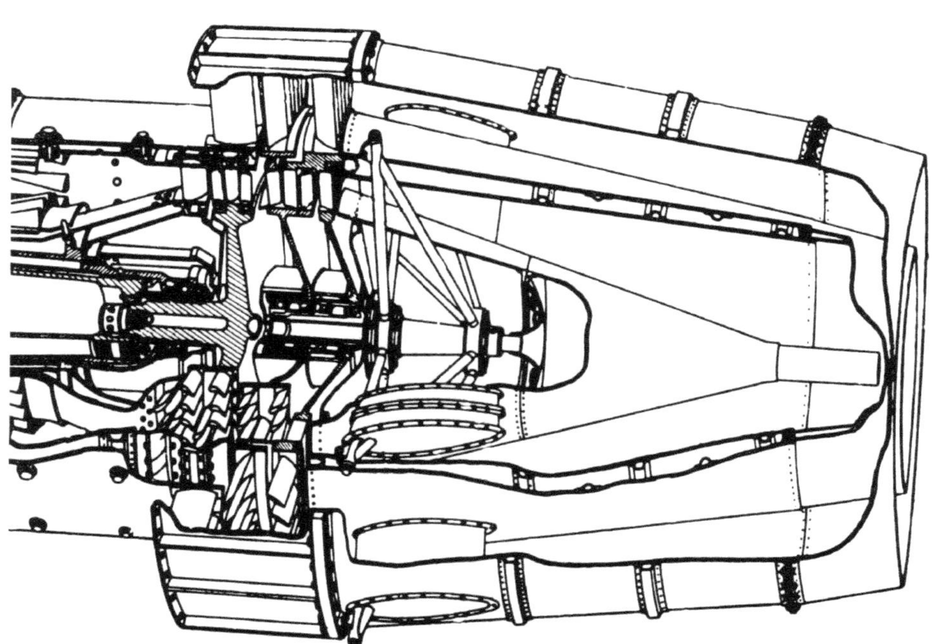

Abb. 81  Gebläse des Zweistromtriebwerks Metropolitan-Vickers F3

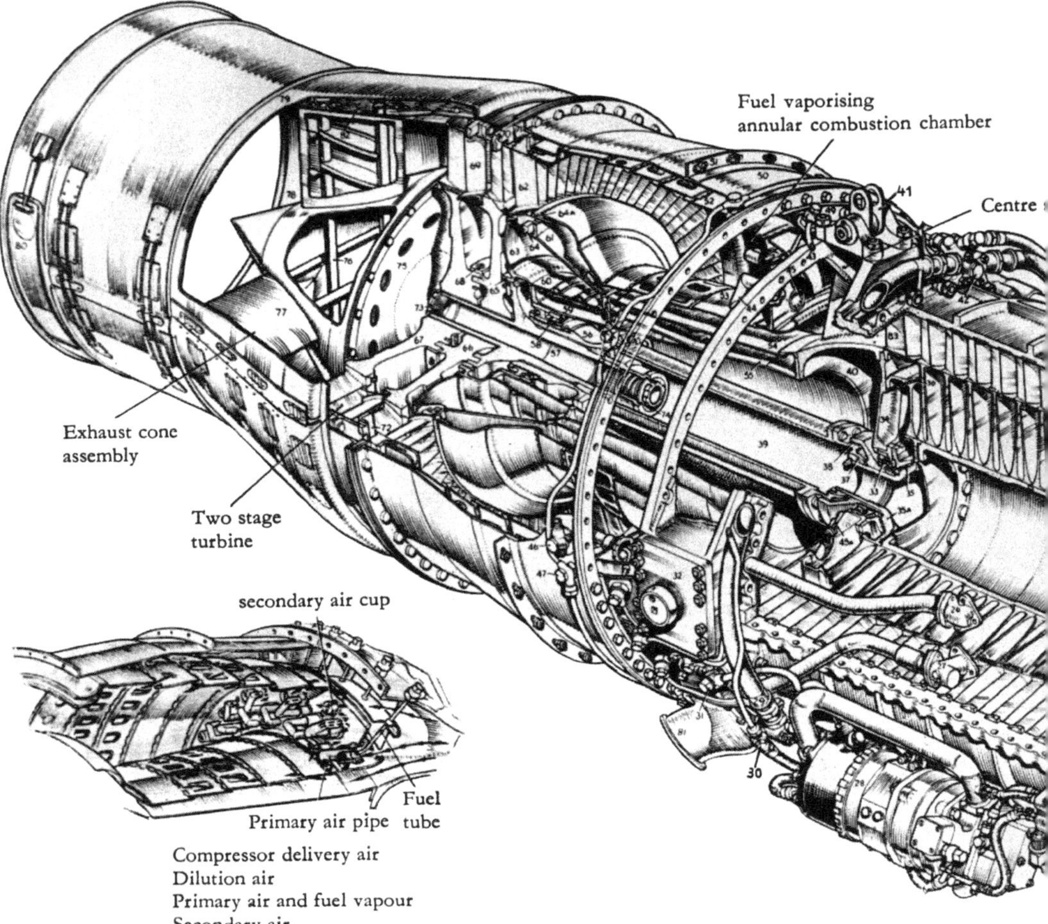


| | |
|---|---|
| 1. Turbo starter gearbox extension | 31. Oil feed to centre bearing |
| 2. Starter reduction gears | 32. Main engine mounting |
| 3. Accessory-drive bevel gear | 33. Centre bearing |
| 4. Compressor extension shaft | 34. Centre bearing diaphragm (and bearing support) |
| 5. Front compressor bearing | 35. Centre bearing labyrinth |
| 6. Compressor front mainshaft | 35 A. Compressor rear mainshaft |
| 7. Labyrinth seal | 36. Thrust equalizer |
| 8. Air intake casing | 37. Spherical bearing |
| 9. Third point engine mounting position | 38. Turbine-compressor coupling unit |
| 0. Aerofoil ring (for aircraft-engine sealing)-outer | 39. Rear mainshaft |
| 11. Aerofoil ring-inner | 40. Centre section (outlet branch) |
| 12. Aerofoil extension (4 off) | 41. Slinging unit |
| 13. Universal fuel governor | 42. Fuel distributor (6 off) |
| 14. Oil pump driving bevel | 43. Burner pipe (36 off) |
| 15. Accessories driving bevel | 44. Primary air pipe |
| 16. Accessories driving shaft | 45. Secondary air cup |
| 17. Front bevel box | 45 A. Bearing cooling air adaptor |
| 18. Power take-off coupling | 46. Ignitor (2 off) |
| 19. Remote drive shaft | 47. Fuel primer jets |
| 20. Front engine trunding rollers (for putting into aircraft) | 48. Seventh-stage air (for gun heating) |
| 21. Inlet guide vanes | 49. Combustion chamber nose piece |
| 22. Compressor rotor drum | 50. Combustion chamber outer casing |
| 23. Hirth coupling ring | 51. Rear fire-wall mounting flange |
| 24. Rotor discs (pressed on) | 52. Outer flame tube |
| 25. Compressor half casing | 53. Inner flame tube |
| 26. Fifth-stage air rear bearing cooling | 54. Heat shield |
| 27. Fifth-stage air centre bearing cooling | 55. Extension centre-section outlet branch |
| 28. Fuel pump | 56. Mainshaft extension |
| 29. Fuel distribution feed pipes | 57. Turbine stub shaft |
| 30. Fuel distribution drain pipe | 58. Rear bearing |

*Technical Data*
(Sapphire Sa. 6 and Sa. 7 detailed respectively)
*Dimensions:* Basic overall diameter. 37,4 in. (95 cm) and 37,4 in.
(95 cm); length with exhaust cone, 134 in. (340,4 cm)and 132 in.
(335,3 cm)
*Dry Weight:* 2703 lb. (1226 kg) (not available for Sa. 7)
*Perfomance:* Maximum sea-level static thrust, 8000 lb. (3629 kg) and
10500 lb. (4763 kg) for a specific fuel consumption of 0,9 lb./hr./lb.
at 8600 r.p.m. (not available for Sa. 7)

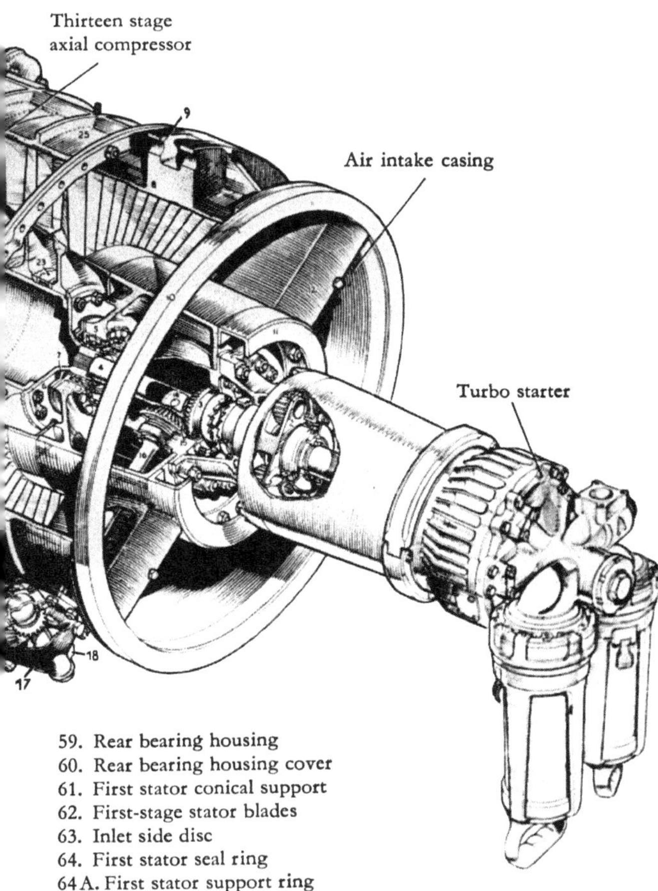

59. Rear bearing housing
60. Rear bearing housing cover
61. First stator conical support
62. First-stage stator blades
63. Inlet side disc
64. First stator seal ring
64 A. First stator support ring
65. Turbine stubshaft labyrinth seal
66. First-stage turbine disc.
67. Second-stage turbine disc.
68. Retaining ring
68. Retaining ring
69. Second-stage stator blades
70. Front blade support ring
71. Stator adjusting shim
72. Blade carrier ring
73. Cooling air metering orifice
74. Turbine stubshaft locking unit
75. Exhaust cone bullet
76. Exhaust cone stay tubes
77. Exhaust cone aerofoil
78. Exhaust cone
79. Exhaust cone heat shroud
80. Access door for jet pipe securing clamps
81. Air and oil vapour outlet
82. "Alfol" lagging
83. Air flow straightener blades

Abb. 82 Armstrong Siddeley
Sapphire 6 [315] (Aeroplane)

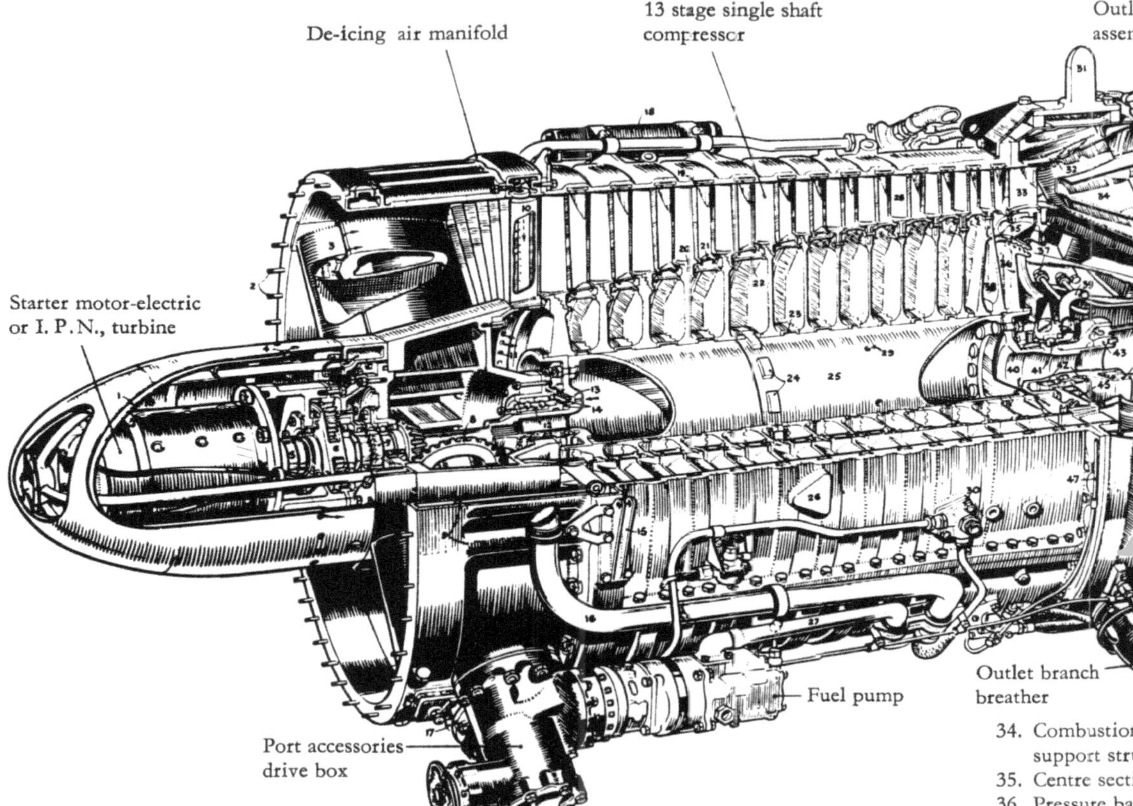



## Key:

Components numbered top to bottom and left to right.

1. Hot air feed to de-ice double-skinned starter bullet.
2. Intake extension-unit studs.
3. Four support struts with separate leading-edge ducts carrying hot air to de-ice struts and nose bullet.
4. Outlet holes for bullet de-icing air.
5. Starter clutch.
6. Epicyclic reduction gearbox.
7. Starter dogs.
8. Internal bevel gearbox.
9. Hot-air transfer integral with intake casting.
10. Fixed-incidence inlet guide-vanes – hollow with hot air de-icing.
11. Inlet guide-vane de-icing air exhausted into compressor.
12. Double ball-race front bearing.
13. Front main compressor shaft.
14. Labyrinth seal and twin piston-rings pressurized by air bleed.
15. Third point mounting.
16. Overboard breather pipe.
17. Transfer shaft to starbord accessories drive-box.
18. Fuel-cooled oil-cooler
19. Stator blades dove-tailed into half rings
20. Stages one to seven rotor-blades with serrated root-fixing.
21. Stator-tip shroud rings on stages one to seven.
22. Rotating shroud rings.
23. Disc coupling with Curvic form teeth.
24. Torque transfer dogs.
25. Compressor drum.
26. Two-piece compressor casing.
27. Fuel outlet to oil-cooler and flow control unit.
28. Eighth to thirteenth rows rotor blades with two-pin root fixing.
29. Eighth-stage air bleed holes, to pressurize front bearing seals.
30. Graviner fire extinguisher system.
31. Steady trunnion.
32. De-icing air bleed into annulus.
33. Outlet air straightener blades.
34. Combustion support strut
35. Centre sectio
36. Pressure bal
37. Centre beari
38. Twin triangu
39. Centre beari
40. Rear main c
41. Centre roller
42. Centre beari
43. Spherical be
44. Turbine-com
45. Centre beari
46. Centre sectio
47. Distributor
48. Engine mou
49. Primer jets (
50. Secondary ai
51. Vaporizer tu
52. Main fuel jet
53. Heat shield.
54. Front main t
55. Combustion
56. Dilution air
57. Inner and ou
58. Centre sectio
59. Rear main tu

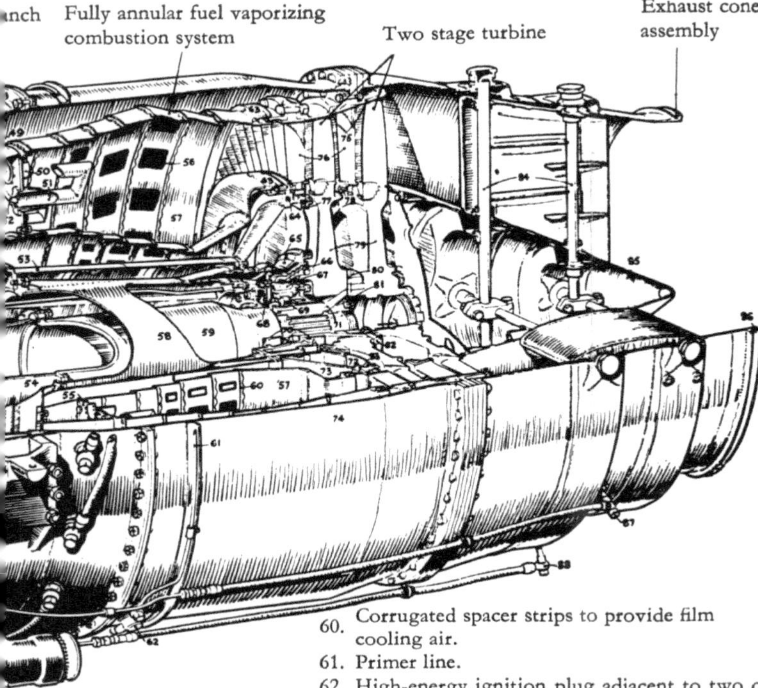


60. Corrugated spacer strips to provide film cooling air.
61. Primer line.
62. High-energy ignition plug adjacent to two of the primer jets.
63. Flame tube seal rings.
64. Seal ring for first-stage nozzle blades.
65. Rear bearing housing cover.
66. Turbine labyrinth seal.
67. Rear bearing housing.
68. Rear bearing oil jet.
69. Rear roller bearing.
70. Rear bearing labyrinth oil seals.
71. Turbine stub shaft splined onto rear main shaft.
72. Turbine front face seal plate.
73. First-stage conical support.
74. Combustion chamber outer casing.
75. Turbine shroud rings.
76. First- and second-stage nozzle blades.
77. Stop ring.
78. Second-stage nozzle blade support ring.
79. Turbine discs.
80. Cooling air holes.
81. Turbine lock-nut.
82. Taper pins connecting turbine discs and stub shaft.
83. First-stage nozzle blade support ring.
84. Stay tubes through floating aerofoil.
85. Exhaust bullet.
86. Jet pipe clamp-ring.
87. Jet pipe pressure transmitter to fuel pump.
88. Exhaust cone fuel drain.

Abb. 83 Armstrong Siddeley
Sapphire 7 [330] (Aeroplane)

1–7 Electric starter details:
1 Motor
2 Supply leads
3 Limiting-torque clutch
4 Epicyclic reduction gearbox
5 Satellite-carrier roller bearing
6 Gearbox thrust bearing
7 Driving dogs
8 Compressor extension shaft thrust bearing
9 Accessory-driving pinion and bearling
10 Accessory bevel gear
11 Roller-type free-wheel lock
12 Centrifugal oil/air separator driven from (10)
13 Separator stack-pipe
14 Overboard breather pipe
15 Accessory drive shaft from (10)
16 Fuel pump and accessory-drive bevel box
17 Accessory-drive cross-shaft between port starboard bevel boxes
18 Accessory-drive Layrub coupling flanges
19 Intake casing strut
20 Intake casing inner cone
21 Intake extension rubber seal
22 Oil-pressure transmitter pipe
23 Cabin-heating trunk to airframe
24 Compressor front mainshaft
25 Matched twin Duplex thrust bearings
26 Air bleed holes for pressurizing front-be oil seal
27 Compressor disc driving-dogs
28 Eighth-stage air bleed holes to pressurize front-bearing oil seal
29 Blanking diaphragm plate
30 Compressor rotor disc
31 Rotating shroud rings (stages 1–12)
32 Stator shroud rings (stages 1–7)
33 Curvic coupling ring
34 Triangulated 13th-stage rotor disc
35 Alternate coupling teeth omitted to allow passage of 13th-stage cooling air for turb
36 Centre roller bearing
37 Centre-bearing-scroll oil seal
38 Spherical bearing
39 Thrust equalizer labyrinth seal and disc
40 Centre-bearing diaphragm
41 Turbine mainshaft
42 Rear-bearing-scroll oil seal
43 Rear roller bearing
44 Rear-bearing-scroll oil seal
45 Turbine labyrinth seal
46 Turbine diaphragm

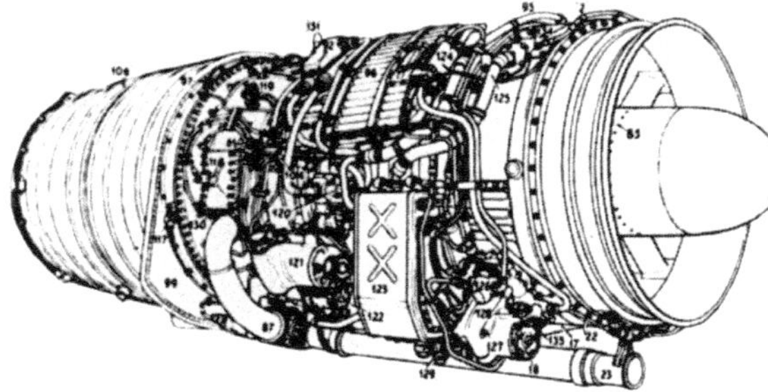

SAPPHIRE 7...
This „Flight" drawing shows a typical
Armstrong Siddeley 200 series engine of
ASSa. 7 rating, with equipment suitable
for a bomber installation

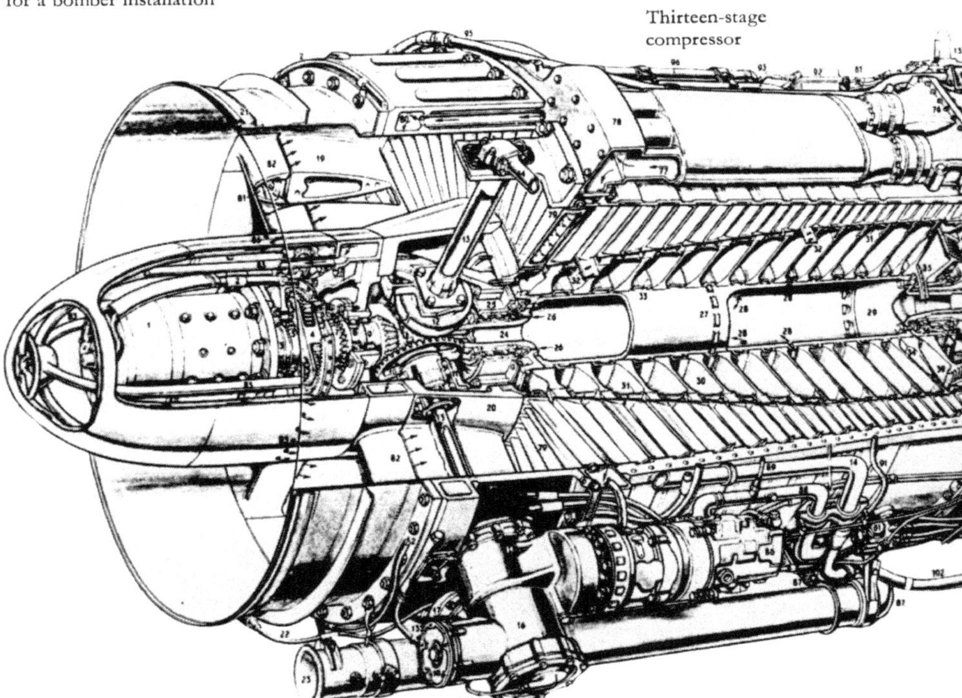


Abb. 84   Armstrong Siddeley Sapphire 7 [646] (Flight)

47 Inner flame-tube seal ring
48 Turbine lock-nut
49 Taper pins mounting turbine discs to stub-shaft
50 Turbine blanking plug
51 Outer flame-tube seal ring
52 First-stage turbine nozzle blades
53 First-stage turbine rotor blades
54 Second-stage turbine nozzle blades
55 Second-stage turbine rotor blades
56 Torque-ring dogs
57 Centre-section conical extension
58 Heat shield
59 Inner flame-tube dilution ports
60 Outer flame-tube with corrugated film-cooling strip
61 Fuel distributors
62 Fuel feed pipes
63 Burner pipes
64 Primary air tube
65 Secondary air tube
66 Combustion chamber back-plate
67 Centre-section aerofoil strut
68 Diffuser entry to combustion chamber
69 Compressor outles streightener vanes
70 Stator case joint
71 Centre section
72 Stiffeners and diffuser attachment in aerofoil strut
73 Rear-bearing vent pipe
74 Rear-bearing scavenge pipe
75 De-icing bleed
76 Teddington gate valve
77 Triple feed pipe

78 De-icing hot-air manifold
79 Hollow de-iced fixed inlet guide vanes
80 Manifold to transfer hot air for de-icing spider and bullet
81 Passage for hot air from (80)
82 De-icing air outlet from spider
83 De-icing air feed pipes for bullet
84 Metering orifice for bullet de-icing air
85 Outlet holes for bullet de-icing air
86 Fuel pump
87 Cabin-heating air bleed with Teddington gate valve
88 Fuel-pump outlet pipe
89 Fuel pressure transmitter pipe
90 Distributor drain pipe
91 Graviner fire-extinguisher pipe
92 Flowmeter
93 Cooler outlet to P. I. V. fuel pipe
94 Centre and rear bearing vent connector
95 Centre and rear bearing vent pipe
96 Fuel-cooled oil cooler
97 Primer ring
98 Firewall seal (silicone-rubber seal covered with asbestos cloth)
99 Firewall
100 Vapour outlet pipe from centre section
101 $P_4$ pipe to fuel pump
102 Collector-box drain
103 Centre-section breather valve
104 Priming solenoid valve
105 Combustion chamber outer casing
106 Combustion chamber and exhaust-cone heat shield
107 Combustion chamber exhaust-cone and jet-pipe near cooling-air inlet
108 Exhaust cone outer skin
109 Insulating blanket
110 Exhaust-cone bullet
111 Exhaust-cone stay tubes
112 Exhaust-cone aerofoils
113 Heat shroud ring-joint to jet-pipe
114 Exhaust-cone rear flange incorporating piston-ring seal
115 Conduit for leads to Graviner fire detectors
116 Distributor drain connection to exhaust cone
117 Lodge high-energy igniter
118 Engine-mounting trunnion
119 Oil-feed connections for centre and rear bearings
120 Air-fuel ratio control
121 Low-pressure fuel filter
122 Barometric flow control
123 Oil tank ( stainless steel)
124 Inlet and outlet to fuel-cooled oil cooler
125 Oil-tank vent connection to intake casing
126 Oil-pressure feed pump
127 Cross-shaft bevel box
128 Scavenge filter cap
129 Oil tank sump
130 Compressor outlet ($P_2$) pressure tapping, for A/F.R.C. (120)
131 Steady trunnion
132 Oil drain pipe to (123)
133 Air-intake pressure tapping for flow control
134 Starter lead terminal
135 Pressure filter cap

combustion       Two-stage turbine

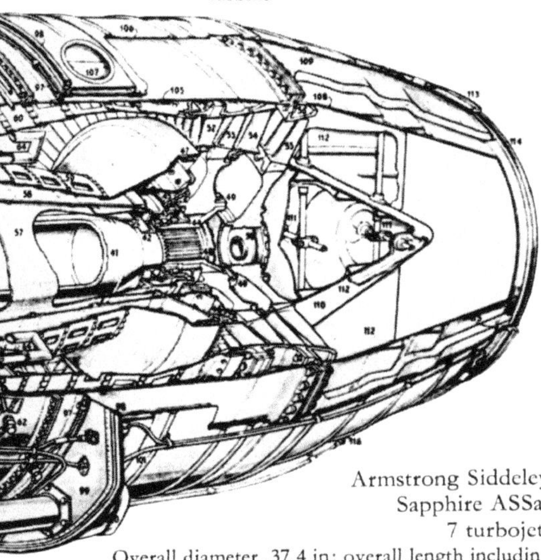

Armstrong Siddeley Sapphire ASSa. 7 turbojet.
Overall diameter, 37,4 in; overall length including nos fairing and exhaust cone, 132 in; dry weight (including anti-icing, turbo-starter, highenergy igniters and oil tank), 3,075 lb; rated thrust, 11,000 lb; specific fuel consumption, 0,89 at maximum sea level thrust

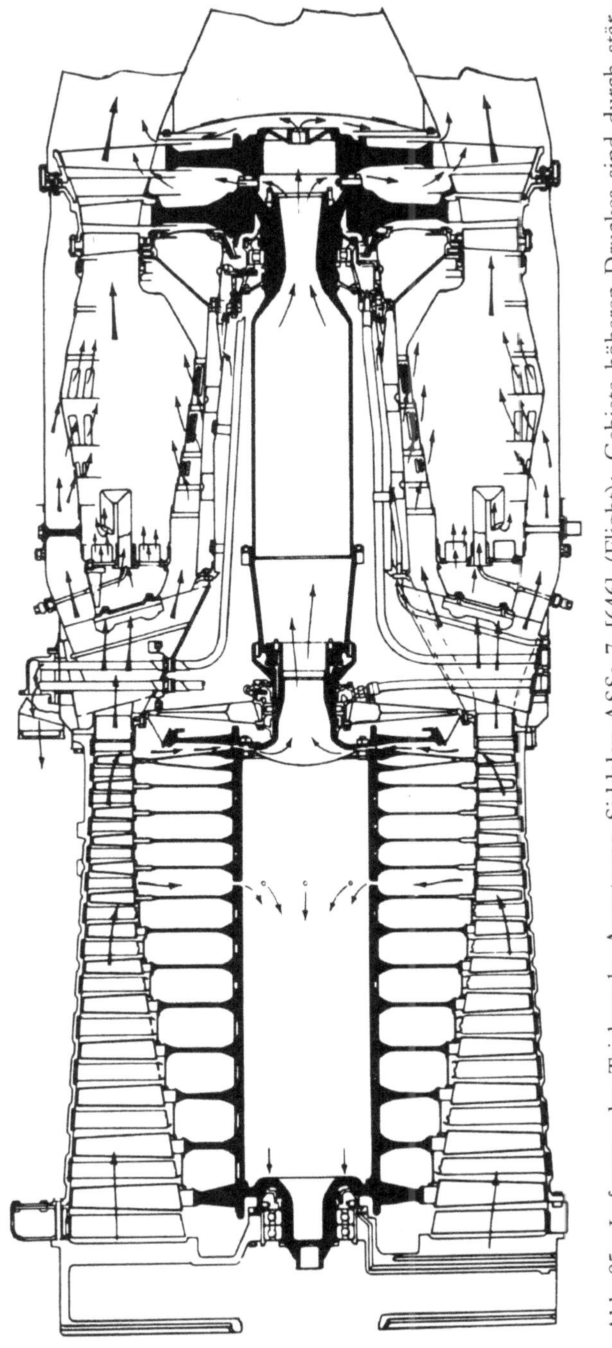

Abb. 85 Luftwege des Triebwerks Armstrong Siddeley ASSa 7 [646] (Flight): Gebiete höheren Druckes sind durch stärkere Pfeile gekennzeichnet

171

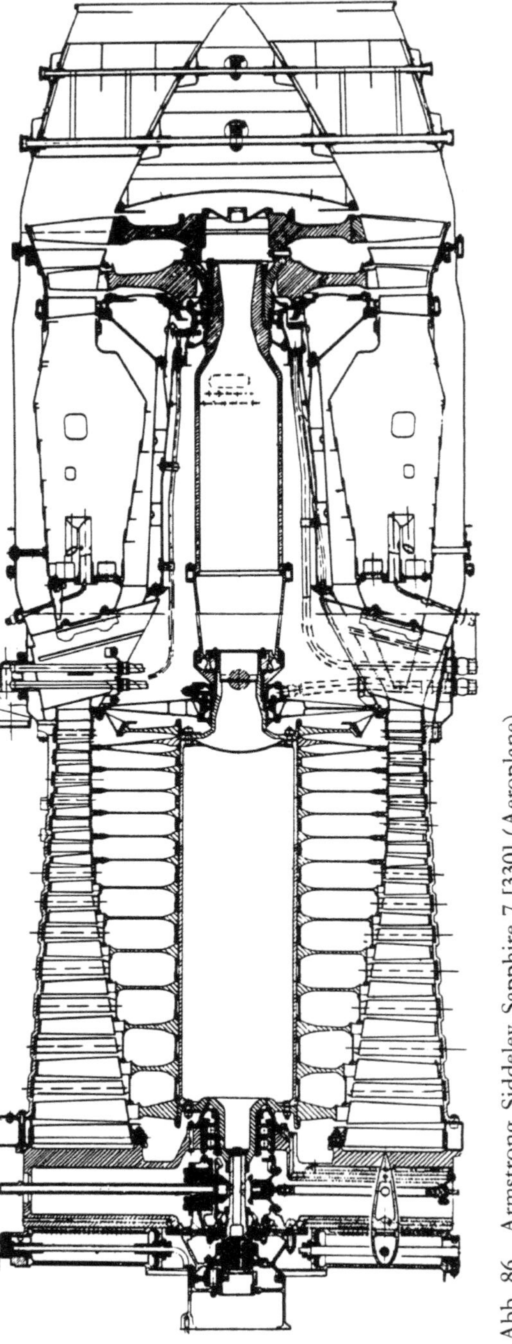

Abb. 86  Armstrong Siddeley Sapphire 7 [330] (Aeroplane)

172

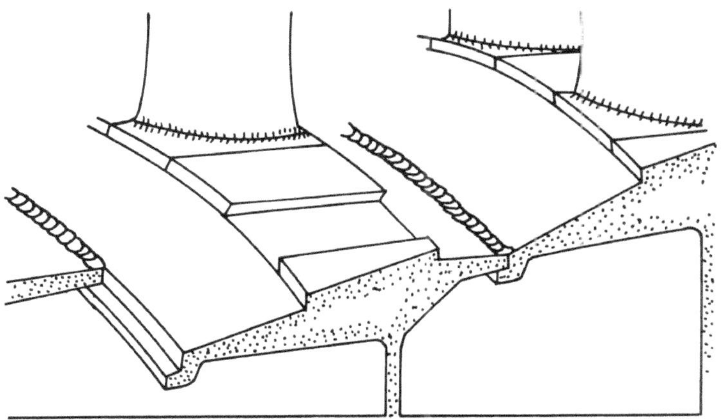

Abb. 87   Armstrong Siddeley Sapphire (Flight): Verdichterläuferkonstruktion

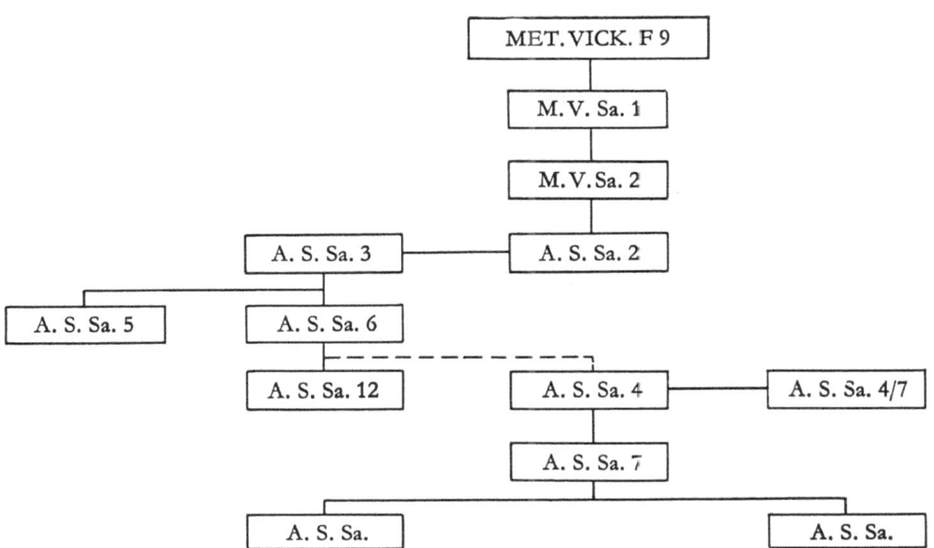


Abb. 88   Armstrong Siddeley Sapphire: Stammbaum

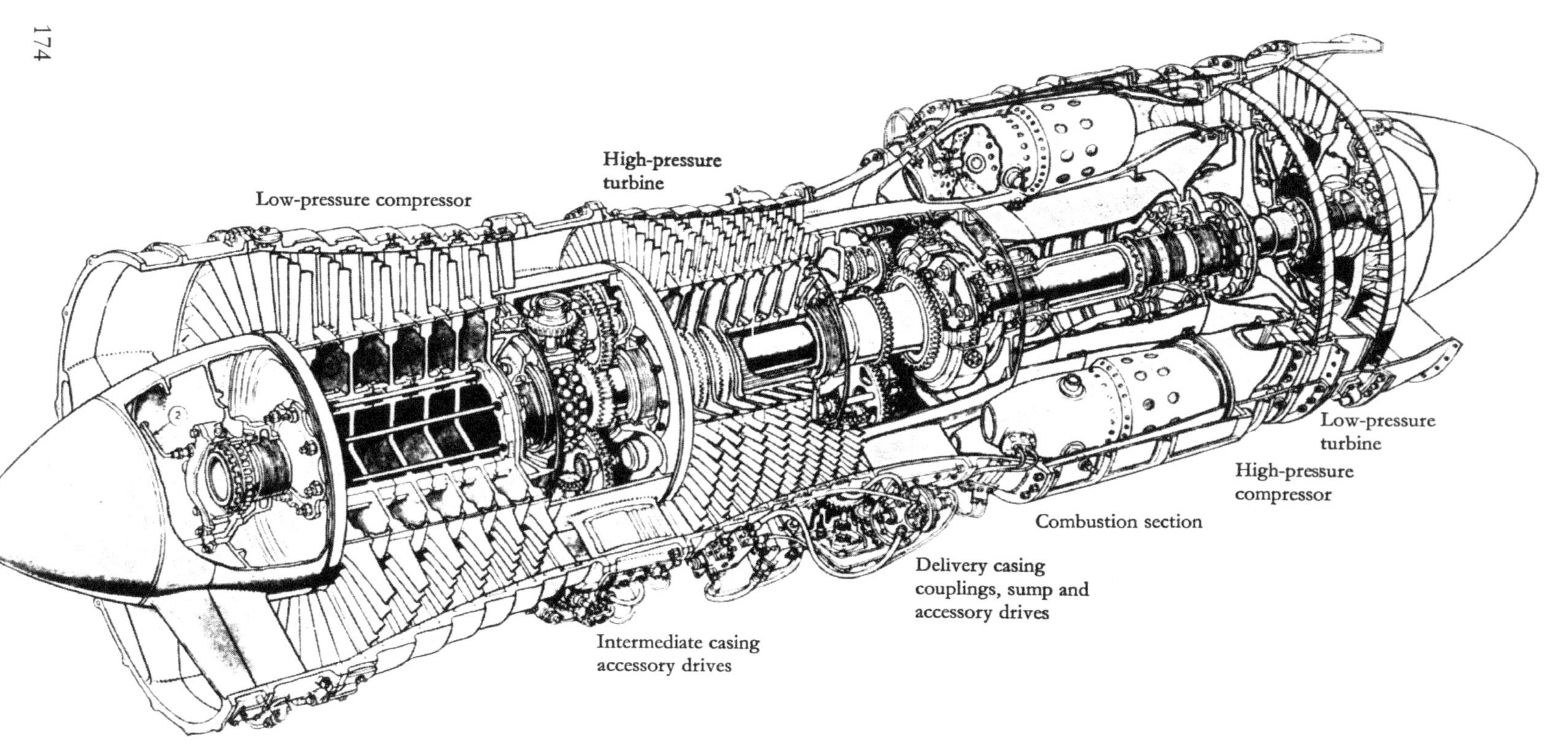


Abb. 89   Bristol Olympus BOl. 1 [632] (Flight)

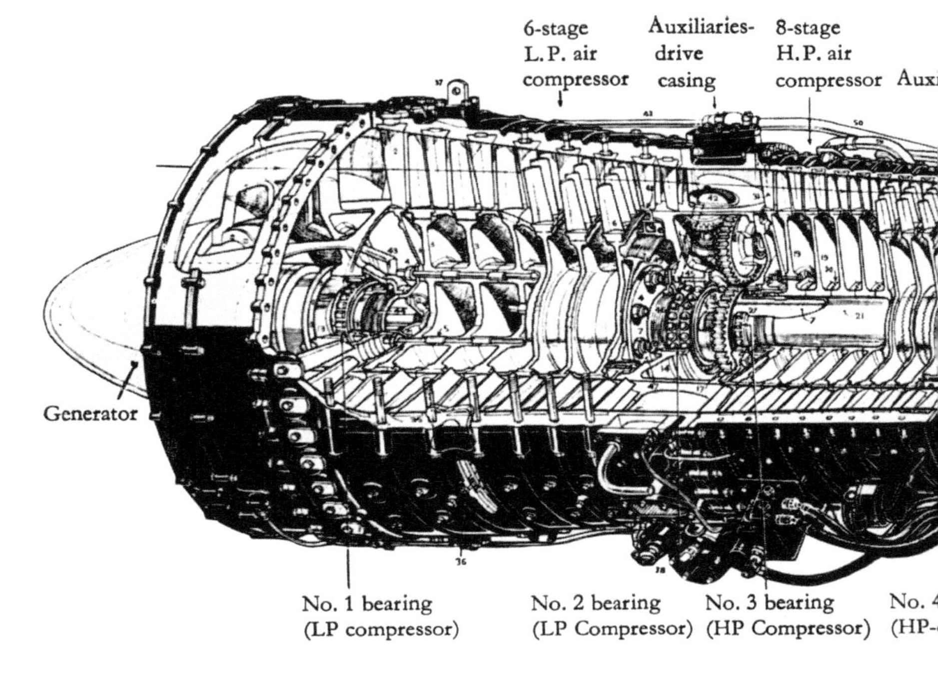


Key:
1. Air intake
2. Inlet guide vanes.

L. P. Compressor and Turbine
3. L.P. compressor discs with clamping bolts (4) (registering on dowels [5])
6. Rotor blades with fir-tree root fixing.
7. Driving shaft from H.P. turbine via splined coupling (8) and disc-coupling (9), then onwards via spline (10) and shaft (11), to H.P. turbine disc (12), the assembly supported in bearings (13, 14, 15) and (16).
17. Auxiliaries-drive pinion splined at (18) to shaft.

H. P. Compressor ar
19. H.P. compressor d clamping shaft (21)
22. Splined coupling. (to take shaft tensi disk (26), the assem
31. H.P. compressor e
32. Turbine mounting rear-bearing suppo
34. Mounting and thru
35. Line of front mour
36. Stator blade mounti against adjacent fix
37. Lifting eye.
38. Auxiliaries (driven
40. Starter drives into c

Abb. 90   Bristol Olympus BOl. 1 [316] (Aeroplane)

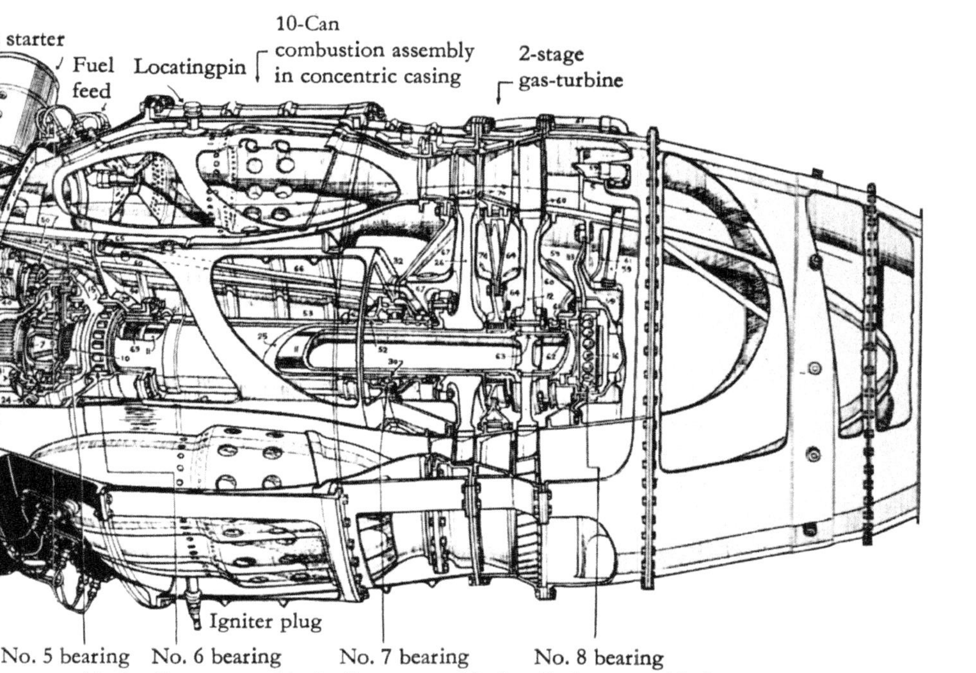


couplings (20) and

ling (23) and bolts (24)
shaft (25) to H.P. turbine
in bearings (27, 28, 29, 30).

("milk churn"), and
33).

wedge segments outwards

7) and (39)).
nion and toothed ring (41).

Air circuits.

42. Air from L.P. compressor enters at (42) then along (41) to front labyrinth (44), down (45) to labyrinth (46), into vented zone (47), down (48) to labyrinth (49) into (47). Along (50) to labyrinths (51) and (52) into vented zone (53); also down (54) to labyrinth (55), venting zone (56). H.P. leak-off (57) via labyrinth (58) into vented zone (56).

59. H.P. 2nd-stage air runs aft to rear face (60) of L.P. turbine disc (12).

61. H.P. 4th-stage air runs aft to seal off oil-seal (62) Then vents via (63) into (64) to cool front face of L.P. turbine disc.

65. H.P. delivery air down (66) into (67) to cool front face of H.P. turbine disc (26) pressurized labyrinth (69) at front end of turbine shaft, and (70) to cool rear face of H.P. turbine disc (26).

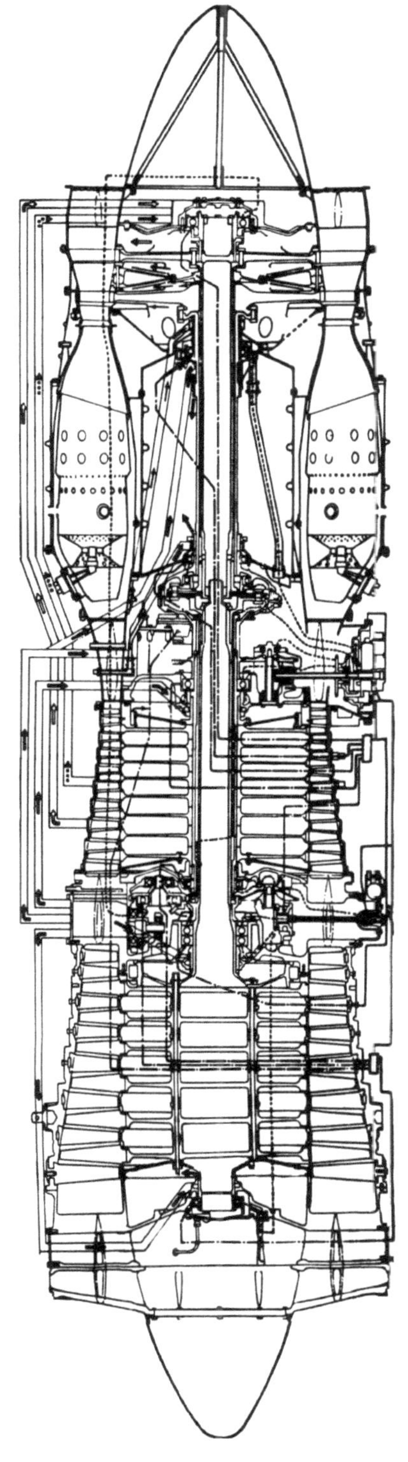

Abb. 91   Bristol Olympus [632] (Flight): Luftkreislauf ($\longrightarrow$) und Ölkreislauf ($\Longrightarrow$) eines älteren Modelles

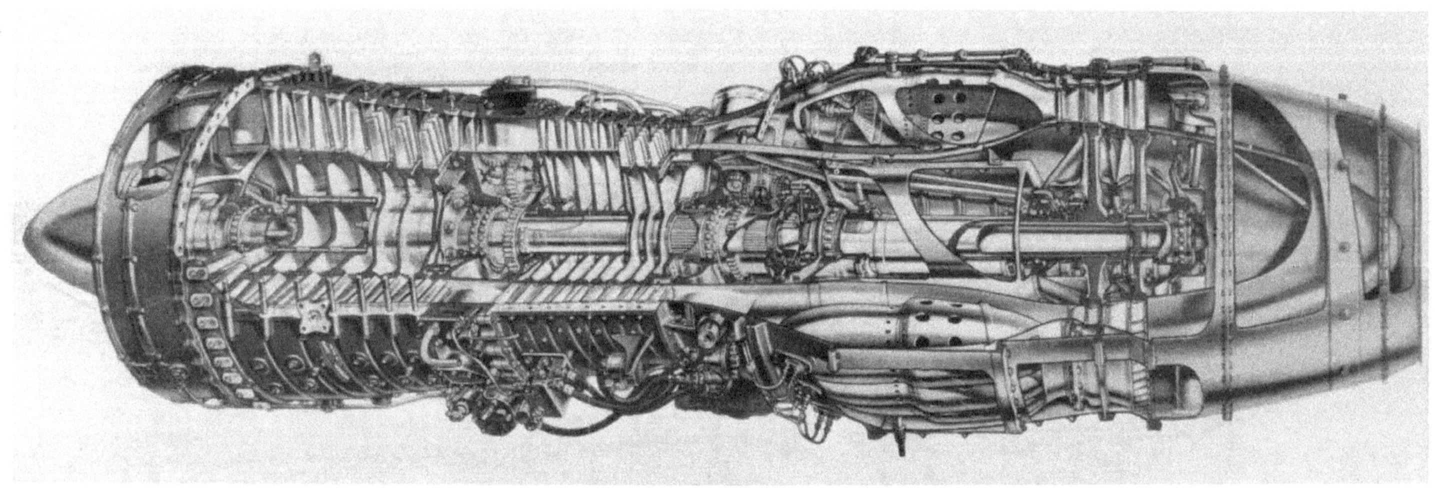

Abb. 92   Bristol Olympus 6 [848]

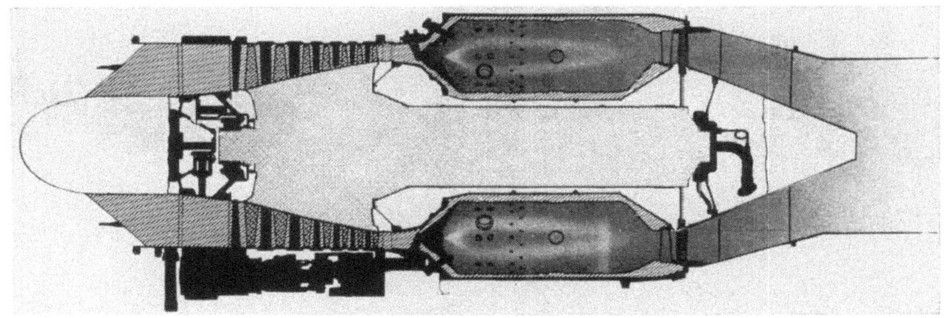

Abb. 93   Bristol Siddeley Orpheus [852]

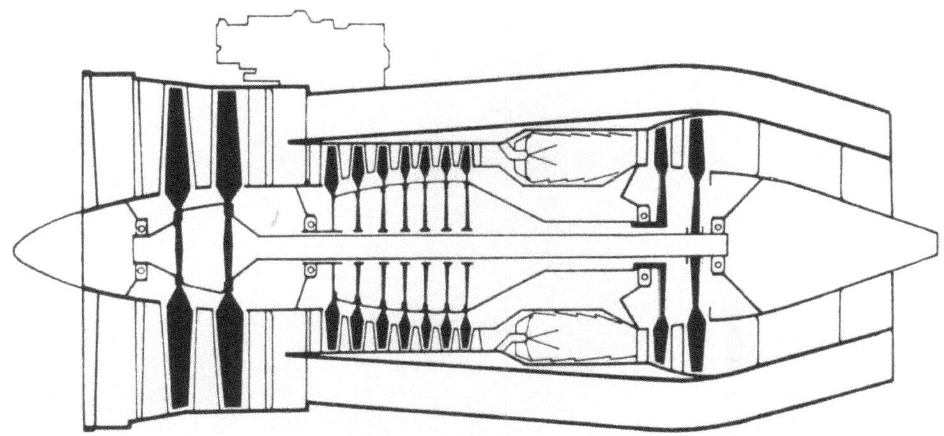

Abb. 94   Schema des Triebwerks Bristol Siddeley BE. 58 [661] (Flight)

Abb. 95   Bristol Siddeley BS.53 Pegasus

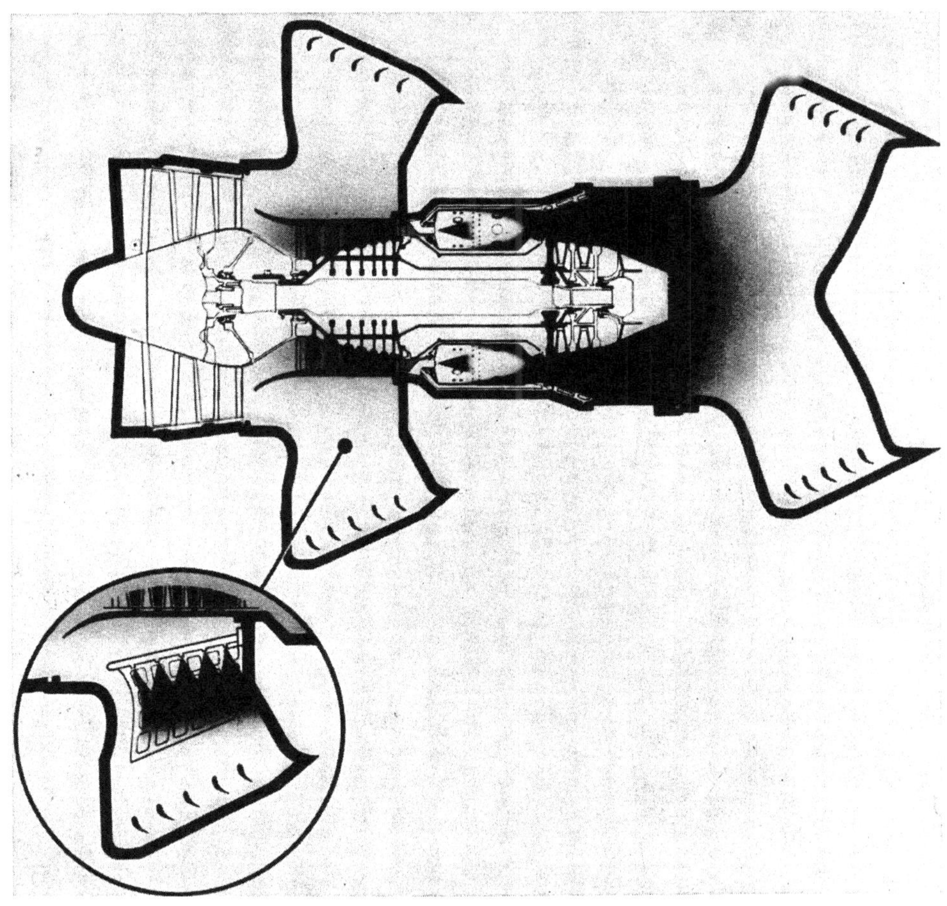

Abb. 96 Bristol Siddeley BS.53: Prinzipskizze des Pegasus ohne und mit Aufheizung
des Mantelstromes

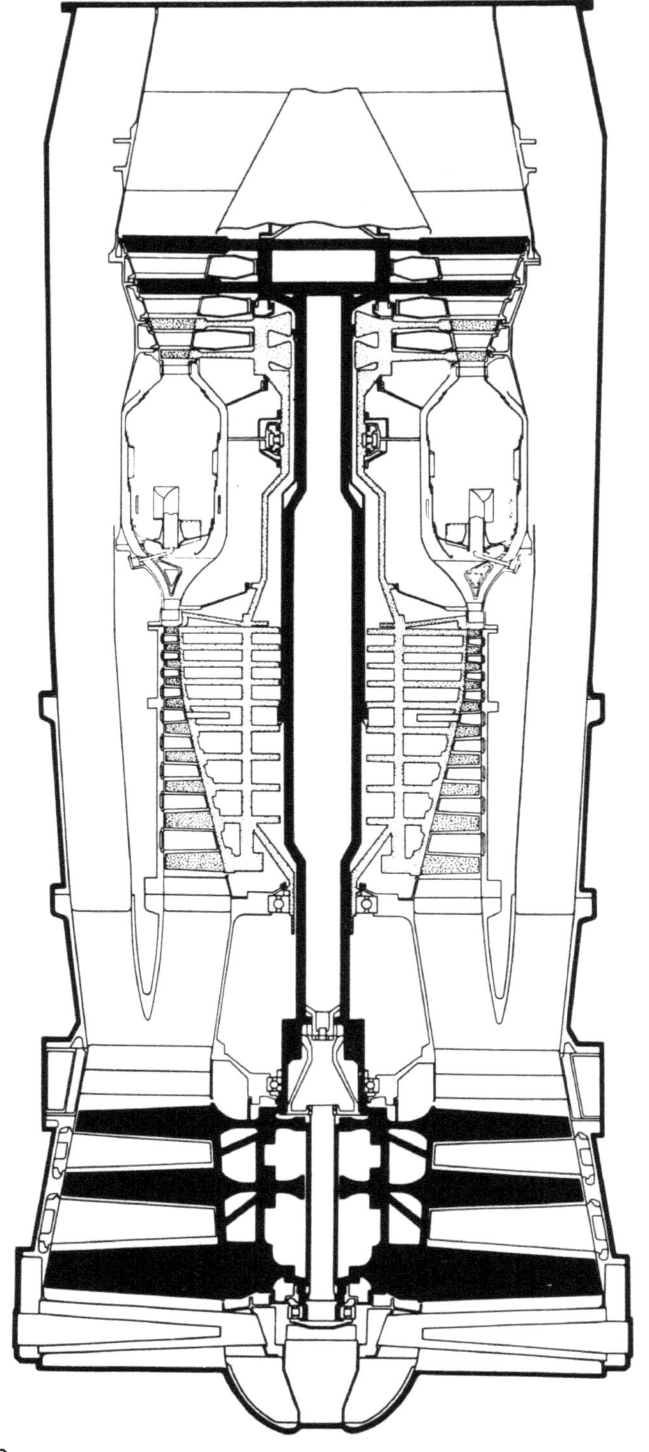

Abb. 97 Schema des Mantelstromtriebwerks Bristol Siddeley BS. 75 [I.A.L. 31. 1. 61] (Interavia)

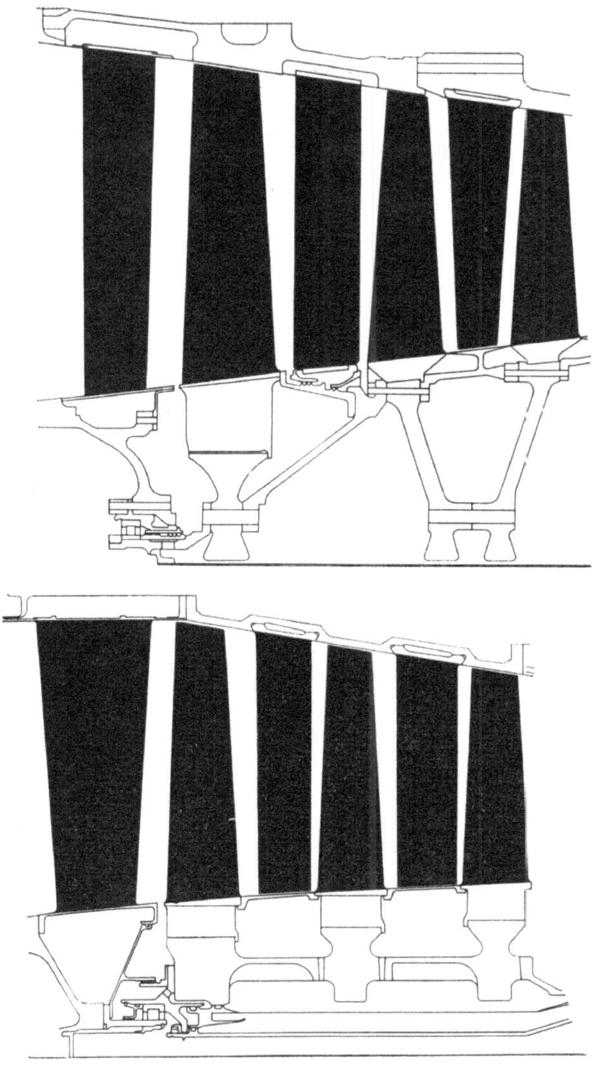

Abb. 98   Vergleich der Verdichter-Konstruktion Olympus Mk. 301 und BS. 75

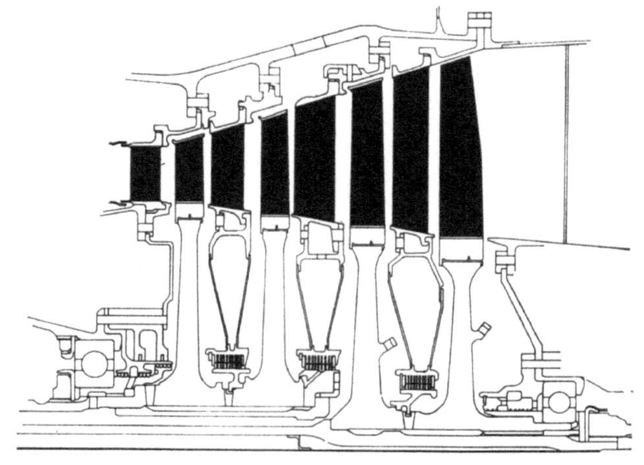

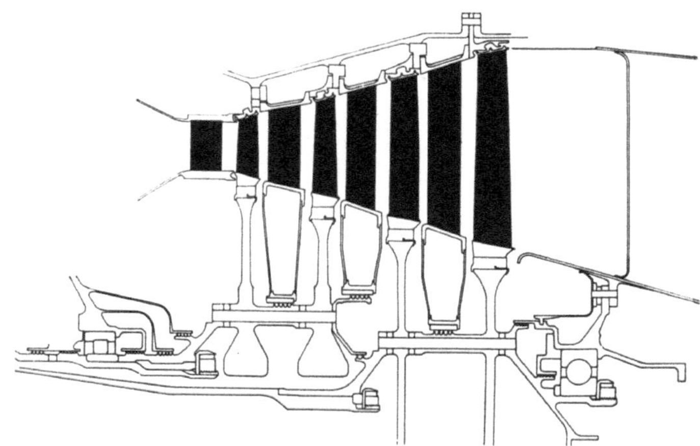

Abb. 99   Vergleich der Turbinen-Konstruktion BS. Proteus und BS. 75

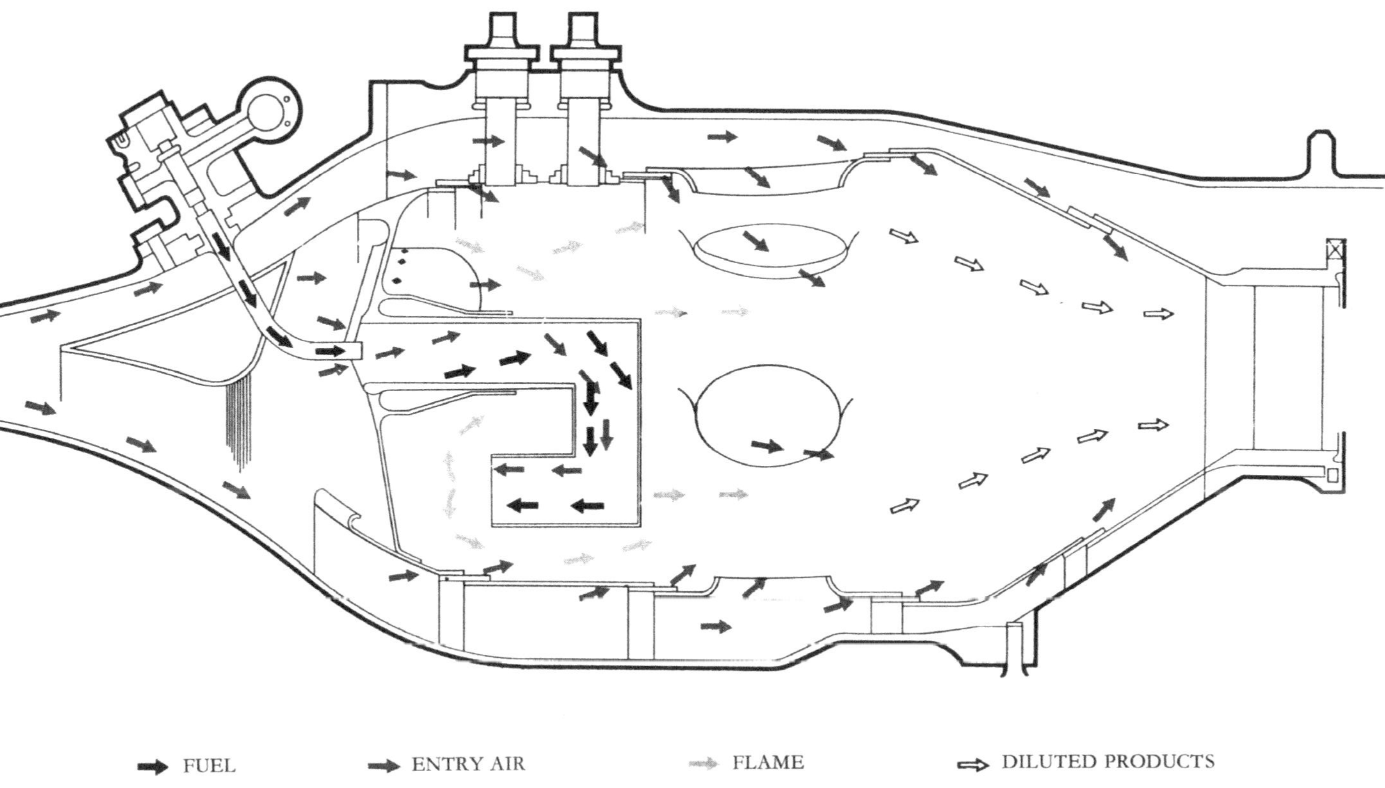


Abb. 100   Prinzipskizze der Brennkammer des BS.75

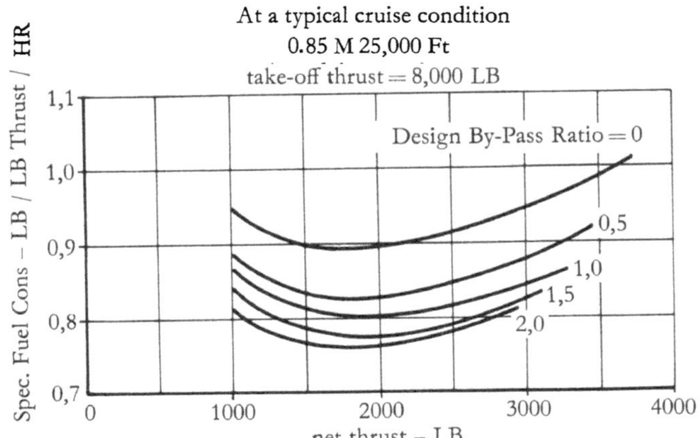


a) Einfluß des Bypass-Verhältnisses auf den Verbrauch bei Reiseflug

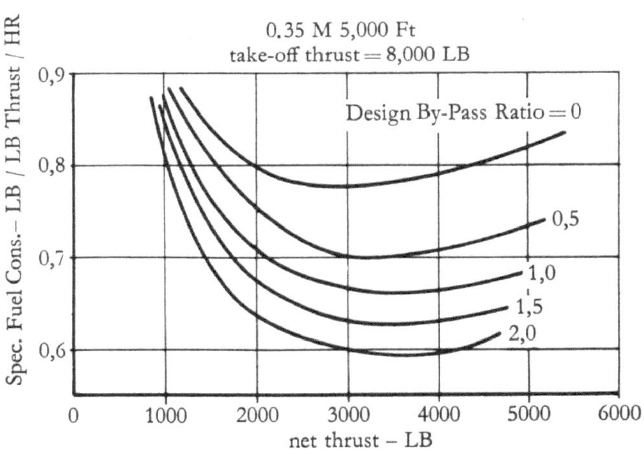


b) Einfluß des Bypass-Verhältnisses auf den Verbrauch bei 0,35 Mach in 15,25 km Höhe

Abb. 101a und b    Bristol Siddeley [I.A.L. 31. 1. 61] (Interavia)

# De Havilland

The De Havilland Engine Co. Ltd.,
Leavesden Aerodrome, near Watford, Herts., GB

Die Firma De Havilland, jetzt Teil der Hawker-Siddeley-Aviation-Gruppe, begann im Januar 1941 mit der Konstruktion von Gasturbinen zum Flugzeugantrieb. Das erste Muster, ein Radialverdichter-TL-Triebwerk, erhielt nach seinem Konstrukteur Major Halford die Bezeichnung H.1, wurde jedoch später mit Goblin benannt. Als leistungsstärkere Weiterentwicklung des Goblin folgte das TL-Triebwerk H.2 Ghost mit ursprünglich 1815 kp Schub. Eine verbesserte Ausführung H.5 des Ghost mit 2720 kp Schub wurde geplant, ist jedoch nicht ausgeführt worden. Das leistungsstärkste TL-Triebwerk De Havillands ist das Modell H.4 Gyron, das als erste Entwicklung der Firma mit Axialverdichter ausgerüstet ist. Das Triebwerk Gyron Junior ist eine verkleinerte Ausführung des Gyron.

## De Havilland Goblin

Mit der Konstruktion des TL-Triebwerkes H.1 Goblin wurde, wie bereits oben erwähnt, im Januar 1941 begonnen. Im April 1942 konnten die ersten Prüfstandsläufe aufgenommen werden; am 5. 3. 1943 fanden die ersten Probeflüge in einem Prototyp Gloster F.9/40 statt. Ein halbes Jahr nach der offiziellen Typenerprobung des Goblin 1 mit 1220 kp Schub (Januar 1945) erzielte ein Modell Goblin 2 erstmals den ursprünglich geplanten Schub von 1360 kp (Juli 1945) [12]. Das für die RAF gebaute Modell Goblin 2 erzeugte einen Höchstschub von 1406 kp bei einer Drehzahl von 10 200 U/min.
Modell Goblin 3, das mit einer Kraftstoffanlage der Firma Lucas ausgerüstet ist, erzeugte, nachdem die Drehzahl auf 10 750 U/min erhöht worden war, einen Schub von 1520 kp. Den größten Umfang hatte die Produktion des Exportmodells Goblin 35. Dieses Muster gab bei gleicher Drehzahl wie das Triebwerk Goblin 3 einen Schub von 1588 kp ab [589].
Die Produktion von Goblin-Triebwerken wurde eingestellt.

*Triebwerksdaten*

| Baumuster | Goblin 35 | |
|---|---|---|
| Durchmesser ..................... [mm] | 1 268 | [37, 589] |
| Länge ........................... [mm] | 2 553 | [37, 589] |
| Stirnfläche ........................ [m²] | 1,26 | [37, 589] |
| Gewicht ........................... [kg] | 739 | [37, 589] |
| Kraftstoffverbrauch | | |
| bei Reiseleistung ............... [kg/kph] | 1,15 | [4, 25, 589] |
| Schmierölverbrauch | | |
| bei Reiseleistung .................. [kg/h] | 0,7 | [37] |
| Startstandschub in Meereshöhe ....... [kp] | 1 590 | [37, 589] |
| Drehzahl ..................... [U/min] | 10 750 | [37, 589] |
| Dauerleistung (max. im Stand) | | |
| in Meereshöhe...................... [kp] | 1 360 | [37] |
| Drehzahl ..................... [U/min] | 10 250 | [37] |

*Triebwerksbeschreibung*

Ein Gehäuse aus Aluminiumlegierung mit einem gegabelten Einlaß enthält den einstufigen Radialverdichter. Das aus Aluminiumlegierung geschmiedete einflutige Verdichterrad wird mit einem Flansch an das vordere Ende der Hauptwelle geschraubt. Auf der Rückseite des Verdichterrades sind Labyrinthringe angebracht, so daß auf einen Teil der Radrückseite der Verdichtungsenddruck wirkt, womit ein Schubausgleich erreicht wird. Das Verdichtungsverhältnis ist 3,67 : 1, der Durchsatz beträgt 28 kg/sec im Stand und in Meereshöhe bei 10 750 U/min.

Hinter dem Verdichter gelangt die Luft durch einen zweiteiligen Diffusor aus Magnesiumlegierung, der mit 16 Auslässen versehen ist, in die 16 konischen Einzelbrennkammern. Die Vorderteile der Brennkammern sind aus Aluminiumlegierung hergestellt; sie werden an die konischen hinteren Abschnitte aus Stahlblech geschraubt. Innerhalb jeder Kammer befindet sich ein durchbrochenes Flammrohr.

Die Turbine ist eine einstufige Axialturbine. Gehäuse und Düsenboden werden aus Stahl hergestellt. Turbinenscheibe und Wellenstumpf bestehen aus einem Stück. Die Radscheibe wird auf beiden Seiten durch Luft gekühlt. Die Eintrittsleitschaufeln werden mit einem Ring im Gehäuse befestigt. Die Turbinenscheibe ist ein Schmiedestück aus Jessops G-18-B-Stahl. Die Laufschaufeln aus Nimonic-80 werden mit einem Tannenzapfenfuß in die Scheibe eingesetzt [20].

Der Auslaßteil des Triebwerkes besteht aus dem äußeren Gehäuse und dem feststehenden inneren Kegel. Der Auslaßquerschnitt ist nicht veränderlich [37].


## De Havilland Ghost


Das Triebwerk H.2 Ghost ist eine Weiterentwicklung des H.1-Goblin-Triebwerkes und entspricht diesem in seinen Grundzügen. Luftdurchsatz und Verdichtungsverhältnis wurden, dem bisherigen Schub entsprechend, gegenüber dem Goblin vergrößert. Das Triebwerk war ursprünglich für einen Schub von 1810 kp ausgelegt und wurde zuerst in einer »Lancastrian« flugerprobt. Die späteren Ausführungen des Ghost erzielen höhere Schübe. Es gibt verschiedene Entwicklungsreihen des Ghost, die Zivilausführung Ghost 50 mit einem einfachen Lufteinlaß für den Einbau in den Flugzeugtyp »Comet« und die Militärausführungen Ghost 103 und Ghost 104 mit gegabeltem Lufteinlaß für den Einbau in die Venom-Serien.

Mitte 1956 erlangte eine weitere Ausführung des Ghost, Ghost 105 (Ghost 53 Mk. 1), Produktionsreife, bei der durch Drehzahlerhöhung und Erhöhung der Gastemperatur ein größerer Schub erzielt wird [637].

Von der Zivilausführung des Ghost sind folgende Baumuster bekannt:

Ghost 50 Mk. 1     ohne Wasser-Methanoleinspritzung mit einem Schub von 2290 kp

Ghost 50 Mk. 2     2320 kp Schub ohne Wasser-Methanoleinspritzung

Ghost 50 Mk. 3     2720 kp Schub mit Wasser-Methanoleinspritzung

Ghost 50 Mk. 4     ohne Wasser-Methanoleinspritzung

Die Militärausführungen geben einen etwas geringeren Schub ab als die Modelle mit einfachem Lufteinlaß, nämlich 2200 kp. Mit einem Nachbrenner ausgerüstete Baumuster des Ghost erzeugen einen bis zu 30% erhöhten Schub.

Ende 1952 wurde die Betriebszeit zwischen den Überholungen von 375 auf 450 Stunden erhöht [I.A.L. 10. 12. 52], Mitte 1953 auf 600 Stunden [I.A.L. 6. 8. 53]. Das Triebwerk Ghost ist über 100 000 Stunden im Flugzeugtyp Comet gelaufen; die Zeit zwischen den Überholungen war von der BOAC auf 750 Stunden festgelegt worden [589].

Inzwischen wurde von De Havilland die Ghost-Produktion eingestellt [664].

Der Ghost wurde in Lizenz bei Fiat (Italien), Flygmotor (Schweden), SNECMA (Frankreich) und Sulzer (Schweiz) hergestellt.

*Triebwerksdaten*

| Baumuster | Ghost 50 Mk. 1 | | Ghost 50 Mk. 2 | |
|---|---|---|---|---|
| Durchmesser .................. [mm] | 1 346 | [19] | 1 346 | |
| Länge ........................ [mm] | 3 075 | | 3 075 | |
| Stirnfläche ..................... [m²] | 1 42 | | – | |
| Gewicht ....................... [kg] | 1 002 | | 1 002 | |
| Kraftstoffverbrauch .......... [kg/kph] | 1,02 | | 1,02 | (bei Reise-leistung) |
| Ölverbrauch .................. [kg/h] | 0,5 | | – | |
| Startstandschub (trocken) in Meereshöhe.................... [kp] | 2 290 | | 2 320 | |
| Drehzahl .................... [U/min] | 10 250 | | 10 250 | |
| Max. Dauerschub (im Stand) in Meereshöhe.................... [kp] | 1 960 | | – | |
| Drehzahl .................... [U/min] | 9 750 | | – | |

| Baumuster | | Ghost 53Mk.1 [637] |
|---|---|---|

| | | |
|---|---|---|
| Durchmesser ................. [mm] | 1 338 | |
| Länge ...................... [mm] | 3 277 | |
| Gewicht (trocken) ............. [kg] | 967 | (voll ausgerüstet) |
| Schub ....................... [kp] | 2 400 | (bei 10 350 U/min) |
| Spez. Kraftstoffverbrauch ..... [kg/kph] | 1,19 | |
| Druckverhältnis .................... | 4,7 : 1 | |

*Triebwerksbeschreibung*

Der einstufige aus Aluminium geschmiedete Radialverdichter des Ghost ist in einem zweiteiligen Gehäuse aus Aluminiumlegierung untergebracht. Das Triebwerk hat nur einen einfachen Lufteinlaß im Gegensatz zum DH-Goblin. Das Verdichterrad ist mit einem Flansch an der hohlen Hauptwelle befestigt. An die Vorderseite des Verdichterrades ist ein Wellenstumpf angeflanscht, der in einem Kugellager gelagert ist. Das Verdichtungsverhältnis beträgt 4,5 : 1, der Luftdurchsatz 39 kg/sec bei 10 250 U/min in Meereshöhe und im Stand.
Hinter dem Verdichter durchströmt die Luft einen Diffusor aus Magnesiumlegierung und tritt dann durch dessen tangentiale Auslässe, von denen je zwei mit einer Brennkammer verbunden sind, in die Brennkammer ein.
Der Verbrennungsteil des Ghost setzt sich aus zehn einzelnen, miteinander verbundenen, kegelförmigen Brennkammern zusammen. Die gegabelten Vorderteile der Brennkammern sind Gußstücke aus Aluminiumlegierung. Sie werden an die hinteren Abschnitte aus Stahlblech angeschraubt. Ein Brenner im vorderen Teil jeder Kammer spritzt den Kraftstoff in Strömungsrichtung ein.
Gehäuse und Düsen der einstufigen Axialturbine werden aus Stahl hergestellt. Der Wellenstumpf des Turbinenlaufrades ist in einem Rollenlager gelagert. Beide Seiten der Radscheibe sind in der gleichen Weise wie beim Triebwerk Goblin durch Luft gekühlt.
Der Auslaßteil der Brennkammer besteht aus dem äußeren Stahlmantel und dem feststehenden inneren Konus [37, 20].


# De Havilland Gyron


Mit den ersten Konstruktionsarbeiten zu diesem Triebwerk für Fluggeschwindigkeiten bis Mach 3 wurde Ende 1951 begonnen. Am 5. 1. 1953 kam das Triebwerk Gyron DGy.1 zur Erprobung auf den Prüfstand. Die zwischen zahlreichen Prüfstandläufen vorgenommenen Verbesserungen führten zu ständigen Schubsteigerungen, so daß nach einem 100-Stunden-Lauf mit 8050 kp im September 1954 schließlich 9070 kp Schub erzielt wurden, ein Wert, der der Auslegungsleistung des Gyron DGy.2 entspricht. Bei Nachbrennerversuchen wurden 11 300 kp Schub erzielt.

*Triebwerksdaten*

| Baumuster | DGy.1 | DGy.2 |
|---|---|---|
| Breite ........................... [mm] | 1268 | 1268 |
| Höhe .......................... [mm] | 1402 | 1402 |
| Länge (mit Abgasrohr-Schubdüse .... [mm] | 3081 | 3081 |
| Gewicht ........................... [kg] | 1900 | 1900 |
| Standschub in Meereshöhe ........... [kp] | 6300 | 9070 |
| Spez. Kraftstoffverbrauch ........ [kg/kph] | 0,95 | 1,04 |

*Triebwerksbeschreibung*

Das Einlaufgehäuse aus ZRE-1-Magnesium-Zirkonium-Legierung besteht aus
einem doppelwandigen äußeren Gehäuseteil, von dem aus sieben radiale Streben
nach innen führen, die das vordere Hauptlagergehäuse tragen. Durch eine dieser
Streben führt eine Welle zu den Zubehörgeräten, die unter dem Einlaufgehäuse
und dem Verdichtergehäuse angebracht sind. Eine von der Verdichterwelle an-
getriebene Königswelle verbindet den Anlasser des Triebwerks und sein Untersetzungsgetriebe mit der Läuferwelle. Aus Festigkeitsgründen wurde das Einlaufgehäuse doppelwandig ausgeführt. Der Zwischenraum zwischen den beiden
Wänden wurde in drei Abteilungen aufgeteilt, von denen eine als Schmierölbehälter dient. Durch die beiden anderen wird vom Verdichter abgezapfte Warmluft
zu den Verdichtereinlaßschaufeln und zu den Vorderkanten der sieben Streben
geführt, um sie vor Vereisung zu schützen. Aus dem gleichen Grund wird die
doppelwandige Triebwerksnase von einem Teil der Warmluft durchströmt.
Die Eintrittsleitschaufeln des Verdichters am Ende des Einlaufgehäuses sind verstellbar und werden aus massivem S.96-Stahl hergestellt. Sie sind innen mit kurzen Armen an einen Verstellring angeschlossen, der seinerseits vollautomatisch
von der Regeleinrichtung über eine Regelstange und ein Zahnsegment verdreht
wird.
An das Einlaufgehäuse schließt sich das Verdichtergehäuse an, eine einwandige,
horizontal und vertikal geteilte Konstruktion. Die vorderen Gehäusehälften werden aus RR.58-Aluminiumlegierung hergestellt, die beiden hinteren Gehäusehälften sind Gußstücke aus Samuel-Fox-Fortiweld-High-Tensile-Schweißstahl.
Die gesamte Verdichterbeschaufelung besteht aus S.62-Stahl, der u. a. gute
Schwingungsdämpfungseigenschaften aufweist. Die Leitschaufeln mit Schwalben-
schwanzfuß sind mit Deckbändern versehen, die zur Abdichtung Labyrinth-
dichtungen tragen.
Die Verdichterlaufschaufeln haben einen gegabelten Fuß. Die beiden Zapfen grei-
fen über den Rand der betreffenden Scheibe und werden durch einen gehärteten
Hohlstift gesichert. Diese Art der Befestigung ermöglicht ein Spiel, durch das die
Resonanzschwingungen gedämpft werden können.
Die Brennkammer wurde weitgehend von der Firma »Lucas Gas Turbine
Equipment Ltd.« entwickelt. In der ursprünglichen Ausführung bestand die
Kammer aus einem ringförmigen Teil, einer Wirbelplattenvorrichtung, einem

inneren und einem äußeren Flammrohr aus Nimonic-75, 18 Lucas-Duplex-3-Brennern mit Gegenstromeinspritzung, zwei Hochspannungszündkerzen waren eingebaut. Rückwärts gerichtete Luftrinnen an den Flammrohrwänden führen die Primärluft in die Primärverbrennungszone zwischen zwei nebeneinander liegenden Brennern. Diese Rinnen sowie die Wirbelplatten an den einzelnen Brennern bewirkten eine Umwälzung der Luft und der Verbrennungsgase. Am Ende der Flammrohre waren gewellte Blechstreifen eingebaut, die Luft längs der Flammrohroberfläche führten und sie dadurch kühlten.

Bei Versuchen stellte man eine ungünstige Temperaturverteilung am Brennkammeraustritt fest; nach Änderungen der Luftöffnungen erzielte man eine bessere Temperaturverteilung, die zum großen Teil zur Schuberhöhung auf 9060 kp der Ausführung DGy. 2 beitrug. Schließlich ging man aus schwingungstechnischen Gründen noch auf eine Anordnung mit 17 statt 18 Brennern über.

Die Hauptwelle zwischen Verdichterläufer und Turbine ist sehr dünnwandig. Sie wird aus S. 97-Stahl hergestellt. Die Welle läuft in einem einfachen Rollenlager, das die Wärmeausdehnung zwischen Gehäuse und Läufer aufnehmen kann.

Die erste Turbinenscheibe ist durch eine Hirthkupplung mit der Welle verbunden. Die zweite Scheibe ist durch eine Trommel mit der ersten Scheibe verbunden. Die erste Turbinenscheibe ist ein Schmiedestück aus »Firth Vickers Rex-448«, die zweite Scheibe ist ein Schmiedestück aus »William Jessop H. 40«-Stahl, der wie Rex-448 hitzebeständiger ferritischer Stahl ist. Die Turbinenschaufeln sind Schmiedestücke aus Nimoniclegierung. Sie werden durch Tannenbaumfuß in der Scheibe gehalten. Nietstifte aus Nimonic-75 sichern die Schaufeln gegen axiale Bewegung.

Die Leitschaufeln der ersten Turbinenstufe werden aus Nimonic-90-Blech geformt und an der Austrittskante verschweißt. Durch sie hindurch führen Ankerbolzen zu dem äußeren Deckbandring. Die Leitschaufeln werden in profilförmigen Schlitzen geführt, die in die inneren und äußeren Deckbänder geschnitten sind und radiale Ausdehnung gestatten. Leit- und Laufschaufeln der Turbine sind mit Deckbändern versehen. Am inneren Deckband ist eine Labyrinthdichtung angebracht. Sie wirkt in Verbindung mit der Trommel zwischen den beiden Turbinenstufen gegen Leckverluste. Anfänglich traten in der Turbine Schwingungsschäden (Materialermüdung) an den Fußprofilen auf; sie wurden durch Verminderung der Brenner auf 17 ausgeschaltet.

Für die mit 6800 kp Schub ausgelegten Triebwerke wurde nach zahlreichen Versuchen als Schaufelmaterial Nimonic-90 gewählt. Triebwerke mit höherem Schub erhielten in der ersten Turbinenstufe wegen der höheren Temperaturen Schaufeln aus Nimonic-100. Diese Schaufeln wurden mit einem stärkeren Profil am Fuß versehen, erhielten jedoch keine Deckbänder. Die Schubdüse des Gyron wurde vorwiegend aus Nimonic-75 hergestellt.

Die beiden Turbinenscheiben wurden durch Luft gekühlt. Ein Teil der Luft strömt an der Stirnseite der ersten Radscheibe nach außen in den Gasstrom, während der zweite Teil durch Bohrungen der ersten Turbinenscheibe in das Innere einer Zwischentrommel gelangt, von wo er durch Schlitze auf die zweite Turbinenscheibe und dann in den Gasstrom geleitet wird.

192

Es wird ein 45 PS/110-Volt-Gleichstrom-Rotax-Anlasser oder ein De-Havilland-Wasserstoff-Peroxyd-Turbinenanlasser verwendet.


## De Havilland Gyron Junior

Die Entwicklung der maßstäblich verkleinerten Ausführung des Gyron, Gyron Junior, wurde 1954 aufgenommen. Der Prototyp Gyron Junior DGJ.1 kam im August 1955 auf den Prüfstand; erste Flugversuche begannen im Mai 1957 mit einer Canberra. Das erste Produktionsmodell DGJ.2 (Mk. 101) unterschied sich von dem Prototyp u. a. durch eine sogenannte Verdichternullstufe (also acht Verdichterstufen gegenüber sieben beim DGJ.1) und durch die Verstellbarkeit der ersten beiden Leitschaufelkränze. Rund um die Brennkammer ist ein Luftabblasesystem angeordnet. Die abgezapfte Verdichterluft könnte zur Grenzschichtbeeinflussung herangezogen werden, wie z. B. bei dem Flugzeugtyp Blackburn Buccaneer S.1, der mit Triebwerken Gyron Junior Mk.101 ausgerüstet ist. Die Weiterentwicklungen DGJ.10R (mit Nachbrenner) und DGJ.20 sind für Flug-Machzahlen über 2,5 ausgelegt und sollen in dem Ganzstahlforschungsflugzeug Bristol T.188 Verwendung finden. Am 31. 1. 1961 wurde die Flugerprobung mit einem mit zwei DGJ.10R ausgerüsteten Allwetterjäger Gloster Javelin begonnen.

*Triebwerksdaten*

| Baumuster | | DGJ.10R [43, 891; I.A.L. 1. 9. 59; 664] |
|---|---|---|
| Durchmesser ................... | [mm] | 820 |
| Länge von Verdichtereinlaß bis Turbinenaustritt ............... | [mm] | 1778 |
| Länge von Verdichtereinlaß bis Austritt Nachbrenner .......... | [mm] | 4851 |
| Durchmesser Nachbrenner ........ | [mm] | 914 |
| Stirnfläche ..................... | [m²] | 0,53 |
| Gewicht ....................... | [kg] | 1410 |
| Startschub (trocken) in Meereshöhe .................. | [kp] | 4540 |
| Startschub m. N. in Meereshöhe .................. | [kp] | 6350 |
| Verdichtungsverhältnis ............... | | 7,0 : 1 |
| Luftdurchsatz ............... | [kg/sec] | 82 |
| Drehzahl ................... | [U/min] | 8000 |


*Triebwerksbeschreibung*

Das Triebwerk DGJ.10R hat einen achtstufigen Axialverdichter [43], eine Ringbrennkammer mit 13 gegen die Strömung einspritzenden Rückströmdüsen [43; I.A.L. 1. 9. 59] und eine zweistufige Axialturbine [43]. Die Eintrittsleit-

schaufeln und der erste Kranz Leitschaufeln des Verdichters sind verstellbar.
Der Nachbrenner ist für Temperaturen von 2000° K ausgelegt [I.A.L. 7. 2. 61]
und bewirkt eine Schubsteigerung von 40% im Stand. Der Querschnitt seiner
konvergent-divergenten Schubdüse ist regelbar.

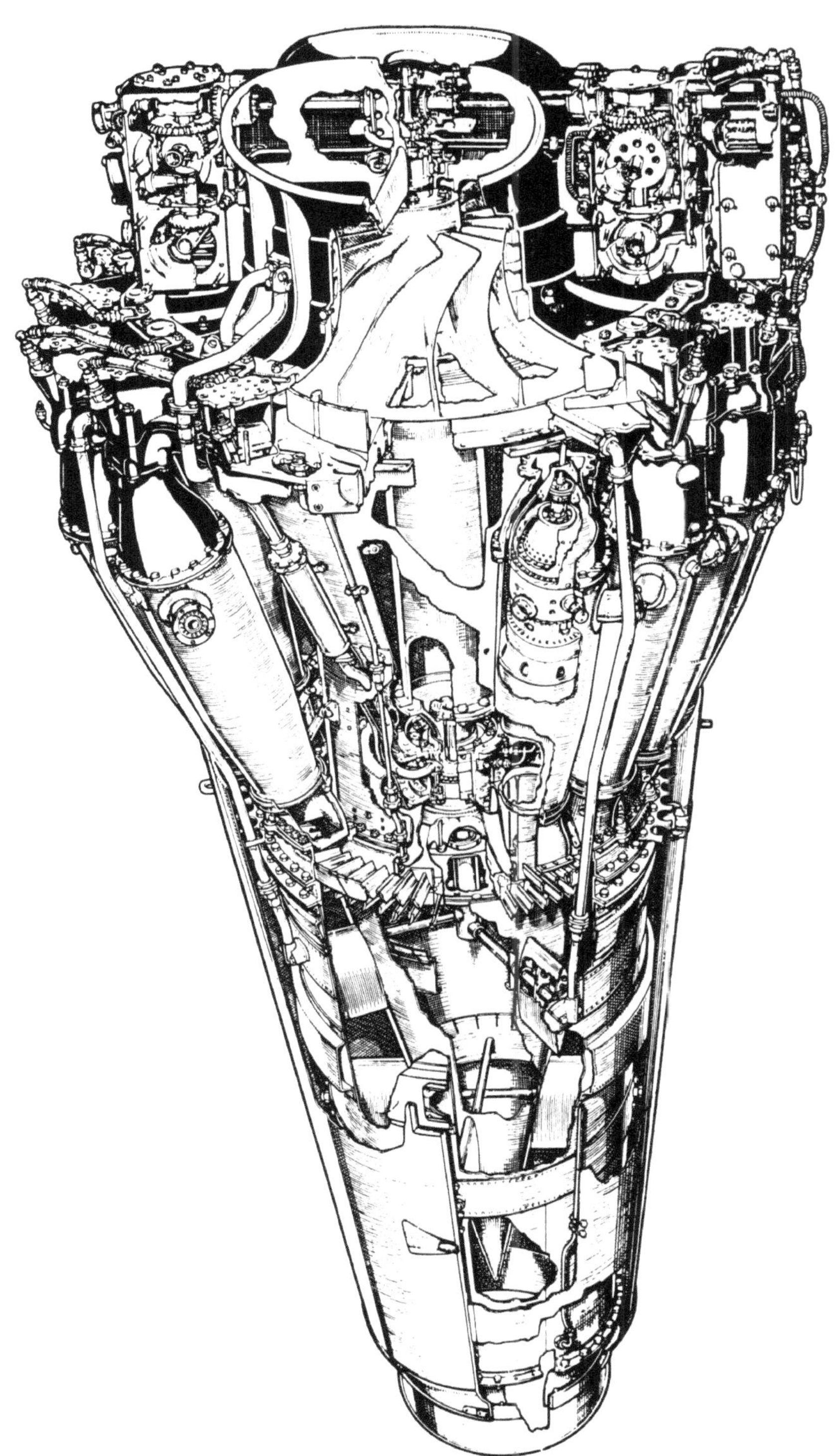

Abb. 102   De Havilland Goblin 35 [854]

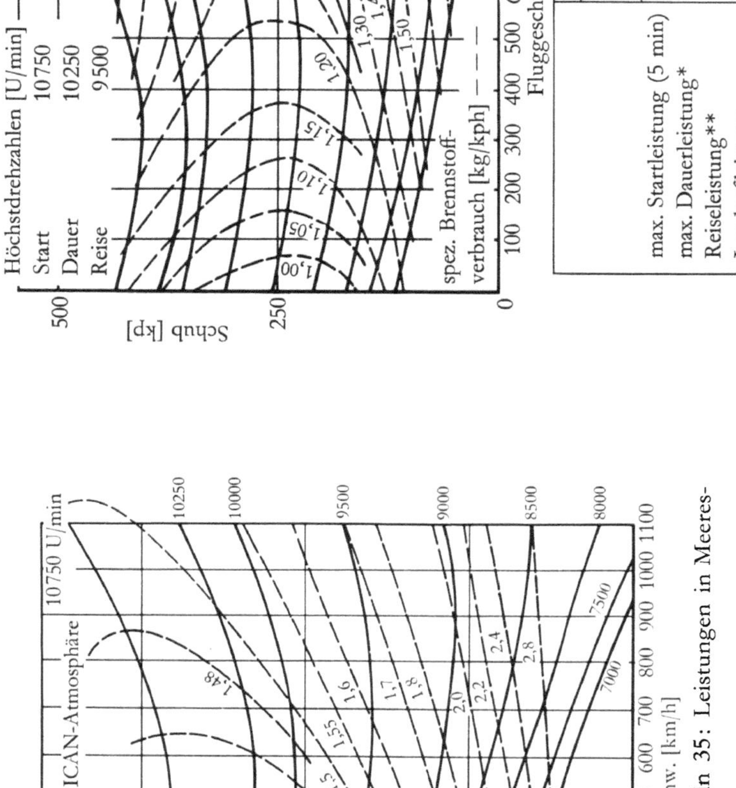



| Goblin 35 | | |
|---|---|---|
| | U/min | Standschub kp |
| max. Startleistung (5 min) | 10750 | 1589 |
| max. Dauerleistung* | 10250 | 1339 |
| Reiseleistung** | 9500 | 1056 |
| Leerlaufleistung | 3000 | 70 |

* Die max. Dauerleistung steht für normalen Steigflug und Notflugmanöver zur Verfügung. Jedoch wird für normale Reisezwecke im Interesse der Zuverlässigkeit und langer Lebensdauer Herabsetzung der Drehzahl auf 9500 U/min empfohlen

** Empfohlene Leistung der Firma für beste Wirtschaftlichkeit und Zuverlässigkeit



Abb. 103  De Havilland Goblin 35: Leistungen in Meereshöhe

Abb. 104  De Havilland Goblin 35: Leistungen in 12 200 m Höhe ▲

196

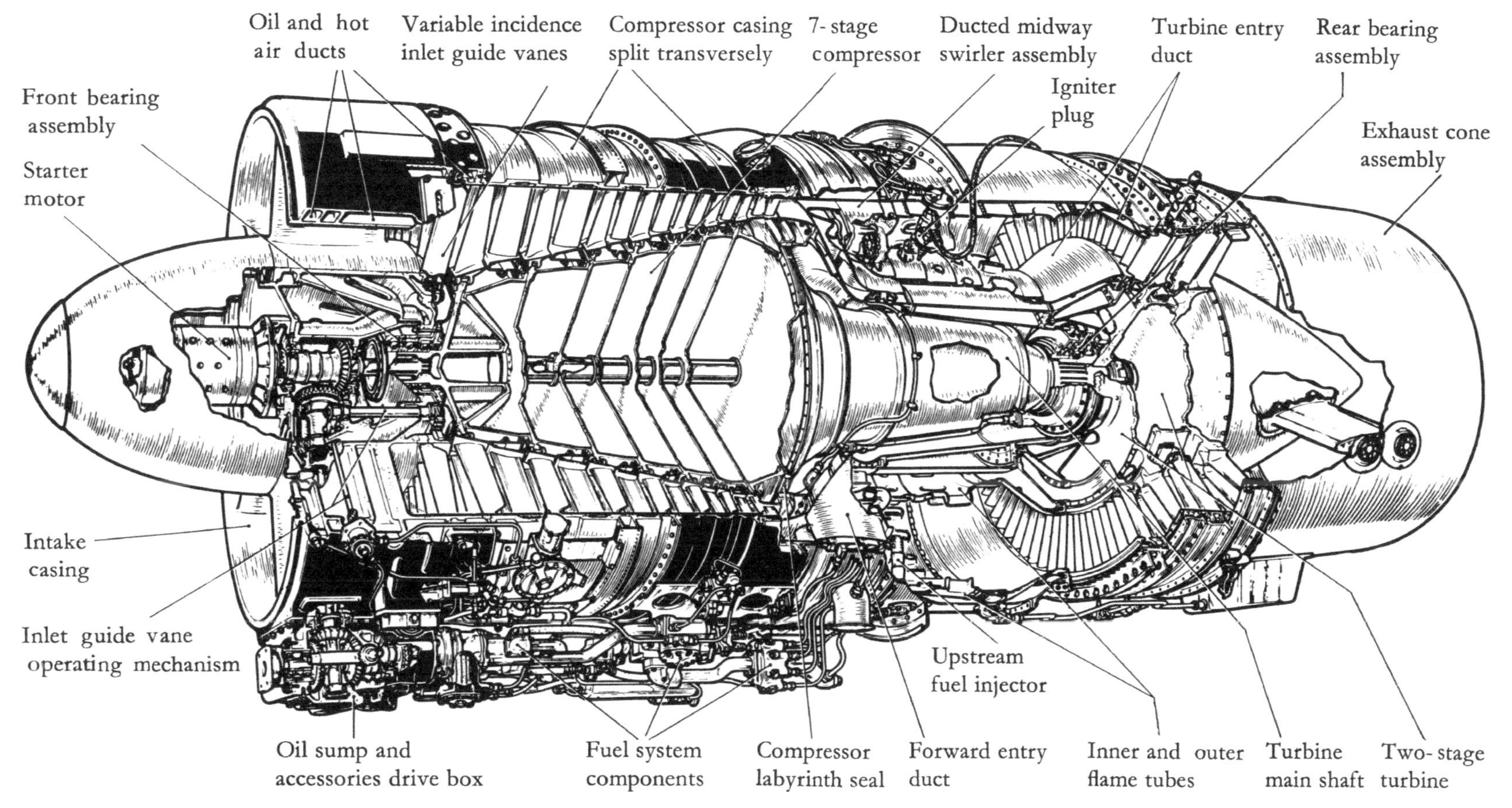


Abb. 105  De Havilland Gyron D. Gy. 2 [540] (De Havilland Gazette)

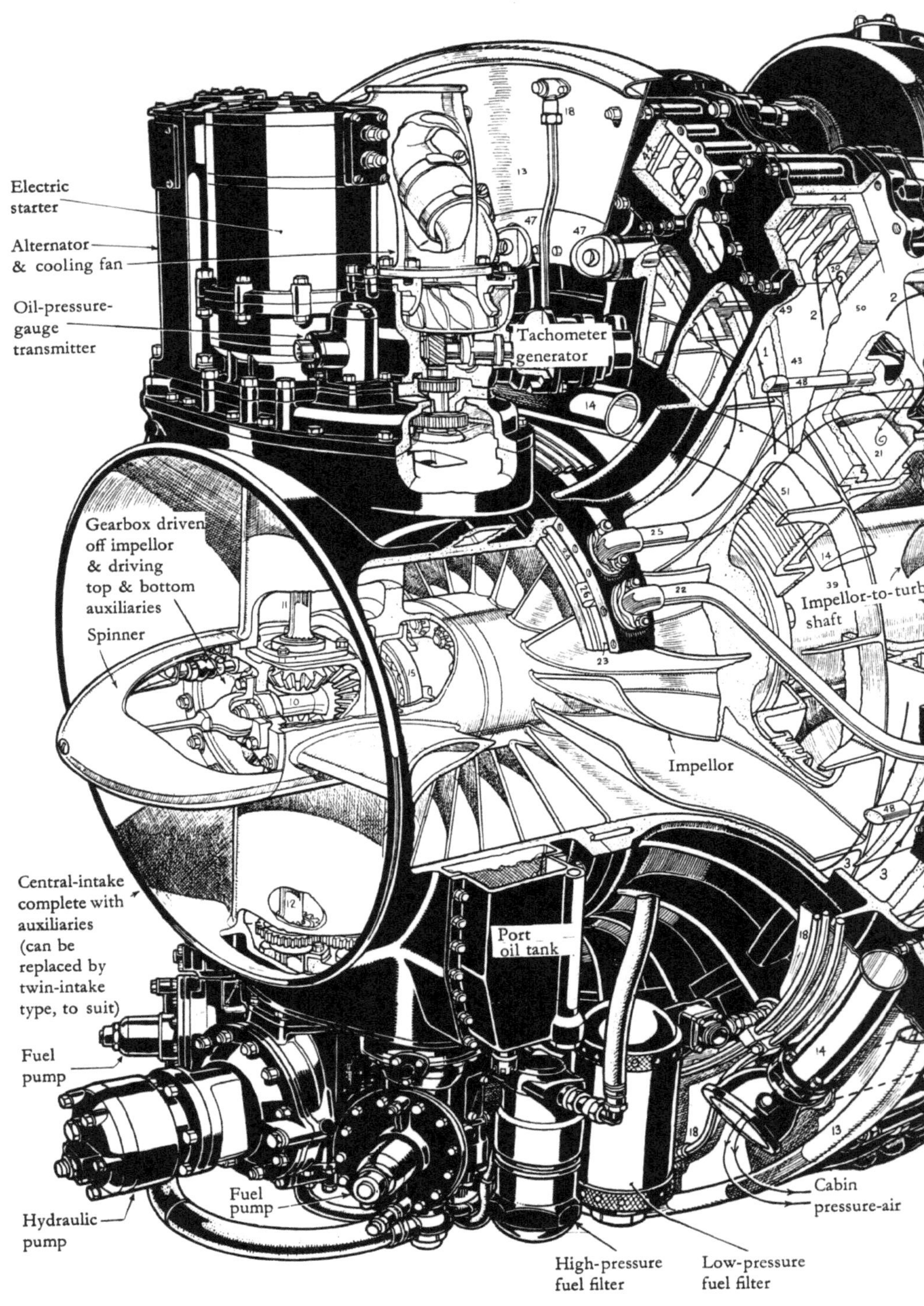

Electric starter
Alternator & cooling fan
Oil-pressure-gauge transmitter
Tachometer generator
Gearbox driven off impellor & driving top & bottom auxiliaries
Spinner
Central-intake complete with auxiliaries (can be replaced by twin-intake type, to suit)
Fuel pump
Hydraulic pump
Fuel pump
Port oil tank
Impellor
Impellor-to-turbine shaft
High-pressure fuel filter
Low-pressure fuel filter
Cabin pressure-air

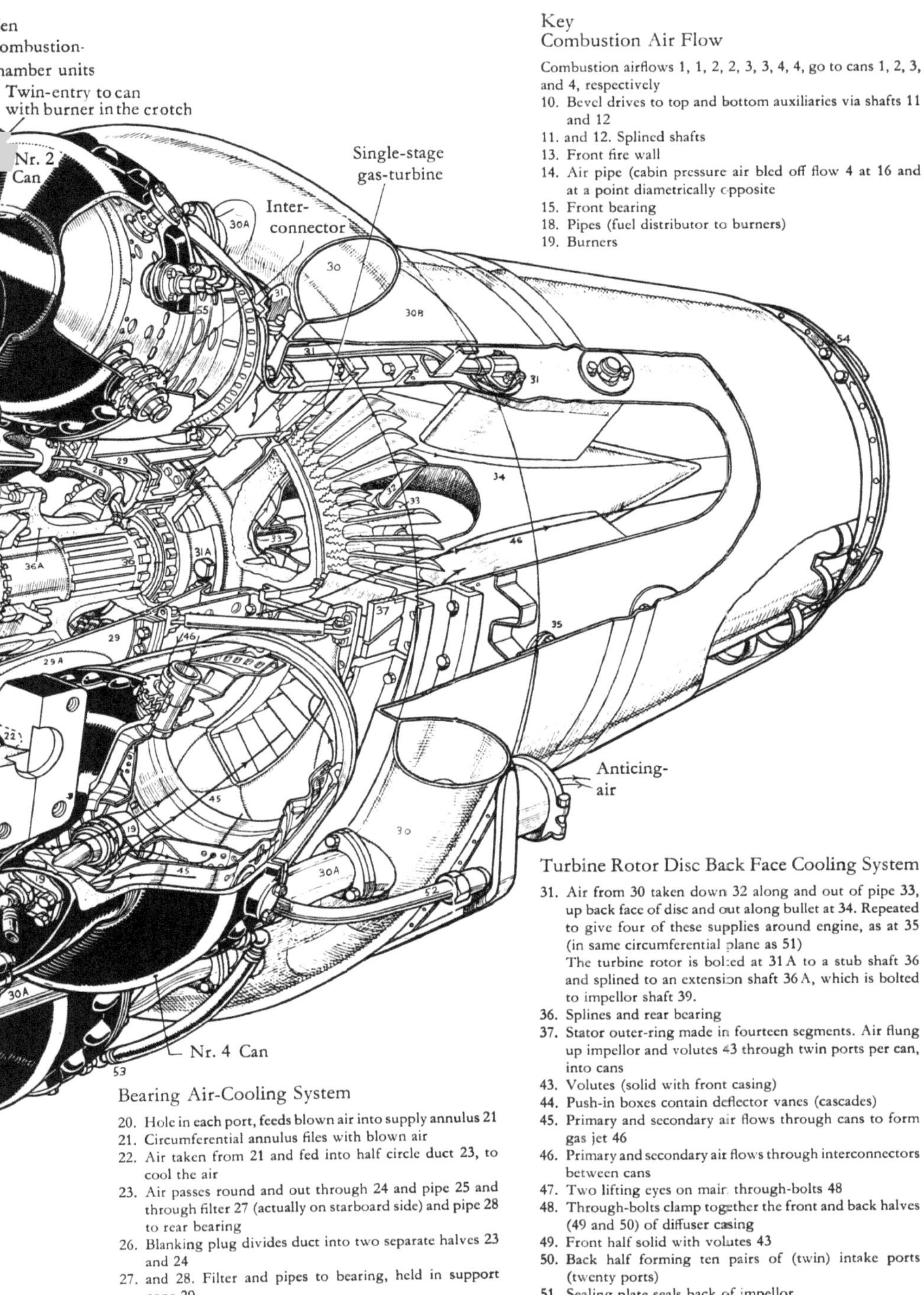




Combustion airflows 1, 1, 2, 2, 3, 3, 4, 4, go to cans 1, 2, 3, and 4, respectively

10. Bevel drives to top and bottom auxiliaries via shafts 11 and 12
11. and 12. Splined shafts
13. Front fire wall
14. Air pipe (cabin pressure air bled off flow 4 at 16 and at a point diametrically opposite
15. Front bearing
18. Pipes (fuel distributor to burners)
19. Burners

### Turbine Rotor Disc Back Face Cooling System

31. Air from 30 taken down 32 along and out of pipe 33, up back face of disc and out along bullet at 34. Repeated to give four of these supplies around engine, as at 35 (in same circumferential plane as 51)
    The turbine rotor is bolted at 31 A to a stub shaft 36 and splined to an extension shaft 36 A, which is bolted to impellor shaft 39.
36. Splines and rear bearing
37. Stator outer-ring made in fourteen segments. Air flung up impellor and volutes 43 through twin ports per can, into cans
43. Volutes (solid with front casing)
44. Push-in boxes contain deflector vanes (cascades)
45. Primary and secondary air flows through cans to form gas jet 46
46. Primary and secondary air flows through interconnectors between cans
47. Two lifting eyes on main through-bolts 48
48. Through-bolts clamp together the front and back halves (49 and 50) of diffuser casing
49. Front half solid with volutes 43
50. Back half forming ten pairs of (twin) intake ports (twenty ports)
51. Sealing plate seals back of impellor
52. Fire extinguisher pipe
53. Combustion chamber drain connections
54. Extension tall pipe clamps
55. Starter plug (actually located in Nos. 5 and 7 combustion chambers, through shown in No. 2)

### Bearing Air-Cooling System

20. Hole in each port, feeds blown air into supply annulus 21
21. Circumferential annulus files with blown air
22. Air taken from 21 and fed into half circle duct 23, to cool the air
23. Air passes round and out through 24 and pipe 25 and through filter 27 (actually on starboard side) and pipe 28 to rear bearing
26. Blanking plug divides duct into two separate halves 23 and 24
27. and 28. Filter and pipes to bearing, held in support cone 29
29. Support cone with ten dimples 29 A to accommodate cans
30. Air de-icing manifold (leading edge anti-icing) tapped off front casing via ten pipes 30 A
30 B. Fireguard

**Abb. 106   De Havilland Ghost 50 [244]**

# Rolls-Royce

Rolls-Royce Ltd.,
P. O. Box 31, Derby, GB


Bereits 1938 wurde bei Rolls-Royce mit der Einrichtung einer Entwicklungs-
abteilung mit dem Gasturbinenbau begonnen. Zunächst wurde ein von Dr. A. A.
Griffith konstruiertes Turbinentriebwerk entwickelt, das im Oktober 1941 zum
erstenmal, mit Preßluft betrieben, lief. Die Versuche wurden jedoch später (1943)
eingestellt.

Im Jahre 1942 baute Rolls-Royce für das englische Luftfahrtministerium zwei
Triebwerke vom Typ WR. 1, die das von der Forschungs- und Entwicklungs-
organisation Power Jets aus dem ersten Whittle-Triebwerk (Näheres über die
Anfänge der Triebwerksentwicklung in [31, 12]) entwickelte Modell W. 2B zur
Grundlage hatten, jedoch verschiedene bei Rolls-Royce vorgenommene Kon-
struktionsänderungen aufweisen. Das Projekt wurde, ohne daß es zu einer Flugerprobung gekommen war, 1943 wieder aufgegeben.

Die Firma Rover, die sich ebenfalls mit dem Bau und der Entwicklung der
Whittle-Projekte befaßt hatte, stellte diese Arbeiten Ende 1942 ein und übergab
die Produktion ihres Musters W. 2B/23 und die Entwicklung des Musters W. 2B/26
an Rolls-Royce. Das Triebwerk W. 2B/23 erhielt bei Rolls-Royce den Namen
Welland und war somit das erste Muster der River-Klasse. Im April 1943 absolvierte ein Welland-Triebwerk eine 100-Stunden-Typenerprobung bei einem
Schub von 725 kp, am 12. 6. 1943 flog die Maschine in einer F. 9/40 zum erstenmal. Das Modell W. 2B/26 war ein Triebwerk mit gerade durchgehender Luft-
bzw. Gasströmung, während bei allen vorhergehenden Mustern das Prinzip der
Umkehrströmung angewendet worden war. Bei diesem Prinzip befand sich der
Brennkammereinlaß am Triebwerksende. Die Luft wurde hinter dem Verdichter
nach dem Brennkammereinlaß geleitet und durchströmte dann die Brennkammer
in Richtung zur Triebwerksstirnseite. Hier wurde sie abermals um 180° umgelenkt
und zur Turbine geführt. Rolls-Royce entwickelte 1943 aus dem Rover-Triebwerk
W. 2B/26, das im November 1942 zum erstenmal auf dem Prüfstand gelaufen war,
durch Neukonstruktion des Verdichterrades, des Diffusors und der Turbine das
Muster W. 2B/37. Es erhielt den Namen Derwent und wurde im November 1943
in einem 100-Stunden-Prüfstandslauf bei 906 kp erprobt. Im Dezember des gleichen Jahres fanden Probeflüge in einer Wellington statt. Triebwerke dieses Musters wurden in den Flugzeugtyp Meteor 3 eingebaut. In der Weiterentwicklung
des Derwent folgten 1944 die Modelle Derwent Mk. 2 (weniger als zwölf Stück
gebaut), Derwent 3 und Derwent 4. Letzteres kam im Februar 1945 auf den
Prüfstand und entwickelte einen Schub von 1065 kp. Im gleichen Jahr fanden
auch die ersten Prüfstandsläufe und die Flugerprobung des Derwent 5 mit
1585 kp Schub statt. Spätere Modelle des Derwent (Derwent 8, Derwent 9) hatten
einen Auslegungsschub von 1630 kp. Derwent 10 ist für 2265 kp Schub aus-

gelegt [637]. 1944 begann die Konstruktion des letzten Radialverdichtertriebwerkes der Firma, des Triebwerkes Nene.

Erste Arbeiten auf dem Gebiet der Axialverdichtertriebwerke waren die Entwurfsstudie eines Kleintriebwerkes A J25 Tweed und die beiden größeren Entwürfe A J50 und A J60, die Ende 1945 zu der ersten Ausführung des Axialverdichtertriebwerkes Avon, A J65, führten. In der Reihe der von Rolls-Royce entwickelten Axialverdichtertriebwerke folgten das Leichtgewichtstriebwerk RB. 28 Soar, das Zweikreistriebwerk RB. 82 Conway, die aus dem Leichtgewichtstriebwerk Soar weiterentwickelten Triebwerke RB. 108 (910 kp Schub) und RB. 145 (1250 kp Schub) sowie die Mantelstromtriebwerke RB. 141 (6800 kp Schub) und RB. 163 Spey (4465 kp Schub). In [I.A.L. 23. 7. 60] wurde ein Projekt eines Hochleistungstriebwerkes RB. 167 (10 430 kp Schub) für Verkehrsflugzeuge mit Fluggeschwindigkeiten von Mach 2,2 erwähnt. Bei der deutschen Firma MAN, Nürnberg, steht in Zusammenarbeit mit Rolls-Royce ein für Mach 2 geeignetes Triebwerk in Entwicklung, das auf den Rolls-Royce-Entwurf RB. 153, der wiederum auf dem Entwurf des RB. 145 basieren soll, zurückgeht. Eine Mantelstromausführung RB. 161 (3175 kp Schub) des RB. 153 wurde geplant [I.A.L. 17. 3. 60]. Sie soll ein nachgesetztes Mantelstromgebläse haben. Aus dem Leichtgewichtstriebwerk RB. 108 wurde eine Weiterentwicklung RB. 162 abgeleitet, die ein Verhältnis Schub/Gewicht von 16 : 1 hat [Flight, 31. 8. 61] und als Grundlage zum Entwurf des Mantelstrom-Triebwerkes RB. 175 diente.

Die Produktion der Rolls-Royce-Triebwerke verteilt sich auf zwölf Werke. In Derby befinden sich die Hauptkonstruktions- und -entwicklungsbüros. Hier werden auch die Triebwerke Avon und Dart gebaut. Ferner werden Avon-Triebwerke von D. Napier and Son in einem Werk in Liverpool, von der Bristol Engine Division in Filton und von der Standard Motor Company in Coventry hergestellt.

Lizenzen für den Bau von Triebwerken nach den Konstruktionen von Rolls-Royce wurden an folgende Firmen vergeben:

Hispano-Suiza, Frankreich; Fabrique Nationale, Belgien; Svenska Flygmotor, Schweden; Commonwealth Aircraft, Australien, und Pratt & Whitney, USA. Mit der amerikanischen Firma Westinghouse besteht ein Abkommen über den Austausch von Personal und Informationen [589]. Ein ähnliches Abkommen über technische Zusammenarbeit wurde mit der deutschen Firma MAN geschlossen.


## Rolls-Royce Nene


Am 17. 3. 1944 begann man bei Rolls-Royce mit der Konstruktion eines neuen Triebwerkes mit der Bezeichnung RB. 40. Es war für einen Schub von 1900 kp ausgelegt. Da der Marinejäger E. 10/44, für den das Triebwerk vorgesehen war, einen Antriebsschub von nur 1500 kp benötigte, wurde eine Ausführung kleinerer Leistung, RB. 41, entworfen, die später den Namen Nene erhielt. Vor den ersten Prüfstandläufen im Oktober 1944 wurde ihr Schub jedoch wieder auf 2040 kp im Stand erhöht. Nach dem ersten Probeflug in einer Lockheed P-80 im Juli 1945 wurde die weitere Erprobung in einer Lancastrian fortgesetzt. Die Ausführungen des neuen Triebwerkes mit der herabgesetzten Leistung erhielten die Bezeichnung Derwent 5. In Verbindung mit der amerikanischen Firma Pratt & Whitney, die die Nene als J42 in Lizenz herstellte, wurde als Weiterentwicklung das Triebwerk Tay (J48) von 2830 kp Schub geschaffen [12]. Nene-Triebwerke werden in verschiedenen weiterentwickelten Abarten auch in Frankreich, UdSSR, Argentinien, Australien (Rolls-Royce) und Kanada (Rolls-Royce) gebaut. Das kanadische Zweigunternehmen der Firma Rolls-Royce in Montreal gab Mitte 1955 für das Baumuster Nene 10 eine Betriebszeit von 750 Stunden zwischen zwei Überholungen bekannt. Die Triebwerke werden in die Jet-Trainer Canadair T-33A-N Silver Star der kanadischen Luftwaffe eingebaut [285].

*Triebwerksdaten*

| Baumuster | | Nene 102 | [37, 589] | Nene 103 | [857, 858] |
|---|---|---|---|---|---|
| Durchmesser | [mm] | 1 258 | | 1 258 | |
| Länge | [mm] | 2 458 | | – | |
| Stirnfläche | [m²] | 1,24 | | 1,254 | |
| Gewicht | [kg] | 735 | | 725 | |
| Kraftstoffverbrauch | [kg/kph] | 1,02 | [37, 589] | 1,07 | |
| | | 1,06 | [R.-R.] | – | |
| Ölverbrauch | [kg/h] | 0,5 | | – | |
| Startstandschub (trocken) in Meereshöhe | [kp] | 2 315 | | 2 400 | |
| Drehzahl | [U/min] | 12 500 | | 12 700 | |
| Max. Dauerschub im Stand in Meereshöhe | [kp] | 1 855 | | – | |
| Drehzahl | [U/min] | 11 800 | | – | |

| Baumuster | Schub [kp] | Drehzahl [U/min] | Kraftstoffverbrauch [kg/h] | |
|---|---|---|---|---|
| Nene 3, 10, 102 | 2 310 | 12 500 | 2 410 | |
| Nene 101 | 2 265 | 12 500 | 2 456 | |
| Nene 103 | 2 400 | 12 700 | 2 568 | [857, 858] |

Leistungen der Nene 103 in 9140 m Höhe bei 556 km Fluggeschwindigkeit:

| | Schub [kp] | Drehzahl [U/min] | Kraftstoffverbrauch [kg/h] | |
|---|---|---|---|---|
| (Operational Necessity) | 930 | 12 700 | 1 405 | |
| Zwischenlast | 851 | 12 400 | 1 275 | |
| Max. Dauerlast | 756 | 12 000 | 940 | [857, 858] |

*Triebwerksbeschreibung* [20, 37, 545]

(Die Angaben aus [37] beziehen sich auf das Modell Nene 102. Bei den Beschreibungen aus [20, 545] ist keine genaue Musterbezeichnung angegeben. Sie wurden jedoch hier auch verwendet, da angenommen werden kann, daß die einzelnen Modelle sich im Prinzip nur wenig unterscheiden.)

Der einstufige, zweiflutige Radialverdichter mit 29 Schaufeln auf jeder Seite verdichtet die Luft in einem Verhältnis von 4,5 : 1. Der Luftdurchsatz beträgt 40 kg/sec im Stand und in Meereshöhe bei einer Drehzahl von 12 500 U/min. Das Gehäuse des Verdichters ist zweiteilig, es wird aus Aluminiumlegierung hergestellt. Die Verdichterwelle ist an ihrem vorderen Ende in einem Rollenlager, an ihrem hinteren Ende, wo sie mit der Turbinenwelle gekuppelt ist, in einem Kugellager gelagert, das gleichzeitig auch den Schub aufnimmt [37]. Die Kupplung zwischen Verdichter- und Turbinenwelle besteht aus einem Kugelgelenk, welches die axialen Kräfte aufnimmt, und aus einer Zahnkupplung, die das Drehmoment überträgt [20]. Auf der Welle zwischen dem Verdichterrad und dem mittleren Lager ist ein kleines Ventilatorrad angebracht. Dieses fördert Kühlluft zum mittleren und hinteren Lager und zur Radscheibe der Turbine [545].

Hinter dem doppelflutigen Verdichterrad durchströmt die Luft einen Diffusor aus Magnesiumlegierung und gelangt dann über die neun Auslasse des Diffusors und durch mit Leitblechen versehene Krümmer in die Brennkammern.

Der Verbrennungsteil des Triebwerkes setzt sich aus neun kegelförmigen Einzelbrennkammern aus Stahlblech zusammen [37, 545]. Die Brennkammern (Konstruktionen der Firma Lucas) sind untereinander durch Rohre verbunden [545]. Innerhalb jeder Kammer befindet sich ein durchbrochenes Flammrohr aus Nimonic-75-Stahl. Durch einen Duplexbrenner im vorderen Teil der Brennkammer wird der Kraftstoff in Strömungsrichtung eingespritzt [37, 545].

Die Leitschaufeln der einstufigen Axialturbine werden im Präzisionsgußverfahren aus Vitalliumstahlguß hergestellt [20, 545]. Das Turbinenrad besteht aus einer massiven Scheibe aus Jessop-G-18-B-Stahl, in welche die 54 Laufschaufeln aus Nimonic-80-Legierung mit Tannenbaumfüßen eingesetzt sind [545]. Der Verbindungsflansch zwischen Radscheibe und Turbinenwelle ist an seinem äußeren Umfang mit einer Verzahnung versehen, die in eine entsprechende Verzahnung des Flansches der Turbinenwelle eingreift. Dadurch wird verhindert, daß die Scherkräfte auf die Ankerbolzen, die die beiden Flansche miteinander verbinden, bei höheren Drehzahlen zu groß werden [545].

Die Lagerung des Turbinenrades erfolgt durch ein Rollenlager vor der Radscheibe [14, 545]. Die innere Lauffläche des Rollenlagers wird durch eine Hülse gebildet, die mit dem an ihrem Ende befindlichen Flansch durch Bolzen mit dem Flansch der Läuferscheibe verschraubt wird. Der Innendurchmesser der Hülse ist größer ausgeführt als der Außendurchmesser der Welle. Das vordere Hülsenende wird durch einen Wulst getragen, der mit 24 Schlitzen versehen ist, durch welche Luft in das Innere der Hülse gelangen kann. Auf der Stirnseite des Hülsenflansches sind Nuten eingearbeitet zur Führung der Luft nach außen auf die Vorderseite der Laufradscheibe. Die Auswuchtgewichte werden je nach Bedarf angebracht. Der Auslaßteil des Triebwerkes setzt sich aus dem äußeren Mantel aus Stahl und dem feststehenden inneren Kegel zusammen [37, 545].

Bei der gebräuchlichen Zündung mit Hilfe von Kerzen könnten Schwierigkeiten entstehen, da während des Anlassens in der Nähe der Zündkerzen infolge des

204

großen Brennkammerquerschnittes kein zündfähiges Gemisch vorhanden ist. Diese Schwierigkeiten umging man, indem man einen Flammzünder einbaute. Dieser auf dem äußeren Gehäuse einer Brennkammer angebrachte Zünder besteht aus einem kleinen Kraftstoffzerstäuber und einer Zündkerze. Die Kraftstoffversorgung des Zerstäubers (Verdampfers) erfolgt von der Niederdruckseite des Kraftstoffsystems aus durch eine Verbindungsleitung. Die Kraftstoffzufuhr wird durch ein elektromagnetisch betätigtes Ventil geregelt. Der Elektromagnet des Ventils wird von der Niederspannungsseite des Zündstromkreises mit Strom versorgt. Beim Anlassen wird der Elektromagnet zur gleichen Zeit mit Strom beliefert wie die Zündkerze. Der Kraftstoff strömt durch einen aus Draht gewundenen Filter in den Zerstäuber ein und wird zu einem ganz feinen, leicht zündbaren Nebel zersprüht, der sofort von der Zündkerze gezündet wird. Die so entstandene Flamme zündet nun das vom Hauptverdampfer des Duplexbrenners erzeugte Gemisch. Dieses Zündsystem wird nur in eine Brennkammer eingebaut, im Höchstfalle auch in zwei, da sich die Zündflamme durch die Verbindungsrohre in alle Brennkammern fortpflanzt. Eine automatische Vorrichtung schaltet die Zündvorrichtung ab [545].
Bei der neueren Ausführung Nene 103 sind oben beschriebene Hilfszerstäuber zur Zündung nicht mehr erforderlich. Hier sind in zwei der neun Brennkammern besondere Zündkerzen angebracht, die mit einem energiereicheren Zündfunken direkt das Gemisch in der Brennkammer zünden [858].
Das Kraftstoffsystem enthält eine automatische Kraftstoffmengenregelung, die die geforderte Kraftstoffmenge dem bei verschiedenen Fluggeschwindigkeiten und Flughöhen infolge des veränderlichen Druckes am Verdichtereintritt veränderlichen Massendurchsatz anpaßt, und eine automatische Beschleunigungskontrolle, die das Einspritzen von zu viel Kraftstoff beim Beschleunigen verhindert.
Sprühdüsen liefern Öl zu den Lagern und Rädern des Getriebes. Dieses Öl läuft von selbst wieder in den Sumpf zurück, ebenso wie das des vorderen Kompressorlagers. Vom mittleren und hinteren Lager wird das Öl von einer Rückförderpumpe zum Sumpf zurückgepumpt [20].


Rolls-Royce Avon

Die Entwicklung von Rolls-Royce-Axialverdichtertriebwerken unter der Leitung von Dr. A. A. Griffith führte von der Konstruktionsstudie des kleinen Triebwerkes A J25 »Tweed« über die größeren Baumuster A J50 und A J60 zu dem Entwurf des Triebwerkes A J65, der ersten Ausführung des Avon (Ende 1945). Im März 1947 wurden die Prüfstandsläufe des ersten Modelles Avon RA. 1 mit 2950 kp Schub aufgenommen. 1948 erprobte man ein weiterentwickeltes Modell, RA. 2, in einer Lancastrian. Die erste Version des Avon, die in größerer Stückzahl produziert wurde, war der Avon RA. 3. Dieses Baumuster gelangte im April 1949 zu Versuchen auf den Prüfstand und ging nach der Flugerprobung im Juli 1950 unter der Bezeichnung Avon Mk. 1 in Produktion. Die nächste Entwicklungs-

stufe RA.7 (3400 kp Schub) legte als erstes Avon-Triebwerk mit Vereisungs-
schutz im August 1952 die 150-Stunden-Typenerprobung ab und ging unter den
Serienbezeichnungen Avon Mk.104, Mk.105, Mk.107, Mk.109 und Mk.110 in
Produktion. Eine Ausführung mit Nachbrenner RA.7R durchlief im Frühjahr
1953 die 150-Stunden-Typenerprobung bei einem Höchstschub von 4310 kp und
wurde kurze Zeit später ebenfalls in das Produktionsprogramm aufgenommen.
Nachdem die Arbeiten an der verbesserten Ausführung des RA.3, Avon RA.22
(Mk.101), wieder eingestellt worden waren, konzentrierte man sich auf die
Weiterentwicklung des Baumusters RA.7. Aus diesen Arbeiten resultierten zwei
getrennte Entwicklungsreihen. Die eine basiert auf dem Modell RA.9 (Mk.502),
das für zivile Verwendung gedacht war und aus dem die Ausführungen Avon
RA.25, Mk.503, Mk.504 und Mk.505 mit 3220 kp Schub hervorgingen. Die
zweite Reihe umfaßt die Militärausführungen Avon RA.21, Mk.113 und Mk.115.
Neben den oben angeführten Avon-Modellen der sogenannten »100er-Serien«
entstand eine vollkommen neu konstruierte zweite Avon-Generation, die »200er-
Serie«, die als wesentlichste Änderung einen größeren Verdichter (15 gegenüber
12 Stufen) und an Stelle der zylindrischen Einzelbrennkammern eine Ringbrennkammer mit mehreren einzelnen Flammrohren (Sammelbrennkammer) aufwies.
Ihr erstes Modell, RA.14, 4310 kp Schub, ging im November 1951 in Erprobung.
Der Avon RA.14 wurde allerdings nie in großer Zahl erzeugt und durch die
Version RA.28 (Mk.204), 4535 kp Schub, abgelöst. Dieses Triebwerk produzierte
man in Großserie. Seine Zivilausführung RA.26 (Mk.521) mit gleicher Leistung
rüstet die Comet 3 sowie die Prototypen der SE.210 Caravelle aus. Eine Zivilausführung des Avon RA.14 erhielt die Bezeichnung RA.16. Sie erzeugte einen
Schub von 4070 kp. In Produktion befanden sich im Sommer 1961 die Baumuster
RA.24R für militärische Verwendung und der insbesondere für die Zivilluftfahrt
entwickelte Avon RA.29. Der Avon RA.24R ist für besonders hohe Turbineneintrittstemperaturen entworfen und hat luftgekühlte Turbinenschaufeln. Er erzeugt einen Schub von 5100 kp ohne Nachverbrennung, 6540 kp mit Nachverbrennung und wird in die Flugzeugtypen Lightning und Draken eingebaut.
Die Zivilausführung Avon RA.29 gleicht den Triebwerken der 200er-Serien, hat
jedoch eine zusätzliche Verdichternullstufe, also insgesamt 16 Verdichterstufen,
und damit ein größeres Verdichtungsverhältnis sowie einen größeren Luftdurchsatz. Die Turbine erhielt eine dritte Stufe. Der garantierte Mindestschub beträgt
4760 kp. Als erstes Serientriebwerk ging 1957/58 die Ausführung RA.29/1
(Mk.524) für die Comet 4 in Produktion. Triebwerke dieses Typs, die in der
Comet 4 der BOAC im Flugdienst stehen, sind inzwischen für 2900 Stunden Betriebszeit zwischen zwei Überholungen zugelassen, 3200 Stunden Betriebszeit
werden angestrebt [891]. Die in die Comet 4B zum Einbau gelangenden Avon
laufen unter der Bezeichnung Avon RA.29/1 (Mk.525), während die Triebwerke
für die älteren Caravelle-Typen die Bezeichnung RA.29/1 (Mk.522) erhielten. Die
1961 im Liniendienst fliegenden Caravelle-Typen sind mit der Weiterentwicklung
RA.29/3 ausgerüstet, die infolge verbesserter Turbinenwerkstoffe höhere Turbineneintrittstemperaturen zuläßt und damit den erhöhten Schub von 5165 kp
erzeugt. Dieses Triebwerk hat eine auf zwei verschiedene Querschnitte verstell-

bare Schubdüse. Für die Caravelle 6 und Caravelle 6R schuf die Firma Rolls-Royce die Avon-Ausführung RA. 29/6 mit dem Grundmodell Mk. 531 (5550 kp Schub), das bei der Fluggesellschaft Sabena seit Februar 1961 im Fluglininiendienst steht. Wesentlichste konstruktive Neuerung gegenüber den Vorgängermodellen ist eine weitere »Null«-Stufe des Verdichters. Weitere Materialverbesserungen und eine luftgekühlte erste Turbinenstufe kennzeichnen das Modell Avon 532R (R = Reverser, Schubumkehr). Dieses Triebwerk befindet sich seit dem 14. 7. 1961 im planmäßigen Einsatz bei der amerikanischen Fluggesellschaft United. Es erzeugt 5710 kp Schub und ist für 1200 Stunden Betriebszeit zwischen den Überholungen von der FAA zugelassen [891]. Leistungsstärkste Militärausführung des Avon ist das Triebwerk RB. 146. Es ist mit einem Nachbrenner versehen und soll unter der Bezeichnung Avon 300 für die Flugzeugtypen English Electric Lightning, Saab Draken und Mirage III in Serienproduktion gehen. Das Triebwerk hat ebenso wie die Zivilversion RA. 29/1 eine zusätzliche Verdichternullstufe, die einen höheren Luftdurchsatz und ein größeres Verdichtungsverhältnis bewirkt, behielt jedoch eine zweistufige Turbine. Der Durchmesser der Niederdruckstufe wurde dafür leicht vergrößert. Das RB.146 erzeugt einen Schub von 6000 kp ohne Nachverbrennung und 7530 kp mit Nachverbrennung. Ein Triebwerk dieser Bauart, Avon Mk. 67, ausgerüstet mit einer vollverstellbaren Ejektordüse von 914 mm Durchmesser, zeigte bei Flugversuchen mit einer Mirage III-0 sehr gute Ergebnisse. Der Erstflug dieser Maschine fand am 13. 2. 1961 statt.
Avon-Triebwerke werden u. a. in folgende Flugzeugtypen eingebaut: English Electric Canberra, Lightning, Vickers Valiant, Short Spervin, Ouest Aviation, Vautour, Hawker Hunter F. Mk. 6, Vickers Supermarine Swift, Vickers Supermarine N113, De Havilland DH110, English Electric P. 1B, CAC Sabre F-86, Fairey Delta 2, SAAB Lansen, SAAB Draken, Dassault Mystère, Sud-Aviation Caravelle, De Havilland Comet.
Nachbaurechte für Avon-Triebwerke erhielten die Firmen Commonwealth Aircraft Corporation, Australien; Svenska Flygmotor AB, Trollhattan, Schweden und Fabrique Nationale d'Armes de Guerre, Herstal-Lez-Liège, Belgien.

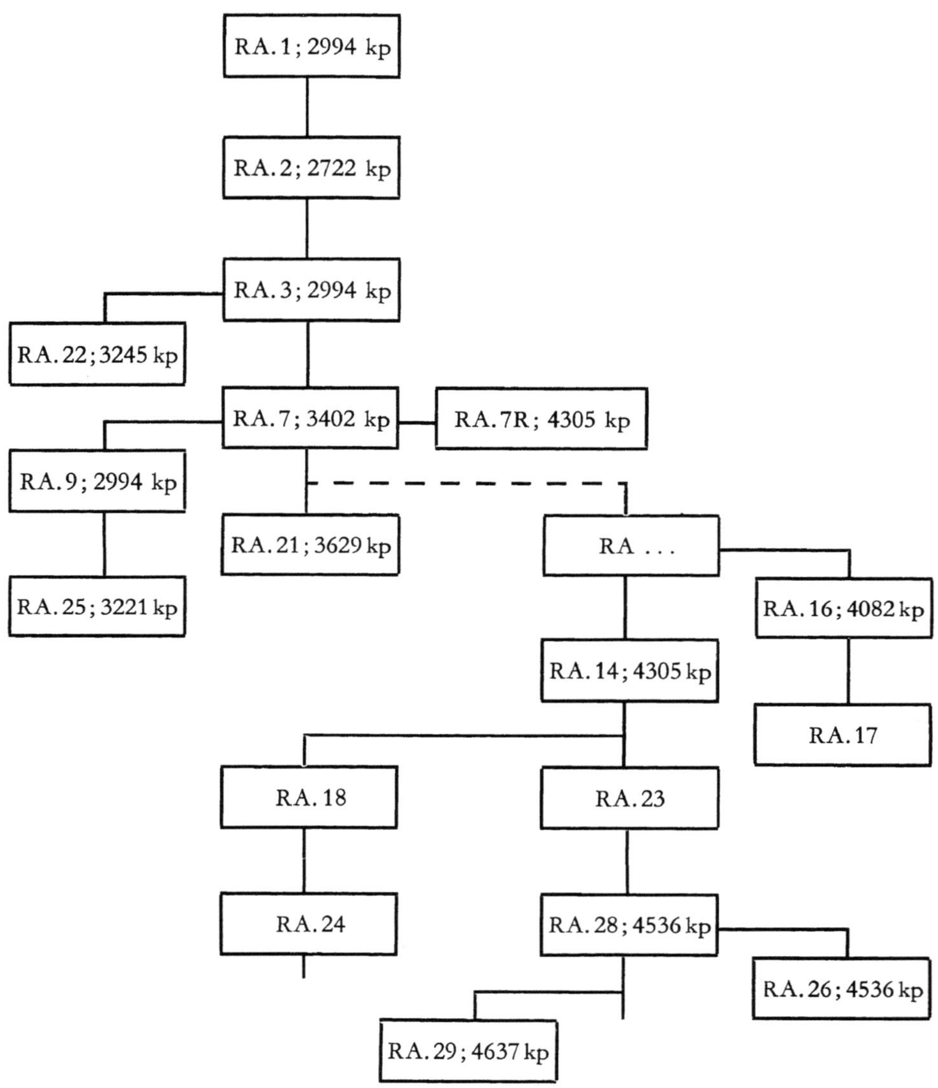

RA.1; 2994 kp
RA.2; 2722 kp
RA.3; 2994 kp
RA.22; 3245 kp
RA.7; 3402 kp
RA.7R; 4305 kp
RA.9; 2994 kp
RA.21; 3629 kp
RA ...
RA.16; 4082 kp
RA.25; 3221 kp
RA.14; 4305 kp
RA.17
RA.18
RA.23
RA.24
RA.28; 4536 kp
RA.26; 4536 kp
RA.29; 4637 kp

*Triebwerksdaten*

| Baumuster | Avon RA.21 (Mk.113, 115) | Avon RA.28 (Mk.204) | Avon RB.146R | |
|---|---|---|---|---|
| Durchmesser ........... [mm] | 1072 | 1054 | 1067 | [43] |
| Länge ............... [mm] | 2593 | 2874 | 6502 | |
| Stirnfläche .............. [m²] | 0,9 | 0,87 | 0,89 | |
| Gewicht ................ [kg] | 1143 | 1400 | 1724 | |
| Kraftstoffverbrauch | | | | |
| normal .............. [kg/kph] | 0,92 | 0,86 | 2,0 | m. N. |
| Ölverbrauch ........... [kg/h] | 0,7 | 0,7 | 0,7 | |
| Startstandschub .......... [kp] | 3630 | 4535 | 6000 | o. N. |
| | | | 7700 | m. N. |
| Drehzahl ............ [U/min] | 8100 | 8000 | | |

| Baumuster | Avon RA.29 (Mk.524) | |
|---|---|---|
| Durchmesser ........... [mm] | 1067 | [43] |
| Länge ................ [mm] | 3172 | [43] |
| Stirnfläche .............. [m²] | 0,89 | [43] |
| Gewicht ................ [kg] | 1515 | [43] |

Leistungen der Baumuster Avon RA.29 (Mk.524, Mk.525):

| | Max. Startleistung | | Max. Dauerleistung |
|---|---|---|---|
| Schub ......................... [kp] | 4763 | (5 min) | 4026 |
| Drehzahl .................. [U/min] | 8000 | | 7550 |
| Kraftstoffverbrauch .......... [kg/kph] | 0,763 | | 0,730 |

Leistungen der Rolls-Royce Avon RA.29 (Mk.522) [730]:

| | Max. Startleistung | | Max. Dauerleistung |
|---|---|---|---|
| Schub ........................ [kp] | 4881 | (5 min) | 4264 |
| Drehzahl .................. [U/min] | 8050 | | 7650 |
| Kraftstoffverbrauch .......... [kg/kph] | 0,770 | | 0,739 |

*Triebwerksdaten nach* [891]

| Baumuster | | RA. 29/1 | RA. 29/6 |
|---|---|---|---|
| Durchmesser | [mm] | 990 | 990 |
| Länge | [mm] | 3200 | 3400 |
| Gewicht | [kg] | 1515 | 1582 |
| Max. Standschub in Meereshöhe | [kp] | 4650 | 5770 |
| Drehzahl | [U/min] | 8050 | 8150 |
| Luftdurchsatz | [kg/sec] | 78,4 | 83,8 |
| Verdichtungsverhältnis | | 9,1 : 1 | 10,3 : 1 |

Reiseleistungen in 7,62 km Flughöhe bei 786 km/h Fluggeschwindigkeit:

| | | RA. 29/1 | RA. 29/6 |
|---|---|---|---|
| Reiseschub | [kp] | 1540 | 2125 |
| Spez. Kraftstoffverbrauch | [kg/kph] | 0,932 | 0,918 |

*Triebwerksbeschreibung* [41]

Das Einlaßgehäuse des Avon RA. 29 ist aus Aluminiumlegierung. Der äußere Gehäusering trägt durch sechs radiale, hohle Profilstreben das Gehäuse des vorderen Verdichterlagers, auf dessen Stirnfläche, unter einer Verkleidung, der Triebwerksanlasser montiert ist. Das Einlaufgehäuse beherbergt weiterhin den ersten Leitschaufelkranz des Verdichters mit 43 Hohlschaufeln, deren Anstellwinkel durch eine auf den Kraftstoffdruck ansprechende Verstellvorrichtung geändert werden kann. Das gesamte Einlaßgehäuse wird durch vom Verdichter abgezapfte Warmluft, deren Menge eine Automatik regelt, gegen Vereisung geschützt.

Das Gehäuse des 16stufigen Axialverdichters besteht aus dem horizontal geteilten Niederdruckteil aus Aluminiumlegierung und dem einteiligen trommelartigen Hochdruckteil aus Stahl. Die Leitschaufeln der ersten acht Stufen werden aus Aluminiumlegierung hergestellt, die Leitschaufeln aller weiteren Stufen aus Stahl. Der Verdichterläufer setzt sich aus 16 Stahlscheiben zusammen, die auf einer zweiteiligen, gestuften Hohlwelle montiert sind.

Für die Laufschaufeln der ersten acht Verdichterstufen fand ebenfalls Aluminiumlegierung Verwendung, während die übrigen Stufen mit Stahlschaufeln ausgerüstet sind. Die Lagerung des Verdichterläufers erfolgt durch ein Rollenlager am Verdichtereintritt und ein Kugellager auf der Austrittsseite des Verdichters. Der Luftdurchsatz des Verdichters bei 8000 U/min im Stand beträgt 76 kg/sec, das Verdichtungsverhältnis 8,75 : 1.

Die Brennkammer besteht aus einem Ringraum mit acht Einzelflammrohren aus Nimonic-75. Die Kraftstoffeinspritzung erfolgt durch Duplexdüsen in Strömungsrichtung.

Die dreistufige Turbine hat ein Gehäuse aus Stahl. Die Leitschaufeln sind massiv aus C. 242-Legierung. Die Radscheiben werden aus ferritischem Stahl hergestellt.

210

Als Laufschaufelmaterial wurde für die erste Stufe Nimonic-95, für die zweite Stufe Nimonic-90 und für die dritte Stufe Nimonic-80-A gewählt. Die Schaufeln sind massiv und haben Deckbänder.

Die Turbine ist in einem Rollenlager vor den Radscheiben gelagert. (Ausführliche Beschreibung eines Avon-Triebwerkes der 100er-Serie in [860].)


## Rolls-Royce Soar

Mitte 1954 kündigte Rolls-Royce ein neues, leichtes Strahltriebwerk an: Rolls-Royce Soar. Das Triebwerk hat sehr kleine Abmessungen und ein sehr niedriges Leistungsgewicht. Die äußere Form des Triebwerkes läßt vermuten, daß es für ferngelenkte Flugzeuge und Geschosse verwendet werden soll, d. h. man kann es mit den Verschleißtriebwerksausführungen der AS Viper vergleichen. Bei einem Gewicht von nur 121 kg erzeugt das Triebwerk einen Schub von 820 kp, was einem Verhältnis Gewicht/Schub von 0,148 entspricht. Das Baumuster Soar RSr. 2 gab bei einem Prüfstandslauf einen Schub von 843 kp ab. Die Triebwerksdaten dieser Ausführungen sind:

| | | | | |
|---|---|---|---|---|
| Durchmesser .................. [mm] | 400 | – | |
| Länge ........................ [mm] | 1595 | 1496 | [41] |
| Gewicht ...................... [kg] | 121 | 125 | [41] |
| Stirnfläche ................... [m²] | ca. 0,13 | – | |
| Schubleistung ................. [kp] | 820 + | 844 | [41] |
| Kraftstoffverbrauch .......... [kg/kph] | 1,25 | | |

Das Triebwerk hat einen Axialverdichter und eine Ringbrennkammer. Die Turbine ist mit einer Preßluftanlaßvorrichtung versehen wie bei Triebwerk AS Viper.

In [331] wird berichtet, daß die oben für das Triebwerk RSr. 2 angegebenen 843 kp Schub bei einer Drehzahl von 18 600 U/min erreicht wurden [I.A.L. 28. 8. 54; 471, 598].

Erste Flugerprobungen wurden mit zwei an den Flügelspitzen eines Gloster-Meteor montierten Triebwerken unternommen [3].


## Rolls-Royce Conway

Nachdem bei Rolls-Royce bereits seit 1945 unter der Leitung von Dr. A. A. Griffith Studien über Zweikreistriebwerke betrieben worden waren, begann man im Oktober 1948 mit dem Entwurf des Zweikreistriebwerkes RB. 80 (4200 kp Schub), der nach intensiver Entwicklungsarbeit zu dem Prototyp des Zweikreistriebwerkes Conway, RCo. 2 führte. Von diesem Typ wurde ein Triebwerk gebaut, das im August 1952 auf den Prüfstand kam. Im Januar 1953 erzielte es bei Standversuchen Schübe von 4535 kp. Im Januar 1952 hatte man inzwischen mit den Arbeiten an dem Conway-Modell RCo. 3 (5200 kp Schub) begonnen. Durch ständige Weiterentwicklung konnte der Auslegungsschub auf 5880 kp gesteigert werden. Die Triebwerke dieser Schubklasse erhielten die Bezeichnung RCo.5. Erste Prüfstandsläufe fanden im Juli 1953 statt. Im Sommer 1955 absolvierte eines der insgesamt 13 hergestellten Conway-RCo.5-Triebwerke einen offiziellen Abnahmelauf mit 5900 kp Schub; die ersten Flugversuche begannen im Oktober 1955. Triebwerke der Baureihe RCo.5 waren für den Militärtransporter Vickers V-1000 vorgesehen, dessen Entwicklung jedoch im November 1955 aufgegeben wurde. Nach verbesserter Turbinenschaufelkühlung und damit möglichen höheren Turbineneintrittstemperaturen entstand aus dem RCo.5 das leistungsstärkere Modell RCo.8 (6560 kp Schub). Das erste derart umgewandelte Triebwerk kam im Januar 1956 auf den Prüfstand. Die Forderungen der Luftfahrt nach höheren Triebwerksleistungen führten 1956 zu der Neukonstruktion des Conway sowohl für militärische (RCo.11) als auch für zivile Verwendung (RCo.10). Da das Militärtriebwerk in die Tragflächen des Bombers Handley-Page Victor B.2 eingebaut werden sollte, war der Außendurchmesser und damit das Bypass-Verhältnis von vornherein eingeschränkt. Man wählte daher den niedrigen Wert von 0,3 für das Bypass-Verhältnis, der erst bei den neuesten Conway-Modellen wieder erhöht wurde. Die Zivilausführung RCo.10 war für den Einbau in die Triebwerksgondeln der Verkehrsflugzeuge Douglas DC-8-40 und Boeing 707-420 vorgesehen und für einen Schub von 7480 kp ausgelegt. Durch eine Neueinstellung der Kraftstoffregelung konnte der Schub auf 7930 kp erhöht werden. Die guten Ergebnisse der Prüfstandsläufe, die im November 1957 aufgenommen worden waren, bewogen Rolls-Royce, alle RCo.10 auf die höhere Leistung umzustellen. Sie erhielten nunmehr die Bezeichnung RCo.12. Im Verlaufe des umfangreichen Erprobungsprogrammes wurden auf dem Prüfstand und bei Flugversuchen mit der Boeing 707-420 und der Douglas DC-8 Schübe von 8160 kp erzielt. Die Auslieferung der ersten serienmäßigen RCo.12 begann 1959. Der erste Einsatz im planmäßigen Liniendienst erfolgte im April 1960. Bei der Boeing 707-420 werden die Triebwerke RCo.12 (Mk.508) in eine Gondel englischer Konstruktion eingebaut, die mit Rolls-Royce-Schubumkehr und Schalldämpfung versehen ist. Die DC-8 fliegt mit RCo.12 (Mk.509) Triebwerken, die in eine amerikanische Triebwerksgondel eingebaut werden. Während im Sommer 1960 die Zahl der außerhalb der planmäßigen Inspektionen aus dem Betrieb zu ziehenden Triebwerke monatlich 0,6 pro 1000 Betriebsstunden betrug, erniedrigte sich diese Zahl in den Monaten März, April und Mai 1961 auf 0,083.

Bei den unplanmäßigen Außerdienststellungen von Conway-Triebwerken waren im wesentlichen folgende vier Fehlerquellen die Ursache:

1. Vorderes ND-Verdichterlager. Das Lagerspiel war anfänglich zu klein gehalten worden. Beim Flug in großen Höhen zieht sich infolge der niedrigen Außentemperatur das Gehäuse zusammen und verkleinert damit das Lagerspiel. Dadurch traten Beschädigungen der Lauffläche auf. Durch Vergrößerung des Spiels um 0,003 inch und durch festeren Sitz des inneren Laufringes auf der Welle konnte man Abhilfe schaffen. Bei der ersten Überholung wurden die Lagergehäuse ausgedreht und auf ihr altes Maß gebracht. Neue Gehäuse wurden durch sorgfältige Wärmebehandlung »stabilisiert«.

2. Mittellager. Fabrikationsfehler eines bestimmten Lieferanten.

3. HD-Verdichter-Beschaufelung. Die Schäden an der Beschaufelung des Hochdruckverdichters hatten folgende Ursache: Bei Drehzahlen unter der Höchstdrehzahl traten am äußeren Radius des HD-Verdichters leichte Ablöseerscheinungen auf, die zum Schwingen (bzw. Flattern) der Schaufeln und dadurch nach genügend langer Dauer zu Ermüdungsbrüchen führten. Diese Fehlerquelle trat nicht mehr auf, nachdem man ein Laufen des Triebwerkes bei 57 bis 75% der Auslegungsdrehzahl weitgehend einschränkte. Zu den weiteren Maßnahmen zur Verhinderung des rotating-stall wird vermutlich eine Verringerung der Schaufelverwindung im vorderen Rotorbereich und eine Vergrößerung der Verwindung bei den folgenden Stufen gehören. Bei dieser Gelegenheit wird man den axialen Zwischenraum zwischen den Einlaßleitschaufeln und der ersten HD-Stufe vergrößern und so bei Eindringen von Fremdkörpern ein Aneinanderstoßen der beiden Schaufelsätze verhindern.

4. HD-Turbinenbeschaufelung. Obwohl die Schaufeltemperaturen beim Conway durch die Anwendung von Luftkühlung nicht wesentlich über denen des PTL-Triebwerkes Dart liegen, traten Schäden durch thermische Überbeanspruchung auf. Durch die Verwendung von Nimonic-105 an Stelle von Nimonic-95-A konnte diese Fehlerursache behoben werden.

Bis 1961 wurden im Flugliniendienst insgesamt über 400 000 Betriebsstunden geflogen, ca. 70% davon mit der Boeing 707. Die Betriebszeit zwischen zwei Überholungen betrug im Durchschnitt 1600 Stunden. Die schnelle Weiterentwicklung der Strahltriebwerke hinsichtlich ihrer Lebensdauer läßt sich darin erkennen, daß nach einer während der Drucklegung dieses Berichtes erschienenen Meldung [I.A.L. 26. 11. 62] Triebwerke des Musters R.CO 12, im Einsatz in der DC-8 Serie 40 der Trans-Canada Air Lines, für eine Zwischenüberholungszeit von 4800 Stunden zugelassen wurden; lediglich eine Routineprüfung der Brennkammern sowie des Verdichterstators ist alle 2500 Stunden durchzuführen.
Das letzte Modell in der Conway-Reihe mit einem Bypass-Verhältnis von 0,3 ist das Triebwerk Conway RCo. 15B mit einem garantierten Mindestschub von 8385 kp, das Anfang 1961 auf den Prüfstand kam.
Im März 1961 begannen die ersten Prüfstandsläufe des Conway RCo. 42/1. Dieses Triebwerk bekam einen völlig neuen Niederdruckteil, bestehend aus einem leistungsstärkeren Verdichter und einer neuen Turbinenbeschaufelung, während die Elemente des eigentlichen heißen Triebwerksteiles ähnlich denen des RCo. 15B blieben. Das Bypass-Verhältnis wurde auf 0,6 erhöht, der Schub beträgt 9180 kp.
Das RCo. 41/1 befindet sich für den Flugzeugtyp Vickers-Armstrong VC-10 in Produktion und soll ab September 1961 für die offiziellen Abnahmeversuche ausgeliefert werden. Für den Flugzeugtyp Super VC-10 von Vickers ist die Conway-Version RCo. 42/3 geplant, die mit etwas erhöhter Drehzahl arbeitet und einen Schub von 9880 kp erreicht. Sie soll ein Jahr später als die Ausführung RCo. 42/1 verfügbar sein.

*Triebwerksdaten*

Garantierter Mindesttrockenschub der zivilen Conway-Ausführungen:

Mk. 505    7470 kp    Einbau in Boeing 707-420
Mk. 507    7470 kp    Einbau in Douglas DC-8
Mk. 508    7920 kp    Einbau in Boeing 707-420
Mk. 509    7920 kp    Einbau in Douglas DC-8
[861]

| Baumuster | Conway RCo. 10 [41] (Mk. 505) |
|---|---|
| Durchmesser .............. [mm] | 1067 |
| Länge .................... [mm] | 3325 |
| Stirnfläche ...................[m²] | 0,89 |
| Gewicht .................... [kg] | 1590 |
| Brennstoffverbrauch | |
| normal .................. [kg/kph] | 0,7 |
| Ölverbrauch .............. [kg/h] | 0,68 |
| Startstandschub .............. [kp] | 7480 |
| Drehzahl ............... [U/min] | 8200 |
| Druckverhältnis (HD) ............. | 1 : 12 |

*Triebwerksdaten* [661; I.A.L. 3. 12. 59, 9. 1. 60]

| Baumuster | Conway RCo. 12 (Mk. 508) | Conway RCo. 15 | Conway RCo. 42 (Mk. 540) |
|---|---|---|---|
| Durchmesser (max.) .... [mm] | 1072 | 1072 | 1143 |
| Länge .............. [mm] | 3450 | 3450 | 3660 |
| Gewicht .............. [kg] | 2055 | 2075 | 2270 |
| Max. Standschub (trocken) in Meereshöhe, ICAN .... [kp] | 7930 | 8390 | 9185 |
| Drehzahl (HD-Läufer) [U/min] | 9980 | 9895 | 9750 |
| Reiseschub ICAN bei 927 km/h, 10 972 m Höhe ......... [kp] | 2100 | 2285 | – |
| Kraftstoffverbrauch bei Reiseschub ...... [kg/kph] | 0,90 | 0,864 | – |
| Bypass-Verhältnis ........... | 0,3 | 0,3 | 0,6 |

*Triebwerksdaten nach* [664]

| | | | |
|---|---|---|---|
| Garantierter Mindestschub (ISA-Standard-Tag, Meereshöhe ............ [kp] | 7930 | 8386 | 9185 |
| Erzielter Schub (mittel) ................ [kp] | 8160 | 8620 | 9530 |
| Drehzahl (HD-Läufer) [U/min] | 9980 | 9895 | 9955 |
| Spez. Kraftstoffverbrauch (mittel) ............ [kg/kph] | 0,725 | 0,701 | 0,622 |
| Verbrauch bei Reiseschub (10 972 m Höhe, 879 km/h) .......... [kg/kph] | 0,874 | 0,842 | 0,785 |
| Triebwerksgewicht ...... [kg] | 2055 | 2075 | 2268 |
| Luftdurchsatz ....... [kg/sec] | ca. 127 | 133 | ca. 164 |

*Triebwerksbeschreibung*

Das Triebwerk Conway ist ein Zweiwellentriebwerk, d. h. Hochdruckteil und Niederdruckteil arbeiten mechanisch unabhängig voneinander. Der Niederdruckverdichter ist mit der Niederdruckturbine gekuppelt, der Hochdruckverdichter mit der Hochdruckturbine.

Das Einlaßgehäuse des Niederdruckverdichters wird aus Stahl hergestellt und besteht aus einem ringförmigen äußeren Teil, der über 19 hohle, nicht verstellbare Einlaßleitschaufeln die konische Triebwerksnasenverkleidung trägt. Im äußeren Ringteil befinden sich Luftkanäle, durch die Warmluft in die hohlen Einlaßleitschaufeln sowie in den Nasenkonus als Schutz gegen Vereisung geleitet wird. An das Einlaßgehäuse schließt sich ein ebenfalls ringförmiges Stahlgehäuseteil an, das einen Kranz hohler Verdichterleitschaufeln aus Stahl und das Gehäuse des vorderen Verdichterlagers enthält. Die hohlen Leitschaufeln können durch Warmluft, die durch besondere Luftkanäle im äußeren Gehäuseteil zu- und abgeführt wird, gegen Vereisung geschützt werden. Durch drei der Schaufeln werden Schmier- und Spülölleitungen des vorderen Verdichterlagers geführt. Die übrigen fünf Leitschaufelkränze des Niederdruckverdichters sind aus Aluminiumlegierung. Sie werden in Nuten des horizontal geteilten Aluminium-Niederdruckverdichtergehäuses gehalten. Die Schaufeln sind relativ lang und tragen an ihren Spitzen Deckbandsegmente, die zusammen einen geschlossenen Deckbandring bilden. Die Deckbandringe haben auf einer Seite einen sich radial nach innen erstreckenden Steg, der den feststehenden Teil einer Zwischenstufendichtung bildet. Die äußeren Deckbandflächen liegen in einer Flucht mit den Schaufelfußflächen des Verdichterläufers und bilden mit ihnen die eine Seite des Strömungskanalverlaufs. Die Leitschaufelfußplatten einiger Leitkränze haben Öffnungen, durch die Verdichterluft, welche als Kühlluft verwendet werden soll, in einen Ringraum hinter den Fußplatten und von dort in Luftkanäle des Niederdruckgehäuses strömt.

Der siebenstufige Läufer des Niederdruckverdichters hat eine zweiteilige Welle. Die Radscheibe der zweiten Stufe und der kurze vordere Wellenstumpf, der in einem Rollenlager gelagert ist, sind aus einem Stück. Die erste Radscheibe (Nullstufe) ist auf die Stirnseite des Wellenstumpfes geschraubt. Die übrigen Radscheiben werden auf den längeren zweiten Wellenteil montiert, der mit dem vorderen Wellenteil verschraubt ist. Die Radscheiben haben an ihrem inneren Durchmesser einen haarnadelförmigen Querschnitt mit einer Verzahnung, die in eine entsprechende Verzahnung auf der Welle eingreift. Die Verzahnung dient zur Übertragung des Drehmomentes von Welle auf Scheibe; die haarnadelförmige Ausbildung der Radnabe vermindert die Auswirkung von Zentrifugalbelastungen auf die verzahnten Wellennaben. Zwischen den Radkränzen der einzelnen Stufen befinden sich Abstandshülsen, die die axiale Stellung der Scheiben zueinander festlegen. Die Laufschaufeln der ersten sechs Niederdruckverdichterstufen sind aus Aluminiumlegierung, die siebente Stufe hat Schaufeln aus Titan. Die Laufschaufeln werden durch Stifte in den gegabelten Radkränzen gehalten. Der Niederdruckläufer ist durch eine Zwischenwelle mit der Niederdruckturbine gekuppelt.

Das Zwischengehäuse zwischen dem Niederdruck- und dem Hochdruckverdichter ist ein einteiliges Gußstück aus Magnesiumlegierung. Die vom Niederdruckverdichter kommende Luft gelangt durch Auslaßleitschaufeln in das Zwischengehäuse und wird dort in zwei Ströme aufgeteilt. Während ein Teil der Luft durch einen Ringraum in den Bypass-Kanal gelangt, wird der zweite Teil durch einen Leitkranz am Ende des Zwischengehäuses der ersten Stufe des Hochdruckverdichters zugeführt. Im Innenraum des Zwischengehäuses befindet sich ein Getriebe, von dem aus eine Antriebswelle nach außen zu den Hilfsgeräten führt.

Das Gehäuse des Hochdruckverdichters ist eine konische Stahltrommel. Die Leitschaufeln werden mit den rechteckigen Füßen in entsprechend genutete Ringe eingesetzt. Die ersten drei Leitkränze des Hochdruckverdichters sind mit Deckbändern versehen. Die Hochdruckverdichterwelle ist zweiteilig. Die erste Radscheibe des Hochdruckverdichters ist auf den Stirnflansch der Hochdruckwelle geschraubt, die übrigen Radscheiben sind in der gleichen Art wie die Niederdruckverdichterscheiben auf der Welle befestigt. Die Radkränze haben sich nach den Seiten erstreckende Flansche, die eine Abdichtung zwischen den Stufen bilden. Unterhalb der Radkränze sind zwischen der ersten und zweiten Radscheibe Abstandshülsen angeschraubt. Die übrigen Scheiben haben sich seitlich erstreckende Flansche unterhalb der Radkränze. Die Laufschaufeln aus Titan werden durch Stifte im gegabelten Radkranz gehalten. Vom Hochdruckverdichterauslaß gelangt die verdichtete Luft über einen Kranz Gleichrichterschaufeln und das Verdichterauslaßgehäuse in die Ringbrennkammer. Profilstreben tragen die inneren und äußeren Mantelteile des Strömungskanales. Der innere Mantel ist durch flanschartige Rippen versteift, an die die Aufhängung des Schublagers montiert ist. Der äußere Mantel des Auslaßgehäuses ist doppelwandig; der dadurch entstehende Ringraum dient als Sammelkanal für die vom Hochdruckverdichter abgezapfte Luft.

Die Einlaßmündungen der zehn einzelnen zylindrischen Flammrohre der Ringbrennkammer sind im hinteren Teil des Auslaßgehäuses befestigt. In den Flamm-
rohrmündungen sind Duplexbrenner angeordnet, die am Außenmantel des Auslaßgehäuses aufgehängt sind. Die Brennerköpfe sind von einem Kranz Ver-
wirbelungsschaufeln umgeben. Der äußere Durchmesser des Schaufelkranzes
dient als Zentrierung für das vordere Ende des jeweiligen Flammrohres. Die ge-
lochten Flammrohre selbst sind durch Rohre miteinander verbunden, die die
Flammenfortpflanzung von den zwei Flammrohren, welche die Zündkerzen enthalten, ermöglichen.
Die Turbine besteht aus einem einstufigen Hochdruckteil und dem zweistufigen
Niederdruckteil, die mechanisch voneinander unabhängig sind, und deren Wellen
konzentrisch zu den jeweiligen Verdichterteilen führen. Die Niederdruckturbinen-
welle ist mit der Welle des Niederdruckverdichters durch eine Zahnkupplung mit
Schrägverzahnung gekuppelt. Sie ist in einem Rollenlager gelagert, das von den
Streben des Triebwerksauslaßgehäuses getragen wird. Die Hochdruckturbinen-
welle ist durch eine Kupplung mit Schrägverzahnung mit der Hochdruckverdichterwelle gekuppelt. Die Leit- und die Laufschaufeln der Turbine sind luftgekühlt. Die Laufschaufeln aller Turbinenstufen sind mit Deckbändern versehen.
Vom Bypass-Kanal wird Luft zur Kühlung des Niederdruckturbinenlagers abgezapft und als Sperrluft für die Öldichtungen verwendet.


## Rolls-Royce RB. 108

Die ersten Vorarbeiten zur Entwicklung eines Leichtgewichtstriebwerkes RB. 108,
das vorwiegend für die Verwendung in VTOL-Flugzeugen gedacht war und horizontal, vertikal oder um 30° schwenkbar eingebaut werden konnte, wurden 1955
aufgenommen. In das VTOL-Versuchsflugzeug Short SC. 1 baute man fünf
Triebwerke RB. 108 ein, vier davon vertikal in der Flugzeugrumpfmitte zur Auftriebserzeugung und eins zur Vortriebserzeugung horizontal im Flugzeugheck.
Nach dem Senkrechtstart werden die vier Auftriebstriebwerke nach hinten ge-
neigt, sie erzeugen dann eine Vorwärtsschubkomponente. Bei der Landung kann
man durch entgegengesetzte Neigung der Triebwerke Bremsschub erzeugen. Alle
fünf Triebwerke der Short SC. 1 liefern vom Verdichter abgezapfte Druckluft in
ein gemeinsames Rohrsystem und von dort zu Luftdüsen, die zur Stabilisierung
im Schwebeflug dienen. Vom Vortriebstriebwerk wird weiterhin Druckluft zu
den vier Schubtriebwerken abgezapft, um diese vor der Landung wieder anlassen
zu können.

| Baumuster | | RB. 108 | |
|---|---|---|---|
| Durchmesser ....... [mm] | | 533 | [892] |
| Länge ............. [mm] | | 1066 | [892] |
| Gewicht ........... [kg] | | 119 | [892] |
| Schub ............. [kp] | | 910 | [892] |
| | | 967 | [Flight 31. 8. 61] |

Das Triebwerk soll einen achtstufigen Axialverdichter [892] (in älteren Quellen wurde von einem fünfstufigen Verdichter gesprochen), eine Ringbrennkammer und eine einstufige Turbine haben.


## Rolls-Royce RB. 162

Aus dem RB. 108 entwickelte die Firma Rolls-Royce ein für STOL- und VTOL-Flugzeuge gedachtes Triebwerk mit einem Schub/Gewicht-Verhältnis von 16 : 1 (RB. 162). Dieser hohe Wert ließ sich nur durch erhebliche bauliche Vereinfachungen erreichen. So wurden das Gehäuse und die Beschaufelung des Axialverdichters, mit Ausnahme der Eintrittsstufe, die Aluminium-Schaufeln hat, aus Glasfaserkunststoff hergestellt. Die Vorteile dieses Werkstoffs liegen in seinem niedrigen spezifischen Gewicht und dem billigen und einfachen Fertigungsverfahren. Die Lebensdauer des Triebwerks ist trotz der vereinfachten Bauweise nicht kürzer als bei anderen Strahltriebwerken, da es für jeden Flug nur wenige Minuten bei Start und Landung in Betrieb ist. Das Hubstrahltriebwerk RB. 162 ist seit November 1961 in Erprobung. Es liefert 1996 kp Schub, hat einen größten Durchmesser von 635 mm und eine Länge von 1311 mm. Man glaubt, im Zuge der Weiterentwicklung das Verhältnis Schub/Gewicht bis auf 20:1 steigern zu können.
Eine Umwandlung des RB. 162 in ein Zweistromtriebwerk (mit vorgeschaltetem Gebläse) steht unter der Bezeichnung RB. 175 in Entwicklung. Dieses Triebwerk wird ungefähr den doppelten Hub bei niedrigerem spez. Verbrauch und geringerer Strahlgeschwindigkeit aufweisen [Luftfahrttechnik 8 (1962), 10 (1962)].


## Rolls-Royce RB. 145

Das Triebwerk RB. 145 ist aus dem RB. 108 hervorgegangen und hat gegenüber diesem u. a. eine zusätzliche Verdichternullstufe und einen Vereisungsschutz für Allwettereinsatz. Es kann sowohl für den Vortrieb als auch zur Auftriebserzeugung eingesetzt werden und erzeugt einen Schub von 1250 kp. Die Weiterentwicklung dieses Triebwerkes erfolgt auf Grund von Verträgen mit der Bundesrepublik Deutschland. Eine der Weiterentwicklungen, an der auch die deutsche Firma MAN beteiligt sein soll, erhielt nach inoffiziellen Berichten die Bezeichnung RB. 153 [43, 664, 891; Flight 13. 8. 61].

| Baumuster | RB. 145 | |
|---|---|---|
| Durchmesser (Lufteinlaß) ........... [mm] | 432 | [43, 664] |
| | 533 | [892; I.A.L. 2. 6. 61] |
| Länge | | |
| (ohne elektrischen Generator) ........ [mm] | 1491 | [43, 664] |
| | 1625 | [892; I.A.L. 2. 6. 61] |
| Gewicht ............................ [kg] | 159 | [43, 664] |
| Auslegungsschub ..................... [kp] | 1250 | o. N. [892] |
| | 1700 + | m. N. [892] |

## Rolls-Royce RB. 153

Dieses für Fluggeschwindigkeiten über Mach 2 ausgelegte Triebwerk wurde nach inoffiziellen Berichten von Rolls-Royce in Zusammenarbeit mit der deutschen Firma MAN unter Verwendung zahlreicher konstruktiver Grundlagen der Triebwerke RB. 108 und RB. 145 entwickelt. Es hat als konstruktive Besonderheit verstellbare Turbinenschaufeln [I.A.L. 29. 10. 59]. Es ist für den beim Entwicklungsring Süd, der die deutschen Firmen Messerschmitt, Heinkel und Bölkow zusammenfaßt, in Entwicklung stehenden VTOL-Kampfeinsitzer mit Deltaflügel vorgesehen. Das Triebwerk soll einen Schub von 1815 kp [I.A.L. 20. 9. 60] bzw. 2225 kp [891] abgeben.

Eine Ausführung RB. 153R mit integraler Nachbrenneranlage für Höchsttemperaturen von 2000°K erreicht Schubwerte von 2450 kp. Das Verhältnis von Schub zu Gewicht soll 7,6 sein, der Durchmesser ohne Berücksichtigung des Nachbrenners 600 mm, die Länge mit Nachbrenner 2400 mm [I.A.L. 20. 9. 60]. Eine Mantelstromausführung RB. 161 (3175 kp Schub) des RB. 153 mit nachgesetztem Mantelstromgebläse soll in Entwicklung stehen [I.A.L. 17. 3. 60].

## Rolls-Royce RB. 141

Mit den ersten Entwicklungsarbeiten für das Zweikreistriebwerk RB. 141 wurde 1957/58 begonnen. Man beabsichtigte, das Triebwerk kleiner als das Conway-Triebwerk zu gestalten und ein größeres Bypass-Verhältnis zu verwenden. Es war für das Kurz- und Mittelstreckenzivilflugzeug Airco DH-121 vorgesehen. Dieses wurde jedoch bereits in der Planung für kleinere Leistungen ausgelegt. Für das durch Verkürzen des Rumpfes und der Spannweite entstandene Modell DH-121 Trident mußte ein Triebwerk mit niedrigerer Leistung geschaffen werden. So entstand das Zweikreistriebwerk RB. 163 Spey. Das Entwicklungsprogramm des RB. 141 wurde jedoch von Rolls-Royce weitergeführt. Im November 1959 lief das erste Versuchstriebwerk auf dem Prüfstand, Ende 1960 standen neun Triebwerke in der Prüfstandserprobung [661, 664; Flight 18. 5. 61; I.A.L. 8. 1. 60, 31. 8. 60]. Die Zweikreistriebwerke der Serie Rolls-Royce RB. 141 erhielten die Zusatzbezeichnung Medway-Klasse [I.A.L. 18. 8. 61].

*Triebwerksdaten*

|  | | RB. 141-3 | | RB. 141-11 | |
| --- | --- | --- | --- | --- | --- |
| Durchmesser ............... | [mm] | 1048 | [661] | 1000 | [664] |
| Länge ...................... | [mm] | 3300 | [661] | 2910 | [664] |
|  | | | | | (bis Vorderflansch Schubumkehr) |
| Gewicht .................... | [kg] | 1612 | [661] | 1612 | [664] |
| Max. Standschub (trocken) ....... | [kp] | 6340* | [661] | 6800** | [664] |
| Drehzahl ................ | [U/min] | 9750 | [661] | 9750 | [664] |
| Reiseschub ICAN |  | | | | |
| (927 km/h, 10 972 m Höhe) ...... | [kp] | 1785 | [661] | – | |
| Kraftstoffverbrauch |  | | | | |
| bei Reiseschub ............ | [kg/kph] | 0,814 | [661] | – | |
| Bypass-Verhältnis .................. | | 0,7 | [661] | 0,7 | [664] |
| Luftdurchsatz (ND-Verdichter) | [kg/sec] | – | | 123 | |
| Luftdurchsatz (HD-Verdichter) | [kg/sec] | – | | 51 | |
| Verdichtungsverhältnis ............. | | – | | 16,75 : 1 | |

* In Meereshöhe, ICAN.
** Garantierter Mindestschub.

*Triebwerksbeschreibung RB. 141-11* [43]

Das Einlaßgehäuse aus Magnesiumlegierung ist durch warme Verdichterluft gegen Vereisung geschützt. 19 radiale Profilstreben und feststehende Eintrittsleitschaufeln tragen das vordere Lagergehäuse. Das Gehäuse des fünfstufigen Niederdruckverdichters ist aus Aluminiumlegierung. Der Läufer, der von der dritten und vierten Turbinenstufe angetrieben wird, setzt sich aus Scheiben zusammen. Als Schaufelmaterial wurden Aluminium- und Titanlegierung gewählt. Hinter dem Niederdruckverdichter wird der Luftstrom geteilt. 41% der Luft werden durch den ringförmigen Bypass-Kanal, der den Außenmantel des Triebwerkes bildet, zur Mischstrecke an der Schubdüse geleitet. 59% der Luft gelangen in den elfstufigen Hochdruckverdichter. Das HD-Verdichtergehäuse ist aus Stahl, die Verdichterbeschaufelung wird aus Titanlegierung und Stahl hergestellt. Der Läufer ist eine Scheibenkonstruktion, er wird von den ersten beiden Turbinenstufen angetrieben.
Die Ringbrennkammer hat zehn einzelne Flammrohre, der Kraftstoff wird in Strömungsrichtung eingespritzt.
Die Leitschaufeln der vierstufigen Turbine sind hohl, die Laufschaufeln der ersten Turbinenstufe werden durch Luft gekühlt.
Die Auslaßdüse des Triebwerks hat unveränderlichen Querschnitt.

Rolls-Royce RB.163 Spey

Das Zweikreistriebwerk RB.163 Spey ist für den Einbau in die Verkehrsflugzeuge Airco DH-121 Trident, BAC-111 und Sud Caravelle Junior vorgesehen. Der grundlegende Entwurf (basic design) wurde September 1959 fertiggestellt, die ersten Prüfstandsversuche wurden Dezember 1960 durchgeführt. Bis Juli 1961 waren sieben Triebwerke fertiggestellt und auf den Prüfstand gegangen. Die Gesamtversuchszeit betrug zu dieser Zeit 500 Stunden. Die ersten Flugversuche in einem Vulcan-Bomber waren für September, die Probeflüge mit einer Trident für Ende 1961 festgesetzt. Die ersten Produktionstriebwerke sollen Ende 1962 ausgeliefert werden.

Obwohl das Zweistromtriebwerk RB.141 bei dem Entwurf des RB.163 Pate gestanden hat, weicht dieses doch in zahlreichen Einzelheiten von seinem Vorgängermodell ab und stellt somit keine reine maßstäbliche Verkleinerung des RB.141 dar.

Weniger im Hinblick auf eine Möglichkeit zur Verbesserung des Vortriebswirkungsgrades als im Hinblick auf eine Erniedrigung des Geräuschpegels beim Start und Überflug wurde ein wesentlich größeres Bypass-Verhältnis gewählt. Das Bypass-Verdichtungsverhältnis wurde kleiner.

Als militärische Verwendung des Spey ist der Einbau in den Flugzeugtyp Buccaneer S.2 vorgesehen. Diese Triebwerke sollen unter der Bezeichnung RSp.1 in Produktion gehen.

*Triebwerksdaten*

|  |  | RB-163 | [I.A.L. 1. 3. 60, 11. 3. 60; 661, 824, 664; Flight 18. 5. 61; I.A.L. 31. 8. 60: 825, 891; I.A.L. 1. 6. 61] |
|---|---|---|---|
| Durchmesser | [mm] | 884 | |
| | | 940 | [891; I.A.L. 1. 6. 61] |
| Länge | [mm] | 2796 | (bis Vorderflansch Schubumkehr) |
| Gewicht | [kg] | 1050 | |
| | | 998 | [891; I.A.L. 1. 6. 61] |
| Höchstschub | [kp] | 4580 | |
| Max. Dauerschub | [kp] | 4470* | (als Kraftstoffverbrauch im Reiseflug errechnet: 0,776 kg/kph) |
| Spez. Kraftstoffverbrauch bei max. Dauerschub | [kg/kph] | 0,578 | |
| Max. Reiseschub | [kp] | 4290** | |
| Spez. Kraftstoffverbrauch bei max. Reiseschub | [kg/kph] | 0,570 | |
| Luftdurchsatz | [kg/sec] | 92 | ND-Verdichter |
| | | 46 | HD-Verdichter |
| Verdichtungsverhältnis | | 16 : 1 | |
| | | 16,75 : 1 | [Flight 18. 5. 61] |
| Bypass-Verhältnis | | 1,02 | |

*Reiseleistungen*

| | | | |
|---|---|---|---|
| Flughöhe | [km] | 11 | [Flight 18. 5. 61] |
| | | 9,76 | [891] |
| Fluggeschwindigkeit | [km/h] | 1035 | [Flight 18. 5. 61] |
| | | 940 | [891] |
| Schub | [kp] | 1247 | [Flight 18. 5. 61] |
| | | 1429 | [891] |
| Spez. Kraftstoffverbrauch | [kg/kph] | 0,777 | [Flight 18. 5. 61] |
| | | 0,787 | [891] |

Flughöhe 7,62 km, Fluggeschwindigkeit Mach 0,87:
Spez. Kraftstoffverbrauch ......... [kg/kph] 0,766

* Nach [824; I.A.L. 31. 8. 60, 1. 6. 61] Startstandschub, für 5 min garantierter Mindestwert, nach [I.A.L. 1. 3. 60] max. Dauerleistung, nach [891] Höchstschub bei 12 490 U/min.
** Nach [824] max. Dauerschub, garantierter Mindestwert, nach [I.A.L. 1. 3. 60] max. Reiseschub, nach [I.A.L. 11. 3. 60] max. Dauerleistung.

*Auslegung der verschiedenen Rolls-Royce Spey-Ausführungen*
(Firmenprospekt [889])

| Ausführung | Start-stand-Schub [kp] | Max. Dauer-Schub [kp] | Max. Grund-gewicht tr. [kg] | Bypaß-Ver-hältnis | Durch-satz [kg/sec] | Einbau in: |
|---|---|---|---|---|---|---|
| RSp. 1 Mk. 505-5 | 4468 | 4286 | 998 | 1,0 | 92 | Trident |
| RSp. 1 Mk. 506-5 | 4722 | 4531 | 1017 | 1,0 | 94 | Trident |
| RSp. 1 Mk. 506-5W | 4722 | 4531 | 1031 | 1,0 | 94 | Trident |
| RSp. 1 Mk. 505-14 | 4536 | 4286 | 1005 | 1,0 | 92 | BAC One-Eleven |
| RSp. 1 Mk. 506-14 | 4722 | 4531 | 1024 | 1,0 | 94 | BAC One-Eleven |
| RSp. 1 Mk. 506-14W | 4722 | 4531 | 1038 | 1,0 | 94 | BAC One-Eleven |
| RSp. 2 Mk. 101 | – | – | – | – | – | Blackburn Buccaneer Mk. II |

*Triebwerksbeschreibung*

Das Rolls-Royce-Triebwerk RB. 163 Spey hat einen vierstufigen Niederdruckverdichter (RB. 141: fünf ND-Stufen) und einen zwölfstufigen Hochdruckverdichter (RB. 141: elf HD-Stufen). Der Niederdruckteil des Verdichters wurde gegenüber dem des RB. 141 stark verändert. Seine Neukonstruktion brachte eine bemerkenswerte Gewichtsersparnis mit sich. Der ND-Läufer hat Trommelform. Die Aluminiumschaufeln der vier Stufen werden durch Stifte in den auf der Läufertrommel ausgearbeiteten Flanschen befestigt. Die Eintrittsleitschaufeln des Verdichters sind durch Warmluft gegen Vereisung geschützt. Sie tragen das vordere Verdichterlagergehäuse.

Der Hochdruckläufer entspricht mehr der konventionellen Bauart. Als Schaufelwerkstoffe finden Aluminium, Titan und Stahl Verwendung. Die einzelnen Radscheiben mit der Beschaufelung sind auf eine Hohlwelle aufmontiert. Die Eintrittsleitschaufeln des Hochdruckverdichters sind verstellbar. Vom Hochdruckverdichter kann Luft in den Mantelstrom abgeblasen werden.

Die Ringbrennkammer hat zehn Einzelflammrohre. Hochdruck- und Niederdruckturbine haben je zwei Stufen. Hinter der Turbine werden der kalte Luftstrom (Bypass-Strom) und der Heißgasstrom gemischt.

Das Kraftstoffsystem des Spey wurde stark vereinfacht. Das Regelsystem verarbeitet den gesamten Kraftstoffdurchsatz des Triebwerkes. In mancher Hinsicht ähnlich den Propellerreglersystemen bemißt das neue System den Kraftstoff durch große Düsen in rotierenden Hülsen. Es ist mit einem kinetischen Regler (Woodward) versehen. Die Kraftstoffregelanlage ist von Rolls-Royce entwickelt und wird von Lucas Gas Turbine Equipment Ltd. hergestellt [Flight 18. 5. 61].

Abb. 107  Rolls-Royce Derwent: Radialverdichter

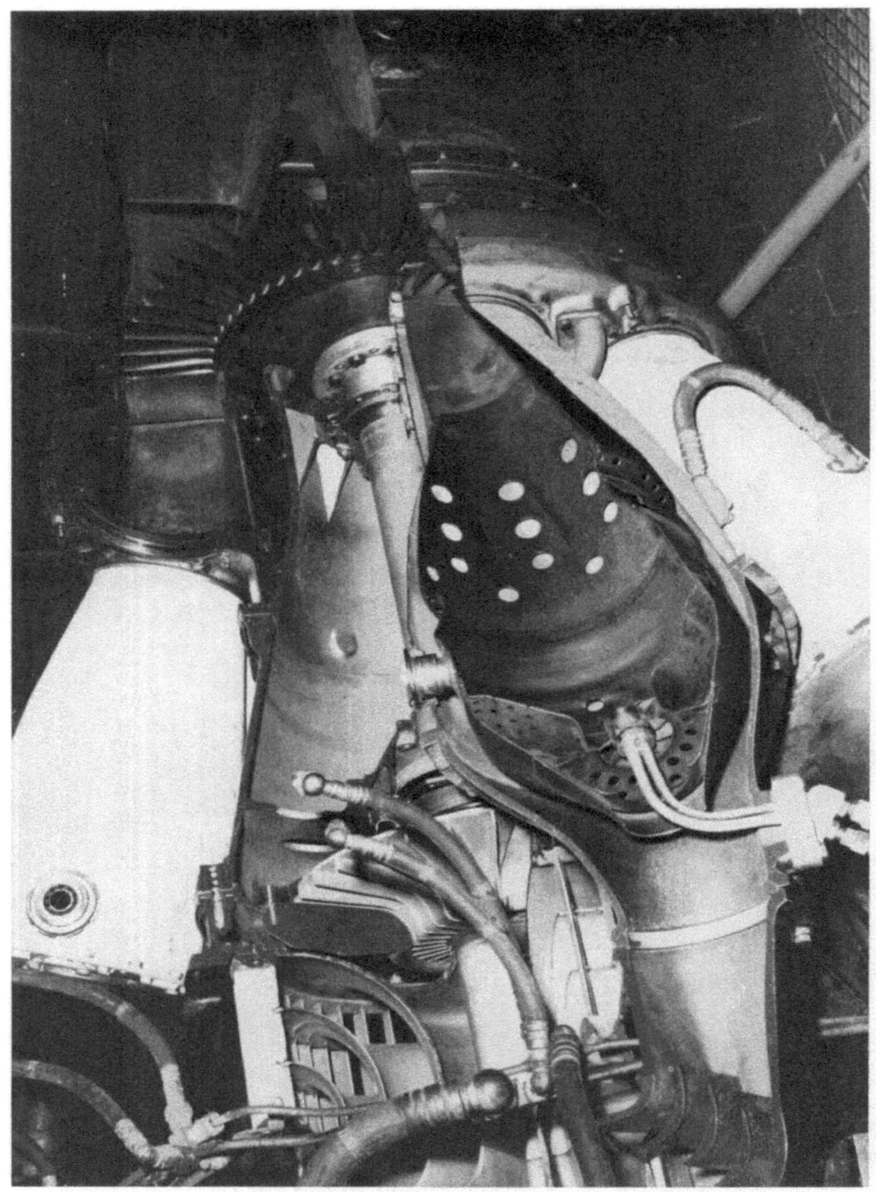

Abb. 108   Rolls-Royce Derwent: Brennkammer und Turbine

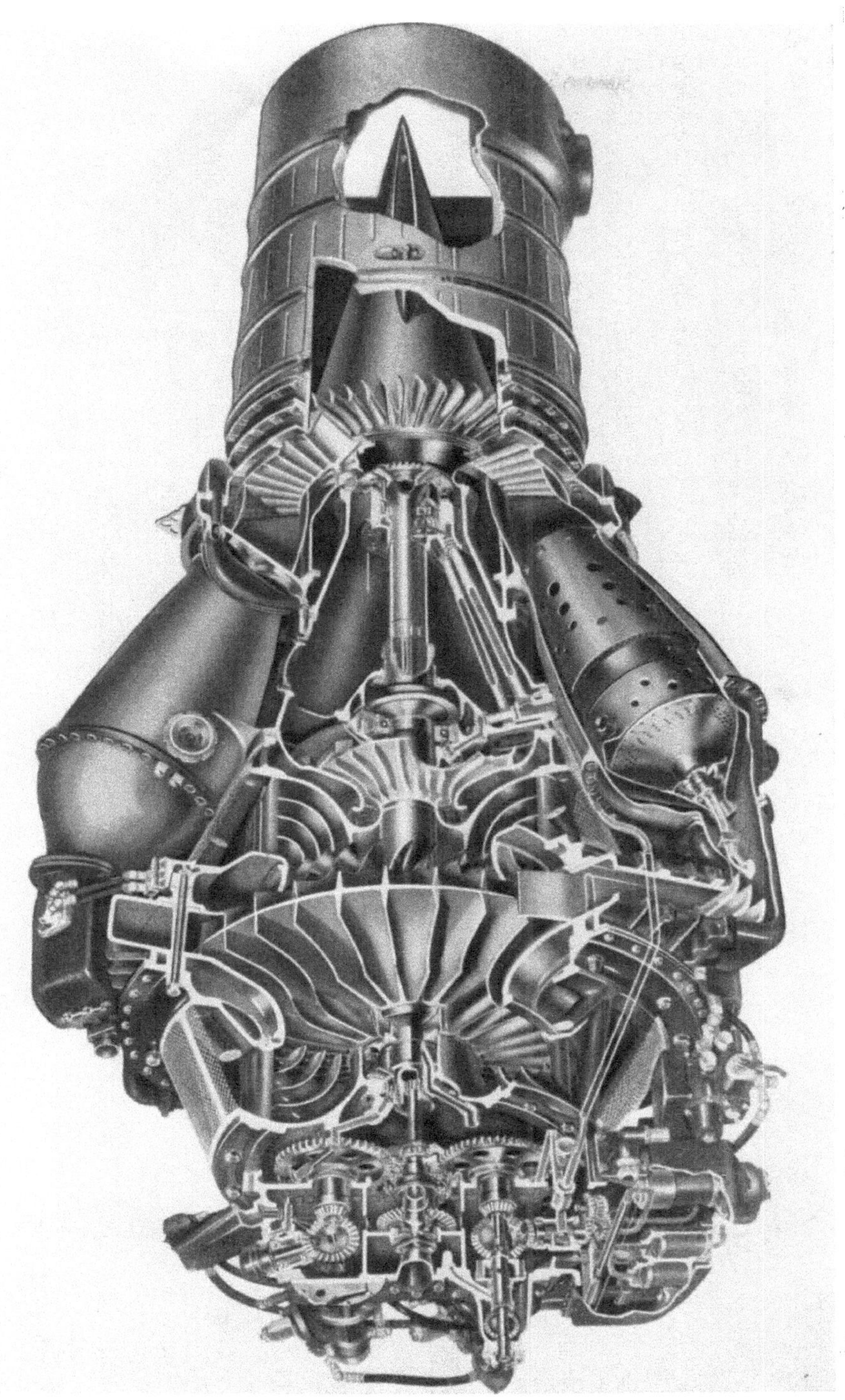

Abb. 109   Rolls-Royce Nene [858]

227

228

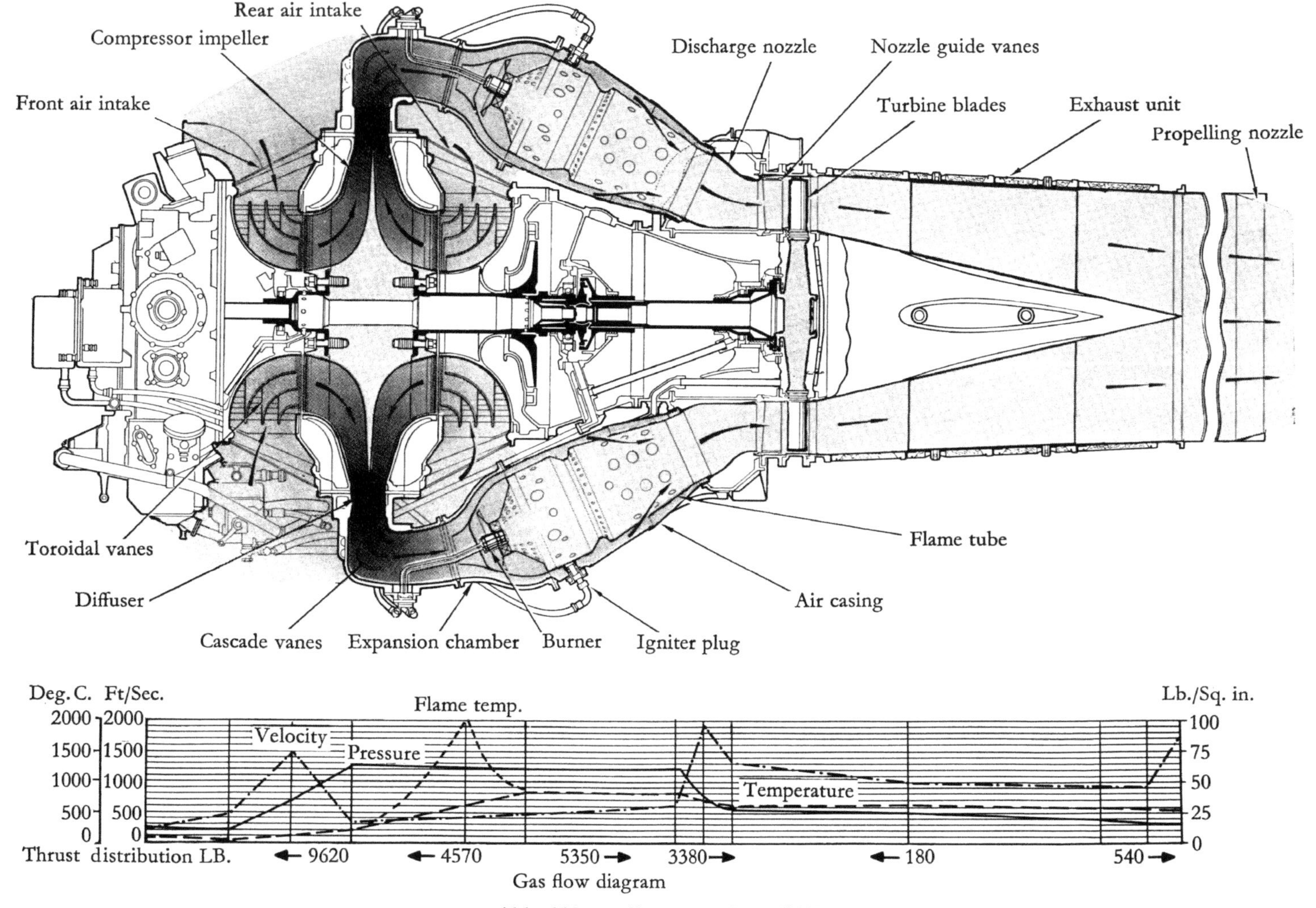


Abb. 110   Rolls-Royce Nene [858]

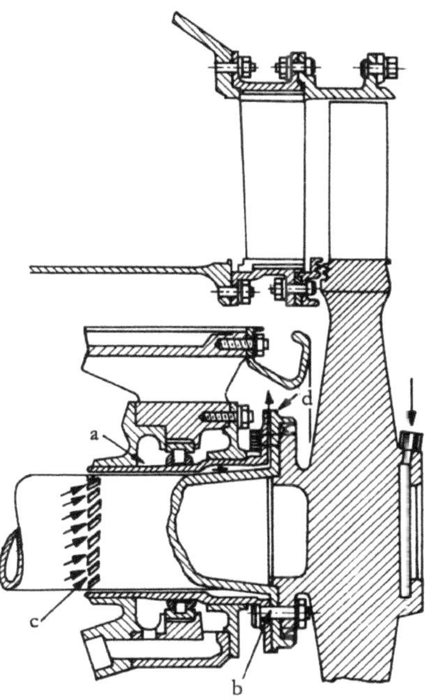

Abb. 111   Rolls-Royce Nene [546]: (Engineering) Anordnung des hinteren Turbinen-
           lagers. Kühlluftführung

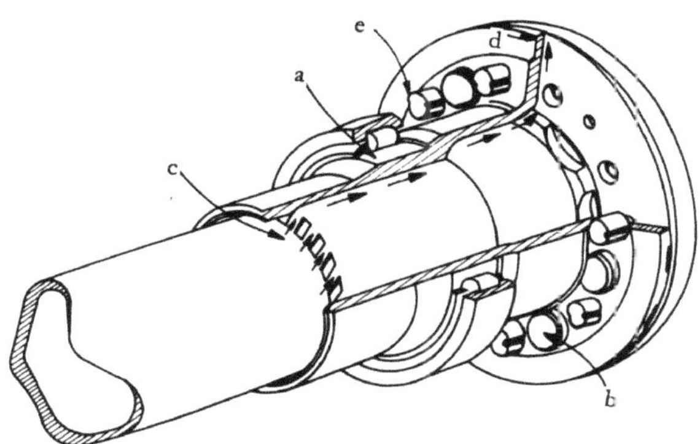

Abb. 112   Rolls-Royce Nene [546]: (Engineering) Turbinenwelle und hinteres Tur-
           binenlager

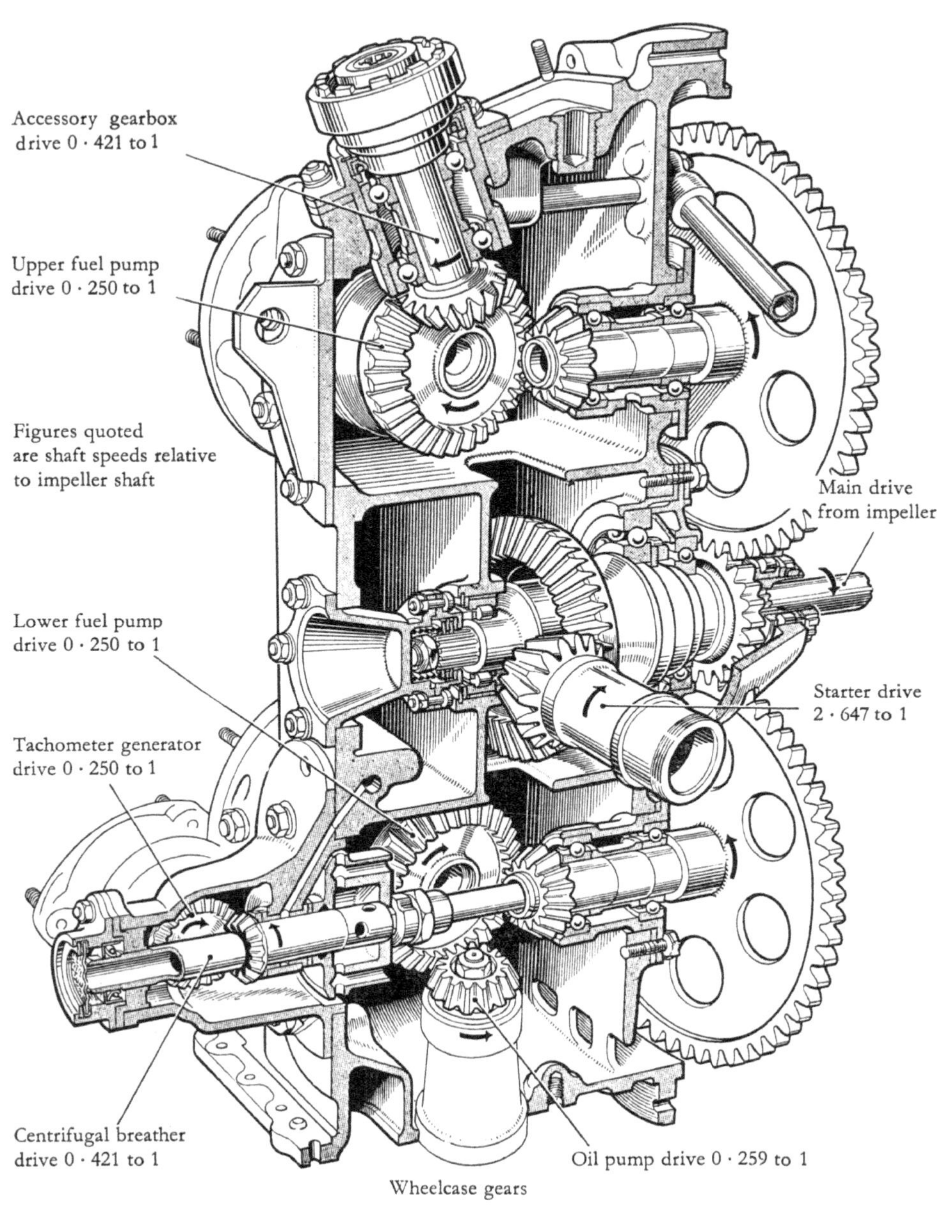


Abb. 113    Rolls-Royce Nene [858]: Getriebekasten

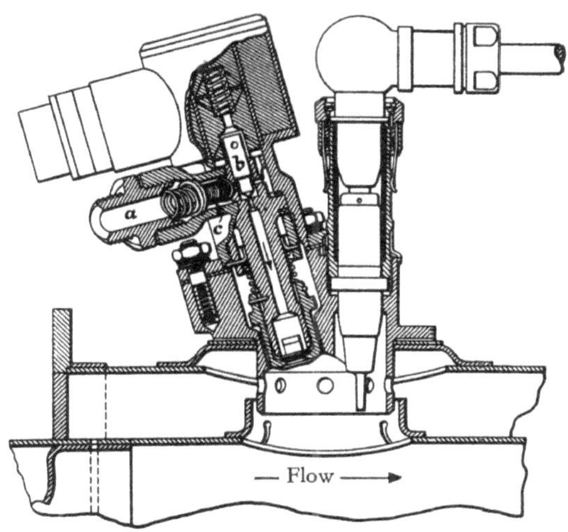


Abb. 114  Rolls-Royce Nene [546] (Engineering): Zündsystem mit Brennstoffeinspritzdüse (links) und Zündkerze (rechts).
Diese Zündvorrichtung wird nur in eine oder zwei der Brennkammern
eingebaut

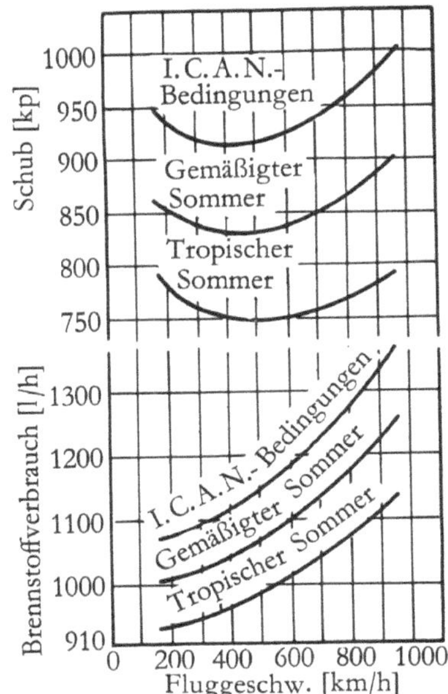


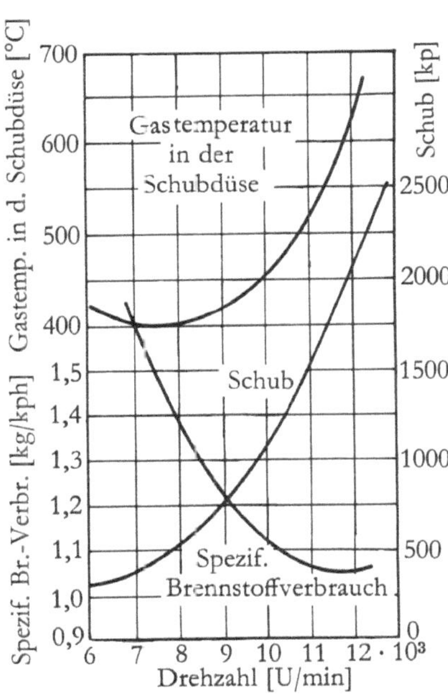


Errechnete Leistung bei Maximaldrehzahl (12300 U/min in 9144 m Höhe unter verschiedenen atmosphärischen Bedingungen

Versuchsergebnisse im Stand für den spezif. Brennstoffverbrauch, den Schub und die Gastemperatur in der Schubdüse

Abb. 115  Rolls-Royce Nene [545]
          (Engineering)

Abb. 116  Rolls-Royce Nene [375]
          (Aviation Week)

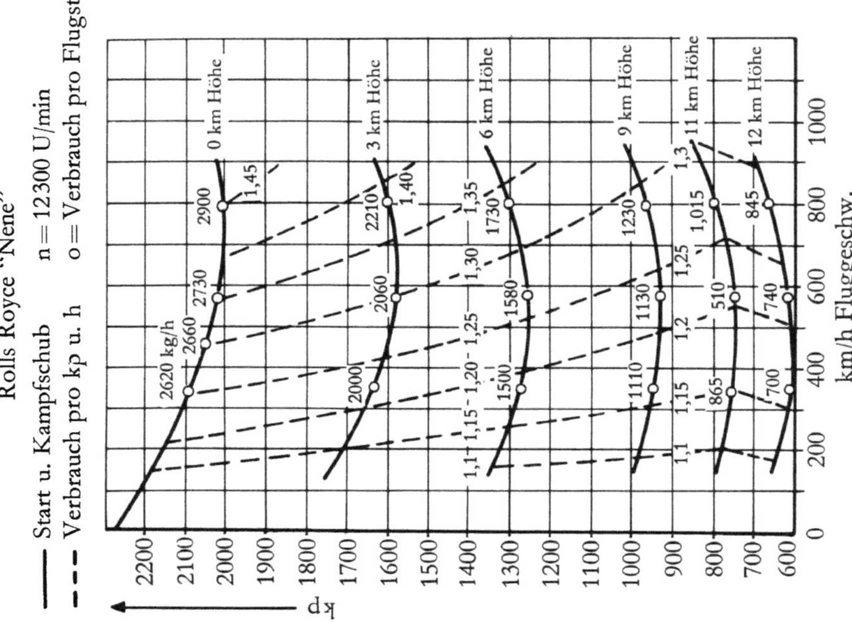


Abb. 118  Rolls-Royce Nene [886] (Flugwelt): Schub und Kraftstoffverbrauch in Abhängigkeit von Fluggeschwindigkeit und Flughöhe

Abb. 117  Rolls-Royce Nene 103 [857]: Leistungsdiagramm

232

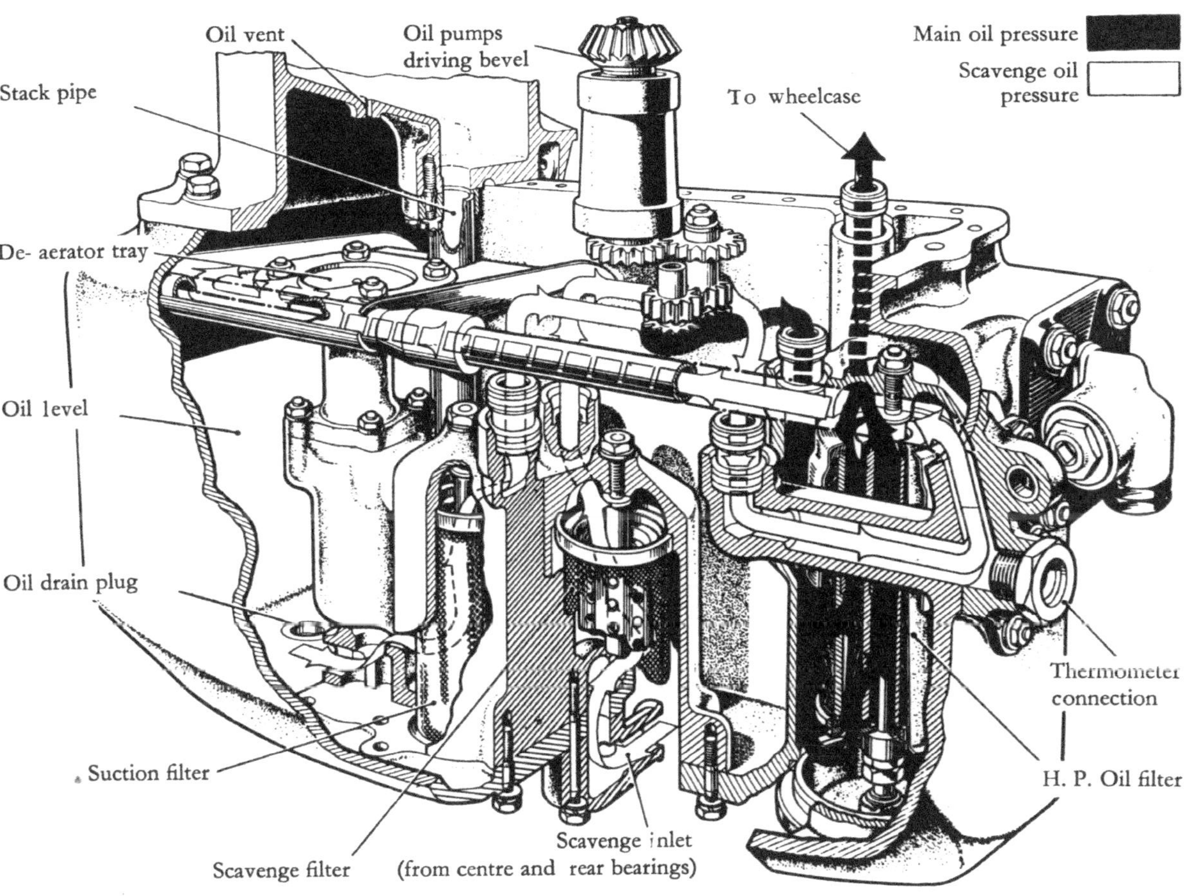


Abb. 119   Rolls-Royce Nene [858]: Ölsumpf

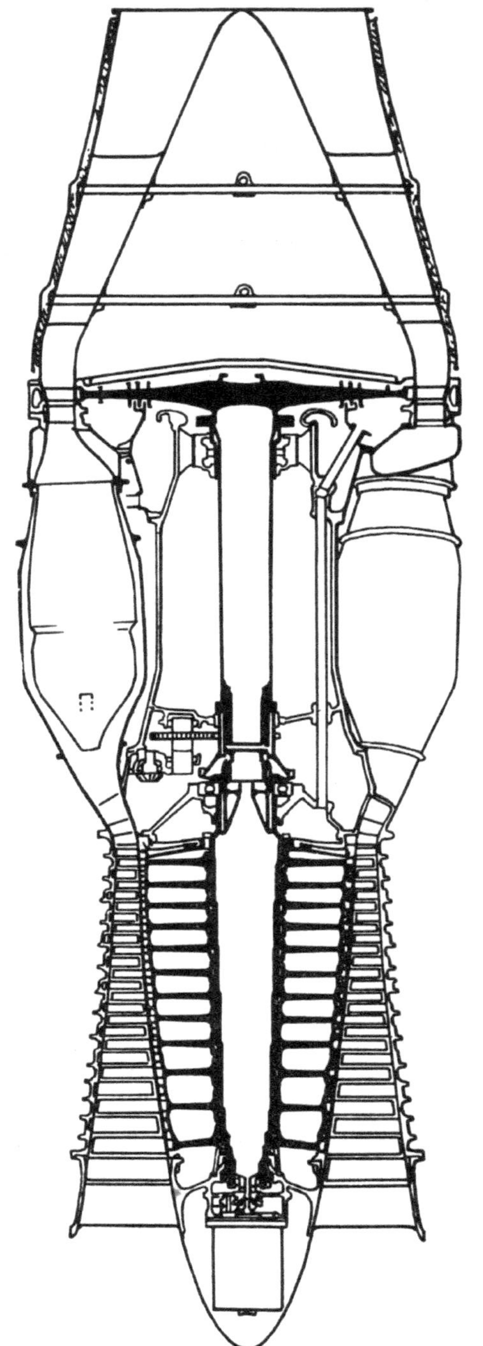

Abb. 120 Prinzipskizze des Rolls-Royce A J65, des Vorgängermodells der Avon-Triebwerke [633] (Flight)

234

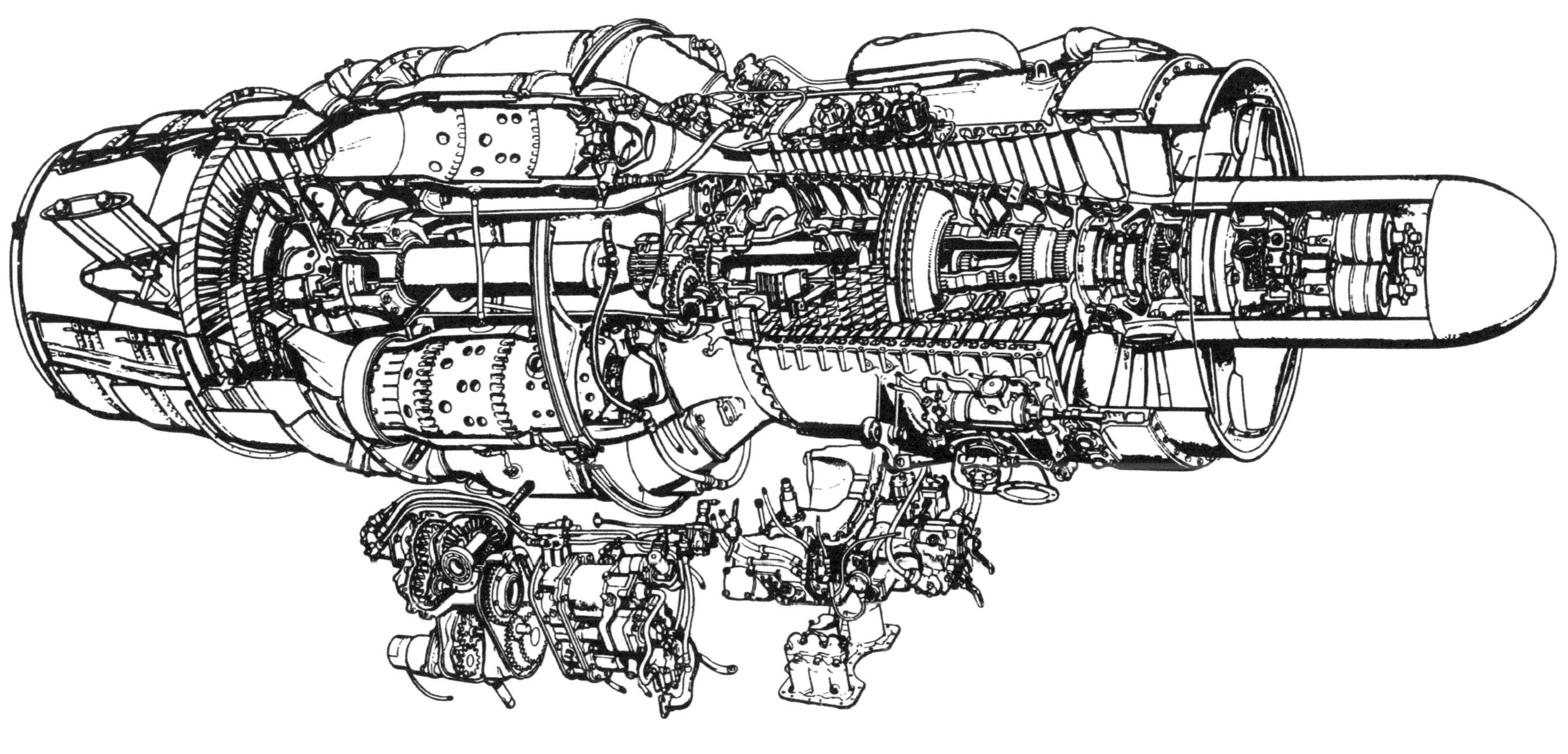

Abb. 121   Rolls-Royce R.A. 7 (R.A. 21) [633] (Flight)

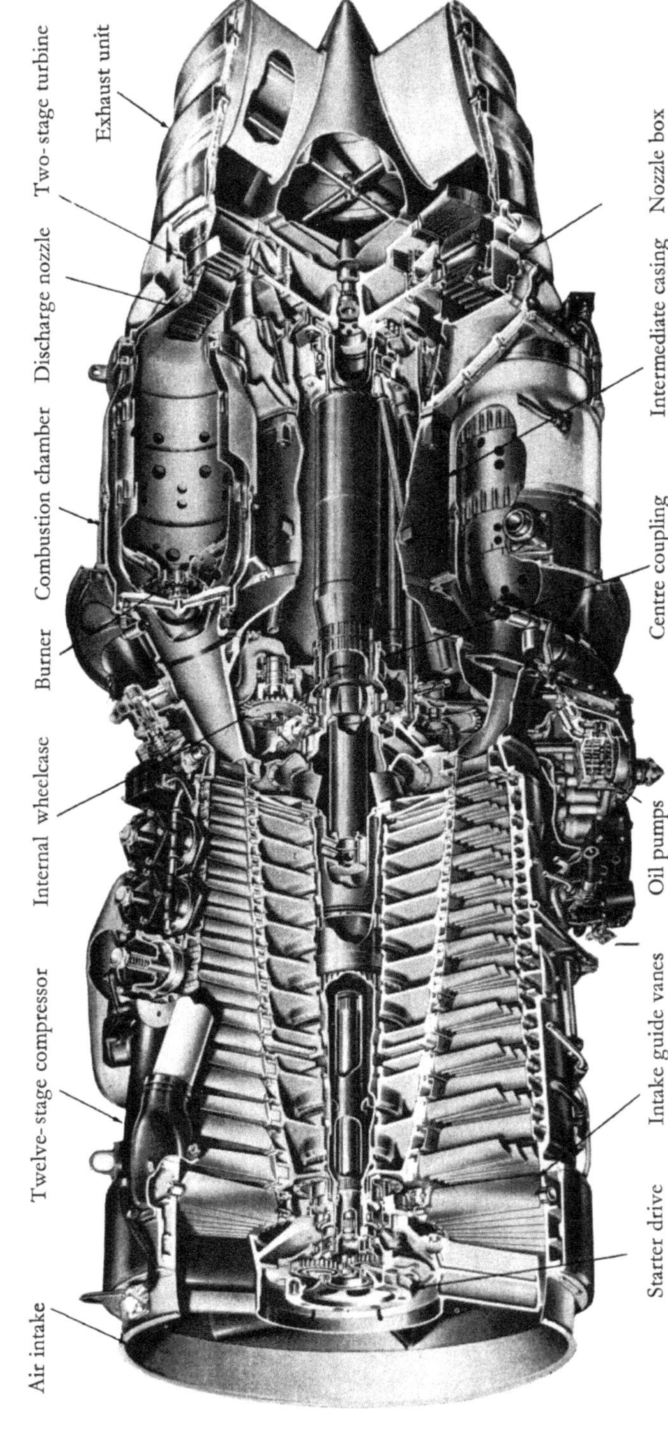


Abb. 122  Rolls-Royce Avon Mk. 100 [860]

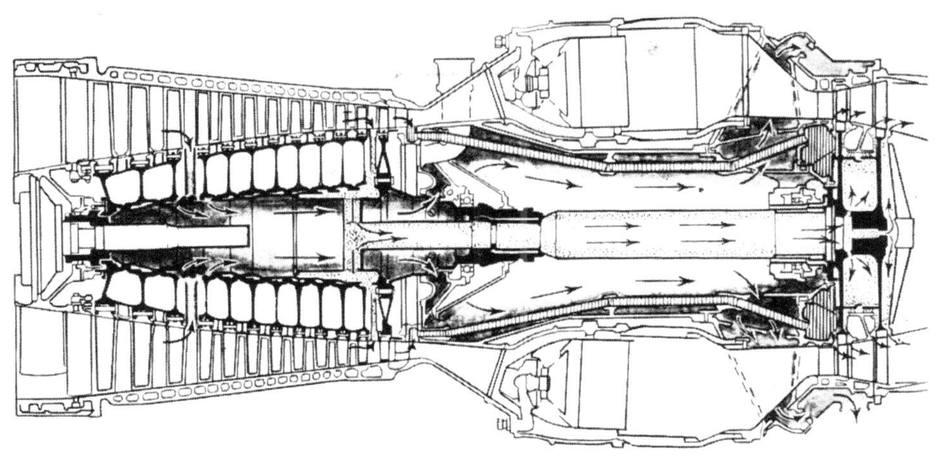

Abb. 123    Rolls-Royce Avon [633] (Flight): Kühlluftführung

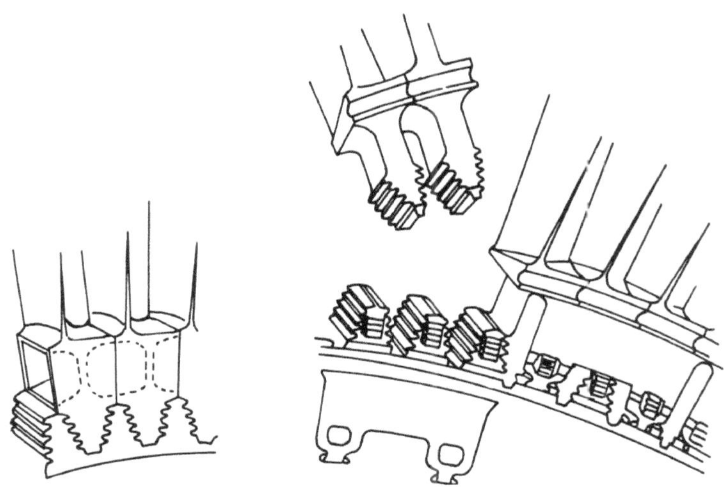

Abb. 124    Rolls-Royce Avon [633] (Flight)

        Links:    Ältere Ausführung des Turbinenschaufelfußes, wie sie bei dem Modell R.A. 2 verwendet wurde.

        Rechts: Neuere Schaufelfußkonstruktion (R.A. 7/R.A. 21)

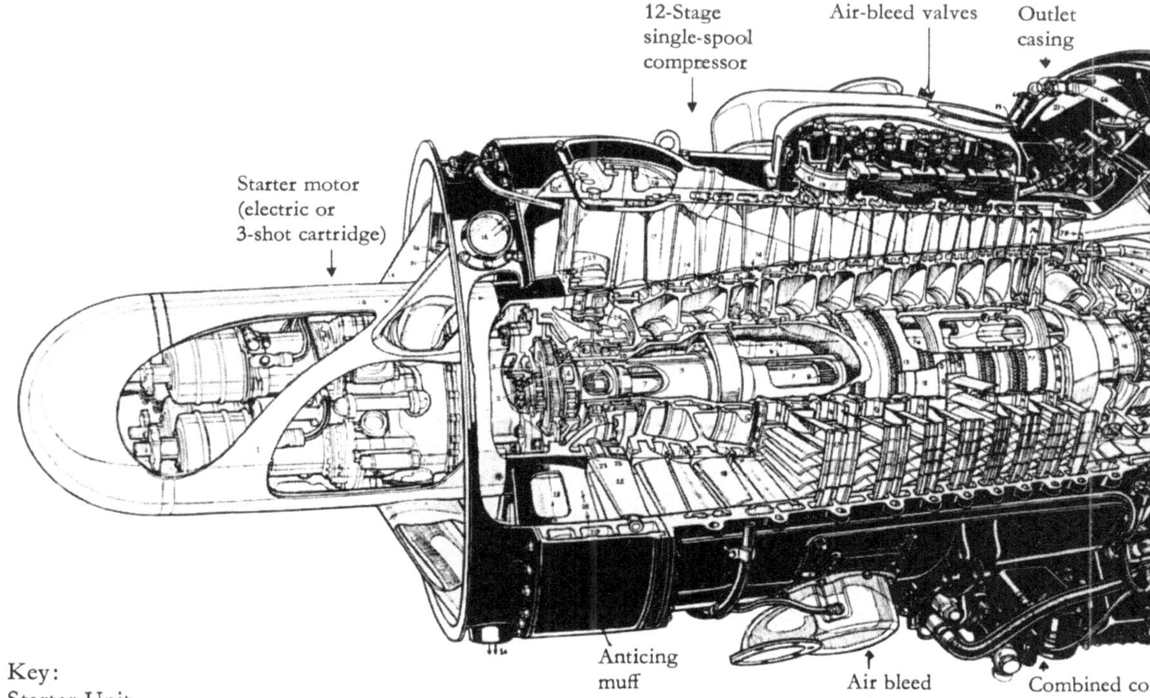



## Key:

### Starter Unit

Starter (1) with three exhaust gas ducts (1 A) drives through reduction gearing (2) on to ratchet ring (3) in roller bearing pawls (4) take drive onto (5) spline (6) spring-drive shaft (7) spline (8) final drive shaft (9), spline (10) and compressor shaft (11).

### 12-stage Compressor

11. Compressor shaft.
12. Rotor dogs engaging splines (13).
14. Rotor blades pinned to discs.
15. Compressor front roller bearing.
16. Compressor rear ball bearing.
17. Stator blades mounted in annular grooves in compressor casing halves.
18. Stages 1, 2, 3 and 4 are shrouded. Stages 5 to 11 plus stage 12 outlet guide vanes are unshrouded.

### Compressor Blow-off Valves and Variable Incidence Inlet Guide Vanes.

19. Blow-off valve piston held down by compressor delivery air at (20) regulated by unit (21) (spring-loaded pistons are vented to atmosphere to open valves)
22. Variable incidence inlet guide vanes.
23. Incidence control ring (in two pieces bolted together to accommodate pivots [24]).
25. Ring running in (22) it swings vanes (22) via operating arm (26) and embedded rollers (27). (Actuator ram controls incidence of two master vanes and through them the ring (25) and the remainder of the vanes.

### Anti icing.

28. Hot compressor delivery air taken through gate valve and ducted into manifold (29) down through intake spokes

between double skin of nose bullet back and ou air intake of compressor.

30. Thermometer bulb in tube (31) branching off ma
32. Capillary tube.
33. Anti-icing air inching-control

### Outlet Casing, Internal Wheelcase, Intermedi and Inner Frame.

34. Internal wheelcase carrying four drives; (35) breather, (36) oil pump drive, and starbord and to external wheelcase and auxiliaries gearbox r
37. Compressor rotor vent (centrifugal breather outle
38. Intermediate casing.
39. Inner frame – eight-armed box accommoda combustion chamber discharge nozzles (40) car front panel (41)
42. Rear bearing housing.
43. Rear main roller bearing.
44. Turbine shaft splined at (45) into coupling slee
47. Toothed coupling to compressor with ball- and-

### Two – stage Turbine

49. First-stage rotor disc bolted to shaft (44)
50. Second-stage disc with coupling dogs at (51) t disc.
52. First-stage blades in groups of three attached fir-tree roots.
53. Second-stage blades in groups of two, attached fir-tree roots.
54. Blade-retaining plate.

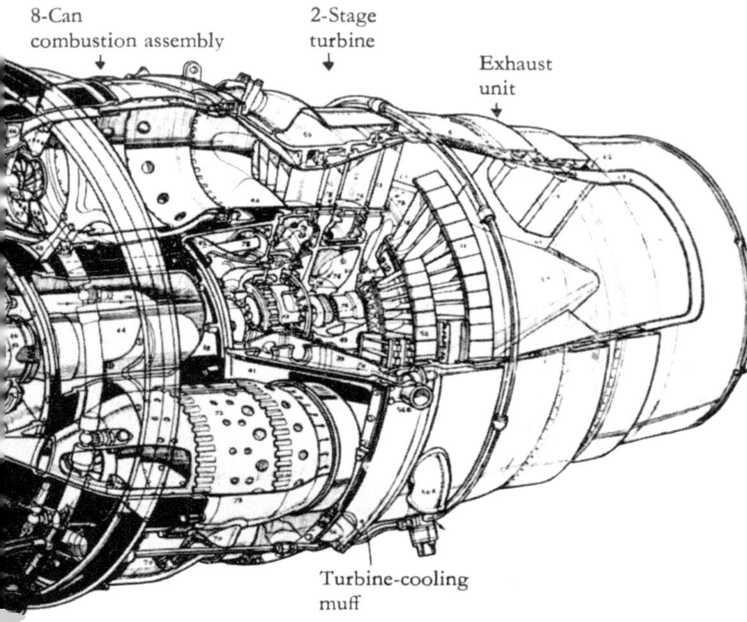



55. Turbine cooling air manifold with elbows (56) from zone (39).

56A. Air outlet, (56a) mounting trunnion.

Exhaust Unit.

57. Inner cone

58. Cooling air deflector plate.

59. Support tubes and fairing (60)

61. Spacing wires and Alfol insulation.

62. Insulation casing.

63. Outer cone.

64. Joint-retaining segment.

Combustion Assembly.

65. Fuel injector and primary air scoop.

66. Main fuel inlet and line.

67. Primary fuel inlet and line.

68. Locator peg (flame tube (72) to expansion chamber).

69. Bulkhead seal (spring mounted).

70. Fuel drain.

71. Piston-ring type seal (flame tube (72) to air casing (73)

## Cooling air system

3rd-stage cooling air (74) via vortex reducer (75) into shaft, intermediate casing, cooling muff and out at 56A.

11th-stage cooling air (76) down vortex reducer, into cooling air transfer tube (77), along and through shaft (44), out between turbine discs and also through and out at second-stage turbine disc rear face, both passing into gas stream.

12th-stage cooling air (78) into tube through intermediate casing and out passing up front face of first-stage turbine disc into gas stream.

Abb. 125   Rolls-Royce Avon R. A. 21 [319] (Aeroplane)

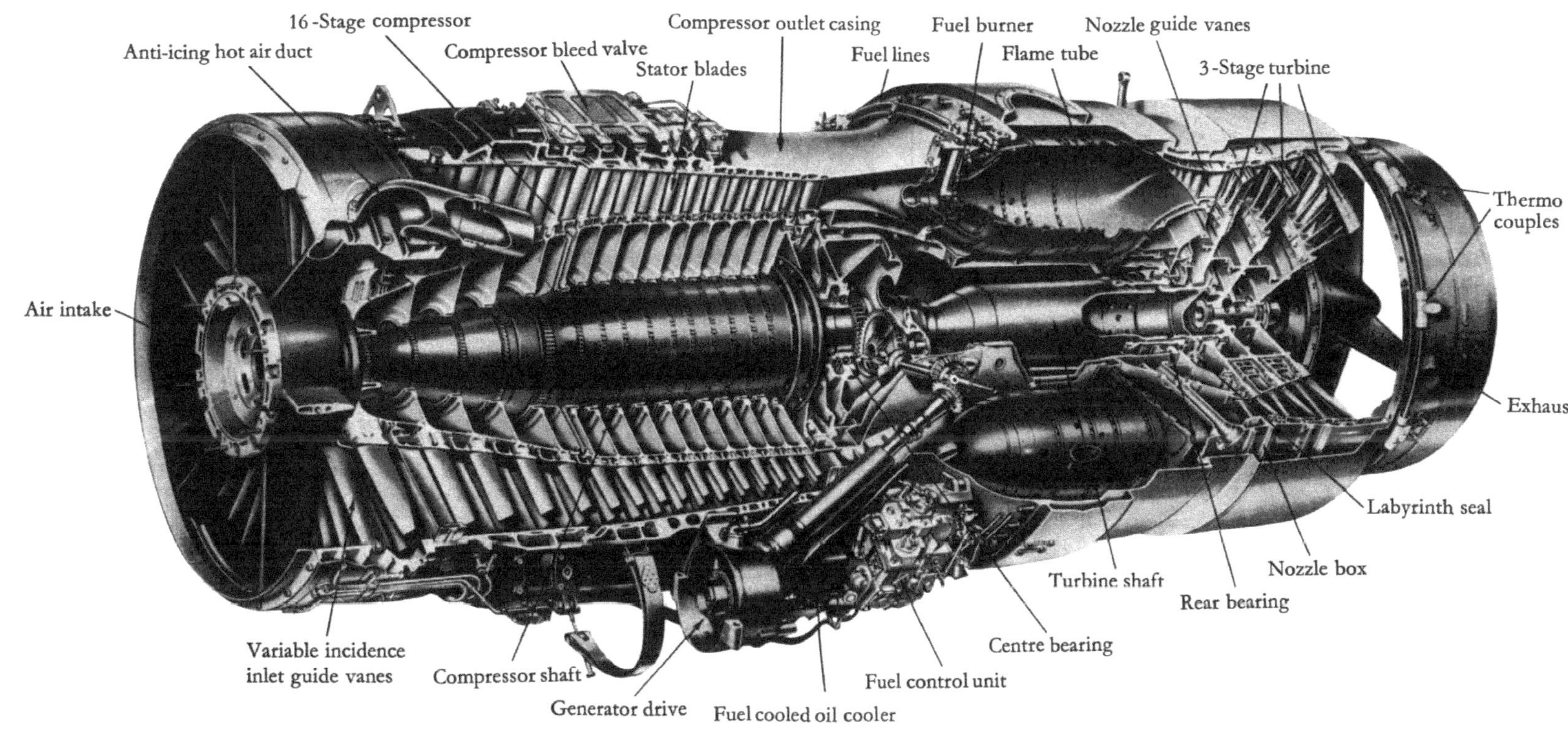


Abb. 126   Rolls-Royce R.A. 29 (200er Serie) [862]

Abb. 127   Rolls-Royce Avon, 200er Serie: Vordere Verdichterstufen

Abb. 128   Rolls-Royce Avon, 200er
Serie: Die letzten 5 Ver-
dichterstufen

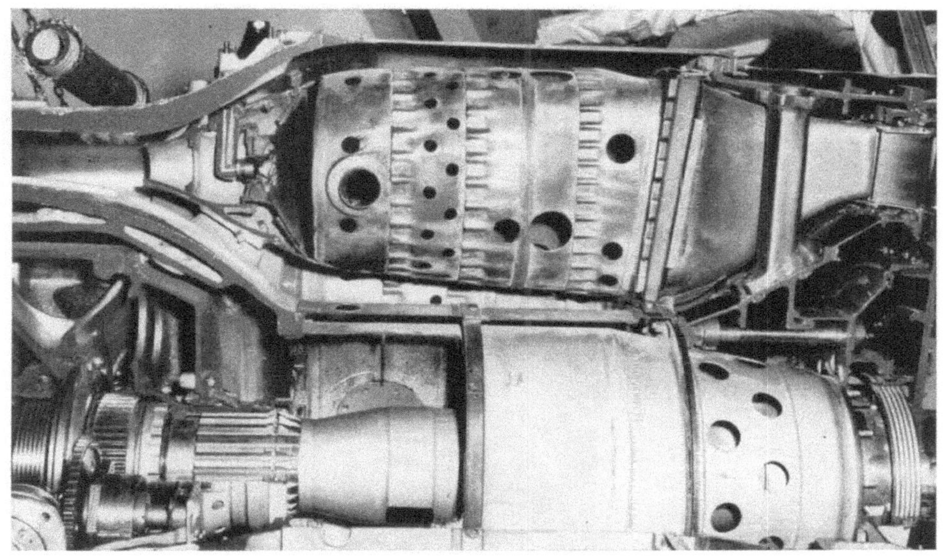

Abb. 129   Rolls-Royce Avon, 200er Serie: Brennkammerteil

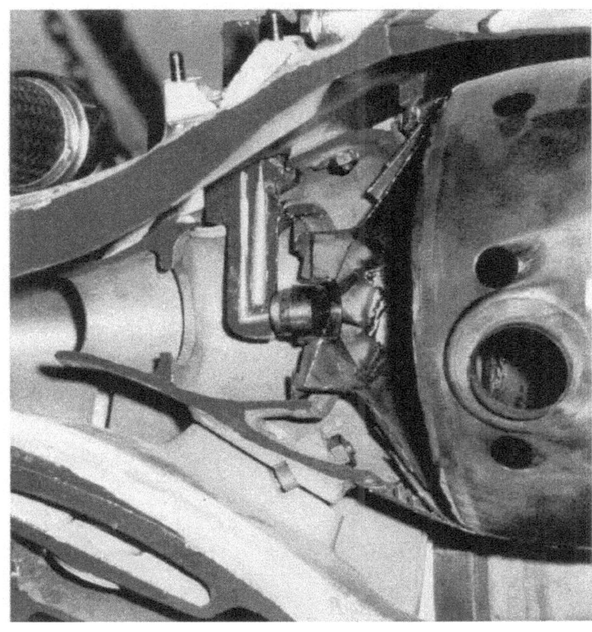

Abb. 130   Rolls-Royce Avon, 200er Serie: Brennkammereinlaß mit Einspritzdüse

Abb. 131   Rolls-Royce Avon, 200er Serie: Turbine

Abb. 132  Rolls-Royce Conway

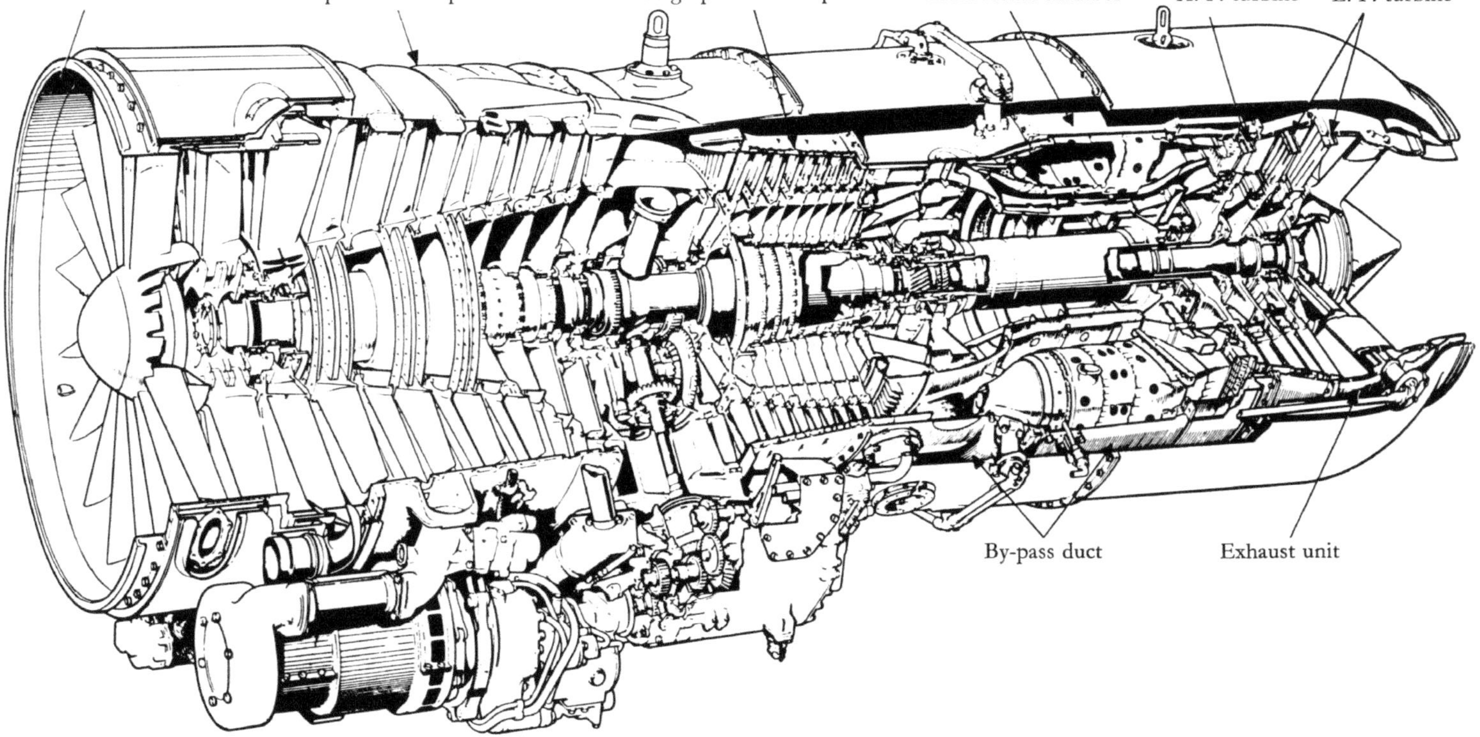

Abb. 133  Rolls-Royce Conway Mk. 505

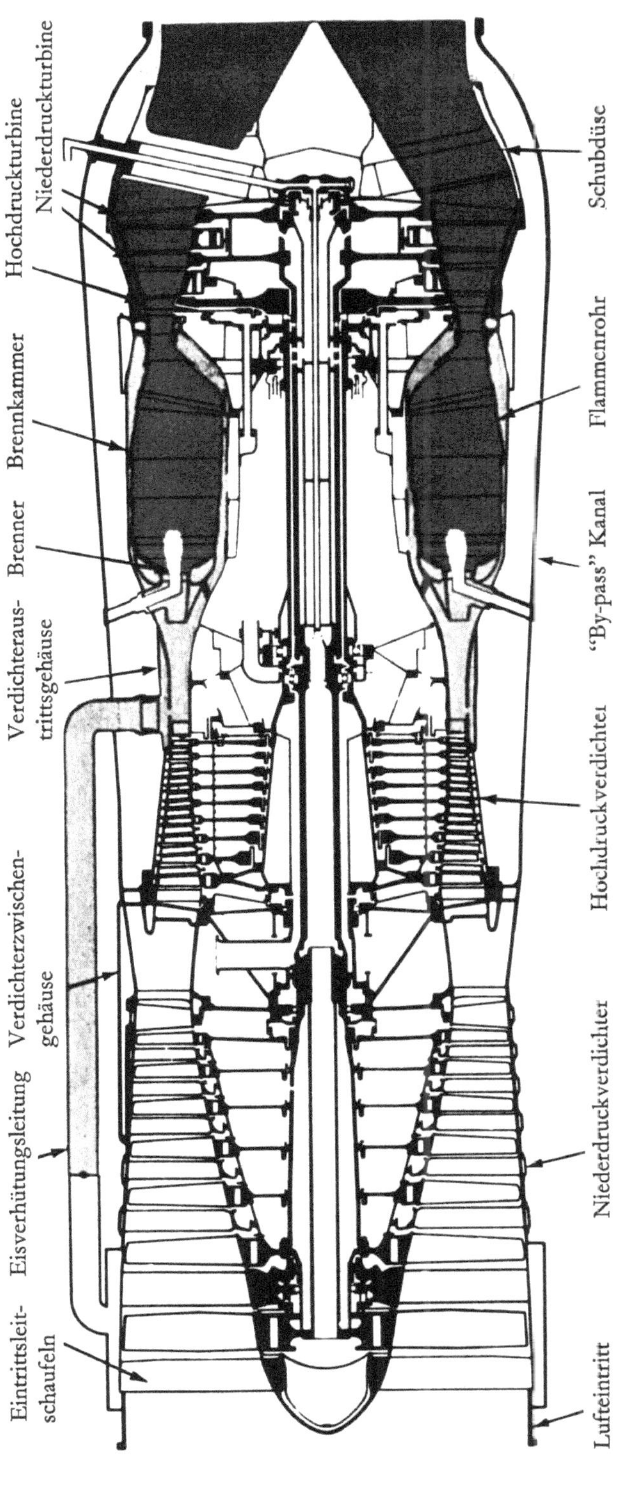


Abb. 134  Rolls-Royce Conway Mk. 505

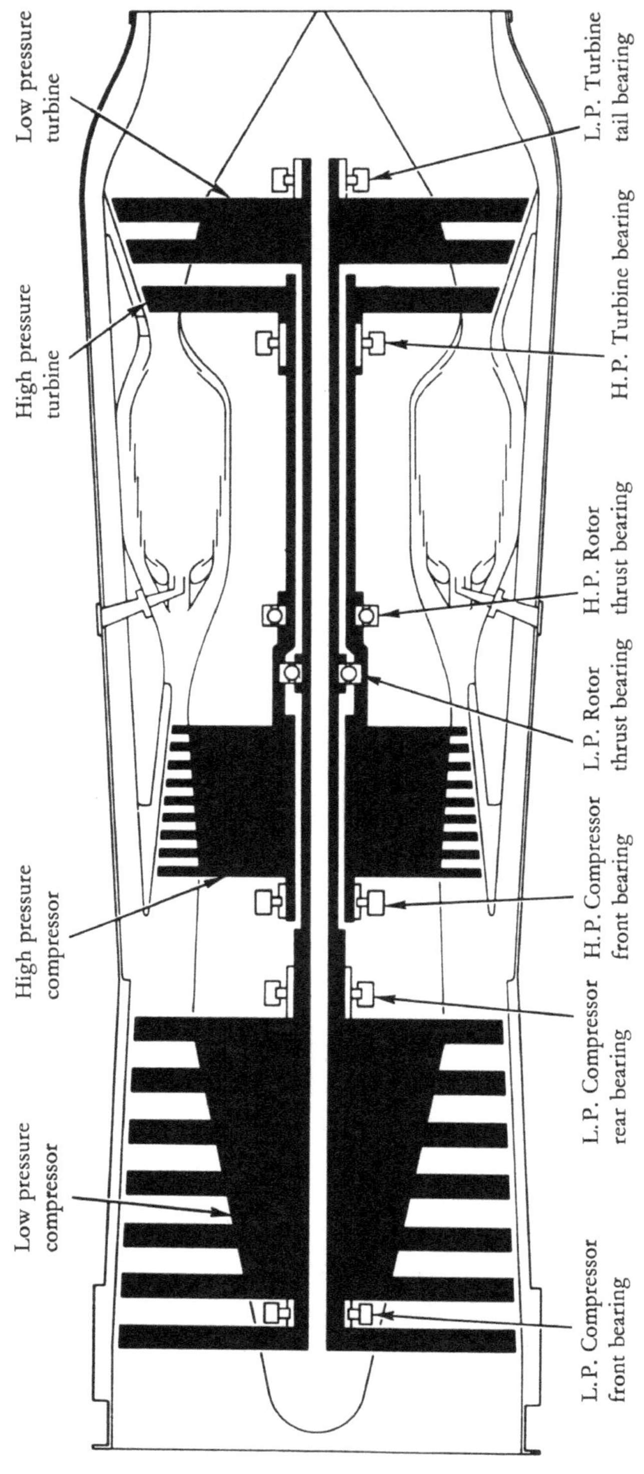


Abb. 135   Rolls–Royce Conway:  Prinzipskizze

248

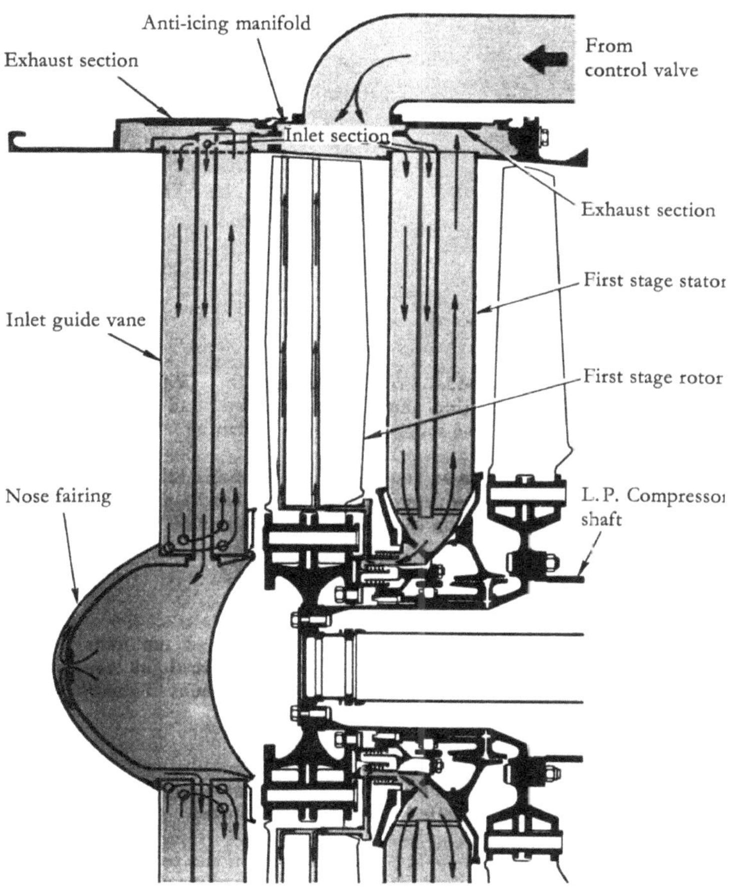


Abb. 136   Rolls-Royce Conway: Enteisungsanlage der Einlaß- und ersten Leitschaufeln

249

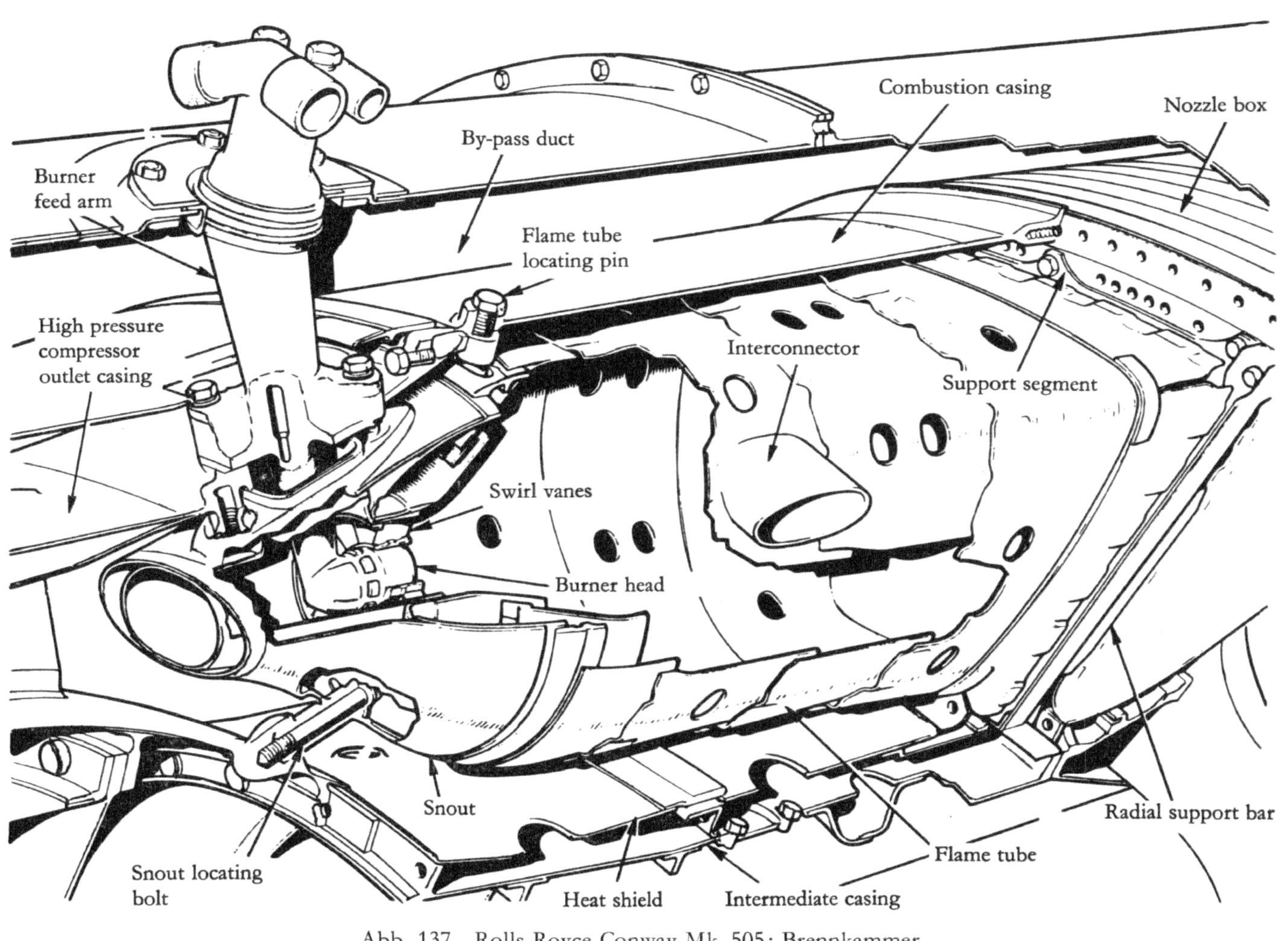


Abb. 137   Rolls-Royce Conway Mk. 505: Brennkammer

250

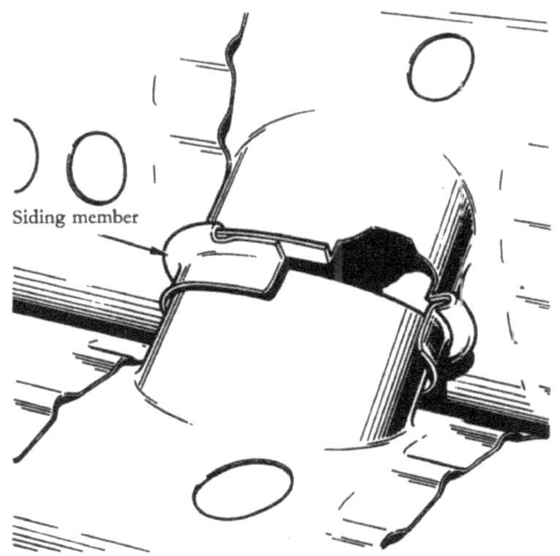



Abb. 138   Rolls-Royce Conway: Flammrohrverbindung

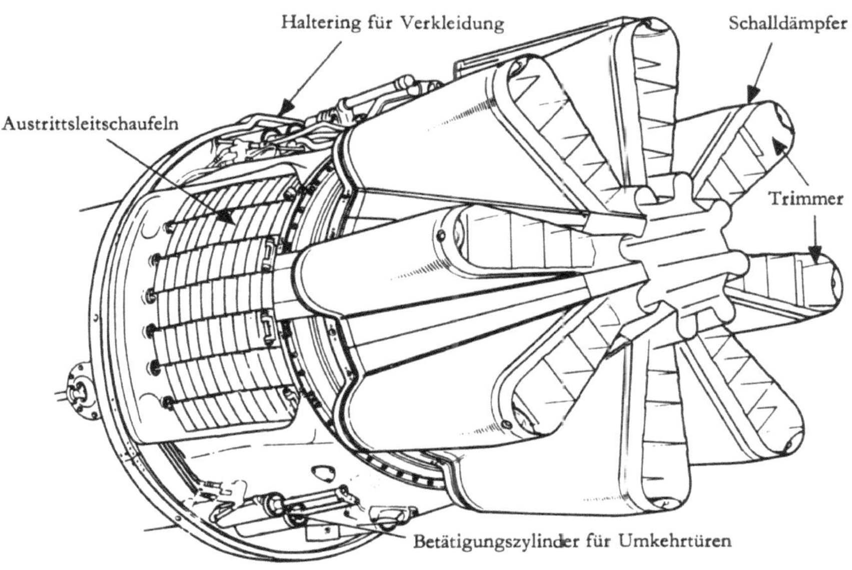



Abb. 139   Rolls-Royce Conway Mk. 505: Schubumkehrvorrichtung und Schalldämpfer

251

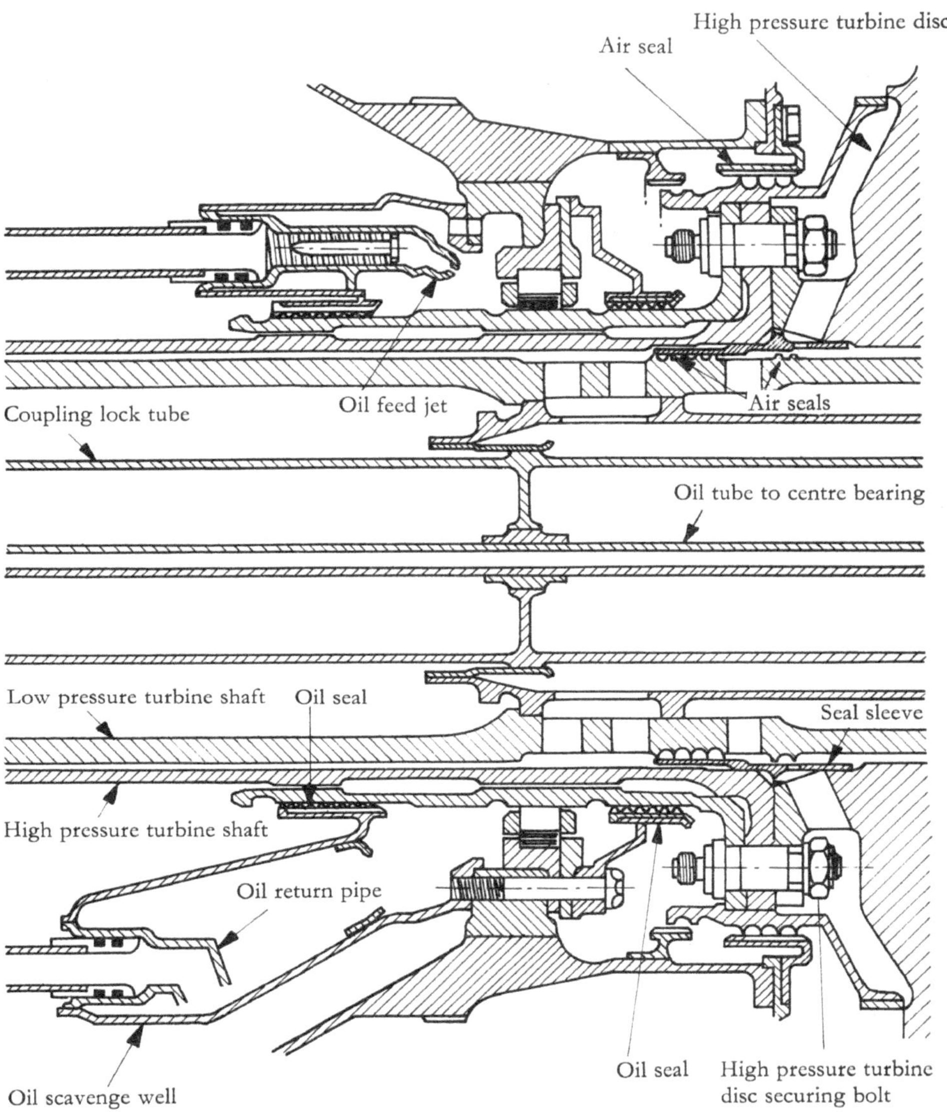


Abb. 140   Rolls-Royce Conway: Hochdruckturbinenlager

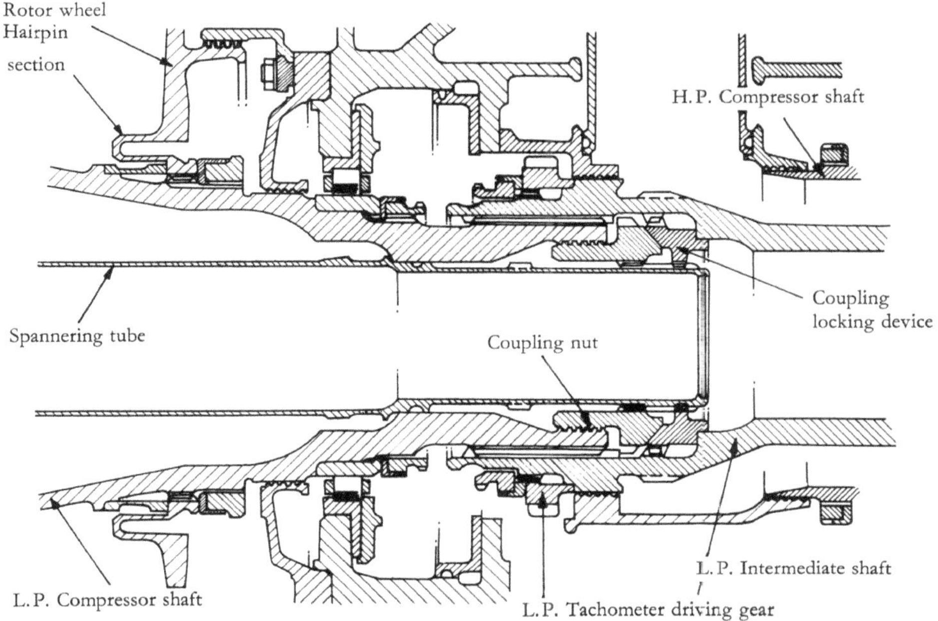


Abb. 141   Rolls-Royce Conway: Niederdruckrotor – und Zwischenwellenkupplung

253

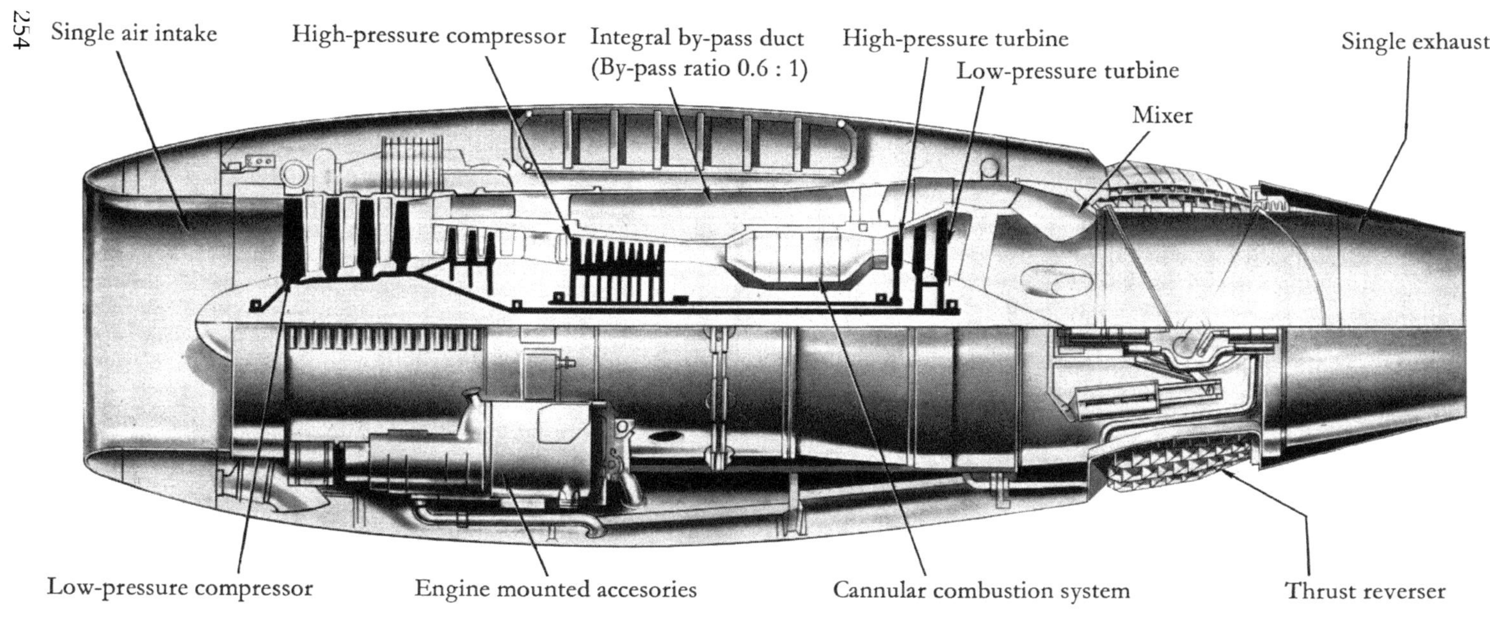


Abb. 142   Rolls-Royce Conway RCO.42

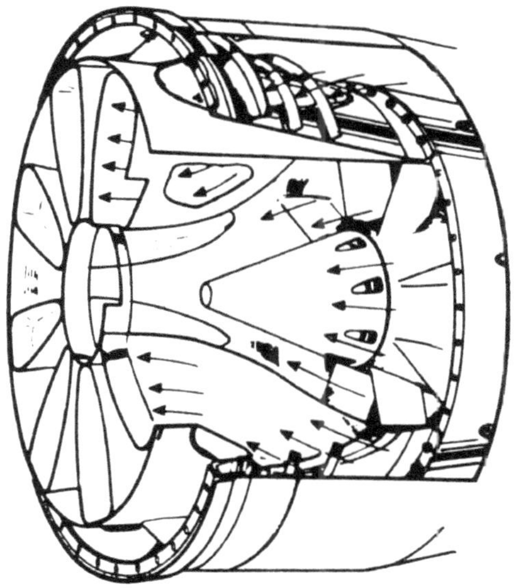

Abb. 143   Rolls-Royce RB. 141 [659] (Flight): Gasmischer für Bypaß- und Haupt-
stromluft

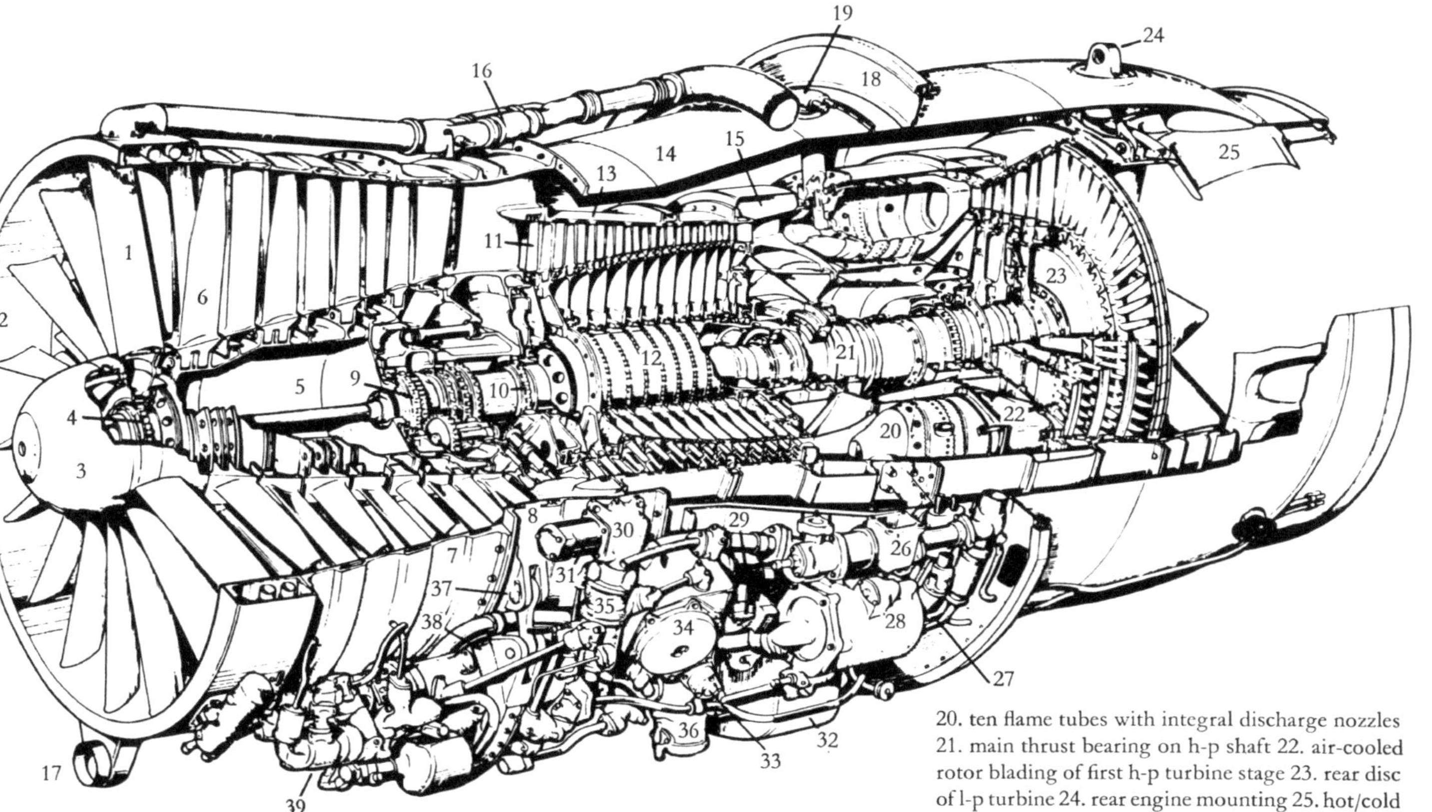



1. Wrapped-sheet intake guide vanes 2. fabricated steel intake 3. nose fairing housing hot-air circulation tubes 4. l-p compressor front roller bearing, with selfcontained metering and scavenge pumps 5. one-piece l-p rotor drum 6. pinattached, aluminium rotor blading 7. one-piece l-p casing 8. diffuser casing 9. l-p compressor rear bearing and accessory drive 10. h-p compressor front bearing 11. h-p compressor variable intake guide vanes 12. h-p rotor drum 13. h-p compressor casing 14. by-pass duct 15. bleed-air manifold 16. engine anti-icing hot-air valves 17. anti-icing outlet to nose cowl 18. fireproof bulkhead 19. fuel manifold 20. ten flame tubes with integral discharge nozzles 21. main thrust bearing on h-p shaft 22. air-cooled rotor blading of first h-p turbine stage 23. rear disc of l-p turbine 24. rear engine mounting 25. hot/cold flow mixer 26. bleed-air fuel heater 27. bleed-air to constant-speed drive and alternator cooling ejector 28. fuel/oil heat exchanger 29. fuel-pressure transmitter 30. l-p wheelcase 31. oil filter 32. oil tank 33. l-p fuel warning switch 34. l-p fuel filter 35. l-p governor 36. oil filter 37. control-unit suspension link 38. h-p wheelcase 39. combined fuel control unit

Abb. 144 Rolls-Royce RB.163 Spey (Flight)

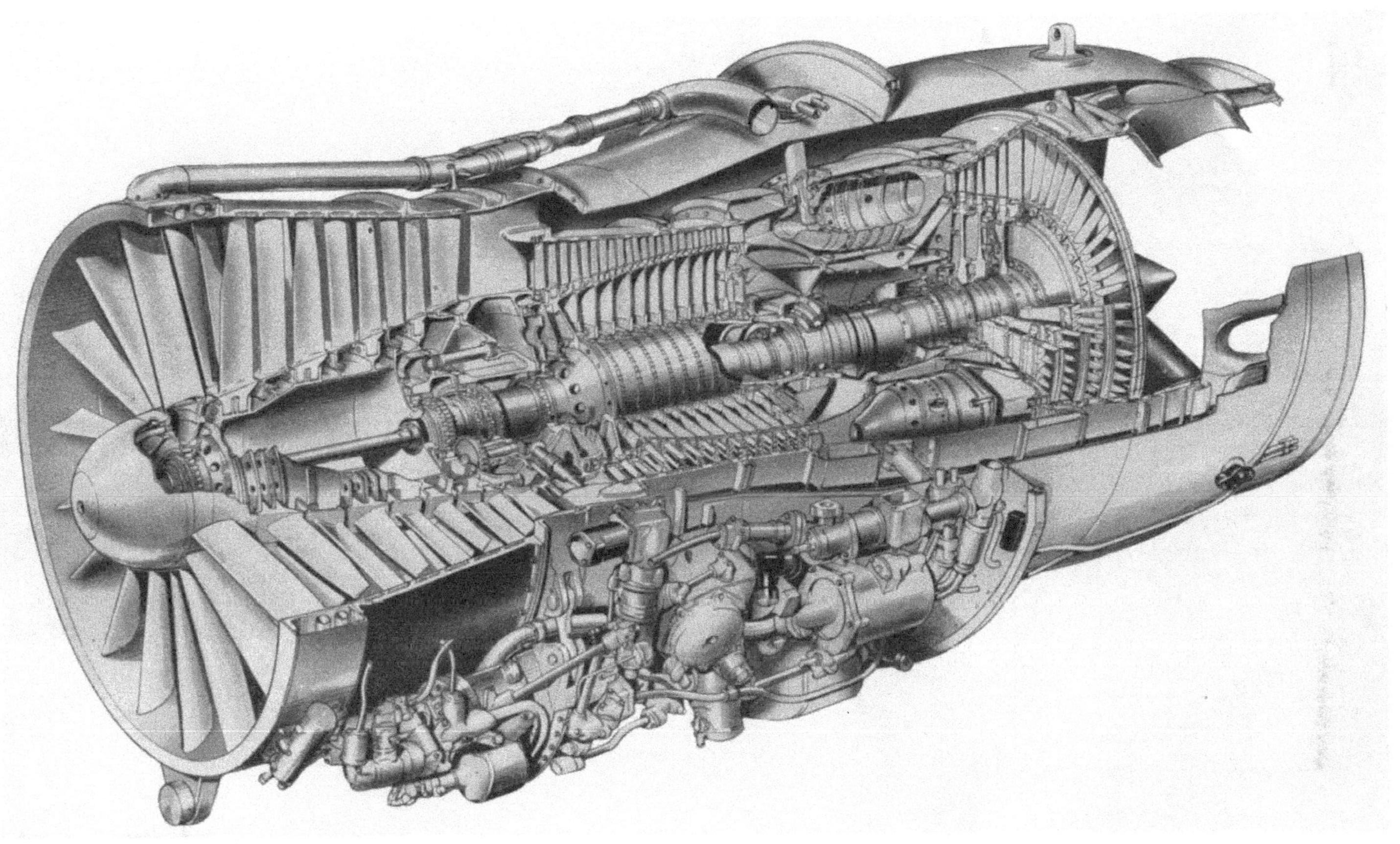

Abb. 145  Rolls-Royce Spey

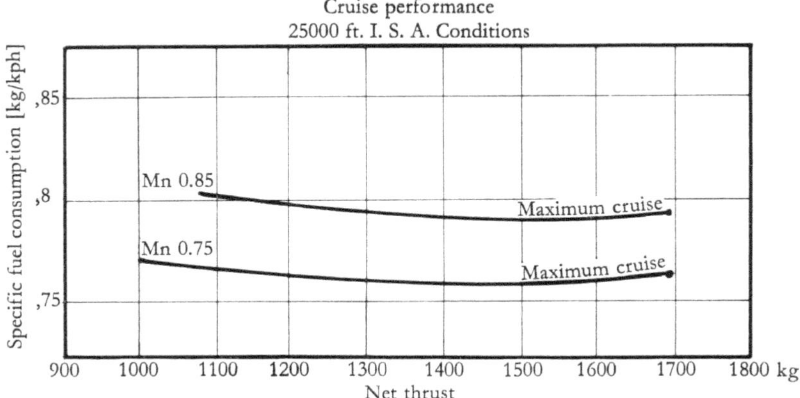


Abb. 146   Rolls-Royce RB.163 Spey [899]: Reiseleistung und spezifischer Kraftstoffverbrauch.

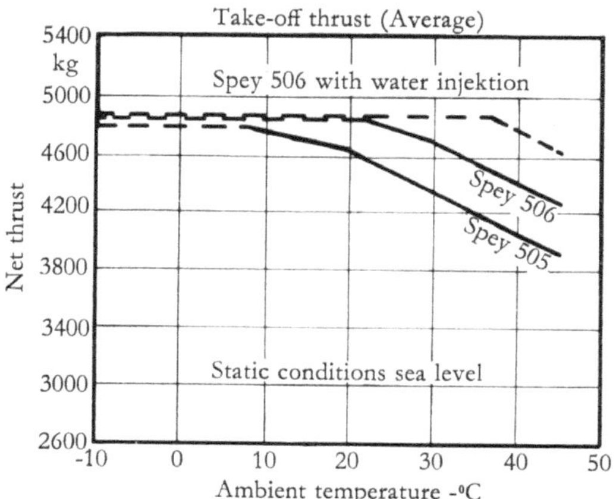


Abb. 147   Rolls-Royce RB.163 Spey [899]: Startstandschub in Abhängigkeit von der
Umgebungstemperatur

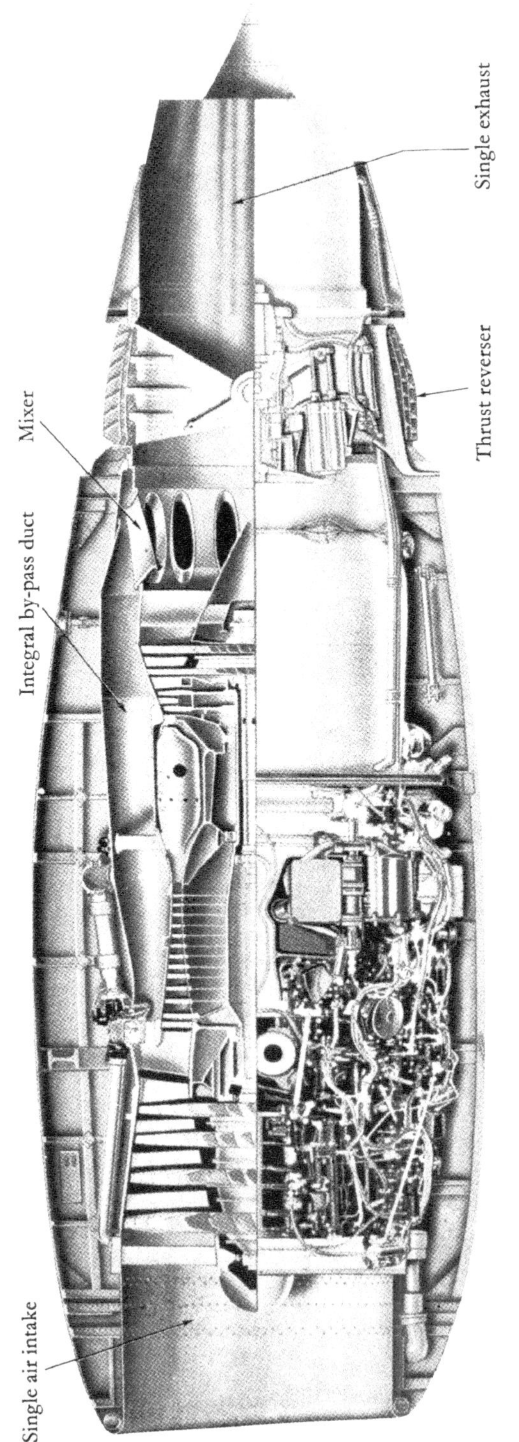



Abb. 148  Rolls-Royce Spey [899]

# Hispano-Suiza

Société d'Exploitation des Matériels Hispano-Suiza,
Rue du Capitaine Guynemer, Bois-Colombes (Seine) / Frankreich

Die Nachkriegsproduktion von Radialverdichtertriebwerken der Firma Hispano-Suiza basierte zum größten Teil auf Rolls-Royce-Konstruktionen. 1946 wurde die Nachbaulizenz für das TL-Triebwerk Nene unterzeichnet. Zwei Jahre später konnte die Produktion aufgenommen werden. Den ersten Modellen Nene 101 mit 2200 kp Standschub und Nene 102 mit 2260 kp Standschub folgten die verbesserten Ausführungen Nene 104 mit 2300 kp Schub und Nene 105 mit 2345 kp Schub. Ein Versuchstriebwerk Nene 102B mit Nachbrenner erzeugt sogar 3080 kp Schub. Weiter entstand die Konstruktion R-300 mit 2690 kp Standschub. Die Produktion wurde jedoch wieder eingestellt, nachdem 1951 eine Nachbaulizenz für das stärkere Rolls-Royce-Triebwerk Tay unterzeichnet worden war. Nach der Herstellung einiger Prototypen ging das Triebwerk 1953 als Tay 250 in Produktion. Aus dem Tay wurde schließlich eines der leistungsstärksten Radialverdichtertriebwerke überhaupt, das Modell Verdon, entwickelt, das einen Schub von 3500 kp erzeugt. Durch einen Nachbrenner konnte der Schub auf 4500 kp erhöht werden.
Das Studienbüro der Hispano-Suiza-Werke entwarf das TL-Muster HS.R-800. Besondere Merkmale dieser Konstruktion waren die hohe spezifische Leistung und die geringe Stirnfläche. Der Standschub ohne Nachverbrennung betrug mehr als 1100 kp. Das Triebwerk hatte einen Axialverdichter und eine Ringbrennkammer [697].
Durch Nachbrenner hoffte man, den Schub auf 1800 kp Standschub bei 12 200 U/min steigern zu können.
Von Hispano-Suiza wurden folgende Daten des Triebwerkes R-800 veröffentlicht:

| | | |
|---|---|---|
| Durchmesser ........ [mm] | 691 | |
| Länge ............. [mm] | 3 708 | (mit Nachbrenner) |
| Gewicht .............. [kg] | 305 | (mit Zubehör) |
| Schub ............... [kp] | 1 420 | |
| Drehzahl ......... [U/min] | 12 200 | |

(Daten gemäß einem 1956 durchgeführten Abnahmelauf.)

Aus dem Strahltriebwerk R-800 wurde das Triebwerk R-804 entwickelt, das einen Standschub von 1500 kp erzeugt [Prospekt »Industrie Aéronautique Francaise«, Société Hispano-Suiza]. Es konnte mit Nachbrenner ausgerüstet werden, wobei sich eine Schubsteigerung von mehr als 35% ergab:

*Triebwerksdaten* (Hispano-Suiza R-804)

| | | |
|---|---|---|
| Durchmesser ......... [mm] | 650 | |
| Länge ............... [mm] | 2 120 | |
| Gewicht ............... [kg] | 308 | |

| Leistung | Schub [kp] | Drehzahl [U/min] | Kraftstoffverbrauch [l/h] |
|---|---|---|---|
| Max. Leistung .............. | 1 500 | 12 000 | 2 100 |
| Steigleistung .............. | 1 350 | 11 630 | 1 860 |
| Wirtschaftliche Dauerleistung . | 1 200 | 11 250 | 1 635 |

Die Firma stellte inzwischen die Triebwerksentwicklung und -produktion ein.

## Hispano-Suiza Verdon [589; I.A.L. 19. 11. 53]

Dieses Baumuster war eine Weiterentwicklung des Rolls-Royce-Triebwerkes Tay. Sein Verdichter weist gegenüber dem Verdichter des Tay unterschiedliche Konstruktionsmerkmale auf, wie zum Beispiel eine umgestaltete und verbesserte Lufteinlaßöffnung zum Verdichter, um einen größeren Luftdurchsatz bewältigen zu können [I.A.L. 19. 11. 53], einen neuen Vorsatzläufer, verbesserte Flammrohre, veränderte Turbinenschaufeln, eine neue Läuferscheibe und eine verbesserte Kühlung. Für das Triebwerk wurden eine elektromagnetische Turbinentemperaturkontrolle und ein Nachbrenner entwickelt. Das Triebwerk Verdon schloß 1954 einen 30-Stunden-Prüfstandslauf ab, wobei es während 24 Stunden mit einer Schubleistung von mehr als 3600 kp arbeitete. Die meisten Teile des untersuchten Triebwerkes hatten bereits früher einen offiziellen 150-Stunden-Prüflauf absolviert [I.A.L. 26. 5. 54]. Das Triebwerk diente als Antriebsaggregat der Flugzeugtypen Mystère II und Mystère IV [589].

*Triebwerksdaten*

| Baumuster | Verdon 253 | | Verdon 350 | Verdon 450 m. N. | |
|---|---|---|---|---|---|
| Durchmesser .......... [mm] | 1 270 | | 1 270 | 1 270 | |
| Länge .............. [mm] | 2 522 | | 2 622 | 5 480 | |
| Stirnfläche .............. [m²] | 1,26 | | 1,26 | – | |
| Gewicht .............. [kg] | 935 | | 950* | 1 110 | |
| Kraftstoffverbrauch .. [kg/kph] | 1,10 | normal | 1,10 | 0,98 | o. N. |
| Ölverbrauch | | | | | |
| normal .............. [kg/h] | 0,25 | | – | – | |
| Startstandschub | | | | | |
| trocken in Meereshöhe .... [kp] | 3 500 | | 3 500 | 4 490 | m. N. |
| | | | | 3 500 | o. N. |
| Drehzahl .......... [U/min] | 11 100 | | 11 100 | 11 100 | |
| Max. Dauerschub | | | | | |
| im Stand in Meereshöhe [kg/kph] | – | | s. u.** | – | |
| Drehzahl .......... [U/min] | | | | | |

  * Triebwerksgewicht mit Zubehör und Schmierstofftank, aber ohne Schubdüse.
** Nach [I.A.L. 18. 6. 55]:

| | |
|---|---|
|     Max. Dauerleistung ............. [kp] | 3 150 |
|     bei Drehzahl .............. [U/min] | 10 800 |
|     Reiseleistung ................. [kp] | 2 800 |
|     Drehzahl ................. [U/min] | 10 500 |

In einem Prospekt der Firma werden folgende Daten angegeben:

| Baumuster | Verdon 350 |
|---|---|
| Durchmesser ......... [mm] | 1 270 |
| Länge .............. [mm] | 2 650 |
| Gewicht .............. [kg] | 940 |

| Leistungen* | Schub [kp] | Drehzahl [U/min] | Kraftstoffverbrauch [l/h] |
|---|---|---|---|
| Max. Leistung .............. | 3 500 | 11 100 | ca. 4 950 |
| Steigleistung ............... | 3 100 | 10 800 | ca. 4 300 |
| Reiseleistung ............... | 2 800 | 10 500 | ca. 3 850 |
| Leerlaufleistung ............ | – | 2 500 | – |

* Auf dem Prüfstand.

## Triebwerksbeschreibung

Gehäuse und Diffusor des einstufigen Radialverdichters sind aus Aluminiumlegierung hergestellt, ebenso der zweiflutige Verdichterläufer mit je 23 Schaufeln. Die Läuferwelle ist mit ihrem vorderen Ende in einem luftgekühlten Rollenlager, am hinteren Ende, wo sie durch eine flexible Kupplung mit der Turbinenwelle verbunden ist, in einem Kugellager gelagert. Das Verdichtungsverhältnis des Verdichters ist 4,9 : 1, der Durchsatz beträgt 60 kg/sec bei 11 100 U/min in Meereshöhe im Stand. Die neun Austrittsöffnungen des Diffusors sind durch Kniestücke, die mit Leitschaufeln versehen sind, mit den neun konischen Brennkammern verbunden. Die vorderen Brennkammerteile sind aus Aluminiumlegierung gegossen und mit den hinteren Brennkammerabschnitten aus Stahlblech verschraubt. Am vorderen Ende jeder Brennkammer ist ein Duplexbrenner angebracht, durch den der Kraftstoff in Strömungsrichtung eingespritzt wird.
Das Triebwerk hat eine einstufige Axialturbine, deren Gehäuse und Düsenboden aus Stahl gefertigt sind. In den Düsenboden sind 48 Leitschaufeln aus Kobaltstahl eingesetzt. Die Turbinenscheibe ist luftgekühlt; sie ist mit dem Wellenstumpf aus einem Stück hergestellt. 51 massive Laufschaufeln aus Nimonic-90-Legierung werden in die Läuferscheibe eingesetzt.
Der Auslaßteil des Triebwerkes hat einen unveränderlichen Austrittsquerschnitt. Das äußere Gehäuse und der feststehende Düsenkegel sind aus Stahl.

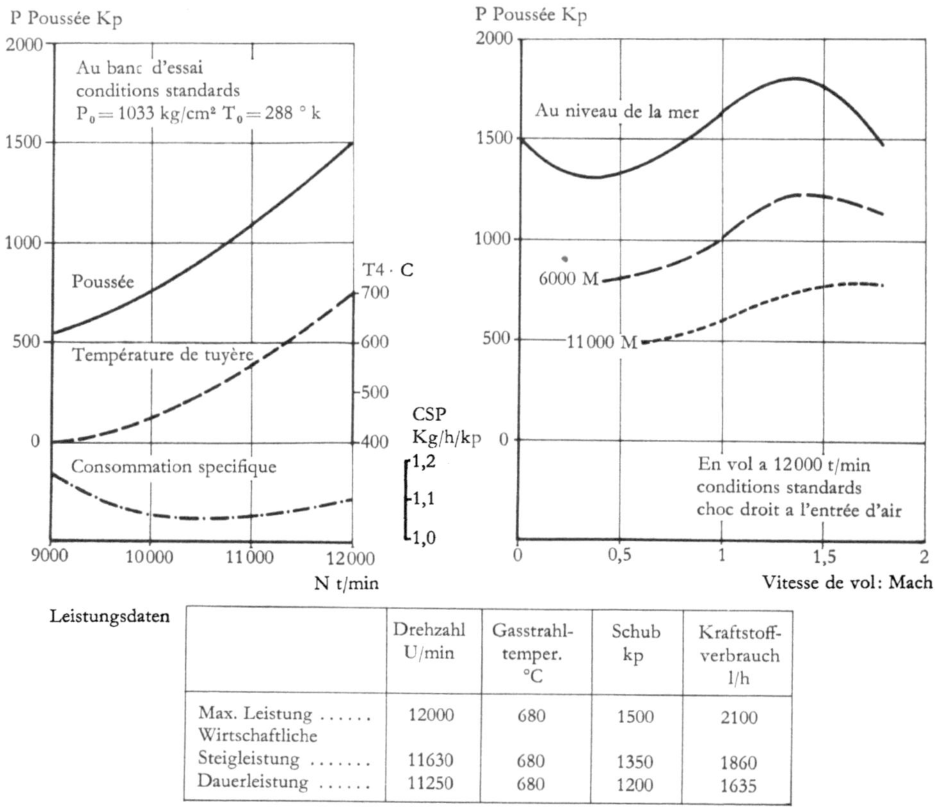


Leistungsdaten

|  | Drehzahl U/min | Gasstrahl- temper. °C | Schub kp | Kraftstoff- verbrauch l/h |
|---|---|---|---|---|
| Max. Leistung ...... | 12000 | 680 | 1500 | 2100 |
| Wirtschaftliche Steigleistung ....... | 11630 | 680 | 1350 | 1860 |
| Dauerleistung ...... | 11250 | 680 | 1200 | 1635 |

Abb. 149 Hispano Suiza R.804 [865]
Leistungen auf dem Prüfstand
Leistungen im Flug

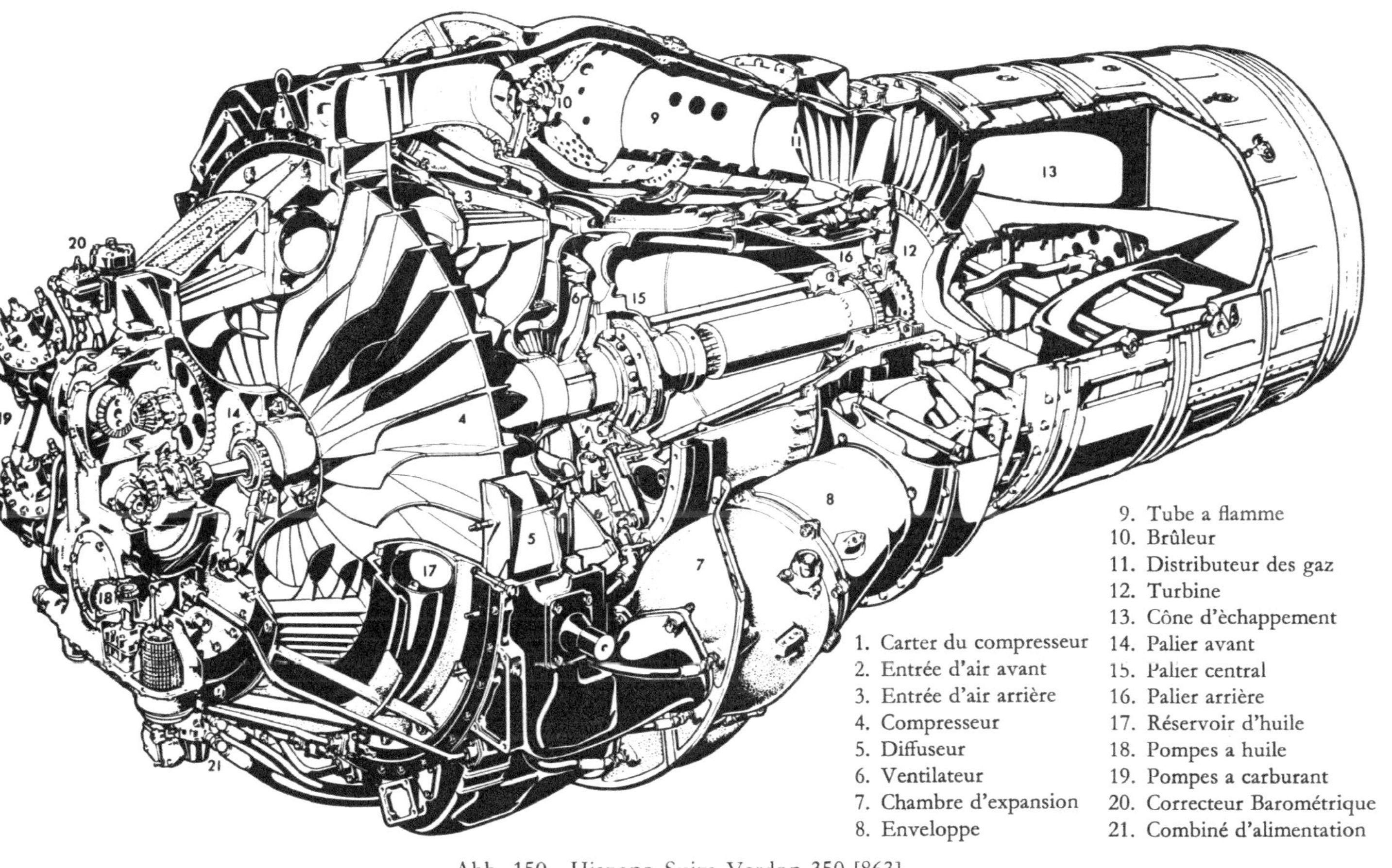


Abb. 150   Hispano Suiza Verdon 350 [863]

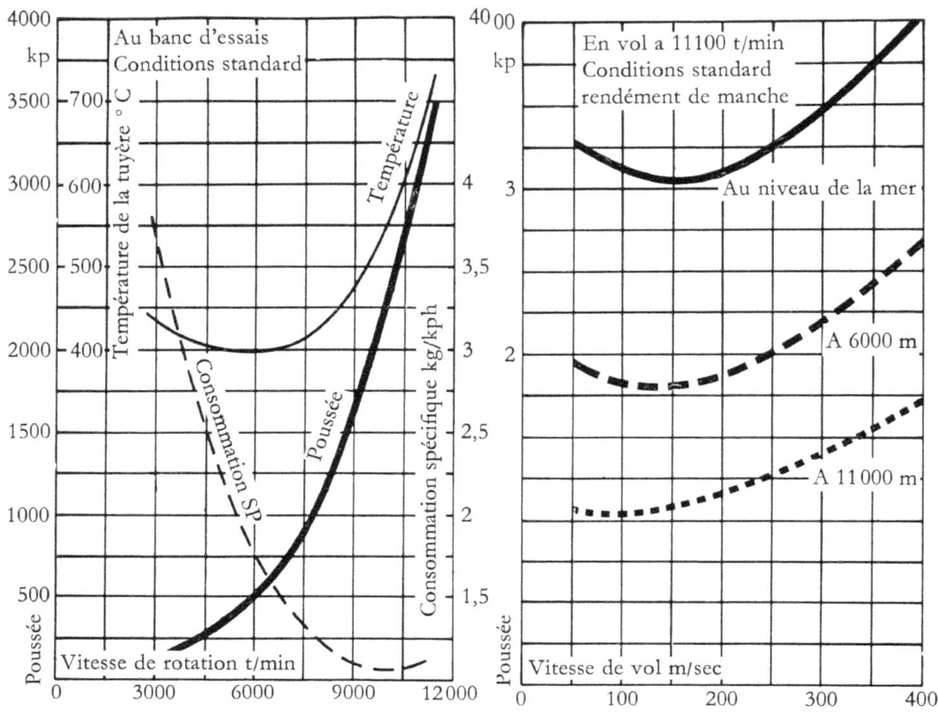



Régimes caractéristiques – Leistungsdaten

| Regime | N t/m<br>Drehzahl<br>U/min | Température ° C<br>Gasstrahl-<br>temperat. ° C | Poussée<br>(kp)<br>Schub | Consommation l/h<br>Kraftstoff-<br>verbrauch l/h |
|---|---|---|---|---|
| Décollage – max. Leistung | 11100 | 720 max | 3500 | 4950 |
| Intermédiaire – Steigleistung | 10800 | 675 | 3100 | 4300 |
| Croisière – Reiseleistung | 10500 | 620 | 2800 | 3850 |
| Ralenti – Leerlaufleistung | 2500 | 550 | | |

Abb. 151  Leistungsdatum des Triebwerks Hispano Suica Verdon 350 [864]
Linkes Diagramm: auf dem Prüfstand
Rechtes Diagramm: im Flug

# SNECMA

Société Nationale d'Etude et de Construction de Moteurs d'Aviation,
Boulevard Haussmann, Paris 8e


Die staatliche Organisation SNECMA wurde 1945/46 durch die Verschmelzung
der beiden bekannten Maschinenfabriken Gnôme-et-Rhône und Renault Aviation
gebildet. Drei Jahre später lief das erste Strahltriebwerk ATAR auf dem Prüfstand.
1951 begann man mit dem Entwurf eines größeren TL-Triebwerkes, des Vulcain.
Neben einem PTL-Triebwerk wurde noch ein Leichtbautriebwerk entwickelt, das
die Bezeichnung SNECMA R-105 Vesta trug und einen Schub von 1360 kp erzeugen sollte.
Neben der ATAR-Entwicklung arbeitet die SNECMA u. a. an der Entwicklung
einer Schubumkehrvorrichtung für das Triebwerk JT12 (Pratt-and-Whitney-
Lizenz), das für den Transporter Transall vorgesehen ist. In einer Studie wird die
gleichzeitige Anwendung von Nachverbrennung und Schubumkehr untersucht.
Für das Triebwerk Pratt and Whitney JT8D, das eventuell in spätere Caravelle-
Modelle eingebaut werden soll, werden verschiedene Ausführungen von Trieb-
werksgondeln untersucht, die für die Aufnahme einer neuartigen Vorrichtung zur
Schubumkehr ausgelegt sind. Gemeinsam mit Turboméca werden Entwicklungs-
arbeiten an einem Hubstrahltriebwerk durchgeführt.
Ein zwischen Pratt and Whitney und SNECMA getroffenes Abkommen führte zur
Erteilung eines Auftrages, der den Bau von vier 1961 zu liefernden Vorserien-
triebwerken JTF10 vorsah.
Inzwischen wurde die Weiterentwicklung dieses Triebwerkes weitgehend von der
SNECMA übernommen. Das aus dem JTF10 hergeleitete SNECMA-Triebwerk
erhielt die Bezeichnung TF-106.
Weiter wurden die Arbeiten an einem neuen Triebwerk aufgenommen, das für
Mittelstreckenverkehrsflugzeuge mit Reisegeschwindigkeiten zwischen Mach 2
bis 3 gedacht ist und die Projektbezeichnung M-35 erhielt [I.A.L. 23. 11. 60].
Nach [891] soll es aus dem Pratt and Whitney JT11 entwickelt worden sein, etwa
11 300 kp Schub erzeugen und für einen Einbau in die Sud-Dassault Super-
Caravelle in Betracht gezogen werden.


## SNECMA Vulcain [37, 589, 12]

Das Triebwerk Vulcain gleicht in seiner Konstruktion dem Triebwerk ATAR.
Seine Entwicklung begann im Juni 1951. Am 21. 5. 1952 fanden die ersten Probeläufe eines Prototyps statt, im November des gleichen Jahres die Abnahmeläufe
mit der Auslegungsleistung von 4500 kp. 1954 wurde das Triebwerk Vulcain für
einen Schub von 5500 kp zugelassen [I.A.L. 7. 7. 54]. Anläßlich eines am 29. 11.

1954 vorgenommenen Standlaufes wurde ein Schub von 6000 kp erzeugt. Diese Leistung wurde während 5 min innegehalten und entspricht dem vorgesehenen Entwurfsschub [I.A.L. 18. 12. 54; 609].

*Triebwerksdaten*

| Baumuster | Vulcain 104 [37] | |
|---|---|---|
| Durchmesser ............. [mm] | 1160 | |
| Länge .................. [mm] | 3239 | |
| Stirnfläche ................ [m²] | 1,05 | |
| Gewicht ................. [kg] | 1525 | |
| Kraftstoffverbrauch | | |
| normal ............... [kg/kph] | 1,0 | |
| Ölverbrauch | | |
| normal ................. [kg/h] | 1,0 | |
| Startstandschub | | |
| trocken, in Meereshöhe ...... [kp] | 5000 | |
| | 5500 | [294] |

*Triebwerksbeschreibung*

Der siebenstufige Axialverdichter verdichtet die Luft in einem Verhältnis von 7,0 : 1, der Luftdurchsatz beträgt 82 kg/sec im Stand. Das Verdichtergehäuse ist zweiteilig und wird aus Aluminiumlegierung hergestellt. Das ringförmige Einlaufgehäuse wird durch Luft von der letzten Verdichterstufe gegen Vereisung geschützt. Auch die Eintrittsleitschaufeln werden von heißer Luft durchströmt und so gegen Vereisung geschützt. Leit- und Laufschaufeln des Verdichters sowie der Kranz Gleichrichterschaufeln hinter der letzten Verdichterstufe werden aus Stahl hergestellt. Für den Verdichterläufer wurde wie beim ATAR-Triebwerk eine Trommelkonstruktion, die sich aus sieben einzelnen Scheiben aus Aluminiumlegierung zusammensetzt, gewählt. Die Lagerung der Wellenstümpfe des Verdichters erfolgt durch ein Schubkugellager und ein Rollenlager. Das hintere Wellenende ist mit der Turbine durch eine Keilkupplung verbunden.
Das Gehäuse der Ringbrennkammer wird aus nichtrostendem Stahl hergestellt. Es enthält ein ringförmiges Flammrohr, das mit Öffnungen für die Zufuhr der Sekundärluft versehen ist. Am vorderen Ende des Flammrohres sind 16 Kegelbrenner mit je einer ATAR-Zweimengendüse gleichmäßig auf den Umfang verteilt angebracht. Die Kraftstoffeinspritzung erfolgt in Strömungsrichtung.
Das Gehäuse der einstufigen Axialturbine wird aus Stahl hergestellt. Die Leitschaufeln sind hohl und werden durch Luft gekühlt. Die Laufschaufeln sind massiv. Die Laufradscheibe wird mit Bolzen an die Turbinenwelle angeflanscht. Die Turbine ist vor der Radscheibe in einem Rollenlager gelagert.
Der Auslaßquerschnitt der Schubdüse ist unveränderlich.

# SNECMA ATAR

Die ersten Zeichnungen und Berechnungen für dieses Triebwerk wurden Oktober 1945 im Auftrag des französischen Luftfahrtministeriums von einer Arbeitsgruppe der Société des Aéroplanes Voisin unter der Verantwortlichkeit von H. Oestrich ausgeführt. Für die Entwicklung des ATAR-Triebwerkes standen in erster Linie die beim Bau des deutschen Triebwerkes BMW 003 gewonnenen Erfahrungen zur Verfügung. In seinem grundsätzlichen Aufbau ähnelt das ATAR 101 dem BMW-003-Triebwerk sehr. Im Mai 1948 konnten die ersten Probeläufe eines Versuchstriebwerkes auf dem Prüfstand durchgeführt werden [682]. Das Triebwerk erzeugte einen Schub von 1700 kp. Durch Steigerung der Turbineneintrittstemperatur wurde kurze Zeit später ein Schub von 2200 kp erzielt. 1949 absolvierte ein Triebwerk ATAR 101B einen 150-Stunden-Prüfstandslauf bei einem Schub von 2200 kp [589]. Die Triebwerke der Baureihe C erzeugten einen Schub von 2800 kp, sie wurden in kleineren Serien hergestellt. Im Frühjahr 1953 legte das Baumuster ATAR 101D die offizielle Zulassungsprüfung für einen Startstandschub von 3000 kp ab [I.A.L. 26. 3. 53]. Ein Jahr später wurden die amtlichen Abnahmeversuche des ATAR 101E bei 3300 kp Startstandschub abgeschlossen [I.A.L. 27. 3. 54]. Im Sommer 1954 konnte das Baumuster ATAR 101 E3 für einen Schub von 3500 kp zugelassen werden [I.A.L. 7. 7. 54, 20. 8. 54]. Bei Überlastversuchen erzeugte dieses Triebwerk einen Schub von mehr als 3600 kp [I.A.L. 20. 8. 54]. Nachdem am 21. 2. 54 die erste Flugerprobung in einer Dassault Mystère C durchgeführt worden war, fanden Anfang Juli 1954 Leistungsprüfungen des Triebwerkes ATAR 101F mit Nachverbrennung bei 3800 kp Schub statt [I.A.L. 24. 8. 54]. Die Ausführung ATAR E mit Nachbrenner wurde unter der Bezeichnung ATAR 101G in den Flugzeugtyp Super Mystère eingebaut.
1956 begann die Firma SNECMA mit dem vollkommen neu konstruierten ATAR-Typ ATAR 8 und seiner Ausführung mit Nachbrenner ATAR 9 eine weitere Entwicklungsreihe. Für Fluggeschwindigkeiten von Mach 3 ausgelegt waren die Hochleistungstriebwerke ATAR 25 ohne Nachbrenner und ATAR 26 mit Nachbrenner, die weit über 6000 kp Schub erzeugten. Ihre Entwicklung scheint jedoch wieder eingestellt worden zu sein.

*Strahlturbinen ATAR*

| Baureihe Ausführung | Vollschub am Stand [kp] trocken m. N. | | Spez. Kraftstoffverbrauch [kg/kph] trocken m. N. | | Drehzahl [U/min] | Nenn-durchmesser [nm] | Gewicht [kg] trocken m.N. | | Aufbau: – Verdichter – Brennkammer – Turbine | Luft-durchsatz [kg/sec] | Druck-verhältnis | Einheits-Gewicht [kg/kp] trocken m. N. | | Stirnflächen-schub [kg/m²] trocken m. N. | |
|---|---|---|---|---|---|---|---|---|---|---|---|---|---|---|---|
| 101V | 1700 | | 1,3 | | 8050 | 886 | 880 | | 7 – 0 – 1 | 46 | 4,0 : 1 | 0,52 | | 2800 | |
|  | 2200 | | 1,2 | | | | | | | | 4,2 : 1 | 0,44 | | 3300 | |
| A0 | 2200 | | 1,15 | | 8050 | 886 | 910 | | 7 – 0 – 1 | 46 | 4,2 : 1 | 0,41 | | 3600 | |
| B1 | 2400 | | 1,09 | | 8050 | 886 | 910 | | 7 – 0 – 1 | 48 | 4,2 : 1 | 0,38 | | 3950 | |
| B2 | 2600 | | 1,09 | | 8300 | 886 | 910 | | 7 – 0 – 1 | 50 | 4,4 : 1 | 0,35 | | 4250 | |
| C1 | 2800 | | 1,09 | | 8500 | 886 | 920 | | 7 – 0 – 1 | 52 | 4,5 : 1 | 0,33 | | 4600 | |
| D2A | 2800 | | 1,09 | | 8300 | 920 | 910 | | 7 – 0 – 1 | 52 | 4,5 : 1 | 0,325 | | 4200 | |
| D3 | 3000 | | 1,1 | | 8300 | 920 | 915 | | 7 – 0 – 1 | 52 | 4,5 : 1 | 0,305 | | 4500 | |
| E3 | 3500 | | 1,05 | | 8400 | 920 | 882 | | 8 – 0 – 1 | 59 | 4,8 : 1 | 0,25 | | 5250 | |
| E5 | 3700 | | 1,06 | | 8400 | 920 | 870 | | 8 – 0 – 1 | 59 | 4,8 : 1 | 0,235 | | 5580 | |
| F2 | | 3800 | | 2,2 | 8300 | 940 | | 1260 | 7 – 0 – 1 | 52 | 4,5 : 1 | | 0,33 | | 5450 |
| G2/3 | | 4400 | | 1,95 | 8400 | 940 | | 1240 | 8 – 0 – 1 | 59 | 4,8 : 1 | | 0,28 | | 6320 |
| G4 | | 4700 | | 2,1 | 8400 | 940 | | 1240 | 8 – 0 – 1 | 59 | 4,8 : 1 | | 0,265 | | 6750 |
| ATAR 8 | 4400 | | 0,98 | | 8400 | 920 | 920 | | 9 – 0 – 2 | 68 | 5,5 : 1 | 0,21 | | | 6600 |
| ATAR 9 | | 6000 | | 2,07 | 8400 | 1020 | | 1250 | 9 – 0 – 2 | 68 | 5,5 : 2 | | 0,21 | | 7350 |

| Baumuster | | ATAR 101D | [37] | ATAR 101F | [37] |
|---|---|---|---|---|---|
| | | | | m. N. | |
| Durchmesser . . . . . . . . . . . . . . . . | [mm] | 920 | | 920 | |
| Länge . . . . . . . . . . . . . . . . . . . . . . | [mm] | 3580 | | 5785 | |
| Stirnfläche . . . . . . . . . . . . . . . . . . . . | [m²] | 0,67 | | 0,67 | |
| Gewicht . . . . . . . . . . . . . . . . . . . . . . | [kg] | 950 | | 950 | |
| Kraftstoffverbrauch . . . . . . . . | [kg/kph] | 1,0 | (Reiseverbrauch) | 2,0 | m. N. |
| Ölverbrauch . . . . . . . . . . . . . . . | [kg/h] | 1,0 | | 1,0 | o. N. |
| Startstandschub | | | | | |
| trocken . . . . . . . . . . . . . . . . . . . . . . . | [kp] | 3000 | | 3800 | m. N. |
| bei Drehzahl in Meereshöhe . . | [U/min] | 8500 | | 8500 | |
| Steigleistung im Stand . . . . . . . . . . | [kp] | 2700 | | | |
| bei Drehzahl in Meereshöhe . . | [U/min] | 8300 | | | |
| Max. Dauerschub im Stand . . . . . . | [kp] | 2400 | | | |
| bei Drehzahl in Meereshöhe . . | [U/min] | 8100 | | | |

In [589] wird für ATAR 101D ein spezifischer Kraftstoffverbrauch von 0,98 kg/ kph bei einer Schubabgabe von 3000 kp und einer Drehzahl von 8500 U/min angegeben.

| Baumuster | | ATAR 101C | ATAR 101D |
|---|---|---|---|
| | | (I.A.L. 20. 6. 53] | [I.A.L. 20. 6. 53] |
| Durchmesser . . . . . . . . . . . . . . . . | [mm] | 886 | 920 |
| Gewicht mit Schubdüse | | | |
| trocken . . . . . . . . . . . . . . . . . . . . . . . | [kg] | 940 | 950 |
| Startstandschub in Bodennähe . . . . | [kp] | 2800 | 3000 |
| Spez. Kraftstoffverbrauch | | | |
| bei max. Dauerschub . . . . . . . . | [kg/kph] | 1,04 | 1,04 |
| Max. Dauerschub . . . . . . . . . . . . . . | [kp] | 2300 | 2400 |

## ATAR 101D [I.A.L. 16. 7. 53]

| | Höhe [m] | Fluggeschwindigkeit [km/h] | Schub [kp] | Spez. Kraftstoffverbrauch [kg/kph] |
|---|---|---|---|---|
| Start- und Kampfleistung ... | 0 | 0 | 3 000 | 1,09 |
| | 11 000 | 800 | 990 | 1,33 |
| | 11 000 | 900 | 1 050 | 1,34 |
| Steigleistung ............. | 0 | 0 | 2 700 | 1,06 |
| | 11 000 | 800 | 930 | 1,29 |
| | 11 000 | 900 | 980 | 1,30 |
| Max. Dauerleistung ........ | 0 | 0 | 2 400 | 1,03 |
| | 11 000 | 800 | 860 | 1,25 |
| | 11 000 | 900 | 900 | 1,65 |
| ATAR 101F m. N. ........ | 0 | 0 | 3 800 | – |
| | 11 000 | 1 000 | 1 710 | – |

## Baumuster ATAR E3 [868]

| | | | |
|---|---|---|---|
| Durchmesser .......... [mm] | 920 | (Turbinenflansch) | |
| Länge ............... [mm] | 4495 | (mit Schubdüsenkanal der Mindestlänge) | |
| Gewicht ............... [kg] | 880 | (mit Geräten und Übergangsstück des Schubdüsenkanals) | |

| Laststufen | Standschub [kp] | Drehzahl [U/min] | Spez. Kraftstoffverbrauch [kg/kph] |
|---|---|---|---|
| Vollast ................... | 3500 | 8400 | 1,04 |
| Zwischenlast ............... | 3150 | 8225 | 1,02 |
| Max. Dauerlast ............. | 2800 | 8050 | 1,01 |
| Reiselast .................. | 2400 | 7850 | 1,0 |
| Leerlauf am Boden .......... | 120 | 2800 | – |

Luftdurchsatz des Verdichters bei Volldrehzahl im Stand: 59 kg/sec.

## Baumuster ATAR G2, ATAR G3 m. N. [868]

Durchmesser ......... [mm] 920
Länge ............... [mm] 6490
Gewicht ............. [kg] 1230

| Laststufen | Standschub [kp] | Drehzahl [U/min] | Spez. Kraftstoff- verbrauch [kg/kph] |
|---|---|---|---|
| Vollast m. N. ............... | 4400 | 8400 | 2,0 |
| Teillast m. N. .............. | 3900 | 8400 | 1,6 |
| Vollast o. N. ............... | 3400 | 8400 | 1,11 |
| Zwischenlast o. N. ........... | 3050 | 8225 | 1,08 |
| Max. Dauerlast o. N. ......... | 2700 | 8050 | 1,07 |
| Reiselast o. N. .............. | 2300 | 7850 | 1,07 |

Luftdurchsatz des Verdichters bei Volldrehzahl im Stand: 59 kg/sec.

## Baumuster ATAR G [698]

| Laststufen | Standschub [kp] | Drehzahl [U/min] | Spez. Kraftstoff- verbrauch [kg/kph] |
|---|---|---|---|
| Vollast m. N. ............... | 4400 | 8400 | 1,85 |
| Teillast m. N. .............. | 3900 | 8400 | 1,6 |
| Vollast o. N. ............... | 3400 | 8400 | 1,11 |
| Kampfleistung o. N. .......... | 3100 | 8225 | 1,085 |
| Höchstdauerleistung o. N. ..... | 2700 | 8050 | 1,077 |
| Dauerleistung o. N. ........... | 2300 | 7850 | 1,078 |

## *Triebwerksdaten* (ATAR 8, ATAR 9) [871, 877, 872]

| Baumuster | ATAR 8 | | ATAR 9 | |
|---|---|---|---|---|
| Durchmesser Turbinen-flansch ............... [mm] | 860 | | 860 | |
| Max. Durchmesser ...... [mm] | ca. 920 | | ca. 1020 | |
| Länge mit Schubdüsen-rohr der Mindestlänge ... [mm] | 4602 | | 6700 | |
| Stirnfläche .............. [m²] | 0,67 | [41] | 0,67 | [41] |
| Gewicht ............... [kg] | 920 | | 1250 | |
| Luftdurchsatz ........ [kg/sec] | 68 | | 68 | |
| Verdichtungsverhältnis ........ | 5,5 : 1 | | 5,5 : 1 | |

| Laststufen | Schub [kp] | Drehzahl [U/min] | Spez. Kraftstoff-verbrauch [kg/kph] | |
|---|---|---|---|---|
| Vollast ..................... | 4400 | 8400 | 0,98 | ATAR 8 |
| Zwischenlast ............... | 4000 | 8300 | 0,95 | |
| Max. Dauerlast ............. | 3550 | 8150 | 0,935 | |
| Reiselast ................... | 3100 | 8000 | 0,925 | |
| Vollast m. N. .............. | 6000 | 8400 | 2,07 | ATAR 9 |
| Teillast m. N. ............. | 5400 | 8400 | 1,69 | |
| Vollast o. N. .............. | 4250 | 8400 | 1,00 | |
| Zwischenlast o. N. .......... | 3850 | 8300 | 0,98 | |
| Max. Dauerlast o. N. ........ | 3400 | 8150 | 0,97 | |
| Reiselast o. N. ............. | 2950 | 8000 | 0,96 | |

*Triebwerksdaten*

| Baumuster | ATAR 9C [891] | |
|---|---|---|
| Durchmesser ............... [mm] | 1016 | |
| Länge ..................... [mm] | 6240 | |
| Gewicht ...................... [kg] | 1360 | |
| Höchstschub ................... [kp] | 6000 | m. N. (6400 bei Mach > 1,4) |
| Drehzahl ................ [U/min] | 8400 | |
| Luftdurchsatz ............. [kg/sec] | 68 | |
| Verdichtungsverhältnis .............. | 5,5 : 1 | |

*Triebwerksbeschreibung*

Folgende Hauptbauelemente sind allen ATAR-Baureihen zu eigen [I.A.L. 9.6.55].
   Axialverdichter, Läufertrommel aus einzelnen Scheiben zusammengesetzt;
   Ringbrennkammer;
   Verdichter und Turbine sitzen auf der gleichen Welle;
   Einhebelregelsystem.

*Baureihe A;* Aus den Prototypen des ATAR mit 1700 kp Schub der Baureihe 101V wurden die Triebwerke der Baureihe A (2200 kp Schub) entwickelt. Sie wurden in nur geringer Anzahl im Prototypenwerk der SNECMA hergestellt und können als Versuchstriebwerke angesehen werden. Ein Einbau in Flugzeuge erfolgte nicht. Zu ihren Konstruktionsmerkmalen zählen der siebenstufige Axialverdichter, die Ringbrennkammer mit 20 Brennern und Benzinanlasser, eine einstufige Axialturbine, die Abgasdüse mit Regelpilz.

*Baureihe B;* Diese dem Vorserienstadium entsprechenden Triebwerke wurden im Serienwerk der SNECMA hergestellt und erzeugten einen Schub von 2400 bzw. 2600 kp (Baureihe B2). Nach der Flugerprobung in Flugzeugen, die als fliegende Prüfstände dienten, wurden einzelne Triebwerke dieses Musters in den Flugzeugtypen MD-450 Ouragan und im Prototyp SO-4050 eingebaut. Der Aufbau der Triebwerke entspricht dem der Baureihe A: Der siebenstufige Axialverdichter verdichtet die Luft in einem Verhältnis von 4,2 : 1 bei einer Drehzahl von

8050 U/min und einem Reaktionsgrad von 50%. Bei Prüfstandsläufen wurde sein
Wirkungsgrad zu 88% gemessen. Läufer, Gehäuse und Schaufeln des Verdichters
sind aus Leichtmetall gefertigt. Der Verdichterläufer ist in Trommelbauart aus-
geführt und wird aus einzelnen Scheiben zusammengefügt. An jedes Trommel-
ende ist ein Wellenstumpf angeflanscht. Die Laufschaufeln werden mit ihrem
Hammerkopffuß in die entsprechenden Nuten der Läuferscheiben eingesetzt. Das
Schaufelprofil wird zur Vereinfachung der Schaufelfertigung jeweils für mehrere
Stufen beibehalten, es wird innerhalb dieser Stufen lediglich die Schaufellänge geändert. Der vordere Wellenstumpf des Verdichters ist in einem Kugellager zur
Aufnahme der Schub- und Druckkräfte gelagert, der hintere Wellenstumpf lagert
in einem Rollenlager.
Das Verdichtergehäuse ist zweiteilig ausgeführt und trägt die in Ringnuten ein-
gepaßten Leitschaufeln. Zur Verhütung von Vereisungen werden die Eintritts-
haube, die vier radialen Profilstreben des Einlasses und die Leitschaufeln am Eintritt des Verdichters von Heißluft durchströmt.
Hinter dem Austritt aus dem Verdichter strömt die Luft durch einen Kranz
Gleichrichterschaufeln und durch das Brennkammereintrittsgehäuse in die Brennkammer ein. Das Brennkammereintrittsgehäuse enthält den Brennerring mit den
20 Brennern und Einspritzdüsen sowie das hintere Verdichterlager und die Antriebe für die Zubehörteile und Schmierstoffpumpen. Am Brennerring teilt sich
die Luftströmung in einen Primärluftstrom und einen Sekundärluftstrom; nur die
Primärluft durchströmt die als Kegelbrenner ausgebildeten Brenner. Sie erzeugt in
jedem Kegelbrenner ein Wirbelgebiet mit Rückströmung, in das der Kraftstoff
von stromabwärts gerichteten ATAR-Zweimengendüsen eingespritzt wird. Die
Sekundärluft wird umgeleitet und in der aus mehreren konzentrischen Stahl-
blechmänteln bestehenden Ringbrennkammer durch Längsschlitze an Stelle von
Mischflossen von innen und außen dem Gasstrom zugeführt.
Die Axialturbine des ATAR ist einstufig. Leit- und Laufschaufeln der Turbine
sind luftgekühlt. Sie werden aus profilierten hochwarmfesten Stahlblechen
(Sirius HT, 14% Nickel, 16% Chrom) und stählernen Füllstücken zur Führung
der Kühlluft hergestellt [733]. (Nach [682] werden bisher nur Turbinenlaufräder
mit Vollschaufeln in den ATAR-Triebwerken verwendet.) Die Laufschaufeln werden mit dem Lavalfuß in entsprechende zylindrische Nuten in die Radscheibe eingesetzt und durch einen Ring gegen axiale Verschiebung gesichert. Die Turbinenscheibe wird mit acht Bolzen an die Turbinenwelle geflanscht und ist fliegend gelagert. Der Antrieb des Verdichters durch die Turbine erfolgt über eine Zahnkupplung und eine lange Hohlwelle. Die Achsschübe von Turbine und Verdichter gleichen sich gegenseitig ungefähr aus.
Der Austrittsquerschnitt der Schubdüse des ATAR-Triebwerkes wird durch
einen hydraulischen, axial verschiebbaren Pilz automatisch auf den für den jeweiligen Betriebszustand günstigsten Wert eingestellt. Verstellvorrichtung und Pilz
werden mit Luft, die vom Abgasstrom durch acht hohle Stützrippen angesaugt
wird, gekühlt.
Durch das Regelsystem werden Drehzahl und Gastemperatur unabhängig von
Fluggeschwindigkeit, Flughöhe und Temperatur der Ansaugluft auf dem einmal

gewählten Wert gehalten. Die Leistungsfähigkeit des Triebwerkes wird so in jedem Betriebszustand voll ausgenutzt. Die durch den Bedienungshebel eingestellte Drehzahl hält ein Fliehkraftregler, der die Menge des eingespritzten Kraftstoffes verändert, konstant. Die Gastemperatur wird indirekt über Einspritzmenge und Verdichterdruckdifferenz durch Verstellung des Schubdüsenquerschnittes geregelt.

Eine Zentrifugalvorpumpe fördert über einen Feinfilter den Kraftstoff zur Hochdruckzahnradpumpe und von dort zu einem sogenannten Kommandogerät. Hier wird der zugemessene Kraftstoff in eine Grundmenge und eine Hauptmenge unterteilt. Die konstant gehaltene Kraftstoffgrundmenge strömt über den Grundmengenregler zu den Einspritzdüsen. Die Hauptmenge kann mit Hilfe eines Verteilerkolbens verändert werden. Die Stellung des Verteilerkolbens ist ein Maß für die eingespritzte Kraftstoffmenge, was zur Schubdüsensteuerung und zur Kraftstoffverbrauchsanzeige ausgenützt wird.

Die konstante Grundmenge wird über den Absperrschieber 6 (s. Abb. auf S. 290) und den Mengenregler 7 zu den Einspritzdüsen gefördert. Die Hauptmenge fließt über den Handschieber 5 und den Mengenregler 3, der eine konstante Kraftstoffmenge im ganzen Regelbereich verteilt. Während ein Teil wieder in den Tank gefördert wird, gelangt der andere Teil zu den Kraftstoffdüsen. Durch diese Anordnung kann die Drehzahl konstant gehalten werden. Der Pilot kann außerdem die Federspannung des Drehzahlreglers durch Handschaltung ändern und dadurch die Drehzahl ändern. Der Drehzahlregler ist mit einem Schieber gekoppelt, der über einen Kolbenservomotor auf den Mengenregler 9 einwirkt und die Stabilität der Regelung sichert.

Eine Ergänzungsvorrichtung 17–18 ist von der Kraftstoffmenge durch die Stellung des Mengenreglerkolbens 9 und Hebel 15 abhängig. Weiterhin hängt diese Vorrichtung durch die Barometerdose 16 von der Druckdifferenz zwischen Verdichteraustritt und Verdichtereintritt $\Delta p$ ab. Sie hält das Verhältnis von Luft zu Kraftstoff konstant, indem sie die Stellung des Düsenkegels und damit den Austrittsquerschnitt der Schubdüse ändert und dadurch die Temperatur vor der Turbine konstant hält.

Die Barometerdose 2 betätigt je nach der Druckdifferenz $\Delta p$ des Verdichters einen Kolben, der einen Kraftstoffabfluß öffnet. Bei plötzlichen Beschleunigungen können so Überhitzungen vermieden werden.

Bei Nachverbrennung werden die Düsen 20 über das Relais 21 mit Kraftstoff versorgt.

Der Regelpilz der Schubdüse wird nach den Impulsen des Temperaturreglers hydraulisch verstellt.


## ATAR 101C

ATAR-Triebwerke der Baureihe C sind Serientriebwerke. Sie erzeugen einen Standschub von 2800 kp. Die Erhöhung des Schubes auf diesen Wert wurde durch folgende Maßnahmen erreicht: Drehzahlerhöhung von 8050 auf 8400 U/min, Er-

höhung der Schaufelzahl der Verdichterleiträder und Verbesserung der Temperaturverteilung im Brennkammeraustritt. Die verschiedenen Unterausführungen des ATAR 101C wurden auf fliegenden Prüfständen sowie auf Versuchsmustern MD-450 Ouragan erprobt. Mit ihnen werden Prototypen der Vorserienmuster der SO-4050, SE Baroudeur, MD-452, Mystére II, SNCAN-Ars 1402 Gerfaut ausgerüstet. Der Luftdurchsatz des siebenstufigen Axialverdichters beträgt 54 kg/sec. Sein Verdichtungsverhältnis ist 4,5 : 1. Der Reaktionsgrad der einzelnen Verdichterstufen ist unterschiedlich, in den letzten Stufen beträgt er 50%. Der trommelartige Verdichterläufer setzt sich aus einzelnen Radscheiben zusammen. Die Scheiben sind mit breiten Felgen versehen, die an den entsprechenden Felgen der nächsten Radscheibe befestigt werden. Die Laufschaufeln des Verdichters werden aus Leichtmetall gepreßt und durch prismatische Schaufelfüße in entsprechenden Nuten der Radscheibe gehalten. Die Leitschaufeln werden in Schwalbenschwanznuten im Verdichtergehäuse eingesetzt. Zwei Ausgleichskolben gleichen den Achsschub des Verdichters aus. Brennkammer und Brenner wurden abgeändert. Die Turbine ist einstufig. Ihre 55 Schaufeln bestehen aus Chromnickelstahl. Sie haben einen gabelartigen Schaufelfuß, der in drei entsprechende Nuten des Radkranzes eingesetzt und dann mit zwei Nieten befestigt wird. Die 29 Leitschaufeln aus Blech sind hohl und luftgekühlt.
Der Auslaßquerschnitt der Abgasdüse kann verändert werden. Einige Triebwerke der Serie 101C3 weisen schon die Regelung auf wie spätere Baumuster 101D. Das Triebwerk wird wie die vorhergehenden Serien mit einem Benzinanlasser angelassen.


## ATAR 101D

Zur Anpassung an die mehrmaligen Durchsatzsteigerungen wurde bei dem Übergang von der Baureihe C auf die Baureihe D der Turbinendurchmesser von 802 auf 840 mm vergrößert. Der äußere Durchmesser des Triebwerkes wuchs damit von 886 auf 920 mm. Ferner konnte durch eine verbesserte Sekundärluftzuführung die mittlere Gastemperatur vor der Turbine auf 850–880°C erhöht werden. Die Triebwerke der Serie D erzeugen einen Standschub von 2800 bzw. 3000 kp. Ihre Flugerprobung wurde auf Versuchsmustern und Prototypen oder Vorserienmustern SO-4050, SE-5000, SNCAN-Ars 1402 und Leduc 022 durchgeführt. Die Triebwerke werden für den Einbau in das Serienmuster MD-452 Mystère hergestellt. Das Triebwerksmuster ATAR 101D hat einen siebenstufigen Axialverdichter. Sein ringförmiger Einlaß ist mit einem automatischen Eisdetektor ausgerüstet und wird durch heiße Luft von der letzten Verdichterstufe gegen Vereisung geschützt. Das zweiteilige Verdichtergehäuse aus Aluminiumlegierung nimmt einen Kranz hohler, von heißer Luft durchströmter Leitschaufeln, die sechs Leitkränze des Verdichters und einen Kranz Gleichrichterschaufeln auf. Der Trommelläufer des Verdichters wird aus sieben Scheiben aus Aluminiumlegierung zusammengesetzt. Der Wellenstumpf am vorderen Wellenende läuft in einem Kugelschublager. Der hintere Wellenstumpf, der mit der Turbinenwelle durch eine Zahnkupplung verbunden ist, wird in einem Rollenlager gelagert. Die Verdichterschaufeln werden aus Aluminiumlegierung gefertigt. Der Durchsatz des Verdichters beträgt 52 kg/sec im Stand bei einer Drehzahl von 8500 U/min, sein Verdichtungsverhältnis ist 5,0 : 1.

Das Brennkammergehäuse aus nichtrostendem Stahl umschließt die 20 Kegelbrenner mit je einer ATAR-Zweimengendüse, die den Kraftstoff in Richtung der Strömung einspritzt.

Die hohlen Leitschaufeln der einstufigen Axialturbine werden durch Luft gekühlt. Die Radscheibe der Turbine wird aus niedrig legiertem martensitischem Stahl hergestellt. Sie ist mit einem Flansch an die Turbinenwelle geschraubt. Die Laufschaufeln der Turbine werden aus einer Chromnickellegierung (75% Nickel, 20% Chrom) gefertigt. Die Turbine ist vor der Radscheibe in einem Rollenlager gelagert.

Der Auslaßquerschnitt der Schubdüse kann durch zwei muschelartige Klappen oder aber bei der Baureihe D3 ohne bewegliche Teile durch Einblasen eines Preßluftstrahles verändert werden. Die aus einem Ringspalt austretende Preßluft wird so dosiert, daß sie den Hauptstrahl mehr oder minder einschnürt.

Die D-Serien sind mit einem elektrischen Anlasser ausgerüstet.


## SNECMA ATAR E [867]

Dieses Triebwerk wird serienmäßig in zwei Ausführungen hergestellt, ATAR E3 mit 3500 kp und ATAR E5 mit einem Schub von 3700 kp. Wesentlichste Änderung gegenüber den vorhergehenden Serien ist die Erhöhung der Stufenzahl des Verdichters auf acht Stufen, wodurch Verdichtungsverhältnis und Luftdurchsatz um etwa 15% vergrößert werden. Die Triebwerke der Serienausführung ATAR E3 rüsten die drei Bauausführungen des Flugzeugtyps SO-4050 Vautour aus und werden darüber hinaus in die Prototypen MD Etendard IV, SE-5003 Baroudeur, Nord 1500 Griffon sowie Leduc 022 eingebaut.

Als konstruktive Einzelheit sei besonders die Art der Zündung erwähnt, bei der in dem Brennertragring der Brennkammer zwischen den oberen Brennerpaaren zwei Zündkammern angeordnet sind, die ein sicheres Zünden, auch in großen Flughöhen, mit dem normalen Betriebskraftstoff ermöglichen.

Die Turbinenscheibe wird auf beiden Seiten durch Luft vom Verdichter gekühlt.


## SNECMA ATAR 101F

Die Ausführung ATAR 101F entspricht in ihrem Aufbau den Triebwerken der D-Serie, sie ist jedoch mit einem Nachbrenner ausgerüstet und erzeugt einen Schub von 3800 kp bei Nachverbrennung. Triebwerke der F-Serien wurden in fliegende Prüfstände, Mystère-Versuchsausführungen, und weitere Prototypen sowie Vorserienmuster in die Mystère IV-B eingebaut.

Der Luftdurchsatz des siebenstufigen Axialverdichters beträgt 45 kg/sec, sein Verdichtungsverhältnis ist 4,5 : 1 bei einer Drehzahl von 8500 U/min im Stand und in Meereshöhe.


## SNECMA ATAR G [867]

Die Strahlturbine ATAR G ist eine direkte Ableitung von der Baureihe E. Sie unterscheidet sich von ihr durch die zusätzliche Nachverbrennungsanlage. Der maximale Standschub der Bauausführungen G2 und G3 beträgt 4400 kp, die verbesserte Ausführung ATAR G4 erzeugt 4700 kp Schub. Triebwerke der Baureihe G werden in Serie hergestellt und rüsten die Flugzeuge Super-Mystère B2 aus. Außerdem finden sie in den Flugzeugtypen SE-212 Durandal, NORD Gerfaut und MD Mirage III Verwendung.
Konstruktive Einzelheiten des Nachbrenners:
Der Nachbrenner setzt sich aus dem sogenannten Verbindungsstück und der Nachbrennkammer mit der Schubdüse zusammen. Beide Teile sind gelenkig miteinander verbunden. Das Übergangsstück, welches die aus der Turbine austretenden Gase in die Nachverbrennung leitet, besteht aus einem leicht konischen Blechmantel, der in seinem Inneren mittels profilierter Stege einen Mittelkonus trägt. Das Übergangsstück ist isoliert und trägt Druck- und Temperaturmeßstellen zur Kontrolle des Triebwerkes. Die eigentliche Nachbrennkammer setzt sich aus drei miteinander verschweißten Teilen aus hochwarmfestem Stahl zusammen, einem divergenten Teil mit dem Flammenhaltersystem, einem zylindrischen Mittelstück und dem konvergenten Schlußstück mit dem Anschlußflansch für die Schubdüse. Ihr Austrittsquerschnitt kann durch zwei hydraulich betätigte Klappen dem jeweiligen Betriebszustand angepaßt werden.


## SNECMA ATAR 8

Dieses Triebwerk ist besonders gekennzeichnet durch einen neunstufigen Verdichter mit erhöhtem Luftdurchsatz, eine Ringbrennkammer und eine zweistufige Turbine. Es erzeugt 4400 kp Schub und wurde in den Flugzeug-Typ MD Etendard IV eingebaut.
Das Triebwerksgehäuse entspricht in seinem grundsätzlichen Aufbau weitgehend den Gehäuseausführungen des ATAR E und ATAR G mit Ausnahme einiger Abänderungen, die sich aus der anderen Anordnung der Triebwerksgeräte an der Verdichterunterseite ergeben. Die sechs radialen Profilstreben im Lufteinlaß werden für den Ölrücklauf, die Winkelabtriebe für Triebwerksgeräte, den Anschluß der Luftleitung für den Anlasser und einen Anschluß für Flugzeugzellengeräteantriebe ausgenutzt.
Das Einlaufgehäuse beherbergt einen Kranz hohler Eintrittsleitschaufeln, ein Hochschulterkugellager als vorderes Verdichterlager und Zahnräder für die Geräteantriebe. In der Nabenverkleidung ist der SNECMA-Luftturbinenanlasser

untergebracht, der ein schnelles Anlassen des Triebwerks ermöglicht. Nabenverkleidung, Eintrittslaufschaufeln und die radialen Streben werden zum Schutz gegen Vereisung von Warmluft durchströmt, die vom Verdichter abgezapft und durch die Verdichterscheiben zur Triebwerksnase geleitet wird.

Der Grundaufbau des Verdichters entspricht weitgehend dem des ATAR E und G; es wurde allerdings vorne eine zusätzliche Stufe hinzugefügt und die letzte Verdichterstufe auf Stahl umgestellt.

Der Trommelläufer des Verdichters setzt sich aus einzelnen, miteinander verschrumpften Scheiben zusammen. An die erste und letzte Scheibe sind Wellenstummel angeflanscht, die von den Verdichterlagern im Eintrittsgehäuse und im Mittelgehäuse getragen werden. Der vordere Wellenstummel ist über eine Zwischenwelle mit der Antriebsklaue des Anlassers verbunden. Der hintere Wellenstummel läuft in dem mittleren Rollenlager und stellt mit einer gleitenden Muffe eine gelenkige Verbindung zwischen Verdichter und Turbinenwelle her. Als Schaufelmaterial fand bei den Stufen 2–8 Leichtmetall, bei den Stufen 1, 2 und 9 Stahl Verwendung. Das horizontal geteilte Verdichtergehäuse wird aus Magnesium-Zirkonium-Legierung hergestellt.

Die Brennkammer stellt eine dem erhöhten Luftdurchsatz und den geometrischen Verhältnissen der zweistufigen Turbine angepaßte Ringbrennkammer der Baureihe E dar. Wie bei der Baureihe E fallen auch hier die Zwischenwände bildenden Wülste auf, die durch die doppelte Einschnürung den Brennraum in zwei Zonen, Primärbrennraum und Sekundärbrennraum, unterteilen. Sie fördern die Vermischung der Brenngase mit der Sekundärluft und bewirken eine günstige Temperaturverteilung am Turbineneintritt. Die Sekundärluft wird durch eine Anzahl von Öffnungen in den Brennraum eingeblasen. Die 20 Sternbrenner mit je einer Zweimengendüse sind auf der Stirnseite der Brennkammer angebracht. Zwei Vorzündkammern garantieren sicheres Zünden unter allen Betriebsbedingungen, auch in großen Flughöhen.

Die Turbine wurde im Gegensatz zu den vorhergehenden ATAR-Modellen zweistufig ausgeführt, eine Maßnahme, die durch den höheren Leistungsbedarf des Verdichters erforderlich wurde.

Turbinenwelle und erste Laufradscheibe sind aus einem Stück gefertigt und mit der zweiten Radscheibe durch Stirnverzahnung verbunden. Die zweite Radscheibe ist durch eine Längsverzahnung auf dem hinteren Turbinenwellenstück befestigt. Die Schaufeln aus einer französischen Chrom-Nickel-Legierung (ähnlich Nimonic-90) werden durch Tannenbaumfuß in den Radscheiben gehalten. Die Radscheibe der ersten Turbinenstufe wird durch Verdichterluft, die durch einen die Welle umgebenden Ringraum zugeführt wird, gekühlt. Die Kühlluft für die zweite Scheibe wird durch die Turbinenwelle selbst geleitet.

Die Turbine ist in einem Rollenlager gelagert; der Ausströmkanal hinter der Turbine wird durch einen Mantel aus Stahlblech in Kegelstumpfform gebildet, in dessen Mitte durch radiale Streben ein Stahlblechkonus als Innenwand des Strömungskanales gehalten wird. Der Ausströmkanal ist wärmeisoliert. Er ist mit einem Stutzen zur Aufwärmung von Luft versehen, die für verschiedene Zwecke, wie Enteisung usw., verwendet werden kann.

An den Ausströmteil des Triebwerkes schließt sich ein Verlängerungsrohr an, das
die Verbindung zur eigentlichen Schubdüse herstellt. Seine Länge richtet sich nach
der Art des Triebwerkseinbaus in die Flugzeugzelle, Mindestlänge ist jedoch
200 mm.
Die Schubdüse hat einen regelbaren Austrittsquerschnitt. Die Veränderung des
Querschnittes wird durch zwei Klappen erzielt, die hydraulisch betätigt werden.
Die Triebwerksgeräte sind an der Unterseite des Verdichtergehäuses befestigt. Ab-
gesehen von der Art der Anordnung am Triebwerk, unterscheiden sie sich von
den Geräten der vorhergehenden Baureihe nur unwesentlich. Der gleichzeitig als
Ölsumpf ausgebildete Geräteträger nimmt außer den Ölpumpen den Hauptregler,
die Hauptkraftstoffpumpe, eine Ölschleuder und den Drehzahlgeber auf.
Das vordere Lager und die Zahnräder der vorderen Ab- und Antriebe sind an ein
Trockensumpfschmiersystem angeschlossen. Die hinteren beiden Hauptlager werden durch genau dosierte Frischölmengen geschmiert.
Das Grundprinzip der ATAR-Regulierung besteht in der direkten Drehzahl-
regulierung und einer indirekten Regelung der Gastemperatur durch Steuerung
der Einspritzmenge und des Schubdüsenaustrittsquerschnittes. Die Regelung erfolgt vom Piloten aus durch die sogenannte Einhebelbedienung.


## SNECMA ATAR 9

Die Strahlturbine ATAR 9 unterscheidet sich von der Bauausführung ATAR 8
durch ihre Nachverbrennungsanlage sowie die dafür erforderlichen zusätzlichen
Regelvorrichtungen. Der maximale Standschub bei Nachverbrennung beträgt
6000 kp.
Die Ausführung ATAR 9B befand sich im Sommer 1960 in Produktion. Triebwerke dieser Serien rüsten die Jäger Dassault Mirage III sowie den Bomber-
prototyp Dassault Mirage IV aus. Die Weiterentwicklungen ATAR 9C und
ATAR 9D sind mit einer Automatik für eine kurzfristige Leistungssteigerung
ausgerüstet, die bei einer Fluggeschwindigkeit entsprechend Mach 1,4 in Funktion tritt. Damit steigert sich die Schubabgabe des ATAR 9C auf 6400 kp und des
ATAR 9D auf 6800 kp [I.A.L. 2. 6. 60]. Triebwerke vom Typ ATAR 9C sind
mit einem Ganzstahlverdichter ausgerüstet [664], die Version ATAR 9D soll noch
1961 für den Überschallbomber Mirage IV-A in Produktion gehen. Sie ist etwas
leichter als das Modell C und weist ein weiter verbessertes Regelsystem auf, das
eine Fluggeschwindigkeit von über Mach 1,4 auch für längere Dauer ermöglicht
[891]. Neueste ATAR-Entwicklung ist das Triebwerk ATAR 9K, dessen Prüfstandserprobung am 15. 4. 1961 aufgenommen wurde. Es besitzt, verglichen mit
den früheren Versionen, einen abgeänderten Verdichter mit transsonischer erster
und zweiter Stufe. Der Luftdurchsatz wurde auf 72 kg/sec erhöht. Als Verdichtungsverhältnis wird ein Wert von 6,5 genannt. Die Anordnung der Sekundär-
luftöffnungen in den Flammrohren wurde geändert. Durch die Verwendung verbesserter Turbinenschaufelwerkstoffe (Vakuumguß vom Typ Udimet-700)
scheint eine spürbare Erhöhung der Turbineneinlaßtemperatur möglich gewesen

zu sein. Der garantierte Mindeststandschub des ATAR 9K in Meereshöhe ist
4700 kp ohne Nachverbrennung, mit Nachverbrennung soll der Schub (Dauerschub) 6700 kp betragen [I.A.L. 13. 7. 61; 891]. Auf dem Prüfstand wurden
Schübe von 5000 und 7000 kp mit Nachverbrennung gemessen. Man erwartet
einen um 3–5% niedrigeren spezifischen Kraftstoffverbrauch, als der des ATAR
9C ist. Im November 1961 soll die Auslieferung der ersten Serientriebwerke be-
ginnen.

*Beschreibung der Nachbrenneranlager des ATAR 9*

Der Nachverbrennungskanal des ATAR 9 besitzt einen äußeren von Stauluft
durchströmten Kühlmantel und einen inneren Kühlmantel. Der Flammenhalter
besteht aus zwei Ringen mit V-Profil. Die ringförmigen Düsenkörper zerstäuben
den Kraftstoff durch eine große Anzahl von kleinen Bohrungen. Die Zweiklappen-
verstellschubdüse hat einen kontinuierlich verstellbaren Bereich und ermöglicht,
zusammen mit der Regulierung, den Betrieb in einem weiten Teillastnachver-
brennungsbereich bei konstanter Drehzahl des Triebwerks.
Die Kraftstoffversorgung des ATAR 9 erfolgt mittels einer im Kraftstoffbehälter
befindlichen Pumpe, die einen Mindestdurchsatz von 8000 bis 9000 l/h hat und
gegenüber dem atmosphärischen Druck einen Überdruck von mindestens
0,50 kg/cm² in allen Flughöhen gewährleisten muß. Der Kraftstoff wird über den
Wärmetauscher zur Hochdruckpumpe geleitet und von hier aus über den Regler
und einen Verteiler den Einspritzdüsen zugeführt. Das System der Regelung ermöglicht eine Einhebelbedienung. Der Regler hält die Drehzahl des Läufers und
die Gastemperatur auf einem konstanten Nominalwert in Abhängigkeit von der
gewählten Belastung, und zwar unabhängig von der Fluggeschwindigkeit, der
Flughöhe sowie der Ansauglufttemperatur.


# ATAR 25

Das Strahltriebwerk ATAR 25 unterschied sich von den anderen ATAR-Baureihen hauptsächlich durch einen neuen Verdichter, hohe thermische Belastung
sowie durch die aus Stahl hergestellten Gehäuse. Die Entwicklung dieses Triebwerkes erfolgte mit Rücksicht auf die immer höheren Fluggeschwindigkeiten, die
einen Dauerbetrieb des Triebwerkes bei Überschallgeschwindigkeiten von über
Mach 2,5 erforderlich machen. Das Triebwerk konnte mit Nachbrenner ausgerüstet werden. Die Entwicklung wurde inzwischen im wesentlichen wieder eingestellt [664].


# ATAR 26

Mit Nachbrenner ausgerüstet, stellte dieses Triebwerk die zur Zeit leistungsstärkste Bauart aller ATAR-Triebwerke dar. Die Entwicklung wurde ebenfalls im
wesentlichen eingestellt.

# SNECMA TF-106

Das Triebwerk TF-106 ist eine Weiterentwicklung des Mantelstromtriebwerkes Pratt and Whitney JTF10, dessen Lizenzfertigung von der SNECMA durchgeführt wird. Es weist fast alle wesentlichen Konstruktionselemente des JTF10 auf, ist jedoch für einen größeren Luftdurchsatz ausgelegt und mit Mantelstromaufheizung ausgerüstet. Es soll 5100 kp Schub und 9000 kp Schub mit Mantelstromaufheizung und Nachverbrennung erzeugen [891; I.A.L. 9. 6. 61].

*Triebwerksdaten der in Lizenz gebauten JTF10* [891]

| Baumuster | SNECMA JTF10A-1 | SNECMA JTF10A-2 |
|---|---|---|
| Durchmesser .............. [mm] | 965 | 965 |
| Länge .................... [mm] | 3265 | – |
| Gewicht ................... [kg] | 958 | 1050 |
| Höchstschub (Stand) ........ [kp] | 3750 | 4300 |
| Luftdurchsatz (gesamt) ... [kg/sec] | 104,2 | 104,2 |
| Luftdurchsatz (heiß) ..... [kg/sec] | 41,7 | 41,7 |
| Bypass-Verhältnis ............... | 1,5 | 1,5 |

| Baumuster | SNECMA TF-106   [895] |
|---|---|
| Durchmesser .................... [mm] | 965 |
| Länge ......................... [mm] | 4010 |
| Stirnfläche ...................... [m²] | 0,73 |
| Gewicht .......................... [kg] | 1485 |
| Startstandschub ................... [kp] | 5100 o. N., 9000 m. N. |
| Höchstschub ..................... [kp] | 8300 m. N., 11 km Höhe |
| Verdichtungsverhältnis | |
|    Gebläse ............................ | 2,0 : 1 |
|    Gesamt ............................. | 15,8 : 1 |
| Luftdurchsatz (gesamt) ......... [kg/sec] | 112 |
| Luftdurchsatz (heiß) .......... [kg/sec] | 37 |
| Bypass-Verhältnis ................ | 1,5 : 1 |

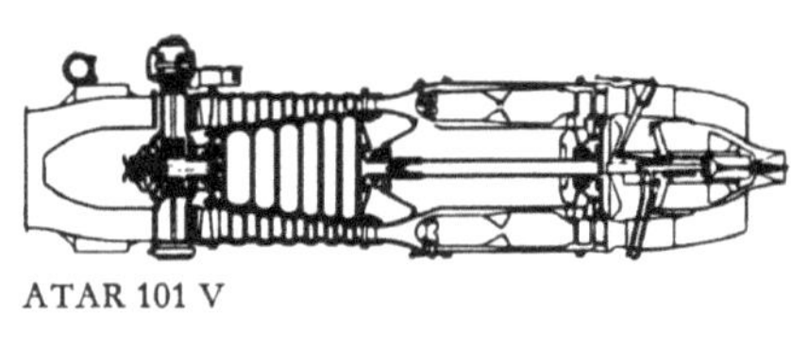

ATAR 101 V

1700 kp; Prototyp nur für Prüfstand-Versuche verwendet

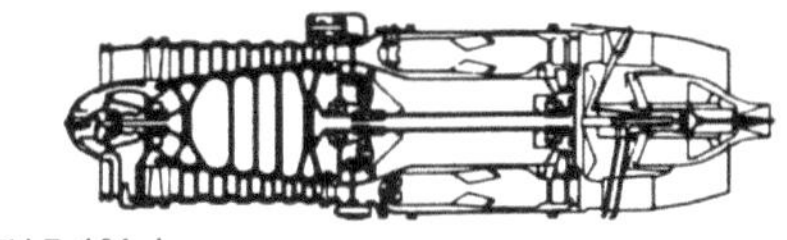

ATAR 101 A

2200 kp; steiferer Rotor; besser integrierte Hilfsgeräte

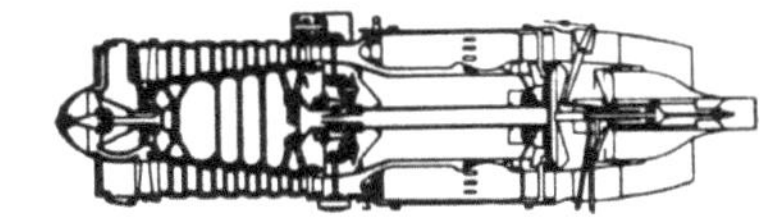

ATAR 101 B 1

2400 kp; geänderte Brennkammer; Vollschaufeln am Turbinenläufer

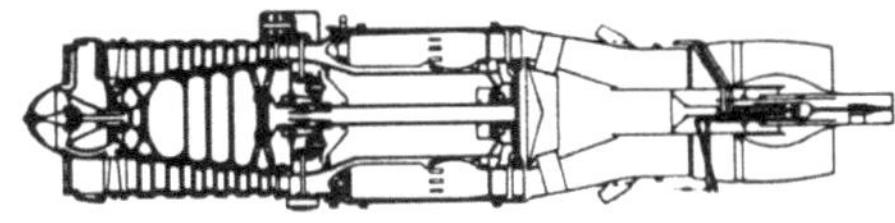

ATAR 101 B 2

2400 kp; Schubrohr dem Strahljäger "Ouragan" angepaßt

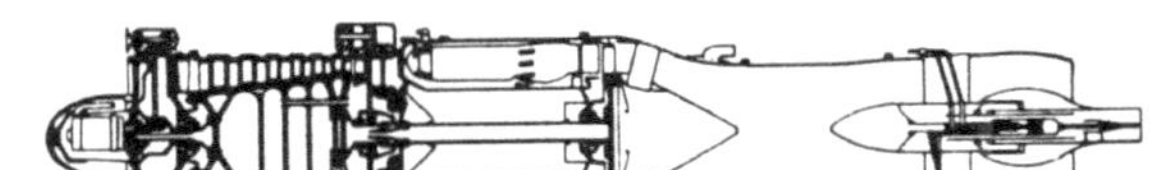

ATAR 101 C

2800 kp; Anlasser in Nasenhaube verlegt; Schubrohr dem Strahljäger "Mystére" angepaßt

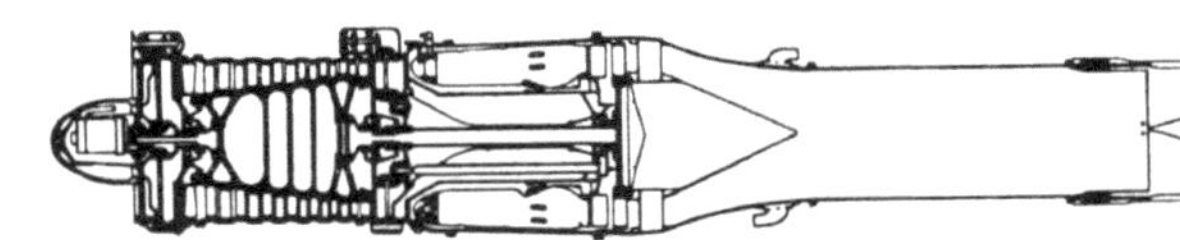

ATAR 101 D 1

3000 kp; Durchmesser-Vergrößerung um 34 mm; Sektorklappen am Schubrohrende

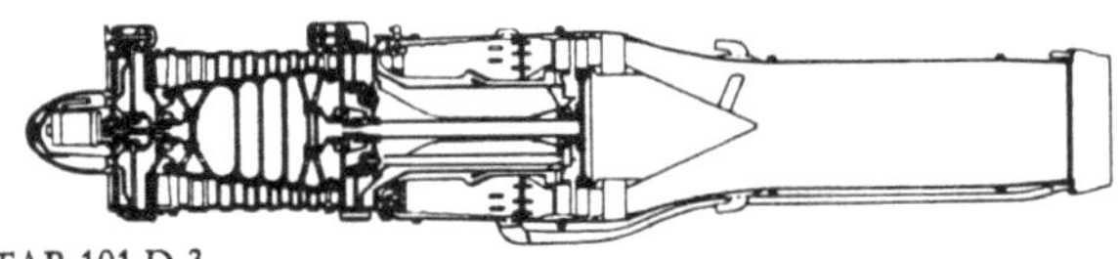

ATAR 101 D 3

3000 kp; aerodynamische Einschnürung am Schubrohr; eigene Zündkammer für Wiederingangsetzung in Flughöhen unter 6000 m

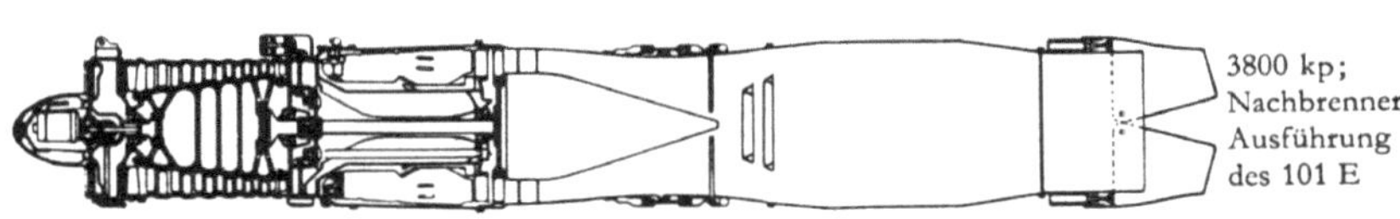

ATAR 101 D (P. C.) (= ATAR 101 F)

3800 kp; Nachbrenner-Ausführung des 101 E

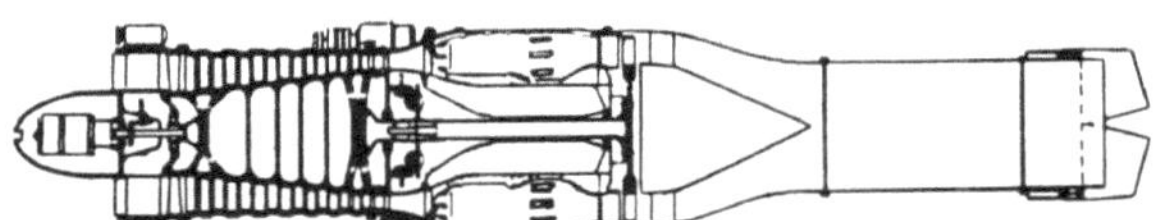

3500 kp; Achtstufiger Verdichter (um 108 mm länger); Schubrohr dem Allwetterjäger-Erdkämpfer "Vautour" angepaßt

Abb. 152 Chronologische Reihenfolge der verschiedenen ATAR-Ausführungen (1) [887]

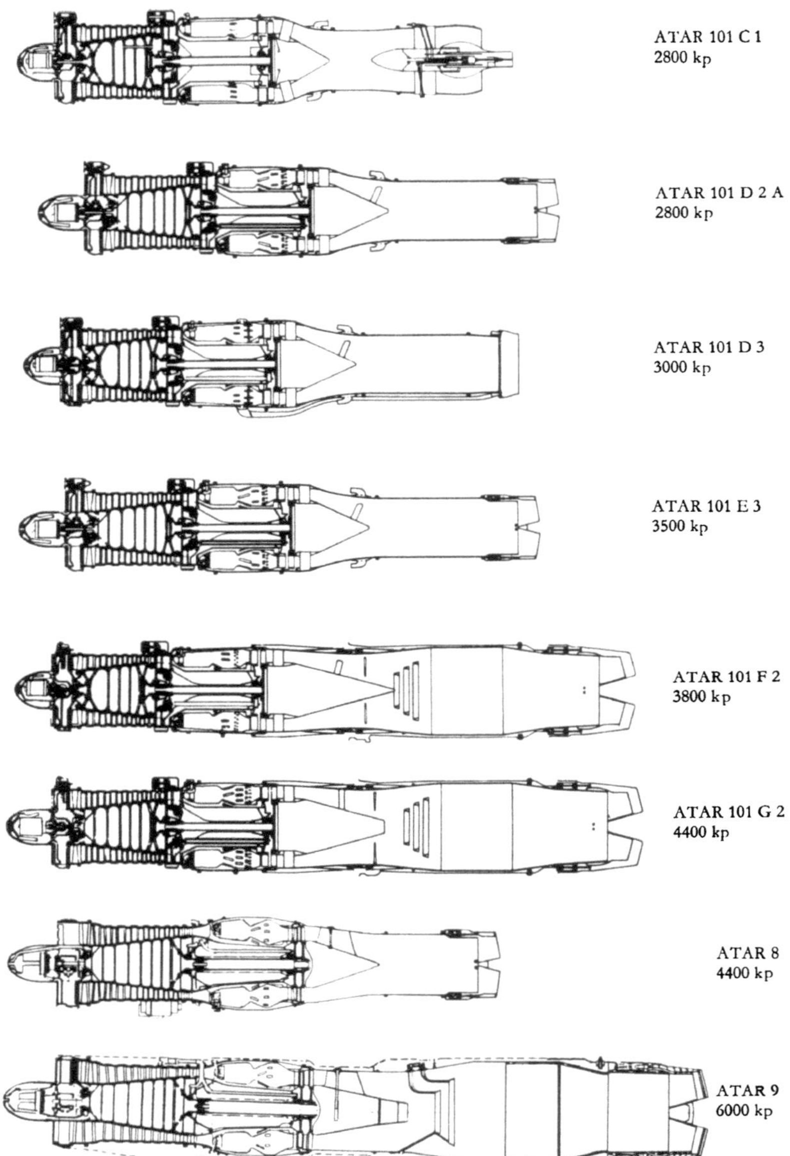



Abb. 153   Chronologische Reihenfolge der ATAR-Ausführungen (2)

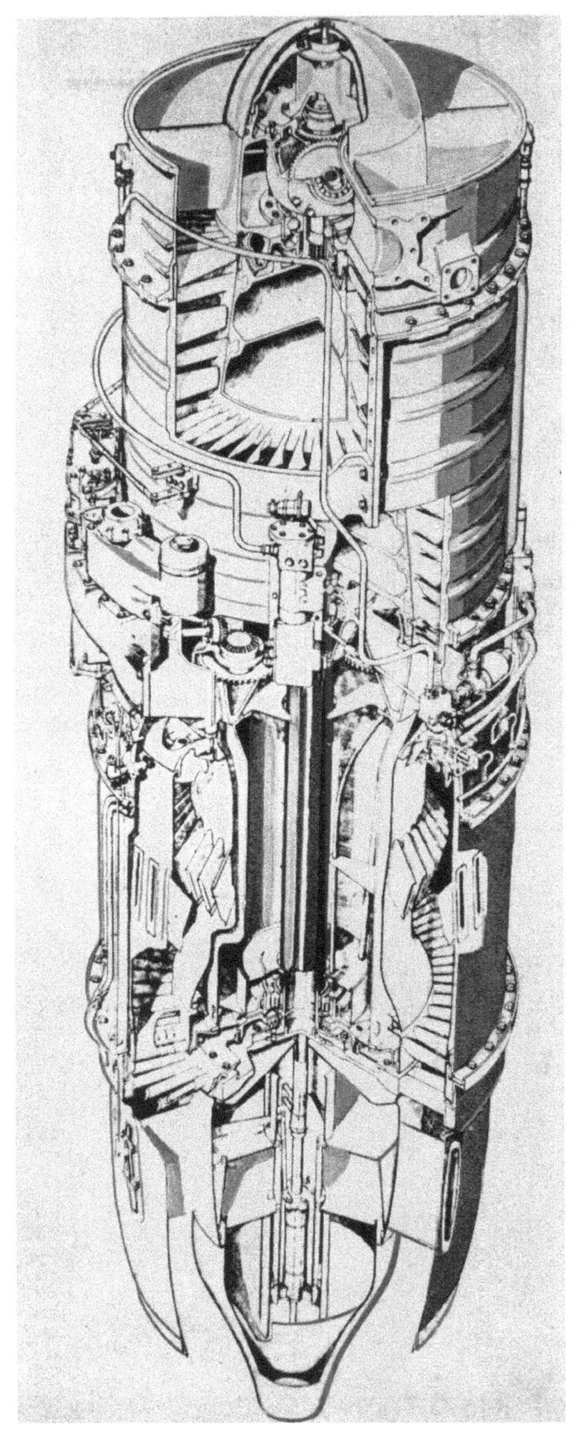

Abb. 154  SNECMA ATAR 101B [733] (Interavia)

Abb. 155  SNECMA ATAR 101B [733] (Interavia). Geöffnete Brennkammer: Die äußeren Stahlblechmäntel sind abgehoben und geben den Blick auf den Brennerring (20 Kegelbrenner und Doppeldüsen) und innere Sekundärluftmischdüsen frei. Links oben eine der Anlaßzündkerzen

Abb. 156  SNECMA ATAR [733] (Interavia): Turbinenrad mit eingesetzten Hohlschaufeln

288

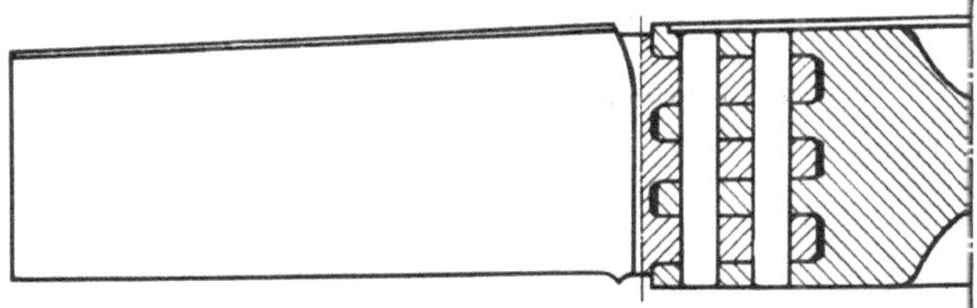


Abb. 159
ATAR 101C [1]:
Turbinenschaufel


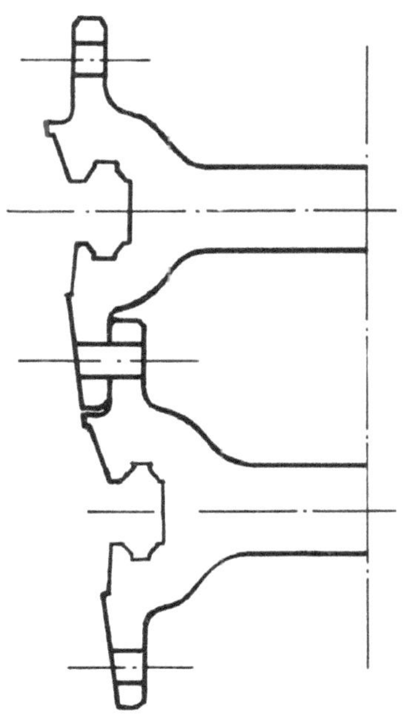


Abb. 158   ATAR 101C [1]: Konstruktionseinzelheiten
des Verdichterläufers


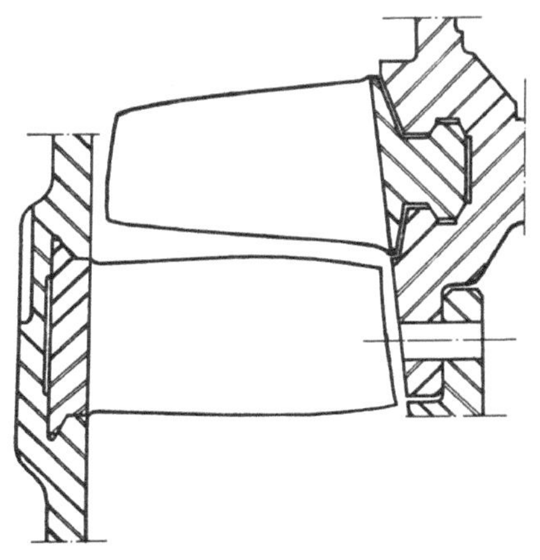


Abb. 157   ATAR 101C [1]: Befestigung
der   Verdichter-Lauf-   und
Leitschaufeln

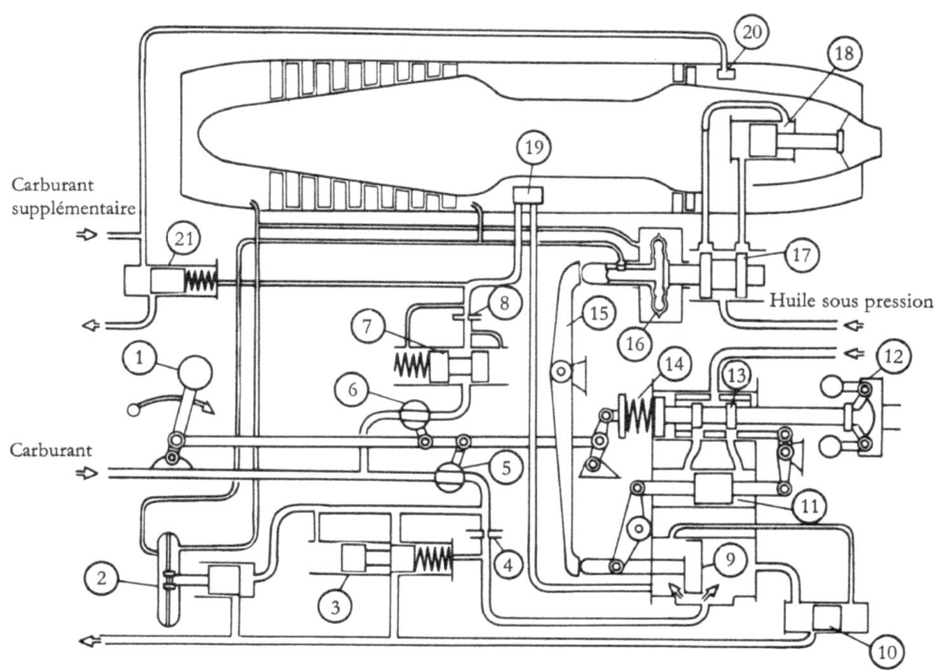



Abb. 160   SNECMA ATAR 101 [1]: Regelungssystem

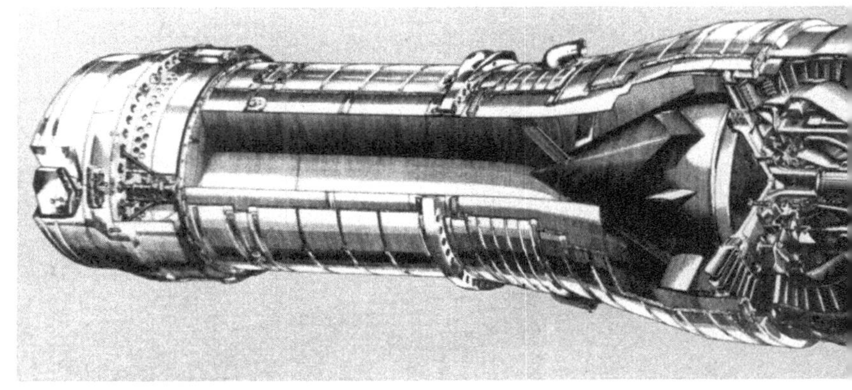



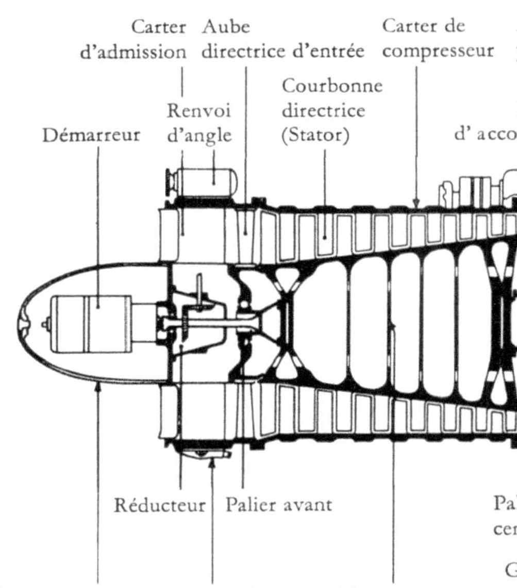



Abb. 162  SNECMA ATAR E
[869]

ATAR E [867, 868]

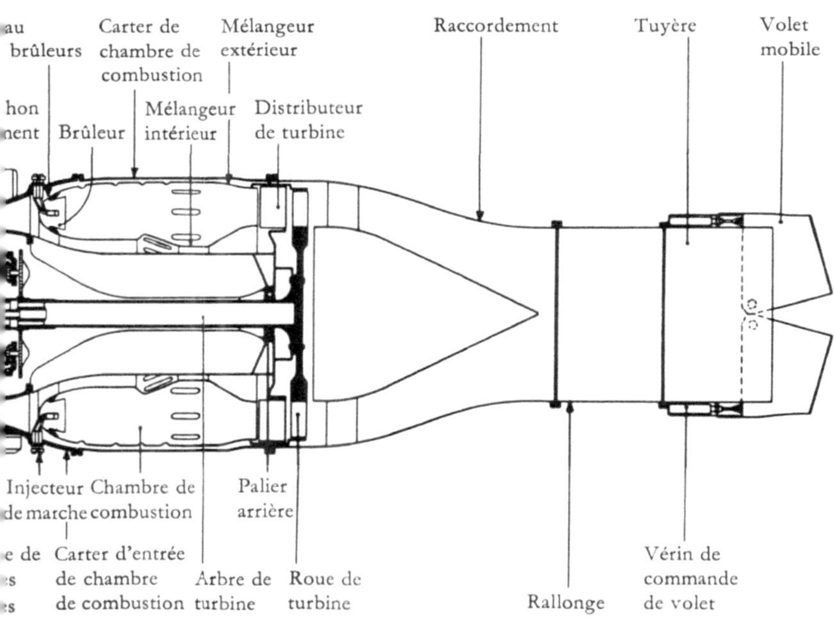

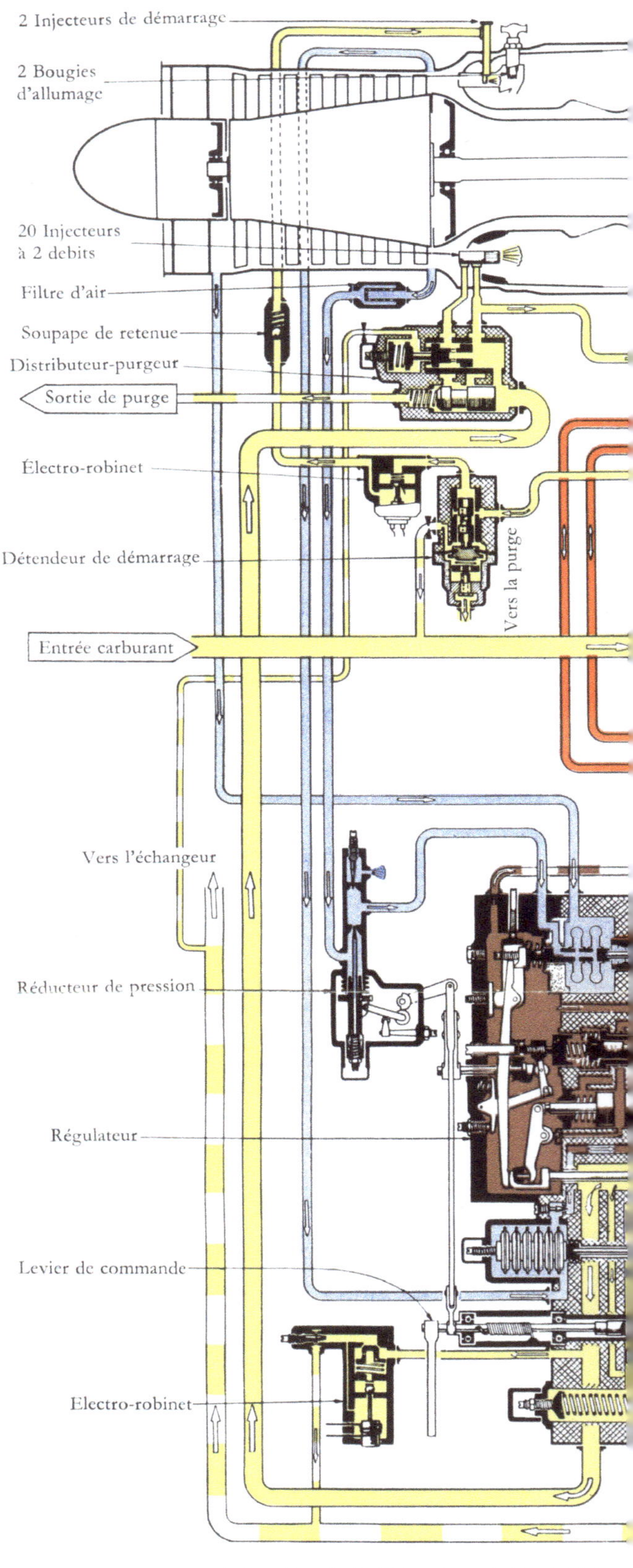


Abb. 163   SNECMA ATAR 101E [872]:

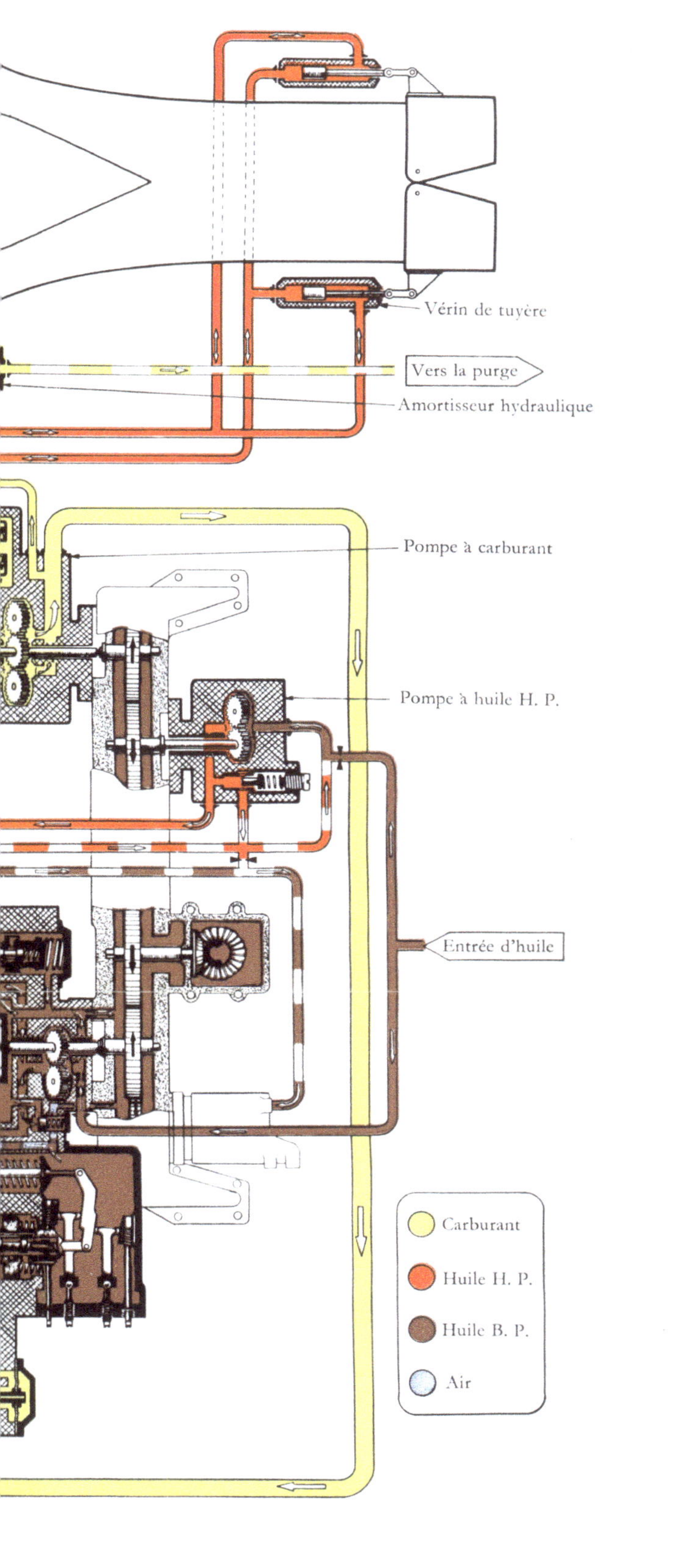

Vérin de tuyère
Vers la purge
Amortisseur hydraulique
Pompe à carburant
Pompe à huile H. P.
Entrée d'huile
Carburant
Huile H. P.
Huile B. P.
Air

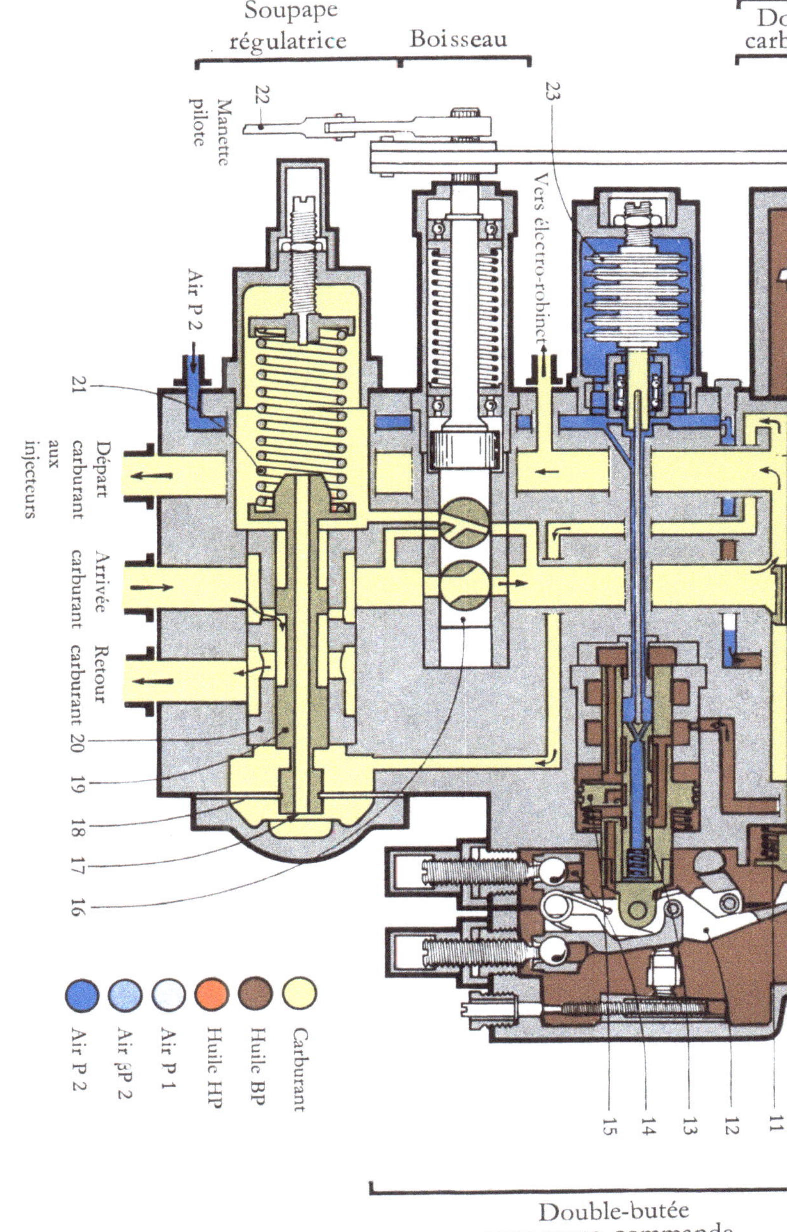


Abb. 164   SNECMA ATAR 101E [874]: Regler

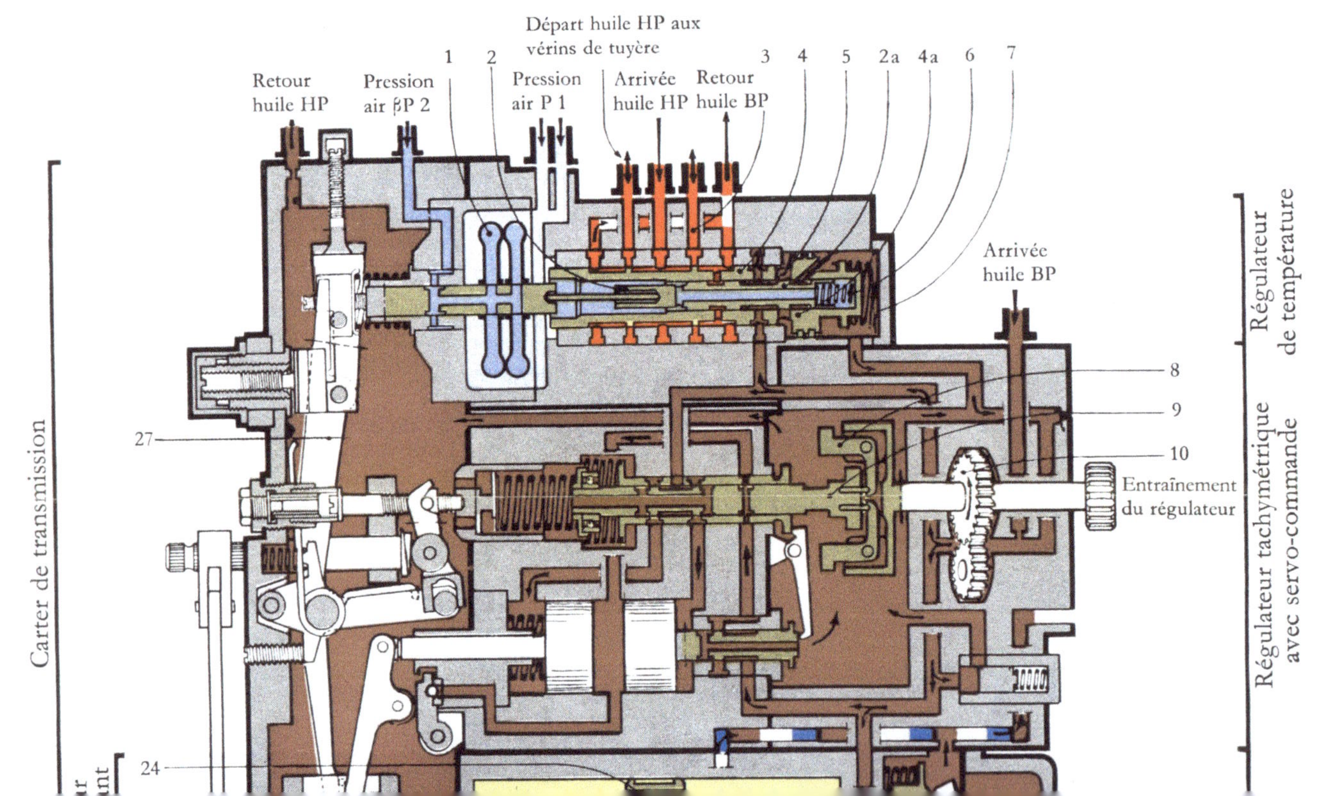

Carter de transmission
Retour huile HP
Pression air βP 2
1
2
Pression air P 1
Départ huile HP aux vérins de tuyère
Arrivée huile HP
Retour huile BP
3
4
5
2a
4a
6
7
Arrivée huile BP
Régulateur de température
8
9
10
Entraînement du régulateur
Régulateur tachymétrique avec servo-commande
27
24

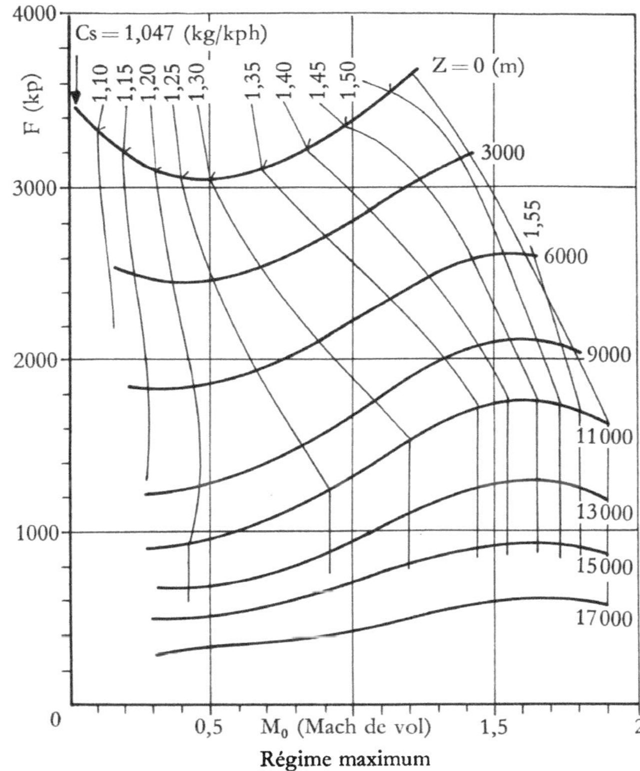


Abb. 165   SNECMA ATAR E [869]

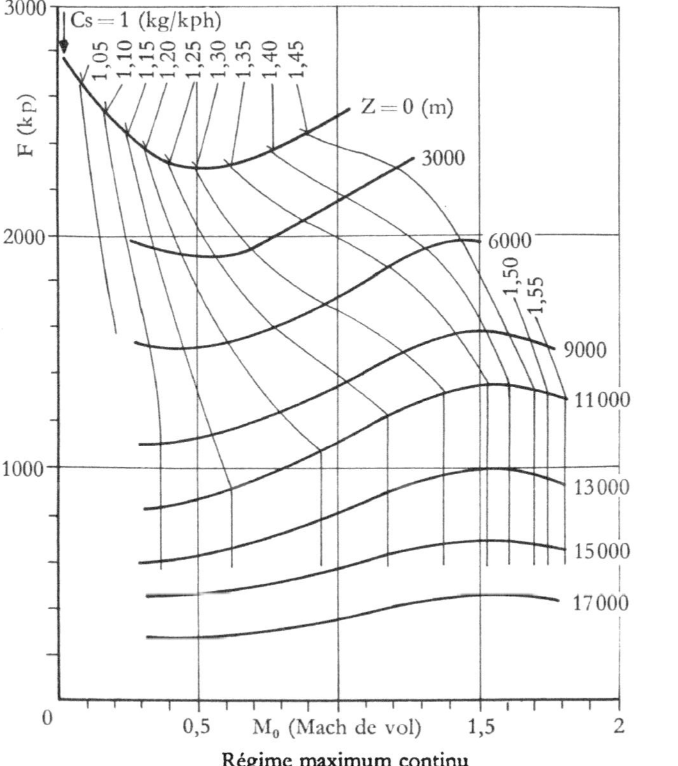


Abb. 166   SNECMA ATAR E [869]

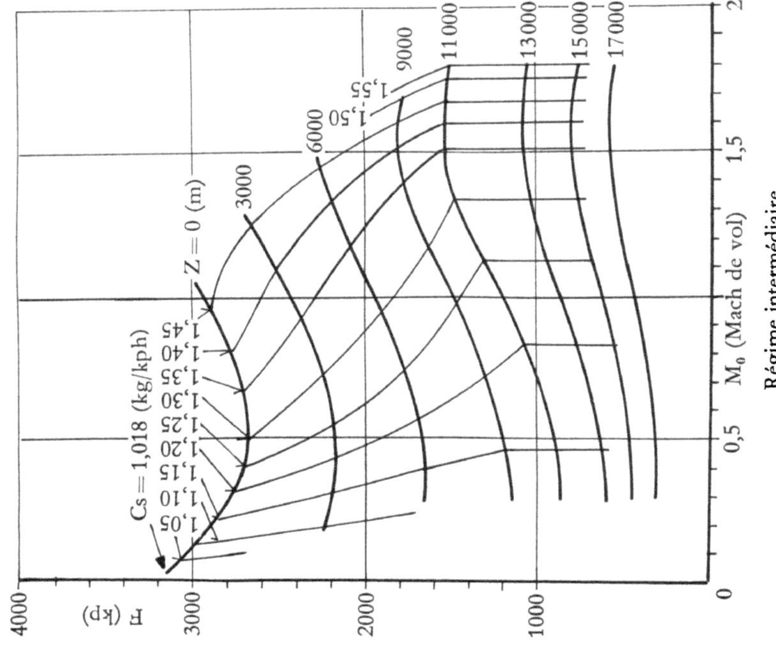


Abb. 168   SNECMA ATAR E [869]

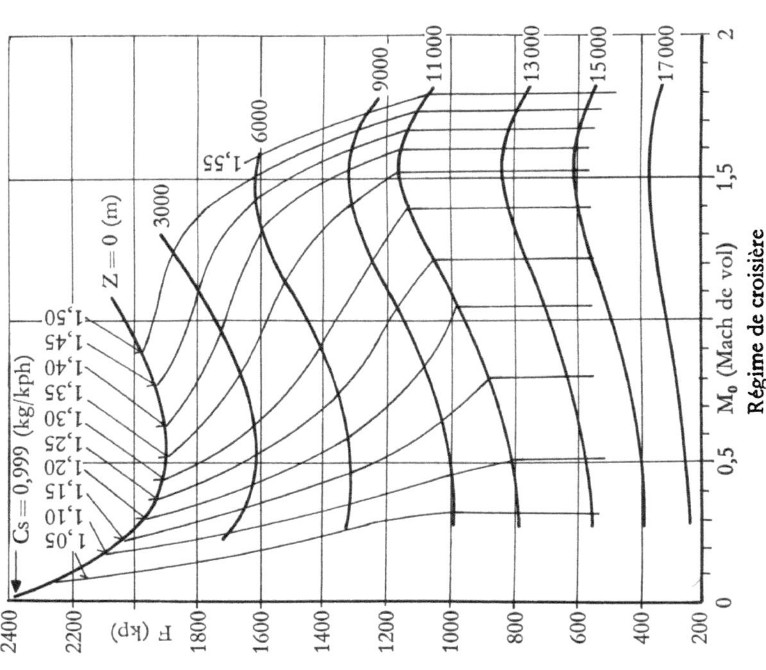


Abb. 167   SNECMA ATAR E [869]

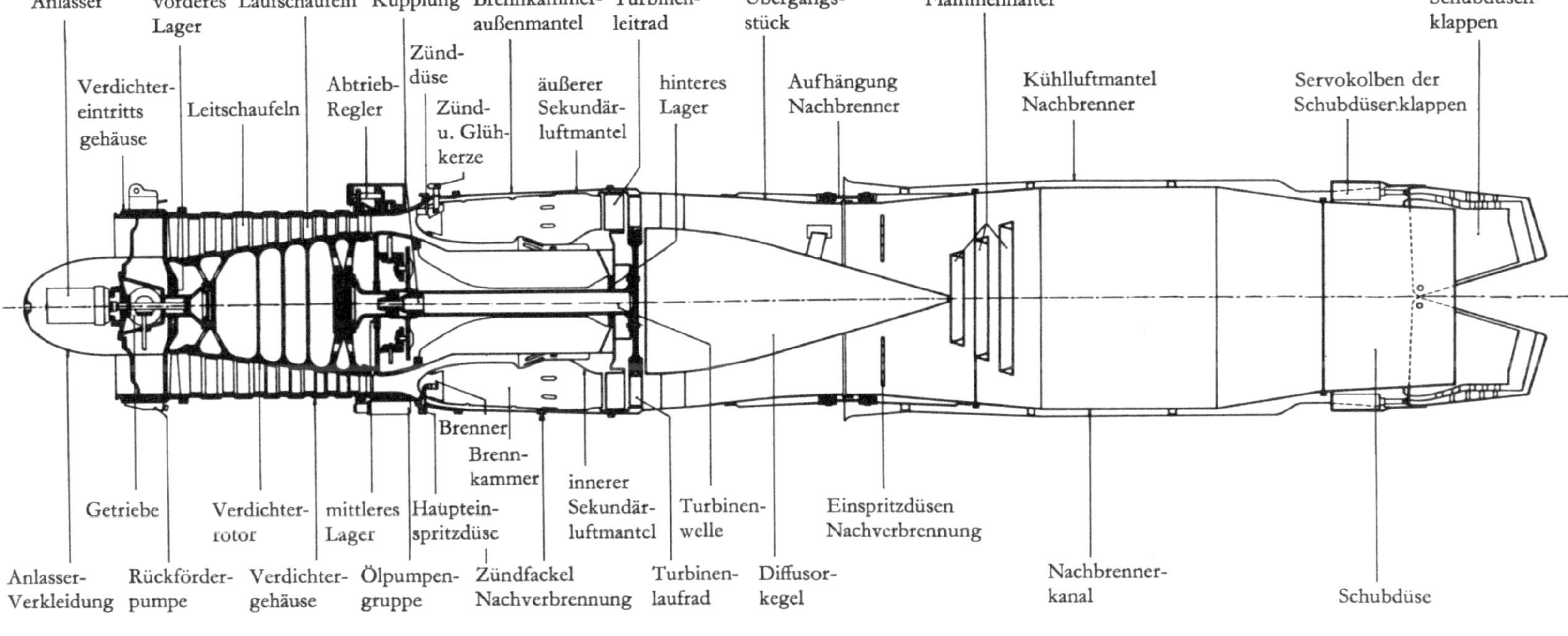


Abb. 169   SNECMA ATAR 101F2

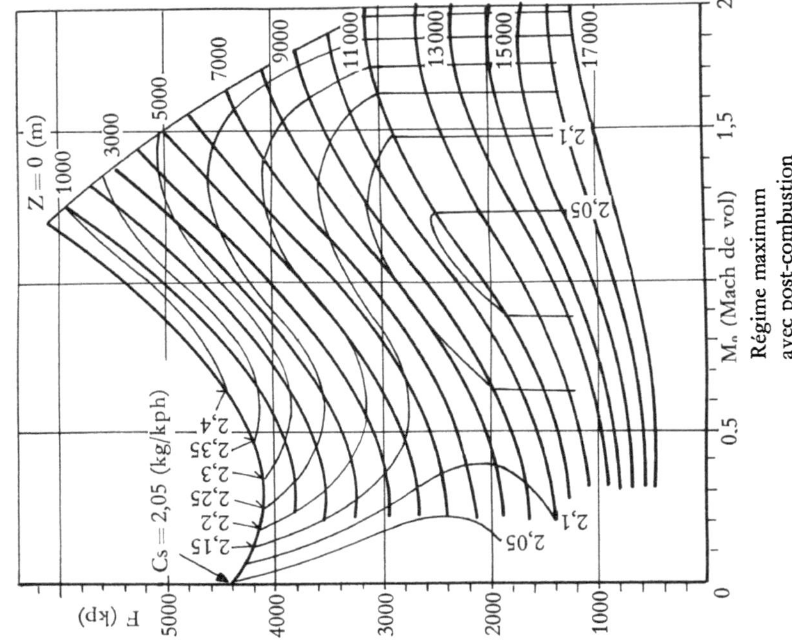


Abb. 171   SNECMA ATAR G [869]

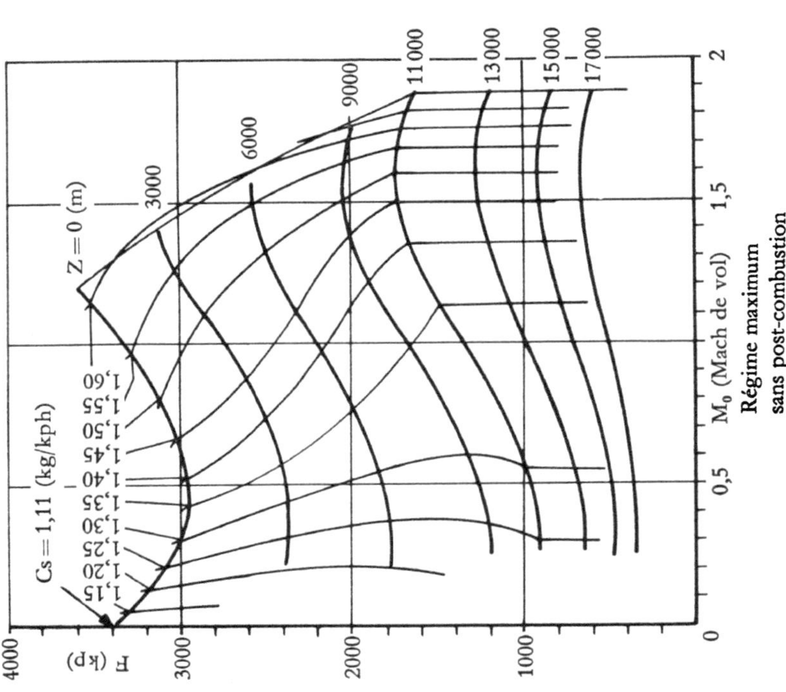


Abb. 170   SNECMA ATAR G [869]

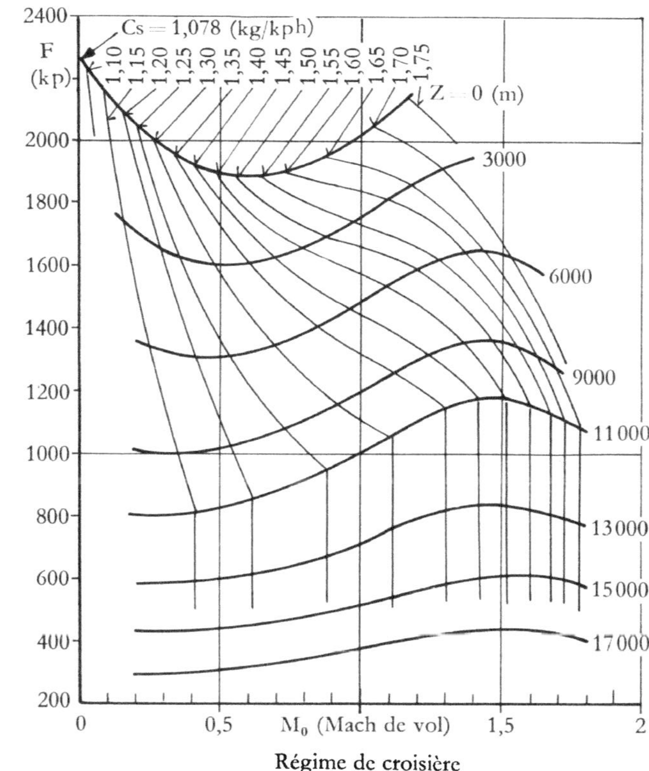

Abb. 172   SNECMA ATAR G [869]

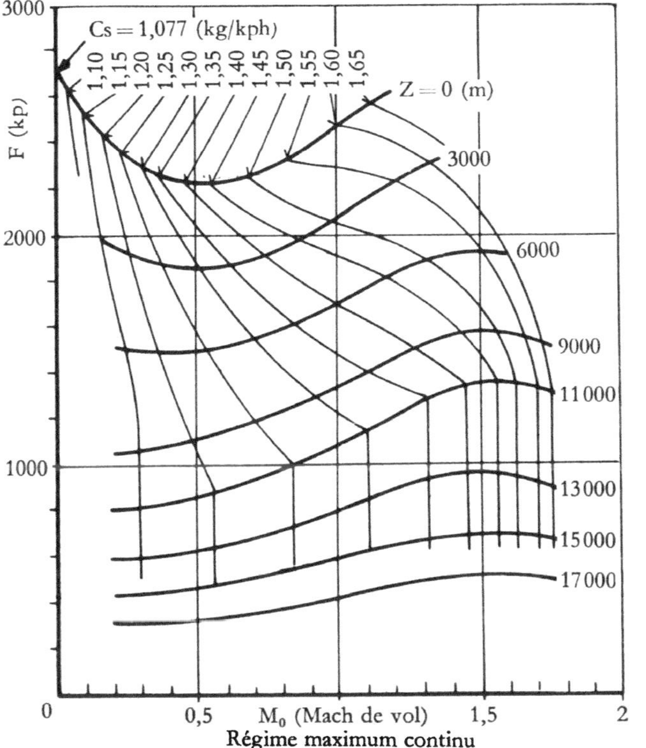

Abb. 173   SNECMA ATAR G [869]

301

Abb. 174    SNECMA ATAR 8

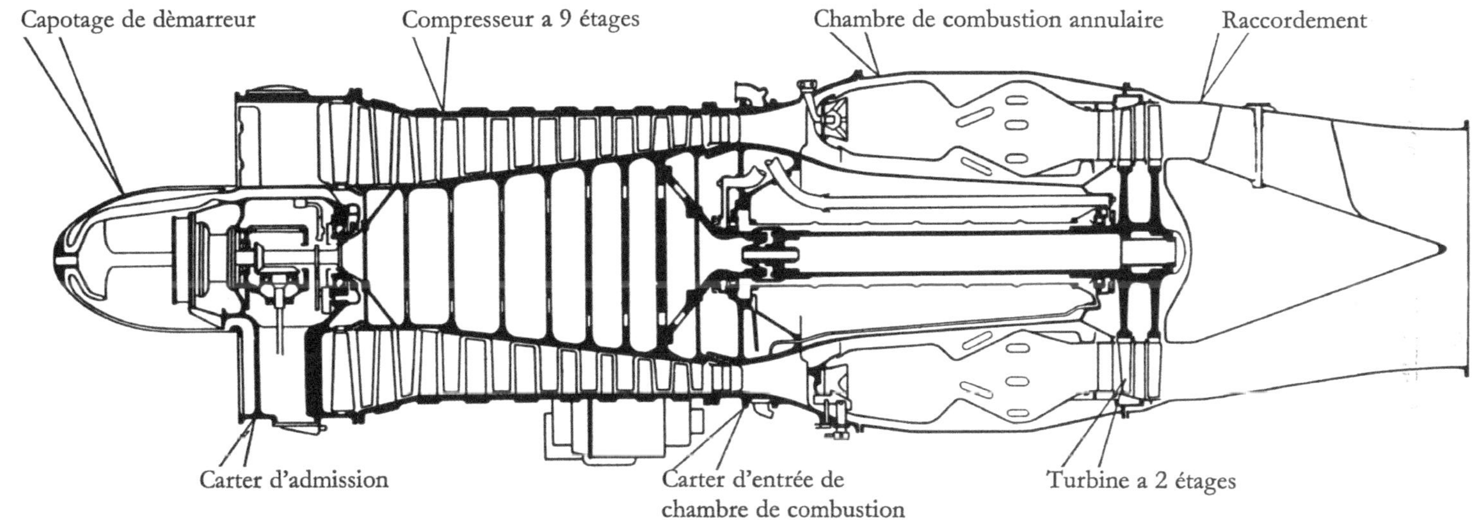


Abb. 175   SNECMA ATAR 8 [872]

303

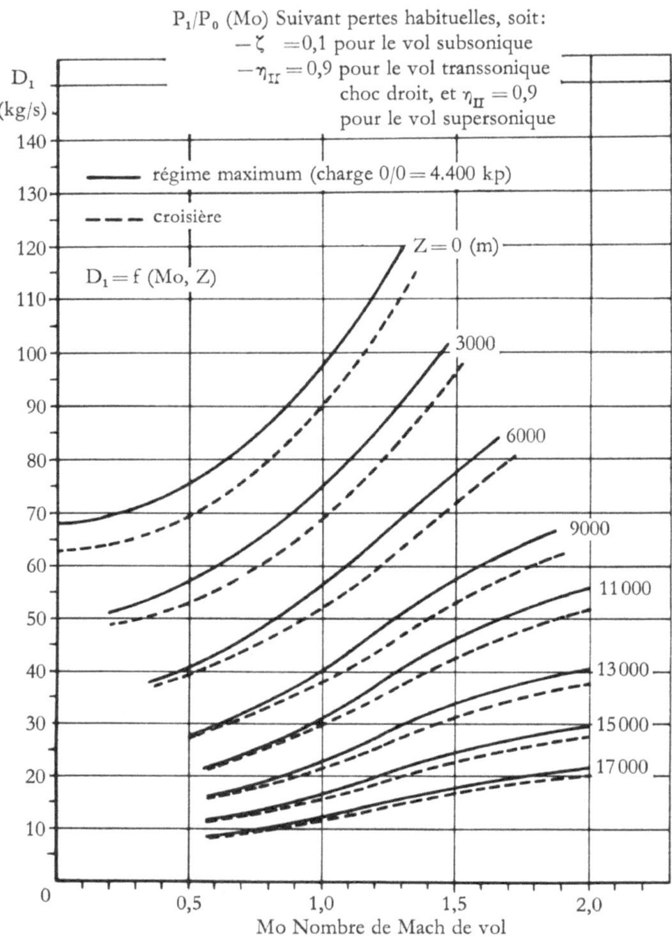


Abb. 176   SNECMA ATAR 8:   Luftdurchsatz

304

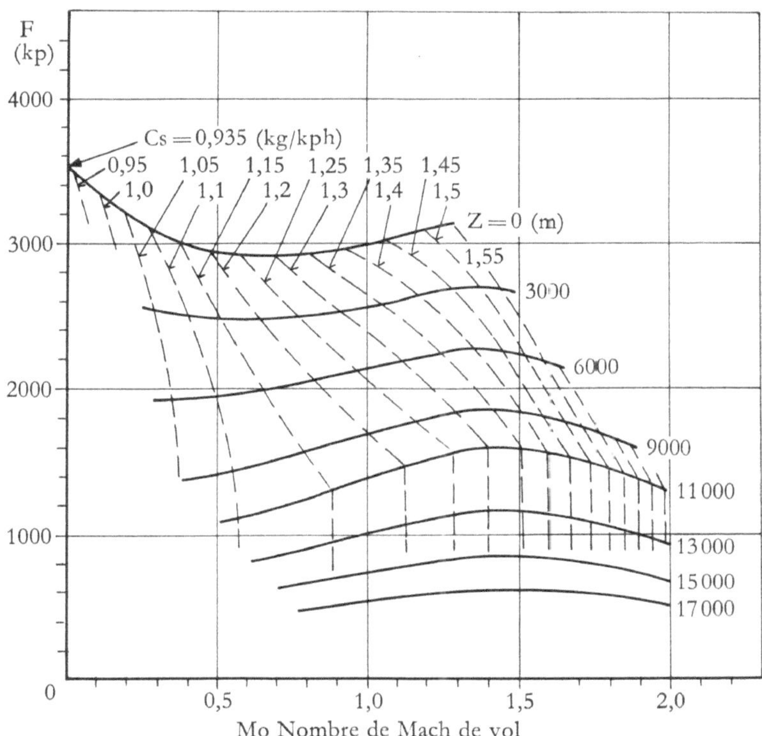



Abb. 177    SNECMA ATAR 8:   Schub und spezifischer Verbrauch
Maximale Dauerlast (INA)

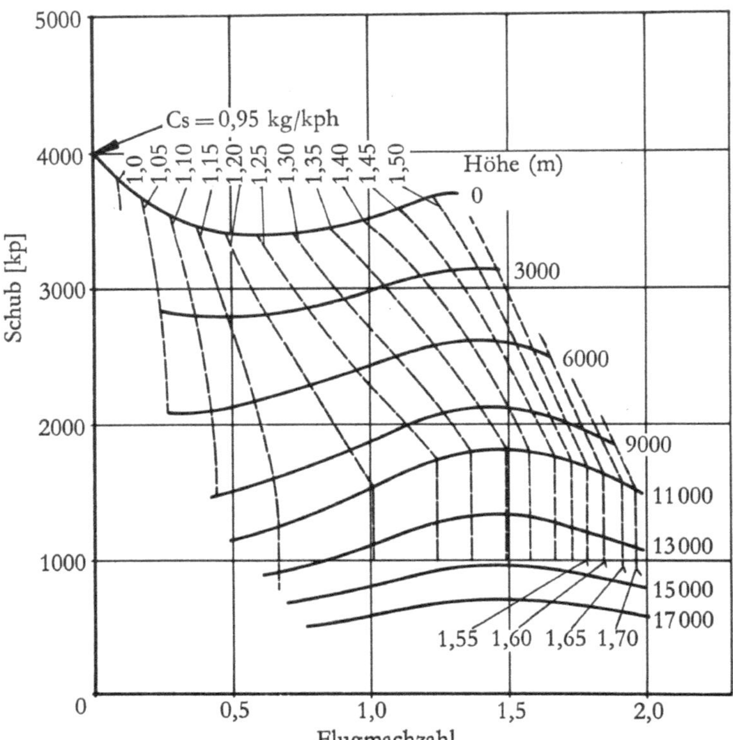


Abb. 178   SNECMA ATAR 8:   Schub und spezifischer Verbrauch Zwischenlast (INA)

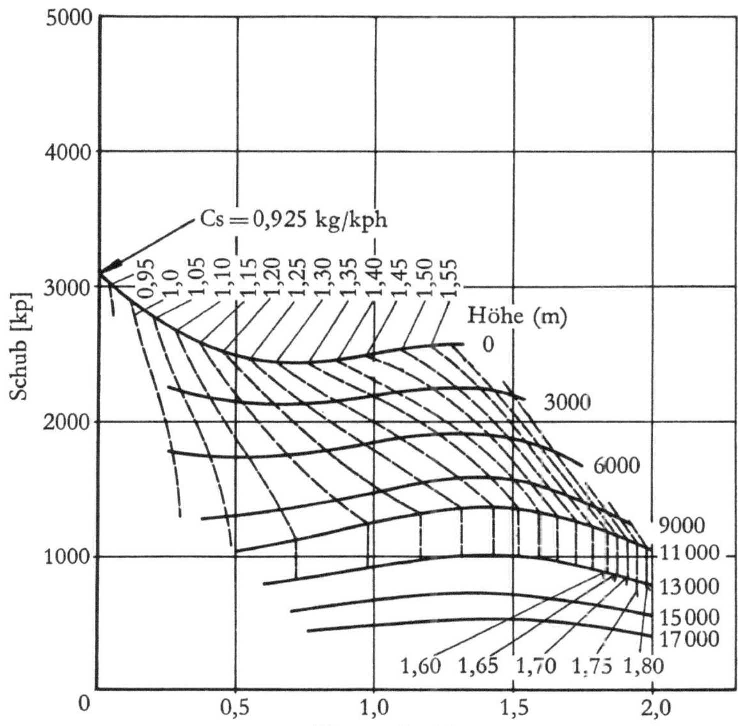


Abb. 179   SNECMA ATAR 8:   Schub und spezifischer Verbrauch
Reiselast (INA)

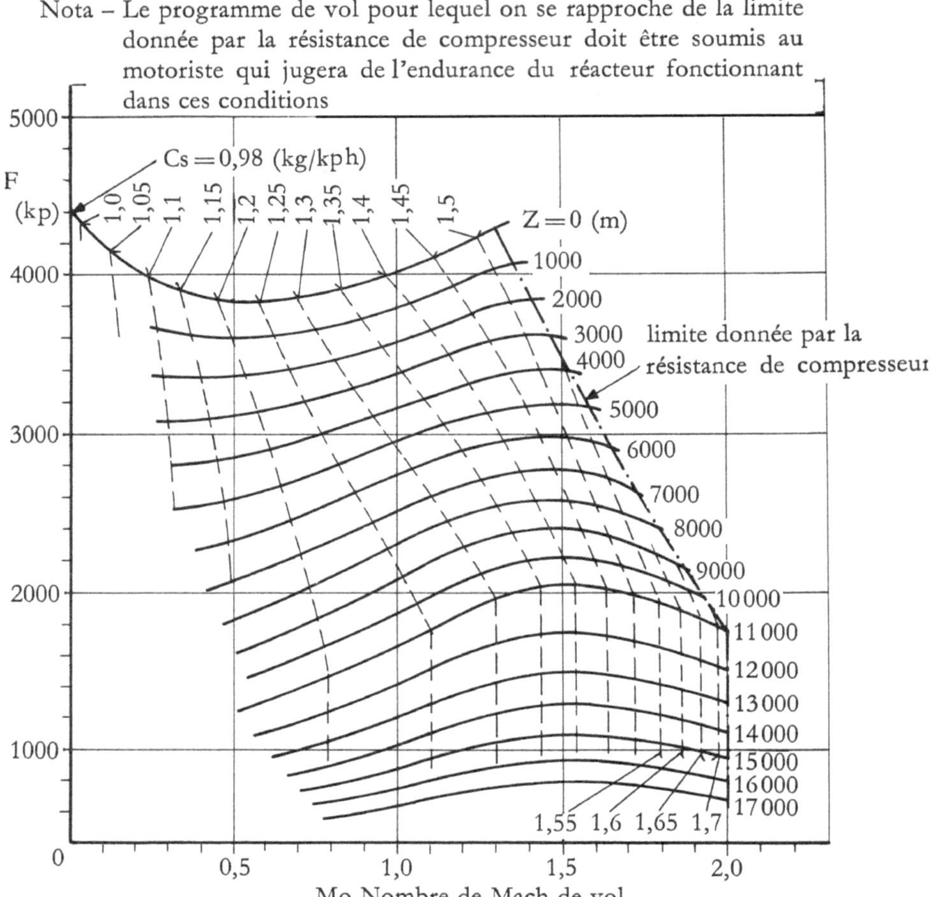


Abb. 180   SNECMA ATAR 8:   Schub und spezifischer Verbrauch
Vollast (INA)

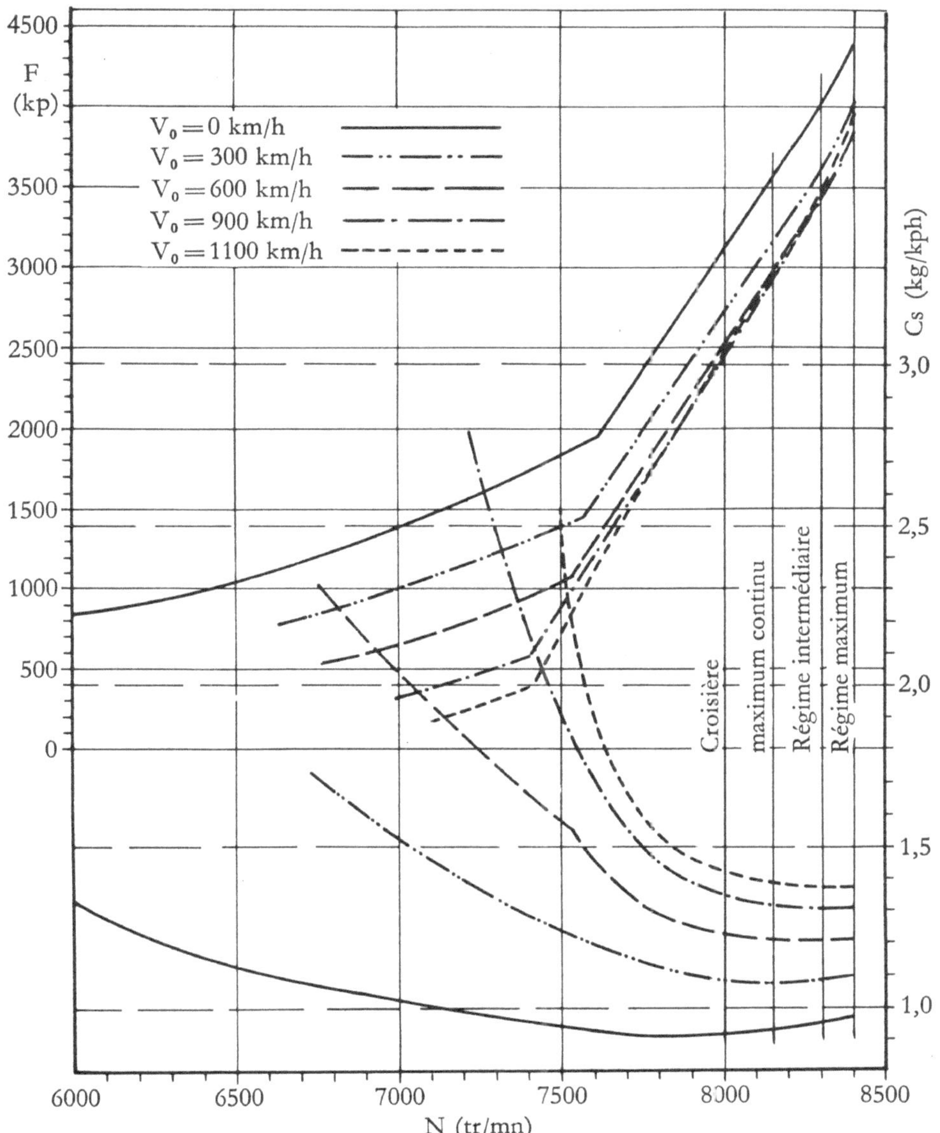


Abb. 181   SNECMA ATAR 8:   Schub und spezifischer Verbrauch in Abhängigkeit von der Drehzahl in 0 m Flughöhe (INA)

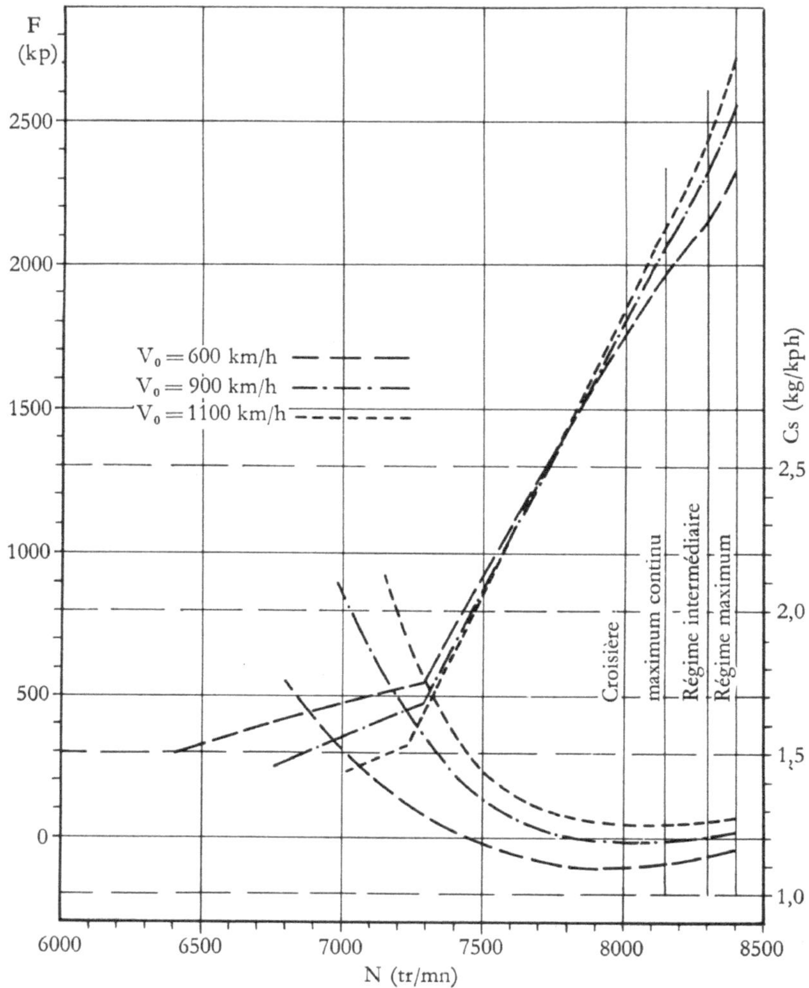



Abb. 182   SNECMA ATAR 8:   Schub und spezifischer Verbrauch in Abhängigkeit von der Drehzahl in 6000 m Flughöhe (INA)

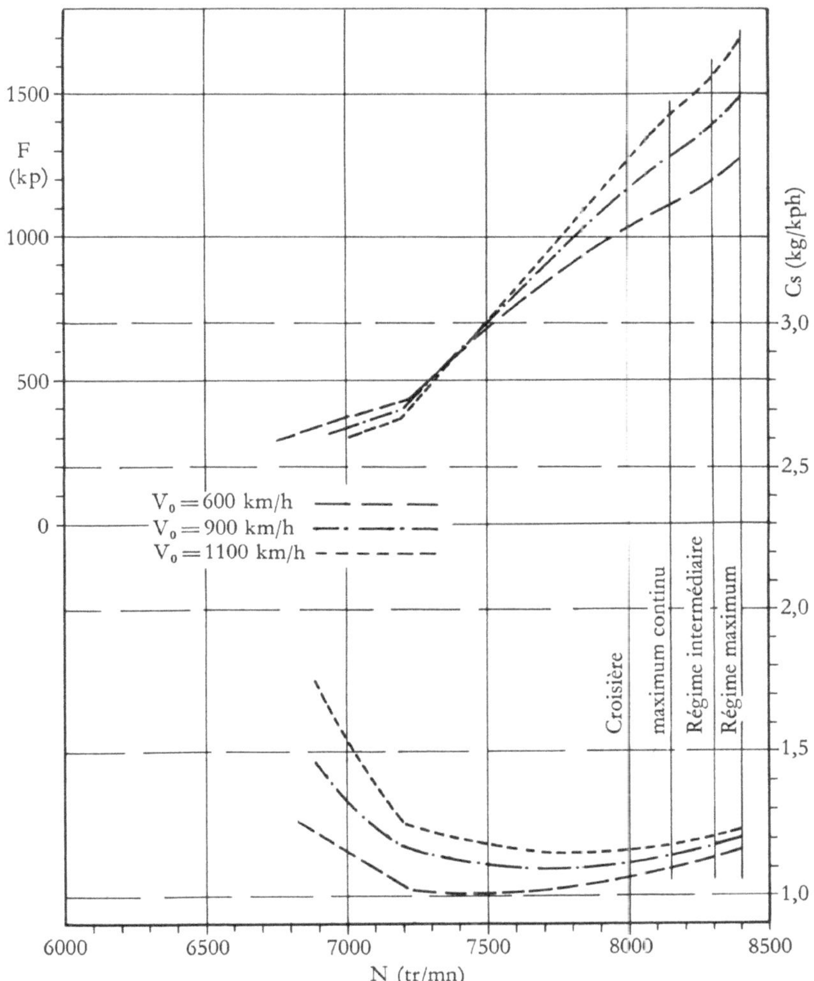



Abb. 183 SNECMA ATAR 8: Schub und spezifischer Verbrauch als Funktion der Drehzahl in 11 000 m Flughöhe (INA)

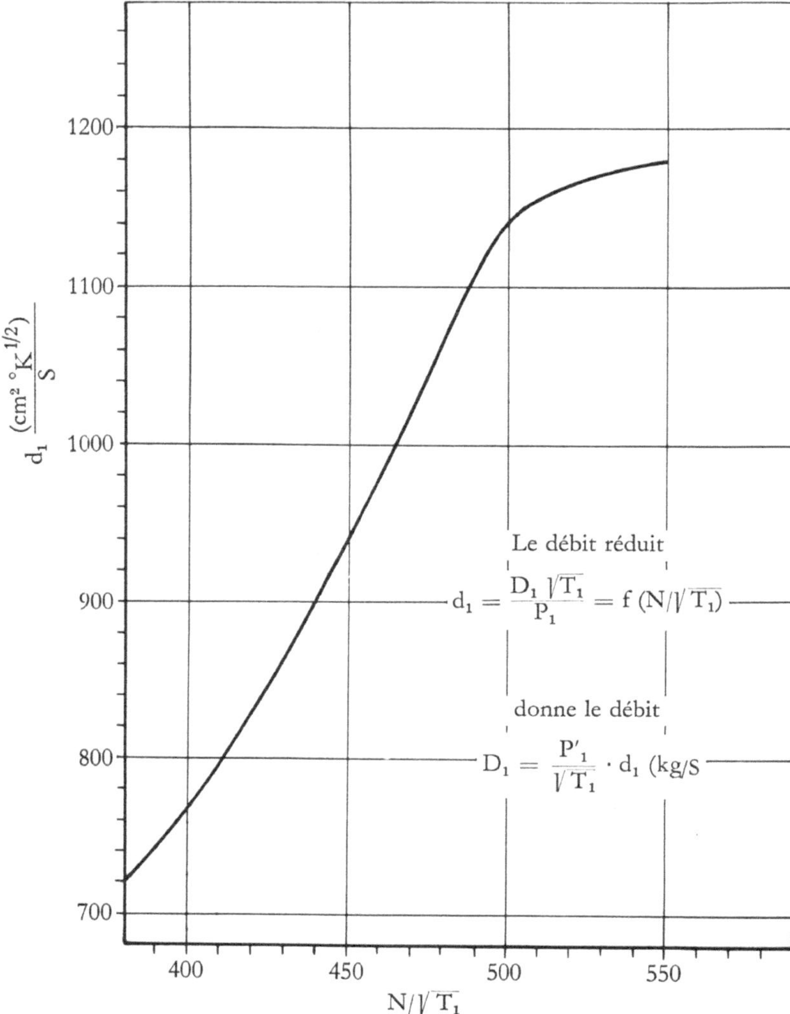


Abb. 184  SNECMA ATAR 8 und 9 [872]: Abhängigkeit des Luftdurchsatzes von der Drehzahl (gültig für N = 7500 bis 8400 U/min)

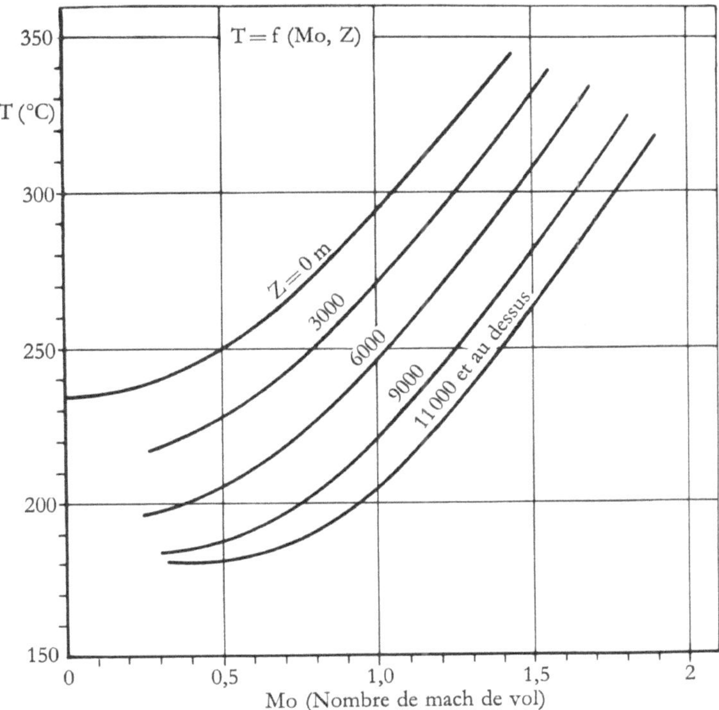


Abb. 185   SNECMA ATAR 8 und 9 [872]: Gesamttemperatur nach dem Verdichter (N = 8400 U/min)

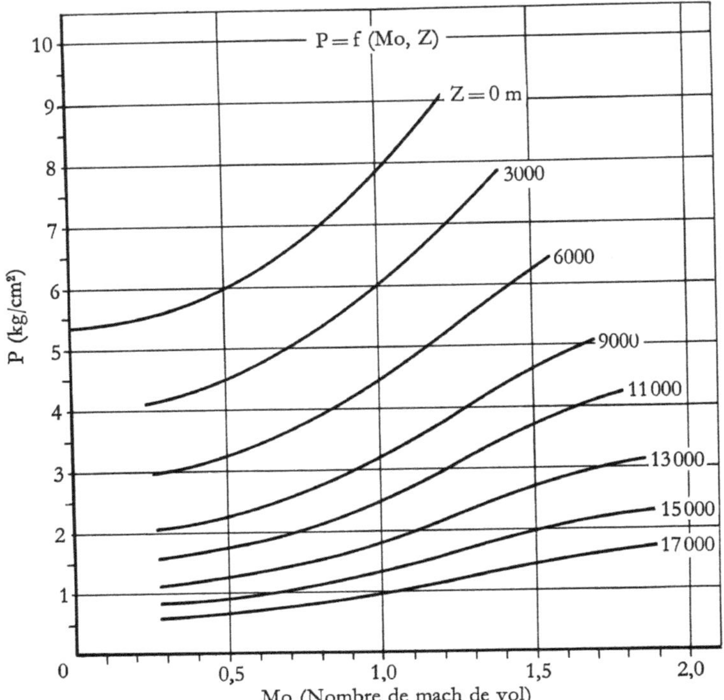


Abb. 186   SNECMA ATAR 8 und 9 [872]: Gesamtdruck nach dem Verdichter bei geringem Durchsatz bei N = 8400 U/min

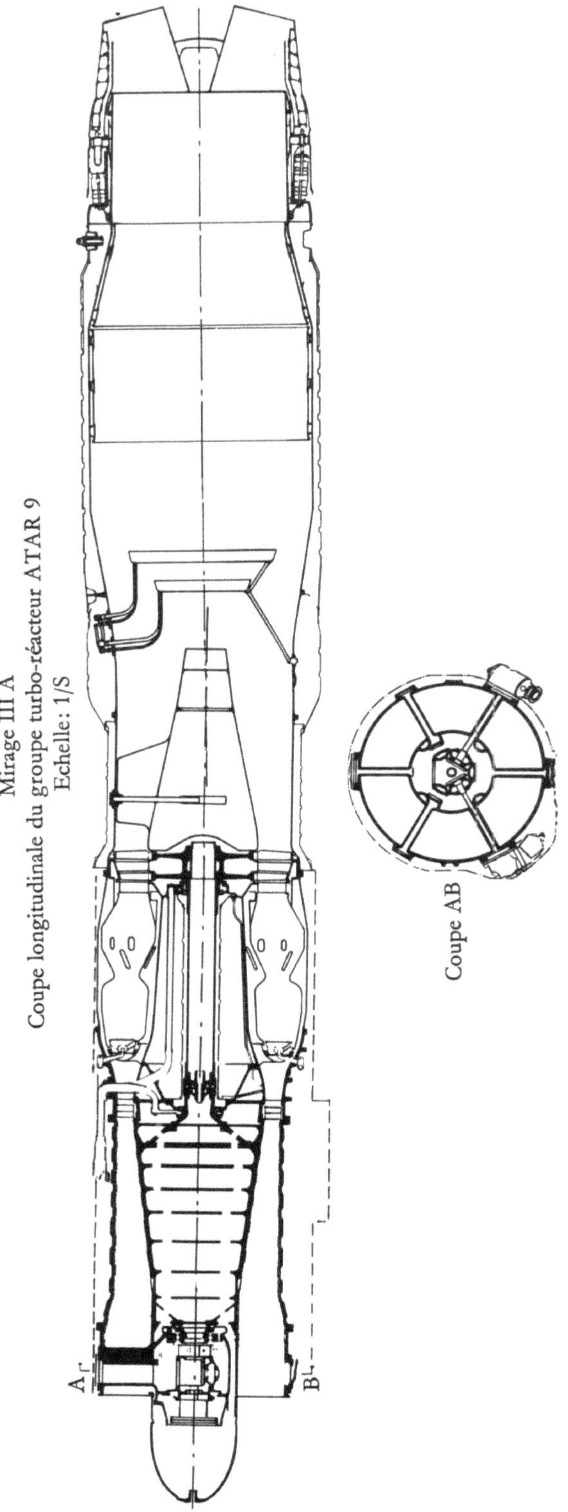


Abb. 187   SNECMA ATAR 9

315

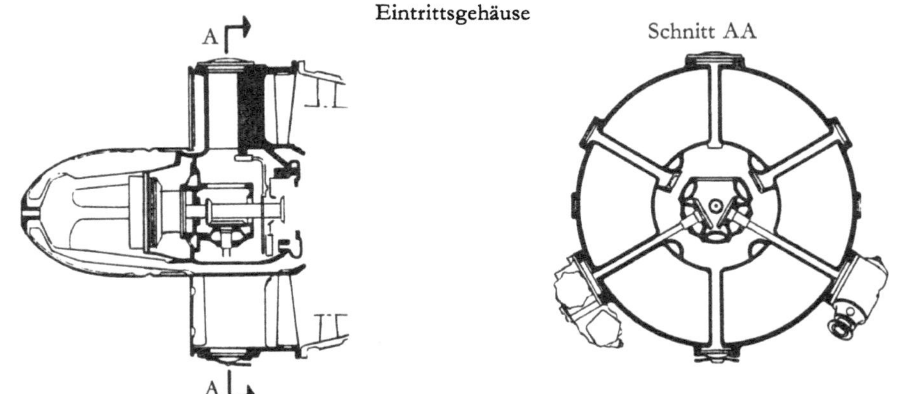


Abb. 188    SNECMA ATAR: Eintrittsgehäuse

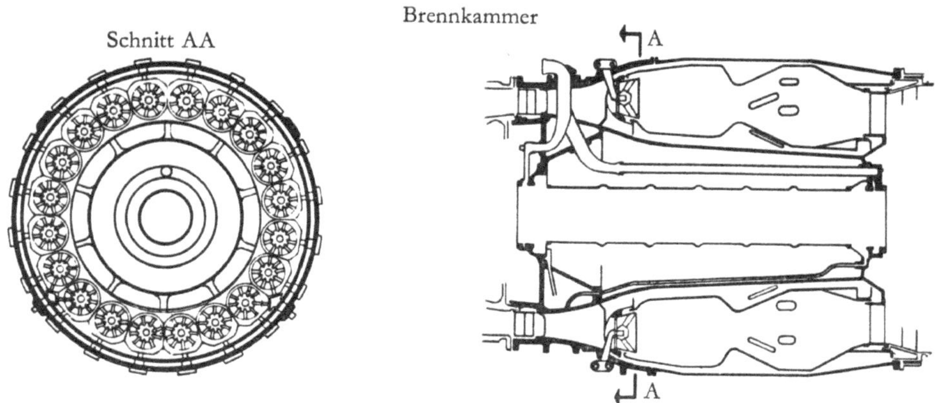


Abb. 189    SNECMA ATAR: Brennkammer

316

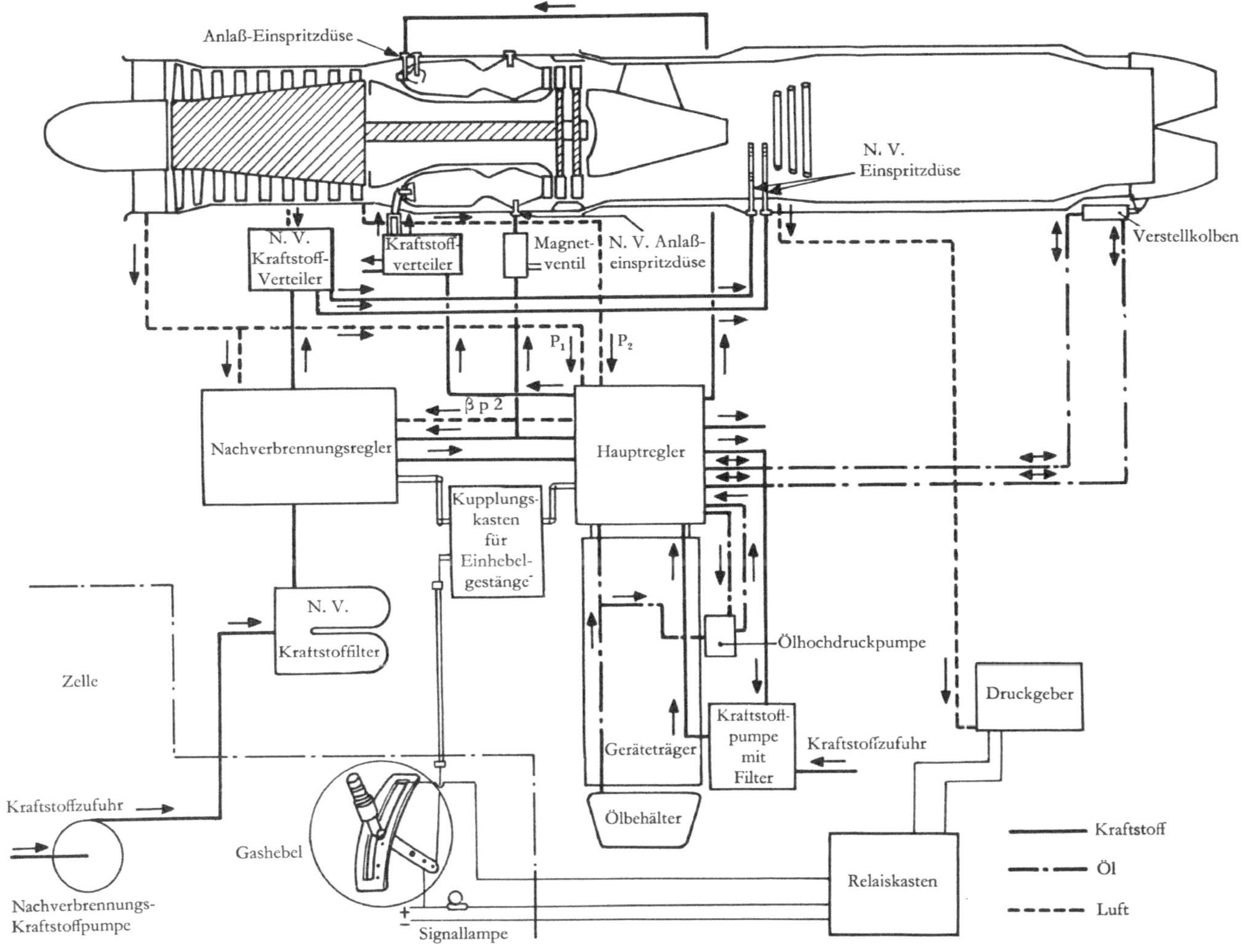


Abb. 190  SNECMA ATAR 9:  Regulierungsschema (Nachverbrennung)

317

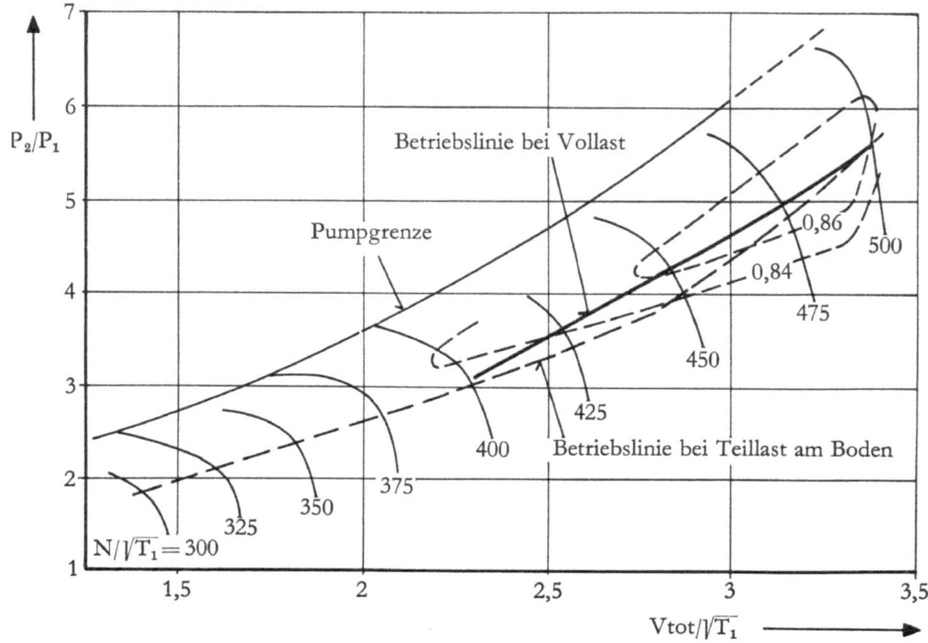


Abb. 191   SNECMA ATAR 9:   Verdichterkennfeld am Prüfstand
Gefahren unter Höhenbedingungen

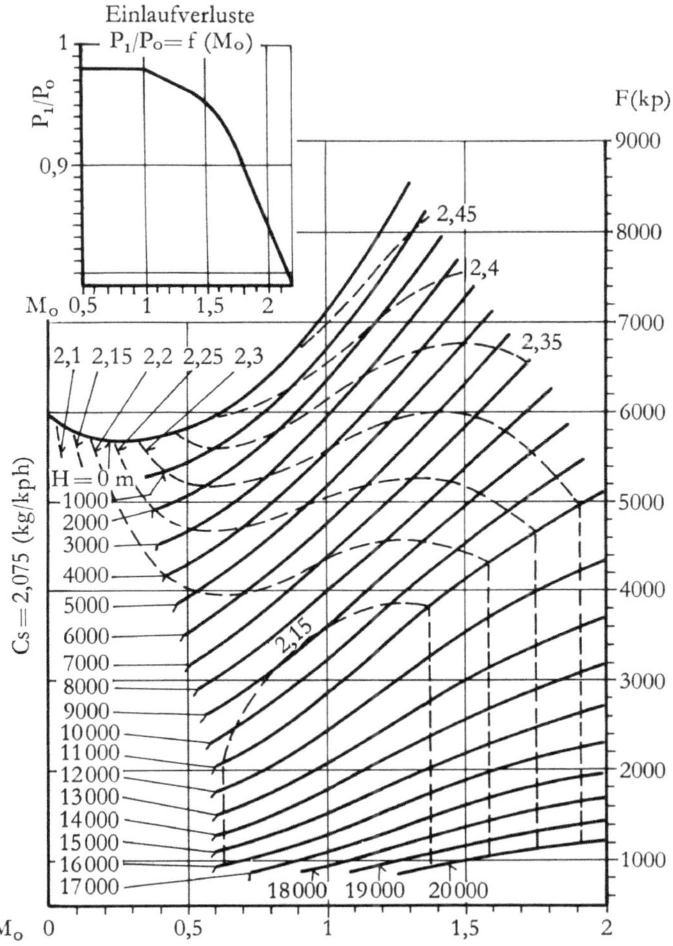


**Abb. 192**  SNECMA ATAR 9:  Leistungskurven mit Nachverbrennung
Vollast

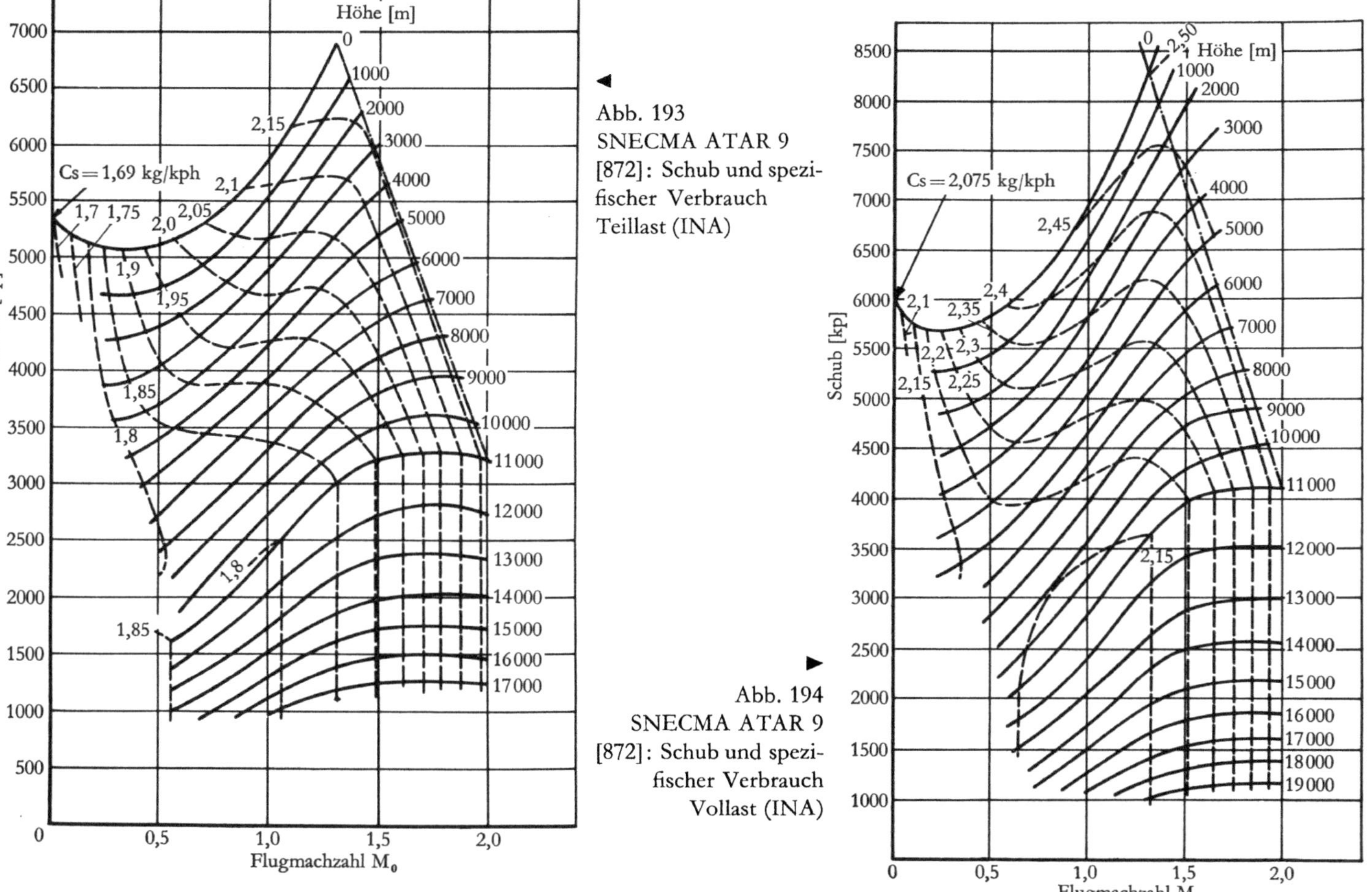

◄ Abb. 193
SNECMA ATAR 9
[872]: Schub und spezi-
fischer Verbrauch
Teillast (INA)

► Abb. 194
SNECMA ATAR 9
[872]: Schub und spezi-
fischer Verbrauch
Vollast (INA)

# Turboméca

Société Turboméca, Bordes, Basses-Pyrénées, Frankreich

Die Gesellschaft Turboméca wurde im Jahre 1938 gegründet mit dem Ziel, Luft-
verdichter und Lader zu entwickeln und herzustellen.
1941 begann man bereits mit der Konstruktion einer kleinen Gasturbine. Sie
konnte jedoch während des Krieges nicht mehr gebaut werden. Nach dem Krieg
wurden die Arbeiten mit der Entwicklung von Kleingasturbinen und kleinen
Strahltriebwerken fortgesetzt.
Das erste Strahltriebwerk, das TL-Muster TR-011 mit 80 kp Schub, wurde 1948
fertiggestellt. Durch Verbesserungen konnte der Schub bald auf ca. 100 kp erhöht werden. Erste Flugversuche wurden am 14. 7. 1949 in einem Flugzeug vom
Typ Fouga »Sylphe« durchgeführt. Im Januar 1950 erhielt das Triebwerk unter
der Typenbezeichnung »Piméné« mit 110 kp Schub die amtliche Zulassung. Das
Strahltriebwerk »Piméné« wurde durch das Modell Palas abgelöst, das bei gleichen Einbaumaßen und gleichem Gewicht 160 kp Schub erzeugt und im Dezember 1951 seine offizielle Zulassung erhielt.
In den folgenden Jahren entwickelte die Firma Turboméca zahlreiche weitere Kleintriebwerke von ähnlicher Konstruktion. Es sind dies (neben den normalen Gasturbinen, Gasturbinenluftverdichtern und PTL-Triebwerken) die TL-Triebwerke:

Marboré I (300 kp Schub), Marboré II (400 kp Schub), Marboré VI (480 kp
Schub), Arbizon (250 kp Schub), Gourdon (640 kp Schub) und Gabizo (1100 kp
Schub). Außerdem entwickelte man zwei Zweikreistriebwerke, Aspin und Soulor.

Turboméca-Triebwerke werden in England von der Firma Blackburn and General
Aircraft, in den USA von der Firma Continental Aviation and Engineering Corp.
und in Spanien von Empresa Nacional de Motors de Aviacion in Lizenz gebaut.

## Turboméca Marboré

Mit der Entwicklung des Strahltriebwerkes Marboré (300 kp Schub) wurde im
Jahre 1950 begonnen. Eine verbesserte Ausführung Marboré II mit 400 kp Schub
wurde 1953 als Zusatztriebwerk amtlich zugelassen und fand u. a. Verwendung im
Flugzeugtyp Noratlas 2506. 1955 erfolgte die offizielle Zulassung als Haupttriebwerk. 1958 wurde dieses Triebwerk mit dem »Type Certificate« amtlich zugelassen.
Die Marboré II wird serienmäßig hergestellt und u. a. in folgende Serienflugzeug-
typen als Haupttriebwerk eingebaut:

Frankreich:   Fouga Magister, Fouga Esquif, Morane Saulnier MS760 Paris,
              SNCAN CT-20
USA:          Beech B-73, Cessna T-37A, Temco TT-1, Carma VT-1, Ryan Q2
Spanien:      Hispano Aviacion HA-200-R Seato

Ferner werden Marboré II als Starthilfe eingebaut in Flugzeuge vom Typ SNCAN, Noratlas und Curtiss C-46-F.

Das für Exportzwecke entwickelte Modell Marboré VI gelangte 1959 auf den Prüfstand. Es soll in die Flugzeugtypen Paris 2 und 3 sowie Potez-Heinkel CM191 eingebaut werden [891].

| Baumuster | Marboré II | |
|---|---|---|
| Durchmesser ................ [mm] | ca. 567 | [42] |
| Länge ...................... [mm] | 1 566 | [42] |
| Stirnfläche ................... [m²] | 0,28 | [42] |
| Gewicht ..................... [kg] | 146 | [879, 42] |
| Kraftstoffverbrauch | | |
| normal ................... [kg/kph] | 1,09 | [879, 42] |
| Ölverbrauch ................ [kg/h] | 0,2 | [42] |
| Startstandschub | | |
| in Meereshöhe ................ [kp] | 400 | [879, 42] |
| Drehzahl ................ [U/min] | 22 600 | [42] |

*Leistungscharakteristik* [879]

| Betriebspunkt | Schub [kp] | Spez. Kraftstoffverbrauch [kg/kph] | Zulässige Dauer |
|---|---|---|---|
| Start ............................ | 400 | 1,15 | 15 min |
| Max. Dauerleistung ............... | 320 | 1,09 | unbeschränkt |
| Gedrosselte Anflugleistung .......... | 55 | – | unbeschränkt |

*Maschinendaten und Leistungskennzeichen Marboré VI*

| Durchmesser ................ [mm] | 567 | |
|---|---|---|
| Länge ...................... [mm] | 1416 | |
| Gewicht ..................... [kg] | 146 | |
| Startschub .................... [kp] | 480 | (Dauer unbeschränkt) |
| Spez. Kraftstoffverbrauch | | |
| bei Startschub .............. [kg/kph] | 1,12 | |
| Max. Dauerschub .............. [kp] | 480 | (Dauer unbeschränkt) |
| Spez. Kraftstoffverbrauch | | |
| bei Dauerschub ............. [kg/kph] | 1,12 | |

*Triebwerksbeschreibung der Marboré II* [252]

In ihrem Grundaufbau ähnelt die Marboré II dem Turboméca-Triebwerk Palouste [249]: Das Triebwerk hat einen einstufigen (einflutigen) Radialverdichter, eine Ringbrennkammer und eine einstufige Turbine.

Der äußere Mantel des ringförmigen Lufteinlasses besteht aus Stahlblech; er wird an das Einlaßgehäuse, ein Gußstück aus Leichtmetall, angeschraubt. Auf dem Einlaßgehäuse ist der Getriebekasten für die verschiedenen Zubehörteile und für den Anlassermotor angebracht. Das Lagergehäuse für das vordere Hauptlager und das Einlaßgehäuse bestehen aus einem Stück. Das Lagergehäuse wird durch drei Streben mit Stromlinienprofil gestützt. Auf seiner Stirnseite ist der Getriebekasten angebracht, von dem aus die Kraftstoff- und Ölpumpen angetrieben werden. Außerdem überträgt dieses Getriebe den Antrieb vom Anlassermotor auf das vordere Ende der Verdichter- und Turbinenwelle. Die Verbindungswelle von Startermotor und Getriebe führt vom Getriebe aus durch den Einlaßluftstrom nach der Unterseite des Getriebegehäuses zum Antrieb der Zubehörteile auf dem Einlaßgehäuse.

Für die Schmiedestücke, aus denen das zweiteilige Verdichterrad herausgearbeitet wird, verwendet man eine französische Legierung, die mit der englischen Legierung RR.58 vergleichbar ist. Das Verdichterrad ist auf einen Hohlwellenstumpf aufgeschrumpft, der durch Schrauben mit dem Kraftstoffzerstäuber und dem mittleren Hohlwellenteil verbunden ist, an dessen anderem Ende das Turbinenrad anmontiert ist. Der Vorsatzläufer wird zusätzlich durch drei Paßstifte in seiner Stellung zum eigentlichen Verdichterrad festgelegt. Die gesamte Läuferkonstruktion mit Verdichter ist in einem Kugellager vor dem Verdichterrad und einem Rollenlager hinter der Turbine gelagert. Das Druckverhältnis des Verdichters beträgt 4 : 1 bei einem Luftdurchsatz von 8 kg/sec und einer Drehzahl von 22 600 U/min im Stand.

Labyrinthdichtungen am inneren Durchmesser der Gehäusezwischenwand hinter dem Verdichterrad verhindern, daß heiße Verbrennungsgase aus der Brennkammer nach der Rückseite des Verdichterrades gelangen. Hinter dem Verdichterrad durchströmt die Luft einen Diffusor, zunächst radial, dann axial. Die radialen Diffusorschaufeln werden aus Flußstahl hergestellt, die axialen Diffusorschaufeln aus Leichtmetall gewalzt.

Das Brennkammergehäuse besteht aus Stahlblech (Z10-CNT-18-Stahl). Der innere Mantel des Gehäuses umschließt die Hauptwelle. An jedem Ende dieses Mantels befinden sich Labyrinthdichtungen, die verhindern, daß Verbrennungsgase bis an die Welle gelangen. Das durchbrochene Flammrohr aus Nicral-D-Legierung ist so konstruiert, daß die Verbrennung in einer radialen Ebene stattfindet. Der Kraftstoff wird durch die hohle Verdichterwelle gepumpt und durch das zwischen Verdichterwellenstumpf und Hauptwelle montierte, mit der Wellenkonstruktion starr verbundene und umlaufende Zerstäuberrad radial in die Brennkammer eingespritzt.

Die vom Verdichter kommende Luft teilt sich nach den Diffusoren in drei Ströme auf, zwei Primärluftströme und einen Sekundärluftstrom. Ein Teil der Primärluft strömt an der Rückseite der Gehäusewand zwischen Verdichterrad und Brennkammer entlang radial nach innen und tritt dann durch Öffnungen in das Flammrohr ein, senkrecht auf den radial nach außen gesprühten Kraftstoff treffend. Der zweite Primärluftstrom gelangt durch den Ringraum zwischen Flammrohr und äußeren Brennkammermantel an das Ende der Brennkammer und strömt dann durch die hohlen Turbinenleitschaufeln, diese kühlend, radial nach innen. Dort wird er umgelenkt und durch den Raum zwischen Flammrohr und innerem

Brennkammermantel wieder zum Vorderteil der Brennkammer geleitet. Dort
tritt er durch Öffnungen in der Flammrohrwand, genau gegenüber dem ersten
Primärluftstrom, in den Brennkammerraum innerhalb des Flammrohres ein.
Der radial eingespritzte Kraftstoff wird durch die beiden entgegengesetzten
Luftströme vollständig mit der Luft gemischt. Der Sekundärluftstrom gelangt
durch Öffnungen im äußeren Mantel des Flammrohres in das Innere der Brennkammer und kühlt die Flammgase auf die für die Turbine zulässige Temperatur
ab. Die Turbineneinlaßtemperatur wird von [42] mit 780°C bei 22 600 U/min
angegeben.
Die Leitschaufeln der Turbine sind hohl und aus Stahlblech geschweißt (nach
[37] aus Z10-CNT-18-Stahl). Das Schaufelmaterial soll ähnliche Eigenschaften
wie Nimonic-75 haben. Das Turbinenrad wird mit den Laufschaufeln aus einem
Schmiedestück hergestellt (ATVS-7-Stahl [37]).
Der Turbinenläufer besteht aus drei Teilen: der eigentlichen Radscheibe mit der
Beschaufelung, einer dahinterliegenden kleineren Radscheibe, die an ihrem
äußeren Umfang eine Labyrinthdichtung trägt und verhindert, daß Heißgase an
das hintere Lager gelangen, und schließlich einem Wellenstumpf, der im hinteren
Lager gelagert ist. Die gesamte Anordnung wird durch Ankerbolzen zusammengehalten und mit der Hauptwelle gekuppelt.
Das äußere Gehäuse des Triebwerksauslaßteiles wird an den hinteren Flansch
des Brennkammergehäuses geschraubt. Drei radiale Streben mit stromlinien-
förmigem Querschnitt tragen den inneren Mantel des Auslasses. Die hinteren
äußeren und inneren Gehäuseteile werden in ihren Abmessungen den jeweiligen
Einbaumaßen angepaßt. Der hintere innere Gehäuseabschnitt ragt ungefähr
38 mm aus dem Auslaßteil hervor. Die mit hoher Geschwindigkeit strömenden
Abgase erzeugen in der kleinen kreisförmigen Öffnung dieses Gehäuseteiles
einen Unterdruck, durch den ein Luftstrom durch die drei hohlen Stützstreben
zur Kühlung des hinteren Hauptlagers und des inneren Gehäuses erzeugt wird.


Turboméca Aspin [403, 419, 37]


Das TL-Triebwerk Aspin der Firma Turboméca ist ein Zweikreistriebwerk. Nur
ein Teil der Luft, die durch den Einlaß einströmt, wird durch die Brennkammer
und die Turbine geleitet. Der andere Teil strömt durch den äußeren Ringkanal
und mischt sich mit den Abgasen hinter der Turbine.
Das Baumuster Aspin I (Baujahr 1949) absolvierte 1951 einen 1000-Stunden-
Prüfstandslauf und lief 150 Stunden mit Drehzahlen zwischen 35 500 und
36 500 U/min bei Erzeugung eines mittleren Schubes von 204 kp. Anschließend
wurde das Triebwerk untersucht, wobei keine Beschädigungen festgestellt
wurden. Nach Fortsetzung des Prüfstandslaufes über weitere 850 Stunden bei
Drehzahlen von 33 500 bis 35 500 U/min und bei einem Schub von etwa 181 kp
ergab eine Untersuchung, daß das Triebwerk noch voll betriebsfähig war.
Während der Versuche mußte lediglich eine Zündkerze ausgewechselt werden.

Anfang 1952 wurde das Triebwerk Aspin I in dem Versuchsflugzeug Fouga Gemeaux IV geflogen. Das Baumuster Aspin II (Baujahr 1956) ist eine leistungsstärkere Ausführung des Aspin I und erzeugt 380 kp Schub.

*Triebwerksdaten*

| Baumuster | Aspin I | [403, 419] | Aspin II | [37, 589] |
|---|---|---|---|---|
| Durchmesser ............... [mm] | 508 | | 604 | |
| Länge ................... [mm] | – | | 1 614 | |
| Stirnfläche ................. [m²] | – | | 0,29 | |
| Gewicht ................... [kg] | 140 | | 138 | |
| Kraftstoffverbrauch | | | | |
| normal ................ [kg/kph] | 0,6 | | 0,52 | |
| Ölverbrauch | | | | |
| normal ................... [kg/h] | – | | 0,2 | |
| Startstandschub in | 200–226 | | 360 | [37, 589] |
| Meereshöhe ................ [kp] | | | 380 | [879] |
| Drehzahl .............. [U/min] | – | | 35 000 | |
| Max. Dauerschub in Meeres- | | | | |
| höhe im Stand .............. [kp] | – | | 320 | |
| Drehzahl .............. [U/min] | – | | 34 000 | |

*Triebwerksbeschreibung*

Die gesamte einströmende Luft gelangt in einen ringförmigen Kanal, in dem sich Leitschaufeln, eine Reihe von Gleichrichterschaufeln und ein Axialverdichterrad befinden. Das Axialverdichterrad ist auf eine Welle aufgekeilt, die zu der Hauptwelle des Triebwerkes mit Radialverdichter und Turbine koaxial angeordnet ist und über ein Getriebe (0,2645 : 1) angetrieben wird. Die Lagerung der Welle des Axialverdichterrades erfolgt durch ein Kugellager, das gleichzeitig auch den Schub aufnimmt, und durch ein Rollenlager. Das Druckverhältnis des Axialverdichterrades beträgt 1,15 : 1, der Durchsatz 21 kg/sec bei 9250 U/min im Stand und in Meereshöhe.

Hinter dem Axialrad gelangt die Luft in einen ringförmigen Strömungsteiler, von dem aus etwa 85% des Luftdurchsatzes durch einen Kanal um Brennkammer und Turbine herum zur Schubdüse geleitet werden (Sekundärluftstrom). Die restlichen etwa 15% Luft (Primärluftstrom) werden zum Radialverdichter des Triebwerkes geführt.

Der Radialverdichter ist einstufig und einflutig. Er wird unmittelbar von der Turbine angetrieben. Das Verdichterrad aus Aluminiumlegierung ist auf die Verdichterturbinenwelle und hinter den Turbinenrädern in einem Rollenlager gelagert. Das Verdichtungsverhältnis ist 3,8 : 1, der Luftdurchsatz beträgt 3 kg/sec bei 35 000 U/min in Meereshöhe und im Stand.

Die Brennkammer des Triebwerkes ist von ringförmiger Bauart, ihr durchbrochenes Flammrohr hat an dem vorderen Ende eine Öffnung für die Kraftstoffeinspritzscheibe (s. Beschreibung des Turboméca-Triebwerkes Marboré).

Die Turbine des Triebwerkes Aspin ist eine zweistufige Axialturbine. Gehäuse
und Zwischenboden sind aus Stahl hergestellt. Die Leitschaufeln werden in das
Gehäuse eingesetzt. Die beiden Läuferscheiben, in die jeweils eine Reihe massiver
Laufschaufeln eingesetzt ist, werden mit Hilfe von Ankerbolzen an dem Flansch
des hohlen Teiles der Verdichterturbinenwelle und dem Flansch des Wellenstumpfes hinter der zweiten Stufe befestigt.
Der Auslaßteil des Triebwerkes besteht aus dem äußeren Stahlmantel und dem
feststehenden inneren Konus. Der Ausströmquerschnitt ist nicht veränderlich.


## Turboméca Gabizo

Das Strahltriebwerk Gabizo wurde für den Einbau in leichte Kampfflugzeuge
entwickelt. Am 21. 5. 1955 unterzog man das Triebwerk offiziellen Abnahme-
prüfungen von insgesamt 20 Stunden Dauer, wobei 60 Einzelläufe von je 20 min
ausgeführt wurden (I.A.L. 15. 6. 55; 490, 294]. In Frankreich wurde das Triebwerk u. a. in folgenden Flugzeugtypen verwendet:
Sud-Aviation Trident II, Bréguet BR-1100, M. Dassault Mirage, M. Dassault
Mystère XXII.

### *Triebwerksdaten*

| | | | |
|---|---|---|---|
| Durchmesser ................. | [mm] | 670 | |
| Länge ...................... | [mm] | 2083 | |
| Gewicht (trocken) .............. | [kg] | 265 | |
| Startschub .................... | [kp] | 1100 | (5 min zulässige Dauer) |
| Spez. Verbrauch im Start ..... | [kg/kph] | 1,05 | |
| Max. Dauerschub .............. | [kp] | 900 | (unbeschränkte Dauer) |
| Spez. Verbrauch | | | |
| bei max. Dauerschub ......... | [kg/kph] | 1,00 | |


## Turboméca Arbizon

Das Triebwerk Arbizon kann als Haupt- oder Zusatztriebwerk benutzt werden.

### *Triebwerksdaten*

| | | |
|---|---|---|
| Durchmesser ..................... | [mm] | 407 |
| Länge ........................... | [mm] | 1442,5 |
| Gewicht ......................... | [kg] | 104 |
| Startschub ...................... | [kp] | 250 |
| Spez. Verbrauch beim Start ....... | [kg/kph] | 0,92 |
| Max. Dauerschub .................. | [kp] | 200 |
| Spez. Verbrauch bei Dauerschub ... | [kg/kph] | 0,91 |

## Turboméca Gourdon

*Triebwerksdaten*

Durchmesser ..................... [mm]          570
Länge ............................ [mm]          1744
Gewicht ........................... [kg]     ca. 170
Startschub ......................... [kp]          640     (Gourdon II: 650 kp)
Spez. Verbrauch beim Start ....... [kg/kph]          0,99
Max. Dauerschub ................... [kp]          575
Spez. Verbrauch
bei max. Dauerschub ............. [kg/kph]          0,985


## Turboméca »Soulor« (Zweikreistriebwerk) [I.A.L. 7. 5. 55; 123, 294]

*Triebwerksdaten*

Startstandschub ..................... [kp]          320
Verbrauch ........................ [kg/h]          256 $\triangleq$ 0,80   [kg/kph]
Max. Dauerleistung ................. [kp]          270
Verbrauch ........................ [kg/h]          210 $\triangleq$ 0,78   [kg/kph]
Einbaugewicht ..................... [kg]          140
Durchmesser ..................... [mm]          460


## Turboméca Aubisque

*Triebwerksdaten* [895]:

Durchmesser ..................... [mm]          565
Länge ............................ [mm]          2067
Gewicht ........................... [kg]          270
Stirnfläche ........................ [m²]          0,25
Spez. Kraftstoffverbrauch normal .. [kg/kph]          0,6
Startstandschub ..................... [kp]          700     (32 500 U/min)
Max. Dauerschub ................... [kp]          580     (31 000 U/min)
Reiseschub ........................ [kp]          475     (29 500 U/min)
Verdichtungsverhältnis
    Gebläse ............................          1,5:1
    Gesamt ............................          7,0
Luftdurchsatz (gesamt) ..................          21
Luftdurchsatz (heiß) ...................          7
Bypass-Verhältnis .......................          2,0:1

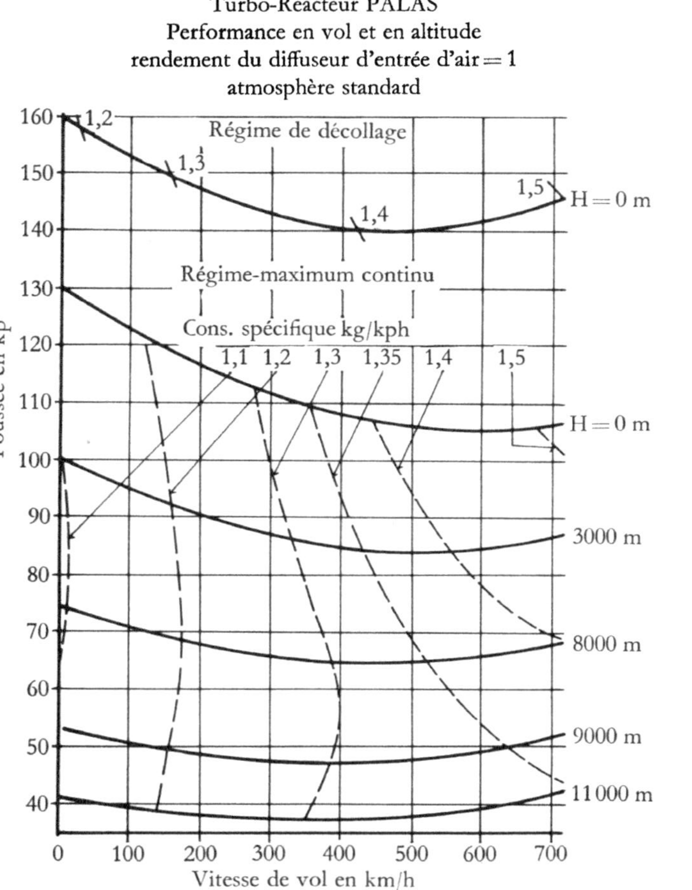



Abb. 195   Turboméca Palas [879]: Flugleistungen

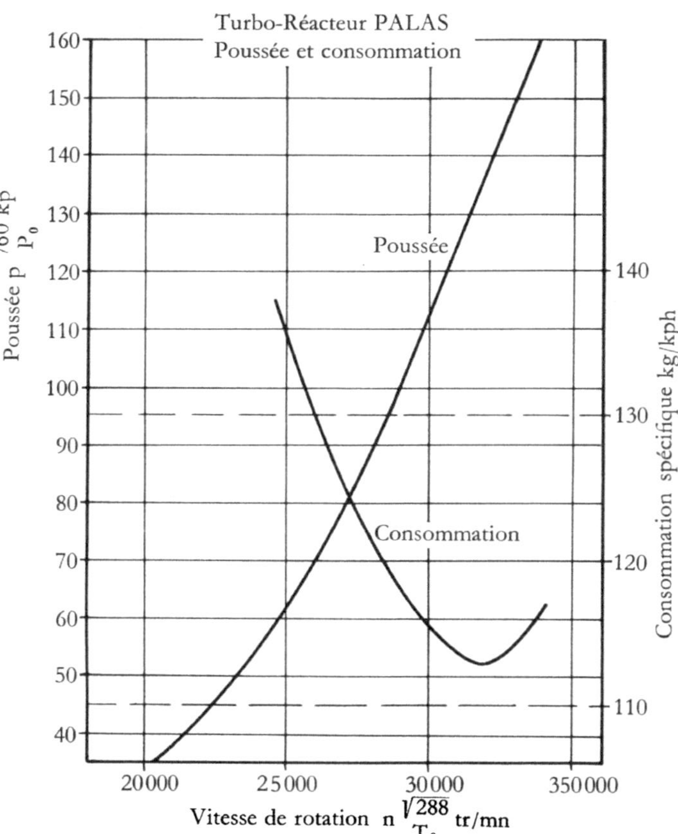



Abb. 196   Turboméca Palas [879]: Schub und Verbrauch

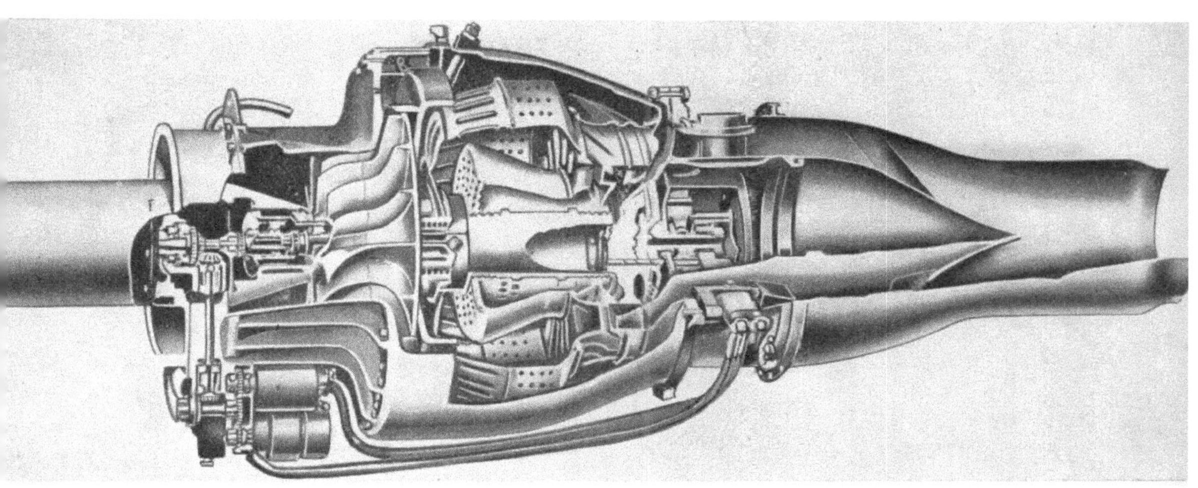

Abb. 197a   Turboméca Marboré II

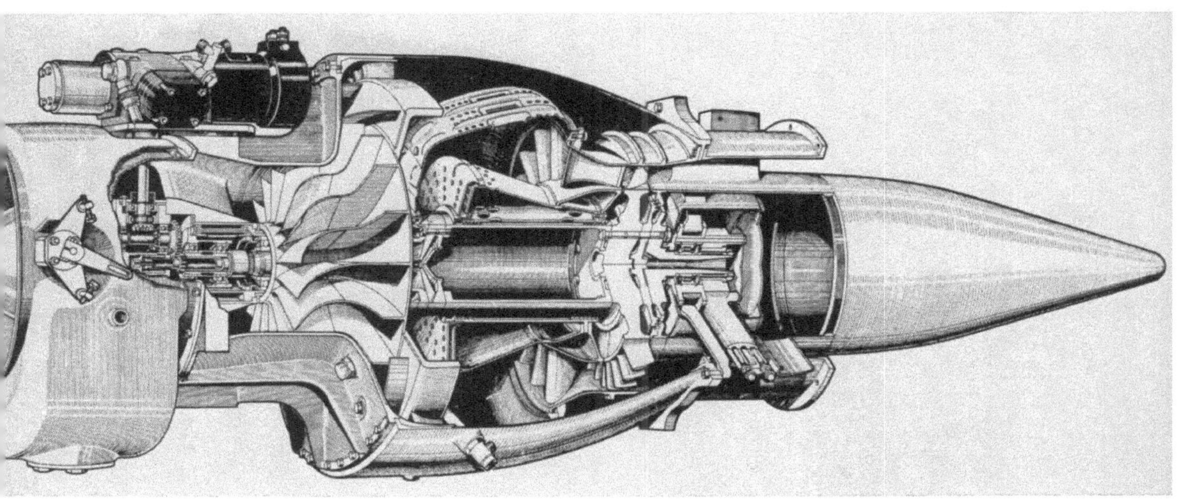

Abb. 197b   Turboméca Marboré II [879]

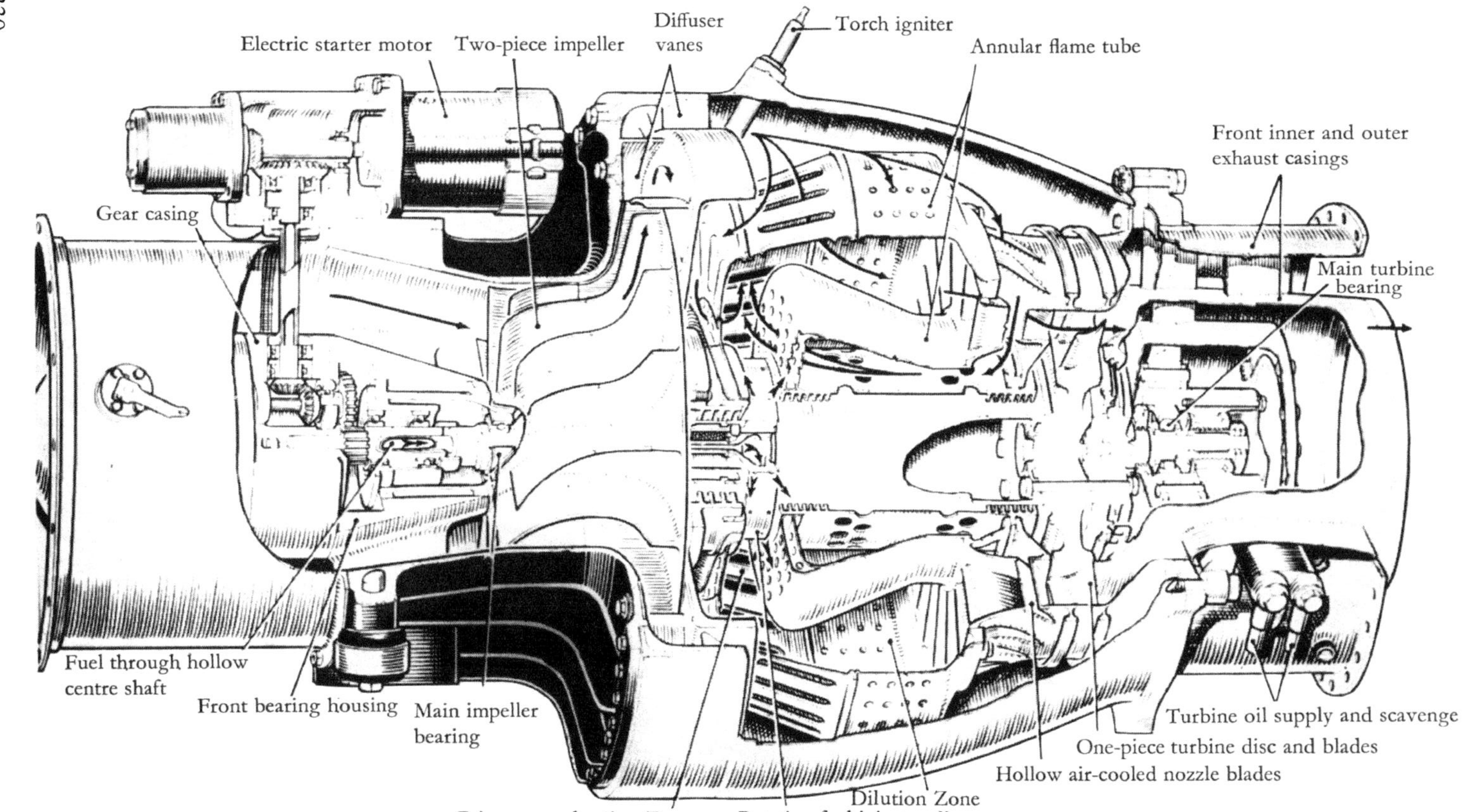


Abb. 198   Turboméca Marboré II [252]

Abb. 199   Turboméca Marboré

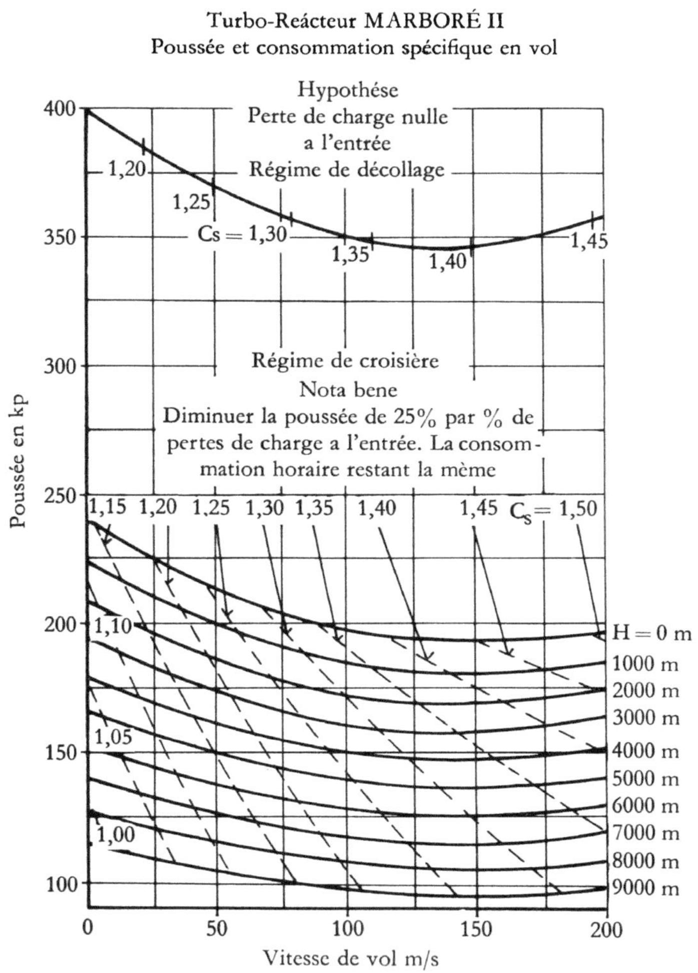

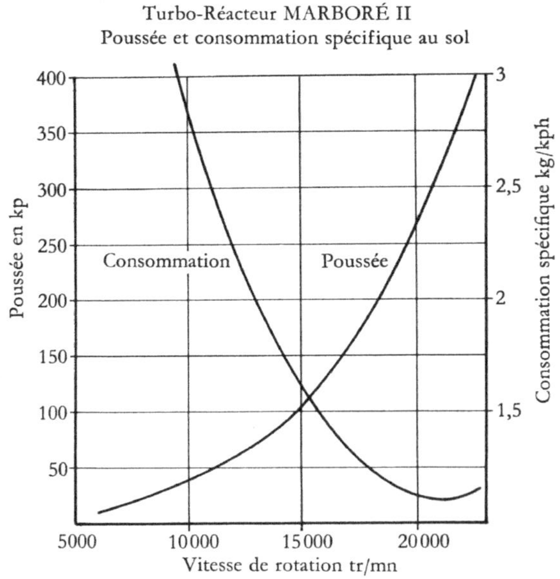

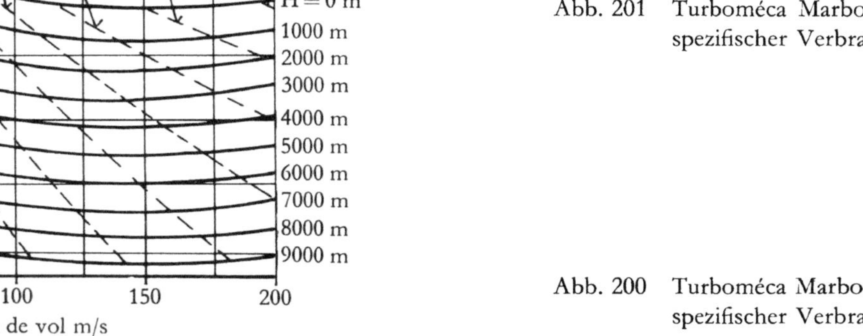





Abb. 201 Turboméca Marboré II [879]: Schub und spezifischer Verbrauch am Boden

Abb. 200 Turboméca Marboré II [879]: Schub und spezifischer Verbrauch im Flug

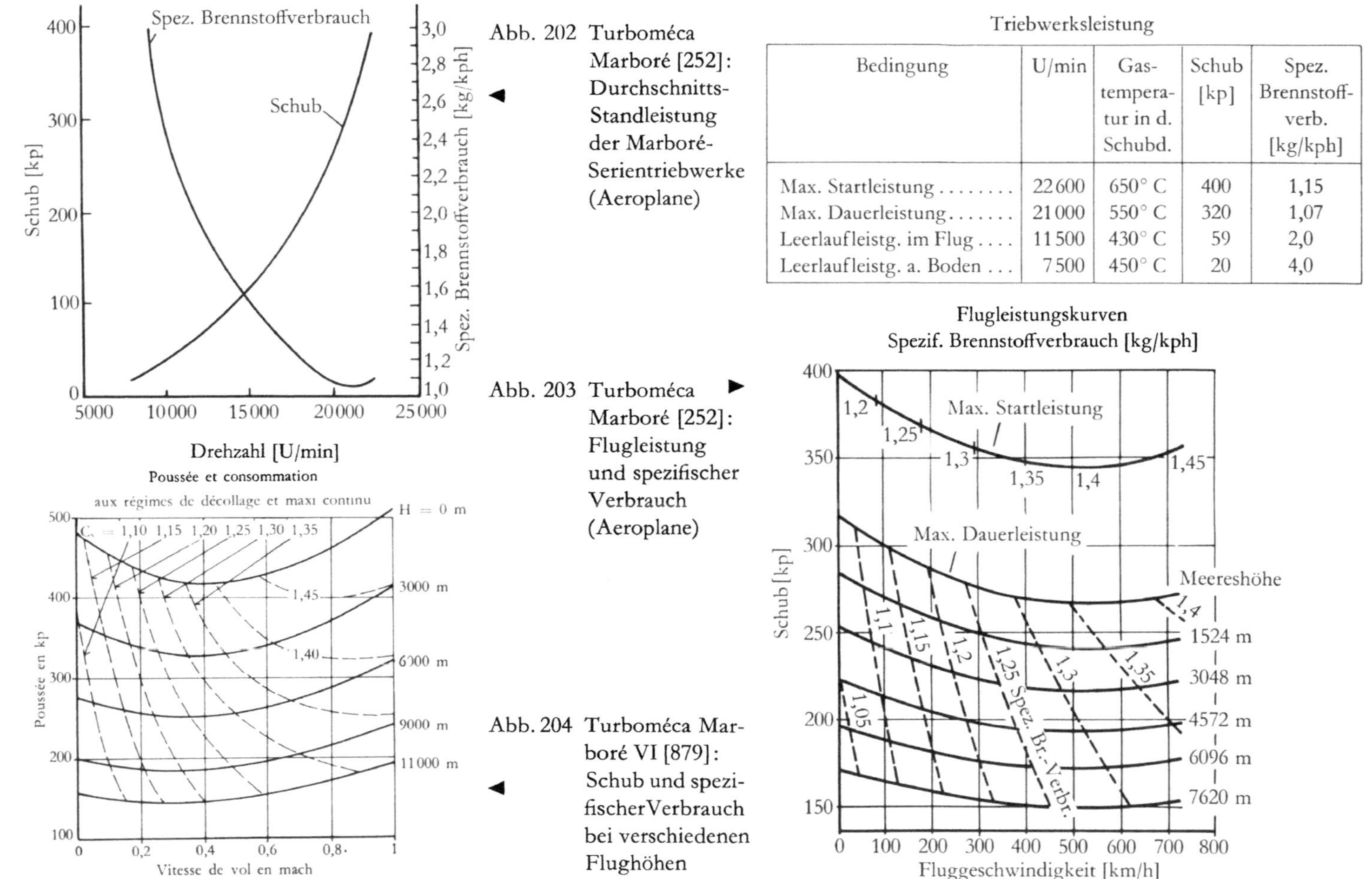



Abb. 202  Turboméca Marboré [252]: Durchschnitts-Standleistung der Marboré-Serientriebwerke (Aeroplane)

Abb. 203  Turboméca Marboré [252]: Flugleistung und spezifischer Verbrauch (Aeroplane)

Abb. 204  Turboméca Marboré VI [879]: Schub und spezifischer Verbrauch bei verschiedenen Flughöhen

Triebwerksleistung

| Bedingung | U/min | Gas-temperatur in d. Schubd. | Schub [kp] | Spez. Brennstoff-verb. [kg/kph] |
|---|---|---|---|---|
| Max. Startleistung ........ | 22 600 | 650° C | 400 | 1,15 |
| Max. Dauerleistung........ | 21 000 | 550° C | 320 | 1,07 |
| Leerlaufleistg. im Flug .... | 11 500 | 430° C | 59 | 2,0 |
| Leerlaufleistg. a. Boden ... | 7 500 | 450° C | 20 | 4,0 |

Flugleistungskurven
Spezif. Brennstoffverbrauch [kg/kph]

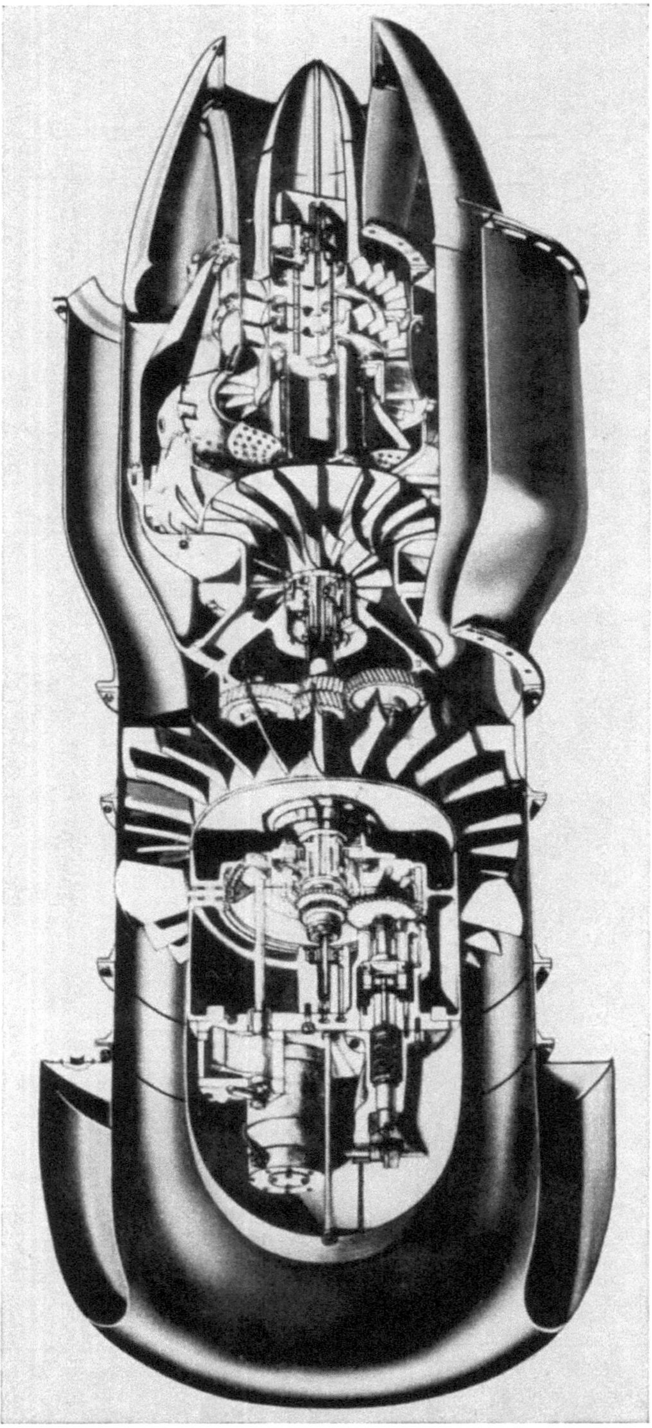

Abb. 205   Turboméca [415]: Zweikreistriebwerk Aspin (*Aviation Week*)

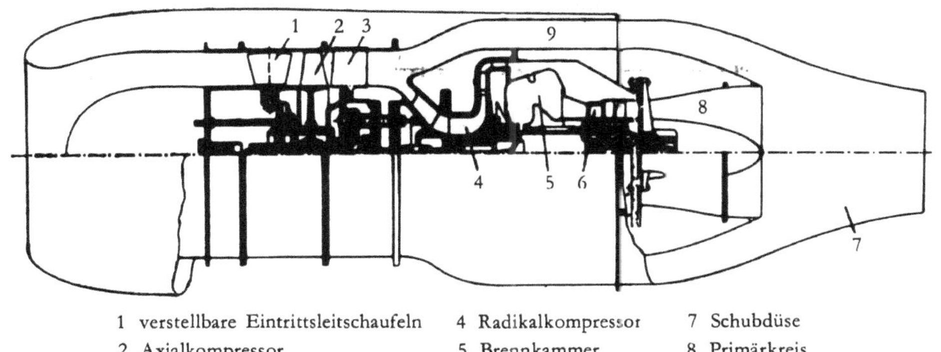



| | | |
|---|---|---|
| 1 verstellbare Eintrittsleitschaufeln | 4 Radikalkompressor | 7 Schubdüse |
| 2 Axialkompressor | 5 Brennkammer | 8 Primärkreis |
| 3 Nachleitvorrichtung | 6 Turbine | 9 Sekundärkreis |

Abb. 206   Turboméca: Das Zweikreis-Strahltriebwerk Aspin I

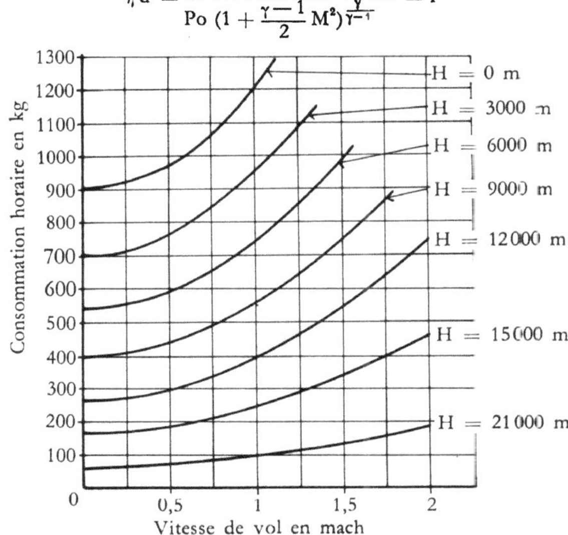



Abb. 207   Turboméca Gabizo [879]: Schub in Abhängigkeit von Fluggeschwindigkeit und Flughöhe

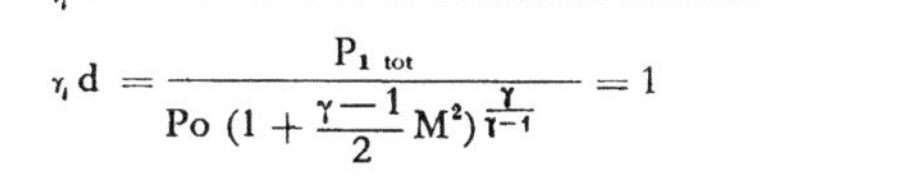
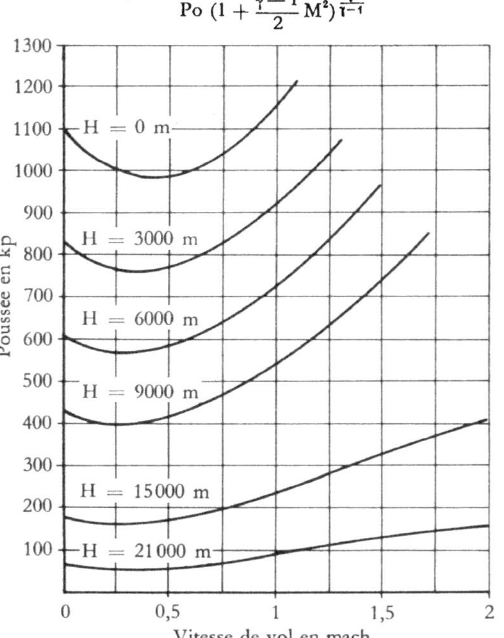

Turbo-Réacteur GABIZO
Poussée au régime de décollage

$\eta\, d$ = Rendement de la manche d'entrée

$$\eta\, d = \frac{P_{1\,tot}}{P_0 \left(1 + \frac{\gamma-1}{2} M^2\right)^{\frac{\gamma}{\gamma-1}}} = 1$$



Abb. 208 Turboméca Gabizo [879]: Verbrauch
je Stunde bei Vollast in Abhängigkeit
von Fluggeschwindigkeit
und Flughöhe

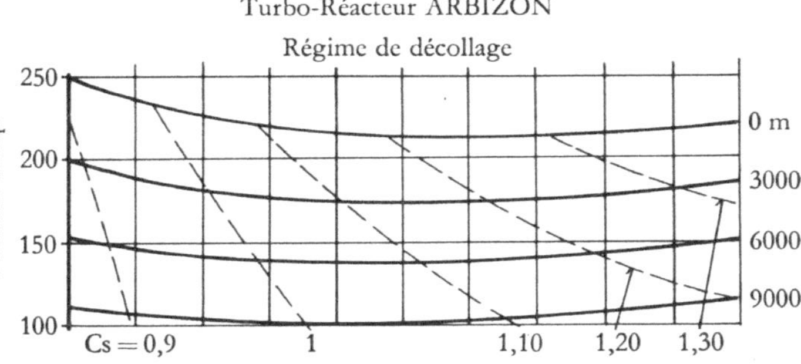
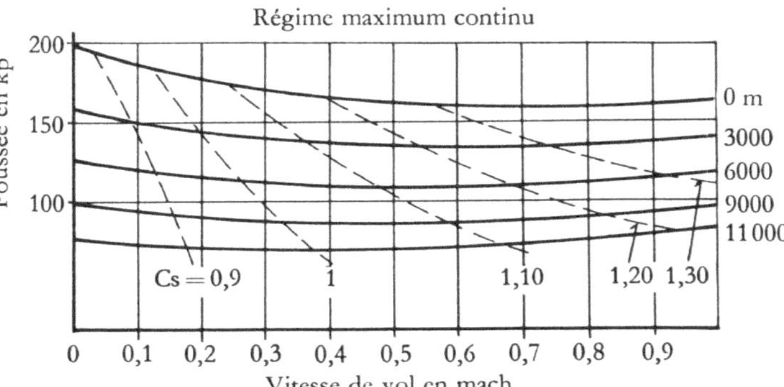

Turbo-Réacteur ARBIZON
Régime de décollage



Régime maximum continu



Abb. 209 Turboméca Arbizon [879]: Leistungsdiagramm
Oben: Startleistung
Unten: höchste Dauerlast

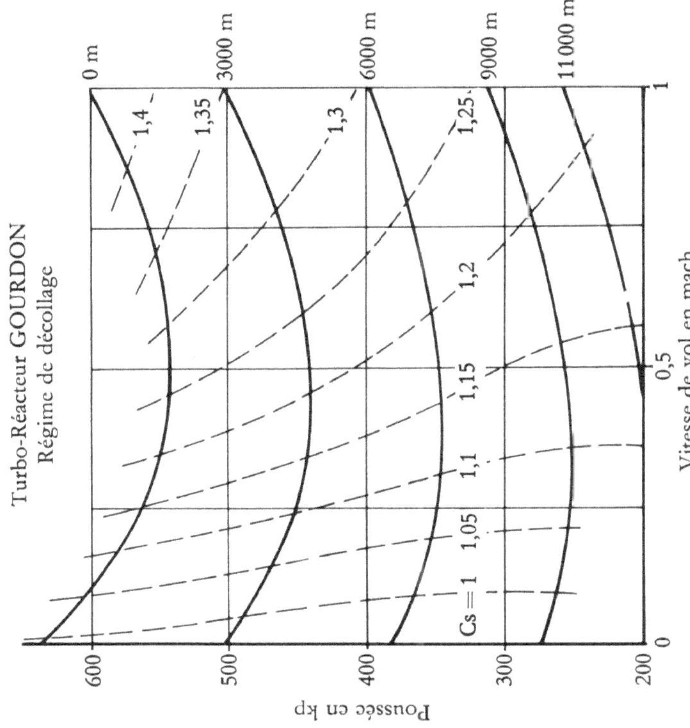


Abb. 211  Turboméca Gourdon [879]: Schub und spezifischer Verbrauch in Abhängigkeit von Fluggeschwindigkeit und Flughöhe

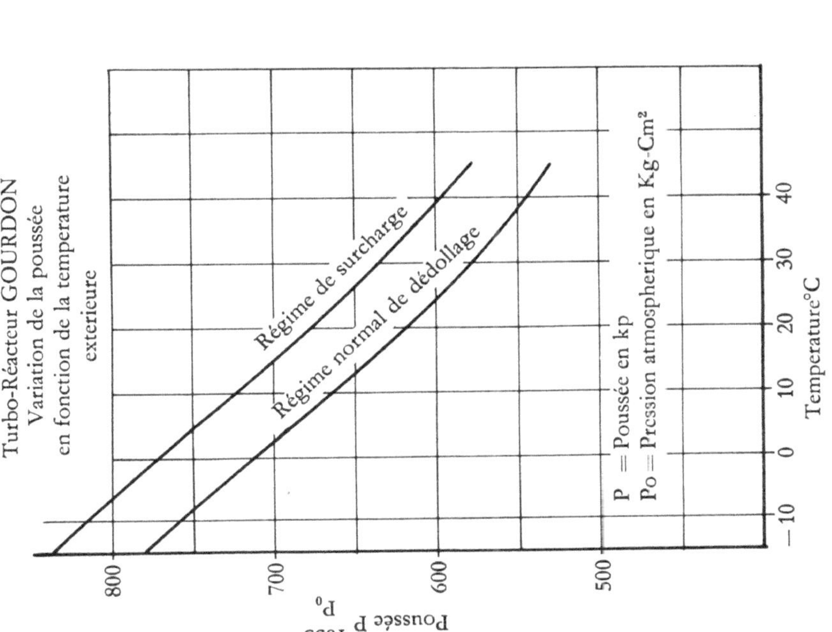


Abb. 210  Turboméca Gourdon [879]: Schub in Abhängigkeit von der Außentemperatur

# BMW

BMW Flugmotorenbau GmbH, München, und
Flugmotorenwerke Brandenburg GmbH

Auf Veranlassung des Reichsluftfahrtministeriums wurde im Jahre 1938 bei
BMW (Bayrische Motoren-Werke) und BRAMO (Motorenwerke Brandenburg)
mit der Entwicklung von Strahltriebwerken begonnen. Die Motorenwerke
Brandenburg befaßten sich zunächst mit der Entwicklung eines durch einen
Kolbenmotor angetriebenen Ventilators, der von einem Mantel umgeben war
und den Schub erzeugen sollte. Gegen Ende des gleichen Jahres entschloß man
sich jedoch zu der Entwicklung eines Axialverdichtertriebwerkes. Als die Mo-
torenwerke in Spandau Mitte 1939 von BMW übernommen wurden, setzte man
die Entwicklungsarbeiten fort und konzentrierte die Arbeit auf den Bau des
Axialverdichtertriebwerkes, obwohl im BMW-Werk München seit 1938 an
einem Radialverdichtertriebwerk gearbeitet worden war. 1940 lief das erste
BMW-Axialverdichtertriebwerk auf dem Prüfstand. Es erhielt die Bezeichnung
BMW 109-003. Neben den Arbeiten am Triebwerk BMW 003 wurde ein PTL-
Triebwerk entwickelt, das die Typenbezeichnung 028 erhielt. Aus Wirtschaft-
lichkeitsgründen wurden diese Projekte aufgegeben und aus dem Entwurf durch
Weglassen der Propelleranlage und durch einige andere konstruktive Änderungen
das TL-Triebwerk 018 mit einem geplanten Startschub von 3400 kp entwickelt.
Gegen Kriegsende waren die Einzelteile für ein Versuchstriebwerk fast alle
fertiggestellt.

## BMW 003

Das von BRAMO in Spandau entworfene Axialverdichtertriebwerk P-3302
wurde von BMW weiterentwickelt und erhielt die Bezeichnung BMW 109-003.
Bei dem ersten Probelauf des 003-Triebwerkes erzielte man anstatt des Ausle-
gungsschubes von 680 kp nur einen Schub von 263 kp. Zwei dieser Triebwerke
wurden 1941 in einer Me-262 flugerprobt. Wegen ihrer geringen Leistung mußten
sie beim Start durch einen Jumo-211-Kolbenmotor unterstützt werden. Die
Flugerprobung in einer Me-110 begann im Sommer 1941. Durch Verbesserung
der ersten Baumuster steigerte man die Schubabgabe bis Ende 1942 auf 548 kp.
Zur gleichen Zeit begannen die ersten Prüfstandsläufe eines neuen Triebwerkes
mit vergrößertem Durchsatz. Dieses neue Baumuster mit der Bezeichnung
003A-0 wurde im Oktober 1943 unter dem Rumpf einer Ju-88 aufgehängt,
flugerprobt und für die Produktion freigegeben. Das Produktionsmodell erhielt
die Bezeichnung 003A-1. Bis 1944 wurden 100 Triebwerke dieses Typs geliefert.
Das Baumuster 003A-2 baute man in die Flugzeugtypen Heinkel He-162 und
Arado Ar-234-C ein.
Das Triebwerk 003D war mit einem achtstufigen Verdichter und einer zweistufigen Turbine ausgerüstet. Es wurde 1944 für den Flugzeugtyp Arado 234

entwickelt, jedoch nicht mehr gebaut. Der Standschub sollte 1100 kp betragen. Das Baumuster 003R hatte zusätzlich ein Flüssigkeitsraketentriebwerk. Die Rakete erzeugte einen Schub von 1225 kp für maximal 3 min bei einem spezifischen Kraftstoffverbrauch von angenähert 20 kp/kph und war vorwiegend zur Erzeugung einer außerordentlichen Steigleistung für Auffangjäger gedacht. Die Modelle der Serien 003E-1 und 003E-2 unterschieden sich vom Produktionstriebwerk durch Änderungen, die für den Einbau des Triebwerkes in den Flugzeugtyp He-162 vorgenommen worden waren.

*Triebwerksdaten der einzelnen BMW-Triebwerke*

| Baumuster | 109-003A | und C | 109-003D | 109-018* |
|---|---|---|---|---|
| Durchmesser ............. [mm] | 688 | – | 688 | 1 253 |
| Länge .................. [mm] | 3 250 | – | 3 250 | 4 190 |
| Stirnfläche ............... [m²] | – | – | – | – |
| Gewicht (trocken) .......... [kg] | 608 | – | 648 | 2 290 |
| Spez. Kraftstoffverbrauch [kg/kph] | 1,47– | 1,40 | 1,1 | 1,1–1,3 |
| Schmierstoffverbrauch ..... [kg/h] | – | – | – | – |
| Startstandschub (trocken) .... [kp] in Meereshöhe | 800 | 897 | 1 100 | 3 400 |
| Drehzahl ............. [U/min] | 9 500 | 9 800 | 10 000 | 6 000 |
| Schub bei 900 km/h Fluggeschwindigkeit in Meereshöhe ............. [kp] | 704 | – | – | 3 016 |
| Schub bei 900 km/h Fluggeschwindigkeit in 9754 m Höhe ........... [kp] | 315 | – | – | 1 460 |

* Zum Vergleich mitaufgeführt. Die PTL-Ausführung 028 sollte einen Startschub (gesamt) von 8000 kp erzeugen, was einer Wellenvergleichsleistung von 14 000 PS bei einer Fluggeschwindigkeit von 900 km/h in Bodennähe entsprach.

*Errechnete Daten*

| Modell | Standschub [kp] | Spez. Kraftstoffverbrauch [kg/kph] | Drehzahl [U/min] | Gewicht [kg] | Durchsatz [kg/sec] | Verdichtungsverhältnis | Verd.-Stufen | Verd.-Umlaufgeschwindigkeit [m/sec] |
|---|---|---|---|---|---|---|---|---|
| 003A-0 | 453,6* | 2,2* | – | 748 | – | – | – | – |
| 003A-1 | 800 | 1,47 | 9 500 | 610 | – | – | – | – |
| 003A-2 | 800 | 1,47 | 9 500 | 610 | 19,0 | 3,09 : 1 | 7 | 273 |
| 003B-1 | 900 | 1,40 | 9 500 | 748 | – | – | 7 | – |
| 003C | 900 | 1,30 | 9 800 | 610* | 20,0 | 3,42 : 1 | 7 | 285 |
| 003D | 1 200 | 1,10 | 10 000 | 620* | 25,0 | 4,91 : 1 | 8 | 293 |
| 003E-1 | – | – | – | – | – | – | – | – |
| 003E-2 | – | – | – | – | – | – | – | – |
| 003R | 800 | 1,47 | 9,500 | 715 | – | – | – | – |

* Angaben zweifelhaft.

*Triebwerksbeschreibung*

| | |
|---|---|
| 109-003A und C | siebenstufiger Axialverdichter, Ringbrennkammer mit 16 Kraftstoffdüsen, einstufige Turbine, verstellbarer Düsenkegel. |
| 109-003D | achtstufiger Axialverdichter, Ringbrennkammer mit 16 Kraftstoffdüsen, zweistufige Turbine und verstellbarer Düsenkegel. |
| 109-003R | Aufbau wie 003-Produktionsserien, jedoch mit einer Rakete von 1250 kp Schub versehen. |
| 109-018* | zwölfstufiger Axialverdichter, Ringbrennkammer, dreistufige Turbine und verstellbarer Düsenkegel, Verdichtungsenddruck 7,0 atü. |

* Diese Angaben über die letzte Entwicklung bei BMW sollen zum Vergleich mitangeführt werden.

Das Einlaßgehäuse des Triebwerkes wurde aus Leichtmetallblech hergestellt. Um das Einlaßgehäuse waren der Öltank, der Ölkühler und ein kleinerer Kraftstofftank für den Riedelanlasser angeordnet. Durch auf den halben Umfang der inneren Wand des Einlaufgehäuses verteilte Hutzen wurde Luft vom Einlaßluftstrom aufgefangen und um 180° umgelenkt. Sie strömte dadurch entgegengesetzt zur Richtung des Hauptluftstromes durch den Ölkühler und wurde dann durch einen ringförmigen Schlitz zwischen der Haube der Triebwerksnase und der Wand des Einlaufgehäuses wieder in den Hauptluftstrom abgeblasen.
Das Gehäuse des siebenstufigen Axialverdichters war ein Gußstück aus Magnesiumlegierung. Der Verdichter verdichtete die Luft in einem Verhältnis von 3,09 : 1 bei einem Luftdurchsatz von 19 kg/sec und einer Drehzahl von 9500 U/min im Stand. Bei einer Fluggeschwindigkeit von 900 km/h wuchs das Druckverhältnis auf etwa 3,9 : 1. Für die Laufschaufeln der sieben Verdichterstufen wurde bei den Versuchstriebwerken ein von Göttingen entwickeltes Hochgeschwindigkeitsprofil gewählt; die Blechleitschaufeln waren verwunden, an den Enden zugespitzt und von kreisbogenartigem Profil. Da die ersten Triebwerke eine zu geringe Leistung hatten, wurde von BMW ein neuer Verdichter mit größerem Luftdurchsatz entwickelt. Während bei den Verdichtern der Versuchstriebwerke die Drucksteigerung nur in den Laufkränzen erfolgte und die Leitschaufeln lediglich zur Umlenkung dienten, wurden bei den neuen Verdichtern 30% der Drucksteigerung in den Leitschaufeln erzielt. Die Verdichter der ersten Serientriebwerke hatten Magnesium- oder Elektronschaufeln in den ersten drei Stufen, während die Beschaufelung der letzten vier Stufen aus Dural hergestellt wurde. Die Schaufeln wurden mit Schwalbenschwanzfuß in die Radscheiben eingesetzt und dann jeweils mit einer hohlen Niete befestigt.
Die Verdichterradscheiben wurden aus Aluminiumlegierung hergestellt und zum Schutz gegen Korrosion in Lack getaucht. Stahlbuchsen schützten die Bohrung gegen Beschädigungen bei öfterem Ein- und Ausbau.
Die Ringbrennkammer umfaßte insgesamt 16 Einspritzdüsen mit je einem kegelförmigen Wirbelerzeuger um die Düsenspitze und 80 Mischflossen, die sich auf

einen inneren und einen äußeren Ring verteilten. Der vordere Brennkammerteil trug die Kraftstoffdüsen und wurde aus Aluminiumlegierung-Sandguß hergestellt. Die Brennkammermäntel wurden aus 1010-Stahl gefertigt und mit einem bei 400°C eingebrannten Aluminiumüberzug versehen. Die in der heißeren Zone angebrachten Mischflossen sind aus hitzebeständiger Sicromallegierung.

Die 16 Kraftstoffdüsen waren bei den ersten Baumustern gleich nach dem Verdichterauslaß gleichmäßig auf den Umfang verteilt und sprühten den Kraftstoff in einen sich kegelförmig erweiternden Raum. Es bildete sich ein kegelförmiger Kraftstoffstrahl aus, der auf eine Prall- oder Wirbelplatte gelenkt wurde. In der sich hinter der Platte bildenden Wirbelzone konnte die Verbrennung eingeleitet und aufrechterhalten werden. Diese Brennerkonstruktion zeigte im Betrieb zahlreiche Störungen. So traf z. B. die vom Verdichter einströmende Luft ungleichmäßig auf die Wirbelplatten, was eine ungleichmäßige Temperaturverteilung hinter dem Brenner zur Folge hatte. Außerdem brachen verschiedentlich die aus keramischem Werkstoff hergestellten Platten. Nachdem man verschiedene Abänderungen untersucht hatte, wurden bei den Produktionswerken die Wirbelplatten durch konische, ebenfalls eine Wirbelströmung erzeugende Bauelemente ersetzt. Die Kraftstoffdüsen spritzten den Kraftstoff unmittelbar in den Wirbelbereich ein. Brennkammern dieser Bauart arbeiteten mit Wirkungsgraden von 90–95% bei Vollastbetrieb.

Die verdichtete Luft wurde hinter dem Verdichter in einen Primärluftstrom und einen Sekundärluftstrom aufgeteilt. Der Primärluftstrom gelangte unmittelbar zum Brenner, während der Sekundärluftstrom durch besondere Mischflossen dem heißen Gasstrom zugeführt wurde. Dadurch erreichte man eine gleichmäßige Temperaturverteilung am Ende der Brennkammer und eine für die Turbine zulässige Temperatur.

Die einstufige Axialturbine des BMW-Triebwerkes war für eine Turbineneintrittstemperatur von 800°C ausgelegt. Das Turbinenlaufrad der Versuchsmodelle hatte einen Durchmesser von 528 mm und eine Schaufellänge von ca. 90 mm. Die Turbinendrehzahl betrug 9000 U/min.

Die ersten Turbinenschaufeln waren hohl und wurden aus zwei aneinandergeschweißten Blechstücken hergestellt und mit dem Schaufelfuß auf den Radkranz geschweißt. Da diese Art der Befestigung jedoch nicht zuverlässig genug war, ging man zu einer Schaufelbefestigung über, bei der die hohlen, luftgekühlten Laufschaufeln aus Chromnickelblech gefertigt und durch Zapfen und Keile in der Scheibe festgehalten wurden. Die Radscheibe aus Chrom-Molybdänstahl kühlte man in der Art, daß Kühlluft von der Turbinenwelle aus an dem Radkörper entlangströmte und danach in den Gasstrom gelangte. Die Leitschaufeln wurden zunächst aus verwundenen Blechstreifen hergestellt und zwischen zwei Ringen im Düsenboden befestigt, wobei sie durch eine im äußeren Ring befindliche Öffnung geschoben und an den inneren Ring geschweißt wurden. Da sich diese Schaufeln schon nach kurzer Zeit verbogen, ging man zu profilierten Hohlblechschaufeln über und kühlte diese von innen. Die Kühlluft trat an den Hinterkanten der Schaufeln wieder in den Gasstrom aus.

Nach anfänglichen Ausführungen mit feststehendem Düsenkegel konstruierte

man eine Schubdüse, bei der durch Verschiebung des Düsenkegels der Auslaßquerschnitt verändert werden konnte.

Das Triebwerk wurde mit einem kleinen luftgekühlten Zweizylinder-Zweitakt-
Benzinmotor (Riedel) angelassen. Der Motor war innerhalb des Einlaufgehäuses
auf dem vorderen Verdichterende angebracht und mit einer paraboloidförmigen
Haube verkleidet. Die Betriebsdrehzahl des Riedelmotors war sehr hoch und
gestattete nur eine kurze Betriebsdauer. Das Triebwerk lief jedoch unter normalen Bedingungen in weniger als einer Minute an. Zum Anlaßvorgang wurde
Benzin verwendet. Hierfür waren sechs besondere Kraftstoffdüsen (zusätzlich zu
den 16 Hauptdüsen) in der Brennkammer vorhanden.

# BMW

Triebwerksbau GmbH, München-Allach

Nach dem zweiten Weltkrieg übernahm die Firma BMW zunächst die Lizenzherstellung von Kolbenflugmotoren der Firma Lycoming sowie die Reparatur und Überholung von Orenda-Strahltriebwerken der Sabre-6-Jäger der Luftwaffe. Größtes Programm der Firma auf dem Strahltriebwerkssektor ist zur Zeit der Lizenzbau von General-Electric-J79-Triebwerken für das europäische F-104-Programm in Zusammenarbeit mit den Firmen Fiat, Italien, und Fabrique Nationale (FN), Belgien. In eigener Regie entwickelte BMW eine Reihe von Kleingasturbinen. Aus der kleinen Gasturbine BMW 6002 wurde ein Kleinstrahltriebwerk mit der Bezeichnung BMW 8025 (ursprünglich BMW 8011) abgeleitet, das als Hilfsaggregat für Motorsegler dient (Schub 42 kp, Trockengewicht ca. 35 kg). Seine Weiterentwicklung BMW 8026, für den gleichen Verwendungszweck vorgesehen, liefert 50 kp Schub bei einer Drehzahl von 45 000 U/min. Der Kraftstoffverbrauch beträgt 52 kg/h, das Gewicht etwa 38 kg, die Abmessungen sind: Breite × Höhe 380×420 mm, Länge 600 mm. Das Triebwerk hat einen einstufigen Radialverdichter und eine einstufige Radialturbine [I.A.L. 12. 6. 61; 891, 892]. Mit der Erprobung eines Modelles mit etwa doppelter Leistung soll begonnen worden sein.
Ein kleines Zweikreistriebwerk mit 285 kp Schub steht unter der Bezeichnung BMW 8040 in Entwicklung.

## BMW 8040

Dieses kleine Zweikreistriebwerk von 285 kp Schub soll bei Geschwindigkeiten von 400 bis 500 km/h und über Reichweiten bis zu 1500 km wirtschaftlich eingesetzt werden können. Das Verhältnis des Luftdurchsatzes des äußeren Kreises zum Durchsatz des inneren Kreises soll über 2,5 liegen.

*Triebwerksdaten*

| Baumuster | | BMW 8040 |
|---|---|---|
| Durchmesser | [mm] | 425 |
| Länge | | |
| (Verdichtergehäuse bis Austrittsflansch) | [mm] | 700 |
| Gewicht | | |
| (trocken, mit Anlasser) | [kg] | 100 |
| Startschub | [kp] | 285 |
| Spez. Kraftstoffverbrauch | | |
| bei Startschub | [kg/kph] | 0,53 |
| Dauerstandschub | [kp] | 260 |
| Spez. Kraftstoffverbrauch | | |
| bei Dauerstandschub | [kg/kph] | 0,533 |
| Dauerschub bei 500 km/h | | |
| in 3000 m Höhe | [kp] | 127 |
| Spez. Kraftstoffverbrauch | | |
| bei Dauerschub bei 500 km/h | [kg/kph] | 0,885 |

*Triebwerksbeschreibung*

Ein einstufiges Verdichterrad verdichtet den Gesamtluftstrom vor. Hinter diesem Verdichterrad gelangt der größere Teil des Gesamtluftstroms in den äußeren ringförmigen Mantelstromkanal, während der kleinere Teil den inneren Heißgaskreis durchströmt. Dieser besteht aus einem Verdichter mit mehreren Axialstufen und einer radialen Endstufe, einer Ringbrennkammer und einer einstufigen Axialturbine, die den Verdichter antreibt, sowie einer einstufigen Niederdruckturbine, die über eine zur Hochdruckläuferwelle konzentrische Innenwelle das einstufige Vorverdichterrad antreibt. Schmierung und Kühlung soll durch den Kraftstoff erfolgen. Dieses Schmier- und Kühlsystem hat sich im Rahmen von Prüfstandsläufen bereits bewährt. Als Kraftstoff ist leichtes Heizöl vorgesehen; es kann auch Benzin usw. verwendet werden. Die Zweitkreisluft soll in vollem Ausmaß für Zwecke der Auftriebserhöhung herangezogen werden [I.A.L. 21. 7. 60].

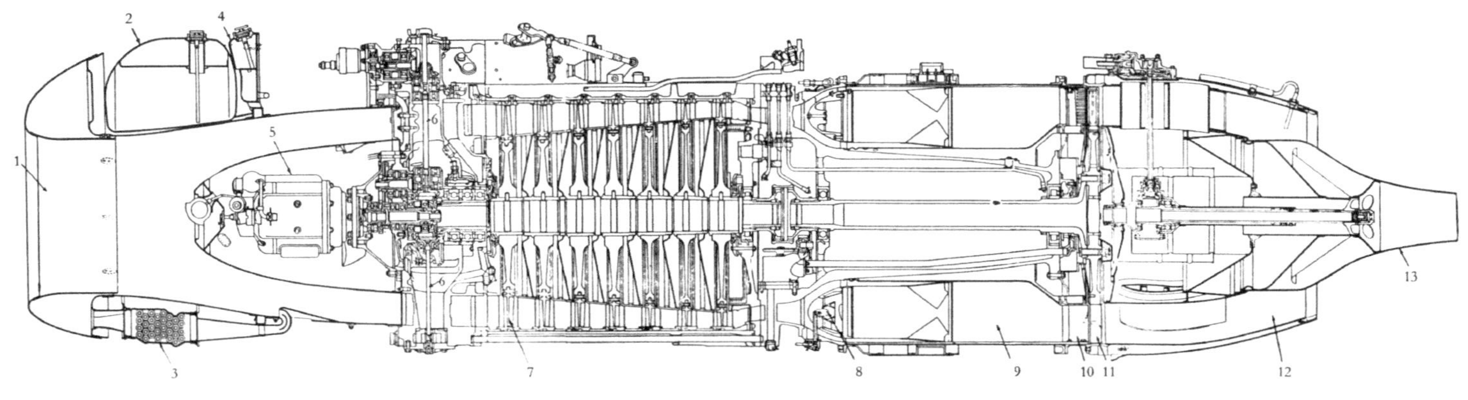



Abb. 212  Querschnitt durch das BMW003-Gasturbinen-Strahltriebwerk [372] (Aviation Week):

| 1 Verdichtereinlauf | 7 Verdichter |
|---|---|
| 2 Ölbehälter | 8 Kraftstoff-Einspritzdüsen |
| 3 Ölkühler | 9 Ringbrennkammer |
| 4 Kraftstoffbehälter | 10 Turbinen-Leitrad |
| des Riedel-Anlaßmotors | 11 Turbinen-Laufrad |
| 5 Anlaßmotor (Zwei-Zylinder-Zweitakt) | 12 Schubdüse |
| 6 Geräte-Antriebswellen | 13 Regelpilz |

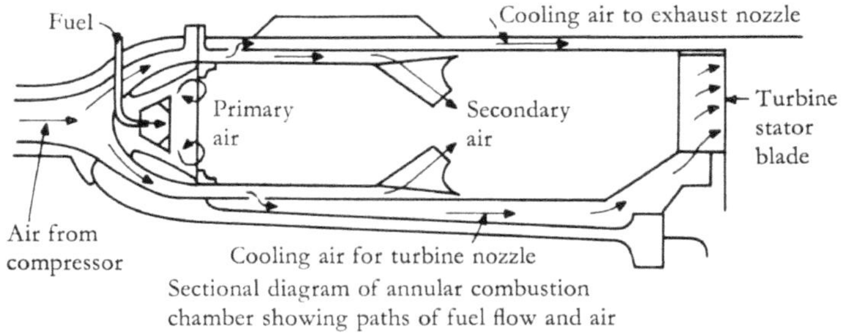


a) Luft- und Brennstoffwege in der Brennkammer

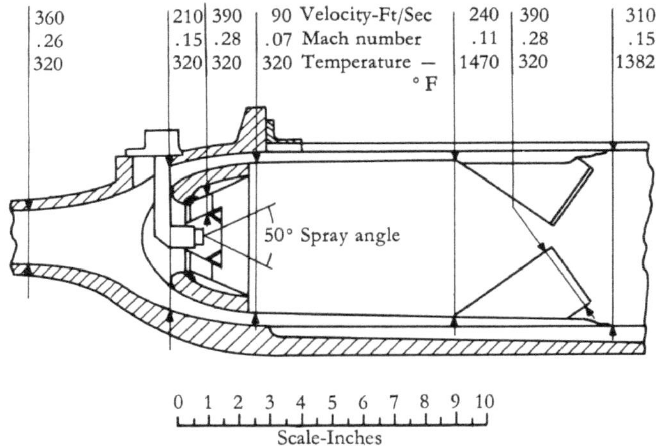


b) Temperatur und Geschwindigkeitsverteilung in der Brennkammer

Abb. 213a und b    Triebwerk BMW 109-003 [793] (SAE-Journal)

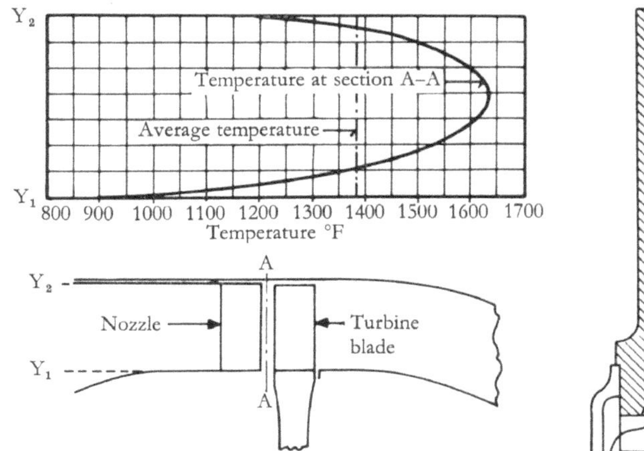


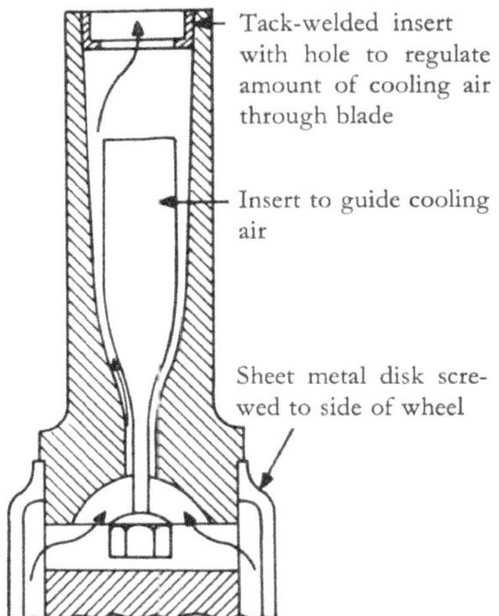


Abb. 214 Strahltriebwerk BMW 003: Temperaturverteilung über die Turbinenschaufellänge

Cross-section cf turbine blade showing flow of
cooling air from wheel through blade

Abb. 215   Prinzipskizze der Turbinenhohlschaufel
mit Kühlluftwegen [372] (Aviation Week)

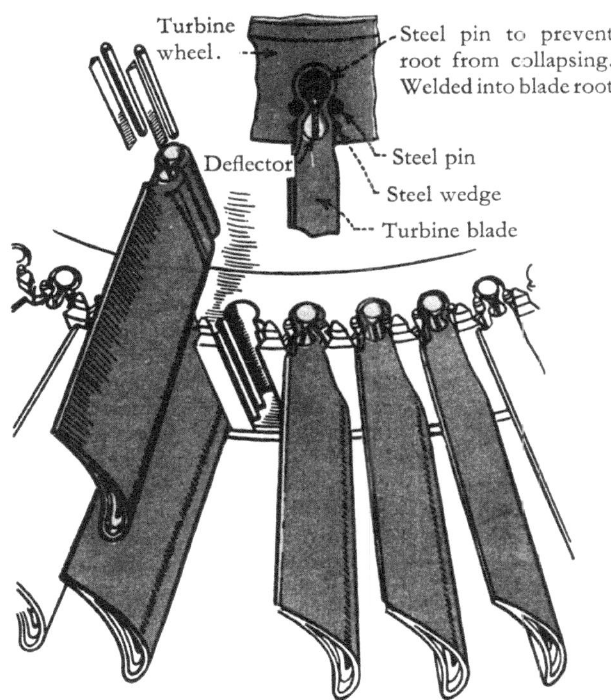


Abb. 216   Befestigung der Hohlschaufeln in der Radscheibe der Turbine [372]
(Aviation Week)

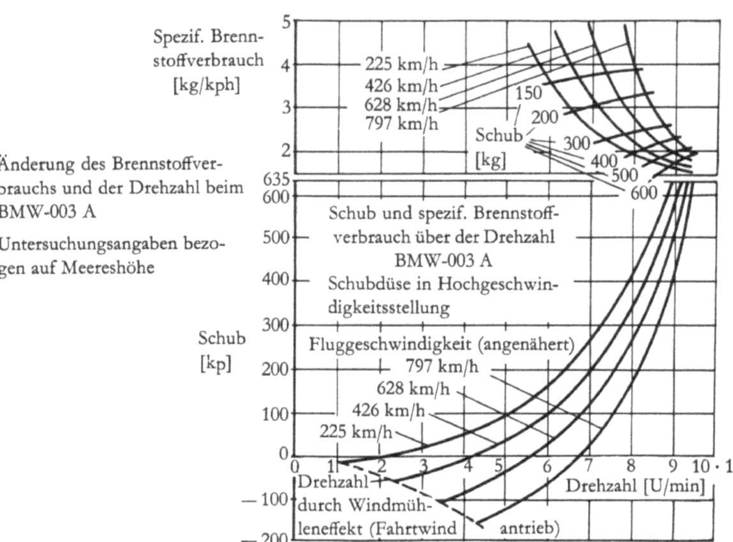


Abb. 217   BMW003 A: Brennstoffverbrauch und Schub in Abhängigkeit von der Drehzahl

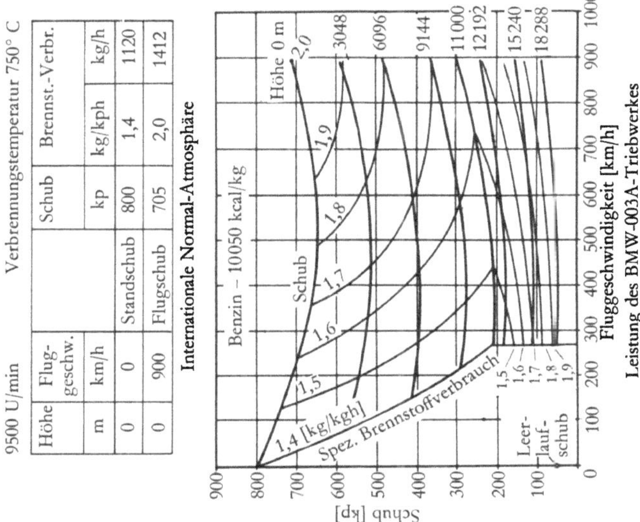



Abb. 219  BMW003 A [793] (SAE-Journal): Leistung des Strahltriebwerks

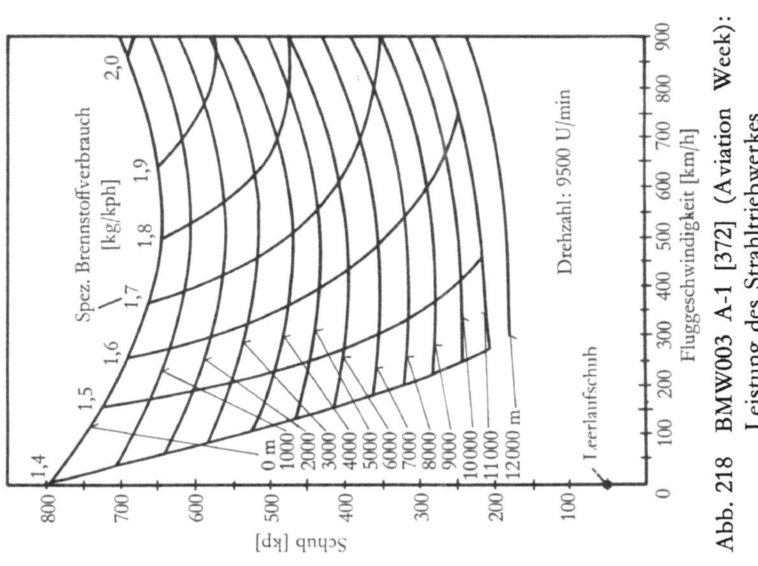



Abb. 218  BMW003 A-1 [372] (Aviation Week): Leistung des Strahltriebwerkes

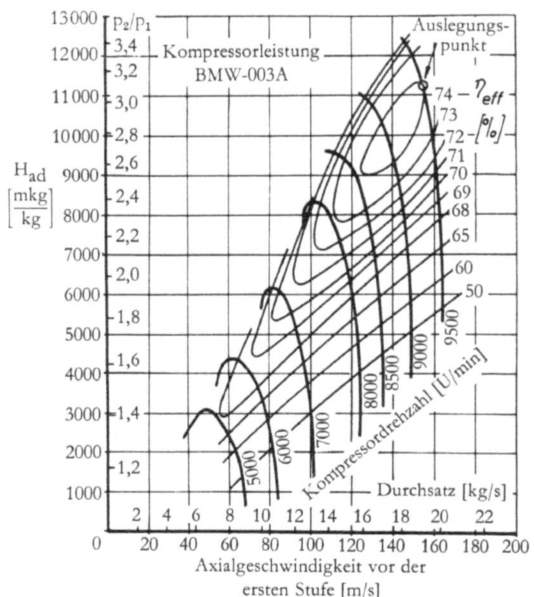


Kompressorwirkungsgrad in Abhängigkeit von der Drehzahl

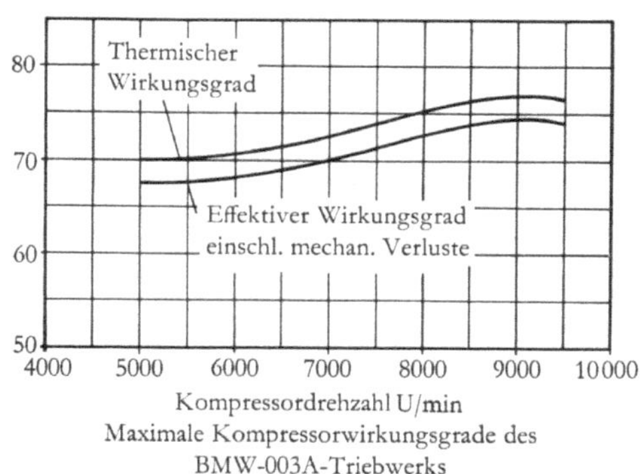


Maximale Kompressorwirkungsgrade des
BMW-003A-Triebwerks

Kompressorleistung in Abhängigkeit vom Durchsatz

Abb. 220   BMW003 A [793] (SAE-Journal)

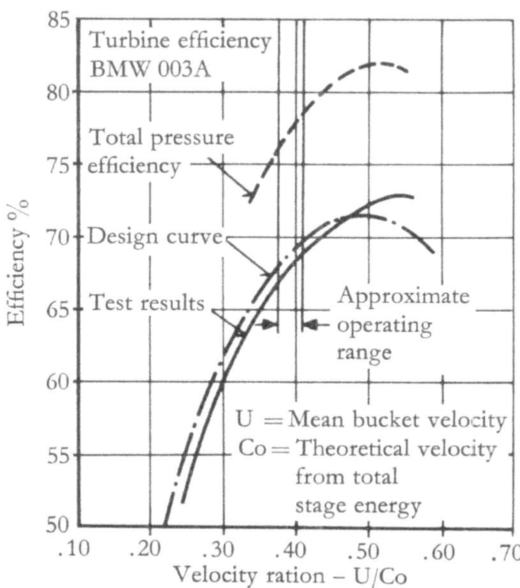



Abb. 221   BMW003 A: Turbinenwirkungsgrad des Triebwerks in Abhängigkeit von der Schnellaufzeit

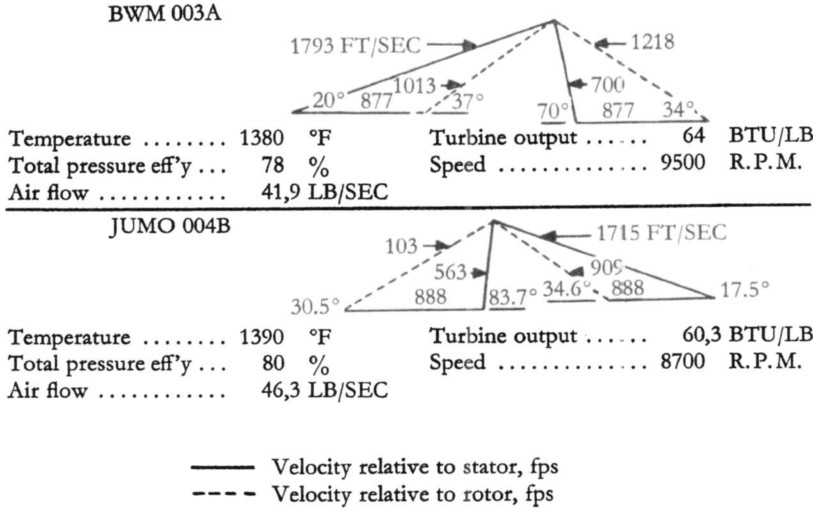



| | | | | | |
|---|---|---|---|---|---|
| Temperature | 1380 | °F | Turbine output | 64 | BTU/LB |
| Total pressure eff'y | 78 | % | Speed | 9500 | R.P.M. |
| Air flow | 41,9 | LB/SEC | | | |

| | | | | | |
|---|---|---|---|---|---|
| Temperature | 1390 | °F | Turbine output | 60,3 | BTU/LB |
| Total pressure eff'y | 80 | % | Speed | 8700 | R.P.M. |
| Air flow | 46,3 | LB/SEC | | | |

Abb. 222   Geschwindigkeitsdreiecke in der Turbinenstufe der Triebwerke BMW003 A und Jumo 004 B

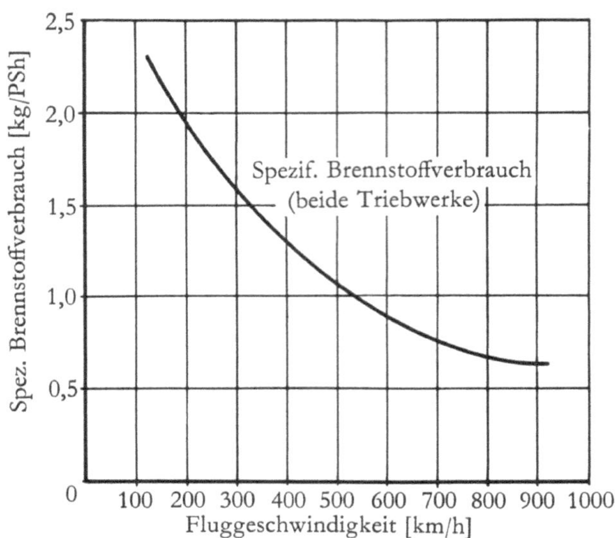



Abb. 223   Spezifischer Brennstoffverbrauch der Triebwerke BMW 003 und Jumo 004 [793] (SAE-Journal)

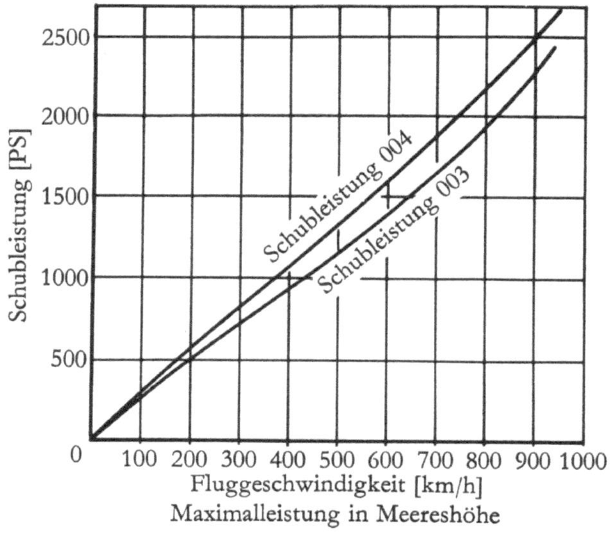



Abb. 224   Vergleich der Schubleistung der beiden Triebwerke BMW 003 und Jumo 004 [793] (SAE-Journal)

352

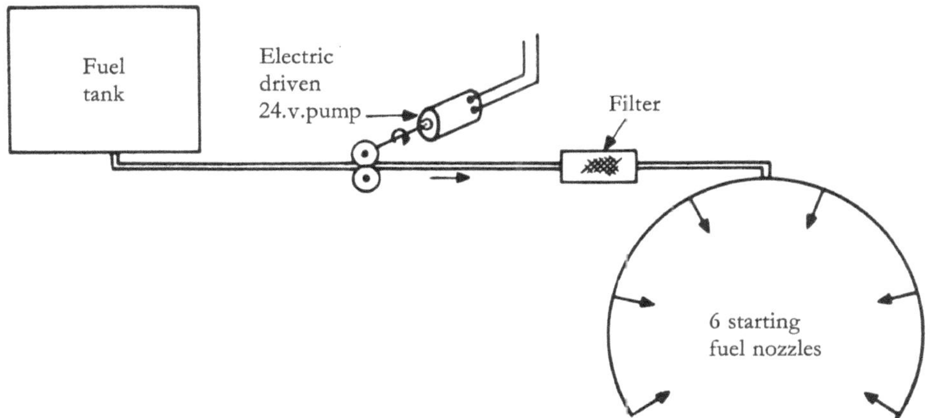


Abb. 225   BMW 003: Schema des Anlaßbrennstoffsystems

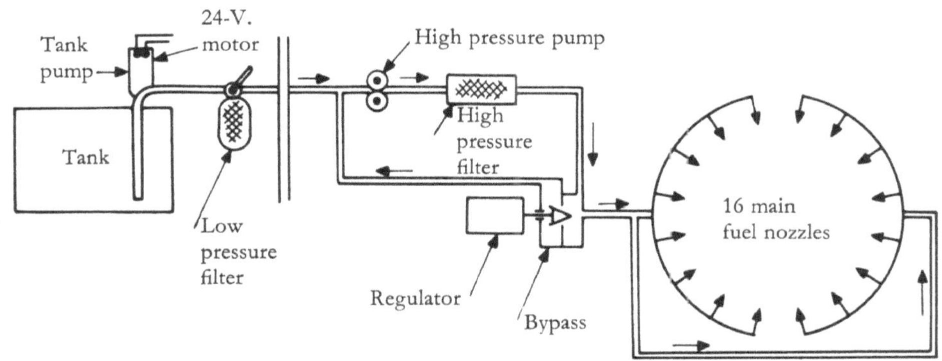


Abb. 226   BMW 003: Schema des Brennstoffsystems

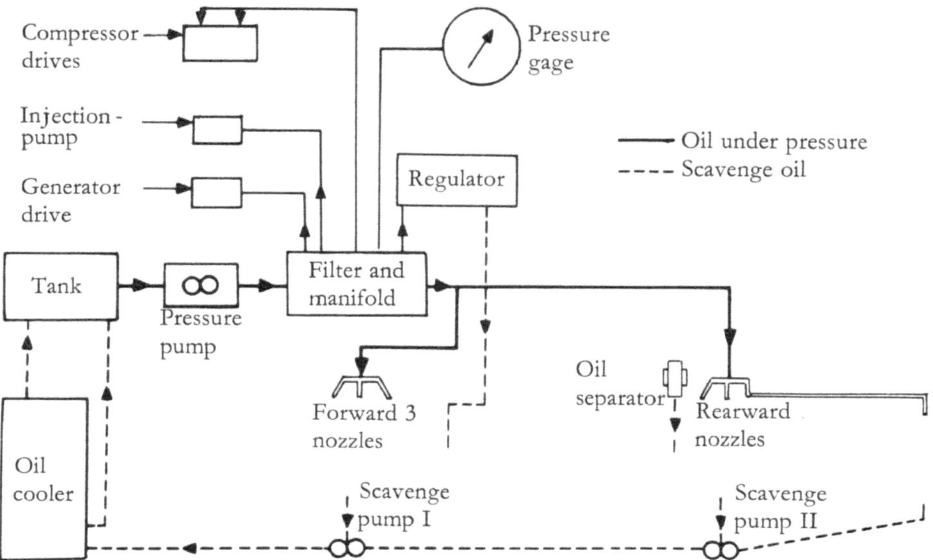



Abb. 227   BMW 003: Schema des Schmierölsystems

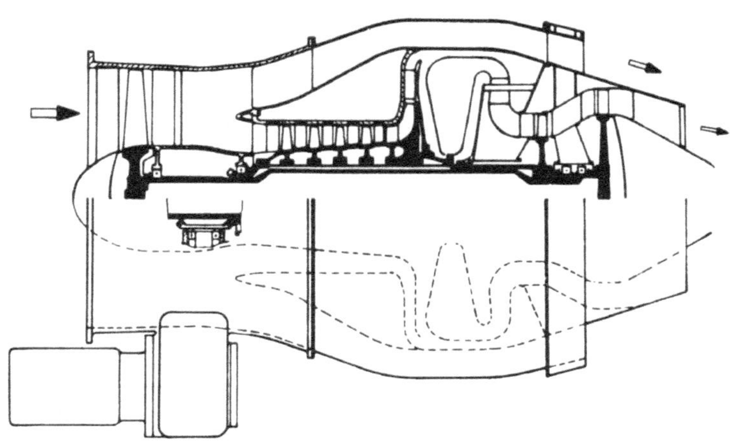

Abb. 228   BMW 8040: Zweikreistriebwerk [I.A.L. 27. 7. 60] (Interavia)

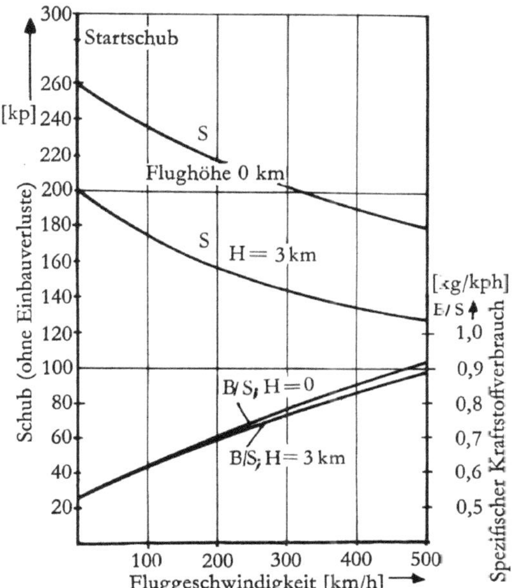


Abb. 229   BMW 8040: Leistungsdiagramm des Triebwerks (Interavia)

# Daimler-Benz

## Daimler-Benz-Triebwerk 109-007

Die Firma Daimler-Benz begann Mitte 1939 als letzte der deutschen Firmen mit
der Entwicklung von Strahltriebwerken. Dies war in erster Linie die Folge davon,
daß die Kapazität des Werkes weitgehend durch die Entwicklung und Fabrikation
der Daimler-Benz-Kolbenflugmotoren ausgelastet war. Auch während des
Krieges, wo erklärlicherweise die in sehr viele Flugzeugbaumuster eingebauten
DB-601-, DB-605- und DB-603-Motoren mit ihren verschiedenen Abarten einen
außerordentlichen Einsatz des gesamten Werkes erforderten, konnte sowohl in
der Konstruktion wie in der Werkstatt nur sehr allmählich die auf die Gastur-
binenentwicklung angesetzte Mannschaft verstärkt werden.
Der späte Beginn der TL-Entwicklung hatte zur Folge, daß die Firma vom
Reichsluftfahrtministerium, da schon genügend Firmen auf einfache Strahltriebwerke angesetzt zu sein schienen, mit einer Weiterentwicklungsaufgabe, nämlich Schaffung eines Triebwerkes mit besonders geringem Kraftstoffverbrauch
für längere Einsatzzeiten, betraut wurde, welches als Zweikreistriebwerk entwickelt werden sollte. Da bei dieser komplizierten Einheit gleichzeitig ein
größerer Schub als bei den anderen gefordert wurde und außer dem späteren
Entwicklungsbeginn die Erfahrungen, die an einem einfachen TL-Gerät hätten
gesammelt werden können, übersprungen werden mußten, ergab sich hiermit
eine Aufgabe, die besonders hohe Anforderungen an die Entwicklung stellte.
Außerdem führte diese zu einer großen Reihe von zusätzlichen Problemen, da
die spezielle Zielsetzung des Projektes, nämlich die Erreichung höchster Wirtschaftlichkeit durch den Ballastluftkreislauf und seine speziellen Forderungen,
ein besonders starkes Heranrücken an die Grenzen der ausführbaren Werte in
bezug auf Druckverhältnisse, Gastemperaturen usw. forderte. Hierdurch war
bei dem damaligen frühen Entwicklungsstand der Strahltriebwerke und dem
gänzlichen Fehlen von Erfahrungen, auf die man sich hätte stützen können, eine
schnelle und einfache Lösung sehr erschwert.
Da der geforderte Kraftstoffverbrauch außerordentlich niedrig war, mußte zu
einer für damalige Verhältnisse sehr hohen Verdichtung übergegangen werden
(ca. 1 : 8), die, da sonst durch zu viele Kompressorstufen die Länge außerordentlich groß ausgefallen wäre und auch die kritische Drehzahl kaum hätte beherrscht
werden können, zu einem gegenläufigen Verdichter führte, der in einer Lösung
von der Aerodynamischen Versuchsanstalt Göttingen, in einer späteren Parallel-
ausführung von der Firma Voith konstruiert wurde. Die Entspannungsanfangstemperatur wurde – ebenfalls mit dem Ziel bester Wirtschaftlichkeit – auf 1100° C
festgelegt. Um diese hohen Temperaturen für die Laufschaufeln erträglich zu
machen, wurden diese gekühlt, und zwar vermittels einer Teilbeaufschlagung
durch Luft, die nicht auf den Brennkammerdruck, sondern nur auf den Druck

hinter der Turbine verdichtet war. Für diese Kühlmethode, die als einzige im praktischen Betrieb eine Temperatur von 1100°C bereits erlaubt hatte, lagen die Verhältnisse gerade beim Zweikreistriebwerk deswegen besonders günstig, weil der Verdichter, die Turbine und die Brennkammern von dem zweiten Kreis (Ballastluft) umströmt wurden, dem die Kühlluft zwanglos entnommen werden konnte. Auch ließ sich der durch die Teilbeaufschlagung etwas größere Turbinenraddurchmesser ohne weiteres in dem Hauptspantquerschnitt unterbringen, der durch den Verdichterdurchmesser zuzüglich des zweiten Kreises sowieso nötig war. Die für die Gastemperatur von 1100°C ausreichende Kühlwirkung der auch in der ausländischen Literatur günstig beurteilten* kühlenden Beaufschlagung mit unverdichteter Luft war vorher aus einer ganzen Reihe von Versuchen an Abgasturbinenrädern mit geeignet geformten Schaufeln festgestellt worden, bei denen Dauerläufe über 200 Stunden mit höchsten Drehzahlen bei dieser Temperatur anstandlos durchgeführt worden waren.

Als besonderes Kennzeichen der Konstruktion dieses Zweikreistriebwerks soll noch genannt werden, daß die Schaufeln zur Verdichtung der Ballastluft, also des zweiten Kreises, auf dem Außenläufer des gegenläufigen Verdichters angebracht waren, wodurch die Baulänge noch weiter verringert wurde.

Das DB-Triebwerk 109-007, wie die beschriebene Zweikreisentwicklung genannt wurde, sollte bei 250 m/sec Fluggeschwindigkeit in 6 km Höhe einen Schub von 600 kp erzeugen, das entsprach einer Vortriebsleistung von 2000 PS. Die Gastemperatur wurde aus den besprochenen Gründen auf 1100°C, der Gasbeaufschlagungsgrad auf 67% festgelegt. Die Förderhöhe des Verbrennungsluftverdichters betrug 20 000 mkg/kg, die des Ballastluftverdichters 3000 m bei einer Drehzahl der Turbine von 12 600 U/min. Der Außenläufer des Verdichters der gleichzeitig die Beschaufelung des Ballastluftverdichters trug, lief mit 6200 U/min um und wurde durch ein Planetengetriebe von der Turbinenwelle aus angetrieben. Der Gegendruck der Turbine ergab sich zu 1,9 ata am Boden, so daß also weitgehend Schallgeschwindigkeit in der Enddüse herrschte. Der Luftdurchsatz betrug im ersten Kreis in Bodennähe 14,8, in 6 km Höhe 8,2 kg/sec; im zweiten Kreis 35,8 bzw. 19,9 kg/sec. Das Ballastluftvielfache betrug danach ca. 2,42.

Die Turbine war einstufig, obgleich das Expansionsdruckverhältnis bis 1 : 6 stieg, der Verdichter besaß 17 Stufen, d. h. gegenläufige Kränze. Dadurch war die Gesamtbaulänge trotz des hohen Druckverhältnisses relativ kurz.

Der feste Mittelträger unmittelbar hinter dem Verdichteraustritt hat die Rolle einer senkrechten Grundplatte, an der sich nach vorn ein die vorderen Lager tragender zylindrischer Teil als Verdichtergehäuse anschließt, und nach hinten der das Getriebe umhüllende konische Träger des Lagers der fliegend angeordneten Turbinenscheibe.

Von den beiden Verdichterläufern ist der innere in einer Ausführung aus trommelartigen Ringen, in der anderen aus Rädern zusammengesetzt. Durch die Anbringung der zwei Stufen des Ballastluftgebläses auf dem Außenläufer des gegen-

---

* Vgl. z. B. JUDGE, Modern Gas Turbines.

läufigen Verbrennungsluftkompressors wird die Gesamtbaulänge des Kompressorteils trotz des hohen Verdichtungsverhältnisses und trotz der zwei notwendigen Verdichter sehr kurz, was der kritischen Drehzahl zugute kommt. Die erste Scheibe sowie die Schaufelringe sind sowohl beim Innen- wie beim Außenläufer aus einer besonderen Leichtmetallegierung gefertigt, die durch Nickelzusatz eine erhöhte Warmfestigkeit aufweist. Die letzten Stufen waren aus Stahl. Die Schaufeln der Erstlingsausführung waren aus dem Material der Ringe herausgeschnitten, für später war zwecks Verbilligung ein schräg einzuschiebender Schwalbenschwanzfuß für die Verdichterschaufeln vorgesehen. Die Lagerung wurde – mindestens bei der ersten Ausführung – als Gleitlagerung (teilweise mit schwimmenden Buchsen) ausgeführt mit einem Blockdrucklager zur Aufnahme des beträchtlichen Achsschubes, der durch einen Druckausgleichkolben am Außenläufer gesenkt wurde.

Die Düsen der einstufigen Turbine waren mit Rücksicht auf das sehr hohe Entspannungsverhältnis erweitert ausgeführt. Die Umfangsgeschwindigkeit des Turbinenrades betrug 375 m/sec. Das Rad ist mit Hirthverzahnung an der Welle befestigt und trägt einen radialen Schaufelkranz zur Förderung von Kühlluft zur Kühlung des Rades und insbesondere der Düsen. Ergänzend wurden Untersuchungen über eine zweistufige Ausführung der Turbine durchgeführt, die jedoch baulich ungünstigere Verhältnisse lieferte. Die Schaufelprofile waren vorn stark abgestumpft und im Verhältnis 1 : 2,7 verjüngt ausgeführt. Der Außenrand des Rades trug auf beiden Seiten eine konzentrische Umfangsrippe, die durch die radiale weiter nach innen reichende Kühlluftzuführung bespült wurde und somit dem besonders gefährdeten Radkranz die Wärme entzog.

Die Zahl der Brennkammern betrug vier, wobei die Möglichkeit der Anbringung einer fünften Kammer offengelassen war, was während der Versuche bereits durchgeführt wurde. Der Luftüberschuß betrug mit Rücksicht auf die hohe Entspannungsanfangstemperatur 2,7–3. Die Düsen hatten neben ihrer hohen thermischen Beanspruchung durch die hohe Druckdifferenz der Entspannung auch hohe mechanische Beanspruchungen auszuhalten. Ihre Stege wurden daher hohl ausgeführt und von Kühlluft durchströmt.

Um den Gewinn durch den Ballastluftkreislauf vollständig zu machen, war eine möglichst weitgehende Mischung des Turbinenabgases mit der Luft des zweiten Kreises hinter der Turbine notwendig. Die Mischung geht dabei um so verlustärmer vor sich, je geringer die Strömungsgeschwindigkeit während derselben ist. Es wurden zwei Mischstrecken mit verschiedener Länge und mit verschieden aufwendigen Einbauten hergestellt, die diesem Gesichtspunkt bei verschiedenem Baugewicht und Werkstattaufwand Rechnung tragen sollten. Bei geringeren Geschwindigkeiten im Mischraum ergab sich gleichzeitig die Möglichkeit einer intensiveren Nachverbrennung ohne Erreichung der Schallgeschwindigkeit vor der Enddüse, d. h. also einer besseren Ausnutzung eines der wesentlichen Vorteile der Zweikreisers.

Der Einlaufverkleidung wurde zwecks Erzielung einer günstigen Einströmung sowohl im Stand wie bei voller Geschwindigkeit besondere Aufmerksamkeit durch Vorversuche gewidmet. Die Hilfsapparate waren mit dem Triebwerk

unmittelbar verbunden. Sie bestanden aus je einer Pumpe für den Kraftstoff
der Brennkammer und für die Zusatzverbrennung zuzüglich Vorpumpen, für
den Schmierstoff wurden drei Druck- und drei Saugpumpen zunächst im Naben-
kopf, später an einem gesonderten Apparateträger über dem Triebwerk untergebracht, an dem außerdem Einspritzregler, Drehzahlgeber, Anlasser und Zünd-
gerät sowie Atemluftverdichter, drei Generatoren und eine Hydraulikpumpe für
die Zelle usw. angeordnet waren.

Die für das Triebwerk benutzten Werkstoffe entsprachen bei den hohen Belastungen naturgemäß den besten damals verfügbaren Legierungen.

Wenn auch in Anbetracht des durch den Krieg diktierten außergewöhnlich
beschleunigten Entwicklungstempos viele Vorversuche, die wünschenswert gewesen wären, nicht durchgeführt werden konnten, wurde doch eine Reihe
wichtiger Elemente, bezüglich derer besonders wenig Erfahrungen vorlagen,
mindestens teilweise vorerprobt. Hierzu gehört insbesondere die Brennkammer
und getrennt davon die Einspritzdüsen, der gegenläufige Verdichter, die Achs-
schublager, das Getriebe, welches bei leichtester Bauart 4000 PS übertragen
mußte, die Einlaufverkleidung usw.; weiter gingen Schleuderversuche mit
Überdrehzahlen, Schwingungsmessungen und umfangreiche Schaufelkühlungs-
versuche, Hilfsaggregatuntersuchungen usw. der Erprobung des Gesamttrieb-
werkes voraus. Zum Ausschleudern der Turbinenräder wurde ein gesonderter
Schleuderstand mit aufheizbarer Umgebungsluft und unter Absaugung auf
Vakuum erstellt.

Die Gesamterprobung, die nach verschiedenen anfänglichen Schwierigkeiten
mit allen Drehzahlen von der Abhebedrehzahl* 4000 U/min bis zur Auslegungsdrehzahl 12 600 U/min des Innenläufers (teilweise ohne Ballastluftverdichter)
durchgeführt wurde, ergab für das erste Volltriebwerk eine Gesamtversuchszeit
von 152 Stunden. Es wurde dabei auf eine Anzahl von Einzelfragen, die nicht
in Vorversuchen geklärt werden konnten, miteingegangen. Teilweise wurde mit
Wassereinspritzung in die Brennkammer gefahren. Die Brennkammerbelastung
lag bei voller Drehzahl bei $94 \cdot 10^6$ kcal/Std. Die Freilaufdrehzahl rückt bei
Zweikreisern, da die Ballastluft Leistung aufnimmt, ohne daß sie zur Leistungs-
erzeugung herangezogen wird, höher als beim einfachen TL-Triebwerk. Sowohl
die Einzelversuche wie insbesondere auch die Versuche am Volltriebwerk ergaben
eine große Zahl von Erkenntnissen und aussichtsreichen Verbesserungsvor-
schlägen. Da andererseits die Aussicht gering erschien, daß dieses durch seine
komplizierte Aufgabenstellung ziemlich problemreiche Triebwerk bei dem damaligen noch recht geringen Stand der allgemeinen Erfahrungen auf dem Strahltriebwerksgebiet noch innerhalb der im Rahmen des Kriegsfortgangs verfügbaren
Zeit zur Betriebsreife würde entwickelt werden können, wurde die Weiterarbeit
hieran von seiten des Luftfahrtministeriums zwecks Konzentration der Industrie-
kapazität abgebrochen. Aus diesem Grunde mußten auch die im Gange befindlichen Schubmeßversuche des Gesamttriebwerks vor der Feststellung einiger-

---

* Mindestdrehzahl, bei der das Triebwerk in der Lage ist, sich ohne Anlaßmotor selbst
  zu beschleunigen.

maßen stichhaltiger Ergebnisse beendet werden. Auch Brennstoffverbrauchsmeß-
versuche, die einen Aufschluß über die Erreichung des Ziels der Zweikreisbauart
mit einigermaßen zielsicher aufeinander abgestimmten Einzelmaschinen hätten
geben können, konnten nicht mehr durchgeführt werden. Andererseits deuteten
die zahlreichen Vorschläge für Konstruktionsvarianten und Auslegungsver-
besserungen, die sich aus den Versuchen ergaben, darauf hin, daß trotz der
schwierigen Aufgabenstellung bei ausreichender Zeit die Weitererprobung der
mit Rücksicht auf unbekannte Havariequellen möglichst sicher und daher auch
verhältnismäßig schwer konstruierten Erstausführung mindestens in der bei
derartigen neuen Entwicklungen üblichen Zweit- und Drittkonstruktion eine
erfolgreiche Entwicklung versprochen hätte.

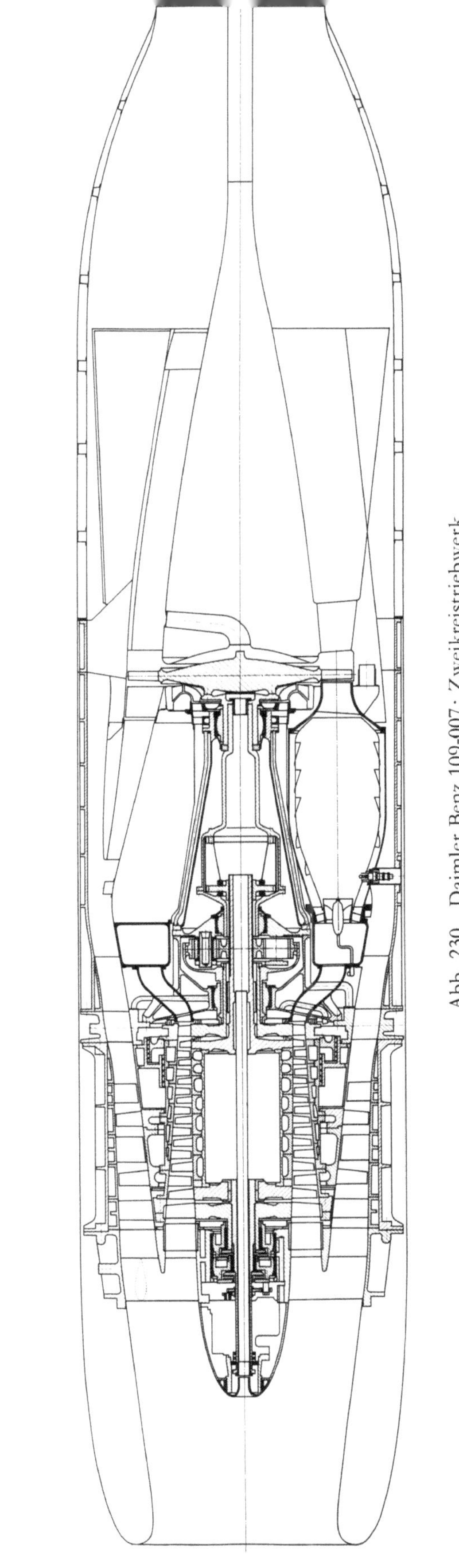

Abb. 230   Daimler Benz 109-007: Zweikreistriebwerk

Abb. 231   Daimler Benz 109-007 Zweikreistriebwerk im Prüfstand

Abb. 232   Daimler Benz Zweikreistriebwerk

Abb. 233   Daimler Benz-Triebwerk 109-007 Ansicht der Brennkammern und der
Turbine

# Heinkel

Die Firma Heinkel war die erste deutsche Firma, die aus eigener Initiative, aufbauend auf Gedanken und Vorschlägen VON OHAINS, die Entwicklung von Strahltriebwerken bereits im Jahre 1936 aufnahm. VON OHAIN baute zunächst ein Versuchstriebwerk, das Modell He S 1, das mit einem Radialverdichter, einer Brennkammer und einer einstufigen Radialturbine ausgerüstet war. Es lief im März 1937 zum erstenmal auf dem Prüfstand und erzeugte einen Schub von 249 kp im Stand. Das erste für Flugversuche entwickelte Triebwerk He S 3 wurde 1938 auf den Prüfstand gebracht, entsprach jedoch nicht den Anforderungen. Es wurde zu dem Modell He S 3-B umkonstruiert, das einen Standschub von 498 kp abgab und am 27. 8. 1939 als erstes Strahltriebwerk der Welt in einer He 178 ohne zusätzliche Antriebe flog. (Erster Strahltriebwerksflug in England am 14. 5. 1941 mit einer Gloster E. 28/39, die mit einem Whittle-Triebwerk W. 1 ausgerüstet war. Erster Strahltriebwerksflug in Amerika am 1. 10. 1942 in einer Bell P-59A mit einem Triebwerk vom Whittle-Typ (GE-I-A) der Firma General Electric.) Ein weiterentwickeltes Modell des Triebwerkes He S 3-B erzeugte einen Schub von 589 kp und erhielt die Bezeichnung He S 6. Es wurde in einer He 178 geflogen. Nachdem gegen Ende 1939 die Forschungsarbeiten vom Reichsluftfahrtministerium unterstützt wurden, konzentrierte man sich auf die Entwicklung des Radialverdichtertriebwerkes He S 8 und der Axialverdichtertriebwerke He S 30 und He S 40. Das Modell He S 8 war eine Weiterentwicklung des He S 3, hatte jedoch einen kleineren Durchmesser und erzeugte einen Schub von 598 kp. Die Axialverdichtertriebwerke He S 30 und He S 40 waren von M. A. MÜLLER, bevor er zu Heinkel kam, bei Junkers entworfen worden [12]. Das Radialverdichtermodell wurde unter der Bezeichnung 109-001 weiterentwickelt, die Axialverdichtertriebwerke unter der Bezeichnung 109-006. Im September 1942 wurden die Arbeiten an den Radialverdichtertriebwerken eingestellt, da die axialen Baumuster wesentlich günstigere Ergebnisse lieferten. Im Frühjahr 1942 hatte ein Modell 109-006 zum erstenmal auf dem Prüfstand gelaufen, Ende des Jahres erzeugte es bereits einen Schub von nahezu 860 kp bei einem Triebwerksgewicht von nur 388 kg. Jedoch wurde die Entwicklung dieses Triebwerkes zugunsten eines neuen Modelles, des He S 11 (109-011) gestoppt. Auch eine PTL-Ausführung dieses Modelles war geplant worden, sie wurde im Frühjahr 1943 von Daimler Benz übernommen [12].
Nach dem Kriege befaßte sich die Ernst Heinkel AG, Stuttgart-Zuffenhausen, mit der Entwicklung eines Strahltriebwerkes von 6500 kp Schub, He S-053. Dieses Projekt wurde jedoch wieder aufgegeben. Die Firma übernahm dann die Reparatur und die Überholung der Turboméca-Marboré-Triebwerke der deutschen Luftwaffe.

## Heinkel 109-011 (He S11)

Die ersten Entwürfe für das Triebwerk He S11 wurden unter der Leitung von
VON OHAIN gegen Ende 1941 begonnen. Für die ersten Modelle war ein Schub
von 1195 kp geplant. 1943 wurden fünf, 1944 abermals fünf Versuchstriebwerke
hergestellt. In einer Ju-88 wurden einige Probeflüge durchgeführt, jedoch alle
mit zusätzlichem Kolbenmotorantrieb.

*Triebwerksdaten*

| Baumuster | HeS11 | 109-011-A0 |
|---|---|---|
| Durchmesser ................. [mm] | 1080 | |
| Länge ....................... [mm] | 3450 | |
| Spez. Kraftstoffverbrauch ..... [kg/kph] | 1,31 | |
| Schub .......................... [kp] | 1295 | |

*Triebwerksbeschreibung*

Der Verdichter des Heinkeltriebwerkes He S109-011 bestand aus einem Diagonalrad als Niederdruckstufe und drei axialen Hochdruckstufen. Der vordere Teil
des Diagonalrades wurde als selbständiger axialer Vorsatzläufer für hohe kritische
Machzahlen ausgebildet.
Der im Anschluß an das Diagonalrad folgende Axialverdichter wurde dreistufig
mit nahezu symmetrischer Beschaufelung ausgeführt. Diese Ausführung der
Axialbeschaufelung paßte sich der Kombination mit dem Diagonalrad besonders
günstig an, da die Strömung vom Diagonalrad her einen hohen Drall besaß, der
nur zum Teil durch den zwischengeschalteten Leitapparat aufgehoben werden
konnte. Die Hauptdaten des Verdichters, bezogen auf Normalbedingungen im
Stand, waren folgende:
Fördermenge 30 kg/sec, Drehzahl ungefähr 11 000 U/min, Druckverhältnis des
gesamten Verdichters über 4 : 1, Druckverhältnis des Diagonalrades 2 : 1, Druckverhältnis in jeder Axialstufe 1,3 : 1.
Die Brennkammer des Triebwerkes wurde als reine Ringbrennkammer ausgeführt. Diese Bauform ermöglichte den geringsten Abstand zwischen der letzten
Verdichterstufe und dem ersten Turbinenrad. Da außerdem auch der Verdichter
selbst verhältnismäßig kurz war, genügten für den Verdichterturbinenläufer
zwei Lager, und zwar je ein Wälzlager vor dem Verdichter und hinter der Turbine.
Auf der Stirnseite der Brennkammer befanden sich 16 Dralldüsen (Zweimengen-
düsen), die den Kraftstoff mit einem Spritzwinkel von ungefähr 80° einspritzten.
Sie waren durch einen gußeisernen Kopfring gegen den Luftstrom abgeschirmt,
so daß die Aufbereitung des Kraftstoffes ungestört erfolgen konnte. Gleichzeitig
bildeten sich zwischen den einzelnen Einspritzstellen und um die Einspritzstrahlen
herum stabile Zündherde mit unterhalb der Flammenfrontgeschwindigkeit
liegenden Geschwindigkeiten, die ein Abreißen der Verbrennung verhinderten.
Zur Förderung der Verbrennung im Bereich der Zündherde wurden durch kleine

Öffnungen im Staupunkt des Kopfringes geringe Luftmengen in das Innere des Kopfringes geleitet. Die Zündherde förderten durch ihre Eigentemperatur die Aufbereitung des Kraftstoffes. Während im Innern der Verbrennungsanlage sich der Verbrennungsprozeß schon abspielte, wurde im äußeren und inneren Luftführungskanal, die zu Diffusoren ausgebildet waren, die Luftgeschwindigkeit stark vermindert. Die Leitgitter vor dem Brennkammereintritt lenkten die Luft in axiale Richtung. Am Ende des Kopfringes wurde die Primärluft zum Innern der Brennkammer geleitet; ein Teil wurde außen und innen durch »Mischfinger« um etwa 90° ins Innere der Verbrennungsanlage umgelenkt. Die umgelenkten Luftstrahlen rissen den Kraftstoff mit und prallten im Gegenstrom aufeinander. Infolge der hierbei auftretenden starken Verwirbelung wurde die Aufbereitung des Kraftstoffes unterstützt. Hinter den Mischfingern bildeten sich starke Verbrennungswirbel aus, die mit dafür sorgten, daß die Verbrennung nicht abriß. Durch eine zweite größere und weniger stark gekrümmte Mischfingerreihe wurde ein weiterer Luftstrom zur Unterstützung der Verbrennung und zum Teil schon als Mischluft ins Innere der Kammer geleitet. Eine dritte Mischfingerreihe schließlich diente zur Führung der Mischluft ins Innere der Brennkammer. Die Mischfinger der zweiten und dritten Reihe waren so angeordnet, daß die Luft nach und nach über die Seitenwände der Mischfinger strömte und sich mit den Verbrennungsgasen vermischte. Auf diese Weise wurde eine gleichmäßige Temperaturverteilung am Ende des Verbrennungsteiles des Triebwerkes erreicht. Nach Abschluß der Verbrennung und des Mischprozesses strömten die Gase durch die zweistufige Axialturbine. Die Schaufeln des Leitrades der ersten Stufe waren luftgekühlt. Die Kühlluft, die bereits zur Kühlung der inneren und äußeren Brennkammerwandungen gedient hatte, wurde durch Rohre einem sogenannten Stauraum entnommen, in die hohlen Leitschaufeln geführt und an deren Austrittskanten in den Gasstrom abgeblasen.
Die Turbinenlaufschaufeln der ersten Versuchstriebwerke waren massiv und ungekühlt. Die Massivlaufschaufeln wurden durch Lavalfuß in den Radscheiben gehalten. Zur Dämpfung von Schwingungen waren am Radkranz jeweils zwischen zwei benachbarten Schaufeln Zylinderstifte eingelegt worden.
Für die Hohlschaufeln waren die bei Heinkel-Hirth entwickelten Topfschaufeln vorgesehen. Das Schaufelprofil wies eine nach oben abnehmende Wandstärke auf und ging unmittelbar in eine Fußöse über. Die Schaufel wurde durch einen Bolzen in dem felgenartig ausgebildeten Radkranz gehalten. Zur Führung der Kühlluft an die Ein- und Austrittskanten und zur weiteren Schwingungsdämpfung dienten dünne Leitbleche, die um den Bolzen geschlungen und von diesem gehalten wurden. Ein Lappen drückte unter der Fliehkraftwirkung die beiden Verdrängerteile an das Schaufelblatt innen an; der Kühlkanal der Laufradscheibe wurde zwischen den Schaufeln durch Zwischenbleche, die ebenfalls von dem Bolzen getragen wurden, geschlossen. Um ein Abstützen und Eindrücken des Zwischenbleches am Schaufelrücken zu vermeiden, wurde es so ausgebildet, daß es nicht von einem Bolzen, sondern von zwei benachbarten Bolzen gehalten wurde. Die Zwischenbleche lagen nicht unmittelbar am Schaufelblatt an, um ein freies Einstellen der Schaufeln durch die Fliehkraft zu ermöglichen und

dadurch Biegespannungen zu vermeiden. Zur sicheren Abdichtung diente eine
Manschette, die das Schaufelblatt allseitig umfaßte, von den Zwischenblechen
gehalten wurde und auch noch als Schwingungsdämpfer diente.
Die Kühlluft für die Schaufeln wurde hinter der dritten Axialstufe des Verdichters entnommen und zwischen Brennkammer und Hohlwelle den Läufern zugeführt. Durch Veränderung eines Ringspaltes an der dritten Laufscheibe des Verdichters konnte der Kühlluftanteil reguliert werden. Die Kühlluft des ebenfalls
aus Blech ausgeführten Turbinenleitrades wurde der Brennkammer entnommen.
Der Auslaßquerschnitt der Schubdüse konnte durch zwei verschiedene Stellungen
des Innenkonus verändert werden.
Die Hilfsgeräte waren am vorderen Verdichtungsgehäuse angebracht und wurden
über ein Getriebe, das durch Kegelräder und eine Kegelwelle mit der Verdichterwelle verbunden war, angetrieben.

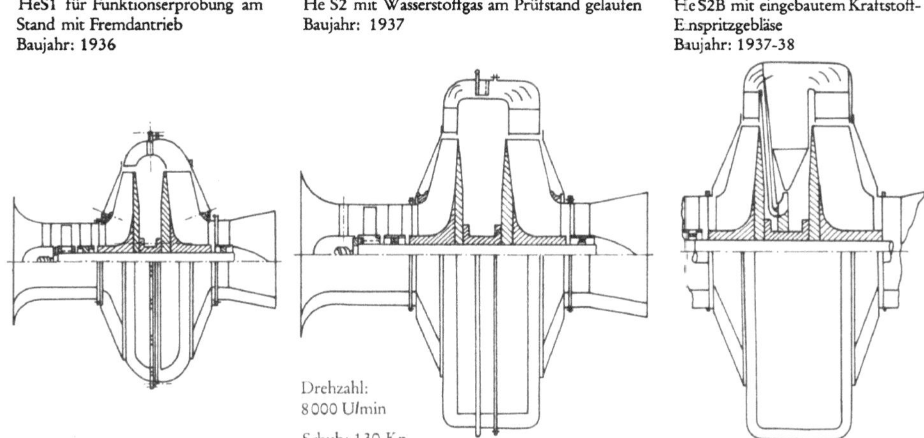


Abb. 234   Ernst Heinkel AG: Versuchstriebwerke

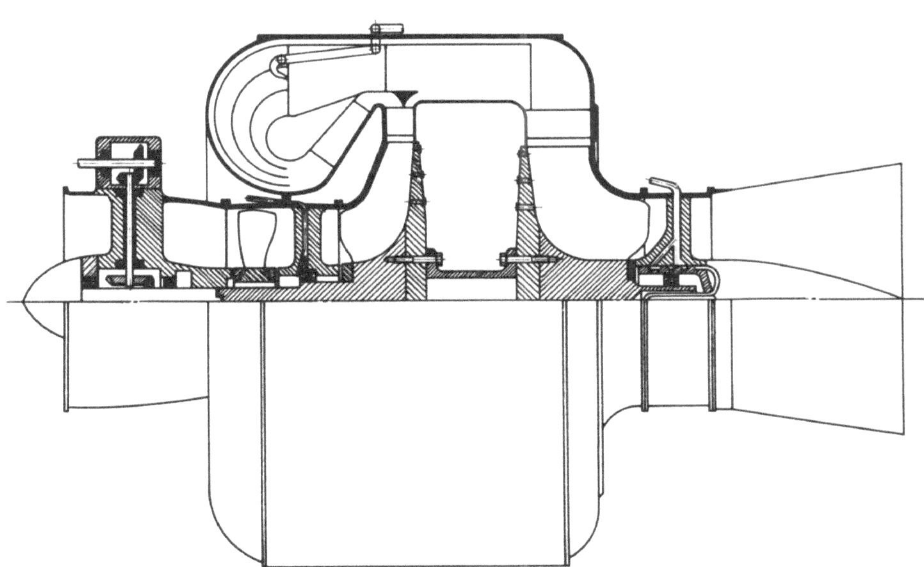

Abb. 235   Heinkel-Strahltriebwerk He S 3 B, eingebaut in das Flugzeug He 178

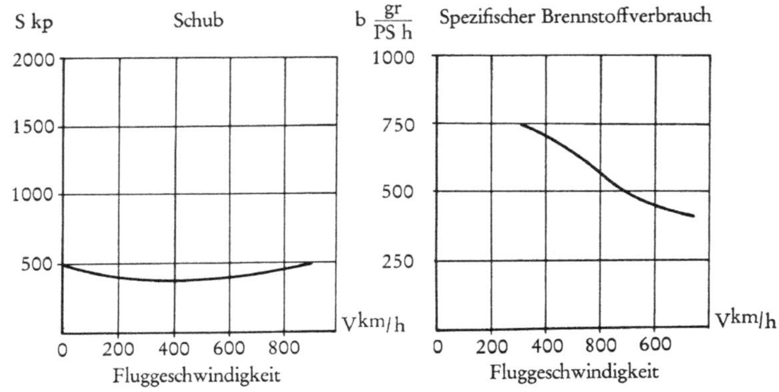


Abb. 236   Diagramme zum He S 3-B

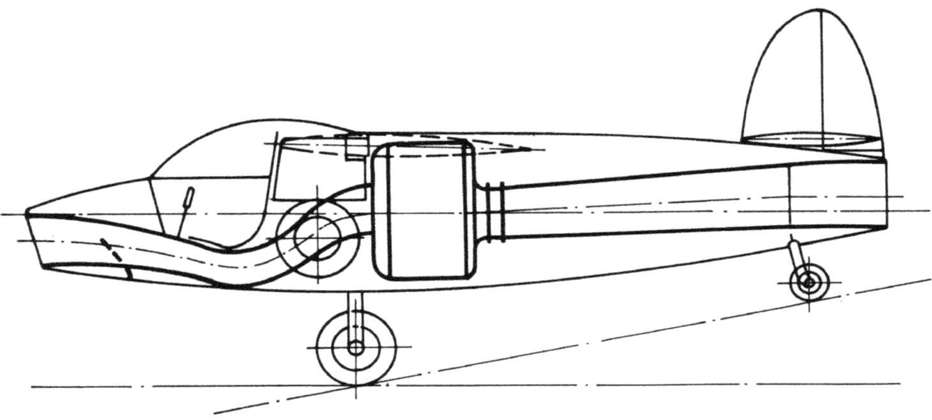

Abb. 237   Einbauschema des Turbo-Strahltriebwerks He S 3-B im Flugzeug He 178

Abb. 238   Heinkel He 178: Deutlich sichtbar die am Rumpfende befindlichen
Regelklappen

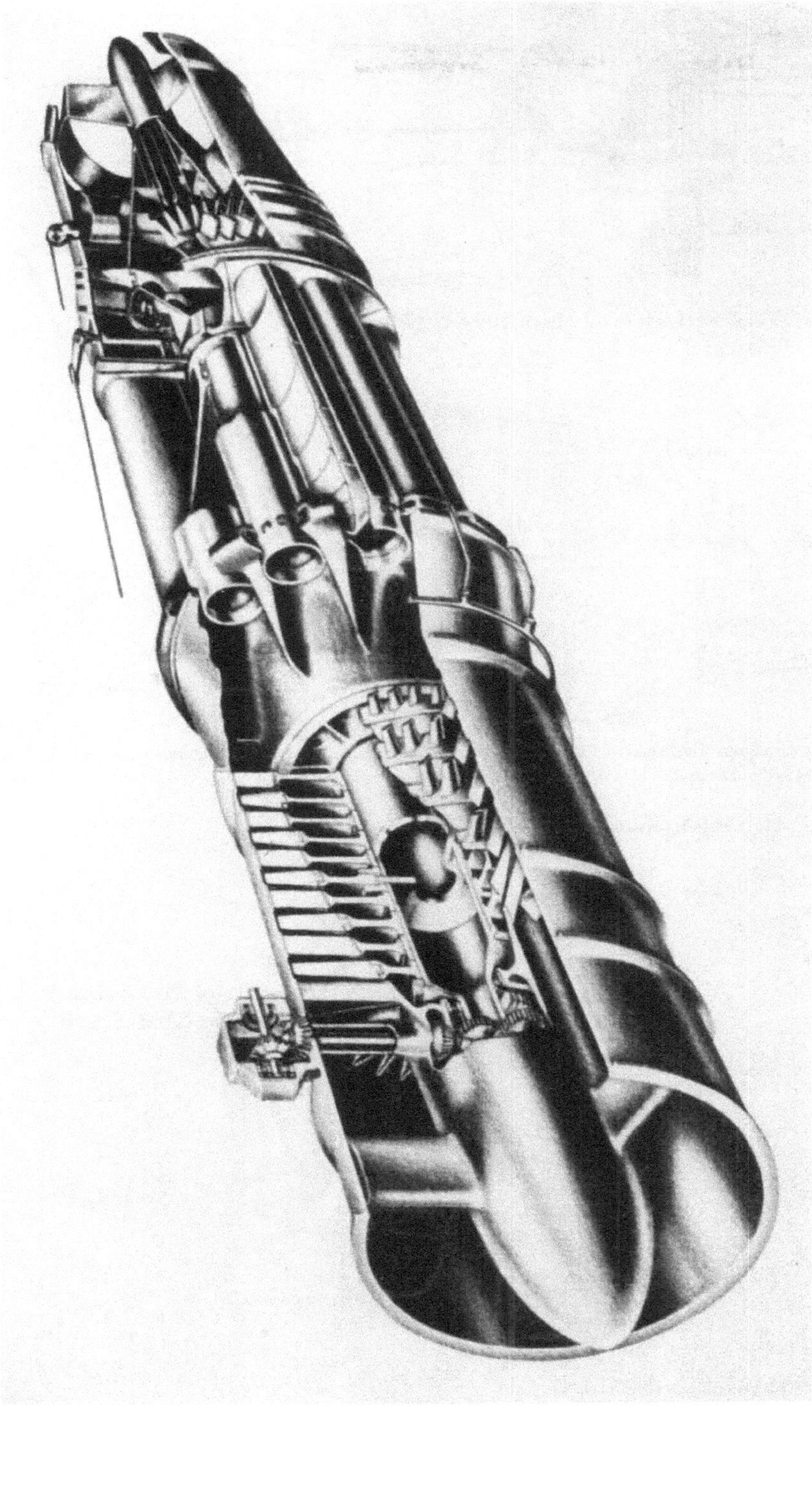

Abb. 239   Strahltriebwerk Heinkel He S 30

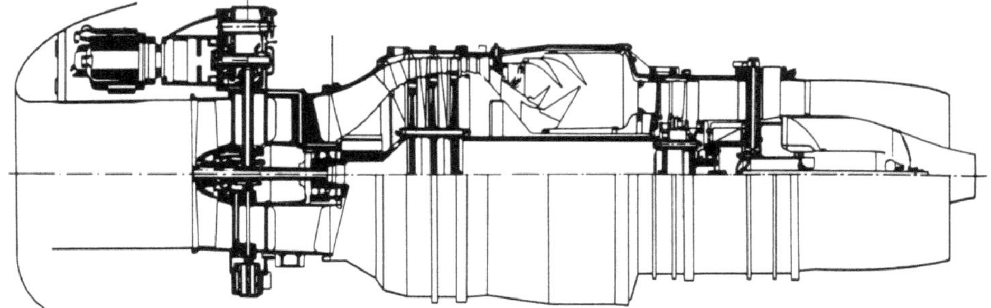

Abb. 240   Triebwerk Heinkel-Hirth 109-011 [20]

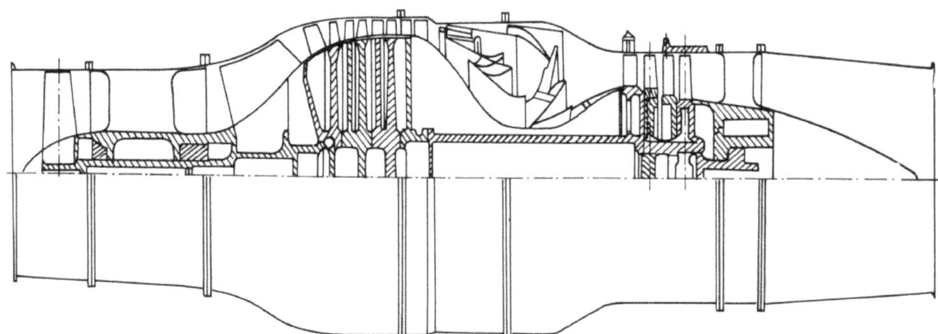

He S 11 mit 4stufigem Verdichter, 1 Diagonalrad u. 3 Achsialräder, 2stufigerTurbine und Ringbrennkammer
Baujahr: 1941–43   Drehzahl: 11000   Schub: 1350 kp

Abb. 241   Heinkel-Strahltriebwerk He S 11

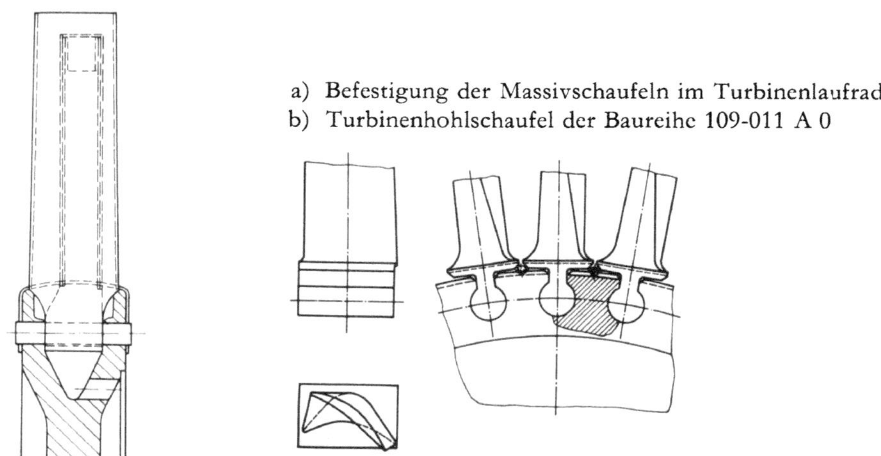

a)  Befestigung der Massivschaufeln im Turbinenlaufrad
b)  Turbinenhohlschaufel der Baureihe 109-011 A 0

Abb. 242   Heinkel-Hirth-Triebwerke:

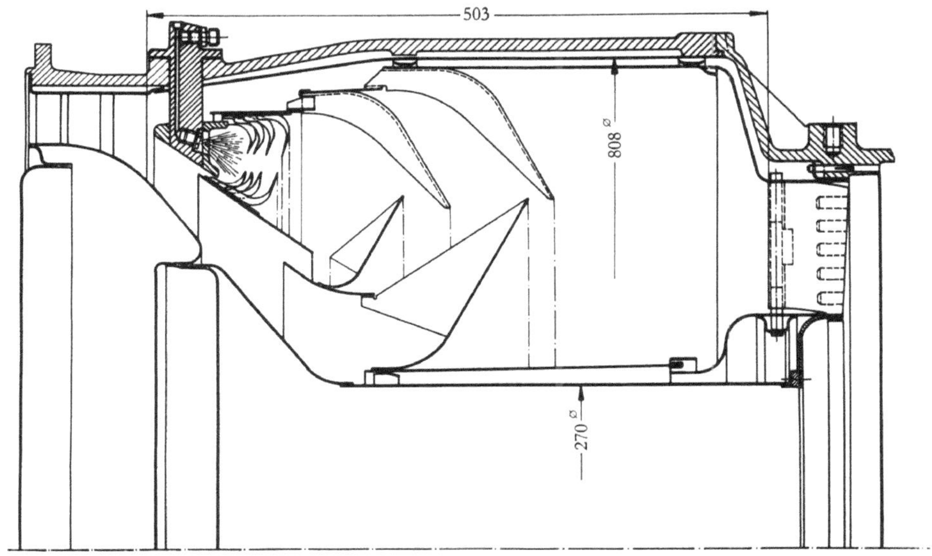


Abb. 243   Brennkammer des Heinkel-Hirth-Triebwerks 109-011 A 0

1955/56 Turbostrahltriebwerk He S–053 entwickelt und gebaut bei der Ernst Heinkel A.G., Stuttgart

Standschub .................... 6500 kp

Standschub mit Nachbrenner.... 9000 kp

Gewicht = 1565 kg m. Nachbr.: = 1975 kg

Luftdurchsatz = 100 kg/sec bei 6000 U/min

Durchmesser................... 1105 mm

Durchmesser mit Nachbrenner .. 1140 mm

Länge....................... 4025 mm

Länge mit Nachbrenner ........ 7970 mm

Abb. 244   Strahltriebwerk He S-053

# Junkers-Flugzeug- und Motorenwerke Dessau

Schon in den Jahren nach 1934 wurde bei Junkers die Entwicklung von Einzelaggregaten für Strahlantriebe aufgegriffen. 1936 wurde im Zweigwerk Magdeburg unter der Leitung von Prof. WAGNER die Projektierung von Turboantrieben begonnen. Unter der Führung von M. A. MÜLLER wurde schließlich ein kleines Axialtriebwerk entwickelt, das 1939 auf den Prüfstand kam. Im Sommer des gleichen Jahres erhielt die Entwicklungsleitung der Junkers-Motorenentwicklung Dessau, Prof. OTTO MADER, Auftrag zur Schaffung eines neuen Axialverdichtertriebwerkes, des Modells 109-004.
Als letzte Entwicklung waren von Junkers ein TL-Triebwerk mit der Bezeichnung 109-012 und ein entsprechendes PTL-Triebwerk 109-022 in Angriff genommen worden. Es wurde ein Modell 012 gebaut, jedoch vor Kriegsende nicht mehr auf den Prüfstand gebracht.

## Junkers 109-004

Dieses Triebwerk wurde unter der Leitung von Dr. ANSELM FRANZ, dem damaligen Leiter der Vorentwicklung für Strömungsmaschinen, entworfen. Es sollte bei einer Fluggeschwindigkeit von 900 km/h einen Schub von 600 kp und im Stand einen Schub von 680 kp abgeben. Als Kraftstoff wurde Dieselbrennstoff vorgesehen. Einem Vorserien- und Versuchsmodell mit der Bezeichnung 109-004 folgte das Baumuster 109-004A, das im November 1940 zum erstenmal lief. Die Flugerprobung konnte jedoch erst am 15. 3. 1942 mit einer Me-110 begonnen werden. Zu dieser Zeit erzeugte das Triebwerk einen Standschub von 840 kp. Am 18. 7. 1942 folgten Flugversuche mit zwei Triebwerken Jumo 004A in einer Me-262. Diese Flüge waren gleichzeitig die ersten Flüge einer Me-262 nur mit Strahlantrieb. Es wurden etwa 30 Triebwerke des Baumusters 004A gebaut. In der Zwischenzeit waren die Arbeiten an dem eigentlichen Produktionsmodell 004B-0 fortgesetzt worden, so daß im Januar 1943 die ersten Prüfstandsläufe erfolgen konnten. Man erzielte einen Schub von 840 kp. Ein verbessertes Baumuster mit der Bezeichnung 004B-1 erzeugte im Juni 1943 900 kp Schub und wurde im Oktober des gleichen Jahres in einer Me-262 flugerprobt. Dieses Modell ging in Produktion. Die Lieferungen begannen im März 1944. Später wurde das Modell durch eine Weiterentwicklung mit der Bezeichnung 004B-4 ersetzt. Ein Triebwerk mit der Bezeichnung 004D-4 war Ende 1944 produktionsreif und sollte einen Schub von 1054 kp erzeugen. Das mit einem elfstufigen Axialverdichter und zweistufiger Turbine projektierte Muster 004H war für

einen Schub von 1800 kp ausgelegt. Insgesamt wurden etwa 5000 Triebwerke
109-004 gebaut, die als Antrieb der Flugzeugtypen Me-262 (1249 Stück gebaut)
und Arado Ar 234 BS (214 Stück gebaut) dienten.

*Triebwerksdaten*

| Baumuster | 109-004B |
| --- | --- |
| Durchmesser ................. [mm] | 762 |
| Länge ....................... [mm] | – |
| Spez. Kraftstoffverbrauch ..... [kg/kph] | 1,4 |
| Startstandschub ................. [kp] | 890 |

*Konstruktionseinzelheiten des Junkers-Triebwerkes*

Das Junkers-Triebwerk hatte einen ringförmigen Lufteinlaß. Rund um das
Einlaufgehäuse waren, durch die Einlaßhaube verkleidet, die Kraftstoffbehälter
für den Riedelanlasser und für den Anlaßkraftstoff untergebracht. In der Mitte
des Einlaufgehäuses befand sich unter einer paraboloidförmigen Verkleidung
der Anlassermotor, ein Riedel-Zweizylinder-Zweitaktmotor, der entweder
elektrisch oder durch Seilzug mit der Hand angelassen werden konnte.
Zwischen Einlaufgehäuse und Verdichter waren die Ölpumpen, Einspritzpumpen
und Zubehörteile des Triebwerkes untergebracht. Sie wurden durch Getriebe,
deren Wellen durch den Luftstrom radial nach außen geführt waren, von der
Verdichterwelle aus angetrieben. Das Stirngehäuse beherbergte auch das vordere
Verdichterlager. Es bestand aus drei Hochschulterkugellagern, deren Außengehäuse in einem Kugelstück saßen. Dieses Kugelstück war in einer Kugelkalotte
im Stirngehäuse gelagert.
Das axial geteilte Gehäuse des achtstufigen Axialverdichters wurde aus Leichtmetall gegossen. Auf dem Gehäuse waren der Ölmotor für die Schubdüsenverstellung, die Zündgeräte, der Drehzahlregler und ein Kraftstoffilter montiert.
Der trommelartige Verdichterläufer wurde aus acht einzelnen Leichtmetall-
scheiben zusammengesetzt. Die Scheiben hatten in der oberen Hälfte auf beiden
Seiten breite Wülste, die mit Zentrierungen versehen waren, in die jeweils der
Wulst des benachbarten Rades paßte. Die Radscheiben und je ein Wellenstumpf
an den beiden Trommelenden wurden durch einen Zuganker zusammengehalten.
Der Wellenstumpf auf der Auslaßseite des Verdichters lief in einem einfachen
Rollenlager und war durch eine gezahnte Hülse mit der Turbinenwelle gekuppelt.
Die Leichtmetallschaufeln des Verdichters wurden mit Schwalbenschwanzfuß
in die schrägen Schwalbenschwanznuten der Radkränze eingesetzt und durch
Wurmschrauben gesichert. Die Leitschaufeln waren zwischen Blechringen ein-
geschweißt, wobei je eine Hälfte eines Leitapparates in der entsprechenden Ge-
häusehälfte angeschraubt war. Nach der letzten Verdichterstufe folgte ein Kranz
Gleichrichterschaufeln.
Die rund um das Mittelgehäuse angeordneten sechs Einzelbrennkammern aus
aluminisiertem Kohlenstoffstahlblech wurden nach außen durch den Tragmantel

des Triebwerkes verkleidet. Jede Brennkammer hatte eine Kraftstoffeinspritzdüse, nur jede zweite hatte eine Zündkerze. Die Zündung der anderen Brennkammern erfolgte durch Zündrohre, die alle Kammern miteinander verbanden. Der Brennkammermantel umschloß eine Brennmuffel, an deren vorderem Ende sich eine Drallrose befand, die die vom Verdichter in die Muffel einströmende Luft in kreisende Bewegung versetzte. Die Kraftstoffdüse ragte bis in die Mitte der Muffel und spritzte den Kraftstoff gegen den Luftstrom ein. Die aus der Brennmuffel austretenden Verbrennungsgase gelangten in einen Schlitzmischer, wo sie sich mit der von außen herbeigeführten Kühlluft mischten. Diese Luft wurde von dem Hauptluftstrom vor der Muffel abgeleitet, umströmte das Flammrohr und kühlte dabei die Wandungen. Durch Luftleitsegmente wurde ein Teil der Luft am Ende der Muffelwandung aufgefangen und in den Schlitzmischer geleitet. Die vermischten Gase strömten durch Schlitze aus dem Mischer in den Sammelraum vor der Turbine ab.

Das Junkers-Triebwerk hatte eine einstufige Axialturbine. Der Turbinenläufer bestand aus einer an einen Wellenstumpf angeflanschten Radscheibe. Die Laufschaufeln aus Vollmaterial der ersten Triebwerke hatten einen gabelartigen Schaufelfuß, der durch zwei Nieten in den Nuten des Radkranzes gehalten wurde. Spätere Modelle waren mit Hohlschaufeln ausgerüstet. Der hohle Turbinenwellenstumpf wurde zweifach gelagert, und zwar durch ein Rollenlager gleich vor der Radscheibe und durch ein Kugellager am Wellenende nahe an der Kupplung.

Die Schubdüse war doppelwandig mit von Kühlluft durchströmtem Zwischenraum ausgebildet, so daß die Außenwand als Tragkonstruktion diente und die heiße Innenwand die Gasführung bildete. Der Austrittsquerschnitt der Schubdüse konnte durch Verstellung der Düsennadel durch einen Ölmotor über eine Verstellwelle, Getriebe, Ritzel und Zahnstange geändert werden.

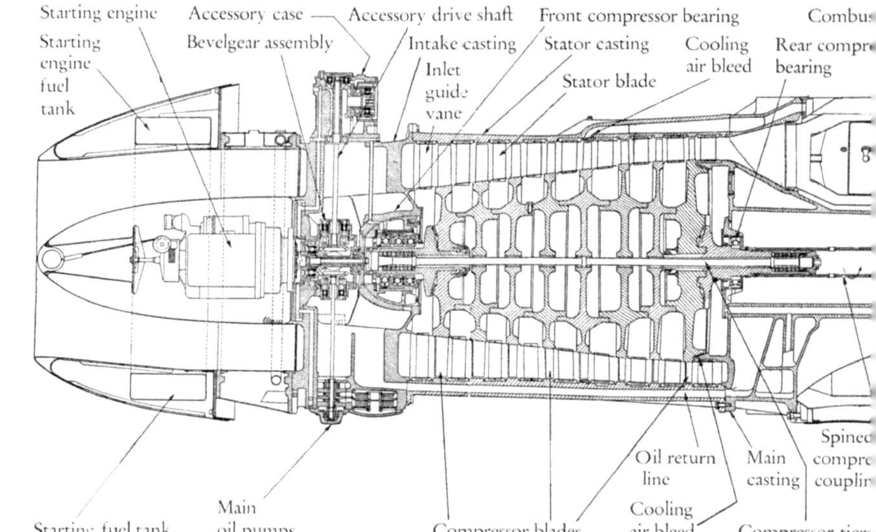


Abb. 245    Querschnitt durch das Triebwerk Junkers Jumo-004

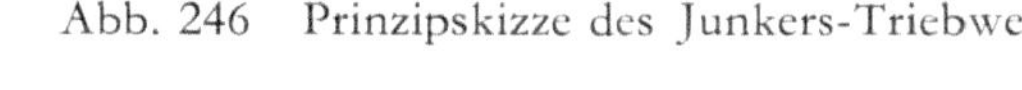

Abb. 246    Prinzipskizze des Junkers-Triebwerks

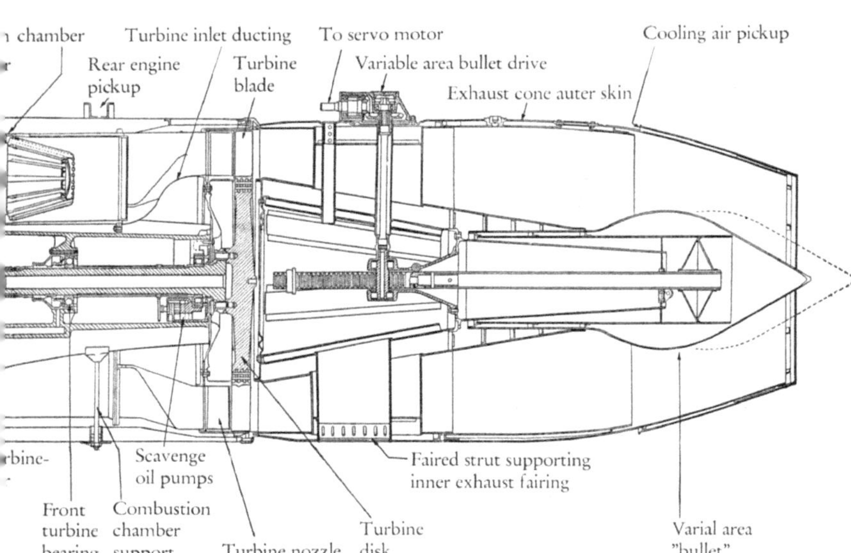

chamber
Turbine inlet ducting
To servo motor
Cooling air pickup
Rear engine pickup
Turbine blade
Variable area bullet drive
Exhaust cone auter skin
Turbine-
Scavenge oil pumps
Faired strut supporting inner exhaust fairing
Front turbine bearing
Combustion chamber support
Turbine nozzle
Turbine disk
Varial area "bullet"


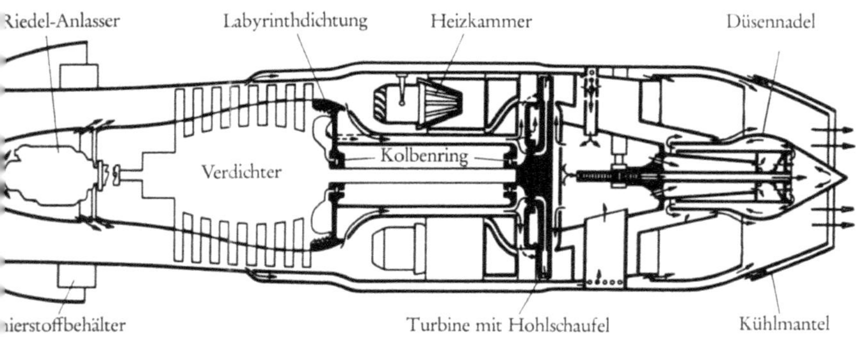

Riedel-Anlasser
Labyrinthdichtung
Heizkammer
Düsennadel
Verdichter
Kolbenring
mierstoffbehälter
Turbine mit Hohlschaufel
Kühlmantel

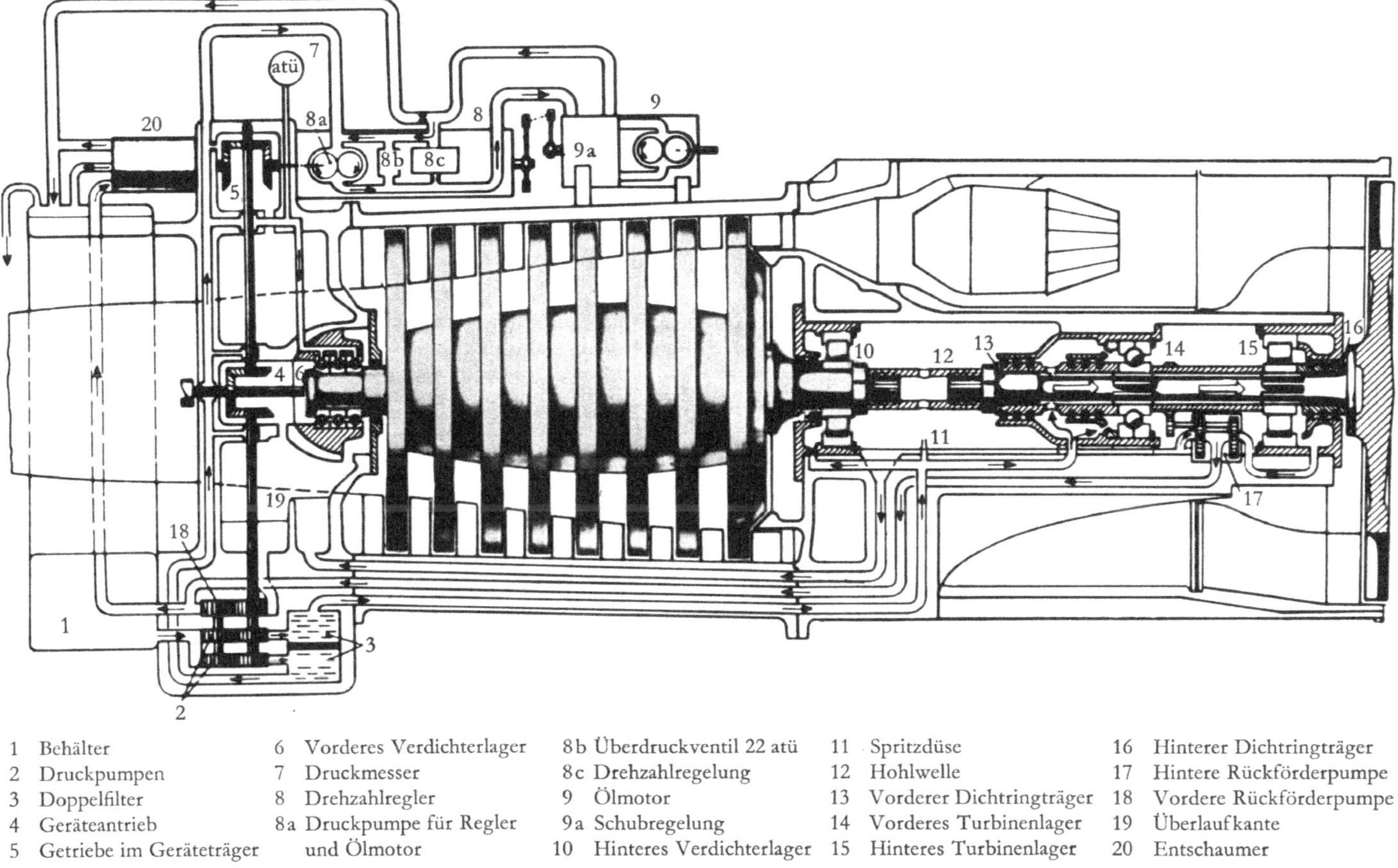


| | | | | |
|---|---|---|---|---|
| 1 Behälter | 6 Vorderes Verdichterlager | 8b Überdruckventil 22 atü | 11 Spritzdüse | 16 Hinterer Dichtringträger |
| 2 Druckpumpen | 7 Druckmesser | 8c Drehzahlregelung | 12 Hohlwelle | 17 Hintere Rückförderpumpe |
| 3 Doppelfilter | 8 Drehzahlregler | 9 Ölmotor | 13 Vorderer Dichtringträger | 18 Vordere Rückförderpumpe |
| 4 Geräteantrieb | 8a Druckpumpe für Regler | 9a Schubregelung | 14 Vorderes Turbinenlager | 19 Überlaufkante |
| 5 Getriebe im Geräteträger | und Ölmotor | 10 Hinteres Verdichterlager | 15 Hinteres Turbinenlager | 20 Entschaumer |

Abb. 247  Ölkreislauf des Junkers-Triebwerks

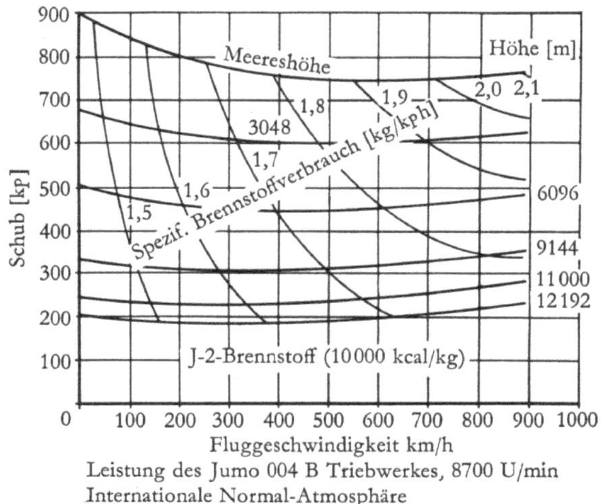


Abb. 248   Leistungsdiagramm des Triebwerks Junkers Jumo-004 B

# Klöckner-Humboldt-Deutz

Klöckner-Humboldt-Deutz AG, Köln

Die Firma Klöckner-Humboldt-Deutz bereitet in einem Werk in Oberursel
(Taunus) die Lizenzherstellung des Triebwerkes Bristol-Siddeley-Orpheus 803
für die Kampfflugzeuge Fiat G-91 der deutschen Bundeswehr vor.

# MAN

Maschinenfabrik Augsburg-Nürnberg AG, München 68, Dachauer Straße 667

In Zusammenarbeit mit der Firma Rolls-Royce befaßt sich die Triebwerksabtei-
lung der MAN mit Triebwerksprojekten für VTOL-Kampfflugzeuge. So soll
sie an der Entwicklung des RB. 153-Triebwerkes beteiligt sein [664].

# Fiat

Fiat SPA, Divisione Aviazione, C. G. Agnelli 200, Turin/Italien

Die Firma Fiat begann 1947 mit der Lizenzherstellung des Strahltriebwerkes
De Havilland Ghost (Fiat Ghost 48) und der Fertigung von Ersatzteilen für das
Triebwerk Goblin der gleichen Firma. In der Folgezeit übernahm sie die Überholung und Fertigung von Ersatzteilen der Triebwerke Allison J35, General
Electric J47 und Wright J65. Ihr heutiges Programm umfaßt neben der Lizenzherstellung der Triebwerke Bristol-Siddeley Orpheus 803 und, in Zusammenarbeit mit Alfa-Romeo und anderen Firmen, General Electric J79-11 die Entwicklung von Kleingasturbinen und Kleinstrahltriebwerken, wie z. B. den
Kleinsttriebwerken Fiat 4002.

## Fiat 4002

Das Strahltriebwerk Fiat 4002 ist eine kleine Höchstleistungsturbine für die
Verwendung in Militär- und Zivilflugzeugen der kleinen bis mittleren Gewichts-
klasse. Die Auslegung geschah nach folgenden Gesichtspunkten: Einfacher
Aufbau, lange Lebensdauer, geringer Wartungsaufwand, möglichst geringe
Triebwerkslänge.

*Triebwerksdaten*

| Baumuster | 4002-001 | |
|---|---|---|
| Durchmesser .................. [mm] | 572 | [I.A.L. 30. 5. 57; 43] |
| Länge ....................... [mm] | 885 | |
| Gewicht ...................... [kg] | 88 | |
| Stirnfläche ................... [m²] | 0,257 | |
| Kraftstoffverbrauch .......... [kg/kph] | 1,210 | |
| Max. Standschub ............... [kp] | 325 | |
| bei Drehzahl ............... [U/min] | 25 000 | |

*Triebwerksbeschreibung*

Das Triebwerk Fiat 4002 hat einen einstufigen Radialverdichter, welcher mittels
Verzahnung auf der Welle befestigt ist. Das Verdichtungsverhältnis ist ungefähr
4 : 1, der Luftdurchsatz beträgt bei einer Drehzahl von 26 000 U/min 5 kg/sec.
Das Verdichtergehäuse ist ein Leichtmetallgußstück. Die Ringbrennkammer wird
in umgekehrter Richtung (von Triebwerksauslaß zum Triebwerkseinlauf) durchströmt. Sie hat zwölf Brenner.

Die einstufige Axialturbine (57 Schaufeln) ist durch eine Flanschnabe mit der Verdichterwelle verbunden. Die Schaufeln werden durch Tannenbaumfuß in der Radscheibe gehalten. Die Turbinenleitschaufeln sind hohl gegossen und werden durch Luft, die vom Verdichter abgezapft wird, gekühlt. Sie sind zwischen den Innen- und Außenring des Leitrades geschweißt.

Schmierölbehälter, Ölfilter und Zubehörantriebe sind im Lufteinlaufgehäuse untergebracht.

Das Triebwerk kann elektrisch oder durch Druckluft, die auf die Verdichterschaufeln wirkt, angelassen werden [883].

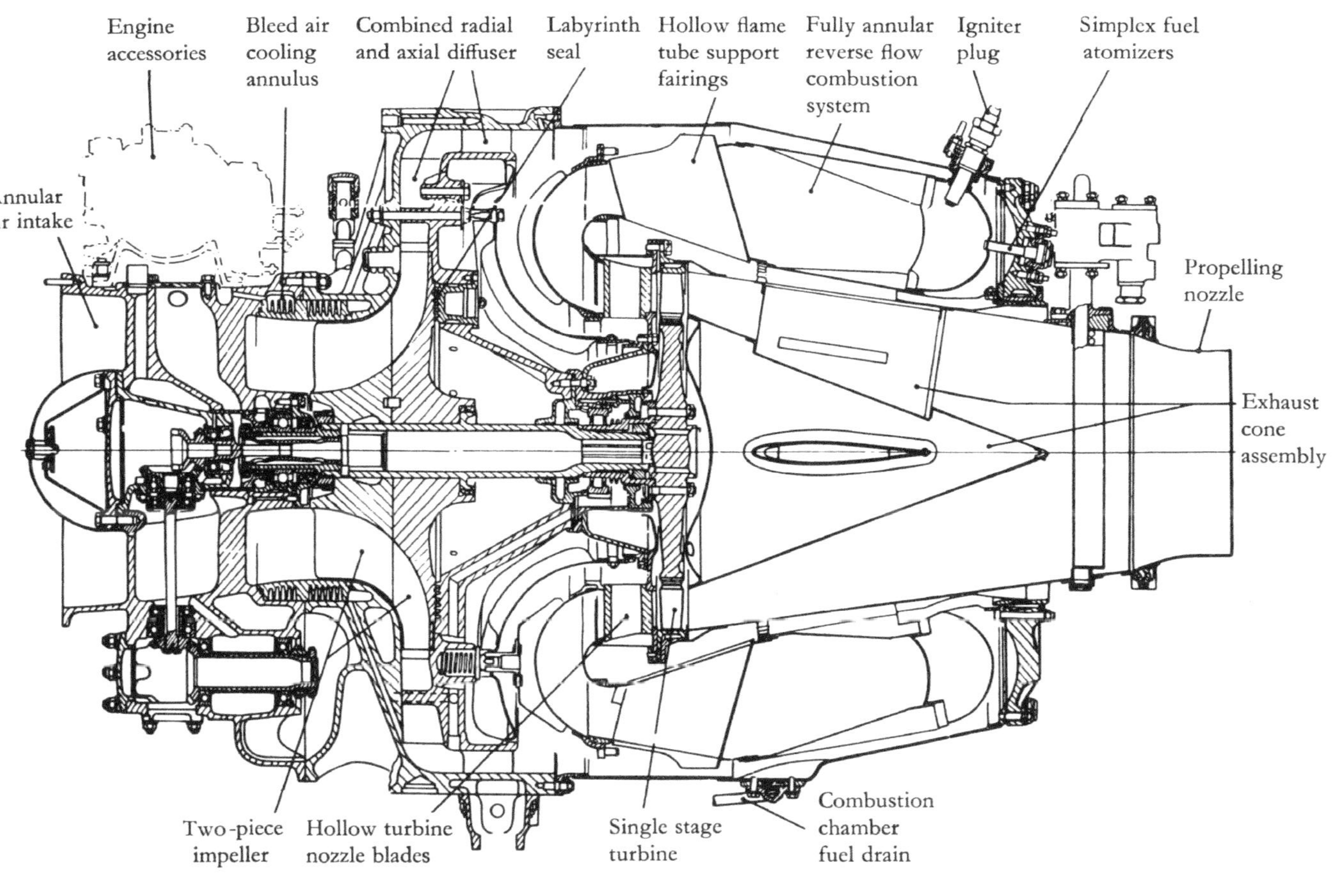


Abb. 249   Fiat 4002 [343] (Aeroplane)

385

# Japan Jet Engine Co.

Omiya Fuji Industries, Saitama Prefecture, Japan


Während des zweiten Weltkrieges wurde in Japan von der Marine und einigen
Flugmotorenherstellern mit der Entwicklung eines reinen Strahltriebwerkes begonnen, nachdem man sich schon vorher mit der Konstruktion eines Strahlan-
triebes in Verbindung mit Kolbenmotoren nach der Art des Campini-Systems
beschäftigt hatte.
An der Universität Tokio sowie bei den Forschungsanstalten von Marine und
Heer wurden grundlegende Untersuchungen über den Strahlantrieb betrieben.
Zu den Industrieunternehmen, die an der Entwicklung von Strahltriebwerken
interessiert waren, zählten:

Mitsubishi Heavy Industries Co.,

Ishikawajima Aircraft Co.,

Kawasaki Aircraft Co.,

Nakajima Aircraft Co.,

Ishikawajima Turbine Manufacturing Co.,

Ebara Ltd.,

Hitache Ltd.

Das erste in Japan 1943 entworfene Düsentriebwerk war als Hilfsantrieb gedacht
und für geringen Schub ausgelegt. Es setzte sich hauptsächlich aus Teilen eines
Abgasturboladers YT-15 zusammen und erhielt die Bezeichnung TR-10, später
NE-10. Es wurden mehrere Einheiten gebaut und erprobt.
Als weiterentwickelte Versuchstriebwerke gingen aus dem TR-10 die Ausführungen TR-12 (NE-12) und TR-30 hervor.
Im Juli 1944 wurde nach Skizzen des BMW-Triebwerkes BMW 109-003 mit verschiedenen Neuentwicklungen begonnen, die mit Verdichtern axialer Bauart
ausgerüstet werden sollten.

| Hersteller | Muster | Schub |
|---|---|---|
| Marine ........................... | TR-15  (TR-20) | 500 kp  (TR-20) |
| Mitsubishi-Gruppe ............... | TR-330 | 1300 kp |
| Nakajima-Gruppe ................ | TR-230 | 885 kp |
| Ishikawajima-Gruppe ........... | TR-130 | 900 kp |

Das Triebwerk TR-15 war ein Vorgänger des Modells TR-20 (NE-20), dessen
erste Probeläufe am 26. 3. 1945 stattfanden. Im Juli 1945 konnte mit ersten
Flugversuchen unter einem Trägerflugzeug begonnen werden. Am 7. 8. 1945
führte des erste japanische Düsenflugzeug »Kikka« mit zwei NE-20-Triebwerken
den ersten Versuchsflug durch.

Die anderen Modelle kamen infolge der Kriegsereignisse nicht mehr zur Erprobung, mit Ausnahme des Modells TR-230 (NE-230), das jedoch später bei einem Luftangriff zerstört wurde.

Im Sommer 1953 wurde durch die Firmen Ishikawajima Heavy Industries, Fuji Industries und Ruji Precision Industries die » Japan Jet Engine Company« gegründet, die noch im gleichen Jahr die Konstruktion von Strahltriebwerken aufnahm (September 1953). Es standen zeitweilig mehrere Muster in Entwicklung, so die Triebwerke JO-1, J3 und das stärkere Baumuster Ji-1. Die Flugerprobung des Baumusters J3-3 wurde im Februar 1960 aufgenommen [891]. Bei Probeläufen mit J3-1 wurden folgende Betriebswerte erzielt:

| | | |
|---|---|---:|
| Schub | [kp] | 1 025 |
| Drehzahl | [U/min] | 12 540 |
| Spez. Kraftstoffverbrauch | [kg/kph] | 1,2 |

Die vom japanischen Verteidigungsministerium festgelegten Spezifikationen für das J3-Triebwerk:

| | | |
|---|---|---:|
| Startschub | [kp] | 1 200 |
| Drehzahl | [U/min] | 13 600 |
| Spez. Kraftstoffverbrauch | [kg/kph] | 1,08 |
| Dauerschub | [kp] | 1 000 |
| Drehzahl bei Dauerschub | [U/min] | 12 600 |
| Spez. Verbrauch bei Dauerschub | [kg/kph] | 1,08 |

Ein Triebwerk von 3500 kp Schub mit der Bezeichnung J-5 sollte 1957 gebaut werden [I.A.L. 22. 8. 56, 13. 7. 56, 29. 1. 57].

Neben diesen Eigenkonstruktionen werden Triebwerke GE J79-7 für die von Mitsubishi gebaute Lockheed F-104J in Lizenz hergestellt [891].


## Omiya Fuji JO-1

Die Firma Omiya Fuji Industries, früher ein Zweigunternehmen der Nakajima Aircraft Company, entwickelte ein TL-Triebwerk eigener Konstruktion mit der Typenbezeichnung JO-1. Man stützte sich dabei hauptsächlich auf die alte NE-20-Konstruktion von 1945, die aus dem BMW-003-Triebwerk hervorgegangen war. Auslegungsschub ist 1000 kp bei 12 000 U/min, Kraftstoffverbrauch 1,11 kg/ kph [I.A.L. 25. 11. 55].

| Baumuster | JO-1 | |
|---|---|---|
| Durchmesser .............................. [mm] | 680 | [37, 589] |
| Länge ...................................... [mm] | 2 800 | [37, 589] |
| Stirnfläche ................................ [m²] | 0,36 | [37] |
| Gewicht .................................... [kg] | 450 | [37, 589] |
| Kraftstoffverbrauch | | |
| normal .................................. [kg/kph] | 1,1 | [37] |
| | 1,11 | [589, 402] |
| Ölverbrauch | | |
| normal .................................. [kg/h] | 0,45 | [37] |
| Startstandschub (trocken) ...................... [kp] | 1 000 | [37, 589, 264] |
| bei Drehzahl in Meereshöhe .............. [U/min] | 12 000 | [37, 589, 264] |

*Triebwerksbeschreibung*

Das Triebwerk hat einen achtstufigen Axialverdichter, der die Luft in einem Verhältnis von 4,0 : 1 verdichtet und dessen Luftdurchsatz 20 kg/sec bei 12 000 U/min im Stand und in Meereshöhe beträgt. Das Verdichtergehäuse wird aus Aluminiumlegierung hergestellt; es ist zweiteilig und enthält eine Reihe Einlaßleitschaufeln, acht Leitschaufelkränze der einzelnen Stufen und einen Gleichrichterschaufelkranz. Der Verdichterläufer setzt sich aus acht einzelnen Scheiben aus Aluminiumlegierung zusammen, die durch Ankerbolzen und Paßstifte zusammengehalten werden. Die Laufschaufeln werden in die Scheiben eingesetzt. Die vordere Verdichterwelle ist in einem Kugellager, das den Achsschub aufnimmt, gelagert. Das hintere, in einem Rollenlager gelagerte Wellenende wird durch eine genutete Hülse mit der Turbinenwelle gekuppelt.
Das Triebwerk hat acht miteinander verbundene zylindrische Brennkammern mit je einem perforierten Flammrohr. Der Kraftstoff wird durch einen Brenner, der sich im vorderen Teil der Kammer befindet, in Strömungsrichtung eingespritzt. Die Turbine ist einstufig in axialer Bauart ausgeführt. Das Gehäuse wird aus nichtrostendem Stahl hergestellt, die Leitschaufeln bestehen aus Nimonic-80-A-Legierung. Als Werkstoff für die Radscheibe der Turbine wurde Timken-16-25-6-Legierung gewählt. Die Turbinenwelle ist vor der Radscheibe in einem Rollenlager gelagert. Die Auslaßdüse des Triebwerkes hat einen unveränderlichen Querschnitt.

*Hauptdaten des Strahltriebwerks JO-1* [831]

Leistungen:

Schub (Seehöhe, statisch) .................................... 1 000 kp
Spez. Kraftstoffverbrauch (wie vorher) ....................... 18 kg/kph
Luftdurchsatz (wie vorher) ................................... 18 kg/sec
Drehzahl ..................................................... 12 000 U/min

Abmessungen:

Länge ........................................................ 2 800 mm
Maximalbreite ................................................ 680 mm
Gewicht ...................................................... 450 kg

Verdichter:

Bauart ....................................................... Axialverdichter
Stufenzahl ................................................... 8
Druckverhältnis .............................................. 4
Laufrad, Außendurchmesser .................................... 470 mm

Brennkammer:

Bauart ................................................. Mehrfachrohrbrennkammer
Zahl der Brennkammern ........................................ 8
Kraftstoffart ................................................ JP-4
Zahl der Zündkerzen .......................................... 2

Turbine:

Bauart ................................................. einstufige Axialturbine
Laufrad, Außendurchmesser .................................... 532 mm
Zahl der Laufschaufeln ....................................... 60
Zahl der Leitschaufeln ....................................... 40
Eintrittstemperatur .......................................... 800°C

Kraftstoffzuführsystem:

Kraftstoffeinspritzpumpe

Bauart ....................................................... Zahnradpumpe
Einspritzdruck ............................................... 25 kg/cm²
Drehzahl ..................................................... 2 940 U/min
    mit einem Drehzahlregler
Einspritzdüse ................................................ Duplexbrenner

Anlasser:

Elektrischer Anlasser ........................................ 10 PS

Schmiersystem:

Schmierpumpe ................................................. Zahnradpumpe
Zuführpumpe .................................................. 1
Rücklaufpumpe ................................................ 2
Schmieröl ............................................... Aeroturbineoil-9

*Hauptdaten des Strahltriebwerks J3* [831]

Bauart .......................................................... 8-A-01-1
Schub (Seehöhe, statisch, max.) ................................ 1 200 kp
Spez. Kraftstoffverbrauch (Seehöhe, statisch, normal) .............. 1,0 kg/kph

Abmessungen:

Durchmesser ................................................ 600 mm
Maximalbreite .............................................. 720 mm
Länge ...................................................... 1 850 mm
Gewicht .................................................... 350 kg
Leistungsgewicht ........................................... 0,29 kg/kp
Kraftstoffart .............................................. JP-4

*Hauptdaten des Strahltriebwerks TR-10 (NE-10)* [831]

Abmessungen:

Länge ...................................................... 1 600 mm
Durchmesser ................................................ 850 mm
Düsendurchmesser ........................................... 300 mm

Gewicht ........................................................ 250 kg
Schub (Seehöhe, statisch) ...................................... 300 kp
Max. Drehzahl .................................................. 16 000 U/min
Kraftstoffverbrauch ............................................ 480 kg/h
Kraftstoff ..................................................... normales Benzin

*Hauptdaten des Strahltriebwerks TR-30 (NE-30)* [831]

Abmessungen:

Länge ...................................................... 2 470 mm
Durchmesser ................................................ 1 030 mm

Gewicht ........................................................ 750 kg
Schub (Seehöhe, statisch) ...................................... 850 kp

*Hauptdaten des Triebwerks TR-12 (NE-12)* [831]

Leistungen:

Schub (Seehöhe, statisch) .................................. 320 kp
Kraftstoffverbrauch (wie vorher) ........................... 530 kg/h
Spez. Kraftstoffverbrauch (wie vorher) ..................... 1,65 kg/kph
Luftdurchsatz (wie vorher) ................................. 10,6 kg/sec
Drehzahl ................................................... 15 000 U/min

Abmessungen:

Länge ...................................................... 1 800 mm
Durchmesser ................................................ 855 mm
Gewicht .................................................... 315 kg

Verdichter (Axialverdichter):

Stufenzahl .................................................... 4
Druckverhältnis ............................................. 1,67
Laufrad, Außendurchmesser .............................. 550 mm
Laufrad, erste Stufe, Innendurchmesser .............. 190 mm
Profil ......................................................... KOKEN-SE
Axialgeschwindigkeit ..................................... 120 m/sec
Eintrittszustand
    Druck ................................................. 0,93 kg/cm²
    Temperatur ........................................... 28° C
Austrittszustand
    Druck ................................................. 1,55 kg/cm²
    Temperatur ........................................... 350° C
Polytropischer Wirkungsgrad ............................. 0,86
Gesamter adiabatischer Wirkungsgrad .................. 0,80

Verdichter (Radialverdichter)

Druckverhältnis ............................................. 2,6
Laufrad, Außendurchmesser .............................. 550 mm
Laufrad, Eintrittsdurchmesser, außen .................. 300 mm
Zahl der Laufschaufeln .................................... 24
Laufradbreite, außen ...................................... 32,5 mm
Austrittszustand
    Druck ................................................. 4,04 kg/cm²
Temperatur .................................................. 473° K
Polytropischer Wirkungsgrad ............................. 0,77
Gesamter adiabatischer Wirkungsgrad .................. 0,74
Zusammen gesamter adiabatischer Wirkungsgrad ...... 0,70

Brennkammer (Ringbrennraum mit Gegenstrom):

Kraftstoff ................................................... normales Benzin
Durchmesser ................................................ 850 mm
Länge ........................................................ 450 mm
Zahl der Düsen ............................................. 16
Zahl der Zündkerzen ...................................... 2
Verbrennungswirkungsgrad ................................ 0,91

Turbine:

Bauart ...................................................... einstufige Impulsturbine
Entspannungsverhältnis ................................... 0,276
Laufrad, Außendurchmesser .............................. 552 mm
Höhe der Laufschaufeln ................................... 52 mm
Zahl der Laufschaufeln .................................... 92
Höhe der Leitschaufeln ................................... 48 mm
Zahl der Leitschaufeln .................................... 36
Fläche der Düse ........................................... 220 cm²
Austrittswinkel der Leitschaufel ........................ 21°

392

Eintrittszustand an der Düse
Druck . . . . . . . . . . . . . . . . . . . . . . . . . . . . . . . . . . . . . . . . . . . . . . . . . . . . 4,04 kg/cm²
Temperatur . . . . . . . . . . . . . . . . . . . . . . . . . . . . . . . . . . . . . . . . . . . . . 973° K
Austrittszustand aus dem Laufrad
Druck . . . . . . . . . . . . . . . . . . . . . . . . . . . . . . . . . . . . . . . . . . . . . . . . . . . . 1,115 kg/cm²
Temperatur . . . . . . . . . . . . . . . . . . . . . . . . . . . . . . . . . . . . . . . . . . . . . 760° K
Geschwindigkeit . . . . . . . . . . . . . . . . . . . . . . . . . . . . . . . . . . . . . . . . . 250 m/sec
Polytropischer Wirkungsgrad . . . . . . . . . . . . . . . . . . . . . . . . . . . . . 0,725
Gesamter adiabatischer Wirkungsgrad . . . . . . . . . . . . . . . . . . . . . . 0,655

Schubdüse:

Austrittsdurchmesser . . . . . . . . . . . . . . . . . . . . . . . . . . . . . . . . . . . . . 310 mm
Austrittszustand
Druck . . . . . . . . . . . . . . . . . . . . . . . . . . . . . . . . . . . . . . . . . . . . . . . . . . . . 1,033 kg/cm²
Temperatur . . . . . . . . . . . . . . . . . . . . . . . . . . . . . . . . . . . . . . . . . . . . . 750° K
Geschwindigkeit . . . . . . . . . . . . . . . . . . . . . . . . . . . . . . . . . . . . . . . . . 296 m/sec

Anlasser (elektrischer Anlasser DC-100 V, 3 kW):

Nenndrehzahl . . . . . . . . . . . . . . . . . . . . . . . . . . . . . . . . . . . . . . . . . . 6 000 U/min
Maximaldrehzahl . . . . . . . . . . . . . . . . . . . . . . . . . . . . . . . . . . . . . . . . 9 000 U/min
Kraftstoffpumpe:
Hochdruckölpumpe-15 (Zahnradpumpe) . . . . . . . . . . . . . . . . . . . 1

*Hauptdaten des Triebwerks TR-20 (NE-20)* [831]

Leistungen:

Schub (Seehöhe, statisch) . . . . . . . . . . . . . . . . . . . . . . . . . . . . . . . . . 490 kp
Kraftstoffverbrauch (wie vorher) . . . . . . . . . . . . . . . . . . . . . . . . . . 735 kg/h
Spez. Kraftstoffverbrauch (wie vorher) . . . . . . . . . . . . . . . . . . . . . 1,5 kg/kph
Luftdurchsatz (wie vorher) . . . . . . . . . . . . . . . . . . . . . . . . . . . . . . . 14,0 kg/sec
Drehzahl . . . . . . . . . . . . . . . . . . . . . . . . . . . . . . . . . . . . . . . . . . . . . . . . 11 000 U/min

Abmessungen:

Länge . . . . . . . . . . . . . . . . . . . . . . . . . . . . . . . . . . . . . . . . . . . . . . . . . . 2 704 mm
Durchmesser . . . . . . . . . . . . . . . . . . . . . . . . . . . . . . . . . . . . . . . . . . . . 620 mm
Max. Höhe . . . . . . . . . . . . . . . . . . . . . . . . . . . . . . . . . . . . . . . . . . . . . 814 mm
Gewicht . . . . . . . . . . . . . . . . . . . . . . . . . . . . . . . . . . . . . . . . . . . . . . . . 474 kg
(mit Mg-Gehäuse) . . . . . . . . . . . . . . . . . . . . . . . . . . . . . . . . . . . . . 441 kg

Verdichter:

Bauart . . . . . . . . . achtstufiger Axialverdichter mit konstantem äußeren Durchmesser
Druckverhältnis . . . . . . . . . . . . . . . . . . . . . . . . . . . . . . . . . . . . . . . . 3,45
Laufrad, Außendurchmesser . . . . . . . . . . . . . . . . . . . . . . . . . . . . . . 480 mm
Laufrad, erste Stufe, Innendurchmesser . . . . . . . . . . . . . . . . . . . . 334 mm
Profil . . . . . . . . . . . . . . . . . . . . . . . . . . . . . . . . . . . . . . . . . . . . . . . . . . Clark Y
Axialgeschwindigkeit . . . . . . . . . . . . . . . . . . . . . . . . . . . . . . . . . . . . 134 m/sec
Eintrittszustand
Druck . . . . . . . . . . . . . . . . . . . . . . . . . . . . . . . . . . . . . . . . . . . . . . . . . . . . 0,92 kg/cm²
Temperatur . . . . . . . . . . . . . . . . . . . . . . . . . . . . . . . . . . . . . . . . . . . . . 280° K

Austrittszustand

    Druck . . . . . . . . . . . . . . . . . . . . . . . . . . . . . . . . . . . . . . . . . . . . . . . . . 3,17 kg/cm²

    Temperatur . . . . . . . . . . . . . . . . . . . . . . . . . . . . . . . . . . . . . . . . . . . 424° K

Polytropischer Wirkungsgrad . . . . . . . . . . . . . . . . . . . . . . . . . . . . . 0,85

Gesamter adiabatischer Wirkungsgrad . . . . . . . . . . . . . . . . . . . . . 0,74

Brennkammer (gleichströmende Ringbrennkammer):

    Kraftstoffart . . . . . . . . . . . . . . . . . . . . . . . . . . . . . . . . . . . . . . . . . . . . normales Benzin

    Durchmesser . . . . . . . . . . . . . . . . . . . . . . . . . . . . . . . . . . . . . . . . . . . . 580 mm

    Länge . . . . . . . . . . . . . . . . . . . . . . . . . . . . . . . . . . . . . . . . . . . . . . . . . . 600 mm

    Zahl der Einspritzdüsen . . . . . . . . . . . . . . . . . . . . . . . . . . . . . . . . . . 12

    Zahl der Zündkerzen . . . . . . . . . . . . . . . . . . . . . . . . . . . . . . . . . . . . 2

    Verbrennungswirkungsgrad . . . . . . . . . . . . . . . . . . . . . . . . . . . . . . 0,95

Turbine:

    Bauart . . . . . . . . . . . . . . . . . . . . . . . . . . . . . . . . . . . . . . . . . . . . . . . . . einstufige Impulsturbine

    Entspannungsverhältnis . . . . . . . . . . . . . . . . . . . . . . . . . . . . . . . . . 0,405

    Laufrad, Außendurchmesser . . . . . . . . . . . . . . . . . . . . . . . . . . . . . 568 mm

    Höhe der Laufschaufeln . . . . . . . . . . . . . . . . . . . . . . . . . . . . . . . . . 93 mm

    Zahl der Laufschaufeln . . . . . . . . . . . . . . . . . . . . . . . . . . . . . . . . . . 63

    Höhe der Leitschaufeln . . . . . . . . . . . . . . . . . . . . . . . . . . . . . . . . . . 88 mm

    Zahl der Leitschaufeln . . . . . . . . . . . . . . . . . . . . . . . . . . . . . . . . . . 24

    Fläche der Düse . . . . . . . . . . . . . . . . . . . . . . . . . . . . . . . . . . . . . . . . 374 cm²

    Austrittswinkel der Leitschaufel . . . . . . . . . . . . . . . . . . . . . . . . . . 19°

    Eintrittszustand an der Düse

        Druck . . . . . . . . . . . . . . . . . . . . . . . . . . . . . . . . . . . . . . . . . . . . . 3,17 kg/cm²

        Temperatur . . . . . . . . . . . . . . . . . . . . . . . . . . . . . . . . . . . . . . . . 973° K

        Geschwindigkeit . . . . . . . . . . . . . . . . . . . . . . . . . . . . . . . . . . . . 80 m/sec

    Austrittszustand aus dem Laufrad

        Druck . . . . . . . . . . . . . . . . . . . . . . . . . . . . . . . . . . . . . . . . . . . . . 1,285 kg/cm²

        Temperatur . . . . . . . . . . . . . . . . . . . . . . . . . . . . . . . . . . . . . . . . 821° K

        Geschwindigkeit . . . . . . . . . . . . . . . . . . . . . . . . . . . . . . . . . . . . 184,5 m/sec

    Polytropischer Wirkungsgrad . . . . . . . . . . . . . . . . . . . . . . . . . . . . 0,715

    Gesamter adiabatischer Wirkungsgrad . . . . . . . . . . . . . . . . . . . . 0,681

Schubdüse:

    Austrittsdurchmesser . . . . . . . . . . . . . . . . . . . . . . . . . . . . . . . . . . . 430 mm

    Austrittsfläche . . . . . . . . . . . . . . . . . . . . . . . . . . . . . . . . . . . . . . . . . 910 cm²

    Austrittszustand

        Druck . . . . . . . . . . . . . . . . . . . . . . . . . . . . . . . . . . . . . . . . . . . . . 1,0330 kg/cm²

        Temperatur . . . . . . . . . . . . . . . . . . . . . . . . . . . . . . . . . . . . . . . . 782° K

        Geschwindigkeit . . . . . . . . . . . . . . . . . . . . . . . . . . . . . . . . . . . . 342 m/sec

Anlasser (elektrischer Anlasser DC-100 V, 3 oder 5 kW):

    Nenndrehzahl . . . . . . . . . . . . . . . . . . . . . . . . . . . . . . . . . . . . . . . . . . 6 000 U/min

    Maximaldrehzahl . . . . . . . . . . . . . . . . . . . . . . . . . . . . . . . . . . . . . . . 9 000 U/min

Kraftstoffzuführsystem:

    Kraftstoffeinspritzpumpe . . . . . . . . . . . . . . . . . . . . . . . . . . . . . . . . Taumelscheibenpumpe

    Kraftstofförderpumpe . . . . . . . . . . . . . . . . . . . . . . . . . . . . . . . . . . . Drehschieberpumpe

*Hauptdaten des Triebwerks TR-330 (NE-330)* [831]

Hersteller . . . . . . . . . . . . . . . . . . . . . . . . . . . . . . Mitsubishi Heavy Industries Co. Ltd.
Schub (Seehöhe, statisch) . . . . . . . . . . . . . . . . . . . . . . . . . . . . . . . . . 1 200 kp
Drehzahl . . . . . . . . . . . . . . . . . . . . . . . . . . . . . . . . . . . . . . . . . . . . . . . 7 600 U/min
Kraftstoffverbrauch . . . . . . . . . . . . . . . . . . . . . . . . . . . . . . . . . . . . . . 2 650 l/h
Abmessungen:
   Länge . . . . . . . . . . . . . . . . . . . . . . . . . . . . . . . . . . . . . . . . . . . . . . 4 000 mm
   Durchmesser . . . . . . . . . . . . . . . . . . . . . . . . . . . . . . . . . . . . . . . . 880 mm
Gewicht . . . . . . . . . . . . . . . . . . . . . . . . . . . . . . . . . . . . . . . . . . . . . . . 1 160 kg
Verdichter . . . . . . . . . . . . . . . . . . . . . . . . . . . . . . . . . . . . . . . . Axialverdichter
   Stufenzahl . . . . . . . . . . . . . . . . . . . . . . . . . . . . . . . . . . . . . . . . . . 7
   Druckverhältnis . . . . . . . . . . . . . . . . . . . . . . . . . . . . . . . . . . . . . 3,0
Turbine . . . . . . . . . . . . . . . . . . . . . . . . . . . . . . . . . . . . . . . . Impulsturbine
   Druckverhältnis . . . . . . . . . . . . . . . . . . . . . . . . . . . . . . . . . . . . . 2,0
Brennkammer . . . . . . . . . . . . . . . . . . . . . . . . . Rohrbrennkammer mit sieben Rohren

*Hauptdaten des Triebwerks TR-230 (NE-230)* [831]

Hersteller . . . . . . . . . . . . . . . . . . . . . . . . . . . . . . . . Nakajima Aircraft Co. Ltd.
                                                           Hitachi Ltd.
Schub . . . . . . . . . . . . . . . . . . . . . . . . . . . . . . . . . . . . . . . . . . . . . . . . 885 kp
Drehzahl . . . . . . . . . . . . . . . . . . . . . . . . . . . . . . . . . . . . . . . . . . . . 9 000 U/min
Luftdurchsatz . . . . . . . . . . . . . . . . . . . . . . . . . . . . . . . . . . . . . . . . . 18,6 kg/sec
Durchmesser . . . . . . . . . . . . . . . . . . . . . . . . . . . . . . . . . . . . . . . . . . 780 mm
Gewicht . . . . . . . . . . . . . . . . . . . . . . . . . . . . . . . . . . . . . . . . . . . . . . 900 kg
Verdichter . . . . . . . . . . . . . . . . . . . . . . . . . . . . . . . . . . . . . . . Axialverdichter
   Stufenzahl . . . . . . . . . . . . . . . . . . . . . . . . . . . . . . . . . . . . . . . . . . 7
   Druckverhältnis . . . . . . . . . . . . . . . . . . . . . . . . . . . . . . . . . . . . . 2,86
Temperatur vor der Turbine . . . . . . . . . . . . . . . . . . . . . . . . . . . . . . 800° C
Brennkammer . . . . . . . . . . . . . . . . . . . . . . . . . . . Ringbrennkammer mit Gleichstrom

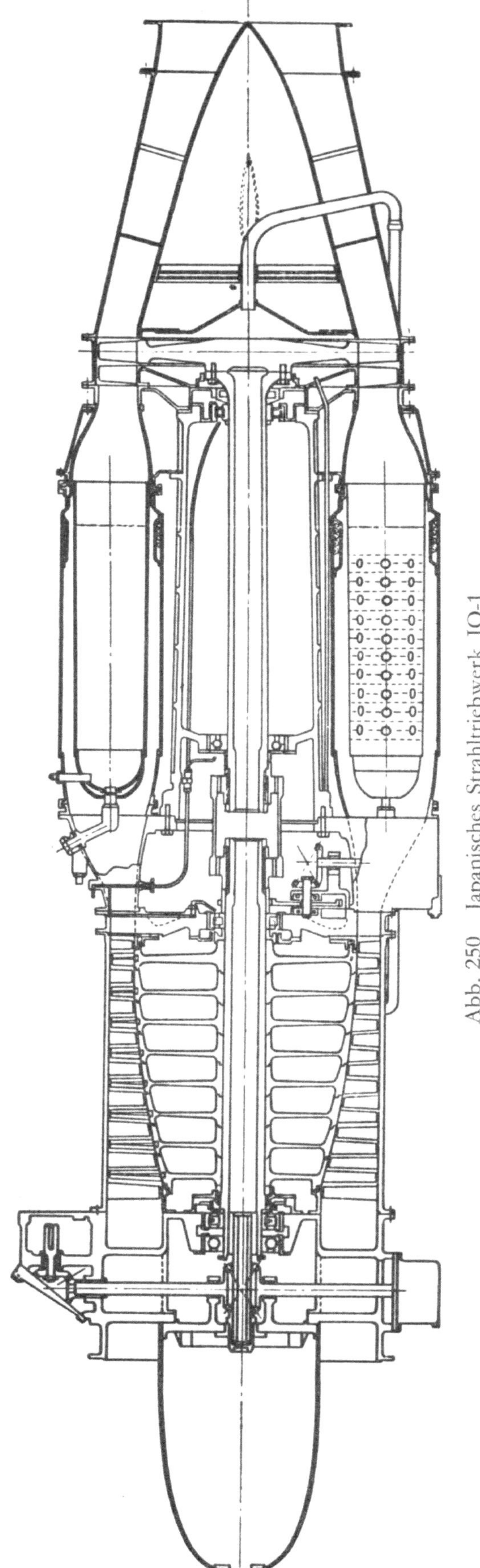

Abb. 250   Japanisches Strahltriebwerk JO-1

# Orenda Engines

Orenda Engines Ltd., Toronto, Ontario, Kanada

Im Jahre 1945 übernahm der britische Hawker-Siddely-Konzern das Viktoria-Flugzeugwerk in der Nähe von Toronto (Kanada) und gründete die Firma A.V. Roe Canada Ltd. (Avro Canada), die im Frühjahr 1946 in Rahmen der Übereignung staatlicher Rüstungsbetriebe an die Privatindustrie sämtliche Anlagen und Einrichtungen der Turbo Research Ltd. übernahm und als Gas-Turbine Division ihrem Hauptwerk in Malton angliederte. In dieser neu geschaffenen Abteilung wurde die Entwicklung des von der Turbo Research Ltd. nahezu fertig konstruierten Axialverdichtertriebwerkes Chinook fortgesetzt. Die ersten Probeläufe eines Prototyps dieses Triebwerkes fanden im März 1948 statt. Für die kanadische Luftwaffe wurde das leistungsstärkere Triebwerk Orenda entwickelt, das im Februar 1949 seine ersten Prüfstandsläufe ablegte. Am 18. 2. 1954, etwa 1½ Jahre nach der Errichtung einer größeren Produktionsanlage in der Nähe von Malton, konnte bereits das tausendste Triebwerk vom Typ Orenda abgeliefert werden. Im gleichen Jahre wurde die ehemalige Gas-Turbine Division der Avro Canada in eine selbständige Tochtergesellschaft mit dem Namen Orenda Engines umgewandelt [589, 754].

Bis 1959 wurden über 3700 Orenda-Triebwerke ausgeliefert. Das leistungsstärkste Triebwerk der Firma war das Triebwerk » Jroquois«, das bis zu 10 400 kp Schub ohne Nachverbrennung und 13 600 kp Schub mit Nachverbrennung erzeugte [41]. Das Orenda-Bauprogramm und die Entwicklung des Jroquois wurden 1959 eingestellt. Statt dessen wurde die Lizenzherstellung des General-Electric-Triebwerkes J79 aufgenommen.

## Orenda

Die ersten Vorentwürfe für das Triebwerk Orenda wurden im Herbst 1946 in Angriff genommen. Nachdem im Februar 1949 die ersten Prüfstandsläufe stattgefunden hatten, absolvierte Ende des gleichen Jahres ein Prototyp des Triebwerkes Orenda die offiziellen 150-Stunden-Prüfstandsläufe der kanadischen Luftwaffe sowie eine 50-Stunden-Vor-Flugerprobung. Im Juli 1950 erfolgte der erste Flug in einer Lancaster, im Oktober 1950 der erste Flug mit eigener Kraft in einer Sabre Mk. 3. Im Februar 1952 bestand das erste Produktionsmuster Orenda 2 (2750 kp Schub) seine Typenerprobung und wurde daraufhin in einem Allwetterjäger Avro Canada CF-100 Mk. 2 eingebaut. Es war für einen Schub von 2720 kp ausgelegt. Diesem ersten Produktionsmodell folgten bald weitere Muster mit höherer Leistung, z. B. Orenda 8, Typenerprobung Januar 1953, mit 2880 kp Schub [291], Orenda 9 und Orenda 10, mit denen die Allwetterjäger CF-100 Mk. 3, Mk. 4 und Jäger vom Typ Canadair Sabre Mk. 5 ausgerüstet wurden. Die letzten Orenda-Entwicklungen waren: Orenda 11 (3400 kp Schub) für den Flugzeugtyp CF-100 Mk. 5, Orenda 11R mit Nachbrenner (3780 kp Schub) für den Flugzeugtyp CF-100 Mk. 6 und Orenda 14 (3400 kp Schub) für den Flugzeugtyp Sabre Mk. 6.

*Triebwerksdaten* [37, 41]

| Baumuster | | Orenda 9 | Orenda 11R | | Orenda 14 |
|---|---|---|---|---|---|
| Durchmesser ................. [mm] | | 1067 | 1067 | | 1067 |
| Länge ....................... [mm] | | 3083 | 6727 | | 3088 |
| Stirnfläche ..................... [m²] | | 0,89 | 0,89 | | 0,89 |
| Gewicht ...................... [kg] | | 1225 | 1210 | | 1100 |
| Kraftstoffverbrauch | | | | | |
| normal .................... [kg/kph] | | 1,0 | 1,430 | | 0,9 |
| Ölverbrauch ................. [kg/h] | | 0,45 | 0,45 | | 0,45 |
| Startstandschub ................. [kp] | | 2950 | 3740 | m. N. | 3400 |
| | | | 3280 | o. N. | |
| Drehzahl ................. [U/min] | | 7800 | 7800 | | 7800 |

*Triebwerksbeschreibung Orenda 9* [37]

Das Triebwerk Orenda hat einen zehnstufigen Axialverdichter, der die Luft im Verhältnis 5,8 : 1 verdichtet. Der Luftdurchsatz beträgt 51 kg/sec bei einer Verdichterdrehzahl von 7800 U/min im Stand. In das Einlaßgehäuse, das aus Magnesiumlegierung besteht und durch Warmluft gegen Vereisung geschützt wird, ist ein Schutzgitter eingebaut.

Das zweiteilige Verdichtergehäuse besteht aus Magnesiumlegierung. Neun Schaufelkränze sind aus Aluminiumlegierung, ein Leitschaufelkranz ist aus Stahl. Der Verdichterläufer setzt sich aus neun Aluminiumscheiben und einer Stahlscheibe zusammen, die durch drei Aluminiumtrommeln zusammengehalten werden. Die drei Trommeln werden durch Schrauben miteinander verbunden. An die erste und letzte ist je ein Wellenstumpf aus Stahl angeflanscht. Der vordere Wellenstumpf wird dort, wo er durch eine genutete Hülse mit der Turbinenläuferwelle verbunden ist, durch zwei selbstausrichtende Kugellager gestützt.

Das Verbrennungssystem der Orenda besteht aus sechs zylindrischen Brennkammern, die untereinander verbunden sind. Die vorderen Abschnitte sind Gußstücke aus Aluminiumlegierung. Jede Brennkammer hat einen Duplexbrenner, der in dem den Verdichterauslaß mit der Brennkammer verbindenden Diffusor angebracht ist. Der Kraftstoff wird in Strömungsrichtung in die Flammrohre eingespritzt.

Als Werkstoff für das Gehäuse der einstufigen Axialturbine wurde nichtrostender Stahl verwendet. Die Leitschaufeln sind massive Gußstücke aus Stahl. Die Rotorscheibe aus Timken-16-25-6-Legierung und der Turbinenwellenstumpf bestehen aus einem Stück. Die Laufschaufeln aus Inconel-»X« werden in Nuten in der Radscheibe gehalten. Die Läuferwelle ist an den Flansch der Antriebswelle geschraubt.

Der Ausströmteil des Triebwerkes besteht aus dem äußeren Stahlmantel und
dem feststehenden inneren Kegel. Der Auslaßquerschnitt ist nicht veränderlich.
Ausführliche Beschreibung des Modelles Orenda 10 siehe [291]. Die Modelle
Orenda 10, Orenda 11, Orenda 11R und Orenda 14 haben zweistufige Turbinen.


## Orenda Engines »Iroquois«

Mit der Entwicklung des Hochleistungstriebwerkes »Iroquois« (PS-13) wurde
im September 1953 begonnen. Die ersten Versuche konnten am 24. 6. 1956 aufgenommen werden. Am 27. 6. 1957 wurde der erste offizielle 100-Stunden-Prüf-
standslauf abgeschlossen. Die Weiterentwicklung wurde jedoch 1959 eingestellt.

*Triebwerksdaten* [41]

| Baumuster | Iroquois 1 | |
|---|---|---|
| Durchmesser .................. [mm] | 1 067 | |
| Länge ...................... [mm] | 5 793 | |
| Stirnfläche .................... [m²] | 0,89 | |
| Gewicht ..................... [kg] | 1 815 | |
| Kraftstoffverbrauch .......... [kg/kph] | 1,8 | m.N. |
| | 0,85 | o.N. |
| Ölverbrauch ................. [kg/h] | 0,9 | |
| Startstandschub ............... [kp] | 13 600 | m.N. |
| | 10 400 | o.N. |
| Verdichtungsverhältnis .............. | 8 : 1 | |
| Luftdurchsatz ............... [kg/sec] | 159 | |

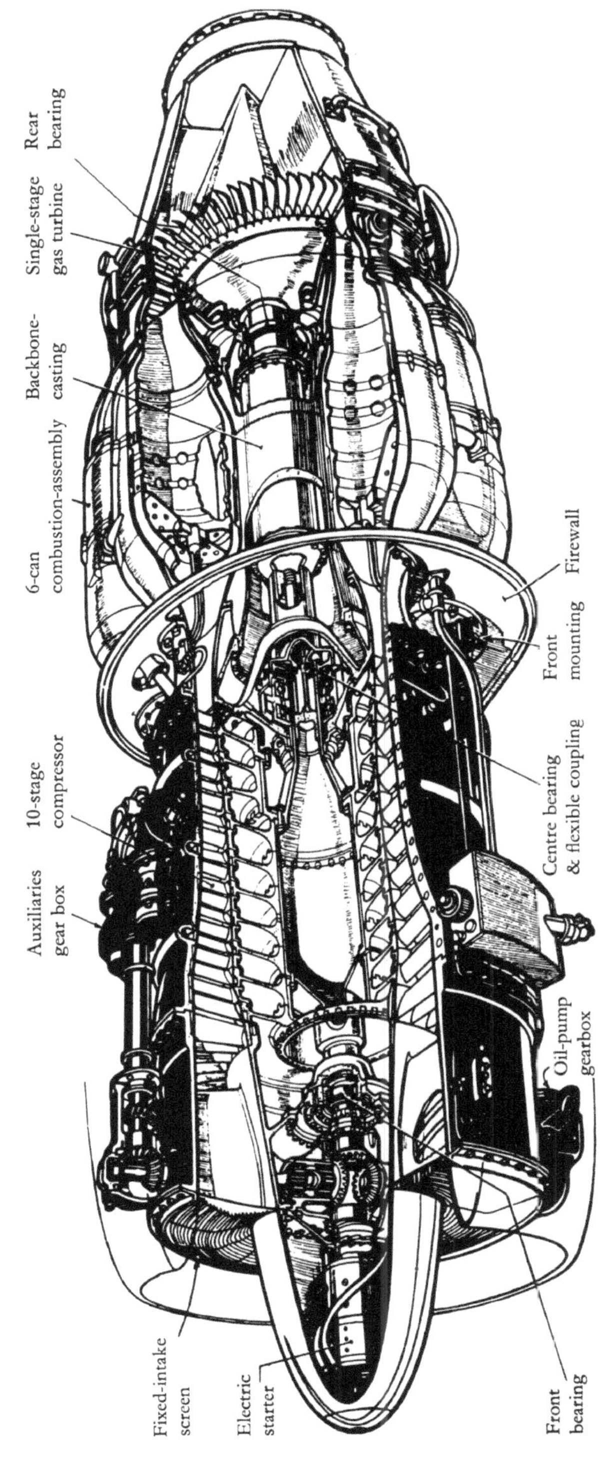


Abb. 251   Avro Canada (Orenda Engines): Orenda [255] (Aeroplane)

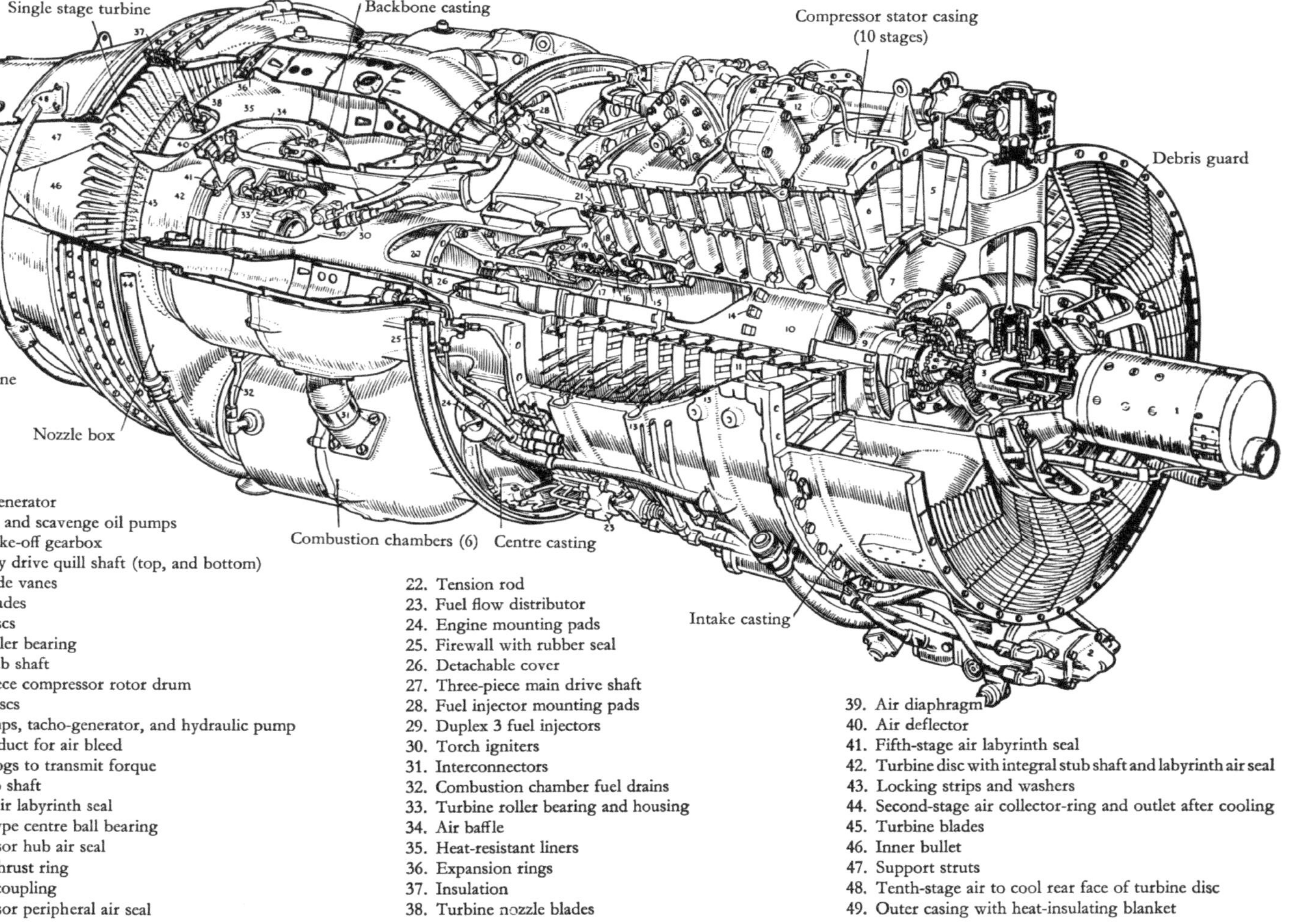



1. Starter generator
2. Pressure, and scavenge oil pumps
3. Power take-off gearbox
4. Accessory drive quill shaft (top, and bottom)
5. Inlet guide vanes
6. Rotor blades
7. Rotor discs
8. Front roller bearing
9. Front stub shaft
10. Three-piece compressor rotor drum
11. Spacer discs
12. Fuel pumps, tacho-generator, and hydraulic pump
13. Annular duct for air bleed
14. Clutch dogs to transmit forque
15. Rear stub shaft
16. Bearing air labyrinth seal
17. Duples type centre ball bearing
18. Compressor hub air seal
19. Rubber thrust ring
20. Flexible coupling
21. Compressor peripheral air seal
22. Tension rod
23. Fuel flow distributor
24. Engine mounting pads
25. Firewall with rubber seal
26. Detachable cover
27. Three-piece main drive shaft
28. Fuel injector mounting pads
29. Duplex 3 fuel injectors
30. Torch igniters
31. Interconnectors
32. Combustion chamber fuel drains
33. Turbine roller bearing and housing
34. Air baffle
35. Heat-resistant liners
36. Expansion rings
37. Insulation
38. Turbine nozzle blades
39. Air diaphragm
40. Air deflector
41. Fifth-stage air labyrinth seal
42. Turbine disc with integral stub shaft and labyrinth air seal
43. Locking strips and washers
44. Second-stage air collector-ring and outlet after cooling
45. Turbine blades
46. Inner bullet
47. Support struts
48. Tenth-stage air to cool rear face of turbine disc
49. Outer casing with heat-insulating blanket

Abb. 252   Orenda-Engines: Orenda Series 10 [291] (Aeroplane)

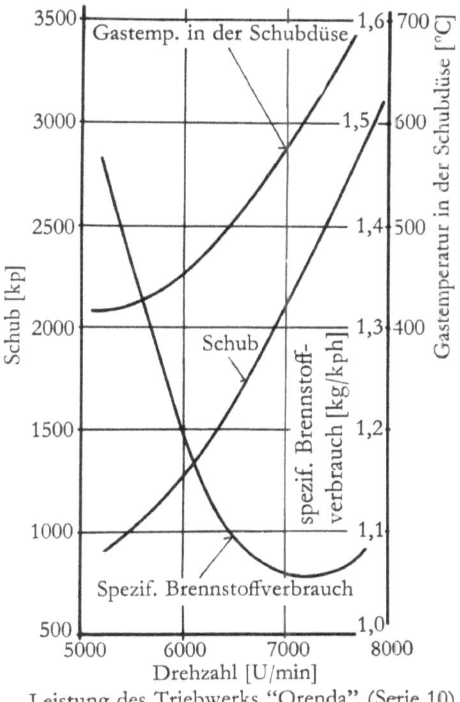


Abb. 253   Orenda 10 [291] (Aeroplane): Leistung des Triebwerks

# STAL

Svenska Turbinfabriks A. B. Ljungstrom (STAL), Finspong, Sçhweden

Die Firma STAL begann die Entwicklung von Gasturbinentriebwerken gleich nach dem zweiten Weltkrieg. Ihr erstes Triebwerk »Skuten« kam 1948 auf den Prüfstand. Es hatte einen achtstufigen Axialverdichter und eine einstufige Turbine und erzeugte einen Schub von 1450 kp. Es wurde nicht flugerprobt, sondern vorwiegend für die Erprobung von Axialverdichtern verwendet. Die nächste Konstruktion, das TL-Triebwerk STAL-Dovern, wurde aus dem Versuchsmuster STAL Skuten entwickelt in Verbindung mit der Firma Svenska Flygmotor. Der »Dovern« war ursprünglich für einen Standschub von 3000 kp, ein Trockengewicht von 1200 kg und einen spezifischen Kraftstoffverbrauch von 0,96 kg/kph konstruiert worden. Im Laufe der Weiterentwicklung ergaben sich die folgenden Bauarten und Betriebsdaten [I.A.L. April 53; 589, 37].

Bauarten:  Dovern IIA, kein Vereisungsschutz am Einlaß

Dovern IIB, wie IIA, aber mit Enteiseranlage

Dovern IIC, ähnlich IIB, aber mit Nachbrenner

*Maschinendaten* (zum Vergleich Daten des Triebwerkes Skuten)

| | Dovern IIA, IIB | | (Skuten) | |
|---|---|---|---|---|
| Durchmesser ............ [mm] | 1095 | [I.A.L. April 53; 589, 36; STAL-Prospekt] | 920 | [I.A.L. April 53] |
| Länge ................. [mm] | 3850 | „ | 3850 | „ |
| Stirnfläche ............... [m²] | 0,94 | „ | 0,67 | „ |
| Trockengewicht | | | | |
| Dovern IIA  ............. [kg] | 1195 | | | |
| Dovern IIB  ............. [kg] | 1220 | „ | 780 | „ |
| Kraftstoffverbrauch | | | | |
| normal ............... [kg/kph] | 0,92 | „ | 1,21 | „ |
| Schmierstoffverbrauch | | | | |
| normal ................ [kg/h] | 0,6 | „ | 0,3 | „ |
| Startstandschub (trocken) ... [kp] | 3300 | „ | 1450 | „ |
| in Meereshöhe | | | | |
| Drehzahl .............[U/min] | 7200 | „ | 8000 | „ |
| Dauerleistung (trocken) ..... [kp] | 2600 | „ | – | „ |
| in Meereshöhe | | | | |
| Drehzahl ........... [U/min] | 6800 | „ | 7250 | „ |

Das Baumuster Dovern IIC ist mit einem Nachbrenner der STAL ausgerüstet und erzeugt einen Startstandschub von 4625 kp bei einer Drehzahl von 7200 U/min in Meereshöhe [589, 37].

Der Dovern ist ein Axialverdichter-TL-Triebwerk. Sein Kompressor hat neun Stufen und arbeitet bei einem Verdichtungsverhältnis von 5,2 : 1, der Luftdurchsatz beträgt 55 kg/sec bei 7200 U/min in Meereshöhe im Stand. Der Kompressorläufer ist eine Stahlscheibenkonstruktion mit eingesetzten Laufschaufeln. Er wird durch ein Kugellager (Schublager) am einlaßseitigen Wellenende und ein Rollenlager am hinteren Wellenende gelagert. Die Leitschaufeln, ebenfalls aus Stahl, sind in Ringen im Kompressorgehäuse befestigt. Das Stahlgehäuse besteht aus drei tonnenartigen Teilen, die an ihrem Umfang aneinander befestigt sind. In Höhe der siebenten Stufe sind vier automatische Anzapfventile für den Start angebracht. Von der letzten Kompressorstufe wird warme Luft als Vereisungsschutz abgezapft und durch eine Leitung zum Lufteinlaß aus Magnesiumlegierung, zu den hohlen Verkleidungen, der Triebwerknase und den hohlen Einlaßschaufeln geleitet.

Das Verbrennungssystem des Dovern besteht aus neun zylindrischen Brennkammern, die untereinander verbunden sind. An der Stirnseite jedes Flammrohres ist ein Duplexbrenner angebracht. Die Kraftstoffeinspritzung erfolgt in Strömungsrichtung. Die Kraftstoffversorgung selbst erfolgt durch ein Lucas-Brennstoffsystem mit zwei Kraftstoffplungerpumpen mit verstellbarer Verdrängung, Regler und Rückschlagventil.

Die Turbine ist eine einstufige Axialturbine. Ihre Läuferscheibe aus Stahl ist mittels Flansch an den Wellenstumpf geschraubt, der vor der Turbine in einem Rollenlager gelagert ist. Die Läuferscheibe wird durch Luft gekühlt. Die Laufschaufeln werden in die Scheibe eingesetzt, sie sind aus Nimonic-80-A-Legierung gefertigt. Das Turbinengehäuse ist aus nichtrostendem Stahl, die Leitschaufeln sind aus massivem Stahl hergestellt.

Als Startvorrichtung sind entweder eine Rotax-Electric-Anlage oder ein Turbostarter vorgesehen (BTH). Zündung erfolgt durch zwei Hochspannungszündkerzen, die von zwei Rotax-Anlagen versorgt werden.

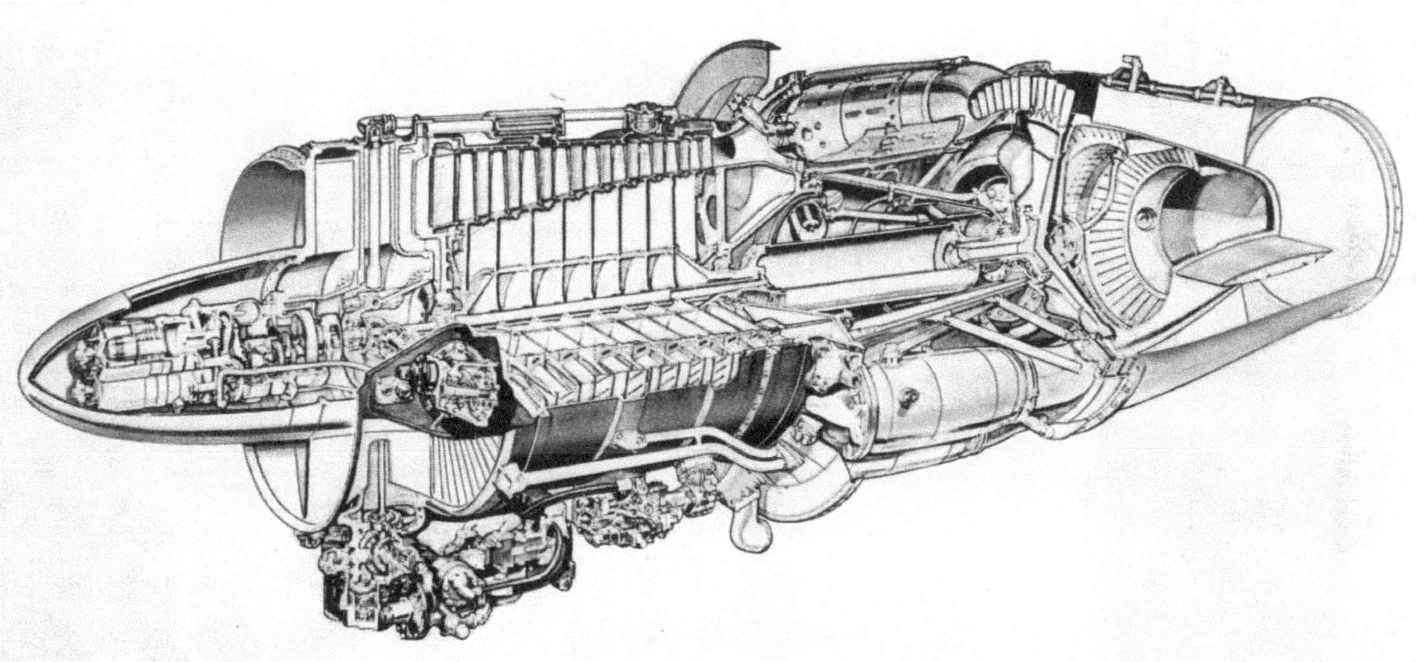

Abb. 254  Stal-Dovern [156] (Interavia)

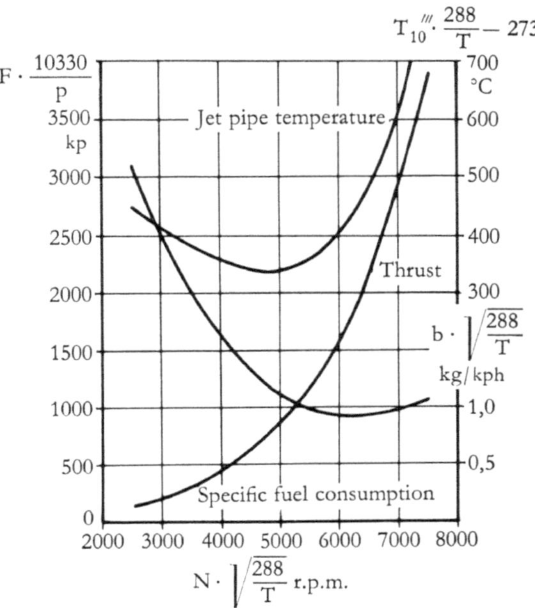


Abb. 255   Stal-Dovern [882]: Schub, spezifischer Verbrauch und Strahlrohrtemperatur am Prüfstand

# Literaturverzeichnis

In dem folgenden Verzeichnis sind aus der sehr großen Fülle von Artikeln, die sich mit Strahltriebwerken befassen, nur diejenigen ausgewählt, die bei der Abfassung des vorliegenden Sammelberichtes benutzt wurden bzw. auf die in der ausgewerteten Literatur weiter speziell hingewiesen wurde.

*Abkürzungen*

Zur genaueren Kennzeichnung der Schrifttumsangaben wurden folgende Abkürzungen verwendet:

A  = Aufsatz
B  = Abbildungen
D  = Diagramm
P  = Photographie
K  = Kurze Angaben, Kurzmeldung
Sk = Skizze
T  = Tabelle
Ü  = Übersicht

Die Zahlen hinter dem ersten Buchstaben geben den Umfang des betreffenden Artikels an.

*Beispiel*
A-3-B (2 T, 1 Sk, 3 P, 1 D) bedeutet:
Es handelt sich um einen Aufsatz von 3 Seiten mit Abbildungen, und zwar mit 2 Tabellen, 1 Skizze, 3 Photographien und 1 Diagramm.


| | | | |
|---|---|---|---|
| [1] | BIDARD, R. | Thermopropulsion des Avions Turbines et Compresseurs Axiaux | Gauthier-Villars, Editeur-Imprimeur-Libraire, Paris, 55, Quai des Grands Augustins |
| [2] | BRIDGMANN, L. | Jane's all the World's Aircraft 1954–1955 | Sampson Low, Marston & Co. Ltd., 25 Gilbert Street, London, W. 1 |
| [3] | | Jane's all the World's Aircraft 1956/57 | The McGraw Hill Book Comp. Inc., 330 West 42nd Street, New York 18 The McGraw Hill Comp. of Canada, Ltd., 253 Spadina Road, Toronto 4 |

| [4] | BURGESS, N.<br>BUECHEL, J. C. | Recent Design Refinements in Turbojet Engines | Vortrag vor Anglo-American Aircraft Conference, Mai 1949 |
| [5] | CASAMASSA, J. V. | Jet Aircraft Power Systems Principles and Maintenance | McGraw Hill Book Comp., New York, Jg. 1950, S. 338 |
| [6] | ROXBEE COX, H. | Gas Turbine Principles and Practice | George Newnes Ltd., London |
| [7] | COHEN, M. A.<br>ROGERS, B. Sc. | Gas Turbine Theory | Longmans, Green and Co., London, New York, Toronto |
| [8] | DRIGGS<br>LANCASTER | Gas Turbines for Aircraft | The Ronald Press Company, New York |
| [9] | DURHAM, F. P. | Aircraft Jet Power Plants | Prentice Hall Inc., New York 1951, S. 326 |
| [10] | GIBBS-SMITH, C. H. | Man Takes Wings | London: Published for the Air Ministry by His Majesty's Stationery Office 1948 |
| [11] | GODSEY, JR. F. W.<br>YOUNG, L. A. | Gas Turbine for Aircraft | McGraw Hill Book Comp. Inc., 1949, New York, Toronto, London |
| [12] | GREEN, W.<br>CROSS, R. | The Jet Aircraft of the World | McDonald, London |
| [13] | HILL, R. C. | Aircraft Gas Turbine Conference | 1945, General Electric Co., West Lynn, Mass. 46 |
| [14] | HOOKER, S. G. | Application of the Gas Turbine to Aircraft and Propulsion | |
| [15] | JENNINGS, B. H.<br>ROGERS, L. W. | Gas Turbine Analysis and Practice | McGraw Hill Book Comp. Inc., 1953, New York, Toronto, London |
| [16] | JUDGE, A. W. | Elementary Handbook of Aircraft Engines | Chapman & Hall Ltd., London |
| [17] | JUDGE, A. W. | Modern Gas Turbines | Chapman & Hall Ltd., London |
| [18] | KALNIN, A.<br>LABORIE, M. | Le moteur à réaction | Préf. de R. Marchal, Paris, Dunod 1952 |
| [19] | KEENAN, J. G. | Elementary Theory of Gas Turbines and Jet Propulsion | Oxford University Press, London 1946 |
| [20] | KRUSCHIK, J. | Die Gasturbine | Wien, Springer-Verlag 1952 |
| [21] | LEIST, K.<br>GRAF, K. | Kleingasturbinen insbesondere zum Fahrzeugantrieb (FB 71 d. Wirtschafts- u. Verkehrsminist. Nordrhein-Westf.) | Westdeutscher Verlag, Köln und Opladen |


410

[22] LEIST, K.    Die Kleingasturbine    Westdeutscher Verlag,
     FÖRSTER, S.    »Artouste« (FB 243 d.    Köln und Opladen
       Wirtschafts- u. Verkehrs-
       minist. Nordrhein-Westf.)

[23] CHAPEL, C. E.    Aircraft Power Plants    McGraw Hill Book
     BENT, R. D.      Company, New York,
     McKINLEY, J. L.    Toronto, London

[24] MORLEY, A. W.    Aircraft Propulsion,    Longmans,
       Theory and Performance    Green and Co.,
       London, New York,
       Toronto

[25] NAYLER, J. L.    Flight to-day    Geoffrey Cumberlege,
     OWER, E.      Oxford, University Press
       1951

[26] NEVILLE, L. E.    Jet Propulsion Progress    McGraw Hill Book
     SILSBEE, N. F.    Company Inc., New York
       and London 1948

[27] SAWYER, R. T.    The Modern Gas Turbine    Prentice Hall,
       New York 1945

[28] SCHMIDT, F. A. F.    Verbrennungskraftmaschinen    Oldenbourg, München

[29] SMITH, G. G.    Gas Turbines and Jet    4th ed. Flight
       Propulsion for Aircraft    Publishing Co Ltd.,
       London 1946
       American edition,
       Aircraft Books Inc.,
       New York 1947

[30] SÖRENSEN, H. A.    Gas Turbines    The Ronald Press Co.,
       New York

[31] VOGELSANG, C. W.    Die 2. Etappe – Die    »Astra« Josef
       Geschichte der Flugzeugturbine   Penyigey-Szabo Verlag
       und des Turbinenflugzeuges    Lahr (Schwarzwald)

[32] WELSH, R. J.    The Gas Turbine Manual    Temple Press Ltd.,
     WALLER, G.      London

[33]      »The Story of the British    Sidney-Baxton Ltd.,
       Gas Turbine«, Power Jets    London, S. 1–40
       (Research and Development
       Ltd.) A Festival of Britain
       Survey

[34] LUCAS, J.    Fuel System Handbook 1946

[35]      Jet Electrics    Rotax Limited,
       London 1948

[36] KALNIN, A.    Le Turboréacteur et autres    Dunod, Paris
     LABORIE, M.    Moteurs à Réaction

[37] WILKINSON, P. H.    Aircraft Engines of the    Sir Isaac Pitman & Sons
       World 1954    Ltd., London

[38] WILKINSON, P. H.    Aircraft Engines of the    Sir Isaac Pitman & Sons
       World 1955    Ltd., London

[39] WILKINSON, P. H.    Aircraft Engines of the    Sir Isaac Pitman & Sons
       World 1956    Ltd., London

| | | | |
|---|---|---|---|
| [40] | WILKINSON, P. H. | Aircraft Engines of the World 1957 | Sir Isaac Pitman & Sons Ltd., London |
| [41] | WILKINSON, P. H. | Aircraft Engines of the World 1958/59 | Sir Isaac Pitman & Sons Ltd., London |
| [42] | WILKINSON, P. H. | Aircraft Engines of the World 1959/60 | Sir Isaac Pitman & Sons Ltd., London |
| [43] | WILKINSON, P. H. | Aircraft Engines of the World 1960/61 | Sir Isaac Pitman & Sons Ltd., London |
| [44] | SERBIN, H. | Gas Turbine Engine Performance A-4-B (2 Sk, 3 D) | Aero Digest, National Press Building, 14th and F Sts., N. W. Washington 4, D. C. Nov. 1946, S. 78 |
| [45] | | Powerplants – What are the Effects of Various Types? A-1 (1 T) | Aero Digest März 1949, S. 27, Tab. S. 27 |
| [46] | NORTHROP, J. K. | Flying Wing Transports with Turbojets or Turboprops A-2-B | Aero Digest März 1949, S. 38 |
| [47] | WEI CHANG CHU | Cooler Turbines Hotter Jets A-2-B | Aero Digest April 1949, S. 32 |
| [48] | | Wright Aero Activities A-3-B (2 P) | Aero Digest Mai 1949, S. 48 |
| [49] | | British Jet Development K | Aero Digest Mai 1949, S. 49 |
| [50] | WAKEFIELD, H. | Turbojet Powerplant for Supersonic Flight A-6-B (8 Sk) | Aero Digest Mai 1949, S. 70 |
| [51] | HORWATH, A. S. | Jets in Pods A-5-B (4 Sk) | Aero Digest Juni 1949 , S. 74, S. 110 |
| [52] | DE REMER, J. E. | Sand and Dust Erosion in Aircraft Gas Turbines A-3-B | Aero Digest Dez. 1949, S. 46 |
| [53] | WILKINSON, P. H. | Jet-Powered Sport Plane A-4-B (2 P, 1 T) | Aero Digest Feb. 1950, S. 24 und 104 |
| [54] | LA PIERRE, C. W. | The Gas Turbine has come of Age K | Aero Digest März 1950, S. 41 |
| [55] | | Reaction-Powered Planes and Missiles (Allison does something about it) A-2-B (1 P) | Aero Digest März 1950, S. 52 und 127 |
| [56] | HSUE-SHEN TSIEN | Research in Rocket and Jet Propulsion A-4-B (2 D, 4 Sk) | Aero Digest März 1950, S. 120 |
| [57] | WILKINSON, P. H. | Turbojets for Commercial Use A-3-B (3 P, 1 T) | Aero Digest Juli 1950, S. 20 |


412

[58]                      Jet Engines in Production       Aero Digest

| [58] | | Jet Engines in Production (25 Jahre Pratt & Whitney) A-2-B (10 P) | Aero Digest Aug. 1950, S. 44/45 |
|---|---|---|---|
| [59] | | How P & WA got into the Jet Business A-1-B (2 P) | Aero Digest Aug. 1950, S. 46 |
| [60] | KROON, R. P. | The Jet Engine comes of Age A-7-B (3 P, 5 D) | Aero Digest Okt. 1950, S. 40 |
| [61] | | Power in the Air A-2-B (1 P, 1 Sk) | Aero Digest Nov. 1950, S. 44 |
| [62] | | Power in the Air A-5-B (3 P) | Aero Digest Dez. 1950, S. 40 |
| [63] | HINETT, A. F. | Packaging Turbojet Engine Parts A-7-B (11 P) | Aero Digest April 1951, S. 26, 65, 66, 68 und 70 |
| [64] | HURLEY, M. V. | Turbojet Engine Design A-8-B | Aero Digest Mai 1951, S. 56 |
| [65] | | Engines 1952 | Aero Digest März 1952 |
| [66] | | NACA Reports A-11-B (5 P) | Aero Digest April 1952, S. 94 |
| [67] | PETERSEN, W. R. | Improving Turbojet Service Life A-5-B (2 D, 2 Sk) | Aero Digest Juni 1952, S. 50 |
| [68] | BONNER, R. W. | What comes after the Turbojet? A-4-B (5 Sk, 2 D) | Aero Digest Jan. 1955, S. 65 |
| [69] | WHITTLEY, C. D. | Cruise Performance of Jet Aircraft A-6-B (1 P, 8 D, 3 T) | Aero Digest Feb. 1955, S. 38 |
| [70] | | British Test Bypass Engine K | Aero Digest Okt. 1955, S. 107 |
| [71] | GOLOVINE, M. N. | The Turbojet, Its Origin and Characteristics A-4-B (7 B, 2 T) | Aeronautics British Aviation Publications Ltd., Tower House, Southampton Street, London W. C. 2 März 1945 |
| [72] | LANGLEY, M. | History of British Gas Turbines A-5-B (8 P, 1 T) | Aeronautics Nov. 1946 |
| [73] | | Comparative Progress in Jet Propulsion A-2-B (9 P) | Aeroplane, The Temple Press Ltd., Bowling Green Lane, London E. C. 1 9. Nov. 1945, S. 528 |
| [74] | | News from America A-1-B (1 P) | Aeroplane 13. April 1948, S. 475 |
| [75] | | New Aircraft and Engines A-2-B (1 Sk) | Aeroplane 22. Juli 1949, S. 92 |

[76] BANKS, F. R.       Rearmament and the          Aeroplane
                       Aviation Gas Turbine        13. April 1951, S. 438
                       A-3-B (5 P)

[77]                   Pulse-Jet Possibilities     Aeroplane
                       A-2-B (1 Sk, 2 D)           31. Aug. 1951, S. 248

[78]                   Pure-Jet Engines            Aeroplane
                       (P 5)                       7. Sept. 1951, S. 309

[79]                   Turbines for Take-Off       Aeroplane
                       Assistance                  11. Jan. 1952
                       A-1-B (1 P, 1 Sk)

[80] NEWMAN, D. R.     Civil Jet Aircraft          Aeroplane
                       Performance                 11. April 1952, S. 433
                       A-4-B (7 D)

[81]                   Gas Turbine Research        Aeroplane
                       at Bristol                  9. Mai 1952, S. 570
                       A-7-B (10 P, 2 Sk)

[82] ADDER, A. S.      Research for Guided         Aeroplane
                       Missiles (A. S. ADDER)      12. Juni 1952, S. 725
                       A-3-B (6 P, 1 Sk)

[83] THOMAS, M.        The Turbine and Civil       Aeroplane
                       Aviation                    12. Feb. 1954, S. 187
                       A-2

[84]                   Combustion in the Jet Engine  Aeroplane
                                                   20. März 1953, S. 344

[85]                   Developing a Jet Engine     Aeroplane
                                                   24. April 1953, S. 551

[86]                   Developing a Naval Jet      Aeroplane
                       Fighter (Triebwerk Nene)    12. Juni 1953, S. 767

[87]                   Engine Research in Sweden   Aeroplane
                       A-2-B (3 P, 1 Sk)           8. Jan. 1954, S. 44

[88]                   Aircraft Gas Turbines       Aeroplane
                       Explained                   12. März 1954
                       A-25-B (22 P, 11 Sk, 9 D,   S. 291–315
                       2 T, 1 Ü)

[89]                   Aircraft Gas Turbines       Aeroplane
                       Performance Augmentation    12. März 1954
                       A-8-B (1 P, 1 Sk, 9 D, 1 Ü) S. 306 und 313

[90] RUSSEL, A. E.     Power for Civil Transports  Aeroplane
                       A-3-B (1 P, 4 T, 5 D)       28. Mai 1954, S. 671

[91]                   Rolls-Royce of Canada       Aeroplane
                       A-2-B (3 P)                 4. Juni 1954, S. 728

[92]                   Avro Canada's Engine        Aeroplane
                       Division                    4. Juni 1954, S. 721
                       A-3-B (4 P)

[93]                   Progress in the Power Plant Aeroplane
                       Field                       4. Feb. 1955, S. 129
                       A-1

[94]                   New Trends in Power Plants  Aeroplane
                       A-1                         22. April 1955, S. 504

414

[95]                    British Engine Developments Surveyed A-3-B (4 P) — Aeroplane 8. Aug. 1955, S. 420

[96] PEARSON, J. D. — Air Transport and the Turbine A-3-B (2 P, 1 D) — Aeroplane 16. Sept. 1955, S. 486

[97] Where Power-Plant Problems are Solved A-3-B (6 P) — Aeroplane 30. Sept. 1955, S. 548

[98] Engines of the Future A-2-B (5 D) — Aeroplane 4. Nov. 1955, S. 698

[99] Mixed Power-Plant Interceptors A-3-B (5 D) — Aeroplane 2. Dez. 1955, S. 852

[100] Development of the British Gas Turbine Jet Unit (Ten Lectures) — American Society of Mechanical Engineers, 29 W. 39th Street, New York 18, 1947

[101] FOSTER, G. H. — The Aircraft Gas Turbine — Australian Engineer, Sidney, Austr., Jg. 1949 S. 65–74

[102] BRADLEY, W. F. — Emphasis on Turbine Power at Britain's Aircraft Show — Automotive Industries Chilton Co., Chestnut and 56th Str., Philadelphia, Pa. 39, USA, 1949, 101, No. 8, S. 38/39

[103] BACHLE, C. F. — Gas Turbines Necessary For Small Aircraft Progress A-4-B (4 P, 1 Sk, 5 D, 1 T) — Autom. Ind. USA 1. Jan. 1952, S. 46

[104] SMITH, G. G. — Gas Turbines for Tomorrow's Superpower A-3-B (1 P, 1 Sk) — Aviation Week, McGraw-Hill-Building, 330 West, 42nd Street, New York 18, N. Y. Dez. 1944, S. 116

[105] FLAGLE, C. D. GODSEY, F. W. — See Prime Role for Gas Turbine in Aircraft of Tomorrow A-11-B (5 Sk, 13 D, 2 T) — Aviation Week Juni 1945, S. 131

[106] British Turbine Craft Several Years Away A-1 — Aviation Week 7. Juli 1947, S. 17

[107] McSURELY, A. — Allison Turbo-Jet Production Indicates Impressive Potential — Aviation Week 21. Juli 1947, S. 19

[108] Engineers Study Turbojet Flexibility — Aviation Week 1. Sept. 1947, S. 18

[109] Greater Turbojet Fuel Economy Object of New Ghost Design — Aviation Week 22. Dez. 1947, S. 22

[110] McLARREN, R. — NACA Lowers High-Speed Flight Hurdles, »Power Plants« — Aviation Week 9. Mai 1949, S. 25

[111]  BOYD, W.                Transport Best Bet:         Aviation Week
                               Axial-Flow Jets            15. Mai 1950, S. 23
                               A-9-B (3 D, 5 T)

[112]                          Jet Transport Overhaul      Aviation Week
                               Needs                       29. Mai 1950, S. 34
                               A-2

[113]                          British Turbine Progress    Aviation Week
                               Outlined                    5. Juni 1950, S. 29
                               A-2

[114]  STONE, J.               Engineers Advance Turbine   Aviation Week
                               Aircraft Data               12. Juni 1950, S. 27
                               A-3

[115]                          New »Muscle« for British    Aviation Week
                               Jets                        8. Jan. 1951, S. 31
                               K-B (1 P)

[116]                          G. E. Sets Production on    Aviation Week
                               Jet Engine K                9. Juli 1951, S. 16

[117]                          50000 HP Jet Engines        Aviation Week
                               Forecast                    17. März 1952, S. 37
                               A-2

[118]  ANDERTON, D. A.         G. E. CUTS Bottlenecks at   Aviation Week
                               New Jet Center              14. April 1952, S. 21
                               A-6-B (6 P, 1 Sk)

[119]                          Thrust of 20000 lbs         Aviation Week
                               Predicted by 1960           30. März 1953, S. 15

[120]                          British Test Stands for     Aviation Week
                               Big Jets                    27. Sept. 1954, S. 52
                               K-B (1 P)

[121]                          J 57 Jet Roar Choked        Aviation Week
                               to a Whisper                4. Okt. 1954, S. 47
                               K-B (2 P)

[122]  ANDERTON, D. A.         How U. S. and British Jet   Aviation Week
                               Practices Differ            9. Mai 1955, S. 36
                               A-3-B (2 P)

[123]  WATERTON, W. A.         French Impress with New Jet Aviation Week
                               Engines                     11. Juli 1955, S. 47
                               A-6-B (4 P)

[124]                          Farnborough Shows British   Aviation Week
                               Design Lag                  12. Sept. 1955, S. 16
                               A-2-B (4 P)

[125]  ANDERTON, D. A.         Advanced Engines            Aviation Week
                               Obsolescent Planes          3. Okt. 1955, S. 26
                               A-3-B (4 P)

[126]  ANDERTON, D. A.         Dassault Designs NATO       Aviation Week
                               Light Fighter               10. Okt. 1955, S. 26
                               (Abschn.: Powerplants) A-3

[127]                          Rolls-Royce's Pearson       Aviation Week
                               Reviews Jet Engine          17. Okt. 1955, S. 46
                               Development Problems
                               A-2-B (1 P)

[128]  Jahrestagung ASME    Strömungsforschung und        Brennstoff-Wärme-
                            Strömungsmaschinen in        Kraft, Deutscher
                            USA / Strömungsforschung,    Ingenieur-Verlag
                            Pumpen, Turbinen,            GmbH, Düsseldorf,
                            Strahltriebwerke             Prinz-Georg-Str. 77–79
                            A-4                          Bd. 3, Nr. 2
                                                         Feb. 1951, S. 57–60

[129]                       Aeronautics in 1948          Engineer, 28 Essex St.
                            A-5-B (8 P)                  London W. C. 2
                                                         14. Jan. 1949, S. 55

[130]                       The S.B.A.C. Flying          Engineer
                            Display and Static            8. Sept. 1950, S. 253
                            Exhibition                   15. Sept. 1950, S. 273
                            A-4-B (10 P, 1 Sk)           22. Sept. 1950, S. 299

[131]  Banks, F. R.         The Aviation Engine          Engineer
                            A-5                          23. Feb. 1951, S. 259
                                                          2. März 1951, S. 278

[132]  Edwards, J. L.       Design of Tail Pipes for Jet Engineer
                            Engines including Reheat     17. Feb. 1950, S. 191
                            A-3-B (1 P, 1 Sk, 8 D)

[133]                       Flying Display of British    Engineer
                            Aircraft                     14. Sept. 1951, S. 342
                            A-5-B (2 P)                  21. Sept. 1951, S. 353
                                                         23. Sept. 1951, S. 391

[134]                       The Story of the British     A Festival of Britain
                            Gas Turbine,                 Survey
                            Power Jet                    published by
                            (Research and Development    Sidney-Barton Ltd.,
                            Ltd,)                        London, England, S.1–40

[135]  Whittle, F.          Jet Liners for Short Range   Flight and Aircraft
                            A-4-B (5 P, 2 D)             Engineer, Dorset House,
                                                         Stamford St.,
                                                         London S.E. 1
                                                         10. Feb. 1949, S. 153

[136]  Attkins, L. G.       Jet Propulsion               Flight
                                                         15. Feb. 1945

[137]  Smith, G. G.         Turbine Jet Propulsion       Flight
                                                          8. März 1945

[138]  Clarkson, R. M.      The Gas Turbine in           Flight
                            Commercial Aviation          21. März 1946

[139]  Halford, F. B.       Jet Propulsion for           Flight
                            Civil Aircraft               9. Mai 1946

[140]                       Turbojets Without Tears      Flight
                            K-B (1 P)                    9. Juli 1949, S. 689

[141]  Brown, J.            Gas Turbines for             Flight
                            Helicopters A-1-B (2 Sk)     22. Okt. 1954, S. 622

[142]                       Rolls-Royce Turbojet         Flight
                            Silencing  K-B (1 P)         24. Juni 1955, S. 858

[143]                       Propulsion Progress          Flight
                            A-2-B (4 D)                  28. Okt. 1955, S. 693

[144]  GOHLKE                 Heißluftstrahltriebwerke        Flugsport-Verlag,
                              A-20-B (68 Sk)                  Frankfurt am Main
                                                                  4. Jan. 1939, S.    1
                                                                 18. Jan. 1939, S.   31
                                                                  1. Feb. 1939, S.   70
                                                                 15. Feb. 1939, S.  100

[145]                         Mit neuartigen Triebwerken      Flugwelt,
                              dem Überschallflug entgegen     Fortschritt-Verlag,
                              (Neue Ergebnisse der            Köln-Ehrenfeld,
                              NACA-Triebwerksforschung)       Tieckstr. 5
                              USA                             2/52, S. 39

[146]                         Über 10 Mill. Flugstunden       Flugwelt
                              mit Turbinen                    12/53, S. 374

[147]  QUICK, A. W.            Entwicklungsprobleme            Flugwelt
                              der Strahltriebwerke            8/54, S. 229

[148]                         Turbotriebwerke von morgen      Flugwelt
                              und ihre Arbeitsweise           9/54, S. 264

[149]  GERSDORFF, K. v.        Kennwerte von Strahlturbinen   Flugwelt
                              A-2-B (1 P, 3 D)                6/55, S. 334

[150]  GERSDORFF, K. v.        Kennwerte von Strahlturbinen   Flugwelt
                              A-3-B (1 T, 7 Sk)               7/55, S. 334

[151]  HAGE, D.                Gas Turbines for                Flying,
       FINLEY, D. W.           Lightplanes                     Ziff-Davis Publishing
                              A-4-B (1 P, 4 Sk)               Co., 185 N. Wabash Ave.,
                                                              Chicago 1, Ill., USA 1950

[152]  CURREY, N. S.           Die kanadische                  Interavia,
                              Luftfahrtindustrie              Interavia S.A., Genf,
                                                              Corraterie 6
                                                              5. Jg., Nr. 5, 1950
                                                              S. 257

[153]                         Turbinen-Strahltriebwerke       Interavia
                              1952                            Juni 1952, S. 316

[154]  BOFFIN                  Strahltriebwerk-Prüfung         Interavia
                              mit Schalldämpfung              Nr. 9, 1952, S. 504

[155]                         Liliput-Strahltriebwerk für     Interavia
                              Militär-Luftverkehr             Nr. 4, 1953, S. 204

[156]                         Strahlantrieb, Dilemma einer    Interavia
                              kleinen Nation                  Nr. 5, 1953, S. 258

[157]  SÄNGER, E.              Turbinen-Staustrahlantrieb      Interavia
                              oder reiner Staustrahlantrieb   Nr. 2, 1954, S. 111

[158]  Studienbüro             Eine neue Konzeption:           Interavia
       der Interavia           Ein Programm und                Nr. 3, 1955, S. 164
                              vier Nationen
                              (Leichtbauflugzeuge und
                              -triebwerke) A-4-B (8 P)

[159]                         Britische Flugzeugindustrie     Internationales Archiv
                              im Aufstieg                     für Verkehrswesen,
                              (Rolls-Royce Avon)              E. Schneider, Mainz,
                                                              Hechtsheimer Str. 16
                                                              Nr. 4, 1953, S. 94

[160] Cox, H. R.                   British Aircraft Gas Turbines        Journal of the
Aeronautical Sciences,
Institute of the Aero-
nautical Sciences, Inc.,
2 East 64th St.,
New York 21, N. Y.
Bd. 13, Feb. 1946
S. 53–87

[161] Durham, F. P.              Increased Jet Thrust from        Journal of the
Pressure Forces                    Aeronautical Sciences
Bd. 17, Juli 1950, S. 425

[162] Wells, R. L.               Aircraft Gas Turbines           Journal of the American
Society of Naval
Engineers Inc.,
605 F Street, N. W.
Washington 4, D. C.
No. 4, 1949, 61
S. 785–97

[163] Mallison, D. H.            Progress Review, No. 15:        Journal of the Institute
Gas Turbines (The Aircraft       of Fuel,
Gas Turbines)                  18 Devonshire Str.,
A-7-B (4 T)                     (Portland Place)
London W. 1
März 1951, S. 76

[164] Maguire, D. R.            Enemy Jet History             Journal of the Royal
Aeronautical Society
Royal Aeronautical Soc.,
4 Hamilton Place,
London W. 1
Bd. 52, 1948, S. 75–84

[165] Hooker, S. G.              Gas Turbines for Aircraft       Royal Aeronaut. Soc.
Propulsion                      Nov. 1948

[166] Puffer, S. R.              The Gas Turbine in         Mechanical Engineering,
       Alford, J. S.          Aviation, its Past and Future    American Society of
Mechanical Engineering,
29 W. 39th Street,
New York 18
Dez. 1945, S. 803

[167]                           Turboprops Vs. Turbojets       Mechanical Engineering
Juni 1950, S. 488

[168]                           Entwicklung der Strahl-       MTZ, Franckh'sche
triebwerke von 1930 bis 1946    Verlagshandlung,
Abt. Technik,
Stuttgart-O.,
Pfitznerstr. 5–7
Jg. 9, Nr. 5
Sept./Okt. 1948, S. 81

[169] Gersdorff, K. v.          Turbinentriebwerke und        MTZ
Kolbenflugmotoren auf dem      Jg. 10, Nr. 5
Pariser Luftfahrtsalon 1949       Sept./Okt. 1949, S. 89

| [170] | GERHDORFF, K. v. | Triebwerke auf dem Pariser Luftfahrtsalon 1951 | MTZ Jg.13, Nr.1 Jan.1952, S.15 |
| [171] | | Turbine für Strahltriebwerke | MTZ Jg.13, Nr.1 Jan.1952, S.21 |
| [172] | ECKERT, B. | Entwicklungen und Perspektiven der Gasturbinen A-6-B (6 D, 1 Sk) | MTZ Nr. 3, 1955, S. 68 |
| [173] | MATTOCK, S. J. | Gas Turbines for Aircraft Propulsion<br>A-2-B (4 P)    22. 8. 1947<br>A-2-B (6 P)    29. 8. 1947<br>A-3-B (6 P)    12. 9. 1947<br>A-3-B (8 P, 1 T) 7. 11. 1947 | Practical Engineering, George Newnes Ltd., Tower House, Southampton Street, Strand, London W.C. 2 |
| [174] | WHITTLE, F. | Early History of the Whittle Jet-Propulsion Gas Turbine | Proceedings of the Institution of Mechanical Engineering, St. James Park, London SW. 1 Nr. 152, 1945, S. 419 |
| [175] | | Power Jets (Research and Development) Ltd., Lectures on the Development of the Internal Combustion Turbine | Proc. Instn. Mech. Engrs. Nr. 143, 1948, S. 409 |
| [176] | GODSEY, F. W. jr. | Gas Turbines and Aircraft A-8-B (3 Sk, 13 D, 2 T) | S. A. E. Journal, Society of Automotive Engineers, Inc., 29 West 39th Street, New York 18, N. Y. Sept. 1946, S. 458 |
| [177] | TAYLOR, P. T.<br>ROBINSON, R. S. | Powerplants for Airlines to be Turbo-Jet? A-7-B (2 Sk, 6 D, 4 T) | S. A. E. Journal Okt. 1946, S. 20 |
| [178] | COLE, R. A.<br>LAWRENCE, L., jr.<br>MANILDI, J. F.<br>CARLSON, J. R. | Jets, Rockets, Turbines Usher in New Era in Power A-3-B (3 P, 2 Sk) | S. A. E. Journal Nov. 1946, S. 74 |
| [179] | SMITH, G. G. | British Views on Jet Engine Design | S. A. E. Journal Sept. 1950, S. 49/50 |
| [180] | BOYD, W. | The Case for the Turbojet | S. A. E. Journal Nov. 1950, S. 49/50 |
| [181] | BACHLE, C. F.<br>WHITNEY, C. | The Ducted Fan Jet: Powerplant for Future Light Aircraft | S. A. E. Journal 11. Nov. 1952, S. 26–28 |
| [182] | | Gas Turbine Engines made Suitable for Small Planes | Science, American Association for the Advancement of Science, 1515 Massachusetts Ave., N. W. Washington 5, D. C. 29. Aug. 1947, S. 345 |

[183]  NAVIAS, L.              Tougher Engines for Jet        Science Digest
                               Planes                          März 1948, S. 90
                               A-3
[184]  MÜHLL, A. v. D.         Über Rückstoß-Triebwerke        Schweizerische
                               für Flugzeuge                   Bauzeitung
                                                               Verlag W. Jegher
                                                               & A. Ostertag,
                                                               Dianastr. 5, Zürich 39,
                                                               Postfach
                                                               Okt. 1947, S. 583
[185]  SILSBEE, N. F.          Turbojet for Aircraft           Skyways,
                                                               Henry Publishing Co.,
                                                               444 Madison Ave.,
                                                               New York 22
                                                               Nov. 1945
[186]  Silsbee N. F.           British vs. American Jets       Skyways, März 1947
[187]                          Gas Turbines to give much       Science News Letter,
                               more Power             K        Science Service, Inc.,
                                                               1719 N. St.,
                                                               N. W. Washington 6, D. C.
                                                               2. Feb. 1946, S. 77
[188]                          More Power in New Jet than      Science News Letter
                               Most Fighter Planes    K        23. Juni 1951, S. 391
[189]                          Extremely Powerful Jet          Science News Letter
                               Engine Developed     K          20. Sept. 1952, S. 184
[190]  BLANC, J.               Problèmes posés par la          Technique et Science
                               fabrication du turbo-réacteur   Aéronautique, 6, rue
                               Néne                            Cimarosa,  Paris  (XVI$^e$)
                                                               Bd. 3, 1952
[191]  GERSDORFF, K. v.        Etat actuel du dévelopement     Technique et Science
                               des turbines à gaz de           Aéronautique
                               l'aviation                      Bd. 5, 1952
[192]  LEIST, K.               Neuzeitliche Flugzeugtrieb-     Technische Mitteilungen,
                               werke (Gasturbine und           Vulkan-Verlag,
                               Strahltriebwerke                Dr. W. Classen, Essen,
                                                               Haus der Technik
                                                               Heft 1, Jan. 1952, S. 20
[193]                          Gas Turbine Progress Report     Transactions of the
                                                               A. S. M. E., American
                                                               Society of Mechanical
                                                               Engineers,
                                                               29 W. 39th Street,
                                                               New York 18
                                                               Feb. 1953, S. 123–234
[194]  GARTMANN, H.            Die Strahltriebwerke            Umschau in Wissenschaft
                                                               und Technik,
                                                               Umschauverlag,
                                                               Frankfurt am Main
                                                               Heft 4, 15. Feb. 1951
                                                               S. 107

[195] GERSDORFF, K. v.      Der Entwicklungsstand der      Weltluftfahrt
                        Fluggasturbinen      K      Verlag der Weltluftfahrt,
                                                     Coburg, 4/52

[196]                    Rolls-Royce ein Weltbegriff   Weltluftfahrt
                         A-2-B (2 P)                   12/1952, S. 276

[197] FLAGLE, C. D.      Gas-Turbine Propeller,        Aero-Digest
      GODSEY, F. W.      Jet Drive and Reciprocating   Aug. 1945, S. 60
                         Engines

[198] HYRON, E.         Jets in England               Aero-Digest
                                                       April 1948, S. 26

[199]                    Britains's Aircraft Gas       Aero-Digest
                         Turbines                      Juli 1948

[200]                    The »Chinook«, Canada's       Aero-Digest
                         First Aircraft Jet Engine     Sept. 1948, S. 106

[201]                    1949 Reaction Powerplants     Aero-Digest
                         Directory                     März 1949, S. 83

[202]                    General Electric Jet          Aero-Digest
                                                       April 1949, S. 59

[203] SILSBEE, N. F.     Turning out the               Aero-Digest
                         »Turbowasp«                   Mai 1949, S. 44

[204]                    The De Havilland Ghost        Aero-Digest
                         Turbojet Engine               Okt. 1949, S. 118/119

[205] SILSBEE, N. F.     J 47-Production at Ranger     Aero-Digest
                                                       Okt. 1949, S. 48

[206]                    Stiff Test for J 34           Aero-Digest
                                                       Okt. 1949, S. 70

[207]                    Jet Progress, International    Aero-Digest
                         Operation J 47 Revealed       Nov. 1945, S. 31

[208] WOOD, D. H.        Britain's Jet Powerplants     Aero-Digest
                                                       Nov. 1949, S. 32

[209] WELLS, R. L.       Tale of a Turbojet            Aero-Digest
                         (Westinghouse J 34)           Dez. 1948, S. 40

[210] WILKINSON, P. H.   Canada's AVRO-Orenda          Aero-Digest
                                                       Jan. 1950
                                                       S. 22/23 und 98

[211]                    US Jet and Rocket             Aero-Digest
                         Powerplants                   März 1950, S. 61

[212] WILKINSON, P. H.   Pratt & Whitney J 48,         Aero-Digest
                         Turbojet and Afterburner      April 1950, S. 17/18

[213]                    Pratt & Whitney Engine        Aero-Digest
                         Specifications                Aug. 1950, S. 54–56

[214] WILKINSON, P. H.   Armstrong Siddeley's          Aero-Digest
                         Adder Turbojet                Okt. 1950, S. 43

[215]                    Power in the Air              Aero-Digest
                         Ü-4-B (3 P)                   Dez. 1950, S. 40

[216]                    12th Annual Directory         Aero-Digest
                         Engines                       März. 1951, S. 76
                         Ü-21-B

[217]                    Allison Super Jet (J 35)      Aero-Digest
                                                       April 1951

[218]     13th Annual Directory     Aero-Digest
        Engines     März 1952, S. 70
        Ü-13-B (39 P)

[219]     General Electric J 47     Aero-Digest
        Feb. 1954, S. 28

[220]     14th Annual Directory     Aero-Digest
        Aircraft Engines     März 1954
        Ü

[221]     Wright J 65     Aero-Digest
        Dez. 1954, S. 31

[222]     Annual Directory     Aero-Digest
        (Powerplants)     März 1955, S. 76
        Ü-9-B (15 P)

[223]     Airframes and Engines in     Aero-Digest
        Canadian Aviation     Jan. 1956, S. 23
        A-4-B (2 P, 1 Sk)

[224]     Progress in Canadian     Aero-Digest
        Aviation     Jan. 1956, S. 25
        Orenda     K

[225]     Fairchild J 44     Aero-Digest
        Feb. 1956

[226] FLETCHER,     Turbo Powerplants in     Aero-Digest
        CHARLES J.     Pressure-Jet Convertiplanes     Feb. 1956, S. 40–45
        A-4-B (1 P, 4 Sk)

[227]     Japan Builds Jet Aircraft     Aero-Digest
        K     Aug. 1956, S. 7

[228]     Orenda Turbojet Under Test     Aero-Digest
        K     Aug. 1956, S. 12

[229] WRIGHT, A. M.     Designing for the Automatic     Aero-Digest
        Control of Turbojet Engines     Sept. 1956, S. 29–33
        A-6-B (5 Sk, 1 D)

[230] DESOUTTER, D. M.     The Mamba     Aeronautics
        A-6-B (13)     Aug. 1948

[231] DESOUTTER, D. M.     The Nene     Aeronautics
        A-6-B (14)     Sept. 1948

[232] MORSE, W.     A Gas Turbine Summary     Aeronautics
        A-4-B (8 P, 2 T)     April 1949

[233] DESOUTTER, D. M.     The Theseus     Aeronautics
        A-6-B (11)     Mai 1949

[234] DESOUTTER, D. M.     The Ghost     Aeronautics
        A-4-B (9)     Aug. 1949

[235] DESOUTTER, D. M.     The Naiad     Aeronautics
        A-4-B (9)     Sept. 1949

[236]     Rolls-Royce Derwent B 37     Aeroplane
        26. Okt. 1945, S. 477

[237]     The De Havilland Goblin     Aeroplane
        2. Nov. 1945, S. 501

        Efficiency Through     Aeroplane
        Simplicity – D. H. Goblin     22. Feb. 1946, S. 223
        A-8-B (8 P, 7 Sk, 1 D)

[239]                                A British Axial-Flow              Aeroplane
                                     Turbojet                        8. März 1946, S. 281

[240]                                Our Largest Civil Turbine        Aeroplane
                                                                     6. Aug. 1948, S. 162

[241]                                A new Fairchild Engine           Aeroplane
                                     K-1-B (3 P)                      4. Jan. 1952

[242]                                The Adder-Power for              Aeroplane
                                     Research                        7. März 1952, S. 275
                                     A-3-B (5 P, 2 Sk)

[243]                                Stepping-up the Sapphire         Aeroplane
                                     (ASSa. 6)                        2. Mai 1952, S. 508
                                     (K-B (1 P

[244]  BRODIE, J. L. P.             Civilizing the Ghost             Aeroplane
                                     A-5-B (8 P, 1 Sk)                2. Mai 1952, S. 529

[245]                                New Jet – Allison J71            Aeroplane
                                     K-B (1 P)                        16. Mai 1952, S. 592

[246]                                The Military Ghost               Aeroplane
                                     (Ghost 103)              K       16. Mai 1952, S. 593

[247]                                Nationalized Aero-Engines        Aeroplane
                                     in France                       16. Mai 1952, S. 599
                                     A-3-B (6 P)

[248]                                                                 Aeroplane
                                                                     Aug. 1952

[249]                                Turboméca Marboré 2,             Aeroplane
                                     Konstruktionsmerkmale           14. Nov. 1952, S. 666

[250]                                Bristol's Olympus,               Aeroplane
                                     A new Jet Turbine                4. Juli 1952, S. 8

[251]                                Engines at the Show              Aeroplane
                                                                     12. Sept. 1952, S. 402

[252]                                A Small French Jet Engine        Aeroplane
                                     (Turboméca Marboré)             27. Feb. 1953

[253]                                Rolls-Royce Avon                 Aeroplane
                                     Development                      6. März 1953, S. 279

[254]                                Rolls-Royce Dart                 Aeroplane
                                                                     27. März 1953

[255]                                Avro Canada's Engine             Aeroplane
                                     Division (Avro Orenda)           17. April 1953, S. 51

[256]                                J47 Canadian General             Aeroplane
                                     Electric                         17. April 1953, S. 518

[257]                                Aero-Engine                      Aeroplane
                                                                     26. Juni 1953, S. 853

[258]                                The Armstrong Siddeley's         Aeroplane
                                     Viper                            31. Juli 1953, S. 139 ff.

[259]                                Turbines à Gaz au Bourget        Aeroplane
                                                                     7. Aug. 1953

[260]                                Gas Turbine Aero Engines         Aeroplane
                                                                     4. Sept. 1953, S. 328

[261]                                British Aero Engines             Aeroplane
                                     Today                            11. Sept. 1953, S. 375

| | | | |
|---|---|---|---|
| [262] | | Gas Turbine Aero Engines | Aeroplane<br>4. Sept. 1953, S. 328 |
| [263] | | British Aero-Engines Today | Aeroplane<br>11. Sept. 1953, S. 375 |
| [264] | | More about the J 57<br>(Pratt & Whitney J 57) | Aeroplane<br>27. Nov. 1953, S. 716/17 |
| [265] | | And Now a Japanese<br>Turbojet<br>K-1-B (1 Sk) | Aeroplane<br>27. Nov. 1953, S. 717 |
| [266] | | A New Bristol Engine<br>(Orpheus-Kurzbericht) | Aeroplane<br>22. Jan. 1954, S. 87 |
| [267] | | Jet Provost Powerplant<br>(Armstrong Siddeley,<br>Viper ASV 5<br>Kurzmeldung, Außenansicht) | Aeroplane<br>18. Feb. 1954, S. 201 |
| [268] | | Aircraft Turbine Engines<br>of the World | Aeroplane<br>12. März 1954 |
| [269] | | Then and Now: Rolls-Royce<br>Turbines K-B (2 P) | Aeroplane<br>7. Mai 1954, S. 570 |
| [270] | | America's J 57 Turbojet | Aeroplane<br>21. Mai 1954, S. 635 |
| [271] | STANLEY, H. E. | Boeing Jet Thrust Reverser | Aeroplane<br>21. Mai 1954, S. 644–646 |
| [272] | | A New American Turbojet<br>(Versuchsmodell T J-32-B des<br>J-67, Kurzbericht) | Aeroplane<br>9. Juli 1954, S. 39 |
| [273] | | First with Five Figures<br>(Rolls-Royce »Avon RA.28«)<br>Kurzmeldung | Aeroplane<br>6. Aug. 1954, S. 173 |
| [274] | | Small but Good<br>(Rolls-Royce »Soar«)<br>Kurzmeldung | Aeroplane<br>27. Aug. 1954, S. 267 |
| [275] | | Gas Turbine Aero Engines | Aeroplane<br>3. Sept. 1954, S. 318 |
| [276] | | New for Farnborough | Aeroplane<br>3. Sept. 1954, S. 309–313 |
| [277] | | Britain's Aero Engine | Aeroplane<br>10. Sept. 1954, S. 405–418 |
| [278] | | More Power for the Sapphire<br>Kurzbericht | Aeroplane<br>10. Dez. 1954, S. 832 |
| [279] | | First Facts about the<br>Rolls-Royce RB.109 | Aeroplane<br>17. Dez. 1954, S. 867 |
| [280] | | Blackburn-Turboméca<br>Progress | Aeroplane<br>7. Jan. 1955, S. 3 |
| [281] | | The Orpheus, on la publie<br>K-B (1 P) | Aeroplane<br>28. Jan. 1955, S. 106 |
| [282] | | The Bristol Olympus<br>Typetested at 11 000 lb.<br>A-2-B (2 P) | Aeroplane<br>4. Feb. 1955, S. 135 |

[283]    Bristol's Biggest Jet    Aeroplane
(Olympus-BO.1/2-C Mk. 101)    11. Feb. 1955, S. 170
K-B (3 P)

[284]    News from all Sources    Aeroplane
    15. April 1955, S. 470
(Avro Canada PS-113)
(Waconda)    K

[285]    More Life for the Nene    Aeroplane
K    6. Mai 1955, S. 586

[286]    New British Turbojets    Aeroplane
K    6. Mai 1955, S. 686

[287]    GE J73    Aeroplane
B (1 P)    13. Mai 1955, S. 621

[288]    Allison J71    Aeroplane
B (1 P)    20. Mai 1955, S. 653

[289]    Gas Turbine Work    Aeroplane
Advanced at Pratt & Whitney    3. Juni 1955, S. 2
K

[290]    Type Approval for the    Aeroplane
Orpheus    3. Juni 1955, S. 737
A-1-B (2 P)

[291]    Orenda Engines in    Aeroplane
Thousands    3. Juni 1955, S. 741
A-7-B (10 P, 1 Sk, 1 D)

[292]    British Exhibits at the    Aeroplane
Paris Salon    10. Juni 1955, S. 787
K

[293]    News of Aeronautical Moment    Aeroplane
(Convair F-102 Power plant)    17. Juni 1955, S. 806
(P. & W. J57-P-11 und
    J57-P-35)

[294]    Powerplants Pre-Eminent    Aeroplane
at Le Bourget    17. Juni 1955, S. 811
A-3-B (5 P)

[295]    Some More Display Engines    Aeroplane
(A.-S., Turboméca,    24. Juni 1955, S. 844
Curtiss-Wright) K-B (4 P)

[296]    Abbildung der    Aeroplane
Avro »Orenda« 11    15. Juli 1955, S. 91

[297]    Orenda Engines in    Aeroplane
Production K-B (4 P)    15. Juli 1955, S. 105

[298]    First Flight for the Gyron    Aeroplane
K    22. Juli 1955, S. 126

[299]    Gyron    Aeroplane
    22. Juli 1955

[300]    New British Engines    Aeroplane
Napier, R. R., Blackburn-    5. Aug. 1955, S. 197
Turboméca, Armstrong-
Siddeley

| [301] | A De-Rated Orpheus<br>K | Aeroplane<br>5. Aug. 1955, S. 199 |
|---|---|---|
| [302] | Napiers' Oryx Gas<br>Generator<br>A-5-B (4 P, 3 Sk, 2 D) | Aeroplane<br>5. Aug. 1955, S. 207 |
| [303] | New Westinghouse Turbojet<br>(PD-33) | Aeroplane<br>12. Aug. 1955, S. 228 |
| [304] | Britain's Aircraft Industry<br>Reviewed Ü-6-B (12 P) | Aeroplane<br>2. Sept. 1955, S. 373 |
| [305] | Gas Turbine Aero Engines<br>(T) | Aeroplane<br>2. Sept. 1955, S. 340 |
| [306] | To be seen at Farnborough<br>(Engines at the Show)<br>Ü-1-B (1 P) | Aeroplane<br>2. Sept. 1955, S. 328 |
| [307] | The Rolls-Royce Conway<br>K | Aeroplane<br>2. Sept. 1955, S. 324 |
| [308] | High-Flying Test-Bed<br>(Conway) K-B (1 P) | Aeroplane<br>9. Sept. 1955, S. 399 |
| [309] | British Engine Progress<br>Gyron, Sapphire<br>K | Aeroplane<br>9. Sept. 1955, S. 398 |
| [310] | The 15 000 lb De Havilland<br>Gyron<br>A-4-B (2 P, 2 D) | Aeroplane<br>9. Sept. 1955, S. 416 |
| [311] | Engines in the Static Show<br>Farnborough)<br>Ü-1-B (4 P) | Aeroplane<br>16. Sept. 1955, S. 471 |
| [312] | A Sextet of Show Jets<br>(Farnborough)<br>Ü-2-B (6 P) | Aeroplane<br>16. Sept. 1955, S. 472 |
| [313] | Philadelphia Parade<br>Ü-3-B (11 P) | Aeroplane<br>23. Sept. 1955, S. 510 |
| [314] | To Test the Gyron<br>A-3-B (5 P) | Aeroplane<br>23. Sept. 1955, S. 517 |
| [315] | The Sapphire Series<br>A-9-B (7 P, 2 Sk) | Aeroplane<br>7. Okt. 1955, S. 573 |
| [316] | The Olympus Story<br>A-8-B (17 P, 2 Sk) | Aeroplane<br>4. Nov. 1955, S. 700 |
| [317] | — | Aeroplane<br>4. Nov. 1955 |
| [318] | Westinghouse J54<br>K | Aeroplane<br>2. Dez. 1955, S. 848 |
| [319] | The Rolls-Royce Avon Family<br>A-14-B (19 P, 4 D, 1 Sk) | Aeroplane<br>16. Dez. 1955, S. 944 |
| [320] | Farnborough: Engines in the<br>Static Display | Aeroplane<br>17. Dez. 1955 |
| [321] | Turbojet Transports<br>by Boeing<br>(Foto J57 auf S. 124)<br>A-5-B (5 P, 3 Sk, 4 D) | Aeroplane<br>27. Jan. 1956, S. 122 |

[322]                          Olympus Type-Test                    Aeroplane
                              BOl.11)                              10. Feb. 1956, S. 156
                              K-B (1 P)

[323]                          A little longer                      Aeroplane
                              (BOl.11 Bristol Olympus)             10. Feb. 1956, S. 158
                              B (1 P)

[324]                          Turbine Engine Testing               Aeroplane
                              A-19-B (36 P, 3 D)                   18. Mai 1956, S. 409

[325]                          Four Derby Winners                   Aeroplane
                                                                   17. Aug. 1956

[326]                          Current British Aero Engines         Aeroplane
                                                                   31. Aug. 1956

[327]                          Gas Turbine Aero Engines             Aeroplane
                                                                   31. Aug. 1956

[328]                          The De Havilland Gyron               Aeroplane
                              Junior                               7. Sept. 1956

[329]                          Aero Engines Reviewed                Aeroplane
                                                                   7. Sept. 1956

[330]                          The New Sapphire Series              Aeroplane
                              A-12-B (5 P, 8 Sk, 1 D)              19. Okt. 1956, S. 587–599

[331]                          The Pattern of Tiny Engines          Aeroplane
                              (RR Soar, GE X J85,                  11. Jan. 1957
                              Westinghouse X J81,
                              RR Rb. 108)

[332] LOVESEY, A. C.          The By-Pass Engine in                Aeroplane
      DAWSON, L. G.           Civil Aviation                      8. Feb. 1957
                              A-3-B (9 D, 1 Sk)

[333]                          A New Bristol Engine                 Aeroplane
                              (BE. 47)                             15. Feb. 1957

[334] WEYL, A. R.             Variations of the Viper              Aeroplane
                              A-3-B (2 Sk, 1 P)                    22. Feb. 1957

[335] FULTON, K. T.           The Gyron Formula                    Aeroplane
                              A-3-B (1 P, 4 D, 5 Sk)               1. März 1957

[336]                          Rolls-Royce Reheat                   Aeroplane
                              A-8-B (9 P, 8 Sk, 4 D)               25. Jan. 1957
                                                                   15. Feb. 1957

[337]                          De Havilland Gyron 2                 Aeroplane
                              K                                    8. März 1957

[338] FULTON, K. T.           Surveying the British                Aeroplane
                              Aero-Engine Industry                 15. März 1957
                              A-10-B (11 P)

[339]                          High-Performance Hybrid              Aeroplane
                              Powerplants                          15. März 1957
                              A-31/2-B (8 Sk)

[340] GERSDORFF, K. v.        A Survey of the World's              Aeroplane
                              Turbine Engines                      15. März 1957
                              A-6-B (15 D)

[341]                          An American Thrust                   Aeroplane
                              Reverser                             22. März 1957
                              A-1/2-B (2 P)

| [342] | | Bristol Engine Evolutions | Aeroplane<br>22. März 1957 |
| [343] | | An Ingenious Italian<br>Turbo-Jet<br>A-3-B (6 P, 1 Sk) | Aeroplane<br>21. Juni 1957 |
| [344] | | The Latest Vipers | Aeroplane<br>24. Jan. 1958, S. 120 |
| [345] | | Shaft Turbines from Ansty | Aeroplane<br>21. Feb. 1958, S. 244 ff. |
| [346] | | Current Aero Engine Trends | Aeroplane<br>21. Feb. 1958, S. 250 ff. |
| [347] | | Gas Turbines for Aircraft | Aviation Age,<br>Conover Mast<br>Publications Co.,<br>205 E 42nd St.,<br>New York 17<br>1957/8, S. C-10 bis C-17 |
| [348] | | Introducing the Gnome | Aeroplane<br>22. Aug. 1958, S. 262 ff. |
| [349] | | Display Items in Bratislava | Aeroplane<br>29. Aug. 1958, S. 288 |
| [350] | | British Aero Engines | Aeroplane<br>29. Aug. 1958, S. 322 ff. |
| [351] | | Engines on View | Aeroplane<br>5. Sept. 1958, S. 367 |
| [352] | | The 200 Series Rolls-Royce<br>Avon Turbojet | Aeroplane<br>5. Sept. 1958, S. 398 |
| [353] | | Engines on View | Aeroplane<br>12. Sept. 1958, S. 437 |
| [354] | | Le Turboméca Pimene<br>A-1-B (3 P, 1 D, 1 Sk) | Les Ailes,<br>77 Boul. Malesherbes,<br>Paris 8e<br>Nr. 1282, 1950, S. 8/9 |
| [355] | | Visite a Hispano-Suiza<br>Ü-1-B (2 P, 1 Sk) | Les Ailes<br>Nr. 1316, 21. April 1951<br>S. 9 |
| [356] | | Le XIXe Salon<br>de L'Aeronautique<br>A-4-B (5 P)<br>A-5-B (4 P) | Les Ailes<br>Nr. 1325, 23. Juni 1951<br>S. 1<br>Nr. 1326, 30. Juni 1951 |
| [357] | | L'Atar – 101 de la SNECMA<br>A-1-B (2 P, 1 Sk) | Les Ailes<br>Nr. 1335, 1951, S. 8/9 |
| [358] | | German Turbine Jet Units | Aircraft Production,<br>Iliffe and Sons, Ltd.,<br>Stamford Street,<br>London S.E. 1,<br>Juli 1945 |
| [359] | BRADLEY, W. F. | Latest Jet Engines Displayed<br>at Aviation Show | Automotive Industries<br>15. Juli 1951, S. 106,<br>108, 112 und 114 |

| [360] | | Fiat Jet Plane has Top Speed of 550 mph. | Automotive Industries 15. Jan. 1952 S. 32 und 98 |
| [361] | MORTON, JAN | Russia's Jet Warplanes | Automotive Industries 1. April 1952, S. 53 |
| [362] | McNEW, T. | Jet Engines | Automotive Industries 15. April 1952, S. 44 |
| [363] | BRADLEY, W. F. | Hispano-Suiza R-300 Jet Engines Performs Well in Tests | Automotive Industries 1. Juli 1952, S. 54 |
| [364] | | New Jet Delivers Thrust of 9750 lb. (The Bristol Olympus Turbojet) | Automotive Industries 1. Aug. 1952, S. 33 |
| [365] | | Viper ASV-2 (Armstrong Siddeley) B (1 P) | Automotive Industries 1. Dez. 1952, S. 37 |
| [366] | FOSTER, J. | Design Analysis of Messerschmitt Me-262 Jet Fighter | Aviation Week Okt. 1945, S. 115 Nov. 1945, S. 115 |
| [367] | SCHULTE, R. C. | Design Analysis of General Electric Type I-16 Jet Engine | Aviation Week Jan. 1946, S. 43 |
| [368] | STREID, D. D. | Design Analysis of the General Electric I-40 Jet Engine | Aviation Week Jan. 1946, S. 51 |
| [369] | FOSTER, J. Jr. | Design Analysis of the Westinghouse 19-B Yankee Turbojet | Aviation Week Jan. 1946, S. 60 |
| [370] | | British Jet Makers' Latest Entries K-B (2 P) | Aviation Week Jan. 1946, S. 147 |
| [371] | | Aviation's Turbojet Specifications Ü-1 | Aviation Week Feb. 1946, S. 142 |
| [372] | SCHULTE, R. C. | Design Analysis of BMW 003 Turbojet A-15-B (16 P, 1 T, 8 Sk, 2 D) | Aviation Week März 1946, S. 55 |
| [373] | | G. E.'s New Streamlined Turbojet K-B (1 P) | Aviation Week März 1946, S. 117 |
| [374] | FOSTER, J. | Comprehensive Chronology of British Turbojet Development A-4-B (4 P, 2 Sk) | Aviation Week April 1946, S. 78 |
| [375] | | Engineering Details of Rolls-Royce Nene Turbojet A-4-B (5 P, 1 Sk, 2 D) | Aviation Week Mai 1946, S. 73 |
| [376] | FOSTER, J. Jr. | Design Details of Metro-Vickers F-3 Turbojet A-2-B (2 Sk, 1 P) | Aviation Week Juni 1946, S. 66 |

| [377] | | French and British Turbojets Show New Features | Aviation Week April 1947, S. 42 |
|---|---|---|---|
| [378] | Burgess, N. | Design Analysis of the General Electric TG-180 Turbojet | Aviation Week 7. Juli 1947, S. 36 14. Juli 1947, S. 29 |
| [379] | | Boeing Develops Baby Turbojet | Aviation Week 28. Juli 1947, S. 31 |
| [380] | | Severe Tests Probe Turbojets Reliability | Aviation Week 7. Feb. 1949, S. 21 |
| [381] | | US-Gas Turbine Engines Ü-T | Aviation Week 28. Feb. 1949, S. 23 |
| [382] | | Principal Foreign Aircraft and Gas Turbine Engines Ü-T | Aviation Week 28. Feb. 1949, S. 124 |
| [383] | | — | Aviation Week April 1949 |
| [384] | McLarren, R. | Ducted Fan Engine Under Study A-3-B (1 Sk, 4 D) | Aviation Week 11. Juli 1949, S. 23 |
| [385] | | Internal Make-Up of J34 | Aviation Week 18. Juli 1949, S. 16 |
| [386] | Stone, I. | First Details of Avro's Orenda Turbojet | Aviation Week 17. Okt. 1949, S. 21 |
| [387] | | Boeing Jet Set for Market Tests A-2-B (2 P) | Aviation Week 9. Jan. 1950, S. 39 |
| [388] | | Damon on Jets K | Aviation Week 9. Jan. 1950, S. 46 |
| [389] | | TG-190 Jet Approved by CAA | Aviation Week 16. Jan. 1950, S. 40 |
| [390] | | US-Gas Turbine Engines Ü (1 T) | Aviation Week 27. Feb. 1950, S. 32 |
| [391] | | Canadian, British and French Engines Ü (1 T) | Aviation Week 27. Feb. 1950, S. 147 |
| [392] | McSurely, A. | P. & W. Unveils 6250 lb-Thrust J48 | Aviation Week 6. März 1950, S. 15 |
| [393] | | First Cutaway Views of J42 Turbo-Wasp | Aviation Week 27. März 1950, S. 30 |
| [394] | | Boeing Readies Turbine for Market K-B (1 P) | Aviation Week 10. April 1950, S. 45 |
| [395] | | J47 | Aviation Week 5. Juni 1950 |
| [396] | | Avro's Orenda Gets Flight Check | Aviation Week 7. Aug. 1950, S. 29 |
| [397] | McSurely, A. | Sapphire Strengthens Wright's Jet Bid A-2-B (3 P) | Aviation Week 16. Okt. 1950, S. 12 |

[398]                     Details of Sapphire Jet          Aviation Week
                          Revealed                         23. Okt. 1950, S. 34

[399]  STONE, I.          New High-Thrust Turbojet         Aviation Week
                          Seen for G.E. (GE J47)           4. Dez. 1950, S. 21

[400]                     US Gas Turbine Engines           Aviation Week
                          Ü (1 T)                          26. Feb. 1951, S. 45

[401]                     Leading Foreign Jet              Aviation Week
                          Engines                          26. Feb. 1951, S. 165

[402]  McSURELY, A.       Allison J35: New No. 1           Aviation Week
                          Engine                           19. März 1951, S. 14

[403]                     Tests Resumed on French          Aviation Week
                          Aspin I                          2. April 1951, S. 30

[404]  STONE, I.          J35 Points up New Thrust         Aviation Week
                          Achievements (Allison's          2. April 1951
                          New Turbojet Engine)

[405]                     Westinghouse y-Ducted J40        Aviation Week
                                                           16. April 1951, S. 14

[406]                     Wright Speeds Sapphire to        Aviation Week
                          Production                       16. April 1951, S. 22
                          The Wright Sapphire
                          Turbojet in Production

[407]                     Olympus: Wright's                Aviation Week
                          Ace-in-the Hole?                 7. Mai 1951, S. 33

[408]                     J35-A-23 Work Continues          Aviation Week
                          at Allison                       14. Mai 1951, S. 17

[409]                     General Electric Reveals         Aviation Week
                          More Powerful J47-s              18. Juni 1951

[410]                     Refined Design Puts More         Aviation Week
                          Power in J47                     2. Juli 1951, S. 21

[411]                     »Bug-Hunting« on the             Aviation Week
                          Avro Orenda Jet                  6. Aug. 1951, S. 21
                          (Perfecting a Simple Modern
                          Engine has its Headaches)

[412]  CHRISTIAN, G. L.   Stratos to Produce French        Aviation Week
                          Baby Turbine                     27. Aug. 1951, S. 51
                          A-3-B (1 P, 1 D)

[413]                     J42 Overhaul Time Set at         Aviation Week
                          1000 Hours                       17. Sept. 1951, S. 17
                          (Pratt & Whitney)

[414]                     French Gas Turbines to be        Aviation Week
                          Built Here              K        17. Sept. 1951, S. 18

[415]                     French Turbines Enter            Aviation Week
                          US Field                         15. Okt. 1951, S. 32

[416]                     US Gas Turbine Engines           Aviation Week
                          Ü (1 T)                          25. Feb. 1952, S. 144

[417]                     Leading Foreign Jet Engines      Aviation Week
                          Ü (1 T)                          25. Feb. 1952, S. 158

[418]                     General Electric Shows           Aviation Week
                          27 Version of J47 Jet            31. März 1952, S. 18

| [419] | | Gemeaux IV flies with Aspin I Ducted Fan | Aviation Week 28. April 1952, S. 35 |
| [420] | McKitterick, A. | Sapphire Tested at 8300 lb Thrust | Aviation Week 5. Mai 1952, S. 16 |
| [421] | | 10000 lb Thrust British Jet Engine (Bristol Olympus) | Aviation Week 7. Juli 1952, S. 17 |
| [422] | | | Aviation Week 16. Juni 1952 |
| [423] | | A Close Look at Bristol Olympus | Aviation Week 21. Juli 1952, S. 44 |
| [424] | | Canada Aviation Expands to Make Orenda | Aviation Week 20. Okt. 1952, S. 40 |
| [425] | | Tailoring Ghosts to Fit Comet a Big Job | Aviation Week 25. Aug. 1952 |
| [426] | | CW Naturalizes Sapphire Jet Engine (Wright J 65) | Aviation Week 22. Dez. 1952, S. 21 |
| [427] | McKitterick, N. | New Avons pass Military Tests | Aviation Week 13. April 1952 |
| [428] | | | Aviation Week 5. Jan. 1953 |
| [429] | | US Gas Turbines; Leading Foreign Gas Turbines | Aviation Week 2. März 1953 |
| [430] | | Wright Aeronautical's J67 K | Aviation Week 13. Jan. 1954, S. 10 |
| [431] | | Allison J33    K | Aviation Week 25. Jan. 1954, S. 10 |
| [432] | | Wright Displays Twin-Spool Jet (TJ32-B) K-B (1 P) | Aviation Week 1. März 1954, S. 26 |
| [433] | | Industry Observer: J33-A-16 K | Aviation Week 8. März 1954, S. 11 |
| [434] | | Gas Turbine and Jet Engines T-2 | Aviation Week 15. März 1954 S. 220–222 |
| [435] | | G.E. Previews Baby Jet K-B (1 P) | Aviation Week 15. März 1954, S. 320 |
| [436] | | Industry Observer: P. & W. J75, GE J79 K | Aviation Week 29. März 1954, S. 11 |
| [437] | | New Allison Jet Gets Aerial Workout (J71) K-B (1 P) | Aviation Week 5. April 1954, S. 22 |
| [438] | | Ford Beats Schedule on J57 Delivery K-B (4 P) | Aviation Week 3. Mai 1954, S. 44 |
| [439] | | New Sidelights: J69    K K | Aviation Week 3. Mai 1954, S. 88 |
| [440] | | J57 with Afterburner Gives 14500 lb Thrust K-B (3 P) | Aviation Week 17. Mai 1954, S. 15 |

| [441] | | J40 Mounts Integral<br>AC Drive<br>K-B (2 P) | Aviation Week<br>24. Mai 1954, S. 60 |
|---|---|---|---|
| [442] | HERTZ, R. | Red's Surprise:<br>15000 lb Thrust Jets | Aviation Week<br>31. Mai 1954, S. 12 |
| [443] | | Industry Observer:<br>De Havilland's Gyron,<br>Bristol Aeroplane Co.,<br>Olympus<br>K | Aviation Week<br>7. Juni 1954, S. 11 |
| [444] | STONE, I. | Analysis Reveals Wright J65<br>Details<br>A-5-B (6 P, 4 Sk) | Aviation Week<br>14. Juni 1954, S. 28 |
| [445] | | Industry Observer: J69<br>K | Aviation Week<br>21. Juni 1954, S. 11 |
| [446] | | Industry Observer:<br>French Vulcain<br>K | Aviation Week<br>19. Juni 1954, S. 10 |
| [447] | | Industry Observer:<br>Pratt & Whitney's New Jet<br>Turbine Blades, J48<br>K | Aviation Week<br>2. Aug. 1954, S. 11 |
| [448] | | B-47 Labs Step Up J57<br>Altitude Tests<br>K-B (3 P) | Aviation Week<br>2. Aug. 1954, S. 18 |
| [449] | | Views Along Wright's J65<br>Line<br>K-B (4 P) | Aviation Week<br>2. Aug. 1954, S. 44 |
| [450] | | Engine Maintenance P. & W.<br>JT3<br>B (1 P) | Aviation Week<br>2. Aug. 1954, S. 63 |
| [451] | | Rolls-Royce Avon RA. 28<br>K | Aviation Week<br>23. Aug. 1954, S. 7 |
| [452] | | Industry Observer: P. & W.<br>J57      K | Aviation Week<br>23. Aug. 1954, S. 11 |
| [453] | | New Rolls-Royce Baby Jet<br>K-B (1 P) | Aviation Week<br>30. Aug. 1954, S. 16 |
| [454] | | Allison Streamliner J33<br>for Matador<br>A-3-B (9 P) | Aviation Week<br>27. Sept. 1954, S. 58 |
| [455] | | Domestic: J65 Turbojets<br>K | Aviation Week<br>4. Okt. 1954, S. 7 |
| [456] | | J33 | Aviation Week<br>4. Okt. 1954 |
| [457] | | Industry Observer:<br>Rolls-Royce Soar      K | Aviation Week<br>11. Okt. 1954, S. 11 |
| [458] | | Catraux Outlines French Air<br>Policies<br>(Verdon, Atar 101 B, C, E)<br>K | Aviation Week<br>11. Okt. 1954, S. 22 |

| [459] | Industry Observer: J71<br>K | Aviation Week<br>18. Okt. 1954, S. 11 |
| [460] | Industry Observer:<br>P. & W. J48<br>K | Aviation Week<br>25. Okt. 1954, S. 11 |
| [461] | New USAF Contracts<br>(Ford J57-F-13;<br>Allison J71-A-9)<br>K | Aviation Week<br>25. Okt. 1954, S. 16 |
| [462] | Ford Ships First<br>Afterburner J57 Jet<br>K-B (1 P) | Aviation Week<br>22. Nov. 1954, S. 20 |
| [463] | New P. & W. J-57 Features<br>Shorter Afterburner<br>K-B (1 P) | Aviation Week<br>13. Dez. 1954, S. 21 |
| [464] | Industry Observer:<br>Curtiss-Wright Corp.<br>An Airflow Modulator on J65<br>K | Aviation Week<br>20. Dez. 1954, S. 11 |
| [465] | Industry Observer:<br>P. & W. J57 – P.& W. T57<br>version     K | Aviation Week<br>27. Dez. 1954, S. 11 |
| [466] | Orpheus | Aviation Week<br>3. Jan. 1955 |
| [467] | New Bristol Olympus Hits<br>11 000 lb Thrust    K | Aviation Week<br>7. Feb. 1955, S. 7 |
| [468] | Fairchild J44 | Aviation Week<br>7. Feb. 1955 |
| [469] | First View of 11000 lb Thrust<br>Bristol Olympus<br>K-B (1 P) | Aviation Week<br>14. Feb. 1955, S. 18 |
| [470] | Olympus Altitude Tests<br>K | Aviation Week<br>21. Feb. 1955, S. 15 |
| [471] | Industry Observer:<br>P. & W. J57, J75<br>K | Aviation Week<br>28. Feb. 1955, S. 11 |
| [472] | US Gas Turbine Engines<br>(T) | Aviation Week<br>14. März 1955, S. 234 |
| [473] | Leading Foreign Gas<br>Turbines<br>(T) | Aviation Week<br>14. März 1955, S. 249 |
| [474] | P. & W. Ships its 1000th J57<br>K-B (1 P) | Aviation Week<br>21. März 1955, S. 56 |
| [475] | Industry Observer:<br>Avro Orenda mit Versuchs-<br>schubvermehrer<br>K | Aviation Week<br>4. April 1955, S. 9 |
| [476] | Rolls-Royce Uses<br>New Assembly Line<br>A-4-B (5 P, 1 Sk) | Aviation Week<br>4. April 1955, S. 36 |

| [477] | Industry Observer:<br>(PS-113 Super Orenda)<br>K | Aviation Week<br>11. April 1955, S. 9 |
| [478] | Industry Observer:<br>K | Aviation Week<br>18. April 1955, S. 9 |
| [479] | Industry Observer:<br>P. & W. J75 und J57)<br>K | Aviation Week<br>25. April 1955, S. 9 |
| [480] | Industry Observer:<br>(GE J47)<br>K | Aviation Week<br>2. Mai 1955, S. 9 |
| [481] | Industry Observer:<br>(Allison J71, GE J47, J79<br>P. & W. J65<br>Curtiss-Wright J67)<br>K | Aviation Week<br>9. Mai 1955, S. 9 |
| [482] | J35 Production Nears End<br>K | Aviation Week<br>9. Mai 1955, S. 18 |
| [483] | Industry Observer:<br>(P. & W. J57-P35, J-75)<br>K | Aviation Week<br>23. Mai 1955, S. 9 |
| [484] | Light Weight Orpheus<br>Completes Type Tests<br>K | Aviation Week<br>30. Mai 1955, S. 14 |
| [485] | Pratt & Whitney Aircraft<br>Assembles the J57 Power<br>Unit<br>K-B (3 P) | Aviation Week<br>30. Mai 1955, S. 23 |
| [486] | Industry Observer:<br>(Bristol, Orpheus)<br>K | Aviation Week<br>6. Juni 1955, S. 9 |
| [487] | Wright J65 with<br>Afterburner<br>K-B (1 P) | Aviation Week<br>13. Juni 1955, S. 17 |
| [488] | Demon Powerplant<br>(J71-A-2)<br>K-B (1 P) | Aviation Week<br>20. Juni 1955, S. 34 |
| [489] | Industry Observer:<br>(GE J79)<br>K | Aviation Week<br>11. Juli 1955, S. 9 |
| [490] | Industry Observer:<br>(Orenda 14) | Aviation Week<br>11. Juli 1955, S. 9 |
| [491] | Rolls-Royce Avon | Aviation Week<br>11. Juli 1955 |
| [492] | Industry Observer:<br>(J67)<br>K | Aviation Week<br>18. Juli 1955, S. 9 |
| [493] | Commercial Jet Test<br>(JT3D)<br>K | Aviation Week<br>18. Juli 1955, S. 18 |

[494]  Industry Observer:              Aviation Week
       (P. & W. J75 und GE J79)        25. Juli 1955, S. 9
       K

[495]  Industry Observer:              Aviation Week
       (GE J73, D. H. Gyron)           1. Aug. 1955, S. 9
       K

[496]  Industry Observer:              Aviation Week
       (J57, T56)                      8. Aug. 1955, S. 9
       K

[497]  New Jet Engine                  Aviation Week
       (Westinghouse PD-33)            8. Aug. 1955, S. 12
       K

[498]  Industrie Observer:             Aviation Week
       (Orenda, Gazelle)               15. Aug. 1955, S. 9
       K

[499]  Industry Observer:              Aviation Week
       (P. & W. J75, R.-R. Avon,       22. Aug. 1955, S. 9
       GE J47, Bristol Olympus)
       K

[500]  Gyron in Test                   Aviation Week
       K                               5. Sept. 1955, S. 18

[501]  Jet Engine With 13000 lb        Aviation Week
       Thrust (Conway)                 5. Sept. 1955, S. 18
       K-B (1 P, 1 Sk)

[502]  Conway Jet Starts Tests         Aviation Week
       K-B (1 P)                       12. Sept. 1955, S. 7

[503]  Industry Observer:              Aviation Week
       (GE J79)                        19. Sept. 1955, S. 9
       K

[504]  De Havilland Develops           Aviation Week
       Gyron Junior Engine             19. Sept. 1955, S. 13
       K

[505]  Industry Observer:              Aviation Week
       Gyron Junior                    26. Sept. 1955, S. 10
       Rolls-Royce RB. 109
       K

[506]  Industry Observer:              Aviation Week
       Fiat's New Jet Engine           10. Okt. 1955, S. 9
       K

[507]  Industry Observer:              Aviation Week
       General Electric                24. Okt. 1955, S. 9
       Vickers-Armstrong
       Rolls-Royce Conway
       K

[508]  Industry Observer:              Aviation Week
       Russian Turbojets               31. Okt. 1955, S. 9
       K

[509]  Key Dates in the F3H-1 and      Aviation Week
       J40 History                     31. Okt. 1955, S. 13
       K

[510]                        Supercharged BE. 25          Aviation Week
                            Turboprop on Test Stand      2. Jan. 1956, S. 42
                            K-B (1 P)

[511]                        Industry Observer:           Aviation Week
                            Bristol Orpheus              9. Jan. 1956, S. 23
                            K

[512]                        New Snecma Nozzle for        Aviation Week
                            Turbojet Control             9. Jan. 1956, S. 58
                            K-B (1 P)

[513]                        Industry Observer:           Aviation Week
                            P. & W. T34                  23. Jan. 1956, S. 23
                            K

[514]                        Industry Observer:           Aviation Week
                            Avon RA. 29                  30. Jan. 1956, S. 23
                            K

[515]                        Boeing Says Suppressor       Aviation Week
                            Reduces Jet Noise of 707 to  30. Jan. 1956, S. 28
                            DC-7 Level
                            A-2-B (1 P, 2 D)

[516]                        Curtiss Organizes Small      Aviation Week
                            Turbine Unit        K        30. Jan. 1956, S. 67

[517]                        —                            Aviation Week
                                                         30. Jan. 1956, S. 28

[518] CUSHMAN, R. H.         Fairchild J44 Designed to    Aviation Week
                            Replace Rato                 6. Feb. 1956, S. 53
                            A-4-B (1 P, 2 Sk)

[519]                        Orenda Engines Iroquois      Aviation Week
                            K                            2. Juli 1956, S. 34

[520]                        Pratt & Whitney J52          Aviation Week
                            K                            15. Okt. 1956, S. 23

[521]                        Pratt & Whitney J58          Aviation Week
                            K                            15. Okt. 1956, S. 23

[522]                        J54: 150 Hour Test           Aviation Week
                            K                            17. Dez. 1956, S. 34

[523]                        Rear Quarter View of J57     Aviation Week
                            K-B (1 P)                    17. Dez. 1956, S. 38

[524]                        Advantages and Usefulness of Aviation Week
                            Small Turbojet Engine        4. Feb. 1957, S. 80
                            A-1-B (1 P)

[525]                        Bristol Olympus              Aviation Week
                            K                            11. Feb. 1957

[526] CHRISTIAN, G. L.       Material Problems Result from Aviation Week
                            New Environments             11. Feb. 1957, S. 57
                            A-4-B (1 D, 5 S)

[527]                        Leading Foreign Gas Turbines Aviation Week
                            T                            25. Feb. 1957, S. 242

[528]                        US Gas Turbine Engines       Aviation Week
                            T                            25. Feb. 1957, S. 229

[529]                        J85                          Aviation Week
                                                         11. März 1957

[530]                 Avon RA. 29                    Aviation Week
K                               28. Jan. 1957, S. 23

[531]                 Westinghouse J54           Aviation Week
K                               28. Jan. 1957, S. 83

[532]                 US Gas Turbine Engines     Aviation Week
3. März 1958

[533]                 Leading Foreign Gas        Aviation Week
Turbines                       3. März 1958, S. 209 ff.
T

[534]                 First Picture of JT12 Engine    Aviation Week
28. Juli 1958, S. 29

[535]                 J79 Uses Built-Up Parts to    Aviation Week
Save Weight                11. Aug. 1958, S. 69 ff.

[536]                 Business Flying Market      Aviation Week
Making Recovery           29. Sept. 1958, S. 21 ff.

[537]                 JT12 Design Geared to       Aviation Week
Permit Early Production Date   20. Okt. 1958, S. 56 ff.

[538]                 US Gas Turbine Engines,     Aviation Week
Leading Foreign Gas         9. März 1959, S. 201 ff.
Turbines

[539]   SZYDLOWSKI, H.     L'Importance des Moteurs    Extraits de la Revue
à Turbines de Petite         L'Air
Puissance dans l'Aéronautique   (Nr. 5 und 6, 1957)
A-B (10 P, 6 Sk, 17 D)      6962-5-57

[540]                 The Gyron                    De Havilland Gazette
A-5-B (8 P, 1 Sk)            Nr. 100, Aug. 1957
S. 151–156

[541]   GERSDORFF, K. v.    Tendances Générales en     Auszug aus DOCAERO
Matière de Turboréacteurs    Nr. 40, Sept. 1956
et Turbopropulseurs.
Réalisations des Divers Pays
A-16-B (15 D, 2 T)

[542]   SALTER, R. M.       German Turbojet          Bureau of Aeronautics,
        EMERSON, G. G.    Development             Power Plant
Memorandum
Nr. 12, Juni 1945

[543]                 A Review of Gas Turbine    The Engineer
Progress – 1951            18. Jan. 1952

[544]                 The Bristol Olympus Turbojet   The Engineer
4. Juli 1952, S. 24/25

[545]                 Gas Turbine Development    Engineering,
(Rolls-Royce)             35 Bedford Street,
Strand, London WC. 2
6. Sept. 1946
S. 224–226

[546]                 The »Nene« Gas Turbine     Engineering
for Aircraft                13. Sept. 1946
S. 247–249

[547]                 Orenda Axial-Flow         Engineering
Turbo-Jet Engine           7. Dez. 1951, S. 735

[548]  SMITH, G. G.           German Jet Aircraft           Flight
                                                     14. Juni 1945

[549]                        Derwent Rolls-Royce           Flight
                                                     25. Okt. 1945

[550]                        British Aircraft Gas Turbines Flight
                                                     20. Dez. 1945

[551]                        River Class Evolution         Flight
                                                     14. Feb. 1946

[552]  SMITH, G. G.           Turbines for Aircraft         Flight
                                                     21. Feb. 1946

[553]                        De Havilland Goblin           Flight
                                                     21. Feb. 1946

[554]                        Nene I (Rolls-Royce)          Flight
                                                     18. April 1946

[555]                        Metro-Vick Gas Turbine        Flight
                                                     25. April 1946

[556]                        Metro-Vick Progress           Flight
                             K                       12. Juni 1947, S. 552

[557]                        The Chinook                   Flight
                             B (1 P)                 15. Jan. 1948, S. 58

[558]                        The Chinook                   Flight
                             K-B (1 P)               22. Jan. 1948, S. 101

[559]                        German Gas Turbine            Flight
                             Developments During the 6. Jan. 1949, S. 26
                             Period 1939–1945
                             (Buchbespr. mit 1 T)

[560]                        Pratt & Whitney               Flight
                             JT-6-B Turbo-Wasp       13. Jan. 1949, S. 36
                             (Nene) Type Tested
                             K-B (1 P)

[561]                        The Year Past (Power Units)   Flight
                             Ü-1-B (7 P)             29. Dez. 1949, S. 828

[562]                        Meteoric Climbs               Flight
                             (Metrovick Beryl und    20. Jan. 1949, S. 68
                             R. R. Derwent)
                             K-B (1 P)

[563]                        Gas Turbine Names and         Flight
                             New Types               3. März 1949, S. 244
                             K

[564]                        Chinook – Additional Details  Flight
                             K                       31. März 1949, S. 364

[565]                        The Salon at a Glance         Flight
                             (Power Units)           5. Mai 1949, S. 522
                             A-1-B (4 P)

[566]                        Displayed at Paris            Flight
                             K-B (3 P)               5. Mai 1949, S. 527

[567]                        Salon Studies (Gas Turbines)  Flight
                             A-2-B (1 P, 4 Sk)       12. Mai 1949, S. 553

[568]                        Nene Production in Australia  Flight
                             K-B (1 P)               23. Juni 1949, S. 728

[569]        Britain's Power Units        Flight
              (Turbojets and -props)     8. Sept. 1949, S. 312
              Ü-4-B (14 P)
[570]        Metrovick Beryl; D. H. Goblin    Flight
                                           8. Sept. 1949
[571]        Russia's Jet Progress       Flight
              A-2 (1 T)                 25. Aug. 1949, S. 225
[572]        Avro Orenda             Flight
              K-B (3 P)                1. Dez. 1949, S. 709
[573]        Gas Turbine Co-Operation.    Flight, G. B. 1950
              Résultat d'une Co-opération    No. 2151, 1957, S. 358
              Britannique et Américaine.
              Montage de Turbomoteurs J48
              Turbo Wasp sur l'Intercepteur
              North American F-93A
[574]        Four Olympus Vulcans      Flight
              K-B (1 P)                6. Feb. 1953, S. 159
[575]        Avon Progress           Flight
              K-B (1 P, 1 D)           6. März 1953, S. 270
[576]        Comet Engineering        Flight
              (Power Plants)           1. Mai 1953, S. 551
              A-5-B (3 Sk)
[577]        A Start for a Ghost        Flight
              K-B (1 P)                8. Mai 1953, S. 582
[578]        Avon Testing            Flight
              A-2-B (4 P)              15. Mai 1953, S. 600
[579]        Armstrong Siddeley Viper     Flight
                                           7. Aug. 1953, S. 170
[580]        British Power Units 1953      Flight
                                           4. Sept. 1953, S. 321
[581]        Westinghouse Turbojets      Flight
                                           13. Nov. 1953, S. 641
[582]        Two-Spool Turbo Wasp      Flight
              (Pratt & Whitney J57)     27. Nov. 1953, S. 697
[583]        A Japanese Turbojet        Flight
                                           27. Nov. 1953, S. 899
[584]        The Bristol Orpheus        Flight
              K                       22. Jan. 1954, S. 86
[585]        Small-Turbine Quartet      Flight
              (Turboméca)             5. Feb. 1954, S. 159
              A-2-B (4 P, 1 Sk)
[586]        New Engines (Napier,       Flight
              Armstrong-Siddeley,      12. Feb. 1954, S. 170
              Bristol, R.-R.)
              K
[587]        New Engines for Bitteswell    Flight
              (Viper, Mamba)      K    26. Feb. 1954, S. 226
[588]        1000th Orenda is handed to   Flight
              the RCAF               12. März 1954, S. 286
              K-B (1 P)

[589]                           Aero Engines 1954              Flight
                                A (Ü) – 24-B (84 Sk)           9. April 1954, S. 445
[590]                           Wing-Tip Viper                Flight
                                K                             7. Mai 1954
[591]   KING, H. F.             The Two Rs                    Flight
                                (Rolls-Royce-Triebwerke)      7. Mai 1954, S. 571
                                A (Ü) – 14-B (39 P)
[592]                           Turbo Wasp Dissected          Flight
                                A-2-B (4 P)                   14. Mai 1954, S. 619
[593]                           The »Formidable« Gyron        Flight
                                K                             21. Mai 1954, S. 634
[594]                           Orenda on Show                Flight
                                K-B (1 P)                     11. Juni 1954, S. 770
[595]                           Anglo American Jewel          Flight
                                (Wright J65 Sapphire)         18. Juni 1954, S. 787
                                A-2-B (1 P, 5 Sk)
[596]                           Super Sabre Details           Flight
                                (J57-P-7)                     30. Juli 1954, S. 137
                                A-2-B (7 P, 1 Sk)
[597]                           Boeing Small Turbine          Flight
                                Development                   30. Juli 1954, S. 152
                                K-B (1 P)
[598]                           The Soar: Outstanding         Flight
                                New Rolls-Royce Turbojet      27. Aug. 1954, S. 259
                                K-B (1 P, 1 D)
[599]                           Commonwealth Engines          Flight
                                (Orenda)                      27. Aug. 1954, S. 297
                                A-1-B (1 P, 1 Sk)
[600]                           Bildbeilage                   Flight
                                von drei Triebwerken          3. Sept. 1954, S. 307
                                (Sapphire, Viper, Mamba)
[601]                           Jap Jet (JO-1)                Flight
                                K-B (1 P)                     3. Sept. 1954, S. 314
[602]                           British Power Units 1954      Flight
                                Ü-12-B (2 P, 21 Sk, 1 T)      3. Sept. 1954, S. 359
[603]                           Farnborough reviewed          Flight
                                (Engines)                     17. Sept. 1954, S. 452
                                A-2-B (7 P, 3 Sk)
[604]                           Sapphire's 10 200 lb Rating   Flight
                                K-B (1 P)                     10. Dez. 1954, S. 826
[605]                           Rolls-Royce Releases          Flight
                                (Avon, Soar, Conway)          10. Dez. 1954, S. 828
                                K
[606]                           By-Pass Running Time          Flight
                                (Conway)                      17. Dez. 1954, S. 856
                                K
[607]                           Orpheus Running               Flight
                                K                             31. Dez. 1954, S. 921
[608]                           Yet Another J47               Flight
                                K                             7. Jan. 1955, S. 4

[609] Big-Jet Big Thrust (SNECMA Vulcain) K — Flight 14. Jan. 1955, S. 40

[610] France Describes the Orpheus K — Flight 21. Jan. 1955, S. 70

[611] Olympus Progress K-B (2 P) — Flight 4. Feb. 1955, S. 136

[612] Abode of the Gods (Bristol Triebwerke) A-2-B (4 P) — Flight 11. Feb. 1955, S. 164

[613] Engines in the News (SNECMA) K — Flight 18. Feb. 1955, S. 214

[614] Hitting the Thousand- and Another (P. & W. J57 GE J47) K — Flight 11. März 1955, S. 294

[615] Britain's New Engines (Armstrong-Siddeley, Bristol, R.-R.) K — Flight 6. Mai 1955, S. 572

[616] Rolls-Royce Engine History K — Flight 20. Mai 1955, S. 684

[617] J71 Allison's Big Axial Turbojet A-1-B (2 P) — Flight 27. Mai 1955, S. 733

[618] Bristol Orpheus K-B (2 P) — Flight 3. Juni 1955, S. 751

[619] The Paris Show (Engines) Ü-3-B (10 P, 1 Sk) — Flight 17. Juni 1955, S. 836

[620] Fiat Turbojets K — Flight 29. Juli 1955, S. 150

[621] The Conway-Type-Tested K — Flight 26. Aug. 1955, S. 278

[622] Commonwealth Engines 1955 (Orenda PS-13) K-B (1 P) — Flight 26. Aug. 1955, S. 296

[623] British Power Units 1955 Ü-12-B (21 P, 19 Sk) — Flight 2. Sept. 1955, S. 387

[624] British Power Units 1955 (1 T) — Flight 2. Sept. 1955, S. 407

[625] New British Engines K — Flight 9. Sept. 1955, S. 431

[626] GUNSTON, W. T. Tomorrow's Engines at the Farnborough Show (D. H. Gyron, R. R. Conway, Nap. Eland, Oryx, Gazelle) A-4-B (1 Sk, 2 P) — Flight 9. Sept. 1955, S. 449

[627] Gyron Test-Bed A-2-B (2 P, 1 Sk) — Flight 23. Sept. 1955, S. 513

[628]     Turing Turbojet (Fiat 4002)  Flight
       K-B (1 P)        7. Okt. 1955, S. 572
[629]     Cheek by Jowl      Flight
       (Palas und Gyron)     7. Okt. 1955, S. 577
       K-B (1 P)
[630]     Here and There:     Flight
       Bristol Zeus Reported und  18. Nov. 1955, S. 768
       Japanese Jet    K
[631]                  Flight
                    18. Nov. 1955
[632]     Bristol Olympus    Flight
       A-8-B (6 P, 7 Sk)     9. Dez. 1955, S. 869
[633]     Rolls-Royce Avon    Flight
       A-8-B (8 P, 5 Sk)     16. Dez. 1955, S. 900
[634]     Armstrong-Siddeley   Flight
       Sapphire        6. Jan. 1956, S. 17
       A-6-B (3 P, 4 Sk)
[635]     New Olympic Heights  Flight
       (Bristol Olympus BOl. 11) 10. Feb. 1956, S. 156
       B (1 P)
[636]     Two-Spool Improvement Flight
       (Bristol Olympus)     10. Feb. 1956
       K
[637]     Aero Engines 1956   Flight
                    11. Mai 1956
[638]     Rolls-Royce Conway  Flight
                    17. Aug. 1956
[639]     Rolls-Royce Avon    Flight
       A-4-B (4 P, 1 Sk, 1 D, 3 T) 17. Aug. 1956
                    S. 249–253
[640]     Orenda Engines PS-13  Flight
       Iroquois        24. Aug. 1956
[641]     Orenda 11, Iroquois PS-13 Flight
                    24. Aug. 1956
[642]     The Gyron Junior    Flight
                    31. Aug. 1956
[643]     Still Better Big Turbojets Flight
       A-1/2-B (2 P)      7. Sept. 1956
[644]     More About the Gyron Junior Flight
                    7. Sept. 1956
[645]     Engines at Farnborough  Flight
                    14. Sept. 1956
[646]     Sapphire 7       Flight
       Armstrong-Siddeley's Fine 9. Nov. 1956
       Turbojet Further Developed
       A-5-B (1 P, 4 Sk, 1 T)
[647]     Pratt & Whitney J52 (JT8) Flight
                    4. Juli 1957, S. 7
[648]     Fiat 4002        Flight
       B-1           25. Jan. 1957

[649]                                    By-Pass Assessment (Conway)    Flight
A-3-B (2 P, 6 D, 3 Sk)                8. Feb. 1957

[650]  Gunston, W. T.            16 000 lb Thrust Bristol        Flight
Olympus 6                              15. Feb. 1957
A-2-B (3 P)

[651]  J. H. S.                    »Hot Ends« Gasturbine        Flight
Components Manufactured      15. Feb. 1957
by Briggs Motor Co.
A-4-B (13 P)

[652]                                     —                                 Flight
8. März 1957

[653]  Gunston, W. T.           De Havilland Engines 1957     Flight
8. März 1957

[654]                                     Bristol Orpheus              Flight
K                                     22. März 1957, S. 356

[655]                                     Avon Mk. 200               Flight
11. Okt. 1957

[656]                                     P181 and P182             Flight
21. Feb. 1958, S. 234 ff.

[657]                                     The Operational Olympus     Flight
7. März 1958, S. 302 ff.

[658]                                     British Aero Engines 1958     Flight
29. Aug. 1958

[659]                                     Power for the Short-Range   Flight
Jet                                   24. Okt. 1958, S. 650 ff.

[660]                                     Aero-Engines of the World    Flight
20. März 1959

[661]                                     Turbofans                 Flight
30. Okt. 1959

[662]                                     G. E.'s Small Turbojet       Flight
K-1-B                                 11. Dez. 1959

[663]                                     Conway                   Flight
A-6-B (7 P, 1 T, 2 D, 4 Sk)   15. Jan. 1960, S. 77–82

[664]                                     Aero-Engines 1960          Flight
A-21-B                               18. März 1960
S. 367–387

[665]                                     The First Supersonic      Flight
Turbojet (GE J53)           29. April 1960
A-2-B (1 Sk)                 S. 594–595

[666]                                     Olympian Heights Bristol   Flight
Siddeley Olympus A-3-B    24. Feb. 1961
S. 233–235

[667]                                     Triebwerke: Junkers, D. B., Flugwelt
Rolls-Royce, Tay, Orenda,   3/1950
TG-190B

[668]                                     Triebwerke: J33-A-23,    Flugwelt
J35-A-17                         5/1950

[669]                                     Triebwerke: Jumo 004,    Flugwelt
Allison J33-A-23           6/1950

| [670] | | Triebwerke: Adder, Sapphire, Westinghouse 24-C4D | Flugwelt 10/1950 |
|---|---|---|---|
| [671] | | Luftstrahlturbinen Stand Jan. 1951     T | Flugwelt 1/1951 |
| [672] | | | Flugwelt 3/1951 |
| [673] | | Aspin I | Flugwelt 4/1951 |
| [674] | | Fortschritte bei Rolls-Royce | Flugwelt 4/1953, S. 108 |
| [675] | | Fortschritte bei der SNECMA | Flugwelt 4/1953, S. 108 |
| [676] | | Triebwerke auf dem XX. Pariser Salon | Flugwelt 8/1953, S. 234 |
| [677] | DIETENTHAL, H. | Turboméca, Schrittmacher im Kleingasturbinenbau | Flugwelt 9/1953, S. 269 |
| [678] | EWALD, G. | Der Britische Flugmotorenbau in Farnborough | Flugwelt 10/1953, S. 307 |
| [679] | | Bristol Olympus, ein Turbotriebwerk mit Doppelverdichter | Flugwelt 12/1953, S. 373 |
| [680] | | Die Triebwerke von Farnborough | Flugwelt 10/1954, S. 302 |
| [681] | OESTRICH, H. | Aus der Entwicklung des Strahltriebwerkes »ATAR 101« A-2-B (2 P, 2 Sk, 2 D) | Flugwelt 1/1955, S. 27 |
| [682] | WAGNER, W. | Flug mit dem Vampire Trainer A-7-B | Flugwelt 1/1955, S. 31 |
| [683] | | Ford lieferte die erste Turbine J-57 K | Flugwelt 1/1955, S. 30 |
| [684] | | Armstrong-Siddeley Sapphire ASSa. 7 K-B (2 P) | Flugwelt 3/1955, S. 116 |
| [685] | | Bristol Orpheus K | Flugwelt 3/1955, S. 116 |
| [686] | | Allison J33-A-37 K | Flugwelt 3/1955, S. 116 |
| [687] | | Schubumkehrbremse für General Electric J47 K | Flugwelt 3/1955, S. 117 |
| [688] | | Curtiss-Wright J65 – Sapphire K | Flugwelt 3/1955, S. 117 |
| [689] | | Bristol Olympus BOl. 6 K | Flugwelt 3/1955, S. 117 |
| [690] | | Rolls-Royce Conway K | Flugwelt 3/1955, S. 117 |


446

[691]	Turboméca geht zur	Flugwelt
	Entwicklung	5/1955, S. 216
	größerer Turbinen über
	K

[692]	1000 Betriebsstunden	Flugwelt
	einer GE J47	5/1955, S. 216
	K

[693]	Bristol Olympus 101	Flugwelt
	K-B (3 P, 2 Sk)	4/1955, S. 171

[694]	SNECMA ATAR 101G	Flugwelt
	GE MX-2273	4/1955, S. 172
	Japan Jet Engine Co. JO-1
	K

[695]	Hubschraubertriebwerke	Flugwelt
	II. Gasturbinen	4/1955, S. 181
	A-4-B (4 P, 1 D, 7 Sk, 1 T)

[696]	Pratt & Whitney Y J75	Flugwelt
	GE J73, GE J79	6/1955, S. 266/67
	Bristol Orpheus
	Turboméca Gabizo
	K

[697]	Neue Triebwerke	Flugwelt
	auf dem Pariser Salon	7/1955, S. 323

[698]	SNECMA-Atar	Flugwelt
	K-T	7/1955, S. 323 und 335

[699]	Orenda PS-113	Flugwelt
	Super Orenda (Waconda)	7/1955, S. 336
	K

[700]	Die Bristol BE. 26 Orpheus	Flugwelt
	hat 150 Stunden Erprobung	7/1955,  S. 337
	hinter sich
	K-B (2 P)

[701]	Triebwerke kurz und aktuell	Flugwelt
	K	8/1955, S. 384

[702]	Triebwerke kurz und aktuell	Flugwelt
	K	8/1955, S. 384

[703]	Pratt & Whitney T57	Flugwelt
	K	8/1955, S. 392

[704]	Heinkel-Strahltriebwerke	Flugwelt
	A-1-B (1 P, 4 Sk)	9/1955, S. 477

[705]	Technischer Fortschritt	Flugwelt
	in Farnborough	10/1955, S. 508
	(Triebwerke)
	A-3-B (9 P)

[706]	SNECMA ATAR G	Flugwelt
	Rolls-Royce Conway	10/1955, S. 521
	Westinghouse PD-33
	INI-11 P-1, Spanien
	K

| [707] | Triebwerke:<br>Westinghouse PD-33<br>Hispano-Suiza R-800<br>P. & W. JT4 (J75)<br>Fiat 4002 | Flugwelt<br>12/1955 |
|---|---|---|
| [708] | General Electric J79<br>K | Flugwelt<br>1/1956, S. 22 |
| [709] | Fairchild J44<br>K | Flugwelt<br>3/1956 |
| [710] | General Electric J79<br>K | Flugwelt<br>3/1956, S. 153 |
| [711] | Pratt & Whitney J57, J75<br>A-1-B (1 P) | Flugwelt<br>3/1956, S. 148/49 |
| [712] | Allison J89<br>K | Flugwelt<br>4/1956, S. 224 |
| [713] | Orenda Engines PS-13<br>Iroquois | Flugwelt<br>7/1956, S. 430 |
| [714] | General Electric J79<br>K | Flugwelt<br>10/1956, S. 666 |
| [715] | Pratt & Whitney J52<br>K | Flugwelt<br>1/1957, S. 24 |
| [716] | Pratt & Whitney J52 | Flugwelt<br>2/1957, S. 95 |
| [717] | Westinghouse J54<br>K | Flugwelt<br>2/1957, S. 95 |
| [718] | Orenda Engines PS-13<br>Iroquois | Flugwelt<br>4/1957, S. 240 |
| [719] | Orenda Engines PS-13 | Flugwelt<br>4/1957, S. 240 |
| [720] | General Electric J79<br>K | Flugwelt<br>4/1957, S. 240 |
| [721] | Pratt & Whitney J75<br>K | Flugwelt<br>8/1957, S. 582 |
| [722] | Allison J89<br>K | Flugwelt<br>8/1957, S. 582 |
| [723] | 9900 kp Curtiss-Triebwerk<br>K | Flugwelt<br>8/1957, S. 582 |
| [724] | Die britischen Triebwerke<br>in Farnborough<br>(Armstrong-Siddeley-<br>Sapphire und Orpheus,<br>Rolls-Royce-Avon und<br>Conway,<br>de Havilland Gyron) | Flugwelt<br>10/1957, S. 751–757 |
| [725] | Fiat 4033<br>K | Flugwelt<br>11/1957 |
| [726] | Triebwerke<br>für Überschalljäger<br>(Strahlturbine<br>SNECMA ATAR 9) | Flugwelt<br>1/1958, S. 55ff. |


448

| [727] | | Das Triebwerk AM-3 der Tupolew Tu-104 | Flugwelt 2/1958, S. 104 ff. |
|---|---|---|---|
| [728] | | General Electric CJ-805-21, ein Triebwerk mit einer neuartigen Mantelstrom-Freifahrturbine | Flugwelt 11/1958, S. 851 ff. |
| [729] | | General Electric T-58, eine neuartige und universelle Gasturbine | Flugwelt 12/1958, S. 922 ff. |
| [730] | | Neue Triebwerke auf der Farnborough-Schau | Flugwelt 10/1959, S. 410 |
| [731] | | Westinghouse 19-B »Yankee« | Interavia Okt. 1946, S. 51 |
| [732] | | Frankreichs Luftfahrtindustrie 1949 | Interavia Mai 1949, S. 273 |
| [733] | | Die Strahlturbine ATAR 101B | Interavia Juni 1949, S. 345 |
| [734] | | Boeing 502 | Interavia Juni 1949, S. 383 |
| [735] | | Turbotriebwerke der Gegenwart (z. T.: PTL) | Interavia Aug./Sept. 1950, S. 472 |
| [736] | | Das russisch-deutsche Turbotriebwerk M-012 | Interavia Nov. 1950, S. 586 |
| [737] | MORAIN, P. | Gasturbinen für Hubschrauber | Interavia Juni 1951, S. 331 |
| [738] | | Luftfahrttage in Paris (Turbotriebwerke) | Interavia Aug. 1951, S. 443 |
| [739] | KNOWLES, D. W. | Die Entwicklung des Strahltriebwerkes Avro »Orenda« | Interavia Jan. 1952, S. 33–36 |
| [740] | | Das Whittle'sche Zweikreis-Strahltriebwerk | Interavia Juni 1952, S. 315 |
| [741] | | Erste Gedanken über Farnborough | Interavia Okt. 1952 |
| [742] | | Technischer Rückblick auf den Pariser Luftfahrt-salon | Interavia Aug. 1953, S. 385 |
| [743] | | Technisches Telegramm K | Interavia Juli 1955, S. 497 |
| [744] | | Technisches Telegramm (P. & W. J57, SNECMA Vulcain, Bristol Olympus) K | Interavia Jan. 1955, S. 19 |
| [745] | | Triebwerke: Avon RA. 18, Conway, Soar, Sapphire | Interavia Jan. 1955 |
| [746] | | Technisches Telegramm K | Interavia März 1955, S. 163 |

| [747] | DENAMUR, H. | Ein Strahltriebwerk in zwei Versionen<br>A-2-B (3 P) | Interavia<br>März 1955, S. 181 |
| [748] | BOFFIN, LONDON | Die Triebwerke kommender Verkehrsflugzeuge<br>A-3-B (5 P, 5 Sk) | Interavia<br>April 1955, S. 252 |
| [749] | | Technisches Telegramm<br>K | Interavia<br>Mai 1955, S. 299 |
| [750] | | Technisches Telegramm<br>K | Interavia<br>Juni 1955, S. 364 |
| [751] | | Die französische Luftfahrt-industrie 1955 (Triebwerke)<br>A-3-B (3 P, 1 T) | Interavia<br>Juni 1955, S. 396 ff. |
| [752] | | Großbritannien als Aussteller (Triebwerksteil)<br>Ü-3-B (4 P) | Interavia<br>Juni 1955, S. 409 |
| [753] | | Die amerikanische Industrie in Paris<br>Ü-2-B (4 P) | Interavia<br>Juni 1955, S. 423 |
| [754] | | Strahltriebwerkbau in Kanada<br>A-2-B (3 P, 4 Sk) | Interavia<br>Juli 1955, S. 524 |
| [755] | | Wovon die Luftfahrt spricht (Triebwerke)      K | Interavia<br>Juli 1955, S. 527 |
| [756] | | Technisches Telegramm<br>K | Interavia<br>Aug. 1955, S. 572 |
| [757] | | Le Bourget – Salon der Triebwerke<br>Ü-2-B (9 P) | Interavia<br>Aug. 1955, S. 592 |
| [758] | | Wovon die Luftfahrt spricht (Triebwerke)<br>K | Interavia<br>Aug. 1955, S. 620 |
| [759] | | Technisches Telegramm (Napier »Gazelle« NG. 1)<br>K | Interavia<br>Sept. 1955 |
| [760] | | Britische Triebwerke 1955<br>T | Interavia<br>Sept. 1955, S. 689 |
| [761] | | Erste Eindrücke (Farnborough) D. H. Gyron, R. R. Conway | Interavia<br>Okt. 1955 |
| [762] | | Schnappschüsse von der Motorschau (Gyron, Conway, Fiat 4002, Westinghouse PD-33) | Interavia<br>Nov. 1955 |
| [763] | | Inventur der Turbotriebwerke<br>A | Interavia<br>Okt. 1957, S. 1022 |
| [764] | | Produktion einer Strahl-turbine (Bildbericht) (Rolls-Royce Avon)<br>B (15 P) | Interavia<br>Okt. 1957, S. 1024 |

| [765] | | Feueröfen des Überschallflugs A-2-B (4 P, 3 D) | Interavia Okt. 1957, S. 1026 |
| [766] | | Flugtriebwerke 1957 T | Interavia Okt. 1957, S. 1029 |
| [767] | | Fiat 4032 TL-Triebwerk | Interavia Nov. 1957 |
| [768] | | Bristol Orpheus Triebwerk der NATO-Erdkampf- flugzeuge | Interavia Jan. 1958, S. 40 |
| [769] | | Triebwerke in Farnborough | Interavia Okt. 1958, S. 1088 |
| [770] | | SNECMA Strahlturbine für hohe Überschall- geschwindigkeit Querschnitt der Flugtriebwerke (T) Pratt & Whitney-Triebwerke für Strahlverkehr und Militärluftfahrt Technisches Telegramm Pirna 014 Flugtriebwerke 1958 Die Entwicklung des Zwei- stromtriebwerkes CJ-805-21 Strahltriebwerke Avon RA.29 für den Luftverkehr | Interavia Dez. 1958 |
| [771] | DESTIVAL, P. | French Turbo-Propellor and Turbo-Reaction Engines | The Journal of the Royal Aeronautical Society, 11. Nov. 1948 |
| [772] | | Neue Strahltriebwerke K-B (1 P) | Luftfahrttechnik, VDI-Verlag GmbH., Düsseldorf 10, Postfach 1/1955, S. 4 |
| [773] | | Zukunftsaussichten luftatmender Triebwerke A-5-B | Luftfahrttechnik 1/1960, S. 22–26 |
| [774] | | Aircraft Gas Turbines | Mech. Engineering Juli 1947, S. 592 |
| [775] | | Canadian Jet Engine | Mech. Engineering Sept. 1948, S. 758 |
| [776] | | Aircraft Gas Turbines | Mech. Engineering Jan. 1951, S. 22 |
| [777] | | Turbojet Engine | Mech. Engineering April 1951, S. 327 |
| [778] | | Jet Engine Developments | Mech. Engineering Juni 1951, S. 504 |
| [779] | | I-40, General Electric | MTZ Juli/Aug. 1948, S. 62 |
| [780] | | Boeing-Kleingasturbinen | MTZ Juli/Aug. 1948, S. 58 |

[781]  WENCK, F.              Gasturbine Jumo 004          MTZ
                                                        3/1949, S. 47/48
[782]                         Gasturbine Bauart           MTZ
                              Turboméca, Bordes           Sept./Okt. 1949, S. 106
                              (Basses Pyrénées)
[783]  ECKERT, B.             Das Zweikreis-              MTZ
                              Strahltriebwerk »Aspin I«   Jan./Feb. 1951, S. 6–9
[784]                         Die neue Bristol Olympus-   MTZ
                              Strahlturbine               Nov. 1952, S. 279
[785]                         Höhenprüfstandversuche      MTZ
                              an der Fluggasturbine       7/1955, S. 199
                              BMW-003-A
                              A-4-B (2 Sk, 7 D)
[786]                         New GE Jet Engine           The Oil Engine and
                              K-B (1 P)                   Gas Turbine,
                                                          Temple Press Ltd.,
                                                          Bowling Green Lane,
                                                          London E. C. 1
                                                          6/1955, S. 78
[787]  CONSTANT, H.           Aeroplane Gas Turbine       Proceedings of the
                                                          Institution
                                                          of Mechanical
                                                          Engineering,
                                                          1947, S. 157 und 202
[788]                         Lightest Jet Aircraft in World   Product Engineering,
                              (Yankee-Westinghouse)       McGraw-Hill
                              K-B (2 P, 1 Sk)             Publishing Co., Inc.,
                                                          330 W. 42nd Streets,
                                                          New York 18
                                                          Jan. 1946, S. 77/78
[789]                         P-80 Shooting Star Jet      Prod. Eng.
                              Propulsion                  Feb. 1946, S. 111
                              (General Electric I-40)
                              K-B (2 Sk)
[790]                         Axial Flow Compressor       Prod. Eng.
                              Reduces Jet Engine          Aug. 1946, S. 90
                              Diameter (Westinghouse)
                              A-4-B (6 P, 4 Sk)
[791]                         Torpedo-Shaped Jet Engine   Prod. Eng.
                              Developed                   Sept. 1946, S. 140
                              (General Electric TG-180)
                              K-B (1 P)
[792]  HALL, R. S.            Aircraft Gas Turbines with  S. A. E. Journal,
                              Centrifugal Compressors     Society of Automotive
                              A-5-B (6 D)                 Engineers
                                                          9/1946, S. 476
[793]  LUNDQUIST, W. G.       BMW-003 Turbojet Engine     S. A. E. Journal
       COLE, R. W.            compared with the Jumo 004  9/1946, S. 503
                              A-8-B (4 P, 8 D, 2 T, 2 Sk)

[794] KROON, R. P.                    Westinghouse Turbojet Engine    S. A. E. Journal
                                                                   7/1950, S. 57
[795]                              Symposium-Jet Propulsion,        S. A. E. Journal,
                                   Rockets and Gas Turbines         SP-22
[796] GERLER, CAPT. W. C.          The German JUMO 004              S. A. E. Paper
                                   Engine
[797]                              Four New Jet Engines             Science News Letter
                                   Do Work of Six in B-47           31. März 1951, S. 198
                                   (J-35-A-23)
[798]                              Hot-Nose Turbojet Engine         Science News Letter
                                   Safe from Icing Problems         18. Aug. 1951, S. 105
                                   (J-47-GE-23)
[799]                              New British Jet Engine is        Science News Letter
                                   World's Most Powerful            26. Juli 1952, S. 55
[800]                              Overall Report No. 12 on         His Majesty's Stationery
                                   German Gas Turbines              Office, London
[801]                              B. I. O. R. Reports on German    His Majesty's Stationery
                                   Gas Turbines                     Office, London
[802]                              German Gas Turbine               H. M. St. Off.,
                                   Developments during the          B. I. O. S.-Report
                                   Period 1939–1945
[803] BLANC, J.                    Le Développement du              Technique et Science
                                   TR-300 par Hispano-Suiza         Aéronautique
                                                                   3/1952, S. 175–180
[804]                              Un Nouveau Turbo-Réacteur        La Technique Moderne,
                                   Léger                            Dunod, Paris 6e,
                                   K-B                              Rue Bonaparte 92
                                                                   April 1949
                                                                   Aeropl. 26. Nov. 1948
[805] KEULEYAN, H.                 Le XVIIIe Salon International    La Technique Moderne
      BRUNER, G.                   de L'Aéronautique                15. Aug. 1949, S. 256
                                   III. Les Moteurs                 15. Sept. 1949, S. 289
                                   A-10-B (12 P, 2 D, 3 Sk, 7 T)
[806]                              L'Exposition Aéronautique        La Technique Moderne
                                   de Farnborough                   Dez. 1949, S. 394
                                   A-3-B (4 P, 5 Sk)
[807] DRIGGS, I. H.                Gas Turbine Development          Transactions of the
      LANCASTER, O. E.             Aviation                         A. S. M. E.
                                   A-17-B (19 P, 3 Sk, 23 D, 2 T)   Feb. 1953, S. 217
[808] WILKINSON, P. H.             Turbojets with Afterburners      Aero Digest
                                                                   Aug. 1950, S. 76
[809]                              Afterburners in America          Aeroplane
                                                                   8. Okt. 1954, S. 547
[810]                              —                                Aero Digest
                                                                   1. Feb. 1952, S. 28
[811] Elliot, L. J.                Jet Ignition System              Aero Digest
                                   A-12-B (27 P, 3 D)               Feb. 1952, S. 28
[812]                              Sapphire Fuel Pump               Flight and Aircraft
                                   A-2-B (1 P, 3 Sk, 2 D)           Engineer
                                                                   20. Feb. 1953, S. 228

[813]  Lichte, A.            Die Regelung der            Flugwelt
                             Strahlturbine JUMO 004      Okt. 1955, S. 519
                             A-3-B (2 D, 5 Sk)

[814]  Blanc, J.             Développement de la         Technique et Science
                             Réchauffe pour le           Aéronautique
                             Turbo-Réacteur Néne         Bd. 5, 1952
                             Hispano-Suiza

[815]  Geschelin, J.         Making Jet Engine Inducers  Automotive Industries
                             an Exacting Process /        1. Juli 1951
                             Inducers Rotating Guide      S. 54/55 und 95
                             Vanes for Allison J33-A-31
                             and -33 Jet Engine Impellers

[816]                        Along P. & W.'s Jet         Aviation Week
                             Production Line             24. Juli 1950, S. 22

[817]                        Ford Speeds J57             Aviation Week
                             Disk Machining              13. Juni 1955, S. 103
                             K

[818]                        The Canadian Industry       Flight and Aircraft
                             (Abschnitt A. V. Roe Ltd.,  Engineer
                             Engine Division)            27. Aug. 1954, S. 275
                             A-1/2-B (1 P)

[819]                        The Australian Industry     Flight and Aircraft
                             (Abschnitt Commonwealth     Engineer
                             Engine Division and Annexe) 27. Aug. 1954, S. 295
                             A-1-B (1 P)

[820]  Blanc, J.             Problèmes Posés par la      Technique et Science
                             Fabrication du              Aéronautique
                             Turbo-Réacteur »Nene«       3/1952, S. 164–174

[821]                        Application and Design      Aero-Digest
                             of Water Methanol Injection 5/1955, S. 36
                             Systems for Turbine Aircraft

[822]                        Westinghouse Yankee         Automotive Industries
                             X19XB                       8/1944

[823]                        News Sidelights:            Aviation Week
                             Alcohol-Water Injection     22. März 1954, S. 76

[824]                        Problèmes Posés par la      Flight
                             Fabrication du              11. März 1960
                             Turbo-Réacteur »Nene«

[825]                        Six Derby Winners           Flight
                                                         18. Mai 1961, S. 667–672

[826]                        Instituto Nacional de       Flugwelt
                             Industria Aeronautica INI-11 8/1956, S. 503

[827]                        Neue Triebwerke der         Flugwelt
                             Farnborough-Schau           10/1956, S. 654

[828]                        Fiat 4002                   Interavia 2/1956, S. 126

[829]                        Triebwerke in Farnborough   Interavia
                                                         11/1956, S. 886

[830]                        Triebwerke in Farnborough   VDI-Nachrichten
                                                         März 1951

[831]                    Angaben wurden freundlicherweise von Herrn Prof. Dipl.-Ing. T. Sato, Keio-Universität Tokyo, Japan, zur Verfügung gestellt.

[832]                    Fairchild's J44 Turbo-Engine            Fairchild Engine Division (Prospekt)

[833]                    Aircraft Gas Turbine Training Manual for J47, GE-23, 25, 27 Turbo Jet            General Electric GEI – 41454 1. März 1953

[834]                    Aircraft Gas Turbine Training Manual for J47-GE-17, Turbojet            General Electric GEI – 44507 1. Aug. 1954

[835]                    The CJ-805 Turbojet            General Electric April 1957

[836]                    General Electric CJ-810            General Electric Prospekt GED-3860-A 1959

[837]                    General Electric: Gamme de Puissance Aérienne            General Electric Prospekt GED-3803 4/1959

[838]                    J65 Non-Afterburning Turbojet            Wright Aeronautical Division Juli 1956

[839]                    J65 Afterburning W-18            Curtiss-Wright Spec. No. N 927 R

[840]                    Curtiss-Wright TJ38 New Concept Turbojet            Curtiss-Wright Corp. Wright Aeronautical Div., Wood-Ridge, New Jersey Juli 1957

[841]                    Advance Specification Nr. AC-238-A for Wright TJ38-A-1            Curtiss-Wright Corp. Wright Aeronautical Div. 15. Aug. 1957

[842]                    TJ38 Zephir – Maintainability            Curtiss-Wright Corp.

[843]                    Curtiss-Wright Zephir Quiet for the Airport Community            Curtiss-Wright Corp.

[844]                    Biggest Little Engine JT12 Pratt & Whitney            Pratt & Whitney Prospekt Jan. 1959, S. 54

[845]                    It's a Smaller World with JT3D Turbofans by Pratt & Whitney Aircraft            Pratt & Whitney Prospekt Mai 1959, S. 61

[846]                    Proven Power for Intermediate Range JT3C-7            Pratt & Whitney Prospekt Dez. 1958, S. 33

| [847] | JT12 with Afterburner | Pratt & Whitney Prospekt April 1959, S. 23 |
| [848] | Olympus Turbojet Engine | B Olympus 3-1 8/1956 Bristol Prospekt |
| [849] | Bristol Olympus | Flight 9. Dez. 1955 Bristol Aero-Engines Ltd., RP 9557 |
| [850] | Orpheus Light-Weight Turbojet | Bristol Aeroplane Co. Ltd. |
| [851] | Bristol Olympus Turbojet Engine | Prospekt Aug. 1958 |
| [852] | Orpheus, Bristol Siddeley, Prospekt Aero-Salon Paris 1959 | Prospekt 1959 |
| [853] | Vipers 8 et 11, Bristol Siddeley Prospekt Aerosalon Paris 1959 | Bristol Siddeley Prospekt 1959 IL 59/3/17 |
| [854] | The De Havialland Goblin 35 General Statement | De Havilland Engine Co. Ltd. Ausgabe Nr. 2 |
| [855] | The Gyron A-6-B (8 P, 1 Sk) | De Havilland Gazette Nr. 100, Aug. 1957 S. 151–156 |
| [856] | De Havilland, World Enterprise-Aerosalon Paris 1959 | Prospekt 1959 |
| [857] | The Rolls-Royce Nene | Performance and Data Juli 1956 |
| [858] | Rolls-Royce Nene Turbo-Jet Aero-Engines | T. S. D. Publication 273 Eighth Edition Mai 1956 |
| [859] | Turbo-Réacteurs Rolls-Royce AVON Civils | T. S. D. Publication 1013-F, März 1957 |
| [860] | Rolls-Royce Avon Turbo-Jets | T. S. D. Publication 275, 8. Ausgabe |
| [861] | Rolls-Royce Conway By-Pass Turbojet | T. S. D. Publication 1214 Prospekt Juni 1959 |
| [862] | Rolls-Royce Avon Turbojet | T. S. D. Publication 1213 Prospekt Juni 1959 |
| [863] | Hispano-Suiza Turboréacteur H. S. Verdon 350 | H. S. Documentation Juni 1955 L'édition artistique, Paris |
| [864] | Société Hispano-Suiza présente le Turbo-Réacteur H. S. Verdon 350 | Industrie Aéronautique Française Prospekt |

[865]    Société Hispano-Suiza          Industrie Aéronautique
         présente le Turbo-Réacteur     Française
         H. S. R. 804                   Prospekt
[866]    Turbo-Réacteur ATAR E          SNECMA Document 151
                                        Mai 1955
[867]    Turbo-Réacteurs                SNECMA Document
         ATAR E & G                     Nr. 374–575
[868]    Strahlturbinen ATAR,           Techn. Dok.
         Baureihen E und G              d. SNECMA
         Technische Dokumentation       Nr. 382–575
         der SNECMA
[869]    Turbo-Réacteurs ATAR           SNECMA
         Variantes E & G                Documentation
                                        Technique
                                        Nr. 381–575 (153)
                                        Mai 1955
[870]    Turbo-Réacteur ATAR 9          SNECMA
                                        Documentation
                                        Mai 1955
[871]    Turbo-Réacteurs ATAR 8 & 9     SNECMA
                                        Documentation
                                        Technique
                                        Nr. 372–575
[872]    Turbo-Réacteurs ATAR 8 & 9     SNECMA
                                        Documentation
                                        Technique
                                        Mai 1957
[873]    SNECMA                         SNECMA, 1957
[874]    Regulation ATAR                SNECMA Nr. 206–571
[875]    Informations SNECMA            Nr. 70
         (22. Luftfahrtsalon, Paris)    April/Mai 1957
[876]    Die SNECMA auf dem             Prospekt 1957
         Luftfahrtsalon ATAR E.
[877]    Strahlturbine ATAR 9,
         SNECMA Prospekt DT 7-258
         Feb. 1958
[878]    Société Turboméca, Gabizo      Prospekt 1959
[879]    Turboméca, Bordes (B.-P.)      Prospekt Juni 1959
         France
[880]    Orenda                         Orenda Engines Ltd.
                                        Prospekt
[881]    Gas Turbines Turbojet Dovern   STAL Finspong 1953
                                        Sveden Norrköping
[882]    Dovern II                      The STAL Turbojet
                                        Prospekt
[883]    Fiat Luftfahrt                 Fiat Presse und
                                        Propaganda
                                        Drucksache Nr. 1295.
                                        April 1956

[884]                          Fairchild J 44               Flugwelt
                                                          März
[885]                          JT3D                        Flight
                                                          19. Dez. 1958
[886]                          Schub und Kraftstoff-        Flugwelt
                               verbrauch von Strahl-        Jan. 1954, S. 13
                               turbinen
[887]                          Zehn Jahre »ATAR«            Interavia
                                                          April 1956, S. 287–290
[888]                          The Commercial Avon          Aeroplane
                                                          24. Okt. 1958
[889]                          24e Salon International       Flugwelt
                               de l'Aéronautique            Nr. 7, 1961, S. 464
[890]                          JT 8, Pratt & Whitney's      Flight
                               Latest Engine                24. Juni 1961, S. 892
[891]                          Aero Engines 1961            Flight
                                                          20. Juli 1961, S. 77–97
[892]                          Rasches Vordringen der       Interavia
                               kleinen und mittleren        Juli 1961
                               Turbotriebwerke.
                               Kenndaten einiger Turbinen-
                               triebwerke kleiner und
                               mittlerer Leistung.
                               General Electric präsentiert:
                               Kleine Turbotriebwerke in
                               großer Auswahl.
                               Zwei Neuschöpfungen von
                               Pratt & Whitney – Die Gas-
                               turbinen JT12 und PT-6
[893]                          Kleintriebwerke für Strahl-  Flugwelt
                               geschäftsflugzeuge           Aug. 1961, S. 544-45
[894] WILKINSON, P. H.         Aircraft Engines of the      Sir Isaac Pitman & Sons
                               World 1961/62                Ltd., London
[895] WILKINSON, P. H.         Aircraft Engines of the      Sir Isaac Pitman & Sons
                               World 1962/63                Ltd., London
[896]                          Bristol Siddeley             Bristol Publication
                               BS. 75                       T J 120 May 1961
[897] SCHULZ, R. W.            Farnborough 1962             Luftfahrttechnik 10/62
[898] SCHULTE, H.             Strahltriebwerke für den      Luftfahrttechnik 12/62
                               Vertikalstart
[899]                          Rolls-Royce Spey Prospekt    T. S. D. Publication
                                                          1262 Issue 6
                                                          August 1962

# Verzeichnis technischer Zeitschriften



*USA*

| | |
|---|---|
| Aero Digest | National Press Building, 14th and F Sts., N. W., Washington 4, D. C. und Aeronautical Digest Publ. Corp., 515 Madison Ave., New York |
| Aero Digest | National Press Building 14th and F Sts., N. W. Washington 4, D. C. u. Aeronantical Digest Publ. Corp. 515 Madison Ave., New York |
| Aeronautical Engineering Review | Institute of the Aeronautical Sciences, Inc., 2 East 64th Street, New York 21, N. Y. |
| Air Transportation | Import Publications, Inc., 10 Bridge St., New York 4 |
| American Association for the Advancement of Science | 1515 Massachusetts Ave., N. W. Washington 5, D. C. |
| American Machinist Product Engineering | McGraw-Hill Publishing Co., Inc., 330 W. 42nd St., New York 18 |
| Annual of the National Advisory Committee for Aeronautics (NACA) NACA Technical Teports | National Advisory Committee for Aeronautics (NACA), USA |
| Automotive Industries | Chilton Co., Chestnut and 56th Sts., Philadelphia, 39, Pa. und National Press Building, Washington 4, D. C. |
| Aviation Age | Conover Mast Publications Inc., 205 E 42nd Str., New York 17 |
| Aviation Week | McGraw-Hill Building, 330 West 42nd Street, New York 36, N. Y. |
| Electrical Engineering | American Institute of Electrical Engineers, New York 18, 33 W. 39th Street |
| Flying | Ziff-Davis Publishing Co., 185 N. Wabash Ave., Chicago 1 |
| Fortune | Time, Inc., Time and Life Building, Rockefeller Center, New York 20 |
| General Electric Review | General Electric Co., Schenectady, 5, N. Y. |
| Heating and Ventilating Machinery | Industrial Press, 93 Worth St., New York 13 |

| Industrial and Engineering Chemistry | Am. Chem. Society, <br> 1155 Sixteenth St., N. W., <br> Washington 6, D. C. |
| Iron Age | Chilton Co., Inc., <br> Chestnut and 56th Sts., <br> Philadelphia 39, Pa. |
| Jet Propulsion | American Rocket Society Inc., <br> 500 Fifth Ave., New York 36 |
| Journal of the American Society <br> of Naval Engineers Inc. | 605 F Street, N. W. <br> Washington 4, D. C. |
| Journal of the Aeronautical Sciences | Institute of the Aeronautical Sciences, Inc., <br> 2 East 64th Street, New York 21 <br> Publ. Office: 20th and Northampton Sts., <br> Easton, Pa., USA |
| Journal of Research | National Bureau of Standards <br> Superintendent of Documents, <br> US Government Printing Office, <br> Washington 25, D. C. |
| Material and Methods | Reinhold Publishing Co., <br> 330 W. 42nd St., New York 36 |
| Mechanical Engineering <br> Transactions of the A. S. M. E. | American Society of Mech. Eng. <br> 29 W. 39th Street, New York 18 |
| Metal Progress | American Society for Metal, <br> 7301 Euclid Ave., <br> Cleveland 3, Ohio |
| National Aeronautics and Flight Plan | National Aeronautic Ass., <br> 1025 Connecticut Ave., <br> Washington 6, D. C. |
| Power | McGraw-Hill Publishing Co., Inc., <br> 330 W. 42nd St., New York |
| S. A. E. Papers <br> S. A. E. Journal <br> S. A. E. Quarterly Transactions | Society of Automotive Engineers, Inc., <br> 29 West 39th Street, <br> New York 18, N. Y. und <br> 485 Lexington Ave., New York, N. Y. |
| Science Digest | Science Digest, Inc., <br> 200 E. Ontario St., Chicago 11 |
| Science News Letter | Science Service, Inc., <br> 1719 N. Str., N. W. <br> Washington 6, D. C. |
| Skyways | Henry Publishing Co., <br> 444 Madison Ave., New York 22 |
| Steel | Penton Publishing Co., <br> Penton Building, Cleveland 13, Ohio |
| Technical Data Digest | Central Air Documents Office, <br> Wright-Patterson, Air Force Base, <br> Dayton, Ohio |
| Transactions of the American Institute <br> of Electrical Engineers | Am. Inst. of Electrical Engineers, <br> 33 W. 39th St., New York 18 |

| Revue générale de Mécanique | Éditions Science et Industrie, 6, Avenue Pierre Premier de Serbie, Paris 16ᵉ |
| Science et Vie | 5, Rue de la Baume, Paris |
| La Technique Moderne | Dunod, 92, Rue Bonaparte, Paris 6ᵉ |
| Technique et Science Aéronautique | 6, Rue Cimarosa, Paris 16ᵉ |

*Deutschland*

| Aero | Aero-Verlag Hubert Zuerl, München 15, Hermann-Lingg-Str. 9 |
| Allgemeine Wärmetechnik | Frankfurt-Hoechst, Postfach 191 |
| Archiv für Energiewirtschaft | Berlin-Schöneberg, Nymphenburger Str. 8 |
| Der Flieger | Verlag Walter Zuerl, München 15, Pettenkoferstr. 38 |
| Flugrevue | Vereinigte Motor-Verlage G.m.b.H., Stuttgart, Paulinenstr. 44 |
| Flugwelt | Fortschritt-Verlag, Köln-Ehrenfeld, Tieckstr. 5 |
| Internationales Archiv für Verkehrswesen | E. Schneider, Mainz, Hechtsheimer Str. 16 |
| Konstruktion | Springer-Verlag, Berlin |
| Luftfahrttechnik | VDI-Verlag G.m.b.H., Düsseldorf 10, Postfach |
| Motor und Gasturbine | Verlag Walter Zuerl, München 15, Pettenkoferstr. 38 |
| MTZ | Franckhsche Verlagshandlung, |
| ATZ | Abt. Technik, Stuttgart-O., Pfitznerstr. 5–7 |
| Technische Mitteilungen | Vulkan-Verlag Dr. W. Classen, Essen, Haus der Technik |
| Umschau in Wissenschaft und Technik | Umschauverlag, Frankfurt am Main |
| VDI-Zeitung | Deutscher Ingenieur-Verlag G.m.b.H., |
| VDI-Nachrichten | Düsseldorf, Prinz-Georg-Str. 77–79 |
| Forschung auf dem Gebiet des Ingenieurwesens | |
| BWK | |
| Weltraumfahrt | Umschau-Verlag, Frankfurt am Main, Stuttgarter Str. 20–22 |
| Zeitschrift für Flugwissenschaften | Vieweg & Sohn, Braunschweig, Burgplatz 1 |

*Schweiz*

| Interavia | Interavia S.A., Genf, Corraterie 6 |
| Schweizerische Bauzeitung | Verlag: W. Jegher & A. Ostertag, Dianastr. 5, Zürich Postadresse: Postfach Zürich 39 |
| Sulzer Technical Review | Sulzer Brother, Ltd., Winterthur |

*Österreich*

Austro-Flug

Österreichischer Luftfahrtverlag und
Werbemittlung GmbH.,
Wien I, Kärntner Str. 17

*Indien*

Indian Aviation

Thorne's Ltd.,
13 Ezra Mansions, Calcutta

*Kanada*

Canadian Aeronautical Journal

The Secretary, Canadian Aeronautical
Institute, 77 Metcalfe Str.,
Ottawa 4, Ontario, Canada

Canadian Aviation

Maclean Hunter Publishing Co. Ltd.,
481 University Ave., Toronto 2

*Niederlande*

Ingenieur

N. V. A. Oosthoek's Uitg.-Mij.,
Domstr. 1, Utrecht

*Belgien*

Revue universelle des mines, de la
métalurgie, des travaux publics, des
sciences et des arts appliqués a l'industrie

12 Quai Paul van Hoegarden, Liège

*Italien*

Aerotecnica
(Summaries in English)
Rivista Aeronautica

Associazione Italiana de Aerotecnica,
Piazza San Bernardo 101, Roma
Viale Dell' Universitá 4, Roma

*Spanien*

Ingeneria Aeronáutica

Madrid

# Tabellarische Zusammenstellung der Strahltriebwerke

| Hersteller | Bezeichnung | Dimension | Verdichter Bauart Stückzahl (A=axial, R=radial) | Verdichter Verdichtungsverhältnis | Verdichter Durchsatz bei (kg/sec) | Verdichter Drehzahl Geschw. Höhe (U/min, km/h, km) | Brennkammer Anzahl Bauart | Turbine Stufenzahl | Max. Startstandschub bei (kp) | Drehzahl Höhe (U/min, km) | Max. Dauerschub bei (kp) | Drehzahl Geschwindigkeit Höhe (U/min, km/h, km) | Spez. Kraftstoffverbrauch (kg/kph) | Abmessungen Durchmesser (mm) | Abmessungen Länge (mm) | Gewicht (kg) | Kennzahlen Schub/Gewicht (kp/kg) | Kennzahlen Schub/Stirnfl. (kp/m²) | Bemerkungen | Quelle |
|---|---|---|---|---|---|---|---|---|---|---|---|---|---|---|---|---|---|---|---|---|
| USA Allison | 400-C4 | J33 | R 1 | 4,1 : 1 |  |  | 14 Einz.-K. | 1 | 1735 | 11500 | 1485 | 11000 0 0 | 1,12 | 1280 | 2620 | 820 trocken | 2,13 |  | Schubsteigerung auf 2085 kp (trocken) u. 2450 kp (mit Kompressionskühlung) | [57, 735] |
|  |  | J33-A-6 | R 1 |  |  |  | Einz.-K. | 1 | 2086 |  |  |  | 1,12 | 1250 | 2655 |  | 2,53 |  | Triebwerke J-33 wurden aus dem General-Electric-Triebwerk I-40 entwickelt | [12, 37] |
|  |  | J33-A-8 | R 1 |  |  |  | Einz.-K. | 1 | 2086 |  |  |  | 1,12 | 1250 | 2655 |  | 2,53 |  | US-Marine-Ausführungen Ähnlich J33-A-35 | [12, 37] |
|  |  | J33-A-10 | R 1 |  |  |  | Einz.-K. | 1 | 2086 |  |  |  | 1,12 | 1250 | 2655 |  | 2,53 |  |  | [12, 37] |
|  |  | J33-A-16 | R 1 |  |  |  | Einz.-K. |  | 2655 | 11800 |  |  | 1,00 | 1283 | 2520 |  |  |  | Ähnlich J33-A-16 | [12, 37] |
|  |  | J33-A-16A | R 1 | 4,8 : 1 | 50 | 11800 0 0 | 14 Einz.-K. | 1 | 2880 | 11800 0 |  | 1,00 | 1283 | 2520 | 871 | 3,23 |  | Max. Startschub mit Nachbrenner 3175 kp | [37, 589] |
|  |  | J33-A-16A | R 1 |  |  |  | Einz.-K. | 1 | 2880 |  |  |  |  |  |  |  | 3,31 |  | 3175 kp Schub mit Wassereinspritzung | [12] |
|  |  | J33-A-16A | R 1 | 4,8 : 1 |  | 0 | 14 Einz.-K. | 1 | 2880 | 0 |  | 1,08 | 1244* | 2520 | 871 |  |  | * Ohne Verkleidung | [434] |
|  |  | J33 |  | 4,8 : 1 | 50 |  | 14 Einz.-K. | 1 | 2880 3720 m. N. | 11800 |  | 1,0 2,2 m. N. | 1283 |  | 871 | 3,33 | 2230 | 3175 kp Schub mit Wassereinspritzung | [699] |
|  | 400-D20A | J33-A-18A | R 1 | 4,4 : 1 |  |  | 14 Einz.-K. | 1 | 2087 | 11750 |  | 1,14 | 1295 | 2720 | 800 trocken | 2,57 | 1722 | In CV-Regulus | [473, 527] |
|  | 400 | J33-A-23 | R 1 | 4,4 : 1 |  |  | 14 Einz.-K. | 1 | 2087 | 11750 0 |  |  | 1283 | 2615 | 782 trocken |  |  | Max. Startschub mit Nachbrenner 2722 kp | [199, 821] |
|  | 400 | J33-A-23 | R 1 | 4,4 : 1 | 39,0 | 11750 | 14 Einz.-K. | 1 | 2450 | 11750 0 |  | 1,12 | 1283 | 2615 | 815 |  |  |  | [211, 390, 391, 668, 669] |
|  | 400-C5-AF | J33-A-23 | R 1 | 4,4 : 1 |  |  | 14 Einz.-K. | 1 | 2087 | 11750 0 |  | 1,13* 1,12** | 1283 | 2615 | 806 trocken |  |  | * [201] ** [382] | [201, 382] |

| Hersteller | Bezeichnung | | Verdichter | | | | Brennkammer | Turbine | Max. Startstandschub bei | Drehzahl Höhe | Max. Dauerschub bei | Drehzahl Geschwindigkeit Höhe | Spez. Kraftstoffverbrauch | Abmessungen | | Gewicht | Kennzahlen | | Bemerkungen | Quelle |
|---|---|---|---|---|---|---|---|---|---|---|---|---|---|---|---|---|---|---|---|---|
| | | Dimension | Bauart Stückzahl<br>A=axial R=radial | Verdichtungsverhältnis | Durchsatz bei | Drehzahl Geschw. Höhe | Anzahl Bauart | Stufenzahl | | | | | | Durchmesser | Länge | | Schub/Gewicht | Schub/Stirnfl. | | |
| | | | | | kg/sec | U/min km/h km | | | kp | U/min km | kp | U/min km/h km | kg/kph | mm | mm | kg | kp/kg | kp/m² | | |
| Allison | 400 | J33-A-23 | R<br>1 | 4,4:1 | | | 14<br>Einz.-K. | 1 | 1632 | 11000 | | | 1,12 | 1280 | 2620 | 785 | | | | [362] |
| | 400-C4 | J33-A-25 | R<br>1 | | | | Einz.-K. | 1 | 2086 | | | | 1,12 | 1250 | 2655 | | 2,53 | | Ähnlich J33-A-35 | [12, 37] |
| | | J33-A-29 | | | | | | | 2540 | | | | | | | | | | Max. Startschub mit Nachbrenner 3400 kp | [821] |
| | | J33-A-29 | | | | | | | 3720 m. N. | 11800 | | | | | | | | | US-Luftwaffenausführung mit Nachbrenner Ähnlich J33-A-16 | [37] |
| | | J33-A-31 | R<br>1 | | | | Einz.-K. | 1 | 2086 | | | | 1,12 | 1250 | 2655 | | 2,53 | | Ähnlich J33-A-35 | [12, 37] |
| | 400-D9 | J33-A-33 | R<br>1 | 4,4:1 | | | 14<br>Einz.-K. | 1 | 2090 | 11750<br>0 | 1770 | 11250<br>0<br>0 | 1,16 | 1260 | 2620 | 860 trocken | | | Max. Startschub mit Nachbrenner 2720 kp. Gewicht mit Nachbrenner 1120 kg | [153] |
| | 400-D9 | J33-A-33 | R<br>1 | | | | Einz.-K. | 1 | 2086 | | | | | 1252 | 5340 | | 1,82 | | Mit Nachverbrennung 2720 kp Schub | [12] |
| | 400-D9 | J33-A-33 | R<br>1 | 4,4:1 | 41 | 11750<br>0<br>0 | 14<br>Einz.-K. | 1 | 2085 | 11750<br>0 | | | 2,0 max. | 1254 | 5345 m. N. | 1118 total | 2,44 | | Max. Startschub mit Nachbrenner 2720 kp | [37, 39, 821] |
| | 400-D12 | J33-A-33 | R<br>1 | 4,4:1 | (39,5) 40,4 | 11750<br>0<br>0 | | 1 | 2087 | 11750<br>0 | | | 1,16 | 1254 | 5415 m. N. | 812 trocken 1118 total | | | Max. Startschub mit Nachbrenner 3175 kp | [216, 400, 401, 589] |
| | 400-C13 | J33-A-35 | R<br>1 | 4,4:1 | 41 | 11750<br>0<br>0 | 14<br>Einz.-K. | 1 | 2359 | 11750<br>0 | | | 1,12 | | | 826 trocken 1118 total | | | Mit Nachbrenner ausgerüstet | [40, 416, 429] |
| | 400-C13 | J33-A-35 | R<br>1 | 4,4:1 | 40,4 (39,5) | 11750<br>0<br>0 | 14<br>Einz.-K. | 1 | 2087 | 11750<br>0 | | | 1,14 | 1283 | 2715 | 773 trocken 815 total | | | Max. Startschub mit Wasser-Alkohol-Einspritzung 2450 kp | [65, 216, 400, 401] |
| | 400-C13 | J33-A-35 | R<br>1 | 4,4:1 | | | 14<br>Einz.-K. | 1 | 2090 | 11750<br>0 | 1770 | 11250<br>0<br>0 | 1,14 | 1260 | 2720 | 825 trocken | | | Max. Startschub mit Wassereinspritzung 2450 kp | [153] |
| | 400-C13 | J33-A-35 | R<br>1 | 4,4:1 | 41 | 11750<br>0<br>0 | 14<br>Einz.-K. | 1 | 2085 | 11750<br>0 | | | 1,12 | 1250 | 2650 | 826 trocken | | | Max. Startschub mit Wasser-Alkohol-Einspritzung 2450 kp | [37, 41] |

| Hersteller | Bezeichnung | | Verdichter | | | | Brennkammer | Turbine | Max. Start-stand-schub bei | Drehzahl Höhe | Max. Dauer-schub bei | Drehzahl Ge-schwindigkeit Höhe | Spez. Kraft-stoff-verbrauch | Abmessungen | | Gewicht | Kennzahlen | | Bemerkungen | Quelle |
|---|---|---|---|---|---|---|---|---|---|---|---|---|---|---|---|---|---|---|---|---|
| | | | Bauart Stück-zahl | Verdich-tungs-verhältnis | Durch-satz bei | Drehzahl Geschw. Höhe | Anzahl Bauart | Stufen-zahl | | | | | | Durch-messer | Länge | | Schub/Gewicht | Schub/Stirnfl. | | |
| | Dimension | | $A$=axial $R$=radial | | kg/sec | U/min km/h km | | | kp | U/min km | kp | U/min km/h km | kg/kph | mm | mm | kg | kp/kg | kp/m² | | |
| Allison | 400-C13 | J33-A-35 | R 1 | | | | Einz.-K. | 1 | 2086 | | | | 1,12 | 1250 | 2655 | | 2,53 | | 2450 kp Schub mit Wassereinspritzung | [12] |
| | | J33-A-35 | R 1 | 4,4 : 1 | | | 14 Einz.-K. | 1 | 2450 | 0 | | | 1,14 | | 2720 | 825 | | | | [434] |
| | | J33-A-35 | R | 4,25 : 1* 4,4 : 1 | 39,5 | | 14 | | 2086[1] 2449[2] | 11750 | 1769* 1592[2] | 10900 | 1,12* 1,14 | 1283 | 2718 | 825,6 | 2,53 | | [1] Trocken-Startschub [2] Mit Wasser-Alkohol-Einspritzung [3] Reise-Schub – * n [656] | [222, 656] |
| | 400-C15 | J33-A-37 | R 1 | 4,25 : 1 | 39,5 | | 14 | 1 | 2086 | 11750 | 2086 | 11750 | 1,14 | 1254* 1266 | 4051 | 793,8 | 2,57 | | * n [656] | [222, 656,347] |
| | | J33-A-37 | | | | | | | | | | | | | | | | | Ähnlich J35-A-35 Antrieb für ferngelenkte Flugkörper | [37] |
| | | J33-A-37 | R 1 | 4,25 : 1 | | | 14 Einz.-K. | 1 | 2087 | | | | 1,14 | 1270 | 4064 | 795 | | | Antrieb für ferngelenkte Flugkörper | [473] |
| | | J33-A-37 | R 1 | | | | Einz.-K. | 1 | 2086 | | | | 1,12 | 1250 | 2655 | | | | Antrieb für ferngelenkte Flugkörper | [12] |
| | 450 | J35 | A 11 | 4,0 : 1 | | | 8 Einz.-K. | 1 | 2270 | 7800 | 1930 | 7400 0 0 | | 950 | 3690 | 1100 trocken | | | Ursprünglich von GE für 1705 kp Standschub entwickelt | [732] |
| | | J35-A-4 | A 11 | | | | Einz.-K. | 1 | 2268 | | | | | | | | | | Aus der General-Electric Konstruktion TG-180 hervorgegangen | [12] |
| | | J35-A-11 | A 11 | | | | Einz.-K. | 1 | 2268 | | | | | | | | | | Die Ausführungen J35-A-4, A-11, A-15, A-17, A-17A, A-19 sind dem Modell J35-A-29 ähnlich | [12] |
| | 450-AF | J35-A-13 | A 11 | 4,0 : 1 | | | 8 Einz.-K. | 1 | 1705 | 7700 0 | 1483 | 7400 | 1,08 | 953 | 3685 | 1115 trocken | | | | [382] |
| | | J35-(9–13) | A 11 | | | | 8 Einz.-K. | 1 | 1705 | 7700 0 | | | | 953 | 3685 | 1102 trocken | | | Entwickelt aus GE TG-180 (General Electric) | [199] |
| | 450 | J35-A-17 | A 11 | 5,0 : 1 | 38,6 | 7800 | 8 Einz.-K. | 1 | 2268 | 7800 0 | | | 1,05 | 940 | 3710 | 1025 brutto | | | | [65, 66, 211, 390, 391] |

| Hersteller | Bezeichnung / Dimension | Bezeichnung | Verdichter | | | | Brennkammer | Turbine | Max. Start-standschub bei | Drehzahl Höhe | Max. Dauerschub bei | Drehzahl Geschwindigkeit Höhe | Spez. Kraftstoff-verbrauch | Abmessungen | | Gewicht | Kennzahlen | | Bemerkungen | Quelle |
|---|---|---|---|---|---|---|---|---|---|---|---|---|---|---|---|---|---|---|---|---|
| | | | Bauart Stückzahl (A=axial R=radial) | Verdichtungs-verhältnis | Durchsatz bei | Drehzahl Geschw. Höhe | Anzahl Bauart | Stufenzahl | | | | | | Durchmesser | Länge | | Schub/Gewicht | Schub/Stirnfl. | | |
| | | | | | kg/sec | U/min km/h km | | | kp | U/min km | kp | U/min km/h km | kg/kph | mm | mm | kg | kp/kg | kp/m² | | |
| Allison | | J35-A-17A | A 11 | | | | Einz.-K. | 1 | 2270 | 7800 | | | | | | | | | Ähnlich J35-A-29 | [12, 37] |
| | | J35-A-19 | | | | | Einz.-K. | 1 | 2270 | | | | | | | 1043 | 2,17 | | Ähnlich J35-A-17 | [12, 37] |
| | 450-D10 | J35-A-21 | A 11 | 4,9 : 1 | | | 8 Einz.-K. | 1 | 2310 | 7900 | 2000 | 7500 | | 940 | 3510 | 1010 trocken | | | Startschub mit Nachbrenner 3080 kp | [37, 153, 821] |
| | 450-D10 | J35-A-21 | A 11 | 4,9 : 1 | 38,6 | 7900 0 0 | 8 Einz.-K. | 1 | 2310 | 7900 | | | 1,12 | 940 | 4965 m. N. | 975 trocken 1196 total | | | Startschub mit Nachbrenner 3080 kp | [37, 65, 216, 400, 401] |
| | | J35-A-21 | A 11 | | | | Einz.-K. | 1 | 2540 | | | | | | | | | | Mit Nachverbrennung 3085 kp Schub | [12] |
| | | J35-A-21A | 4 | | | | Einz.-K. | 1 | 2540 | | | | | | | | | | Mit Nachverbrennung 3085 kp Schub | [12] |
| | | J35-A-23 | | | | | | | 2270 | 7800 | | | | | | | | | Ähnlich J35-A-29 | [37] |
| | | J35-A-23 | A 16 | | | | Einz.-K. | 1 | 4300 | | | | | | | | | | | [12] |
| | | J35-A-25 | A 11 | | | | Einz.-K. | 1 | 2400 | | | | | 940 | 3710 | | | | Ähnlich J35-A-29 | [12] |
| | 450-D21 | J35-A-29 | A 11 | 5,5 : 1 | | | 8 Einz.-K. | 1 | 2540 | 8000 | 2220 | 7650 0 0 | 1,05 [12] 1,04 [153] | 940 | 3710 | ca. 1040 | | | Kein Nachbrenner | [12, 153] |
| | 450-D21 | J35-A-29 | A 11 | 5,5 : 1 | 43 | 7800 0 0 | 8 Einz.-K. | 1 | 2540 | 7800 0 | | | 1,05 | 940 | 3710 | 1046 | 2,5 | | | [12, 37] |
| | | J35 | A 11 | 5,5 : 1 | 43 | | 8 Einz.-K. | 1 | 2540 3400 m. N. | 7800 | | | 1,05 2,0 m. N. | 940 | | 1046 | 2,44 | 3650 | | [150] |
| | 450-D23 | J35-A-33 | A 11 | 5,1 : 1 | | | | 1 | 2360+ | | | | 1,07 | | | ca. 1250 | | | Ähnlich J35-A-35, jedoch ohne Vereisungsschutz Hat Nachbrenner | [37, 416, 429] |

| Hersteller | Bezeichnung | Verdichter | | | | Brenn-kammer | Turbine | Max. Start-stand-schub bei | Dreh-zahl Höhe | Max. Dauer-schub bei | Drehzahl Ge-schwin-digkeit Höhe | Spez. Kraft-stoff-ver-brauch | Abmessungen | | Gewicht | Kennzahlen | | Bemerkungen | Quelle |
|---|---|---|---|---|---|---|---|---|---|---|---|---|---|---|---|---|---|---|---|
| | | Bauart Stück-zahl | Verdich-tungs-verhältnis | Durch-satz bei | Drehzahl Geschw. Höhe | Anzahl Bauart | Stufen-zahl | | | | | | Durch-messer | Länge | | Schub/Gewicht | Schub/Stirnfl. | | |
| | Dimension | A=axial R=radial | | kg/sec | U/min km/h km | | | kp | U/min km | kp | U/min km/h km | kg/kph | mm | mm | kg | kp/kg | kp/m² | | |
| Allison | J35-A-33 | A 11 | | | | Einz.-K. | 1 | 2540 | | | | | 940 | 4960 | | 1,97 | | | [12] |
| | J35-A-33A | A 11 | 5,5 : 1 | | | | 1 | 2360+ | | | | 1,07 | | | ca. 1250 | | | Ähnlich J35-A-35, jedoch ohne Vereisungsschutz Hat Nachbrenner | [37, 416] |
| | J35-A-33A | A 11 | | | | Einz.-K. | 1 | 2360+ | | | | | 940 | 4960 | | 1,97 | | Ähnlich J35-A-33 | [12] |
| | J35-A-35 | A 11 | 5,2 : 1 | | | 8 Einz.-K. | 1 | 2540 | 0 | | | 1,10 | 1091* | 4970 | | | | * Ohne Verkleidung | [41, 434] |
| | J35-A-35 | A 11 | 5,5 : 1 | 43 | 8000 0 0 | 8 Einz.-K. | 1 | 2540 | 8000 0 | | | 2,0 max. | 940 | 4957 m. N. | 1293 | 2,63 | | Max. Startschub mit Nachbrenner 3400 kp | [12, 37, 39] |
| | J35-A-35 | A | 5,1 : 1 | 40,8 | | | | 3357 | 8000 0 | 2037* | 7370 | 1,1 | 1020 | 4966 | 1283,7 | | | * Reiseschub. Triebwerk ist mit Nachbrenner ausgerüstet, für Allwetterjäger Northrop F-89D »Scorpion« hergestellt | [222] |
| | J35-A-41 | A 11 | | | | Einz.-K. | 1 | 2540 | | | | | 940 | 4960 | | 1,97 | | Ähnlich J35-A-35 Hat Vereisungsschutz | [12, 37] |
| 450-E1 | J71 | A 16 | | | | Ring-K. | mehrst. | 4400 | | | | ca. 0,9 | 940 | 4550 | | | | Frühere Bezeichnung J35-A-23 Max. Startschub mit Nachbrenner ca. 5900 kp | [153] |
| | J71 | A | | | | | | 4300 | 0 | | | | | | | | | | [434] |
| | J71 | A 16 | | | | Ring-K. mit 10 Einzel-flammr. | 3 | | | | | | 940 | 4928 | 1855 | | | Für Douglas RB-66 | [222] |
| | J71 | A 16 | 8,75 : 1 | 78,1 | | Ring-K. mit 10 Einzel-flammr. | 3 | | | 4536* | 6100 0 | 0,92 | 1003 | 4862 | ca. 1860 | | | * Schubleistung mehrerer 150-Stunden-Prüfstandsläufe | [473, 617] |
| | J71-A-2 | A 16 | 8,0 : 1 | 72 | | Ring-K. m. Einzel-flammr. | 3 | 6350* 4535 o. N. | 6100 | | | 1,8 | 1003 | 8253 m. N. | 2218 | 2,04 | 5740 | US-Marine-Ausführung * Max. Startschub mit Nachbrenner 6350 kp | [3, 12, 37, 40, 41, 589] |
| | J71-A-2 | | 8,0 : 1 | 72 | | | | 4535 o. N. | 6100 | 6800* | | 1,8 | 1003 | 8253 m. N. | 2218 | 2,04 | 5740 | Triebwerk hat gegabelten Einlaß u. ist mit langem Nachbrenner ausgerüstet * Nennschub bei Nachverbrennung | [40, 617] |

| Hersteller | Bezeichnung | Verdichter | | | | Brennkammer | Turbine | Max. Startstandschub bei | Drehzahl Höhe | Max. Dauerschub bei | Drehzahl Geschwindigkeit Höhe | Spez. Kraftstoffverbrauch | Abmessungen | | Gewicht | Kennzahlen | | Bemerkungen | Quelle |
|---|---|---|---|---|---|---|---|---|---|---|---|---|---|---|---|---|---|---|---|
| | | Bauart Stückzahl | Verdichtungsverhältnis | Durchsatz bei | Drehzahl Geschw. Höhe | Anzahl Bauart | Stufenzahl | | | | | | Durchmesser | Länge | | Schub/Gewicht | Schub/Stirnfl. | | |
| | Dimension | A = axial R = radial | | kg/sec | U/min km/h km | | | kp | U/min km | kp | U/min km/h km | kg/kph | mm | mm | kg | kp/kg | kp/m² | | |
| Allison | J71-A-3 | A 16 | | | | Ring-K. m. Einzelflammr. | 3 | 4400 | | | | 0,80 | 940 | 4370 | | 2,37 | | Ähnlich J71-A-9, aber für verschiedene Einbauten. Max. Startschub mit Nachbrenner 5350 kp | [12, 37] |
| | J71-A-3 | | 8,75 : 1 | | | Ring-K. m. Einzelflammr. | 3 | 4515 | 6100 0 | | | 0,898 | 940 | 4394 | 1814 trocken | 2,49 | | Entwickelt aus J35-A-23 Max. Startschub mit Nachbrenner 6350 kp | [268] |
| | J71-A-4 | A 16 | | | | | 3 | 5900 | | | | | | 5118 | 1990 | | | Einbau in Martin X P6M »Sea Master« mit kurzem Nachbrenner ausgerüstet | [3, 40, 617] |
| | J71-A-7 | A 16 | | | | Ring-K. m. Einzelflammr. | | 4400 | | | | | | | 1995 | 2,21 | | Ähnlich J71-A-9. Mit Höhen-Nachbrenner ausgerüstet. Max. Startschub mit Nachbrenner 6350 kp | [12, 37, 589] |
| | J71-A-9 | A 16 | 8,0 : 1 | 72 | 6100 0 | Ring-K. mit 10 Einzelflammr. | 3 | 4400 | 6100 0 | | | 0,8 | 940 | 4370 | 1860 | 2,44 | | Mit Nachbrenner Schub von 6350 kp möglich | [37, 589] |
| | J71-A-9 | A 16 | | | | Ring-K. m. Einzelflammr. | 3 | 4400 | | | | 0,8 | 940 | 4370 | | 2,37 | | | [12] |
| | J71 | 16 | 8,0 : 1 | 72 | | 10 Einz.-K. | 3 | 4400 6350 m. N. | 6100 | | | 0,8 | 940 | | 1860 | 2,38 | 6300 | | [150] |
| | J71-A-11 | | | | | | | 4500 | | | | | ca. 1000 | 4860 o. N. | | | | Offiziell für 4500 kp zugelassen | [617, 755,] I.A.L. 1. 6. 55 |
| | J71-A-11 | A 16 | 8,3 : 1 | 73 | 6100 | Ring-K. mit 10 Einzelflammr. | 3 | ~4600 | | | | 0,8 | 940 | 4850 | 1860 | | | Schub mit Nachbrenner 6350 kp | [766] |
| | J71-A-13 | A 16 | 8,01 : 1 | 72 | 6100 | Ring-K. mit 10 Einzelflammr. | 3 | 4535 | 6100 | | | 0,8 | 1003 | 4866 | 1860 | 2,44 | 5740 | | [40, 41] |
| | 500-C1 | A 19 | | | | Einz.-K. | | 848 | | | | 0,93 | | | | | | Strahltriebwerk-Abart des T38 | [12] |
| | | | | | | | | | | | | | | | | | | | |
| Boeing | 500 | R 1 | 3,0 : 1 | | | 2 Einz.-K. | 1 | 86 | 38000 0 | 75 | 36000 0 | 1,22 | 559 | 737 | 50 brutto | | | | [390, 391] |

| Hersteller | Bezeichnung / Dimension | Verdichter Bauart Stückzahl (A=axial R=radial) | Verdichtungsverhältnis | Durchsatz bei (kg/sec) | Drehzahl Geschw. Höhe (U/min, km/h, km) | Brennkammer Anzahl Bauart | Turbine Stufenzahl | Max. Startstandschub bei (kp) | Drehzahl Höhe (U/min, km) | Max. Dauerschub bei (kp) | Drehzahl Geschwindigkeit Höhe (U/min, km/h, km) | Spez. Kraftstoffverbrauch (kg/kph) | Durchmesser (mm) | Länge (mm) | Gewicht (kg) | Schub/Gewicht (kp/kg) | Schub/Stirnfl. (kp/m²) | Bemerkungen | Quelle |
|---|---|---|---|---|---|---|---|---|---|---|---|---|---|---|---|---|---|---|---|
| Boeing | 500 | R 1 | | | | 2 Einz.-K. | 1 (2) | 68 | 36000 0 | | | | 559 | 737 | 38,6 trocken | | | | [199, 201] |
| | 500 | R 1 | | | | 2 Einz.-K. | 1 | 95 | | | | | | 737 | 50 trocken | | | | [589, 821] |
| | 500 | R 1 | 3,0 : 1 | 1,45 | | | | 97,5 | 38000 0 | 84 | 36000 | 1,3 | 508 | 966 | 50 netto | 1,67 | 415 | | [211] |
| | 500 | R 1 | 3,0 : 1 | | | 2 Einz.-K. | | 95 | 38000 0 | 82 | 36000 0 0 | 1,12 | 560 | 740 | 50,5 trocken | | | Starthilfe; Primärantrieb für ferngelenkte Geschosse und unbemannte Zielflugzeuge | [153] |
| | 500 | R 1 | 3,0 : 1 | 1,47 | | 2 Einz.-K. | 1 | 68 | 36000 0 | 50 | 32000 | | | 740 | 59 trocken | | | | [780] |
| | 500 | R 1 | 3,0 : 1 | 1,47 | | 2 Einz.-K. | 1 | 82* | 36000 0 | | | 1,22 | 559 | 737 | 38,6 trocken | | | * »Standschub« in Meereshöhe | [268] |
| | 500 | R 1 | | | | Einz.-K. | 1 | 95,2 | | | | | 559 | 737 | | | | | [12] |
| | | | | | | | | | | | | | | | | | | | |
| Continental | J69-T-3 | R 1 | 4 : 1 | 7,5 | | Ring-K. | 1 | 401 | 22500 | | | 1,08 | 560 | 1372 | 122,5 trocken | 3,28 | | Lizenzbau d. franz. Triebwerks Turboméca Marboré II. Versuchsmasch. Eine PTL Version hat d. Bezeichn. T51 | [37, 268] |
| | J69-T-7 | R 1 | | | | Ring-K. | 1 | 417 | | | | 1,09 | 567 | 1370 | | 3,45 | | Lizenzbau d. franz. Triebwerks Turboméca Marboré. Ähnlich J69-T-9 aber für verschiedene Einbauten, ebenso die Ausf. J69-T-11, -13, -15 | [12, 37] |
| | J69-T-9 | R 1 | | | | Ring-K. | 1 | 417 | | | | 1,09 | 567 | 1370 | | 3,45 | | | [12] |
| | 352 / J69-T-9 | R 1 | 4 : 1 | 7,7* 8,2 | | Ring-K. | 1 | 417 | 22700 | | | 1,1** | 566* 686 | 1283 | 140,6* 156 | | 1130 | ** Bei Startstandschub  * n. [222] | [40, 41, 222, 347] |
| | 352 / J69-T-9 | R 1 | 4 : 1 | 7,6* 8,2 | 22500 0 | Ring-K. | 1 | 450 | 22500 | | | 1,09 | 567* 686 | 1382 | 156 | 3,45 | 1130 | * n. [37] | [37, 40, 41] |

| Hersteller | Bezeichnung / Dimension | Verdichter Bauart Stückzahl (A=axial R=radial) | Verdichter Verdichtungsverhältnis | Verdichter Durchsatz bei (kg/sec) | Verdichter Drehzahl Geschw. Höhe (U/min km/h km) | Brennkammer Anzahl Bauart | Turbine Stufenzahl | Max. Startstandschub bei (kp) | Drehzahl Höhe (U/min km) | Max. Dauerschub bei (kp) | Drehzahl Geschwindigkeit Höhe (U/min km/h km) | Spez. Kraftstoffverbrauch (kg/kph) | Abmessungen Durchmesser (mm) | Abmessungen Länge (mm) | Gewicht (kg) | Kennzahlen Schub/Gewicht (kp/kg) | Kennzahlen Schub/Stirnfl. (kp/m²) | Bemerkungen | Quelle |
|---|---|---|---|---|---|---|---|---|---|---|---|---|---|---|---|---|---|---|---|
| Continental | J69 | R 1 | 4 : 1 | 7,6 | | Ring-K. | 1 | 450 | 22500 | | | 1,09 | 567 | | 132 | 3,45 | 1770 | | [697] |
| | J69-T-11 | R 1 | | | | Ring-K. | | 417 | | | | 1,09 | 567 | 1370 | | 3,45 | | | [12, 37] |
| | J69-T-13 | R 1 | | | | Ring-K. | | 417 | | | | 1,09 | 567 | 1370 | | 3,45 | | | [12, 37] |
| | J69-T-15 | R 1 | | | | Ring-K. | | 417 | | | | 1,09 | 567 | 1370 | | 3,45 | | | [12, 37] |
| | J69-T-19 | R 1 | | | | Ring-K. | | 453 | | | | | | 1560 | | 3,33 | | | [12] |
| | J69-T-19A | R 1 | 4,0 : 1 | 7,56 | | Ring-K. | 1 | 480 | 21250 | 390 | 20000 | 1,27+ / 1,25* | 567 | 1098++ / 1560** | 143 | 3,34 | | + b. Startstandschub ++ o. Schubdüse * b. Reiseschub ** m. Schubdüse | [656] |
| | 354 | | | | | | | 453 | 20350 | | | | | | | | | In Entwicklung | [222] |
| | 420 (Aspin II) | 2 | | | | Ring-K. | 2 | 358 | 34500 0 | | | 0,55 | | | 143 | | | Zweikreistriebwerk | [222, 347, 528] |
| Fairchild | J44 | | | | | | | 454 | | | | | 559 | 1829 | 136 trocken | | | Als Geschoß- und Hilfsantrieb verwendet | [416, 429] |
| | J44 | 1 | | | | | 1 | 453 | 15780 | | | | 559 | 2083 | 152 | | | | [222] |
| | J44 | D | 2,5 : 1 | 11 | | Ring-K. | 1 | 450 | 15780 | | | 1,65 | 560 | | 135 | 3,33 | 1850 | Verkürzte Lebensdauer | [149] |
| | J44 | D 1 | 2,5 : 1 | | | Ring-K. | 1 | 454* | 15780 0 | | | 1,65 | 559 | 1829 | 147,4 trocken | 3,08 | | * Standschub; keine näheren Angaben Verlusttriebwerk für ferngelenkte Geschosse | [268] |

| Hersteller | Bezeichnung | Verdichter | | | | Brennkammer | Turbine | Max. Startstandschub bei | Drehzahl Höhe | Max. Dauerschub bei | Drehzahl Geschwindigkeit Höhe | Spez. Kraftstoffverbrauch | Abmessungen | | Gewicht | Kennzahlen | | Bemerkungen | Quelle |
| | | Bauart Stückzahl | Verdichtungsverhältnis | Durchsatz bei | Drehzahl Geschw. Höhe | Anzahl Bauart | Stufenzahl | | | | | | Durchmesser | Länge | | Schub/Gewicht | Schub/Stirnfl. | | |
| | Dimension | A=axial R=radial | | kg/sec | U/min km/h km | | | kp | U/min km | kp | U/min km/h km | kg/kph | mm | mm | kg | kp/kg | kp/m² | | |
|---|---|---|---|---|---|---|---|---|---|---|---|---|---|---|---|---|---|---|---|
| Fairchild | J44-R-1 | 1 | | | | Ring-K. | 1 | 454 | | | | 1,50 | 559 | 2260 | 156,5 trocken | | | Eingebaut in Ryan »Firebee« u. Bell VTOL | [473] |
| | J44-R-1 | D 1 | | | | Ring-K. | 1 | 453 | | | | 1,65 | 559 | 1830 | | | | | [12] |
| | J44-R-2 | D 1 | | | | Ring-K. | 1 | 453 | | | | 1,65 | 559 | 1830 | | | | | [12] |
| Ranger | Y J44-R-4 | | | | | | | 450 | | | | | ca. 600 | ca. 1800 | 150 trocken | | | | [153] |
| | J44-R-12 | 1 | | | | Ring-K. | 1 | 454 | | | | 1,50 | 559 | 2260 | 156,5 trocken | | | | [473] |
| | J44-R-12 | D 1 | 2,5 : 1 | | | Ring-K. | 1 | 454 | 15780 | | | 1,65 | 559 | 1923 | 137,4 trocken | | | | [589] |
| | J44-R-12 | D 1 | | | | Ring-K. | 1 | 453 | | | | 1,65 | 559 | 1830 | | | | | [12] |
| | J44-R-14 | 1 | | | | Ring-K. | 1 | 454 | | | | 1,50 | 559 | 2260 | 156,5 trocken | | | | [473] |
| | J44-R-20 | 1 | | | | Ring-K. | 1 | 454 | | | | 1,50 | 559 | 2260 | 156,5 trocken | | | | [473] |
| | J44-R-20 | 1 | | | | Ring-K. | 1 | 453 | | | | 1,65 | 559 | 1830 | | | | | [12] |
| | J44-R-24 | 1 | | | | Ring-K. | 1 | 454 | | | | 1,50 | 559 | 2260 | 156,5 trocken | | | | [473] |
| | | | | | | | | | | | | | | | | | | | |
| Frederic Fladder 124 | X J-55 (Lieutenant) | | | | | | | 350 | 28200 0 | | | | | | 136 | | | | [199] |

| Hersteller | Bezeichnung | Verdichter | | | | Brenn-kammer | Turbine | Max. Start-stand-schub bei | Dreh-zahl Höhe | Max. Dauer-schub bei | Drehzahl Ge-schwin-digkeit Höhe | Spez. Kraft-stoff-ver-brauch | Abmessungen | | Gewicht | Kennzahlen | | Bemerkungen | Quelle |
| | | Bauart Stück-zahl | Verdich-tungs-verhältnis | Durch-satz bei | Drehzahl Geschw. Höhe | Anzahl Bauart | Stufen-zahl | | | | | | Durch-messer | Länge | | $\frac{\text{Schub}}{\text{Gewicht}}$ | $\frac{\text{Schub}}{\text{Stirnfl.}}$ | | |
| | Dimension | A=axial R=radial | | kg/sec | U/min km/h km | | | kp | U/min km | kp | U/min km/h km | kg/kph | mm | mm | kg | kp/kg | kp/m² | | |
| **Frederic Fladder** | J55 | | | | | | | 350 | 28200 0 | | 26800 0 0 | 1,65 | 400 | 2010 | 136 | | | | [153, 830] |
| 124 | J55-FF-1 (Sergeant) | A | | | | 1 Ring-K. | 1 | 350 | 28200 0 | 317,5 | 26800 0 0 | 1,64 max. | 400 | 2010 | 136 | 2,33 | 2514,5 | Für ferngelenkte Geschosse | [211, 382, 390, 391, 400, 401] |
| | J55-FF-1 | A 1 | 2,6 : 1 | 6,8 | | 1 Ring-K. | 1 | 500 | 28200 0 | 320 | | 1,6 | 400 | 2010 | 136 | 3,67 | | Triebwerk für ferngelenkte Geschosse mit Überschallverdichter | [268] |
| | | | | | | | | | | | | | | | | | | | |
| **Ford** | J57-F-7 | | | | | | | | | | | | | | | | | Lizenzbau des P. & W. J57 | [462] |
| | J57-F-13 | A+A 9+6 | 12,5 : 1 | 82 | | Ring-K. mit 8 Flammr. | 3 | 5900* 4500 | 8200 | | | 1,8 | 1067 | 5330 | 2270 | 2,72 | 6630* | Lizenzbau des P. & W. J57 * Mit Nachverbrennung | [40, 461] |
| | J57-F-13 | | | | | | | 6800 m. N. | | | | | | | 2200 | | | Triebwerk für Jäger; mit kurzem Nachbrenner | [41] |
| | J57-F-19W | | | | | | | 5500 n. 4760 tr. | | | | | | | 1815 | | | Triebwerk für Bomber | [41] |
| | J57-F-21 | | | | | | | 7250 m. N. | | | | | | | 2360 | | | | [41] |
| | J57-F-23 | | | | | | | 7250 m. N. | | | | | | | 2360 | | | | [41] |
| | J57-F-29W | | | | | | | 5500 n. 4760 tr. | | | | | | | 1815 | | | Triebwerk für Bomber | [41] |
| | J57-F-34W | A+A 9+7 | 12,5 : 1 | 91 | 8200 | Ring-K. mit 8 Flammr. | 3 | 6240 n. 5080 tr. | 8200 0 | | | 0,8 | 1016 | 4238 | 1770 | 3,52 | | Mit Wassereinspritzung | [41] |
| | J57-F-55 | | | | | | | 7700 m. N. | | | | | | | | | | | [41] |

| Hersteller | Bezeichnung | Verdichter | | | | Brennkammer | Turbine | Max. Startstandschub bei | Drehzahl Höhe | Max. Dauerschub bei | Drehzahl Geschwindigkeit Höhe | Spez. Kraftstoffverbrauch | Abmessungen | | Gewicht | Kennzahlen | | Bemerkungen | Quelle |
| | | Bauart Stückzahl | Verdichtungsverhältnis | Durchsatz bei | Drehzahl Geschw. Höhe | Anzahl Bauart | Stufenzahl | | | | | | Durchmesser | Länge | | $\frac{\text{Schub}}{\text{Gewicht}}$ | $\frac{\text{Schub}}{\text{Stirnfl.}}$ | | |
| | Dimension | A=axial R=radial | | kg/sec | U/min km/h km | | | kp | U/min km | kp | U/min km/h km | kg/kph | mm | mm | kg | kp/kg | kp/m² | | |
| Ford | J57-F-59W | | | | | | | | | | | | | | 1950 | | | Ähnlich J57-F-43W, gleicher Schub Triebwerk für Tankbomber | [41] |
| | | | | | | | | | | | | | | | | | | | |
| General Electric | I | R 1 | | | | Einz.-K. | 1 | | | | | | | | | | | Neukonstruktion des Whittle-Triebwerkes W.1 durch GE | [12] |
| | I-A | R 1 | | | | Einz.-K. | 1 | | | | | | | | | | | Aus dem Whittle-Triebwerk W.2B von »Power Jets« hervorgegangen | [12] |
| | I-A2 | R 1 | | | | 10 Einz.-K. | 1 | 590 | 0 | | | | | | | | | Entwickelt aus W.2B | [268] |
| | I-11 | | | | | | | 500 | 0 | | | | | | | | | Entwickelt aus W.2B | [268] |
| | I-14 | R 1 | | | | 10 Einz.-K. | 1 | 635 | 0 | | | | | | | | | Entwickelt aus W.2/500 | [268] |
| | I-16 | R 1 | | | | | 1 | 758 | 16500 | | | 1,18 | | | | | | | [26] |
| | I-16 | R 1 | 3,75 : 1 | | | 10 Einz.-K. | 1 | 725 | 16500 0 | | | 1,23 | 1054 | 1830 | 386 trocken | 1,88 | | Von Allison gebaut | [268] |
| | I-16 | R 1 | 3,8 : 1 | | | 10 Einz.-K. | 1 | 725 | 16500 | | | 1,2 | 1054 | 1829 | 401 trocken | | | | [20] |
| | I-18 | R 1 | 3,8 : 1 | | | | 1 | 817 | 0 | | | | | | | | | | [268] |
| | I-20 | | | | | | | 907 | 0 | | | | | | | | | | [268] |
| | I-40 | R 1 | 4,13 : 1 | | | 14 Einz.-K. | 1 | 1815 | 11500 | | | 1,18 | 1220 | 2567 | 826 trocken | | | | [184] |

| Hersteller | Bezeichnung | | Verdichter | | | | Brennkammer | Turbine | Max. Startstandschub bei | Drehzahl Höhe | Max. Dauerschub bei | Drehzahl Geschwindigkeit Höhe | Spez. Kraftstoffverbrauch | Abmessungen | | Gewicht | Kennzahlen | | Bemerkungen | Quelle |
|---|---|---|---|---|---|---|---|---|---|---|---|---|---|---|---|---|---|---|---|---|
| | | | Bauart Stückzahl | Verdichtungsverhältnis | Durchsatz bei | Drehzahl Geschw. Höhe | Anzahl Bauart | Stufenzahl | | | | | | Durchmesser | Länge | | Schub/Gewicht | Schub/Stirnfl. | | |
| | Dimension | | A=axial R=radial | | kg/sec | U/min km/h km | | | kp | U/min km | kp | U/min km/h km | kg/kph | mm | mm | kg | kp/kg | kp/m² | | |
| General Electric | I-40 | | 4,126 : 1 | | | | | | 1820 | 11500 | | | 1,185 | 1220 | 2580 | 826 trocken | | | | [26] |
| | I-40 | | R 1 | 4,1 : 1 | | | 14 Einz.-K. | 1 | 1814 | 11500 0 | | | 1,185 | 1220 | 2616 | 826 trocken | 2,2 | | Entwickelt aus I-16; von Allison als J33 gebaut | [12, 268] |
| | I-40 | | R 1 | 4,1 : 1 | 36 | | 14 Einz.-K. | 1 | 1735 | 11500 | | | 1,135 | 1283 | 2616 | 850 | | | | [20] |
| | TG-180 | J35 | A 11 | 4,0 : 1 | | | 8 Einz.-K. | 1 | 1814 | 7600 | | | 1,2 | 953 | 4216 | 1080 | | | Mit Wasser-Alkohol-Einspritzung wurde ein Schub von 2270 kp erreicht | [20] |
| | TG-180 | J35 | A 11 | | | | 8 Einz.-K. | 1 | 1814 | 7600 | | | | | | | | | Gebaut bei Allison | [268] |
| | TG-180 | J35 | | | | | 7 Einz.-K. | 1 | 1815 | | | | | | | | | | | [184] |
| | TG-180 | J35 | A 11 | | | | 8 Einz.-K. | 1 | | | | | | 952 | 4220 | 1020 | | | | [774] |
| | | J42-P-6 | R 1 | | 39,9 | | | 1 | 2270 | 12300 | | | | 1257 | 2620 | 783 | | | | [65] |
| | TG-190 | J47-GE | A 12 | | ca. 40,8 | | 8 Einz.-K. | 1 | 2360 | 7950 | 1680 | 7800 0 0 | | 934 | 3660 | 1134 | | | 2720 kp Standschub mit Kompressionskühlung | [211, 390, 391, 735] |
| | TG-190 | J47 | | | | | | | 2270 | | | | | ca. 940 | ca. 3660 | 1089 brutto | | | | [199, 382] |
| | | J47 | A 12 | 5,0 : 1 | 40 | | 8 Einz.-K. | 1 | 2360 | 7900 | | | | 930 | 3650 | 1135 | | | | |
| | | J47 | | | | | | | 2360 | 7950 | | | 1,03 | 933 | | 1145 | | | | [701, 702] |
| | TG-190A | J47-A | | | | | | | 2270 | | | | | | | | | | | [201] |

| Hersteller | Bezeichnung | Verdichter Bauart Stückzahl (A=axial R=radial) | Verdichtungsverhältnis | Durchsatz bei (kg/sec) | Drehzahl Geschw. Höhe (U/min km/h km) | Brennkammer Anzahl Bauart | Turbine Stufenzahl | Max. Startstandschub bei (kp) | Drehzahl Höhe (U/min km) | Max. Dauerschub bei (kp) | Drehzahl Geschwindigkeit Höhe (U/min km/h km) | Spez. Kraftstoffverbrauch (kg/kph) | Durchmesser (mm) | Länge (mm) | Gewicht (kg) | Schub/Gewicht (kp/kg) | Schub/Stirnfl. (kp/m²) | Bemerkungen | Quelle |
|---|---|---|---|---|---|---|---|---|---|---|---|---|---|---|---|---|---|---|---|
| General Electric | TG-190B | | | | | | | 2270 | | | | 1,03 | | | 1145 | 2,0 | | | [379, 667] |
| | J47-GE-E | A 12 | | | | | 1 | 2630 | 7950 | | | 0,90 | 934 | 3660 | | | | Modell E umfaßt d. Ausf. J47-GE-2 Marine, J47-GE-23, -27, -29, Luftw. Max. Standsch. m. Was.-Alkoh.-Einspr. 3040 kp, mit Nachverbr. 3266 kp | [220] |
| | J47-GE-2 | A 12 | | | | | 1 | 2715 | | | | 0,9 | 1005 | 3910 | | 2,4 | | US-Marine-Ausführung ähnlich J47-GE-27 | [12, 37] |
| 7E-TG-190-C | J47-GE-7 | A 12 | | | | | 1 | 2360 | 7950 0 | | | 1,03 | 934 | 3660 | 1134 brutto | | | | [416] |
| | J47A-GE-9 | | | | | | | 2360 | | | | | | | 1134 | 2,08 | | | [210] |
| TG-190-C | J47-GE-11 | A 12 | 5,0 : 1 | 42 | 7950 0 0 | 8 Einz.-K. | 1 | 2360 | 7950 0 | | | 1,03 | 934 | 3660 | ca. 1134 | 2,08 | | Max. Startschub mit Wasser-Alkohol-Einspritzung 2720 kp Ähnlich J47-GE-15 | [12, 37, 65, 216, 400, 401] |
| | J47-GE-13 | A 12 | 5 : 1 | 40,8 | | | 1 | 2359+ | 7950 0 | 1678 | 7000 | | 916 | 3758 | ca. 1134 | | | | [222] |
| TG-190-C | J47-GE-13 | | | | | | | | | | | | | | | | | Gleiche Daten wie J47-GE-11 | [37, 65, 216, 400, 401] |
| TG-190-C | J47-GE-15 | | | | | | | | | | | | | | | | | Gleiche Daten wie J47-GE-11 | [37, 65, 216, 400, 401] |
| TG-190-C | J47-GE-15 | A 12 | 5,0 : 1 | 45 | | 8 Einz.-K. | | 2495 | 8000 0 | | | 1,03 | 930 | 3660 | ca. 1135 | | | Startschub mit Wassereinspritzung 2860 kp | [153] |
| (7E-TG-190-D) | J47-GE-17 | A 12 | | | | Einz.-K. | 1 | 2445 | | | | | 935 | 5740 | | 1,69 | | Ausführung mit Nachbrenner 3390 kp Schub | [12] |
| TG-190-D | J47-GE-17 | A 12 | | | | 8 Einz.-K. | | 3630+ | 8000 0 | | | | 930 | 5740 | ca. 1450 | | | Unter weitgehender Einsparung strategischer Werkstoffe gebaut | [153] |
| 7E-TG-190-D | J47-GE-17 | A 12 | 5,5 : 1 | 45 | 7950 0 | 8 Einz.-K. | 1 | 2450 | 7950 | | | 2,0 m. N. | 933 | 5742 | 1450 | 2,33 | | Max. Startschub mit Nachbrenner 3270 kp | [37] |

| Hersteller | Bezeichnung<br>Dimension | Verdichter<br>Bauart Stückzahl<br>(A=axial R=radial) | Verdichtungs-verhältnis | Durchsatz bei<br>(kg/sec) | Drehzahl Geschw. Höhe<br>(U/min km/h km) | Brennkammer<br>Anzahl Bauart | Turbine<br>Stufenzahl | Max. Startstandschub bei<br>(kp) | Drehzahl Höhe<br>(U/min km) | Max. Dauerschub bei<br>(kp) | Drehzahl Geschwindigkeit Höhe<br>(U/min km/h km) | Spez. Kraftstoff-verbrauch<br>(kg/kph) | Durchmesser<br>(mm) | Länge<br>(mm) | Gewicht<br>(kg) | Schub/Gewicht<br>(kp/kg) | Schub/Stirnfl.<br>(kp/m²) | Bemerkungen | Quelle |
|---|---|---|---|---|---|---|---|---|---|---|---|---|---|---|---|---|---|---|---|
| **General Electric** | J47-GE-17 | A 12 | | ca. 40,8 | | | 1 | 2360 | 7950 | | | | 933 | 5715 | | | | Max. Startschub mit Schubvermehrer 3630 kp | [65, 220] |
| | J47-GE-17 | A 12 | | | | | | 2470 | | | | | | | | | | Max. Startschub mit Nachbrenner 3340 kp | [821] |
| 7E-TG-190-D17 J47-GE-17 | | A 12 | 5,5 : 1 | 45,4 | | 8 Einz.-K. | 1 | 2360+ | 0 | | | 2,2 m. N. | 933 | 5740 | ca. 1360 | | | Max. Startschub m. N. 3270 kp Abmess. u. Gew. einschl. Nachbrenner und verstellbarer Austrittsdüse | [416, 429, 434, 589] |
| TG-190-C19 J47-GE-19 | | A 12 | 5 : 1 | ca. 40,8 | | | 1 | 2360+ | 7950 0 | | | 1,03 | 933 | 3660 | ca. 1134 | | | Ähnlich J47-GE-11 | [12, 65, 216, 429] |
| | J47-GE-19 | A 12 | 5 : 1 | | | 8 Einz.-K. | 1 | 2360+ | 0 | | | 1,03¹ | 934 | 2650² | ca. 1132 | | | ¹ Bei 70% Reiseschub ² Ohne Auslaßrohr, aber mit Düsenkegel | [434] |
| | J47-GE-21 | A 12 | | | | 8 Einz.-K. | 1 | | | | | | 935 | | | | | | [12] |
| 7E-TG-190-E J47-GE-23 | | A 12 | | | | 8 Einz.-K. | 1 | 2360+ | | | | | 933 | 3660 | ca. 1134 | | | Ähnlich J47-GE-25 | [37, 65, 216, 400, 401] |
| 7E-TG-190-E23 J47-GE-23 | | A 12 | | | | 8 Einz.-K. | 1 | 2630+ | | | | | 933 | 3660 | ca. 1134 | | | | [416, 429] |
| | J47-GE-23 | A 12 | 5,5 : 1 | 45,4 | | 8 Einz.-K. | 1 | 2630 | | | | 0,98 | 1004 | 3660 | 1202 trocken | | | Startschub mit Wassereinspritzung 3000 kp | [589] |
| TG-190-E J47-GE-23 | | A 12 | | | | 8 Einz.-K. | 1 | 2810 | 8000 | | | 1,0 | 930 | 3910 | ca. 1135 trocken | | | Startschub mit Wassereinspritzung 3180 kp | [153] |
| | J47-GE-25 | A 12 | | | | 8 Einz.-K. | 1 | 2630 | 0 | | | | 934 | 2650¹ | | | | ¹ Ohne Auslaßrohr, aber mit Düsenkegel | [434] |
| 7E-TG-190-E J47-GE-25 | | A 12 | 5,5 : 1 | 45 | 7950 0 | 8 Einz.-K. | 1 | 2720 | 7950 0 | | | 1,0 | 1004 | 3662 | 1202 | 2,17 2,27* | | Startschub mit Wassereinspritzung 3130 kp * 3260 kp nach [12] | [12, 37] |
| | J47 | 12 | 5,5 : 1 | 45 | | 8 Einz.-K. | 1 | 2720 3450 m. N. | 7950 | | | 0,9 2,0 m. N. | 1004 | | 1135 | 2,38 | 3430 | 3130 kp Schub mit Wassereinspritzung | [697] |

| Hersteller | Bezeichnung | Verdichter | | | | Brennkammer | Turbine | Max. Startstandschub bei | Drehzahl Höhe | Max. Dauerschub bei | Drehzahl Geschwindigkeit Höhe | Spez. Kraftstoffverbrauch | Abmessungen | | Gewicht | Kennzahlen | | Bemerkungen | Quelle |
|---|---|---|---|---|---|---|---|---|---|---|---|---|---|---|---|---|---|---|---|
| | | Bauart Stückzahl | Verdichtungsverhältnis | Durchsatz bei | Drehzahl Geschw. Höhe | Anzahl Bauart | Stufenzahl | | | | | | Durchmesser | Länge | | Schub/Gewicht | Schub/Stirnfl. | | |
| Dimension | | A=axial R=radial | | kg/sec | U/min km/h km | | | kp | U/min km | kp | U/min km/h km | kg/kph | mm | mm | kg | kp/kg | kp/m² | | |
| **General Electric** | J47-GE-25 | A 12 | 5,35 : 1 | | | 8 Einz.-K. | 1 | 3160 | | | | | 940 | 3685 | 1160 | | | | [473] |
| | J47-PM-25 | | | | | | | | | | | | | | | | | Gleiche Daten wie J47-GE-25 Gebaut bei Packard Mot. Car. Co. | [37, 589] |
| | J47-ST-25 | | | | | | | | | | | | | | | | | Gleiche Daten wie J47-GE-25, gebaut bei Studebaker Corp. | [37, 589] |
| | J47-GE-27 | | 5,35 : 1 | 46,9 | | | | 2708* 2413 normal | | 1810** | | 1,072* 1,009** 1,035 norm. | 933 | 3770 | 1182 | | | * Militärisch max. Leistung ** Reiseschub | I.A.L. 23. 7. 55 |
| | J47-GE-27 | A 12 | 5,5 : 1 | 45 | 7950 0 | 8 Einz.-K. | 1 | 2720 2760* | 7950 0 | | | 0,9 | 1004 | 3912 | 1135* | 2,38 | | * Nach [12] Startschub mit Wassereinspritzung 3130 kp | [12, 37] |
| | J47-GE-33 | A 12 | 5,35 : 1 | 46,0 | | 8 Einz.-K. | 1 | 3480 | 0 | | | 2,0 m. N. | 940 | 5791 | 1450 | 2,39 | 5110 m. N. | | [40, 473] |
| | J47-GE-33 | | 5,35 : 1 | 46,0 | | | | 3470* 2313 normal | | 1692 | | 2,30* 1,11** 1,13 norm. | 933 | 5800 | 1450 | 2,39 | 5110 m. N. | * Höchstschub bei Nachverbrennung ** Reiseschub | [40] I.A.L. 23. 7. 55 |
| | J47-GE-33 | | 5,5 : 1 | 46,0 | | | | ca. 3630 m. N. | | | | 2,0 m. N. | | | | 2,39 | 5110 m. N. | Einbau in F-86D | [40, 608] |
| | J48-P-6 | R 1 | | | | 9 Einz.-K. | 1 | 2840 | | | | | 1270 | 2710 o. N. | 907 trocken | | | Max. Startschub mit Wasser- und Alkoholeinspritzung 3175 kp mit Nachbrenner 4020 kp | |
| | X J53-1 | A 13 | 7,7 : 1 | | | Ring-K. mit Flammr. | 2 | 7930* | | | | 0,79 | 1160 | 3560 6660* | 2950 3285* | | | * Mit Nachbrenner; Temperatur vor Turbine 867°C Flugbereich Mach 0,95 ÷ 1,7 | [665] |
| | J53-1-A | A 13 | | | | Ring-K. | 2 | 7940 | | | | 0,86 | 1115 | | | 2,69 | | | [12] |
| | J53-GE-5 | | | | | | | 5670 | 0 | | | | | | | | | Max. Startschub mit Nachbrenner 9070 kp | [821] |
| | X J53-3 | A 13 | 7,7 : 1 | | | Ring-K. mit Flammr. | 2 | 9090* | | | | 0,87 | | | | | | * Militärische Leistung; Temperatur vor Turbine 922°C Flugmachzahl 0,7 bis 1,7 | [665] |

| Hersteller<br>Dimension | Bezeichnung | Verdichter<br>Bauart Stückzahl<br>(A=axial R=radial) | Verdichter<br>Verdichtungsverhältnis | Verdichter<br>Durchsatz bei<br>kg/sec | Verdichter<br>Drehzahl Geschw. Höhe<br>U/min km/h km | Brennkammer<br>Anzahl Bauart | Turbine<br>Stufenzahl | Max. Startstandschub bei<br>kp | Drehzahl Höhe<br>U/min km | Max. Dauerschub bei<br>kp | Drehzahl Geschwindigkeit Höhe<br>U/min km/h km | Spez. Kraftstoffverbrauch<br>kg/kph | Abmessungen Durchmesser<br>mm | Abmessungen Länge<br>mm | Gewicht<br>kg | Kennzahlen Schub/Gewicht<br>kp/kg | Kennzahlen Schub/Stirnfl.<br>kp/m² | Bemerkungen | Quelle |
|---|---|---|---|---|---|---|---|---|---|---|---|---|---|---|---|---|---|---|---|
| General Electric | X J53-GE-X10 | A 13 | 7,7 : 1 | | | Ring-K. mit Flammr. | 2 | 11300 | | | | | | | 2040 | | | Temperatur vor Turbine 977° C | [665] |
| | J73 | A | | | | | | 3175+ | | | | | 916 | 3708 | | | | | [222] |
| | J73 | | | | | | | 3860 | 0 | | | | 933 | 3710 | | | | Frühere Bezeichnung J47-GE-21 | [416] |
| | J73 | | | | | | | 4100+ | | | | | 930 | | | | | Frühere Bezeichnung J47-GE-21 kann mit Wassereinspritzung oder Nachverbrennung ausgerüstet werden | [153] |
| | J73 | A 12 | | | | Ring-K. | 2 | 4080 | | | | | 933 | 3760 | | | | | [434] I.A.L. 7. 4. 55 |
| | J73 | A 12 | | | | Ring-K. mit 12 Einzelflammr. | 2 | 4082 | | | | | 916 | 3759 | | | | | [696, 786] |
| 7E-J73 | J73-GE | | | | | Ring-K. | | ca. 3860 | | | | | | 3730 | | | | Gleiche Einbaumaße wie J47 | [429] |
| | J73-GE-1 | A 12 | | | | Ring-K. m. Einzelflammr. | 2 | 4080 | | | | 0,9 | 933 | 5080 | | 2,5 | | Aus dem Modell J47-GE-21 hervorgegangen. Ähnlich J73-GE-3. Max. Startschub mit Nachbrenner 6350 kp | [12, 37, 65] |
| | J73-GE-3 | A 12 | 7,0 : 1 | 68 | 8000 0 | Ring-K. mit 10 Einzelflammr. | 2 | 4080 | 8000 0 | | | 0,90 | 933 | 5070 | 1635 | 2,5 | | | [37] |
| | J73 | A 12 | 7,0 : 1 | 68 | | Ring-K. | 2 | 4080 | 8000 | | | 0,9 | 1004 | | 1635 | 2,50 | 5150 | 5440 kp Schub mit Nachverbrennung | [697] |
| | J73 | | | | | | | 4170 | | | | | | | | | | | [748] |
| | J73-GE-3 | A 12 | 7,0 : 1+ | 68+ | | Ring-K. mit 10 Einzelflammr. | 2 | 4220 | 8000 | | | 0,9 | 933 | 3710 5080 m. N. | 1633 | 2,5 | | Verbesserte J47-GE-21. Max. Startschub mit Nachverbrennung 6350 kp + [40] | [12, 40, 220] |
| | J73-GE-3 | A 12 | 7,0 : 1+ | 68+ | | Ring-K. mit 10 Einzelflammr. | 2 | 4080 | 0 | | | 0,9+ | 940 | 3760 | 1655+ | | | + Nach [40] | [40, 473] |

| Hersteller | Bezeichnung | Verdichter | | | | Brennkammer | Turbine | Max. Startstandschub bei | Drehzahl Höhe | Max. Dauerschub bei | Drehzahl Geschwindigkeit Höhe | Spez. Kraftstoffverbrauch | Abmessungen | | Gewicht | Kennzahlen | | Bemerkungen | Quelle |
|---|---|---|---|---|---|---|---|---|---|---|---|---|---|---|---|---|---|---|---|
| | | Bauart Stückzahl | Verdichtungsverhältnis | Durchsatz bei | Drehzahl Geschw. Höhe | Anzahl Bauart | Stufenzahl | | | | | | Durchmesser | Länge | | Schub/Gewicht | Schub/Stirnfl. | | |
| | Dimension | A=axial R=radial | | kg/sec | U/min km/h km | | | kp | U/min km | kp | U/min km/h km | kg/kph | mm | mm | kg | kp/kg | kp/m² | | |
| General Electric | J73-GE-3 | A 12 | 7,0 : 1 | 68 | | Ring-K. mit 10 Einzel-flammr. | 2 | 4780 | 8000 0 | | | 0,9 | 1002 | 5080+ | 1633 | 2,94 | | Neukonstruktion der J47 + [40] | [40, 268] |
| | J73-GE-5 | A 12 | ca. 7,5 : 1 | ca. 70 | | Ring-K. mit 10 Einzel-flammr. | 2 | 5440 | 8000 0 | | | 0,9 | 1002 | 5080 | 1633+ | | | Ähnlich J73-GE-3, aber mit Nachbr. Ring-Kammer enthält 10 Einzelflamm-rohre | [37, 268, 589] |
| | J73-GE-5 | | | | | | | 4300 | | | | | | | | | | Max. Schub mit Nachbrenner 5530 kp | [821] |
| | J73-GE-5 | A 12 | | | | Ring-K. mit Flammr. | 2 | 4080 | | | | | | | | | | Schub mit Nachverbrennung 5440 kp | [12] |
| | J73-GE-9 | | | | | | | 4080+ | | | | | | | | | | | [287] |
| | J77 | | | | | | | 11500 | | | | | | | | | | | [589] I.A.L. 15. 5. 56 |
| X-24A | J79 | A 17 | | | | | | 6800+ | | | | | ca. 900 | ca. 5200 | | | | Spez. Entwicklung für Überschallflug | [12, 347, 434, 589, 697, 698] |
| | X-25 | | | | | | | 5450 | | | | | | | | | | | [12, 589] |
| | X-84 | | | | | | | 4536 | | | | | | | | | | Zweikreistriebwerk | [3, 507, 528] |
| | (MX-2273) X J-85 | | | | | | | 907 | | | | | | | unter 136 | | | Kleinturbine für Zielflugzeuge und ferngelenkte Geschosse | [3, 347, 694] |
| Jharl | 6000 XA | A 8 | 6 : 1 | | | 1 Ring-K. | 4 | | | | | | 1016 | 3660 | 953 trocken | | | Aufgegeben | [12, 268] |

| Hersteller | Bezeichnung | | Verdichter | | | | Brenn-kammer | Turbine | Max. Start-stand-schub bei | Drehzahl Höhe | Max. Dauer-schub bei | Drehzahl Ge-schwin-digkeit Höhe | Spez. Kraft-stoff-ver-brauch | Abmessungen | | Gewicht | Kennzahlen | | Bemerkungen | Quelle |
|---|---|---|---|---|---|---|---|---|---|---|---|---|---|---|---|---|---|---|---|---|
| | | Dimension | Bauart Stück-zahl $A=axial$ $R=radial$ | Verdich-tungs-verhältnis | Durch-satz bei | Drehzahl Geschw. Höhe | Anzahl Bauart | Stufen-zahl | | | | | | Durch-messer | Länge | | Schub/Gewicht | Schub/Stirnfl. | | |
| | | | | | kg/sec | U/min km/h km | | | kp | U/min km | kp | U/min km/h km | kg/kph | mm | mm | kg | kp/kg | kp/m² | | |
| Lockheed-Menasco | L-1000 | XJ-37 | | | | | Ring-K. | | 2490 | | | | | | | | | | | |
| | L-4000 | XJ-37 | A | | | | | mehrst. | 2270+ | 0 | | | | | | | | | Von der US-Luftwaffe an Wright-Aeronautical Corp. übertragen | [199, 201] |
| | L-4000 | XJ-37 | A | | | | 1 Ring-K. | | 2490 | | | | | | | | | | Von Wright-Aeronautical Corp. übernommen | [268] |
| | | | | | | | | | | | | | | | | | | | | |
| Pratt & Whitney | JT6 | J42-P-2 | R 1 | | | | Einz.-K. | 1 | 2265 | | | | | | | | | | Lizenzbau des Triebwerks Rolls-Royce Nene | [12] |
| | JT6B | J42 | R 1 | 4,0 : 1 | | | 9 Einz.-K. | 1 | 2270 ca. 2720* | 12300 0 | 2090 | 12000+ 0 0 | 1,09 | 1260 | 2620 | 780 | | | Amerikanischer Nachbau der »Nene« Max. Startschub mit Wassereinspritzung 2610 kg.  * [416]  + 11600 [416] | [213, 390, 391, 400, 401, 416, 735] |
| | JT6B | J42 | R 1 | | 39,9 | | 9 Einz.-K. | 1 | 2270 | 12300 | 18150 | 11600 | 1,09 | 1260 | 2620 | 780 | 2,32 Dauer 2,9 max. | | | [57, 211] |
| | JT6B | J42-P-4 | R 1 | 4,3 : 1 | | | 9 Einz.-K. | 1 | 2270 | 12300 | | | 1,09 | 1260 | 2460 | 780 netto | | | Lizenzbau des R.R. »Nene« | [37, 201] |
| | JT6 | J42-P-6 | R 1 | 4,3 : 1 | 39,9 | | 9 Einz.-K. | 1 | 2270+ | 12300 0 | 1820 | 11600 0 0 | 1,09 1,12 | 1260 | 2620 | 780 | | | Lizenzbau d. R.R. »Nene«. Startschub mit Wassereinspritzung 2610 kp Produktion in USA inzw. ausgelaufen | [12, 37, 153, 268, 589] |
| | | J42-P-8 | | | | | | | | | | | | | | | | | | [37] |
| | JT6B | J44-P-4 | R 1 | | | | | 1 | 2270 | | | | 1,09 | 1260 | 2500 | 780 trocken | | | Anm.: Vermutlich beziehen sich diese Angaben auf J42-P-4 | [282] |
| | | J48 | R 1 | | | | | 1 | 3270+ | | | | | | | | | | Einige Exemplare mit Nachbrenner | [429, 434, 435, 473] |
| | JT7 | J48 | R 1 | | | | 9 Einz.-K. | 1 | 2840 | | | | | 1270 | 2620 2710 | ca. 910 brutto | | | Max. Startsch. m. Wassereinspritzung 3260 kp (geschätzt). Max. Startsch. m. Nachbr. ca. 3630 kp, m. Nachbr. und Wassereinspritzung ca. 4080 kp | [213, 390, 391, 400, 401] |

| Hersteller | Bezeichnung | Verdichter | | | | Brennkammer | Turbine | Max. Startstandschub bei | Drehzahl Höhe | Max. Dauerschub bei | Drehzahl Geschwindigkeit Höhe | Spez. Kraftstoffverbrauch | Abmessungen | | Gewicht | Kennzahlen | | Bemerkungen | Quelle |
|---|---|---|---|---|---|---|---|---|---|---|---|---|---|---|---|---|---|---|---|
| | | Bauart Stückzahl | Verdichtungsverhältnis | Durchsatz bei | Drehzahl Geschw. Höhe | Anzahl Bauart | Stufenzahl | | | | | | Durchmesser | Länge | | Schub/Gewicht | Schub/Stirnfl. | | |
| Dimension | | A = axial R = radial | | kg/sec | U/min km/h km | | | kp | U/min km | kp | U/min km/h km | kg/kph | mm | mm | kg | kp/kg | kp/m² | | |
| Pratt & Whitney JT7 | J48 | R 1 | | | | 9 Einz.-K. | 1 | 2835 | | | | | 1270 | 2620 | ca. 910 | | | Nachbau d. R.R. »Tay«. Standschub m. Kompressorkühlung und 3,1 m langem Nachbrenner | [735] |
| | J48-P-3 | | | | | | | 2840 | | | | | | | | | | Max. Startschub mit Nachbrenner 3970 kp | [821] |
| JT7 | J48-P-4 | R 1 | | | | Einz.-K. | 1 | | | | | | | | | | | Rolls-Royce »Tay«-Lizenz | [12] |
| JT7 | J48-P-5 | | | | | | | 2840 | | | | | | | | | | Max. Startschub mit Nachbrenner 4250 kp | [821] |
| JT7 | J48-P-5 | R 1 | 4,5 : 1 | 52 | | 9 Einz.-K. | 1 | 3760 | 11000 0 | | | | 1270 | 5740 m. N. | 1270 | 3,97 | | | [268] |
| JT7 | J48-P-5 | R 1 | 4,0 : 1 | 52 | | 9 Einz.-K. | 1 | 3860 bis 4080 | 11000 | | | 2,5 m. N. | 1270 | 5740 m. N. | 1270 | | | | [589] |
| JT7 | J48-P-5 | R 1 | 4,0 : 1 | 52 | 11000 0 0 | 9 Einz.-K. | 1 | 3760 | 0 | | | 2,2 m. N. | 1270 | 5742 m. N. | 1270 | 2,94 | | Lizenzbau des R.R. »Tay« | [37] |
| JT7 | J48-P-6 | R 1 | 4,0 : 1 4,5 : 1* | 52 | 11000 0 0 | 9 Einz.-K. | 1 | 2835 | 11000 0 | | | 1,00 | 1270 | 2700 | 910 | 3,12 | | Lizenzbau d. R.R. »Tay«. Max. Startschub m. Wassereinspritzung 3175 kp * [268] | [37, 153, 268] |
| | J48-P-6A | R 1 | | | | Einz.-K. | 1 | 2835 | | | | 1,00 | 1270 | 2700 | | 3,13 | | Lizenzbau d. R.R. »Tay« Ähnlich J48-P-6, jedoch verändertes Brennstoffsystem | [37] |
| JT7 | J48-P-7 | | | | | | | | | | | | | | | | | Nachbrennausführung d. J48-P-6 Max. Startschub mit Nachbrenner und Wassereinspritzung 3990 kp | [153] |
| | J48 | R 1 | 4,5 : 1 | 59 | | 9 Einz.-K. | 1 | 3265 | 11000 | | | 1,0 | 1270 | | 1000 | 3,33 | 2600 | | [150] |
| JT7 | J48-P-8 | R 1 | 4,5 : 1 | 59 | 11000 0 0 | 9 Einz.-K. | 1 | 3265 | 11000 0 | | | 1,00 | 1270 | 2794 | 1000 | 3,85 | | Lizenzbau d. R.R. »Tay«. Verbessertes J48-P-6. Max. Startschub mit Wassereinspritzung 3900 kp | [37] |
| | 748-P-8 | R 1 | | | | Einz.-K. | 1 | 3285 | | | | 1,00 | 1270 | 2790 | | 3,30 | | 3850 kp Schub mit Wassereinspritzung | [12] |

| Hersteller | Bezeichnung | Verdichter Bauart Stückzahl (A=axial, R=radial) | Verdichtungsverhältnis | Durchsatz bei (kg/sec) | Drehzahl Geschw. Höhe (U/min, km/h, km) | Brennkammer Anzahl Bauart | Turbine Stufenzahl | Max. Startstandschub bei (kp) | Drehzahl Höhe (U/min, km) | Max. Dauerschub bei (kp) | Drehzahl Geschwindigkeit Höhe (U/min, km/h, km) | Spez. Kraftstoffverbrauch (kg/kph) | Durchmesser (mm) | Länge (mm) | Gewicht (kg) | Schub/Gewicht (kp/kg) | Schub/Stirnfl. (kp/m²) | Bemerkungen | Quelle |
|---|---|---|---|---|---|---|---|---|---|---|---|---|---|---|---|---|---|---|---|
| Pratt & Whitney | J48-P-8A | R 1 | 4,5 : 1 | 59 | 11000 0 | 9 Einz.-K. | 1 | 3265 | 11000 0 | | | 1,14 | 1283 | 2788 | 943 | 4,08 | | 3900 kp Schub mit Wassereinspritzung | [40, 41] |
| | J57 | | | | | | | 3860+ | 0 | | | | | | | | | Doppelverdichtertyp | [429] |
| | JT3 J57 | | | | | | | 4500+ | | | | | | | | | | Doppelverdichter-Triebwerk Für Betrieb in sehr großen Höhen entwickelt | [153, 222] |
| | J57 | A+A 9+7 | 12,5 : 1 | | | Ring-K. m. Einzel-flammr. HD+ND | 1+2 | ca. 4540 | 0 | | | 0,78 | 990 | 3940 | | | | Max. Startschub mit Nachbrenner ca. 6800 kp | [264, 331, 347, 400, 438, 439, 473, 589, 592] I.A.L. 17. 11. 5? |
| | J57 | | | | | | | 4540 | | | | | | | | | | Doppelverdichter-Triebwerk | [528, 748] I.A.L. 13. 12. 56 |
| | J57 | 9+7 | 12 : 1 | 82 | | Ring-K. HD+ND | 1+2 | 4540 | | | | 0,8 | 1016 | | 1900 | 2,38 | 5600 | Doppelverdichter. 5440 kp Schub mit Wassereinspritzung 6300 kp Schub m. Nachbrenner | [150] |
| | JT3 J57-P-1 | A+A 8+8 | | | | Ring-K. mit Flammr. | 3 | 3940 | | | | 1,00 | 1270 | 2795 | | | | | [12] |
| | J57-P-1 | A+A 9+7 | 12,5 : 1 | 85,3 | | Ring-K. mit 8 Einzel-flammr. | 3 | 4310 | 0 | | | 0,78 | | | 1885 trocken | 2,29 | | Doppelverdichter-Triebwerk Max. Startschub mit Nachbrenner ca. 5600 kp | [268] |
| | J57-P-1 | | | | | | | 4500 | | | | | | | | | | US-Luftwaffenausführung Ähnlich J57-P-3 | [37] |
| | J57-P-2 | A+A 8+8 | | | | Ring-K. m. Einzel-flammr. | | 4400 | | | | 1,00 | 1270 | 2795 | | | | US-Luftwaffenausführung Ähnlich J57-P-3 | [37] |
| | J57-P-3 | A+A 9+7 | 12,0 : 1 | 82 | | Ring-K. mit 8 Einzel-flammr. | 3 | 4500 | 0 | | | 0,80 | 1016 | 4060 | 1900 | 2,27 | | Doppelverdichter-Triebwerk Max. Startschub mit Wasser-einspritzung 5440 kp | [37, 39] |
| | J57-P-3 | A+A 8+8 | | | | Ring-K. m. Einzel-flammr. | 3 | 4400 | | | | 0,80 | 1015 | 4070 | | 2,38 | | 6570 kp Schub mit Nachverbrennung | [12] |
| | J57-P-3 | A+A 9+7 | 12,5 : 1 | 88,5 | | 8 Einz.-K. | 3 | 4540 | | | | 0,76 | 1041 | 3581 | 1882 | | | Doppelverdichter-Triebwerk | [589] |

| Hersteller | Bezeichnung | Verdichter | | | | Brennkammer | Turbine | Max. Startstandschub bei | Drehzahl Höhe | Max. Dauerschub bei | Drehzahl Geschwindigkeit Höhe | Spez. Kraftstoffverbrauch | Abmessungen | | Gewicht | Kennzahlen | | Bemerkungen | Quelle |
| | | Bauart Stückzahl | Verdichtungsverhältnis | Durchsatz bei | Drehzahl Geschw. Höhe | Anzahl Bauart | Stufenzahl | | | | | | Durchmesser | Länge | | $\frac{\text{Schub}}{\text{Gewicht}}$ | $\frac{\text{Schub}}{\text{Stirnfl.}}$ | | |
| Dimension | | $\frac{A=axial}{R=radial}$ | | kg/sec | U/min km/h km | | | kp | U/min km | kp | U/min km/h km | kg/kph | mm | mm | kg | kp/kg | kp/m² | | |
| Pratt & Whitney | J57-P-4 | A+A 8+8 | | | | Ring-K. m. Einzelflammr. | 3 | 4400 | | | | 0,80 | 1015 | 4070 | | 2,38 | | | |
| | J57-P-4 | A+A 9+6 | 12,5:1 | 82 | | Ring-K. mit 8 Einzelflammr. | HD+ND 1+2 | 5000 o. N. 6800 m. N. | 8200 | | | 1,8* | 1067 | 6350 | 2270 | 3,0* | 7650* | US-Marineausführung Ähnlich J57-P-3 * Mit Nachverbrennung | [37, 39] |
| | J57-P-5 | A+A 8+8 | | | | Ring-K. m. Einzelflammr. | 3 | 4400 | | | | 0,80 | 1015 | 4070 | | 2,38 | | | [12] |
| | J57-P-5 | | | | | | | 4500 | | | | | | | | | | US-Luftwaffenausführung Ähnlich J57-P-3 | [37] |
| | J57-P-7 | | | | | | | 4400 | | | | | 1030 | 4110 | | | | Doppelverdichter-Triebwerk | [220] |
| | J57-P-7 | A+A 8+8 | | | | Ring-K. mit Flammr. | 3 | 6450 | | | | | | | | 2,50 | | Ausführung mit Nachbrenner | [12] |
| | J57-P-7 | A+A 9+7 | 12,5:1 | 77 | 8000 0 0 | | 3 | 6300 m. N. | 8000 0 | | | 2,0 m. N. | 1016 | 6727 m. N. | 2540 | 2,5 | | US-Luftwaffenausführung Ähnlich J57-P-3, aber mit Nachbrenner ausgerüstet | [12, 37, 39] |
| | J57-F-7 | A+A 8+8 | | | | Ring-K. m. Einzelflammr. | | | | | | | | | | | | Ähnlich J57-P-7 Gebaut bei Ford Motor Co. s. auch unter Ford Motor | [37, 462] |
| | J57-P-9 | | | | | | | 6300 m. N. | | | | | | | 2540 | | | US-Luftwaffenausführung Ähnlich J57-P-3, aber mit Nachbrenner ausgerüstet | [37] |
| | J57-P-11 | | | | | | | 6300 m. N. | | | | | | | 2540 | | | US-Luftwaffenausführung Ähnlich J57-P-3, aber mit Nachbrenner ausgerüstet | [37] |
| | J57-P-13 | A+A 9+7 | 12,5:1 | 78 | | Ring-K. mit 8 Flammr. | 3 | 6600 m. N. 4950 o. N. | 8000 | | | 1,95 m. N. 0,8 o. N. | 1060 | 5900 | 2540 | | | US-Luftwaffenausführung Ähnlich J57-P-3, aber mit Nachbrenner ausgerüstet | [37, 770] |
| | J57-P-13 | | | | | | | ca. 4500 | | | | | | | | | | Nachbrenner des Musters ist um rd. 0,6 m kürzer als jener auf anderen Versionen des J57 | I.A.L. 18. 12. 54 |
| | J57-F-13 | | | | | | | | | | | | | | | | | Siehe auch unter Ford-Motor | [460, 461] |

| Hersteller | Bezeichnung | Verdichter | | | | Brennkammer | Turbine | Max. Startstandschub bei | Drehzahl Höhe | Max. Dauerschub bei | Drehzahl Geschwindigkeit Höhe | Spez. Kraftstoffverbrauch | Abmessungen | | Gewicht | Kennzahlen | | Bemerkungen | Quelle |
|---|---|---|---|---|---|---|---|---|---|---|---|---|---|---|---|---|---|---|---|
| | | Bauart Stückzahl | Verdichtungsverhältnis | Durchsatz bei | Drehzahl Geschw. Höhe | Anzahl Bauart | Stufenzahl | | | | | | Durchmesser | Länge | | Schub/Gewicht | Schub/Stirnfl. | | |
| Dimension | | $A$=axial $R$=radial | | kg/sec | U/min km/h km | | | kp | U/min km | kp | U/min km/h km | kg/kph | mm | mm | kg | kp/kg | kp/m² | | |
| **Pratt & Whitney** | J57-P-35 | | | | | | | 7800* | | | | | | | | | | * Höchstschub mit Nachbrenner Triebwerk für Einbau in Flugzeugtyp F-102 vorgesehen | [483] I.A.L. 2. 7. 55 |
| | JT3E | | | | | | | 4500* | | | | | | | | | | Zivilausführung des J57 | [756, 757] |
| | JT3F | | | | | | | 6800* | | | | | | | | | | * Mindestschub (mit Nachbrenner?) | [757] |
| | JT3L | A+A 8+8 | | | | Ring-K. m. Einzelflammr. | 3 | 4276 | | | | | | | | | | Zivilausführung des J57 Ähnlich J57-P-3 mit pneumatischem Anlasser | [12, 37] |
| | JT7H | A | | | | | | 3250 | 0 | | | 1,14 | 1295 | 2794 | 940 | | | | [473] |
| | J75 | A+A | | ca. 104 | | | | ca. 6800 | | | | | | | | | | | [268, 347, 429, 434, 473, 589, 696] I. A. L. 3. 12. 52, 23. 11. 53, 24. 4. 54, 26. 5. 54, 17. 4. 55 |
| | J75 | A+A | | | | | | 6800 9000 m. N. | | | | | | | | | | Doppelverdichter-Triebwerk | [528] |
| | J75 | A+A 9+7 | | | | | | | | | | | | | | | | Schalldämpfer kombiniert mit Schubumkehr vorgesehen | [499] |
| | J75 | | | | | | | 6800* | | | | | | | | | | * Steigerung auf 8150 kp geplant | [748] I.A.L. 19. 9. 56 |
| | J75 | A+A | 12,5 : 1 | 115 | | Ring-K. | | 7800 o. N. bis 11000 m. N. | | | | | ~1100 | 5400 | ~2400 | | | | [766] |
| **Westinghouse** | Baby | A 6 | | | | Ring-K. | 1 | 125 | 34000 | | | | 250 | | 66 trocken | | | | [184] |
| | X9.5A | A 6 | | | | Ring-K. | 1 | 118 | 34000 | | | 1,60 | 241 | 1270 | 66 | | | | [102] |

| Hersteller (Dimension) | Bezeichnung (Dimension) | Verdichter Bauart Stückzahl (A=axial, R=radial) | Verdichter Verdichtungsverhältnis | Verdichter Durchsatz bei (kg/sec) | Verdichter Drehzahl Geschw. Höhe (U/min, km/h, km) | Brennkammer Anzahl Bauart | Turbine Stufenzahl | Max. Startstandschub bei (kp) | Drehzahl Höhe (U/min, km) | Max. Dauerschub bei (kp) | Drehzahl Geschwindigkeit Höhe (U/min, km/h, km) | Spez. Kraftstoffverbrauch (kg/kph) | Durchmesser (mm) | Länge (mm) | Gewicht (kg) | Schub/Gewicht (kp/kg) | Schub/Stirnfl. (kp/m²) | Bemerkungen | Quelle |
|---|---|---|---|---|---|---|---|---|---|---|---|---|---|---|---|---|---|---|---|
| Westinghouse | X9.5B | A 6 | | | | Ring-K. | 1 | 125 | 36000 | | | 1,55 | 241 | 1400 | 65 trocken | | | | [102] |
| | X9.5B  J32 | A 6 | | | | Ring-K. | 1 | 125 | 36000 / 0 | | | 1,7 | 267 | 1400 | 65 trocken | 1,93 | | Aus dem Baumuster X9.5A entwickelt | [12, 268] |
| | X9.5B  X J32-WE-2 | A 6 | | | | | 1 | 125 | 34000 / 0 | | | 1,60 | 241 | 1268 | 66 trocken | | | | [382] |
| | X9.5B  X J32-WE-4 | A 6 | | | | | 1 | 125 | 36000 / 0 | | | 1,55 | 241 | 1400 | 65 trocken | | | | [382] |
| | 24C  J34-WE | A 11 | | | | Ring-K. | 2 | 1360 | | | | | 686 | | 544 trocken | | | | [382] |
| | 24C-4B  J34 | A 11 | | | | Ring-K. | 2 | 1360 | 12000 | | | | 610 | 3050 | 545 trocken | | | Schubsteigerung auf 1430 kp (trocken) u. 1630 kp mit Verdichterkühlung Zusatztriebwerk in P2V »Neptun« | [735] I.A.L. 3. 7. 56 |
| | 24C-4B | A 11 | | | | Ring-K. | 2 | | | | | | 685 | 3050 | 527 trocken | | | | [362] |
| | J34-WE-11 | A 11 | | | | Ring-K. | 2 | 1900 | | | | | | | | | | Ähnlich J34-WE-42 mit kurzem Nachbrenner | [12, 37] |
| | J34-WE-15 | A 11 | | | | Ring-K. | 2 | 1900 | | | | | | | | | | Ähnlich J34-WE-42 mit kurzem Nachbrenner | [12, 37] |
| | J34-WE-17 | A 11 | | | | Ring-K. | 2 | | | | | 2,50 | 610 | 5080 | | 2,90 | | Ähnlich J34-WE-42 mit langem Nachbrenner | [12, 37] |
| | 24C-4B  J34-WE-22 | A 11 | 3,6 : 1 | | | Ring-K. | 2 | 1360 | 12500 / 0 | | | 1,08 | 686 | 3050 | 530 / 544 trocken | | | Ähnlich J34-WE-36 | [12, 37, 382, 416] |
| | J34-WE-22 | A 11 | 3,65 : 1 | 26,3 | | Ring-K. | 2 | 1360 | 12500 | | | 1,08 | 686 | 3050 | 544 | 1,92 | 2173 | Startschub mit Nachbrenner 1630 kp | [211, 821] |
| | 24C-4B  J34-WE-22 | A 11 | | | | | 2 | 1360 | 12500 | | | | 610 | 3050 | 544 | | | | [65, 216, 391, 400] |

| Hersteller | Bezeichnung | Verdichter | | | | Brenn-kammer | Turbine | Max. Start-stand-schub bei | Dreh-zahl Höhe | Max. Dauer-schub bei | Drehzahl Ge-schwin-digkeit Höhe | Spez. Kraft-stoff-ver-brauch | Abmessungen | | Gewicht | Kennzahlen | | Bemerkungen | Quelle |
|---|---|---|---|---|---|---|---|---|---|---|---|---|---|---|---|---|---|---|---|
| | | Bauart Stück-zahl | Verdich-tungs-verhältnis | Durch-satz bei | Drehzahl Geschw. Höhe | Anzahl Bauart | Stufen-zahl | | | | | | Durch-messer | Länge | | Schub Gewicht | Schub Stirnfl. | | |
| | Dimension | A=axial R=radial | | kg/sec | U/min km/h km | | | kp | U/min km | kp | U/min km/h km | kg/kph | mm | mm | kg | kp/kg | kp/m² | | |
| Westinghouse | J34-WE-30 | A 11 | | | | | 2 | | | | | | 686 | 3050 | 544 | | | | [382] |
| | 24C-4C Yankee  J34-WE-30 | A 11 | | | | Ring-K. | 2 | 1450 | | | | | 686 | 3050 | 544 | | | Ähnlich J34-WE-36 | [37, 201] |
| | J34-WE-32 | A 11 | 3,8 : 1 | 25 | | Ring-K. | 2 | 1900 | 12500 | | | | 610 | 5588 | 680 trocken | 2,8 | | Mit Nachbrenner ausgerüstet, ähnlich J34-WE-42 | [12] |
| | 24C-8  J34-WE-32 | A 11 | 3,8 : 1 | | | Ring-K. | | 1905 | 12500 | | | | 610 | 5080 | 660 trocken | | | Max. Startschub mit Nachbrenner 2130 kp | [153] |
| | J34-WE-32 | | | | | | | 1450 | | | | | | | | | | Max. Startschub mit Nachbrenner 1810 kp | [218] |
| | 24C-4D | | | | | | | 1475 | | | | 1,0 | | | 575 | 2,56 | | | [57] |
| | 24C-4D  J34-WE-34 | A 11 | 3,85 : 1 | | | Ring-K. | | 1475 | 12500 | | | 1,0 | 610 | 3101 | | 2,64 | | Ähnlich J34-WE-36 | [12, 37, 41] |
| | 24C-4D  J34-WE-34 | A 11 | 4 : 1 | | | Ring-K. | 2 | 1475 | | | | 1,06 | 610 | 3050 | 560 trocken | | | In McDonnell F2A | [416, 429, 434, 473, 527] |
| | 24C-4D  J34-WE-34 | A 11 | 3,8 : 1 | | | Ring-K. | | 1475 | 12500 | 1110 | 11800 0 0 | 1,0 | 610 | 3050 | 545 trocken | | | | [153, 220] |
| | J34-WE-34 | A 11 | | | | | 2 | 1475 | 12500 | | | | 686 | 3050 | 570 trocken | | | | [65, 216] |
| | J34-WE-34 | | | | | | | 1630 | | | | | 610 | 3050 | | | | Max. Startschub mit Nachbrenner 1905 kp | [67, 821] |
| | J34-WE-34 | A 11 | 3,4 : 1 | 24,9 | | Ring-K. | 2 | 1475 | 12500 | | | 1,0 | 610 | 3050 | 560 trocken | 2,64 | | | [88, 89] |
| | J34-WE-36 | A | 4,35 : 1 | | | | | 1542* | 12500 | | | | 686 | 2829 | 547 | | | * Startschub | [222] I.A.L. 19. 11. 57 |

| Hersteller | Bezeichnung | Dimension | Verdichter | | | | Brennkammer | Turbine | Max. Startstandschub bei | Drehzahl Höhe | Max. Dauerschub bei | Drehzahl Geschwindigkeit Höhe | Spez. Kraftstoffverbrauch | Abmessungen | | Gewicht | Kennzahlen | | Bemerkungen | Quelle |
|---|---|---|---|---|---|---|---|---|---|---|---|---|---|---|---|---|---|---|---|---|
| | | | Bauart Stückzahl (A=axial R=radial) | Verdichtungsverhältnis | Durchsatz bei | Drehzahl Geschw. Höhe | Anzahl Bauart | Stufenzahl | | | | | | Durchmesser | Länge | | Schub/Gewicht | Schub/Stirnfl. | | |
| | | | | | kg/sec | U/min km/h km | | | kp | U/min km | kp | U/min km/h km | kg/kph | mm | mm | kg | kp/kg | kp/m² | | |
| Westinghouse | 24C-4E | J34-WE-36 | A 11 | 4,35 : 1 | 25 | 12500 0 0 | Ring-K. | 2 | 1540 | 12500 0 | | | 1,0 | 610 | 2826 | 545 | 2,78 2,82* | | * Nach [12] | [12, 37, 41] |
| | | J34-WE-36 | A 11 | 3,8 : 1 | 24,9 | | Ring-K. | 2 | 1540 | 12500 | | | 1,01 | 610 | 3050 | 560 trocken | | | | [589] |
| | | J34-WE-42 | A 11 | 4,35 : 1 | 25 | 12500 0 0 | Ring-K. | 2 | 1905 m. N. | 12500 0 | | | 2,5 m. N. | 610 | 5080 | 658 | 2,86 | | | [37] |
| | | J34-WE-46 | A 11 | 4,1 : 1 | 27 | 12500 0 | Ring-K. | 2 | 1540 | 12500 0 | | | 1,0 | 813 | 2826 | 549 | 2,81 | | | [41] |
| | | J40 | | | | | | | ca. 3630 | | | | | | | | | | Max. Startschub mit Nachbrenner ca. 5700 kp | [400] |
| | | J40 | | | | | | | 3400 o. N. 4750 m. N. | | | | | | | | | | Wegen Entwicklungs- und Produktionsschwierigkeiten Entwicklung eingestellt | I.A.L. 24. 9. 53 |
| | | J40-WE-2 | | | | | | | 3400 o. N. 4540 m. N. | | | | | ca. 1270 | | | | | | [216] |
| | | J40-WE-2 | | | | | | | 3400 o. N. 6300 m. N. | | | | | ca. 1270 | | | | | | [65] |
| | | J40-WE-6 | A 10 | 5,2 : 1 | | | Ring-K. | 2 | 3400 | 7600 | | | 0,96 | 914 | 4720 | 1360+ trocken | | | | [88, 89] |
| | 40E-2A | J40-WE-6 | A 10 | | | | Ring-K. | 2 | 3400 | | | | 0,95 | 910 | 3810 | ca. 1360 trocken | | | Spätere Ausführungen mit Nachbrenner ergeben Startschub bis zu 6350 kp | [153, 589] |
| | | J40-WE-6 | | | | | | | 3266 | 0 | | | | 1015 | 4720 | ca. 1360 | | | | [434] |
| | X40E-2A | J40-WE-6 | | | | | | | 3266 3860* | | | | | 1016 | 4720 | ca. 1360 trocken | | | Mit Nachbrenner ausgerüstet * Nach [416] | [416, 429] |
| | | J40-WE-6 | | | | | | | 3400 | 7600 | | | | 1016 | 4720 | 1360 trocken | | | Ähnlich J40-WE-22, aber ohne Nachbrenner | [408] |

| Hersteller | Dimension / Bezeichnung | | Verdichter | | | | Brennkammer | Turbine | Max. Startstandschub bei | Drehzahl Höhe | Max. Dauerschub bei | Drehzahl Geschwindigkeit Höhe | Spez. Kraftstoffverbrauch | Abmessungen | | Gewicht | Kennzahlen | | Bemerkungen | Quelle |
|---|---|---|---|---|---|---|---|---|---|---|---|---|---|---|---|---|---|---|---|---|
| | | | Bauart Stückzahl (A=axial R=radial) | Verdichtungsverhältnis | Durchsatz bei (kg/sec) | Drehzahl Geschw. Höhe (U/min km/h km) | Anzahl Bauart | Stufenzahl | (kp) | (U/min km) | (kp) | (U/min km/h km) | (kg/kph) | Durchmesser (mm) | Länge (mm) | (kg) | Schub/Gewicht (kp/kg) | Schub/Stirnfl. (kp/m²) | | |
| Westinghouse | | J40-WE-8 | | | | | | | | | | | | ca. 1016 | ca. 7620 | ca. 1588 | | | | [222] |
| | | J40-WE-8 | | | | | | | 3266 | 0 | | | | 1015 | | ca. 1585 | | | | [434] |
| | | J40-WE-8 | A 10 | 5,2 : 1 | | | Ring-K. | 2 | 4750 | 7600 | | | | 914 | 7366 | 1590 trocken | 3,0 | | Nachbrenner-Version des J40-WE-6 Ähnlich J40-WE-22 | [37, 268] |
| | | J40-WE-8 | A 10 | 5,2 : 1 | | | Ring-K. | 2 | 4750 3400 | | | | 2,2 m. N. | 1016 | 7620 | 1590 trocken | | | Mit Nachbrenner ausgerüstet | [473, 581, 589] |
| | X40-E3 | J40-WE-8 | | | | | | | 3270 | | | | | 1016 | | ca. 1590 trocken | | | | [429] |
| | | J40-WE-10 | | | | | | | 3400 6300 m. N. | | | | | | | | | | | [821] |
| | | J40-WE-22 | A 10 | 5,0 : 1 | 57 | 7600 0 | Ring-K. | 2 | 5260 m. N. | 7600 | | | 2,2 max. | 1016 | 7620 | 1588 | 3,33 | | Mit Nachbrenner ausgerüstet Ähnlich J40-WE-8 | [12, 37] |
| | | J40 | 10 | 5,0 : 1 | 57 | | Ring-K. | 2 | 3400 5260 m. N. | 7600 | | | 2,2 m. N. | 1016 | | 1360 | 2,5 | 4200 | | [150] |
| | | J46 | A | | | | | | 1814 | | | | | | | | | | | [473] |
| | 40E | J46 | | | | | | | 2720 | | | | | 910 | 5050 | 910 trocken | | | Mit Nachbrenner ausgerüstet | [400, 401, 429] [I.A.L. 16. 9. 53, 24. 9. 53] |
| | | J46-WE-3 | | | | | | | 2177 2767 m. N. | | | | | | | | | | | [821] |
| | 24C-10 | J46-WE-4 | | | | | | | 2040 | | | | | 965 | . | | | | Ähnlich J46-WE-8, aber ohne Nachbrenner | [12, 37] |
| | | J46-WE-8 | A | | | | 1 Ring-K. | | 2720 | | | | | 914 | 5030 | 953 trocken | 2,86 | | Entwickelt aus J34 | [268] |

| Hersteller | Bezeichnung | Verdichter | | | | Brenn-kammer | Turbine | Max. Start-stand-schub bei | Dreh-zahl Höhe | Max. Dauer-schub bei | Drehzahl Ge-schwin-digkeit Höhe | Spez. Kraft-stoff-ver-brauch | Abmessungen | | Gewicht | Kennzahlen | | Bemerkungen | Quelle |
|---|---|---|---|---|---|---|---|---|---|---|---|---|---|---|---|---|---|---|---|
| | | Bauart Stück-zahl | Verdich-tungs-verhältnis | Durch-satz bei | Drehzahl Geschw. Höhe | Anzahl Bauart | Stufen-zahl | | | | | | Durch-messer | Länge | | Schub/Gewicht | Schub/Stirnfl. | | |
| | Dimension | A=axial R=radial | | kg/sec | U/min km/h km | | | kp | U/min km | kp | U/min km/h km | kg/kph | mm | mm | kg | kp/kg | kp/m² | | |
| Westinghouse | J46-WE-8 | A 11 | 5,2 : 1 | 34 | | Ring-K. | 2 | 2040 o. N. 2720 m. N. | | | | 2,0* | ca. 914 | ca. 5029 | ca. 952 | 3,0* | 3730* | * Mit Nachbrenner | [40, 220] |
| | J46 | | | | | | | 2722 | 0 | | | | | | | | | | [434] |
| | J46-WE-8 | A 11 | 6,0 : 1 | 35,4 | | 1 Ring-K. | 2 | ca. 2177 2720 m. N. | | | | | 864 | 5030 | 953 trocken | | | | [589] |
| | J46-WE-8 | A | | | | | | 1905 | | | | | 864 | 5030 | 953 trocken | | | | [220, 527] |
| | J46-WE-8 | A 11 | | | | | 2 | 2720 | | | | | 914 | 5030 | 953 trocken | | | | [581] |
| 24C-10D | J46-WE-8 | A 11 | 5,2 : 1 | 32 | 12500 0 | 1 Ring-K. | 2 | 2040 2720 m. N. | | | | 2,0 m. N. | 965 940* | 4621 | 907 | 3,0 | | * Höhe | [37, 39] |
| | J46 | 11 | 5,2 : 1 | 32 | | Ring-K. | 2 | 2040 2720 m. N. | 12500 | | | 2,0 m. N. | 965 | | 907 | | | | [150] |
| PD-33 | J54 | | | | | | | 2720 | | | | | | | | | | Leichtbautriebwerk (Titan-Legierung) | [762] |
| PD-33 | J54 | A 16 | | | | | | 2700 | | | | | | | | | | Leichtbautriebwerk | [706, 708] |
| PD-33 | J54-WE-2 | A 17 | 9 : 1 | 48 | | Ring-K. | 2 | 2950* | 11000 | | | 0,85 | 890 | 3050 | 680 | 4,12 | 4520 | * Auslegungsschub | [40, 766] I.A.L. 31. 12. 55 |
| | J54-WE-2 | A 16 | 9,0 : 1 | 48 | 11000 0 | Ring-K. | 2 | 2950 | 11000 0 | | | 0,85 | 889 | 3611 | 635 | 4,64 | | | [36, 41] |
| 19A | J30 | A 6 | | ca. 104 | | Ring-K. | | 620 | | | | | | | | | | | [268] |
| Yankee 19B | | A 6 | | | | Ring-K. | 1 | 635 | 18000 | | | | | | 374 trocken | | | | [20] |

| Hersteller | Bezeichnung | Verdichter Bauart Stückzahl (A=axial R=radial) | Verdichtungsverhältnis | Durchsatz bei (kg/sec) | Drehzahl Geschw. Höhe (U/min km/h km) | Brennkammer Anzahl Bauart | Turbine Stufenzahl | Max. Startstandschub bei (kp) | Drehzahl Höhe (U/min km) | Max. Dauerschub bei (kp) | Drehzahl Geschwindigkeit Höhe (U/min km/h km) | Spez. Kraftstoffverbrauch (kg/kph) | Durchmesser (mm) | Länge (mm) | Gewicht (kg) | Schub/Gewicht (kp/kg) | Schub/Stirnfl. (kp/m²) | Bemerkungen | Quelle |
|---|---|---|---|---|---|---|---|---|---|---|---|---|---|---|---|---|---|---|---|
| **Westinghouse** | Yankee 19B | | | | | | | 620 | 18000 | | | | 526 | | 347 trocken | | | | [26] |
| | Yankee 19B | A 6 | | 17,2 | | Ring-K. | 1 | 620 | 18000 | | | 1,70 | 528 | 2650 | 385 trocken | | | | [184] |
| | Yankee X19XB | A 6 | | | | Ring-K. | 1 | 620 | | | | 1,28 | 482 | 2280 | 366 trocken | | | | [822] |
| | Yankee 19XB-2B | A 10 | | | | Ring-K. | 1 | 708 | 17000 | | | 1,17 | 482 | 2390 | 314 | | | | [822] |
| | Yankee 19XB-2B | A 10 | 3,8 : 1 | | | Ring-K. | 1 | 725 | 17000 | | | 1,15 | 483 | 2388 | 326 | | | | [20] |
| | 19XB  J30-WE | A 10 | | | | Ring-K. | 1 | 710 | 17000 0 | | | | 483 | 2388 | 314 trocken | | | Yankee-Serien wurden auch bei Pratt & Whitney hergestellt | [199] |
| | X9.5A  X J30-WE-4 | A 6 | | | | | 1 | 620 | 18000 0 | | | 1,28 | 483 | 2260 | 367 | | | | [182] |
| | 19XB  J30-WE-20 | A 10 | 3,8 : 1 | 13,6 | | Ring-K. | 1 | 726 | 18000 | | | 1,28 | 655 | 2655 | 375 trocken | 1,94 | | Weiterentwicklung des Modells 19A | [12, 268] |
| | 19XB-2B  J30-WE-20 | A 10 | 3,8 : 1 | | | Ring-K. | | 725 | 17000 0 | 560 | 15700 0 0 | 1,15 | 480 | 2390 | 325 | | | | [153, 735] |
| | 19XB-2B  J30-WE-20 | A 10 | | | | Ring-K. | 1 | 710 | 17000 0 | | | 1,17 | 483 | 2388 | 315 | | | | [201, 382] |
| **Curtiss-Wright** | X J-51 | | | | | | | | | | | | | | | | | | [199] |
| | J59 | Doppel-verdichter | 16,0 : 1 | | | | 4 | 5440 | | | | 0,88 | 1067 | | 1814 trocken | 3,0 | | | [12, 268] |

| Hersteller | Bezeichnung | Verdichter | | | | Brenn-kammer | Turbine | Max. Start-stand-schub bei | Dreh-zahl Höhe | Max. Dauer-schub bei | Drehzahl Ge-schwin-digkeit Höhe | Spez. Kraft-stoff-ver-brauch | Abmessungen | | Gewicht | Kennzahlen | | Bemerkungen | Quelle |
| | | Bauart Stück-zahl | Verdich-tungs-verhältnis | Durch-satz bei | Drehzahl Geschw. Höhe | Anzahl Bauart | Stufen-zahl | | | | | | Durch-messer | Länge | | Schub/Gewicht | Schub/Stirnfl. | | |
| | Dimension | A=axial R=radial | | kg/sec | U/min km/h km | | | kp | U/min km | kp | U/min km/h km | kg/kph | mm | mm | kg | kp/kg | kp/m² | | |
| Curtiss-Wright | J61 | A 12 | 6,0 : 1 | 72,6 | | 1 Ring-K. | 3 | 4990 | | | | 0,91 | 1067 | | | | | | [268] |
| | J65-W-1 | A 13 | | | | 1 Ring-K. | 2 | 3266 | 8200 0 | | | 0,91 | 953 | 3710 | 1180 | 2,77 | | Lizenzbau des Armstrong Siddeley »Sapphire« | [268] |
| | J65-W-1 | A 13 | | | | | 2 | 3275 | 8300 | | | | 952 | 2915 | 1177* 1223 | | | * Gewicht ohne u. mit Zubehörteilen | [222] |
| | J65-W-1 | A 13 | | | | 1 Ring-K. | 2 | 3276 | | | | | | | | | | | [473] |
| T J31 | J65-W-1 | A 13 | | | | 1 Ring-K. | | 3265 o. N. 4500 m. N. | | | | | 1070 | 3710 | 1135 trocken | | | Lizenzbau A.S. »Sapphire« | [153] |
| 870T J31A1 | Y J65-W-1 | | | | | | | 3265 | | | | | 960 | 3320 | 1177 trocken | | | Lizenzbau A.S. »Sapphire« | [429] I.A.L. 27. 12. 54 |
| | Y J65-W-1 | A 12 | 7,0 : 1 | | | | 2 | 3276 | | | | 0,916 | 953 | 3400 | 1178 trocken | | | Lizenzbau A.S. »Sapphire« | [416] |
| | J65-W-2 | A 12 | | | | Ring-K. | 2 | 3276 | | | | 0,91 | 953 | 3710 | | | | Ähnlich J65-W-3, aber mit Gasturbinenstarter | [12, 37, 473] |
| | J65-W-3 | A 13 | 7,0 : 1 | 75 | 8200 0 0 | 1 Ring-K. | 2 | 3276 | 8200 0 | | | 0,91 | 953 | 3710 | 1180 trocken | 2,78 | | | [473, 589] |
| | J65-W-3 | A | | | | | | 3276 | 0 | | | 0,915 | 947 | 3400 | 1134 trocken | | | | [220] |
| | J65-B-3 | A 13 | | | | Ring-K. | 2 | 3265 | | | | 0,91 | | | | | | Lizenzbau A.S. »Sapphire«. Hergestellt bei Buick Motor Div. (GM) Ähnlich J65-W-3 | [12, 37, 39] |
| | J65-W-4 | | | | | | | 3538* | | | | | | | | | | * Auslegungsschub | [222] |
| | J65-W-4 | A 13 | | | | 1 Ring-K. | 2 | 3540 | | | | | | | | | | | [37, 473] |

| Hersteller | Bezeichnung | Verdichter Bauart Stückzahl (A=axial R=radial) | Verdichtungsverhältnis | Durchsatz bei (kg/sec) | Drehzahl Geschw. Höhe (U/min km/h km) | Brennkammer Anzahl Bauart | Turbine Stufenzahl | Max. Startstandschub bei (kp) | Drehzahl Höhe (U/min km) | Max. Dauerschub bei (kp) | Drehzahl Geschwindigkeit Höhe (U/min km/h km) | Spez. Kraftstoffverbrauch (kg/kph) | Durchmesser (mm) | Länge (mm) | Gewicht (kg) | Schub/Gewicht (kp/kg) | Schub/Stirnfl. (kp/m²) | Bemerkungen | Quelle |
|---|---|---|---|---|---|---|---|---|---|---|---|---|---|---|---|---|---|---|---|
| **Curtiss-Wright** | J65-W-5 | A 13 | | | | 1 Ring-K. | 2 | 3265* 3276 | | | | | 951 | 2765 | 1247 | | | Lizenzbau AS »Sapphire« Ähnlich J65-W-3, aber mit Gasturbinenstarter * [37] | [37, 473, 527] |
| | J65-W-6 | | | | | | | 4760 | | | | | | | | | | Lizenzbau AS »Sapphire« US-Marineausführung mit Nachbrenner | [37, 294] |
| | J65 | 13 | 7,0 : 1 | 57 | | Ring-K. | 2 | 3540 | 8200 | | | 0,91 | 950 | 1180 | | 3,0 | 5000 | 4760 kp Schub mit Nachbrenner | [697] |
| | J65-W-7 | A 13 | 7 : 1 | 54 | 8200 0 0 | Ring-K. | 2 | 3540 | 8200 | | | 0,91 | 953 | 3172 | 1180 | | | Lizenzbau AS »Sapphire« | [37, 39] |
| | J65-W-7 | A 13 | 7 : 1 | 54 | | Ring-K. | 2 | 3540 | 8300 | | | 0,91 | 953 | 3172 | 1247 | 3,12 | 4980 | | [12, 40] |
| | | | | | | | | | | | | | | | | | | | [12] |
| | T J-32-B | | | | | | | | | | | | | | | | | Entwicklungsmodell zu J67 | [272] |
| | J-67 | A+A 6+8 | 10,0 : 1 | 90,7 | | 1 Ring-K. | 2 | 6800 | 8000 | | | 0,8 | | | | | | In Lizenz entwickelt aus dem brit. Triebwerk Bristol »Olympus«. Max. Startschub 11340 kp m. Nachbrenner | [429, 473, 589, 697] I.A.L. 16. 11. 55 |
| **England** **Armstrong Siddeley** | ASX | A 14 | 5,5 : 1 | | | 11 | 2 | 1180 | 8000 | | | 1,03 | 1065 | 4260 | 862 | | | | [20, 26] |
| | ASX | A 14 | | | | | 2 | | | | | 1 | | | | | | | [371] |
| | Adder | A 10 | 5 : 1 | 8,25 | 0 0 | 6 Einz.-K. | 2 | 476[1] | 15000 0 0 | 323 | 14250 644 0 | 1,05[2] 0,85[3] | 736 | 2203 | 263 | 1,81 | 1123 | [1] Netto-Schub [2] Bei Netto-Schub [3] Bei Dauerschub | [242] |
| | Adder 1 | A 10 | | | | 6 | 1 | 500 | 15000 0 | 335 | 14250 645 0 | | | 1860 | 250 | | | Strahltriebwerksausführung des PTL-Triebwerkes »Mamba« | [735] |
| | Adder 1 | A 10 | | | | 6 | 2 | 476,3 | 15000 0 | 392 | 14250 0 0 | 1,058 | 660,4 | 2186,2 | 263,1 | | | | [78] |

| Hersteller | Bezeichnung | Verdichter | | | | Brenn-kammer | Turbine | Max. Start-stand-schub bei | Dreh-zahl Höhe | Max. Dauer-schub bei | Drehzahl Ge-schwin-digkeit Höhe | Spez. Kraft-stoff-ver-brauch | Abmessungen | | Gewicht | Kennzahlen | | Bemerkungen | Quelle |
|---|---|---|---|---|---|---|---|---|---|---|---|---|---|---|---|---|---|---|---|
| | | Bauart Stück-zahl | Verdich-tungs-verhältnis | Durch-satz bei | Drehzahl Geschw. Höhe | Anzahl Bauart | Stufen-zahl | | | | | | Durch-messer | Länge | | $\frac{Schub}{Gewicht}$ | $\frac{Schub}{Stirnfl.}$ | | |
| | Dimension | A=axial R=radial | | kg/sec | U/min km/h km | | | kp | U/min km | kp | U/min km/h km | kg/kph | mm | mm | kg | kp/kg | kp/m² | | |
| **Armstrong Siddeley** | Adder 1 | A 10 | 5 : 1 | 7,98 | | | 2 | 476,3 | 15000 | | | 0,9 | 711 | 1862 | 263,1 | | | | [416] |
| | Adder 1 | A 10 | 5 : 1 | 7,98 | | | 2 | 476,3 | 15000 | | | 0,9 | 711 | 1074,4 | 249,5 | | | | [400, 401] |
| | Adder ASA.1 | A | 5,35 : 1 | | | | | 475* | 15000 | 395 | 14250 | 1,025** | 737 | 2210 | 260 | | | * Höchstschub ** Max. Reiseschub | [760] |
| | Adder ASA.1 | | | | | | | 475 | 15000 | | | 1,02 | 711 | | 263 | | | | [671, 830] |
| | Adder ASA.1 | A 10 | 5,35 : 1 | | | 6 | | 500 | 15000 | 410 | 14250 0 0 | 1,2 | 710 | 1860 | 260 | | | | [153] |
| | Adder ASA.1 | A 10 | 5,35 : 1 | 8,26 | | 6 | 2 | 476 | 15000 0 | | | 1,065 | 736,5 | 2186,2 | 263,5 | | | Strahltriebwerksausführung des PTL-Triebwerkes »Mamba« für »PiKa« | [208] |
| | Adder ASA.1 | A 10 | | | | 6 | 2 | 476,3 | 15000 | 395 | 14250 | 1,025* 1,065 | 736,6 | 1780 | 263,1 | 1,81 | 1555 | * Spez. Verbrauch bei Dauer- und bei Höchstschub | [262, 263] |
| | Adder ASA.1 | A 10 | 5,35 : 1 | | | 6 | 2 | 476,3 | 15000 | | | 1,06 | 736,6 | 1862,6 | 263,1 | | | Strahltriebwerksausführung des PTL-Triebwerkes Mamba | [429] |
| | Adder ASA.1 | A 10 | | | | 6 | 2 | 476 | 15000 | 236 | 14250 6100 | | 735 | 1865 | 263 | | | | [248] |
| | Viper 101 | A 7 | | 14,06 | | Ring-K. | 1 | 743,8 | 13400 | | | 1,09 | | | | 3,51 | 2000 | | [609] |
| | Viper ASV.1 | | | | | | | | | | | | | | | | | Konstruktionsstudie, nicht gebaut | [258] |
| | Viper ASV.1 | A 7 | | | | Ring-K. | A 1 | 519,5 | | | | | | | | | | | [268] |
| | Viper ASV.1 | | | | | | | 520 | | | | | | | | | | | I.A.L. 13. 2. 53 |

| Hersteller | Bezeichnung | Verdichter Bauart Stückzahl (A=axial R=radial) | Verdichter Verdichtungsverhältnis | Verdichter Durchsatz bei (kg/sec) | Verdichter Drehzahl Geschw. Höhe (U/min km/h km) | Brennkammer Anzahl Bauart | Turbine Stufenzahl | Max. Startstandschub bei (kp) | Drehzahl Höhe (U/min km) | Max. Dauerschub bei (kp) | Drehzahl Geschwindigkeit Höhe (U/min km/h km) | Spez. Kraftstoffverbrauch (kg/kph) | Abmessungen Durchmesser (mm) | Abmessungen Länge (mm) | Gewicht (kg) | Kennzahlen Schub/Gewicht (kp/kg) | Kennzahlen Schub/Stirnfl. (kp/m²) | Bemerkungen | Quelle |
|---|---|---|---|---|---|---|---|---|---|---|---|---|---|---|---|---|---|---|---|
| **Armstrong Siddeley** | Viper ASV.1 | | | | | | | 519,5 | | | | | | | | | | | [579] |
| | Viper ASV.2 | | | | | | | 714,4 | | | | | | | | | | | [579] |
| | Viper ASV.2 | | | | | | | 715 | | | | | | | | | | | I.A.L. 13. 2. 53 |
| | Viper ASV.2 | A 10 | | | | Ring-K. | | 680 | 0 0 | | | | 590 | 2100 | 180 | | | Verlustgerät, Ausführung des Adder aus nicht strategischen Werkstoffen | [153] |
| | Viper ASV.2 | | | | | | | 715 | | | | | 590 | 1660 | 165 | | | Verschleißtriebwerk, ebenso wie die Ausführungen ASV.1, -3, -4 u. -6 | [12, 742] |
| | Viper ASV.2 | A | | | | | | 680,4 | | | | | 590,55 | 1661 | 165,6 | 4,16 | 2500 | Verlustgerät | [78] |
| | Viper ASV.2 | | | | | | | 680 | | | | | 600 | 2000 | 165 | | | | [153] |
| | Viper ASV.2 | | | | | | | 714,4 | | | | | 590,55 | | | | | Verschleißtriebwerk | [416] |
| | Viper ASV.2 | A | | | | | | 714,4 | | | | | 590,5 | 2100 | 165,6 | | | | [390, 391] |
| | Viper ASV.2 | A | | | | | | 680 | | | | | 590 | 1660 | 165 | | | | [248] |
| | Viper ASV.3 | A 7 | 3,5 : 1 | | | Ring-K. | 1 | 740 | 13400 | | | | | | 165 | | | Verschleißtriebwerk | [746] |
| | Viper ASV.3 | A 7 | 3,5 : 1 | 13,6 | | Ring-K. | 1 | 744* | 13400 | | | 1,09 | | | | 4,32 | 1953 | Verschleißtriebwerk * Max. Auslegungsschub | [623, 624] |
| | Viper ASV.3 | | | | | | | 744 | 13400 | | | | 592 | 1153 | 170 | | | | [429] |

| Hersteller | Bezeichnung | Verdichter Bauart Stückzahl (A=axial, R=radial) | Verdichter Verdichtungsverhältnis | Verdichter Durchsatz bei (kg/sec) | Verdichter Drehzahl Geschw. Höhe (U/min, km/h, km) | Brennkammer Anzahl Bauart | Turbine Stufenzahl | Max. Startstandschub bei (kp) | Drehzahl Höhe (U/min, km) | Max. Dauerschub bei (kp) | Drehzahl Geschwindigkeit Höhe (U/min, km/h, km) | Spez. Kraftstoffverbrauch (kg/kph) | Durchmesser (mm) | Länge (mm) | Gewicht (kg) | Schub/Gewicht (kp/kg) | Schub/Stirnfl. (kp/m²) | Bemerkungen | Quelle |
|---|---|---|---|---|---|---|---|---|---|---|---|---|---|---|---|---|---|---|---|
| **Armstrong Siddeley** | Viper ASV.3 | | | | | | | | | | | | | | | | | Kurzlebiges Verschleißtriebwerk Ähnlich ASV.5 | [37] |
| | Viper ASV.3 | 7 | | | | Ring-K. | 1 | 744 | 13400 0 | 603,3 | 12500 0 | 1,1* 1,09 | | | | 4,5 | 2730 | * Spez. Verbrauch bei Dauerschub | [580] |
| | Viper ASV.3 | 7 | 3,5 : 1 | 13,61 | | Ring-K. | 1 | 744* | 13400 | | | 1,09** | 627 | 1660 | 170 | | | * Höchstschub ** Spez. Verbrauch bei Höchstschub | [600, 602] |
| | Viper ASV.3 | A 3,5 : 1 | | | | | | 745* | 13400 | 635 | 12700 | 1,097** | 590 | 1850 | 165 | | | * Höchstschub ** Max. Reiseverbrauch | [759, 760] I.A.L. 13.2.52 |
| | Viper ASV.3 Mk.100 | A 7 | 3,5 : 1 | 14,06 | | Ring-K. | 1 | 743 | 13400 0 | 635 | 12700 0 | 1,09* 1,095 | 627 | 1151 1660** | 172,4 | 4,37 | 2390 | * Spez. Verbrauch bei Start- und Dauerschub ** Ohne, bzw. mit Schubdüse | [304, 305, 306] |
| | Viper ASV.3 Mk.100 | A 7 | | | | Ring-K. | 1 | 744 | 13400 0 | 635 | 12700 | 1,097* 1,09 | 627,5 | 1153** 1661 | 170 | 4,37 | 2400 | * Spez. Verbrauch bei Dauerschub ** Ohne, bzw. mit Schubdüse | [262, 263] |
| | Viper ASV.3 Mk.100 | A 7 | 3,5 : 1 | 13,61 | | Ring-K. | A 2 | 744 | 13400 0 | | | 1,09 | 627 | 1661 | 170 | 4,37 | | | [268] |
| | Viper ASV.3 Mk.100 | | | | | | | 745 | 13400 15,2 | | | | | | 172 | | | Verschleißtriebwerk, ausgelegt für 25 Std. Betriebszeit | [40, 258] |
| | Viper ASV.3 Mk.100 | A 7 | 3,5 : 1 | 13,61 | | Ring-K. | 1 | 744 | 13400 | 635 | 12700 | 1,095* 1,09 | 627,5 | 1661** 1153 | 170 | 4,37 | 2400 | * Spez. Verbrauch bei Dauerschub ** Ohne, bzw. mit Schubdüse | [275] |
| | Viper ASV.4 | A 7 | | | | Ring-K. | | 795 | 13400 | | | | | | | | | Versuchstriebwerk Weiterentwicklung des Modells ASV.3 | [37, 334, 759, 760] I.A.L. 13.2.53 |
| | Viper ASV.5 | A | | | | | | 744 | | | | | 584 | 1134 | 211 | | | | [589] |
| | Viper ASV.5 | 7 | 3,5 | 13,5 | | Ring-K. | 1 | 745 | 13400 | | | 1,09 | 590 | | 209 | 3,57 | 2700 | | [150] |
| | Viper ASV.5 | A 7 | 3,5 : 1 | 13,61 | | Ring-K. | A 1 | 745 | 13400 | 630 | 12700 | 1,09 | 589 | 1671 | 209 | 3,57 | | | [580] |

| Hersteller | Bezeichnung / Dimension | Verdichter Bauart Stückzahl (A=axial R=radial) | Verdichtungsverhältnis | Durchsatz bei (kg/sec) | Drehzahl Geschw. Höhe (U/min km/h km) | Brennkammer Anzahl Bauart | Turbine Stufenzahl | Max. Startstandschub bei (kp) | Drehzahl Höhe (U/min km) | Max. Dauerschub bei (kp) | Drehzahl Geschwindigkeit Höhe (U/min km/h km) | Spez. Kraftstoffverbrauch (kg/kph) | Abmessungen Durchmesser (mm) | Abmessungen Länge (mm) | Gewicht (kg) | Schub/Gewicht (kp/kg) | Schub/Stirnfl. (kp/m²) | Bemerkungen | Quelle |
|---|---|---|---|---|---|---|---|---|---|---|---|---|---|---|---|---|---|---|---|
| Armstrong Siddeley | Viper ASV.5 | A / 7 | | | | Ring-K. | 1 | 744 | 13400 | 635 | 12700 | 1,097* / 1,09 | 627,5 | 1661** / 1153 | 208 | 3,57 | 2400 | * Bei max. Dauerleistung ** Länge mit bzw. ohne Schubdüse | [262, 263] |
| | Viper ASV.5 | A / 7 | 3,5 : 1 | 13,6 | | Ring-K. | A / 1 | 744 | 13400 | | | 1,09 | 627 | 1661 | 233 | 3,142 | 1953 | Langlebiges Modell | [347, 334, 623, 527] |
| | Viper ASV.5 | A / 7 | 3,5 : 1 | 14,06 | | Ring-K. | 1 | 743 | 13400 / 0 | 635 | 12700 / 0 / 0 | 1,09¹ / 1,095² | 627 Breite bzw. Höhe | 1151* / 1660** | 233 | 3,18 | 2390 | ¹ Bei Startstandschub ² Bei Dauerschub * Ohne Schubdüse ** Mit Schubdüse | [304, 305, 306] |
| | Viper ASV.5 | A / 7 | 3,5 : 1 | 13,61 | | Ring-K. | 1 | 744 | 13400 | 635 | 12700 | 1,095* / 1,09 | 628 | 1661** / 1153 | 220 | 3,38 | 2400 | * Bei max. Dauerleistung ** Länge mit bzw. ohne Schubdüse | I.A.L. 13. 2. 53 |
| | Viper ASV.5 | | | | | | | 745 | 13400 | | | 1,09 | 711 | 1670 | 210 | | | | I.A.L. 21. 9. 55 |
| | Viper ASV.5 | A / 7 | | | | Ring-K. | 1 | 740 | | | | 1,09 | 710 | 1660 | ca. 210 | | | Langlebige Ausführung | [747] |
| | Viper ASV.5 | A | | | | | | 745* | | | | 1,09** | 711 | 1660 | 210 | | | * Höchstschub ** Max. Reiseverbrauch | [760] |
| | Viper ASV.5 | A / 7 | | 14,03 | | Ring-K. | 1 | 743* | 13400 / 0 | | | 1,09** | 711 | 1624 | 211 | | | * Höchstschub ** Bei Höchstschub | [600, 602] |
| | Viper ASV.5 | A / 7 | | 14,061 | | Ring-K. | 1 | 744 | | | | | 711 | 1672 | 211 | | | | [579, 589] |
| | Viper ASV.5 Mk.101 | A / 7 | | 14* | | Ring-K. | A / 1 | 744 | 13400* | | | 1,09 | 617* | 1661* | 211 / 238* | 3,53 | | * Nach [I.A.L. 12. 2. 60] Triebwerk mit langer Lebensdauer | [268] I.A.L. 12. 2. 60 |
| | Viper ASV.6 | | | | | | | 860 | | | | | | | | | | | I.A.L. 21. 9. 55 |
| | Viper ASV.6 | 7 | | | | Ring-K. | 1 | 860 | | | | | 590 | | 166 | 5,27 | 3130 | Verkürzte Lebensdauer | [150] |
| | Viper ASV.6 | | | | | | | 862 | 13400 | | | | | | | | | | [37, 334] |

| Hersteller | Bezeichnung | Verdichter | | | | Brenn-kammer | Turbine | Max. Start-stand-schub bei | Dreh-zahl Höhe | Max. Dauer-schub bei | Drehzahl Ge-schwin-digkeit Höhe | Spez. Kraft-stoff-ver-brauch | Abmessungen | | Gewicht | Kennzahlen | | Bemerkungen | Quelle |
| | | Bauart Stück-zahl | Verdich-tungs-verhältnis | Durch-satz bei | Drehzahl Geschw. Höhe | Anzahl Bauart | Stufen-zahl | | | | | | Durch-messer | Länge | | $\frac{\text{Schub}}{\text{Gewicht}}$ | $\frac{\text{Schub}}{\text{Stirnfl.}}$ | | |
| | Dimension | A=axial R=radial | | kg/sec | U/min km/h km | | | kp | U/min km | kp | U/min km/h km | kg/kph | mm | mm | kg | kp/kg | kp/m² | | |
| **Armstrong Siddeley** | Viper ASV.6 | A 7 | | | | Ring-K. | 1 | 862 | | | | 1,1 | | | | 4,75 | 3120 | Verschleißtriebwerk | [258, 600, 602] |
| | Viper ASV.6 | A | | | | | | 865* | | | | 1,1** | | | | | | * Höchstschub ** Max. Reiseverbrauch | [760] |
| | Viper ASV.7 | A 7 | | | | Ring-K. | 1 | 862 | | | | | | | | | | Ausführung der ASV.6 mit langer Lebensdauer | |
| | Viper ASV.7R | A 7 | 3,5 : 1 | 13,61 | | Ring-K. | 1 | 1089 | 13400 0 | | | | 627,5 | 1153* | | | 3500 | Mit Nachbrenner ausgerüstet * Ohne Schubdüse | I.A.L. 21. 9. 55 |
| | Viper ASV.7R | A 7 | 3,5 : 1 | 13,6 | | | | 1120* | 13400 | | | | | | | | 2980 | * Auslegungsschub Mit Nachbrenner ausgerüstet Langlebiges Modell | [623, 624] |
| | Viper ASV.7R | A 7 | 3,5 : 1 | 14,06 | | Ring-K. | 1 | 1120* | 13400 0 | | | | 711 Breite bzw. Höhe | 1151** | | | 3270 | * Mit Nachverbrennung ** Ohne Schubdüse | [304, 305, 306, 334] |
| | Viper ASV.8    Mk.102 | A | 4,0 : 1 | 14,03 | | | 1 | 794 | 13200 | 634 | 12700 | 1,12 | 590 Breite bzw. Höhe | | 233 | 3,4 | 2900 | Aus ASV.5 entwickelt | [3, 326, 334, 623, 624, 625, 626] I.A.L. 29. 6. 57 |
| | Viper ASV.10 | A 7 | 4,5 : 1 | 19,0 | | Ring-K. | A 1 | 907 | 13400 | | | | | | 260 | 3,51 | 1732 | | [40, 623, 624] |
| | Viper ASV.10 | A 7 | 4,0 : 1 | 19,05 | | Ring-K. | 1 | 907 | 13400 0 | 740 | 12700 0 | 1,01+ 0,99++ | 711 Breite bzw. Höhe | 1185* 1700** | 263 | 3,51 | 2850 | + Bei Startstandschub ++ Bei Dauerschub * Ohne Schubdüse ** Mit Schubdüse | [326, 329, 334, 347, 527, 623, 624, 625] |
| | Viper ASV.10 | A 7 | 3,91 : 1 | 19,05 | | Ring-K. | 1 | 907 | 13400 | 740 | 12700 | 1,01+ 0,99++ | 617* 711 | 1756** 1676 | 243 | 3,74 | | * Nach [656] + Bei Standschub ++. Bei Dauerschub | [36, 41, 532, 656] |
| | Viper ASV.10 | A 7 | | | | | | 1040 | | | | | | | | | | | [36, 41, 699, 758, 760] I.A.L. 21. 9. 55, 2. 7. 55 |
| | Viper ASV.10 | | | | | | | 1043 | | | | | | | | | | | [615] |
| | Viper ASV.11 | A 7 | | | | Ring-K. | 1 | 1115 | 13800 | | | 1,11 | 609 | 1725 | 259 | | | Höherer Schub durch höhere Temperaturen | [3, 334, 347, 527, 654] I.A.L. 26. 2. 57 |

| Hersteller | Bezeichnung | Verdichter | | | | Brennkammer | Turbine | Max. Startstandschub bei | Drehzahl Höhe | Max. Dauerschub bei | Drehzahl Geschwindigkeit Höhe | Spez. Kraftstoffverbrauch | Abmessungen | | Gewicht | Kennzahlen | | Bemerkungen | Quelle |
|---|---|---|---|---|---|---|---|---|---|---|---|---|---|---|---|---|---|---|---|
| | | Bauart Stückzahl | Verdichtungsverhältnis | Durchsatz bei | Drehzahl Geschw. Höhe | Anzahl Bauart | Stufenzahl | | | | | | Durchmesser | Länge | | Schub/Gewicht | Schub/Stirnfl. | | |
| | Dimension | A=axial R=radial | | kg/sec | U/min km/h km | | | kp | U/min km | kp | U/min km/h km | kg/kph | mm | mm | kg | kp/kg | kp/m² | | |
| **Armstrong Siddeley** | Viper ASV.11 | A 7 | 3,9 : 1 | 19,05 | | Ring-K. | 1 | 1115 | 13400 | 924 | 12700 | 1,11 1,10 | 617 | 1756 | 243 | 4,60 | | | [656] |
| | Sapphire F8 | | | | | | | | | | | | | | | | | Siehe unter Metropolitan Vickers | [201] |
| | Sapphire ASSa.1 | A 13 | | | | Ring-K. | A 2 | 3175 | | | | | | | | | | Ursprünglich ein Entwurf von Metropolitan Vickers | [12] |
| | Sapphire | A | | | | Ring-K. | | 3265 | | | | | 820 | 3400 | 1136 | | | | [735] |
| | Sapphire | A | | | | | | 3270 | | | | 0,907 | 895 | 3400 | 1135 | | | | [670] |
| | Sapphire ASSa.1 | A 13 | | | | Ring-K. | | 3275 | 0 0 | | | 0,91 | 1090 | 3400 | 1135 | | | Bei einem Prüfstandslauf wurden 3765 kp Schub erreicht | [153] |
| | Sapphire | | | | | | | 3275 | | | | 0,91 | 895 | | 1135 | | | | [672, 830] |
| | Sapphire ASSa.1 | A 12 | 7 | | | | A 2 | 3280 | | | | 0,916 | 895 | 3560 | 1134 | | | | [400, 401] |
| | Sapphire ASSa.1 | A | | | | Ring-K. | A | 3280 | | | | 0,91 | 947,5 | 3401 | 1134 | 2,89 | | | [268] |
| | Sapphire ASSa.1 | A | | | | | | 3280 | 0 | | | 0,91 | 947,5 | 3401 | 1134 | 2,9 | 4920 | | [78] |
| | Sapphire ASSa.1 | A 12 | 7 | | | | A 2 | 3280 | | | | 0,91 | 894 | 3073 | 1134 | | | | [416] |
| | Sapphire ASSa.2 | A 13 | | | | Ring-K. | 2 | 3350 | | | | | | | | | | | [12] I.A.L. 5. 10. 57 |
| | Sapphire ASSa.3 | A 13 | | | | Ring-K. | 2 | 3400 | 8300 | | | 0,91 | 948 | 3400 | | 2,89 | | | [3, 12, 37] |

| Hersteller | Bezeichnung | Verdichter Bauart Stückzahl (A=axial, R=radial) | Verdichtungsverhältnis | Durchsatz bei (kg/sec) | Drehzahl Geschw. Höhe (U/min, km/h, km) | Brennkammer Anzahl Bauart | Turbine Stufenzahl | Max. Startstandschub bei (kp) | Drehzahl Höhe (U/min, km) | Max. Dauerschub bei (kp) | Drehzahl Geschwindigkeit Höhe (U/min, km/h, km) | Spez. Kraftstoffverbrauch (kg/kph) | Durchmesser (mm) | Länge (mm) | Gewicht (kg) | Schub/Gewicht (kp/kg) | Schub/Stirnfl. (kp/m²) | Bemerkungen | Quelle |
|---|---|---|---|---|---|---|---|---|---|---|---|---|---|---|---|---|---|---|---|
| | Dimension | | | | | | | | | | | | | | | | | | |
| **Armstrong Siddeley** | Sapphire ASSa.3 | | | | | | | 3402 | 8300 | | | | | | | | | Wright J65 | [589] |
| | Sapphire ASSa.4 | A 13 | | | | Ring-K. | 2 | | | | | | | | | | | | [12, 37] |
| | Sapphire ASSa.4 | | | | | | | 4390 | | | | | | | | | | | [623, 624] |
| | Sapphire ASSa.4 | | | | | | | 4400 | | | | | | | | | | | [300] |
| | Sapphire ASSa.4 | | | | | | | 4400 | | | | | | | | | | | [300] I.A.L. 5. 10. 57 |
| | Sapphire ASSa.5 | A 13 | | | | Ring-K. | 2 | 3620 / 3630* | | | | | | | | | | * [I.A.L. 5. 10. 57] Mit Nachbrenner | [37, 12, 623, 624, 724] |
| | Sapphire ASSa.6 | A 13 | 7,2 : 1 | 63 | 8600 0 0 | Ring-K. | A 2 | 3600 / 3765* | 8600 0 | | | 0,85 | 950 | 3402 | 1157 | 3,12 | | * [I.A.L. 5. 10. 57] | [37, 637] I.A.L. 5. 10. 57 |
| | Sapphire ASSa.6 | | | | | | | 3629 | 8600 | | | 0,9 | 950 | 3404 | 1226 | | | | [315] |
| | Sapphire ASSa.6 | A 13 | | | . | Ring-K. | 2 | 3629 | 8600 0 | | | 0,85* / 0,9 | 950 | 2705** / 3312 | 1179 | 3,08 | 4040 | Erstes Produktionsmodell, auch mit Nachbrenner ausgerüstet * Reiseverbrauch ** Ohne Schubrohr | [12, 262, 263] |
| | Sapphire ASSa.6 | | | | | Ring-K. | | 3629 | 8600 0 | | | 0,85* / 0,9 | | | | 3,14 | 5670 | * Reiseverbrauch | [580] |
| | Sapphire ASSa.6 | A | | | | | | 3629 | | | | 0,9 | 941 | 3403 | 1179 | 3,08 | | | [268] |
| | Sapphire ASSa.6 | A | | | | Ring-K. | | 3629 | 8600 0 | | . | 0,87* / 0,9 | 950 | 3404 m. N. 2781 | 1179 | 3,08 | 4030 | * Reiseverbrauch | [275] |
| | Sapphire 101 | A 13 | 7,2 : 1 | 63 | 8600 0 | Ring-K. | 2 | 3630 | 8600 | | | 0,85 | 950 | 3400 | 1180 | 3,08 | 5180 | | [40, 742] |

| Hersteller | Bezeichnung<br>Dimension | Verdichter<br>Bauart Stückzahl<br>A=axial R=radial | Verdichter<br>Verdichtungs-<br>verhältnis | Verdichter<br>Durchsatz bei<br>kg/sec | Verdichter<br>Drehzahl Geschw. Höhe<br>U/min km/h km | Brennkammer<br>Anzahl Bauart | Turbine<br>Stufenzahl | Max. Startstandschub bei<br>kp | Drehzahl Höhe<br>U/min km | Max. Dauerschub bei<br>kp | Drehzahl Geschwindigkeit Höhe<br>U/min km/h km | Spez. Kraftstoffverbrauch<br>kg/kph | Abmessungen<br>Durchmesser<br>mm | Abmessungen<br>Länge<br>mm | Gewicht<br>kg | Kennzahlen<br>Schub/Gewicht<br>kp/kg | Kennzahlen<br>Schub/Stirnfl.<br>kp/m² | Bemerkungen | Quelle |
|---|---|---|---|---|---|---|---|---|---|---|---|---|---|---|---|---|---|---|---|
| **Armstrong Siddeley** | Sapphire ASSa.6 | A<br>13 | 7,2 : 1 | 58,9 | | Ring-K. | 2 | 3630 | 8600<br>0 | | | 0,9*<br>0,87** | 950<br>Breite bzw. Höhe | 2784+<br>3404 | 1227 | 2,96 | 4020 | * Bei Startstandschub<br>** Bei Dauerschub<br>+ Länge ohne und mit Schubdüse | [304, 305, 306] |
| | Sapphire ASSa.6 | A<br>13 | | | | Ring-K. | 2 | 3630* | 8600 | | | 0,9[1]<br>0,85[2] | | | | 2,97 | 5467 | * Max. Auslegungsschub<br>[1] Bei Auslegungsschub<br>[2] Bei Reiseschub | [623, 624] |
| | Sapphire ASSa.6 | 13 | 7,2 | 63 | | Ring-K. | 2 | 3650 | 8600 | | | 0,85 | 950 | | 1157 | 3,12 | 5150 | | [150] |
| | Sapphire ASSa.6 | | | | | | | 3650 | 8600<br>0 | | | 0,85*<br>0,9 | 950 | 3400 | 1225 | | | * Reiseverbrauch | I.A.L. 18. 6. 54 |
| | Sapphire ASSa.6 | A<br>13 | 7,5 : 1 | | | Ring-K. | 2 | 3650*<br>3765 | 8600 | | | 0,85** | 950 | 3400 | 1225 | | | * Höchstschub<br>** Bei max. Reiseschub | [347, 527, 760] |
| | Sapphire ASSa.6 | A | | | | | | 3770 | | | | 0,91 | 905 | 3278 | 1158 | | | | [248] |
| | Sapphire ASSa.6 | A<br>13 | 7,26 : 1 | 59 | | Ring-K. | 2 | 3765* | 8600<br>0 | 3200 | 8200 | 0,85[1]<br>0,87[2] | 950 | 3405 | 1179<br>1211+ | | | * Nach [589] mit Nachbrenner<br>[1] Bei Startstandschub<br>[2] Bei Dauerschub<br>+ Nach [656] | [589, 656] |
| | Sapphire ASSa.6 | A<br>12 | | | | | A<br>2 | 3765<br>m. N. | 8600<br>0 | | | 0,9 | 889 | 2962* | 1134 | | | Bei Wright USA als J65 gebaut<br>* Ohne Schubdüse | [429] |
| | Sapphire ASSa.6 | A | | | | Ring-K. | 2 | 3765* | 8600<br>0 | | | 0,85** | 950 | 3405 | 1177 | | | * Höchstschub<br>** Spez. Verbrauch bei Höchstschub | [275, 276] |
| | Sapphire | | | | | | | 3765 | 8200 | | | | 895 | 3400 | 1134 | | | | [741] |
| | Sapphire ASSa.7 | | | | | | | 3629 | | | | | | | | | | Wie ASSa.4 und ASSa.5 | [268] |
| | Sapphire ASSa.7 | A<br>12 | | . | | Ring-K. | 2 | 4627 | | | | | 889 | | | | | | I.A.L. 18. 6. 55 |
| | Sapphire ASSa.7 | | | | | | | 4535 | 8600<br>0 | | | 0,885 | 950 | 3350 | 1395 | | | | [684] |

| Hersteller | Bezeichnung | Verdichter | | | | Brenn-kammer | Turbine | Max. Start-stand-schub bei | Dreh-zahl Höhe | Max. Dauer-schub bei | Drehzahl Ge-schwin-digkeit Höhe | Spez. Kraft-stoff-ver-brauch | Abmessungen | | Gewicht | Kennzahlen | | Bemerkungen | Quelle |
| | | Bauart Stück-zahl | Verdich-tungs-verhältnis | Durch-satz bei | Drehzahl Geschw. Höhe | Anzahl Bauart | Stufen-zahl | | | | | | Durch-messer | Länge | | Schub / Gewicht | Schub / Stirnfl. | | |
| | Dimension | A=axial R=radial | | kg/sec | U/min km/h km | | | kp | U/min km | kp | U/min km/h km | kg/kph | mm | mm | kg | kp/kg | kp/m² | | |
| Armstrong Siddeley | Sapphire ASSa.7 | A 13 | | | | | | 4625 | | | | 0,89 | 950 | | 1348 | 3,44 | 6528 | | [12, 37] |
| | Sapphire ASSa.7 | A 13 | | | | Ring-K. | 2 | 4625 | | | | 0,885 | 950 | 3240 | | 3,08 | | Ähnlich ASSa.6 | [262, 263, 473, 637] |
| | Sapphire ASSa.7 | | | | | | | 4627 | | | | 0,885 | 950 | 3241 | 1358 | | | | [489, 490, 604] |
| | Sapphire ASSa.7 | A 13 | 8 : 1 | 68 | 8600 | Ring-K. | 2 | 4630 | 8600 | | | 0,85 | 950 | 3243 | 1350 | 3,45 | 6500 | | [3, 39, 150] |
| | Sapphire ASSa.7 | | | | | | | 4630 | | | | 0,885* | | | 1350 | | | * Bei Reiseflug | [747] |
| | Sapphire ASSa.7 | A | | | | | | 4630* | | | | | 950 | 3350 | 1395 | | | * Höchstschub | [760] |
| | Sapphire 7 | | | | | | | 4630 | | | | | | | | | | | [744] |
| | Sapphire ASSa.7 | | | | | | | 4630 | | | | 0,885* | | | 1350 | | | * Reiseverbrauch | [746, 747, 748] |
| | Sapphire ASSa.7 | A | | | | | | 4750* | 8600 | | | 0,885 | 950 | 3350 | 1392 | | | * Auslegungsleistung | [623, 624] |
| | Sapphire ASSa.7 | A | | | | Ring-K. | | 4760 | 8600 | | | 0,885 | 950 | ca. 3350 | 1395 | 3,42 | 7040 | | [326, 330, 527] I.A.L. 21. 3. 55 |
| | Sapphire 7 (202) | A 13 | 10,0 : 1 | 82 | 8600 | Ring-K. | 2 | 4763* 5000** | 8600 | | | 0,85 | 950 | 3350 | 1395 | 3,58 | 7150 | * Keine Angaben, ob Start- oder Nennschub ** Nach [40, 645] | [40, 41, 304, 305, 306, 625, 645] |
| | Sapphire ASSa.7 | | | | | | | 4763 | | | | | 950 | 3353 | | | | | [3, 316] |
| | Sapphire ASSa.7 | | | | | Ring-K. | | 4765 | 8600 0 | | | 0,885* | 950 Breite bzw. Höhe | 3350+ | 1392 | 3,42 | 6720 | * Bei Startstandschub + Mit Schubdüse | [304, 305, 306] |

| Hersteller | Bezeichnung | Verdichter | | | | Brennkammer | Turbine | Max. Startstandschub bei | Drehzahl Höhe | Max. Dauerschub bei | Drehzahl Geschwindigkeit Höhe | Spez. Kraftstoffverbrauch | Abmessungen | | Gewicht | Kennzahlen | | Bemerkungen | Quelle |
| | | Bauart Stückzahl | Verdichtungsverhältnis | Durchsatz bei | Drehzahl Geschw. Höhe | Anzahl Bauart | Stufenzahl | | | | | | Durchmesser | Länge | | Schub/Gewicht | Schub/Stirnfl. | | |
| | Dimension | $A$=axial $R$=radial | | kg/sec | U/min km/h km | | | kp | U/min km | kp | U/min km/h km | kg/kph | mm | mm | kg | kp/kg | kp/m² | | |
|---|---|---|---|---|---|---|---|---|---|---|---|---|---|---|---|---|---|---|---|
| **Armstrong Siddeley** | Sapphire ASSa.8 | | | | | | | 5610 | | | | | | | | | | | [3, 623, 624, 625] I.A.L. 9. 11. 55, 5. 10. 57 |
| | Sapphire ASSa.9 | A | | | | | | 5760 | | | | | | | | | | | [615, 623, 624, 759, 760] I.A.L. 5. 10. 57 |
| | Sapphire ASSa.12 | | | | | | | 3850 | | | | | | | | | | | [623, 624] |
| | Sapphire ASSa.12 Mk.104 | | | | | | | 3855* | | | | 0,91 | | | | | | * Keine Angaben ob Start- oder Auslegungsschub | [330, 646] I.A.L. 9. 11. 55, 6. 9. 56 |
| | | | | | | | | | | | | | | | | | | | |
| **Blackburn-Turboméca** | Palas 500 | R<br>1 | | | | Ring-K. | 1 | 158 | | | | 1,17 | 434 | 642 | | 2,20 | | | [12] |
| | Palas | R<br>1 | 4 : 1 | 3,1 | | Ring-K. | 1 | 158 | 35000 | | | 1,1 | | | | 2,1 | 1220 | Daten der Grundkonstruktion von Turboméca, wird von Blackburn in geänderter Ausführung gebaut | [602] |
| | Palas | 1 | | | | Ring-K. | 1 | 160 | | 60 | 640 6,0 | 1,17* 1,4 | | | | | | * Verbrauch bei Start- und Dauerschub | [580] |
| | Palas 600 | R<br>1 | 4,12 : 1 | 3,26 | | Ring-K. | 1 | 177* | 35000 0 | 153** | 33000 0 0 | 1,2* 1,14** | 457 Breite bzw. Höhe | 762+ | 75,3 | | | + Ohne Schubdüse | [304, 305, 306] |
| | Palas 600 | | | | | | | 177 | 35000 | | | 1,2 | 457 | 762 | 76 | | | | I.A.L. 21. 9. 55 |
| | Palas 600 | R<br>1 | 4,12 : 1 | 3,25 | | Ring-K. | 1 | 177* | 35000 | 148+ | 33000 | 1,19* 1,14+ | 444 | 762 | 76,6 | 2,31 | | | [41, 656] |
| | Palas 600 | R<br>1 | 4,1 : 1 | 3,2 | 35000 | Ring-K. | 1 | ·177 | 35000 | | | 1,2 | 450 | 1100 | 76 | 2,3 | 1160 | | [36, 766] |
| | Palas 600 | R<br>1 | 4,12 : 1 | 3,3 | 35000 | Ring-K. | 1 | 177 | 35000 0 | | | 1,14 | 445 | 1112 | 76 | 2,33 | 1180 | | [12, 40] |

| Hersteller | Bezeichnung | Verdichter | | | | Brenn-kammer | Turbine | Max. Start-stand-schub bei | Dreh-zahl Höhe | Max. Dauer-schub bei | Drehzahl Ge-schwin-digkeit Höhe | Spez. Kraft-stoff-ver-brauch | Abmessungen | | Gewicht | Kennzahlen | | Bemerkungen | Quelle |
|---|---|---|---|---|---|---|---|---|---|---|---|---|---|---|---|---|---|---|---|
| | Dimension | Bauart Stück-zahl ($A$=axial $R$=radial) | Verdich-tungs-verhältnis | Durch-satz bei | Drehzahl Geschw. Höhe | Anzahl Bauart | Stufen-zahl | | | | | | Durch-messer | Länge | | $\frac{\text{Schub}}{\text{Gewicht}}$ | $\frac{\text{Schub}}{\text{Stirnfl.}}$ | | |
| | | | | kg/sec | U/min km/h km | | | kp | U/min km | kp | U/min km/h km | kg/kph | mm | mm | kg | kp/kg | kp/m² | | |
| **Blackburn-Turboméca** | Palas 600 | R 1 | 4,12 : 1 | .3,3 | | Ring-K. | 1 | 177 | 35000 | 149* | 33000* 0 | 1,2 | 445 | 1113 | 76 | | | * Nach [345] | [345, 347, 770] |
| | Palas 600 | R 1 | 4,12 : 1 | 3,3 | 35000 | Ring-K. | 1 | 177 | 35000 | 154 | 33000 0 | 1,14 norm. | 434 | 991 | 67 89* | | | * Nach [345] | [39, 345] |
| | Marboré | R 1 | 3,9 : 1* | 7,6 | | Ring-K. | 1 | 400 | 22600 | | | 1,15 | 560 | 1090 | 140 | 2,86* | 1600* | * Nach [36, 766] | [36, 347, 766] I.A.L. 21. 9. 55 |
| | Marboré | R 1 | | | | Ring-K. | 1 | 400 | | | | 1,15 | 567 | 1095 | | | | | [12] |
| | Marboré II | 1 | | | | Ring-K. | 1 | 400 | | 150 | 556 7,62 | 1,15* 1,28 | | | | 2,86 | 1590 | * Verbrauch bei Start- und Dauerschub | [580] |
| | Marboré II | R 1 | 3,9 : 1 | 7,57 | | Ring-K. | 1 | 400* | 22600 0 | 320** | 21000 0 0 | 1,15* 1,07** | 559 Breite bzw. Höhe | 1090+ | 140 | 2,36 | 1634 | + Ohne Schubdüse | [304, 305, 306] |
| | | | | | | | | | | | | | | | | | | | |
| **Bristol** | Phoebus BPb.1 | A+R 8+1 | | | | | | 1150 | | | | | | | | | | Strahltriebwerksausführung des Proteus | [12] |
| | Phoebus BPb.1 | A+R 7+1 | 5 : 1 | 13,6 | | 8 | | 1150 | | | | | | | | | | | [268] |
| | Olympus 1 BOl.1 | | | | | | | 4146* | 8000 | 3325 | 7640 | 0,83** 0,81 | 1016 | 3073 | 1633 | | | * Höchstschub ** Spez. Verbrauch bei Höchst- und bei Reiseschub | [632] |
| | Olympus 1 BOl.1 | A+A 6+8 | | | | Ring-K. m. Einzel-flammr. | | 4150 | | | | 0,83 | 1016 | | 1633 | | | | [12, 316] |
| | Olympus 1 BOl.1 | | | | | Ring-K. | | 4420* | | | | 0,766** | 1016 | 3150 | 1595 | | | * Höchstschub ** Bei Höchstschub | [602] |
| | Olympus BOl.1/2 | A+A 6+8 | | | | Ring-K. m. Einzel-flammr. | 2 | | | | | | | | | | | | [12, 316] |

| Hersteller | Bezeichnung | Verdichter Bauart Stückzahl (A=axial, R=radial) | Verdichter Verdichtungsverhältnis | Verdichter Durchsatz bei (kg/sec) | Verdichter Drehzahl Geschw. Höhe (U/min km/h km) | Brennkammer Anzahl Bauart | Turbine Stufenzahl | Max. Startstandschub bei (kp) | Drehzahl Höhe (U/min km) | Max. Dauerschub bei (kp) | Drehzahl Geschwindigkeit Höhe (U/min km/h km) | Spez. Kraftstoffverbrauch (kg/kph) | Abmessungen Durchmesser (mm) | Abmessungen Länge (mm) | Gewicht (kg) | Kennzahlen Schub/Gewicht (kp/kg) | Kennzahlen Schub/Stirnfl. (kp/m²) | Bemerkungen | Quelle |
|---|---|---|---|---|---|---|---|---|---|---|---|---|---|---|---|---|---|---|---|
| **Bristol** | Olympus 1 BOl.1/2 | | | | | | | 4422* | | | | 0,766 | 1016 | 3150 | 1596 | | | * Höchstschub | [632] |
| | Olympus 1 BOl.1/2A | A | 11 : 1 | | | | | 4400+* | | | | 0,766** | 1020 | 3150 | 1600 | | | *Höchstschub ** Max. Reiseverbrauch | [760] |
| | Olympus 1 BOl.1/2A | | | | | | | 4400+ | | | | 0,766 | 1020 | 3150 | 1600 | | | Im Flugzeugtyp Vulcan B.1 eingebaut | I.A.L. 21. 9. 55 |
| | Olympus 1 BOl.1/2A | A+A 6+8 | 9 : 1 | 75 | 8000 | Ring-K. | 2+1 | 4425 | 8000 | | | 0,766 | 1016 | 3152 | 1596 | | | | [37, 262, 263, 268, 275, 580, 589, 602] |
| | Olympus 1 BOl.1/2B | | | | | | | 4425 | | | | 0,766 | 1016 | | 1475 | | | | [316] I.A.L. 5. 10. 57 |
| | Olympus 1 BOl.1/2B | A+A 6+8 | | | | Ring-K. m. Einzelflammr. | 2 | 4300 | | | | | | | | | | Aus BOl.1/2 entwickelt Ähnlich Olympus 1/2A | [12, 268] I.A.L. 5. 10. 57 |
| | Olympus 1 BOl.1/2C | A+A 6+8 | | | | Ring-K. m. Einzelflammr. | 2 | 4990 | | | | 0,761 | | | | | | Abgeänderte Ausführung des BOl.1/2B | [12, 268, 318, 693] |
| | Olympus BOl.1/2C (Mk.101) | A+A 6+7 | 10 : 1 | 75 | 8500 | Ring-K. | 2 | 4990 | 8500 | 4354* | 8000 | 0,76* | 1016 | 3152 | 1655 | 3,03 | | * Reiseschub | [39, 347, 469, 527] |
| | Olympus BOl.1/2C (Mk.101) | A+A 6+8 | | | | Ring-K. mit 10 Flammr. | | 4990 | | | | | 1016 Breite bzw. Höhe | 3140* | 1656 | 3,02 | 6180 | * Mit Schubdüse | [304, 305, 306, 326] |
| | Olympus BOl.1/2C (Mk.101) | A+A 6+8 | | | | Ring-K. mit 10 Flammr. | 1+1 | 4990* | | | | 0,761 0,82** | 1004 | 3250 | 1635 | 3,06 | | * Auslegungsleistung ** Nach [656] | [316, 611, 656] |
| | Olympus BOl.1/2C (Mk.101) | | | | | | | 5000* | | 4350 | | | | | | | | * Höchstschub | [760] |
| | Olympus BOl.1/2C (Mk.101) | | | | | | | 5000 | | | | 0,761 | 1020 | 3150 | | | | | I.A.L. 21. 9. 55 |
| | Olympus BOl.6 | A+A 5+7 | 12,0 : 1 | 136 | 7000 | Ring-K. mit 8 Flammr. | HD+ND 1+1 | 7250 | 7000 | | | 0,88 | 1040 | 3850 | 1630 | | 8570 | | [40, 316] |

| Hersteller | Bezeichnung | Verdichter | | | | Brennkammer | Turbine | Max. Startstandschub bei | Drehzahl Höhe | Max. Dauerschub bei | Drehzahl Geschwindigkeit Höhe | Spez. Kraftstoffverbrauch | Abmessungen | | Gewicht | Kennzahlen | | Bemerkungen | Quelle |
|---|---|---|---|---|---|---|---|---|---|---|---|---|---|---|---|---|---|---|---|
| | Dimension | Bauart Stückzahl $A=$axial $R=$radial | Verdichtungsverhältnis | Durchsatz bei | Drehzahl Geschw. Höhe | Anzahl Bauart | Stufenzahl | | Drehzahl Höhe | | | | Durchmesser | Länge | | Schub/Gewicht | Schub/Stirnfl. | | |
| | | | | kg/sec | U/min km/h km | | | kp | U/min km | kp | U/min km/h km | kg/kph | mm | mm | kg | kp/kg | kp/m² | | |
| Bristol | Olympus BOl. 6 | A+A | | | | Ring-K. mit 8 Flammr. | 2 | ca. 4540 | | | | | | | | | | Weiterentwicklung von Olympus 1/2A | [329, 527, 650, 684] |
| | Olympus BOl. 6 | | | | | | | 7260 | | | | | 1040 | 3870 | | | | | [150, 654] I.A.L. 1. 9. 56, 6. 9. 56, 8. 9. 56 |
| | Olympus BOl. 11 (Mk. 102) | A+A 7+7 | 12 : 1 | 86 | 8500 0 | Ring-K. | HD+ND 1+1 | 5443 | 8500 0 | | | 0,76 | 1020 | 3970 | 1678 | 3,23 | 6720 | Canberra mit 2 BOl. 11-Triebwerken flog Höhenrekord 20 092 m | [3, 316, 615] |
| | Olympus Mk. 99 | | | | | | | 3630 | | | | | | | | | | Sonderausführung des BOl. 1/2B für Flugerprobung in »Canberra B. 2« | [316] |
| | Olympus Mk. 100 | | | | | | | 4196* | | | | | | | | | | Sonderausführung des BOl. 1/2B für Flugerprobung im »Vulcan« * Flight rating (Flugschub) | [316] |
| | Olympus Mk. 101 | A 13 | 11 : 1 | | | | | 4990 | | 4350 | | 0,77 | 1016 | 3150 | 1655 | 3,0 | | In Lizenz bei Wright (USA) als J67 gebaut Doppelverdichter: 6+7 Stufen | [473] I.A.L. 4. 2. 55 |
| | Olympus Mk. 101 | A | | | | | | 4990* | | | | 0,79* 0,75** | | | | 3,1 | 6300 | * (Bei) Auslegungsschub ** Bei Reiseschub | [623, 624] |
| | Olympus Mk. 101 | | | | | Ring-K. mit Flammr. | | 4990* | 8500 | 3629 | | 0,79** 0,75 | 1016 | 3165 | 1654 | | | * Höchstschub ** Bei Höchst- und Reiseschub | [632] |
| | Olympus Mk. 101 | | | | | | | 4990 | | | | 0,761 | 1034 | 3144 | 1596,7 | | | Weiterentwicklung des BOl. 1/2C | [316] |
| | Olympus Mk. 101 | A+A 6+7 | 11 : 1 | | | Ring-K. | HD+ND 1+1 | 4990 | | | | 0,76 | | | 1655 | 3,03 | 6150 | Doppelverdichter | [150] |
| | Olympus Mk. 101 | | | | | | | 4990 | 6500 ND | | | 0,79 | 1018 | ca. 3150 | 1652 | | | | [623, 624] |
| | Olympus Mk. 101 | A+A 6+8 | | | | Ring-K. | 1+1 | 4990 | | | | 0,82 | 1041 | 3250 | 1633 | | | | [532] |
| | Olympus Mk. 102 | A+A 7+8 | | | | Ring-K. | 1+1 | 5443 | | | | 0,81 | 1067 | 3250 | 1724 | | | | [532] |

| Hersteller | Bezeichnung | Verdichter Bauart Stückzahl (A=axial R=radial) | Verdichtungsverhältnis | Durchsatz bei (kg/sec) | Drehzahl Geschw. Höhe (U/min km/h km) | Brennkammer Anzahl Bauart | Turbine Stufenzahl | Max. Startstandschub bei (kp) | Drehzahl Höhe (U/min km) | Max. Dauerschub bei (kp) | Drehzahl Geschwindigkeit Höhe (U/min km/h km) | Spez. Kraftstoffverbrauch (kg/kph) | Abmessungen Durchmesser (mm) | Abmessungen Länge (mm) | Gewicht (kg) | Kennzahlen Schub/Gewicht (kp/kg) | Kennzahlen Schub/Stirnfl. (kp/m²) | Bemerkungen | Quelle |
|---|---|---|---|---|---|---|---|---|---|---|---|---|---|---|---|---|---|---|---|
| Bristol- | Olympus Mk.102 (BOl.11) | A+A 7+8 | | | | Ring-K. mit 10 Flammr. | 1+1 | 5443 | | | | 0,80 | 1079 | 3350 | 1724 | | | | [656] |
| | Saturn | A | | | | | | 1725 | | | | | | | | | | Konstruktion aufgegeben | [268, 589] |
| | Orpheus BOr.1 | A 7 | | | | | 1 | 1485 | | | | | 812,8 Breite bzw. Höhe | 2479* | 339 | 4,4 | 2870 | * Mit Schubdüse | [304, 305, 306] |
| | Orpheus BOr.1 | | | | | | | 1488 | | | | | | | | 4,4 | | | [275, 276, 326] |
| | Orpheus BOr.1 | | | | | | | 1490 | | | | | 814 | 2290 | | | | Verwendung in Flugzeug »Gnat«; vorgesehen für »G-91«, Taon Mystère 26 | I.A.L. 21.9.55 |
| | Orpheus BOr.1 | A 7 | 5 : 1 | | | Ring-K. | 1 | 1490 | | | | ca. 1,1 | 815 | | 385 | 4,4 | | | [3, 473, 684] I.A.L. 28.5.55 |
| | Orpheus BOr.1 | A 7 | 5 : 1 | | | Ring-K. mit Flammr. | | 1490 | | | | | 813 | 2479 | 339 | | | | [290] |
| | Orpheus BOr.1 | A | | | | Ring-K. mit Flammr. | | 1490 | | | | | 823 | 2292 | 338 | 4,4 | | | [623, 624, 754, 755] |
| | Orpheus BOr.1 | | 5 : 1 | | | Ring-K. mit Flammr. | | 1490 | | | | | 812,8 | 2479 | ca. 338 | | | | [290] |
| | Orpheus BE.26 | A | | | | | | 1820 | | | | | | | | | | | [268, 275, 602] |
| | Orpheus BOr.1 | A | | | | | | 2270 | | | | | | | | | | Höchstschub 1820 kp | [759, 760] |
| | Orpheus BOr.1 | A 7 | | | | Ring-K. mit 7 Flammr. | 1 | 1835 | | | | | 823 | 1854 | 340 | 5,4 | | | [656] |
| | Orpheus BOr.1 | | | | | | | 2270 3200 m. N. | | | | | | | | | | | [756, 757, 758] |

| Hersteller | Bezeichnung | Verdichter | | | | Brennkammer | Turbine | Max. Start-stand-schub bei | Drehzahl Höhe | Max. Dauer-schub bei | Drehzahl Ge-schwin-digkeit Höhe | Spez. Kraft-stoff-ver-brauch | Abmessungen | | Gewicht | Kennzahlen | | Bemerkungen | Quelle |
|---|---|---|---|---|---|---|---|---|---|---|---|---|---|---|---|---|---|---|---|
| | | Bauart Stück-zahl | Verdich-tungs-verhältnis | Durch-satz bei | Drehzahl Geschw. Höhe | Anzahl Bauart | Stufen-zahl | | | | | | Durch-messer | Länge | | Schub / Gewicht | Schub / Stirnfl. | | |
| | Dimension | A=axial R=radial | | kg/sec | U/min km/h km | | | kp | U/min km | kp | U/min km/h km | kg/kph | mm | mm | kg | kp/kg | kp/m² | | |
| Bristol | Orpheus BOr.1 | A 7 | 5 : 1 | | | Ring-K. | 1 | 2270 3200 m. N. | | | | | | | | | | Mit Nachbrenner; Kompressor ist der ND-Teil des BE.25 | [589] I.A.L. 5. 2. 54, 30. 10. 54, 12. 2. 55 |
| | Orpheus | A | | | | | | 2200 | | | | | 813 | 2820 | | 5,70 | | Auch mit Nachbrenner | [12, 345] |
| | Orpheus | A 7 | | | | Ring-K. mit Flammr. | 1 | 2200 | | | | 0,97 bis 1,10 | 813 | 2480 | 385 | | | Schub mit Nachbrenner 3200 kp | [743, 746] |
| | Orpheus | 7 | 5,0 : 1 | | | Ring-K. mit Flammr. | 1 | 2200 | | | | 1,1 | 813 | | 385 | 5,55 | 4200 | | [150, 700] |
| | BOr.1/5 | A 7 | | | | Ring-K. mit 7 Flammr. | 1 | 2040 | | | | | 823 | 1854 | | | | | [656] |
| | Orpheus BOr.2 | A 7 | | | | Ring-K. mit 7 Flammr. | 1 | 2050 | | 1870 | | | 822 | 2292 | | | 3870 | | [326, 347, 527, 637] I.A.L. 5. 11. 55, 13. 11. 56 |
| | Orpheus 701 BOr.2 | A 7 | | | | Ring-K. mit 7 Flammr. | 1 | 1930 | | | | | 823 | 1854 | 358 | 5,38 | | | [656] |
| | Orpheus BOr.3 | A 7 | | | | Ring-K. mit 7 Flammr. | 1 | 2200 | | 1870 | | ca. 1,06 | 823 | 2234 1918* | 367 | 5,99 | 4150 | * Ohne Schubdüse | [3, 326, 347,527] I.A.L. 5. 11. 55, 2. 3. 57 |
| | Orpheus 801 BOr.3 | A 7 | 4,8 : 1 | 36 | 10000 0 0 | Ring-K. mit 7 Flammr | 1 | 2200 | 10000 0 | | | 1,06 | 823 | 1916 | 375 | 5,88 | | | [41, 656] |
| | Orpheus 810 BOr.3/5 | | | | | Ring-K. mit 7 Flammr. | 1 | 2200 | | | | | 823 | 1945 | 417 | | | | [41, 656] |
| | Zeus | | | | | | | 8600 bis 9070 | | | | | | | | | | | [630] I.A.L. 21. 11. 55 |
| | | | | | | | | | | | | | | | | | | | |
| De Havilland | H1 Goblin1 DGn. 1 | R 1 | | | | 16 | A 1 | 1225 | 10000 | | | | 1268 | 2552 | 689 | 1,78 | | | [12, 268] |

| Hersteller | Bezeichnung | Verdichter Bauart Stückzahl (A=axial R=radial) | Verdichter Verdichtungsverhältnis | Verdichter Durchsatz bei (kg/sec) | Verdichter Drehzahl Geschw. Höhe (U/min km/h km) | Brennkammer Anzahl Bauart | Turbine Stufenzahl | Max. Startstandschub bei (kp) | Drehzahl Höhe (U/min km) | Max. Dauerschub bei (kp) | Drehzahl Geschwindigkeit Höhe (U/min km/h km) | Spez. Kraftstoffverbrauch (kg/kph) | Abmessungen Durchmesser (mm) | Abmessungen Länge (mm) | Gewicht (kg) | Kennzahlen Schub/Gewicht (kp/kg) | Kennzahlen Schub/Stirnfl. (kp/m²) | Bemerkungen | Quelle |
|---|---|---|---|---|---|---|---|---|---|---|---|---|---|---|---|---|---|---|---|
| De Havilland | H1 Goblin2 DGn. 2 | R 1 | 3,75 : 1 | 27,2 | | 16 | 1 | 1360 | 10200 | | | 1,22 | 1270 | 2720 | 700 | | | | |
| | Goblin 2 | | 3,3 : 1 | | | 16 | | 1360 | 10200 | | | | | | 706 | | | | [26] |
| | Goblin 2 | R 1 | | | | 16 | 1 | 1360 | 10200 | | | 1,25 | 1270 | 2553 | 700 | | | | [20] |
| | Goblin 2 | R 1 | | | | 16 | 1 | 1360 | 10200 | | | | 1265 | 2550 | 745 | | | | [362] |
| | Goblin 2 | | | 27,1 | | | | 1360 | 10200 | | | | | | | | | Kompressorenddruck 2,82 at | [173] |
| | Goblin 2 | R 1 | | | | | 1 | 1361 | 10200 | | 8700 | 1,23 | 1270 | 2718 | 672 | | | | [371, 382] |
| | Goblin 2 | R 1 | | | | 16 | 1 | 1361 | 10200 | 839 | 8700 | | 1265 | 2550 | 703 | | | | [199] |
| | Goblin 2 | R 1 | 3,3 : 1 | | | 16 | 1 | 1405 | 10200 | | | | | | | | | Ähnlich Goblin 35 | [589, 37] |
| | Goblin 2 | R 1 | 3,3 : 1 | 27,2 | | 16 | A 1 | 1406 | 10200 | | | | 1268 | 2552 | 715 | 1,97 | | Ursprüngliche Bezeichnung: Goblin 30 | [12, 268] |
| | Goblin 2 | R 1 | | | | 16 | 1 | 1497 | 10750 | 1016 | 9500 | | 1268 | 2552 | 714 | | | | [199] |
| | Goblin 2 | R 1 | | | | | 1 | 1497 | 10750 | 1270 | 10250 | 1,16 | 1270 | 2552 | 714 | | | | [382] |
| | Goblin 3 | R 1 | | | | 16 | | 1498 | 10750 | 1017 | 9500 | 1,18 | 1270 | 2550 | 728 | | | | [20, 383] |
| | Goblin 3 | R 1 | 3,5 : 1 | | | 16 | 1 | 1500 | 10750 | 1015 | 9500 | | 1270 | 2550 | 705 | | | | [735] |

| Hersteller | Bezeichnung / Dimension | Verdichter Bauart Stückzahl (A=axial R=radial) | Verdichter Verdichtungsverhältnis | Verdichter Durchsatz bei (kg/sec) | Verdichter Drehzahl Geschw. Höhe (U/min km/h km) | Brennkammer Anzahl Bauart | Turbine Stufenzahl | Max. Startstandschub bei (kp) | Drehzahl Höhe (U/min km) | Max. Dauerschub bei (kp) | Drehzahl Geschwindigkeit Höhe (U/min km/h km) | Spez. Kraftstoffverbrauch (kg/kph) | Abmessungen Durchmesser (mm) | Abmessungen Länge (mm) | Gewicht (kg) | Kennzahlen Schub/Gewicht (kp/kg) | Kennzahlen Schub/Stirnfl. (kp/m²) | Bemerkungen | Quelle |
|---|---|---|---|---|---|---|---|---|---|---|---|---|---|---|---|---|---|---|---|
| De Havilland | H1 Goblin | | | | | | | 1545 | 10200 | | | | 1270 | | 681 | | | 7 Triebwerke H1 Goblin von Allis-Chalmers in Lizenz gebaut | |
| | Goblin 3 | R 1 | 3,4 : 1 | | | 16 | | 1500 | 10750 | 1015 | 9500 | | 1260 | 2550 | 710 | | | Nachbau bei Svenska Flygmotor | [153] |
| | Goblin 3 | R 1 | | | | 16 | 1 | 1520 | 10750 | 1290 | 10250 | 1,16 | 1268 | 2550 | 740 | | | | [248] |
| | Goblin 3 | R 1 | 3,5 : 1 | 28,6 | | 16 | A 1 | 1520 | 10750 | | | | 1268 | 2552 | 739 | 2,06 | | Auch unter der Bezeichnung Goblin 33DGn.3 | [12, 268] |
| | Goblin 3 | | | | | | | 1520 | 10750 | 1016 | 9500 | 1,18* 1,16 | 1268 | 2552 | 714 | | | * Verbrauch bei Max.- und Dauerschub | [208] |
| | Goblin 3 | R 1 | | | | 16 | 1 | 1520 | 10750 | 1293 | 10250 | 1,2* 1,21 | 1263 | 2556 | 740 | 2,05 | 1200 | * Spez. Verbrauch bei Max.- und Dauerschub | [262, 263] |
| | Goblin 3 | | 3,67 : 1 | 28,6 | | | | 1520 | 10750 | 1290 | 10250 | | | | | | | Ähnlich dem Triebwerk Goblin 35 | [37] |
| | Goblin 3 | R 1 | | | | 16 | 1 | 1520 | 10750 | 1293 | 10250 | | 1268 | 2552 | 739 | 2,04 | | | [78, 589] |
| | Goblin 3 | R 1 | | | | 16 Einz.-K | 1 | 1563* | 10750 0 | 1014** | 9500 0 0 | | 1266 | 2554 | 714 | | | * Max. Schub ** Reiseschub | [570] |
| | Goblin 4 DGn.4 | R 1 | | | | Einz.-K. | 1 | 1585 | | | | | 1265 | 2550 | | | | | [12] |
| | Goblin | R 1 | 3,67 : 1 | 28 | | 16 Einz.-K. | 1 | 1590 | 10750 | | | 1,15 | 1268 | | 739 | 2,17 | 1260 | | [698] |
| | Goblin 5 DGn.5 | R 1 | 3,5 : 1 | 28,6 | | 16 | 1 | 1632 | | | | | | | | | | | [268] |
| | Goblin 6 DGn.6 | R 1 | | | | Einz.-K. | 1 | 1720 | | | | | | | | | | Nur Entwurfsstudie | [12] |

| Hersteller | Bezeichnung / Dimension | Verdichter Bauart Stückzahl (A=axial R=radial) | Verdichtungsverhältnis | Durchsatz bei (kg/sec) | Drehzahl Geschw. Höhe (U/min km/h km) | Brennkammer Anzahl Bauart | Turbine Stufenzahl | Max. Startstandschub bei (kp) | Drehzahl Höhe (U/min km) | Max. Dauerschub bei (kp) | Drehzahl Geschwindigkeit Höhe (U/min km/h km) | Spez. Kraftstoffverbrauch (kg/kph) | Durchmesser (mm) | Länge (mm) | Gewicht (kg) | Schub/Gewicht (kp/kg) | Schub/Stirnfl. (kp/m²) | Bemerkungen | Quelle |
|---|---|---|---|---|---|---|---|---|---|---|---|---|---|---|---|---|---|---|---|
| De Havilland | Goblin 27    DGn. 27 | R 1 | | | | Einz.-K. | 1 | 1225 | | | | | 1265 | 2550 | | 1,78 | | | [12] |
| | Goblin 33 | R 1 | | | | Einz.-K. | 1 | 1520 | | | | | 1265 | 2550 | | | | Zivilausführung des Goblin 3 | [12] |
| | Goblin 33 | R 1 | | | | 16 | 1 | 1361 | 10250 | 1052* | 9500 | 1,13 bis<br>1,19**<br>1,2+ | | | | 1,84 | 1065 | * Reiseleistung im Stand<br>** Bei Reiseleistung<br>+ Bei Startstandschub | [580] |
| | Goblin 33 | R 1 | | | | 16 | 1 | 1518 | 10750 | 1292 | 10250<br>0 | 1,5 | 1270 | 2552 | 739 | 2,04 | | | [78] |
| | Goblin 33 | R 1 | 3,6 : 1 | 28,5 | | | 1 | 1587 | 10750 | 1338 | 10250 | 1,19 | 1270 | 1448 | 750 | | | | [400, 401] |
| | Goblin 35 | R 1 | 3,67 : 1 | 28,57 | | 16<br>Einz.-K. | | 1587 | 10750<br>0 | | | 1,14 | 1265 | 2552 | 734 | 2,15 | 1255 | | [623, 624, 600] |
| | Goblin 35 | R 1 | | | | 16 | 1 | 1587 | 10750 | 1338 | 10250 | 1,19 | 1260 | 2553 | 739 | 2,15 | 1260 | | [262, 263] |
| | Goblin 35 | R 1 | 3,7 : 1 | | | 16 | 1 | 1587 | | | | 1,16 | 1270 | 2565 | 739*<br>734 | | | * Nach [528, 532] | [527, 473, 532, 528] |
| | Goblin 35    DGn. 4 | R 1 | 3,67 : 1 | 28,6 | | 16<br>Einz.-K. | 1 | 1588 | 10750<br>0 | 1361 | 10250<br>0<br>0 | 1,19*<br>1,16** | Breite<br>bzw.<br>Höhe<br>1267 | 2553+ | 739 | 2,15 | 1257 | * Bei Startstandschub<br>** Bei Dauerschub<br>+ Mit Schubdüse | [304, 305, 306, 326, 856] |
| | Goblin 35    DGn. 4 | R 1 | 3,67 : 1 | 28,6 | | 16 | 1 | 1588 | 10750 | | | | 1268 | 2552 | 726 | 2,19 | | | [268] |
| | Goblin 35 | R | 3,7 : 1 | | | | | 1590* | 10750 | 1340 | 10250 | 1,16** | 1270 | 2550 | 740 | | | * Höchstschub<br>** Max. Reiseverbrauch | [759, 760] |
| | Goblin 35 | R 1 | 3,4 : 1 | | | 16 | 1 | 1590 | 10750 | 1295 | 10250 | 1,14 | 1275 | 1515 | 730 | | | | [416, 429] |
| | Goblin 35 | R 1 | | | | 16 | 1 | 1590 | 10750 | 1360 | 10250 | 1,75 | 1265 | 2525<br>2550 | 737 | | | | [153, 740, 741] |

| Hersteller | Bezeichnung | Verdichter | | | | Brennkammer | Turbine | Max. Startstandschub bei | Drehzahl Höhe | Max. Dauerschub bei | Drehzahl Geschwindigkeit Höhe | Spez. Kraftstoffverbrauch | Abmessungen | | Gewicht | Kennzahlen | | Bemerkungen | Quelle |
|---|---|---|---|---|---|---|---|---|---|---|---|---|---|---|---|---|---|---|---|
| | | Bauart Stückzahl (A=axial R=radial) | Verdichtungsverhältnis | Durchsatz bei | Drehzahl Geschw. Höhe | Anzahl Bauart | Stufenzahl | | | | | | Durchmesser | Länge | | Schub/Gewicht | Schub/Stirnfl. | | |
| | Dimension | | | kg/sec | U/min km/h km | | | kp | U/min km | kp | U/min km/h km | kg/kph | mm | mm | kg | kp/kg | kp/m² | | |
| De Havilland | Goblin 35 | R 1 | | | | 16 | 1 | 1590 | 10750 | 1360 | 10250 | 1,74 | 1268 | 2550 | 740 | | | | [248] |
| | Goblin 35 | R 1 | 3,67 | 28 | 10750 | 16 | 1 | 1590 | 10750 | 1360 | 10250 | | 1268 | 2553 | 739 | 2,18 | | 800°C Gastemperatur vor der Turbine | [37] |
| | Goblin 35 | R 1 | 3,67 : 1 | 28,6 | | 16 | 1 | 1588 | 10750 | | | 1,14 | 1270 | 2552 | 739 | | | | [589] |
| | Goblin 35 | R 1 | 3,67 : 1 | 28,6 | | 16 | 1 | 1588 | 10750 | | | 1,14 | | | | 2,15 | 1255 | | [41, 602] |
| | Goblin 35B | | | | | | | | | | | | | | | | | Wie Goblin 35, aber mit 2 Lucas Kraftstoffpumpen | [37] |
| | H2 Ghost DGt.1 | R 1 | | | | Einz.-K. | 1 | 1810 | | | • | | | | | | | | [12] |
| | H2 Ghost | R 1 | | | | 16 | 1 | 1936 | | | | | | | | | | | [268] |
| | Ghost 1 | R 1 | | | | 10 | 1 | 2268 | 10000 | 1281,4 | 8500 | | 1346 | 3226 | 912 | | | | [199] |
| | Ghost 1 | R 1 | | | | | 1 | 2268 | 10000 | | 9500 | 1,06 | 1346 | 2930 | 912 | | | Betriebszeiten zwischen den Überholungen 450 Std. | [382] I.A.L. 10. 12. 52 |
| | Ghost 2 | R 1 | | | | 10 | 1 | 2270 | 10250 | 1800 | 9500 0 | | 1350 | 2930 | 910 | | | | [735] |
| | Ghost 103 DGt.3 | R 1 | 4,5 : 1* | 39,9 | | 10 Einz.-K. | A 1 | 2200 | 10250 0 | | | 1,09 | 1345 | 3315 | 986 | 2,24 | 1545 | * In der gleichen Quelle einmal auch mit 4,6 : 1 angegeben | [602, 623, 624] |
| | Ghost 103 DGt.3 | R 1 | | | | Einz.-K. | 1 | 2200 | | | | | | | | | | Erst als DGt.3 bekannt | [12] |
| | Ghost 103 | | | | | | | 2200 | | | | | | | | | | Militärtriebwerk. Gleiche Auslegung wie Ghost 48Mk.1. Produktionsausf. des DGt.3 gegabelter Einlaß | [246] |

| Hersteller | Bezeichnung / Dimension | Verdichter | | | | Brennkammer | Turbine | Max. Startstandschub bei | Drehzahl Höhe | Max. Dauerschub bei | Drehzahl Geschwindigkeit Höhe | Spez. Kraftstoffverbrauch | Abmessungen | | Gewicht | Kennzahlen | | Bemerkungen | Quelle |
|---|---|---|---|---|---|---|---|---|---|---|---|---|---|---|---|---|---|---|---|
| | | Bauart Stückzahl (A=axial, R=radial) | Verdichtungsverhältnis | Durchsatz bei (kg/sec) | Drehzahl Geschw. Höhe (U/min, km/h, km) | Anzahl Bauart | Stufenzahl | (kp) | (U/min, km) | (kp) | (U/min, km/h, km) | (kg/kph) | Durchmesser (mm) | Länge (mm) | (kg) | Schub/Gewicht (kp/kg) | Schub/Stirnfl. (kp/m²) | | |
| De Havilland | Ghost 103 | R / 1 | 4,6 : 1 | 39,9 | | 10 | 1 | 2200 | 10250 | | | 1,09 | | | | 1,24 | 1550 | | [602] |
| | Ghost 103 | R / 1 | 4,5 : 1 | | | 10 | 1 | 2290 | | | | 1,16 | 1346 | 3073 | 977 | | | | [473] |
| | Ghost 103 | R / 1 | 4,5 : 1 | 39 | | 10 Einz.-K. | 1 | 2290 | 10250 | | | 1,02 | 1346 | | 1002 | 2,27 | 2100 | | [150] |
| | Ghost 103R | R / 1 | | | | Einz.-K. | 1 | 2630 | | | | | | 2580 | | 2,41 | | Nachbrennerausführung des DGt.103 | [12] |
| | Ghost 103R | | | | | | | 2995 | | | • | | | | | | | Militärtriebwerk Ähnlich Ghost 103 mit Nachbrenner | [37] |
| | Ghost 104 DGt.4 | R / 1 | | | | Einz.-K. | 1 | 2200 | | | | | | | | | | Militärtriebwerk Ähnlich Ghost 103 | [12, 37, 623, 624] |
| | Ghost 105 DGt.5 | | | | | | | | | | | | | | | | | | [623, 624] |
| | Ghost 45 DGt.2/2 | R / 1 | | | | Einz.-K. | 1 | 2040 | | | | | | | | | | | [12] |
| | Ghost 48 Mk.1 | R / 1 | 4,5 : 1 | 39,5 | | 10 Einz.-K. | A 1 | 2200 | 10250 0 | 1872 | 9750 0 0 | 1,21* 1,16** | Breite bzw. Höhe 1346 | 1812+ 2946 | 961 | 2,29 | 1537 | * Bei Startstandschub ** Bei Dauerschub + Länge ohne und mit Schubdüse | [304, 305, 306] |
| | Ghost 48 Mk.1 DGt.3 | R / 1 | 4,5 : 1 | 39,91 | | 10 | A 1 | 2200 | 10250 | | | 1,17 | 1346 | | 1002 | 2,2 | | Triebwerk eingebaut in Flugzeugtyp Venom Ghost 48Mk.1 Ähnlich Ghost 103 | [268, 37] |
| | Ghost 48 Mk.1 | R / 1 | 4,0 : 1 | | | 10 | A 1 | 2200 | 10250 | | | 1,17 | 1346 | 2934 | 986 | | | 250 Betriebsstunden vor Zwischenüberholung | [429] |
| | Ghost 48 | R / 1 | | | | 10 | 1 | 2200 | 10250 | 1860 | 9750 | 1,16* 1,21 | 1346 | 3075 | 961 | 2,29 | 1550 | * Spez. Verbrauch bei Stand- und Dauerschub | [262, 263] |
| | Ghost 48 Mk.2 | R / 1 | | | | Einz.-K. | 1 | 2200 | | | | 1,21 | 1345 | 2940 | | 2,29 | | Zivilausführung des Modelles 103 | [12] |

| Hersteller | Bezeichnung | Verdichter | | | | Brenn-kammer | Turbine | Max. Start-stand-schub bei | Drehzahl Höhe | Max. Dauer-schub bei | Drehzahl Ge-schwin-digkeit Höhe | Spez. Kraft-stoff-ver-brauch | Abmessungen | | Gewicht | Kennzahlen | | Bemerkungen | Quelle |
|---|---|---|---|---|---|---|---|---|---|---|---|---|---|---|---|---|---|---|---|
| | | Bauart Stück-zahl | Verdich-tungs-verhältnis | Durch-satz bei | Drehzahl Geschw. Höhe | Anzahl Bauart | Stufen-zahl | | | | | | Durch-messer | Länge | | $\frac{\text{Schub}}{\text{Gewicht}}$ | $\frac{\text{Schub}}{\text{Stirnfl.}}$ | | |
| | Dimension | A=axial R=radial | | kg/sec | U/min km/h km | | | kp | U/min km | kp | U/min km/h km | kg/kph | mm | mm | kg | kp/kg | kp/m² | | |
| De Havilland | Ghost 48  Mk.2 | | 4,5 : 1 | | | | | 2300* | 10350 | 1950 | 9750 | | 1345 | 2950 | | | | * Höchstschub | [760] |
| | Ghost 50  DGt.2 | R 1 | | | | 10 | 1 | 2268 | 10000 | 1281,4 | 8500 | 1,08 | 1339 | 2934 | 912 | | | | [201] |
| | Ghost 50 | R 1 | | | | 10 | 1 | 2268 | 10250 | 1950 | 9750 | 1,33 | 1346 | 3073 | 1006 | 2,275 | | | [78, 741] |
| | Ghost 50 | R 1 | 4,0 : 1 | | | 10 | | 2268 | 10250 | | | 1,06 | 1346 | 2934 | 986,5 | | | Zwischenüberholung nach 450 Betriebsstunden | [429] |
| | Ghost 50 | R 1 | 4,67 : 1 | 39,5 | | | 1 | 2268 | 10250 | 1950 | 9750 | 1,08 | 1346 | 1778 | 1001,5 | | | Zwischenüberholung nach 250 Betriebsstunden | [400, 401] |
| | Ghost 50 | R 1 | 4,0 : 1 | 40,82 | | | 1 | 2268 | 10250 | 1950 | 9750 | 1,06 | 1346 | 1778 | 1054 | | | | [416] |
| | Ghost 50 | | | | | | | 2268 | | | | 1,02 | | | 986 | 2,33 | | | [57] |
| | Ghost 50 | R 1 | 4,7 : 1 | | | 10 | | 2270 | 10250 | 1960 | 9750 | 1,02 | 1350 | 2930 | 980 | | | | [153, 742] |
| | Ghost 50 | R 1 | 4,3 : 1 | | | 10 | 1 | 2270 | 10000 | | | 1,06 | 1346 | 2930 | 912 | | | | [20] |
| | Ghost 50 | R 1 | 4,25 : 1 | 36,5 | | 10 | 1 | 2270 | 10000 | | | 1,06 | 1340 | 2900 | 900 | | | | [184] |
| | Ghost 50 | R 1 | | | | 10 | 1 | 2270 | 10250 | 1950 | 9750 | 1,05 | 1348 | 3075 | 1005 | | | | [248] |
| | Ghost 50 | R 1 | | | | | | 2270 | 10000 | 1982 | | 1,07 | 1345 | 2930 | 911 | | | | [383] |
| | Ghost 50  Mk.1 | R 1 | 4,5 : 1 | 39,5 | 10250 | 10 | 1 | 2290 | 10250 | 1960 | 9750 | 1,02 | 1346 | 3075 | 1002 | 2,33 | | 800°C Gastemperatur vor der Turbine | [37] |

| Hersteller / Dimension | Bezeichnung | Verdichter: Bauart Stückzahl (A=axial R=radial) | Verdichter: Verdichtungsverhältnis | Verdichter: Durchsatz bei (kg/sec) | Verdichter: Drehzahl Geschw. Höhe (U/min km/h km) | Brennkammer: Anzahl Bauart | Turbine: Stufenzahl | Max. Startstandschub bei (kp) | Drehzahl Höhe (U/min km) | Max. Dauerschub bei (kp) | Drehzahl Geschwindigkeit Höhe (U/min km/h km) | Spez. Kraftstoffverbrauch (kg/kph) | Abmessungen: Durchmesser (mm) | Abmessungen: Länge (mm) | Gewicht (kg) | Kennzahlen: Schub/Gewicht (kp/kg) | Kennzahlen: Schub/Stirnfl. (kp/m²) | Bemerkungen | Quelle |
|---|---|---|---|---|---|---|---|---|---|---|---|---|---|---|---|---|---|---|---|
| De Havilland | Ghost 50 Mk.1 | R<br>1 | | | | 10 | 1 | 2290 | 10000 | 1860 | 9500 | 1,12*<br>1,15 | 1346 | 1810**<br>3075 | 1002 | 2,29 | 1610 | * Verbrauch bei Stand- und bei Startschub<br>** Länge mit bzw. ohne Schubdüse | [262, 263] |
| | Ghost 50 Mk.1 DGt.3 | R<br>1 | 4,5 : 1 | 39,91 | | 10 | 1 | 2291 | 10250 | | | 1,15 | 1346 | 3073 | 1002 | 2,29 | | | [268] |
| | Ghost 50 Mk.2 | 1 | | | | 10 | 1 | 2291 | 10000 | 1465 | 9000<br>0 | 1,15*<br>1,04 | | | | 2,29 | 1570 | * Verbrauch bei Stand- und bei Dauerschub | [580] |
| | Ghost 50 Mk.2 | A<br>1 | 4,5 : 1 | 39,5 | | 10 | 1 | 2311 | 10350 | 1950 | 9500 | 1,02*<br>1,12 | 1346 | 1811**<br>3098 | 1023 | 2,28 | 1640 | Ausgerüstet m. Wasser-Methanoleinsp.<br>* Verbrauch bei Stand- und Dauerschub<br>** Länge mit und ohne Schubdüse | [275] |
| | Ghost 50 Mk.2 DGt.3 | R<br>1 | 4,5 : 1 | 39,9 | | 10 | 1 | 2311 | 10350 | | | 1,15 | 1346 | | | | | Mit Wasser-Methanoleinspritzung | [268]. |
| | Ghost 50 Mk.2 | R<br>1 | | | | 10 | 1 | 2325 | 10350 | 1950 | 9500 | 1,12*<br>1,02 | 1346 | 3073**<br>1811 | 1000 | 2,33 | 1640 | Wasser-Methanoleinspritzung<br>* Verbrauch bei Stand- und bei Dauerschub<br>** Länge mit und ohne Schubdüse | [262, 263] |
| | Ghost 50 Mk.2 | | | | | | | 2540 | 10250 | | | | | | | | | | | [37] |
| | Ghost 50 Mk.3 | R<br>1 | | | | Einz.-K. | 1 | 2320 | | | | | | | | | | | Mit Wasser-Methanoleinspritzung | [12] |
| | Ghost 50 Mk.4 | R<br>1 | | | | Einz.-K. | 1 | 2320 | | | | | | | | | | | Wie Mk.3 aber ohne Einspritzung | [12] |
| | Ghost 55 DGt.4 | R<br>1 | | | | Einz.-K. | 1 | | | | | | | | | | | | Vermutlich 2490 kp Standschub | [12] |
| | Ghost 60 DGt.5 | R<br>1 | | | | Einz.-K. | 1 | | | | | | | | | | | | Vermutlich 2710 kp Standschub | [12] |
| | H4 Gyron | | | | | . | | 6800* | 0 | | | | 1174 | 3910 | | | 6280 | * Auslegungsschub | [309, 310, 527] |
| | H4 Gyron | | | | | | | 6800* | | | | | 1180** | 3910 | | | | * Schub wurde bei den offiziellen Abnahmeläufen erzielt<br>** Ohne Zubehör | I.A.L. 3. 9. 55 |

| Hersteller | Bezeichnung / Dimension | Verdichter Bauart Stückzahl (A=axial R=radial) | Verdichtungsverhältnis | Durchsatz bei (kg/sec) | Drehzahl Geschw. Höhe (U/min km/h km) | Brennkammer Anzahl Bauart | Turbine Stufenzahl | Max. Startstandschub bei (kp) | Drehzahl Höhe (U/min km) | Max. Dauerschub bei (kp) | Drehzahl Geschwindigkeit Höhe (U/min km/h km) | Spez. Kraftstoffverbrauch (kg/kph) | Durchmesser (mm) | Länge (mm) | Gewicht (kg) | Schub/Gewicht (kp/kg) | Schub/Stirnfl. (kp/m²) | Bemerkungen | Quelle |
|---|---|---|---|---|---|---|---|---|---|---|---|---|---|---|---|---|---|---|---|
| De Havilland | H4 Gyron DGy.1 | A | 6 : 1 | 136 | | Ring-K. | | 6800 | | | | 0,85 | 1173 | 3915 | 1700 | | 6275 | | [304, 305, 306, 149, 625, 626, 697] |
| | Gyron | A<br>5 | | 136 | | | 2 | 6800 | | | | | 1016 | | | | | | [309, 495, 500, 443, 310]<br>I.A.L. 6. 8. 53 |
| | Gyron | | | | | | | 7260 | | | | | | | | | | | I.A.L. 28. 4. 54 |
| | Gyron DGy.1 | A | | | | Ring-K. | | 6800 | | | | | 1174 | 3915 | | | 6280 | Für Überschall | [275, 268, 589, 326] |
| | Gyron DGy.1 | A | | | | | | 7200* | | | | | ca. 1000 | | | | | * Höchstschub | [760, 748]<br>I.A.L. 21. 9. 55 |
| | H4 Gyron DGy.1 | A<br>6 | | | | | 2 | 9070 | | | | | 1015 | | | | | Überschall-Triebwerk Niedriges Druckverh. | [12] |
| | H4 Gyron | A<br>5 | | | | | 3 | 9070 | | | | | 1000 | | | | | Angaben aus unbestätigten Meldungen und Annahmen | I.A.L. 8. 7. 54 |
| | Gyron DGy.2 | A<br>7 | 6,0 : 1 | 145 | 6400<br>0 | Ring-K. | 2 | 9072<br>11340<br>m. N. | | | | 1,04 | 1430 | 3950 | 1905 | 4,77 | | | [656, 41] |
| | Gyron-Junior DGJ.1 | A | | | | Ring-K. mit 13 Einzelflammr. | | 3175 | | | | | 1044 | 2610 | | | | | [656] |
| | Gyron-Junior | A | | | | | | 3630 | | | | | | | | | | | I.A.L. 28. 4. 54 |
| | Gyron-Junior | A | | | | | | ca. 3650* | | | | | | | | | | * Höchstschub | [760] |
| | Gyron-Junior DGJ.1 | A<br>7 | 6,0 : 1 | 63 | 8000<br>0<br>0 | Ring-K. | 2 | 3630 | 8000<br>0 | | | 0,9 | 813 | 2248 | 771 | 4,71 | 6980 | | [625, 626, 40, 41]<br>I.A.L. 9. 11. 55 |

| Hersteller | Bezeichnung | Verdichter | | | | Brennkammer | Turbine | Max. Startstandschub bei | Drehzahl Höhe | Max. Dauerschub bei | Drehzahl Geschwindigkeit Höhe | Spez. Kraftstoffverbrauch | Abmessungen | | Gewicht | Kennzahlen | | Bemerkungen | Quelle |
|---|---|---|---|---|---|---|---|---|---|---|---|---|---|---|---|---|---|---|---|
| | | Bauart Stückzahl | Verdichtungsverhältnis | Durchsatz bei | Drehzahl Geschw. Höhe | Anzahl Bauart | Stufenzahl | | | | | | Durchmesser | Länge | | Schub/Gewicht | Schub/Stirnfl. | | |
| | Dimension | A=axial R=radial | | kg/sec | U/min km/h km | | | kp | U/min km | kp | U/min km/h km | kg/kph | mm | mm | kg | kp/kg | kp/m² | | |
| Metropolitan-Vickers | F2 Series 1 | A 9 | 4,0 : 1 | 22,4 | | Ring-K. | 2 | 817 | 7390 | | | 1,06 | 835 | 3250 | 695 | 1,18 | | | |
| | F2 Series 1 | A 9 | | | | Ring-K. | 2 | 1085 | | | | 1,19 | 915 | 3250 | | 1,18 | | 1940 als F1A von der RAF übernommen | [12] |
| | F2 Series 2 | A 10 | | | | Ring-K. | | 952 | | | | 1,14 | | | | | | Ähnlich F2 Series 1 | [12] |
| | F2 Series 3 | A 10 | | | | Ring-K. | | 1225 | | | | | | | | | | Ähnlich F2 Series 1 | [12] |
| | F2 Series 4 | A 10 | | | | | 1 | | | | | 1,05 | 933 | 4039 | | | | | [371] |
| | F2 Series 4 | A 10 | 4,0 : 1 | | | Ring-K. | 1 | 1588 | 7700 | | | 1,05 | 835 | 4020 | 796 | 2,0 | | | [268] |
| | F2 Series 4 | A 10 | | | | Ring-K. | 1 | 1695 | | | | 1,05 | 927 | 4030 | | 2,0 | | Triebwerk entwickelt aus F2 Series 1 | [12] |
| | F3 | A 10 | | | | Ring-K. | 4 | 2087 | 7400 | | | | 1170 | 3556 | 1034 | 2,0 | | Zweikreis-Triebwerk mit 2stufigem Gebläse, 2500 U/min. | [268] |
| | F5 | A 10 | 4,0 : 1 | | | Ring-K. | 4 | 2135 | 7700 | | | | 940 | 3675 | 998 | 2,14 | | Ähnlich F2 Series 4, aber mit 2stufigem Gebläse Offener Gebläseschubverstärker | [268] |
| | F5 | A | | | | | | 2137 | | | | | | | | | | Mit Gebläseschubverstärker 4stufige Turbine | [208] |
| | F5 | A 10 | | | | Ring-K. | 4 | 2190 | | | | | 947 | 3720 | | 2,14 | | Eine Ausführung des F2 Series 4 mit offenem Gebläseschubverstärker | [12] |
| | F5 | A 10 | | | | Ring-K. | 1+4 | 2200 | 7700 | 980 | 7300 | | 962 | 3675 | 1030 | | | 4 Turbinenstufen für offenen Gebläseschubverstärker | [199] |
| | Beryl MVB.1 | A 10 | | | | Ring-K. | 1 | 1470 | | | | | | | | | | Triebwerk entwickelt aus F2 Series 4 | [12] |

| Hersteller | Bezeichnung / Dimension | Verdichter Bauart Stückzahl (A=axial R=radial) | Verdichter Verdichtungsverhältnis | Verdichter Durchsatz bei (kg/sec) | Verdichter Drehzahl Geschw. Höhe (U/min km/h km) | Brennkammer Anzahl Bauart | Turbine Stufenzahl | Max. Startstandschub bei (kp) | Drehzahl Höhe (U/min km) | Max. Dauerschub bei (kp) | Drehzahl Geschwindigkeit Höhe (U/min km/h km) | Spez. Kraftstoffverbrauch (kg/kph) | Abmessungen Durchmesser (mm) | Abmessungen Länge (mm) | Gewicht (kg) | Kennzahlen Schub/Gewicht (kp/kg) | Kennzahlen Schub/Stirnfl. (kp/m²) | Bemerkungen | Quelle |
|---|---|---|---|---|---|---|---|---|---|---|---|---|---|---|---|---|---|---|---|
| Metropolitan-Vickers | Beryl MVB.2 | A 10 | | | | Ring-K. | 1 | 1585 | | | | | | | | | | | [12] |
| | Beryl 1 MVB.2 | A 10 | | | | Ring-K. | 1 | 1743 | | | | | 947 | 4100 | | 2,16 | | | [12] |
| | Beryl 1 MVB.3 | A 10 | 4,0 : 1 | | | Ring-K. | 1 | 1745 | 7750 | 1542 | 7400 0 0 | 1,42 | 940 | 4100 | 795 | 2,16 | | Aus F2 Series 4 entwickelt | [268, 199, 382, 735, 153] |
| | Beryl 1 | | | | | | | 1745 | 7750 | 1542 | 7400 | 1,05* 1,01 | | | 790 | | | * Spez. Verbrauch bei Start- und bei Dauerschub | [208] |
| | Beryl | A 9 | | | | Ring-K. | 2 | 1745* | 7750 | 1540** | 7400 | | 944 | 4100 | 810 | | | * Max. Schub ** Reiseschub | [570] |
| | Beryl (F2 Series 4A) | A 10 | | | | Ring-K. | 1 | 1790 | 7750 | 1542 | 7400 | | 940 | 4100 | 790 | | 2500 | | [201] |
| | Beryl 2 | | | | | | | 1815 | | | | | | | | | | Ähnlich Beryl 1 | [268] |
| | F8 Sapphire | A | | | | | | ca. 2720 | | | | | | | | | | Weiterentwicklung bei Armstrong Siddeley Motors | [201] |
| | F9 Sapphire | A 13 | | | | Ring-K. | 2 | 3170 | | | | | | | | | | Von Armstrong Siddeley Motors übernommen | [12] |
| | | | | | | | | | | | | | | | | | | | |
| Power Jets | U (1) | R 1 | | | | Einz.-K. | 1 | | | | | | | | | | | Erstes Whittle-Triebwerk 1937 | [18] |
| | U (2) | R 1 | | | | Einz.-K. | 1 | 218 | | | | | | | | | | Neue Ausführung des Modelles U (1) 1938 | [18] |
| | U (3) | R 1 | | | | Einz.-K. | 1 | | | | | | | | | | | Neubau des Modelles U (2) | [18] |

| Hersteller | Bezeichnung | Verdichter | | | | Brenn-kammer | Turbine | Max. Start-stand-schub bei | Dreh-zahl Höhe | Max. Dauer-schub bei | Drehzahl Ge-schwin-digkeit Höhe | Spez. Kraft-stoff-ver-brauch | Abmessungen | | Gewicht | Kennzahlen | | Bemerkungen | Quelle |
|---|---|---|---|---|---|---|---|---|---|---|---|---|---|---|---|---|---|---|---|
| | | Bauart Stück-zahl | Verdich-tungs-verhältnis | Durch-satz bei | Drehzahl Geschw. Höhe | Anzahl Bauart | Stufen-zahl | | | | | | Durch-messer | Länge | | Schub/Gewicht | Schub/Stirnfl. | | |
| | Dimension | A = axial R = radial | | kg/sec | U/min km/h km | | | kp | U/min km | kp | U/min km/h km | kg/kph | mm | mm | kg | kp/kg | kp/m² | | |
| **Power Jets** | W1 (x) | R 1 | | | | Einz.-K. | 1 | | | | | | | | | | | Erste Flugversuche (1940) in Gloster E28/39 | [18] |
| | W1 (T) | R 1 | | | | Einz.-K. | 1 | | | | | | | | | | | Prüfstandsmodell des Triebwerks W1 | [18] |
| | W1 | R 1 | | | | Einz.-K. | 1 | 401 | | | | 1,38 | | | | 1,22 | | Triebwerk für Gloster E28/39 (1941) | [18, 371] |
| | W1 (3) | R 1 | | | | Einz.-K. | 1 | | | | | | | | | | | Abgeändertes Modell W1 | [18] |
| | W1A (1) | R 1 | | | | Einz.-K. | 1 | 390 | | | | | | | | | | Konstruktionsmerkmale des Modelles W2 | [18] |
| | W1A (2) | R 1 | | | | Einz.-K. | 1 | | | | | | | | | | | Abgeändertes Modell W1A | [18] |
| | W2 Mk. IV | R 1 | | | | Einz.-K. | 1 | | | | | | | | | | | Ähnlich Modell W2B | [18] |
| | W2B | R 1 | | | | Einz.-K. | 1 | 692 | | | | | | | | | | Abgeändertes Modell W2 | [18] |
| | W2B (1) | R 1 | | | | Einz.-K. | 1 | | | | | | | | | | | Prototyp des Modelles W2B/23 | [18] |
| | W2B (4) | R 1 | | | | Einz. K. | 1 | | | | | | | | | | | Verbessertes Modell W2 | [18] |
| | W2B Mk. II | R 1 | | | | Einz.-K. | 1 | 685 | | | | | | | | | | Abgeändertes Modell W2B (1941) | [18] |
| | W2B/23 | R 1 | | | | Einz.-K. | 1 | 726 | | | | | | | | | | Bei Rolls-Royce unter der Bezeichnung »Welland« entwickelt | [18] |
| | W2/500 | R 1 | 3,75 : 1 | | | Einz.-K. | 1 | 796 | | | | 1,12 | 1219 | 2578 | | | | 1942 | [18, 371] |

| Hersteller | Bezeichnung | Verdichter | | | | Brennkammer | Turbine | Max. Startstandschub bei | Drehzahl Höhe | Max. Dauerschub bei | Drehzahl Geschwindigkeit Höhe | Spez. Kraftstoffverbrauch | Abmessungen | | Gewicht | Kennzahlen | | Bemerkungen | Quelle |
|---|---|---|---|---|---|---|---|---|---|---|---|---|---|---|---|---|---|---|---|
| | | Bauart Stückzahl | Verdichtungsverhältnis | Durchsatz bei | Drehzahl Geschw. Höhe | Anzahl Bauart | Stufenzahl | | | | | | Durchmesser | Länge | | $\frac{\text{Schub}}{\text{Gewicht}}$ | $\frac{\text{Schub}}{\text{Stirnfl.}}$ | | |
| | Dimension | A=axial R=radial | | kg/sec | U/min km/h km | | | kp | U/min km | kp | U/min km/h km | kg/kph | mm | mm | kg | kp/kg | kp/m² | | |
| Power Jets | W2/700 | R 1 | | | | Einz.-K. | 1 | 998 | | | | 1,09 | | | | | | 1943 | [18] |
| | W2/700 | R 1 | | | | | 1 | | | | | 1,05 | | | | | | | [371] |
| | W2/850 | R 1 | | | | Einz.-K. | 1 | 1127 | | | | 1,05 | | | | 2,62 | | | [18] |
| | W2x | R 1 | | | | Einz.-K. | 1 | | | | | | | | | | | | [18] |
| | W2y | | | | | Einz.-K. | | | | | | | | | | | | | [18] |
| | | | | | | | | | | | | | | | | | | |
| Rolls-Royce | WR1 | R 1 | | | | Einz.-K. | | 907 | | | | | 1372 | | | 1,82 | | Erstes Rolls-Royce Strahltriebwerk (1942) basiert auf W2B | [12] |
| | WR1 | R 1 | 2,6 : 1 | | | | | 907 | | | | | 1370 | | 499 | 1,82 | | Luft strömt durch die Brennkammer entgegengesetzt zur Flugrichtung | [268] |
| | Welland 1 | R 1 | | | | Einz.-K. | 1 | 771 | | | | 1,12 | 1092 | | 386 | 2,00 | | Aus W2B/23 entwickelt | [268, 545, 12, 371] |
| | B. 37 Derwent I | R 1 | 3,9 : 1 | | 16500 | 10 | 1 | 907 | | | | 1,18 | 1050 | 2134 | 442 | 2,05 | | Doppelflutiger Radialverdichter Erster Lauf 29. Juni 1944 | [26, 268] |
| | B. 37 Derwent I | R 1 | 3,9 : 1 | | | | | | | | | 1,18 | 1079 | 2134 | | | | | [371] |
| | B. 37 Derwent II | R 1 | | | | 7 | 1 | 998 | | | | 1,08 | | | | | | Doppelflutiger Radialverdichter | [268] |
| | B. 37 Derwent III | R 1 | | | | | 1 | 1110 | | | | | | | | | | Doppelflutiger Radialverdichter | [268] |

| Hersteller | Bezeichnung | Verdichter | | | | Brenn-kammer | Turbine | Max. Start-stand-schub bei | Dreh-zahl Höhe | Max. Dauer-schub bei | Drehzahl Ge-schwin-digkeit Höhe | Spez. Kraft-stoff-ver-brauch | Abmessungen | | Gewicht | Kennzahlen | | Bemerkungen | Quelle |
| | | Bauart Stück-zahl | Verdich-tungs-verhältnis | Durch-satz bei | Drehzahl Geschw. Höhe | Anzahl Bauart | Stufen-zahl | | | | | | Durch-messer | Länge | | Schub/Gewicht | Schub/Stirnfl. | | |
| | Dimension | A=axial R=radial | | kg/sec | U/min km/h km | | | kp | U/min km | kp | U/min km/h km | kg/kph | mm | mm | kg | kp/kg | kp/m² | | |
| Rolls-Royce | B.37 Derwent IV | | | | | | 1 | 1090 | | | | | | | | | | Ähnlich Derwent II | [268] |
| | Derwent | | | | | | | 1587 | 14700 | | | 1,02 | | 2110 | 557 | | | | [208] |
| | Derwent 5 | R 1 | | | | | 1 | 1588[1] | 14700 | 1360[2] | 14100 | | 1092 | 2108 | 566 | | | [1] Max. Schub [2] Reiseschub | [569] |
| | Derwent 501 | | | | | | | 1590 1815* | 14700 | | | | | | | 2,56 | 1680 | * Mit Wassereinspritzung Zivilausführung des Derwent 5 | [39] |
| | Derwent 5 RD.7 | | | | | | | 1590 | 16500 | | | | 1070 | 2110 | 568 | | | | [26] |
| | Derwent 5 RD.7 | R 1 | 4,5 : 1 | 29,5 | | | | 1632 | 14700 | 1400 | 14100 | 1,05 | 1092 | 2110 | 580 | | | | [400, 401, 416, 153] |
| | Derwent 5 RD.7 | R 1 | | | | 9 | | 1632 | 14700 | 1180 | 13600 | 1,4 | 1092 | 2110 | 580 | | 1760 | Doppelflutiger Radialverdichter | [199, 201] |
| | Derwent 5 RD.7 | R 1 | 4,0 : 1 | 28,6 | | 9 | 1 | 1632 | 14700 | 1360 | 14000 0 0 | 1,4 | 1092 | 2110 | 580 | 2,81 | | Doppelflutiger Radialverdichter | [268, 735] |
| | Derwent 5 RD.7 | R 1 | 4,5 : 1 | | | 9 | | 1632 | 14700 | | | 1,219 | 1092 | 2110 | 600 | | | Doppelflutiger Radialverdichter | [429] |
| | Derwent 5 | | | | | | | | | | | 1,05 | | | | | | | [371] |
| | Derwent 5 RD.7 | R 1 | | 33,8 | | 9 | | 1815 | 15000 | | | | 1090 | 2110 | 567 | | | | [173, 156] |
| | Derwent 8 RD.7 | R 1 | 4,0 : 1 | 29,2 | 14700 0 0 | 9 | 1 | 1590 | 16500 | | | 1,03 | 1070 | 2110 | 568 | 2,8 | 1690 | | [26, 40] |
| | Derwent 8 RD.7 | R 1 | 4,5 : 1 | | | 9 | | 1630 | 14700 | 1400 | 14100 0 0 | 1,05 | 1090 | 2110 | 580 | | | Doppelflutiger Radialverdichter | [153, 262, 263] |

| Hersteller | Bezeichnung | Verdichter | | | | Brennkammer | Turbine | Max. Startstandschub bei | Drehzahl Höhe | Max. Dauerschub bei | Drehzahl Geschwindigkeit Höhe | Spez. Kraftstoffverbrauch | Abmessungen | | Gewicht | Kennzahlen | | Bemerkungen | Quelle |
|---|---|---|---|---|---|---|---|---|---|---|---|---|---|---|---|---|---|---|---|
| | | Bauart Stückzahl | Verdichtungsverhältnis | Durchsatz bei | Drehzahl Geschw. Höhe | Anzahl Bauart | Stufenzahl | | | | | | Durchmesser | Länge | | Schub/Gewicht | Schub/Stirnfl. | | |
| | Dimension | A = axial R = radial | | kg/sec | U/min km/h km | | | kp | U/min km | kp | U/min km/h km | kg/kph | mm | mm | kg | kp/kg | kp/m² | | |
| Rolls-Royce | Derwent 8 RD.7 | R / 1 | 4,0 : 1 | 28,6 | | 9 Einz.-K. | 1 | 1630 | 14700 | | | 1,05 | | | | 2,8 | 1755 | | [623, 624] |
| | Derwent 8 RD.7 | RD | 4,0 : 1 | 29,2 | | 9 Einz.-K. | 1 | 1630 | 14700 | | | 1,03 | 1092 | | 581 | 2,78 | 1730 | | [149] |
| | Derwent 8 RD.7 | R | 4,0 : 1 | | | | | 1630* | 14700 | 1400 | 14100 | 1,03** | 1090 | 2110 | 580 | | | * Höchstschub<br>** Max. Reiseverbrauch | [760] |
| | Derwent 8 RD.7 | R / 1 | 4,5 : 1 | 29,5 | | | | 1632 | 14700 | 1400 | 14100 | 1,05 | 1092 | 2110 | 580 | | | | [400, 401, 416, 153] |
| | Derwent 8 RD.7 | R / 1 | 4,5 : 1 | | | 9 | | 1632 | 14700 | | | 1,219 | 1092 | 2110 | 600 | | | | [429] |
| | Derwent 8 | R / 1 | 4,0 : 1 | 29,2 | 14700 | 9 | 1 | 1632 | 14700 | 1400 | 14100 0 | 1,03 | 1092 | 2110 | 581 | 2,85 | 1750 | | [37, 275, 78, 473] |
| | Derwent RD.7 | R / 1 | | 33,8 | | 9 | | 1815 | 15000 | | | | 1090 | 2110 | 567 | | | | [173, 545] |
| | Derwent RD.8 | R / 1 | 4,1 : 1 | 28,95 | | 9 Einz.-K. | 1 | 1632* | 14700 | | | 1,01** | 1091 | 2108 | 581 | | | * Höchstschub<br>** Verbrauch bei Höchstschub | [602] |
| | Derwent RD.8 | R / 1 | 4,1 : 1 | 29,0 | | 9 | 1 | 1632 | 14700 | 390 | 14100 482 12,2 | 1,01 | 1092 | 2110 | 580 | | | Doppelflutiger Radialverdichter Verkleinerte Ausführung des Triebwerkes Nene | [589, 580] |
| | Derwent RD.8 | R / 1 | | | | | 1 | 1905 | | | | | | | | | | | [268, 12] |
| | Derwent RD.9 | R / 1 | | | | Einz.-K. | 1 | 1812 | | | | | | | | | | | [12] |
| | Derwent RD.9 | | | | | | | 1815 | | | | | | | 620 | | | Ähnlich Derwent 8 | [37, 268] |
| | Derwent RD.10 | R / 1 | | | | Einz.-K. | 1 | 2265 | | | | | | | | | | | [12] |

| Hersteller | Bezeichnung | Verdichter Bauart Stückzahl ($A$=axial $R$=radial) | Verdichtungsverhältnis | Durchsatz bei (kg/sec) | Drehzahl Geschw. Höhe (U/min km/h km) | Brennkammer Anzahl Bauart | Turbine Stufenzahl | Max. Startstandschub bei (kp) | Drehzahl Höhe (U/min km) | Max. Dauerschub bei (kp) | Drehzahl Geschwindigkeit Höhe (U/min km/h km) | Spez. Kraftstoffverbrauch (kg/kph) | Durchmesser (mm) | Länge (mm) | Gewicht (kg) | Schub/Gewicht (kp/kg) | Schub/Stirnfl. (kp/m²) | Bemerkungen | Quelle |
|---|---|---|---|---|---|---|---|---|---|---|---|---|---|---|---|---|---|---|---|
| Rolls-Royce | Derwent RD.10 | | | | | | | 2270 | | | | | | | | | | Ähnlich Derwent 8 | [268] |
| | Derwent RD.11 | | | | | | | 2040 | | | | | | | | | | Zivilmaschine | [153] |
| | RB.40 | R 1 | | | | Einz.-K. | 1 | 1905 | | | | | | | | | | Vorläufer des Triebwerkes Nene | [12] |
| | RB.41 Nene 1 | R 1 | | | | | 1 | | | | | 1,06 | 1257 | 2464 | | | | | [371] |
| | RB.41 Nene 1 RN.1 | R 1 | 4,0 : 1 | | | 9 | 1 | 2040 | 12000 | | | 1,06 | 1260 | 2460 | 745 | 2,75 | | Doppelflutiger Radialverdichter | [268] |
| | RB.41 Nene 1 RN.1 | R 1 | | | | Einz.-K. | 1 | 2040 | | | | | | | | | | | [12] |
| | RB.41 Nene 1 RN.1 | R 1 | 4,0 : 1 | | | 9 | 1 | 2050 | 12000 | | | 1,04 | 1258 | 2458 | 753 | | | | [20] |
| | Nene 2 RN.2 | R 1 | | | | Einz.-K. | 1 | 2265 | | | | | | | | | | | [12] |
| | Nene 2 | R 1 | 4,0 : 1 | | | 9 | 1 | 2270 | 12300 | 2090 | 12000 0 0 | 1,4 | 1260 | 2620 | 790 | | | Doppelflutiger Radialverdichter 2495 kp Schub m. Verdichterkühlung | [198, 382, 735] |
| | Nene 2 | | | | | | | 2270 | 12300 | | | 1,0 | | | 700 | 3,23 | 1850 | | [57, 173] |
| | Nene 2 | R 1 | | | | 9 | | 2270 | | 1810 | 1200 | 1,0 | 1260 | 2620 | 755 | | 1850 | Doppelflutiger Radialverdichter | [20, 220] |
| | Nene 2 | R 1 | 4,0 : 1 | 40,4 | | 9 | 1 | 2270 | 12400 | | | 1,02 | 1294 | 2460 | 723 | | | | [184] |
| | Nene 3 RN.2 | R 1 | | | | Einz.-K. | 1 | 2310 | | | | 1,06 | 1255 | 2460 | | 3,15 | | | [12] |

| Hersteller | Bezeichnung | Verdichter | | | | Brennkammer | Turbine | Max. Startstandschub bei | Drehzahl Höhe | Max. Dauerschub bei | Drehzahl Geschwindigkeit Höhe | Spez. Kraftstoffverbrauch | Abmessungen | | Gewicht | Kennzahlen | | Bemerkungen | Quelle |
|---|---|---|---|---|---|---|---|---|---|---|---|---|---|---|---|---|---|---|---|
| | Dimension | Bauart Stückzahl | Verdichtungsverhältnis | Durchsatz bei | Drehzahl Geschw. Höhe | Anzahl Bauart | Stufenzahl | | | | | | Durchmesser | Länge | | $\frac{\text{Schub}}{\text{Gewicht}}$ | $\frac{\text{Schub}}{\text{Stirnfl.}}$ | | |
| | | A=axial R=radial | | kg/sec | U/min km/h km | | | kp | U/min km | kp | U/min km/h km | kg/kph | mm | mm | kg | kp/kg | kp/m² | | |
| **Rolls-Royce** | Nene 3 | R 1 | 4,0 : 1 | 40,0 | | 9 | 1 | 2314 | 12500 | 1850 | 11800 | 1,06 | 1260 | 2450 | 735 | 3,15 | 1850 | Ähnlich Nene 102 Spez. Kraftstoffverbrauch auf Startschub bezogen | [37, 262, 263, 275, 347] |
| | Nene 3 | R 1 | 4,5 : 1 | 40,5 | | 9 | 1 | 2314 | 12500 | 1850 | 11800 | 1,06 | 1260 | 2450 | 735 | | | Ähnlich Nene 102 | [400, 401] |
| | Nene 3 RN.2 | | | | | | | 2315 | | | | | | | | | | | |
| | Nene 4 RN.2 | R 1 | | | | Einz.-K. | 1 | 2265 | | | | | | | | | | | [12] |
| | Nene 4 | R 1 | 4,0 : 1 | 39,0 | | | 1 | 2270 | 12500 | 1815 | 11800 | 1,04 | 1260 | 2465 | 725 | | | Doppelflutiger Radialverdichter | [416] |
| | Nene 4 | R 1 | 4,5 : 1 | | | | 1 | 2270 | 12500 | 2090 | 12000 | 1,0 | 1260 | 2460 | 735 | 2,46 | | Startschub mit Wassereinspritzung 2495 kp | [153] |
| | Nene | R 1 | | | | | 1 | 2270 | 12300 | 2040 | 12000 | 1,06 | 1250 | 2450 | 726 | | | Doppelflutiger Radialverdichter | [208] |
| | Nene 4 | R 1 | | | | 9 | 1 | 2314 | 12500 | 1815 | 11800 | 1,02 | 1260 | 2465 | 790 | 2,91 | 1860 | | [78, 248] |
| | Nene 5 RN.2 | R 1 | | | | Einz.-K. | 1 | 2265 | | | | | | | | | | | [12] |
| | Nene 6 RN.2 | R 1 | | | | Einz.-K. | 1 | 2265 | | | | | | | | | | | [12] |
| | Nene 101 | | 4,0 : 1 | 39,9 | | | | 2265 | 12500 | | | 1,085 | 1258 | 1981 | 733 | | | | [3, 347, 527, 623, 624] |
| | Nene 101 | R 1 | 4,0 : 1 | | | 9 | 1 | 2270 | 12500 | 1790 | 11800 | 1,085 | 1260 | 1981 | 735 | 3,09 | 1800 | Ähnlich Nene 102 Spez. Kraftstoffverbrauch bezogen auf Startschub | [37, 262, 263, 473] |
| | Nene 101 RN.2 | R 1 | 4,5 : 1 | 40,1 | | 9 | 1 | 2270 | 12500 | | | 1,09 | 1260 | 1981 | 735 | 3,1 | | | [268] |

| Hersteller | Bezeichnung | Verdichter | | | | Brennkammer | Turbine | Max. Startstandschub bei | Drehzahl Höhe | Max. Dauerschub bei | Drehzahl Geschwindigkeit Höhe | Spez. Kraftstoffverbrauch | Abmessungen | | Gewicht | Kennzahlen | | Bemerkungen | Quelle |
| | | Bauart Stückzahl | Verdichtungsverhältnis | Durchsatz bei | Drehzahl Geschw. Höhe | Anzahl Bauart | Stufenzahl | | | | | | Durchmesser | Länge | | Schub Gewicht | Schub Stirnfl. | | |
| | Dimension | A=axial R=radial | | kg/sec | U/min km/h km | | | kp | U/min km | kp | U/min km/h km | kg/kph | mm | mm | kg | kp/kg | kp/m² | | |
|---|---|---|---|---|---|---|---|---|---|---|---|---|---|---|---|---|---|---|---|
| Rolls-Royce | Nene 101 | R 1 | 4,5 : 1 | | | 9 | | 2315 | 12500 | | | 1,247 | 1258 | 2458 | 735 | | | Doppelflutiger Radialverdichter | [429] |
| | Nene 102 | R | 4,0 : 1 | 40 | | | 1 | 2310* | 12500 | 1815 | 11800 | 1,02 | 1260 | 2460 | ca. 750 | | | * Höchstschub | [760] |
| | Nene 102 | R 1 | 4,5 : 1 | | | 9 | | 2315 | 12500 | | | 1,247 | 1258 | 2458 | 735 | | | | [429] |
| | Nene 102 | R 1 | 4,0 : 1 | | | 9 | 1 | 2315 | | | | 1,06 | 1258 | 2458 | | | | | [268] |
| | Nene | R | 4,5 : 1 | 40,0 | | 9 Einz.-K. | 1 | 2315 | 12500 | | | 1,02 | 1258 | | 735 | 3,12 | 1870 | | [150] |
| | Nene 102 RN. 2 | R 1 | 4,5 : 1 | 40,0 | 12500 | 9 | 1 | 2315 | 12500 | 1855 | 11800 | 1,06 | 1258 | 2458 | 735 | 3,13 | 1870 | Spez. Kraftstoffverbrauch bezogen auf Startschub | [37, 262, 263, 268, 275, 589] |
| | Nene Mk. 10 (RN. 2) | R 1 | 4,0 : 1 | 39,9 | | 9 Einz.-K. | 1 | 2310 | 12500 | | | 1,06 | | | | 3,15 | 1845 | Ähnlich Mk. 102 | [3, 347, 527, 528, 623, 624] |
| | Nene 10 RN. 2 | R 1 | 4,5 : 1 | 40,1 | | 9 | 1 | 2314 | 12500 | | | 1,06 | 1260 | 2700 | 735 | 3,15 | 1840 | Doppelflutiger Radialverdichter | [268, 602] |
| | Nene 10 | R 1 | 4,0 : 1 | | | 9 | 1 | 2314 | 12500 | | | 1,06 | 1240 | 2660 | 735 | | | Doppelflutiger Radialverdichter | [473] |
| | Nene 10 | R 1 | 4,5 : 1 | 40,8 | | 9 Einz.-K. | 1 | 2314* | 12500 | | | 1,00** | 1257 | 2640 | 730 | | | * Höchstschub ** Verbrauch bei Höchstschub | [602] |
| | Nene RN. 3 | R 1 | | | | 9 | 1 | 2315 | 12500 | 775 | 11800 645 9,15 | 1,06 | | | | 3,15 | 1850 | | [580] |
| | Nene RN. 3 | R 1 | | | | Einz.-K. | 1 | 2495 | | | | | | | | | | | [3, 12] |
| | Nene RN. 6 | R | | | | | | 2450* | | | | | | | | | | * Höchstschub | [760] |

| Hersteller | Bezeichnung | Verdichter | | | | Brennkammer | Turbine | Max. Startstandschub bei | Drehzahl Höhe | Max. Dauerschub bei | Drehzahl Geschwindigkeit Höhe | Spez. Kraftstoffverbrauch | Abmessungen | | Gewicht | Kennzahlen | | Bemerkungen | Quelle |
|---|---|---|---|---|---|---|---|---|---|---|---|---|---|---|---|---|---|---|---|
| | | Bauart Stückzahl | Verdichtungsverhältnis | Durchsatz bei | Drehzahl Geschw. Höhe | Anzahl Bauart | Stufenzahl | | | | | | Durchmesser | Länge | | Schub/Gewicht | Schub/Stirnfl. | | |
| | Dimension | A=axial R=radial | | kg/sec | U/min km/h km | | | kp | U/min km | kp | U/min km/h km | kg/kph | mm | mm | kg | kp/kg | kp/m² | | |
| **Rolls-Royce** | Nene RN.6 | | | | | | | 2450 | 12700 | | | | | | | | | | [615, 760] I.A.L. 2. 7. 55 |
| | Tay RTa.1 | R 1 | | | | 9 | | 2830 | | | | | 1270 | 2640 | | | | Aus dem Triebwerk Nene entwickelt Doppelflutiger Radialverdichter | [268] |
| | Tay 1 | R 1 | | | | 9 | 1 | 2835 | 11000 0 | | | 1,06 | 1270 | 2620 | ca. 910 | | | Nachbau durch Pratt & Whitney und Hispano Suiza | [153, 735] |
| | AJ25 Tweed | A | | | | | | 1132 | | | | | | | | | | Erste Konstruktionsstudie eines Rolls-Royce Achsialverdichtertriebw. | [12] |
| | AJ65 Avon | A | | | | | | 2950 | | | | | | | | | | Erstes rein axial durchströmtes Triebwerk von Rolls-Royce | [201] |
| | AJ65 Avon RA.1 | A 12 | | | | Einz.-K. | 2 | 2975 | | | | | 1054 | | | | | | [12] |
| | Avon RA.2 | A 12 | | | | Einz.-K. | 2 | 2715 | | | | 0,98 | 1055 | | | | | Zwischenentwicklung | [12] |
| | Avon 2 | A | | | | 8 | | 2720 | | | | | | | ca. 1090 | | | | [735] |
| | Avon RA.2 | A | | | | | 1 | 2722* | | | | 0,98 | | | | | | * Keine Angaben über die Bedingungen, unter welchen der Schub erreicht wurde | [319, 633] |
| | Avon RA.2 | A 12 | | | 7800 | 8 | 2 | 2722 | | | | 0,98 | 1050 | 3300 | 1090 | | | | [429] |
| | Avon 2 RA.2 | A | | | | 8 | | 2722 | | | | 0,98 | 1053 | 3575 | 1089 | 2,5 | | | [268] |
| | Avon RA.2 | | | | | | | 2950 | | | | | | | 1315 | 2,22 | | | [210] |
| | Avon 100 RA.3 | A 12 | | | | Einz.-K. | 2 | 2945 | | | | 0,89 | 1070 | | | | | Erstes Produktionstriebwerk bekannt als Mk. 1 | [12] |

| Hersteller | Bezeichnung | Verdichter Bauart Stückzahl (A=axial R=radial) | Verdichtungsverhältnis | Durchsatz bei (kg/sec) | Drehzahl Geschw. Höhe (U/min km/h km) | Brennkammer Anzahl Bauart | Turbine Stufenzahl | Max. Startstandschub bei (kp) | Drehzahl Höhe (U/min km) | Max. Dauerschub bei (kp) | Drehzahl Geschwindigkeit Höhe (U/min km/h km) | Spez. Kraftstoffverbrauch (kg/kph) | Durchmesser (mm) | Länge (mm) | Gewicht (kg) | Schub/Gewicht (kp/kg) | Schub/Stirnfl. (kp/m³) | Bemerkungen | Quelle |
|---|---|---|---|---|---|---|---|---|---|---|---|---|---|---|---|---|---|---|---|
| **Rolls-Royce** | Avon Mk.1 (RA.3) | | | | | | 2 | 2948* | | | | 0,88 | 1070 | | 1017 | | | * Schub wurde bei der Typenerprobung im Nov. 1950 erzielt | [319, 633] |
| | Avon Mk.1 (RA.3) | A 12 | | | | 8 | 2 | 2950 | 7800 | | | 0,86 | 1080 | 3023 | 1016 | 2,91 | 3220 | | [37, 78, 416] |
| | Avon Mk.1 (RA.3) | A | | | | 8 | | | | | | 0,885 | 1080 | 3023 | 1016 | 2,9 | | | [268] |
| | Avon Mk.1 (RA.3) | A 9 | | | 0 0 | 8 | | 2950 | 7800 | | | ca. 1,0 | 1050 | 3170 | 1110 | | | | [37, 153] |
| | Avon Mk.1 (RA.3) | A 12 | | | | 8 | 2 | 2950 | 7800 | | | 0,88 | 1080 | 3023 | 1015 | | | | [429] |
| | Avon Mk.1 (RA.3) | A | | | | | | ~3400 | | | | | 1050 | 3175 | 1110 | | | | [400, 401] |
| | Avon RA.3 | | | | | | | 3538*<br>3600 | | | | | | | | | | * Verbesserte Ausführungen des RA.3 | [319] |
| | Avon RA.7 | A 12 | 6,5 : 1 | 54,4 | | 8 Einz.-K. | A 2 | 3395<br>3400** | 7800<br>7950<br>0 | | | 0,92 | 1072 | 2595*<br>2085 | 1113 | 3,05 | 3760 | * Mit Schubdüse<br>** Nach [527] | [326, 527, 623, 624] |
| | Avon Mk.107 (RA.7) | A 12 | | 58,5 | 7800 | 8 | 2 | 3400 | | | | 0,92 | 1072 | 2593 | 1166 | 3,0 | 3780 | Leitschaufeln hohl und luftgekühlt Laufschaufeln luftgekühlt, perforiertes Flammrohr | [37] |
| | Avon RA.7 | A 12 | 6,5 : 1 | 58,5 | | 8 Einz.-K. | 2 | 3400 | 7800 | | | 0,92 | 1072<br>1067* | 2845 | 1116 | 3,03 | 3750 | Mit Nachverbrennung 4300 kp Schub<br>* Nach [532] | [150, 532] |
| | Avon RA.7 | A | | | 7800 | 8 | | 3400 | | | | 0,92 | 1070 | 2800 | 1090 | 3,05 | 3750 | Mit Nachbrenner RA.7R | [262, 263, 268, 275, 473, 580, 589, 602]<br>I.A.L. 11. 3. 53 |
| | Avon Mk. {104, 105, 107, 109, 110 (RA.7) | | | | | | | 3400* | | | | 0,92 | 1070 | | 1116 | | | * Auslegungsleistung Triebwerk mit Vereisungsschutz versehen | [319, 633] |
| | Avon RA.7 | A 12 | 6,5 : 1 | 54 | | 8 | 2 | 3400* | 7950 | | | 0,92 | 1070 | 2590 | 1120 | | | * Höchstschub | [347, 760, 770] |

| Hersteller | Bezeichnung | Verdichter | | | | Brennkammer | Turbine | Max. Startstandschub bei | Drehzahl Höhe | Max. Dauerschub bei | Drehzahl Geschwindigkeit Höhe | Spez. Kraftstoffverbrauch | Abmessungen | | Gewicht | Kennzahlen | | Bemerkungen | Quelle |
|---|---|---|---|---|---|---|---|---|---|---|---|---|---|---|---|---|---|---|---|
| | | Bauart Stückzahl | Verdichtungsverhältnis | Durchsatz bei | Drehzahl Geschw. Höhe | Anzahl Bauart | Stufenzahl | | | | | | Durchmesser | Länge | | Schub/Gewicht | Schub/Stirnfl. | | |
| | Dimension | A=axial R=radial | | kg/sec | U/min km/h km | | | kp | U/min km | kp | U/min km/h km | kg/kph | mm | mm | kg | kp/kg | kp/m² | | |
| **Rolls-Royce** Avon | RA.7 | A 12 | | | | 8 | 2 | 3402 | 7800 0 | | | 0,92* | Breite bzw. Höhe 1072 | 2088+ 2593 | 1116 | 3,05 | 3760 | * Bei Startstandschub <br> + Länge ohne bzw. mit Schubdüse | [305] |
| Avon | Mk.109 (RA.7) | | | | | | | | | | | | | | | | | Militärmaschine <br> Gleiche Leistung wie Avon 107 (RA.7) | [37] |
| Avon | RA.7R | A 12 | 6,5 : 1 | 54 | 7950 0 0 | 8 Einz.-K. | A 2 | 4270* 3400 o. N. | 7800 | | | 1,9* | 1072 | 3050 | 1343 | 3,2 | 4760 | * Auslegungsschub <br> Mit Nachbrenner | [40, 527, 623, 624] |
| Avon | RA.7R | A 12 | 6,5 : 1 | | | Einz.-K. | 2 | 4300 | | | | 1,9 | 1070 | 3050 | 1340 | 3,2 | | Ausführung des RA.7 mit Nachbrenner | [12] |
| Avon | RA.7R | A | | | | 8 Einz.-K. | | 4300* | | | | | 1072 | ca. 3170 | 1340 | | | Mit Nachbrenner ausgerüstet <br> * Höchstschub | [602] |
| Avon | RA.7R | A 12 | 6,5 : 1 | 54,4 | | 8 | 2 | 4300 m. N. | 7950 0 | | | 1,9 | 1070 | 3045* 2970+ 2085 | 1340 | 3,2 | | * Mit Schubdüse + [760] | [326, 760] |
| Avon | Mk.108 (RA.7R) | A 12 | 7,0 : 1 | 58,5 | 7800 | 8 | 2 | 3400 o. N. 4300 m. N. | | | | | 1072 | 2980 | 1343 | 3,22 | 4780 | Perforiertes Flammrohr <br> Luftgekühlte Schaufeln, <br> mit Nachbrenner | [37, 262, 263, 275, 473, 602] I.A.L. 11.3.53 |
| Avon | RA.7R | A 12 | 6,5 : 1 | | | | 2 | 4309* | | | | 1,90 | 1067 | 3048 | 1315** 1343 | | | * Auslegungsschub bei Nachverbr. <br> ** Nach [532] | [319, 532] |
| Avon | RA.7R | A 12 | | | | 8 | 2 | 4309* | 7800 0 | | | 1,90** | Breite bzw. Höhe 1072 | 2088+ 3048 | 1343 | 3,2 | 4765 | * Mit Nachbrenner <br> ** Bei Startstandschub <br> + Länge ohne bzw. mit Schubdüse | [304, 305, 306, 347] |
| Avon | Mk.502 (RA.9) | | | | | | | 2948* | | | | | | | | | | Weiterentwickelte Zivilausführung des RA.7 <br> * Auslegungsschub | [319] |
| Avon | Mk.502 (RA.9) | A 12 | | | | 8 | 2 | 2950 | | | | 0,9 | 1070 | 2670 | 1110 | 2,67 | 3265 | | [262, 263, 268, 580, 12] |
| Avon | RA.14 | A | | | | | | 4300* | | | | | 1050 | 2880 | 1300 | | | * Höchstschub <br> Neukonstruktion | [759, 760] |
| Avon | RA.14 | A | | | | Ring-K. | | 4300* | | | | 0,84** | 1053 | 2880 | 1295 | | | * Höchstschub <br> ** Bei Höchstschub | [602] |

| Hersteller | Bezeichnung | Verdichter Bauart Stückzahl (A=axial, R=radial) | Verdichter Verdichtungsverhältnis | Verdichter Durchsatz bei (kg/sec) | Verdichter Drehzahl Geschw. Höhe (U/min, km/h, km) | Brennkammer Anzahl Bauart | Turbine Stufenzahl | Max. Startstandschub bei (kp) | Drehzahl Höhe (U/min, km) | Max. Dauerschub bei (kp) | Drehzahl Geschwindigkeit Höhe (U/min, km/h, km) | Spez. Kraftstoffverbrauch (kg/kph) | Abmessungen Durchmesser (mm) | Abmessungen Länge (mm) | Gewicht (kg) | Kennzahlen Schub/Gewicht (kp/kg) | Kennzahlen Schub/Stirnfl. (kp/m²) | Bemerkungen | Quelle |
|---|---|---|---|---|---|---|---|---|---|---|---|---|---|---|---|---|---|---|---|
| **Rolls-Royce** Avon | Mk.201 (RA.14) | A 14 | 8,0 : 1 | 72,0 | | Ring-K. | 2 | 4300 | | | | 0,84 | 1054 | 2874 | 1297 | 3,33 | 4950 | Vollkommene Neukonstruktion des Avon | [37, 347, 639] |
| Avon | RA.14 | 14 | 8,0 : 1 | 72,0 | | Ring-K. | 2 | 4300 | | | | 0,84 | 1053 | | 1297 | 3,33 | 4900 | | [41, 150] |
| Avon | RA.14 | A 15 | 7,8 : 1 | | | Ring-K. | | 4300* | 7850 | | | 0,84* | 1065 | 2865 | 1314** 1297 | 3,32 | 4920 | * Auslegungsleistung ** Nach [532] | [36, 532, 527, 623, 624] |
| Avon | RA.14 | A 15 | 7,8 : 1 | 72,6 | | Ring-K. mit 8 Flammr. | 2 | 4309* | 8000 | | | 0,84 | 1054 | 1967** 2878 | 1297 | 3,32 | | * Keine nähere Angabe, ob Auslegungs- oder Startstandschub ** Ohne bzw. mit Schubdüse | [36, 319, 345, 656, 770] |
| Avon | RA.14 | A | | | | Ring-K. | 2 | 4309 | 7850 0 | | | 0,84* | Breite bzw. Höhe 1054 | 1967** 2878 | 1297 | 3,32 | 4930 | * Bei Startstandschub ** Ohne bzw. mit Schubdüse | [304, 305, 306, 326] |
| Avon | RA.14 | A | | | | Ring-K. | | 4310 | | | | 0,84 | 1070 | 2860 | 1297 | 3,33 | 5000 | | [262, 263, 580] |
| Avon | RA.14 | A | | | | Ring-K. | | 4310 | | | | 0,34 | 1070 | 2860 | 1297 | 3,32 | 4920 | | [268, 275, 473, 589, 602] |
| Avon | RA.16 | A 14 | | | | | 2 | 4080 | | | | 0,83 | | | 1229 | | | Zivilmaschine ähnlich Avon RA.14 in Flugzeugtyp Comet 3 eingebaut | [12, 262, 263] |
| Avon | RA.16 | | | | | | | 4082* | | | | | | | | | | Zivilausführung des RA.14 mit verminderter Leistung * Keine Angabe ob Auslegungs- oder Startschub | [319] |
| Avon | RA.16 | A | | | | Ring-K. m. Einzelflammr. | 1 | 4090 | | | | . 0,83 | 1050 | 2880 | 1230 | | | | [748] |
| Avon | RA.17 | | | | | | | 4309* | | | | | | | | | | Zivilausführung des RA.14, wurde entworfen aber nicht gebaut * Keine Angaben über Art d. Schubes | [319] |
| Avon | RA.18 | | | | | | | 5130 | | | | | | | | | | Keine Einzelheiten bekannt | [319, 744] I.A.L. 5. 10. 57 |
| Avon | Mk.113 Mk.115 (RA.21) | A 12 | 6,4 : 1 | 56 | | 8 | 2 | 3629 | 8150 | | | 0,93* 0,955 | 1072 | 2593 | 1140* 1116 | 3,17 | 4010 | Militärausführung aus Modell RA.7 entwickelt * Nach [656] | [3, 319, 326, 656] |

| Hersteller | Bezeichnung | | Verdichter | | | | Brennkammer | Turbine | Max. Startstandschub bei | Drehzahl Höhe | Max. Dauerschub bei | Drehzahl Geschwindigkeit Höhe | Spez. Kraftstoffverbrauch | Abmessungen | | Gewicht | Kennzahlen | | Bemerkungen | Quelle |
| | | | Bauart Stückzahl | Verdichtungsverhältnis | Durchsatz bei | Drehzahl Geschw. Höhe | Anzahl Bauart | Stufenzahl | | | | | | Durchmesser | Länge | | Schub/Gewicht | Schub/Stirnfl. | | |
| | Dimension | | A=axial R=radial | | kg/sec | U/min km/h km | | | kp | U/min km | kp | U/min km/h km | kg/kph | mm | mm | kg | kp/kg | kp/m² | | |
| **Rolls-Royce** | Avon | RA.21 | A 12 | 7,5 : 1 | ~70 | 3630 | 8 Einz.-K. | 2 | 3630 | 7900 | | | 0,925 | 1070 | 2590 | 1140 | 3,17 | 3730 | | [623, 624, 764] |
| | Avon | Mk.113 Mk.115 (RA.21) | A 12 | 6,4 : 1 | 56 | 8100 0 0 | 8 | 2 | 3630 | 8100 0 | | | 0,93 | 1070 | 2794 | 1143 | 3,17 | 4000 | Verbesserte Ausführung des RA.7 | [12, 40, 41, 473, 527] |
| | Avon | Mk.113 RA.21 | A 12 | 6,5 : 1 | 56 | 8100 | 8 | 2 | 3630 | | | | 0,93 | 1067 | 2970 | 1123 | | 4000 | Militärmaschine | [36, 37, 532] |
| | Avon | RA.21 | A | | | | | | 3650* | | | | | 1070 | 2590 | 1120 | | | * Höchstschub | [759, 760] |
| | Avon | RA.21 | A | | | | Ring-K. | | 3650 | | | | 0,925 | 1070 | 2794 | 1143 | 3,17 | 4000 | Weiterentwicklung des RA.7 aber mit Ringbrennkammer | [268, 275] |
| | Avon | RA.21 | | | | | | | 3651 | | | | | | | | | | | [633] |
| | Avon | Mk.101 (RA.22) | | | | | | | 3240 | | | | | | | | | | Militärmaschine | [37] |
| | Avon | Mk.101 (RA.22) | A 12 | | | | Einz.-K. | 2 | 3240 | | | | | 1070 | | | | | Weiterentwicklung des RA.3 | [12] I.A.L. 24. 9. 53 |
| | Avon | Mk.101 (RA.22) | | | | | | | 3402* | | | | | | | | | | Die Entwicklung dieser Abart des RA.3 wurde nicht fortgesetzt * Auslegungsschub | [319] |
| | Avon | RA.23 | | | | | | | 4540 | | | | | | | | | | Ähnlich RA.14 aber mit größerer Leistung | [37] |
| | Avon | RA.24 und RA.24R | A 15 | | | | Ring-K. mit 8 Flammr. | 2 | 6400* 5100 | 8000 | | | 0,93 | 1067 | 2985 | | | 5400 | * RA.24R mit Nachbrenner | [3, 36, 40, 300, 319, 347, 527, 656] |
| | Avon | RA.25 | A 12 | | | | Einz.-K. | 2 | 3170* | 7800 | | | 0,91* | 1070 | 2640 | | 2,87 | 3520 | * Zivil-Ausführung | [12, 300, 623, 624] |
| | Avon | RA.25 | A 12 | | | | Einz.-K. | 2 | 3170 | | | | 0,91 | 1070 | 2640 | | 2,87 | | | [12, 300] |

| Hersteller | Bezeichnung / Dimension | Verdichter Bauart Stückzahl (A=axial R=radial) | Verdichter Verdichtungsverhältnis | Verdichter Durchsatz bei (kg/sec) | Verdichter Drehzahl Geschw. Höhe (U/min km/h km) | Brennkammer Anzahl Bauart | Turbine Stufenzahl | Max. Startstandschub bei (kp) | Drehzahl Höhe (U/min km) | Max. Dauerschub bei (kp) | Drehzahl Geschwindigkeit Höhe (U/min km/h km) | Spez. Kraftstoffverbrauch (kg/kph) | Abmessungen Durchmesser (mm) | Abmessungen Länge (mm) | Gewicht (kg) | Kennzahlen Schub/Gewicht (kp/kg) | Kennzahlen Schub/Stirnfl. (kp/m²) | Bemerkungen | Quelle |
|---|---|---|---|---|---|---|---|---|---|---|---|---|---|---|---|---|---|---|---|
| Rolls-Royce | Avon Mk.503 (RA.25) | A | | | 7800 | 8 | | 3170 | | | | 0,91 | 1069 | 2616 | 1106 | 2,87 | 3500 | Ziviltriebwerk | [37, 275, 300, 473, 602, 639] |
| | Avon Mk.503 (RA.25) | | | | | | | 3220* | | | | | | | | | | Verbessertes Modell des RA.9 * Keine Angabe über Art des Schubes | [319] |
| | Avon Mk.503 (RA.25) | A | | | | 8 Einz.-K. | | 3240* | 7800 | | | 0,89** | 1071 | 2608 | 1014 | | | Zivilausführung * Höchstschub ** Bei Höchstschub | [3, 39, 602] |
| | Avon Mk.503 | A | | | 7800 | 8 | | 3242 | | | | 0,89 | 1074 | 2615 | 1000 | | | | [589] |
| | Avon Mk.504 Mk.505 (RA.25) | | | | | | | | | | | | | | | | | Neuere Ausführungen des RA.25 | [319] |
| | Avon Mk.521 (RA.26) | A 15 | 7,8:1* | 72,6* | | Ring-K. mit 8 Einzelflammr. | 2 | 4536 | 8000 | | | 0,86 | 1053 | 2880 | 1264 | 3,58 | | * Unbestätigt | [602, 656] |
| | Avon Mk.521 | A | | | | Ring-K. | | 4536 | | | | 0,86 | 1069 | 2870 | 1265 | 3,58 | 5175 | Zivilausführung | [36, 473, 602] |
| | Avon RA.26 | A 14 | | | | Ring-K. m. Einzelflammr. | 2 | 4540 | | | | 0,86 | 1055 | 2880 | | 3,58 | | Zivilausführung des Modells RA.28 | [12] I.A.L. 17. 6. 55 |
| | Avon RA.26 | | | | | Ring-K. | | 4536 | | | | 0,86 | 1065 | 2865 | 1265 | | | | [491, 527, 532] |
| | Avon RA.26 | A | | | | Ring-K. | 2 | 4536 | | | | 0,86* | Breite bzw. Höhe 1054 | 2878** | 1265 | 3,58 | 5190 | * Bei Startstandschub ** Mit Schubdüse | [305, 306, 326, 347, 639] |
| | Avon Mk.521 Mk.524 (RA.26) | | | | | | | 4536* | | | | | | | | | | Zivilausführung des RA.28 * Auslegungsschub | [41, 319] |
| | Avon RA.26 | A 15 | | | | Ring-K. | | 4536 | 8000 | | | 0,86 | | | 1314 | 3,58 | 5180 | | [40, 623, 624] |
| | Avon RA.26 | A | | | | | | 4540* | | | | | | | ca. 1270 | | | * Höchstschub | [760] |

| Hersteller | Bezeichnung / Dimension | Verdichter Bauart Stückzahl (A=axial R=radial) | Verdichtungsverhältnis | Durchsatz bei (kg/sec) | Drehzahl Geschw. Höhe (U/min km/h km) | Brennkammer Anzahl Bauart | Turbine Stufenzahl | Max. Startstandschub bei (kp) | Drehzahl Höhe (U/min km) | Max. Dauerschub bei (kp) | Drehzahl Geschwindigkeit Höhe (U/min km/h km) | Spez. Kraftstoffverbrauch (kg/kph) | Durchmesser (mm) | Länge (mm) | Gewicht (kg) | Schub/Gewicht (kp/kg) | Schub/Stirnfl. (kp/m²) | Bemerkungen | Quelle |
|---|---|---|---|---|---|---|---|---|---|---|---|---|---|---|---|---|---|---|---|
| Rolls-Royce | Avon RA.28 | A | | | | Ring-K. | A | 4536* | | | | 0,86 | 1054 | 2870 | 1309 | 3,46 | 3760 | * Auslegungsschub | [347, 623, 624] |
| | Avon RA.28 | A 15 | | | | Ring-K. | | 4536 | | | | 0,86 | 1065 | 2865 | 1308 | | | | [491, 527, 532] |
| | Avon RA.28 | A 15 | 7,8 : 1 | 72,6 | | Ring-K. mit 8 Flammr. | 2 | 4535 | 8000 | | | 0,86 | 1053 | 2880 | 1310 | 3,46 | | | [36, 656, 697] |
| | Avon Mk.204 (RA.28) | A 15 | 7,5 : 1 | 63 | 8000 0 | Ring-K. mit 8 Flammr. | 2 | 4536* | 8000 0 | | | 0,86 | 1054 | 2870 | 1311 | 3,46 | 5190 | * Auslegungsschub | [41, 319, 633] |
| | Avon RA.28 | A | | | | Ring-K. | | 4536* | | | | 0,86* | 1054 Breite bzw. Höhe | 2878+ | 1311 | 3,46 | 5190 | + Mit Schubdüse | [305, 306, 326] |
| | Avon RA.28 | A 14 | | | | Ring-K. | | 4540 | | | | 0,86 | 1070 | 2860 | 1315 | 3,44 | 5180 | | [12, 268, 275, 473] I.A.L. 17. 6. 55 |
| | Avon RA.29 | | | | | | | 4750 | | | | 0,76* | | | | | | * Bei Reiseflug RA.29 für DH Comet | [300, 301, 637] |
| | Avon RA.29 | A 16 | | | | Ring-K. mit 8 Flammr. | 3 | 4760 | 8000 | | | 0,775 | 1053* 1070 | 3170 | 1515 | 3,16 | | * Nach [656] Für DH Comet 4 und 4A | [656, 760] I.A.L. 1. 9. 56 |
| | Avon RA.29 | | | | | | | 4760* | | | | 0,775* | 1070 | 3170 | 1515 | | | Einbau in: Canberra, Comet 3, FD.2; DH.110 Hunter, Swift, FR.5 Valiant | [329, 639] I.A.L. 22. 5. 55, 1. 9. 56, 13. 9. 56 |
| | Avon RA.29 | A 16 | | | | Ring-K. | 3 | 4763 | | | | 0,775 | 1067 | 2877 3200* | 1517 1505* | 3,14 | | Für Comet 4 und 4A sowie Caravelle * Nach [532] | [3, 319, 300, 532] |
| | Avon RA.29 | A 16 | 10 : 1 | ~72 | 8000 | Ring-K. | 3 | 4760 | | | | 0,78 | 1070 | 3170 | 1320 | | | | [766] |
| | Avon RA.29 | A 15 | 10 : 1 | 72 | 8000 0 | Ring-K. mit 8 Flammr. | 2 | 4760 | 8000 0 | | | 0,77 | 1050 | 3160 | 1510 | 3,13 | 5471 | | [770] |
| | Conway RCo.1 | | | | | | | | | | | | | | | | | Zweikreistriebwerk | [589, 809] |

| Hersteller | Bezeichnung | | Verdichter | | | | Brenn-kammer | Turbine | Max. Start-stand-schub bei | Dreh-zahl Höhe | Max. Dauer-schub bei | Drehzahl Ge-schwin-digkeit Höhe | Spez. Kraft-stoff-ver-brauch | Abmessungen | | Gewicht | Kennzahlen | | Bemerkungen | Quelle |
|---|---|---|---|---|---|---|---|---|---|---|---|---|---|---|---|---|---|---|---|---|
| | | Bauart Stück-zahl | Verdich-tungs-verhältnis | Durch-satz bei | Drehzahl Geschw. Höhe | Anzahl Bauart | Stufen-zahl | | | | | | | Durch-messer | Länge | | Schub Gewicht | Schub Stirnfl. | | |
| | Dimension | A = axial R = radial | | kg/sec | U/min km/h km | | | kp | U/min km | kp | U/min km/h km | kg/kph | mm | mm | kg | kp/kg | kp/m² | | |
| Rolls-Royce | Conway RCo.2 | | | | | | | 3650 | | | | | | | | | | Zweikreistriebwerk | [262, 263, 268, 275] |
| | Conway RCo.2 | A+A 4+8 | | | | | 2+2 | 4200 | | | | 0,67 | | | 1535 | | | | [663] I.A.L. 9. 11. 55 |
| | Conway RCo.2 | | | | | | | ca. 4500 | | | | | | | | | | Zweikreistriebwerk | [473, 589, 602, 612, 639] |
| | Conway | A | | | | | | 5440 | | | | | | | | | | Zweikreistriebwerk | [150] |
| | Conway | | | | | | | 5900 | | | | 0,71 | | | | | | Zweikreistriebwerk | [160] I.A.L. 31. 10.53, 22. 9. 55 |
| | Conway RCo.3 | | | | | | | 5220 | | | | | | | | | | Ähnlich RCo.2 | [268, 639] I.A.L. 31. 10.53, 9. 11. 55 |
| | Conway RCo.5 | A+A | | | | Ring-K. | | 5890 | | | | unter 0,7+ | 1118 | | | | | + Schätzung | [12, 305, 306, 307, 707, 760] |
| | Conway RCo.5 | | | | | Ring-K. | | 5890* | | | | | 1070 | 3275 | | | | * Schub der 1. Typenerprobung | [527, 623, 624] |
| | Conway RCo.5 | A+A | | | | Ring-K. | | 5900* | | | | | 1065 | 3270** | | | | * Keine Angabe, ob Start oder Auslegungsschub ** Mit Schubdüse | [329, 347, 637, 723] I.A.L. 9. 11. 55 |
| | Conway RCo.10 | A+A | | | | | | 7470 | | | | | 1067 | 3327 3370* | | | | * Nach [656] | [532, 656] |
| | Conway RCo.11 | A+A | | | | | | 7820 | | | | | 1067 | 3455 3370* | | | | * Nach [656] | [532, 656] |
| | Soar RSr.1 | A | | | | Ring-K. | | 797 800* | | | | | | | | | | Entwicklungsmodell * Nach [707] | [12, 707] |
| | Soar Mk.101 (RSr.2) | A | | | | Ring-K. | | 817 | | | | 1,26 | 406 | 1956 | 125 | 6,78 | 6480 | | [41, 275, 473, 602] |

| Hersteller | Bezeichnung | Verdichter Bauart Stückzahl (A=axial R=radial) | Verdichtungsverhältnis | Durchsatz bei (kg/sec) | Drehzahl Geschw. Höhe (U/min km/h km) | Brennkammer Anzahl Bauart | Turbine Stufenzahl | Max. Startstandschub bei (kp) | Drehzahl Höhe (U/min km) | Max. Dauerschub bei (kp) | Drehzahl Geschwindigkeit Höhe (U/min km/h km) | Spez. Kraftstoffverbrauch (kg/kph) | Durchmesser (mm) | Länge (mm) | Gewicht (kg) | Schub/Gewicht (kp/kg) | Schub/Stirnfl. (kp/m²) | Bemerkungen | Quelle |
|---|---|---|---|---|---|---|---|---|---|---|---|---|---|---|---|---|---|---|---|
| | Dimension | | | | | | | | | | | | | | | | | | |
| **Rolls-Royce** | Soar RSr.2 | A | | | | Ring-K. | | 820 | | | | 1,26 | 400 | 1595 | 121 | | | 840 kp Schub auf dem Prüfstand | [598] I.A.L. 28. 8. 54 |
| | Soar RSr.2 | A | | | | | | 820* | | | | | 400 | 1595 | 125 | | | * Höchstschub | [757, 760] |
| | Soar RSr.2 | A | | | | Ring-K. | | 820* | | | | 1,26** | 400 | 1580 | 121 | | | * Höchstschub ** Spez. Verbrauch bei Höchstschub | [602] |
| | Soar RSr.2 | A | | | | Ring-K. | | 820 | | | | 1,27* | Breite bzw. Höhe 401 | 1495** | 125 | 6,58 | 6470 | * Bei Startstandschub ** Mit Schubdüse | [305, 306, 326, 347, 527, 623, 624] |
| | Soar | A | | | | Ring-K. | 1 | 845 | | | | 1,25 | 400 | | 125 | 6,67 | 6700 | Verkürzte Lebensdauer | [150] |
| | Soar RSr.2 | | | | | Ring-K. | | 843 | 18600 | | | 1,25 | 406 | 1499 | | | | | [532, 770] |
| | RB.108 | A 5 | | | | Ring-K. | 1 | 907 | | | | | | | | | | | [3, 36, 41, 326, 656] I.A.L. 9. 11. 55 |
| **Rover-Power-Jets** | W2B/23 | R 1 | | | | 10 | 1 | 726 | 17000 | | | 1,14 | | | | | | Brennkammern werden entgegen der Flugrichtung durchströmt Doppelflutiger Radialverdichter | [268] |
| | W2B/26 | R 1 | | | | 10 | | | | | | | | | | | | Doppelflutiger Radialverdichter Brennkammern in Flugrichtung durchströmt, sonst wie W2B/23 | [268] |
| **Royal Aircraft Estb.** | F1 | A 9 | 4,0 : 1 | 17,2 | | Ring-K. | 1 | 975 | 945 | | | | | 686 | 2387 | | | Für Power-Jets entworfen | [268] |
| | F1A | A 9 | | 21,6 | | Ring-K. | 2 | 1220 | 7470 | | | | | | | | | | [268] |

| Hersteller | Bezeichnung | Verdichter Bauart Stückzahl (A=axial / R=radial) | Verdichtungsverhältnis | Durchsatz bei (kg/sec) | Drehzahl Geschw. Höhe (U/min km/h km) | Brennkammer Anzahl Bauart | Turbine Stufenzahl | Max. Startstandschub bei (kp) | Drehzahl Höhe (U/min km) | Max. Dauerschub bei (kp) | Drehzahl Geschwindigkeit Höhe (U/min km/h km) | Spez. Kraftstoffverbrauch (kg/kph) | Abmessungen Durchmesser (mm) | Länge (mm) | Gewicht (kg) | Schub/Gewicht (kp/kg) | Schub/Stirnfl. (kp/m²) | Bemerkungen | Quelle |
|---|---|---|---|---|---|---|---|---|---|---|---|---|---|---|---|---|---|---|---|
| Frankreich Hispano-Suiza | Nene 102 | zweiflut. R 1 | 4,0 : 1 | 41,3 | | 9 Einz.-K. | A 1 | 2266 | 11500 / 0 | | | | 1258 | 2438 | 730 | | | Rolls-Royce Lizenz | [89] |
| | Nene 102 | | | | | | | 2268 | 12300 / 0 | | | | | | 780 | | | Erstes Produktionsmuster | [589] |
| | Nene 102 (Nene 2) | R 1 | 4,0 : 1 | | | 9 | 1 | 2270 | 12300 / 0 | | | | 1258 | 2440 | 780 | | | Rolls-Royce Lizenz | [41, 676] |
| | Nene | R 1 | 4,0 : 1 | 39,9 | max. 0 0 | 9 | 1 | 2298 | 12300 / 0 | | | 1,04 | 1219 | 3262 | 729 | | | Rolls-Royce Lizenz | [416, 429, 473] I.A.L. 18.11.52 |
| | Nene 102B (Nene 2) | R 1 | 4,0 : 1 | | | 9 | 1 | 2300 2900 m. N. | 12300 / 0 | | | 2,2 m. N. | 1258 | 4700 m. N. | 975 m. N. | | | Rolls-Royce Lizenz | [676] |
| | Nene 102B | zweiflut. R 1 | 4,0 : 1 | 41,3 | | 9 Einz.-K. | A 1 | 3084 | 11500 / 0 | | | 2,2 | | | 975 | | | Mit Nachbrenner Nur für Versuchszwecke | [268, 589] |
| | Nene 102BR | R 1 | | | | Einz.-K. | 1 | 3080 | | | | | | | | | | Versuchstriebwerk mit Nachverbrenn. | [12] |
| | Nene 104 (Nene 2) | R 1 | 4,0 : 1 | | | 9 | 1 | 2300 | 12300 / 0 | | | 1,0 | 1258 | 2440 | 730 | | | Rolls-Royce Lizenz | [41, 676] |
| | Nene 104 | R 1 | | | | Einz.-K. | 1 | 2300 | 12500 / 0 | | | 1,0 | 1255 | 2435 | 730 | | | Verwendung von Magnesium-Werkstoffen Ähnlich Nene 105 | [12, 37, 589] |
| | R300 Nene | 1 | | | | 9 | | 2700 | 12500 / 0 | 2270 | 11950 | 1,09 | 1260 | 2440 | 755 | | | Aus RR Nene abgeleitet Am Stand bis zu 2765 kp Schub gemessen; Nachbrenner entwickelt | [153, 589] I.A.L. 18. 2. 52 |
| | TR-104/R300 Nene | R 1 | 4,4 : 1 | | | 9 | | 2700 | 12500 / 0 | | | 1,09 | 1292 | 2456 | 750 | | | Aus RR Nene abgeleitet Am Stand bis zu 2765 kp Schub gemessen; Nachbrenner entwickelt | [676] |
| | Nene 104BR | R 1 | | | | Einz.-K. | 1 | 3085 | | | | 2,0 | | | | | | Mit Nachbrenner | [12, 166] |
| | Nene 105 | R 1 | 4,45 : 1 | 40,9 | | 9 | 1 | 2313* | 12500 | 2080+ | 12500 | 1,06* 1,00+ | 1270 | 2438 | 730 | | | | [345, 532, 656] |

| Hersteller | Bezeichnung | Verdichter | | | | Brenn-kammer | Turbine | Max. Start-stand-schub bei | Dreh-zahl Höhe | Max. Dauer-schub bei | Drehzahl Ge-schwin-digkeit Höhe | Spez. Kraft-stoff-ver-brauch | Abmessungen | | Gewicht | Kennzahlen | | Bemerkungen | Quelle |
|---|---|---|---|---|---|---|---|---|---|---|---|---|---|---|---|---|---|---|---|
| | | Bauart Stück-zahl | Verdich-tungs-verhältnis | Durch-satz bei | Drehzahl Geschw. Höhe | Anzahl Bauart | Stufen-zahl | | | | | | Durch-messer | Länge | | Schub/Gewicht | Schub/Stirnfl. | | |
| | Dimension | A=axial R=radial | | kg/sec | U/min km/h km | | | kp | U/min km | kp | U/min km/h km | kg/kph | mm | mm | kg | kp/kg | kp/m² | | |
| Hispano-Suiza | Nene 105 | R<br>1 | 4,4 : 1 | 41,0 | 12500<br>0<br>0 | 9 | A<br>1 | 2315 | 12500<br>0 | 2080 | 12200 | 1,0 | 1258 | 2440 | 730 | 3,23 | | Rolls-Royce Lizenz | [37, 347]<br>I.A.L. 18. 6. 55 |
| | Nene 105 | R<br>1 | 4,0 : 1 | | | 9 | 1 | 2350<br>2500* | | | | | | | 2440 | | | | Rolls-Royce Lizenz<br>* Mit Wassereinspritzung | [676] |
| | Nene 105 | | | | | | | 2350 | 12500<br>0 | | | | 1260 | 2460 | 730 | | | Verwendung<br>von Magnesium-Werkstoffen | [589, 742] |
| | Nene 105A | R<br>1 | 4,4 : 1 | 41 | 12500<br>0<br>0 | 9<br>Einz.-K. | 1 | 2350<br>2315* | 12500*<br>0* | | | 1,0 | 1255<br>1258* | 2455<br>2440* | 730 | 3,22<br>3,16* | 1880 | * Nach [42];<br>Temperatur vor Turbine:<br>850°C bei 12 500 U/min | [12, 40, 41, 42] |
| | Nene 105 | R<br>1 | | | | 9<br>Einz.-K. | 1 | 2700 | 12500 | | | ca.<br>1,1* | 1260 | 2460 | 730 | | | * Bei max. Dauerleistung | [751] |
| | Nene | R | 4,4 : 1 | 41,0 | | 9<br>Einz.-K. | 1 | 2300<br>3080<br>m. N. | 12500 | | | 1,0<br>2,0<br>m. N. | 1258 | | 730 | 3,12 | 1850 | | [697] |
| | Nene 105AR | R<br>1 | 4,4 : 1 | 41,0 | 12500<br>0<br>0 | 9<br>Einz.-K. | A<br>1 | 3080<br>2315<br>o. N. | 12500<br>0 | | | 2,0 | 1258 | 4700 | 1025 | 3,03 | 2480 | Mit Nachbrenner | [37, 40] |
| | Nene 105AR | R<br>1 | | | | 9<br>Einz.-K. | 1 | ca.<br>3100 | 12500 | | | ca.<br>2,0* | ca.<br>1000 | | | | | * Bei max. Dauerleistung | [751] |
| | Nene 105BR | | | | | | | 3080 | | | | | | | | | | * Bei max. Dauerleistung | [37] |
| | R-800 | A | | | | | | 1000 | | | | | | | | | | | [697, 751] |
| | R-800 | A | | | | 1<br>Ring-K. | | 1100 | | | | | 600 | 3500<br>m. N. | 275 | | | | I.A.L. 17. 6. 55,<br>23. 6. 55 |
| | R-800 | A<br>6 | | | | Ring-K. | 1 | 1302*<br>1814** | | | | | 597 | 2000<br>m. N. | 275 | | | * Auslegungsschub<br>** Mit Nachverbrennung | [123, 697] |

| Hersteller | Bezeichnung | Verdichter | | | | Brenn-kammer | Turbine | Max. Start-stand-schub bei | Dreh-zahl Höhe | Max. Dauer-schub bei | Drehzahl Ge-schwin-digkeit Höhe | Spez. Kraft-stoff-ver-brauch | Abmessungen | | Gewicht | Kennzahlen | | Bemerkungen | Quelle |
|---|---|---|---|---|---|---|---|---|---|---|---|---|---|---|---|---|---|---|---|
| | | Bauart Stück-zahl | Verdich-tungs-verhältnis | Durch-satz bei | Drehzahl Geschw. Höhe | Anzahl Bauart | Stufen-zahl | | | | | | Durch-messer | Länge | | Schub/Gewicht | Schub/Stirnfl. | | |
| | Dimension | $A$=axial $R$=radial | | kg/sec | U/min km/h km | | | kp | U/min km | kp | U/min km/h km | kg/kph | mm | mm | kg | kp/kg | kp/m² | | |
| Hispano-Suiza | R-800 | | | | | | 1 | 1800 | | | | | 597 | 2005 | | | | Mit Nachbrenner | [123] |
| | R-800 | A 6 | | | | Ring-K. | 1 | 1100/ 1300* 2000** | | | | | ca. 600 | 2000 o. N. 3500 m. N. | 275 280+ | | | * Ohne Nachbrenner ** Mit Nachbrenner + Nach [294] | [294, 757] I.A.L. 17. 6. 55 |
| | Tay 200/250 | R 1 | 4,0 : 1 | | | 9 | | 2700 ./.2800 | 10800 ./.12500 0 | | | 1,09 | 1258 ./.1270 | 2529 | 895 | | | Auch mit Nachbrenner Rolls-Royce Lizenz | [676] |
| | Tay | R 1 | | | | | 1 | 2835 | 12300 0 | | | 1,06 | 1245 | 2489 | 894 | | | Rolls-Royce Lizenz | [416, 429] |
| | Tay 250A | R 1 | 4,0 : 1 | 52,2 | | 9 | 1 | 2843 | 11500 | | | | 1270 | 2530 | 895 | 3,1 | | Rolls-Royce Lizenz | [268, 347, 527] |
| | Tay 250A | R 1 | 4,18 : 1 | 54 | 11000 0 0 | 9 Einz.-K. | A 1 | 2850 | 11000 0 | 2560 | 10700 | 1,06 | 1270 | 2529 | 914* 905 | 3,18 | 2240 | Franz. Bezeichnung: »Verdon« Temperatur vor Turbine 830°C bei 11000 U/min. – * Nach [742] | [37, 40, 42, 742] |
| | Tay | R 1 | 4,2 : 1 | 54 | | 9 Einz.-K. | 1 | 2850 | 11000 | | | 1,06 | 1270 | | 905 | 3,12 | 2270 | | [697] |
| | Tay 250 | R | | | | 9 | | 2849 | | | | 1,06 | 1270 | 2540 | 917 | | | Rolls-Royce Lizenz | [473] |
| | Tay 250A | R 1 | 4,18 : 1 | 54 | | Einz.-K. | 1 | 2845 | | | | 1,06 | 1270 | 2530 | | 3,15 | | | [12, 41] |
| | Tay 250A | R 1 | | | | 9 Einz.-K. | 1 | 3100 | 11000 | | | 1,1* | 1270 | 2530 | 910 | | | * Bei max. Dauerschub Mit Nachbrenner 3800+ kp Schub | [750, 751] |
| | Tay | | | | | | | 3100 | | | | | | | | | | | I.A.L. 18. 2. 52, 26. 3. 53 |
| | Tay 250A | R 1 | | | | 9 Einz.-K. | | 3856 | 11000 0 | | | 2,0 | | | 1202 | 3,23 | | Ähnlich Tay 250, mit Nachbrenner | [37, 41, 42] |
| | R-450 Verdon 253 | R 1 | | | | Einz.-K. | 1 | 3490 | 11100 | | | 1,10 | 1270 | 2620 | 934 | 3,75 | | Eingebaut in Mystère IVA | [12, 347] |

| Hersteller | Bezeichnung | Verdichter | | | | Brennkammer | Turbine | Max. Startstandschub bei | Drehzahl Höhe | Max. Dauerschub bei | Drehzahl Geschwindigkeit Höhe | Spez. Kraftstoffverbrauch | Abmessungen | | Gewicht | Kennzahlen | | Bemerkungen | Quelle |
|---|---|---|---|---|---|---|---|---|---|---|---|---|---|---|---|---|---|---|---|
| | | Bauart Stückzahl | Verdichtungsverhältnis | Durchsatz bei | Drehzahl Geschw. Höhe | Anzahl Bauart | Stufenzahl | | | | | | Durchmesser | Länge | | $\frac{\text{Schub}}{\text{Gewicht}}$ | $\frac{\text{Schub}}{\text{Stirnfl.}}$ | | |
| | Dimension | A = axial R = radial | | kg/sec | U/min km/h km | | | kp | U/min km | kp | U/min km/h km | kg/kph | mm | mm | kg | kp/kg | kp/m² | | |
| **Hispano-Suiza** | R-450 Verdon | R 1 | | | | | 1 | 3493 | | | | | 1245 | 2542 | 914 | | | Entwickelt aus RR. Tay | [473, 527] |
| | R-450 Verdon | R 1 | | | | 9 | 1 | 4500 | | | | | | 1270 | | 3,57 | | Mit Nachbrenner | [676] |
| | R-450 Verdon | | | | | | | | | | | | | | | | | | [589] |
| | Verdon | R 1 | | | | 9 Einz.-K. | 1 | 3500 | 11100 | | | 1,07* | 1270 | 2530 | 915 | | | * Bei max. Dauerleistung Mit Nachbrenner 4500 kp Schub | [751] |
| | Verdon | R 1 | | | | Einz.-K. | 1 | 4490 3500 o. N. | 11100 | | | 0,98 | 1270 | 5480 | 1110 | | | Nachbrenner-Ausführung | [12] |
| | Verdon | R 1 | | | | 9 | A | 3500 | 11000 0 | | | 1,07 | | 2718 | 915 | 3,84 | | Entwickelt aus Tay; mit Nachbrenner 4500 kp Schub | [268] |
| | Verdon | | | | | | | 3500 | | | | | | | | | | Franz. Version des in RR-Lizenz gebauten Tay; Gewicht etwa wie Tay 250 | I.A.L. 19. 2. 53, 26. 5. 54 |
| | Verdon 253 | R 1 | 4,9 : 1 | 60 | 11100 0 0 | 9 1 | A 1 | 3500 | 11000 0 | 2800 | 10500 0 0 | 1,1 | 1270 | 2622 | 935 | 3,7 | | Entwickelt aus dem in RR-Lizenz gebauten Tay | [37] |
| | Verdon | R 1 | | | | 9 | 1 | 3500 | | | | | | | 915 | 3,85 | | | [676] |
| | Verdon | R | 4,9 : 1 | 60 | | 9 Einz.-K. | 2 | 3500 | 11100 | | | 1,1 | 1270 | | 935 | 3,7 | 2800 | | [697] |
| | Verdon 350 | R 1 | 4,9 : 1 | 60 | 11100 0 0 | 9 Einz.-K. | 1 | 3500 | 11100 0 | 3150 | 10800 | 1,1 | 1270 | 2622 | 950 | 3,7 | 2780 | Für den Jagdeinsitzer Dassault »Mystère IVA« | [40, 41] I.A.L. 18. 6. 55 |
| | Verdon 350 | | | | | | | 3500 o. N. 4500 m. N. | 11100 | 3150 | 10800 | 1,1 | 1270 | 2622 | 950+ | | | + Mit Zubehör, aber ohne Schubdüse | [864] I.A.L. 18. 6. 55 |
| | Verdon 370 | | | | | | | 3700 | | | | | | | | | | | [757] |

| Hersteller | Bezeichnung | Verdichter | | | | Brennkammer | Turbine | Max. Startstandschub bei | Drehzahl Höhe | Max. Dauerschub bei | Drehzahl Geschwindigkeit Höhe | Spez. Kraftstoffverbrauch | Abmessungen | | Gewicht | Kennzahlen | | Bemerkungen | Quelle |
|---|---|---|---|---|---|---|---|---|---|---|---|---|---|---|---|---|---|---|---|
| | | Bauart Stückzahl (A=axial R=radial) | Verdichtungsverhältnis | Durchsatz bei | Drehzahl Geschw. Höhe | Anzahl Bauart | Stufenzahl | | | | | | Durchmesser | Länge | | Schub/Gewicht | Schub Stirnfl. | | |
| | Dimension | | | kg/sec | U/min km/h km | | | kp | U/min km | kp | U/min km/h km | kg/kph | mm | mm | kg | kp/kg | kp/m² | | |
| Hispano-Suiza | Verdon 370 | | | | | | | 3700 | | | | | | | | | | Ohne Nachbrenner | [123] |
| | Avon RA.7 | | | | | | | 3400 | | | | | 1080 | 3022 | 1064 | | | Avon RA.7R mit Nachbrenner 4310 kp Startschub | [156] |
| | Avon RA.7 | A 12 | | | | 8 | 2 | 3400 | 7400 ./.6800 0 | | | 1,0 | 1055 | 3170 | 1110 | | | Mit Nachbrenner 4300 kp Startschub Lizenz Rolls-Royce | [676] |
| | Avon RA.7 | A | | | | | | 3400+ | 7950 | | | ca. 0,9* | ca. 1120 | ca. 2600 | ca. 1100 | | | * Bei max. Dauerleistung | [750, 751] |
| | Avon | 14 | | | | Ring-K. | | 4300 | | | | | 1053 | | 4920 | | | Rolls-Royce Lizenz | [697] |
| | Avon RA.26 | | | | | | | 4536 | | | | | | | | | | | [697, 757] |
| | | | | | | | | | | | | | | | | | | | |
| Dassault | MD30 Viper | A 7 | 3,8 : 1* | 13,97 | | Ring-K. | 1 | 740 | 13400 0 | | | 1,10 | 685 680** | 1675 1670** | 225 | 3,28 | | Lizenzbau * Bei Höchstdrehzahl ** Nach [656] | [345, 527, 532, 656] |
| | MD30 Viper | A 7 | 3,5 : 1 | 14,1 | 13400 0 0 | Ring-K. | 1 | 745 | 13400 0 | | | 1,09 | 617 | 1672 | 235 | 3,125 | | Armstrong-Siddeley-Lizenz | [37, 40, 41, 294, 751] |
| | Viper | 7 | 3,5 : 1 | 14 | | Ring-K. | 1 | 745 | 13400 | | | 1,09 2,04 m. N. | 590 | | | | 2700 | Mit Nachverbrennung 1000 kp Schub | [697] |
| | MD30 Viper | A 7 | 3,5 : 1 | 14 | 13400 | Ring-K. | 1 | 745 o. N. 1000 m. N. | | | | 1,09 o. N. 2,20 m. N. | 580 620* | 1680 o. N. 3200 m. N. | 238 | | | * Nach [766] Turbineneintrittstemperatur 772° C, nach [I.A.L. 12. 2. 60] 830° C | [3, 36, 345, 766] I.A.L. 12. 2. 60 |
| | MD30R Viper | A 7 | 3,8 : 1 | 14,1 | 13400 0 0 | Ring-K. | 1 | 745 o. N. 1000 m. N. | 13400 0 | | | 2,3 m. N. | 680 | 3350 | 345 | 3,08 | 2780 | Armstrong-Siddeley-Lizenz, mit Nachbrenner, ähnlich MD30 | [36, 37, 40, 41, 12] |
| | MD30R | A 7 | 3,8 : 1 | | | Ring-K. | 1 | 1000 | | | | 2,3 | 685 680* | 3350 | 345 | 3,17 | | * Nach [656] | [345, 527, 532, 656] |

| Hersteller | Bezeichnung / Dimension | Verdichter Bauart Stückzahl (A=axial R=radial) | Verdichtungsverhältnis | Durchsatz bei (kg/sec) | Drehzahl Geschw. Höhe (U/min km/h km) | Brennkammer Anzahl Bauart | Turbine Stufenzahl | Max. Startstandschub bei (kp) | Drehzahl Höhe (U/min km) | Max. Dauerschub bei (kp) | Drehzahl Geschwindigkeit Höhe (U/min km/h km) | Spez. Kraftstoffverbrauch (kg/kph) | Durchmesser (mm) | Länge (mm) | Gewicht (kg) | Schub/Gewicht (kp/kg) | Schub/Stirnfl. (kp/m²) | Bemerkungen | Quelle |
|---|---|---|---|---|---|---|---|---|---|---|---|---|---|---|---|---|---|---|---|
| Dassault | R7 | A / 7 | 3,8 : 1 | | | Ring-K. | 1 | 1360+ | 11800+ | | | 1,09* | 680* / 692+ | 1990* | 339 | | | * Nach [766]<br>+ [I.A.L. 12. 2. 60] | [527, 532, 766]<br>I.A.L. 12. 2. 60 |
| | R7 | A / 7 | 3,8 : 1 | 25 | 11800 | Ring-K. | 1 | 1400 | | | | 1,07 | 729 / 736* | 2000 | 340 | | | * Nach [527, 532] | [345, 527, 532, 656, 770] |
| | R7 | A / 7 | 3,8 : 1 | 25 | 11800 | Ring-K. | 1 | 1450 | 11800 | | | 1,07 | 736 | 2000 | 340 | 4,27 | 3460 | | [40] |
| | Farandole | A / 7 | 3,8 : 1 | 25 | 11800 0 | Ring-K. | 1 | 1450 | | | | 1,04 | 730 | 2000 | 340 | 4,26 | | Turbineneintrittstemperatur 860° C | [41, 43] |
| | R7 Farandole | A / 7 | 3,8 : 1 | 25 | 11800 0 | Ring-K. | 1 | 1400 1900 m. N. | | | | 1,1 | 692 | 1989 | 354 | 4,0 | | | [36, 43]<br>I.A.L. 12. 2. 60 |
| | | | | | | | | | | | | | | | | | | | |
| SNECMA | ATAR 101 | A / 7 | 4 : 1 | | | Ring-K. | 1 | 2000 | 7500 | | | | | 889 | 3960 | | | | [382]<br>I.A.L. 17.11.55,<br>9. 6. 55 |
| | ATAR 101A | A / 7 | 4,5 : 1 | | | | 1 | 1700 | 8050 . | | | | | | | | | Entwickelt aus BMW-003 | [268] |
| | ATAR 101A | A / 7 | 4 : 1 | | | Ring-K. | 1 | 1700 /.2200 | | | | | | 886 | | | | | Entwickelt aus BMW-003 | [676]<br>I.A.L. 9. 6. 55 |
| | ATAR 101B | A / 7 | 4,2 : 1 | | | Ring-K. | 1 | 2200 | 8050 0 | 2000 | 7800 0 0 | 1,1 | 890 | 2850 | 850 | 2,59 | | Schubdüse mit Regelpilz | [400, 401, 589, 12]<br>I.A.L. 8. 9. 50 |
| | ATAR 101B2 | A / 7 | 4 : 1 | | | Ring-K. | 1 | 2400 | 8050 0 | | | 1,1 | 886 | 2845 | 850 | 2,86 | | | [676, 3] |
| | ATAR 101B2 | | | | | | | 2600 | | | | | | | | | | Aufbau wie Atar 101A | I.A.L. 9. 6. 55 |
| | ATAR 101C | 7 | | | | Ring-K. | | 2800 | 8500 0 | 2300 | 8000 0 0 | 1,0 | 890 | 2850 | 895 | | | Mit Regelpilz | [153]<br>I.A.L. 20. 10. 56 |

| Hersteller | Bezeichnung | Verdichter | | | | Brenn-kammer | Turbine | Max. Start-stand-schub bei | Dreh-zahl Höhe | Max. Dauer-schub bei | Drehzahl Ge-schwin-digkeit Höhe | Spez. Kraft-stoff-ver-brauch | Abmessungen | | Gewicht | Kennzahlen | | Bemerkungen | Quelle |
|---|---|---|---|---|---|---|---|---|---|---|---|---|---|---|---|---|---|---|---|
| | | Bauart Stückzahl $A$=axial $R$=radial | Verdich-tungs-verhältnis | Durch-satz bei | Drehzahl Geschw. Höhe | Anzahl Bauart | Stufen-zahl | | | | | | Durch-messer | Länge | | Schub/Gewicht | Schub/Stirnfl. | | |
| | Dimension | | | kg/sec | U/min km/h km | | | kp | U/min km | kp | U/min km/h km | kg/kph | mm | mm | kg | kp/kg | kp/m² | | |
| SNECMA | ATAR 101C | A<br>7 | 4,5 : 1 | 54 | | Ring-K. | 1 | 2800 | 8500<br>0 | | | 1,00<br>1,05* | 886 | 2845<br>3718<br>m. N. | 940 | 2,98 | | Mit Nachbrenner<br>Düsenverstellung mittels Klappen<br>* [12] | [37, 676, 416, 12]<br>I.A.L. 20. 6. 53,<br>9. 6. 55 |
| | ATAR 101D | 7 | 5 : 1 | 52 | | Ring-K. | 1 | 3000 | 8400 | | | 1,0 | 920 | | 950 | 3,12 | 4500 | | [150] |
| | ATAR 101D | A<br>7 | 4,5 : 1 | | | | | 3000 | 8500<br>0<br>0 | | | 1,0 | 920 | 3580 | 912 | 3,15 | | | [268, 527] |
| | ATAR 101D | A<br>7 | 5 : 1 | 52 | 8500<br>0<br>0 | Ring-K. | 1 | 3000 | 8500<br>0<br>0 | 2400 | 8100<br>0<br>0 | | 920 | 3580 | 950 | 3,12 | | | [37]<br>I.A.L. 20. 6. 53 |
| | ATAR 101D | A<br>7 | 4,5 : 1 | 48 | | | 1 | 3000 | 8500<br>0<br>0 | | | 0,98 | 920 | 3580 | | | | | [589] |
| | ATAR 101D | | | | | | | | | | | | | | | | | | I.A.L. 7. 7. 54,<br>16. 10. 54 |
| | ATAR 101D | A<br>7 | | | | Ring-K. | 1 | 3000 | | 2400 | | 1,09 | 920 | 3580 | 959 | 3,13 | | | [473, 676] I.A.L.<br>9. 6. 53, 20. 6. 53,<br>26. 6. 53, 16. 7. 53 |
| | ATAR 101D3 | A<br>7 | 4,5 : 1 | 50 | 8300<br>0<br>0 | Ring-K. | A<br>1 | 3000 | 8300<br>0 | 2400 | 8000<br>0 | 1,0* | 920 | 3580 | 950 | 3,13 | | Eingebaut in Mystère II<br>* Reiseverbrauch | [39, 347]<br>I.A.L. 20. 10. 56 |
| | ATAR 101E | A<br>7 | | | | Ring-K. | 1 | 3300 | 8500 | | | | 925 | 3680 | 880 | 3,57 | | Mit Wassereinspritzung (nach Flight)<br>3310 kp Schub | [37, 268, 676,<br>589]<br>I.A.L. 6. 8. 53 |
| | ATAR 101E | | | | | | | 3493* | | | | | | | | | | * Keine Angaben über Art des<br>Schubes | [123] |
| | ATAR 101E | 8 | 4,8 : 1 | | | Ring-K. | 1 | 3500 | 8400 | 2800 | 8050 | 0,99 | 925 | 4130 | 882* | | | Austrittsquerschnitt<br>durch Klappen regulierbar<br>* Mit Zubehör | [527, 748, 3]<br>I.A.L. 9. 6. 55 |
| | ATAR 101E3 | | | | | | | | | | | | | | | | | | I.A.L. 19. 2. 55 |
| | ATAR 101E3 | A<br>7 | | | | Ring-K. | 1 | 3500 | | | | | | | | | | | [12]<br>I.A.L. 7. 7. 54,<br>20. 8. 54 |

| Hersteller | Bezeichnung | Verdichter | | | | Brennkammer | Turbine | Max. Startstandschub bei | Drehzahl Höhe | Max. Dauerschub bei | Drehzahl Geschwindigkeit Höhe | Spez. Kraftstoffverbrauch | Abmessungen | | Gewicht | Kennzahlen | | Bemerkungen | Quelle |
|---|---|---|---|---|---|---|---|---|---|---|---|---|---|---|---|---|---|---|---|
| | Dimension | Bauart Stückzahl $A=$axial $R=$radial | Verdichtungsverhältnis | Durchsatz bei | Drehzahl Geschw. Höhe | Anzahl Bauart | Stufenzahl | | Drehzahl Höhe | | | | Durchmesser | Länge | | Schub/Gewicht | Schub/Stirnfl. | | |
| | | | | kg/sec | U/min km/h km | | | kp | U/min km | kp | U/min km/h km | kg/kph | mm | mm | kg | kp/kg | kp/m² | | |
| **SNECMA** | ATAR 101E3 | 8 | | | | Ring-K. | 1 | 3500 | 8400 | | | 1,0 | 920 | | 820 | 4,35 | 5250 | | [697, 757] |
| | ATAR 101F | A 7 | | | | Ring-K. | 1 | 3800 | | | | 2,0 | | | | 3,79 | | Ausführung des 101D mit Nachverbrennung | [12] |
| | ATAR 101F | A 7 | 4,5 : 1 | 45 | 8500 0 0 | Ring-K. | 1 | 3000 3800 m. N. | 8500 0 | | | 1,0 | 920 | 5785 | 893 1163 | 3,33 | | Leistet mit Wassereinspritzung 4000 kp Startschub Ausführung entspricht 101D | [37, 742, 676, 589] |
| | ATAR 101F | 7 | | | | Ring-K. | 1 | 3800 m. N. | 8400 | | | 2,0 | 920 | | 1160 | 3,34 | 5700 | | [697] |
| | ATAR 101G | A 7 | | | | Ring-K. | 1 | 4000 m. N. | | | | | | | | | | Aus 101E3 entwickelt | [676, 694] |
| | ATAR 101G | A 7 | 4,5 : 1 | | | Ring-K. | 1 | 4082 | | | | | | | | | | | [268] |
| | ATAR 101G | 8 | | | | Ring-K. | 1 | 4200 m. N. | | | | | | 920 | | | | 6300 | Ausführung des Modelles 101E mit Nachbrenner | [697, 385] I.A.L. 29. 12. 56 |
| | ATAR 101G | | | | | | | 4400 | 8400 | 2700 | 8050 | | | 920 | 6480 m. N. | | | | [697, 527, 3] I.A.L. 2. 9. 55 |
| | ATAR 8 | A 9 | 5,5 : 1 | 68 | 8500 0 0 | Ring-K. | 2 | 4400 | 8400 0 | | | 0,91 | 920 | 4602 | 920 | 4,78 | 6570 | | [768, 123, 40] |
| | ATAR 8 | | | | | | | 4196* | | | | | | | | | | * Trockenschub | [123, 294] |
| | ATAR 8 | | | | | | | 4200 | | | | | | | | | | Aus 101E entwickelt | [527, 3] I.A.L. 25. 6. 56, 20. 10. 56 |
| | Vulcain | A 7 | | | | Ring-K. | 1 | 4500 | | | | 1,0 | 1160 | 3240 | | 2,95 | | | [12] |
| | Vulcain | A | | | | Ring-K. | | 4500 | | | | | 1168 | 4000 | 1400 | 3,21 | | Erster Lauf Mai 1952 | [268] I.A.L. 6. 8. 53 |

| Hersteller | Bezeichnung | Verdichter | | | | Brenn-kammer | Turbine | Max. Start-stand-schub bei | Dreh-zahl Höhe | Max. Dauer-schub bei | Drehzahl Ge-schwin-digkeit Höhe | Spez. Kraft-stoff-ver-brauch | Abmessungen | | Gewicht | Kennzahlen | | Bemerkungen | Quelle |
|---|---|---|---|---|---|---|---|---|---|---|---|---|---|---|---|---|---|---|---|
| | | Bauart Stück-zahl | Verdich-tungs-verhältnis | Durch-satz bei | Drehzahl Geschw. Höhe | Anzahl Bauart | Stufen-zahl | | | | | | Durch-messer | Länge | | Schub Gewicht | Schub Stirnfl. | | |
| | Dimension | A=axial R=radial | | kg/sec | U/min km/h km | | | kp | U/min km | kp | U/min km/h km | kg/kph | mm | mm | kg | kp/kg | kp/m² | | |
| **SNECMA** | Vulcain 104 | A | | | | | | 4500 | | | | | 1160 | | 1400 | 3,22 | | | [677] |
| | Vulcain | | 6:1 | 77 | | Ring-K. mit 16 Br. | | 4990 | | | | | | | | | | | [589] |
| | Vulcain 104 | A<br>7 | 7:1 | 82 | 0<br>0 | Ring-K. | 1 | 5000 | 0 | | | 1,0 | 1160 | 3239 | 1525 | 3,33 | | | [37] |
| | Vulcain | 7 | 7:1 | 82 | | Ring-K. | 1 | 5500 | 6700 | | | 1,0 | 1160 | | 1525 | 3,57 | 5200 | | [150] |
| | Vulcain | | | | | | | 5906 | | | | | | | 1400 | | | | [473] |
| | Vulcain | A | | | | | | 6000 | | | | | | | | | | | [684] I.A.L. 18.12.54, 26.11.54 |
| | Vulcain | | | | | | | ca. 6000 | | | | | | | | | | | [748] |
| | R.105 | A | | | | | | ca. 1000 | | | | | | | | | | | [750, 751] |
| | Vesta R.105 | A*<br>9 | | | | Ring-K. | 1 | 1200** | | | | | | | | | | * Nach [294] ** Keine Angaben über Art des Schubes | [756, 757, 294] |
| | Vesta R.105 | A<br>7 | | | | Ring-K. | | 1200 | | | | | 680 | 2000 | 290 | | | Nachbrenner vorgesehen | [123, 697] I.A.L. 23.6.55 |
| | | | | | | | | | | | | | | | | | | | |
| **SOCEMA** | TGAR-1008 | | | | | | | 1900 | | | | 1,18 | 990 | | 1220 | | | | [20] |
| | TGAR-1008 | A<br>8 | | | | Ring-K. | | 2100 | 6700 | | | | 1030 | 2800 | 1250 | | | | [676] |

| Hersteller | Bezeichnung / Dimension | Verdichter Bauart Stückzahl (A=axial R=radial) | Verdichter Verdichtungsverhältnis | Verdichter Durchsatz bei (kg/sec) | Verdichter Drehzahl Geschw. Höhe (U/min km/h km) | Brennkammer Anzahl Bauart | Turbine Stufenzahl | Max. Startstandschub bei (kp) | Drehzahl Höhe (U/min km) | Max. Dauerschub bei (kp) | Drehzahl Geschwindigkeit Höhe (U/min km/h km) | Spez. Kraftstoffverbrauch (kg/kph) | Abmessungen Durchmesser (mm) | Abmessungen Länge (mm) | Gewicht (kg) | Kennzahlen Schub/Gewicht (kp/kg) | Kennzahlen Schub/Stirnfl. (kp/m²) | Bemerkungen | Quelle |
|---|---|---|---|---|---|---|---|---|---|---|---|---|---|---|---|---|---|---|---|
| SOCEMA | TGAR-1008 | A / 8 | 3,8 : 0 | | | Ring-K. | 1 | 2100 | 6600 | | | | 914 | 2790 | 1250 | | | | [400, 401] |
| | TGAR-1008 | A / 8 | 3,7 : 0 | | | Ring-K. | 1 | 2200 | 6600 | 1900 | 6400 0 0 | | 1030 | 3900 | 1250 | | | Schubdüse mit Regelpilz, Prototyp | [735, 268] |
| | TGAR-1008 | A / 8 | 3,8 : 0 | 45 | | | | 2200 | 6600 | | | 1,2 | 1030 | | 1250 | | | | [782] |
| | TGAR-1008 | | | | | | | 2300 | 6700 | | | | | | | | | | [382] |
| | TGAR-1008 | 8 | 3,7 : 0 | | | Ring-K. | | 2500 | 6600 | 1900 | 6400 0 0 | 1,07 | 1030 | 3900 | 1250 | | | Mit Schubdüse und Regelpilz, Prototyp | [153] |
| | TGAR-1008 | A | | | | | | 2490 | | | | | | | | | | Spätere Ausführung des TG-1008 | [12] |
| | TGAR-1008 | A | | | | | A | 2495 | | | | | | | | | | Entwickelt aus TGAR-1008 | [268] |
| | TGAR | A / 8 | 3,8 : 0 | | | | 1 | 2400 | 6600 | | | | 990 | 2134 | 1052 | | | | [400, 401] |
| | | | | | | | | | | | | | | | | | | | |
| Société Rateau | SRA1 (A65) | A / 4+12 | 4,0 | 30 | | 9 | 2 | 1200 | 7500 0 | | | 1,0 | 1120 | 2050 | 998 | | | Mit Nachbrenner 1500 kp Schub | [268] |
| | SRA1 | A / 16 | 4,2 | | | | 2 | 1247 | 7500 0 | | | 1 | 1219 | 2098 | 998 | | | | [382] |
| | SRA1 (A65) | A | | | | | | 4000* | | | | 0,85 | | | | | | * Mit Wassereinspritzung Nicht weiterentwickelt | [676] |
| | SRA301 | A / 16 | | | | | 3 | 4000 | | | | | | | 1500 | | | Mit Nachbrenner | [676] |

| Hersteller | Bezeichnung / Dimension | Verdichter Bauart Stückzahl ($A$=axial $R$=radial) | Verdichtungsverhältnis | Durchsatz bei (kg/sec) | Drehzahl Geschw. Höhe (U/min km/h km) | Brennkammer Anzahl Bauart | Turbine Stufenzahl | Max. Startstandschub bei (kp) | Drehzahl Höhe (U/min km) | Max. Dauerschub bei (kp) | Drehzahl Geschwindigkeit Höhe (U/min km/h km) | Spez. Kraftstoffverbrauch (kg/kph) | Durchmesser (mm) | Länge (mm) | Gewicht (kg) | Schub/Gewicht (kp/kg) | Schub/Stirnfl. (kp/m²) | Bemerkungen | Quelle |
|---|---|---|---|---|---|---|---|---|---|---|---|---|---|---|---|---|---|---|---|
| Société Rateau | SRA301 Berry | | | | | | | 9000 | | | | | | | | | | | [153] |
| | A65 (SRA1) | A 10 | 4,0 | | | 9 | 1 | 1500 | 8000 | | | 1,0 | 940 | 2050 | 1000 | | | | [20] |
| | SRA1 Savoie | A 10 | 6,8 | | | 12 | mehrst. | 3300 | 9500 | 2900 | 9250 0 0 | 0,85 | 1120 | 3350 | 1040 | | | Mit Regelpilz; Vorrichtungen für Wassereinspritzung und Nachverbr. vorgesehen | [153] |
| | SRA101 (GTS-60) Savoie | A 10 | 6,8 | | | 12 | 2 | 3300 | 9500 0 | | | 0,85 | 1000 ./.1120 | 3350 ./.3650 m. N. | 1040 | 3,13 | | Mit Wassereinspritzung 4000 kp Schub Experimentell verwendet | [676, 347] |
| | SRA101 | A 10 | 6,8 | 53,1 | | | 2 | 3300 | 9500 | | | 0,86 | 1092 | 3073 | 1042 | | | Nur für Versuchszwecke Mit Wassereinspritzung 3995 kp Schub | [416, 473, 429] |
| | SRA101 Savoie | A 10 | 6,8 | 53,1 | | 12 | 2 | 3300 | 9500 | | | 0,86 | 1092 | 3820 | 1042 | 3,18 | | 3990 kp Schub mit Wassereinspritzung | [268, 589] |
| | SRA101 | A 10 | 6,8 | | | 12 | 2 | 3500 | 9500 | 2300 | 8000 0 0 | | 1100 | 3650 | 1000 | | | Prototyp; Regelpilz; 4000 kp Standschub mit Nachverbrennung | [735] |
| | | | | | | | | | | | | | | | | | | | |
| Turboméca | Piméné T.R.011 | R 1 | 4,0 : 1 | | | Ring-K. | 1 | 110 | 37000 | | | 1,16 | 408 | 1055 bis 1098 | 54 | | | | [676] |
| | Piméné | R 1 | 3,9 : 1 | | | Ring-K. | A 1 | 110 | 36000 | | | 1,1 | 406 | 865 | 55 | 1,98 | | Früher bekannt als T.R.011 | [268, 589] |
| | Piméné | 1 | 4,0 : 1 | | | Ring-K. | | 110 | 36000 | 91 | 34000 0 0 | 1,06 | 410 | 1060 | 54 | | | Erstes Kleinstrahltriebwerk von Turboméca; 1949 flugerprobt | [153] |
| | Piméné | R 1 | 3,8 : 1 | | | Ring-K. | | 110 | 35000 | | | 1,05 | 406 | 1050 | 54 | | | | [416, 429] |
| | Palas | R 1 | | | | | 1 | 160 | 35000 | | | 1,22 | 408 | 1080 | 59 | | | Entwicklung aus Piméné | [416, 429, 473] |

| Hersteller | Bezeichnung | Verdichter | | | | Brennkammer | Turbine | Max. Startstandschub bei | Drehzahl Höhe | Max. Dauerschub bei | Drehzahl Geschwindigkeit Höhe | Spez. Kraftstoffverbrauch | Abmessungen | | Gewicht | Kennzahlen | | Bemerkungen | Quelle |
|---|---|---|---|---|---|---|---|---|---|---|---|---|---|---|---|---|---|---|---|
| | | Bauart Stückzahl | Verdichtungsverhältnis | Durchsatz bei | Drehzahl Geschw. Höhe | Anzahl Bauart | Stufenzahl | | | | | | Durchmesser | Länge | | Schub/Gewicht | Schub/Stirnfl. | | |
| | Dimension | A=axial R=radial | | kg/sec | U/min km/h km | | | kp | U/min km | kp | U/min km/h km | kg/kph | mm | mm | kg | kp/kg | kp/m² | | |
| Turboméca | Palas | R<br>1 | 4,0 : 1 | | | Ring-K. | | 150 | 34600 | 120 | 32000<br>0<br>0 | 1,13 | 410 | 1060 | 62 | | | Verwendbar als Primärantrieb oder Starthilfe | [153] |
| | Palas | R<br>1 | 4,0 : 1 | 3,1 | 33800<br>0<br>0 | 1<br>Ring-K. | A<br>1 | 160 | 34000<br>0 | 130 | 31500<br>0<br>0 | 1,1 | 408 | 1200 | 72 | 2,5 | | Szydlowski-Patent | [37, 589, 676] |
| | Palas | R<br>1 | 4,0 : 1 | 3,1 | | Ring-K. | 1 | 160 | 34000 | | | 1,1 | 405 | 1194 | 72 | 2,22 | 1240 | Eingebaut in Bretagne, Caproni F5, Curtiss Commando C-46, Douglas DC-3, Payen PA-49, Sipa 222 | [150, 347] |
| | Palas | R<br>1 | 4,0 : 1 | 3,2 | 34000<br>0 | Ring-K. | 1 | 160 | 34000<br>0 | | | 1,13 | 405 | 1200 | 72 | 2,2 | 1240 | Turbineneintrittstemperatur 850°C bei 34 000 U/min | [36, 41, 43] |
| | Palas | R<br>1 | 3,9 : 1 | | | Ring-K. | 1 | 160* | | 130+ | | 1,17*<br>1,13+ | 406 | 892 | 72 | 2,22 | | | [3, 345, 656] |
| | Palas | R<br>1 | 3,95 : 1 | 3,2 | 34000<br>0<br>0 | Ring-K. | 1 | 160 | 34000<br>0 | | | 1,17*<br>1,13 | 405 | 1192 | 71,7 | | | * Nach [527, 532] | [40, 527, 532] |
| | Palas | | 4,12 : 1 | 3,86 | | Ring-K. | | 177* | | 153** | | 1,20*<br>1,14** | 457 | 762 | 76,2 | | | | I.A.L. 20. 9. 56 |
| | Aspin I | A+R<br>1+1 | 4,1 : 1 | | | Ring-K. | 2 | | 35000 | | | 0,67 | 604 | 1614 | 120 | | | | [676] |
| | Aspin | A+R<br>1+1 | | 21 | | Ring-K. | | 300 | 35000 | | | 0,52 | 605 | | 145 | 2,5 | 1250 | Zweikreis-Triebwerk | [149] |
| | Aspin I | R<br>1 | | | | | | 200 | | | | 0,62 | 600 | 1206 | 126 | | | Nur für Versuchszwecke | [429, 416, 785] |
| | Aspin I | A+R<br>1+1 | | | | Ring-K. | 2 | 220*<br>200<br>./.226 | | | | 0,6 | 508 | | | | | Zweikreis-Triebwerk * [12] | [403, 419, 12] |
| | Aspin II | A+R<br>1+1+ | | | | Ring-K. | | 330 | 36500<br>0 | 270 | 35000<br>0<br>0 | 0,57 | 660 | 1210 | 136 | | | + Zweikreis-Triebwerk | [153] |
| | Aspin II | A+R<br>1+1+ | 4,1 : 1 | | | Ring-K. | 2 | 360 | 35000<br>0 | | | 0,55 | 604<br>./.658 | 1615 | 139<br>./.145 | 2,56 | | + Zweikreis-Triebwerk | [676] |

| Hersteller | Bezeichnung / Dimension | Verdichter Bauart Stückzahl (A=axial R=radial) | Verdichtungsverhältnis | Durchsatz bei (kg/sec) | Drehzahl Geschw. Höhe (U/min, km/h, km) | Brennkammer Anzahl Bauart | Turbine Stufenzahl | Max. Startstandschub bei (kp) | Drehzahl Höhe (U/min, km) | Max. Dauerschub bei (kp) | Drehzahl Geschwindigkeit Höhe (U/min, km/h, km) | Spez. Kraftstoffverbrauch (kg/kph) | Durchmesser (mm) | Länge (mm) | Gewicht (kg) | Schub/Gewicht (kp/kg) | Schub/Stirnfl. (kp/m³) | Bemerkungen | Quelle |
|---|---|---|---|---|---|---|---|---|---|---|---|---|---|---|---|---|---|---|---|
| Turboméca | Aspin II | A+R<br>1+1⁺ | R 3,8:1<br>A 1,15:1 | R 3<br>A 21 | A 9250<br>35000<br>0<br>0 | 1<br>Ring-K. | A<br>2 | 360 | 35000<br>0 | 320 | 34000<br>0<br>0 | 0,52 | 604 | 1614 | 138 |  |  | + Zweikreis-Triebwerk. 85% der Luft werden an der Brennkammer vorbeigeführt | [37, 589, 192] |
|  | Aspin II | A+R<br>1+1⁺ | 3,6:1<br>1,15:1 | 21* |  | Ring-K. | A<br>2 | 360 | 35000<br>0 |  |  | 0,545 |  | 1615 | 139 | 2,59 |  | * Gesamtluftdurchsatz<br>+ Zweikreis-Triebwerk |  |
|  | Aspin II | A+R<br>1+1 |  | 22 | 35000<br>0 | Ring-K. | 2 | 380 | 35000<br>0 |  |  | 0,53 |  |  | 134 | 2,8 | 1320 |  | [36] |
|  | Marboré | R<br>1 |  |  |  |  | 1 | 300 |  |  |  | 1,1 | 594 | 1377 | 120 |  |  | Nur für Versuchszwecke | [268] |
|  | Marboré I | R<br>1 |  |  |  |  | 1 | 300 | 35000<br>0 |  |  | 1,1 | 595 | 1375 | 120 |  |  |  | [429] |
|  | Marboré I | R<br>1 | 3,9:1 |  |  | Ring-K. | 1 | 380 | 23000<br>0 |  |  | 1,03 | 567 | 1067<br>/.1100 |  | 3,13 |  |  | [676] |
|  | Marboré | R<br>1 | 4,0:1 | 7,6 |  | Ring-K. | 1 | 400 | 22600 | 320 |  | 1,08 | 567 | 1092 | 135 | 2,94 | 1580 | Mit Nachverbrennung 600 kp Schub | [150]<br>I.A.L. 20. 9. 56 |
|  | Marboré II | R<br>1 | 3,85:1 |  |  | Ring-K. | 1 | 400* | 22600 | 320⁺ |  | 1,15*<br>1,09⁺ | 635 | 1575 | 143 | 2,8 |  |  | [347, 527, 532] |
|  | Marboré II | R<br>1 | 4,0:1 |  |  | Ring-K. | 1 | 400 | 22600 |  |  | 1,1 | 570 | 1060 | 135 |  |  |  | [345, 766] |
|  | Marboré II | R<br>1 | 3,95:1 | 7,5 |  | Ring-K. | A<br>1 | 400 | 22600 |  |  | 1,15 | 566 | 1130 | 135 | 2,97 |  |  | [268] |
|  | Marboré II | R<br>1 | 4,0:1 |  |  | Ring-K. |  | 400 | 22700 |  |  | 1,09<br>bis<br>1,15 | 566 | 1333 | 135<br>bis<br>140 |  |  |  | [676] |
|  | Marboré II | R<br>1 | 3,9:1 |  |  |  | 1 | 400 |  |  |  | 1,15 | 558 | 1320 | 130 |  |  |  | [473] |
|  | Marboré II | R<br>1 | 4,0:1 | 7,6 | 22600 | 1<br>Ring-K. | A<br>1 | 400 | 22600<br>0 | 320 | 21000<br>0<br>0 | 1,08 | 567 | 1064 | 133 | 3,0 |  |  | [37] |

| Hersteller | Bezeichnung | Verdichter | | | | Brenn-kammer | Turbine | Max. Start-stand-schub bei | Dreh-zahl Höhe | Max. Dauer-schub bei | Drehzahl Ge-schwin-digkeit Höhe | Spez. Kraft-stoff-ver-brauch | Abmessungen | | Gewicht | Kennzahlen | | Bemerkungen | Quelle |
| | | Bauart Stück-zahl | Verdich-tungs-verhältnis | Durch-satz bei | Drehzahl Geschw. Höhe | Anzahl Bauart | Stufen-zahl | | | | | | Durch-messer | Länge | | Schub / Gewicht | Schub / Stirnfl. | | |
| | Dimension | A = axial R = radial | | kg/sec | U/min km/h km | | | kp | U/min km | kp | U/min km/h km | kg/kph | mm | mm | kg | kp/kg | kp/m² | | |
| Turboméca | Marboré II | 1 | | | | Ring-K. | | 400 | 23000 0 0 | 325 | 21500 0 0 | 1,07 | 570 | 1380 | 125 | | | Leistungsfähigere Ausführung des Piméné | [153] |
| | Marboré II | R 1 | 4,0 : 1 | 8,0 | 22600 0 0 | Ring-K. | A 1 | 400 | 22600 0 | 360 | | 1,09 | 567+ 288* | 1566 | 135 bis 140 | | | + Breite * Höhe | [40, 742] |
| | Marboré II | R 1 | 3,95 : 1 | 7,5 | | Ring-K. | 1 | 400* | 22600 | 320+ | 21000 | 1,15* 1,10+ | 566 | 1125¹ 1564² | 146 | 2,73 | | ¹ Ohne Schubdüse ² Mit Schubdüse | [656] |
| | Marboré II | R 1 | 4,0 : 1 | 8 | | Ring-K. | 1 | 400* | 22600 0 | 320+ | | 1,09+ 1,15* | 567 | 1566 | 146 | 2,74 | | | [36, 170, 879] |
| | Marboré IIA | R 1 | 4,0 : 1 | 8 | 22600 0 | Ring-K. | 1 | 400 | 22600 0 | | | 1,09 | 567 | 1566 | 146 | 2,73 | | Turbineneintrittstemperatur 780°C bei 22 600 U/min | [41, 43] |
| | Marboré IIB,C,D,E | | | | | | | | | | | | | | | | | Ähnlich Marboré IIA | [41] |
| | Ossau | 1 | | | | Ring-K. | A | 800 | | | | | | | | | | Soll aus »Marboré« entwickelt sein | [268] |
| | Ossau | | | | | | | 1000 | | | | | | | | | | Schub mit Nachbrenner 1135 kp | [589] |
| | Arbizon | | | | | Ring-K. | 2 | 250 | 34000 | 200 | | 0,9 | 533 | 1448 | 100 | 2,34 | | | [294, 347, 527, 757] I.A.L. 7. 5. 55 |
| | Arbizon | A+R 2 | | | | Ring-K. | 2 | 250 | 34000 | 200 | | | 506 | 1442 | 104 | 2,40 | | | [656] |
| | Gabizo | R 1 | | | | | | 1100 | | 874* | | 0,96* | 673 | 2120 | 255 | | | * Dauerreiseschub | [294, 125] |
| | Gabizo | R | | | | | | 1100 | | 880 | | 1,04 | 670 | | 255 | | | | [697] I.A.L. 7. 5. 55, 15. 6. 55, 18. 6. 55, 23. 6. 55 |
| | Gabizo | R 1 | | | | | | 1100 | | 880 | | 1,04* 0,98 | 670 | 2120 | 255+ | | | * Spez. Verbrauch bei Startschub und bei Dauerschub + Mit Zubehör | [757] I.A.L. 23. 6. 55 |

| Hersteller | Bezeichnung | Verdichter Bauart Stückzahl | Verdichter Verdichtungsverhältnis | Verdichter Durchsatz bei | Verdichter Drehzahl Geschw. Höhe | Brennkammer Anzahl Bauart | Turbine Stufenzahl | Max. Startstandschub bei | Drehzahl Höhe | Max. Dauerschub bei | Drehzahl Geschwindigkeit Höhe | Spez. Kraftstoffverbrauch | Abmessungen Durchmesser | Abmessungen Länge | Gewicht | Kennzahlen Schub/Gewicht | Kennzahlen Schub/Stirnfl. | Bemerkungen | Quelle |
|---|---|---|---|---|---|---|---|---|---|---|---|---|---|---|---|---|---|---|---|
| | Dimension | A=axial R=radial | | kg/sec | U/min km/h km | | | kp | U/min km | kp | U/min km/h km | kg/kph | mm | mm | kg | kp/kg | kp/m² | | |
| **Turboméca** | Gabizo | R+A<br>1+1 | 5,2 : 1 | 22 | 18000<br>0<br>0 | Ring-K. | A<br>1 | 1540<br>m. N.<br>1100<br>o. N. | 18000<br>0 | 900 | | 1,0 | 670 | 2083 | 265 | 4,15 | 3140 | Triebwerk kann mit SNCAN Nachbrenner (Gewicht 380 kg) ausgerüstet werden | [40] |
| | Gourdon | A+R<br>1+1 | | | | Ring-K. | | 660* | | 525 | | 0,98 | 572 | 1900 | 172 | 3,84 | 2540 | * Keine Angabe, ob Startstandschub | [40, 294, 123]<br>I.A.L. 7. 5. 55 |
| | Soulour | | | | | | | 320 | | 272* | | 0,78* | 470 | | | | | * Bei Reiseschub Zweikreis-Triebwerk, in Entwicklung | [294, 757] |
| | Soulour | | | | | | | 320 | | 270 | | | | | 140 | | | Zweikreis-Triebwerk | [751]<br>I.A.L. 7. 5. 55 |
| | Soulour | A+R<br>2 | | | | Ring-K. | 2 | 317* | | 272 | | 0,8* | 419 | | 140 | | | Zweikreis-Triebwerk | [656] |
| | | | | | | | | | | | | | | | | | | | |
| **Australien** Commonwealth Aircraft | Avon 1 (RA.3) | A<br>12 | 6,0 : 1 | | | 8<br>Einz.-K. | 2 | 2950 | 7800<br>0 | | | 0,85 | 1077 | 3216 | 1024 | 3,03 | | Rolls-Royce Avon Lizenz | |
| | Avon 1 (RA.3) | A<br>12 | 6,0 : 1 | | | 8 | 2 | 2950 | 7800<br>0 | | | 0,89 | 1067 | 3226 | 1024 | | | Rolls-Royce Avon Lizenz | [37, 589] |
| | Avon 1 (RA.7) | A<br>12 | 6,5 : 1 | 54 | 7950<br>0<br>0 | 8<br>Einz.-K. | 2 | 3400 | 7950<br>0<br>0 | | | 0,92 | 1071 | 2593 | 1116 | 3,05 | 3910 | Rolls-Royce Avon Lizenz | [429, 473, 40, 41] |
| | Avon RA.7 (109) | | | | | | | 3334 | 7950 | | | | | 3480 | 1090 | | | Ähnlich Avon RA.7 (20) | [37, 41] |
| | Nene 2VH Aust | R<br>1 | 4,0 : 1 | 41 | 12300<br>0<br>0 | 9<br>Einz.-K. | 1 | 2270 | 12300<br>0 | 2270 | 12300<br>0<br>0 | 1,0 | 1258 | 2642 | 730 | 3,125 | | Rolls-Royce Lizenz | [37, 400, 401, 589, 416, 429, 473] |
| | | | | | | | | | | | | | | | | | | | |
| **Belgien** Fabrique Nationale | Derwent 8 | R<br>1 | 4,5 : 1 | 29 | 14700<br>0<br>0 | 9<br>Einz.-K. | 1 | 1630 | 14700<br>0 | 1400 | 14100<br>0<br>0 | 1,0 | 1092 | 2110 | 595 | 2,78 | | Rolls-Royce Lizenz | [37, 39, 589] |

| Hersteller | Bezeichnung | Verdichter Bauart Stückzahl (A=axial, R=radial) | Verdichtungsverhältnis | Durchsatz bei (kg/sec) | Drehzahl Geschw. Höhe (U/min km/h km) | Brennkammer Anzahl Bauart | Turbine Stufenzahl | Max. Startstandschub bei (kp) | Drehzahl Höhe (U/min km) | Max. Dauerschub bei (kp) | Drehzahl Geschwindigkeit Höhe (U/min km/h km) | Spez. Kraftstoffverbrauch (kg/kph) | Durchmesser (mm) | Länge (mm) | Gewicht (kg) | Schub/Gewicht (kp/kg) | Schub/Stirnfl. (kp/m²) | Bemerkungen | Quelle |
|---|---|---|---|---|---|---|---|---|---|---|---|---|---|---|---|---|---|---|---|
| Fabrique Nationale | Derwent 8 | R / 1 | | | | Einz.-K. | | 1630 | | | | 1,4 | 1093 | 2110 | | 2,81 | | | [12] |
| | Avon R.A.21 | A / 12 | 6,4 : 1 | 56 | 8100 0 0 | 8 Einz.-K. | 2 | 3625 | 8100 0 | | | 0,92 | 1070 | 2593 | 1143 | 3,05 | 4030 | Lizenz Rolls-Royce, ähnlich RR Avon R.A.7 | [12, 39, 40] |
| Kanada — Orenda Engines (AV Roe Canada) | Chinook | A / 9 | | | | | 1 | 1180 | 10100 | | | | | 813 | 3175 | 567 | | | | [382] |
| | Chinook TR4-Mk.2 | A / 9 | | | | 6 | 1 | | | | | 1,0 | 813 | 3178 | 567 | | | | [201] |
| | Chinook TR4-11 | A / 9 | 4,5 : 1 | | | 6 Einz.-K. | 1 | 1315 | 10100 0 | | | 1,0 | 813 | 3178 | 567 | 2,32 | | Versuchsmaschine für Orenda | [268] |
| | Orenda 1 | A / 10 | | | | Einz.-K. | 1 | | | | | | | | | | | | [12] |
| | Orenda 1 | | | | | | | 2720 | | | | | | | | | | | [317] |
| | Orenda 2 | | | | | | | 2631* | | | | | | | 1225 | | | * Keine Angaben, ob Start- oder Dauerschub | [490] |
| | Orenda 2 | | | | | | | 2750 | | | | | | | | | | Erstes Produktionsmodell | [261] |
| | Orenda 2 | A / 10 | | | | | | 2720 | | | | | | | | | | | [599, 12] |
| | Orenda 5 | A / 10 | | | | 6 | 1 | 2720 | 7800 0 | | | 1,0 | 1069 | 3353 | 1134 | 2,4 | | | [268] |
| | Orenda | A / 10 | | | | | 1 | 2722 | | | | | 1067 | 3081 | | | | | [416] |

| Hersteller | Bezeichnung / Dimension | Verdichter Bauart Stückzahl (A=axial R=radial) | Verdichter Verdichtungsverhältnis | Verdichter Durchsatz bei (kg/sec) | Verdichter Drehzahl Geschw. Höhe (U/min km/h km) | Brennkammer Anzahl Bauart | Turbine Stufenzahl | Max. Startstandschub bei (kp) | Drehzahl Höhe (U/min km) | Max. Dauerschub bei (kp) | Drehzahl Geschwindigkeit Höhe (U/min km/h km) | Spez. Kraftstoffverbrauch (kg/kph) | Abmessungen Durchmesser (mm) | Abmessungen Länge (mm) | Gewicht (kg) | Kennzahlen Schub/Gewicht (kp/kg) | Kennzahlen Schub/Stirnfl. (kp/m²) | Bemerkungen | Quelle |
|---|---|---|---|---|---|---|---|---|---|---|---|---|---|---|---|---|---|---|---|
| Orenda Engines (AV Roe Canada) | Orenda TR5 | A 10 | | | | 6 | 1 | 3175 | 8000 | | | 0,96 | | | | 2,64 | | | [580] |
| | Orenda | A 11 | | | | | | 3175 | | | | | 1067 | 3429 | | | | | [400, 401] |
| | Orenda 8 | A 10 | | | | Einz.-K. | 1 | 2720 | | | | | | | | | | | [12] |
| | Orenda | 10 | | | | 6 | | 2720 | | | | 1,0 | 1070 | 3100 | 1135 | | | Solar-Nachbrenner | [153] |
| | Orenda | A 9 | | | | 6 | 1 | 2720 | | | | | | | | | | | [735] |
| | Orenda 8 | A 10 | 5,7 : 1 | 49,9 | | 6 | 1 | 2950 | 7800 | | | 1,0 | 1067 | 3081 | 1225 | | | | [37, 599] |
| | Orenda 8 | A 10 | | | | 6 | 1 | 3400 | | | | | 1067 | 3085 | 1225 | | | Ähnlich Orenda 9; gleiche Leistung | [37, 599] |
| | Orenda 9 | A 10 | 5,8 : 1 | 51 | 7800 | 6 Einz.-K. | 1 | 2950 | 7800 0 | | | 1,0 | 1067 | 3083 | 1225 | 2,44 | | | [37] |
| | Orenda 10 | A 10 | | | | Einz.-K. | 1 | 2950 | 7800 0 | | | 1,0 | | | | | | Ähnlich Orenda 9; gleiche Leistung | [12, 473, 589, 599] |
| | Orenda 10 | A 10 | 5,5 : 1 | 48 | 7800 | | | 2883 | 7800 | 2277 | 7250 | 1,12* 1,09** | 1067 | 3086 | 1141 | | | * Bei Standstartschub ** Bei Dauerschub | [327, 291, 527] |
| | Orenda 10 | A 10 | 5,5 : 1 | 48,1 | | 6 | 1 | 2882 | 7800 0 | 2277 | 7250 0 0 | 1,12* 1,09** | Breite bzw. Höhe 1069 | 3086+ | 1202 | 2,53 | 3230 | * Bei Standstartschub ** Bei Dauerschub + Mit Schubdüse | [291, 305, 306] |
| | Orenda | 10 | | | | 6 Einz.-K. | 2 | 3170 | | | | | 1067 | | 1090 | 2,94 | 3560 | | [150] |
| | Orenda 11 | A 10 | | | | Einz.-K. | 1 | 3170 | | | | | | | | | | | [12] |

| Hersteller | Bezeichnung | Verdichter | | | | Brennkammer | Turbine | Max. Startstandschub bei | Drehzahl Höhe | Max. Dauerschub bei | Drehzahl Geschwindigkeit Höhe | Spez. Kraftstoffverbrauch | Abmessungen | | Gewicht | Kennzahlen | | Bemerkungen | Quelle |
|---|---|---|---|---|---|---|---|---|---|---|---|---|---|---|---|---|---|---|---|
| | | Bauart Stückzahl | Verdichtungsverhältnis | Durchsatz bei | Drehzahl Geschw. Höhe | Anzahl Bauart | Stufenzahl | | | | | | Durchmesser | Länge | | Schub/Gewicht | Schub/Stirnfl. | | |
| | Dimension | A=axial R=radial | | kg/sec | U/min km/h km | | | kp | U/min km | kp | U/min km/h km | kg/kph | mm | mm | kg | kp/kg | kp/m² | | |
| Orenda Engines (AV Roe Canada) | Orenda 11 | A<br>10 | | | | 6 | 2 | 3175 | 7800<br>0 | | | | Breite bzw. Höhe 1069 | | | | | Ähnlich Orenda 9 | [305, 306] |
| | Orenda 11 | A<br>10 | | | | 6 röhrenförmig | 2 | 3175 | | | | | 1143 | 3073 | 1091 | | | Mit Solar-Nachbrenner Schuberhöhung auf 3855 kp | [473, 589, 599] |
| | Orenda 11 | | | | | | | 3175* | | | | | | | | | | * Keine Angaben über Art des Schubes | [296, 297] |
| | Orenda 11 | A<br>10 | | | | 6 | 2 | 3175 | | | | 1,09 | 1070 | ca. 3100 | 1225 | | | Einbau: CF100Mk.4 (Orenda 11) Kanadische F-86 Sabre | [327] I.A.L. 22. 9. 55 |
| | Orenda | 10 | | | | 6 Einz.-K. | 2 | 3300 | 7800 | | | | 1067 | | 1100 | 3,0 | 3700 | | [150, 347] |
| | Orenda 11 | A<br>10 | 6,1:1 | 58,97<br>50* | | 6 | 2 | 3402 | 7800<br>0 | | | 0,997 | 1067 | 3080* | 1111* | 3,09* | | * Nach [43] Ähnlich Orenda 9 Temperatur vor Turbine 917°C | [37, 40, 43, 656] |
| | Orenda 14 | A<br>10 | 6,1:1 | 57 | 7800<br>0<br>0 | 6 Einz.-K. | 2 | 3175 | | | | 1,09 | 1070 | ca. 3100 | 1225 | | | Einbau: CF100Mk.4 Kanadische F-86 Sabre | [40] I.A.L. 22. 9. 55 |
| | Orenda 14 | A<br>10 | 6,1:1 | 57 | 7800<br>0<br>0 | 6 Einz.-K. | 2 | 3400 | 7800<br>0 | | | 0,9 | 1067 | 3088 | 1100 | 3,09 | 3820 | | [40, 490] |
| | Orenda 14 | A<br>10 | | | | Einz.-K. | 1 | 3300 | | | | 1,0 | | | | | | | [12] |
| | Orenda 14 | A<br>10 | | | | 6 | 2 | 3300 | | | | | 1143 | 3073 | 1102 | | | | [473, 589, 599] |
| | Orenda 14 | A<br>10 | 6:1 | | | 6 | 2 | 3447 | | | | | Breite bzw. Höhe 1069 | | | | | | [305, 327] |
| | Orenda 14 | | | | | | | 3447* | | | | | | | 1089 | | | * Keine Angaben ob Start- oder Dauerschub | [490] |
| | Orenda 14 | A<br>10 | 6,1:1 | 58,97 | | 6 | 2 | 3402 | 7800 | | | 0,997 | 1067 | | | | | | [656] |

| Hersteller | Bezeichnung | Verdichter | | | | Brenn-kammer | Turbine | Max. Start-stand-schub bei | Dreh-zahl Höhe | Max. Dauer-schub bei | Drehzahl Ge-schwin-digkeit Höhe | Spez. Kraft-stoff-ver-brauch | Abmessungen | | Gewicht | Kennzahlen | | Bemerkungen | Quelle |
| | | Bauart Stück-zahl | Verdich-tungs-verhältnis | Durch-satz bei | Drehzahl Geschw. Höhe | Anzahl Bauart | Stufen-zahl | | | | | | Durch-messer | Länge | | Schub/Gewicht | Schub/Stirnfl. | | |
| | Dimension | A=axial R=radial | | kg/sec | U/min km/h km | | | kp | U/min km | kp | U/min km/h km | kg/kph | mm | mm | kg | kp/kg | kp/m² | | |
| **Orenda Engines (AV Roe Canada)** Waconda P35 | | A | | | | | | 6800 | | | | | | | | | | | [12] |
| Waconda | | A+A | | | | | | 6800 | | | | | | | | | | Doppelverdichter | [699] |
| PS113 | | A | | | | | | 6804 | | | | | | | | | | | [305] |
| Orenda | PS113 (Waconda) | | | | | | | 8165 | | | | | | | | | | Schub kann durch Marquardt-Nachbrenner auf 11340 kp erhöht werden | [490] |
| Waconda | PS113 | | | | | | | 8165* | | | | | | | | | | * Auslegungsschub | [284] |
| | | | | | | | | | | | | | | | | | | | |
| **Rolls-Royce of Canada** | Nene 10 | R zweiflut. 1 | 4,5 : 1 | | | 9 | | 2313 | 12500 | | | 1,0 | 1275 | | | | | | [589] |
| | Nene 10 | R zweiflut. 1 | 4,5 : 1 | 40 | 12500 0 0 | 9 Einz.-K. | 1 | 2315 | 12500 0 | | | 1,02 | 1258 | 2665 | 750 | 3,125 | 1870 | | [37, 40] |
| | Nene 10 RN.2 | R 1 | | | | Einz.-K. | 1 | 2310· | | | | 1,06 | 1255 | 2660 | | 3,15 | | | [12] |
| | | | | | | | | | | | | | | | | | | | |
| **Deutschland** **BMW** | 109-003-A0 | A 7 | | | | Ring-K. | 1 | 798 | | | | 1,47 | 698 | 3500 | | 1,07 | | | [12] |
| | 109-003-A1 | A 7 | | | | Ring-K. | 1 | 798 | | | | 1,47 | | | | 1,31 | | | [12] |
| | 109-003-A2 | A 7 | | | | Ring-K. | 1 | 798 | | | | 1,47 | | | | 1,31 | | | [12] |

| Hersteller | Bezeichnung | Verdichter Bauart Stückzahl (A=axial, R=radial) | Verdichter Verdichtungsverhältnis | Verdichter Durchsatz bei (kg/sec) | Verdichter Drehzahl Geschw. Höhe (U/min, km/h, km) | Brennkammer Anzahl Bauart | Turbine Stufenzahl | Max. Startstandschub bei (kp) | Drehzahl Höhe (U/min, km) | Max. Dauerschub bei (kp) | Drehzahl Geschwindigkeit Höhe (U/min, km/h, km) | Spez. Kraftstoffverbrauch (kg/kph) | Abmessungen Durchmesser (mm) | Abmessungen Länge (mm) | Gewicht (kg) | Schub/Gewicht (kp/kg) | Schub/Stirnfl. (kp/m²) | Bemerkungen | Quelle |
|---|---|---|---|---|---|---|---|---|---|---|---|---|---|---|---|---|---|---|---|
| **BMW** | 109-003-A | A 7 | 3,1 : 1 | | | 1 Ring-K. | 1 | 800 | 9500 | | | 1,4 | 712 | | | | | Produktionsmaschine Turbinenschaufeln hohl, luftgekühlt | [12, 20, 268] |
| | 109-003-C | A 7 | | | | 1 Ring-K. | 1 | 906 | | | | 1,27 | | | | | | Eine Versuchsmaschine wurde gebaut Turbinenschaufeln hohl, luftgekühlt | [12, 20, 268] |
| | 109-003-D | A 11 | | | | Ring-K. | 2 | 1100 | | | | 1,10 | 688 | 3150 | | 1,69 | | Projekt | [12, 20, 268] |
| | 109-003-D | A 8 | 3,5 : 1 | | | | 2 | | | | | 1,10 | 688 | 3150 | | | | | [371] |
| | 109-003-E1 | A 7 | | | | Ring-K. | 1 | 798 | | | | 1,47 | | | | | | | [12] |
| | 109-003-E2 | A 7 | | | | Ring-K. | 1 | 798 | | | | 1,47 | | | | | | | [12] |
| | 109-003-R | A 8 | | | | Ring-K. | 1 | 1880 | | | | 1,47 | | | | | | 003-A mit BMW-109718 Rakete | [12] |
| | 109-018 | A 12 | 7,0 : 1 | | | | 3 | | | | | | | | | | | | [371] |
| | 109-018 | A 12 | 6,6 : 1 | | | 1 Ring K. | 3 (Luftgek. Hohlsch.) | 3500 | 5000 | | | 1,1 | 1270 | | | | | Konstruiert und zum Teil hergestellt Nie zusammengebaut | [12, 20, 268] |
| | 109-018-R | A 12 | | | | Ring-K. | 3 | 4480 | | | | | | | | | | 018 mit BMW109718 Rakete | [12] |
| | | | | | | | | | | | | | | | | | | | |
| **Daimler-Benz** | 109-007 ZTL (Zweikr.) | A 9 | Gegenläufiger Kompr. trägt außerdem dreistufiges Gebläse für zweiten Kreis | | | 4 Einz.-K. | 1 gekühlt durch Teilbeaufschl. mit Luft aus 2. Kreis | 610 | | | 900 / 6 | 0,81 | 840 | 4650 | | 0,69 | | Entwicklung bis zum Versuchsbetrieb | [12, 20, 268] |

| Hersteller | Bezeichnung | Verdichter | | | | Brenn-kammer | Turbine | Max. Start-stand-schub bei | Dreh-zahl Höhe | Max. Dauer-schub bei | Drehzahl Ge-schwin-digkeit Höhe | Spez. Kraft-stoff-ver-brauch | Abmessungen | | Gewicht | Kennzahlen | | Bemerkungen | Quelle |
|---|---|---|---|---|---|---|---|---|---|---|---|---|---|---|---|---|---|---|---|
| | | Bauart Stück-zahl | Verdich-tungs-verhältnis | Durch-satz bei | Drehzahl Geschw. Höhe | Anzahl Bauart | Stufen-zahl | | | | | | Durch-messer | Länge | | Schub Gewicht | Schub Stirnfl. | | |
| | Dimension | A = axial R = radial | | kg/sec | U/min km/h km | | | kp | U/min km | kp | U/min km/h km | kg/kph | mm | mm | kg | kp/kg | kp/m² | | |
| Daimler-Benz | 109-007    ZTL | | | | | | | 1400 | 0 | 610* | 900 6 | 1,30** | | | | | | Gerechnete Werte m. gesch. Kennfeld. * Nicht als Dauerschub gekennzeichn. ** Verbrauch bei 610 kp Schub | |
| Bramo | 109-002 | A | | | | | | | | | | | | | | | | Zweikreis-Triebwerk | [12] |
| Porsche | 109-005 | | | | | | | 500 | | | | | | | | | | Verschleißtriebwerk für ferngelenkte Geschosse | [12] |
| Heinkel-Hirth | HE S1 | R 1 | | | | Ring-K. | 1 | 250 | | | | | | | | | | Versuchsmaschine | [12] |
| | He S2 | R 1 | | | | | R 1 | 130 | 10000 | | | | | | | | | Versuchsturbine | [704] |
| | He S3 | A+R 1+1 | | | | 1 Ring-K. | 1 Radial | 500 | | | | | 965 | | | | | Versuchsmaschine Erstes Düsentriebwerk der Welt, das geflogen ist | [20, 268] |
| | He S3B | AV+R | | | | | R 1 | 450 | 11000 | | | | | | 360 | | | In die He178 eingebaut und geflogen | [704] |
| | He S3B | AV+R 1+1 | | | | Ring-K. | 1 | 498 | | | | | 927 | | | 1,38 | | Erstes deutsche geflogenes Triebwerk | [12] |
| | He S6 | A+R 1+1 | | | | Ring-K. | 1 | 590 | | | | | 927 | | | 1,41 | | Entwicklung des He S3 | [12] |
| | He S8 | A+R 1+1 | | | | 1 Ring-K. | 1 Radial | 680 | | | | | 763 | | | | | Nur wenige gebaut, auch mit Düsen-Gebläse-Schubverstärker He S10 | [20, 268, 371] |

| Hersteller | Bezeichnung | Verdichter | | | | Brenn-kammer | Turbine | Max. Start-stand-schub bei | Dreh-zahl Höhe | Max. Dauer-schub bei | Drehzahl Ge-schwin-digkeit Höhe | Spez. Kraft-stoff-ver-brauch | Abmessungen | | Gewicht | Kennzahlen | | Bemerkungen | Quelle |
| | | Bauart Stück-zahl | Verdich-tungs-verhältnis | Durch-satz bei | Drehzahl Geschw. Höhe | Anzahl Bauart | Stufen-zahl | | | | | | Durch-messer | Länge | | Schub Gewicht | Schub Stirnfl. | | |
| Dimension | | $A=$axial $R=$radial | | kg/sec | U/min km/h km | | | kp | U/min km | kp | U/min km/h km | kg/kph | mm | mm | kg | kp/kg | kp/m² | | |
| **Heinkel-Hirth** | He S8A | | | | | | | 540 | 13000 | | | | | | 345 | | | Am 5. 4. 41 in der He280 geflogen | [704] |
| | He S8A    109-001 | AV+R 1+1 | | | | Ring-K. | 1 | 590 | | | | | 775 | 1675 | | 1,55 | | | [12] |
| | He S8A - V15 | AV+R +A 1+1+1 | | | | Ring-K. | 1 | | | | | | | | | | | | [12] |
| | He S9 | AV+D +A 1+1+2 | | | | | 1 | | | | | | | | | | | Zur Weiterentwicklung als Turboprop | [12] |
| | He S10 | A+AV +R 1+1+1 | | | | Ring-K. | 1 | 890 | | | | | 1640 | | | 1,79 | | Zweikreis-Triebwerk; Entwicklung der He S8 | [12] |
| | He S11 - V1 | AV+D +A 1+1+3 | | | | Ring-K. | 2 | 1113 | | | | | | | | | | Versuchstriebwerk | [12] |
| | He S11 - V5 | AV+D +A 1+1+3 | | | | Ring-K. | 1 | | | | | | | | | | | Mit luftgekühlter Turbine | [12] |
| | He S11 - V6 | AV+D +A 1+1+3 | | | | Ring-K. | | 1295 | | | | 1,32 | | | | | | | [12] |
| | He S11    109-011-A-0 | AV+D +A 1+1+3 | | | | Ring-K. | | 1295 | | | | 1,31 | 1080 | 3450 | | 1,37 | | Erste Produktionsserie | [12] |
| | He S11 | AV+D +R 1+1+3 | | | | | R 2 | 1350 | | | | | | | | | | | [704] |
| | 109-011 | 1R+3A | | | | | 2 | | | | | 1,31 | ca. 914 | 2565 | | | | | [371] |
| | He S011 | AV+D +A 1+1+3 | | | | 1 Ring-K. | 2 | 1300 | | | | 1,31 | 1080 | | | | | Zum Teil entwickelt, jedoch nicht serienreif | [20, 268] |
| | He S30    109-006 | A 5 | | | | Einz.-K. | 1 | 860 | | | | | 617 | | | 2,22 | | Wurde aufgegeben | [12] |

| Hersteller | Bezeichnung | Verdichter | | | | Brenn-kammer | Turbine | Max. Start-stand-schub bei | Dreh-zahl Höhe | Max. Dauer-schub bei | Drehzahl Ge-schwin-digkeit Höhe | Spez. Kraft-stoff-ver-brauch | Abmessungen | | Gewicht | Kennzahlen | | Bemerkungen | Quelle |
| | | Bauart Stück-zahl | Verdich-tungs-verhältnis | Durch-satz bei | Drehzahl Geschw. Höhe | Anzahl Bauart | Stufen-zahl | | | | | | Durch-messer | Länge | | Schub Gewicht | Schub Stirnfl. | | |
| | Dimension | $A = $ axial $R = $ radial | | kg/sec | U/min km/h km | | | kp | U/min km | kp | U/min km/h km | kg/kph | mm | mm | kg | kp/kg | kp/m² | | |
|---|---|---|---|---|---|---|---|---|---|---|---|---|---|---|---|---|---|---|---|
| **Heinkel-Hirth** | He S30      109-006 | A | | | | 12 Einz.-K. | | 930 | | | | | | | | | | | [704] |
| | He S40      109-006 | A 5 | | | | | 1 | | | | | | | | | | | Gleichraum-Verbrennung | [12] |
| | | | | | | | | | | | | | | | | | | | |
| **Junkers** | 109-004 | A 8 | 3 : 1 | | | | 1 | | | | | 1,375 ./.1,38 | 863 | 3861 | | | | | [371] |
| | 109-004-A | A 8 | | | | 6 Einz.-K. | 1 | 840 | | | | 1,4 | 762 | | | | | Versuchsmaschine | [20, 268] |
| | 109-004-B0 | A 8 | | | | Einz.-K. | | 838 | | | | | | | | 1,18 | | Auch Versuche mit Nachverbrennung | [12] |
| | 109-004-B | A 8 | 3 : 1 | | | 6 Einz.-K. | 1 | 890 | 8700 | | | 1,4 | 762 | | | | | Verbesserte Produktionstype Einige 1000 hergestellt Hohle Turbinenschaufeln | [12, 20, 268] |
| | 109-004-B1 | A 8 | | | | Einz.-K. | | 897 | | | | 1,4 | | | | 1,20 | | | [12] |
| | 109-004-D | A | | | | Einz.-K. | | 1045 | | | | | | | | | | | [12] |
| | 109-004-G | A 11 | | | | Einz.-K. | | 1680 | | | | | | | | | | | [12] |
| | 109-004-H | A 11 | | | | 6 Einz.-K. | 2 | 1810 | | | | 1,2 | 864 | | | | | Neukonstruktion, nicht gebaut Hohle Turbinenschaufeln, luftgekühlt | [12, 20, 268] |
| | TL-109-012 | A 11 | | | | 6 Einz.-K. | 2 | 2800 | 6000 | | | 1,2 | 1090 | 5182 | | | | Verschiedene Einzelteile wurden hergestellt | [12, 20, 268, 371] |
| | | | | | | | | | | | | | | | | | | | |

| Hersteller | Bezeichnung | Verdichter | | | | Brennkammer | Turbine | Max. Startstandschub bei | Drehzahl Höhe | Max. Dauerschub bei | Drehzahl Geschwindigkeit Höhe | Spez. Kraftstoffverbrauch | Abmessungen | | Gewicht | Kennzahlen | | Bemerkungen | Quelle |
|---|---|---|---|---|---|---|---|---|---|---|---|---|---|---|---|---|---|---|---|
| | | Bauart Stückzahl | Verdichtungsverhältnis | Durchsatz bei | Drehzahl Geschw. Höhe | Anzahl Bauart | Stufenzahl | | | | | | Durchmesser | Länge | | $\frac{\text{Schub}}{\text{Gewicht}}$ | $\frac{\text{Schub}}{\text{Stirnfl.}}$ | | |
| | Dimension | A=axial R=radial | | kg/sec | U/min km/h km | | | kp | U/min km | kp | U/min km/h km | kg/kph | mm | mm | kg | kp/kg | kp/m² | | |
| Italien Fiat | Ghost 48-1 | R 1 | 4,5 : 1 | 40 | 10250 0 0 | 10 Einz.-K. | 1 | 2200 | 10250 0 | 1883 | 9750 0 0 | 1,09 | 1346 | 3314 | 986 | 2,22 | | De Havilland Lizenz | [37, 589] |
| | Fiat 4002 | R | | | | Ring-K. | 1 | 250 | 26000 | | | 1,15 | | | 99,5 | | | | [762] |
| | Fiat 4002 | | | | | | | 250 | 26000 | | | 1,25 | 568 | 1034 | 99,5 | 2,58 | | | I.A.L. 29. 9. 55, 29. 12. 55 |
| | Fiat 4002 | R 1 | | | | Ring-K. | 1 | 250 | 26000 | | | 1,25 | | | 99,5 | 2,51 | | | [506, 628, 741] |
| | - - - NN | | | | | | | 907 | | | | | ca. 610 | ca. 914 | | | | | [506] |
| | | | | | | | | | | | | | | | | | | | |
| Japan | TR-10 | R | | | 15000 | Ring-K. | 1 | | | | | | | | | | | Projekt für die Japanische Marine | [12] |
| | TR-12 | 4 A+1 R | | | 12000 | Ring-K. | 1 | | | | | | | | | | | Weiterentwicklung des TR-10 | [12] |
| | NE-00 | | | | | | | | | | | | | | | | | 1943 Flugerprobung | [12] |
| | NE-10 | R | | | 15000 | Ring-K. | 1 | | | | | | | | | | | Nach anderen Quellen Übereinstimmung mit TR-10 | [12] |
| | NE-12 | A* 8 | | | 12000 | Ring-K. | 1 | 340 | | | | 1,50 | 863 | 1800 | | 1,08 | | * Nach anderen Quellen wie TR-12 4 A + 1R | [12] |
| | NE-20 | A 8 | | | | Ring-K. | 1 | 476 | | | | 1,68 | 698 | 3000 | | 1,01 | | Verkleinertes BMW-003 | [12] |

| Hersteller | Bezeichnung | Verdichter | | | | Brenn-kammer | Turbine | Max. Start-stand-schub bei | Dreh-zahl Höhe | Max. Dauer-schub bei | Drehzahl Ge-schwin-digkeit Höhe | Spez. Kraft-stoff-ver-brauch | Abmessungen | | Gewicht | Kennzahlen | | Bemerkungen | Quelle |
| | | Bauart Stück-zahl | Verdich-tungs-verhältnis | Durch-satz bei | Drehzahl Geschw. Höhe | Anzahl Bauart | Stufen-zahl | | | | | | Durch-messer | Länge | | Schub/Gewicht | Schub/Stirnfl. | | |
| Dimension | | A=axial R=radial | | kg/sec | U/min km/h km | | | kp | U/min km | kp | U/min km/h km | kg/kph | mm | mm | kg | kp/kg | kp/m² | | |
| Ishikawajima Heavy Ind. Co. | NE-130 | A 8 | | | | Ring-K. | 1 | 906 | | | | | | | | | | Projekt | [12] |
| Nakajima Aircraft Mfg. Co. Hitachi Ltd. | NE-230 | A 8 | | | | Ring-K. | 1 | | | | | | | | | | | Projekt | [12] |
| | NE-330 | A 8 | | | | Ring-K. | 1 | | | | | | | | | | | | |
| Japan Jet Engine Co. (Omiya Fuji) | Jo-1 | A 8 | 4,0 : 1 | 18 | 12000 0 0 | 8 Einz.-K. | 1 | 1000 | 12000 | | | 1,0 | 680 | 2800 | 450 | 2,22 | 2740 | Versuchstriebwerk | [40, 150] |
| | Jo-1 | A 8 | 4,0 : 1 | 20 | 12000 0 0 | 8 Einz.-K. | 1 | 1000 | 12000 0 | | | 1,1 | 680 | 2800 | 450 | 2,23 | | Aus NE-20 entwickelt; 20. 1. 55 erster Probelauf | [12, 37, 589, 694] |
| | Jo-1 | | | | | | | 1000* | | | | 1,11 | | | | | | * Auslegungsschub | [630] I.A.L. 25.11.55 |
| | J-3 | | | | | | | | | | | | | | | | | Leichtgewichtstriebwerk | [630] |
| | Ji-1 | A 12 | | | | 8 Einz.-K. | 2 | 3000 | 8000 | | | | | | | | | | [12, 37, 40] |
| **Schweden** Svenska Flygmotor | P/15-54 | R 2 | 6,0 : 1 | | | Ring-K. | 4 | 1814 | | | | 0,95 | 914 | | 590 | 3,08 | | | [268, 12] |
| | Ghost 50 | R 1 | 4,5 : 1 | 40 | 10250 0 0 | 10 Einz.-K. | 1 | 2270 | 10250 0 | 1935 | 9750 0 0 | 1,07 | 1346 | 3440 | 990 | 2,27 | | De Havilland Lizenz | [37] |

| Hersteller | Bezeichnung | Verdichter | | | | Brennkammer | Turbine | Max. Startstandschub bei | Drehzahl Höhe | Max. Dauerschub bei | Drehzahl Geschwindigkeit Höhe | Spez. Kraftstoffverbrauch | Abmessungen | | Gewicht | Kennzahlen | | Bemerkungen | Quelle |
|---|---|---|---|---|---|---|---|---|---|---|---|---|---|---|---|---|---|---|---|
| | Dimension | Bauart Stückzahl | Verdichtungsverhältnis | Durchsatz bei | Drehzahl Geschw. Höhe | Anzahl Bauart | Stufenzahl | | | | | | Durchmesser | Länge | | Schub/Gewicht | Schub/Stirnfl. | | |
| | | A=axial R=radial | | kg/sec | U/min km/h km | | | kp | U/min km | kp | U/min km/h km | kg/kph | mm | mm | kg | kp/kg | kp/m² | | |
| Svenska Flygmotor | Ghost R.M.2B | R 1 | 4,5 : 1 | 40 | 10250 0 0 | 10 Einz.-K. | 1 | 2270 o. N. 2800 m. N. | 10250 0 | | | 2,2 | 1346 | 3630 | 1110 900 | 2,5 | | De Havilland Lizenz | [340, 347, 589] |
| | Ghost | R 1 | | | | Einz.-K. | | 2715 | | | | | | | | | | Schwed. Ausführung m. Nachbrenner | [12] |
| | | | | | | | | | | | | | | | | | | | |
| Svenska Turbinfabriks und Svenska Flygmotor | Skuten | A 8 | 3,2 : 1 | | | 8 Einz.-K. | | 1450 | 8000 | 1050 | 7250 0 0 | 1,2 | 900 | 3800 | 780 | 1,86 | | Versuchsmaschine für Dovern | [153, 268] |
| | Dovern II | A 9 | 5,2 : 1 | 55 | | 9 Einz.-K. | 1 | 3300 | 7200 2 | 2600 | 6800 0 0 | 0,92 | 1095 | 3850 | 1195 | | | | [589] |
| | Dovern IIA | | | | | | | | | | | | | 1195 | | | | Wie Dovern IIB, aber ohne Vereisungsschutz am Lufteinlaß | [37, 589] |
| | Dovern IIB | A 9 | 5,2 : 1 | | | | | 3298 | 7550 0 | | | 0,92 | 1092 | 3850 | 1220 | 2,77 | | | [268] |
| | Dovern IIB | A 9 | 5,2 : 1 | 55 | 7200 0 0 | 9 Einz.-K. | 1 | 3300 | 7200 0 | 2600 | 6800 0 0 | 0,92 | 1095 | 3850 | 1195 | 2,78 | | | [37, 589] |
| | Dovern IIC | | | | | | | 4625 | 7200 0 | | | | | | | | | Wie Dovern IIB, aber mit Nachbrenner | [37, 589] |
| | | | | | | | | | | | | | | | | | | | |
| Svenska Turbinfabriks STAL Ljungström | ohne Benennung | | | | | | | 4000 | | | | | | | | | | Gemeinschaftsentwicklung von STAL und SFA | [153] |
| | | | | | | | | | | | | | | | | | | | |
| Spanien — Span. Industrie | INI-11P.1 | | | | | Ring-K. | | 1000 | 9000 | | | | | 750 | | | | | [705, 761] I.A.L. 23. 9. 55 |

| Hersteller | Bezeichnung | Verdichter | | | | Brennkammer | Turbine | Max. Startstandschub bei | Drehzahl Höhe | Max. Dauerschub bei | Drehzahl Geschwindigkeit Höhe | Spez. Kraftstoffverbrauch | Abmessungen | | Gewicht | Kennzahlen | | Bemerkungen | Quelle |
|---|---|---|---|---|---|---|---|---|---|---|---|---|---|---|---|---|---|---|---|
| | | Bauart Stückzahl | Verdichtungsverhältnis | Durchsatz bei | Drehzahl Geschw. Höhe | Anzahl Bauart | Stufenzahl | | | | | | Durchmesser | Länge | | Schub/Gewicht | Schub/Stirnfl. | | |
| | Dimension | A=axial R=radial | | kg/sec | U/min km/h km | | | kp | U/min km | kp | U/min km/h km | kg/kph | mm | mm | kg | kp/kg | kp/m³ | | |
| Span. Industrie | INI-11 | A | 5 : 1 | | 10000 ./.15000 | Ring-K. | 1 | ~2000 1500* | | | | | ~750 | ~3000 | 450 | | | Entwurf in Zusammenarbeit mit Hispano Suiza * Nach [826] | [766, 826] |
| UdSSR Lulkow | | | | | | | | ca. 5000 | | | | | | | | | | Keine näheren Angaben | [153] |
| | M-003E | | | | | | | 1700 | | | | | | | | | | | [750] |
| | M-003E | | | | | 1 Ring-K. | | 2000 | 10000 | 1450 | 9500 0 0 | | 700 | 3900 | | | | Aus BMW-003 entwickelt; Ausführung M-003R mit Raketenzusatzgerät ca. 3000 kp Startschub | [153, 671, 830] |
| Schwetsow | M-004H | 11 | | | | | 6 | ca. 1800 | 9000 | 1500 | 8500 | | 900 | 4000 | 1000 | | | Aus Junkers-Jum 004 entwickelt Mit Wassereinspritzung 2000 kp | [153, 671, 750, 830] |
| | M-012 | 11 | | | | | | 2660 | | | | | 1100 | 4500 | 2000 | | | Aus Junkers-Jum 012 abgeleitet | [153, 671, 830] |
| | M-012 | A 11 | 6,0 : 1 | 54 | 6100 0 0 | 8 Einz.-K. | 2 | 3000 | 6100 0 | | | 1,1 | 1050 | 4400 | 1500 | 2,0 | | Max. Startstandschub mit Wassereinspritzung 3450 kp | [37] |
| | M-012 | 11 | 6,0 : 1 | 64 | | 8 Einz.-K. | 2 | 3000 | 6100 | | | 1,1 | | | | 2,0 | 3450 | | [697] |
| | M-018 | A 12 | 7,0 : 1 | 73 | 6000 0 0 | Ring-K. | A 3 | 3600 | 6000 0 | | | 1,08 | 1200 | 5000 | 1800 | 2,0 | 3180 | Entwickelt aus dem Triebwerk BMW TL-109-018 | [750, 40] |

| Hersteller | Bezeichnung | Verdichter | | | | Brennkammer | Turbine | Max. Startstandschub bei | Drehzahl Höhe | Max. Dauerschub bei | Drehzahl Geschwindigkeit Höhe | Spez. Kraftstoffverbrauch | Abmessungen | | Gewicht | Kennzahlen | | Bemerkungen | Quelle |
|---|---|---|---|---|---|---|---|---|---|---|---|---|---|---|---|---|---|---|---|
| | | Bauart Stückzahl | Verdichtungsverhältnis | Durchsatz bei | Drehzahl Geschw. Höhe | Anzahl Bauart | Stufenzahl | | | | | | Durchmesser | Länge | | Schub/Gewicht | Schub/Stirnfl. | | |
| | Dimension | A=axial R=radial | | kg/sec | U/min km/h km | | | kp | U/min km | kp | U/min km/h km | kg/kph | mm | mm | kg | kp/kg | kp/m² | | |
| Schwetsow | M-018 | A 12 | | | | 1 Ring-K. | 3 | ca. 3500 | ca. 5000 | ca. 3000 | 4900 | | 1300 | 5000 | 2000 | | | | [153] |
| | M-018 | 12 | 7,0 : 1 | 65 | | Ring-K. | 3 | 3600 | 6000 | | | 1,1 | | | | 2,0 | 3200 | | [699] |
| Schwetsow | M-018 | A 12 | 7,0 : 1 | 65 | 5000 0 0 | Ring-K. | | 3630 | 6000 0 | | | 1,08 | 1200 | 5000 | 1800 | 2,0 | | 4170 kp Startstandschub mit Wassereinspritzung | [37, 39] |
| | M-018R | | | | | | | 4500 | 6000 0 | | | | | | 2270 | | | Ähnlich wie M-018, aber mit Nachbrenner | [37] |
| Tschelomej | M-45 | 1 | | | | 9 | | 2270 | 12300 | | | | 1260 | 2460 | 800 | | | Russische Version des Rolls-Royce »Nene« | [153] |
| | M-45 (RD 45) | | | | | | | 2270 | 12300 0 | | | | | | | | | Ähnlich M-44A; Entwickelt aus Rolls-Royce Nene 1 (RD-45) durch M. B. Chelomey | [37] |
| | RD-45 | R 1 | ~4,5 : 1 | 50 | | | 1 | 2300 | 12500 | | | 1,0 | 1280 | 2450 | 850 | | | | [750] |
| Tschelomej | M-45A (RD-45-1 oder VK-1) | R 1 | 4,2 : 1 | 45 | 12500 0 0 | 9 Einz.-K. | 1 | 2500 | 12500 0 | | | 1,0 | 1258 | 2440 | 800 | 3,12 | | | [37] |

| Hersteller | Bezeichnung | Verdichter | | | | Brenn-kammer | Turbine | Max. Start-stand-schub bei | Dreh-zahl Höhe | Max. Dauer-schub bei | Drehzahl Ge-schwin-digkeit Höhe | Spez. Kraft-stoff-ver-brauch | Abmessungen | | Gewicht | Kennzahlen | | Bemerkungen | Quelle |
|---|---|---|---|---|---|---|---|---|---|---|---|---|---|---|---|---|---|---|---|
| | | Bauart Stück-zahl | Verdich-tungs-verhältnis | Durch-satz bei | Drehzahl Geschw. Höhe | Anzahl Bauart | Stufen-zahl | | | | | | Durch-messer | Länge | | Schub/Gewicht | Schub/Stirnfl. | | |
| | Dimension | A=axial R=radial | | kg/sec | U/min km/h km | | | kp | U/min km | kp | U/min km/h km | kg/kph | mm | mm | kg | kp/kg | kp/m² | | |
| | M-45 | RD | 4,5 : 1 | 50 | | 9 Einz.-K. | 1 | 2700 | 12500 | | | 1,1 | | | | 3,0 | 2080 | | [697] |
| | | | | | | | | | | | | | | | | | | | |
| Tschelomej | M-45B (RD-45-2 oder VK-2) | R 1 | 4,5 : 1 | 50 | 12500 0 0 | 9 Einz.-K. | 1 | 2800* 2700 | 11000* 12500 0 | | | 1,09 | 1290 | 2460 | 900 | 3,0 | | Verbesserte M-45A. Mit Wasser-einspritzung max. Standschub 3150 kp * Nach [40] | [37, 40] |
| | M-45R (RD-45-R oder VK-2R) | | | | | | | 3400 | 12500 | | | | | | 1125 | | | Ähnlich M-45B, aber mit Nachbrenner | [37] |
| | | | | | | | | | | | | | | | | | | | |
| | M-? | | | | | | | 6800 | | | | | | | | | | | [697] |

# Nachtrag

## zur tabellarischen Zusammenstellung

## der Strahltriebwerke

| Hersteller | Bezeichnung | Dimension | Verdichter Bauart/Stückzahl (A=axial, R=radial) | Verdichtungsverhältnis | Durchsatz bei (kg/sec) | Drehzahl Geschw. Höhe (U/min, km/h, km) | Brennkammer Anzahl/Bauart | Turbine Stufenzahl | Max. Startstandschub bei (kp) | Drehzahl Höhe (U/min, km) | Max. Dauerschub bei (kp) | Drehzahl Geschwindigkeit Höhe (U/min, km/h, km) | Spez. Kraftstoffverbrauch (kg/kph) | Durchmesser (mm) | Länge (mm) | Gewicht (kg) | Schub/Gewicht (kp/kg) | Schub/Stirnfl. (kp/m²) | Bemerkungen | Quelle |
|---|---|---|---|---|---|---|---|---|---|---|---|---|---|---|---|---|---|---|---|---|
| USA — Allison | J33-A-16A | | R / 1 | | | | 14 / Einz.-K. | 1 | 2800 | 11800 / 0 | | | | | | | | | USN-Triebwerke; ähnlich wie J33-A-24 | [41] |
| | J33-A-17 | | R / 1 | | | | 14 / Einz.-K. | 1 | 2270 | | | | | | | | | | USAF-Triebwerke; ähnlich wie J33-A-35 | [41] |
| | J33-A-17A | | R / 1 | | | | 14 / Einz.-K. | 1 | 2270 | | | | | | | | | | USAF-Triebwerke; ähnlich wie J33-A-35 | [41] |
| | J33-A-18A | 400-D20A | R / 1 | 4,35 : 1 | 39 | | 14 | 1 | 2086 | 11750 / 0 | | | 1,14 | 1243 | 2385 | 812 trocken | 2,57 | 1722 | Einbau in CV-Regulus I | [347, 528, 532] |
| | J33-A-18A | | R / 1 | | | | 14 / Einz.-K. | 1 | 2370 | 11750 | | | | | | 790 | | | Für Geschosse der US-Marine | [41] |
| | J33-A-20 | 400-C13 | R / 1 | 4,35 : 1 | 39 | | | 1 | 2087 | 11750 / 0 | | | 1,14 | 1219 | 2690 | 825 | 2,53 | 1788 | Marine-Triebwerk; ähnlich J33-A-35 | [39, 347] |
| | J33-A-22 | | R / 1 | 4,25 : 1 | 39,5 | | 14 | 1 | 2086 | 11750 | | | 1,14 | 1219 | 2670 | 817 | 2,55 | | Einbau in Lockheed T2V-1 | [3, 345, 656] |
| | J33-A-24 | | R / 1 | 4,8 : 1 | 50 | 11800 / 0 / 0 | 14 | 1 | 2770 | 11800 / 0 | | | 1,0 | 1283 | 2520 | 871 | 3,18 | | Temperatur vor Turbine 885°C | [41, 43] |
| | J33-A-35 | | R / 1 | 4,35 : 1 | | | 14 | 1 | 2086 | 0 | | | 1,14 | 1320 | 2692 | 826 trocken | | | Einbau in Lockheed T-33A, TV-2 | [528, 532] |
| | J33-A-35 | | R / 1 | 4,25 : 1 | 39 | | 14 / Einz.-K. | 1 | 2090 | 11750 | 1771 | | 1,14 | | 2717 | 826 | 2,53 | | Temperatur vor Turbine 843°C | [345] |
| | J33-A-35 | | R / 1 | 4,4 : 1 | 41 | 11750 | 14 / Einz.-K. | 1 | 2450 / 2085 tr. | 11750 / 0 | | | 1,12 norm. | 1250 | 2650 | 826 | | | | [43] |
| | J33-A-37 | | R / 1 | 4,56 : 1 | 41 | | 14 | A / 1 | 2085 | 11750 / 0 | | | 1,14 | 1219 | 3965 | 790 | 2,63 | | | [3] |
| | J33-A-37 | 400-C15 | R / 1 | 4,35 : 1 | 39 | | | 1 | 2086 | 11750 / 0 | | | 1,14 | 1219 | 3958 | 817 | 2,55 | 1788 | Einbau in TM-61A | [347, 528] |

| Hersteller | Bezeichnung / Dimension | Verdichter Bauart Stückzahl (A=axial R=radial) | Verdichter Verdichtungsverhältnis | Verdichter Durchsatz bei (kg/sec) | Verdichter Drehzahl Geschw. Höhe (U/min km/h km) | Brennkammer Anzahl Bauart | Turbine Stufenzahl | Max. Startstandschub bei (kp) | Drehzahl Höhe (U/min km) | Max. Dauerschub bei (kp) | Drehzahl Geschwindigkeit Höhe (U/min km/h km) | Spez. Kraftstoffverbrauch (kg/kph) | Abmessungen Durchmesser (mm) | Abmessungen Länge (mm) | Gewicht (kg) | Kennzahlen Schub/Gewicht (kp/kg) | Kennzahlen Schub/Stirnfl. (kp/m²) | Bemerkungen | Quelle |
|---|---|---|---|---|---|---|---|---|---|---|---|---|---|---|---|---|---|---|---|
| Allison | J33-A-37 | R 1 | 4,25 : 1 | 39 | | 14 Einz.-K. | 1 | 2090 / 2180* | 11750 | 2088 | 11750 | 1,14 | | 4051 | 813 | 2,57 | | * Nach [43] | [41, 43, 345] |
| | J33-A-41 | R 1 | 4,35 : 1 | | | | 1 | 2310 | | | | 1,14 | 1320 | 3965 | 688 | | | | [532] |
| | J33-A-41 | R 1 | | | | 14 Einz.-K. | 1 | 2360 | 11750 | | | | | | | | | Ähnlich J33-A-37 | [3, 41] |
| | J35-A-25 | A 11 | 5,5 : 1 | 43 | 8000 | 8 Einz.-K. | 1 | 2540o.N. / 3400m.N. | 8000 / 0 | | | 2,0 m. N. | 940 | 4957 | 1293 | 2,63 | | | [37, 43, 589] |
| | J35-A-35 | A 11 | 5,5 : 1 | 43 | | 8 Einz.-K. | 1 | 2540o.N. / 3630m.N. | 8000 | | | 2,0 m. N. / 1,1 o. N. | | | 1293 m. N. | 2,86 m. N. | 3650 | | [36] |
| | J35-A-35 | A 11 | 5,0 : 1 | 41,3 | | 8 Einz.-K. | 1 | 2474o.N. / 3632m.N. milit. / 2204o.N. / 3270m.N. norm. | | 2204 | | 1,1 milit. 1,08 norm. | 1092 | 4965 m. N. | 1051 trocken | 2,73 | | * Nach [656] | [3, 656] |
| | J35-A-35 | A 11 | 5,0 : 1 | 41 | | 8 Einz.-K. | 1 | 3632m.N. | | 2204 | | 2 m. N. | | 4966 m. N. | 1330 | 2,73 | | | [345] |
| | J71-A-2 | A 16 | 8,0 : 1 | 72 | 6100 / 0 | Ring-K. mit 10 Flammr. | 3 | 4535 / 6350m.N. | 6100 / 0 | | | 1,8 m. N. | 1003 | 8253 | 2218 | 2,86 | | | [36, 41, 43] |
| | J71-A-2 | A 16 | 8,3 : 1 | 72,6 | | Ring-K. mit 10 Flammr. | 3 | 4536 / 6350m.N. | 0 | | | | 1064* / 1092 | 7235 m. N. | 2208* / 1820** | | | * Nach [656] ** Nach [528] ohne Schubdüse (tr.) Einbau in McDonnell F3H-2N Demon | [528, 532, 656] |
| | J71-A-2 | A 16 | | | | Ring-K. mit Flammr. | 3 | 4536 | | | | 0,82 | 1080 | 7220 | 2208 | | | Mit Nachbrenner ausgerüstet Einbau in F3H-2N | [347] |
| | J71-A-3 | A 16 | | | | | 3 | 4536 tr. | | | | 0,82 | 1208 | 4850 | 1854 | | | Ähnlich J71-A-9 Einbau in B-66, RB-66 | [41, 347] |
| | J71-A-4 | | | | | | | 5900m.N. | | | | | | | | | | Ähnlich J71-A-2 | [43] |
| | J71-A-6 | A 16 | | | | Ring-K. mit 10 Flammr. | 3 | 6350m.N. | | | | | | | | | | Ähnlich J71-A-4 | [41] |

| Hersteller | Bezeichnung | Verdichter | | | | Brenn-kammer | Turbine | Max. Start-stand-schub bei | Dreh-zahl Höhe | Max. Dauer-schub bei | Drehzahl Ge-schwin-digkeit Höhe | Spez. Kraft-stoff-ver-brauch | Abmessungen | | Gewicht | Kennzahlen | | Bemerkungen | Quelle |
|---|---|---|---|---|---|---|---|---|---|---|---|---|---|---|---|---|---|---|---|
| | | Bauart Stück-zahl | Verdich-tungs-verhältnis | Durch-satz bei | Drehzahl Geschw. Höhe | Anzahl Bauart | Stufen-zahl | | | | | | Durch-messer | Länge | | Schub/Gewicht | Schub/Stirnfl. | | |
| | Dimension | $A=$axial $R=$radial | | kg/sec | U/min km/h km | | | kp | U/min km | kp | U/min km/h km | kg/kph | mm | mm | kg | kp/kg | kp/m² | | |
| Allison | J71-A-11 | A 16 | 8,0 : 1 | 72 | 6100 0 0 | Ring-K. mit Flammr. | 3 | 4535 | 6100 0 | | | | 940 | 4371 | 1860 | | | Ähnlich J71-A-13 | [39, 41] |
| | J71-A-11 | A 16 | 8,3 : 1 | 72,6 | | Ring-K. mit 10 Flammr. | 3 | 4620 | 6100 | | | 0,80 | 1208 | 4853 | 1857 | 2,49 | | | [656, 770] |
| | J71-A-11 | A 16 | 8 : 1 | 72 | | Ring-K. | 3 | 4625 | 6100 | 0 | | 0,8 | | | 1855 | 2,5 | 6600 | | [36] |
| | J71-A-11 | A 16 | 8,3 : 1 | 72 | | Ring-K. mit 10 Flammr. | 3 | 4631 | 6100 | | | 0,8 | | 4851 | 1857 | 2,49 | | | [345] |
| | J71-A-13 | A 16 | 8,0 : 1* | 72* | 6100* | Ring-K. | 3 | 4536 | 6100* | | | 0,8* norm. | 1003* 1219 | 4866* 4850 | 1860* 1735 | 2,44* | | * Nach [43] | [43, 532] |
| | J89 | | | | | | | 9000 | | | | | | | | | | Zweikreis-Triebwerk | [722] |
| | J89 | | | | | | | 11300* 11330 | | | | | | | | | | * Nach [36] | [36, 532] |
| | J89 | | | | | | | ca. 11400 | | | | | | | | | | | [712] I.A.L. 23. 5. 57 |
| | | | | | | | | | | | | | | | | | | | |
| Continental | 320 | R 1 | | | | Ring-K. | 1 | 159 | | | | 1,23 | 419 | 897 | 71,6 | | | | [532] |
| | 324 | A+R 2 | | | | Ring-K. | 2 | 249,5 | 0 | | | 1,12 | | | 97 | | | | [347, 528] |
| | 352-4  J69-T-2 | R 1 | | | | Ring-K. | 1 | 417 | | | | 1,13 | | 1270 | 165 | | | Ähnlich J69-T-9 | [41, 532, 538] |
| | 352-2  J69-T-9 | R 1 | 4,0 : 1 | 8,2 | 22700 | Ring-K. | 1 | 417 | 22700 0 | | | 1,11 | 569 | 1258 | 165 | 2,53 | | | [41, 538] |

| Hersteller | Bezeichnung | Verdichter Bauart Stückzahl (A=axial R=radial) | Verdichtungsverhältnis | Durchsatz bei (kg/sec) | Drehzahl Geschw. Höhe (U/min km/h km) | Brennkammer Anzahl Bauart | Turbine Stufenzahl | Max. Startstandschub bei (kp) | Drehzahl Höhe (U/min km) | Max. Dauerschub bei (kp) | Drehzahl Geschwindigkeit Höhe (U/min km/h km) | Spez. Kraftstoffverbrauch (kg/kph) | Durchmesser (mm) | Länge (mm) | Gewicht (kg) | Schub/Gewicht (kp/kg) | Schub/Stirnfl. (kp/m²) | Bemerkungen | Quelle |
|---|---|---|---|---|---|---|---|---|---|---|---|---|---|---|---|---|---|---|---|
| Continental | J69-T-9 | R<br>1 | 4 : 1 | 7,56 | | Ring-K. | 1 | 417 | 22700<br>0 | | | 1,06*<br>1,13+ | 566 | 1270<br>1312** | 165++<br>trocken | 2,53 | | * Bei Dauerschub<br>** Nach [656]<br>+ Bei Startstandschub<br>++ Ohne Schubdüse | [345, 528, 532, 656] |
| | J69-T-9 | R<br>1 | 4 : 1 | 8 | | Ring-K. | 1 | 420 | 22700<br>0 | | | 1,1 | 670 | | | | | | [766, 770] |
| 354 | J69-T-17 | | | 8,6 | 20850 | | | 450 | 20850<br>0 | | | | | | | | | Ähnlich J69-T-9 | [39] |
| 354 | J69-T-19A | R<br>1 | 3,7 : 1 | 9,07 | | Ring-K. | 1 | | 21700<br>0 | | | 1,27 | 567 | 1098 | 144<br>trocken | 3,33 | | Einbau in Geschosse, insbesondere Flugkörper Q2 | [347] |
| | J69-T-19A | R<br>1 | | | | Ring-K. | 1 | 453 | | | | 1,27 | | 1066 | 144* | 3,3 | 1300 | * Ohne Schubdüse<br>Verwendet in »Ryan Firebee« | [36, 528] |
| | J69-T-19A | R<br>1 | 4 : 1 | 7,58 | | Ring-K. | 1 | 484 | 21250 | 390 | 20000 | 1,27 | 567 | 1125<br>1563* | 144 | 3,34 | | * Mit Schubdüse | [345] |
| | J69-T-19B | R<br>1 | 3,8 : 1 | | | Ring-K. | 1 | 456 | | | | 1,27 | 566 | 1098 | 141 | | | | [532] |
| | J69-T-19B | | 3,82 : 1 | 9,0 | | | | 480 | 21700 | | | | | | 141 | | | | [41, 538] |
| 352A | J69-T-23 | A+R<br>2 | | | | Ring-K. | 2 | 567 | 0 | | | | | | | | | | [36, 347, 528, 532] |
| 352-5A<br>CJ69-1025 | J69-T-25 | R<br>1 | 4 : 1 | 8,2 | 22700 | Ring-K. | 1 | 465 | 21730 | | | 1,11 | 633 | 1270 | 165 | 2,81 | | Ähnlich wie J69-T-9<br>Temperatur vor Turbine 788°C | [41, 43] |
| 354-12 | J69-T-27 | | 3,95 : 1 | 9,4 | | | | 520 | 22000 | | | | | | 175 | | | | [41] |
| 356-7A | J69-T-29 | A+R<br>1+1 | 5,5 : 1 | 13 | 22000 | Ring-K. | 1 | 770<br>635* | 22000 | | | 1,08 | 566 | 1138 | 152 | 5,07 | | * Kommerzielle Version<br>CJ69-1400 (356-9)<br>Temperatur vor Turbine 871°C<br>Für Zielflugkörper, Fernlenkkörper | [43, 891] |
| 356-9 | J69 | | | | | | | 635 | 21000 | | | 1,04 | | | | | | | I.A.L. 1. 10. 59 |

| Hersteller | Bezeichnung | | Verdichter | | | | Brennkammer | Turbine | Max. Startstandschub bei | Drehzahl Höhe | Max. Dauerschub bei | Drehzahl Geschwindigkeit Höhe | Spez. Kraftstoffverbrauch | Abmessungen | | Gewicht | Kennzahlen | | Bemerkungen | Quelle |
|---|---|---|---|---|---|---|---|---|---|---|---|---|---|---|---|---|---|---|---|---|
| | | Bauart Stückzahl | Verdichtungsverhältnis | Durchsatz bei | Drehzahl Geschw. Höhe | | Anzahl Bauart | Stufenzahl | | | | | | Durchmesser | Länge | | Schub/Gewicht | Schub/Stirnfl. | | |
| | Dimension | A=axial R=radial | | kg/sec | U/min km/h km | | | | kp | U/min km | kp | U/min km/h km | kg/kph | mm | mm | kg | kp/kg | kp/m² | | |
| Continental | J69-T-33 | | | | | | | | 1000 m. N. | | | | | | | 186 | | | Ähnlich J69-T-29, aber mit Nachbr. für Tri-aethyl-Aluminium-Kraftstoff, der bei Berührung mit Luft zündet | [895] |
| | 356-16 | | | | | | | | 1180 | | | | | | | | | | Turbofan mit nachgeschaltetem Gebläse | [895] |
| | 356-24 | | | | | | | | 1810 | | | | | | | | | | Turbofan mit nachgeschaltetem Gebläse | [895] |
| | J-87 | | | | | | | | | | | | | | | | | | | [532] |
| Fairchild | FT-101E J44-R-3 | D 1 | 2,47 : 1 | 11,3 | | | Ring-K. | 1 | 454 | 15780 | | | 1,55 | 567* 617+ | 2295 | 172 | | | * Nach [532] + Nach [345] | [345, 532, 538, 656] |
| | FT-101E J44-R-3 | D 1 | 2,5 : 1 | | | | Ring-K. | 1 | 454 | 0 | | | 1,55 | 610 | | 168 | | | | [528] |
| | FT-101E J44-R-3 | D 1 | | | | | Ring-K. | 1 | 454 | | | | 1,55 | | 2428 | 168* 189+ | | | * Trocken + Mit Zubehör komplett Für bemannte Flugkörper | [3, 832] |
| | J44-R-3 | D 1 | 2,6 : 1 | 11,8 | | | Ring-K. | 1 | 454 | 15780 0 | | | 1,5 | 559 | 2249 | 152 trocken | 2,98 | | Für Geschosse, kurzlebig | [347] |
| | J44-R-18 | D 1 | | | | | Ring-K. | 1 | | | | | | | | | | | Ähnlich J44-R-20 | [39] |
| | J44-R-20 | D 1 | 2,6 : 1* | 11,8* | | | Ring-K. | 1 | 454 | 15780 | | | | | 559 2246 | 152 | | | Für Fernlenkwaffen, kurzlebig * Nach [347] | [832] I.A.L. 9. 1. 57 |
| | J44-R-20 | D 1 | 2,5 : 1 | 11,0 | 15780 | | Ring-K. | 1 | 454 | 15780 | | | 1,5 | 559 | 2246 | 152 178* | 3,03 | 1850 | * Mit Zubehör Langlebige Ausführung | [3, 36, 39, 770] |
| | J44-R-20B | D 1 | 2,5 : 1 | 11,3 | | | Ring-K. | 1 | 454 | 15780 0 | | | 1,55 1,65* | 610 | 2235 2230 | 168 157* | 2,56 | | * Nach [532, 656] Gleiche Daten für J44-R-20 | [345, 528, 532, 656] |

| Hersteller | Bezeichnung | Verdichter | | | | Brenn-kammer | | Turbine | Max. Start-stand-schub bei | Dreh-zahl Höhe | Max. Dauer-schub bei | Drehzahl Ge-schwin-digkeit Höhe | Spez. Kraft-stoff-ver-brauch | Abmessungen | | Gewicht | Kennzahlen | | Bemerkungen | Quelle |
| | | Bauart Stück-zahl | Verdich-tungs-verhältnis | Durch-satz bei | Drehzahl Geschw. Höhe | Anzahl Bauart | Stufen-zahl | | | | | | | Durch-messer | Länge | | Schub Gewicht | Schub Stirnfl. | | |
| Dimension | | A=axial R=radial | | kg/sec | U/min km/h km | | | | kp | U/min km | kp | U/min km/h km | kg/kph | mm | mm | kg | kp/kg | kp/m² | | |
| Fairchild | J44-R-24 | D | 2,5 : 1 | 11,3 | | Ring-K. | 1 | 1 | 454 | | | | 1,55 / 1,65* | 610 | 2235 / 2230* | 168 / 157* | 2,56 | | * Nach [532, 656] | [528, 532, 656] |
| | J44-R-26 | R+A | 2,5 : 1 | | | Ring-K. | 1 | 1 | 454 | | | | 1,55 | 610 | 2235 | 168 | | | | [528] |
| | J44-R-26 | D 1 | 3,25 : 1 | | | Ring-K. | 1 | 1 | 499 | | | | 1,3 | 566 | 2337 | 165 | | | | [345, 532, 538, 656] |
| | J83 | | | | | | | | 910 | | | | | 457 | 1715 | 136 | 6,67 | | Für unbemannte Flugkörper und zivile Zwecke | [3, 36, 345, 347, 532, 656, 660, 766, 770] 1. A. L. 14. 4. 56, 31. 8. 56, 4. 12. 56 |
| General Electric | J47-GE-2 | A 12 | | | | 8 Einz.-K. | 1 | 1 | 2724 | 7950 0 | 2427* | 7630 | 1,025 norm. | 933 | 3759 | 1168 | | | * Nenn-, Normalschub Gleiche Daten wie bei J47-GE-25 | [3, 41] |
| | J47-GE-11 | A 12 | | | | Einz.-K. | 1 | 1 | 2360 trocken | | | | | | | | | | Ähnlich J47-GE-25 | [41] |
| | J47-GE-13 | A 12 | | | | Einz.-K. | 1 | 1 | 2360 trocken | | | | | | | | | | Ähnlich J47-GE-25 | [41] |
| | J47-GE-15 | A 12 | | | | Einz.-K. | 1 | 1 | 2360 trocken | 7950 | | | 1,03 | 933 | 3662 | 1134 | | | Ähnlich J47-GE-25 | [41] |
| | J47-GE-17 | A 12 | | | | 8 | 1 | 1 | 2463 / 3402+ | 7950 0 | 2038* | 7950 | 1,13 norm. | 933 | 5790 | 1481 | | | + Mit Schubvermehrung * Nenn-, Normalschub | [3] |
| | J47-GE-17B | A 12 | 5,5 : 1 | 46,7 | | 8 | 1 | 1 | 3270* 3400 m. N. | 7950 0 | 2037* | 7950 | 1,13* | 933 | 5790 | 1480 | 2,3 | | * [39, 41] Ähnlich J47-GE-33 | [39, 41, 345, 656] |
| | J47-GE-19 | A 12 | | | | 8 | 1 | 1 | 2360 trocken | | | | | | | | | | Ähnlich J47-GE-33 | [41] |
| | J47-GE-23 | A 12 | 5,5 : 1 | 46,7 | | 8 | 1 | 1 | 2670+ | 7950 0 | 2390* | 7630 | 0,98+ / 1,037* | 933 | 3683 | 1142 | 2,34 | | * Nenn-, Normalschub, nach [656] Dauerschub | [3, 41, 345, 656] |

| Hersteller | Bezeichnung | Verdichter | | | | Brennkammer | Turbine | Max. Startstandschub bei | Drehzahl Höhe | Max. Dauerschub bei | Drehzahl Geschwindigkeit Höhe | Spez. Kraftstoffverbrauch | Abmessungen | | Gewicht | Kennzahlen | | Bemerkungen | Quelle |
|---|---|---|---|---|---|---|---|---|---|---|---|---|---|---|---|---|---|---|---|
| | | Bauart Stückzahl | Verdichtungsverhältnis | Durchsatz bei | Drehzahl Geschw. Höhe | Anzahl Bauart | Stufenzahl | | | | | | Durchmesser | Länge | | Schub/Gewicht | Schub/Stirnfl. | | |
| | Dimension | A = axial R = radial | | kg/sec | U/min km/h km | | | kp | U/min km | kp | U/min km/h km | kg/kph | mm | mm | kg | kp/kg | kp/m² | | |
| General Electric | J47-GE-25 | A 12 | 5,5 : 1 | 46 | 7950 0 | 8 Einz.-K. | 1 | 3265 naß 2720 trocken | 7950 | | | 1,0 | 1004 | 3662 | 1202 naß | 2,71 naß | | Mit Wasser-Alkohol-Einspritzung, Temperatur vor Turbine 870°C | [41, 42] |
| | J47-GE-25 (J47-GE-25A) | A 12 | 5,5 : 1 | 46,7 | | 8 | 1 | 2710+ 3266++ | 7950 0 | 2413* | 7630 | 1,06+ 1,028* | 933 | 3683 | 1160 | 2,34 | | ++ Mit Schubvermehrung * Nenn-, Normalschub, nach [656] max. Dauerschub | [3, 345, 656] |
| | J47-GE-27 | A 12 | 5,5 : 1 | 46,7 | | 8 | 1 | 2720 | 7950 | 2413* | 7620 | 1,028* | 933 | 3759 | 1184 | 2,29 | | * Nenn-, Normalschub, nach [656] max. Dauerschub | [3, 41, 345, 656] |
| | J47-GE-33 | A 12 | 5,5 : 1 | 46 | 7950 0 | 8 Einz.-K. | 1 | 2495 normal 3470 m. N. | 7950 | | | 2,0 m. N. | 933 | 5793 | 1450 | 2,40 | | | [41, 42, 43] |
| | J47-GE-33 | A 12 | 5,5 : 1 | 46,7 | | 8 | 1 | 2517 3470 m. N. | 7950 0 | 2313* | 7950 | 2,0 m. N. 1,13* | 933 | 5790 | 1450 | 2,40 | 3700 | * Nenn-, Normalschub, nach [656] max. Dauerschub | [3, 36, 345, 656] |
| | J73-GE-3 | A 12 | 7 : 1 | 70 | | Ring-K. mit 10 Einzelflammr. | 2 | 4100 | 8000 | | | 0,9 | 940 | 4540 | 1650 | | | Verstellbare Schubdüse | [766] |
| | J73-GE-3 | A 12 | 7 : 1 | 68 | 8000 0 0 | Ring-K. mit 10 Einzelflammr. | 2 | 4170 | 8000 0 | | | 0,9 norm. | 933 | 3768 | 1655 | 2,52 | 6150 | | [36, 41, 770] |
| | J79-GE-1 | A 17 | | | | | 3 | 6800 m. N. | | | | | | | | | | USAF-Bomber-Triebwerk | [41] |
| | J79-GE-1 | A 17 | ca. 12 : 1 | 72,6* ca. 75 | | Ring-K. | 3 | 5000 7700 m N | | | | 0,8 | 820 | 5200 | 1450 | 3,45 | | **Nach [345] | [345, 766, 770] |
| | J79-GE-1 | A 17 | 12 : 1 | 72,5* | | Ring-K. | 3 | 4990* 7711* m. N. | | | | | 824 | 5180 m. N. | 1445 | 3,45* | | * Geschätzte Werte | [656] |
| | J79-GE-2 | A 17 | 13 : 1 | 76 | | | 3 | 6800 m. N. 7370* m. N. | 7460 | | | | 805 | 5250 | 1629 | | | USN-Triebwerk für NAA-A3J-1 und McDonnell F4H-1 * Nach [895] | [41, 43, 891] |
| | J79-GE-3 | A 17 | 13 : 1 | 82 | | Ring-K. mit 10 Einzelflammr. | 3 | 5000 normal 6800 m. N. | | | | 2,0 m. N. | 826 | 5080 | 1429 | 4,76 | 12800 | 50 Std.-Typenerprobung August 1955 | [3, 40] |
| | J79-GE-3 | A 17 | 12,7 : 1 | 73 | | Ring-K. | 3 | 5450 o. N. 7250 m. N. | | | | 0,75 2,0 m. N. | | | 1450 | 5,0 m. N. | 10600 m. N. | | [36] |

| Hersteller | Bezeichnung | Verdichter | | | | Brennkammer | Turbine | Max. Startstandschub bei | Drehzahl Höhe | Max. Dauerschub bei | Drehzahl Geschwindigkeit Höhe | Spez. Kraftstoffverbrauch | Abmessungen | | Gewicht | Kennzahlen | | Bemerkungen | Quelle |
|---|---|---|---|---|---|---|---|---|---|---|---|---|---|---|---|---|---|---|---|
| | | Bauart Stückzahl | Verdichtungsverhältnis | Durchsatz bei | Drehzahl Geschw. Höhe | Anzahl Bauart | Stufenzahl | | | | | | Durchmesser | Länge | | Schub/Gewicht | Schub/Stirnfl. | | |
| | Dimension | A = axial R = radial | | kg/sec | U/min km/h km | | | kp | U/min km | kp | U/min km/h km | kg/kph | mm | mm | kg | kp/kg | kp/m² | | |
| General Electric | J79-GE-3A | A 17 | 12 : 1 | 82 | 7460 | Ring-K. mit Einzelflammr. | 3 | 5000 o. N. 6800 m. N. | 7460 | | | 2,0 m. N. | 813 | 5182 | 1450 | 4,69 | | | [41] |
| | J79-GE-5 | | | | | | | 6800 m. N. | | | | | | | | | | | [41] |
| | J79-GE-5B | A 17 | 13 : 1 | 75,7 | 0 0 | Ring-K. | 3 | 7076 m. N. | 7460 0 | | | | 965 | 5133 | 1649 | | | Für Convair B-58A | [891] |
| | J79-GE-7 | A 17 | 13 : 1 | 76 | 7460 | Ring-K. mit 10 Einzelflammr. | 3 | 5200 o.N. 7170 m.N * | 7460 | | | 2,0 m. N. | 770 | 5283 | 1530 | 4,68 | | USAF-Triebwerk für Abfangjäger | [43] |
| | J79-GE-7 | A 17 | 12 : 1 | 82 | | Ring-K. | 3 | 5000 o. N. 7250 m. N. | 7460 | | | 2,0 m. N. | 813 | 5182 | 1450 | 5,0 | | | [42] |
| | J79-GE-11A | A 17 | 13 : 1 | 75,7 | 0 0 | Ring-K. | 3 | 7167 m. N. | 7460 0 | | | | 973 | 5286 | 1581 | | | Für Lockheed F-104G | [891] |
| | J79-GE-15 | | | | | | | 7700 m. N. | 7685 | | | | | | | | | | [895] |
| MF-239-C | | A 18 | | | | | 2 | | | 9525 | | | 1524 | 4064 | 2000 | | | Mantelstrom-Triebwerk, aus J79 entwickelt | I.A.L. 24. 6. 60 |
| | J85-GE-5 | A 8 | 7,0 : 1 | 19 | 16500 | Ring-K. | 2 | 1135 o. N. 1746 m. N. | 16500 0 | | | 1,0 2,2 m. N. | 483* 513 | 2896* 2647 | 238 | 7,33 | | * Nach [660] | [43, 660, 770] |
| | J85-GE-5 | A 8 | 6,5 : 1 | 19,3 | | Ring-K. | 2 | 1130 o. N. 1750 m. N. | 0 | 930* | | 1,1 o. N. 0,98* 2,2 m. N. | 533 | 2640 | 244 | 7,2 | | | I.A.L. 1. 10. 59 |
| | J85-GE-7 | A 8 | 7 : 1 | 20 | | Ring-K. | 2 | 900 bis 1090 | 16500 | | | | 450 | 1067 | 147 | 10* | | * Geplant | [3, 47, 529] I.A.L. 14. 4. 56 27. 6. 57 |
| | J85-GE-7 | A 8 | 6,5 : 1 | 19,3 | | Ring-K. | 2 | 1110 | 0 | 910+ | | 0,99+ 0,975 | 432 | 1067 | 147* | 7,6* | | * Nach [I.A.L. 14. 12. 60] – Verbesserung auf 132 kg Gewicht und ein Verhältnis von mehr als 10 kp/kg möglich | I.A.L. 1. 10. 59 21. 11. 60 14. 12. 60 |
| | J85-GE-9 | | | | | | | | | | | | | | | | | | I.A.L. 1. 10. 59 |

| Hersteller | Bezeichnung | Verdichter | | | | Brenn-kammer | Turbine | Max. Start-standschub bei | Dreh-zahl Höhe | Max. Dauer-schub bei | Drehzahl Ge-schwin-digkeit Höhe | Spez. Kraft-stoff-ver-brauch | Abmessungen | | Gewicht | Kennzahlen | | Bemerkungen | Quelle |
|---|---|---|---|---|---|---|---|---|---|---|---|---|---|---|---|---|---|---|---|
| | | Bauart Stück-zahl | Verdich-tungs-verhältnis | Durch-satz bei | Drehzahl Geschw. Höhe | Anzahl Bauart | Stufen-zahl | | | | | | Durch-messer | Länge | | Schub/Gewicht | Schub/Stirnfl. | | |
| | Dimension | A=axial R=radial | | kg/sec | U/min km/h km | | | kp | U/min km | kp | U/min km/h km | kg/kph | mm | mm | kg | kp/kg | kp/m² | | |
| **General Electric** | J85-GE-13 | | | | | | | 1850 m. N. | 16500 | | | | | | 258 | | | | [895] |
| | CJ610-1 | A 8 | 6,8 : 1 | 20 | 16500 | Ring-K. | 2 | 1290 | 16500 | 1225 | 15000 | 0,97 | 450 | 1041 | 161 | 8,03 | | | [895] |
| | CJ 610 | | | | | | | 1590 | | | | 0,97 | 449 | 1010 | 161 | 7,6 | | Aus J85 entwickelt | I.A.L. 8. 6. 60 |
| | CJ 610-2B | | | | | | | 1088 | | | | 0,9 | 450 | 1000 | 161 | | | | [893, 895] |
| | CF 700-1 | A 8 | | | | | | 1815 | | 723 | 894 / 7,55 | 0,69 | 838 | 1778 | 265 / 302* | | | Mantelstrom-Triebwerk, entwickelt aus CJ-610 u. J85. Bypassverhältnis 2 : 1 * Mit Schubumkehr | I.A.L. 23. 3. 60, 23. 8. 60 |
| | CF 700-1 | A 8 | | 19,5 | | Ring-K. | 2 | 1815 | | 1484 | | 0,69 | 838 | 1750 | 265 / 301* | | | * Mit Schubumkehr | [661, 664] I.A.L. 1. 10. 59 |
| | CF 700-2B | A 8 | 7 : 1 | 58,9 ges. 20 heiß | | | 2 | 1905 | 16500 / 0 | | | 0,69 | 864 / 516+ | 1651 | 279 / 290+ | | | Einstufiges Gebläserad auf Turbine Bypassverhältnis 1,9 + [895] | [891, 893, 895] |
| | SF140 | A 9 | | | | | | 2180 | | | | | | | | | | Ähnlich CF700-2B | [895] |
| | J89 | | | | | | | | | | | | | | | | | | [532] |
| | J93 | | 7 : 1 | | | | | 9080 bis 13620 | | | | | | | 1815 | | | Für Flugmachzahl 3–3,25 | [36, 538, 660] |
| | J93-5 | | 8 : 1 | 136,1 | | | | 13610 | | | | | | | | | | Für NAA B-70 »Valkyrie« | [891] |
| | CJ-805-1 | A 17 | 13,0 : 1 | 82 | | Ring-K. mit 10 Flammr. | 3 | 4760 | | | | 0,7 | 826 | 3300 | 1270 | | | Leichtgewichts-Triebwerk mit hohem Verdichtungsverhältnis | [40, 835] |
| | CJ-805-1 | A 17 | 12 : 1 | 72,5* | | Ring-K. | 3 | 4760 | | | | 0,8 | 837 | 353 | 1220 | 3,90 | | * Unbestätigt Ähnlich wie CJ-805-3 | [41, 345, 656] |

| Hersteller | Bezeichnung / Dimension | Verdichter Bauart Stückzahl (A=axial R=radial) | Verdichtungsverhältnis | Durchsatz bei (kg/sec) | Drehzahl Geschw. Höhe (U/min km/h km) | Brennkammer Anzahl Bauart | Turbine Stufenzahl | Max. Startstandschub bei (kp) | Drehzahl Höhe (U/min km) | Max. Dauerschub bei (kp) | Drehzahl Geschwindigkeit Höhe (U/min km/h km) | Spez. Kraftstoffverbrauch (kg/kph) | Durchmesser (mm) | Länge (mm) | Gewicht (kg) | Schub/Gewicht (kp/kg) | Schub/Stirnfl. (kp/m²) | Bemerkungen | Quelle |
|---|---|---|---|---|---|---|---|---|---|---|---|---|---|---|---|---|---|---|---|
| **General Electric** | CJ-805-2 | | | | | | | 4080 | | | | | | | | | | Ausführung des CJ-805-1 mit geringerer Leistung | [41, 835] |
| | CJ-805-3 | A<br>17 | 13 : 1*<br>12 : 1 | 76,2 | | Ring-K. | 2 | 5080*<br>4535+ | 7684 | 4310 | | 0,732 | 803* | 2780*<br>2800+ | 1270 | | | * Nach [I.A.L. 10. 12. 59]<br>+ Ohne Schubdüse<br>Einbau in Convair 880 | I.A.L. 28. 8. 58,<br>10. 12. 59 |
| | CJ-805-3 | A*<br>17 | 12 : 1* | 82 | | | 3* | 5000 | | | | | 813* | 5182* | 1453* | | | * Nach [538] | [40, 538, 835] |
| | CJ-805-3 | A<br>17 | 12 : 1 | 82 | 7460 | Ring-K. mit 10 Einzelflammr. | 3 | 5000 | 7460<br>0 | | | 0,7 norm. | 813 | 3228 | 1270 | 3,93 | | | [41, 42, 660] |
| | CJ-805-3 | A<br>17 | 13 : 1 | 76,2 | | Ring-K. | | 5080 | 7684 | | | 0,728 | 803 | 2780+ | 1447 | | | + Länge mit Schubumkehr und Schalldämpfer 4800 mm Abgastemperatur bei Startleist. 630°C | I.A.L. 11. 5. 60 |
| | CJ-805-3 | A<br>17 | 13 : 1 | 76 | | | | 5090 | 7684<br>0 | 4300 | | 0,728 | 778 | 2280<br>4800* | 1268<br>1445* | | | * Mit Schubumkehr und Schalldämpfer | [664] |
| | CJ-805-3B | A<br>17 | 13 : 1 | 77 | 7460 | Ring-K. | 3 | 5280+ | 7460 | 4227 | 7076 | 0,73+ | 813 | 2790 | 1277 | 4,16 | | | [895] |
| | CJ-805-3B | A<br>17 | 13 : 1 | 76,2 | 7684 | Ring-K. mit 10 Flammr. | 3 | 5285 | | 4445 | | 0,728 | 803 | 2782 | 1277<br>1450* | | | * Mit Schubumkehr und Schalldämpfer | I.A.L. 11. 5. 60<br>2. 12. 60 |
| | CJ-805-11 | A<br>17 | 13 : 1 | 82 | | | 3 | 5450 | | | | 0,8 | | | 1360 | 4,0 | 10600 | Höhere Leistung als bei CJ-805-1 | [36, 40, 41, 835] |
| | CJ-805-13 | | | | | | | | | | | | | | | | | Höhere Leistung als bei CJ-805-11 | [835] |
| | CJ-805-21 | | 12 : 1 | | | Ring-K. mit 10 Flammr. | | 6800 | 0 | | | 0,7 | 813 | 3658 | 1680 | | | | [770] |
| | CJ-805-23 | A<br>17 | 12,0 : 1 | 82 | | Ring-K. | 3 | 6800 | 7460 | | | 0,7 | 813 | 3662 | 1724 | 3,95 | | | [42] |
| | CJ-805-23 | A<br>17 | | | | | | 7190 | | | | | | | | | | | I.A.L. 10. 6. 60 |

| Hersteller | Bezeichnung | Verdichter Bauart Stückzahl (A=axial R=radial) | Verdichtungsverhältnis | Durchsatz bei (kg/sec) | Drehzahl Geschw. Höhe (U/min km/h km) | Brennkammer Anzahl Bauart | Turbine Stufenzahl | Max. Startstandschub bei (kp) | Drehzahl Höhe (U/min km) | Max. Dauerschub bei (kp) | Drehzahl Geschwindigkeit Höhe (U/min km/h km) | Spez. Kraftstoffverbrauch (kg/kph) | Abmessungen Durchmesser (mm) | Länge (mm) | Gewicht (kg) | Kennzahlen Schub/Gewicht (kp/kg) | Schub/Stirnfl. (kp/m²) | Bemerkungen | Quelle |
|---|---|---|---|---|---|---|---|---|---|---|---|---|---|---|---|---|---|---|---|
| General Electric | CJ-805-23 | A<br>17 | 13:1<br>ges.<br>1,6:1<br>** | 113,4<br>ges.<br>76,2<br>heiß | 7684 | | | 7300 | 7684 | 6530<br>6220* | | 0,528<br>0,504* | 1364 | 3325 | 1724 | | | * Nach [664]<br>** Gebläse<br>Bypassverhältnis 1,56 | [664]<br>I.A.L. 11.5.60 |
| | CJ-805-23, 23A | A<br>17 | 13:1<br>ges.<br>1,6:1<br>** | 113,4<br>ges.<br>75,8<br>heiß | | | | 7300 | | 6215 | | 0,504<br>0,505* | 1346+ | 3657+ | 1735 | | | * Nach [I.A.L. 10.6.60]<br>** Gebläse<br>+ Nach [836] | [836]<br>I.A.L. 5.1.60,<br>10.6.60 |
| | CJ-805-23B | A<br>17 | 13:1 | 190<br>ges.<br>76<br>heiß | | | 3 | 7302 | 7680<br>0 | | | 0,83 | 1346 | 3325 | 1692 | | | Eine Gebläsestufe auf der Turbine<br>Bypassverhältnis 1,56<br>Für Convair CV-990 | [891] |
| | CJ-805-23C | A<br>17 | | | | Ring-K. | 3 | 7300 | 0 | | | | | | | | | | |
| | CJ-805-41 | | | | | | | 9070 | | | | | | | | | | Abgeleitet von CJ-805-23 | I.A.L. 14.5.60 |
| | CJ-810-1 | | | | | | | 3995 | | 3723 | | 0,52 | 1036 | 2531 | | | | | [836] |
| | Atomtriebwerk | | | | | | | | | | | | | | | | | | [532] |
| | | | | | | | | | | | | | | | | | | | |
| Pratt & Whitney | JT3C-2 J57-43-WB | A+A<br>9+7 | 12,5:1 | 81,7 | | | 1+2 | 6237 | 8000<br>0 | | | | 988 | 4299 | 1792 | | | Einbau in Boeing B-52G | [891] |
| | JT3C-2 J57-P-43W | A*<br>16 | 13:1 | | | 8<br>Brenner | 3* | 6242<br>naß | 8000 | | | 0,95* | 980 | 4250* | 1743 | | | * Nach [538] | [538, 660, 664] |
| | JT3C-4 J57 | A+A<br>9+6 | 12,5:1 | 82 | | Ring-K.<br>mit 8<br>Flammr. | 1+2 | 4532<br>5200* | 8200 | | | 0,8 | 1067 | 4289 | 1815 | 2,86* | 5850* | Zivilausführung des J57<br>* Mit Wassereinspritzung | [40, 528, 532] |
| | JT3C-6 | A+A<br>9+7 | 13:1 | 81,7 | | Ring-K.<br>mit 8<br>Flammr. | 2 | 5902 | 8000 | | | 0,9 | 987 | | 1922 | | | | [660] |
| | JT3C-6 | A+A<br>9+7 | 13,6:1<br>12,5:1* | 84<br>81,7* | 9500* | Ring-K.<br>mit 8<br>Flammr. | 1+2 | 5080<br>trocken<br>5900<br>naß | 8000 | | | 0,76 | 988 | 3520 | 1945 | | | * Nach [664] | [664]<br>I.A.L. 21.11.60 |

| Hersteller | Bezeichnung | Verdichter | | | | Brenn-kammer | Turbine | Max. Start-stand-schub bei | Dreh-zahl Höhe | Max. Dauer-schub bei | Drehzahl Ge-schwin-digkeit Höhe | Spez. Kraft-stoff-ver-brauch | Abmessungen | | Gewicht | Kennzahlen | | Bemerkungen | Quelle |
|---|---|---|---|---|---|---|---|---|---|---|---|---|---|---|---|---|---|---|---|
| | | Bauart Stück-zahl | Verdich-tungs-verhältnis | Durch-satz bei | Drehzahl Geschw. Höhe | Anzahl Bauart | Stufen-zahl | | | | | | Durch-messer | Länge | | Schub/Gewicht | Schub/Stirnfl. | | |
| | Dimension | A=axial R=radial | | kg/sec | U/min km/h km | | | kp | U/min km | kp | U/min km/h km | kg/kph | mm | mm | kg | kp/kg | kp/m² | | |
| **Pratt & Whitney** | JT3C-6 | A+A 9+7 | 13,6 : 1 | 84 | 9500 | Ring-K. mit 8 Flammr. | 3 | 5080 trocken 6100 naß | 6350 | | | 0,76 | 988 | 3518 | 1945 | | | Für Boeing 707-120, Douglas DC-8-10 | [43, 891] |
| | JT3C-6 | A+A 9+7 | 12,5 : 1 | 91 | 8200 | Ring-K. mit 8 Flammr. | 3 | 4990 trocken 6120 naß | 8200 0 | | | 0,8 norm. | 1016 | 4238 | 1925 | 3,18 | | | [41] |
| | JT3C-7 | A* 16 | 13 : 1* | | | 8 Brenner | | 5400 5440** | 8000 | | | 0,785* | 987* | 3470 | 1590 | | | * Nach [538] – ** Nach [664] Für Boeing 707-120, 720 und Douglas DC-8-10 | [41, 538, 660, 664] |
| | JT3C-10 | A+A 9+7 | | | | Ring-K. mit 8 Flammr. | 3 | 5900 naß | | | | | | | 1700 | | | | [664] |
| | JT3C-12 | A+A 9+7 | | | | Ring-K. mit 8 Flammr. | 3 | 5900 | | | | | | | 1585 | | | | [664] |
| | JT3C-21   J57-P-16,-55 | | | | | | | 7672 m. N. | | | | 2,3 | 1006 | 6786 | 2157 | | | | [660] |
| | JT3C-26   J57-P-20 | A+A 9+7 | 12,5 : 1 | 81,7 | | Ring-K. | 1+2 | 8165 | | | | | 988 | | 2155 | | | Einbau in Chance Vought F8U-2 | [891] |
| | JT3D-1 | A+A 6+7 | 13 : 1* | | | Ring-K. mit 8 Flammr. | 3* | 7264* | | | | 0,61* | 1347 | | 1827 | | | Mantelstrom-Triebwerk * Nach [538] | [538, 660] |
| | JT3D-1-MC6 | | | | | | 4 | 7700 | | | | | | | 2500 | | | Entwickelt aus JT3C-6 mit 2stufigem Frontfan und 4ter Turbinenstufe | [43] |
| | JT3D-1-MC7 | | | | | | | 7700 | | | | | | | 2480 | | | Aus JT3C-7 entwickelt | [43] |
| | JT3D-1 | A+A 6+7 | 13,2 : 1 | 83 | 9880 | Ring-K. mit 8 Flammr. | 4 | 7700 7720* | 8200* 6650** | 4540 | 556 0 | 0,5 | 1346 | 3702 3660* | 1826 | | | * Nach [664] ** Drehzahl nach [43] | [43, 664] |
| | JT3D-1 | A+A 6+7 | | | | Ring-K. mit 8 Flammr. | 4 | 7800 | 8200 0 | | | 0,79 | 1348 | 3680 | 1732 | | | Zweikreis-Triebwerk mit 2stufigem Frontfan Bypassverhältnis 1,4 | [661] |
| | TF33-1 | | | | | | | 7700 | | | | | | | | | | Gleich wie JT3D-1 | [43] |

| Hersteller | Bezeichnung / Dimension | Verdichter: Bauart Stückzahl (A=axial, R=radial) | Verdichtungsverhältnis | Durchsatz bei (kg/sec) | Drehzahl Geschw. Höhe (U/min, km/h, km) | Brennkammer Anzahl Bauart | Turbine Stufenzahl | Max. Startstandschub bei (kp) | Drehzahl Höhe (U/min, km) | Max. Dauerschub bei (kp) | Drehzahl Geschwindigkeit Höhe (U/min, km/h, km) | Spez. Kraftstoffverbrauch (kg/kph) | Durchmesser (mm) | Länge (mm) | Gewicht (kg) | Schub/Gewicht (kp/kg) | Schub/Stirnfl. (kp/m²) | Bemerkungen | Quelle |
|---|---|---|---|---|---|---|---|---|---|---|---|---|---|---|---|---|---|---|---|
| **Pratt & Whitney** | TF33-3 | | | | | | | 8150 | | | | | | | | | | Gleich wie JT3D-3 | [43] |
| | JT3D-2 · TF33-3 | A+A<br>8+7 | 12,5 : 1 | 217,7 ges.<br>90,7 heiß | | | 1+3 | 7711 | 8000<br>0 | | | | 1346 | 3467 | 1769 | | | Bypassverhältnis 1,4<br>2 Gebläsestufen<br>Einbau in Boeing B-52H, C-135B | [891] |
| | JT3D-3, -4 · TF33-5 | A+A<br>8+7 | 12,5 : 1 | 217,7 ges.<br>90,7 heiß | | | 1+3 | 8165 | 8000<br>0 | | | 0,785 | 1346 | | | | | Bypassverhältnis 1,4<br>2 Gebläsestufen | [891] |
| | JT3D-8A · TF33-7 | A+A<br>9+7 | | | | | | 9525 | | | | 0,775 | 1346 | | 2037 | | | 2 Gebläsestufen<br>Für Lockheed C-141 | [891] |
| | JT3D-14 · TF33 | A+A<br>9+7 | | | | | | 10886 | | | | 0,75 | | | | | | 3 Gebläsestufen | [891] |
| | JT4A-3 | A+A<br>9+7 | | | | Ring-K. mit 8 Flammr. | 3 | 7037 | | | | | 1123 | 3823 | 2326 | | | | [660] |
| | JT4A-3 | A+A<br>9+7 | 12,0 : 1 | 136 | 8000<br>0<br>0 | Ring-K. mit 8 Flammr. | | 7160*<br>7260 | 8000<br>0 | | | 0,8 norm. | 1092 | 4804 | 1275 | 3,18 | | * Nach [664] | [41, 664] |
| | JT4A-3 · J75 | A+A<br>9+7 | 12,0 : 1 | 136 | | Ring-K. mit 8 Flammr. | 1+2 | 6800<br>7260* | 0 | | | 0,8 | 1143 | 4858 | 2040 | 3,56* | 7050* | Zivilausführung des J75<br>* Mit Wassereinspritzung | [40, 528, 532] |
| | JT4 · J75 | A+A | 12,5 : 1 | 118* | | Ring-K. mit 8 Flammr. | | 7790 o. N.<br>11100 m. N. | | | | | 1486 | 4854+<br>5430** | 2404 | 3,25 | | * Unbestätigt<br>** Mit Düsenkegel<br>+ Ohne Düsenkegel | [345, 656] |
| | JT4A-5 | | | | | | | 7480 | | | | | | | 1900<br>2180* | | | * Nach [664] | [41, 664] |
| | JT4A-9 | A+A<br>8+7 | 12,0 : 1 | 115 | 8650 | Ring-K. mit 8 Flammr. | 1+2 | 7480*<br>7600<br>7620+ | 6400<br>0 | 5900** | 5760** | 0,74 | 1092 | 3664 | 2280+<br>2290 | | | * Nach [41]<br>** Reiseleistung<br>+ Nach [664] | [41, 43, 664] |
| | JT4A-9 | A+A<br>8+7 | 12 : 1 | 136 | | | | 7620 | 8000<br>0 | | | | 1310 | 4392 | 2495 | | | Für DC-8-20, DC-8-30,<br>Boeing 707-320 | [891] |
| | JT4A-10 | | | | | | | 7480<br>7600* | | | | | | | 2200 | | | * Nach [43] | [41, 43] |

| Hersteller | Bezeichnung | | Verdichter Bauart Stückzahl<br>(A = axial / R = radial) | Verdichter Verdichtungsverhältnis | Verdichter Durchsatz bei (kg/sec) | Verdichter Drehzahl Geschw. Höhe (U/min km/h km) | Brennkammer Anzahl Bauart | Turbine Stufenzahl | Max. Startstandschub bei (kp) | Drehzahl Höhe (U/min km) | Max. Dauerschub bei (kp) | Drehzahl Geschwindigkeit Höhe (U/min km/h km) | Spez. Kraftstoffverbrauch (kg/kph) | Abmessungen Durchmesser (mm) | Abmessungen Länge (mm) | Gewicht (kg) | Kennzahlen Schub/Gewicht (kp/kg) | Kennzahlen Schub/Stirnfl. (kp/m²) | Bemerkungen | Quelle |
|---|---|---|---|---|---|---|---|---|---|---|---|---|---|---|---|---|---|---|---|---|
| | Dimension | | | | | | | | | | | | | | | | | | | |
| Pratt & Whitney | JT4A-11 | | A+A<br>8+7 | | | | Ring-K. mit 8 Flammr. | 1+2 | 7940 | | | | | | | 2310 | | | Für DC-8-30, Boeing 707-320 | [664, 891] |
| | JT4A-12 | | | | | | | | 7950 | | | | | | | 2240 | | | | [43] |
| | JT4A-29 | J75-19W | A+A<br>8+7 | 12 : 1 | 136,1 | | Ring-K. | 1+2 | 12020 m. N. | | | | | 1311 | 7903 | 2703 | | | Einbau in Republic F-105 | [891] |
| | JT4D-1 | | | | | | | | 11310 naß | 8000<br>0 | | | | 1585 | 3710 | 2585 | | | Entwickelt aus JT4A (J75) Bypassverhältnis 1,5 | [661] |
| | JT4D-3 | | | | | | | | 10200 | 8000<br>0 | | | | 1343 | 3580 | 2470 | | | Bypassverhältnis 0,8 | [661] |
| | JT7H | J48 | R<br>1 | 4 : 1 | | | 9<br>Einz.-K. | 1 | 3290 | 0 | | | 1,14 | 1270 | 2794 | 942 | | | | [528, 532] |
| | JT8 | J52 | | | | | | | 2700 | | | | | | | | | | | [715] |
| | JT8 | J52-P-1 | A+A<br>9+7 | | | | Ring-K. mit 8 Flammr. | 3 | 3405 | | | | | 863 | 2997 | | | | | [660] |
| | JT8, 9 | J52 | A+A | | | | | | 3400 | | | | | | | | | | | [520, 528, 532, 637, 715, 716] I. A. L. 4. 5. 56, 28. 12. 56, 24. 1. 57 |
| | | J52-P-2 | A+A | 12,5 : 1 | 57 | | Ring-K. mit Flammr. | | 3400 | | | | 0,8 | | | | | | | [36, 345, 656, [766, 770] |
| | | J52-P-3 | | | | | | | 3630 | 11000 | | | | | | | | | Ähnlich J52-P-6 | |
| | JT8 | J52-P-6 | A+A<br>5+7 | 10 : 1 | 54 | 11000 | Ring-K. | 2 | 3855 | 11000 | | | 0,8 norm. | 762 | 3177 | 1000 | 3,86 | | | [43] |
| | JT8A | J52-6 | | | | | | | 3856 | | | | | | | | | | Einbau in Grumman A2F und Douglas A4D-5 | [891] |

| Hersteller | Bezeichnung | | Verdichter Bauart Stückzahl (A=axial, R=radial) | Verdichtungsverhältnis | Durchsatz bei (kg/sec) | Drehzahl Geschw. Höhe (U/min, km/h, km) | Brennkammer Anzahl Bauart | Turbine Stufenzahl | Max. Startstandschub bei (kp) | Drehzahl Höhe (U/min, km) | Max. Dauerschub bei (kp) | Drehzahl Geschwindigkeit Höhe (U/min, km/h, km) | Spez. Kraftstoffverbrauch (kg/kph) | Durchmesser (mm) | Länge (mm) | Gewicht (kg) | Schub/Gewicht (kp/kg) | Schub/Stirnfl. (kp/m²) | Bemerkungen | Quelle |
|---|---|---|---|---|---|---|---|---|---|---|---|---|---|---|---|---|---|---|---|---|
| **Pratt & Whitney** | JT8D-1 | | | 15,5:1 ges. 1,9:1 | 148 | | | | 6350 | | | | 0,64 | 1380 | | 1360 | | | Bypassverhältnis 1,1 | [890] I.A.L. 6. 12. 60 |
| | JT8D-1 | | A+A 6+7 | 15,5:1 | 138,3 ges. 66,2 heiß | | | 1+3 | 6350 | 11000 0 | | | 0,82 | 1130 | 3112 | 1357 | | | Bypassverhältnis 1,1; 2 Gebläsestufen im ND-Verdichter; Einbau in Boeing 727 | [891] |
| | JTF10A-1 | | | | | | | | 3740 | 0 | | | | 966 | 3265 | 960 | | | Vermutlich aus J52 (JT8) entwickelt | [661, 664] I.A.L. 22.10.59 |
| | JTF10A-7 | TF30-P-2 | A+A 7*+7 | 2:1** 16:1 | 113 ges. 50 heiß | 6500+ 9500++ | Ring-K. mit 8 Einzelflammr. | 4 | 4760 | 6500+ | | | 0,58△ | 965 | 3253 | 962 | 4,95 | | * Zusätzl. noch 2 Gebläsest. vorgesch. ** Gebläsestufen △ Bei max. Dauersch. + ND-Verdicht. ++ HD-Verdichter | [895] |
| | JTF10A-20 | TF30-P-4 | | | | | | | 8600 | | | | | | | | | | Mit 3stufigem Gebläse, Aufheizung im Mantelstrom, Nachbrenner. Für USAF/USNF-111A takt. Jäger | [895] |
| | JT11 | Y J58 | A 9 | 8:1* | | | Ring-K. mit 8 Flammr. | 2 | ca. 20430 m. N. 13620 10433* | | | | | | | 2497 | | | * Nach [891] | [660, 891] |
| | JT11B-2 | | A 8 | 6.0/8,0:1 | 145 | | Ring-K. m. Einzelflammr. | 2 | 11570 m. N. 10430 o. N. | | | | 0,7 norm. | 1143 | 3988 | 2903 | 4,00 | | Überschalltriebwerk, gedrosselte Nachverbrennung | [895] |
| | JT11 | J58-P-2 | A 8 | | | | Ring-K. m. Einzelflammr. | 2 | 13600* m. N. | | | | 1,8 m. N. | 1372 | 5717 | 3175 | 4,57 | | * Milit. Triebw. m. kurz., voll regelb. Nachbr., ähnl. Mod. mit 9stufigem Verd. u. langem Nachbr. 14500 kp | [43, 895] |
| | JTC12A-2 | | A 9 | | | | Ring-K. mit 8 Flammr. | 2 | 1090 | 15000 | | | | | | | | | JT12 niedriger Leistung zum Export | [43] |
| | JT12 | | | | | | | | 1270 | | | | 0,9 | | ca. 1600 | 195 | | | | [36, 770] |
| | JT12 | J60 | | | | | Ring-K. | | 1316* | | | | 0,93* | 594 breit 729 hoch | 1607 | 195 | | | * Nach [844] | [41, 844] |
| | JT12A-1 | J60-P-2 | | | | | | | 1315 | | 1090 norm. | | | | | 200 | | | Für kleine Transporter, Reiseflugzeuge, Zielflugzeuge und Lenkwaffen; Ausgelegt bis Flugmachzahl 2,0 | [43] I.A.L. 7. 11. 58 |
| | JT12A-3 | | A 9 | | | | Ring-K. mit 8 Flammr. | 2 | 1317 | | | | 0,928 | 477 | 1885 | 195,2 | | | | [538, 660] |

| Hersteller | Bezeichnung | Verdichter | | | | Brenn-kammer | Turbine | Max. Start-stand-schub bei | Dreh-zahl Höhe | Max. Dauer-schub bei | Drehzahl Ge-schwin-digkeit Höhe | Spez. Kraft-stoff-ver-brauch | Abmessungen | | Gewicht | Kennzahlen | | Bemerkungen | Quelle |
| | | Bauart Stück-zahl | Verdich-tungs-verhältnis | Durch-satz bei | Drehzahl Geschw. Höhe | Anzahl Bauart | Stufen-zahl | | | | | | Durch-messer | Länge | | Schub Gewicht | Schub Stirnfl. | | |
| Dimension | | $A=$axial $R=$radial | | kg/sec | U/min km/h km | | | kp | U/min km | kp | U/min km/h km | kg/kph | mm | mm | kg | kp/kg | kp/m² | | |
| Pratt & Whitney | JT12-A-6 | A 9 | 7,0 : 1 | 22 | 16000 | Ring-K. mit 8 Flammr. | 2 | 1360 | 16000 | | | 0,89 0,95+ | 556 | 1885 | 198 | 7,0 6,85* | | + Nach [I.A.L. 22. 10. 59] * Nach [43 Einbau in Lockheed Jet-Star, NAAT-39 | [43, 891] I.A.L. 22.10.59, 18. 8. 60 |
| | JT12-A-7 J60 JT12-A-8 | A 9 | | | | Ring-K. mit 8 Flammr. | 2 | 1500 | | | | | | | 211 | | | | [43] |
| | JT12-A-10 | A 9 | | | | Ring-K. mit 8 Flammr. | 2 | 1360 | | | | | | | 205 | | | | [43] |
| | JT12-A-20 J60-P-1 | A 9 | | | | Ring-K. mit 8 Flammr. | 2 | 1770 m. N. | | | | | | 3200* | 290 295* | | | * Nach [664] Flugmachzahl 3,0 | [660, 664] I.A.L. 7. 11. 58 |
| | JT12-21 J60 | A 9 | | | | Ring-K. | 2 | 1826 m. N. | | | | | 558 | 3200 | 295 | | | | [891] |
| | J48 | | 4 : 1 | | | 9 | 1 | 2540* 3290** | 11000 | 1700+ 1407++ | | 1,14** 1,12+ 1,18++ | 1283 | 2788 | 944 | | | * Normal – ** Militär + Reiseschub mil. ++ Reiseschub norm. Einbau in F-94C, F9F-5, -6, -8 | [3, 347] |
| | J48-P-5 | | | | | | | 3765 m. N. | 11000 | | | | | | 1270 | | | Ähnlich J48-P-6 | [41, 43] |
| | J48-P-8A | R 1 | 4,5 : 1 | 59 | 11000 | 9 | 1 | 3265 trocken 3900 naß | 11000 | | | 1,14 norm. | 1283 | 2788 | 943 | 4,08 | | | [43] |
| | J57-P-4, 4A | | | | | | | 7250 m. N. | | | | | | | | | | | [41, 43] |
| | J57-P-6 | | | | | | | 4760 | | | | | | | | | | Ähnlich wie JT3C-6 US-Navy-Triebwerk | [41] |
| | J57-P-7 | | | | | | | 6800 m. N. | | | | | | | | | | USAF-Triebwerk | [41] |
| | J57-P-8 | | | | | | | 7250 m. N. | | | | | | | | | | | [41] |
| | J57-P-10 | | | | | | | 4760 trocken | | | | | | | | | | | [41, 43] |

| Hersteller | Bezeichnung / Dimension | Verdichter: Bauart Stückzahl (A=axial, R=radial) | Verdichter: Verdichtungsverhältnis | Verdichter: Durchsatz bei (kg/sec) | Verdichter: Drehzahl Geschw. Höhe (U/min, km/h, km) | Brennkammer: Anzahl Bauart | Turbine: Stufenzahl | Max. Startstandschub bei (kp) | Drehzahl Höhe (U/min, km) | Max. Dauerschub bei (kp) | Drehzahl Geschwindigkeit Höhe (U/min, km/h, km) | Spez. Kraftstoffverbrauch (kg/kph) | Abmessungen: Durchmesser (mm) | Abmessungen: Länge (mm) | Gewicht (kg) | Kennzahlen: Schub/Gewicht (kp/kg) | Kennzahlen: Schub/Stirnfl. (kp/m²) | Bemerkungen | Quelle |
|---|---|---|---|---|---|---|---|---|---|---|---|---|---|---|---|---|---|---|---|
| **Pratt & Whitney** | J57-P-11 | | | | | | | 6800<br>m. N. | | | | | | | | | | | [41] |
| | J57-P-13 | A+A<br>9+7 | 12,5 : 1 | 78 | 8000* | Ring-K.<br>mit 8<br>Flammr. | 1+2 | 4950<br>6600<br>m. N. | | | | 0,8<br>1,95<br>m. N. | 1060 | 5900 | 2500 | | | Ausführung mit längerem Nach-<br>brenner erzielt bis zu 7800 kp Schub<br>* ND-Welle | [766, 770] |
| | J57-P-16 | A+A<br>9+7 | 12 : 1 | 82 | 9500 | Ring-K.<br>mit 8<br>Flammr. | 3 | 4850<br>o. N.<br>7660<br>m. N. | 6350*<br>0<br>6400*<br>0 | | | 2,3<br>m. N. | 1006 | 6370 | 2150 | | | * ND-Welle | [43] |
| | J57-P-16 | A+A<br>9+7 | 12,5 : 1 | 91 | 8200 | Ring-K.<br>mit 8<br>Flammr. | 3 | 5440 o.N.<br>normal<br>7700 m.N. | 8200<br>0 | | | 1,8 .<br>m. N. | 1016 | 6350 | 2360 | 3,27<br>m. N. | | | [41] |
| | J57-P-17 | | | | | | | 4535 | | | | | | | | | | USAF-Triebwerk | [41] |
| | J57-P-19 | A+A<br>9+7 | 12,5 : 1 | 81,6 | | Ring-K.<br>mit 8<br>Flammr. | 1+2 | 5897<br>o. N.<br>7940<br>m. N. | 8000 | | | 0,82<br>o. N.<br>2,0<br>m. N. | 1014 | 4572 | 1860<br>o. N.<br>2360<br>m. N. | 3,17 | 6600<br>o. N. | Einbau in Bomber B-52D<br>Teile aus Titanlegierung | [36, 345, 656]<br>J.A.L. 13.12.56,<br>21. 10. 58 |
| | J57-P-25 | | | | | | | 7250<br>m. N. | | | | | | | | | | USAF-Triebwerk | [41] |
| | J57-P-27 | | | | | | | 7250<br>m. N. | | | | | | | | | | | [41] |
| | J57-P-31 | A+A<br>9 | 7 | 12,5 : 1 | 82 | 8000* | Ring-K.<br>mit 8<br>Flammr. | 1+2 | 5900 | | | | 0,8 | 1020 | 4600 | ca.<br>1900 | | | | [766, 770] |
| | J57-P-35 | | | | | | | 6800<br>m. N. | | | | | | | | | | | [41] |
| | J57-P-39 | | | | | | | 6800<br>m. N. | | | | | | | | | | | [41] |
| | J57-P-41 | | | | | | | 7250<br>m. N. | | | | | | | | | | | [41] |
| | J57-P-43W | A+A<br>9+7 | 12,5 : 1 | 82 | 9500 | Ring-K.<br>mit 8<br>Flammr. | 3 | 5080<br>trocken<br>6240<br>naß | 6350<br>Drehzahl<br>ND-Teil<br>0 | | | 0,8 | 991 | 4238 | 1755 | 3,55<br>naß | | | [43] |

| Hersteller | Bezeichnung | Verdichter | | | | Brenn-kammer | Turbine | Max. Start-stand-schub bei | Dreh-zahl Höhe | Max. Dauer-schub bei | Drehzahl Ge-schwin-digkeit Höhe | Spez. Kraft-stoff-ver-brauch | Abmessungen | | Gewicht | Kennzahlen | | Bemerkungen | Quelle |
|---|---|---|---|---|---|---|---|---|---|---|---|---|---|---|---|---|---|---|---|
| | | Bauart Stück-zahl | Verdich-tungs-verhältnis | Durch-satz bei | Drehzahl Geschw. Höhe | Anzahl Bauart | Stufen-zahl | | | | | | Durch-messer | Länge | | Schub/Gewicht | Schub/Stirnfl. | | |
| | Dimension | A=axial R=radial | | kg/sec | U/min km/h km | | | kp | U/min km | kp | U/min km/h km | kg/kph | mm | mm | kg | kp/kg | kp/m² | | |
| **Pratt & Whitney** | J57-P-53 | | | | | | | 7650*<br>m. N.<br>7700 | | | | | | | | | | * Nach [43]<br>USAF-Triebwerk mit Nachbrenner | [41, 43] |
| | J75-P-2 | A+A<br>9+7 | | | | | | 7160*<br>7200**<br>7700 | | | | 0,77 | | 3720 | 2250 | | | USN-Triebwerk<br>* Nach [664]<br>** Nach [43] | [41, 43, 664] |
| | J75-P | A+A<br>9+7 | 12,5 : 1 | 120 | | Ring-K. | 3 | 7800<br>o. N.<br>10400<br>m. N. | | | | 0,8<br>2,3<br>m. N. | | | 2800* | 3,72* | 8800* | * Mit Nachbrenner | [36] |
| | J75-P-3*, -4 | | | | | | | 10600*<br>10900 | | | | | | | | | | USAF-Triebwerk mit Nachbrenner<br>* Nach [43] | [41, 43] |
| | J75-P-5 | A+A<br>9+7 | 12,0 : 1 | 136 | 8000<br>0<br>0 | Ring-K.<br>mit 8<br>Flammr. | 3 | 8160<br>o. N.<br>11800<br>m. N. | 8000<br>0 | | | 1,8<br>m. N. | 1092 | 6401 | 2500 | 4,64<br>m. N. | | | [41, 770] |
| | J75-P-6 | | | | | | | 10600*<br>m. N.<br>11800<br>m. N. | | | | | | | | | | USN-Triebwerk<br>* Nach [43] | [41, 43] |
| | J75-P-9 | | | | | | | 10900<br>m. N.<br>10600*<br>m. N. | | | | | | | | | | * Nach [43] | [41, 43] |
| | J75-F-9 | | | | | | | | | | | | | | | | | 2. Werk für Serienproduktion:<br>Ford/Chikago | [711] |
| | J75-P-10 | | | | | | | 11800<br>m. N. | | | | | | | | | | | [41] |
| | J75-P-11 | | | | | | | 10600*<br>m. N.<br>10900<br>m. N. | | | | | | | | | | * Nach [43] | [41, 43] |
| | J75-P-17 | | | | | | | 11100*<br>m. N.<br>10900<br>m. N. | | | | 2,15<br>m. N. | | 6020 | 2660 | | | * Nach [43]<br>Nachbrennerversion des JT4A-28 | [41, 43, 664] |
| | J75-P-19W | A+A<br>8+7 | 12 : 1 | 120 | 8650 | | 3 | 11100<br>m. N. tr.<br>12200<br>m. N. n.<br>7300<br>o. N. | | | | 2,2*<br>1,8<br>m. N. | 1092 | 6586 | 2700 | 4,45 | | * Nach [664] | [42, 43, 664] |
| | Atomtriebwerk   J91 | | | | | | | | | | | | | | | | | Für Convair WS-125A | [532] |

| Hersteller | Bezeichnung<br>Dimension | Verdichter<br>Bauart Stückzahl<br>A=axial R=radial | Verdichter<br>Verdichtungs-verhältnis | Verdichter<br>Durchsatz bei<br>kg/sec | Verdichter<br>Drehzahl Geschw. Höhe<br>U/min km/h km | Brennkammer<br>Anzahl Bauart | Turbine<br>Stufenzahl | Max. Startstandschub bei<br>kp | Drehzahl Höhe<br>U/min km | Max. Dauerschub bei<br>kp | Drehzahl Geschwindigkeit Höhe<br>U/min km/h km | Spez. Kraftstoffverbrauch<br>kg/kph | Abmessungen<br>Durchmesser<br>mm | Abmessungen<br>Länge<br>mm | Gewicht<br>kg | Kennzahlen<br>Schub/Gewicht<br>kp/kg | Kennzahlen<br>Schub/Stirnfl.<br>kp/m² | Bemerkungen | Quelle |
|---|---|---|---|---|---|---|---|---|---|---|---|---|---|---|---|---|---|---|---|
| Westinghouse | J34-WE-36 | A 11 | 4,1 : 1 | | | Ring-K. | 2 | 1540 | | | | 1,04 | 686 | 2845 | 547 | | | | [532] |
| | J34-WE-36 | A 11 | 4,3 : 1 | | | 1 | 2 | 1540 | | | | 1,04 | 610 | 3050 | 537,5 trocken | | | Einbau in Douglas F3D | [528, 539] |
| | J34-WE-36 | A 11 | 4,1 : 1 | | | Doppel-Ring-K. | 2 | 1544 | 12500 0 | | | 1,04 | 686 | 2832 | 536 | | | | [347] |
| | J34-WE-46 | A 11 | 4,35 : 1 | | | Ring-K. | 2 | 1542 | 12500 0 | | | ca. 1* | 686 / 813** | 2828 | 547 | 2,62* / 2,82 | | * [656]<br>** Zweite Angabe nach [42] | [656, 770, 345, 36, 42] |
| | J34-WE-46 | A 11 | 4,1 : 1 | 27 | | Ring-K. | 2 | 1540 | | | | 1,06 | 686 | 2845 | 563 | | | Serienauftrag der US-Navy [nach I.A.L. 19. 11. 57] Ganzstahlverdichter | [539, 347, 528, 532] I.A.L. 24. 7. 57 |
| | J34-WE-48 | A 11 | 4,43 : 1 | 28 | 12750 0 | Ring-K. | 1 | 1540 | 12750 12500 | | | 1,05 1,048 | 813 | 2828 | 533 | 2,89 | | | [43, 664] |
| | J46-WE-2 | | | | | | | 2770 | | | | | | | | | | Ähnlich J46-WE-8 | [39, 41] |
| | J46-WE-8 | A 11 | 5,2 : 1 | 34 | 12500 0 | Ring-K. | 2 | 2720 m. N. 2040 o. N. | 12500 0 | | | 2,0 m. N. | 965 hoch 940 breit | 4621 | 907 | 3,0 m. N. | 6000* | * Nach [36] | [36, 41, 43] |
| | J46-WE-8 | A 11 | 6,1 : 1* | 35,4* | | Ring-K. | 2 | 2722 m. N. | 12500 0 | | | 2,1 m. N. | 1092 | 4623 | 948 | 2,81** 2,87 | | * Unbestätigt, geschätzt<br>** Nach [345] | [41, 345] |
| | J46-WE-8A | | | | | | | | | | | | | | | | | Gleiches Triebwerk wie J46-WE-8, nur mit elektrisch-mechanischem Regelsystem | [41] |
| | J46-WE-8B | | | | | | | | | | | | | | | | | Gleiches Triebwerk wie J46-WE-8, nur mit elektrisch-mechanischem Regelsystem | [41] |
| | J46-WE-12 | | | | | | | | | | | | | | | | | Gleiches Triebwerk wie J40-WE-8 | [39, 41] |
| | J46-WE-18 | | | | | | | 2770 | | | | | | | | | | Ähnlich J46-WE-8 | [39, 41] |

| Hersteller | Bezeichnung / Dimension | Verdichter Bauart Stückzahl (A-axial, R-radial) | Verdichtungsverhältnis | Durchsatz bei (kg/sec) | Drehzahl Geschw. Höhe (U/min, km/h, km) | Brennkammer Anzahl Bauart | Turbine Stufenzahl | Max. Startstandschub bei (kp) | Drehzahl Höhe (U/min, km) | Max. Dauerschub bei (kp) | Drehzahl Geschwindigkeit Höhe (U/min, km/h, km) | Spez. Kraftstoffverbrauch (kg/kph) | Durchmesser (mm) | Länge (mm) | Gewicht (kg) | Schub/Gewicht (kp/kg) | Schub/Stirnfl. (kp/m²) | Bemerkungen | Quelle |
|---|---|---|---|---|---|---|---|---|---|---|---|---|---|---|---|---|---|---|---|
| Westinghouse | PD-33  J54 | A 16 | 9 : 1 | 45,3 | | Ring-K. | 2 | 2800* | | | | | 965 | 3430 | 634 | | | Konstruktions-Merkmale von Rolls-Royce * 150 Std. Abnahmelauf | [332, 717] |
| | J54-WE-2 | A 16 | 8 : 1 | 45,4 | | Ring-K. | 2 | 2948 | | | | 0,85 | 889 | 3048* 4015+ | 635 | 4,64 | | * Ohne Düsenkegel + Mit Düsenkegel | [656] |
| | J54-WE-2 | A 16 | | | | | 2 | 2810 bis 2950 | | | | | ca. 890 | ca. 3050 | | | | Leichtbau-Triebwerk (Ti-Leg.) für Fernlenkwaffen | [345] I.A.L. 20. 7. 57 |
| | J54-WE-2 | A 16 | 9 : 1 | 48,0 | 11000 0 | Ring-K. | 2 | 2950 | 11000 0 | | | 0,85 | 889 | 3611 | 635 | 4,64 | | | [41] |
| | J54-WE-2 | A 16 | 9 : 1 | 45,0 | | Ring-K. | 2 | 3040 | 11000 0 | | | 0,85 | 890 | 4015 | 680 | 4,3 | 8700 | Höhenmaschine für bemannte Flugzeuge oder für Geschosse | [36, 347, 528, 532, 770] |
| | J74 | | | | | | | 2950 | | | | | | | | | | | I.A.L. 22. 3. 56 |
| | J81 | | | | | | | 820* | | | | | | | | 6,78 | | * Nach [36] Kleines Leichtgewichts-Triebwerk für Geschosse etc. | [3, 36, 345, 656] I.A.L. 22. 3. 56 |
| | X J81-WE-3 | A | | | | | | 817 | | | | | | | | | | Amerikanische RR. Soar | [528, 532] |
| | | | | | | | | | | | | | | | | | | | |
| Curtiss-Wright | T J34-AB1 | A 7 | 4,0 : 1 | | | Ring-K. | 1 | 792 | | | | 1,11 | 609,6 | 1295 | 231 | | | | [532] |
| | T J37 | A 7 | 4,4 : ? | | | Ring-K. mit 7 Einzelflammr. | 1 | 2200 | | | | 1,086 | 823 | 1943 | 448 | | | Nach Bristol Orpheus | [36, 345, 532, 656] |
| | Zephyr  T J38 | A-A 5÷7 | 10,5 : 1 | | | Ring-K. mit 8 Einzelflammr. | 1+1 | 5700 | | | | 0,72 | 1040 | 3350 | 1635 | | | In Zusammenarbeit mit Bristol aus Olympus entwickelt für Zivilflugzeuge. Schalldämpfer und Schubumkehrvorr. | [766] I.A.L. 25. 5. 57, 19. 7. 57 |
| | Zephyr  T J38 | A-A 5-7 | 10,5 : 1 | 104 | | Ring-K. mit 8 Flammr. | 2 | 5670 | 6375 0 | | | 0,72 | 1040 | 3350 | 1630 | 3,45 | 6700 | | [36, 345, 539, 770] |

| Hersteller | Bezeichnung | Verdichter | | | | Brennkammer | Turbine | Max. Startstandschub bei | Drehzahl Höhe | Max. Dauerschub bei | Drehzahl Geschwindigkeit Höhe | Spez. Kraftstoffverbrauch | Abmessungen | | Gewicht | Kennzahlen | | Bemerkungen | Quelle |
|---|---|---|---|---|---|---|---|---|---|---|---|---|---|---|---|---|---|---|---|
|  | Dimension | Bauart Stückzahl (A—axial, R—radial) | Verdichtungsverhältnis | Durchsatz bei (kg/sec) | Drehzahl Geschw. Höhe (U/min, km/h, km) | Anzahl Bauart | Stufenzahl | kp | U/min, km | kp | U/min, km/h, km | kg/kph | Durchmesser (mm) | Länge (mm) | kg | Schub/Gewicht (kp/kg) | Schub/Stirnfl. (kp/m²) |  |  |
| Curtiss-Wright | TJ38-A1 | A+A<br>5÷7 | 10,5 : 1 | 104 |  | Ring-K. mit 8 Einzelflammr. | 1+1 | 5670 | 6375<br>0 | 1590 | 6000<br>965<br>11 | 0,88 | 1614 | 4764 | 1630 | 3,48 | 6680 | Als Zivilausführung in Zusammenarbeit mit der Bristol Aero Engines Ltd., England, aus Bristol Olympus 6 entwickelt | [40] |
|  | J65-W | A<br>13 | 7,0 : 1 | 54 |  | Ring-K. | 2 | 4535*<br>3540 | 8300<br>0 |  |  | 2,0*<br>0,9 |  |  | 1582*<br>1247 | 2,86 | 5000 | * Mit Nachbrenner | [36] |
|  | J65 | A<br>13 |  |  |  | Ring-K. | 2 | 3541 |  |  |  |  | 953 | 2866 | 1269 |  |  | Firmenangaben | [838] |
|  | J65-W-1 | A<br>13 |  |  |  | 1<br>Ring-K. | 2 | 3278 | 8300<br>0 |  |  |  | 952 | 2920 | 1178 |  |  | Eingebaut in F-84F | [347] |
|  | J65-W-2 |  |  |  |  |  |  |  |  |  |  |  |  |  |  |  |  |  | [347] |
|  | J65-W-3 | A<br>13 | 7,0 : 1 | ca.<br>57 |  | 1<br>Ring-K. | 2 | 3278 | 8200<br>0 |  |  | 0,91 | 952 | 3172 | 1180 |  |  | Eingebaut in F-84F | [41, 347] |
|  | J65-W-4, -4A, -4B | A<br>13 |  |  |  | 1<br>Ring-K. | 2 | 3496 | 8300<br>0 |  |  |  | 952 | 2743 | 1250 |  |  | In A4D-1, F3-3, F3-4 | [347] |
|  | J65-W-5 | A<br>13 | 7,0 : 1 | 54,5 |  | Ring-K. | 2* | 3266 |  |  |  |  | 953 | 2770 | 1245 | 2,62 |  | * Nach [656] | [345, 532, 539, 656] |
|  | J65-W-5 | A<br>13 |  |  |  | 1<br>Ring K. | 2 | 3278 | 8300<br>0 |  |  |  | 952 | 2790 | 1250 |  |  | In B-57A, B-57B, RB-57A | [41, 347] |
|  | J65-W-6 | A<br>13 | 7,0 : 1 | 54 | 8200 | Ring-K. | 2 | 4490 m. N.<br>3540 o. N. | 8200<br>0 |  |  | 2,0 m. N. | 953 | 4646 m. N. | 1247 | 2,5 |  |  | [39] |
|  | J65-W-6 | A<br>13 |  |  |  | 1<br>Ring-K. | 2 | 4990 |  |  |  |  | 951 | 4670 | 1580 |  |  | Mit Nachbrenner | [347, 528] |
|  | J65-W-6 | A<br>13 | 7 : 1 | 54 | 8200 | Ring-K. | 2 | 3500 o. N.<br>5100 m. N. |  |  |  | 0,92 o. N.<br>1,98 m. N. | 960 | 4950 | 1635 |  |  |  | [766, 770] |
|  | J65-W-7 | A<br>13 |  |  |  | 1<br>Ring-K. | 2 | 3540 | 8300<br>0 |  |  |  | 952 | 2917 | 1270 |  |  | In F-84F, Republic XF-84F | [347, 528, 532, 538] |

| Hersteller | Bezeichnung | Verdichter Bauart Stückzahl (A=axial R=radial) | Verdichter Verdichtungsverhältnis | Verdichter Durchsatz bei (kg/sec) | Verdichter Drehzahl Geschw. Höhe (U/min km/h km) | Brennkammer Anzahl Bauart | Turbine Stufenzahl | Max. Startstandschub bei (kp) | Drehzahl Höhe (U/min km) | Max. Dauerschub bei (kp) | Drehzahl Geschwindigkeit Höhe (U/min km/h km) | Spez. Kraftstoffverbrauch (kg/kph) | Abmessungen Durchmesser (mm) | Abmessungen Länge (mm) | Gewicht (kg) | Kennzahlen Schub/Gewicht (kp/kg) | Kennzahlen Schub/Stirnfl. (kp/m²) | Bemerkungen | Quelle |
|---|---|---|---|---|---|---|---|---|---|---|---|---|---|---|---|---|---|---|---|
| **Curtiss-Wright** | J65-W-14 | A 13 | | | | 1 Ring-K. | 2 | 4536 m. N. | 0 | | | | 951 | 4600 m. N. | 1600 | | | | [347, 528] |
| | J65-W-16, -16A | A 13 | 7 : 1 | 54,4 | | 1 Ring-K. | 2 | 3496 3490 | 8300 0 | | | 0,91 | 952 | 2868 3096 | 1245 | 2,81 | | In FJ-3, FJ-4 Temperatur vor Turbine 843°C bei 8300 U/min | [41, 43, 345, 347, 528, 532, 656] |
| | J65-W-18 | A 13 | 7 : 1 | 54 | | 1 Ring-K. | 2 | 2937 | 8030 0 | | | 0,92 | 953 | 4600 | 1582 | 3,02 | | In Lockheed XF-104, Grumman F11F-1, Chance Vought »Regulus«, mit Nachbrenner | [347, 839] |
| | J65-W-18 | A 13 | 7 : 1 | 54 | | 1 Ring-K. | 2 | 4536 m. N. 3540 o. N. | 8300 0 | | | 2,0 0,93 o. N. | 953 | 4600 | 1580 | | | In Grumman F11F-1 | [40, 345, 532] |
| | J65-W-18 | A 13 | 7 : 1 | 54,4 | | Ring-K. | 2 | 4760* m. N. 4536 m. N. | 8300 0 | | | 2,0 | 953 | 4600 | 1580 | 2,87 | | * Nach [41] | [41, 345, 656] |
| | | | | | | | | | | | | | | | | | | | |
| **England** **Bristol-Siddeley** | Viper ASV.8 | A 7 | 4,1 : 1 | 14,5 | | Ring-K. | 1 | 795* 793 | 13800 | 670+ | 13100 | 1,12* 1,10+ | 617 | 1183¹ 1700² | 220 | 3,57 | 2550 | ¹ Ohne Düsenkegel ² Mit Düsenkegel | [36, 345, 566, 660, 853] |
| | Viper ASV.8 102 104 | A 7 | 4 : 1 | 14,5 | | Ring-K. | 1 | 795 0 | 13800 0 | | | 1,11 1,07 | 610 | 1676 | 240* 231 | 3,43 3,33+ | | Provost Mk. 2, Temperatur vor Turbine 830°C * Nach [532] – + Nach [43] | [40, 43, 347, 527, 532] |
| | Viper ASV.9 | A 7 | 4 : 1 | | | Ring-K. | 1 | 862 | 13800 | | | 1,14 | 610 | 1676 | 238 | 3,6 | 2880 | Weiterentwicklung von ASV.8 Höherer Schub durch höhere Temperatur | [36, 334, 347, 528, 853] |
| | Viper ASV.9 103 | A 7 | 3,9 : 1 | 14,5 | | Ring-K. | 1 | 862 860 | 13800 | | 13100 | 1,13 | 617 | 1183* 1700+ | 240 | 3,58 | | * Ohne Düsenkegel + Mit Düsenkegel Temperatur vor Turbine 892°C | [43, 345, 656, 660] I.A.L. 12. 2. 60 |
| | Viper ASV.10 | A 7 | 3,9 : 1 | 19 | | Ring-K. | 1 | 910 | 13400 0 | 740 | 12700 | 1,01 | 617 | 1756 | 260 | 3,5 | 2300 | | [36, 345] |
| | Viper ASV.11 | A 7 | 3,9 : 1 | 19 | | Ring-K. | 1 | 1115 | 13400 0 | 917 | 12700 | 1,11 | 710 | 1750 | 260 | 4,2 | 3700 | | [36, 345, 568] |
| | Viper ASV.11 200 | A 7 | 4,37 : 1 | 19,5* 20** | 13800 | Ring-K. | 1 | 1130** 1134* 1140 | 13800** 13400 | | | 1,04** 1,01 | 623 | 1625 | 225 | 4,55* 5,0 | | * Nach [43] – ** Nach [I.A.L.12.2.60] Temperatur vor Turbine 802°C Temperatur vor Turbine 900°C [43] | [42, 43, 853] I.A.L. 12. 2. 60 |

| Hersteller | Bezeichnung / Dimension | Verdichter | | | | Brenn-kammer | Turbine | Max. Start-stand-schub bei | Dreh-zahl Höhe | Max. Dauer-schub bei | Drehzahl Ge-schwin-digkeit Höhe | Spez. Kraft-stoff-ver-brauch | Abmessungen | | Gewicht | Kennzahlen | | Bemerkungen | Quelle |
| | | Bauart Stück-zahl $A=axial$ $R=radial$ | Verdich-tungs-verhältnis | Durch-satz bei kg/sec | Drehzahl Geschw. Höhe U/min km/h km | Anzahl Bauart | Stufen-zahl | kp | U/min km | kp | U/min km/h km | kg/kph | Durch-messer mm | Länge mm | kg | Schub / Gewicht kp/kg | Schub / Stirnfl. kp/m² | | |
|---|---|---|---|---|---|---|---|---|---|---|---|---|---|---|---|---|---|---|---|
| **Bristol-Siddeley** | Viper ASV.12 | A 7 | | 20 | | Ring-K. | 1 | 1225 | 13800 | | | 1,08 | 624 | 1625 | 249 | | | Temperatur vor Turbine 872°C | [853] I.A.L. 12. 2. 60 |
| | Viper ASV.20 | A 7 | | 25 | | Ring-K. | 1 | 1470 1480 | 14400 | | | 1,01 | 622 | 1693 | 261 | | | * Nach [43] Temperatur vor Turbine 842°C Schuberhöhung durch Vorsetzen einer Null-Stufe | [43] I.A.L. 12. 2. 60 |
| | Viper P-187 | | | | | Ring-K. | | 1135 | | | | | | | 230 | 4,9 | | | [36, 770] |
| | P209C | A 8 | | 25 | | | 2 | 1360 | 14400 | | | 0,845 | | | | | | Temperatur vor Turbine 722°C | [43] I.A.L. 12. 2. 60 |
| | P209B | A 8 | | 25 | | | 2 | 1590 | 14400 | | | 0,93 | | | | | | Temperatur vor Turbine 842°C | [43] I.A.L. 12. 2. 60 |
| | P209A | A 8 | | 25 | | Ring-K. | 2 | 1740 | 14400 | | | 0,975 | 622 | 1740 | 269 | | | Temperatur vor Turbine 927°C | [43] I.A.L. 12. 2. 60 |
| | Sapphire ASSa.4/7 | | | | | | | 4760 | | | | | | | | | | | [330] |
| | Sapphire ASSa.5/8 | | | | | | | | | | | | | | | | | | [347] |
| | Sapphire ASSa.5 | | | | | | | 4536 m. N. | | | | 1,76 m. N. | | | 1240 | 3,65 | 6400 | | [724] |
| | Sapphire ASSa.6 | A 13 | 7,26 : 1 | 59 | | Ring-K. | 2 | 3720 | 8600 0 | 3209 | 8200 | 0,85 0,9* | 950 | 2785 | 1225 | 3,0 | 5200 | * Nach [36] | [36, 345] |
| | Sapphire ASSa.6 | | | 63 | | | 2 | 3765 | 8600 0 | | | 0,9 | | | 1210 | 3,12 | 5320 | | [724] |
| | Sapphire ASSa.6 | A 13 | 7,5 : 1 | | | | 2 | 3765 | | | | 0,85 | 940 | 2794 | 1210 | | | | [532, 538] |
| | Sapphire ASSa.6R | A 13 | | | | Ring-K. | 2 | 4536 | 8600 0 | | | 1,76 | 940 | 2794 | 1180 | | | Ausführung mit Nachbrenner | [347, 527, 532] |

| Hersteller | Bezeichnung / Dimension | Verdichter Bauart Stückzahl (A=axial, R=radial) | Verdichtungsverhältnis | Durchsatz bei (kg/sec) | Drehzahl Geschw. Höhe (U/min, km/h, km) | Brennkammer Anzahl Bauart | Turbine Stufenzahl | Max. Startstandschub bei (kp) | Drehzahl Höhe (U/min, km) | Max. Dauerschub bei (kp) | Drehzahl Geschwindigkeit Höhe (U/min, km/h, km) | Spez. Kraftstoffverbrauch (kg/kph) | Durchmesser (mm) | Länge (mm) | Gewicht (kg) | Schub/Gewicht (kp/kg) | Schub/Stirnfl. (kp/m²) | Bemerkungen | Quelle |
|---|---|---|---|---|---|---|---|---|---|---|---|---|---|---|---|---|---|---|---|
| **Bristol-Siddeley** | Sapphire ASSa.7 | A 13 | 9 : 1 | 80 | | Ring-K. | 2 | 4990 | 8600 0 | 4358 | 8200 | 0,89 | 950 | 2735 | 1395 | 3,57 | 7000 | | [36, 345, 770] |
| | Sapphire ASSa.7 | A 13 | 7,3 : 1 | | 8600 | Ring-K. | 2 | 4990 | 8600 | | | 0,88 | 940 | 2736 / 2745* | 1396 | | | Einbau in Javelin-8 und Victor<br>* Nach [532] | [347, 532] |
| | Sapphire ASSa.7 Mk.202 | A 13 | 7,49 : 1 | 76* | | Ring-K. | 2 | 5000+ / 4990++ | 8600 | | | 0,88+ / 0,85 | 950 | 3315+ / 3350 | 1375* / 1410 | 3,68 | 7050 | ++ Nach [656]<br>+ Nach [43, 766]<br>* Nach [724] | [43, 338, 656, 724, 766]<br>I.A.L. 6. 9. 56 |
| | Sapphire ASSa.7LR<br>Mk.205<br>Mk.206 | A 13 | 7,49 : 1 | 76 | 8600 | Ring-K. | 2 | 5550 / 5600 m.N. / 5000 o.N. | 8600 | | | 1,38 m. N. | 953 | 3315 | 1406 | 3,95 | | Nachverbrennung nur voll in 6100 m Höhe, nicht zur Starthilfe | [43] |
| | Sapphire 7R | | | | | Ring-K. | 2 | 5580 | | | | 1,2 m. N. / 0,8 o. N. | | | 1442 | 3,84 | 7880 | | [658, 724] |
| | Sapphire 7R | A 13 | | | | Ring-K. | 2 | 6200 m. N. | | | | | | | | | | | [43] |
| | Sapphire 7R | A 13 | | | | Ring-K. | 2 | 6900 m. N. | | | | | | | | | | | [43] |
| | Sapphire ASSa.8 | | | | | | | 5606 | | | | 0,92 | | | 1381 | 4,06 | 7920 | | [724] |
| | Sapphire ASSa.9 | A 14 | 8,57 : 1 | 86 | | Ring-K. | | 5760 | | | | 0,83* | | | 1380 / 1493* | 3,85* | 8140* | Ähnlich ASSa.7<br>* Nach [724] | [36, 42, 724] |
| | Sapphire ASSa.9 | A 14 | | | | | | | 5800 | 8600 | | | | | | | | | | [43] |
| | Sapphire ASSa.12 | A 13 | 7,2 : 1 | 63 | | | | 3990 | 8600 | | | 0,91 | 950 | 3402 | 1225 | 3,3 | 5630 | | [40, 724] |
| | Sapphire ASSa.12 | A 13 | 8,57 : 1 | 86 | | Ring-K. | 2 | 3990 | 8600 0 | | | 0,9 | | | 1260 | 3,17 | 5600 | | [36] |
| | Sapphire ASSa.12 | A 13 | | | | Ring-K. | 2 | 3995 | 8600 | | | 0,91 | 940 | 3404 | 1263 | | | | [347] |

| Hersteller | Bezeichnung | Verdichter Bauart Stückzahl (A=axial R=radial) | Verdichter Verdichtungsverhältnis | Verdichter Durchsatz bei (kg/sec) | Verdichter Drehzahl Geschw. Höhe (U/min km/h km) | Brennkammer Anzahl Bauart | Turbine Stufenzahl | Max. Startstandschub bei (kp) | Drehzahl Höhe (U/min km) | Max. Dauerschub bei (kp) | Drehzahl Geschwindigkeit Höhe (U/min km/h km) | Spez. Kraftstoffverbrauch (kg/kph) | Abmessungen Durchmesser (mm) | Abmessungen Länge (mm) | Gewicht (kg) | Kennzahlen Schub/Gewicht (kp/kg) | Kennzahlen Schub/Stirnfl. (kp/m²) | Bemerkungen | Quelle |
| --- | --- | --- | --- | --- | --- | --- | --- | --- | --- | --- | --- | --- | --- | --- | --- | --- | --- | --- | --- |
| | Dimension | | | | | | | | | | | | | | | | | | |
| Bristol-Siddeley | Olympus BOl.1/2C | 6+8 | 10 : 1 | | 8500 | | 2 | 4990 | | | | 0,82 | | | 1655 | 3,0 | | | [36] |
| | Olympus BOl.1/2C Mk.101 | A+A 6+8 | | | | Ring-K. mit 10 Einzelflammr. | 1+1 | 4994 | 8500 | | | 0,82 | 1030 | 3251 | 1720 | 3,06 | | | [345] |
| | Olympus BOl.2 | | | | | | | 4423 | | | | | | | | | | | [3] |
| | Olympus BOl.6 Mk.200 | 5+7 | 12 : 1 | 135 | 7000 | Ring-K. | 2 | 7260 | | | | 0,80 | 1060 | 3210 | 1630 | 4,44 | 8200 | | [36, 770] I.A.L. 27.12.60 |
| | Olympus Mk.200 | A 12 | 12 : 1 | 136 | 7000 0 0 | Ring-K. mit 8 Flammr. | 2 | 7260 | 7000 0 | | | 0,88 | 1056 | 3210 | 1630 | 4,44 | | | [41, 538, 656] I.A.L. 27.8.57 |
| | Olympus BOl.6 | A+A 5+7 | ca. 10 : 1 | | | Ring-K. mit 8 Flammr. | 1+1 | 7264 | | | | | 1040 | 3869 | | | | | [347, 766] |
| | Olympus BOl.6 Mk.400 | A+A | | | | | | 7264 | | | | | 1060 | 3210 | | | | | [42, 345, 658] |
| | Olympus BOl.7 Mk.201 | A+A 5+7 | 10 : 1 | 109 | 7000 | Ring-K. mit 8 Einzelflammr. | 2 | 7711** 7700 | 6550+ | | | 0,8* 0,88 | 1056 1059* | 3210 | 1655 | 4,66 | | * Nach [43] – ** Nach [891] + ND-Verdichter-Drehzahl Einbau in Avro Vulcan B.2 | [41, 43, 538, 891] |
| | Olympus BOl. Mk.201R | A+A 5+7 | 10 : 1 | 109 | | | 2 | 10900 m. N. 7700 o. N. | 7000 6550* | | | 1,8 m. N. | 1059 | 8992 | 2064 | 5,27 | | * Nach [43] | [42, 43] |
| | Olympus BOl.21 Mk.301 | | | | | | | 9070* 9000 o. N. | 6550+ | | | 0,75 | 1067 | 3962 | 1724 | 5,26 | | * Nach [I.A.L. 19.3.60] + ND-Verdichter-Drehzahl Einbau in Avro Vulcan | [43] I.A.L. 19.3.63 |
| | Olympus BOl.21R | A+A 6+7 | | | | Ring-K. m. Einzelflammr. | 2 | 13600 m. N. | 6550 | | | 2,0 m. N. | 1067 | 4572 | 2860 | 5,25 | | Weiterentwickl.: BOl.22R, 15000 kp Startschub m. N., entsprechende Zivil-Ausf. Olympus 593: 12900 kp m. N. | [895] |
| | Olympus Mk.511 | | | | | | | | | | | | | | | | | Leistungsmäßig gedrosselte Version des BOl.6 | I.A.L. 13.6.57 |
| | Olympus Mk.551 | | | | | | | 6140 | | | | | | | | | | Weiterentwicklung des Olympus 200 | [36, 41] I.A.L. 7.11.59 |

| Hersteller | Bezeichnung | Verdichter | | | | Brenn-kammer | Turbine | Max. Start-stand-schub bei | Dreh-zahl Höhe | Max. Dauer-schub bei | Drehzahl Ge-schwin-digkeit Höhe | Spez. Kraft-stoff-ver-brauch | Abmessungen | | Gewicht | Kennzahlen | | Bemerkungen | Quelle |
|---|---|---|---|---|---|---|---|---|---|---|---|---|---|---|---|---|---|---|---|
| | | Bauart Stück-zahl | Verdich-tungs-verhältnis | Durch-satz bei | Drehzahl Geschw. Höhe | Anzahl Bauart | Stufen-zahl | | | | | | Durch-messer | Länge | | Schub Gewicht | Schub Stirnfl. | | |
| | Dimension | A=axial R=radial | | kg/sec | U/min km/h km | | | kp | U/min km | kp | U/min km/h km | kg/kph | mm | mm | kg | kp/kg | kp/m² | | |
| **Bristol-Siddeley** | Olympus Mk. 553 | | | | | | | | | | | | | | | | | | [41] |
| | Olympus Mk. 102 | A+A | | | | Ring-K. mit 20 Einzel-flammr. | | 5430 | 4760 | | | | 1016 | 3175 | 1676 | | 6710 | Produktionsausführung des BOl. 11 für Flugzeugtyp Avro Vulcan | [3, 326, 637] |
| | Olympus BOl. 11 | 7+8 | 12 : 1 | | 8500 | | 2 | 5440 | | | | 0,8 | | 1710 | 3,18 | 600 | | | [36] |
| | Olympus Mk. 102 | A+A 7+8 | 12 : 1 | 90 | 8500 | Ring-K. mit 10 Einzel-flammr. | 1+1 | 5440* 5448 | 8500 0 | | | 0,76 | 1077 | 3967 | 1678 | 3,24 | 5990 | * Nach [43] | [40, 43, 347, 527] |
| | Olympus BOl. 11 Mk. 102 | A+A 7+8 | | | | | 1+1 | 5448 | | | | 0,8 | 1077 | 3352 | | 3,16 | | | [345] |
| | Olympus BOl. 12 Mk. 104 | A | | | | Ring-K. | | 5900 | | | | | 1080 | 3350 | | | 6450 | Letztes Modell der 100-Serie | [3, 36, 40, 345, 654, 656] I.A.L. 7. 11. 59 |
| | Olympus Mk. 104 | A 7+8 | 12 : 1 | 90 | 8500 0 0 | Ring-K. mit 10 Flammr. | 2 | 5900 | 8500 0 | | | 0,76 | 1077 | 3967 | 1678 | 3,51 | | | [41, 42] |
| | Olympus Mk. 104 | A+A 7+8 | 10,9 : 1 | 90 | 8500 | Ring-K. m. Einzel-flammr. | 2 | 6120 | 6530 ND | | | 0,76 | 1077 | 3967 | 1730 | 3,56 | | | [43] |
| | Orpheus BOr. 1 | A 7 | | | | Ring-K. mit 7 Einzel-flammr. | 1 | 1839 | | | | | 823 | 1854 | 340 | 5,4 | | | [345] I.A.L. 15. 6. 58 |
| | Orpheus BOr. 2 Mk. 700 | A 7 | | | | Ring-K. mit 7 Einzel-flammr. | 1 | 1929 | | | | | 823 | 1854 | 375 | 5,38 | | | [345, 538] |
| | Orpheus BOr. 2 | A 7 | | | | | | 2050 | | | | | 813 · | 1854 | 358 | | | Für Folland Gnat | [41, 345, 532] |
| | Orpheus BOr. 2 Mk. 701 | A 7 | | | | Ring-K. mit 7 Flammr. | 1 | 2130 | | 1870 | | 1,057 | 823 | 2290 | 362 | | | | [852] |
| | Orpheus BOr. 3 | A 7 | 4,8 : 1 | 36 | | Ring-K. | 1 | 2200 | 9600 0 | | | 1,06 | 813* 811 | 1915* 1880 | 374* | 5,8 | 4190 | Für Fiat G-91, Dassault-Etendard 6, Breguet Taon * Nach [532] | [36, 527, 532, 770] I.A.L. 5. 10. 57 |

| Hersteller | Bezeichnung / Dimension | Verdichter Bauart Stückzahl (A=axial R=radial) | Verdichter Verdichtungsverhältnis | Verdichter Durchsatz bei (kg/sec) | Verdichter Drehzahl Geschw. Höhe (U/min km/h km) | Brennkammer Anzahl Bauart | Turbine Stufenzahl | Max. Startstandschub bei (kp) | Drehzahl Höhe (U/min km) | Max. Dauerschub bei (kp) | Drehzahl Geschwindigkeit Höhe (U/min km/h km) | Spez. Kraftstoffverbrauch (kg/kph) | Abmessungen Durchmesser (mm) | Abmessungen Länge (mm) | Gewicht (kg) | Kennzahlen Schub/Gewicht (kp/kg) | Kennzahlen Schub/Stirnfl. (kp/m²) | Bemerkungen | Quelle |
|---|---|---|---|---|---|---|---|---|---|---|---|---|---|---|---|---|---|---|---|
| Bristol-Siddeley | Orpheus BOr.3 Mk.801 / Orpheus BOr.3 Mk.803* | A 7 | 4,4 : 1 | 38,1 | | Ring-K. | 1 | 2260* / 2201 | 10000 / 0 | | | 1,06 | 823 | 1916 | 374 | 5,88 | | * Nach [664] | [345, 664] I.A.L. 15. 6. 58 |
| | Orpheus 3 Mk.803 | A 7 | 4,8 : 1 | 37 | 10000 | Ring-K. mit Flammr. | 1 | 2270 | 10000 | 1905 | | 1,06 / 1,08 | 823 | 2440* / 1917 | 378 | 6,1 | | * Gesamtlänge | [43, 852] |
| | Orpheus 4 Mk.805 | A 7 | | | | Ring-K. mit 7 Flammr. | 1 | 1810 | 10000 | | | | | | | | | | [43] |
| | Orpheus BOr.4 Mk.100 | A 7 | 4,8 : 1 | 36 | | Ring-K. mit 7 Flammr. | 1 | 1918 / 1904** | | 1633 | | 0,964 | 823 | 2533* / 1969 | 408 | | | Einbau in Folland Gnat T.1 * Gesamtlänge ** Nach [891] | [852, 891] |
| | Orpheus BOr.1/5 | A 7 | | | | | 1 | 2043 | | | | | 823 | 1854 | 359 | | | | [345] |
| | Orpheus BOr.3/5 Mk.810 | A 7 | | | | | 1 | 2200 | 10000 | | | 1,06 | 823 | 1918* / 1945 | 417* / 415 | 5,27 | | Ähnlich BOr.803 * Nach [42] | [345, 42] I.A.L. 15. 6. 58 |
| | Orpheus BOr.11 | A 7 | | 48,5 | | | 1 | 2615 | | | | | 813* / 823 | 2010 | 447 | | 4750 | * Nach [532] | [36, 345, 532, 654, 656] I.A.L. 20. 3. 57, 15. 6. 58 |
| | Orpheus BOr.12 | A 7 | | 48,5 | | | | 3090 / 3175* / 3630+ | | | | | 813 / 823+ | 2100 | 480 | 6,4 | | + Nach [532], mit Nachbrenner * Nach [I.A.L. 21. 11. 57] ** Nach [656] | [36, 345, 532, 656, 770] I.A.L. 25.6.57, 21.11.57 |
| | Orpheus BOr.12 | A 8 | | | | Ring-K. m. Einzel-flammr | 1 | 3090 o. N. | 10000 | | | 0,933 / 0,967+ | 823 | | 530 | 6,19 | | Ohne Nachbrenner + Nach [I.A.L. 16. 6. 59] | [852, 895] I.A.L. 16. 6. 59 |
| | Orpheus BOr.12SR | | | | | | | 3706 m. N. | | | | 1,62 m. N. | 823 | 4610* / 2070 | 505 | | | * Gesamtlänge mit großem Nachbr. | [852] I.A.L. 16. 6. 59 |
| | Orpheus BOr.12SR | A 8 | 5,7 : 1 | 48,5 | 10000 | Ring-K. mit 7 Flammr. | 2 | 3700 m. N. / 3060 o. N. | 10000 | | | 1,62 m. N. | 823 | 4610 | 708 | 5,24 | | Bei Ausrüstung m. kurz. Startnachbr.: Länge: 3830 mm; Gewicht: 670 kg | [895] I.A.L. 15. 6. 58 |
| | BE.10 | | | | | | | 4140* | | | | unter 0,8 | | | 1632 | | | * Auslegungsschub | [637] |
| | BE.47 | A+A 5+7 | | | | Ring-K. mit 10 Flammr. | 1+2 | 3630 | | | | | 1020 | 2400 | | | | Leichtbau-Triebwerk mit Doppel-verdichter, TL-Ausführung des PTL-Triebwerks BE.25 Orion | [36, 338] I.A.L. 6.2.57, 12.6.57 |

| Hersteller | Bezeichnung | Verdichter | | | | Brennkammer | Turbine | Max. Startstandschub bei | Drehzahl Höhe | Max. Dauerschub bei | Drehzahl Geschwindigkeit Höhe | Spez. Kraftstoffverbrauch | Abmessungen | | Gewicht | Kennzahlen | | Bemerkungen | Quelle |
|---|---|---|---|---|---|---|---|---|---|---|---|---|---|---|---|---|---|---|---|
| | | Bauart Stückzahl | Verdichtungsverhältnis | Durchsatz bei | Drehzahl Geschw. Höhe | Anzahl Bauart | Stufenzahl | | | | | | Durchmesser | Länge | | Schub/Gewicht | Schub/Stirnfl. | | |
| | Dimension | $A$=axial $R$=radial | | kg/sec | U/min km/h km | | | kp | U/min km | kp | U/min km/h km | kg/kph | mm | mm | kg | kp/kg | kp/m² | | |
| **Bristol-Siddeley** | Pegasus 3 (BS.53/5) | A+A 2*+7 | | | | Ring-K. mit 9 Flammr. | 1+2 | 7000 | | | | 0,6 | 1219 | 2509 | 975 | 7,07 | | * Gebläsestufen<br>Bypass-Verhältnis ca. 2,0<br>Einbau in Hawker P-1127 | [895, 891] |
| | Pegasus 5 (BS.53/15) | | | | | | | 8350 | | | | | | | | | | Aufheizung in den Bypasskanälen | [895] |
| | BE.58 | A+A 2*+7 | | | | Ring-K. mit 9 Flammr. | 1+2 | 6580 | | | | 0,6 | 1143 | 2667 | 1179 | 5,58 | | * Gebläsestufen<br>Bypass-Verhältnis 1,8 | [43] |
| | BS.59 | A 7 | | | | Ring.-K. | 1 | 3400 | | | | | | | 240 | 14 | | Hubtriebwerk mit 1stufigem Gebläse nach der Turbine | [895] |
| | BE.61 | | | | | | | ca. 3175 | | | | | | | | | | | [664] |
| | BE.72 | | | | | | | | | | | | | | | | | | [664] |
| | BS.75 | A+A 3++10 | 13:1 ges. (1,85:1)+ | 86 (31 heiß) | 8900 | Ring-K. | 2+2 | 3425 | 14500 HD-Turb. | 1145* | 13920 902 7,6 | 0,51** | 848 | 2196 | 703¹ 730 | 4,69 | | Bypass-Verh. 1,75 - + Gebläsestufen<br>* Reiseschub - ** Bei max. Dauerschub<br>¹ trocken, Grundausrüstung [896] | [895, 896] I.A.L. 30.11.61. |
| | BS.81 | A 13 | | | | Ring-K. m.Einzel-Flammr. | 2+1* | 12700 | | | | | | | | | | Ähnlich Olympus 301, aber mit von mech. unabhängiger 3. Turbinenstufe angetriebenem Gebläse (*) | [895] |
| | BS.94 | 2*+6 | | | | Ring-K. m.Einzel-Flammr. | 2 | 3630 | | | | | | | | | | Hub/Schub-Triebwerk, verkleinerte Pegasus-Ausführung, milit. Verwendg.<br>* Gebläsestufen | [895] |
| | BS.100-3 | 3*+7 | | | | Ring-K. m.Einzel-Flammr. | 3 | 17200 13600 | mit Aufheizung im Bypasskanal | ohne Aufheizung im Bypasskanal | | | | | | | | Milit. Hub/Schub-Triebwerk, vergröß. Pegasus-Ausf.; zusätzl. Aufheizung im Bypass-Kanal v. d. vord. schwenkb. Düs. | [895] |
| **De Havilland** | Ghost 48 Mk.1 (103) | R 1 | 4,5 : 1 | | | | 10 | 1 | 2200 | | | 1,15 | 1346 | 3120 | 873 | | | | [527, 532, 538] |
| | Ghost 48 Mk.2 (104) | R 1 | 4,5 : 1 | 39,45 | | | 10 | 1 | 2245 | 10250 0 | 1928 | 9750 0 0 | 1,21* 1,16** | 1345 Breite bzw. Höhe | 1810 3274+ | 1028 | 2,18 | 1576 | * Bei Startschub<br>** Bei Dauerschub<br>+ Mit Schubdüse | [326] |

| Hersteller | Bezeichnung | Verdichter | | | | Brennkammer | Turbine | Max. Startstandschub bei | Drehzahl Höhe | Max. Dauerschub bei | Drehzahl Geschwindigkeit Höhe | Spez. Kraftstoffverbrauch | Abmessungen | | Gewicht | Kennzahlen | | Bemerkungen | Quelle |
|---|---|---|---|---|---|---|---|---|---|---|---|---|---|---|---|---|---|---|---|
| | | Bauart Stückzahl | Verdichtungsverhältnis | Durchsatz bei | Drehzahl Geschw. Höhe | Anzahl Bauart | Stufenzahl | | | | | | Durchmesser | Länge | | Schub/Gewicht | Schub/Stirnfl. | | |
| | Dimension | A = axial R = radial | | kg/sec | U/min km/h km | | | kp | U/min km | kp | U/min km/h km | kg/kph | mm | mm | kg | kp/kg | kp/m² | | . |
| De Havilland | Ghost 53      Mk.1 (105) | R 1 | 4,7 : 1 | 40,1 | | 10 | 1 | 2400 | 10350 0 | 2030 | 9850 0 0 | 1,13* 1,19 | 1338 Breite bzw. Höhe | 1828 3277+ | 967 | 2,48 | 1695 | * Bei Dauerschub + Mit Schubdüse | [3, 41, 326, 345, 347, 637] |
| | Ghost 53      Mk.1 | | | | | | | 2460 | | 2040 | | 1,19 | 1347 | 3280 | 971 | | | | [344] |
| | Ghost 53      Mk.1 (105) | R 1 | 4,7 : 1 | 40 | | 10 | 1 | 2425 2400** | 10350 0 | | | 1,19 1,15** | 1346 1339** | 3275 3279** | 877 968** | 2,765* 2,48** | | * Errechnet ** Angaben nach [42] | [527, 532, 538] |
| | Gyron | A | | | | | | 11330 | | | | | 1270 1175* | 3950 | 1905 | | | * Nach [652] | [347, 532, 652] |
| | Gyron DGy.1 | | | | | | | 6800 | | | | 0,95 | 1400 Höhe 1270 Breite | 3950 | 1937 | | | | [856] |
| | Gyron DGy.1 | A 7 | | | | Ring-K. | 2 | 6800 | | | | 0,85 bis 1,0 | 1172 | 3910 | 1698 | 2,6 | | | [36, 310, 335] |
| | Gyron DGy.1–2 | A 6 | 6 : 1 | | | Ring-K. | 2 | 6800 | | | | | 1175 | 3910 | 1700 | 4 | 6300 | | [310, 500, 827] |
| | Gyron DGy.2 | | 6 : 1 | 136 | | | | 11330 m. N. 9070 | | | | 1,04 | 1270 | 3950 3900 | 1937 | 4,43 | 7170 | | [653, 724, 856] I.A.L. 6. 3. 57 |
| | Gyron DGy.2 | A 7 | 6 : 1 | 145 | 6400 0 0 | Ring-K. | 2 | ~ 9000 o. N. ~11350 m. N. | 6400 0 | | | 1,0 0,45* | 1180 | 3900 | 1590 | 5,66 | 8330 | * Im Unterschallbereich | [40, 345, 766] |
| | Gyron DGy.2 | A 7 | 6 : 1 | 140 | | Ring-K. | 2 | 13150* m. N. 9072 | 6400 0 | | | 1,04 | 1168 | 3930 | 1935 | | | * Nach [770] | [41, 532, 770] |
| | Gyron Junior      DGJ.2 Mk.101 | A 8 | 6 : 1 | 54 | 8000 0 0 | Ring-K. | 2 | 3220** | 8000 0 | | | 0,9 | 812 | 2642 1454* 3270++ 2250+ | 952 | 3,38 | 6990 9630** | * Bis Turbinenflansch ** Maximalwert + Mit Schubdüse ++ Nach [664] | [3, 43, 335, 664] |
| | Gyron Junior | | | | | | | 3180 | | | | | 1044 Höhe 820 Breite | 2614 | | | | | [856] |
| | Gyron Junior      DGJ.1 | | | | | | | 3175 | | | | | 813 | 2388 | | | | | [538] |

| Hersteller | Bezeichnung | Verdichter | | | | Brennkammer | Turbine | Max. Startstandschub bei | Drehzahl Höhe | Max. Dauerschub bei | Drehzahl Geschwindigkeit Höhe | Spez. Kraftstoffverbrauch | Abmessungen | | Gewicht | Kennzahlen | | Bemerkungen | Quelle |
|---|---|---|---|---|---|---|---|---|---|---|---|---|---|---|---|---|---|---|---|
| | | Bauart Stückzahl | Verdichtungsverhältnis | Durchsatz bei | Drehzahl Geschw. Höhe | Anzahl Bauart | Stufenzahl | | | | | | Durchmesser | Länge | | $\frac{Schub}{Gewicht}$ | $\frac{Schub}{Stirnfl.}$ | | |
| | Dimension | A=axial R=radial | | kg/sec | U/min km/h km | | | kp | U/min km | kp | U/min km/h km | kg/kph | mm | mm | kg | kp/kg | kp/m² | | |
| **De Havilland** | Gyron Junior DG J.1 | | | | | | | 3175 | | | | | 889 | 2540 | | | | | [532] |
| | Gyron Junior DG J.1 | A 6 | 6 : 1 | 63 | | Ring-K. | 2 | 3630 | 8000 0 | | | 0,9 | 851 | 2540 | 770 | 4,7 | 6800 | | [36, 770] |
| | Gyron Junior DG J.1 | A 6 | | | | Ring-K. | 2 oder 3 | ca. 4500 3630* | | | | | ca. 850 | 2250 | ca. 700 | | | * Nach [829] Überschall-Triebwerk | [766, 829] |
| | Gyron Junior DG J.1 | A 8 | | | | Ring-K. | | 3620 bis 4980 | | | | | 813* | 2250* | 680 | | | * Angaben von De Havilland 1. Reihe Leitschaufeln verstellbar | [43, 326, 328, 347, 642, 644, 653] |
| | Gyron Junior DG J.10 | A 7 | 6 : 1 | 63 | 8000 0 0 | Ring-K. | 2 | 3630 | 8000 0 | | | 0,9 | 800 | 2388 | 900 | | | | [41, 658, 770] |
| | Gyron Junior DG J.10 | A 8 | 7 : 1 | 63 | | Ring-K. | 2 | 3630 | 8000 0 | | | 0,85 | 914* 1000 H. 820 Br. | 1760* 4830 | 1000 | 3,64* | | * Nach [42] | [856, 42] |
| | Gyron Junior DG J.10R | A 8 | 7 : 1 | 82 | 8000 0 0 | Ring-K. 1 | 2 | 4540 6350 m. N. | 8000 0 | | | | 820 | 1778* 4851** | 1410 | | | * Länge von Verdichtereinlaß bis Turbinenaustritt ** Länge von Verdichtereinlaß bis Nachbrenner | [43, 664] I.A.L. 1. 9. 59 |
| **Rolls-Royce** | Derwent 8 | | 4 : 1 | 29 | | | | 1630 | 14700 0 | | | | 1092 | 2110 | 581 | | | Verkleinerte Ausführung oder Nene | [41] |
| | Derwent 9 | | | | | | | | | | | | | | | | | Wie Derwent 8, aber anderes Zündsystem | [41] |
| | Derwent 20 | | | | | | | | | | | | | | | | | Einbau: Sagittario 2 | |
| | Nene RN.2 (21) | | | | | | | 2270 | 12500 0 | | | | | | | | | Wie Nene 101 | [41] |
| | Nene Mk.101 (RN.2) | R 1 | 4,45 : 1 | | | | 9 | 1 | 2268 | | | 1,09 | 1270 | 1981 | 726 | | | Ähnlich Nene 103 | [41, 532] |

| Hersteller | Bezeichnung | Verdichter Bauart Stückzahl (A=axial R=radial) | Verdichtungsverhältnis | Durchsatz bei (kg/sec) | Drehzahl Geschw. Höhe (U/min km/h km) | Brennkammer Anzahl Bauart | Turbine Stufenzahl | Max. Startstandschub bei (kp) | Drehzahl Höhe (U/min km) | Max. Dauerschub bei (kp) | Drehzahl Geschwindigkeit Höhe (U/min km/h km) | Spez. Kraftstoffverbrauch (kg/kph) | Durchmesser (mm) | Länge (mm) | Gewicht (kg) | Schub/Gewicht (kp/kg) | Schub/Stirnfl. (kp/m²) | Bemerkungen | Quelle |
|---|---|---|---|---|---|---|---|---|---|---|---|---|---|---|---|---|---|---|---|
| **Rolls-Royce** | Nene RN.2 (102) | | | | | | | 2135 | 12500<br>0 | | | | | | | | | Ähnlich Nene 101 mit Rotax, elektrischer Starter | [41] |
| | Nene Mk.3 u. 102 RN.2 | R<br>1 | 4,45 : 1 | | | 9 | 1 | 2313 | 12500<br>0 | | | 1,06 | 1270 | 2464*<br>2458 | 727*<br>734 | | | * Nach [532]<br>Einbau: U-Bootjäger FB.Mk.2 bzw. F.Mk.1 | [3, 527, 532] |
| | Nene RN.4 | | | | | | | | | | | | | | | | | | [3] |
| | Nene 103 | R<br>1 | | | | | | 2400 | 12700<br>0 | | | 1,07 | 1258 | | 725 | | | | [857, 858] |
| | Nene Mk.103 RN.6 | R<br>1 | 4,45 : 1 | 41 | 12700<br>0<br>0 | 9 | 1 | 2450 | 12700<br>0 | | | 1,07 | 1270*<br>1258 | 1981 | 726*<br>731 | 3,36 | 1980 | * Nach [532] | [3, 40, 347, 527, 532] |
| | Nene RN.6 (21) | R<br>1 | | | | 9 | 1 | 2450 | 12700<br>0 | | | | | | | | | Gleich wie Nene 103 | [41] |
| | Nene RN.6 (103) | R<br>1 | 4,5 : 1 | 41 | 12700<br>0<br>0 | Ring-K. | 1 | 2450 | 12700<br>0 | | | norm.<br>1,07 | 1258 | 1981 | 731 | 3,35 | | Temperatur vor Turbine 867°C | [41, 43] |
| | Nene 104BR | | | | | | | | | | | | | | | | | Mit Nachbrenner | [3] |
| | Nene 105AR | | | | | | | | | | | | | | | | | Mit Nachbrenner | [3] |
| | Avon RA14 | A<br>15 | 7,8 : 1 | 72 | | Ring-K. mit 8 Einzelflammr. | 2 | | | 4313 | 8000<br>0<br>0 | 0,84 | 1054 | 2870* | 1300 | 3,32 | | * Mit Schubdüse | [345, 538] |
| | Avon RA.20 | | | | | | | 3400 | | | | | | | | | | | Version des Avon 104 | [639] |
| | Avon RA.21 | A<br>12 | 6,4 : 1 | 56 | | 8 Einz.-K. | 2 | | | 3632 | 8150<br>0<br>0 | 0,93 | 1071 | 2593* | 1144 | 3,17 | | * Nach [42] | [345, 538] |
| | Avon RA.21 Mk.113 Mk.115 | A<br>12 | | | | 8 | 2 | 3630 | 8100 | | | 0,925<br>0,92* | 1072 | 2593 | 1144 | | | * Nach [43] | [43, 347] |

| Hersteller | Bezeichnung | Verdichter | | | | Brennkammer | Turbine | Max. Startstandschub bei | Drehzahl Höhe | Max. Dauerschub bei | Drehzahl Geschwindigkeit Höhe | Spez. Kraftstoffverbrauch | Abmessungen | | Gewicht | Kennzahlen | | Bemerkungen | Quelle |
|---|---|---|---|---|---|---|---|---|---|---|---|---|---|---|---|---|---|---|---|
| | | Bauart Stückzahl | Verdichtungsverhältnis | Durchsatz bei | Drehzahl Geschw. Höhe | Anzahl Bauart | Stufenzahl | | | | | | Durchmesser | Länge | | Schub/Gewicht | Schub/Stirnfl. | | |
| | Dimension | A=axial R=radial | | kg/sec | U/min km/h km | | | kp | U/min km | kp | U/min km/h km | kg/kph | mm | mm | kg | kp/kg | kp/m² | | |
| Rolls-Royce | Avon RA.24 | A 15 | 8,5 : 1 | 79 | | Ring-K. mit 8 Einzelflammr. | 2 | 5100 | | 5107 | 8000 | 0,39 | 1067 | 2985* | 1338 | 3,81 | | * Nach [42] | [42, 43, 345] |
| | Avon RA.24R   Mk.210 | A 15 | | | | | | 6800 m. N. | | | | | | | | | | | [43] |
| | Avon RA.26   Mk.521 | A 15 | 7,8 : 1 | 72 | | Ring-K. mit 8 Einzelflammr. | 2 | 4535* | | 4540 | 8000 | 0,86 | 1054 | 2877* | 1267 1400* | 3,58 | | * Nach [43] | [43, 345] |
| | Avon RA.28   Mk.204 | A 15 | 7,8 : 1 | 72 | | Ring-K. mit 8 Einzelflammr. | 2 | 4535 | 8000 | 4540 | 8000 | 0,86 | 1054 | 2877* | 1312 | 3,46 | | | [345] |
| | Avon RA.29/1   Mk.522 Mk.525 | A 16 | | | | Ring-K. mit 8 Einzelflammr. | 3 | 4760* | | 4767 | | 0,775 | 1054 | 3169* | 1510 | 3,46 | | * Nach [43] | [43, 345] |
| | Avon RA.29   Mk.524 | A 16 | 8,75 : 1* 10 : 1 | 76* 72 | 8000 0 0 | Ring-K. mit 8 Einzelflammr. | 3 | 4985* 4760 | 8000 0 | | | 0,69 | 1067 | 3172 | 1515 | 3,14 | 5350 | * Zusätzlicher Schub durch »Null-Stufe« erreicht | [40, 41, 43] |
| | Avon RA.29   Mk.522 Mk.525 | A 16 | 10 : 1 | 72 | | Ring-K. mit 8 Flammr. | 3 | 4990 | 8000 | | | 0,775 | | | 1510 | 3,3 | 5600 | Gleich wie RA.29 (Mk.524) | [36, 41] |
| | Avon RA.29/3   Mk.527 | | 9,3 : 1 | 78 | | | | 5170 | | | | | | | | | | | [43] |
| | Avon RA.29   Mk.527 | A 16 | 9,63 : 1 8,75 : 1 | 78,5 76 | | Ring-K. mit 8 Flammr. | 3 | 5300 | 8000 0 | 4450 | | 0,749* 0,763 | 990 1067 | 3200 | 1505 1427 | | | Ähnlich RA.29 (Mk.524), aber Zweistellungsschubdüse für Start * Bei max. Dauerschub | [41, 664] |
| | Avon RA.29/5 | A 17 | | | | | | 6000 | | | | | | | | | | Ähnlich RA.29 (Mk.524) | [36, 41] |
| | Avon RA.29/6   Mk.530 Mk.531 | A 17 | 10,3 : 1 | 83,8 | | | 3 | 5771* 5540+ 5660 | 8150 0 | | | 0,762 | 991 | 3404 | 1580 | | | Einbau in Caravelle 6 * Nach [891] + [43] | [43, 664, 891] |
| | Avon RA.29/6   Mk.532R | A 17 | 10,0 : 1 | 83 | 8050 | Ring-K. mit 8 Flammr. | 3 | 5725 | 8050 | 4860* | 7900 | 0,72* | 1067 | 3452 | 1578 | 3,65 | | Ziviltriebwerk. Weitere Ausführungen Mk.533, 5770 kp Schub Mk.533R, 5715 kp Schub | [895] |
| | Avon RA.30 | | | | | | | 4535 | | | | | | | | | | | I.A.L. 5.10.57 |

| Hersteller | Bezeichnung | Verdichter | | | | Brenn-kammer | Turbine | Max. Start-stand-schub bei | Dreh-zahl Höhe | Max. Dauer-schub bei | Drehzahl Ge-schwin-digkeit Höhe | Spez. Kraft-stoff-ver-brauch | Abmessungen | | Gewicht | Kennzahlen | | Bemerkungen | Quelle |
|---|---|---|---|---|---|---|---|---|---|---|---|---|---|---|---|---|---|---|---|
| | | Bauart Stück-zahl | Verdich-tungs-verhältnis | Durch-satz bei | Drehzahl Geschw. Höhe | Anzahl Bauart | Stufen-zahl | | | | | | Durch-messer | Länge | | Schub/Gewicht | Schub/Stirnfl. | | |
| | Dimension | $A$ =axial $R$ =radial | | kg/sec | U/min km/h km | | | kp | U/min km | kp | U/min km/h km | kg/kph | mm | mm | kg | kp/kg | kp/m² | | |
| **Rolls-Royce** | Avon RA.50 | | | | | | | 4100 | | | | | | | | | | | [764] |
| | Avon RA.50 | | | | | | | 4125 | | | | | | | | | | Zivilausführung | [36] I.A.L. 1. 9. 56 |
| | Avon RA.50 | | | | | | | 4131 | | | | | | | | | | | [3] |
| | Avon Mk.103 | | | | | | | 2940 | | | | | | | | | | In Australien von Commonwealth Aircraft Corp. hergestellt | [639] |
| | Avon Mk.117 | | | | | | | | | | | | | | | | | Militärausführung des Mk.500 | [639] |
| | Avon Mk.117 Mk.500 | | | | | | | | | | | | | | | | | Zivil-Triebwerk für Comet | [639] |
| | Avon Mk.118 | | | | | | | | | | | | | | | | | Militärausführung des Mk.503 | [639] |
| | Avon RB.146 | | | | | | | 5670 o. N. 7530 m. N. | | | | | 1050 | 3680 | | | | | I.A.L. 7. 6. 61 |
| | RB.146 Mk.300 | A 16 | | | | Ring-K. | 2 | 7529 m. N. | | | | | | | | | | Für Dassault Mirage III Weiterentwicklung des Avon | [891] |
| | Avon RB.146R | A 16 | 8,4 : 1 | 80 | 8050 | Ring-K. mit 8 Flammr. | 2 | 7530 m. N. 5670 o. N. | 8050 | | | 2,0 | 1067 | 6502 | 1724 | 4,37 | | Milit. Triebwerk | [895] |
| | Conway RCo.5 | A+A 6+9 | 10 : 1 | | | Ring-K. | 1+2 | 5900 | 8000 0 | | | 0,735* 0,7 | 1070 | 3270 | 1575* 1475 | 4 | 6630 | * Nach [663] | [532, 663, 827] |
| | Conway RCo.7 | A+A 6+9 | 10 : 1 | | | | 3 | 5440 | 8000 0 | | | 0,7 | | | 1475 | 4 | 6500 | | [36] I.A.L. 22. 2. 57 |
| | Conway RCo.7 | A+A 6+9 | | | | Ring-K. | | 5897 | 8000 0 | | | 0,7 | 1070 | 3275* | 600 | | | * Mit Schubdüse Wie RCo.8 und 10 | [3, 326, 527, 637, 643] |

| Hersteller | Bezeichnung | Verdichter | | | | Brenn-kammer | Turbine | Max. Start-stand-schub bei | Dreh-zahl Höhe | Max. Dauer-schub bei | Drehzahl Ge-schwin-digkeit Höhe | Spez. Kraft-stoff-ver-brauch | Abmessungen | | Gewicht | Kennzahlen | | Bemerkungen | Quelle |
|---|---|---|---|---|---|---|---|---|---|---|---|---|---|---|---|---|---|---|---|
| | | Bauart Stück-zahl | Verdich-tungs-verhältnis | Durch-satz bei | Drehzahl Geschw. Höhe | Anzahl Bauart | Stufen-zahl | | | | | | Durch-messer | Länge | | Schub/Gewicht | Schub/Stirnfl. | | |
| | Dimension | A=axial R=radial | | kg/sec | U/min km/h km | | | kp | U/min km | kp | U/min km/h km | kg/kph | mm | mm | kg | kp/kg | kp/m² | | |
| **Rolls-Royce** | Conway RCo.8<br>Conway RCo.10 | A+A<br>6+9 | | | | Ring-K. | 1+2 | 5900<br>6535* | 8000<br>0 | | | 0,75*<br>0,7 | | | 1475<br>1588* | | | Zweikreis-Triebwerk<br>* Nach [663] | [326, 345, 347, 663]<br>I.A.L. 23. 6. 56 |
| | Conway RCo.10   Mk.505<br>Mk.507 | A+A<br>16 | 12:1 | | | Ring-K. | 3 | 7480 | 8200<br>0 | | | 0,7 | 1067 | 3325 | 1590 | 4 | 5600 | | [41, 538, 770] |
| | Conway RCo.10 | A+A<br>6+9 | 12:1 | | | Ring-K. | HD+ND<br>1+2 | 7484 | 8200<br>0 | | | 0,7 | 1066 | 3360 | 1590 | 4,7 | 8400 | Zivilausführung für Douglas DC-8<br>Zweikreis-Triebwerk | [3, 40, 347] |
| | Conway RCo.10   Mk.505 | A+A<br>7+9 | | | | Ring-K. | 3 | 7700 | 8200 | | | 0,7 | 1067 | 4621 | 2325 | 3,76 | | | [42] |
| | Conway RCo.10 | A+A<br>7+9 | | | | Ring-K. m.Einzel-flammr. | | 8160* | 9940*<br>0 | 7491 | | 0,725 | 1067 | 3365* | 2120 | | | * Nach [663] | [663, 1240] |
| | Conway RCo.11 | A+A | 12:1 | | | Ring-K. | | 5900 | | | | 0,71 | 1050 | 3270 | | | | | [654, 1606] |
| | Conway RCo.11   Mk.103 | A+A | | | | | | 7930 | | 7831 | | | 1067 | 3365 | | | | | [345] |
| | Conway RCo.11 | A+A<br>6+9 | | | | Ring-K. | 3 | 7830*<br>7820 | 8200 | | | | | | | 4,7 | 830 | Für Militärzwecke<br>* Nach [663] | [36, 41, 663] |
| | Conway   Mk.505 | | | | | | | 7491 | | | | | | | | | | Eingebaut in Boeing 707-420 | [861] |
| | Conway   Mk.507 | | | | | | | 7491 | | | | | | | | | | Eingebaut in Douglas DC-8 | [861] |
| | Conway RCo.12   Mk.508 | A+A<br>7+9 | | 128 | 6950 | Ring-K. mit 10 Flammr. | 3 | 7940*<br>7949 | | | | 0,72 | 1072 | 3450 | 2090 | 3,85 | | Eingebaut in Boeing 707-420<br>Bypassverhältnis 0,3<br>* [43] | [43, 861] |
| | Conway   Mk.509 | | | | | | | 7949 | | | | | | | | | | Eingebaut in Douglas DC-8 | [861] |
| | Conway RCo.12   Mk.508 | A+A<br>7+9 | | | | Ring-K. | 1+2 | 7930 | 9980 | | | 0,9 | 1072 | 3450 | 2055 | | | Bypassverhältnis 0,3 | I.A.L. 3. 12. 59, 9. 1. 60 |

| Hersteller | Bezeichnung | Verdichter | | | | Brenn-kammer | Turbine | Max. Start-stand-schub bei | Dreh-zahl Höhe | Max. Dauer-schub bei | Drehzahl Ge-schwin-digkeit Höhe | Spez. Kraft-stoff-ver-brauch | Abmessungen | | Gewicht | Kennzahlen | | Bemerkungen | Quelle |
|---|---|---|---|---|---|---|---|---|---|---|---|---|---|---|---|---|---|---|---|
| | | Bauart Stück-zahl | Verdich-tungs-verhältnis | Durch-satz bei | Drehzahl Geschw. Höhe | Anzahl Bauart | Stufen-zahl | | | | | | Durch-messer | Länge | | Schub / Gewicht | Schub / Stirnfl. | | |
| | Dimension | A=axial R=radial | | kg/sec | U/min km/h km | | | kp | U/min km | kp | U/min km/h km | kg/kph | mm | mm | kg | kp/kg | kp/m² | | |
| Rolls-Royce | Conway RCo.12  Mk.508  Mk.509 | A+A  7+9 | 14:1 | 128 | | Ring-K. mit 10 Flammr. | | 8180  7940* | 9980* | | | 0,725**  0,874 | | | | | | Ohne Schalldämpfer und Schubumkehr  * [I.A.L. 3. 12. 59] – ** [664] | [664]  I.A.L. 3. 12. 59, 9. 1. 60 |
| | Conway RCo.15 | A+A  7+9 | | | | Ring-K. | 1+2 | 8390 | 9895*  0 | 2285 | | 0,864 | 1072 | 3450 | 2075 | | | Bypassverhältnis 0,3 bis 0,6  * HD-Verdichterdrehzahl | I.A.L. 3. 12. 59, 9. 11. 60 |
| | Conway RCo.15  Mk.511  Mk.512* | A+A  7+9 | 15,3:1 | 134 | | Ring-K. mit 10 Flammr. | 1+2 | 8400**  8510 | | | | 0,701** | | | 2170 | | | * Ohne Schalldämpfer und Schubumkehr – ** Nach [663] ND-Gehäuse aus Stahl | [663, 664]  I.A.L. 3. 12. 59, 9. 1. 60 |
| | Conway RCo.42/1 Mk.540 | A+A  7 | | | | Ring-K. | 1+2 | 9185 | 9750 | | | 0,65 | 1143 | 3660 | 2270 | | | Bypassverhältnis 0,6 | I.A.L. 3. 12. 59, 9. 1. 60 |
| | Conway RCo.42/1 Mk.450 | | 15,6:1 | 164 | 9955 | Ring-K. mit 10 Flammr. | | 9200  9530** | 9955 | | | 0,622**  0,65*  0,785 | | | | 4,05 | | * Nach [43]  ** Nach [663] | [43, 663] |
| | Conway RCo.42/3 | A+A  7+9 | 14,6:1 | 164,7 ges. 103 heiß | | | 1+2 | 9887 | | | | 0,82 | 1143 | | 2313 | | | Im ND-Verdichter 4 Gebläsestufen Bypassverhältnis 0,6 Für Vickers-Super VC10 | [891] |
| | Soar RB.93 | | | | | | | | | | | | | | | | | | [331] |
| | Soar RSr.2 | A | | | | Ring-K. | 1 | 840 | 18600 | | | 1,25 | 400 | 1720 | 121 | 6,67 | 6700 | | [36, 766] |
| | Soar | | | | | | | 821 | | | | 1,27 | 400 | 1960+ | 125+ | 6,76 | | + Mit Einlaufdüse | [3] |
| | RB.106 | | | | | | | 1350  1360* | | | | | 533 | 1066 | | | | * Nach [36] | [36]  I.A.L. 6. 11. 56 |
| | RB.108 | A+A**  5+8** | | | | Ring-K. | 1 | 910**  966*  1815*** | | | | | | | 119**  113 | 16 bis 17 | | * Nach [43]  ** Nach [892]  *** Nach [I.A.L. 8. 6. 60] | [43, 345, 892]  I.A.L. 8. 6. 60 |
| | RB.108 | A  8 | 5,24:1 | 17,6 | 15800 | Ring-K. | 2 | 1134 (1000)* | 17500 (16950)* – | | | 1,06 | 553 | 1435 | 121 | 9,3 | | Hub/Schub-Triebwerk  * Bei Abblasung von 1,9 kg/sec Luft (11%) | [895] |
| | RB.133 | | | | | | | | | | | | | | | | | | [36] |

| Hersteller | Bezeichnung | Verdichter | | | | Brennkammer | Turbine | Max. Startstandschub bei | Drehzahl Höhe | Max. Dauerschub bei | Drehzahl Geschwindigkeit Höhe | Spez. Kraftstoffverbrauch | Abmessungen | | Gewicht | Kennzahlen | | Bemerkungen | Quelle |
| | | Bauart Stückzahl | Verdichtungsverhältnis | Durchsatz bei | Drehzahl Geschw. Höhe | Anzahl Bauart | Stufenzahl | | | | | | Durchmesser | Länge | | $\frac{Schub}{Gewicht}$ | $\frac{Schub}{Stirnfl.}$ | | |
| | Dimension | A=axial R=radial | | kg/sec | U/min km/h km | | | kp | U/min km | kp | U/min km/h km | kg/kph | mm | mm | kg | kp/kg | kp/m² | | |
| **Rolls-Royce** | RB.141-3 | A+A 5+11 | | | | | 4 | 6340 | 9750 | 1785 | | 0,814 bei Reiseschub | 1048 | 3300 | 1612 | | | Bypassverhältnis 0,7 | [661] |
| | RB.141-11 | A+A 5+11 | 16,75 : 1 | 123 ND 51 HD | | Ring-K. mit 9 Flammr. | 4 | 6800** | 9750 | | | 0,6 | 1000 | 2910* | 1612 1655* | 4,11 | | * Bis Vorderflansch Schubumkehr ** Garantierter Mindestschub Bypassverhältnis 0,7 | [43] I.A.L. 8. 1. 60, 31. 8. 60 |
| | RB.141-R | | | | | | | | | | | | | | | | | Militärausführung, vermutlich mit Nachbrenner | [36] I.A.L. 18. 3. 58 |
| | RB.145 | A 6 | | | | Ring-K. | 1 | 1250 | | | | | 432 530* | 1491 1630* | 159 | 7,9 | | Aus RB.108 entwickelt * Nach [I.A.L. 2. 6. 61] | [43, 664] I.A.L. 5. 9. 58, 2. 6. 61 |
| | RB.145 | A 9 | | | | Ring-K. | 2 | 1630 m. N. 1250 o. N. | | | | | 574 | 1514 | 136 | 9,2 | | Aus RB.108 entwickelt | [895] |
| | RB.153 | | | | | | | 2222 | | | | | 600 | 2400 | | | | Inoffizielle Bezeichnung einer RB.145-Version | [891] |
| | RB.162 | A 6 | | | | Ring-K. | 1 | 2000 1966* | | | | | 635 | 1310 | 125 | 16 | | Hubtriebwerk * [897, 898] | [895, 897, 898] |
| | RB.163 „Spey" | A+A 4*+12 | 16 : 1 | 92 ND 46 HD | 12400 | Ring-K. mit 10 Flammr. | 4 | 4470 | 12490 0 | 4290 | | 0,570 | 884 940** | 2796* | 1050 998** | 4,25 | | Einb. in Verkehrsfl. Airco DH121 u. Vickers VC11 – * Bis Vorderflansch Schubumkehr, Bypassverh. 1,0 – ** Nach [I.A.L. 24. 5. 61] – + Gebläse | [43, 664] I.A.L. 1. 3. 60, 11.3.60, 31.8.60 24. 5. 61 |
| | Spey RB.163/2 (505-14) | A+A 4+12 | 16,9 : 1 ges. (2,5:1ND) | 94 | 12490 (8115 ND) | Ring-K. mit 10 Flammr. | 2+2 | 4730 | 12490 HD-Welle | 1695* | 11825 – 7,6 | 0,56* | 940 | 2790 | 1100 | 4,61 | | Modell Spey RB 163/1 (505-5/10-14) ähnlich, mit Schalldämpfer Bypassverhältnis 1 : 1 | [895] |
| | Spey RB.163/2W (506-5W-14W) | | | | | | | 4840 naß | | | | | | | | | | | [895] |
| | Spey RB.168 | | | | | | | 5000 | | | | | | | | | | Militärversion des RB.163 | [895] |
| | Spey Junior RB.183-1 | | | | | | | 3920 | | | | | | | 918 | | | | [895] |
| | RB.167 | | | | | | | 10430 | | | | | | | | | | | I.A.L. 23. 7. 60 |

| Hersteller | Bezeichnung | Verdichter | | | | Brennkammer | Turbine | Max. Startstandschub bei | Drehzahl Höhe | Max. Dauerschub bei | Drehzahl Geschwindigkeit Höhe | Spez. Kraftstoffverbrauch | Abmessungen | | Gewicht | Kennzahlen | | Bemerkungen | Quelle |
|---|---|---|---|---|---|---|---|---|---|---|---|---|---|---|---|---|---|---|---|
| | | Bauart Stückzahl | Verdichtungsverhältnis | Durchsatz bei | Drehzahl Geschw. Höhe | Anzahl Bauart | Stufenzahl | | | | | | Durchmesser | Länge | | Schub/Gewicht | Schub/Stirnfl. | | |
| | Dimension | A=axial R=radial | | kg/sec | U/min km/h km | | | kp | U/min km | kp | U/min km/h km | kg/kph | mm | mm | kg | kp/kg | kp/m² | | |
| **Rolls-Royce** | RB.169/7 | | | | | | | 12000 | | | | | | | | | | | I.A.L. 20.12.61 |
| | Medway RB.174 | A+A 5+11 | 16,75:1 | 123 | 9625 | Ring-K. mit 10 Flammr. | 2+2 | 6800 | 9625 HD-Welle | 6540* | 9502 HD-Welle | 0,6* | 1049 | 3187 | 1444 | 4,71 | | Bypasverhältnis 0,7:1 Ähnlich RB.141 | [895] |
| | RB.175 | | | | | | | | | | | | | | | | | Mantelstromtriebwerk, aus RB.162 entwickelt | [897, 898] |
| | RB.177 | | | | | | | | | | | | | | | | | Weiterentwicklung des RB.174 | [895] |
| **Frankreich** **Hispano-Suiza** | R-800 | | | | | | | 1420 / 1500* | 12200 / 0 | | | | | | 305 | | | * Nach [I.A.L. 13.10.56] | I.A.L. 8.5.56, 7.6.56, 13.10.56 |
| | R-800 | A 7 | 4,5:1 | 21,1 | | Ring-K. | 1 | 1200* / 1800** | | | | 2,2** | 692 | 3708** | 303 / 378** | | | * Auslegungsschub ** Mit Nachbrenner | [3, 865] |
| | Tay 250 | R 1 | 4,18:1 | 54 | | 9 | 1 | 3850* / 2850 | 11000 / 0 | 2560 | 10700 0 0 | 1,06 o.N. | 1270 | 2540 | 1200* / 895 | 3,14 | 3040* / 2250 | * Mit Nachbrenner | [36, 345, 532, 656] |
| | Verdon 350 | R 1 | 4,9:1 | 59 | | 9 | 1 | 3500* | 11000 0 | 3150 | 10800 0 0 | 1,10* | 1270 | 2650** / 2615 | 940* | 3,73 / 3,23* | 2770 | * Nach [42] ** Nach [43], Temp. vor Turb. = 870°C | [36, 41, 345, 532, 656, 770] |
| | Verdon 370 | R 1 | | | | | 1 | 3750 | 11200 0 | | | | | | | | 2970 | Ähnlich Verdon 350 | [36, 41] |
| | R-804 | A 7 | 5:1 | 26 | | Ring-K. | 1 | 1500 | 12000 0 | 1200 | | 1,07 | 670 | 2120 | 308 | | | | [345] |
| | R-804 | A 7 | | | | Ring-K. | 1 | 1500* / 1498 | 12100 0 | | | 1,06 | 688 | 2002 | 308 | 4,87 | | * Höchstleistung auf Prüfstand | [347, 865] |
| | R-804 | A 7 | 4,8:1 | 26 | | Ring-K. | 1 | 1500 o.N. 2000 m.N. | 12000 0 | | | 2,0 m.N. 1,07 o.N. | 650 | 3154 | 383 | 5,23 | 6060 | | [40, 766] |

| Hersteller | Bezeichnung<br>Dimension | Verdichter<br>Bauart Stückzahl<br>A=axial R=radial | Verdichtungsverhältnis | Durchsatz bei<br>kg/sec | Drehzahl Geschw. Höhe<br>U/min km/h km | Brennkammer<br>Anzahl Bauart | Turbine<br>Stufenzahl | Max. Startstandschub bei<br>kp | Drehzahl Höhe<br>U/min km | Max. Dauerschub bei<br>kp | Drehzahl Geschwindigkeit Höhe<br>U/min km/h km | Spez. Kraftstoffverbrauch<br>kg/kph | Abmessungen<br>Durchmesser<br>mm | Länge<br>mm | Gewicht<br>kg | Kennzahlen<br>Schub/Gewicht<br>kp/kg | Schub/Stirnfl.<br>kp/m² | Bemerkungen | Quelle |
|---|---|---|---|---|---|---|---|---|---|---|---|---|---|---|---|---|---|---|---|
| Hispano-Suiza | R-804 | A<br>7 | 4,8 : 1 | 26 | | Ring-K. | 1 | 2000<br>m. N.<br>1500<br>1300* | 12000<br>0 | | | 0,9 | 670 | 2120 | 308 | | | * Nach [43] | [41, 43, 770] |
| | R-854 | A<br>7 | 4,8 : 1 | 26 | 12000<br>0<br>0 | Ring-K. | 1 | 2000<br>m. N.<br>1500<br>o. N. | 12000<br>0 | | | 2,0<br>m. N. | 650 | 3154 | 383 | 5,21 | | | [41] |
| | R-854 | A<br>7 | 5 : 1 | 26 | | Ring-K. | 1 | 2020<br>m. N. | 12000<br>0 | | | 2,0<br>m. N. | 660 | 3710 | 385 | | | | [345, 532, 656] |
| | | | | | | | | | | | | | | | | | | | |
| SNECMA | Atar 101A | | | | | | | 2200 | | | | | | | | | | | I.A.L.20.10.56 |
| | Atar B | | | | | | | 2600 | | | | | | | | | | | I.A.L.20.10.56 |
| | Atar D2A | A<br>7 | 4,5 : 1 | | | Ring-K. | 1 | 2990 | | | | 1,03 | 914 | 3580 | | | | | [532] |
| | Atar D3 | A<br>7 | 4,5 : 1 | | | Ring-K. | 1 | 2990 | | | | 1,03 | 914 | 3580 | | | | | [532] |
| | Atar DV | | | | | | | | | | | | | | | | | Ähnlich Atar D3<br>Düse für Vertikalflug | [41] |
| | Atar E3 | | | 59 | | | | 3500 | 8400 | | | 1,04 | 920 | 4495* | 880** | | | * Mit Schubdüsenkanal der Mindestlänge<br>** Mit Geräten und Übergangsstück des Schubdüsenkanals | [869, 868, 867, 876, 866]<br>I.A.L.20.10.56 |
| | Atar 101E3 | A<br>8 | 4,8 : 1 | 59 | | Ring-K. | 1 | 3500 | 8400 | 2800 | 8050<br>0<br>0 | 1,05 | 919 | 3600 | 883 | 3,97 | | | [345] |
| | Atar E3 | A<br>8 | 4,8 : 1 | 50 | | Ring-K. | 1 | 4400*<br>3500 | 8400 | | | 2,0*<br>1,05 | 991 | 4115 | 1240*<br>882 | 3,71*<br>4,0 | 6320*<br>5250 | * Bei Nachverbrennung | [36, 532] |
| | Atar EV | | | | | | | | | | | | | | | | | Ähnlich Atar E3<br>Düse für Vertikalflug | [41] |

| Hersteller | Bezeichnung (Dimension) | Verdichter Bauart Stückzahl (A=axial R=radial) | Verdichtungsverhältnis | Durchsatz bei (kg/sec) | Drehzahl Geschw. Höhe (U/min km/h km) | Brennkammer Anzahl Bauart | Turbine Stufenzahl | Max. Startstandschub bei (kp) | Drehzahl Höhe (U/min km) | Max. Dauerschub bei (kp) | Drehzahl Geschwindigkeit Höhe (U/min km/h km) | Spez. Kraftstoffverbrauch (kg/kph) | Durchmesser (mm) | Länge (mm) | Gewicht (kg) | Schub/Gewicht (kp/kg) | Schub/Stirnfl. (kp/m²) | Bemerkungen | Quelle |
|---|---|---|---|---|---|---|---|---|---|---|---|---|---|---|---|---|---|---|---|
| SNECMA | Atar E3; E4 | A 8 | | | | Ring-K. | 1 | 3503 | 8400 | | | 1,05 | 1001 | 4496 | 935 | | | | [347] |
| | Atar E4 | A 8 | 4,8 : 1 | | | Ring-K. | 1 | 3680 | | | | 1,06 | 991 | 4115 | | | | | [532] |
| | Atar E4; E5 | A 8 | 4,8 : 1 | 60 | 8400<br>0<br>0 | Ring-K. | 1 | 3700 | 8400<br>0 | | | 1,0 | 920 | 4495 | 880 | 4,21 | 5520 | | [866, 867, 868, 869, 876, 40]<br>I.A.L. 20.10.56 |
| | Atar E5 | A 8 | 4,8 : 1 | 59 | 8450 | Ring-K. | 1 | 3680 | 8450 | | | 1,06 | 991 | 4115 | 870 | 4,255 | 5580 | Temperatur vor Turbine 850°C bei 8400 U/min | [36, 532] |
| | Atar E5 | A 8 | 4,8 : 1 | 60 | 8400<br>0<br>0 | Ring-K. | 1 | 3700 | 8400<br>0 | | | 1,0 | 920 | 4495 | 880 | 4,21 | | | [41] |
| | Atar 101F | A 8 | 4,5 : 1 | 59<br>45* | | Ring-K. | 1 | 3795 | 8500 | | | 2,0 m. N.<br>1,0 o. N. | 919 | 3600 | 950 | | | * Nach [37] | [37, 345] |
| | Atar F | A | | | | Ring-K. | 1 | 3803 | 8300 | | | 2,0 m. N. | 1013<br>920* | 6274<br>5800* | 1262<br>1160* | | | * Nach [766] | [347, 766] |
| | Atar G | A 8 | | | | Ring-K. | 1 | 4404 | 8400 | | | 1,85 | 1034 | 6474 | 1235 | | | | [347] |
| | Atar G2 | A 8 | | 59 | | Ring-K. | 1 | 4400 m. N.<br>3400 o. N. | 8400 | 2700 | 8050<br>0<br>0 | 1,85*<br>2,0 m. N.<br>1,11o N | 920 | 6490 | 1230 | | | * Nach [698] | [41, 698, 867, 868, 869, 876] |
| | Atar G2 | A 8 | 4,8 : 1 | | | Ring-K. | 1 | 4400 | | | | 1,85 | 1016 | 6420 | | | | | [36. 532] |
| | Atar G2A | | | | | | | 4700 | | | | | | | | | | Bei Höhenerprobung in 10 km rd. 7% mehr Schub als Vorläufer | I.A.L. 17. 7. 57 |
| | Atar G3 | A 8 | 4,8 : 1 | 60 | 8400 | Ring-K. | 1 | 4400 m. N.<br>3400 normal | 8400<br>0 | | | 1,95 m. N. | 920 | 6490 | 1230 | 3,58* | | * Mit Nachverbrennung Temperatur vor Turbine 850°C | [41, 42, 770, 867, 868, 869, 876] |
| | Atar G3 | A 8 | 4,8 : 1 | | | Ring-K. | 1 | 4400 | | | | 1,85 | 1016 | 6420 | | | | | [532] |

| Hersteller | Bezeichnung | Verdichter | | | | Brenn-kammer | Turbine | Max. Start-stand-schub bei | Dreh-zahl Höhe | Max. Dauer-schub bei | Drehzahl Ge-schwin-digkeit Höhe | Spez. Kraft-stoff-ver-brauch | Abmessungen | | Gewicht | Kennzahlen | | Bemerkungen | Quelle |
| | | Bauart Stück-zahl | Verdich-tungs-verhältnis | Durch-satz bei | Drehzahl Geschw. Höhe | Anzahl Bauart | Stufen-zahl | | | | | | Durch-messer | Länge | | Schub Gewicht | Schub Stirnfl. | | |
| | Dimension | A = axial R = radial | | kg/sec | U/min km/h km | | | kp | U/min km | kp | U/min km/h km | kg/kph | mm | mm | kg | kp/kg | kp/m² | | |
| SNECMA | Atar G4 | A 8 | 4,8 : 1 | 60 | 8400 0 0 | Ring-K. | 1 | 4700 m. N. | 8400 0 | | | 1,85 | 920 | 6490 | 1230 | 3,82 | 7020 | | [40, 345, 867, 868, 869] |
| | Atar G4 | A 8 | 4,8 : 1 | 59 | 8400 | Ring-K. | 1 | 6750 | 8400 | | | 2,1 | | | 1250 | 3,77 | 6750 | Alle Werte für Nachverbrennung | |
| | Atar 8 | A 9 | | | | Ring-K. | 2 | 4402 | 8400 | | | 0,98 | 1021 | 4597 | 990 | | | | [347] |
| | Atar 8 | A 9 | 5,5 : 1 | 68 | 8500 | Ring-K. | 2 | 4400 | 8400 | 3550 | 8150 | 0,98 0,91 * | 860 | 4602** | 920 | 4,602 | | * Minimalverbrauch im Stand ** Mit Schubdüsenkanal der Mindestlänge | [41, 770, 871, 872] I.A.L. 28. 6. 57 |
| | Atar 8 | A 9 | 5,2 : 1 | | | Ring-K. | 2 | 4400 | | | | 0,98 | 1016 | 4590 | | | | | [41, 532] |
| | Atar 8 | A 9 | 6,9 : 1 | 68 | | Ring-K. | 2 | 4404 | 8400 | | | 0,98 | 860 | | 921 | | | | [345] |
| | Atar 8/9 | A 9 | 5,5 : 1 | 68 | 8400 | Ring-K. | 2 | 6000* 4400 | 8400 | | | 2,07* 0,98 | | | 1250* 950 | 4,76 | 7350* 6600 | * Mit Nachbrenner | [36] |
| | Atar 9 | A 9 | 5,5 : 1 | 68 | 8500 0 0 | Ring-K. | 2 | 5400 | 8400 | | | 1,9 | 1072 | 6706 | 1853 | | | | [3, 40, 347] |
| | Atar 9 | A 9 | 6,9 : 1* | 68* | 8400* | Ring-K. | 2* | 6000* m. N. 4250 | 8400 | 3400 | 8150 | 2,075 0,97** | 860 | 6700 | 1250 | 4,76 | | * Nach [766] ** Bei Reise- und Dauerleistung | [40, 345, 347, 766, 870, 871, 872] I.A.L. 28. 6. 57 |
| | Atar 9 | A 9 | 5,5 : 1 | 68 | | | | 6000 m. N. 4250 | 8400 | | | 2,07 m. N. 1,01 | 920 | 6700 | 1250 | | | | [770] |
| | Atar 9 | A 9 | 5,5 : 1 | 68 | 8400 | | | 6000 m. N. | 8400 | | | 2,07 m. N. | 1020 | 6183 | 1250 | | | | [770, 877] |
| | Atar 9 | A 9 | 5,5 : 1 | 68 | 8500 0 0 | Ring-K. | 2 | 6000 m. N. 4250 | 8400 0 | | | 2,0 | 920 | 6700 | 1250 | 4,79 | | | [41, 770] |
| | Atar 9B | A 9 | 5,2 : 1 | | | Ring-K. | 2 | 6000 m. N. | | | | 2,07 | 1067 | 6700 | | | | | [532] |

| Hersteller | Bezeichnung | Verdichter | | | | Brenn-kammer | Turbine | Max. Start-standschub bei | Dreh-zahl Höhe | Max. Dauer-schub bei | Drehzahl Ge-schwin-digkeit Höhe | Spez. Kraft-stoff-ver-brauch | Abmessungen | | Gewicht | Kennzahlen | | Bemerkungen | Quelle |
|---|---|---|---|---|---|---|---|---|---|---|---|---|---|---|---|---|---|---|---|
| | | Bauart Stück-zahl | Verdich-tungs-verhältnis | Durch-satz bei | Drehzahl Geschw. Höhe | Anzahl Bauart | Stufen-zahl | | | | | | Durch-messer | Länge | | Schub/Gewicht | Schub/Stirnfl. | | |
| | Dimension | A=axial R=radial | | kg/sec | U/min km/h km | | | kp | U/min km | kp | U/min km/h km | kg/kph | mm | mm | kg | kp/kg | kp/m² | | |
| SNECMA | Atar 9C | A 9 | 5,5 : 1 | 68 | 8400 0 | Ring-K. | 2 | 6000 m.N. 4250 o.N. 6400* | 8400 0 | 6400* | 8650 11 | 2,0 | 1020 | 6140 | 1330 | 4,5 | | * Max. Leistung Temperatur vor Turbine 870°C Mach 1,4 | [43] I.A.L. 2. 6. 60 |
| | Atar 9D | A 9 | | | | Ring-K. | 2 | 6800 m. N. | | | | | | | | | | Für Flugmachzahl 1,4 | I.A.L. 2. 6. 60 |
| | Atar 9I | A 9 | | | | Ring-K. | 2 | | | 7500 m. N. | M = 1,4 | | | | | | | | [43] |
| | Atar 9K | | | 72 | | | | 7000+ m. N. 4700* o. N. | | 6700** m. N. | | 1,02* 2,05** | | | 1430+ | | | Kurzzeitleistung (3 min): 6800 kp und bei Mach 1,4: 7500 kp + Nach [895] | [889] |
| | Super Atar | A 6 | 6 : 1 | 136 | | Ring-K. | 2 | 10000 m. N. 7500 o. N. | | | | 1,8 | 1000 | 6000 | 1800 | 5,5 | | Für Mach 3–3,5 | [42] |
| | Vulcain 104 | A 7 | 7 : 1 | 82 | | Ring-K. | 1 | 5500 | 7800 0 | | | 1,0 norm. | 1160 | 3239 | 1525 | | | | [39] |
| | Vesta | A 9 | | | | Ring-K. | 1 | 1400 | | | | | 680 | 2000 | 290 | | | | [3, 527] |
| | TF30 JTF10A-1 | | | 104,3 ges. 41,7 heiß | | | | 3750 | | | | 0,81 | 965 | 3261 | 960 | | | Bypassverhältnis 1,5. Für Projekt Mirage 5 von Pratt u. Whitney übergeb. zur Weiterentwicklung zum TF106 | [891] |
| | JTF10A-2 | | | 104,3 ges. 41,7 heiß | | | | 4300 | | | | | | | 1050 | | | Bypassverhältnis 1,5 Für Verkehrsflugzeuge | [891] |
| | TF-106 | A+A 6*+7 | 15,8 : 1 ges. (2,0:1)** | 112 ges. 37 heiß | | Ring-K. | 1+3 | 9000 m. N. 5100 o. N. | | 8300+ · m. N. | 11,0 | 2,25 m. N. | 965 | 4010 | 1485 | 6,06 | | Aus Pratt & Whitney JTF10A-20 entw. Nachverbr. und Aufheizung im Bypass-kanal – * Vor 6stuf. ND-Verd. zusätzl. 3 Gebläsest. ** Gebl. + Höchstsch. m. N. | [895] |
| | | | | | | | | | | | | | | | | | | | |
| Turboméca | Marboré IV | R | | | | Ring-K. | 1 | 450 | 21600 0 | | | | | | | | | | [36] |
| | Marboré IV | R 1 | 3,7 : 1 3,5 : 1* | 9 | | Ring-K. | 1 | 453 | 20850 0 | | | 1,2 | 625 635* | 1575 | 136 | 3,02 | | Ähnlich Marboré II * Nach [532] | [39, 347, 527, 532] |

| Hersteller | Bezeichnung | Verdichter | | | | Brennkammer | Turbine | Max. Startstandschub bei | Drehzahl Höhe | Max. Dauerschub bei | Drehzahl Geschwindigkeit Höhe | Spez. Kraftstoffverbrauch | Abmessungen | | Gewicht | Kennzahlen | | Bemerkungen | Quelle |
|---|---|---|---|---|---|---|---|---|---|---|---|---|---|---|---|---|---|---|---|
| | Dimension | Bauart Stückzahl (A=axial R=radial) | Verdichtungsverhältnis | Durchsatz bei kg/sec | Drehzahl Geschw. Höhe U/min km/h km | Anzahl Bauart | Stufenzahl | kp | U/min km | kp | U/min km/h km | kg/kph | Durchmesser mm | Länge mm | kg | Schub/Gewicht kp/kg | Schub/Stirnfl. kp/m² | | |
| **Turboméca** | Marboré VI | R<br>1 | 3,84 : 1 | 9,8 | | Ring-K. | 1 | 480 | 22600 | 480 | | 1,12 | 567 | 1416 | 146 | | | Für MS Paris 2 und 3 Potez-Heinkel CM.191 | [879] |
| | Gabizo | R<br>2 | 5,2 : 1 | | | Ring-K. | 1 | 1088 | 17800 | | | 1,04 | 533 | 2080 | 265 | 4,13 | | | [347, 527, 532] |
| | Gabizo | A+R<br>1+1 | 5,2 : 1 | 19 | 17500<br>0 | Ring-K. | 1 | 1500*<br>1100 | 17500<br>0 | 900 | | 3,45*<br>1,0 | 670 | 2083 | 265 | 4,15 | | * Bei Nachverbrennung | [41, 770, 878] |
| | Gabizo | A+R<br>1+1 | 5,2 : 1 | 28 | | Ring-K. | 1 | 1540*<br>1100 | 17500<br>0 | | | 2,25*<br>1,05 | | | 380*<br>265 | 4,1*<br>4,2 | | * Nachverbrennung | [36] |
| | Gabizo | A+R<br>1+1 | 5,1 : 1 | 20 | 17500 | Ring-K. | 1 | 1540<br>m. N.<br>1100 | | | | 2,25<br>m. N.<br>1,0 | 670 | 3640 | 340 | | | Temperatur vor Turbine 840°C bei 17 500 U/min | [42, 766] |
| | Gabizo | A+R<br>2 | 5,0 : 1 | 20,4 | | Ring-K. | 1 | 1540<br>m. N.<br>1098<br>o. N. | 17500 | 900⁺ | | 2,25 m.N<br>1,04 o.N<br>0,96⁺ | 673 | 3610<br>m. N.<br>2087<br>o. N. | 336<br>m. N.<br>265<br>o. N. | 4,58<br>m. N. | | | [345, 656] |
| | Gourdon | A+R<br>2 | | | | Ring-K. | 1 | 639* | | 575⁻ | | 1,02*<br>0,96⁻ | 572 | 1900 | 172 | 3,82 | | | [656] |
| | Gourdon | A+R<br>1+1 | | | | Ring-K. | 1 | 640* | 21500<br>0 | 575⁻ | | 0,985⁻<br>1,0* | 570 | 1744<br>1320 | 172 | | | | [345, 766, 879] |
| | Gourdon | A+R | 5,0 : 1 | 13,5 | | Ring-K. | 1 | 700 | 21500<br>0 | | | 0,99 | 570 | 1900 | 170 | 4,1 | | | [36, 770] |
| | Gourdon | R<br>2 | 5,0 : 1 | | | Ring-K. | 2 | 700 | 0 | | | 1,0 | 610 | 1903 | 175 | 3,99 | | | [347, 527, 532] |
| | Gourdon 2 | A+R<br>1+1 | | | | Ring-K. | 1 | 700 | 21500 | | | 0,98 | 570 | 1900 | 181 | 3,87 | | | [41] |
| | Soulor | A+R | 5,0 : 1 | | 33000 | Ring-K. | 1 | 320 | 33000<br>0 | 270 | | 0,8 | 460 | | 140 | 2,28 | 1850 | | [36] |
| | Soulor | R<br>2 | 5,0 : 1 | | | Ring-K. | 2 | 320 | 33000 | | | 0,8 | 456 | 1500 | 160 | 2,0 | | | [347, 527, 532] |

| Hersteller | Bezeichnung | Verdichter | | | | Brenn-kammer | Turbine | Max. Start-stand-schub bei | Dreh-zahl Höhe | Max. Dauer-schub bei | Drehzahl Ge-schwin-digkeit Höhe | Spez. Kraft-stoff-ver-brauch | Abmessungen | | Gewicht | Kennzahlen | | Bemerkungen | Quelle |
|---|---|---|---|---|---|---|---|---|---|---|---|---|---|---|---|---|---|---|---|
| | | Bauart Stück-zahl | Verdich-tungs-verhältnis | Durch-satz bei | Drehzahl Geschw. Höhe | Anzahl Bauart | Stufen-zahl | | | | | | Durch-messer | Länge | | Schub Gewicht | Schub Stirnfl. | | |
| | Dimension | A=axial R=radial | | kg/sec | U/min km/h km | | | kp | U/min km | kp | U/min km/h km | kg/kph | mm | mm | kg | kp/kg | kp/m² | | |
| **Turboméca** | Arbizon | A+R 1+1 | 5,5 : 1 | | | | 2 | 250 | 34000 0 | | | 0,9 | 533 | 1448 | 108 | | | | [532] |
| | Arbizon | A+R 1÷1 | | | | Ring-K. | 2 | 250* | 3400 | 200+ | | 0,91+ 0,92* | 505 | 1443 | 104 | 2,4 | | | [345, 879] |
| | Arbizon | A+R 1+1 | 5,5 : 1 | | | Ring-K. | 2 | 250 | 34000 0 | | | 0,91 | 407 | 1180 | 104 | 2,4 | | | [36, 41] |
| | Arbizon II | A+R 1+1 | | | | Ring-K. | 2 | 250 | 34000 0 | | | 0,95 | 420 500 | 1440 | 104 | | | | [770] |
| | Arbizon II | A+R 1+1 | 5,1 : 1 | 20 | | Ring-K. | 1 | 250 | 34000 0 | | | 0,95 | 500 | 1250 | 104 | | | | [766] |
| | Aubisque | | | 21,8 | | | | | 700 | 32500 | | | | 525 | 1770 | 180 | | | Zweikreistriebwerk | I.A.L. 6. 12. 61 |
| | Aubisque | A+R 1*+1 | 7,0:1 ges. (1,5:1)+ | 21 ges. 7 heiß | 15245 | Ring-K. | 2 | 700 | 32500 | 580 | 31000 | 0,6 norm. | 565 | 2067 | 270 | | | * 1 Gebläsestufe zusätzlich vor-geschaltet. Bypassverh. 2,0 : 1 + Gebläse | [895] |
| **Australien** | Commonwealth Aircraft | Avon R.A.7 Mk.109 | | | | | | | 3334 | 7950 | | | | | 3480 | 1090 | | | Ähnlich Avon R.A.7 (20) | [41] |
| | Avon R.A.7 Mk.20 Mk.26 Avon R.A.7 Mk.109 | A 12 | 6,5 : 1 | 54 | 7950 0 | 8 | 2 | 3400 | 7950 0 | | | 0,92 | 1071 | 3483 | 1116 | 3,05 | | | [41, 42] |
| | Avon R.A.7 Mk.20 | A 12 | | 58,5 | 7800 0 0 | 8 | A 2 | 3400 | 7800 0 | | | 0,92 norm. | 1072 | 2593 | 1116 | 3,03 | | | [39] |
| **Belgien** | Fabrique Nat. d'Armes de Guerre S.A. | Avon R.A.28 (20) | A 15 | 8 : 1 | 72 | 8000 0 | Ring-K. mit 8 Flammr. | 2 | 4535 | 8000 0 | | | 0,86 norm. | 1054 | 2874 | 1400 | 3,46 | | Lizenzbau Rolls-Royce Avon R.A.28 | [41, 43] |

| Hersteller | Bezeichnung / Dimension | Verdichter Bauart Stückzahl (A=axial, R=radial) | Verdichter Verdichtungsverhältnis | Verdichter Durchsatz bei (kg/sec) | Verdichter Drehzahl Geschw. Höhe (U/min, km/h, km) | Brennkammer Anzahl Bauart | Turbine Stufenzahl | Max. Startstandschub bei (kp) | Drehzahl Höhe (U/min, km) | Max. Dauerschub bei (kp) | Drehzahl Geschwindigkeit Höhe (U/min, km/h, km) | Spez. Kraftstoffverbrauch (kg/kph) | Abmessungen Durchmesser (mm) | Abmessungen Länge (mm) | Gewicht (kg) | Kennzahlen Schub/Gewicht (kp/kg) | Kennzahlen Schub/Stirnfl. (kp/m²) | Bemerkungen | Quelle |
|---|---|---|---|---|---|---|---|---|---|---|---|---|---|---|---|---|---|---|---|
| Kanada | Orenda Engines (AV Roe Canada) Orenda 3 | | | | | | | | | | | | | | | | | Ein für den Einbau in F-86A abgewandeltes Orenda 1 | [3] |
| | Orenda 9 | A 10 | 5,5 : 1 | 48 | | 6 | 1 | 2882* | 7800 | 2275+ | 7250 | 1,119* 1,09+ | 1067 | 3648 | 1225 | 2,48 | | | [345, 656] |
| | Orenda 9 | A 10 | 5,5 : 1 5,8 : 1* | ca. 48 | 7800 0 | 6 | 1 | 2882 2950* | 7800 0 | | | 1,05** | 1067 | 3087 | 1161 | | | * Nach [37, 41] ** Durchschnittswert | [37, 41] I.A.L. 26. 5. 56 |
| | Orenda 10 | A 10 | 5,3 : 1 | | | | 1 | 2880 | | | | 1,12 | 1067 | 3125 | 1140 | | | | [532, 538] |
| | Orenda 10 | A 10 | 5,5 : 1 | 48 | | | 1 | 2950 | | | 7800 | 1,12 | | | 1160 | 2,5 | 3300 | | [36] |
| | Orenda 11 | A 10 | 6,1 : 1 | 59 | | 6 | 2 | 3295 | | | | 0,99 | 1143 | 3073 | 1098 | | | | [532, 538] |
| | Orenda 11 | A 10 | 6,1 : 1 | 59 | 7800 | 6 | 2 | 3400 | 7800 | | | | 1067 | | 1111 | | | Ähnlich Orenda 14 | [41, 345] |
| | Orenda 11 | A 10 | 5,8 : 1 | 51 | | | 2 | 4080* 3400 | | | 7800 | 1,09 | | | 1110 | 3,0 | 4550* 3800 | * Mit Nachverbrennung | [36] |
| | Orenda 11R | A 10 | 5,8 : 1 | 51 | 7800 0 | 6 | 2 | 3740* 3280 | 7800 | | | 1,43* | 1067 | 6727 | 1210 | 3,09* | | * Bei Nachverbrennung | [41] |
| | Orenda 14 | A 10 | 6,1 : 1 | 59 | | | 2 | 3295 | 7800 | | | 0,99 | 1143 | 3073 | 1098 | | | | [532, 538, 770] |
| | Orenda 14 | A 10 | 6 : 1 | | | Einz.-K. | 2 | 3300 | 7800 | | | 0,99 | 1067 | | 1090 | | | In Sabre 6 | [347, 829] |
| | Orenda 14 | A 10 | 6,1 : 1 | 57 | 7800 0 | 6 | 2 | 3400 | 7800 0 | | | 0,9 norm. | 1067 | 3088 | 1100 | 3,09 | | | [41, 345, 770] |
| | Orenda 14 | A 10 | 6,1 : 1 | 57 | | | 2 | 3450 | | | 7800 | 1,0 | | | 1100 | 3,13 | 3900 | | [36] |

| Hersteller | Bezeichnung | Verdichter | | | | Brenn-kammer | Turbine | Max. Start-stand-schub bei | Dreh-zahl Höhe | Max. Dauer-schub bei | Drehzahl Ge-schwin-digkeit Höhe | Spez. Kraft-stoff-ver-brauch | Abmessungen | | Gewicht | Kennzahlen | | Bemerkungen | Quelle |
|---|---|---|---|---|---|---|---|---|---|---|---|---|---|---|---|---|---|---|---|
| | | Bauart Stück-zahl | Verdich-tungs-verhältnis | Durch-satz bei | Drehzahl Geschw. Höhe | Anzahl Bauart | Stufen-zahl | | | | | | Durch-messer | Länge | | Schub/Gewicht | Schub/Stirnfl. | | |
| | Dimension | A=axial R=radial | | kg/sec | U/min km/h km | | | kp | U/min km | kp | U/min km/h km | kg/kph | mm | mm | kg | kp/kg | kp/m² | | |
| Orenda Engines (AV Roe Canada) | Orenda 14 | A 10 | ca. 6 : 1 | 58 | | 6 Einz.-K. | 2 | 3450 | 7800 | | | 0,9 | 1070 | 3120 | 1160 | | | | [766] |
| | Iroquois | | 8 : 1 | 152 | | | | 9980 | | | | | ca. 1200 | 7600 | ca. 2200 | 4,55 | 8830 | | [538, 724] |
| | Iroquois | A+A | 8 : 1 | 150 | | Ring-K. | | 12700* 9070 | | | | 1,0 | 1066 1194++ | 5870+ ca. 6700 | 2700 | | | * Mit Nachverbrennung + [770]  ++ Höhe | [770] I.A.L. 13. 8. 57 |
| | Iroquois | A+A | 8 : 1* | 152* | | Ring-K. | | 12701* m. N. | | | | | 1143* | 7620* m. N. | 2086* | über 5,0 | | * Unbestätigte Angaben | [656] |
| | Iroquois | A+A | ca. 8 : 1 | ca. 150 | | Ring-K. | HD+ND | ca. 13600 m. N. ca. 10000 o. N. | | | | | ca. 1200 | ca. 7600 | ca. 2250 | | | | [766] |
| | Iroquois PS-13 | | | | | | | 10420 | | | | | | | 2040 | | | | [532] |
| | Iroquois PS-13 | | 8 : 1 | 150 | | Ring-K. | 3 | 12200* 9070 | | | | 1,8* 0,85 | | | 2675 1815 | 4,76 5,0 | 10500* 8200 | * Mit Nachverbrennung | [36] |
| Orenda | Iroquois 1 | A+A | 8 : 1 | 136 | | Ring-K. | HD+ND | 12200 m. N. 9070 o. N. | | | | 1,8 m. N. 0,85 | 1067 | 6702 | 1815 | 6,72 m. N. | 13700 | | [40] |
| | Iroquois 1 | A+A 3+7 | 8 : 1 | 159 | | Ring-K. | 3 | 13600* 10400 normal | | | | 1,8* 0,85 | 1067 | 5793 5865** | 1815 2100** | 5,25 7,5* 6,45** | | * Bei Nachverbrennung ** Nach [42] | [41, 42, 345] |
| | Iroquois 2 | A+A 3+7 | 8 : 1 | 159 | | Ring-K. | 2+1 | 11800 m. N. 8700 o. N. | 8150 | | | 2,0 | 1067 | 5865 | 2155 | 5,47 | | | [43] |
| | | | | | | | | | | | | | | | | | | | |
| Rolls-Royce of Canada | Nene 10 | R 1 | 4,5 : 1 | 40 | 12500 0 | 9 | 1 | 2315 | 12500 0 | | | 1,02 norm. | 1258 | 2665 | 750 | 3,1 | | Temperatur vor Turbine 800°C | [42] |

| Hersteller | Bezeichnung | Verdichter | | | | Brenn-kammer | Turbine | Max. Start-stand-schub bei | Dreh-zahl Höhe | Max. Dauer-schub bei | Drehzahl Ge-schwin-digkeit Höhe | Spez. Kraft-stoff-ver-brauch | Abmessungen | | Gewicht | Kennzahlen | | Bemerkungen | Quelle |
|---|---|---|---|---|---|---|---|---|---|---|---|---|---|---|---|---|---|---|---|
| | | Bauart Stück-zahl | Verdich-tungs-verhältnis | Durch-satz bei | Drehzahl Geschw. Höhe | Anzahl Bauart | Stufen-zahl | | | | | | Durch-messer | Länge | | Schub / Gewicht | Schub / Stirnfl. | | |
| | Dimension | A=axial R=radial | | kg/sec | U/min km/h km | | | kp | U/min km | kp | U/min km/h km | kg/kph | mm | mm | kg | kp/kg | kp/m² | | |
| Deutschland BMW | 8011 | | | | | | | 36 | | | | | | | 35 | | | | I.A.L. 18. 3. 60 |
| | 8025 | | | | | | | 36 | | | | | | | 35 | | | Umbenennung des Triebwerkes 8011 nach [I.A.L. 30. 3. 60] | I.A.L. 30. 3. 60, 31. 3. 60 |
| | 8025 | | | | | | | 42 | | | | | | | | | | 55 kp geplant | I.A.L. 3. 11. 60 |
| | 8026 | | | | | | | 50 | | | | 1,04 | | | 38* | | 312 | Für Motorsegler * I.A.L. 20. 12. 61 | [892] I.A.L. 20. 12. 61 |
| | 8040 | A+R 4+1 | | | | Ring-K. 1 | 2 | 285 | | 260 | | 0,53* 0,885** | 425 | 700 | 100 | | | Bypassverhältnis: 2,5 * Bei Startschub ** Bei Dauerschub bei 500 km/h | [892] I.A.L. 21. 7. 60 |
| Entwicklungsbau Pirna VEB | Pirna 014-A-0 | A 12 | 7 : 1 | 50 | 6000 0 0 | Ring-K. 2 | 2 | 3150 | 8000 | | | 0,85 | 980 | 4100 | 1000 | 3,16 | | Entwickelt aus Junkers Jumo 012 | [41] I.A.L. 13. 8. 58 |
| | Pirna 014-A-1 | A 12 | 7 : 1 | 50 | 8100 | Ring-K. 1 | 2 | 3300 | 8100 | 2750 | | 0,82 norm. | 980 | 3940 | 1050 | 3,14 | | | [43] I.A.L. 8. 4. 60 |
| | Pirna 020 | | | | | | | 3850 | | | | | | | | | | Zweikreis-Triebwerk | I.A.L. 25. 1. 61 |
| Heinkel | HeS-053 | A 11 | 7,4 : 1 | 100 | 6000 0 0 | Ring-K. mit 9 Flammr. | 2 | 6500 | 6000 | | | 0,93 | 1105 | 4025 | 1565 | 4,15 | | Temperatur vor Turbine 850°C bei 6000 U/min | [41, 42] |
| | HeS-053 | | | | | | | ca. 9000 | | | | | | | 1975 | 4,55 | | Mit Nachbrenner | [41] |

| Hersteller | Bezeichnung | Verdichter Bauart Stückzahl (A=axial R=radial) | Verdichter Verdichtungsverhältnis | Verdichter Durchsatz bei (kg/sec) | Verdichter Drehzahl Geschw. Höhe (U/min km/h km) | Brennkammer Anzahl Bauart | Turbine Stufenzahl | Max. Startstandschub bei (kp) | Drehzahl Höhe (U/min km) | Max. Dauerschub bei (kp) | Drehzahl Geschwindigkeit Höhe (U/min km/h km) | Spez. Kraftstoffverbrauch (kg/kph) | Abmessungen Durchmesser (mm) | Abmessungen Länge (mm) | Gewicht (kg) | Kennzahlen Schub/Gewicht (kp/kg) | Kennzahlen Schub/Stirnfl. (kp/m²) | Bemerkungen | Quelle |
|---|---|---|---|---|---|---|---|---|---|---|---|---|---|---|---|---|---|---|---|
| **Italien** Fiat | 4000 | | | | | | | | | | | | | | | | | | [343] |
| | 4001 | R 1 | 4,4 : 1 | 40 | 10250 0 0 | 10 Einzelbrennkammern | A 1 | 220 | 10250 | | | 1,09 | 1346 | 3314 | 986 | 2,23 | 1550 | De Havilland Lizenz (Ghost 48) | [40, 343] |
| | 4002.000 | | | | | | | 250 | 26000 | | | 1,25 | 568 | 1034 | 99,5 | 2,56 | | | [343, 828, 838] |
| | 4002.000 | R 1 | 4 : 1 | 4,99 | 26000 | Ring-K. | 1 | 270 | 26000 | | | 1,21 | 567 | 1034 | 99,3 | 2,72 | | | [343, 656, 345] |
| | 4002.001 | R 1 | 4 : 1 | 5 | 26000 | Ring-K. | 1 | 325 | 25000 | | | 1,21 | 572 | 885 | 88 | 3,68 | | | [43, 343, 838] |
| | 4002.001 | R 1 | 4 : 1 | 6,3 | 25000 0 | Ring-K. | A 1 | 325 | 25000 0 | | | 1,21 | 572 | 885 | 88 | 3,7 | 1250 | | [40, 41, 345, 656, 770] |
| | 4002.001 | R 1 | 4 : 1 | 5 | | Ring-K. | 1 | 325 | 25000 | | | 1,25 | 570 | 880 | 88 | | | | [766] |
| | 4004 | | | | | | | 250 | | | | | | | 95 | | | Stirnfläche: 25,5 dm² | [892] |
| | 4032.000 | A 9 | 5,5 : 1 | 50 | 8200 | Ring-K. mit 10 Flammr. | 1 | 2700 | 8200 0 | | | 0,975 | 1070 | 2560 | 490 | 5,51 | | Temperatur vor Turbine 830°C bei 8200 U/min | [36, 41, 42] |
| | 4032 | A 9 | 5,5 : 1 | 50 | 8200 0 | Ring-K. | 1 | 3000 | 8200 | | | | ca. 1050 | ca. 2550 | | | | | [42, 345, 656, 767] |
| | 4033 | | | | | | | 1000 | 12700 | | | | | | | | | | [36, 725] |
| | Orpheus 803.02 (3) | A 7 | 4,8 : 1 | 37 | 10000 | Ring-K. mit 7 Flammr. | 1 | 2270 | 10000 | | | 1,08 | 823 | 2440 | 379 | 6,1 | | | [43] |

| | Hersteller | Bezeichnung / Dimension | Verdichter Bauart Stückzahl (A=axial R=radial) | Verdichtungsverhältnis | Durchsatz bei (kg/sec) | Drehzahl Geschw. Höhe (U/min km/h km) | Brennkammer Anzahl Bauart | Turbine Stufenzahl | Max. Startstandschub bei (kp) | Drehzahl Höhe (U/min km) | Max. Dauerschub bei (kp) | Drehzahl Geschwindigkeit Höhe (U/min km/h km) | Spez. Kraftstoffverbrauch (kg/kph) | Durchmesser (mm) | Länge (mm) | Gewicht (kg) | Schub/Gewicht (kp/kg) | Schub/Stirnfl. (kp/m²) | Bemerkungen | Quelle |
|---|---|---|---|---|---|---|---|---|---|---|---|---|---|---|---|---|---|---|---|---|
| Indien | Hindustan Aircraft (Private) Ltd. | Orpheus 701 (2) | A 7 | 4,8 : 1 | 37 | 10000 | Ring-K. mit 7 Flammr. | 1 | 2130 | 10000 | | | 1,06 | 823 | 2291 | 362 | 5,91 | | | [43] |
| | | H JE2500 | A 7 | 4,2 : 1 | 20,5 | 12500 | Ring-K. mit 7 Flammr. | 1 | 1134 | 12500 | | | 0,98 | 660 | 2591 | 288 | 3,94 | | In Entwicklung | [895] |
| Japan | | TR-10 (NE-10) | | | | 16000 | | | 300 | 0 | | | 480 kg/h | 850 | 1600 | 250 | | | | [831] |
| | | TR-12 (NE-12) | A+R 4+1 | 1,67 : 1 bis 2,6 : 1 | 10,6 | 15000 | Ring-K. | 1 | 320 | 0 | | | 1,65 | 855 | 1800 | 315 | | | | [831] |
| | Jap. Marine | TR-20 (NE-20) | A 8 | 3,45 : 1 | 14 | 11000 | Ring-K. | 1 | 490 | 0 | | | 1,5 | 620[1] 814[2] | 2704 | 474 441[3] | | | 1 Durchmesser · 2 Höhe · 3 Mit Mg-Gehäuse | [831] |
| | | TR-30 (NE-30) | | | | | | | 850 | 0 | | | | 1030 | 2470 | 750 | | | | [831] |
| | Ishikawajima | TR-130 (NE-130) | | | | | | | 900 | 0 | | | | | | | | | | [831] |
| | Nakajima Aircraft Co. Hitachi Ltd. | TR-230 (NE-230) | A 7 | 2,86 : 1 | 18,6 | 9000 | Ring-K. | | 885 | 0 | | | | 780 | | 900 | | | Temperatur vor Turbine 800°C | [831] |
| | Mitsubishi Heavy Industries Co. Ltd. | TR-330 (NE-330) | A 7 | 3,0 : 1 | | 7600 | 7 Einz.-K. | | 1200 | 0 | | | | 880 | 4000 | 1160 | | | Kraftstoffverbrauch: 2650 l/hr | [831] |

| Hersteller | Bezeichnung | Verdichter | | | | Brenn-kammer | Turbine | Max. Start-stand-schub bei | Drehzahl Höhe | Max. Dauer-schub bei | Drehzahl Ge-schwin-digkeit Höhe | Spez. Kraft-stoff-ver-brauch | Abmessungen | | Gewicht | Kennzahlen | | Bemerkungen | Quelle |
|---|---|---|---|---|---|---|---|---|---|---|---|---|---|---|---|---|---|---|---|
| | Dimension | Bauart Stück-zahl ($A$=axial $R$=radial) | Verdich-tungs-verhältnis | Durch-satz bei | Drehzahl Geschw. Höhe | Anzahl Bauart | Stufen-zahl | | | | | | Durch-messer | Länge | | $\frac{Schub}{Gewicht}$ | $\frac{Schub}{Stirnfl.}$ | | |
| | | | | kg/sec | U/min km/h km | | | kp | U/min km | kp | U/min km/h km | kg/kph | mm | mm | kg | kp/kg | kp/m² | | |
| Japan Jet Engine Co. | J0-1 | A 8 | 4 : 1 | 18 | | Ring-K. mit 8 Einz.-K. | 1 | 999 | 12000 | | | 1,1 | 678 | 2799 | 450 | 2,2 | 2700 | | [36, 347] |
| | J0-1 | A 8 | 4,5 : 1 | 19 | | 8 Einz.-K. | 1 | 999 | 12000 | | | 1,11 | | 2844 | 450 | 2,22 | | | [345] |
| | J0-1 | A 8 | 4 : 1 | 18 | 12000 | Einz.-K. | 1 | 1000 | 0 | | | 1,0 | 680* | 2800 | | | | * Maximalbreite | [831] |
| | J1-1 | A 12+8 | | | | 8 Einz.-K. | 2 | 3060 | 8000 | | | | | | | | | | [36] |
| | J3-1 | A 8 | 4,5 : 1 | 19 | | 8 Einz.-K. | 1 | 1200 | 13000 | 1000 | 12600 | 1,08 | 690 | 2770 | ca. 450 | | | Gemeinsam mit 4 anderen Firmen Erprobung aufgenommen | [3, 766] I.A.L. 22.8.56, 13.7.56, 29.1.57 |
| | J3-1 | A 8 | | | | Ring-K. | 1 | 1200 | 13600 | | | 1,0 | 720* 600 | 1850 | 350 | 3,45 | | * Maximalbreite | [345, 831] |
| Nippon | J3-1 | A 8 | 4,57 : 1 | 23,5 | 13000 0 | Ring-K. | 1 | 1203 1200 | 13000 0 | | | 1,0 | 720 | 1850 | 350 | 3,24 | | | [36, 41, 42, 347, 660, 770] |
| | | | | | | | | | | | | | | | | | | | |
| Ishikawajima | J3-3 | A 8 | 4 : 1 | 22 | 12600 | Ring-K. | 1 | 1200 | 12600 0 | | | 1,0 | 720 | 1850 | 350 | 3,44 | | | [43] |
| | | | | | | | | | | | | | | | | | | | |
| Japan Jet Engine Co. | J5 | | | | | | | 3500 | | | | | | | | | | | I.A.L. 13.7.56, 22.8.56, 29.1.57 |
| | | | | | | | | | | | | | | | | | | | |
| Schweden Svenska Flygmotor | Avon RM5A | A 12 | 6,5 : 1 | 54 | 7950 0 0 | 8 Einzel-brenn-kammern | 2 | 4300 m. N. 3400 o. N. | 7950 | | | 1,9 m. N. 0,92 o. N. | 1072 | 6401 | 1343 | 3,2 | 4780 | Lizenzbau | [40, 41, 42, 766, 770] |

| Hersteller | Bezeichnung | Verdichter | | | | Brennkammer | Turbine | Max. Startstandschub bei | Drehzahl Höhe | Max. Dauerschub bei | Drehzahl Geschwindigkeit Höhe | Spez. Kraftstoffverbrauch | Abmessungen | | Gewicht | Kennzahlen | | Bemerkungen | Quelle |
|---|---|---|---|---|---|---|---|---|---|---|---|---|---|---|---|---|---|---|---|
| | | Bauart Stückzahl | Verdichtungsverhältnis | Durchsatz bei | Drehzahl Geschw. Höhe | Anzahl Bauart | Stufenzahl | | | | | | Durchmesser | Länge | | Schub/Gewicht | Schub/Stirnfl. | | |
| Dimension | | A = axial R = radial | | kg/sec | U/min km/h km | | | kp | U/min km | kp | U/min km/h km | kg/kph | mm | mm | kg | kp/kg | kp/m² | | |
| **Svenska Flygmotor** Avon RM5 | | | | | | | | | | | | | | | | | | Lizenzbau Rolls-Royce Avon RA.7R | [3] |
| Avon RM5 | | A 12 | | | | | 2 | 4313 | 7800 | | | 1,9 | 1072 | 2985 | 1344 | 3,2 | | Einbau in Saab 32; mit Nachbrenner | [347] |
| Avon RM6A | | | | | | | | 6800* 4535 5900 | | | | | | | | | | Ähnlich Avon RA.28 * Nach [42] mit Nachbrenner | [41, 42, 347] |
| Avon RM6B | | A 15 | 8,5 : 1 | 79 | 0 | Ring-K. | 2 | 7250 m. N. 5000 o. N. | 8000 0 | | | 1,8 | 1067 | 7620 | 2040 | 3,55 | | Gleicht Avon RM6A | [41, 42] |
| Avon RM6B | | A 15 | 7,5 : 1 | 71 | 8000 | Ring-K. mit 8 Flammr. | 2 | 6600 m. N. 5000 o. N. | 8000 | | | 1,8 | 1067 | 7620 | 1700 | 3,87 | | | [43] |
| Avon RM6C | | A 15 | | | | Ring-K. mit 8 Flammr. | | 7700 m. N. | | | | | | | | | | | [43] |
| Ghost RM2 | | | | | | | | 2270 | 10250 | | | | | | 900 | | | Ähnlich Ghost RM2B, aber ohne Nachbrenner | |
| Ghost RM2B | | R 1 | 4,5 : 1 | 40 | 10250 | 10 Einzel-kammern | 1 | 2800* 2160 | 10250 0 | | | 2,2 | 1346 | 3630 | 1110 | 2,53 | | * Mit Nachbrennung Temperatur vor Turbine 850°C bei 10 500 U/min | [42] |
| Ghost 50R | | R 1 | 4,5 : 1 | 40 | 10280 | 10 | 1 | 2995* | 10250 | | | 2,2* | 1346 | 3560 | 1084 | | | De Havilland-Lizenz * Mit Nachverbrennung | [39] |
| **Schweiz** Sulzer Ghost 48 Mk. 1 | | R 1 | 4,5 : 1 | 40 | 10250 0 0 | 10 | 1 | 2200 | 10250 0 | 1883 | 9750 0 | 1,09 | 1346 | 3314 | 986 | 2,23 | 1550 | De Havilland-Ghost-Lizenz | [39, 40, 41] |
| **Spanien** Empresa Nacional de Motores de Aviacion S.A. (E.N.M.A.) Marboré M21 | | R 1 | 4 : 1 | 8 | 22600 | Ring-K. | 1 | 400 | 22600 | | | 1,09 | 567 | 1566 | 146 | 2,73 | | | [43] |

| Hersteller | Bezeichnung / Dimension | Verdichter Bauart Stückzahl (A=axial R=radial) | Verdichtungsverhältnis | Durchsatz bei (kg/sec) | Drehzahl Geschw. Höhe (U/min km/h km) | Brennkammer Anzahl Bauart | Turbine Stufenzahl | Max. Startstandschub bei (kp) | Drehzahl Höhe (U/min km) | Max. Dauerschub bei (kp) | Drehzahl Geschwindigkeit Höhe (U/min km/h km) | Spez. Kraftstoffverbrauch (kg/kph) | Durchmesser (mm) | Länge (mm) | Gewicht (kg) | Schub/Gewicht (kp/kg) | Schub/Stirnfl. (kp/m²) | Bemerkungen | Quelle |
|---|---|---|---|---|---|---|---|---|---|---|---|---|---|---|---|---|---|---|---|
| UdSSR | RD-45 | R 1 doppelflutig | 4,5 : 1 | 50 | 11000 0 0 | 9 Einzel-brenn-kammern | 1 | 2800** 2625 ca.2700* 2270+ | 12500 12300* | | | 1,09 | 1280 | 2450 | 900** ca.850* 740+ | 3,11 | 2130 | Auch Wassereinspritzung Nachbau R.R. Nene * Nach [766] ** Nach [40] – + Nach [43] | [3, 40, 43, 766] |
| | M-012 | A 12 | 6 : 1 4,5 : 1** | 54 60** | 6100 0 0 | 8 | 2 | 3000 3450* | 6100 | | | 1,1 1,06** | 1050 1170** | 4400 | 1500 | 2,0 | 3200 | * Mit Wassereinspritzung ** Nach [40] | [39, 40] |
| | RD-45-F | | | | | | | 2500 | 12700 | | | | | | 750 | | | Verbesserte Entwicklung von M-45 | [3, 43] |
| | RD-500 | | | | | | | 3700 1600* | 11100 14700* | | | | | | 950 600* | | | Soll Bezeichnung des in der USSR gebauten Derwent 5 sein | [3, 42, 43] |
| | Klimov VK-1 | R 1 | | | | 9 Einz.-K. | 1 | 2703 | | | | | 1270 | | 908 | 2,28 | | | [345] |
| | Klimov VK-1 | R 1 | ca. 4,5 : 1 | ca. 55 | | 9 Einz.-K. | 1 | ca. 3100 | 13000 | | | 1,09 | 1280 | ca. 2450 | ca. 900 | | | | [770] |
| | Klimov VK-1 | R 1 doppelfl. | 4,5 : 1 | 50 | 11000 0 | 9 Einz.-K. | 1 | 2700 2800** ca.3100* | 13000 11000** | | | 1,0 | 1270 | | 907 | 3,02** 2,98 | | Eingebaut in Mig-15 und JL-28 Weiterentwicklung des RD-45 * Nach [766] – ** Nach [42] | [3, 41, 42, 656, 766] |
| | Klimov VK-1A | R 1 | | | | 9 | 1 | 3450 m. N. 3440* m. N. | | | | | | | | | | In Mig-17 * Nach [656] | [3, 656] |
| | Klimov VK-1A | R 1 | | | | 9 | 1 | 3446* | | | | | | | | | | In Mig-17 * Nachverbrennung | [345] |
| | Klimov VK-1R | R 1 | | | | 9 Einz.-K. | 1 | 3400 m. N. | 11000 | | | | | | 1150 | | | | [43] |
| | VK-2 | R 1 | | | | 9 Einz.-K. | 1 | 3000 | 11100 | | | | | | 950 | | | | [43] |
| | VK-2R | R 1 | | | | 9 Einz.-K. | 1 | 3850 m. N. | 11100 | | | | | | 1200 | | | | [43] |
| | Klimov VK-5 | A | | | | | | 3700* 3945 | 11100* | | | | | | 950* | | | In Mig-19 * Nach [42] | [42, 345] |

| Hersteller | Bezeichnung / Dimension | Verdichter Bauart Stückzahl (A=axial R=radial) | Verdichtungsverhältnis | Durchsatz bei (kg/sec) | Drehzahl Geschw. Höhe (U/min km/h km) | Brennkammer Anzahl Bauart | Turbine Stufenzahl | Max. Startstandschub bei (kp) | Drehzahl Höhe (U/min km) | Max. Dauerschub bei (kp) | Drehzahl Geschwindigkeit Höhe (U/min km/h km) | Spez. Kraftstoffverbrauch (kg/kph) | Abmessungen Durchmesser (mm) | Länge (mm) | Gewicht (kg) | Schub/Gewicht (kp/kg) | Schub/Stirnfl. (kp/m²) | Bemerkungen | Quelle |
|---|---|---|---|---|---|---|---|---|---|---|---|---|---|---|---|---|---|---|---|
| | Klimov VK-5 | A | | | | | | 3980 | | | | | | | | | | In Mig-19 | [36, 656] |
| | Mikulin AM-3 | A 8 | | | | Ring-K. | 1* | 6740 | | | | 0,9* | 1232 | | | | | In Tu-104 * Unbestätigt | [656] |
| | MIK-205 | A 12 | | 70 | 7000 | Ring-K. | 2 | 5000 | 7000 0 | | | 0,9 norm. | 810 | | 1360 | 3,66 | | | [41, 42] |
| | Mikulin M-205 | A 12 | | 70 | | Ring-K. | 2 | 6000* 4500 | 7000 | | | 0,9 | | | 1360 | 3,3 | 8700 | * Bei Nachverbrennung | [36] |
| | MIK-205 | A 12 | | 70 | 7000 0 0 | Ring-K. | A 2 | 6000 m. N. 4500 | 7000 0 | | | 0,9 | 810 | | 1360 1750* | 3,3 | 9000 | * Mit Nachverbrennung | [3, 40, 41] |
| | MIK-205R | | | | | | | 6800* | | | | | | | 1750 | | | Ähnlich MIK-205, aber mit Nachbrenner * Mit Nachverbrennung | [41] |
| | Mikulin M-209 | A 8 | ca. 7 : 1 | ca. 125 | | Ring-K. mit 10 Einzelflammr. | 2 | ca. 8000 | 6500 | | | 0,9 bis 1,0 | ca. 1350 | 5000 | ca. 2500 | | | | [766] |
| | Mikulin M-209 | A 8 | 6,8 : 1 | 125 | | Ring-K. | 2 | 8020 | 6500 | | | 0,85 | ca. 1350 | ca. 5000 | 2400 | 3,45 | | | [36, 770] |
| | Mikulin M-209 | A 8 | | | | Ring-K. | 1* | 8180 | | | | | 1270 | | | | | In Tu-16 * Unbestätigt | [656] |
| | Mikulin M-209 | A 8 | | | | Ring-K. | | 8190 | | | | | 1270 | | | | | In Tu-16 | [345] |
| | MIK-209 | A 15 | | 135 | 6500 0 0 | Ring-K. | A 3 | 8200* 6750+ | 6500* 6300+ | | | 0,85 | 1200 | | 2000 | 4,1* | 7450* | * Militärausführung + Zivilausführung | [3] |
| | MIK-209 | A 9 | | 135 | 4800 | Ring-K. | 3 | 9000 9200* 12000 m. N. | 4800 0 6000* | | | 0,85 norm. | 1270 | | 2500 | 3,7 3,61 | | * Nach [42] | [41, 42] |
| | MIK-209R | A 9 | | | | Ring-K. | 3 | 12000 m. N. | | | | | | | 2700 | | | | [43] |

| Hersteller | Bezeichnung | Verdichter | | | | Brenn-kammer | Turbine | Max. Start-stand-schub bei | Drehzahl Höhe | Max. Dauer-schub bei | Drehzahl Ge-schwin-digkeit Höhe | Spez. Kraft-stoff-ver-brauch | Abmessungen | | Gewicht | Kennzahlen | | Bemerkungen | Quelle |
|---|---|---|---|---|---|---|---|---|---|---|---|---|---|---|---|---|---|---|---|
| | | Bauart Stück-zahl | Verdich-tungs-verhältnis | Durch-satz bei | Drehzahl Geschw. Höhe | Anzahl Bauart | Stufen-zahl | | | | | | Durch-messer | Länge | | $\frac{\text{Schub}}{\text{Gewicht}}$ | $\frac{\text{Schub}}{\text{Stirnfl.}}$ | | |
| | Dimension | A=axial R=radial | | kg/sec | U/min km/h km | | | kp | U/min km | kp | U/min km/h km | kg/kph | mm | mm | kg | kp/kg | kp/m² | | |
| | Lyulka | A | | | | | | 5190 | | | | | | | | | | In Tu-110 | [656] |
| | Lyulka Lu-4 | A | 8 : 1 | | | Ring-K. | 2 | 5200 | 6100 | | | | | | | | | | [3, 36, 345, 766] |
| | Lyulka | A | 8 : 1 | 60 | | Ring-K. | 2 | ca. 4000 | 6100 | | | | | | | | | Zivilversion | [766] |
| | Lulko Lu-4 | | | | | | | 5400 | | | | | | | | | | | [41] |
| | Zubets | A 8 | | | | Ring-K. | 2 | 8700 | | | | | | | | | | | [36] |
| | Zubets AM3 | | | | | | | 6700 | | | | | | | | | | | [41] |
| | Zubets AM3 | A 8 | | | | Ring-K. | 2 | 6800 | 6300 | | | 0,9 | | | 1230 | | | In Tu-104 | [36, 345] |
| | Zubets AM3M | A 8 | 6 : 1 | 145 | 4700 0 0 | Ring-K. | 2 | 7000 8700* | 4700 6000* 0 | | | 0,850 norm. | 1270 | 4570 | 2400 | 3,64 | | * Nach [42] | [41, 42, 43] |
| | Zubets RD-3 | A* 8 | | | | Ring-K. | 1* | 8700 | | | | | | | | | | In Tu-104A * Unbestätigt | [656] |
| | Zubets RD-3 | A 8 | | | | Ring-K. | | 8708 | | | | | | | | | | In Tu-104A | [345] |
| | Bezeichnung unbekannt | | | | | | | 10000* 7000 | | | | | | | | | | * Bei Nachverbrennung | [36] |
| | Tumanski | | | | | | | 800 | | | | | | | | | | Einbau in Trainer Jak-32 Mantis | I.A.L. 11. 1. 62 |
| | AL-7PB | | | | | | | 6500 m. N. | | | | | | | | | | Einbau in Beriev M-10 Flugboot | [895] |

| Hersteller | Bezeichnung | Verdichter | | | | Brenn-kammer | Turbine | Max. Start-stand-schub bei | Dreh-zahl Höhe | Max. Dauer-schub bei | Drehzahl Ge-schwin-digkeit Höhe | Spez. Kraft-stoff-ver-brauch | Abmessungen | | Gewicht | Kennzahlen | | Bemerkungen | Quelle |
|---|---|---|---|---|---|---|---|---|---|---|---|---|---|---|---|---|---|---|---|
| | | Bauart Stück-zahl | Verdich-tungs-verhältnis | Durch-satz bei | Drehzahl Geschw. Höhe | Anzahl Bauart | Stufen-zahl | | | | | | Durch-messer | Länge | | Schub/Gewicht | Schub/Stirnfl. | | |
| | Dimension | A=axial R=radial | | kg/sec | U/min km/h km | | | kp | U/min km | kp | U/min km/h km | kg/kph | mm | mm | kg | kp/kg | kp/m² | | |
| | D15 | | | | | | | 13000 m. N. | | | | | | | | | | Einbau in 4-strahligem Bomber Bounder 103M und 201M | [895] |
| | M29 (TRD29) | | | | | | | 800/1000 | | | | | | | | | | Einbau in Trainer YAK-30 und JAK-32 | [895] |
| | M31 (TRD-R37F u. RS7F) | | | | | | | 12000 m. N. 9000 o. N. | | | | | | | | | | Ähnlich M-209. Einbau in MIG T431 und T405 | [895] |
| | R37F | | | | | | | 8000 m. N. 6000 . o. N. | | • | | | | | | | | Einbau in MIG E66A und MIG E166 | [895] |
| | RD-9 | | | | | | | 4000 m. N. | | | | | | | | | | Ähnlich VK-7 | [895] |
| | VK-5 | | | | | | | 3700 m. N. | | | | | | | | | | Ähnlich M-205 Einbau in MIG-19 und YAK-25 | [895] |
| | VK-7 | | | | | | | 4000 m. N. | | | | | | | | | | Abgeändertes VK-5-Triebwerk | [895] |
| | 37V | | | | | | | 4000 m. N. | | | | | | | | | | Ähnlich VK-7. Einbau in RV-Jäger (MIG-19 oder YAK-25) | [895] |

# FORSCHUNGSBERICHTE
# DES LANDES NORDRHEIN-WESTFALEN

Herausgegeben im Auftrage des Ministerpräsidenten Dr. Franz Meyers
von Staatssekretär Prof. Dr. h. c. Dr.-Ing. E. h. Leo Brandt

## MASCHINENBAU

**HEFT 45**
*Losenhausenwerk Düsseldorfer Maschinenbau AG, Düsseldorf*
Untersuchungen von störenden Einflüssen auf die Lastgrenzenanzeige von Dauerschwingprüfmaschinen
*1953. 24 Seiten, 11 Abb., 3 Tabellen. DM 7,25*

**HEFT 100**
*Prof. Dr.-Ing. Herwart Opitz, Aachen*
Untersuchungen von elektrischen Antrieben, Steuerungen und Regelungen an Werkzeugmaschinen
*1955. 151 Seiten, 71 Abb., 3 Tabellen. DM 31,30*

**HEFT 136**
*Dipl.-Phys. P. Pilz, Remscheid*
Über spezielle Probleme der Zerkleinerungstechnik von Weichstoffen
*1955. 41 Seiten, 19 Abb., 2 Tabellen. DM 11,50*

**HEFT 147**
*Dr.-Ing. W. Rudisch, Unna*
Untersuchung einer drehelastischen Elektromagnet-Synchronkupplung
*1955. 69 Seiten, 65 Abb. DM 17,70*

**HEFT 183**
*Dr. phil. rer nat. W. Bornheim, Köln*
Entwicklungsarbeiten an Flaschen- und Ampullen-Behandlungsmaschinen für die pharmazeutische Industrie
*1956. 38 Seiten, 24 Abb. DM 11,70*

**HEFT 212**
*Dipl.-Ing. Heinrich Spodig, Chemapern GmbH. Selm*
Untersuchung zur Anwendung der Dauermagnete in der Technik
*1955. 30 Seiten, 25 Abb. DM 9,80*

**HEFT 295**
*Prof. Dr.-Ing. Herwart Opitz und Dipl.-Ing Heinrich Axer, Laboratorium für Werkzeugmaschinen und Betriebslehre der Rhein.-Westf. Technischen Hochschule Aachen*
Untersuchung und Weiterentwicklung neuartiger elektrischer Bearbeitungsverfahren
*1956. 31 Seiten, 27 Abb. DM 10,30*

**HEFT 298**
*Baurat i. R. Prof. Dr.-Ing. Ernst Oehler, Aachen*
Untersuchung von kritischen Drehzahlen, die durch Kreiselmomente verursacht werden
*1956. 41 Seiten, 35 Abb. DM 13,15*

**HEFT 384**
*Prof. Dr.-Ing. Herwart Opitz, Dr.-Ing. Rolf Piekenbrink und Dipl.-Ing. Wolfgang Hölken, Aachen*
Schwingungsuntersuchungen an Werkzeugmaschinen
*1958. 66 Seiten, 73 Abb. DM 20,40*

**HEFT 412**
*Prof. Dr.-Ing. Herwart Opitz, Prof. Dr.-Ing. Volker Aschoff, Dr.-Ing. Hermann Stute und Dipl.-Ing. Gottfried Stute, Rhein.-Westf. Technische Hochschule Aachen*
Kennwerte und Leistungsbedarf für Werkzeugmaschinengetriebe
*1958. 57 Seiten, 35 Abb. DM 17,20*

**HEFT 506**
*Oberbaurat Prof. Dr.-Ing. Walther Meyer zur Capellen, Aachen*
Der Flächeninhalt von Koppelkurven. Ein Beitrag zu ihrem Formenwandel
*1958. 74 Seiten, 26 Abb. DM 21,50*

**HEFT 533**
*Prof. Dr.-Ing. Herwart Opitz und Dipl.-Ing. Wolfgang Hölken, Laboratorium für Werkzeugmaschinen und Betriebslehre der Rhein.-Westf. Technischen Hochschule Aachen*
Untersuchung von Ratterschwingungen an Drehbänken
*1958. 69 Seiten, 44 Abb., 2 Tabellen. DM 19,70*

HEFT 606
*Oberbaurat Prof. Dr.-Ing. Walther Meyer zur Capellen, Aachen*
Eine Getriebegruppe mit stationärem Geschwindigkeitsverlauf
*1958. 33 Seiten, 21 Abb. DM 10,50*

HEFT 631
*Dr. Erich Wedekind, Krefeld*
Der Einfluß der Automatisierung auf die Struktur der Maschinen- und Arbeiterzeiten am mehrstelligen Arbeitsplatz in der Textilindustrie
*1958. 71 Seiten, 32 Abb., 8 Tabellen. DM 21,10*

HEFT 667
*Prof. Dr.-Ing. Herwart Opitz und Dipl.-Ing. Herbert de Jong, Laboratorium für Werkzeugmaschinen und Betriebslehre der Rhein.-Westf. Technischen Hochschule Aachen*
Schwingungs- und Geräuschuntersuchung an ortsfesten Getrieben
*1959. 32 Seiten, 28 Abb., 2 Tabellen. DM 10,30*

HEFT 668
*Prof. Dr.-Ing. Herwart Opitz, Dipl.-Ing. Günter Ostermann und Dipl.-Ing. Max Gappisch, Laboratorium für Werkzeugmaschinen und Betriebslehre der Rhein.-Westf. Technischen Hochschule Aachen*
*1958. 38 Seiten, 26 Abb. DM 12,—*

HEFT 669
*Prof. Dr.-Ing. Herwart Opitz, Dipl.-Ing. Hans Uhrmeister und Dipl.-Ing. Klaus Jüstel, Laboratorium für Werkzeugmaschinen und Betriebslehre der Rhein.-Westf. Technischen Hochschule Aachen*
Aufbau und Wirkungsweise einer Magnetbandsteuerung
*1958. 50 Seiten, 39 Abb. DM 15,—*

HEFT 670
*Prof. Dr.-Ing. Herwart Opitz und Dipl.-Ing. Wolfgang Backé, Laboratorium für Werkzeugmaschinen und Betriebslehre der Rhein.-Westf. Technischen Hochschule Aachen*
Untersuchung von Kopiersteuerungen
*1959. 70 Seiten, 54 Abb. DM 18,80*

HEFT 671
*Prof. Dr.-Ing. Herwart Opitz, Dr.-Ing. Rolf Piekenbrink und Dipl.-Ing. Kurt Honrath, Laboratorium für Werkzeugmaschinen und Betriebslehre der Rhein.-Westf. Technischen Hochschule Aachen*
Untersuchungen an Werkzeugmaschinenelementen
*1959. 69 Seiten, 71 Abb. DM 20,—*

HEFT 672
*Prof. Dr.-Ing. Herwart Opitz, Dipl.-Ing. Heinrich Heiermann und Dipl.-Ing. Bernhard Rupprecht, Laboratorium für Werkzeugmaschinen und Betriebslehre der Rhein.-Westf. Technischen Hochschule Aachen*
Untersuchungen beim Innenrundschleifen
*1959. 34 Seiten, 50 Abb. DM 11,50*

HEFT 673
*Prof. Dr.-Ing. Herwart Opitz, Dipl.-Ing. Hans Obrig und Dipl.-Ing. Karlheinz Ganser, Laboratorium für Werkzeugmaschinen und Betriebslehre der Rhein.-Westf. Technischen Hochschule Aachen*
Die Bearbeitung von Werkzeugstoffen durch funkenerosives Senken
*1959. 59 Seiten, 41 Abb., 1 Tabelle. DM 18,—*

HEFT 676
*Prof. Dr.-Ing. Walther Meyer zur Capellen, Aachen*
Harmonische Analyse bei Kurbeltrieben.
I. Allgemeine Zusammenhänge
*1959. 38 Seiten, 10 Abb. DM 11,50*

HEFT 695
*Dr.-Ing. Walter Herding, München*
Die Fahrdynamik und das Arbeitsspiel gleisloser Erdbaugeräte als Kalkulationsgrundlage für die Bodenförderung und ihre Kosten
*1960. 178 Seiten, 89 Abb., 18 Tabellen. DM 49,—*

HEFT 718
*Prof. Dr.-Ing. Walther Meyer zur Capellen, Lehrstuhl für Getriebelehre der Rhein.-Westf. Technischen Hochschule Aachen*
Die geschränkte Kurbelschleife
I. Die Bewegungsverhältnisse
*1959. 109 Seiten, 54 Abb. DM 29,20*

HEFT 764
*Prof. Dr.-Ing. Herwart Opitz, Dr.-Ing. Henning Siebel und Dipl.-Ing. Reinhard Fleck, Laboratorium für Werkzeugmaschinen und Betriebslehre der Rhein.-Westf. Technischen Hochschule Aachen*
Keramische Schneidstoffe
*1959. 30 Seiten, 18 Abb. DM 9,80*

HEFT 772
*Prof. Dr.-Ing. Walther Meyer zur Capellen, Lehrstuhl für Getriebelehre der Rhein.-Westf. Technischen Hochschule Aachen*
Nomogramme zur geneigten Sinuslinie
*1959. 27 Seiten, 11 Abb. DM 8,50*

HEFT 775
*Prof. Dr.-Ing. Herwart Opitz und Dr.-Ing. Janez Peklenik, Laboratorium für Werkzeugmaschinen und Betriebslehre der Rhein.-Westf. Technischen Hochschule Aachen*
Über den Aufbau und das Verhalten meßgesteuerter Werkzeugmaschinen
*1959. 37 Seiten, 27 Abb. DM 11,40*

HEFT 777
*Prof. Dr.-Ing. Herwart Opitz und Dipl.-Ing. Paul-Heinz Brammertz, Laboratorium für Werkzeugmaschinen und Betriebslehre der Rhein.-Westf. Technischen Hochschule Aachen*
Werkstückgüte und Fertigkeitskosten beim Innen-Feindrehen und Außenrund-Einstechschleifen
*1959. 91 Seiten, 68 Abb. DM 25,30*

HEFT 788
*Prof. Dr.-Ing. Herwart Opitz, Laboratorium für Werkzeugmaschinen und Betriebslehre der Rhein.-Westf. Technischen Hochschule Aachen*
Der Einsatz radioaktiver Isotope bei Zerspanungsuntersuchungen
*1959. 35 Seiten, 23 Abb. DM 11,30*

HEFT 794
*Dipl.-Ing. Reinhard Wilken, Forschungsstelle Blechverarbeitung am Institut für Werkzeugmaschinen und Umformtechnik der Technischen Hochschule Hannover*
Das Biegen von Innenborden mit Stempeln
*1959. 80 Seiten. DM 22,40*

HEFT 801
*Baurat Dipl.-Ing. Waldemar Gesell, Staatliche Ingenieurschule für Maschinenwesen, Duisburg*
Ersatz von Quarzsand als Strahlmittel
*1960. 66 Seiten, 12 Abb., 4 Tabellen, 17 Diagramme.*
*DM 18,90*

HEFT 803
*Prof. Dr.-Ing. Walther Meyer zur Capellen und Dipl.-Ing. Erich Lenk, Lehrstuhl für Getriebelehre der Rhein.-Westf. Technischen Hochschule Aachen*
Harmonische Analyse bei Kurbeltrieben II. Gleichschenklige Getriebe
*1960. 69 Seiten, 15 Abb. DM 18,40*

HEFT 804
*Prof. Dr.-Ing. Walther Meyer zur Capellen und Dipl.-Ing. Walter Rath, Lehrstuhl für Getriebelehre der Rhein.-Westf. Technischen Hochschule Aachen*
Die geschränkte Kurbelschleife II. Die Harmonische Analyse
*1960. 66 Seiten, 14 Abb. DM 18,90*

HEFT 806
*Prof. Dr.-Ing. Herwart Opitz und Dr.-Ing. Rolf Piekenbrink, Laboratorium für Werkzeugmaschinen und Betriebslehre der Rhein.-Westf. Technischen Hochschule Aachen*
Untersuchungen an Zahnradbearbeitungsmaschinen
*1960. 95 Seiten, 81 Abb. DM 29,30*

HEFT 809
*Prof. Dr.-Ing. Herwart Opitz und Dipl.-Ing. H. H. Herold, Laboratorium für Werkzeugmaschinen und Betriebslehre der Rhein.-Westf. Technischen Hochschule Aachen*
Untersuchung von elektro-mechanischen Schaltelementen
*1960. 35 Seiten, 16 Abb. DM 11,—*

HEFT 810
*Prof. Dr.-Ing. Herwart Opitz und Dr.-Ing. Norbert Maas, Laboratorium für Werkzeugmaschinen und Betriebslehre der Rhein.-Westf. Technischen Hochschule Aachen*
Das dynamische Verhalten von Lastschaltgetrieben
*1960. 97 Seiten, 77 Abb. DM 29,50*

HEFT 811
*Prof. Dr.-Ing. Herwart Opitz, Dipl.-Ing Klaus Jüstel und Dipl.-Ing. H. Bürklin, Forschungsinstitut für Rationalisierung der Rhein.-Westf. Technischen Hochschule Aachen*
Über Weggeber für automatisch gesteuerte Arbeitsmaschinen
*1960. 93 Seiten, 79 Abb. Vergriffen*

HEFT 820
*Prof. Dr.-Ing. Herwart Opitz, Dipl.-Ing. Helmut Rohde und Dipl.-Ing. Wilfried König, Laboratorium für Werkzeugmaschinen und Betriebslehre der Rhein.-Westf. Technischen Hochschule Aachen*
Untersuchungen der Spanformung durch Spanbrecher beim Drehen mit Hartmetallwerkzeugen
*1960. 46 Seiten, 41 Abb. DM 15,80*

HEFT 830
*Prof. Dr.-Ing. Herwart Opitz und Dipl.-Ing. Wolfgang Backé, Laboratorium für Werkzeugmaschinen und Betriebslehre der Rhein.-Westf. Technischen Hochschule Aachen*
Automatisierung des Arbeitsablaufes in der spanabhebenden Fertigung. Untersuchung eines unstetigen Nachformsystems mit einem elektrohydraulischen Stellglied
*1960. 43 Seiten, 39 Abb. DM 14,60*

HEFT 831
*Prof. Dr.-Ing. Herwart Opitz, Dr.-Ing. Hans-Günther Rohs und Dr.-Ing. Gottfried Stute, Laboratorium für Werkzeugmaschinen und Betriebslehre der Rhein.-Westf. Technischen Hochschule Aachen*
Statistische Untersuchungen über die Ausnutzung von Werkzeugmaschinen in der Einzel- und Massenfertigung
*1960. 38 Seiten, 32 Abb. DM 13,—*

HEFT 835
*Prof. Dr.-Ing. Walther Meyer zur Capellen, Lehrstuhl für Getriebelehre der Rhein.-Westf. Technischen Hochschule Aachen*
Die harmonische Analyse von zykloidengesteuerten Schleifen
*1961. 57 Seiten. DM 20,90*

HEFT 864
*Prof. Dr.-Ing. Herwart Opitz und Dr.-Ing. Gottfried Stute, Laboratorium für Werkzeugmaschinen und Betriebslehre der Rhein.-Westf. Technischen Hochschule Aachen*
Funkenarbeit und Bearbeitungsergebnis bei der funkenerosiven Bearbeitung
*1960. 44 Seiten, 19 Abb. DM 13,60*

HEFT 873
*Prof. Dr.-Ing. Walther Meyer zur Capellen und Dipl.-Ing. Walter Rath, Lehrstuhl für Getriebelehre der Rhein.-Westf. Technischen Hochschule Aachen*
Kinematik der sphärischen Schubkurbel
*1960. 37 Seiten, 13 Abb. DM 11,20*

HEFT 887
*Baurat Dipl.-Ing. Waldemar Gesell, Staatliche Ingenieur-
schule für Maschinenwesen, Duisburg*
Arbeiten mit Preß-Formmaschinen unter Normal-
Bedingungen und bei hohen spezifischen Preß-
drücken
*1960. 140 Seiten, 108 Abb., 11 Tabellen. DM 42,—*

HEFT 898
*Prof. Dr.-Ing. Herwart Opitz und Herbert de Jong,
Laboratorium für Werkzeugmaschinen und Betriebslehre
der Rhein.-Westf. Technischen Hochschule Aachen*
Untersuchung von Zahnradgetrieben und Zahnradbearbeitungsmaschinen in Zusammenarbeit mit
der Industrie
*1960. 58 Seiten, 52 Abb. DM 19,20*

HEFT 900
*Prof. Dr.-Ing. Herwart Opitz und Dr.-Ing. Johannes
Bielefeld, Laboratorium für Werkzeugmaschinen und Be-
triebslehre der Rhein.-Westf. Technischen Hochschule
Aachen*
Modellversuche an Werkzeugmaschinenelementen
*1960. 73 Seiten, 55 Abb. DM 21,—*

HEFT 901
*Prof. Dr.-Ing. Herwart Opitz, Dr.-Ing. Johannes Biele-
feld und Dipl.-Ing. Werner Kalkert, Laboratorium für
Werkzeugmaschinen und Betriebslehre der Rhein.-Westf.
Technischen Hochschule Aachen*
Lebensdauerprüfung von Zahnradgetrieben
*1960. 54 Seiten, 46 Abb. DM 17,30*

HEFT 908
*Dr.-Ing. Wilhelm Dettmering, Institut für Turbo-
maschinen der Rhein.-Westf. Technischen Hochschule
Aachen*
Experimentelle Untersuchungen an einer axialen
Turbinenstufe
*1960. 180 Seiten, 116 Abb., 13 Tabellen. DM 50,80*

HEFT 914
*Baurat Dipl.-Ing. Waldemar Gesell, Staatliche Ingenieur-
schule für Maschinenwesen, Duisburg*
Zu Fragen der Strahlmittelprüfung
*1961. 188 Seiten, 78 Abb. DM 49,—*

HEFT 923
*Prof. Dr.-Ing. Walther Meyer zur Capellen und Dipl.-
Ing. Karl-Albert Rischen, Lehrstuhl für Getriebelehre
der Rhein.-Westf. Technischen Hochschule Aachen*
Lagenzuordnungen an ebenen Viergelenkgetrieben
in analytischer Darstellung. Eine Maßsynthese
*1961. 83 Seiten, 29 Abb. DM 23,20*

HEFT 928
*Prof. Dr.-Ing. Herwart Opitz, Dipl.-Ing. Helmut
Rohde und Dipl.-Ing. Wilfried König, Laboratorium für
Werkzeugmaschinen und Betriebslehre der Rhein.-Westf.
Technischen Hochschule Aachen*
Untersuchung des Räumvorganges
*1961. 115 Seiten, 90 Abb. DM 36,10*

HEFT 929
*Prof. Dr.-Ing. Herwart Opitz, Dr.-Ing. Henning Siebel,
Dipl.-Ing. Reinhard Fleck und Dipl.-Ing. Franz Alt-
dorf, Laboratorium für Werkzeugmaschinen und Betriebslehre der Rhein.-Westf. Technischen Hochschule
Aachen*
Richtwerte für das Fräsen von unlegierten und
legierten Baustählen mit Hartmetall. – Teil III
*1961. 64 Seiten, 57 Abb., 7 Tabellen. DM 21,30*

HEFT 930
*Prof. Dr.-Ing. Herwart Opitz und Dipl.-Ing. Rolf
Umbach, Laboratorium für Werkzeugmaschinen und
Betriebslehre der Rhein.-Westf. Technischen Hochschule
Aachen*
Modellversuch zur dynamischen Versteifung von
Werkzeugmaschinen durch Ankopplung gedämpf-
ter Hilfsmassensysteme
*1961. 37 Seiten, 30 Abb. DM 13,30*

HEFT 931
*Dipl.-Ing. Hans-Günther Rachner, Institut für Ma-
schinen-Gestaltung und Maschinen-Dynamik der Rhein.-
Westf. Technischen Hochschule Aachen*
*Leiter: Prof. Dr.-Ing. K. Lürenbaum*
Ein Beitrag zur Frage der Kettenradverzahnung
*1961. 63 Seiten, 55 Abb., 2 Tabellen. DM 19,90*

HEFT 943
*Dipl.-Ing. Hans-Günther Rachner, Institut für Maschi-
nen-Gestaltung und Maschinen-Dynamik der Rhein.-
Westf. Technischen Hochschule Aachen*
*Leiter: Prof. Dr.-Ing. K. Lürenbaum*
Die Drehschwingungen des Zweirad-Kettentriebes
bei innerer Erregung
*1961. 98 Seiten, 68 Abb. DM 30,—*

HEFT 949
*Prof. Dr.-Ing. Karl Leist †, Dipl.-Ing. Dieter Stojek
und Dipl.-Ing. Manfred Pötke, Institut für Turbomaschinen der Rhein.-Westf. Technischen Hochschule
Aachen*
Verbesserung der Wirtschaftlichkeit von Gasturbinen durch Zwischenverbrennung innerhalb
der Turbine und Versuche zu ihrer Verwirklichung
*1961. 80 Seiten, 40 Abb. DM 30,10*

HEFT 950
*Prof. Dr.-Ing. Karl Leist † und Dipl.-Ing. Oswald
Thun, Institut für Turbomaschinen der Rhein.-Westf.
Technischen Hochschule Aachen*
Strömungsmessungen zur Ermittlung von Brenn-
kammer-Ausbrenngraden
*1961. 66 Seiten, 33 Abb., 6 Tabellen. DM 19,90*

HEFT 951
*Prof. Dr.-Ing. Karl Leist † und Dipl.-Ing. Oswald
Thun, Institut für Turbomaschinen der Rhein.-Westf.
Technischen Hochschule Aachen*
Meßmethode bei Brennkammeruntersuchungen
zur Ermittlung des Ausbrenngrades
*1961. 63 Seiten, 10 Abb., 2 Tabellen. DM 19,20*

HEFT 953
*Prof. Dr.-Ing. Karl Leist † und Dipl.-Ing. Heinrich Ostenrath, Institut für Turbomaschinen der Rhein.-Westf. Technischen Hochschule Aachen*
Betriebsverhalten einer Versuchsturbine kleiner Leistung
*1961. 43 Seiten, 35 Abb., 2 Anlagen. DM 15,30*

HEFT 955
*Prof. Dr.-Ing. Herwart Opitz und Dipl.-Ing. Hans Uhrmeister, Laboratorium für Werkzeugmaschinen und Betriebslehre der Rhein.-Westf. Technischen Hochschule Aachen*
Die dynamischen Eigenschaften hydraulischer Vorschubmotoren für Werkzeugmaschinen
*1961. 60 Seiten, 66 Abb. DM 20,—*

HEFT 977
*Dr.-Ing. Gottfried Kronenberger, Institut für Baumaschinen und Baubetrieb der Rhein.-Westf. Technischen Hochschule Aachen*
*Leiter : Prof. Dr. Georg Garbotz*
Untersuchungen über die Verdichtungswirkung und das Arbeitsverhalten eines Einmassenrüttlers auf Schotter und Kiessand zur Ermittlung der maßgeblichen Einflußgrößen bei der Rüttelverdichtung
*1961. 96 Seiten, 17 Tafeln, 7 Tabellen, 36 Abb.*
*DM 27,70*

HEFT 981
*Dr.-Ing. Werner Wilhelm, Aerodynamisches Institut der Rhein.-Westf. Technischen Hochschule Aachen*
Berechnung des Gaswechsels kurbelkastengespülter Zweitaktmotoren unter Berücksichtigung des Einflusses der Massenwirkung der strömenden Gassäule in den Spülkanälen
*1961. 57 Seiten, 6 Abb. DM 19,20*

HEFT 982
*Dr.-Ing. Werner Wilhelm, Aerodynamisches Institut der Rhein.-Westf. Technischen Hochschule Aachen*
Die Wirkung von Auspuffrohren mit Blenden am Rohrende sowie diffusorartiger Auspuffleistungen auf den Ladungswechsel einer Einzylinder-Zweitakt-Vergasermaschine mit Kurbelkastenspülpumpe
*1961. 61 Seiten, 24 Abb., 1 Tabelle. DM 19,10*

HEFT 983
*Prof. Dr.-Ing. Paul Hadlatsch †, Aerodynamisches Institut der Rhein.-Westf. Technischen Hochschule Aachen*
Berechnung der Druckwellen in Brennstoffeinspritzsystemen und in hydraulischen Ventilsteuerungen
*1961. 107 Seiten, 31 Abb. DM 33,90*

HEFT 986
*Dr.-Ing. Jameel Ahmad Khan, Aerodynamisches Institut der Rhein.-Westf. Technischen Hochschule Aachen*
Untersuchungen zur instationären Strömung durch unstetige Querschnittsänderungen in Druckleitungen von Einspritzsystemen
*1961. 76 Seiten. DM 28,60*

HEFT 987
*Dr.-Ing. Wilhelm Bosch, Aerodynamisches Institut der Rhein.-Westf. Technischen Hochschule Aachen*
Untersuchungen zur instationären reibenden Strömung in Druckleitungen von Einspritzsystemen
*1961. 55 Seiten, 37 Abb. DM 20,—*

HEFT 988
*Dr.-Ing. Werner Wilhelm und Dipl.-Ing. Rudolf Jürgler, Aerodynamisches Institut der Rhein.-Westf. Technischen Hochschule Aachen*
Nichtstationäre, eindimensionale und reibungsfreie Gasströmung schwach kompressibler Medien in Rohren mit einigen unstetigen Querschnittsänderungen
*1961. 69 Seiten, 17 Abb. DM 21,50*

HEFT 989
*Dr.-Ing. Werner Wilhelm, Aerodynamisches Institut der Rhein.-Westf. Technischen Hochschule Aachen*
Einfluß der Spülkanalabmessungen auf den Ladungswechsel kurbelkastengespülter Zweitakt-Motoren
*1961. 99 Seiten, 37 Abb. DM 35,30*

HEFT 1006
*Prof. Dr.-Ing. Walther Meyer zur Capellen und Mitarbeiter, Lehrstuhl für Getriebelehre der Rhein.-Westf. Technischen Hochschule Aachen*
Bewegungsverhältnisse an gleichschenkligen Kurbeltrieben
*1962. 72 Seiten, 49 Abb. DM 25,—*

HEFT 1007
*Prof. Dr.-Ing. Dr. h. c. Herwart Opitz und Dr.-Ing. Gottfried Stute, Laboratorium für Werkzeugmaschinen und Betriebslehre der Rhein.-Westf. Technischen Hochschule Aachen*
Berechnung der Funkenarbeit aus den elektrischen Daten der Arbeitskreiselemente von Funkenerosionsmaschinen
*1961. 43 Seiten, 9 Abb. DM 14,80*

HEFT 1008
*Prof. Dr.-Ing. Dr. h. c. Herwart Opitz und Dr.-Ing. Paul-Heinz Brammertz, Laboratorium für Werkzeugmaschinen und Betriebslehre der Rhein.-Westf. Technischen Hochschule Aachen*
Untersuchung der Ursachen für Form- und Maßfehler bei der Feinbearbeitung
*1961. 43 Seiten, 32 Abb. DM 15,20*

HEFT 1011
*Prof. Dr.-Ing. Dr. h. c. Herwart Opitz, Dr.-Ing. Günter Ostermann und Dipl.-Ing. Max Gappisch, Laboratorium für Werkzeugmaschinen und Betriebslehre der Rhein.-Westf. Technischen Hochschule Aachen*
Untersuchung der Ursachen des Werkzeugverschleißes
*1961. 63 Seiten, 37 Abb., 2 Tabellen. DM 23,90*

HEFT 1015
*Prof. Dr.-Ing. Walther Meyer zur Capellen, Lehrstuhl
für Getriebelehre der Rhein.-Westf. Technischen Hochschule Aachen*
Biegungs- und Lagerschwingungen in Kurbeltrieben
*1962. 53 Seiten, 30 Abb., 2 Tabellen. DM 19,20*

HEFT 1035
*Dr.-Ing. Walter Rath, Lehrstuhl für Getriebelehre der
Rhein.-Westf. Technischen Hochschule Aachen*
Massenkräfte in den Lagern sphärischer Getriebe
*1961. 81 Seiten, 40 Abb. DM 27,30*

HEFT 1062
*Dr.-Ing. Heinrich Pfeiffer, Aerodynamisches Institut
der Rhein.-Westf. Technischen Hochschule Aachen
Leiter: Prof. Dr.-Ing. F. Seewald*
Strömungsuntersuchungen an Kreiszylindern bei
hohen Geschwindigkeiten
*1962. 73 Seiten, 53 Abb. DM 26,—*

HEFT 1065
*Baurat Dipl.-Ing. Waldemar Gesell, Staatliche Ingenieurschule für Maschinenwesen, Duisburg*
Beitrag über den Einfluß von Kornform und
Körnung auf die Wirkungsweise von Strahlmitteln
*1962. 212 Seiten, 116 Abb., 21 Tabellen. DM 49,—*

HEFT 1066
*Prof. Dr.-Ing. Walther Meyer zur Capellen und Dipl.-Ing. Karl-Albert Rischen, Lehrstuhl für Getriebelehre
der Rhein.-Westf. Technischen Hochschule Aachen*
Symmetrische Koppelkurven und ihre Anwendung
*1962. 90 Seiten. DM 29,—*

HEFT 1070
*Prof. Dr.-Ing. Dr. h. c. Herwart Opitz und Dr.-Ing.
Hans-Hermann Herold, Laboratorium für Werkzeugmaschinen und Betriebslehre der Rhein.-Westf. Technischen
Hochschule Aachen*
Elektromechanische Kopiersteuerungen
*1962. 102 Seiten, 74 Abb. DM 33,90*

HEFT 1080
*Prof. Dr.-Ing. Ludolf Engel, Bergakademie Clausthal*
Theorie der handgeführten schlagenden Druckluftwerkzeuge und experimentelle Untersuchungen
insbesondere an Abbauhämmern im normalen und
anormalen Betrieb
*1962. 86 Seiten, 53 Abb., 4 Tabellen. DM 39,—*

HEFT 1097
*Prof. Dr.-Ing. Dr. h. c. Herwart Opitz und Dipl.-Ing.
Reinhard Thämer, Laboratorium für Werkzeugmaschinen
und Betriebslehre der Rhein.-Westf. Technischen Hochschule Aachen*
Verschleiß- und Schnittkraftuntersuchungen bei
der Zahnradbearbeitung
*1962. 40 Seiten, 34 Abb. DM 22,50*

HEFT 1127
*Prof. Dr.-Ing. Karl Leist †, Dr.-Ing. Heinz J. Oellers,
Institut für Turbomaschinen der Rhein.-Westf. Technischen Hochschule Aachen*
Beitrag zur Berechnung der inkompressiblen Unterschallströmung in ebenen Profilgittern auf elektrischen Digitalrechnern
*In Vorbereitung*

HEFT 1128
*Prof. Dr.-Ing. Karl Leist †, H. G. Wiening, Institut
für Turbomaschinen der Rhein.-Westf. Technischen Hochschule Aachen*
Enzyklopädische Abhandlung über ausgeführte
Strahltriebwerke

HEFT 1135
*Prof. Dr.-Ing. Walther Meyer zur Capellen, Lehrstuhl
für Getriebelehre der Rhein.-Westf. Technischen Hochschule Aachen*
Konstruktion ebener Kurventriebe und vergleichende Analyse ihrer Bewegungsgesetze
*1963. 59 Seiten, 29 Abb., 10 Tafeln. DM 34,80*

HEFT 1143
*Dr.-Ing. Helmut Scheele, Institut für Turbomaschinen
der Rhein.-Westf. Technischen Hochschule Aachen, Prof.
Dr.-Ing. W. Dettmering*
Entwicklung einer Versuchsgasturbine zur Messung der Läufertemperaturen im Betrieb
*1963. 100 Seiten, 37 Abb., davon 2 auf Faltblättern,
7 Tabellen. DM 49,50*

HEFT 1145
*Prof. Dr.-Ing. Dr. h. c. Herwart Opitz, Dr.-Ing. Hans
Wilhelm Obrig und Dr.-Ing. Karlheinz Ganser, Laboratorium für Werkzeugmaschinen und Betriebslehre der
Rhein.-Westf. Technischen Hochschule Aachen*
Funkenerosive Bearbeitung. Untersuchungen von
Einflußgrößen bei der funkenerosiven Senkbearbeitung
*1963. 70 Seiten, 58 Abb., 1 Tabelle. DM 38,50*

HEFT 1146
*Prof. Dr.-Ing. Dr. h. c. Herwart Opitz und Dipl.-Ing.
Wilfried Lehwald, Laboratorium für Werkzeugmaschinen
und Betriebslehre der Rhein.-Westf. Technischen Hochschule Aachen*
Untersuchungen über den Einsatz von Hartmetallen beim Fräsen
*1963. 73 Seiten, 69 Abb., 4 Tabellen. DM 44,—*

HEFT 1147
*Prof. Dr.-Ing. Dr. h. c. Herwart Opitz, Dr.-Ing. Paul
Brammertz und Dipl.-Ing. Karl Friedrich Meyer, Laboratorium für Werkzeugmaschinen und Betriebslehre der
Rhein.-Westf. Technischen Hochschule Aachen*
Untersuchungen an keramischen Schneidstoffen
*1963. 37 Seiten, 17 Abb., 5 Tabellen. DM 19,80*

HEFT 1148
*Prof. Dr.-Ing. Dr. h. c. Herwart Opitz und Dozent*
*Dr.-Ing. Janez Peklenik, Laboratorium für Werkzeug-*
*maschinen und Betriebslehre der Rhein.-Westf. Technischen*
*Hochschule Aachen*
Untersuchung an Meßsteuerungen
*1963. 104 Seiten, 77 Abb., 6 Tabellen. DM 54,—*

HEFT 1150
*Prof. Dr.-Ing. Dr. h. c. Herwart Opitz, Dr.-Ing. Paul-*
*Heinz Brammertz und Dr.-Ing. Ernst H. Kohlhage,*
*Laboratorium für Werkzeugmaschinen und Betriebs-*
*lehre der Rhein.-Westf. Technischen Hochschule Aachen*
Untersuchungen zum Leistungsvergleich der Fein-
bearbeitungsverfahren
*1963. 60 Seiten, 47 Abb. DM 31,20*

HEFT 1182
*Prof. Dr.-Ing. Alfred Kuhlenkamp und Dipl.-Ing.*
*Ernst Reuter, Institut für Feinwerktechnik und Rege-*
*lungstechnik der Technischen Hochschule Braunschweig*
Entwicklung eines Drehmomenten-Meßgerätes
*1963. 40 Seiten, 27 Abb. DM 18,90*

HEFT 1226
*Prof. Dr.-Ing. Walter Meyer zur Capellen und Dipl.-*
*Ing. Bernd Janssen, Lehrstuhl für Getriebelehre der*
*Rhein.-Westf. Technischen Hochschule Aachen*
Spezielle Koppelkurvenrast- und Schaltgetriebe
*In Vorbereitung*

HEFT 1245
*Prof. Dr.-Ing. Walther Meyer zur Capellen und Dipl.-*
*Ing. P. Danke, Lehrstuhl für Getriebelehre der Rhein.-*
*Westf. Technischen Hochschule Aachen*
Sechspunktige Kreisführungen durch das Gelenk-
viereck
*1963. 48 Seiten, 31 Abb., 4 Tabellen. DM 35,—*

HEFT 1246
*Prof. Dr.-Ing. Dr. h. c. Herwart Opitz, Laboratorium*
*für Werkzeugmaschinen und Betriebslehre der Rhein.-*
*Westf. Technischen Hochschule Aachen*
Über die dynamische Stabilität hydraulischer Steu-
erungen unter Berücksichtigung der Strömungs-
kräfte
*In Vorbereitung*

HEFT 1292
*Prof. Dr.-Ing. Dr. h. c. Herwart Opitz, Laboratorium*
*für Werkzeugmaschinen und Betriebslehre der Rhein.-*
*Westf. Technischen Hochschule Aachen*
*Dozent: Dr.-Ing. Janez Peklenik*
Untersuchung der Eigenschaften von Schleif-
körpern und ihr Verhalten im Schleifvorgang
*In Vorbereitung*

HEFT 1296
*Prof. Dr. Georg Garbotz und Prof. Dr. Sehad Ersoy,*
*Institut für Baumaschinen und Baubetrieb der Rhein.-*
*Westf. Technischen Hochschule Aachen*
Untersuchungen über die Verdichtungswirkung
von Tauchrüttlern
*In Vorbereitung*

HEFT 1302
*Prof. Dr.-Ing. Walther Meyer zur Capellen und Dr.-*
*Ing. Erich Lenk, Lehrstuhl für Getriebelehre der Rhein.-*
*Westf. Technischen Hochschule Aachen*
Tafeln zur harmonischen Analyse der Bewegungen
viergliedriger Gelenkgetriebe
*In Vorbereitung*

HEFT 1304
*Prof. Dr.-Ing. Dr. h. c. Herwart Opitz und Dr.-Ing.*
*Herbert de Jong, Laboratorium für Werkzeugmaschinen*
*und Betriebslehre der Rhein.-Westf. Technischen Hoch-*
*schule Aachen*
Der Einfluß der Wälzgenauigkeit von Verzahn-
maschinen auf die Fertigungsgenauigkeit und das
Laufverhalten von Stirnradgetrieben
*In Vorbereitung*

HEFT 1309
*Oberbaurat Dipl.-Ing. Waldemar Gesell, Staatliche*
*Ingenieurschule für Maschinenwesen, Duisburg*
Beitrag zur Arbeitsweise von Sandslingern
*In Vorbereitung*

HEFT 1331
*Prof. Dr.-Ing. Dr. h. c. Herwart Opitz, Dipl.-Ing.*
*Dietrich Günther, Dipl.-Ing. Martin Hoffmann und*
*Dipl.-Ing. Heinz Schlotterbeck, Laboratorium für Werk-*
*zeugmaschinen und Betriebslehre der Rhein.-Westf. Tech-*
*nischen Hochschule Aachen*
Untersuchungen an Werkzeugmaschinenelementen
*In Vorbereitung*

Verzeichnisse der Forschungsberichte aus folgenden Gebieten können beim Verlag angefordert werden:

Acetylen/Schweißtechnik – Arbeitswissenschaft – Bau/Steine/Erden – Bergbau – Biologie – Chemie – Eisenverarbeitende Industrie – Elektrotechnik/Optik – Energiewirtschaft – Fahrzeugbau/Gasmotoren – Farbe/Papier/Photographie – Fertigung – Funktechnik/Astronomie – Gaswirtschaft – Holzbearbeitung – Hüttenwesen/Werkstoffkunde – Kunststoffe – Luftfahrt/Flugwissenschaften – Luftreinhaltung – Maschinenbau – Mathematik – Medizin/Pharmakologie/NE-Metalle – Physik – Rationalisierung – Schall/Ultraschall – Schifffahrt – Textiltechnik/Faserforschung/Wäschereiforschung – Turbinen – Verkehr – Wirtschaftswissenschaft.

WESTDEUTSCHER VERLAG · KÖLN UND OPLADEN
567 Opladen/Rhld., Ophovener Straße 1-3